江西省环境地质志

（上册）

江西省地质矿产勘查开发局　编著

地质出版社

·北　京·

内 容 提 要

《江西省环境地质志》是江西省地质志书系列《中国区域地质志·江西志》、《中国矿产地质志·江西卷》、《江西省环境地质志》之一，是我国第一部省级地质专业综合研究型环境地质志书。本书对中华人民共和国成立后60多年来江西省区域地质环境、地貌环境、生态地球化学环境、矿山地质环境、城市地质环境、地热与矿水资源、水文地质、工程地质、灾害地质与地震地质、地质遗迹与旅游地质等环境地质资料和有关的科研成果，按照“实、新、全、准”的要求，对已收集资料进行核实集成。在此基础上运用当代环境地学理论进行了系统综合研究与理论认识总结。全书除序、绪言、结语外，共计11篇。作者谨以此书献给社会经济与生态文明建设的江西人民，并供区域环境地质调查研究、环境地质资源勘查与开发利用、环境地质灾害治理、教学等参考利用。

图书在版编目(CIP)数据

江西省环境地质志 / 江西省地质矿产勘查开发局编著. —北京：地质出版社, 2017.5

ISBN 978-7-116-09377-5

Ⅰ.①江… Ⅱ.①江… Ⅲ.①环境地质学－科研成果－汇编－江西 Ⅳ.①X141

中国版本图书馆CIP数据核字(2017)第108423号

责任编辑：张 诚 苗永胜
责任校对：关风云
出版发行：地质出版社
社址邮编：北京海淀区学院路31号，100083
电 话：(010) 66554528（邮购部）；(010) 66554576（编辑室）
网 址：http://www.gph.com.cn
传 真：(010) 66554576
印 刷：江西山水印务有限公司
开 本：889mm×1194mm 1/16
印 张：64.25
字 数：1800千字
版 次：2017年5月北京第1版
印 次：2017年5月江西第1次印刷
审 图 号：赣S（2017）012号
定 价：680.00元
书 号：ISBN 978-7-116-09377-5

江西省地质志书系列之三：《江西省环境地质志》

《江西省环境地质志》编委会

主　　编： 曾马荪

副 主 编： 尹国胜　颜　春　金克柏　高忠坛(前)

主要编者： 杨明桂　尹国胜　金克柏　余忠珍　曾马荪　颜　春　高忠坛　周玉才　袁存堤　马振兴　林　强　白细民　李松林　刘　杨　边晓庚　杨　欣　吴俊华　吴富江　丁来兴　马逸麟　王　刚　尹　斌　龚　敏　陈　莉　毛素斌　毛大发　冯昌和　汪　凡　张　旭　刘冰权　郄海满　谢代强　吕少俊　龚　珺　陈燕君　余若同　胡　涵　钟千方　胡青华　徐梅桂　李均辉　李晓勇

英文翻译： 龙梅梅　黎广荣　游　韵　滑晓晖

设计排版： 周金定　黄书远　杨彩清　龚淑伟　黄小梅

主持单位： 江西省地质矿产勘查开发局

完成单位： 江西省地矿局水文地质工程地质大队
江西省地质调查研究院
江西省地质环境监测总站

序

江西省地质志书系列包括《中国区域地质志·江西志》、《中国矿产地质志·江西卷》与《江西省环境地质志》和系列地质图件及数据库，这是一套地质专业综合研究新型志书，在国土资源部、江西省政府的关心支持下及中国地质调查局、中国地质科学院的具体组织、指导下，经过江西省地质界的共同努力，《中国矿产地质志·江西卷》已经出版，《中国区域地质志·江西志》、《江西省环境地质志》也将相继出版。这项工作于2007年受中国地质科学院地质研究所委托，由江西省地质矿产勘查开发局（简称“江西省地矿局”，下同）在全国先行试点。2007年，江西省区域地质志由中国地质调查局立项实施，江西省矿产地质志由江西省地质矿产勘查开发局立项实施，于2013年列为中国地质科学院矿产资源研究所委托的全国省级矿产地质志试点项目。江西省环境地质志由江西省地质矿产勘查开发局自行立项完成。

江西省地质“三志”的研编，是江西省社会发展、经济与生态文明建设的需要，也是江西省地质工作可持续发展的需要。江西省近代地质工作已有百余年历史。新中国成立以来，在中国共产党和各级政府的领导下，地质工作得到了空前发展，开展了多轮全面系统的区域地质、环境地质调查和大规模的矿产资源、水资源的勘查以及大量的地质科学研究工作。使江西省成为“华南地质之窗”、“世界钨都”、“亚洲铜都”、“稀土王国”、“新兴锂都”和我国重要的有色贵稀金属矿业基地，取得了十分丰硕的成果，为社会主义经济建设、“兴赣富民”做出了重要贡献。当前，我国正处于发展机遇期，对矿产资源的需求将长期趋旺，江西省绿色崛起对环境地质工作提出了更高、更广的要求，要实现强国梦，迫切需要地质科学加快发展，把地质科学技术提高到更高水平。基于这一认识，江西省地质矿产勘查开发局上下一心，抓住盛世良机和地质事业承先启后之时，通过“三志”研编，对已有地质资料成果进行一次涵盖区域地质、矿产地质、环境地质三大领域的跨世纪、群体性、整体性、系统性的分析、研究总结，在全面集成地质成果的基础上，创新认识、总结规律、开拓思路，打开新的发展之门，并搭建起一个新的科技平台，以开启未来，为新一代地质工作铺路。

在研编工作过程中，我们继承发扬了我国志书“求真写实”、“考据缜密”等优良传统，对全省取得的地质资源环境勘查资料成果，按照面向地矿行业、面向社会服务的原则，进行了认真研究、分析、选材、分类、入志、成图、建库和全面集成，可供广大地质工作者和社会各界查询使用。由于地质工作具有“将今论古”、探索未知的科考工作特点，长期以来地质界在修志、用志过程中，突破了传统志书“述而不议”的编纂原则，形成了“立足写实、有述有论、论而不泛、力求精准”的地质志书特色。所以江西省地质“三志”的研编，在成果集成的基础上，着力于通过地质勘查实践所取得的认识的提升和总结，立足于江西省地质客观实际，积极吸收邻省地质上的新发现，放眼全国地质工作的新发展，跟踪世界地质科学的新动向，积极揭示江西省资源环境的地质规律和特色。以区域地质志为基础，使全省区域地质、矿产地质、环境地质三大领域和32个专业或学科之间进行一次沟通、渗透、互动、互促，通过反复研讨和书稿贯通，力求使之融合为一个整体，全面提升全行业的地质科学水平。

此项出版成果除地质“三志”之外，1：50万系列地质图件有江西省地质图与数据库、江西省岩浆岩地质图、江西省航磁异常图、江西省地质构造图、江西省第四纪地质及地貌图、江西省矿产地质图与数据库以及江西省综合成矿规律图。

《江西省环境地质志》编撰委员会

2015年7月

前　言

《江西省环境地质志》是江西省地质系列志书之一，是我国第一部省级地质专业综合研究新型环境地质志书，是江西省地质矿产勘查开发局贯彻落实创新、协调、绿色、开放、共享发展理念和江西省绿色崛起的迫切需要实施的世纪重大地质项目。在江西省区域地质志、矿产地质志、环境地质志编委会和总编室的具体指导下，由江西省地质矿产勘查开发局水文地质工程地质大队、江西省地质调查研究院、江西省环境监测总站承担，并在江西省地质矿产勘查开发局资源勘查开发有限公司等单位参加下进行。项目于2007年正式启动，先后有近50位地质工作者参加，历经9年研编，于2015年完成。

江西省系统的环境地质工作始于新中国成立后的20世纪50年代初期，60多年来，服务领域不断扩展，工作水平逐步提高，为社会主义经济建设、防治地质灾害做出了重要贡献，积累了丰富的资料成果，对环境地质的认识不断深化。《江西省环境地质志》的研编是建立在这一丰厚的基础之上，以服务于江西生态文明建设为目标，与新编的《中国区域地质志·江西志》无缝对接，互相融合、渗透，对全省环境地质资料成果进行全面分析集成，对环境地质的认识进行全方位的研究总结提升。

本志立足求真纪实，力求资料翔实，文、图、表结合，易懂好用，同时又着力于认识的提升与理论创新，为江西省环境地质工作者搭建一个新的科技平台，服务于地质工作的可持续发展。

本志内容涵盖了江西省环境地质的广阔领域。首先进一步研究总结论述了全省的区域地质环境，第四纪地质、地貌、新构造运动及其动力学特征，为环境地质研究提供了新的前提。在此基础上，围绕江西省走出一条生态文明建设新路的需要，对全省的区域水文地质与地下水资源、地热资源与矿水资源，地质自然遗产与旅游地质资源以及鄱阳等全省盆地平原的生态地球化学环境与资源进行了全面系统的论述与研究分析。为这些宝贵资源合理开发利用，以及大湖流域生态保护、建设旅游强省等提供了科学资料。根据大规模进行的工程建设、矿山开发、城市发展建设需要，重点研究论述了全省的工程地质条件、矿山地质以及南昌市等11个设市区的城市地质。

江西省地处江南，具有优越的生态自然环境，而且处于地质历史上的地壳活动弱化期。但是也有地质灾害发生，而且由于人类活动因素，特别是随着工业化进程、矿业开发、房屋道路建设，加剧了灾害活动，造成了生态环境恶化。近期通过努力整治，已取得了初步成效，但仍任重道远。本志根据大量地质调研资料，对全省崩塌、滑坡、泥石流、塌陷地质灾害的触发因素、分布规律进行了总结，提出了防治对策，对江西地震的发震断裂带作了进一步厘定，对重点发震地区的构造环境作了进一步研究，可供进一步优化地震区划和为做好重点发震区带的监测和预防提供了依据。全面分析了江西矿山地质环境存在的问题，提出了相应防治对策，重点就矿渣、尾砂资源的综合利用、变废为宝、化害为利提出了可行性的措施和建议。

江西省人民政府、财政厅、国土资源厅对本志研编十分重视，给予了工作指导和资金支持。本志完成之日，恰逢江西省入选全国生态文明生态示范区建设“打造生态文明建设的江西样板”之时。江西地质工作者谨以此书献给为建设富裕、美好、绿色家园而努力的全省人民。

余忠珍

2015年7月

目 录

（上册）

第三篇　地质遗迹与旅游地质

第四篇　区域生态地球化学环境

第五篇　区域水文地质与地下水资源

第六篇　地热与矿水资源

（下册）

第七篇　区域工程地质

第八篇　矿山地质环境

第九篇　地质灾害

第十篇　城市环境地质

第十一篇　区域环境地质规律

Contents

(Volume I)

Part III The geological heritage and geological tourism

Part IV Regional Ecological Geochemical Environment

(Volume Ⅱ)

Part Ⅶ Regional Engineering Geology

Part Ⅷ The Geo-environment of the Mines

Part IX Geological Disasters

Part X Urban Environmental Geology

Part XI Law of Regional Environmental Geology

绪　言

江西省简称“赣”。位于中国东南部、长江中游南岸，东距东海约350km。处于北纬24°29′14″~30°04′11″，东经113°34′36″~118°28′58″。面积16.69万km^2，2014年末常住人口为4542.2万人。环境地质条件优越，水土、地热、旅游等环境资源丰富。全省共划分为南昌、九江、景德镇、上饶、鹰潭、新余、宜春、萍乡、抚州、吉安、赣州11个设区市，下辖10个县级市、70个县及20个县级城区，省会为南昌。

江西自1895年开始发展近代交通，新中国成立后，特别是1978年实行改革开放以来，交通发展迅速，已形成由铁路、公路、航空与内河航运组成的现代化交通网络。京九铁路与昌九城际铁路纵贯南北、浙赣铁路与沪昆高铁连接东西，还有鹰厦、皖赣、鄂赣、赣龙、昌蒲、合福（高铁）等一批干线；高速公路网基本建成，实现县县通高速，各设区市与相邻各省间均有高速公路相连；南昌、景德镇、九江、赣州和井冈山、庐山、明月山、三清山都有飞机航班营运，全省交通十分便捷。

一、山川河流

江西省全境以山地丘陵为主，山地占总面积的36%、丘陵占42%、平原占12%、水域占10%。整个地势南高北低，东、西、南三面群山环绕，由周边向中心缓慢倾斜，形成一个以鄱阳湖平原为底部的盆地。

山地：受地质构造制约，纵横交错。北部有九宫山脉、鄣公山脉、九岭山脉、怀玉山脉、武功山脉及北武夷山；南有南岭山脉，总体作近东西向至北东东向展布；西侧为幕阜—罗霄山系，东部为雩山、怀玉—武夷山系，总体呈北北东向或近南北向展布。

丘陵盆地平原：受赣鄱断陷系制约，总体呈北东向，坐落于江西中部。由信丰、赣州、会昌、吉泰、抚州、信江等盆地与鄱阳湖平原组成，以发育红色丘陵、岗埠、平原、谷地为特征。

河湖水域：江西主要属长江水系，有赣、抚、信、饶、修五大江河，向中汇入鄱阳湖，经湖口注入长江，构成完整的赣鄱水系，水系流域面积16.22万km^2，占全省总面积的97.2%。仅有少量河水流入外省，主要为赣东南的东江源，赣西的萍水与赣西北的渎水。省域湖泊众多，鄱阳湖为全国第一大淡水湖，又有大量的人工水库（湖），其中大型水库18座、中型水库180余座。全省多年平均地表水资源总量1541亿m^3，人均拥有水资源量高于全国平均水平，低于世界人均水资源量水平，且分布不均匀，萍乡市人均水资源量只有世界人均水资源量的1/2。

二、气候

江西省地处中亚热带湿润季风气候区，气候温和，雨量充沛，四季分明，日照充足。

江西历年平均日照时数为1722h，绝大部分地区为1500~1900h。历年平均气温19.3~19.7℃，全省平均气温为17.8℃。以1月份气温最低，平均为6.0℃；7月份最高，平均为28.7℃。冬季受大陆季风影响，不断有冷空气入侵；夏季受西太平洋副热带高压控制，酷热。

江西省是全国多雨区之一，历年平均降水量1638.4mm。3~6月降水集中，占全年降水量的55.9%；3~4月雨量尤大，占年降水量的45.3%，是洪涝灾害和崩滑流地质灾害频发季节。降雨量最多的为赣东北至赣东地区，其次为铜鼓地区。其中弋阳雨季（4~7月）降雨量高达1023.6mm，而万安降雨量仅619.9mm。资溪历年平均降雨量最多为1978.0mm，泰和最少为1413.2mm。降雨量在年际之间也有差异，近50年来，最多的为2165.5mm（1975），最少的为1121.4mm（1963）。

三、环境地质背景概况

江西省居于欧亚大陆板块东南部，东近太平洋板块及菲律宾海板块，地跨扬子、华夏两大古板块及其间的钦杭结合带。赣北属于扬子古板块，赣南属于华夏古板块，钦杭结合带经赣中通过。大约自18亿年的古元古代以来，经历了由早前寒武纪克拉通—华南洋—华南裂谷系—陆表海—大陆的5个发展时期和吕梁、晋宁、加里东、印支与燕山等5场强烈的造山运动。沉积作用、岩浆作用与成矿作用发育，地质构造背景比较复杂。形成了丰富的地下资源和大量珍贵的自然遗产。自新近纪约2300万年以来，地壳总体比较平稳，又给我们创造了一个良好的生活居住与经济建设的环境。

地质构造背景是控制自然生态环境分区、影响生态环境优劣的重要因素。就江西而言，因地跨多个古大地构造单元和地质作用的长期演化与分异作用，形成了南北不同、东西有异的环境地质背景。1亿多年前的晚中生代发生的燕山运动，在前期构造的基础上，形成了反S状和近东西向和北北东向的隆起带与坳陷带相间展布的地质构造格局，后经晚白垩世—古近纪伸展构造作用，使江西省境的周缘断隆成山，中部断陷成盆，奠定了全省盆岭地貌的轮廓。第四纪早更新世晚期，由于青藏高原快速隆升，江西及邻区处于我国地势的第三阶梯，并受菲律宾海板块扩张影响，地壳发生多阶段缓慢隆升与局部沉降，形成了中低山、丘陵、平原相间的地貌格局，出现了以长江与“五河”为主干的河网湖汊系统，开始了第四纪沉积。更新世时处于冰期的江西气候冷暖交替，庐山出现冰川。众多河流冲积，形成了广布的第四系更新统砾石层与红土岗埠。至全新世冰后期，全省进入亚热带湿润季风气候，雨水丰沛。石生土，土生万物，江西的中低山主要由泥砂质浅变质岩和花岗质岩类组成，所形成的风化壳利于成林，风化物经流水侵蚀和河流搬运沉积，在河谷、平原形成了良田沃土，也是广大城镇、村落的聚居之所。但是，大自然在赋予我们相关良好的地质生态环境的同时，也存在一些不利因素。江西地质历史上形成了的复杂断裂网络，还时有部分北北东向、北东向断裂带继续活动，形成了大量温泉，其中8条成为主要的地震活动断裂带，赣西北、赣南部分地区地震烈度较高；在4~6月份暴雨季节，地质灾害多发，山地丘陵区易发生岩土崩塌与滑坡、泥石流以及水土流失；碳酸盐岩覆盖区易发生岩溶塌陷；局部地区有地氟、地甲等病害和水土重金属污染等环境地质问题。加之人为因素，加剧了地区性地质生态环境的恶化，这些灾害现象呼唤人们要倍加珍惜与爱护自然环境、保护好江西这块风水宝地。

四、环境地质工作历史概况

（一）古代环境地质工作

我国古代人民出于对环境安全的关注，出现了历史悠久的风水学。古人四大发明之一的罗盘指南针最早被用于风水观测。城镇、村庄、房舍、交通、水利工程等建筑设施都讲究风水。江西先民们临水而居，滨江设市，佛道寺观都在景胜名山，儒家书院多为山麓幽静之地，构成了人类与自然和谐的人文经济地理格局，体现了古人们的环境意识与智慧。但限于历史因素与当时科学技术水平，风水先生们一般局限于朴素的传统经验，而且参杂有浓厚的封建迷信色彩，以致在今天有人仍沉迷于“选风水宝地求升官发财”的愚昧之中，足见普及科学的环境地质知识是当前一项重要任务。

古人对环境地质历史沧桑的变化颇有见解。唐代颜真卿在《抚州南城麻姑山仙坛记》中写道“高山中犹有螺壳，或以为桑田所变”。对于地质灾害，江西早在公元304年开始有地震记载。环境地质资源发现利用也较早。温泉在东晋已见于记载。星子温泉自唐宋以至明清，白居易、苏轼、朱熹等都在这里留下了诗文。江西古井、名泉众多，唐代茶圣陆羽在所著《茶经》中评出天下十泉，江西占有其五。

我国在明朝晚期已开始出现近代地学萌芽。地学先驱徐霞客进行了大量地学调查，于1618年、1636年两次来赣，先后到庐山、挂榜山、龙虎山、会仙峰、青原山和武功山考察，在《徐霞客游记》中均有记述。

（二）近代环境地质工作

《江西省矿产地质志》（1996）记载江西省近代环境地质调查起步于20世纪20年代。1916年叶良辅、谢家荣到鄱阳湖附近调查，著有《江西鄱阳湖附近地质总论》，为省内环境地质调查之先。1931年李四光在庐山发现第四纪冰川遗迹，这是一项举世瞩目的环境地质调查成果。1933年9月朱庭祜、吴燕生、王钰、马振图等调查南昌附近地下水，著报告《江西南昌附近的地下水》；1942年陈国达在赣南进行过地震地质调查，为江西境内水文地质调查和地震地质调查之开端。这一时期省内修建了南浔、浙赣铁路，开始了相应的工程地质工作。1940年江西省地质调查所开始执掌土壤调查及水力水利研究，并正式成立土壤组。当年该组付徽第、吴本忠、朱显谟在侯光炯指导下测制了泰和县寓圹村附近红壤详图并编写了图幅报告，为江西红壤调查之始，此后又在泰和区与冠朝圩区、吉安县天河幅，乐平、德兴、鄱阳、婺源、浮梁、九江牯岭间进行了土壤调查或填图。1944年熊毅著《江西更新统黏土之性质及其成因》等论文。1945年7月25日江西最早的土壤地质工作者付徽第烈士留守江西地质调查所泰和驻地，于城郊三岗村遭日寇杀害。

（三）新中国的环境地质工作

新中国成立以来，环境地质工作逐步成为地质工作的重要组成部分。随着国民经济发展与社会的不断进步，地质工作已由传统的资源保障型走向现代的资源与环境并重型，环境地质工作进入了大发展时期，工作范畴亦由过去的水文地质、工程地质不断拓展到经济社会发展的方方面面，如城市地质、农业地质、旅游地质、地热地质、矿山环境、灾害地质、生态地球化学环境、国土空间管护等，逐步成为保障区域经济与社会可持续发展所需求的地质技术支撑服务领域。

水文地质工作：江西省的水文地质工作始于20世纪50年代初，从服务于矿业开发的矿区水文地质工作起步，各地勘单位结合矿区勘探，开展并完成了大量矿区水文地质勘察，逐步形成了一套比较成熟的勘察方法与评价技术。其中，较早的煤矿水文地质包括乐平桥头丘、鸣山等，其后查明并解决了九江县城门山铜矿、瑞昌武山铜矿、乐平乐华锰矿等大水岩溶复杂矿区的水文地质勘察与评价问题。20世纪60年代，围绕城市发展开展了南昌、赣州、新余、吉安等城市供水水文地质勘察。1963年开始1∶20万区域水文地质普查，成为最为系统的区域水文地质调查研究成果，是至今省内从事国民经济建设规划与布局、水工环地质工作等重点参考使用的首选基础水文地质资料。在此基础上，1978~

1985 年，为查明和了解部分县（市）镇供水水文地质条件，完成了一批县（市）镇供水水文地质勘察；编制了 1∶50 万《江西省综合水文地质图》、《江西省地下水资源分布图》。“七五”期间地矿部下达重点突破项目“中国红壤项目江西缺水地区地下水勘察”。1990 年部署了“缺水棉区供水水文地质勘察”。1980~1990 年完成了以流域为单元的地下水资源评价工作，其中锦江流域在全国开创了对地表水、地下水资源进行综合评价的先例。1983~1988 年以江西省地质局副总工程师陆中光为首席专家开展了《鄱阳湖区综合考察和治理研究计划》地学专题研究，获国家科技进步二等奖。2002 年完成了全国地下水资源评价（江西省）。在中国地质调查局支持下，于 2010 年开始实施鄱阳湖生态经济区环境地质综合调查与区划工作，于 2012 年开始启动分图幅的 1∶5 万水文地质工程地质及环境地质调查，目前已实施完成了鄱阳湖生态经济区内 12 个 1∶5 万标准图幅的水工环地质调查。同时，还开展并完成了大量城镇、厂矿、农田供水、地下水害防治等水文地质勘察，水文地质工作为江西经济建设与社会发展作出了应有贡献。

工程地质工作：工程地质与国民经济建设最为密切，从事的行业与部门众多。江西首项专门性工程地质工作为江西省水利规划设计队于 1955 年 1 月完成的“上犹陡水水库工程地质勘察”；江西省地矿局结合矿产勘查和 1∶20 万区域水文地质普查，兼顾开展了工程地质调查，但多以定性评价为主。

改革开放前，省内的工程地质主要集中在为水利工程和工民建服务方面，其中江西省地矿局组织完成了包括遂川县江铁仙殿水利枢纽、丰城县紫云山水利枢纽，以及赣江、抚河大型圩堤等数十项大、中型水利工程地质工作。江西省地矿局为民用建设服务的工程地质工作始于 1965 年，其后为配合三线企业建设，承担了包括长林、长青、758 厂等十余家三线军工企业及地下洞室从“规划到详细勘察”的工程地质工作。

改革开放后，随着国民经济的快速发展，工程地质工作保持着高速增长的态势。1985 年以 1∶20 万区域水文地质普查、流域水工地质、鄱阳湖地学考察等成果资料为基础，首次编制了 1∶50 万《江西省工程地质图》及说明书，为工程地质区划和重大项目选址提供了资料依据。工程地质从服务于工业与民用建筑，发展到涉及包括交通、铁路、水利、电力、核电等全行业，助力于“城市扩张、高速路网、铁路（高铁）网、城市轨道网、大型电力水利工程、大型城市综合体、核电站”等发展。工程地质也从传统的勘察评价向岩土工程、检测监测、基础工程、地基加固处理、深基坑工程等不断延伸。

地热矿水资源调查工作：江西省地质局水文地质队等于 1960 年开始先后对抚州、星子等 20 余处温泉进行了调查。20 世纪 70 年代初在李四光倡导下，全国掀起了“地热热”。江西地热工作得到了进一步加强，对全省温泉进行了全面普查与重点勘查。其中宜春温汤温泉采用人工回灌技术，地热水温保持在 66℃，变不自流热水为自流热水，热水量增加了 12 倍，达 10239m³/d，创造了国内罕见的成功范例。进入 21 世纪以来，在取得一大批断裂带对流型温泉勘查成果的同时，在南昌市郊采用区域地质、水文地质、地震地质技术等联合攻关，优选出东岗桥靶区在红层盆地之下堆叠岩片地层中打出了地下热水，实现了在极为复杂的构造条件下隐伏型地热的找热突破。截至 2015 年，全省发现天然温泉 96 处，钻探新发现隐伏型温泉 34 处。有 28 处天然温泉经勘察实现了增温增量。发现了一批重要的断裂地热带，展现了江西良好的地热前景。

浅层地温能利用是新世纪能源的一个新领域，省内已于 2001 年开始采用地源热泵系统，集中制冷取暖获得了成功。随着热泵技术的不断成熟，浅层地温能更以其“绿色、环保、节能”为特色，逐渐被社会广泛认可，在全省各地有一批建筑设施采用，效果良好。为科学合理地利用浅层地温能，江西省勘察设计研究院开展了包括南昌市在内的所有设区市浅层地温能调查评价，成果表明江西省浅层地温能具有“温度适中、资源丰富、分布广泛、采集方便、不易诱发次生灾害”等特性，应用前景广阔。

江西矿泉水资源十分丰富，类型众多。经江西省地矿局水文地质工程地质大队（以下简称“江西省水文地质大队”，下同）等单位调查和重点勘查，全省饮用矿泉水有7类76处；有碳酸、偏硅酸、锶、锂、硒等5类矿泉水138处，其中以偏硅酸矿泉水最为丰富。

农业地质与生态地球化学环境工作：20世纪80年代末，地质矿产部在赣南扶贫期间由江西地质科学研究所地质遥感中心开展了赣南农业地质遥感调查和果业基地优选评价。90年代中期，省地质矿产调查研究大队在赣南的1：5万区域地质调查工作中开展了成土母岩与脐橙品质产量的相关性调查研究。21世纪初，国土资源部为支持“三农”科学发展，编制颁布了全国农业地质调查规划纲要，江西省政府与国土资源部中国地质调查局合作于2003年启动区域生态地球化学调查（农业地质调查），按照全国统一的方法技术要求，先后由江西省地质调查研究院（简称“江西省地调院”，下同）承担完成了鄱阳湖地区、信江盆地、吉泰盆地、赣南地区共10.35万km^2的1：25万区域土壤多目标地球化学调查，调查的生态地球化学指标达54~66项之多，获取了海量生态地球化学数据和丰富的成果，基本查明了江西省主要农业生态区、主要城市（城镇）生态区、主要河湖生态区及部分矿集区的生态地球化学环境现状和有益、有害元素的区域分布情况，发现并圈定了一大批富含有益元素的特色土壤资源和部分有害重金属异常或超标区，并在丰城建立了“硒谷”优质农产品试验区，取得了良好的示范成果。这些科学成果在江西省现代农业发展规划、生态建设、农产品质量安全和地方病防控等都具有广泛应用价值。

地质遗迹保护与旅游地质工作：20世纪80年代开始，随着旅游业的发展和需要，在江西省地质学会的倡导下，省内的一些专家学者开始了旅游地学和地学科普研究工作，先后发表了一批旅游地学与地学科普著作。2000年开始，在联合国教科文组织的世界地质公园计划倡议下，江西省国土资源厅开始了地质遗迹的保护和地质公园建设工作，组织编制和颁布了《江西省地质遗迹保护利用规划》。江西省地调院先后承担完成了江西省地质遗迹调查、江西省古生物化石资源调查。在省政府的领导与具体组织下，以江西省地矿局专家为首的专家团队取得了三清山、龙虎山（龟峰）世界自然遗产地的成功申报和庐山、龙虎山（龟峰）、三清山世界地质公园的成功考察论证，进入了世界名山行列。除此，省内还建立了一批国家地质公园、国家矿山公园和省级地质公园，为地质遗迹的保护和科学利用树立了样板，也为江西旅游业发展创建了一批具有世界品牌的科学名山。

五、本志研编工作概况

本志是全国首编省域地质志书系列之一。江西省是我国地质构造背景复杂、成矿地质条件有利、环境地质条件多样的省份之一，也是我国地质调查与研究程度相对较高的省区之一，积累的各类地质成果资料丰富，在当今资源环境成为经济社会发展瓶颈的时代，通过省域地质志书系列包括《江西省区域地质志》、《中国矿产地质志·江西卷》与《江西省环境地质志》的研编，对全省区域地质、矿产地质、环境地质进行全面系统的研究与资料成果集成，旨在搭建江西地质创新平台，为省域地质资源环境战略研究、规划、工作部署提供科学依据，为地质资源环境领域科学创新研究、发展地质科学提供扎实基础，为进行地质资源环境教学和提高地质队伍素质提供重要资料，为社会提供全面、权威的省域地质资源环境信息与地质工作的工具。2005年，江西省地矿局受中国地质科学院地质研究所委托进行省级第二代区域地质志和矿产地质志、环境地质志研编试点。江西省地矿局把这一任务作为新世纪重大业务建设项目进行统筹安排，成立了以局长为主任的编委会。余忠珍、黄水保、祝立人为项目负责人，黄水保兼项目办公室主任，杨明桂为总编辑，尹国胜、唐维新、楼法生为副总编辑，下设有项目办公室、总编室、项目组等研编组织机构。由杨明桂等完成了总体设计，但因未获国家立项而结题。2007、2014年，江西省第二代区域地质志、矿产地质志先后获得了中国地质调查局立项。江西省环境地质志在省财政厅经费支持下，由江西省地矿局自筹经费研编。历经九载，通过篇章结构调整、数易其稿才完成研编任务。作为省级专业综合研究型志书，在全国属首创、无先例可循，是在全面总结新中国成立60余年来江西环境地质工作成果资料的基础上研编而成，也是率全国之先完成的第一部省域环境地质志。

本志涵盖环境地质条件、环境地质资源、环境地质灾害的广泛领域。研编工作以资料收集—综合研究—志稿研编为主线，充分利用和借鉴了第一代江西省区域地质志等专业志书和其他科研项目中成熟的研究方法及技术。研编工作过程，坚持服务于新时期国民经济建设与社会发展需求原则，继承我国方志学的“记实”传统，发扬地质专业志书在“记实”的基础上进行理论概括的行业志特色，做到有述有论，论而不泛，达到“志”的记实性与学术性的科学统一；坚持精品原则，按照统一标准、统一技术要求，确保内容全面，资料翔实，数据可靠，通过重点解剖和总结提升，做到记述全面、重点突出、文字简炼、图表精美、特色鲜明；力求深入浅出，通俗易懂；坚持成果资料集成与认识创新原则，把学习运用环境地学新理论、新技术、新方法与充分发挥群体智慧相结合，充分发掘与吸收环境地质工作广泛实践中的新发现与创新点，加以归纳与理论概括；本志根据整体顶层设计，研编注重与省域区域地质志及矿产地质志研编有机衔接，充分吸收应用了新一轮区域地质志的成果。达到区域地质与环境地质的深度融合，深入剖析地质构造、地层岩石、水土地球化学、地貌等因子与环境地质的内在关联。以隆起带、坳陷带、红层断陷盆地三重构造单元为基础，对全省地貌区域水文地质、工程地质、地热地质、地质灾害等进行了新的区划。着力于省域环境地质条件和环境地质资源进行综合研究与再认识，在此基础上，集江西环境地质工作大成，用创新科技平台使之成为专业人员常备、社会公众可读的中国首部省域环境地质文献。

本志研编在江西省地矿局副局长、编委会副主任、项目负责人余忠珍与编委会副主任、总编辑杨明桂具体主持下进行。承编单位为江西省水文地质工程地质大队、江西省地质调查研究院、江西省地质环境监测总站。主编曾马荪，副主编尹国胜（兼），金克柏、颜春、高忠坛（前）。项目办公室负责人由王刚兼任。研编任务采取分单位、分专业、分工负责相结合方式。研编团队采取老中青三结合、以兼编人员、专编人员与约稿相结合，充分发挥了承编单位的各自优势和不同研编人员的专业特长。项目副负责人黄水保、祝立人，副总编唐维新、楼法生，江西省地矿局水工环地质处处长王刚、副处长毛素斌等做了大量组织协调工作。江西省地矿局总工程师（前）、编委会副主任李福良对研编提供了重要的指导意见，并对区域水文地质篇文稿进行了阅改。研编过程中黄德彭、吴建康、巢志众、张建阁、丁来兴、王刚等专家对书稿进行了详细审阅，提供了十分宝贵的修改补充意见，对提高文稿质量起到了重要作用。

本志由绪言、结语、参考文献、英文摘要、正文11篇等组成，约145万字，内含插图315幅、插表145张、照片190张。上册包含第一至第五篇，前四篇由江西省地质调查研究院完成，第五篇由江西省水文地质大队完成；下册由江西省水文地质工程地质大队牵头、地质环境监测总站参与完成。其中：第一篇区域地质与第四纪地质，第一、三章由杨明桂、吴富江、毛素斌、钟千方、胡涵等编写，第二章特邀江西省地勘基金管理中心马振兴撰写；第二篇区域地貌和第三篇地质遗迹与旅游地质，由尹国胜、尹斌、陈莉、张旭、吕少俊、李晓勇、李均辉等编写；第四篇区域生态地球化学，由尹国胜、衷存堤、马逸麟、冯昌和、汪凡、毛大发、刘冰权、郄海满、张旭等编写；第五篇区域工程地质，由杨欣、龙正根编写，后根据巢志众指导意见，由金克柏进行章节调整与补充完稿；第六篇区域水文地质与地下水资源，前期由高忠坛编写，后期由金克柏根据新的章节安排重新编写完成；第七篇地热与矿水资源，前期由高忠坛编写，后由林强编写完成，易家河温泉由九一六地质大队廖洪鑫供稿，石城通天寨地热勘查成果资料由赣中南地质矿产勘查研究院祝爱明提供；第八篇矿山地质环境，第一、三、四章由颜春、边晓庚编写，第二章矿床水文地质由李松林撰写，第五章矿山尾矿综合开发利用由江西省地矿资源勘查开发中心吴俊华、龚敏撰写；第九篇地质灾害，由白细民编写；第十篇城市环境地质，由周玉才编写；第十一篇区域环境地质规律，由杨明桂、余忠珍、尹国胜、马振兴、谢代强撰写。绪言由曾马荪、尹国胜、杨明桂撰写；结语由杨明桂、王刚撰写，英文摘要中文稿由杨明桂、尹国胜根据各篇提供的摘要进行编写。上册（绪言和第一篇至第五篇）由尹国胜统稿，下册（第六篇至第十一篇）由曾马荪、金克柏、颜春、丁来兴统稿，全书经杨明桂多次修改补充并统编，由尹国胜、金克柏、尹斌、龚珺、陈燕君进行了整编。参与本志编著过程不同阶段的工作协调、资料收集、辅助文字录入与编图制图等工作人员有：龚珺、陈燕君、胡涵、钟千方、胡青华、徐梅桂等。本书内的英文翻译由龙梅梅、滑晓晖、黎广荣、游韵完成。

2015 年 9 月 7~8 日，江西省地质矿产勘查开发局邀请了由中国科学院院士李廷栋、中国科学院与工程院院士常印佛和冯小铭、候克常、巢志众、李福良、吴健康、文冬光（函评）等组成的专家组，对本志送审稿进行了会议评审，江西省发展改革委员会、国土资源厅、环境保护厅、科学技术厅、旅游发展委员会、住房与建设厅、农业厅、水利厅、地震局等单位代表应邀到会，对书稿提出了宝贵的修改补充意见。评审专家组对本志给予了高度评价，认为是一份优秀的环境地质研究成果，达到了国际先进水平。本志编纂项目组根据评审意见，于 2015 年 12 月完成对书稿的修改、补充、定稿。

本志研编任务的完成，得到了江西省人民政府、江西省财政厅、江西省国土资源厅、江西省地震局和全省广大地质工作者的关心与支持。在此，一并致以衷心的感谢！

由于本志编纂工作跨时长、涉及面广、工作量大，难免存在疏漏和差错，对引用的资料成果也难免存在漏注、漏记现象。对此，谨表歉意！并欢迎批评指正！

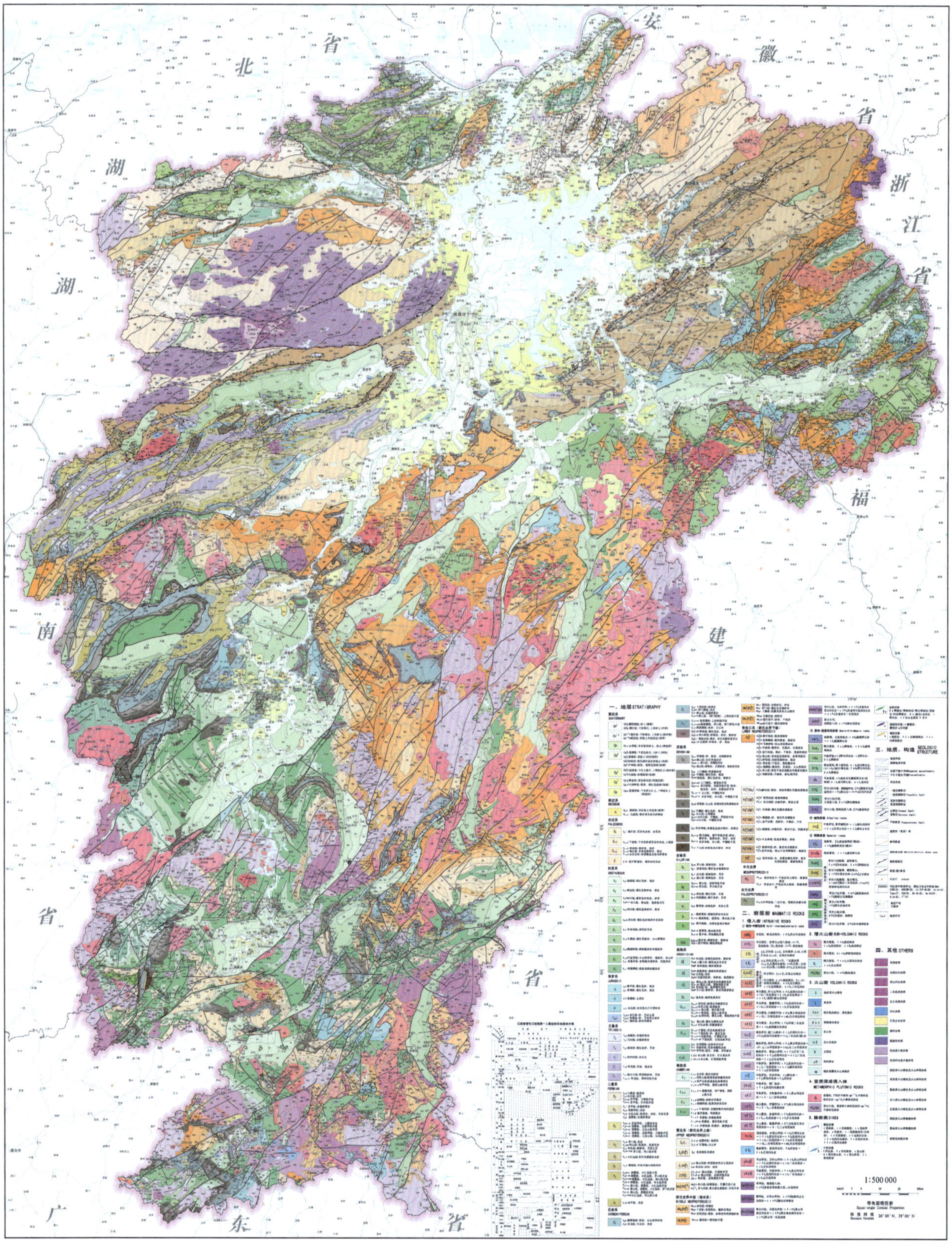
湖北省
安徽省
浙江省
福建省
湖南省
广东省
一、地层 STRATIGRAPHY
二、岩浆岩 MAGMATIC ROCKS
四、其他 OTHERS
1:500 000

江西省地质图(缩略图)

第一篇 Part I Regional geology and Quaternary Geology

区域地质与第四纪地质

环境地质学是地质学的重要分支，环境地质工作是地质工作的重要组成部分。环境地质特征、资源以及灾害等，无不受到区域地质条件的约束，无不以地层、构造、岩土等条件为背景和支撑。其中与第四纪地质尤为息息相关。本篇主要是简要说明江西的区域地质构造概况，重点叙述第四纪的地层、盆地与谷地结构，现今板块活动、新构造活动与区域地应力场、地震地质状况，为环境地质研究总结提供地质背景资料。其中第一章资料主要取材于新编的第二代《中国区域地质志·江西志》。

第一章　区域地质概况

江西省位于欧亚板块东南部，东近太平洋板块与菲律宾海板块，地跨扬子、华夏两个古板块（图1-1-1）（江西省地矿局，2016），自元古宙以来，经历了18亿年的地质演化。地质构造复杂，沉积作用、岩浆作用、变质作用与成矿作用发育，构成了有利而复杂的环境地质条件。

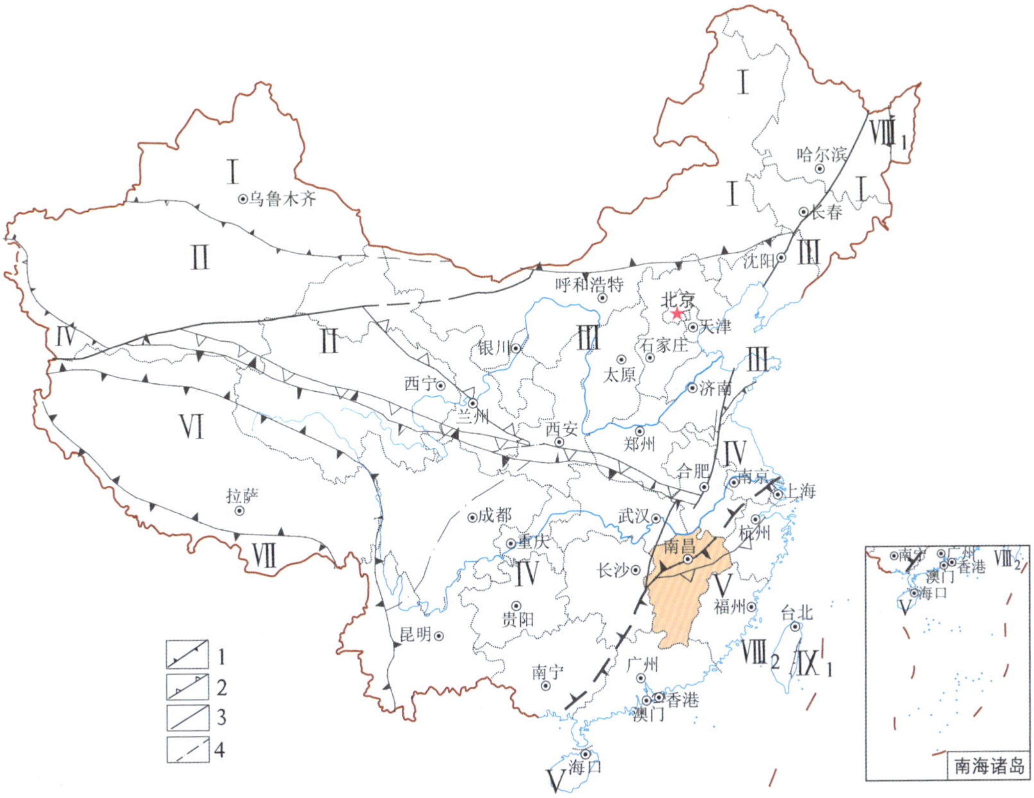

图1-1-1　江西省大地构造位置图

Fig. 1-1-1　Tectonics of Jiangxi Province

1—地壳对接带；2—地壳叠接带；3—大型走滑断裂；4—其他构造单元边界断裂；Ⅰ—西伯利亚板块；Ⅱ—塔里木柴达木板块；Ⅲ—华北板块；Ⅳ—扬子板块；Ⅴ—华夏板块；Ⅵ—滇藏板块；Ⅶ—印度板块；$Ⅷ_1$—欧亚板块陆缘造山带；$Ⅷ_2$—折月哈达岭；Ⅷ—台湾；Ⅸ—菲律宾海板块；Ⅸ-1—台东新生代造山带

第一节 地 层

江西省元古宙以来各时代地层发育基本齐全，总面积约 133300km²，其中沉积地层约 69500km²，中深变质地层较少，浅变质地层 60500km²，青白口纪晚期与中生代火山沉积地层（不含沉积变质火山岩地层）3300km²。古—中元古代变质地层出露零星，由新元古代—早古生代变质地层岩石、南华纪—早白垩世沉积碎屑岩、碳酸盐岩和部分火山岩及晚白垩世以来红色砂砾岩与疏松沉积层构成了环境地质的重要地层（沉积变质）岩石条件。地层划分研究程度较高，自 20 世纪 80 年代以来，在推行多重地层研究法的过程中，采用岩石地层单位填图，为环境地质工作提供了良好的地层资料。现据全国地层委员会《2014 年全国地层表》将全省地层划分（表 1-1-1）。

一、古—中元古界

（一）古元古界天井坪组

主要出露于福建省闽西地区，延入江西黎川、广昌境内，分布零星，岩性为一套混合岩化变粒岩、片岩、石英岩。锆石 SHRIMP U-Pb 年龄 1776±19Ma（李献华 等，1998）。

（二）中元古界

含两个岩组，分布局限。

1. 田里岩组

仅分布于上饶县秦峰乡田里和广丰社后。为一套灰绿色云母石英片岩夹含锰白云岩、磁铁赤铁石英岩。厚 1528.2m，片岩中最年轻锆石 SHRIMP U-Pb 年龄 1553Ma、白云母 40Ar/39Ar 同位素年龄值 1042±7Ma~1019±8Ma（Li. Z. X，2003）。

2. 铁沙街岩组

出露于弋阳县旭光乡铁沙街，为一面积 40km² 的构造岩片。上部为千枚岩夹变粉砂岩、岩屑杂砂岩、大理岩及铜矿层，下部为细碧岩、石英角斑岩。石英角斑岩获锆石 SHRIMP U-Pb 年龄 1132±8~1172.3±9.7Ma。

二、青白口系下部

广泛分布于江西北部隆起区，构成区域褶皱基底，总体为一套浅变质含有火山物质的泥砂质细碎屑岩层。因沉积环境差异，岩性发生变化，自北而南分为以下几套地层，以双桥山群、万年群浅变质岩系分布最广。

1. 双桥山群

出露于铜鼓—景德镇一线以北的赣北地区，为一套浅变质海相沉积地层，下未见底。岩性以灰、灰绿色中细粒变质砂岩、变粉砂岩、板岩、千枚岩为主。夹少量薄层凝灰岩、灰岩、钙质砂岩。共分 4 个组：自下而上，横涌组以夹灰黑色千枚岩为标志，下未见底，出露厚 453m；计林组以紫红色、灰绿

表 1-1-1 江西省岩石地层单位划分对比一览表

Table 1-1-1 Lithostratigraphic correlation chart from Jiangxi Province

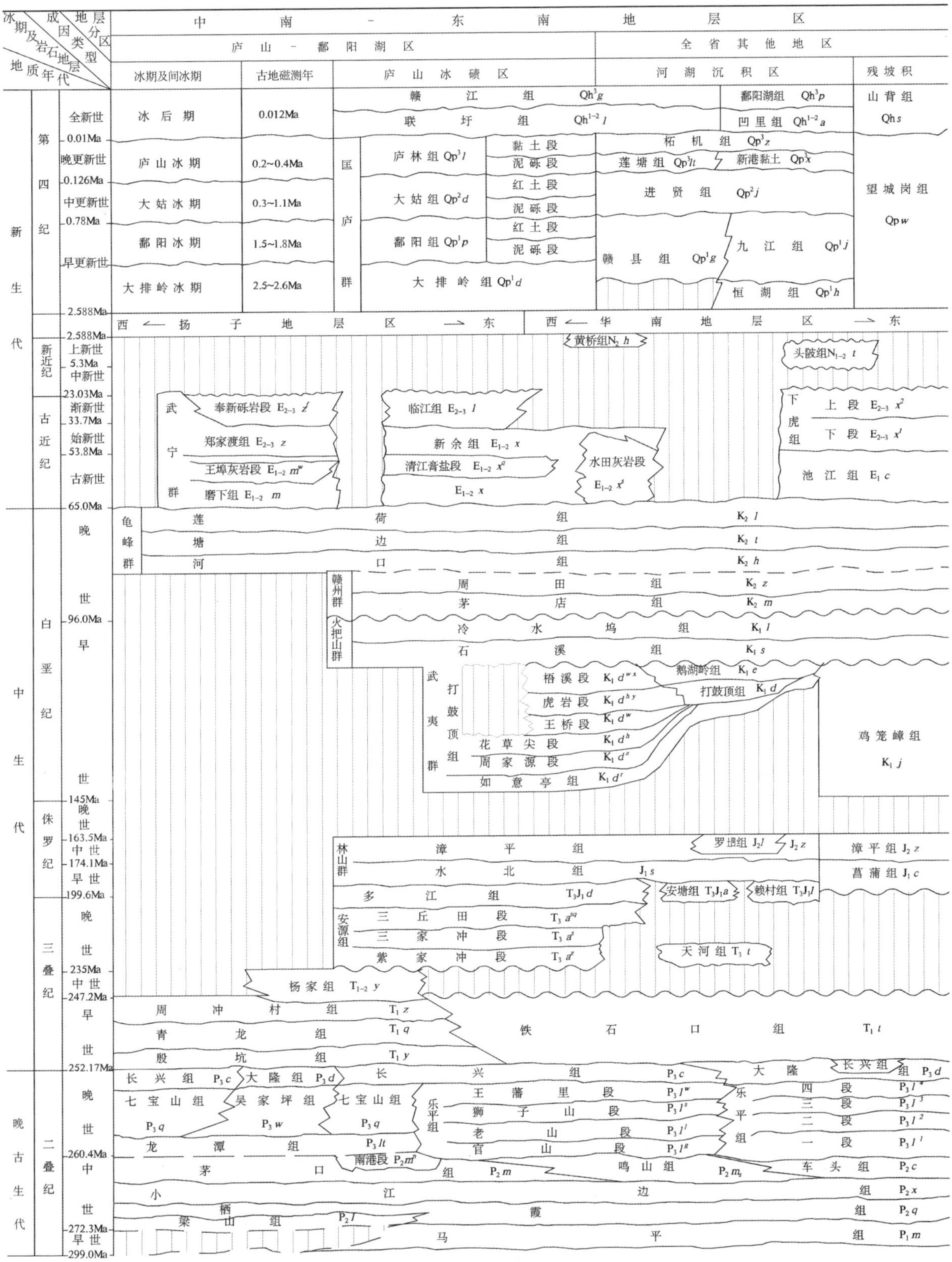

续表

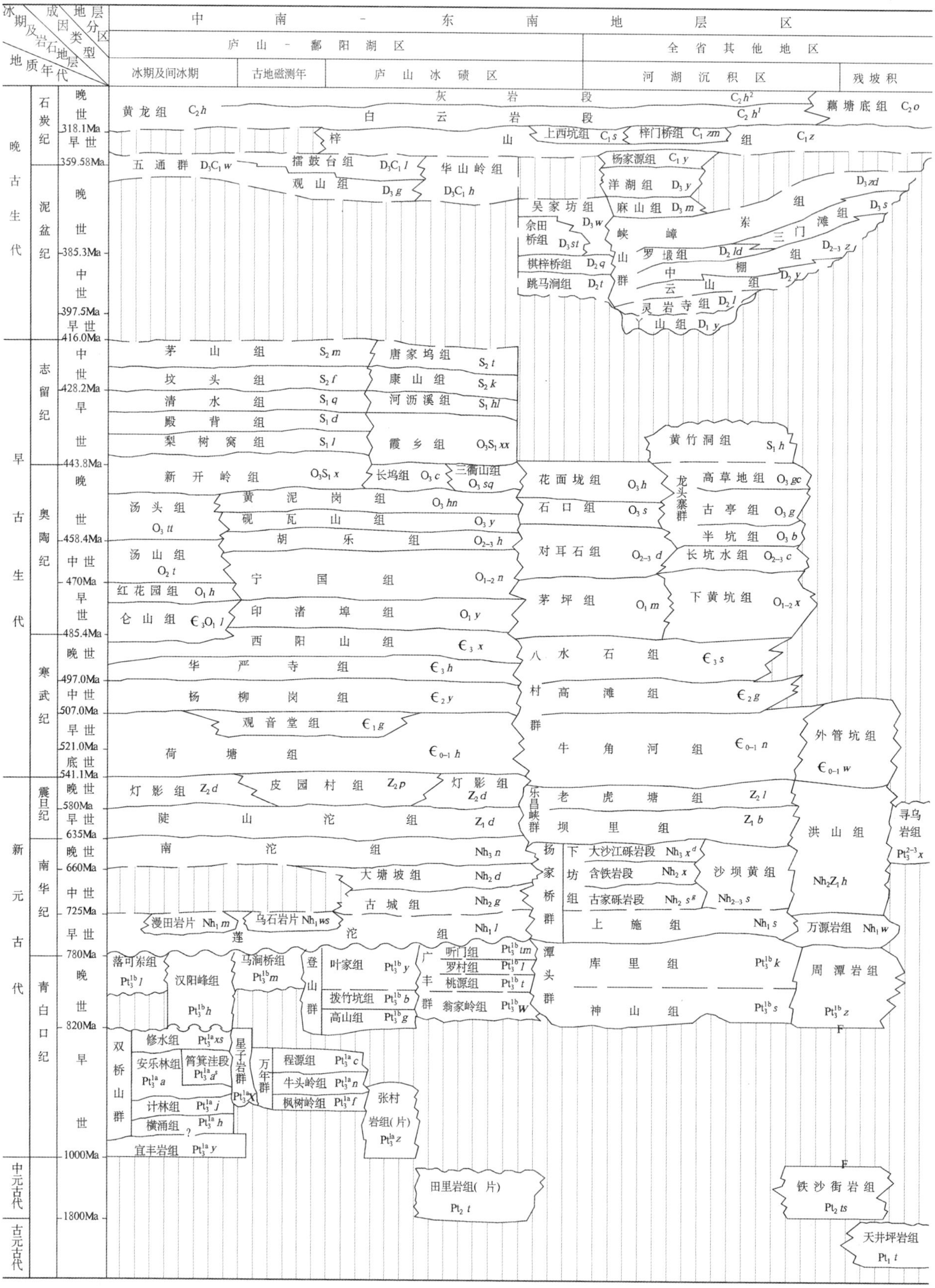
冰期及岩石地层 成因类型 地层分区
地质年代
中南－东南地层区
庐山－鄱阳湖区
全省其他地区
冰期及间冰期
古地磁测年
庐山冰碛区
河湖沉积区
残坡积
晚古生代
石炭纪
晚世
318.1Ma
早世
359.58Ma
泥盆纪
晚世
385.3Ma
中世
397.5Ma
早世
416.0Ma
早古生代
志留纪
中世
428.2Ma
早世
443.8Ma
奥陶纪
晚世
458.4Ma
中世
470Ma
早世
485.4Ma
寒武纪
晚世
497.0Ma
中世
507.0Ma
早世
521.0Ma
底世
541.1Ma
新元古代
震旦纪
晚世
580Ma
早世
635Ma
南华纪
晚世
660Ma
中世
725Ma
早世
780Ma
青白口纪
晚世
820Ma
早世
1000Ma
中元古代
1800Ma
古元古代
黄龙组 C2h
灰岩段 C2h2
白云岩段 C2h1
藕塘底组 C2o
梓山组 C1z
上西坑组 C1s
梓门桥组 C1zm
五通群 D3C1w
擂鼓台组 D3C1l
观山组 D3g
华山岭组 D3C1h
杨家源组 C1y
洋湖组 D3y
麻山组 D3m
吴家坊组 D3w
余田桥组 D3st
棋梓桥组 D2q
跳马涧组 D2t
峡山群
嶂岽组 D3zd
三门滩组 D3s
罗坳组 D2ld
中棚组 D2-3z
云山组 D2y
灵岩寺组 D2l
丫山组 D1y
茅山组 S2m
坟头组 S2f
清水组 S1q
殿背组 S1d
梨树窝组 S1l
唐家坞组 S2t
康山组 S2k
河沥溪组 S1hl
霞乡组 O3S1xx
黄竹洞组 S1h
新开岭组 O3S1x
长坞组 O3c
三衢山组 O3sq
花面垅组 O3h
石口组 O3s
龙头寨群
高草地组 O3gc
古亭组 O3g
半坑组 O3b
汤头组 O3tt
黄泥岗组 O3hn
砚瓦山组 O3y
胡乐组 O2-3h
汤山组 O2t
对耳石组 O2-3d
长坑水组 O2-3c
宁国组 O1-2n
红花园组 O1h
茅坪组 O1m
下黄坑组 O1-2x
仑山组 €3O1l
印渚埠组 O1y
西阳山组 €3x
八村群
水石组 €3s
华严寺组 €3h
高滩组 €2g
杨柳岗组 €2y
观音堂组 €1g
外管坑组 €0-1w
荷塘组 €0-1h
牛角河组 €0-1n
灯影组 Z2d
皮园村组 Z2p
灯影组 Z2d
乐昌峡群
老虎塘组 Z2l
陡山沱组 Z1d
坝里组 Z1b
洪山组 Nh2Z1h
寻乌岩组 Pt3 2-3x
南沱组 Nh3n
杨家桥群
下坊组
大沙江砾岩段 Nh3xd
含铁岩段 Nh2x
古家砾岩段 Nh2sg
沙坝黄组 Nh2-3s
大塘坡组 Nh2d
古城组 Nh2g
漫田岩片 Nh1m
乌石岩片 Nh1ws
莲沱组 Nh1l
上施组 Nh1s
万源岩组 Nh1w
落可岽组 Pt3 1bl
汉阳峰组 Pt3 1bh
马涧桥组 Pt3 1bm
登山群
叶家组 Pt3 1by
拨竹坑组 Pt3 1bb
高山组 Pt3 1bg
广丰群
昕门组 Pt3 1btm
罗村组 Pt3 1bl
桃源组 Pt3 1bt
翁家岭组 Pt3 1bw
潭头群
库里组 Pt3 1bk
神山组 Pt3 1bs
周潭岩组 Pt3 1bz
双桥山群
修水组 Pt3 1axs
安乐林组 Pt3 1aa
筲箕洼段 Pt3 1aas
计林组 Pt3 1aj
横涌组 Pt3 1ah
?
宜丰岩组 Pt3 1ay
星子岩群 Pt3 1aX
万年群
程源组 Pt3 1ac
牛头岭组 Pt3 1an
枫树岭组 Pt3 1af
张村岩组(片) Pt3 1az
F
田里岩组(片) Pt2 t
铁沙街岩组 Pt2 ts
F
天井坪岩组 Pt1 t

色千枚岩、粉砂岩为标志，有“古红层”之称，厚2022m；安乐林组夹少量变凝灰质岩层，在武宁大洞、德安彭山、庐山含有一套枕状玄武岩、细碧岩、石英角斑岩，称筲箕洼段，该组总厚2318~2870m；修水组以底部砾岩为标志，厚538~2700m。该群锆石SHRIMP U–Pb年龄值介于840~823Ma。

在庐山东麓出露的星子岩群为一套角闪岩相变质地层，由片麻岩、变粒岩、片岩组成。锆石SHRIMP U–Pb年龄值834Ma（关俊朋 等，2010）、851±14Ma（董树文 等，2010），为晋宁期造山带中深部双桥山群受花岗岩热穹隆递进变质的中深变质地层。

2. 万年群

分布于进贤、万年、婺源一带，也为一套巨厚的浅变质海相沉积地层。与双桥山群为渐变关系，二者的区别是双桥山群计林组紫红色层向南变为灰绿色，地层所含火山凝灰质也随之增多。万年群自下而上分为枫树岭组，以含灰黑色千枚岩为标志，夹有细碧岩、石英角斑岩，下未见底；牛头岭组以底部砂砾岩为标志；程源组为火山岩组，含火山凝灰质千枚岩与凝灰质变粉砂岩约占50%。该群地层总厚度计约7639m，锆石SHRIMP U–Pb年龄值841~826Ma。

3. 张村岩组与宜丰岩组

为华南洋蛇绿岩套残迹。

张村岩组分布于婺源、德兴、弋阳、东乡一带，宜丰岩组分布于宜春、慈化、宜丰一带。其组成下部为超镁铁质、镁铁质岩，大部分已蛇绿岩化，呈构造侵位的大小透镜体产出。中部为细碧岩、石英角斑岩，上部为凝灰质、泥砂质深海浊积岩。宜丰岩组为含铜矿层。德兴西湾侵入于张村岩组蛇绿岩中钠长花岗岩锆石SHRIMP U–Pb年龄为968±23Ma（李献华，1994），宜丰岩组锆石SHRIMP U–Pb年龄为854±10Ma。

三、青白口系上部

形成于晋宁期造山后的华南裂谷系环境，火山活动强烈，赣北处于皖浙赣堑垒带，赣南处于南华裂谷海盆，地层与沉积岩石各地明显不同。以赣南区的潭头群浅变质地层分布较广。

（一）赣北区

主要为一套具准盖层特点的沉积，与下伏地层为区域性角度不整合关系。

1. 武宁—庐山—都昌一带

仅见该期地层上部，均为陆相火山沉积，分布零星，武宁落可岽组为含火山碎屑的砾岩、砂岩，厚223m；庐山汉阳峰组为变斑状石英流纹岩，厚207m；都昌马涧桥组为砂砾岩，凝灰岩夹中酸性熔岩，厚679m。

2. 怀玉山区

称登山群，下部高山组为浅变质深海相含凝灰质泥砂浊积沉积。主要为灰、青灰色板岩、变质砂岩，夹砾层岩，下未见底，构造混杂的“洪家砾岩”岩块，有可能为其底砾岩，厚829.4m。中部拔竹坑组为杂砾岩，浅海相红色砂页岩夹碳酸盐岩层，其上为黄绿色砂岩、粉砂岩、板岩、安山质玄武岩，总厚1377m。上部叶家组为滨海相－陆相砂砾岩、砂岩、板岩夹安山质玄武岩、英安岩、流纹岩，厚898m。

3. 广丰地区

广丰群，陆相，分为4个组：下部翁家岭组为砾岩、砂砾岩、粉砂岩，夹含锰泥灰岩、硅质岩，厚356m。中下部桃源组为基性、中酸性火山岩，锆石SHRIMP U–Pb年龄818±12Ma（Wang.El.Al, 2008），厚3041m。中上部罗村组为杂色粉砂岩、页岩，厚542m。上部听门组为紫红色中厚层状长石石英砂岩，厚367m。各组之间均为平行不整合。

（二）赣南区

主要为浅变质岩的潭头群，其次为中深变质的周潭岩组。

1. 潭头群

为一套巨厚的深海相浅变质岩，分两个组：下部神山组下段为灰、青灰色变质砂岩、粉砂岩、千枚岩组成的浊积岩，下未见底，厚1847m；上段为灰黑色、深灰色千枚岩、粉砂岩，习称“黑神山”，厚1327m。上部库里组为浅灰、灰白色含火山沉凝灰质和少量火山熔岩的泥砂质碎屑岩，厚2424~3458m。

2. 周潭岩组

主要出露于赣东地区，为片麻岩、变粒岩、片岩，夹中基性、中酸性变火山岩，绿泥绿帘片岩部分为混合岩化变质岩，下未见底，出露厚1215m。

四、南华系—震旦系

南华纪—震旦纪时，江西北部主要属较稳定的陆表浅海为主的碎屑岩与碳酸盐岩、硅质岩盖层沉积，南部继续处于南华裂谷海盆环境，形成了巨厚的含火山物质的泥砂质碎屑沉积。

（一）赣北区

1. 南华系

下统莲沱组为中厚层状砂砾岩、砂岩、粉砂岩，厚195~913m。中上统为扬子群冰期地层，总厚仅3~72m。下部古城组、上部南沱组由暗灰色冰碛泥砾岩、砂泥岩、凝灰质岩层组成，中部为间冰期大塘坡组碳质页岩夹透镜状灰岩。除此，在临川—进贤一带浅海相的乌石岩片，由灰白色砂岩、灰色板岩组成；上高一带次深海相的漫田岩片为浅变质含火山质碎屑岩，含显微海绵骨针化石，现归于南华系下统。

2. 震旦系

下统陡山沱组为深灰色砂页岩夹白云质灰岩，底部或下部常见含锰质灰岩，在广丰地区含磷块岩层与黑滑石层，为钙硅界面、软弱易滑层，厚13~30m。震旦系上统皮园村组硅质岩层分布较广，灯影组白云岩、灰岩主要分布于修水、广丰地区，厚度30~406m。

（二）赣南地区

1. 南华系

杨家桥群，主要由浅变质泥砂质碎屑岩组成。下统上施组含有凝灰质层及白云岩夹层，厚983m。在赣东地区变质较深，称万源岩组，主要为变粒岩、片岩，厚570m。中上统下坊组，底部与顶部有冰期形成的不稳定砾岩层，中部为间冰期形成的磁铁石英岩，即著名的“新余式铁矿”，总厚400~800m。在赣南于都一带岩性为含砾、磁铁石英岩薄层和凝灰质碎屑岩，称沙坝黄组，厚1787m。

2. 震旦系

下部为坝里组夹含锰碳酸盐岩层的泥砂质浊积岩，厚598~1814m。上部老虎塘组为硅质岩夹炭质层与碳酸盐岩层。厚200~600m。

在赣东地区南华系中上统与震旦系未分，统称洪山组，岩性为片岩、变质砂岩、含磁铁石英岩、石英岩、碳质层、碳酸盐岩层和薄层磷块岩层，厚916m。

3. 赣南寻乌岩组

出露于赣东南会昌、寻乌、安远地区，为一套混合岩、变粒岩、片麻岩、片岩，夹石英岩、碳酸盐岩层。寻乌地区获锆石 SHRIMP U-Pb 最年轻的碎屑年龄615Ma（王丽绢 等，2008），会昌地区曾称桃溪岩组，变粒岩最年轻锆石 LA-ICP-MS U-Pb 为736Ma（张爱梅 等，2011），时代归属于南华纪中晚世至震旦纪早世。

五、下古生界

早古生代江西南北沉积差异依旧，北部主要为陆表海沉积，南部继续为次深海裂谷海盆沉积。此时无海底火山喷发产物，形成浅变质的以陆源泥砂质碎屑岩为主，夹少量碳酸盐岩、硅质岩的巨厚沉积。

（一）赣北区

1. 寒武系底—下寒武统荷塘组

底部为含石煤层，夹硅质岩、碳酸盐岩层的一套黑色碳页岩、粉砂岩，下部含钒铀和磷质、黄铁矿结核，厚174~215m；上部在德安—庐山一带变为黄绿色页岩、粉砂岩，称观音堂组，厚度146~501m。

中上统以碳酸盐岩层为主，中统杨柳岗组为深灰色泥灰岩，灰白色白云岩、灰质白云岩，夹含碳粉砂质页岩，厚120~281m；上统下部华严寺组为灰黑色薄－中层状泥质条带灰岩，薄层泥灰岩，厚139m。上部西阳山组为灰黑色泥灰岩、瘤状灰岩、黑色泥页岩互层，厚14~208m。

2. 奥陶系

分为两类：瑞昌—彭泽小区为碳酸盐岩，上寒武统—奥陶系下统仑山组为白云岩、白云质灰岩，下夹灰岩，厚234m。下统红花园组为灰白色厚层状灰岩夹泥质灰岩、白云质灰岩，厚75~150m。中统汤山组为紫红色瘤状泥质灰岩夹泥质条带灰岩，厚162m。上统汤头组为灰、灰绿色瘤状泥质灰岩夹泥质条带灰岩，厚28m。

赣北其他地区以海相含笔石化石的泥砂质碎屑岩为主。下统印渚埠组为青灰、灰绿色泥质页岩夹灰岩透镜体，厚337m。上部宁国组为黄绿色页岩夹黑色碳质页岩，厚49m。中统下部胡乐组为黑色含碳页岩夹灰黑色硅质岩，厚22m。上部砚瓦山组为瘤状灰岩、钙质泥页岩，厚10m。上统下部黄泥岗组为黄绿色钙质泥页岩，厚45m。上部新开岭组为黑色含碳含硅页岩，厚40m。至玉山下镇一带变为灰白色厚层状灰岩，灰、灰黑色泥质条带灰岩或页岩夹瘤状灰岩，称三衢山组，厚168m。至玉山县南山王坊变化为粉砂岩、泥岩组成的韵律地层，称长坞组，厚度巨大，达1973m。

3. 志留系

仅有中下志留统。

修水武宁小区为一套黄绿色、紫红色泥砂质岩层，分5个组。下统梨树窝组以黄绿色中－厚层状石英砂岩为主，夹粉砂岩、粉砂质页岩，厚606m。殿背组为青灰色、黄绿色薄层泥页岩、粉砂岩为主夹细砂岩，厚1212m。清水组，为紫红色与青灰色砂泥质沉积，称“下红层”，厚944m。中统坟头组为灰绿、黄绿色含钙泥质粉砂岩、粉砂质泥岩、夹含锰粉砂岩，底部常见砂砾岩层，厚227m。茅山组为紫红、灰绿色粉砂质泥岩、粉砂岩夹灰色石英砂岩，称“上红层”，厚281m。

赣东北怀玉山地区分为4个组，下统霞乡组为灰绿、黄绿色长石石英砂岩、细砂岩、粉砂岩、粉砂质页岩组成的韵律层，厚277m。上部河沥溪组为黄绿、灰绿色夹紫红色石英砂岩、细砂岩、粉砂岩或粉砂质泥岩，厚390~695m。中统康山组为灰绿、黄绿色泥砂质碎屑岩，厚110~157m。上部唐家坞组为黄绿、灰绿色与紫红色泥砂质碎屑岩，厚500~600m。

（二）赣南区

1. 寒武系

八村群，以泥砂质碎屑浊流沉积，由下而上划分为3个组，底、下统牛角河组以底部碳质板岩，上部含碳硅质岩为特征，厚1300~2146m。中统高滩组发育灰、灰绿色厚层状长石石英杂砂岩为特征，底部出现复成分砾岩、砂砾岩，厚度2200m。上统水石组以灰绿色、灰黄色粉砂质板岩、板岩为主，夹长石石英砂岩、粉砂岩、黑色板岩，顶部白云质灰岩的消失与奥陶系分界，厚度722~2400m。

2. 奥陶系

大致以崇义古亭－南康东西向断裂为界，其北为笔石相，其南为混合相。

笔石相地层分4个组：下统茅坪组为灰绿色粉砂质板岩、板岩夹灰黑色碳质板岩，厚622m。下中统对耳石组为灰黑色硅质板岩夹灰黑色碳质板岩，厚432m。上统石口组为灰绿泥砂质韵律层，厚3068m。上部花面垅组为灰、灰黑色硅质板岩夹碳质板岩、灰绿色砂岩、粉砂岩，厚597m。

混合相地层：下中统下黄坑组为灰黑、灰绿色变余长石石英砂岩、板岩韵律层，厚228m。下中统长坑水组为黑色含碳硅质板岩、硅质岩，底部为灰白色厚层石英砂岩与黑色条带状板岩互层，厚178m。上统龙头寨群，含3个组：下部半坑组为灰绿色板岩、含碳板岩，下部夹砂岩，厚401m。中部古亭组为碳酸盐岩层，厚度336m。上部高草地组以浅灰绿色粉砂质板岩为主，厚90m。

3. 志留系

仅有下统黄竹洞组，为含复成分砾岩的砂泥质碎屑岩。在崇义阳岭形成巨厚砾岩楔，厚400~1800m。

六、上古生界—中三叠统

该期全省处于被动陆缘环境，海水由南西向北东侵进，期间地壳有几次抬升，形成一套以陆表浅海为主的沉积旋回。地层南北差异不大，东西差异比较明显。

（一）泥盆系

为以滨浅海为主的碎屑岩沉积，泥盆系下统丫山组为灰色砾岩、砂砾岩组成的磨拉石建造。中统灵岩寺组为紫红色复成分砾岩，分布局限，主要出露于赣西南。

赣北泥盆系仅有上泥盆统—下石炭统五通群碎屑岩沉积。为灰白色石英砾岩、砂砾岩、粗粒石英砂岩夹紫红色长石石英砂岩，砂质页岩之沉积。厚度20~235m。

赣西发育中上泥盆统碳酸盐岩地层。中统下部跳马涧组为灰白色石英砾岩、石英砂砾岩，向上为紫红色砂、泥岩，黄绿色砂岩、粉砂岩夹钙质粉砂岩、泥灰岩，厚度188m。中统上部棋梓桥组为灰色厚层状生物碎屑粉晶灰岩、灰质白云岩，厚度17~90m。上统下部佘田桥组自下而上为钙质粉砂质泥岩夹泥灰岩、浅灰色泥质灰岩，厚110~444m。上统上部吴家坊组为灰紫、灰绿色细粒石英砂岩、粉砂岩、砂质页岩夹泥灰岩，厚195m。

赣南中上泥盆统碎屑岩地层称峡山群，分4个组。中统下部云山组为灰白色厚层状石英砾岩、砂砾岩，上夹灰绿色粉砂岩，厚44m。中统上部中棚组为一套下部紫红（下红层），上部为灰绿色细砂岩、粉砂岩、粉砂质泥岩，厚度532m。上统三门滩组为黄绿、褐黄色钙质细砂岩、钙质粉砂岩，厚度40m。嶂崇组也为一套下紫红色（上红层），上部灰绿色砂岩、粉砂岩、粉砂质泥岩，顶部夹碳质泥页岩，厚436m。在赣西南，中统上部罗埂组为白云岩、白云之灰岩，厚25m。湘赣边境上统麻山组，为灰黑色钙质泥页岩夹灰岩，厚50~424m。其上洋湖组为灰、灰黑色含碳粉砂岩、砂岩，下部含宁乡式赤铁矿层，厚度127m。

除此，赣中地区尚有上泥盆—下石炭统华山岭组，下部为灰白色石英砾岩、砂岩，上部夹紫红色细砂岩、粉砂岩、含碳页岩，厚480m。

（二）石炭系

下统在赣西北和宜丰—景德镇一带地层缺失，其他地区下统杨家源组为黑色灰岩、泥灰岩夹板岩、白云岩和石膏层，厚度226m。上部梓山组为含煤地层，下部为灰白色石英质砾岩、砂岩，上部为砂页岩夹无煤层，有的地点含凝灰质碎屑岩，厚120~627m。在湘赣交境中上部出现灰岩，称梓门桥组，厚30m，其上为硅质岩夹紫红色砂页岩，称上西坑组，厚24m。

上统黄龙组，下段以白云岩为主，上段以灰岩为主，厚586m。在饶南地区相变为砂砾岩、砂岩夹碳酸盐岩层，称藕塘底组，厚256m。

（三）二叠系

分布较广，岩性变化较大。

下统：马平组下部为浅灰色生物灰岩，上部为深灰色含燧石生物泥晶灰岩，以出现蜓类*Pseudoschwagerina*带（假希瓦格蜓）或*Sphaeroschwagrina*带（球希瓦格蜓）为该组底界，厚207m。

中统：下部梁山组分布赣西北地区，为含煤砂、泥质层，厚15~18m。中下部栖霞组为深灰、灰黑色含燧石结核臭灰岩夹含碳页岩，厚度60~293m。中部小江边组为灰黑色钙镁质泥岩、滑石黏土岩、海泡石黏土岩夹灰岩透镜体，产菊石化石，厚35~273m。上部茅口组为灰、浅灰色中厚层状灰岩夹硅质岩，厚280m。鸣山组出露于乐平一带，与茅口组为同期异相地层，为灰色硅质岩夹硅质灰岩，厚10~92m。车头组出露于赣东、赣南，为石英细砂岩、硅质粉砂岩、硅质、炭质页岩，含磷结核与含锰灰岩，厚135~233m。

上统：岩性岩相变化较大。

锦江流域，上统下部乐平组官山、老山段为含煤碎屑岩建造，厚0.7~32m；上统中部七宝山组为硅质岩、硅质泥岩夹粉砂质泥灰岩，厚50~185m；在德安一带下部为龙潭组，含煤2层，其上称吴家坪组，为灰色、肉红色中厚层状含燧石结核灰岩，厚23m。

萍乡—乐平、赣南等地区上二叠统下部乐平组广泛分布，分为4层，自下而上：官山段为含A煤组砂页岩地层，厚150m；老山段为含B煤组的细砂岩、粉砂岩的碎屑岩层，厚180m；狮子山段为浅灰色中细粒砂岩，厚度38m；王潘里段为C煤组的砂、泥碎屑岩层，厚78m。

上二叠统上部，长兴组为灰色中厚层状灰岩、生物灰岩，厚度大于170m，分布较广。大隆组与长兴组为同期异相地层，主要分布于赣西北、赣南地区，为灰黑色含碳硅质岩、硅质页岩、粉砂质泥岩夹透镜状灰岩，厚9~17m。

（四）下—中三叠统

下统在江西北部以碳酸盐岩为主，下部殷坑组为黄绿色钙质粉砂泥岩，上部夹薄层灰岩，厚30~417m。中部青龙组为青灰色中薄层状泥质灰岩，厚136~598m。上部周冲村组为灰白、粉红色厚层状白云岩、白云之灰岩夹细晶灰岩、砾屑灰岩，厚187~489m。

中统杨家组，仅分布于萍乡北至高安一带，为紫色、紫红色长石石英粉砂岩夹紫色页岩，底部常灰绿色砂页岩，厚1255m。

七、上三叠统—新近系

该期进入了大陆发展阶段，以陆相含煤盆地、火山盆地、红层盆地沉积为主。

（一）上三叠统—侏罗系

1. 上三叠统安源组

为江西主要含煤地层之一，分3个段，由下而上为：紫家冲段底部为燧石质砾岩，中上部为含煤砂页岩，厚139m；三家冲段主要为灰、灰黑色砂岩、粉砂岩、质页岩夹钙质砂岩或灰岩透镜体，为咸水沉积，无煤层，厚285m；三丘田段为含煤的灰、灰黑色砂页岩，厚397m。在万载地区，其上有多江组，为灰白、浅灰色石英细砂岩、粉砂岩、含碳泥岩，底部石英燧石质细砾岩，厚193m。在吉安登龙乡有一套含基性熔岩的砂、页岩，称安塘组，与多江组同为上二叠统—下侏罗统的过渡层。

2. 侏罗系

下—中统林山群：出露于赣中南地区，下部水北组为中厚层状灰白色石英长石砂岩，夹黄绿色粉砂岩、页岩、碳质页岩与煤线，厚1180m。上部漳平组或罗坳组，为紫红色、黄绿色、紫色砂页岩，厚370~716m。

下统菖蒲组：分布于赣南南部，为玄武质火山岩，与流纹质火山岩组成的“双峰式”火山岩，厚1308~1750m。锆石SHRIMP U-Pb年龄玄武岩194.4±2Ma（李武显，2011）~191.9±2.2Ma（项媛馨，2011），流纹岩188.3±3~183.2±3.2Ma（李武显，2011）。

（二）下白垩统

为陆相火山岩系，主要分布于赣东北（图1-1-2）、赣南地区（图1-1-3），形成一批中、小型火山

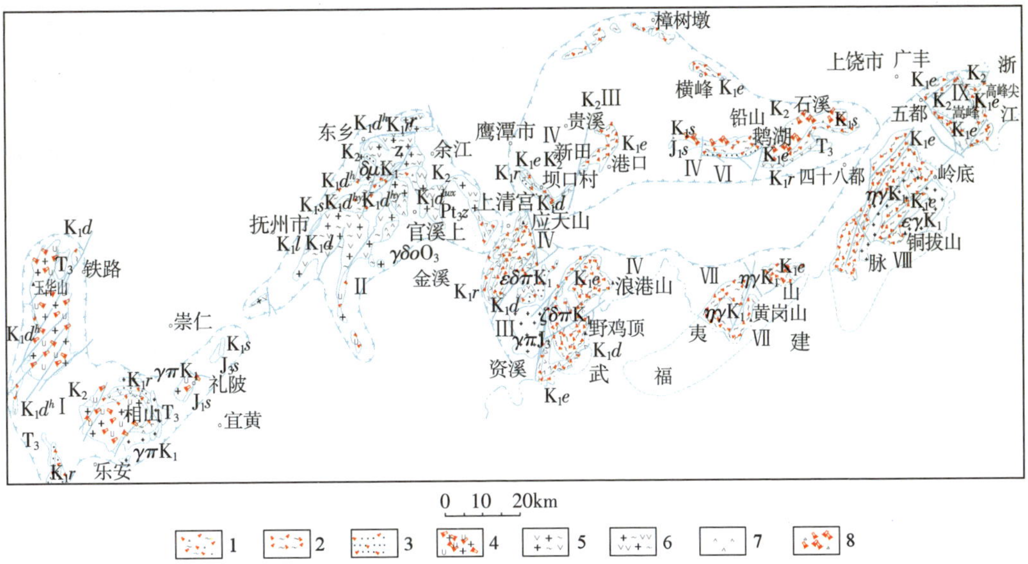

图 1-1-2　乐安 - 广丰火山岩带各岩区岩性地质图

Fig. 1-1-2　Le´an-Guangfeng volcanic geological map

1—熔结集块角砾岩；2—熔结凝灰岩；3—凝灰质粉砂岩或沉凝灰岩；4—花岗质碎斑熔岩；5—英安质流纹岩；6—流纹质英安岩 7—安山岩；8—含角砾凝灰岩；K_1r—如意亭组；K_1d—打鼓顶组；K_1d^z—打鼓顶组周家源段；K_1d^h—打鼓顶组花草尖段；K_1d^{hy}—打鼓顶组虎岩段；K_1d^{wx}—打鼓顶组梧溪段；K_1e—鹅湖岭组；Pt_3^1z—周潭岩组；T_3a—安源组；J_1s—水北组；K_1s—石溪组；K_2—上白垩统；$\gamma\pi K_1$—早白垩世花岗斑岩；$\delta\mu K_1$—早白垩世石英闪长玢岩；$\gamma\delta o O_3$—晚奥陶世花岗闪长岩石；$\eta\gamma$—二长花岗岩；$\xi\gamma$—碱长花岗岩；$\xi o\pi$—石英正长斑岩

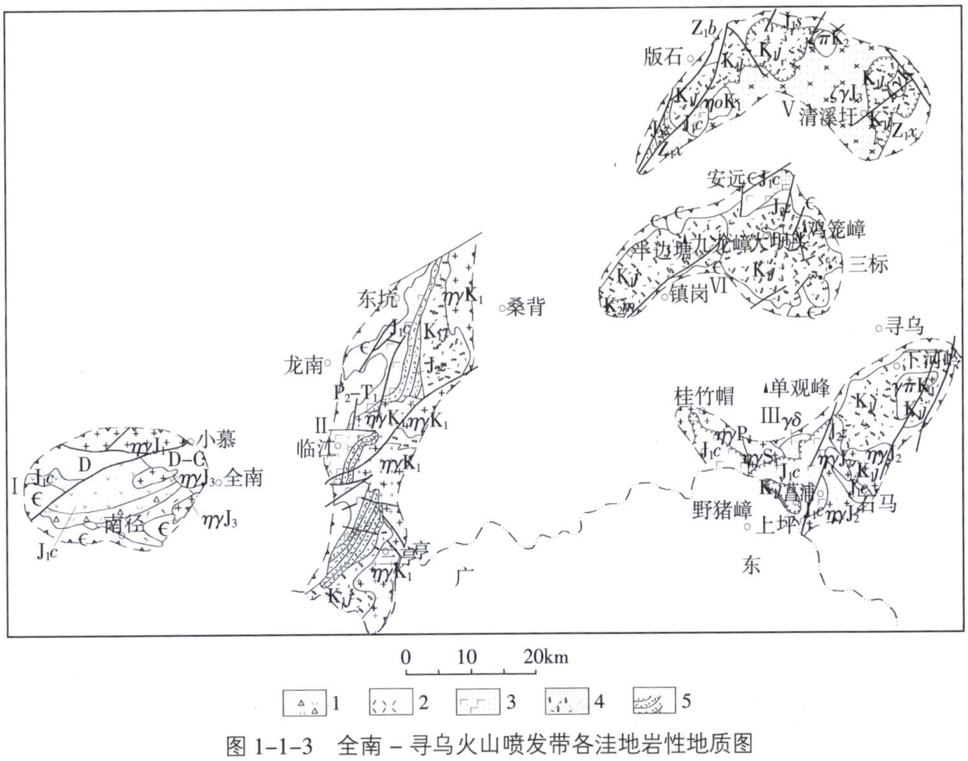

图 1-1-3　全南 - 寻乌火山喷发带各洼地岩性地质图

Fig. 1-1-3　Geological map showing various lithologies in Quannan-Xunwu volcanic eruption-depression belt

1—角砾凝灰岩；2—凝灰岩；3—玄武岩；4—熔结凝灰岩；5—凝灰质砂泥岩；J_1c—菖蒲组；J_2z—漳平组；K_1j—鸡笼嶂组；K_1l—冷水坞组；J_1s—水北组；Z_1b—坝里组；$\eta\gamma K_1$—早白垩世二长花岗岩；$\gamma\pi$—花岗斑岩；ηo—石英二长岩；$\xi\pi$—正长斑岩；$\xi\gamma$—碱性花岗岩；$\gamma\delta$—花岗闪长岩

盆地。

早白垩世早期火山岩在赣东北地区称武夷群，下部如意亭组为紫红、灰绿色含凝灰质砂砾岩、砂岩、粉砂岩，厚37~170m之间。中部打鼓顶组为流纹质、英安质、安山质反序火山岩，在冷水坑矿田上部含火山湖泊碳酸盐岩层，厚420m。上部鹅湖岭组为流纹质熔结凝灰岩，厚1735m。在赣南地区该期火山岩称鸡笼嶂组，为以流纹质熔结凝灰岩为主体的酸性火山岩系，厚500~2755m。上述火山岩系锆石SHRIMP U–Pb年龄值打鼓顶组集中于136~132Ma（唐春花 等，2012；杨水源 等，2009），鸡笼嶂组集中于138~130Ma（李武显，2011；徐胜勋 等，2010）。

武夷群火山岩常不整合于早白垩世早期花岗岩体之上，又有早白垩世小型花岗岩侵入，结合花岗岩体年龄值，其时代应为早白垩世中期。

早白垩世晚期火把山群下部石溪组，底部为砾岩，下部为浅灰、灰绿色凝灰质砂岩、含碳泥岩，上部为灰绿、紫红色流纹质熔结凝灰岩、晶屑玻屑角砾凝灰岩夹凝灰质砂、泥岩，在安远版石下部夹油页岩。厚274m（石溪）、2355m（广丰）、版石1140m。上部冷水坞组为灰绿、灰白色夹紫红色含砾砂岩、砂页岩，为内陆湖泊沉积，厚550~1500m。版石组流纹岩锆石SHRIMP U–Pb年龄值131.4±1.3Ma（王保峰 等，2011）。

（三）上白垩统

为一套固结程度较低的“红色砂砾岩系”，其砾岩砾石成分分别为变质岩、石英、砂岩、灰岩等。分赣州、龟峰下上两个群。

1. 赣州群

下部茅店组为紫红色砾岩、砂砾岩，含伊丁橄榄玄武安山岩，厚600~1960m。上部周田组为内陆湖盆相含石盐石膏钙质粉砂岩、粉砂岩、泥岩，厚425~2069m。

2. 龟峰群

平行不整合于赣州群之上，为一套粗－细－粗红层沉积。下部河口组为砖红色砾岩、砂砾岩、含砾砂岩夹粉砂岩，厚1100~2000m。中部塘边组为紫红色偶夹灰绿色细砂岩、粉砂岩、泥岩，厚度变化在240~1120m。上部莲荷组为砖红色、紫红色砾岩、砂砾岩夹砂、泥岩，厚544~2631m。

（四）古近系—新近系

1. 古近系

武宁盆地：称武宁群，时代为古新世—渐新世，自下而上：磨下组下部与上部均为紫红色砾岩、砾砂岩，中部为湖相灰、紫红色中厚层隐晶灰岩、含砾隐晶灰岩，厚336m。郑家渡组以紫红色粉砂岩、泥页岩为主，含薄层石膏，厚2680m。奉新砾岩为紫红色砾岩、砂砾岩，厚大于2676m。

新余盆地：下部新余组为细砂岩、粉砂岩夹少量砂砾岩，粉砂岩、泥岩、薄层泥灰岩，盆地中心含岩盐、石膏层，厚1276m，时代为古新世—始新世。上部临江组为富含有机质的灰绿、灰黑色泥岩、页岩夹细粉砂岩、油页岩，厚233m，时代为渐新世。

池江盆地：下部池江组为灰绿色、紫红色粉砂岩、泥岩夹含砾砂岩，厚1388.8m，为古新世。上部下虎组下段为紫红色砾岩、砂砾岩、含砾砂岩；上段为紫红色夹灰黑色含碳泥页岩，夹薄层状泥晶灰岩、细砂岩，总厚度大于386m。时代为始新世—渐新世。

2. 新近系

仅见于广昌头陂和吉水黄桥，前者头陂组底部为砾岩，主要为灰绿、灰白色黏土层、凝灰质砂页岩夹硅藻土层，厚 188m，时代中新世。后者黄桥组为半固结的灰、灰黑色泥炭、有机质黏土、砂质黏土，厚 103m，时代为上新世晚期。

第二节　侵　入　岩

江西的侵入岩分布很广，面积为 30611km²，占全省面积的 20.5%。时代分为晋宁、扬子、加里东、印支、燕山、喜马拉雅等期，超基性岩、基性岩、中性岩、酸性岩以及碱性花岗岩均有分布。尤以花岗岩类分布最广，规模最大，与环境地质关系尤为密切（表 1–1–2）。

一、基性、超基性侵入岩与镁铁质、超镁铁质蛇绿岩

全省基性、超基性侵入岩与镁铁质、超镁铁质蛇绿岩分布较广，但规模较小，出露面积仅约 40km²。

（一）新元古代早期（晋宁期）

1. 晋宁期镁铁质、超镁铁质蛇绿岩

为华南洋蛇绿岩套下部镁铁质、超镁铁质组合。均为构造侵入形成的大小不等的透镜体，分布于赣东北德兴—弋阳和慈化黄茅一带。前者呈北东向带状展布，带长 110km，宽 10~15km，有较大岩块 110 多个，长度一般几十米至几百米，宽几米至百余米，以德兴西湾、泗州、弋阳樟树墩岩块规模最大；慈化—黄茅一带呈北东东向，岩块零星，规模很小，岩石类型主要有变橄榄岩、辉石岩、辉石质堆晶岩、辉绿岩墙。岩石均已蛇纹石化。

2. 晋宁期镁铁质、超镁铁质岩

见于都昌程浪坂。程浪坂基性、超基性岩墙群，带长 18km，宽 3km，呈近东西、北东东走向，超基性岩墙大多已变为蛇纹石片岩、透闪石软玉片岩，原岩有纯橄榄岩、二辉橄榄岩、斜辉橄榄岩、含长橄榄岩等，另有辉长岩、辉绿岩墙，全岩 Sm–Nd 等时线年龄为 (828.6±27.9) Ma（马长信　等，1999）。

（二）青白口纪晚期（扬子期）

青白口纪晚期（扬子期）基性岩为华南裂谷期伴随登山群、广丰群、汉阳峰组火山活动形成的基性岩墙或小型侵入体。岩墙分布于登山、德兴、庐山、婺源等地，岩性主要为辉长岩、辉绿岩。安义珠洛山基性岩，分布面积 0.7km²，岩性有辉长岩、辉长辉绿岩、辉绿玢岩，呈岩墙、岩瘤产出。锆石 U–Pb 法同位素年龄为 796±1Ma（马长信　等，1999）。

（三）早古生代（加里东期）超基性 – 基性岩

分布于赣中南加里东期造山带，在武功山—饶南，由新余神山秀水江岭上 – 渥塘及新干古桥、大桥蓬、大斜、东乡官上溪、弋阳佛母亭等岩体组成一条超基性岩带。另在峡江马埠、巴丘、遂川左安，

表 1-1-2 江西省侵入岩事件序列表

Table1-1-2 Geo-chronology of intrusive rocks, Jiangxi

地质时代		地质年龄/Ma	岩浆期	构造环境	构造岩浆组合	侵入岩类	序列	岩性	同位素年龄/Ma
新生代	新近纪	23.03	喜马拉雅岩浆期	陆内伸展	与陆内裂谷有关的侵入岩组合	基性岩脉	苗圃辉绿岩	辉绿(玢)岩、辉长辉绿岩	9.4~27.3 (K-Ar)
	古近纪	65.5				花岗岩小岩体	欧龙花岗岩	黑云母花岗岩	37(K-Ar)
						超基性岩筒	暖水岩筒	爆破角砾岩、超铁镁质岩	37.6 ± 2.2(Rb-Sr)
							路迳岩筒	似金伯利岩	43.9(K-Ar)
						镁铁质侵入岩	支家桥基性岩	橄榄辉长岩、橄榄辉石岩	47.40(LA-ICPMS)
中生代	白垩纪	晚世 99.6				基性岩脉、层状侵入体	华源辉绿岩	辉绿(玢)岩、辉长辉绿岩等	91 ± 3(SHRIMP)
							杨林橄榄辉绿岩	橄榄辉绿岩、橄榄辉绿玢岩	100~135.9 (K-Ar)
		早世 145	燕山岩浆期	大陆活化造山(局部伸展)	S型武夷同造山潜火山-侵入杂岩组合	浅成斑岩	岩背花岗质火山侵入杂岩	花岗斑岩、英安斑岩	97.3 ± 0.9(SHRIMP) 99~136 (LA-ICPMS)
						花岗质侵入杂岩	冷水坑潜火山杂岩	正长花岗斑岩、石英正长斑岩、二长斑岩、碎斑花岗斑岩、浅红色流纹斑岩	121.9~133.5 (SHRIMP)
					I型扬子组	潜火山岩	银山潜火山杂岩	石英斑岩-英安玢岩-闪长玢岩	99~138 (LA-ICPMS)
					同造山S型江南组合	铝质花岗岩	怀玉山序列	(晶洞)碱长花岗岩	115.6 ± 2.0(SHRIMP)
								正长花岗岩	
								二长花岗岩	123.0 ± 2.2(SHRIMP)
								花岗闪长岩	
						过铝花岗岩	鹅湖序列	正长花岗岩	127.2 ± 1.2(SHRIMP) 130~142.9(Tims)
								二长花岗岩	
								花岗闪长岩	
						二云母花岗岩	大湖塘序列	白云母二长花岗岩	133.0 ± 2.1 (LA-ICPMS)
								二云母二长花岗岩	
								黑云母二长花岗岩	
						晶洞花岗岩、环斑花岗岩	灵山序列	晶洞碱长花岗岩	115(K-Ar)
								环斑二长花岗岩	127~140(K-Ar)
					I型扬子组合	壳幔混合花岗闪长斑岩	城门山序列	石英(斑)岩	144.5~138.2 (SHRIMP)
								花岗闪长斑岩	
								石英闪长(玢)岩	
	侏罗纪	晚世			I型钦杭组合	中酸性斑岩	阳储岭序列	二长花岗斑岩	147~142.3(K-Ar)
								花岗闪长斑岩	
								似斑状花岗闪长岩	

续表

地质时代		地质年龄/Ma	岩浆期	构造环境	构造岩浆组合	侵入岩类	序列	岩性	同位素年龄/Ma
中生代	侏罗纪	晚世 163.5	燕山岩浆期	大陆活化造山（局部伸展）		中酸性斑岩	永平序列	富斜花岗岩	160 ± 2.3(Tims)
								花岗闪长斑岩	
						中酸性斑岩	塔前序列	花岗闪长岩－花岗闪长斑岩－花岗岩－花岗斑岩	162~146(SHRIMP)
					同造山S型南岭组合	二云母花岗岩	西华山序列	白云母二长花岗岩	151.4~151.8 (SHRIMP) 151.1(LA-ICPMS) 126~163.1(Tims)
								二云母二长花岗岩	
								黑云母二长花岗岩	
						二长花岗岩	葛仙山序列	正长花岗岩	145.7~150.9 (SHRIMP) 145.8(LA-ICPMS) 136~148.8(Tims)
								二长花岗岩	
								花岗闪长岩	
								石英二长闪长岩、石英二长岩	158.9~169 (Tims)
		中世 174.1			三南陆内伸展侵入岩组合	A型碱性花岗岩	塔背序列	碱长正长岩	164.6 ± 2.8 (SHRIMP) 161 ± 4(SHRIMP)
								石英正长岩	
								碱长花岗岩	
						铝质A型花岗岩	寨背序列	碱长花岗岩	171.6 ± 5(SHRIMP) 168~172.2 (SHRIMP)
								正长花岗岩	
								二长花岗岩	
								花岗闪长岩	
						中基性侵入岩	车步序列	闪长岩	170~173(SHRIMP)
								辉长闪长岩	
								辉长岩	
					I型扬子组合	花岗闪长斑岩	铜厂杂岩	花岗闪长斑岩、石英闪长玢岩	171 ± 3(SHRIMP)
					同造山南岭组合	二长花岗岩	古阳寨序列	正长花岗岩、二长花岗岩	178.6 ± 0.3Ma
								花岗闪长岩	
	三叠纪	晚世 235	印支岩浆期	陆内造山	同造山花岗岩组合	过铝－强过铝二云母花岗岩	罗珊序列	白云母二长花岗岩	207~220.3(Tims)
								二云母二长花岗岩	
								黑云母二长花岗岩	
		中世 247.2				花岗岩	富城序列	正长花岗岩	233–247.7 (LA-ICPMS) 231 ± 3(SHRIMP) 210~238(Tims)
								二长花岗岩	
								花岗闪长岩	
		早世 252.17				含红柱石花岗岩	隘高序列	二云母二长花岗岩	249 ± 6(SHRIMP)
								含红柱石黑云母二长花岗岩	

续表

地质时代		地质年龄/Ma	岩浆期	构造环境	构造岩浆组合	侵入岩类		序列	岩性	同位素年龄/Ma
早古生代	志留纪		加里东岩浆期	裂谷海盆闭合造山	陆内同造山侵入岩组合	同造山(S型)	石英闪长岩	前吴序列	石英闪长岩	419~423(LA-ICPMS)
									闪长岩、黑云角闪闪长岩	423.5 ± 3.4(LA-ICPMS)
							角闪黑母花岗岩类	丰顶山序列	二长花岗岩	402 ~ 423(LA-ICPMS) 409 ~ 423(Tims) 422 ± 11(LA-ICPMS)
									花岗闪长岩	
		428.2							英云闪长岩	
							镁铁质侵入岩	基性岩	角闪辉石岩、(角闪)辉长岩、辉石闪长岩、变辉绿岩、角闪石岩	446(K-Ar)
								超基性岩	蛇纹石化橄榄辉石岩、透辉石化橄榄岩、橄榄岩、辉闪橄榄岩等	555 ± 21(Sm-Nd)、394 ± 5(SHRIMP 新余) 241.4 ± 5.6(LA-ICPMS 鹤仔)
							紫苏辉长岩	董家洲侵入体	紫苏辉长岩	436 ± 2(LA-ICPMS)
							变质深成岩	下坑仔侵入体	花岗闪长质片麻岩	440 ± 9.3(LA-ICPMS)
							环斑状花岗岩	万洋山序列	二长花岗岩	424 ~ 441(LA-ICPMS) 432.8 ± 3.9(SHRIMP) 427 ~ 446(Tims)
									花岗闪长岩	
									英云闪长岩	
							眼球状花岗岩、含石榴花岗岩	付坊序列	细粒正长花岗岩	432 ~ 457(LA-ICPMS) 464 ± 11(SHRIMP) 441.7 ~ 517(Tims)
									中细粒黑云母二长花岗岩	
									中细粒黑云母花岗闪长岩	
		443.8							中细粒黑云母英云闪长岩	
	奥陶—震旦纪	635								
新元古代	南华纪		扬子岩浆期	大陆裂解(伸展)	与裂谷有关的侵入岩组合	条带状过铝花岗岩		细坳侵入体	条纹条带状黑云母二长花岗岩	742.3 ± 9.3Ma(SHRIMP)
		780				镁铁质岩岩墙		基性岩墙	辉绿岩、辉绿玢岩、辉长辉绿岩等	752 ± 4(U-Pb) 796 ± 1(U-Pb)
	青白口纪晚期			雪峰期陆内造山		S型(?)花岗岩		石耳山序列	浅肉红色碱长花岗斑岩	785 ± 11(LA-ICPMS)
									细粒似斑状正长花岗岩	814±26(LA-ICPMS)
									中粒黑云母二长花岗岩	
									中细粒(含堇青石)石英闪长岩	

续表

地质时代		地质年龄/Ma	岩浆期	构造环境	构造岩浆组合	侵入岩类	序列		岩性	同位素年龄/Ma
新元古代	青白口纪晚期	820	扬子岩浆期	大陆裂解(伸展) 休宁期弱造山	与裂谷有关的侵入岩组合	超浅成斑岩	次火山斑岩		次流纹斑岩	811(Tims)
						浆混岩	港边浆混岩	岩浆混合岩	混合二长花岗岩岩	848±4 (LA-ICPMS) 822±4 (TIMS)
									斑杂状花岗岩闪长岩	
								酸性端员	石英正长岩类	
								基性端员	闪长岩类	
	青白口纪早期	850	晋宁岩浆期	陆陆碰撞	陆陆碰撞同造山花岗岩组合	变形深成岩	观音桥岩体		片麻状花岗岩	815±16Ma (SHRIMP) 823±64(Tims)
						S型强过铝含堇青石、二云母花岗闪长岩及花岗岩	石花尖序列		黑云母二长花岗岩	823±16 (LA-ICPMS) 825±3(U-Pb)
									黑云母花岗闪长岩	
									黑云母英云闪长岩	
							九岭序列		含堇青石黑云母二长花岗岩	820~831 (SHRIMP)
									含堇青石黑云母花岗闪长岩	
									含堇青石黑云母英云闪长岩	
						基性侵入岩	基性岩墙		变辉绿岩、辉绿玢岩	
									辉长岩	
						超基性岩	程浪坂超基性岩墙群		蛇纹石化角闪橄榄岩、辉石橄榄岩、绿泥闪石岩、变斜长角闪岩、辉长岩、辉长辉绿岩等	828.6±27.9(Sm-Nd)
		1000		早期洋壳活动	蛇绿岩组合、早期洋壳活动组合	M型大洋花岗岩	西湾侵入体		钠长花岗岩	968±23 (SHRIMP)
中元古代		1800				超镁铁-镁铁质岩	赣东北蛇绿混杂岩		细碧岩、玄武岩等	880±19 (SHRIMP) 0.90~1.00Ga (Sm-Nd、U-Pb)
									变辉长岩杂岩体	
									蛇纹岩化橄榄岩类	
									未分超镁铁-镁铁质岩	

赣南崇义塘下、安远鹤仔也有分布，均呈岩瘤状产出。岩性主要有橄榄岩、橄榄辉石岩、辉石橄榄岩、角闪橄榄岩、变斜长角闪岩等。弋阳董家洲有变紫苏辉长岩。

（四）中新生代基性岩

1. 中侏罗世安远车步中基性岩

由辉长闪长岩、闪长岩株组成，锆石 SHRIMP U-Pb 年龄值 172.9Ma（陈培荣 等，2004）。

2. 白垩纪基性侵入岩

主要分布于晚白垩世断陷盆地及边缘。其中余江马岗岭基性岩株，侵入于晚白垩世周田组中，岩性主要有橄榄辉绿岩，面积 1.2km²；锆石 SHRIMP U–Pb 年龄值 91.0±3.0Ma（李瑞玲 等，2010）。上高杨林村基性岩为橄榄辉绿玢岩，侵入于晚白垩世地层中，K–Ar 同位素年龄值 100Ma。南昌乐化华源辉长岩岩墙体，全岩 K–Ar 同位素年龄值 135.9Ma。

3. 古近纪基性－超基性岩

德兴暖水超基性岩，呈岩筒状产于赣东北断裂带上白垩统红盆中，岩筒面积 0.04km²。岩性为玻基辉橄岩、角砾状玻基辉橄岩等。

余干支家桥基性－超基性岩，有 4 个侵入体，面积 0.093km²。岩性为橄榄辉石岩、橄榄辉长岩等。辉度岩中锆石 LA- ICP–MS U–Pb 法同位素年龄值为 47.40±0.5 Ma。

安远路迳似金伯利岩筒，有 3 个，其中 1 号岩筒直径 90m，产于早白垩世鸡笼嶂组流纹斑岩中，岩石同源包体为超基性岩结核、辉石橄榄岩团块等，外来包体主要为中酸性火山岩，金云母单矿物的 K–Ar 年龄值为 43.9Ma（战明国，1995）。

4. 新近纪基性

主要为岩墙群，岩性为辉绿岩、辉绿玢岩、辉长辉绿岩等。代表性岩脉产地有永修县云山苗圃等。苗圃辉长辉绿岩全岩 K–Ar 法同位素年龄值为 9.4Ma。

二、中酸性侵入岩

省域中酸性侵入岩，M、S、I、A 型花岗岩均有分布。自晋宁期始，各时期岩体均有出露，以晋宁期、加里东期、燕山期分布最广。

（一）新元古代早期（晋宁期）

1. 晋宁期造山前大洋斜（钠）长花岗岩

仅见于赣东北蛇绿混杂岩带中的西湾，为形态不规则的小岩体，为幔源的 M 型花岗岩，锆石 SHRIMP U–Pb 年龄为 968±23Ma（李献华 等，1994）。

2. 晋宁期同造山花岗闪长石

分布于赣北，为江南晋宁期花岗岩的组成部分。有九岭－石花尖岩基、星子观音桥岩株。具英云闪长岩（导体）—花岗闪长岩（主体）—二长花岗岩（补体）演化序列，为壳源 S 型花岗岩。九岭花岗闪岩锆石 SHRIMP U–Pb 年龄值：九岭序列为 828±8Ma（钟玉芳 等，2005）、石花尖序列为 801Ma。

（二）青白口纪晚期—南华纪（扬子期）

为伴随青白口纪晚期华南裂谷系活动形成的侵入岩，主要分布于赣东北地区。有石耳山复式花岗岩基，侵入于登山群中，为铝质 A 型花岗岩；另一处为横峰港边一带由角闪石英正长岩与玄武安山岩组成的浆混岩。石耳山碱长花岗岩锆石 SHRIMP U–Pb 年龄为 779±11Ma（薛怀明 等，2010）。

除此，定南细坳花岗岩体，主体在广东龙川境内，岩性为细粒二长花岗岩，侵入于桃溪（寻乌）岩组中，二长花岗岩锆石 SHRIMP U–Pb 法同位素年龄为 742.3±9.3Ma，具壳源 S 型花岗岩特征。

（三）早古生代（加里东期）

主要为加里东运动造山期 S 型花岗岩，广泛分布于赣中南的加里东期造山带。形成丰顶山– 进贤、武功山－诸广山、乐安－雩山及武夷山等 4 条岩带，总面积达 10648.4km²。包括数十处花岗岩基和大型岩株。岩体可分为两类：一类为近源地型片麻状侵入－交代型花岗岩，如付坊、麻姑山、武功山、慈竹、上山、棠阴、金溪、乐安、驿前、徐兰、苦竹、内潮、下坑仔等，边缘发生混合岩化；另一类为未变形的远源地的侵入型花岗岩，边缘角岩化，如陡水、龙回、上堡、汤湖、关田、鹅婆、定南、大江圩、张佳坊、丰顶山、进贤、中村、山庄、新泉、宁冈、麦斜等。岩石代表性演化序列为英云闪长岩（导体）—花岗闪长岩、黑云母二长花岗岩（主体）—白云母、二云母正长花岗岩（补体）。新测同位素年龄值介于 464~407Ma，部分年龄值为奥陶纪末，主要为志留纪。

（四）晚古生代—中三叠世（华力西—印支期）

晚古生代中酸性侵入活动微弱。仅有余干前吴、大余漂塘的闪长岩株，锆石 LA- ICP-MS U-Pb 法同位素年龄值为 419~423.5Ma（李光来 等，2010）。

1. 华力西期花岗岩

2014 年江西省矿产地质志项目组在黎川熊村原划属侏罗纪的花岗岩中获同位素年龄值 270.1±4.6Ma，除此，隘高花岗岩体时代也可能为华力西期，有待进一步研究划分。

2. 印支期同造山花岗岩类

分布较广，除赣北蒙山、甘坊花岗岩体外，主要出露于赣南地区。有隘高、白面石、三标、文英、富城、珠兰埠、蒙洞、五里亭、桂竹帽、龙源坝、古障、陂溪、罗田、南源、云仙寨等花岗岩基或大型岩株。岩石代表性演化序列为花岗闪长岩（导体）—黑云母二长花岗岩（主体）—二（正）长二（白）云母花岗岩（补体）。为壳源 S 型花岗岩，锆石 SHRIMP U-Pb 或 LA- ICP-MS U-Pb 年龄值介于 249±6~189.2±2.6Ma，主要为三叠纪。

（五）侏罗纪—早白垩世（燕山期）

江西省燕山期中酸性侵入岩浆活动规模最大、岩类最多。深成花岗岩与浅成斑岩、潜火山岩均有发育。燕山早期岩浆岩主要发育地为赣中南地区，燕山晚期花岗岩扩展全省，潜火山岩主要分布于赣东北和赣南南部。

1. 早中侏罗世造山前侵入岩

主要出露于三南、安远地区，该区自晚三叠世至中侏罗世一直处于伸展环境。有塔背 A 型正长花岗岩－碱长花岗岩基，寨背铝质 A 型正长花岗岩基，锆石 U-Pb 年龄 171.6±5Ma，以及塔背正长岩角闪石 40Ar/39Ar 法冷却年龄 162.6±2.2Ma（Li et al.,2003）。

2. 侏罗纪—早白垩世 S 型花岗岩

广泛出露于江西各隆起地区，在坳陷区岩体少而规模小。包括幕阜－鹅湖、九岭、怀玉、武功山－饶南、罗霄－诸广、桃山－雩山、武夷、南岭等花岗岩带。岩石同源演化序列：花岗闪长岩（导体）—黑云母二长花岗岩（主体）—强分异的二（白）云母正（碱）长花岗岩（补体）。锆石 SHRIMP U-Pb 或 LA- ICP-MS U-Pb 年龄值集中于 175~125Ma。即中晚侏罗世至早白垩早中期，形成 W、Sn、Ta、Ni、U 多金属成矿系列。

早白垩世燕山晚期 S 型浅成花岗斑岩、潜花岗斑岩，主要为中小型侵入体，主要分布于东乡—广丰、龙南—会昌早白垩世火山岩带，岩性有花岗斑岩、碱长花岗斑岩、石英正长花岗斑岩、英安玢岩、流纹斑岩、粗面质流纹斑岩等，形成U、Ag、Pb、Zn多金属成矿系列。

3. 中晚侏罗世—早白垩世I型浅成斑岩、潜火山岩

分布受断裂带控制，均为小型侵入体。浅成I型斑岩有九瑞、宜丰－乐平、德兴－东乡、永平－铜山、青龙山－红山等岩带以及于都银坑等地。岩性序列为石英闪长玢岩（导体）—花岗闪长斑岩（主体）—石英斑岩（补体）。

潜火山岩有银山潜英安玢岩、赛阳关潜石英闪长玢岩、赵家坞潜闪长、二长玢（斑）岩等。主要形成于早白垩世与打鼓顶组火山岩密切相关。I型斑岩、潜火山岩形成Cu、Mo、Au、Ag、Pb、Zn多金属成矿系列。

（六）古近纪（喜马拉雅期）

仅发育南丰县白舍乡欧龙及郭家山花岗岩（岩滴），面积0.18~0.8km^2，为中粒斑状黑云母花岗岩，侵入于古近纪新余组中，欧龙岩体K–Ar年龄值37Ma（江西省地质矿产局，1984）。

三、侵入岩区带划分

江西省侵入岩分布受扬子、华夏古板块格局及燕山期大陆活化造山作用制约，北部与南部差异显著。赣南属加里东期造山带，陆壳固结程度低，地壳活动性强，加上为一剥蚀作用较强的构造隆起区，侵入岩比赣北分布更广、更密集，规模更大。侵入岩的时代分布：晋宁—扬子期花岗岩主要分布于赣北；加里东期—印支期花岗岩分布于赣中南；燕山期I型斑岩主要分布于赣北；燕山早期花岗岩，主要分布于赣中南，赣北以燕山晚期花岗岩类为主。S型深成花岗岩基带主要出露于隆起带。I型中酸性斑岩主要受控于坳陷带或与隆坳交接地带的深断裂带，以钦杭带和九瑞地区出露最广。除此，不同期次的花岗质侵入岩往往具有同位性，构成不同期的复式岩体和不同序列的杂岩体。

全省侵入岩区带分布（图1–1–4）以宜丰－景德镇断裂带为界，分扬子、华南侵入岩大区。分为下扬子（赣北）、钦杭（赣中）、东南（赣南）3个岩区。

（一）下扬子（赣北）侵入岩区

分两个带：

1. 长江中下游中段九江燕山期中酸性岩带

以九瑞I型斑岩区为主，沿长江南岸展布，由东雷湾、武山、洋鸡山、城门山等石英闪长玢岩、花岗闪长斑岩株和岩墙、岩枝组成。成岩时代为138~145Ma，归早白垩世初期。除此，有零星的小型花岗岩体。

2. 江南中段九岭复式花岗岩带

分布于九岭隆起区，北部由幕阜山、香炉山、九宫山、彭山（隐伏）、星子、文桥（横山）、阳储岭、莲花山、鹅湖、鄣公山、段莘等一串近东西向排列的花岗岩岩株或小型岩基组成。其中星子观音桥花岗岩体、东牯山花岗岩时代分别为晋宁期、加里东期。文桥、阳储岭岩体为燕山早期，其他岩体时代主要为燕山晚期。除阳储岭岩体为I型外，其他均为S型花岗岩。另在都昌程浪坂，有晋宁期基性岩墙群出露。南部，西起修水土龙山燕山期花岗岩株，东至石耳山晋宁—扬子期复式花岗岩体，以九岭晋宁—印支—燕山期复式花岗闪长岩－花岗岩基为主体。另有永修云山燕山期花岗岩体。

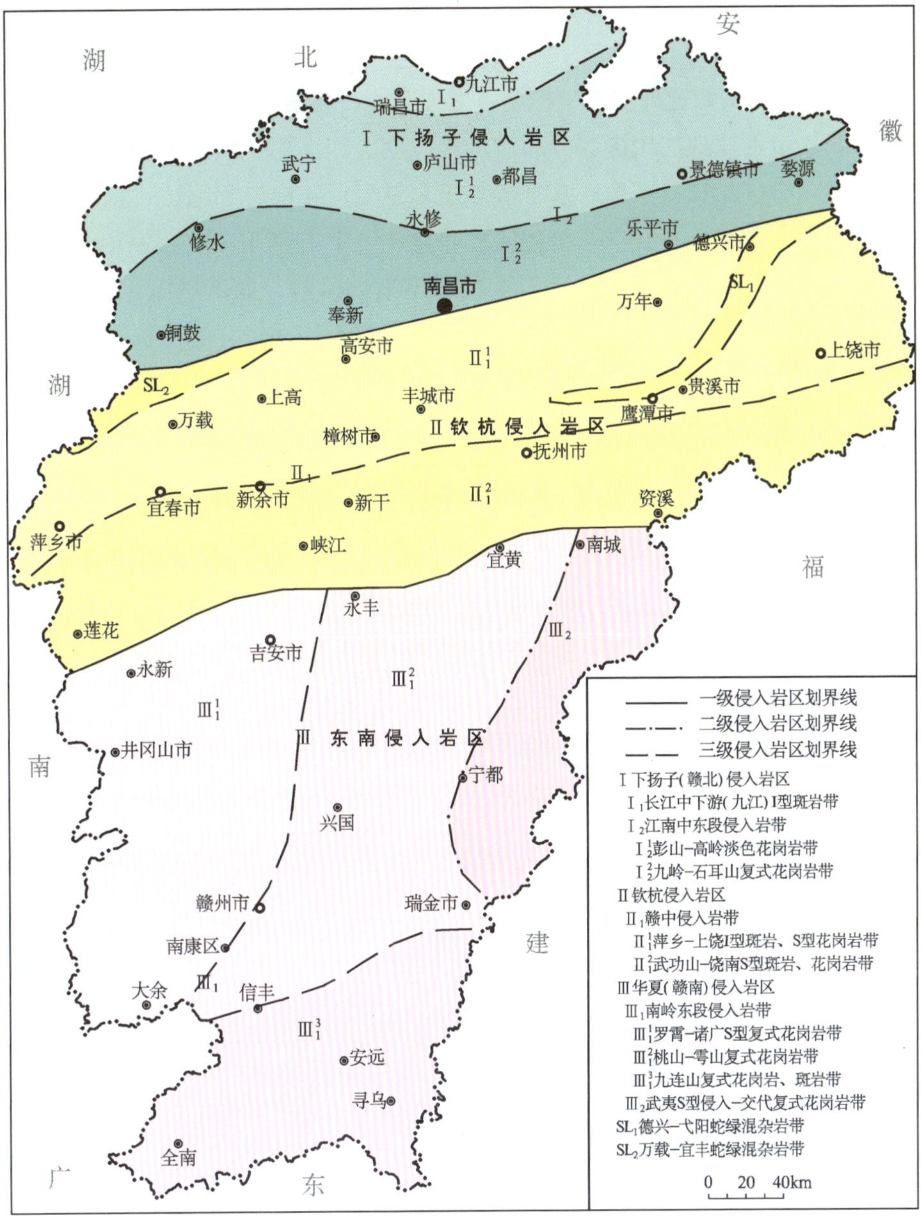

图 1-1-4 江西省构造 - 侵入岩区带划分图

Fig. 1-1-4 Schematic showing structure and intrusive rocks in Jiangxi

(二) 钦杭（赣中）侵入岩区

该区具有多期多源成岩特点，分两个带：

1. 萍乡 - 上饶侵入岩带

包括德兴西湾晋宁期大洋斜长花岗岩、扬子期港边浆混岩、丰顶山加里东期花岗岩。蒙山印支—燕山期复式花岗岩，燕山早期 I 型浅成斑岩有志木山 - 村前、塔前 - 赋春、善坑 - 班彦坑、德兴 - 东乡等 4 个岩带。均为小岩株，成串珠状分布。燕山晚期 I 型潜火山岩有德兴银山英安玢岩等；S 型花岗岩有灵山、大茅山等岩基和芦骨岭、马塘等岩株。

除此，有德兴－东乡、慈化－黄茅等蛇绿混杂岩带及塔前超基性岩体。

2. 武功山－饶南侵入岩带

受东南加里东期造山带前缘逆冲褶皱带控制，呈近东西、北东东向展布。沿带出露加里东期神山－佛母亭超基性岩带，该带西段武功山隆起分布着加里东期、印支期、燕山早期S型花岗闪长岩；东段饶南坳陷侵入岩比较复杂，出露有慈竹、永平等加里东期变形花岗岩和陈坊、铁山等燕山早期S型花岗岩；燕山早期有永平、船坑、铜山等I型侵入岩；燕山晚期有赛阳关、熊家山、赵家坞等I型潜火山岩。除此，广泛分布于早白垩世火山活动有关的S型潜火山岩，如玉华山、相山、冷水坑、陈坊、焦塘、梨子坑、生米坑等地所见的潜火山花岗斑岩、潜石英正长斑岩、潜二长斑岩、潜正长斑岩、潜流纹质斑岩等。

（三）东南（赣南）侵入岩区

该区是一个以加里东期以来形成的S型花岗岩为主的岩区，分两个岩带：

1. 南岭东段侵入岩带

该带由近南北向－北北东向与近东西向花岗岩基带交织，形成花岗岩密集出露区。分两条亚带。

1）罗霄亚带：受罗霄隆起控制，形成一条近南北向的加里东—印支—燕山早期S型复式花岗岩带。其南部的“崇余犹”地区是一个重要的燕山早期半隐伏花岗岩基区。

2）雩山亚带：受雩山隆起控制，形成一条北北东向的加里东—印支—燕山早期以S型为主的复式花岗岩分布。由大王山、桃山、鹅婆、覆笥山、大埠、头陂、五里亭、桂东等一串大型深成花岗岩体组成。在其南部的三南地区有燕山早期的塔背、寨背等A型花岗岩分布。除此，有鹤仔加里东期超基性岩和车步燕山早期辉长岩、辉长闪长岩出露。

2. 武夷山侵入岩带

受武夷隆起控制，以加里东—印支—燕山期S型花岗岩为主体，由付坊、会同、富城、桂坑、三标、白面石等大型花岗岩体组成一条北北东向的复式花岗岩带。南段会昌－龙南中生代陆相火山岩带中分布有较多的S型中酸性潜火山岩，锡坑迳、铜坑嶂等的潜花岗斑岩，红山、青龙山一带的I型潜花岗闪长斑岩等。其次，该带喜马拉雅期有南丰地区小型花岗岩瘤及会昌地区较强的中基性火山活动。

第三节　区域地质构造

为了全面反映江西省地质构造的主要特征，采用晋宁期古板块、扬子期—燕山期形成的隆起带与坳陷带和喜马拉雅期形成的断陷盆地三重构造区划原则对全省构造单元进行划分（图1-1-5），其中自中新元古代以来经长期发展演化，于中新生代形成隆起带、坳陷带和断陷盆地3种基本构造单元，对全省环境地质条件起着重要制约作用。

一、古板块构造

根据研究，浏阳－宜丰、德兴－东乡、歙县伏川3条晋宁期准原地型蛇绿混杂岩带为中新元古代华南洋之残迹。宜丰－景德镇、萍乡－德兴两条断裂带之间的萍－乐坳陷带和九岭、万年推覆体之下

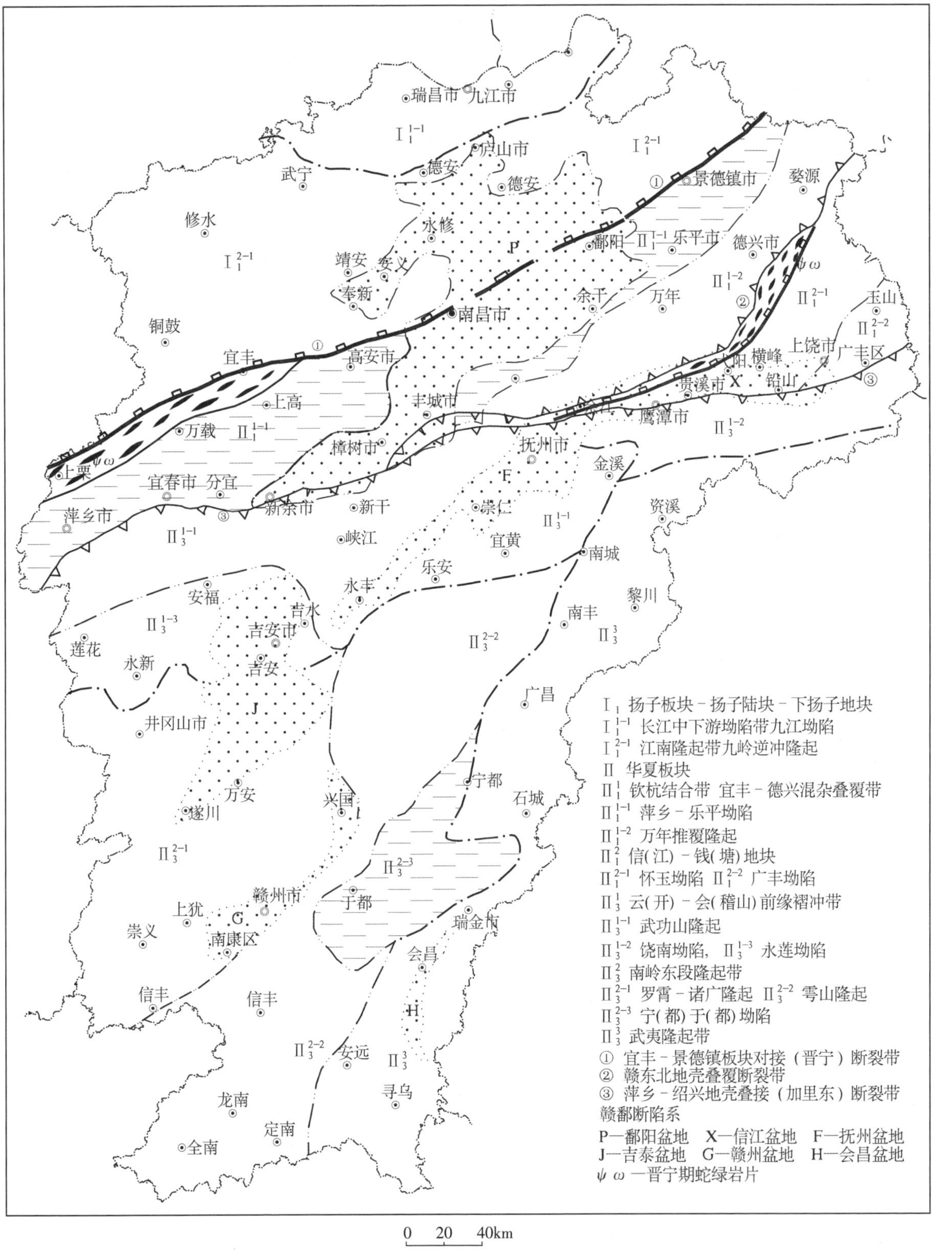

图 1-1-5　江西地质构造单元综合区划图

Fig. 1-1-5　Subdivision of tectonic units for Jiangxi

是华南洋的古消减带和加里东期造山带（图 1-1-6）。基于上述，第二代《江西省区域地质志》(杨明桂等，2015）将晋宁期华南洋定位于浏阳（湘）—宜丰—景德镇—歙县（皖）一带，华南洋的定位也回答了华夏古陆何在的问题，华南洋南侧的信江钱塘地块是晋宁期华夏陆块的一个残体。由此，重建了晋宁期华南洋及其陆缘弧盆系的构造格架（图 1-1-7）。晋宁运动时（820Ma），华南洋消亡，陆陆碰撞，形成了扬子、华夏陆块，其间为石板块结合带。

由于该带深部为华夏陆块的信（江）钱（塘）地块北缘，部分被扬子陆块的万年逆冲推覆体覆于其上，晚古生代以来又被萍乐坳陷沉积覆盖，难以从中厘定一条分界线，现以该带的北界宜丰 - 景德镇晋宁期深俯冲断裂带作为扬子、华夏古板块的分界。外延为凭祥（桂）- 浏阳（湘）- 宜丰 - 景德镇 - 歙县（皖）- 苏州（苏）对接断裂带（杨明桂，2015）。

扬子—加里东华南裂谷期，萍乡 - 绍兴断裂带以南华夏陆块地区沦为南华裂谷海盆，钦州—宜丰—德兴—苏州一带为海盆的中心裂谷带，北延至下扬子与信钱地块之间。雪峰运动时，信钱地块与下扬子陆缘在苏南一带联为一体，宜丰—德兴一带成为坳拉谷，至加里东期造山形成造山带，并被九

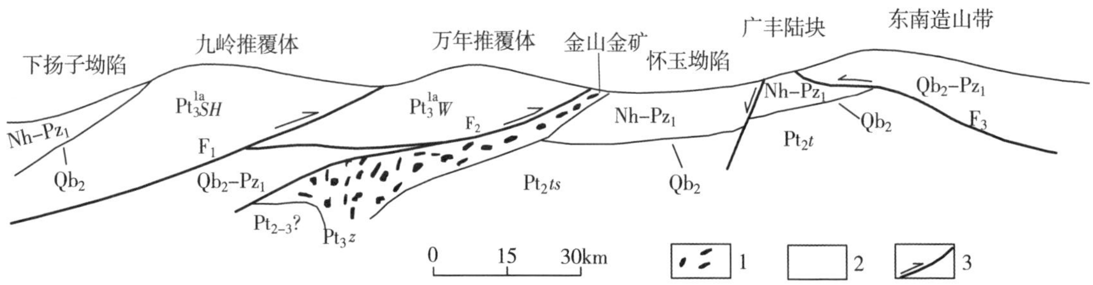

图 1-1-6　加里东造山期江西北部扬子地块与东南造山带对冲构造示意图

Fig. 1-1-6　Schematic showing Caledonian ramp structure of Yangtze margin and Dongnan orogeny, Northern Jiangxi

（据杨明桂 等，2012，修改）

1—蛇绿混杂岩；2—角度不整合界线；3—断层与运动方向；$Nh-Pz_1$—南华系—下古生界；Qb_2—青白口系上部；Qb_2-Pz_1—青白口系上部—下古生界；$Pt_3^{1a}W$—青白口系下部万年群；$Pt_3^{1a}SH$—青白口系下部双桥山群；Pt_3z—新元古界张村蛇绿混杂岩；Pt_2ts—中元古界铁沙街岩组；Pt_2t—中元古界田里岩组；Pt_{2-3}—推测的扬子陆缘中新元古古岛弧沉积；F_1—宜丰 - 景德镇板块对接带；F_2—德兴 - 弋阳断裂带；F_3—萍乡 - 绍兴地壳叠接带

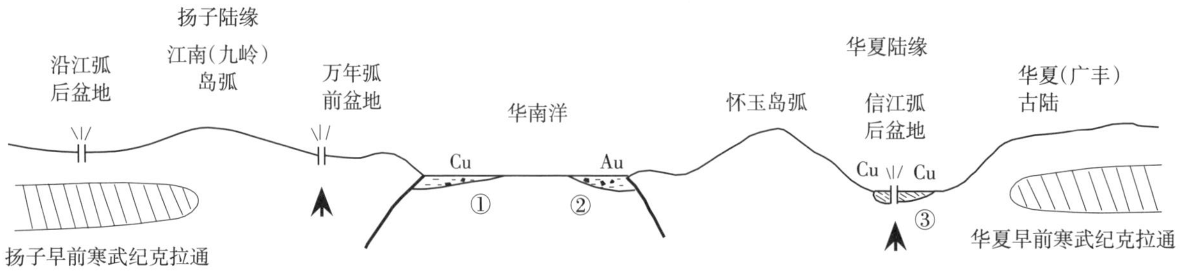

图 1-1-7　江西及邻区晋宁华南洋期构造示意图

Fig. 1-1-7　Tectonic evolution for Jinningian Period to Caledonian in Jiangxi and neighboring areas

（据杨明桂 等，2012）

①宜丰含铜蛇绿岩片；②德兴含铜蛇绿岩片；③铁沙街含铜火山建造

岭、万年逆冲推覆体叠覆。鉴于宜丰－德兴－苏州华南洋消减带结构复杂，并考虑到外延地带研究划分不详，仍沿用杨明桂（1997）的划分方案，将凭祥－浏阳－宜丰－景德镇－歙县－苏州、北海－萍乡－绍兴两条断裂带之间复杂的构造带称钦杭结合带，归属于华夏古板块北缘。

二、造山带、隆坳构造

江西省地质构造十分复杂。赣北属于扬子板块下扬子地块。赣中为扬子、华夏板块间的钦杭结合带，其结构尤为复杂；萍乡、乐平、万年一带不是地块，是加里东造山带，万年推覆体来自于下扬子地块；萍乐为华南型坳陷带，发育于万年推覆体之上；信江钱塘地块是华夏基底、扬子型盖层。

次级构造隆起带、坳陷带历经晋宁、加里东、印支其发展演化，完型于燕山期（造山后）。在江西中北部，包括永莲坳陷、武功山隆起、饶南坳陷等属于扬子反“S”形构造体系的中段，形成一系列隆、坳相间的近东西向、北东东向反“S”状构造带。赣南总体为一个隆起区，形成了华夏构造体系北北东向的罗霄、雩山、武夷隆起带及间于其中的小型坳陷以及南岭近东西向隆起带。

（一）下扬子地块西段（赣北）

分南北两个构造带：

1. 长江中下游坳陷带九江坳陷

该坳陷带是在晋宁期弧后盆地和青白口纪晚期陆相火山裂谷基础上发展起来的。以青白口纪早期双桥山群和星子岩群组成的褶皱基底，出露于坳陷边部。青白口纪晚期汉阳峰组为准盖层，南华纪—中三叠世沉积层广泛分布。总体为九江复式向斜南半部，展布于长江南岸。褶皱以宽缓长条状为主，主体向南弯曲、向西收敛、多层次向东撒开，瑞昌、德安、彭泽 3 个帚状构造组成九江多重旋卷构造体系。中部被星子核杂岩和横山花岗岩隆起复合改造，并遭受庐山地垒、湖口地堑切割。除此，临江地带有多个小型古近纪红层断陷盆地分布。

2. 江南隆起带东部九岭推覆隆起

总体呈反“S”形展布，江西境内呈近东西向至北东东向，是在晋宁期古岛弧基础上发展起来的。自北而南依次为幕阜山隆起、修武复向斜和九岭逆冲推覆隆起。隆起中部为北鄱阳盆地所掩。分划为九岭和莲花山两个块体。东西向的修武复向斜东延至都昌，主要由南华系—下三叠统沉积盖层组成一条宽缓复向斜。由于盖层滑动，形成向斜周缘断裂带。隆起区褶皱基底裸露，广泛分布双桥山群浅变质岩和花岗岩，基底褶皱主要有两期，早期为近南北向的宽缓褶皱，晚期为近东西向或北东东向、北西西向紧密线状褶皱，局部地区发生扭曲偏转。隆起区南部沿宜丰－景德镇、铜鼓－梅岭、棋坪－靖安等断裂带，迭次向南南东方向逆冲推覆，前缘叠覆于萍乐坳陷带之上，属逆冲推覆型隆起。

（二）钦杭中段（赣中）结合带

晋宁期时华南洋消亡，扬子、华夏板块在该带碰撞对接，扬子期时沦为裂谷海槽和广丰断隆，青白口纪末怀玉—广丰一带转化为信钱地块。宜丰－德兴裂谷海槽至加里东运动时闭合造山，使北侧的扬子陆缘与南侧的东南造山带向信钱地块发生对冲拼接，此后又经沉降和多次推滑、断陷，形成一条极为复杂的构造带。根据其基底和沉积盖层的差异，分为以下次级构造单元。

1. 萍乐坳陷带

为一条略呈反“S”形的北东东向晚古生代—早侏罗世坳陷。前已述及，该带发育于晋宁期华南洋消减带，扬子、华夏古板块碰撞带和加里东期万年－九岭与武功山对冲带之上。坳陷带总体为一条复向斜，受到印支期以来逆冲推构造与滑脱构造的强烈改造。萍乡—宜丰段北部的九岭南缘逆冲推体向南逆冲推覆，南部为武功山北侧滑脱带，二者在志木山、黄茅、七宝山一线对接。坳陷带内形成多层次推－滑结构。新余—丰城段，九岭推体前缘达灰埠、石岗一线，南侧武功山隆起在新余—丰城一线转变为向北逆冲，强度较小。在新余—清江—丰城河西形成一个弱变形区，为煤田赋存提供了有利条件。在进贤—余干段，大部分为南鄱阳盆地覆盖。乐平—浮梁段，由于九岭带南推，万年隆起北坡北滑，坳陷被切割为条带状或岩片堆叠结构。

2. 万年推覆隆起

为加里东期逆冲于信钱地块北缘的一个大型舌状推覆体，由万年群浅变质岩组成。其前缘为婺源－德兴－丰城逆冲推覆断裂带，出露有准原地挤出型赣东北蛇绿混杂岩带。该带过丰城白土后为萍乡坳陷晚期地层所掩盖，其踪迹不明。

3. 信（江）－钱（塘）坳陷带

为发育于晋宁期华夏陆块信钱地块之上的青白口纪晚期—侏罗纪坳陷。总体为一条被消减了的复式向斜。呈三角形向西作楔状尖灭。其上为东乡－广丰早白垩世火山盆地和信江晚白垩世红层盆地叠置。大致以萧山－横峰断裂带为界，分为怀玉、广丰两次级坳陷。

1）怀玉坳陷：奠基于中新元古代怀玉古岛弧地体之上，青白口纪晚期钦杭裂谷海槽沉积形成的登山群为准盖与南华纪—中侏罗世沉积盖层形成了一条北东向复向斜，并有扬子期石耳山A型花岗岩体和港边浆混岩体，燕山晚期大茅山、灵山花岗岩株分布于其间。

2）广丰坳陷：奠基于中元古代广丰残留微陆块这上，由青白口纪晚期广丰群陆相砂砾岩、火山岩、泥砂质碎屑岩形成准盖层，与南华纪—侏罗纪沉积盖层形成残留的北东向复式向斜，南部为东南加里东期造山带逆冲叠覆，为一个残留块体。

（三）东南造山带（赣中南）

位于东南加里东期造山带中部。中新生代以来，总体上为一个青白口系上部—下古生界浅变质岩、花岗岩广泛出露的隆起区，坳陷规模很小，分为两个次级构造单元。

1. 武功山－饶南褶冲带

为加里东期东南造山带前缘逆冲推覆褶皱带。呈反“S”状斜向罗霄山脉、会稽山脉延展，江西境内呈近东西至北东东向。前缘逆冲叠覆于信钱地块和宜丰－德兴古板块碰撞带之上。武功山、大王山一带加里东期造山带中深部暴露于浅表，为一条变形花岗岩、中深变质岩、混合岩化变质带。晚古生代以来有饶南晚古生代—中侏罗世沉积坳陷和抚州－广丰早白垩世火山盆地、晚白垩世红层盆地以及永（新）莲（花）晚古生代—早侏罗世沉积坳陷上叠其上。

2. 南岭东段隆起带

位于赣西南地区，属于南岭东段北带，主体构造为近南北至北北东向，沿近东西向形成越城岭－诸广山、都庞岭－大庾岭等花岗岩带。可分为近南北至北北东向的两条次级构造单元。

1）罗霄隆起：由震旦系—下古生界浅变质岩组成的褶皱基底，加里东—印支—燕山期S型花岗岩广泛出露，属东南加里东期造山带上部。以罗霄－诸广向西弯曲的帚状线形复式褶皱带为主体，其次有北北东向至近南北向褶皱。在崇义向斜等地有上古生界—侏罗系沉积盖层残体存留，并有吉泰、赣州两个规模较大的晚白垩世—古近纪断陷盆地。

2）雩山隆起：主要由青白口纪上部—寒武系组成浅变质岩基底，其中有部分中深变质岩带。加里东—印支—燕山期花岗岩广泛出露，基底主体褶皱为近南北向、北北东向。在吉水有向西凸出的弧形褶皱，赣南南部为南北向、东西向、北西向（帚状）、北东向复杂的复合褶皱区。并发育有中生代小型陆相火山盆地。

该带东部与武夷隆起带之间为宁（都）于（都）晚古生代—中侏罗世沉积坳陷。总体呈北北东向，东部受到鹰潭－安远断裂逆冲推带的叠覆。

3. 武夷隆起带

江西居该带西部。西以南城、广昌、会昌盆地和鹰潭－安远深断裂与雩山隆起分界。该带为东南加里东期造山带中下部带出露区，主要由青白口系上部—震旦系中深变质岩与武夷花岗岩带组成北北东向隆起带。在广昌、黎川东部与福建交界处有零星的古元古界天井坪岩组出露，南段有中生代小型陆相火山盆地分布。加里东期侵入－交代型变形花岗岩和边缘混合化变质岩出露广泛，是加里东期后迭经隆起剥蚀作用较强的构造带。

三、断裂带

江西断裂构造十分发育，计有超壳断裂带 9 条，大断裂带 43 条，可划分为扬子反“S”构造体系江南－钦杭断裂系统和新华夏构造体系的北东－北北东、南北、北西向与南岭东西向以及南北向等断裂系统（图 1–1–8，表 1–1–3）。

（一）江南－钦杭断裂系统

江南断裂系统展布于江西北部，为扬子巨型反“S”褶皱断裂系组成部分，江南－钦杭反“S”构造带的中段。走向近东西至北东东向、北东向，密集分布于钦杭结合带及其边缘。断裂带包括两大类：一类为扬子、华夏古板块多期碰撞、挤压形成的超壳深断裂带，包括宜丰－景德镇、七宝山－赋春、青云－香屯、赣东北、横峰－萧山、萍乡－广丰－绍兴等深断裂带，均以发育 I 型中酸性斑岩为特征。另一类为沉积盖层滑动断裂带，如九江坳陷南缘、修武向斜周缘、武功山隆起周缘、万年隆起北缘断裂带和坳陷带内大量盖层推覆、滑动断裂。其中最重要的断裂带有：

1. 宜丰－景德镇古板块对接断裂带

为凭祥－浏阳－宜丰－景德镇－歙县－苏州古板块对接带的一个段落，为晋宁期华南洋俯冲带，也是中元古代至青白口纪早期（1200~860Ma）扬子陆缘地体的消减叠覆带。加里东至燕山期为迭次向南东方向逆冲推覆断裂带，其组成前缘为七宝山－赋春深断裂带，主干为宜丰－景德镇深断裂带，沿带发育动力变质带和韧性剪切带。晚白垩世时断裂转化为向南断落的正断层，控制高安、南鄱阳断陷盆地，古近纪后又显示沿断陷盆地向南逆冲。

2. 赣东北地壳叠接深断裂带

前已述及该断裂带为晋宁期华南洋消减带和加里东期万年推覆体的前缘断裂带。东端始自婺源，迭次向南不均衡逆冲推覆，经德兴中村、弋阳樟树墩、东乡大王桥、临川十二公包至丰城白土，使万

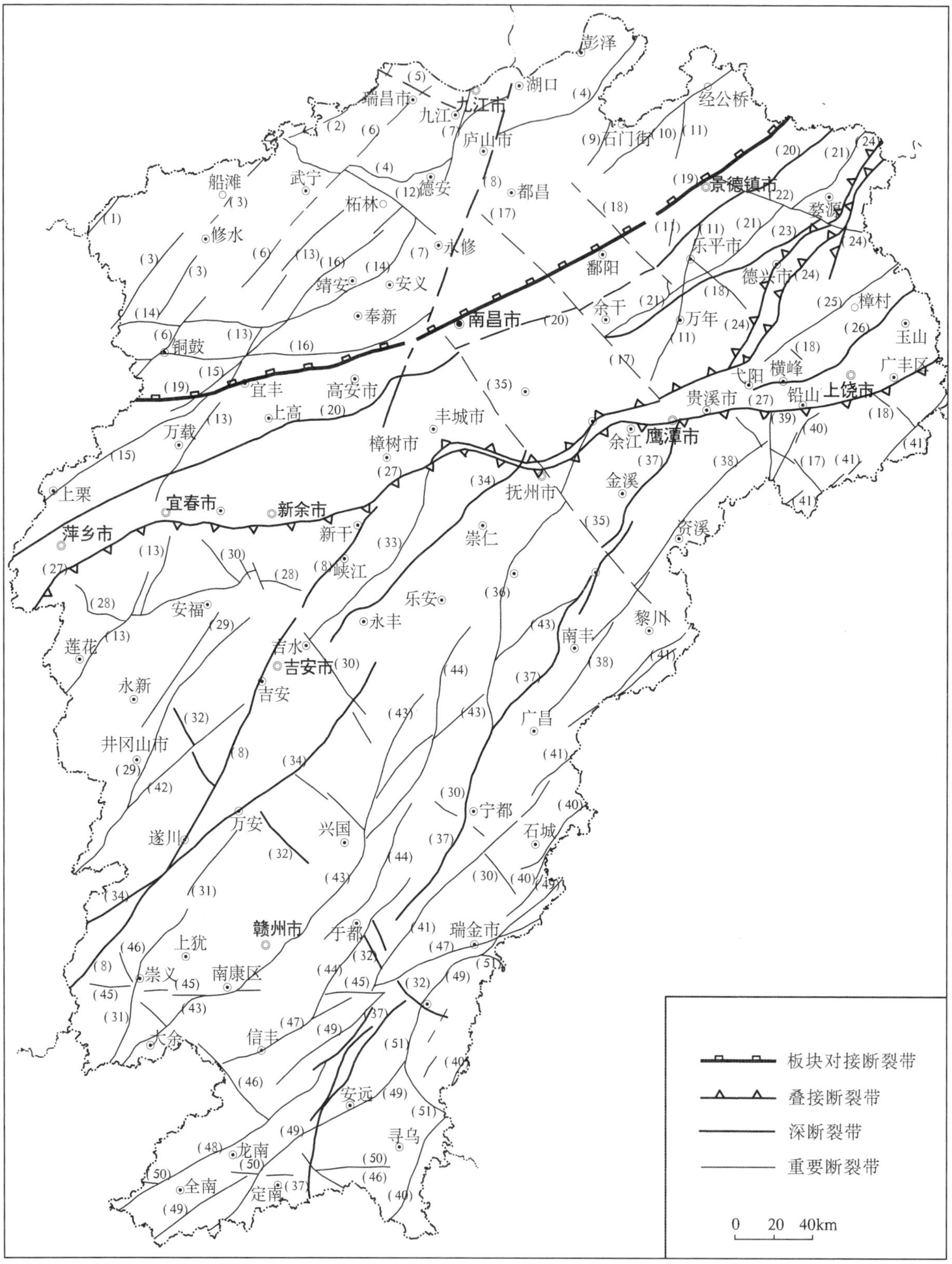

图 1-1-8　江西省主要断裂分布图

Fig. 1-1-8　Schematic showing main faults in Jiangxi

表 1-1-3　江西省主要断裂带一览表

Table 1-1-3　List of main faults in Jiangxi

断裂系统		序号	断裂名称	编号
扬子反S断裂体系	江南断裂系统	1	九江坳陷南缘断裂带	4
		2	棋坪－靖安断裂带	14
		3	铜鼓－乐化断裂带	16
	钦杭断裂系统	4	(凭祥)－宜丰－景德镇－(苏州)板块对接断裂带	19
		5	七宝山－赋春深断裂带	20
		6	青云－香屯深断裂带	23
		7	赣东北(白土－德兴)地壳叠接断裂带	24
		8	上饶－萧山(浙)深断裂带	26
		9	萍乡－广丰－(绍兴)地壳叠接断裂带	27
		10	余干－婺源断裂带	21
		11	葛源－樟村断裂带	25
		12	高州－安福断裂带	28
新华夏断裂体系	北东向断裂系统	13	码头－九宫山断裂带	2
		14	黄坳断裂带	42
		15	遂川－临川深断裂带	34
		16	铜鼓－瑞昌断裂带	6
		17	油墩－经公桥断裂带	10
		18	云山－罗城断裂带	15
		19	大余－南城断裂带	43
		20	洪门－湖石断裂带	38
		21	驿前－黄岗山断裂带	41
		22	信丰－瑞金－(南平)断裂带	47
		23	龙南－版石断裂带	48
		24	九连山－安远断裂带	49
	北北东向断裂系统	25	鹰潭－安远－深断裂带	37
		26	麻城－幕阜山断裂带	1
		27	船滩－棋坪断裂带	3
		28	武宁岩－莲花断裂带	13
		29	九江－德安断裂带	7
		30	湖口－丰州(赣江)断裂带	8
		31	碧州－崇义断裂带	31
		32	万洋山断裂带	29

续表

断裂系统		序号	断裂名称	编号
新华夏断裂体系	北北东向断裂系统	33	玉华山－吉水断裂带	33
		34	东至(皖)－石门街断裂带	9
		35	黄坛－万年断裂带	11
		36	招携－小江断裂带	44
		37	石平山－婺源断裂带	36
		38	永平－寻乌－(河源)深断裂带	40
	北西向断裂系统	39	鄂州－九江深断裂带	5
		40	会昌－云霄(闽)深断裂带	32
		41	湘湖－中云断裂带	22
		42	鄱阳－上饶断裂带	18
		43	信江大断裂带	17
		44	柘林－永修断裂带	12
		45	抚河断裂带	35
		46	吉水－宁都断裂带	30
		47	崇义－铁石口断裂带	46
	南北向断裂系统	48	陈坊－将乐(闽)断裂带	39
	东西向断裂系统	49	崇义－南康断裂带	45
		50	定南－桂竹帽断裂带	50
	其他	51	会昌环形断裂带	51

年推覆体叠置于信钱地块之上，北东段分为海口－三县岭、花桥－白土两支，其间为德兴蛇绿混杂岩片。沿该带为一条密集的逆冲断裂带、韧性剪切带和构造混杂与蛇绿混杂岩带。该带向西为萍乡坳陷晚古生代以来地层所掩，并与萍乡－广丰断裂带交汇。

3. 萍乡－广丰地壳叠接深断裂带

为北海－萍乡－绍兴断裂带中段，为东南加里东期造山带的北西边界，加里东期大规模不均衡地向前陆逆冲推覆，大面积地叠覆于信钱地块之上。晚白垩世新余—广丰段转化为北陡倾的正断层，控制信江、清江断陷盆地，新余—萍乡段转化为武功山北缘滑脱带。

（二）新华夏系北东—北北东向断裂系统

北东向、北北东向与伴生北西向（含 NW、NNW、NWW 向）断裂系统组成了中国东南部和江西省域主要的断裂网络。该网络起始于加里东期造山运动，形成于燕山期陆内造山，晚近时期部分断裂继续活动，成为导热储热、发震构造。

加里东造山期当武夷地块向西拼贴时，形成了鹰潭－安远北北东向断裂带，在鹰潭—南城间、安远—定南间变形变质形迹比较明显。当武夷地块向北拼贴，其幅度大于鹰潭－安远断层以西的罗霄－

诸广、雩山地块，地壳发生左行扭动，形成了若干北东向断裂带。包括武夷隆起区暴露出来的北东向韧性剪切带群和遂川－泰和、大余－兴国等脆性压扭性断裂带。在武功山地区由于武功山地块向北突进，在其东侧至新余铁矿田形成了一系列北北西向褶皱与右行走滑断裂。

燕山期陆内造山期复合归并前期构造，形成了北东向、北北东向与北西向覆盖全省的断裂网络。

1. 北东向断裂

规模较大的断裂11条，呈北东向展布，多数呈侧列状，高角度，左行挤压走滑性质，晚白垩世时转化为正断层。其中以九宫山－码头、铜鼓－瑞昌、遂川－临川、大余－南城、龙南－瑞金等断裂规模较大。

九宫山－码头断裂带：是一条郯庐断裂带隔江相对应的北东向基底褶断带，构成鄂赣二省分界。沿带古生界—中三叠统组成的褶皱发生弯转、拖曳，并有新生的北东向褶皱与瑞昌弧形褶皱横跨叠加，是一条典型的左行挤压走滑褶断带。

遂川－临川断裂带：由遂川－万安、永丰－临川两条侧列分布的北东向断裂组成，控制了加里东期、燕山期花岗岩与I型斑岩以及中生代火山岩分布。构成了吉泰、抚州晚白垩世—古近纪断陷盆地的边界，是一条显著的重磁异常梯度带，人工地震资料显示已影响及莫霍面。

2. 北北东向断裂

主要断裂16条，多呈左行断续侧列式分布，纵贯全省。性质以左行挤压走滑为主。燕山期时形成，一般稍晚于北东向断裂，由于左行挤压扭动，对江西中北部近东西向反“S”隆起坳陷褶皱断裂带进行了分段切割和发生扭动，使早期形成的北东东向、北东向断裂得到进一步加强和发展。对全省影响最大的断裂有4条。

麻城－幕阜山断裂带：起自大别地块的麻城，经团风、幕阜山，至萍乡与北海－萍乡断裂带相连，呈一系列左行侧的断裂构成，为长江中下游坳陷带和铜铁成矿带西界。

赣江断裂带：该带为一组北北东向的侧列式断裂组成。北段为湖口－乐化断裂；中段为圳头－新街、玉华山－吉水、新干－遂川等断裂，大部分为清江、吉泰盆地所掩。南段为遂川－丰州断裂，该带与西侧麻城－幕阜山断裂带之间的江西西部的近东西向、北东东向隆起、坳陷带发生显著的左行扭动，构成反“S”构造群，其间的北北东向船滩－棋坪、武宁岩－莲花山、九江－德安、万洋山等断裂带也是重要的控岩控矿、导热断裂带。

鹰潭－安远深断裂带：该带北部分为宜黄－宁都、鹰潭－宁都两支，南至安远后进入粤东，构成怀玉－武夷山断隆带的西界，是一条重要的重力梯度带。泉州－黑水地学剖面显示断裂带影响及莫霍面。在安远路迳有古近纪似金伯利岩筒，鹤仔有加里东期超基性、基性岩带；在宁于坳陷银坑有成矿I型花岗闪长质侵入体分布。该带发育于加里东期，燕山期为一条左行挤压走滑断裂带，并转化为逆冲推覆带。自早白垩世晚期又转化为正断层带，控制一串红色断陷盆地。

石耳山－婺源与永平－寻乌－（河源）深断裂带：二者呈左行侧列断续分布，前者与赣东北断裂带斜接，后者沿断裂带有燕山期I型斑岩和玄武岩火山口分布，为一条切割红层盆地的导热发震断裂以及地裂缝活动的断裂。

3. 北西向断裂带

包括北西、北西西向断裂带，主要有9条，其特点是连续性差，形迹比较隐约，但往往控制燕山期中小型侵入岩成带成串分布。总体具张性或左行张剪性。主要是北东、北北东向压剪断裂带的横向配套断裂，其中深断裂带有鄂州－九江、会昌－云霄两条。

鄂州－九江深断裂带：走向295°。在鄂东南控制了一串北西西向I型中酸性侵入岩带，在赣西北九瑞地区控制东雷湾、武山、城门山一串I型花岗闪长斑岩株。沿带北北西向断裂不发育，小型岩株边缘普遍呈锯齿状，显示拉张被动就位特征。

全省与北东、北北东向断裂相伴生、派生的裂隙十分发育，在赣中南迁就近南北向、北北东向褶皱带的近东西向、北西西向横向裂隙发展起来的剪张性、张剪性裂隙带往往密集成带发育，北北东向构造伴、生的北东东向、北北西向张剪性裂隙群遍及全省。构成重要容矿、充水裂隙。

会昌－云霄深断裂带：由一组北西向的断裂组成，自北西桥头（泰和）向南东经高陂、万安、于都、会昌等地，断续延伸长约350km，单条断裂规模不大，长约20~40km。赣江河谷在万安附近出现90°转弯，可能与该断裂的活动有关。南东经闽西南上杭、云霄一带入海，是会昌－云霄含铜I型斑岩带导岩构造带。

（三）南北向与东西向断裂系统

省境南北向、东西向断裂不甚发育，南北向的断裂主要分布在赣东北地区，有陈坊－将乐等断裂带。

东西向断裂带，主要有两条：崇义－南康断裂带，对南华裂谷海盆奥陶系沉积有控制作用，其北为笔石页岩相、其南为混合相沉积，现今为一条断续分布的东西向断裂带；全南－桂竹帽（寻乌）断裂带，是河池－定南加里东期断裂带的东段，为岭南块体向北汇聚的产物，构成韶关－梅县晚古生代—侏罗纪沉积坳陷的北界和河池－桂东花岗岩带。

四、新华夏体系隆起与断陷盆地构造

自晚中生代始，江西进入了燕山—喜马拉雅构造复杂演化时期，形成了新华夏构造体系（李四光，1973），其发展演化经历了三个阶段。

（一）燕山陆内活化造山阶段

约自中侏罗世至早白垩世，古太平洋板块向欧亚板块东部俯冲，并作近南北向左行走滑，江西境内发生了强烈的陆内活化造山，由于地壳硬化程度较高，除坳陷带中发生叠加宽缓褶皱外，以整体性构造隆起与断裂为主要变形样式，并对前期构造进行了复合、归并。自西而东，依次有麻城－幕阜山、赣江、赣鄱、鹰潭－安远、宁国－婺源、永平－寻乌、怀玉－武夷等深大断裂带。与之配套的有北东东向剪压性（右行）、北北西向剪张性（左行）一对剪切断裂带和北西西向张剪性（左行）断裂带。其中，赣鄱带、北北东向的赣江等断裂带连续性差，且北强南弱，以北东向斜列式挤压走滑断裂带为主。

（二）燕山运动造山后与喜马拉雅早期伸展阶段

自晚白垩世至古近纪的燕山运动造山后与喜马拉雅早期，地壳发生强烈伸展，在燕山期地壳整体隆升的基础上，迁就利用燕山运动造山期形成的断裂构造，形成了幕阜－罗霄、怀玉－武夷两条北北东向断隆带和中部的赣鄱断陷带。受北东向的余干－婺源、遂川－临川、大余－南城等断裂带控制，形成了由鄱阳、抚州、吉泰、赣州、池江等一串斜列展布的断陷红盆地与其间的北东向小型隆起组成的一条盆岭交迭的伸展构造带。

幕阜－罗霄、怀玉－武夷两条北北东向断隆带也呈现侧列结构。幕阜－罗霄带由九宫山、九岭山、武功山、万洋山、诸广山等北东向、北北东向次级隆起组成。怀玉－武夷带由鄣公山、怀玉山、北武夷、杉岭、会仙坪、东华山、南武夷等北东、北北东向隆起组成。与幕阜－罗霄、怀玉－武夷“两隆”、赣鄱断陷带“一陷”相对应，为“两低一高”布格重力异常带和岩石圈莫霍面“两坳一隆”带。

（三）新近纪以来的新构造活动阶段

主要受来自菲律宾海板块扩张影响，新近纪至第四纪早更新世早期时，大陆地壳受到挤压整体隆升；早更新世晚期发生构造山，地壳转变为不均衡山地隆升与盆地沉降，部分北北东向、北东向断裂带发生活动，呈弱挤压左行走滑状态。

第二章 第四纪地质

第四纪是人类起源、发展演化的时代，所以有人称第四纪为人类纪。第四纪是地质历史上发生过大规模冰川活动的少数几个地质时代之一，也是哺乳动物和被子植物高度发展的时代。在中国第四纪发生了青藏高原快速隆升、长江贯通东海的重大事件，在江西省也经历了气候由冷转暖、山江湖格局形成的发展演化过程。本章主要记述第四纪地层和第四纪盆地的分布及其特征。

第一节 第四纪地层

江西省第四纪地层分布广泛，沉（堆）积类型齐全，有河湖、残坡积、冰碛、风积及洞穴堆积等。其中鄱阳湖地区为江西省第四纪沉积中心。庐山第四纪冰川堆积早已闻名于世，为中外地质学者所关注。

第四系界线年龄的确定，主要参照全国地层委员会中国地层表（2014），暂将第四系底界年龄限定在 2.588Ma,中更新统下界限定为 0.781Ma，上更新统下界限定在 0.126Ma，全新统下界限定在 0.0117 Ma。第四纪地层的划分以岩石地层学为基础，结合地貌、古地磁、同位素地质年龄、孢粉等资料，按照成因类型，将全省第四系划分为河湖型（含河湖－风积）、残坡积型、冰碛型及洞穴堆积（表 1–2–1，图 1–2–1）。

表 1–2–1 江西省第四纪地层划分

Table 1–2–1 Quaternary stratigraphic division in Jiangxi

<table>
<tr><th rowspan="2">年代
地层</th><th rowspan="2">地质年龄
Ma</th><th colspan="6">岩 石 地 层</th></tr>
<tr><th colspan="2">冰川型</th><th colspan="2">河湖型</th><th>残坡积型</th><th>洞穴型</th></tr>
<tr><td rowspan="2">全新统</td><td rowspan="10">0.0117
0.126
0.781
2.588</td><td rowspan="2" colspan="2"></td><td colspan="2">鄱湖组、赣江组</td><td rowspan="4">山背组</td><td rowspan="2">仙人洞期堆积</td></tr>
<tr><td colspan="2">联圩组、凹里组</td></tr>
<tr><td rowspan="2">上更新统</td><td rowspan="2" colspan="2">芦林碎石黏土</td><td colspan="2">柘矶组</td><td rowspan="2">涌山洞期堆积</td></tr>
<tr><td colspan="2">新港组、莲塘组</td></tr>
<tr><td rowspan="2">中更新统</td><td colspan="2">庐山泥砾</td><td rowspan="3" colspan="2">进贤组</td><td rowspan="6">望城岗组</td><td rowspan="2">牛心岭期堆积</td></tr>
<tr><td rowspan="2">大姑组</td><td>网纹红土段</td></tr>
<tr><td rowspan="4">下更新统</td><td>泥砾段</td><td rowspan="4">红岩洞期堆积</td></tr>
<tr><td rowspan="2">鄱阳组</td><td>网纹红土段</td><td rowspan="2">赣县组</td><td rowspan="2">九江组</td></tr>
<tr><td>泥砾段</td></tr>
<tr><td colspan="2">大排岭组</td><td colspan="2">恒湖组</td></tr>
</table>

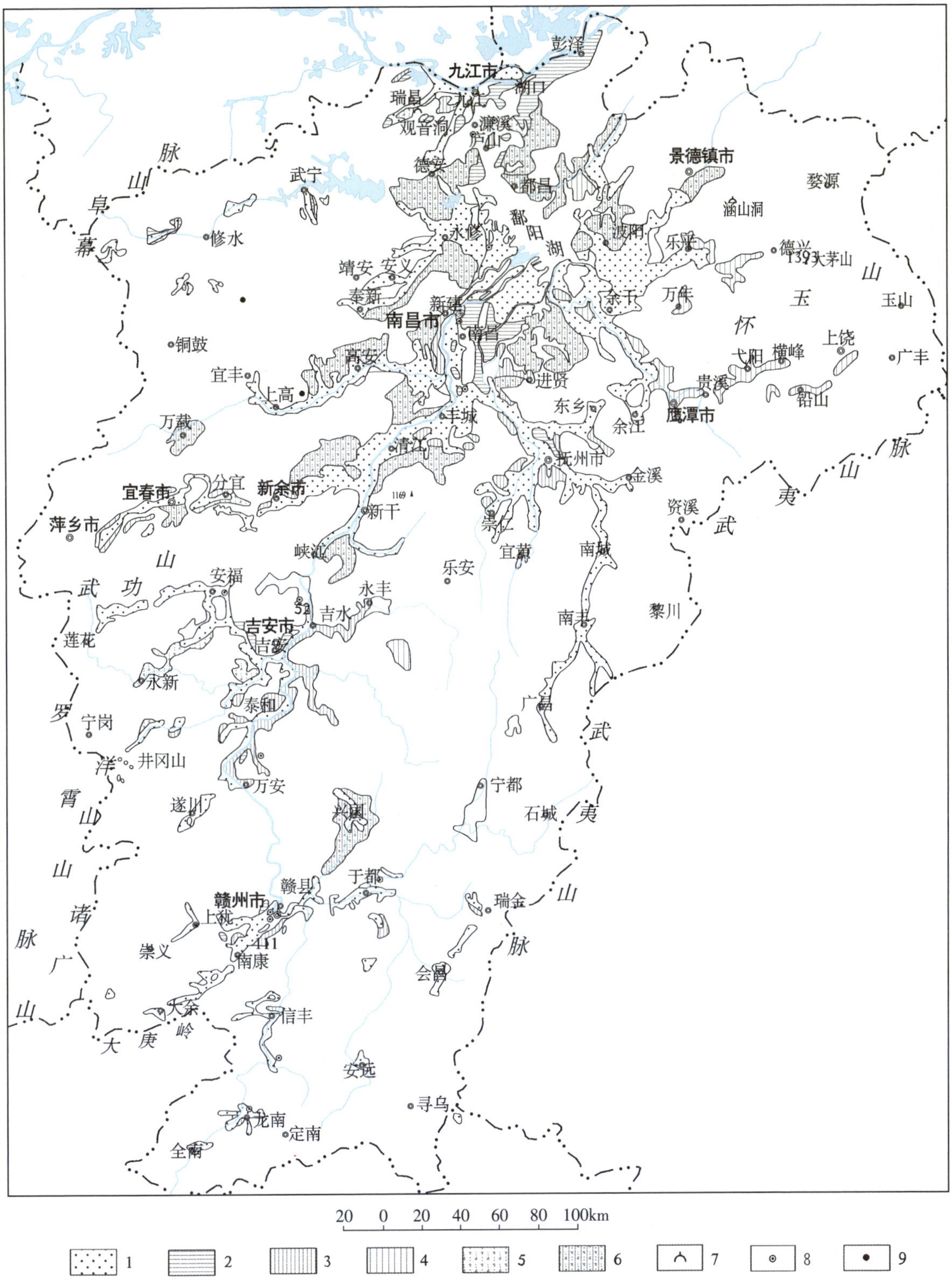

图 1-2-1　江西省第四纪地层分布略图

Fig. 1-2-1　Quaternary outcrops in Jiangxi

(据江西省地矿局区调队资料修编)

1—全新统联圩组；2—上更新统新港组、莲塘组；3—中更新统进贤组；4—下更新统赣县组；5—上更新统山背组（黄色风化壳）；6—中下更新统望城岗组（红色风化壳）；7—岩溶洞穴；8—钻孔；9—剖面点

一、下更新统（Qp^1）

（一）河流型沉积

主要分布在各主要水系河谷，在赣江中、上游一般表现为裸露的Ⅳ级基座阶地，在鄱阳湖地区则组成Ⅲ级基座阶地，称赣县组；在长江南岸及下游赣抚三角洲平原，一般埋藏于地下，形成埋藏型阶地，称恒湖组及九江组。

1. 恒湖组（Qp^1h）

赣抚三角洲平原以新建县恒湖农场伍湖分场ZK01钻孔剖面为代表，钻孔地理坐标为北纬29°01′58″，东经116°08′24″，孔口标高为13.24m。由江西省地质调查研究院2001年1月钻测。2002年12月，江西省地质调查研究院创名恒湖组，用以代表赣抚三角洲地区早更新世早期沉积，岩性以卵砾石、砂砾石层为主，夹含砾粗砂层，厚度为19.78m，属河床相沉积。

上覆地层：中更新统（Qp^2）	
⑥浅黄色－灰白色卵砾石夹砾质粗砂层。	4.56m
下更新统（Qp^1）	19.78m
⑤浅黄褐色砂砾石层。	4.65m
④浅黄褐色泥质、砾质粗砂层。	2.87m
③棕黄色卵砾石层。	2.53m
②棕黄色砂砾石层、砾质粗砂层。3.84m处ESR测年1.68Ma。	4.69m
①浅黄色卵砾石夹含砾粗砂层。4.48m处ESR测年2.15Ma。	5.04m
～～～～～ 不　整　合 ～～～～～	
下伏地层：新近系　新余组	＞2.10m
紫红色泥质粉砂岩。	2.10m

据鄱阳湖西区钻孔ESR测年，本组底部地质年龄为1.93~2.28Ma（图1–2–2），属早更新世早期。

2. 赣县组（Qp^1g）

原称“赣县砾石层”（陈国达 等，1939），命名地点在赣县梅林。本组以赣县江口三团村附近出露较全，它构成Ⅳ级基座阶地，高出水面60m。不整合覆盖于上白垩统周田组之上。其岩性可分上、下两段。

上段：橘红色、紫红色砾石层、含砾砂层，个别地段其上部有深色网纹红土层。与下伏的网纹红土和砂层之间具明显的侵蚀面，呈假整合接触。厚度4.0~7.5m。

下段：下部为棕红色、紫红色及灰白、黄白色砾石或砂砾石层，间夹黏土和粗砂透镜体；上部为棕红色、紫红色网纹黏土或亚黏土，有的含砾石或砾石透镜体。厚度8.1~12.1m。

在赣州市水东赣县组出露较好，但保存不全，岩性主要为紫红色、棕红色砾石层、粗砂砾石层、黏土质砾石层，厚度11.90~18.53m。含大量的孢粉化石，以被子草本植物花粉含量最高，而又以禾本科（*Gramineae*）花粉居优势，构成以Pinus（松属）－*Gramineae*（禾本科）－*Pteris*（凤尾蕨属）为主的孢粉组合带，反映的植被类型为针阔叶混交林草原植被，气候温凉偏干。

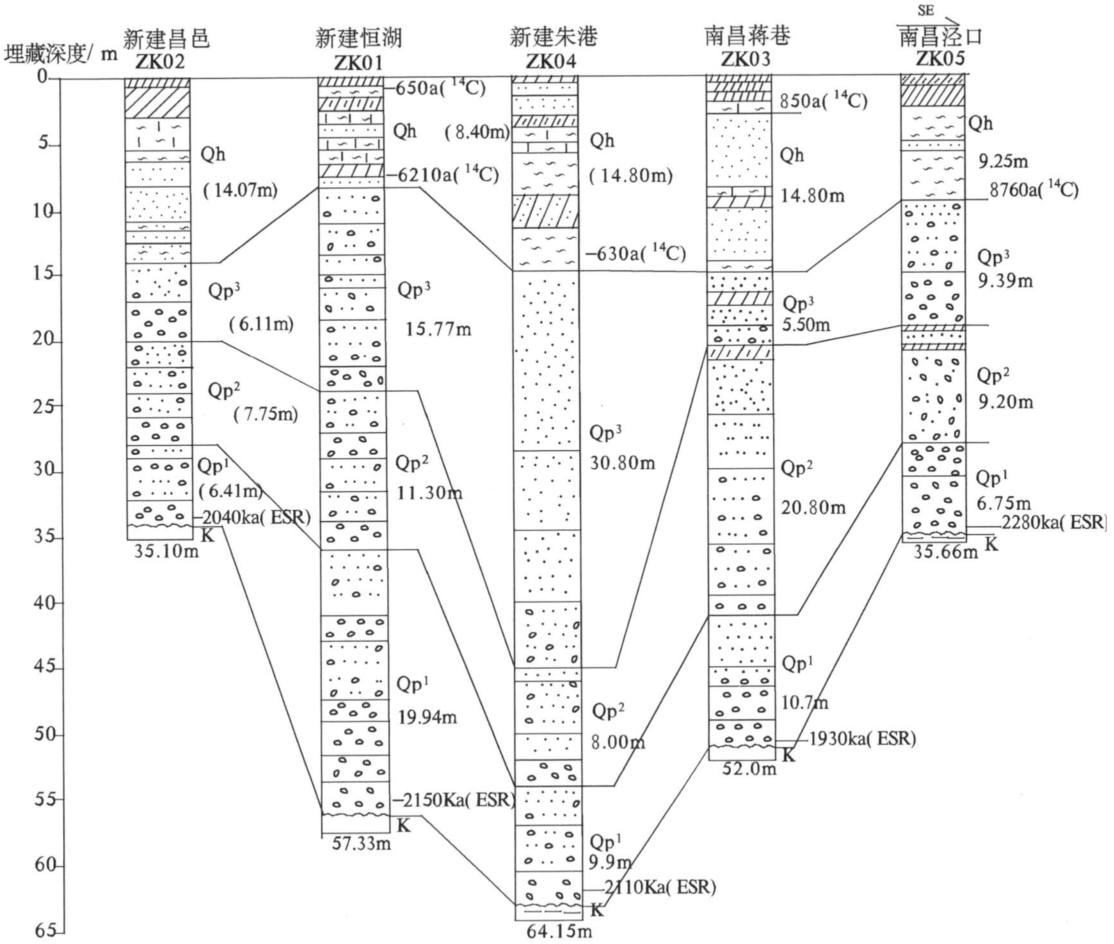

图 1-2-2 鄱阳湖第四系钻孔柱状对比图

Fig. 1-2-2 Quaternary drilling column correlation chart in Poyang lake area

在余干县濠湖、仙姑岭等地信河Ⅲ级基座阶地赣县组为棕红色、棕黄色砾石层夹粗砂透镜体，砾石中发育一系列北东向小断裂，厚度为 5.0~7.5m。ESR 年龄为 823±82kaBP~ 851±85kaBP，属早更新世晚期。

3. 九江组（Qp^1j）

主要分布于长江南岸九江等地，选层型为九江市锁江楼 ZK21-4 钻孔柱状剖面为代表（何培元，1992），岩性为棕黄、浅灰、浅黄色砂砾石、黏土砾石、亚砂土、亚黏土互层，底部棕黄、灰（杂）色砾卵石层，间夹 1~2 层富含黑色锰质砂砾石层。层中见斜交、水平波状层理。沉积韵律明显，具多旋回沉积特征。黏土层中产孢粉化石 *Quercus, Liquidambar, Plamtago, Amarantsaceae, Fothergilla* 等。厚度一般为 5~30m。底部为上白垩统红色泥岩，与九江组呈不整合接触，岩性自上而下为：

全新统	15.20m
⑧现代人工堆积。	4.20m
⑦棕黄色、灰色粉砂、亚黏土。	11.00m

上更新统 9.80m

⑥灰色砂砾、棕黄色含砾黏土层及黄色中砂、细砂。 3.58m

⑤灰黑色砂砾层、肉红色亚砂土、亚黏土互层。 6.22m

中更新统 17.31m

④棕红色黏土夹棕黄色砂砾层，砂层与白色亚黏土互层。 17.31m

下更新统九江组（Qp^1j） 23.51m

③灰色、灰白色砂砾石层及黏土层组成，上部颗粒较细，下部较粗。 6.29m

②浅灰色、浅黄色砂砾石及黏土层，上部粒度较细，多为黏土，砾石磨圆度高，分选好，直径最大不超过 0.4cm。 7.60m

①棕黄色、灰白色砾石层，其中夹有薄层黏土砾石层互层。 9.62m

不　整　合

下伏地层：上白垩统

红色泥岩。 2.99m

据十里铺钻孔资料，本砾石层之下尚有厚达 27.8m 砂砾石层夹黏土，地质时代应为早更新世早期。

古地磁样品经国家地震局地质研究所测定，剖面中第 5~4 层为负极性，相当于松山负极性时晚期；第 3~1 层为正极性，大致相当于松山负极性时中的贾拉米洛正极性亚时，地质年龄约 0.99~1.07Ma。

在瑞昌市城子镇长江南岸剖面九江砾石层地质年龄为 1.01Ma（ESR），与长江沿岸宜昌卢演冲砾石层（1.20Ma，ESR）、安庆砾石层（0.83Ma，ESR）、望江县砾石层（1.07~1.10 Ma，ESR）年龄基本相当，属早更新世中晚期。

（二）冰碛型

1. 大排岭组（Qp^1d）

江西省水文地质大队（1986）在《江西省鄱阳湖地区第四纪地质研究报告》中创名“大排岭泥砾”，创名地为庐山海会镇大排岭。为本区最早的一次冰期堆积物。岩性风化为棕黄、棕红色泥砾，砾石大小混杂，多呈棱角状、次棱角状，砾石成分为长石石英砂岩、石英砂岩，砾径最大为 7.23m，一般为 0.5~1.0m 之间，厚度 12~18m。不整合于花岗片麻岩或中元古代双桥山群之上。

该泥砾仅见于庐山大排岭，海拔 284m。孢粉分析反映属于干冷冰期气候的沉积物。其时代据古地磁研究约为 2.50~3.00Ma（何培元 等，1992），大致与云南元谋的龙川冰期相当，为早更新世早期。

大排岭－鄱阳间冰期沉积，仅见于星子县五里牌江家村 ZK503 钻孔中，为棕黄、棕红、灰白色黏土，含少量砾石。厚度 22.3m。

2. 鄱阳组（Qp^1p）

李四光（1947）在《冰期之庐山》中创立“鄱阳冰期”，创名地点位于九江县姑塘镇北东的鄱阳湖畔。《江西省岩石地层》（1997）称鄱阳组，用以代表鄱阳冰期之冰碛和冰水相沉积。本次研究将鄱阳组含义扩大，包括鄱阳冰期和间冰期沉积，分为下部冰碛泥砾（冰水砂碛）段和上部赛阳红土段。

1）冰碛泥砾段：绛红－酱红色泥砾。由砾石及细屑物组成。砾石成分为石英砂岩、长石石英砂岩、石英及燧石等，常以不同角度横卧、竖立于细屑物中，大小混杂，固结紧密。砾石表面具冰川擦痕和冰蚀面。细屑物以黏土为主，含铁锰质，后期“湿热化”程度深，网纹发育，风化呈蜂巢状。厚度大于2.8m。

庐山东南麓金锭山分布有罕见的冰臼漂砾带，有多个漂砾表面见冰臼构造，冰臼呈球形或椭圆形，直径一般4~5cm，深达1~4cm，臼体光滑。

冰水砂砾段：分布于九江市甘棠湖南西畔，为黄白、棕黄色黏土砂砾石层、黏土砾石层。砾石成分复杂，分选性差。有的砾石表面见冰川擦痕。砂砾层发育微褶皱和冰裂楔，砾石排列局部具有一定的方向性，厚度仅为数米。

据古地磁研究分析，鄱阳组年龄约1.50~1.80Ma之间。化学、氧同位素及孢粉分析，反映当时属于干冷气候环境。为本区早更新世第二次冰期，可与云南元谋的马头山冰期相当，时代为早更新世晚期。

2）赛阳红土段：最早见于《庐山图组1：5万区域地质调查报告》（1992），《江西省岩石地层》（1997）研究创名，创名地点在九江市赛阳大路熊家。其岩性下部为棕红色条纹状亚黏土、亚砂土层，不整合于第三系武宁群之上；上部为棕红色网纹红土含少量砾石，砾径2~3cm，磨圆度较好，成分为长石石英砂岩。上与大姑组冰碛泥砾呈平行不整合接触。厚度为2.87m。代表鄱阳－大姑间冰期沉积。

在九江南东30km鄱阳湖西畔的白石嘴，保存有鄱阳－大姑间冰期的堆积物：上部为黄色黏土，软韧，具交错层理，厚度为2.1m；下部为灰黑色泥炭。泥炭中富含孢粉，以孢子为主，占总量42.7%，主要为*Polypodiaceae*孢子。次为木本植物花粉，占总量37%，其中以被子花粉为主，占总量24.5%，主要为*Betula* sp.,*Corylus* sp.,*Quercus* sp.,*Castanea* sp.，裸子植物花粉为总量的12.5%，以*Pinus* sp.,*Cunninghamia* sp.和*Cupressaceae*为主。被子草本植物花粉占总量15.2%，以*Gramineae*居优势，次为*Polygonaceac*、*Typhaceac*等，上与大姑组冰碛棕红色泥砾为不整合接触，下未见底，可见厚度为0.3m。

3. 大姑组（Qp^1dg）

李四光（1947）创名“大姑冰期”，创名地点在庐山东北麓滨临鄱阳湖的大姑山，为红色冰碛泥砾。刘亚光等（1997）称大姑组，包括与冰碛泥砾大致同时的冰水砂砾。本次研究将大姑组含义扩大，包括大姑冰期和间冰期沉积，分为下部冰碛泥砾（冰水砂碛）段和上部叶家垅红土段。

冰碛泥砾段：风化为赭色－褐红色，砾石成分复杂，为石英砂岩、长石石英砂岩、硅质岩和石英等，砾径一般为0.3~0.7m，大者达1.0~1.4m，呈次棱角状－次圆状，受后期湿热风化作用，砾石表面发育网纹印模。砾石大小混杂，无分选性，表面具冰蚀面和擦痕。填隙物为亚黏土、亚砂土。厚度7~19m。

现以九江长虹大道第四纪地层剖面（马振兴 等，2001）为例，自上而下描述如下：

上覆地层：叶家垅红土段（Qp^2y）

⑤棕红色黏土、亚黏土。　3.7～4.2m

大姑组（Qp^1dg）

④棕红、棕黄色黏土砂砾石层。砾石成分主要为石英砂岩、硅质岩、岩屑砂岩，砾径一般为5～10cm，次圆状－次棱角状，砾石表层具灰白色、棕黄色风化圈及网纹。砾石大小混杂，排列无一定方向和规律。本层底部为铁锰质风化壳，胶结紧密，厚2～5cm，与下伏黏土层界线清晰，界面呈舒缓波状。　4.2m

————平 行 不 整 合————

下伏地层：九江组（Qp^1j）

③灰白色黏土层，黏性较大，具滑腻感，手搓可成细条，沿走向可相变为砂砾石层。　1.1m

在庐山西麓的羊角岭剖面，砾石大小混杂，排列无序，风化后以棕红色为主，向西至昌九高速公路剖面砾石排列逐渐显示出一定方向性，新鲜露头砾石黏土为浅灰白色。

在庐山东麓下青山剖面，大姑冰碛泥砾原生沉积为灰白色黏土砾石层，上部由灰白色逐渐过渡为棕红色，表明棕红色是经后期湿热风化作用的结果。

冰水砂砾段：黄白、棕黄色砂砾石层、砂层、黏土层互层，砾石、砂分选较好，层理较发育，厚度6~8m。在九江化纤厂附近发现细砾、粗砂、细砂层可相变为黏土砾石层，形成砾石与砂层相互交错的状态，表现了冰水沉积与冰碛逐渐过渡的特点。

大姑组是庐山第四纪冰川遗迹中分布较广、保存最好、争议最大的冰碛、冰水堆积物，冰川地形发育。主要分布于庐山王家坡冰川谷至鄱阳湖畔大姑山、白石嘴一带，以星子县叶家垅剖面、庐山白石嘴剖面、下青山剖面和庐山北麓羊角岭剖面、九江长虹大道剖面研究较为详细。

古地磁分析表明，大姑组跨越了布容和松山两个极性带，布容和松山极性带的分界位于网纹化黏土砾石或网纹红土中，松山负极性带的贾拉米洛正极性亚带出露在大姑组的下部，地质年代大致为0.90~1.10Ma之间。

关于大姑冰碛泥砾的时代问题，早期置于中更新世（李四光，1947；江西省地矿局，1984；何培元，1992），现根据中国地层表（2014），参考古地磁年龄，暂将其归为早更新世晚期。

值得指出的是，大姑冰碛泥砾与下伏地层九江组呈平行不整合接触，界线清晰，与上覆叶家垅红土段呈整合接触，属渐变过渡关系。大姑组冰碛泥砾段与叶家垅红土段反映由冰期至间冰期沉积旋回。另外早更新世是一段很长的地质时期（1.80~0.78MaBP）（刘嘉麒 等，2000），如何进一步划分，尚有待于研究。

二、中更新统（Qp^2）

（一）河流型沉积

中更新世河流型沉积物，分布广泛，发育在省区各主要水系河谷盆地、低山丘岗及鄱阳湖平原地区，组成河谷盆地的Ⅲ－Ⅳ级基座阶地，比高为15~20m和25~40m，以网纹红土为特征，由网纹红土和砂砾石组成，二元结构明显，被称为进贤组；在较大的盆地和赣抚三角洲平原区，则为埋藏式阶地，为浅黄色砂砾石及砂。

进贤组（Qp^2jx）

系江西省区调队（1983）创立，创名地点在进贤县城郊煤炭仓库附近。在命名地点仅见其下段，组成Ⅳ级基座阶地。岩性为均质红土、网纹状红土和网纹状红土砾石层，可分为下、中、上三部分。

下部：为棕红、棕黄色网纹红土砾石层。砾石以石英为主，少量板岩、细砂岩等。砾径大者7~8cm，一般2~3cm，磨圆度较好，呈圆状－次圆状，多见扁平砾石。砾石为棕红色亚黏土所包裹。亚黏土质细、黏性好，具发育的网纹，有的砾石表面有斑纹。一般含铁较高，常见铁壳层，风化呈蜂窝状。平行不整合于赣县组之上，厚度2.22m。

中部：为棕红色网纹黏土层，夹石英小砾。网纹构造发育，由黄白色黏土质“蠕虫体”组成，坚实致密，厚度2.79m。

上部：为棕红色均质黏土层。由粉砂质黏土组成，质细而均匀，略有砂感，含丰富的孢粉，厚度 3.77m。

据李长安等（1997）研究，在修水县三都镇进贤组分布于修水河的Ⅲ－Ⅳ级阶地，下段为褐红色网纹化砂砾石层和强网纹红土，厚度分别为 2m 和 6~7m；上段由褐红色含砾砂层、砂砾石层和网纹红土组成，厚度分别为 1.5m 和 8m。

2008 年 5 月，江西省地质调查研究院与中国地质大学（武汉）合作对余干县中山镇等地进贤组进行了研究，该组分布于信江河谷Ⅱ级阶地，海拔标高一般为 20~40m。现以余干县中山镇毛家岭 ZK05 号钻孔剖面（E: 116°36′10″, N:28°40′46″,H24m）为代表描述如下：

进贤组（Qp^2jx）	11.49m
⑤棕红色均质黏土，含少量石英砾石，砾径一般为 0.2 ~ 0.3cm	2.22m
④棕红色网纹状亚黏土层，网纹由黄白色黏土质“蠕虫体”组成，含少量石英砾石和石英砂，石英砾石一般为 1cm 左右，磨圆状较好。3.60m 采 ESR-1，541 ± 54kaBP。	1.48m
③棕红色网纹状亚黏土层，含石英砾石，砾径一般为 0.50cm，4.95 ~ 5.00m 采 ESR-2，560 ± 56 kaBP。	3.20m
②紫红色－棕黄、褐色含砾细砂层，砂含量为 80%，黏土及砾石各占 10%。砾石成分为石英，砾径一般为 1.0cm，最大为 2cm，磨圆度较好，6.85m 采 ESR-3，659 ± 65 kaBP。	3.50m
①紫红色－棕黄、褐黄色含砾砂层。中粗砂含量约 75%，砾石含量约 20%，黏土占 5%。砾径一般为 1cm，最大为 3cm，磨圆度较好。11.39 ~ 11.49m 处采 ESR-4，754 ± 75 kaBP。	1.09m
～～～～～ 不　整　合 ～～～～～	
下伏地层：古近系新余组（Ex）	> 1.21m
猪肝色泥岩，岩石风化较强，呈黏土状。	> 1.21m

覆盖区中更新世沉积以赣抚三角洲平原新建县恒湖农场伍湖分场 ZK01 钻孔剖面为代表，岩性主要为浅黄色砂、砂砾石层，厚度为 11.70m。

上覆地层：上更新统	
浅黄色卵砾石层。	> 0.52m
中更新统（Qp^2）	11.70m
⑧浅黄色砾质粗砂层。	3.99m
⑦灰白－浅黄色砾质粗砂层。	3.15m
⑥浅黄色－灰白色卵砾石夹砾质粗砂层。	4.56m
下伏地层：下更新统（Qp^1）	
浅黄褐色砂砾石层。	> 4.65m

露头区进贤组与下伏赣县组和上覆新港组或莲塘组均呈平行不整合接触，在瑞昌市城子镇长江南岸剖面进贤组下部砾石层 ESR 测年为 0.76MaBP， 修水县三都镇剖面进贤组下段网纹红土底部热释光测年为 0.56 MaBP，上段近底部年龄为 0.36 MaBP。余干县中山镇毛家岭 ZK05 号钻孔剖面下部 ESR 年龄值为 0.66~0.75 MaBP；中上部 ESR 年龄值为 0.54~0.56 MaBP。另据光释光测年，下段顶部年龄为 0.30 MaBP，上段中部年龄为 19.6 MaBP。古地磁测量结果，剖面总体属布容正极性时，且跨越了布容时且跨越了布容正极性时与松山负极性时界线（0.73MaBP），因此进贤组地质时代为早更新世晚期至中更新世。

（二）冰川型堆积

1. 大姑组叶家垄红土段（Qp^2y）

主要分布于星子县叶家垄及星子县城外湖滨、九江市南湖、妙智铺、甘棠湖等地，属大姑－庐山间冰期堆积物。刘亚光等（1997）创名为“叶家垄红土”，创名地点位于庐山东南星子县城北约1km处，由江西省水文地质工程地质大队1986年测制。本次研究将其归为大姑组，称叶家垄红土段。

上覆地层：

新港黏土，棕褐色亚黏土。

———— 平 行 不 整 合 ————

叶家垄红土段（Qp^2y）	35.50m
⑪赭色含铁锰质蠕虫状亚黏土。	0.71m
⑩棕褐色含铁锰质亚黏土。	0.36m
⑨赭红色蠕虫状亚黏土，中间夹有三层含铁锰质或铁锰质结核的亚黏土层，夹层厚0.3～2m。	9.82m
⑧棕黄、桔黄色网纹状亚黏土。	15.89m
⑦棕红色蠕虫状亚黏土，局部形成铁皮层。	0.93m
⑥赭色蠕虫状亚黏土，含零星孢粉松属、藜科、蒿属、禾本科等。	7.79m

———— 平 行 不 整 合 ————

下伏地层：大姑组

紫红、棕红色泥砾。	8.08m

叶家垄红土剖面磁性地层反映上部为布容正极性带，下部为松山负极性带，下伏地层大姑组冰碛泥砾段对应贾拉米洛正极性亚带。布容与松山极性带间的界线位于叶家垄红土的中上部。

蒋复初等1997年测制了九江长虹大道剖面，对叶家垄红土进行了古地磁和热释光研究，探讨了网纹红土形成的地质时代。

上覆地层：

新港黏土，褐黄色泥质粉砂，黄土，含大量铁锰质胶膜，向上逐渐减少，偶含灰白色网纹。下部距顶3.8m处热释光年龄为100±11kaBP。

叶家垄红土段（Qp^2y）	14.0m
⑧红色砂质黏土，红色黏土，含少量灰白色网纹条带，铁锰质胶膜发育。上部距顶4.0m处热释光年龄为102±10kaBP。	2.3m
⑦鲜红色粉砂质黏土，发育不典型的白色网纹，含铁锰质胶膜。	1.3m
⑥紫红色粉砂质黏土，为典型网纹红土。紫红色亚黏土为基质，蠕虫状、树枝状白色网纹垂向发育，网纹直径1～2cm。含铁锰质胶膜和少量砾径小于1cm的砾石。	3.7m
⑤黄红色粉砂质黏土，网纹红土，红色亚黏土基质，粗大白色网纹呈垂向分布，网纹直径一般为3~5cm。含少量铁锰质胶膜，偶含小砾石。	2.2m
④紫红色粉砂质黏土，网纹红土。含少量铁锰质胶膜，偶含小砾石，岩性较致密。	1.7m
③绛紫色粉砂质黏土，铁质网纹红土，网纹直径一般为1～2cm，呈水平状分布，表面呈蜂窝状，坚硬。横向上厚度有变化。	2.8m

———— 平 行 不 整 合 ————

下伏地层：大姑组

绛紫色网纹化砂砾石，砾径一般为 3 ~ 5cm。发育铁质网纹，呈水平状分布，表面呈蜂窝状，较坚硬。

长虹大道剖面磁性地层特征与九江金氏山庄和星子叶家垄剖面作较好的对比（图 1–2–26）。它们均明显显示出跨越了 B/M 界限，下部都出现贾拉米洛正极性亚带，布容正极性带与松山负极性带的分界位于叶家垄红土中，地质时代约为 0.1~1.07Ma，属于早更新世晚期至中更新世，与河湖区进贤组中、上部相对应。

2. 庐山泥砾（Qp^2l）

李四光（1947）所划分的“庐山冰期”堆积物，创名地点位于庐山牯岭王家坡。主要分布于海拔 800m 以上的庐山王家坡、大校场、植物园、芦林溢口等地。岩性为棕黄、褐黄色泥砾，由砾石和黏土组成。砾石成分随地而异，多呈棱角状，少量次圆 – 次棱角状，大小混杂，无分选性，砾石与黏土互为嵌生，结构松散。有的砾石表面具冰蚀面和冰川擦痕，有时其下部还见有纹泥，厚度一般为 1~5m。在庐山大校场为黄色泥砾，由砾石和细屑物组成，砾石成分为含砾石英砂岩、长石石英砂岩、板岩、石英等，砾径一般为 3520cm，大者 150160cm，小者 105cm，多数呈滚圆状，少量具棱角状，大小混杂，无层次，无分选性，结构松散，砾石表面具挖蚀面和擦痕，厚度为 0.3~1.0m，不整合于南华系莲沱组之上。本层发现较多的孢粉化石，木本植物花粉占优势，含量 84.1%~98.5%，其中以针叶花粉为主，占总量的 74.8%~95.5%，主要以松、杉为主，阔叶植物花粉以栎较多；草本植物花粉较少，占 1.5%~9.7%，以藜、蒿、禾本科为主；蕨类孢子只有水龙骨科。反映寒冷偏湿的气候环境。

黏土矿物经 X 光衍射和电镜分析，以伊利石 – 蒙脱石为主，少量多水高岭石、高岭石、水云母和绿石，反映了干旱和较寒冷的气候环境。

据古地磁测定，大校场剖面的上部为正极性段，下部为负极性段。根据剖面所处的地貌部位及地层层序，暂将其划归为布容正极性带，时限约 0.2~0.4MaBP。暂归为中更新世晚期。

冰蚀地貌一般保存较好，主要见于大坳冰斗群、王家坡冰川谷、大校场冰川谷、芦林冰窖等地，底部常有碎石黏土和泥砾堆积。

三、上更新统（Qp^3）

（一）河湖型沉积

晚更新世型沉积广泛分布于赣江、抚河、修水、信江、饶河水系两岸、鄱阳湖平原，组成Ⅰ – Ⅱ级河谷阶地。在长江南岸和赣抚平原形成河漫 – 洪泛相沉积，部分地段构成垄状岗丘或小孤山（砂山）。

1. 莲塘组（Qp^3lt）

方鸿琪（1961）创名“莲塘层”，创名地点为南昌县莲塘镇。江西省区域地质调查大队（1983）改称莲塘组。以南昌县莲塘镇高坊 CK8 钻孔柱状剖面为代表，由江西省水文地质工程地质大队 1986 年钻测，岩性组合为：下部为黄色砾石层，厚度为 8.89m；上部为黄色粗砂层，厚度为 4.19m；顶部为灰白色黏土，厚度为 3.19m，总厚度为 16.27m。与上覆柘矶砂层呈整合接触。本组自下而上构成一个完整的沉积旋回，属河流相沉积。

在鄱阳湖滨西部赣江三角洲地区，以新建县恒湖农场伍湖分场 ZK01 钻孔剖面为代表，岩性下部以为卵砾石、砂砾石层为主；上部为砂砾石与含砾粗砂互层，总厚度为 15.77m，属河床相沉积。

上覆地层：全新统	
灰色细砂层，^{14}C 测年 0.95m 处 3780 ± 65a；1.98m 处 6210 ± 125a。	> 2.54m
上更新统（Qp^3）	15.77m
⑮浅黄色砂砾石层、中细粒砂层。	1.36m
⑭浅黄色砂砾石与砾质粗砂互层。	2.74m
⑬浅黄色含砾粗砂夹砾石层。	3.04m
⑫浅黄色中细砾石层夹砾质粗砂层。	4.05m
⑪浅黄色细砾石层。	2.86m
⑩浅黄色 – 灰白色含砾粗砂层。	1.20m
⑨浅黄色卵砾石层。	0.52m
下伏地层：中更新统（Qp^2）	
浅黄色砾质粗砂层。	> 3.99m

赣江三角洲地区本组以河流相沉积为主，构成比高 15m 左右的Ⅰ – Ⅱ级内叠或上叠阶地。地层序列位于中更新统之上，全新统之下，地层时代应属晚更新世。

在鄱阳湖滨东部信江三角洲地区，以余干县石口乡古竹村 ZK011 钻孔剖面（N28°49′51″,E116°32′43″H:15.6m）为代表，由江西省地质调查研究院、中国地质大学（武汉）联合实测（2008）。

上覆地层：全新统鄱湖组	7.28m
⑰为人工填土。灰黄 – 黄褐色黏土，含少量植物根系，黏土呈块状，无层理。	0.80m
⑯褐黄色黏土，含少量植物根系，呈块状，无层理。4.5m 处采 ^{14}C 样品，ZK11–21。	5.10m
⑮褐黄色粉砂质黏土。	1.38m
———— 整　合 ————	
上更新统（Qp^3）	16.91m
⑭青灰色 – 深灰色粉砂质黏土，含较多的白云母片，7.9m 处采 C^{14} 样品 ZK11–42。33675 ± 3095 aBP。	0.62m
⑬浅黄 – 灰白色含砾砂层，砾石成分以石英为主，磨圆度较好，砾径一般为 0.5 ~ 1.5cm。9.5m 处采 ESR 样品 ZK11~42–1，35 ± 3 kaBP。	2.12m
⑫浅黄色、米黄色黏土，黏土呈块状，无层理。	0.48m
⑪浅黄色砂砾石层，砾石成分为石英，砾径一般为 0.5cm，大者达 2 ~ 3cm。	0.31m
⑩浅黄色、米黄色黏土，黏土呈块状，无层理。	1.78m
⑨青灰色淤泥质黏土，韧性强，具滑感。	2.35m
⑧深灰色、灰黑色含粉砂质黏土，韧性较强，15.20m 处采 ^{14}C 样品 ZK11–68，＞48000aBP。	0.36m
⑦黄褐色黏土，呈块状，无层理。	0.59m
⑥深灰色、灰黑色粉砂质黏土。	0.46m
⑤青灰色含砾细砂层。	2.15m
④灰黄色含砾中粗砂层。	0.69m
③灰黄色砂砾石层，砾石成分以石英为主，粒径一般为 0.5 ~ 2m，磨圆度较好。	0.84m
②米黄色、浅黄色中细粒含砾砂层。	0.56m
①黄褐色含砾石英粗砂层，砾石含量为 5 ~ 6%，砾径达 5 ~ 6cm，底部岩石微带红色。24.10m 处采 ESR 样品 ZK011–72，92 ± 9kaBP。	3.60m

∧∧∧∧∧∧∧ 不　整　合 ∧∧∧∧∧∧∧

下伏地层：古近系新余组 ＞0.40m

猪肝色泥岩，岩石风化强烈。 ＞0.40m

往东至信江河谷地区以 ZK014 钻孔柱状剖面为代表，基本层序为浅黄色砂砾石、中粗粒砂，构成三个沉积韵律，厚度为 7.0m。往东至 ZK015 钻孔柱状剖面由浅黄色砂砾石、中粗粒砂为组成，夹一层厚约 0.11m 的黏土透镜体，厚度 9.37m。往南至 CK51-11 钻孔下部以砂砾卵石为主，厚度达 10m，上部为中粗粒砂，厚度为 3m。

本组顶部 ^{14}C 年龄值为 33675±3095aBP，ESR 年龄值为 35±3kaBP，中部 ^{14}C 年龄值大于 48000aBP，底部 ESR 年龄值为 92±9kaBP，地质时代属晚更新世。

2. 新港组（Qp^3x）

张兰庭等（1982）创立，创名地点在九江市新港。方鸿琪（1961）曾称“长江泛溢层”，范庭兴（1962）曾称“下蜀黏土”。主要分布于长江南岸、鄱阳湖及赣抚平原，正层型剖面位于九江市新港（炼油厂）YL18 钻孔，主要岩性为棕褐色亚黏土、黏土，夹亚砂土，含铁锰质结核或薄膜，偶夹石英小砾石。含零星孢粉，*Pinus*、*Cupressaceae*、*Larix*、*Humulus* 及同心条纹藻等。本组平行不整合于进贤组或叶家垄红土之上，厚度大于 4.75m。

露头剖面以九江长虹大道第四系剖面（蒋复初　等，1997）为代表，岩性为褐黄色、浅黄色泥质粉砂，粉质黏土及黏土，厚度大于 4.1m。

新港组（Qp^3x） ＞4.1m

⑫浅黄色泥质粉砂，黄土，质地疏松。距顶 1.4m 处热释光年龄为 49±4kaBP。 1.7m

⑪褐黄色泥质粉砂，黄土，固结程度较好，棱块状构造，含少量铁锰质胶膜。 0.8m

⑩浅红色粉砂质黏土，古土壤，含铁锰质胶膜。 0.6m

⑨褐黄色泥质粉砂、黄土，含大量铁锰质胶膜，向上逐渐减少，偶含灰白色网纹。下部距顶 3.8m 处热释光年龄为 102±11kaBP。 1.0m

———— 平　行　不　整　合 ————

下伏地层：中更新统叶家垄红土

红色砂质黏土，均质红土，含少量灰白色网纹条带，铁锰质胶膜发育。上部距顶 4.4m 处热释光年龄为 102±10kaBP。 ＞2.3m

新港组黏土平行不整合于中更新统进贤组或大姑组网纹红土之上，在长江南岸彭泽县红光沙场可见其被柘矶砂层所覆盖，岩性特征与长江中下游的“下蜀组”基本相同，热释光年龄为 4.9~10.2 万a，地质时代应属晚更新世。

3. 柘矶组（Qp^3z）

黄德彭（1976）创名“柘矶层”，创名地点位于湖口县三里乡柘矶。方鸿琪（1961）曾称“湖口层”，范庭兴（1962）称“老爷庙层”，并包括原认为全新世的风飏砂层在内。江西省地质矿产局（1991）改称为柘矶砂层。广泛分布于长江南岸及鄱阳湖滨、赣抚平原一带，主要包括湖口县柘矶、梅家洲、彭泽县红光、都昌县老爷庙、星子县火焰山、沙岭、永修县吴城—松门山以及南昌附近等地，地貌上构成砂岗或砂山。正层型剖面以湖口县三里乡柘矶砂山剖面为代表，由黄德彭 1976 年测制。岩性为浅黄、棕红、黄褐色细砂层，具水平层理和斜层理，夹 1~2 层青灰色淤泥质黏土和含铁锰质亚黏土（古土壤层），局部为泥炭层，含少量植物残体及铁质结核，底部偶见灰岩和小砾。不整合于二叠系茅口组灰岩之上，厚度为 51.83m。下部含较丰富的孢粉化石，以木植物花粉为主，植物群面貌以栎属及泽泻属为代表，基本可以表现为温暖、而略偏干燥的气候环境。

吴艳宏等（2000）在柘矶砂山剖面共采集 C^{14} 测年样品 3 个，热释光（TL）测年样品 7 个，地质年龄为 13.1~41.0kaBP。

李长安等（2003）对南昌县向塘镇梁家渡砂山进行了较详细地研究，认为剖面出露完整，结构清楚，可作为代表性剖面。该剖面位于赣江二级阶地上，地貌上呈孤丘状。主要岩性为黄色砂层与红色土壤化砂及亚砂土构成旋回组合，总厚度为 25.50m。

柘矶组（Qp^3z） 2550cm

㉖现在土壤层。 150cm

㉕弱土壤化层（现代）。 460cm

㉔灰白色中细粒砂，成分为长石、石英、云母，含少量岩屑。 50cm

㉓古土壤层，铁红色红褐色，黏粒含量较少，为 20%，砂粒含量为石英、长石、岩屑，极少量白云母，50 ~ 60cm 处为一层亚黏土层，热释光年龄 16.47 ± 1.41kaBP。 140cm

㉒灰白色细砂，成分为石英、长石、岩屑，磨圆度较差（球度），发育网纹状条带，条纹条带宽度 3 ~ 5mm。 120cm

㉑褐红色古土壤层，黏粒含量 30%，砂粒成分：白云母、长石、石英等，含少量岩屑。 80cm

⑳灰白色中砂，成分为石英、长石、白云母，发育网纹状铁锰质条带，上部较发育。 150cm

⑲黄褐色灰黄色弱土壤层，黏粒含量 40%，砂粒为中细砂，成分为石英、长石、白云母，含极少量铁锰质斑点。 50cm

⑱灰白色中细砂，铁锰质条带较不发育，白云母含量 5% ~ 10%。 100cm

⑰古土壤层，上部为黄褐色浅黄色混质黏土层，下部为棕红色古土壤层，黏粒成分较低，30%，砂粒成分：石英、长石、白云母，白云母含量为 15% ~ 20%，热释光年龄 25.14 ± 2.14kaBP。 80cm

⑯灰白色中砂，成分为石英、长石、白云母，见少量岩屑，铁锰质条带不发育。 40cm

⑮棕红色古土壤层，黏粒含量为 30% ~ 40%，砂粒成分为石英、长石、白云母，岩屑，颗粒较粗，个别达 1mm，又可进一步划分为两层：0 ~ 18mm 为黄褐色、棕红色土壤层；18 ~ 30mm，为棕红色土壤层，铁质含量显著增加。 30cm

⑭灰白色中砂层，成分为石英、长石，少量白云母和暗色矿物，发育铁质条带。 20cm

⑬弱土壤化。 40cm

⑫灰白色中沙。 40cm

⑪弱土壤化，黏粒含量较高，有少量铁锰质斑点。 40cm

⑩灰白色中沙层，成分为石英、长石、白云母，白云母含量达 15%，网纹状铁质条带发育，条带宽一般为 3~6mm，个别达 1cm，条带发育频数为每 20cm6 ~ 8 条。 100cm

⑨黄褐色古土壤层，黏粒成分增加，含量达 40% ~ 60%，砂粒矿物主要为石英、白云母，可见黑色、铁锰质、碳质斑点，大小 2 ~ 4mm，含量局部达 20%。 80cm

⑧灰白色沙层，成分为石英、长石，含少量暗色矿物和白云母，上部为网状，铁质条带增多，网状宽度为 1 ~ 2mm。 120cm

⑦黄褐色，干燥后成铁红色，古土壤层，黏粒成分显著增加，含量达50%，较湿润，硬塑性。	100cm
⑥黄褐色细砂，成分为长石、石英，有网状分布铁质物。	280cm
⑤棕红色细砂，古土壤层，热释光年龄36.16±3.07kaBP。	20cm
④黄褐色中细砂。	60cm
③黄色、黄白色淤泥。	80cm
②黑色碳质泥岩。	120cm

～～～～～～ 不　整　合 ～～～～～～

下伏地层：晚白垩世圭峰群

紫红色泥岩。	＞100cm

梁家渡砂山剖面热释光（TL）年龄为16.47~36.16 kaBP。

柘矶砂层平行不整合于莲塘组、新港黏土或进贤组之上，对其地质年代研究程度较高，据不完全统计，^{14}C、热释光（TL）测年样品达58个，绝大多数数据表明，柘矶砂层形成的地质年代为距今13~35kaBP，属晚更新世晚期。

对柘矶砂层的成因存在两种不同意见，一是认为砂山是古长江或古赣江河床、河漫滩相沉积，被后期构造抬升；二是认为砂山是在冰期气候条件下，季节性出露的河漫滩砂被强风吹飏至近岸堆积而成。江西省调研大队在开展湖口图组等1：5区域地质调查时认为，砂山中夹2~4层厚约0.5~1.0m的青灰色淤泥质黏土地（或泥炭层），砂山仅分布于长江南岸、鄱阳湖滨、赣江河漫滩，应属晚更新世河湖相沉积，全新世为风飏改造堆积。

吴锡浩、吴艳红、刘健、朱日祥等认为，沙山是在末次冰期干冷的气候环境下，长江干流的九江—彭泽段多次干涸或其水位多次大幅度降低，其出露的河床沙在强劲的北、西北风的吹飏下短距离搬运至长江南岸堆积。

吴艳红等通过对湖口柘矶、澎泽红光一带砂山剖面的研究和对比认为，砂层的物质来源为古长江及其支流赣江的河床砂，后经强风吹飏短距离搬运，在近岸地带堆积而成。砂层中的泥炭层是沙丘间湖沼相差异侵蚀的结果，即沙丘区于气候稍暖期形成湖沼相沉积，后为复杂的侵蚀堆积环境改造而成。

（二）冰川型堆积

芦林碎石黏土（Qp^3*ll*）：江西省区域地质调查大队（1983）创名“芦林冰缘期”，创名地点为庐山芦林湖东北边缘，大校场谷地出口处。刘亚光等（1997）改称为岩石地层单位“芦林碎石黏土”。为黄褐色黏土岩块碎石层，以岩块碎石组成的块砾为主，黏土充填。岩块碎石成分为石英长石砂岩、板岩、含砾石英砂岩等。块砾大小不等，较为混杂，无层次，呈次棱角至尖棱角状。充填的黏土中含孢粉，以草本植物花粉为主，占孢粉总数的50%左右，其中*Compositae*占绝对优势，*Gramineac*也有相当数量；木本植物花粉占总量的17%，以*Pinus*为主，次为*Quercus*和*Cupressaceae*；蕨类植物孢子占总量的30%~40%，以*Pteridium*为主，次为*Podiaceae*，并有一定数量苔藓类。平行不整合于庐山泥砾之上，厚度0.2~0.5m。

芦林碎石黏土零星露头尚见分布于海拔1000m以上的汉口峡、大月山侧、筲箕洼和红石崖等地，孢粉显示为干凉－寒冷的气候环境。江西省区域地质调查大队（1983）认为属于“冰缘气候条件下的融冻岩屑堆积”，时代相当于更新世晚期。

四、全新统（Qh）

全新世以来，江西气候转暖，冰川消亡，水流作用极为活跃，风化作用仍在继续，人类活动的影响也愈加显著，文化遗存极为丰富。在赣江、抚河、信江、饶河及修水等主要水系河谷、鄱阳湖河口、长江南岸，广泛分布河床相、河漫滩相及河口三角洲相；在鄱阳湖和主要河道流经地区及一些山间洼地，发育了湖相、沼泽相；山麓、山口地带，还有洪（冲）积扇体或洪（冲）积扇裙；而山地、岗顶，则广布残坡积相。

1. 联圩组（Qh*l*）

江西省区域地质调查大队（1983）创名，地点位于新建县联圩乡，赣江入湖河口三角洲上，代表全新世河湖型沉积。岩性可分为上、中、下三部分，总厚度为8.4m。下部为灰白色粗砂砾石层，其上有薄层灰黑色黏土砾石层，厚2.20m；中部为灰黑色淤泥质粉砂，厚2.4m；上部为浅黄色夹棕褐色黏土质粉砂，含铁质结核，往上渐变为棕褐色夹浅黄色亚黏土，厚3.80m。构成湖滨三角洲上部高湖滩阶地。联圩组的原始含义仅包括F11钻孔剖面的第⑨~⑤层，代表联圩组的下段沉积。第④~①层划归为莲塘组。

刘亚光等（1997）将F11钻孔剖面全部归属为联圩组，但由于联圩组剖面中缺乏地质年龄的依据，其划分和对比存在尚一定的问题上。现将正层型剖面新建县联圩F11钻孔柱状剖面列述于下，该剖面由江西省水文地质工程地质大队1980年钻探实测。

全新统联圩组（Qh*l*）	8.40m
⑨棕褐夹浅黄色亚黏土。（未见顶）	1.70m
⑧浅黄夹棕褐色黏土质粉砂，含铁质结核。	2.10m
⑦灰黑色淤泥质粉砂。	2.40m
⑥灰黑色黏土砂砾石层。	0.78m
⑤灰白色粗砂砾石层。	1.42m
下伏地层：上更新统莲塘组（Qp^3lt）	32.70m
④灰白色含砾粗砂夹灰黑、黑色淤泥。	8.10m
③灰白、白色砂砾石层。	8.69m
②灰白、浅黄色砂卵砾石层夹灰黑、浅黄色淤泥黏土。	9.07m
①橙黄色粗砂砾卵石层。	6.84m

～～～～ 不　整　合 ～～～～

下伏地层：新余组

紫红色粉砂岩。

联圩组下段岩性变化不大，但厚度随地而异。上部为黄褐色、浅黄色亚黏土或亚砂土和粉砂，局部含腐殖物，厚度0.5m (丰城县袁渡) ~10m（峡江化肥厂）；中部以灰黑色、黑色淤泥或淤泥质粉砂、淤泥质亚砂土为主，有的地段则为黄褐色砂，厚0.9m (龙南县梅坊) ~7m (吉安市桥头堡)；下部灰白或黄白、浅灰、灰黄色砂砾（卵）石层时夹砂层，局部夹淤泥质亚黏土透镜体，厚1m（龙南县梅坊）~13m（南昌市潭岗）。

在本段上部沉（堆）积物中，常见埋藏有古文化遗迹。以清江县新基山筑卫城和营盘里遗址为代表的新石器时代文化遗址，在全省出土的已有数十处；以清江县吴城遗址为代表的商周时代的文化遗址，已出土的达 200 余处。据江西省博物馆考古研究，出土的大量文物（如石器、陶器和青铜器等），应为新石器时代晚期—铜器时代的产物，相当于龙山文化期。筑卫城文化层，按考古年龄距今约 4000a，吴城文化层（^{14}C 年龄测定）距今 3000~3200a。

2. 坰里组（Qh*a*）

由江西省地质矿产局（1991）创名，创名地在安福县枫田乡坰里。以泥炭矿区 BJ1 井剖面为代表，由江西九〇一地质大队 1977 年钻测。岩性为杂色黏土、亚黏土夹黑色淤泥或泥炭层。上与山背组呈平行整合接触，下未见底，厚度 5.40m。

本组还见于新干县七琴等地，属全新世山间沼泽环境的沉积。

3. 赣江组（Qh*gj*）

黄第藩（1962）创名，创名地点在鄱阳湖畔之赣江三角洲地带。江西省地矿调研大队 1：5 万南昌图组（1988）引用此名，但含义主要指南昌地区赣江河床心滩、边滩沉积。刘亚光等（1997）沿用此名，用以代表全新世晚期以来仍在沉积的河流冲积物单元。选层型为南昌市新洲 ZK3–1 钻孔柱状剖面，由江西省水文地质工程地质大队 1986 年钻测。下部为含砾粗砂、含砾中砂及砾石层；上部为泥质细砂或亚黏土。不整合于古近系新余组之上，厚度 20.26m。

赣江组广泛分布于各河谷地带，组成近代河床、边滩及心滩、砂咀或河口三角洲，一般由白色、黄色、灰白等浅色的砂砾（卵）石层、砂层及粉砂亚黏土层组成，厚度 1~16m，变化大，属全新世晚期以来的沉积，目前还在继续沉积。

4. 鄱阳湖组（Qh*py*）

刘亚光等（1997）创名，创名地区为鄱阳湖畔。以其代表与赣江组大致同期的近代湖泊沼泽相沉积。为灰褐色 – 灰黑色粉质黏土、淤泥粉质黏土地，间夹粉砂土或粉砂、细砂层，厚度 1~15m。正层型剖面为新建县玉丰农场 B1–6 钻孔柱状剖面，由江西省水文地质工程地质大队 1970 年钻测。

马振兴等（2003）对鄱阳湖组的定义进行修订和补充，认为鄱阳湖组系一套以青灰色淤泥质黏土、黄褐色黏土、粉质黏土为主夹少量粉砂或细砂的湖泊 – 河口三角洲相沉积。底界年龄约 6210±125aBP，开阔湖泊沉积年龄始于 3240±180aBP，且由北往南时代渐新，具有明显的穿时性。选层型剖面以新建县恒湖农场伍湖分场 ZK01 钻孔剖面为代表。

鄱阳湖组（Qh*py*）	8.40m
⑭(0~0.15m)灰黄色黏土，含少量植物根系及炭屑。	0.15m
⑬(0.15~0.35m)　浅黄色粉质黏土。	0.20m
⑫(0.35~1.08m)　黄褐色粉质黏土、细粉砂。	0.73m
⑪(1.08~1.28m) 黄褐色粉质黏土。	0.20m
⑩(1.28~2.28m) 青灰色淤泥质黏土，粘性强，软塑状，1.23~1.33m ^{14}C 测年 650 ± 50 aBP，218~228cm ^{14}C 测年 1820 ± 85aBP。	1.00m
⑨(2.28~2.91m)　黄褐色粉质黏土。	0.63m
⑧(2.91~3.86m)　青灰色淤泥质黏土，黏性强，软塑状，3.50~3.60m ^{14}C 测年 2755 ± 20 aBP。	0.95m
⑦(3.86~4.13m)　青灰色粗粉砂。	0.27m

⑥(4.13~4.37m) 黄褐色黏土。 0.24m

⑤(4.37~5.46m) 青灰色淤泥质黏土，黏性强，软塑状，5.40~5.50m ^{14}C 测年 3470 ± 210 aBP。 1.09m

④(5.46~5.86m) 青灰色粉质黏土。 0.40m

③(5.86~7.06m) 灰色细砂，含少量泥质团块，6.82~6.92m ^{14}C 测年 4150 ± 115 aBP。 1.20m

②(7.06~7.66m) 灰色含植物碎屑黏质粉土。 0.60m

①(7.66~8.40m) 灰色细砂，7.85~7.95m ^{14}C 测年 7170 ± 170 aBP。 0.74m

下伏地层：联圩组（Oh*l*）

灰－浅黄色砂砾石层 0.43m

通过对鄱阳区ZK01钻孔沉积物、孢粉、硅藻、碳同位素高分辨率的采样和分析认为，鄱阳湖组主要由黏土、粉质黏土组成，以湖泊相沉积为主，下部细砂－粉质黏土层代表前三角洲相沉积。底界以河流相的含砾粗砂层或砂砾石层的出现与鄱阳湖组分界。

鄱阳湖组细砂层底界年龄约6210±125aBP，淤泥质黏土层沉积年龄分别为3240~2900aBP、2750~2270aBP和1865~650aBP，代表了鄱阳湖形成经历了三次大的扩张时期。黄褐色黏土或粉质黏土则代表湖退时鄱阳湖的三度萎缩期。

鄱阳湖组厚度变化较大，具有由南往北增厚，由西往东减薄之特点，湖区沉积中心位于赣江三角洲前缘朱港农场附近（ZK04孔）。鄱阳湖组形成的地质年代为全新世中、晚期，并由北往南渐新，具有明显的穿时性。

五、残坡积型堆积

江西省残坡积成因的第四纪沉积相当发育，分布极为广泛。其堆积物的形态、结构组分及其厚度等各地变化很大。江西省地质矿产局（1991）统称为“山背风化壳”。刘亚光等（1997）将江西省残坡积成因的堆积物建立望城岗组和山背组，以代表更新世和全新世残坡积成因的岩石类型。

1. 望城岗组（Qp*w*）

原称“望城岗红土层”，由朱庭祜（1934）创立，创名地点在新建县望城岗。江西省地矿调研大队（1988）1∶5万南昌图组改称望城岗组，时代归属第四纪。其岩性为下部棕红色、紫红色含基岩岩屑的网纹红土，中部过渡为网纹或蠕虫状红土，上部为均红土。各地厚度变化较大，新建县望城岗组层型剖面总厚度大于2.1m。与下伏中元古界双桥山群呈不整合接触。

本组堆积物的成分、结构及网纹发育程度可因基岩的成分、性质的变化而异，以棕红色含岩屑碎块的网纹状或均质红土为特征，常分布于山麓周边，形成残坡积裙，构成丘陵、岗地，覆于各类基岩的风化剥蚀面上。局部可见伏于新港黏土、莲塘组之下，与进贤组属同期异相堆积。相当于江西区调队（1983）所划分的“红色风化壳”。据研究，典型网纹红土是高温多雨的副热带气候条件下的产物，时代主要为中更新世中期。

在丰城市河西煤矿区的石溪泉溪煤矿区广泛分布一套第四纪地层，经钻探揭露，其岩性特殊，地质时代不明，厚度变化极大（0~311.26m），总体围绕南神岭呈弧形分布，其岩性分为四套，自下而上分别为：

（1）红土砾石层

红土物质为亚黏土、亚砂土，砾石成分以石英砾岩、石英砂岩为主，次为硅质岩及粉砂岩。砾石含量50%左右，向下增多，底部可达80%，顶部具厚1~2m的紫红色富含氧化铁的风化壳。

以5001孔为中心呈漏斗状分布，巷口村至珠珊村一带厚度最大，向四周厚度减薄，且与下伏南雄组有互为消长的关系，为南雄组灰质砾石溶蚀后的产物，其成因可能与其上部发育的河流有关。

(2) 砂砾石层

主要分布巷口村至珠珊村一带。下部为黄于橘黄色、紫红色、灰白色含黏土砂砾及细砾层，地表可见大型槽状交错层理，厚0~20m；上部为灰、灰白色含砾亚黏土、亚砂土层。下部夹两层薄层状、透镜状灰黑色泥炭层，其中保留有比较明显的木质、树皮等植物遗体，最大的为长6cm、宽2cm的树木腐烂遗体，厚0~47m。

(3) 网纹红土层

为紫红色、浅黄色局部含砾的亚黏土、亚砂土。具网纹结构。厚0~45m。

(4) 残坡积、壤土层

残坡积层：为紫红色至红色含砾亚黏土、亚砂土层，局部含腐殖质，厚0~10m。

壤土层：为灰、灰黑色含腐殖质亚黏土、亚砂土层，局部含砂砾。中下部为紫红色至深红色亚黏土、亚砂土层。

根据堆积物颜色和岩性组合特征，第①~②层可能为早更新世；第③~④层可能为中更新世。

2. 山背组（Qh*s*）

江西省地质矿产局（1991）创名，原称“山背风化壳”，创名地点在修水县上奉山乡山背跑马岭，代表全省残坡积层。刘亚光等（1997）改称山背组，代表较望城岗组为新的残坡积物。其岩性为不具典型的网纹结构的灰褐、黄褐、棕黄色黏土、亚黏土、粉砂土，夹岩块岩屑。厚度1~30m不等。相当于江西区调队（1983）所划分的“黄色风化壳”。据古文化层^{14}C年龄测定为公元前2970~2690年（距今4920~4640年）。

本组广泛分布于全省各地。主要见于山麓周边及丘陵地区，覆于不同时期、不同岩石类型的基岩之上，上可为全新世河湖型沉积所覆盖，但绝大部分暴露地表，因生物作用，有的表层发育为腐殖土。层序位于望城岗组或进贤组之上，时代主要为晚更新世。

全新统残坡积层，遍布全省各地因原岩性质、地貌、植被特点而异，尚不具备建组条件。

六、洞穴堆积

江西省的岩溶穴发育，主要分布于石炭纪晚期和二叠纪早期沉积的石灰岩层中，在寒武纪、奥陶纪的灰岩、白垩纪的红层中也常见及。章人骏（1947）对乐平县洞穴堆积进行了调查，陆志达（1979）对江西省的洞穴堆积曾作过专门调查研究。江西省区域地质调查大队（1983）、江西省地质矿产局（1984）将江西省洞穴堆积划分为四期：即“早更新世红岩洞期”、“中更新世牛心岭期”、“晚更新世涌山洞期”和“全新世仙人洞期”。1993年、1995年中美联合考古队对万年仙人洞和吊桶环洞穴遗址进行考古调查和发掘，取得了重大的考古成果。

1. 红岩洞洞穴堆积

位于龙南县城北2km玉石岩红岩溶洞。为马平组灰岩溶蚀而成。洞穴堆积物自下而上可分为6层，最下部一层为浅黄、浅棕黄色含砾亚黏土组成，底部含石灰岩块，厚0.9~1.75m。在其上部岩洞本层见有残破牛牙和动物骨骼碎块，但种属不明。江西省地质矿产局（1984）将其归属红岩洞期，为江西省最早的洞穴堆积，时代为早更新世。与其相当的洞穴堆积包括分宜县洪阳洞、瑞昌观音洞等。

2. 牛心岭洞穴堆积

位于信丰县极富乡南约400m处，由栖霞组灰岩组成，位于地面以下1~2m，标高约168m。溶洞内堆积由下而上分为7层，下部两层为：棕黄色亚黏碎石层厚约1m；棕红黄色亚黏土，夹较多碎石，碎石主要为灰岩、另有少量砂岩及燧石，产古脊椎动物化石，厚2.2m。古脊椎动物化石主要是哺乳类，计有 *Elephas* sp.,*Macaca* sp.,*Hystrix* sp.,*Sus* sp.,*Bubalus* sp.,*Cervus* sp.,*Muntiacus* sp.等。在龙南濂江洞产有：*Borldac,Rhinococerohlodae* 及 *Stegodon orientalis Owen* 等。在瑞昌县观音洞中还产有 *Machairodus* sp.和 *Cerus* sp.。上述动物群大致属于南方的"大熊猫－剑齿象动物群"，代表温暖森林地带性质的动物，地质时代相当于中更新世晚期。

3. 涌山洞洞穴堆积

位于乐平县涌山西南500m处，洞体为马平组灰岩组成，高出涌山河水面120m。洞穴内堆积物由下而上可分为4层，其中第2层为黄色砂土层，含少量灰岩、石英等碎屑和砾石，并含有铁锰质结核，厚度为0.75m。产丰富的哺乳类动物化石：*Stegodon* sp.,*Hystrix* sp.,*Raffus ruttus L.*,*Rninoceros* sp.,*Ovidae, Bovidae* cf.*bubalus* ,*Rusa* sp.等。在萍乡市棉花冲出土有:*Ailuroplda* sp.,*Pseudaxis* sp.,*Rusa* sp.,*Leprs* sp.,*Sus* sp.和豪猪等。在相邻的萍乡市观音岩还有"智人"。上述哺乳动物化石群也很接近"大熊猫－剑齿象动物群"。最突出的是"智人"的发现，表明当时人类已相当进化，大致相当于旧石器时代的末期，即晚更新世晚期。

4. 仙人洞洞穴堆积

位于万年县大源西南1500m之仙人洞，为马平组灰岩溶蚀而成，高出当地文溪河水面约5m。堆积物由下而上可分为7层，除第1层为时代不明的生砂（亚沙土?）,其余6层均归于全新世仙人洞期。上部为深灰褐色、红灰色黏土、砂土，夹少量石灰岩块，产大量动物骨骼、螺壳和陶器、骨器、蚌器及粗磨石器，称上文化层，厚0.15m；中部为灰白色灰烬层，夹红烧土，有少量红陶片、烧骨、烧蚌碎片、木炭屑、烧过的石灰岩块等，厚0.3~0.65m；下部为棕褐色及红褐色砂土，含少量角砾岩块，产大量动物骨骼及蚌器、骨器、红陶等，并发现三个人头残骨和股骨一根，砂土中夹一层细角砾石堆积，其中也灰烬和红色土；底部的深黄色砂土中则含巨大的角砾岩块，厚0.65~1.3m，为下文化层。

下文化层的兽骨化石，经 C^{14} 测定年龄值为公元前6625±235年，距今为8575±235年。出土的人骨经鉴定代表4个人体，属蒙古人种。其他动物化石为：偶蹄类有 *Ouis* sp.,*Pseudaxis hortulorum,Sus scrota, Hydropotes inermis*；肉食类有 *Arctonyx collaris,Mustela* sp.,*Vioerricula* cf. *malaceansis Pallida,Paguma larvata,Felis bengalensis,Felis* sp.；灵长类有 *Macaca* sp.；啮齿类有 *Lepus* sp.；鸟骨有 *Aqulia* sp.,*Galus* sp.等；另外还有鳖类的碎骨及螃蟹的钳足等。上列野生动物群都是近代种类，出土的器皿，种类较多，尤其是出现了粗磨石器，显示了进化色彩，人类已进化到蒙古人种，并已知用火，捕猎熟食。经测定年龄距今为8575±235年。这些都相当考古年代的新石时代早期，地质时代接近全新世的下限。

1993年、1995年中美联合考古队通过对仙人洞、吊桶环遗址发掘，出土了大量的洞穴遗存物，主要包括人工制品和自然遗物。人工制品有石、陶、骨、蚌器四大类。石器约1000件，骨器约500件，穿孔蚌器约40件，陶片约800件。兽骨近3万多片，动物群有鹿、猪、鸡、免、野狸、鼬和鱼、鳖。其中鹿骨占多数，其次是猪和鸟类。证实仙人洞和吊桶环可分上、下两大层，上层为新石器早期堆积，下层为旧石器末期堆积。经 ^{14}C 年龄测定仙人洞最早年代为距今18110±270年，吊桶环最早年代为

19770±360 年；仙人洞最晚年代为距今 8825±240 年，吊桶环最晚年代为距今 1704±270 年。

通过对吊桶环和仙人洞的孢粉和植硅石分析表明，两处遗存中都有野生稻和栽培稻的线索，尤其是吊桶环下层野生稻大量存在，上层野生稻占多数，但也有人工栽培稻，这些信息对于探索稻作农业起源具有重大意义。

与万年仙人洞洞穴堆积相当的还有乐平涌山洞、弋阳鲁山岩、信丰牛心岭和龙南玉石岩等洞穴堆积。

第二节 第四纪盆地

江西省第四纪地层主要为陆相河谷盆地沉积，发育于长江、赣江、抚河、信江、饶河、修水主要水系河谷盆地及鄱阳湖平原地区，组成不同标高和不同形式的阶地和平原（图 1-2-3）。

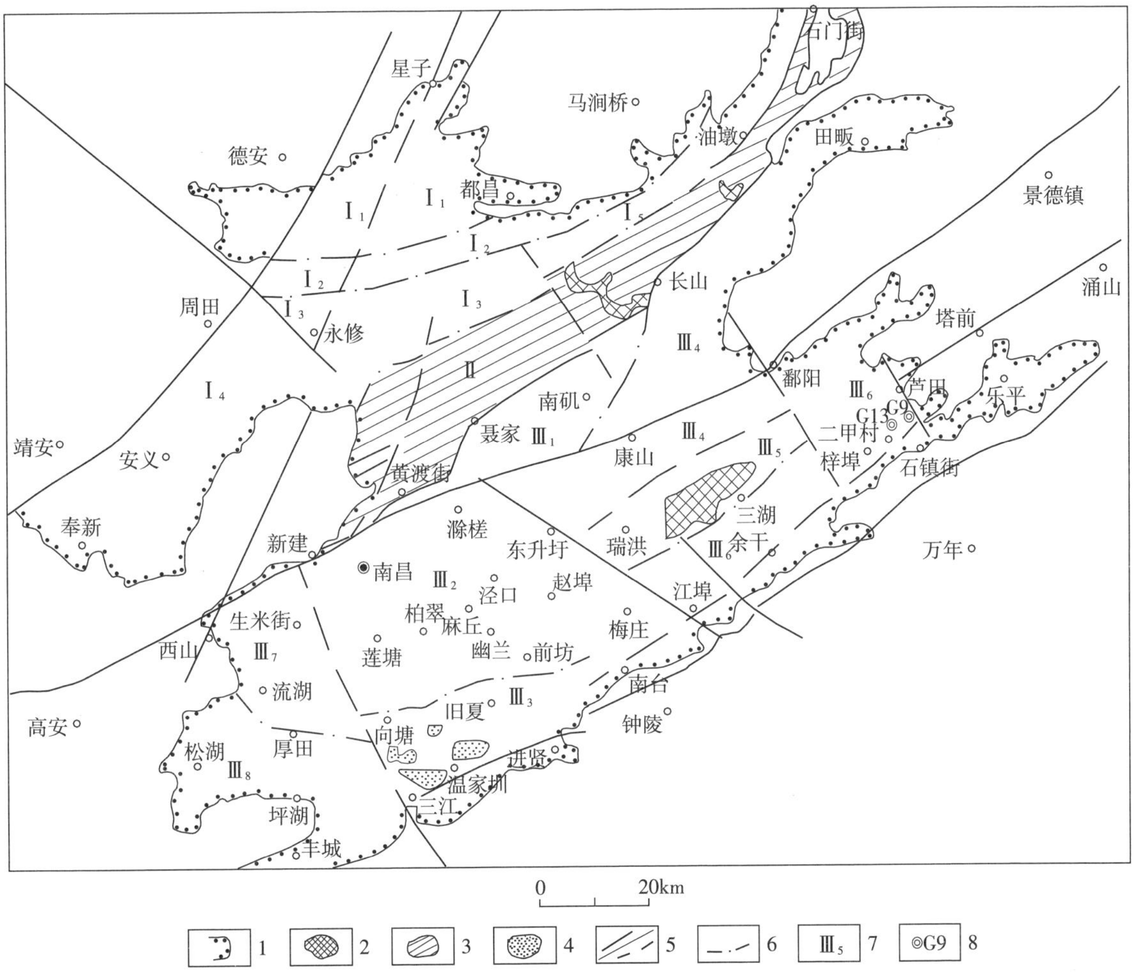

图 1-2-3 鄱阳盆地区域构造图

Fig. 1-2-3 Structural map of Poyanghu basin

（引自梁兴 等，修改）

1—不整合界线；2—新元古界双桥山群变质岩系出露区；3—隆起区；4—泥盆系—侏罗系出露区；5—实测与推测断裂及二级构造单元界线；6—三级构造单元界线；7—构造单元代号: Ⅰ—北鄱阳坳陷: Ⅰ$_1$—蛟塘凹陷；Ⅰ$_2$—牛头山凸起；Ⅰ$_3$—永修凹陷；Ⅰ$_4$—安义凹陷；Ⅰ$_5$—汉港凹陷；Ⅱ—长山隆起；Ⅲ—南鄱阳坳陷: Ⅲ$_1$—喻坊 - 南矶低凸起；Ⅲ$_2$—南昌凹陷；Ⅲ$_3$—向塘 - 前坊断阶；Ⅲ$_4$—康山 - 莲湖凹陷；Ⅲ$_5$—瑞洪凸起；Ⅲ$_6$—江埠 - 二甲村凹陷；Ⅲ$_7$—生米 - 厚田低凸起；Ⅲ$_8$—松湖凹陷；8—钻孔位置及编号

一、鄱阳湖盆地

鄱阳湖盆地处于下扬子地块与钦杭结合带交接地带，以宜丰－景德镇断裂带为界，南北结构差异较大，北鄱阳盆地发育于九岭隆起双桥山群变质基底和晚白垩—古近纪红层之上，南鄱阳湖盆地发育于萍乐坳陷带之上，具有新元古代变质基底—晚古生代—侏罗纪沉积盖层，白垩纪—古近纪红层的层次结构。第四纪时是全省第四系沉积中心，更新世以河流相沉积为主，全新世为河流—湖泊相沉积。其岩性结构由河谷向湖心，由层次简单的二元结构，逐渐过渡到较复杂的多旋回结构，沉积物粒度总的趋势是自下而上由粗变细。一般厚度变化规律是河谷向湖区增大，湖区西南部为赣抚冲积平原，一般厚度 30~40m，其前缘（朱港）可达 76m；东部为信江、饶河冲湖积平原，厚度一般小于 30m（图 1-2-4）。

赣抚冲积平原前缘三角洲沉积以新建县恒湖农场 ZK01 钻孔为代表，更新统主要由砂砾石组成，底部均以卵砾石层为界，构成三个大的沉积旋回。全新统由亚黏土、亚砂土、淤泥、和细砂组成。

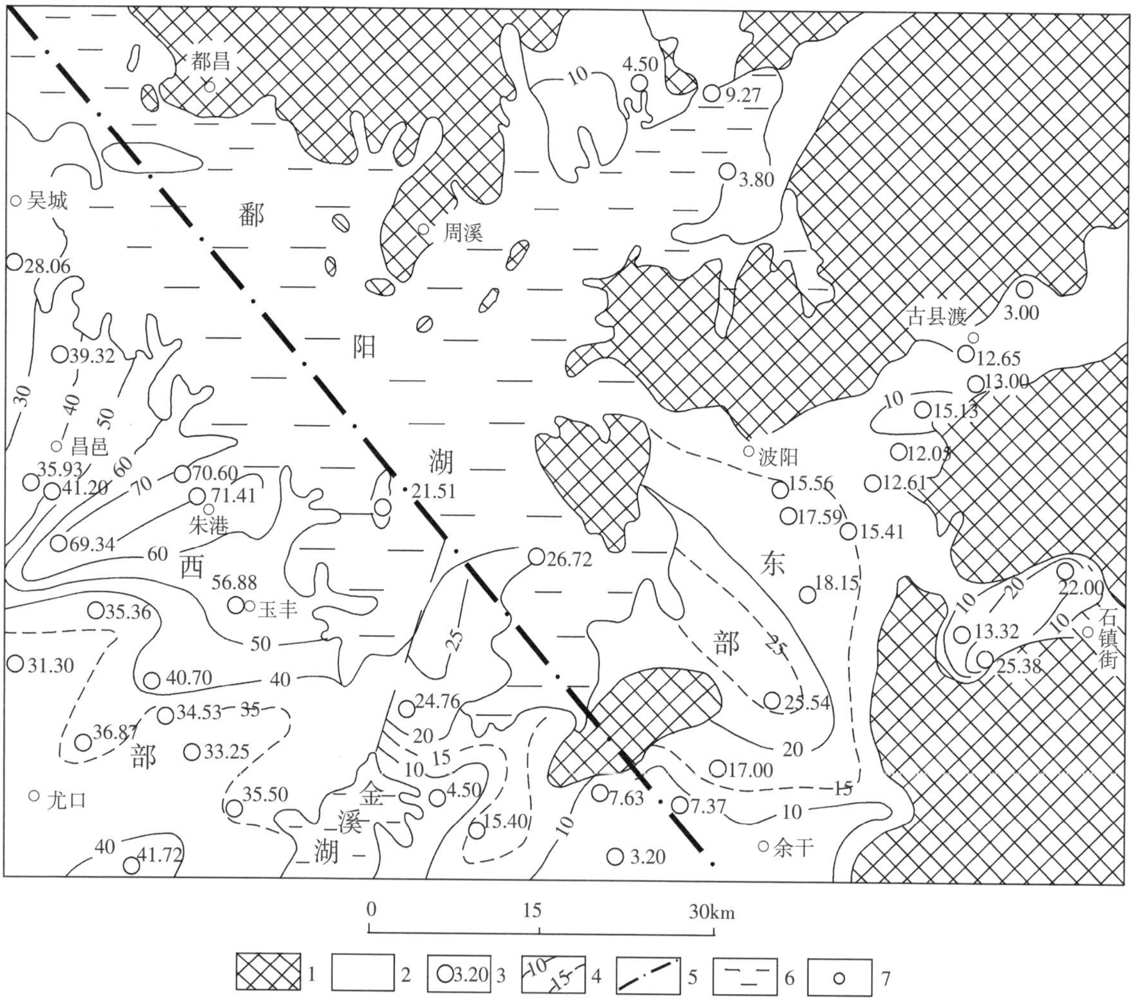

图 1-2-4　鄱阳湖地区第四系等厚线略图

Fig. 1-2-4　Quaternary isopach map in Poyanghu region

（据江西省水文地质大队，1982）

1—基岩区（包括第四系残积层）；2—第四系分布区；3—钻孔及第四系厚度（m）；4—等厚线（m）；5—经航片及卫片解释的断裂；6—水城区；7—居民点

早更新统恒湖组（Qph^{al}）：浅黄色、黄褐色砾质粗砂，砂砾石层，底部为含黏土卵砾石层，厚度为19.78m。近底部砂砾石层 ESR 测年为 2.15~2.28MaBP。

中更新统冲积层：浅黄色、灰白色含砾粗砂、砂砾石层，底部为卵砾石层，厚度为 11.70m。

上更新统冲积层：上部为浅黄色细砾石、含砾粗砂，下部砾石增多，底部为卵砾石层，构成 2~3 个沉积旋回，厚度 15.77m。

全新统冲湖层：为棕褐色、黄褐色砂土、粉土、粉质黏土及含砾粗砂层，厚度为 8.40m；^{14}C 测年为 6210~8760aBP。

信江、饶河冲湖积平原以余干县石口镇古竹村 ZK010、ZK011 钻孔剖面为代表。

上更新统冲湖层：以 ZK011 钻孔为代表，下部为浅黄色含砾粗砂－细砂、砂砾石层，底部 ESR 年龄 92±9ka，厚度 7.84m；中部为深灰色、青灰色淤泥质黏土、粉砂质黏土与浅黄色黏土互层，^{14}C 年龄大于 48000aBP，厚度 5.54m，上部为浅黄色砂砾石层、含砾砂层与浅黄色黏土、青灰色粉砂质黏土组成韵律，^{14}C 年龄 33675±3095aBP，ESR 年龄 35±3ka，厚度 3.51m，总厚度 16.91m。下与古近系新余组呈不整合接触，上与鄱阳湖组呈整合接触。

全新统鄱阳湖组（Qh*py*）：以 ZK010、ZK011 钻孔为代表，岩性为青灰色、黄褐色黏土、粉砂质黏土夹中细砂，结构松软至流塑状态，水平层理发育，含丰富的孢粉化石，木本植物以乔木花粉为主；草本植物花粉中以陆生草本为主，蕨类植物以喜阴湿为主。厚度 7.28~13.70m.

鄱阳湖盆地中部永修县松门山及都昌县老爷庙由上更新统柘矶组成垅岗状“砂山”地貌，分布标高 40~90m，岩性上部为黄白色中细砂，质地均匀，间夹三层淤泥质黏土，^{14}C 年龄 14875±195aBP；下部以淡黄－灰白色细砾夹砾质中砂为主，砾石磨圆度和分选性好，砂层中发育水平层理及斜层理。总厚度大于 46.1m。

二、长江河谷盆地

长江江西段河谷盆地发育于九江古生代—三叠纪坳陷和晚白垩世—古近纪小型红层盆地之上，其南北两岸第四纪地层发育不均衡，总体上看，长江北岸第四纪地层分布以抬升式阶地发育为特征，早更新世地层分布于Ⅳ级基座阶地，阶面标高 50m 左右，高出长江水面约 40m，岩性为棕红色黏土砾石层。中更新世地层分布于Ⅲ级基座阶地，阶面标高一般为 30~40m，岩性为下部为棕红色砂砾石层，上部棕红色网纹状黏土。晚更新世地层分布于长江Ⅱ级阶地，阶面标高一般为 20~30m，岩性为灰褐色含铁锰质亚黏土、粉砂。长江南岸第四纪地层以埋藏式阶地发育为特征，早更新世地层分布于第四系底部，直接覆盖于白垩纪—古近纪红色岩层之上，并被中更新世—晚更新世地层所压盖（图 1–2–5）。反映出了长江河谷盆地自早更新世至晚更新世以来北升南降的构造格局。

长江冲湖积平原，主要分布于长江沿岸广济至孔垄、港口至九江一带，由全新统冲积、冲湖积亚黏土，亚砂土砂砾卵石等组成，属长江高河漫滩内叠阶地。长江北岸东西长 50km，南北宽约 20km。南岸东西长约 30km，南北宽 3~8km。地势平坦，一望无际。微向长江河床倾斜，坡度 1°~3°，地面标高 11~15m。

九江市锁江楼－彭泽县马档段长江冲湖积平原Ⅱ级阶地广泛分布上更新统新港组黏土和柘矶组砂层，阶面高程长江南岸 30~50m，最高处达 60m，高出长江水面 20~40m。由于后期侵蚀冲刷，阶地面被破坏呈波状起伏。

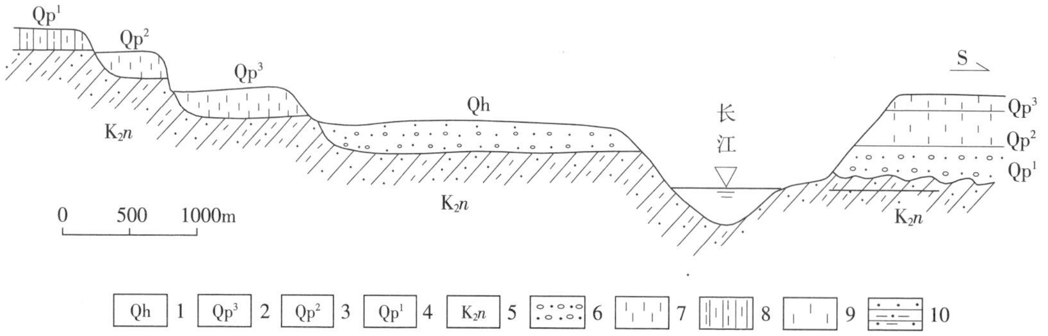

图 1-2-5 长江(江西瑞昌段)河谷第四系阶地剖面示意图

Fig. 1-2-5 Cross Section of the Quaternary terraces of Yangtze river (Rui-chang section of Jiangxi)

1—全新统；2—上更新统；3—中更新统；4—早更新统；5—上白垩统南雄组；6—砂砾石层；7—黏土；8—红土；9—蠕虫状红土；10—粉砂岩、粉砂质泥岩、泥岩

九江市一带为掩埋阶地，以锁江楼 ZK21-4 钻孔为代表，岩性自下而上为：下更新统九江组为棕黄、浅灰、浅黄色砂砾石、黏土砾石、亚砂土、亚黏土互层，底部棕黄、灰（杂）色砾卵石层，间夹 1~2 层富含黑色锰质砂砾石层，厚度 23.51m；底部与上白垩统红色泥岩呈不整合接触。中更新统为棕红色黏土夹棕黄色砂砾石层，厚度 17.31m；上更新统为灰黑色砂砾石层、棕红色亚砂土、亚黏土互层，灰色砂砾、棕黄色含砾黏土及黄色中细砂，厚度 9.8m；全新统棕黄色、灰色粉砂、亚黏土，厚度 15.2m。

三、赣江河谷盆地

赣江从南至北横贯江西，中上游以河流侵蚀阶地为主，发育Ⅲ－Ⅳ基座阶地，下游为埋藏式阶地。

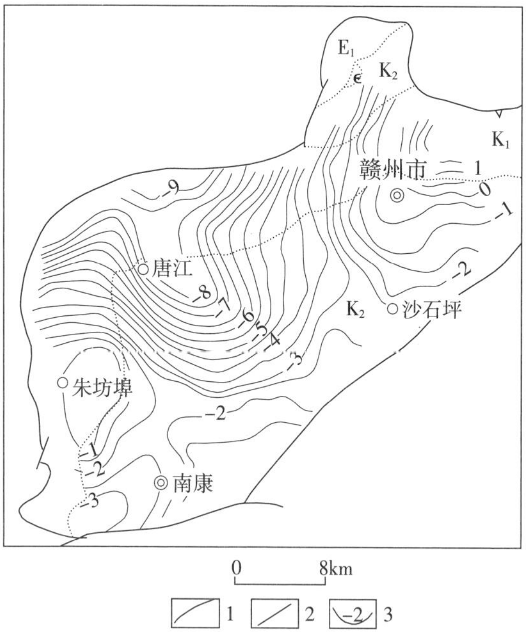

图 1-2-6 赣州盆地布伽重力异常图

Fig. 1-2-6 Bouguer gravity anomaly map in Ganzhou basin

1—控盆断裂；2—断裂；3—等深线及深度；E_1—古新统；K_2—上白垩统

（一）赣州河谷盆地

赣江河谷盆地发育于震旦系—寒武系变质岩褶皱基底和赣州上白垩统红层盆地之上（图 1-2-6）。位于赣江上游，赣州市章江－贡江由河流冲积层组成四级阶地（图 1-2-7）。

Ⅰ级阶地：呈堆积阶地，由第四系全新统冲积层组成，下部为砂砾石层，厚 2.91~8.46m；中上部为砂、粉砂、亚黏土，厚 4.80~11.06m。沿河流两岸呈不对称型发育，阶面宽广平坦，一般宽 500~1500m，标高 95~150m，高出河水面 2~5m。

Ⅱ级阶地：主要为堆积阶地，局部地段呈基座阶地，由第四系上更新冲积层组层，岩性为下、中部砂砾石、砂、粉砂，厚 4.80~13.46m，上部为亚砂土、粗网纹红土，厚 2.64~6.35m。阶地面较坦，微向河床倾斜，章

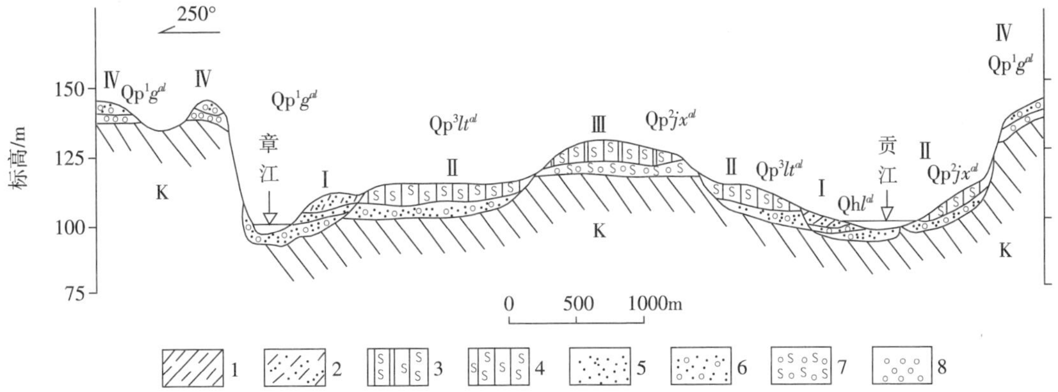

图 1-2-7 赣州市章江－贡江河谷第四系阶地剖面示意图

Fig. 1-2-7 Cross Section of the Quaternary terraces of Zhangjiang-Gongjiang velly in Ganzhou

（据江西省水文地质大队，1982）

1—亚黏土；2—亚砂土；3—网纹红土；4—似网纹红土；5—砂土；6—砂砾石；7—红土砾石层；8—砾石层

江阶面最宽达 2000m 以上。海拔标高 102~145m，高出级阶地 1~5m。

Ⅲ级阶地：呈基座阶地，分布于赣江两岸，由中更新统进贤组冲积层组成，断续不整合于白垩系红层之上，二元结构明显，上部为网纹状红土，厚 4~12m，下部为红土砾石层，厚 4~10m。阶地面标高 105~160m，高出河水面 15~30m。

Ⅳ级阶地：呈基座阶地，主要见于章、贡江沿岸，由下更新统赣县组冲积层组成，岩性为棕红色、紫红色及灰白、黄白色砾石层、粗砂砾层夹棕红色、紫红色网纹黏土或亚黏土，厚 12.1~19.6m。呈帽状残留白垩系红层之上，阶地面海拔标高 130~180m，高出河水面 37~50m。

（二）吉安河谷盆地

位于赣江中游，吉安盆地奠基于永莲坳陷和吉泰红层断陷盆地之上（图 1-2-8，图 1-2-9）。第四纪时一般发育Ⅰ-Ⅳ级河谷阶地，其中Ⅰ级阶地较发育，地势平坦，标高 50~60m，略向河床倾斜，Ⅱ-Ⅳ级阶地残缺不全。以吉水县赣江东岸河谷阶地剖面为例（图 1-2-10）。

Ⅰ级阶地：呈堆积阶地，主要分布于赣江和支流的河谷地带，由全新统冲积层组成，下部为砂砾石层，厚 6~10m；上部为亚黏土、亚砂土，赣江沿岸厚度一般为 10~16m，赣江支流厚度一般为 4~10m。阶面平坦、开阔，海拔标高 50~60m。

Ⅱ级阶地：常组成Ⅱ级嵌入阶地，沿赣江及其支流零星分布，由上更新统冲积层组成，下部为砂砾石层，上部为棕红色、黄褐色亚黏土，铁锰质含量较高，具不明显的似网纹状构造，厚度一般为 10m。赣江及其支流下游段阶地面标高一般为 50~80m。

Ⅲ级阶地：主要分布于吉安、泰和赣江及支流，形成Ⅲ级内叠阶地和基座阶地，由中更新统进贤组冲积层组成，下部为棕红色砂砾石层，上部为棕红色黏土，具清晰的网纹状构造，厚 3~9m。阶地面高程 70~80m。

Ⅳ级阶地：分布标高 90~100m，零星的残留在低丘陵顶部，构成赣江Ⅳ级基座阶地。由上更新统赣县组组成，岩性下部为棕红色粗砂砾石层或含黏土砾石层；上部为棕红、棕黄色细砂砾石与黏土层，具网纹状构造，厚度变化较大，吉水赣江东岸 1~4m，吉安市青塘城上村 8.5~13m。

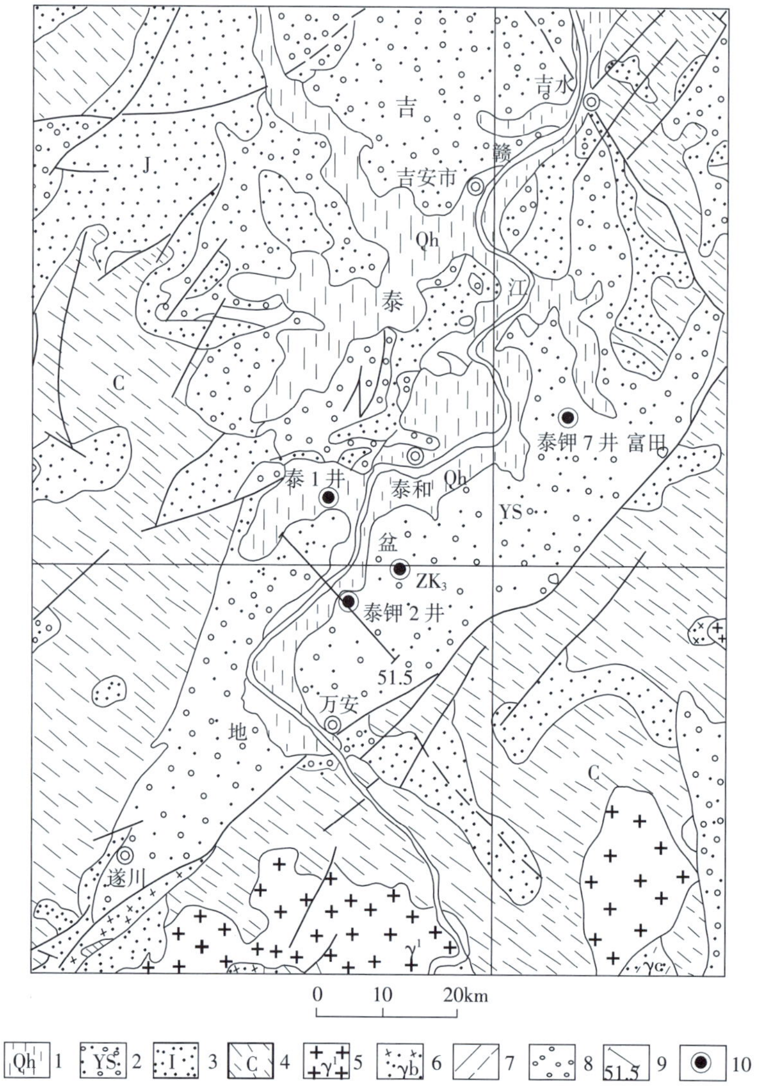

图 1-2-8 吉泰盆地构造略图

Fig. 1-2-8 Schematic structural map of Jitai basin

1—喜马拉雅构造层；2—燕山构造层；3—华力西—印支构造层；4—加里东构造层；5—燕山早期酸性岩；6—加里东期酸性岩；7—实测、推测断裂；8—盆地范围；9—地震剖面线位置及编号；10—钻孔

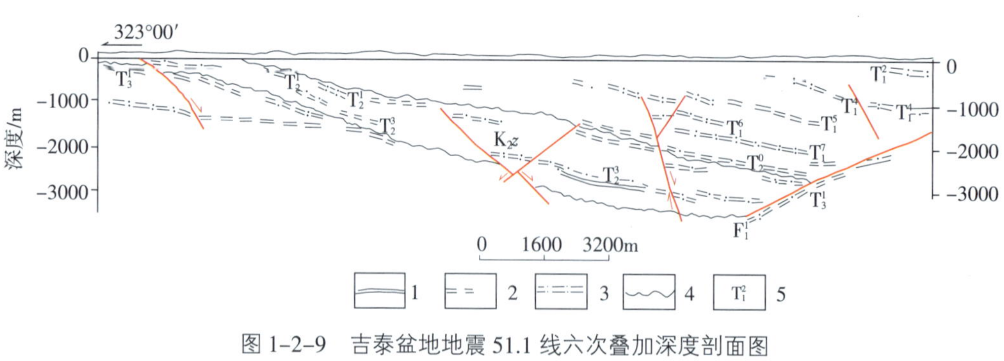

图 1-2-9 吉泰盆地地震 51.1 线六次叠加深度剖面图

Fig. 1-2-9 Cross section of seismic for Jitai basin (line N°51.1, six superposition)

(据江西省地矿局第二物探大队，1989)

1—可靠反射界面；2—较可靠反射界面；3—欠可靠反射界面；4—不整合界面；5—波组序号

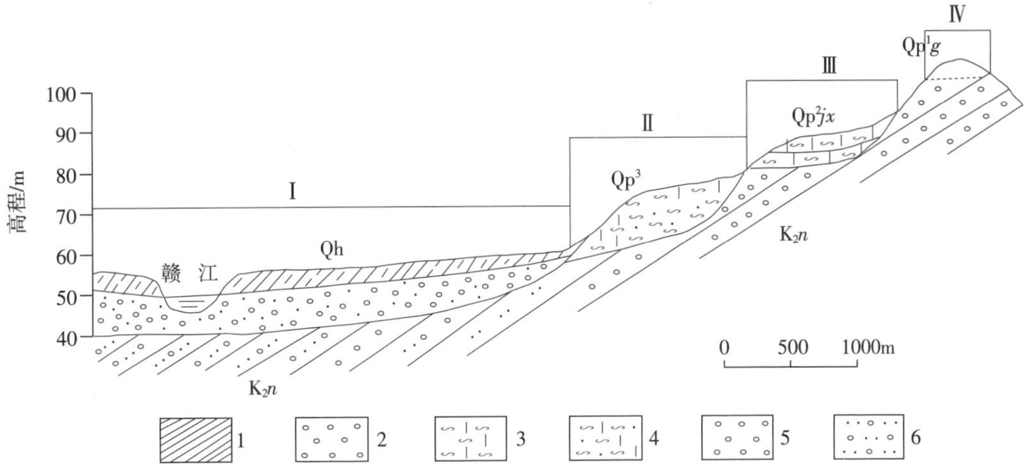

图 1-2-10 吉水县赣江东岸河谷第四系阶地剖面示意图

Fig. 1-2-10 Cross section of Quaternary terrace at east bank of Ganjiang river in Jishui county

（据江西省水文地质大队，1976）

1—亚黏土；2—砾石；3—网纹状亚黏土；4—含砂网纹状亚黏土；5—砾岩；6—砂岩

（三）南昌河谷盆地

位于赣江下游，鄱阳湖西南岸，由赣江南支、中支和西支组成广阔的三角洲冲积平原。

Ⅰ级阶地：主要分布于赣江两岸及一级支流沿岸，由全新统联圩组组成，下部为砂砾石层，厚9.5~14m，上部为棕黄色、褐黄色亚砂土和亚黏土，结构疏松，厚度变化较大，一般为5~10m。赣江两岸阶面标高16~20m，高出正常赣江水位1.5~2.5m。支流阶面标高33~49m，阶面平坦。

Ⅱ级阶地：主要分布于南昌市及其附近，由上更新统冲积层组成内叠阶地，下部为灰白－浅黄色砂砾石层，厚度12~20m，上部为棕黄色亚黏土、亚砂土，较松散，厚3~10m。阶面标高20~25m，阶面遭受人为破坏，河湖密布。前缘陡坎不明，与Ⅰ级阶地呈内叠关系（图1-2-11）。

Ⅲ级阶地：分布于南昌市赣江沿岸，由中更新统冲积层组成赣江Ⅲ级内叠阶地，岩性为亚黏土、

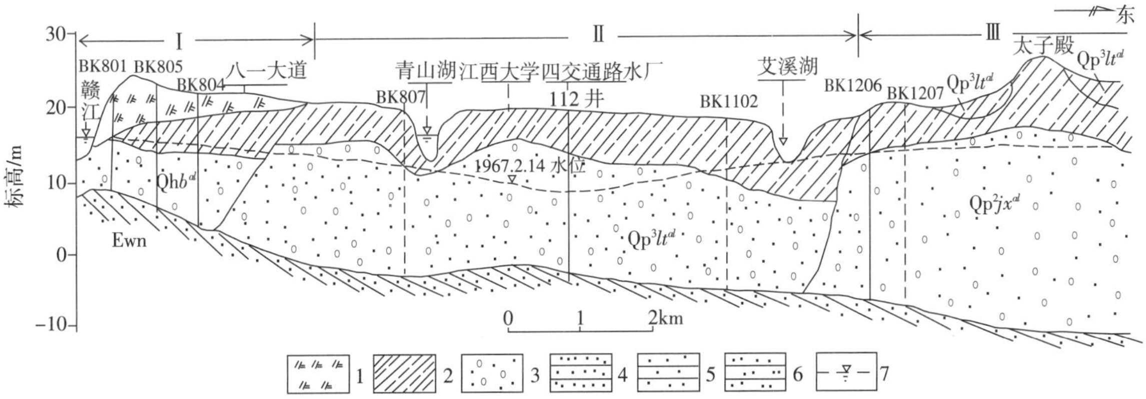

图 1-2-11 南昌八一桥—太子殿赣江河谷第四系阶地剖面示意图

Fig. 1-2-11 Cross section of Quaternary terrace of Ganjiang velly at Taizidian-Bayiqiao of Nanchang

（据江西省水文地质大队，1980）

1—人工填土；2—亚黏土；3—砂砾石；4—砂岩；5—细砂岩；6—含砾砂岩；7—地下水位（据南昌市供水报告）

亚砂土和砂砾石层，厚度 30~35m。赣江支流新建县象山形成Ⅲ级基座阶地，下部为棕红、棕黄色砂砾石层，上部为棕红色网纹状黏土，厚度 5~15m。阶面标高 30~54m。

Ⅳ级阶地：为基座阶地，由早更新统赣县组冲积、洪积层组成，岩性为棕红色黏土砾石层，出露面积甚小，呈孤岛状。

四、抚州河谷盆地

抚州盆地位于东南加里东期造山带北缘，具有变质基底、早白垩世火山岩、晚白垩世红层 3 层结构。第四纪抚河中下游一般发育Ⅰ、Ⅱ、Ⅲ级阶地。

Ⅰ级阶地由全新统冲积层组成，一般上部为浅灰、棕黄、灰褐色亚黏土，中下部为淡黄色砂、砂砾石，由上往下，粒径增大，具二元结构。抚河华溪剖面全新统厚度 12m（图 1-2-12）。

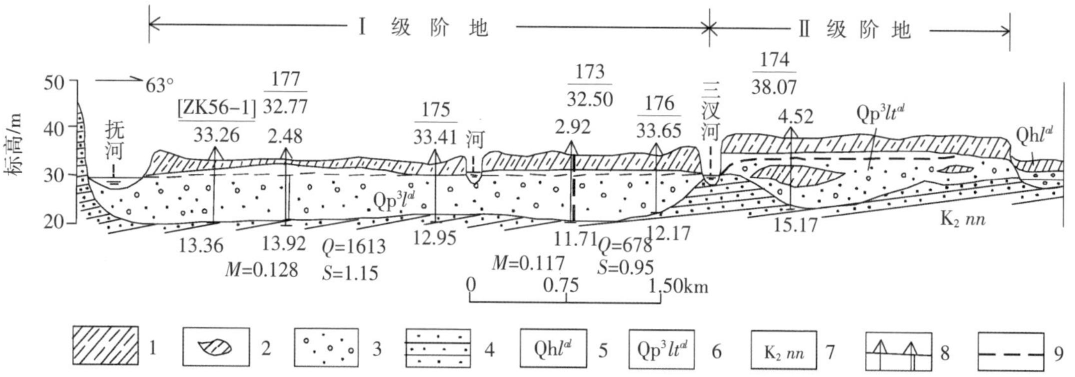

图 1-2-12　抚州市华溪抚河河谷第四系阶地剖面示意图

Fig. 1-2-12　Cross section of Quaternary terrace of Fuhe velly at Huaxi of Fuzhou

（据江西省地矿局九一二大队，1979）

1—亚黏土；2—亚黏土透镜体；3—砂砾石；4—粉砂岩；5—全新统联圩组；6—上更新统莲塘组；7—上白垩统南雄组

8—控制钻孔及抽水实验（分子为孔号，分母为标高）；9—地下水位

Ⅱ级阶地由上更新统莲塘组组成，岩性上部为黄棕、棕红色黏土质粉砂，中夹含砾亚黏土，顶部铁锰质结核，厚 2.50m；中下部为黄棕色泥质砾砂，砂砾主要成分为石英，厚 8.45m。阶地高出河水面 5~8m，沿河谷边缘断续分布，多被侵蚀破坏。

Ⅲ级阶地为基座阶地，由中更新统进贤组成，下部为红土砾石层，具网纹状结构，厚 2~5m；上中部为均质红土和网纹状红土，厚度变化大，一般 1~10m。侵蚀切割厉害，保留极少，沿级阶地后缘零星分布，高出河水面 20~25m。

五、信江河谷盆地

信江盆地恰位于萍乡 - 绍兴断裂带上，处于信江钱塘地块与东南加里东期造带的交接地带，具有变质基底、青白口纪晚期—侏罗纪沉积盖层，早白垩世火山盆地和晚白垩世红层多层结构。第四纪时信江上游以侵蚀阶地为主，以玉山县文成镇信江河谷阶地剖面为代表（图 1-2-13）。

Ⅰ级阶地：沿信江河谷及支流呈带状分布，由第四系全新统冲积层组成。具有明显的二元结构，上部为灰黄色亚砂土、粗细砂，厚度 0.56~2.71m；下部为砂（砾）卵石层，厚度 4.30~6.15m。

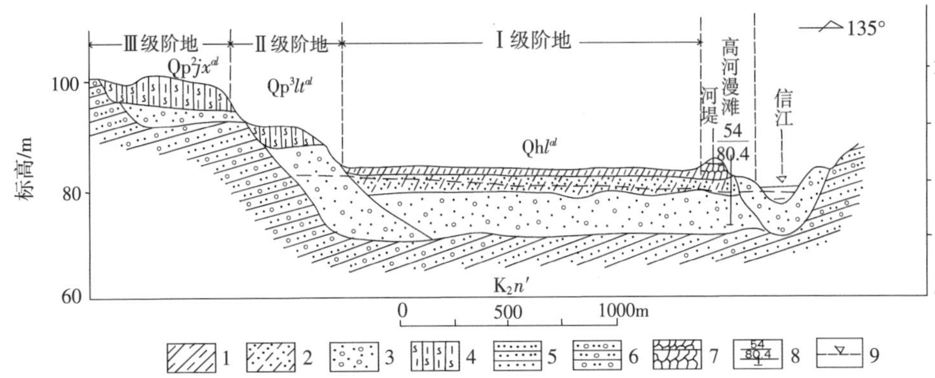

图 1-2-13　玉山县文城镇信江河谷第四系阶地剖面图

Fig. 1-2-13　Cross section of Quaternary terrace of Xinjiang velly at Wencheng town of Yushan county

（据江西省水文地质大队，1978）

1—亚黏土；2—亚砂土；3—砂卵石；4—蠕虫状亚黏土；5—细砂岩；6—含砾砂岩；7—人工堆积；

8—民井：分子为编号，分母为水位标高（m）；9—地下水位线

Ⅱ级阶地：由上更新统冲积层组成，上部为黄褐色、紫红色亚黏土、亚砂土，局部含砾，厚度 2~4m；下部为浅黄色粗砂砾石层，成分复杂，厚度 2~3m，不整合于白垩系上统南雄组之上。

Ⅲ级阶地：仅见于玉山县文成镇山边村附近，组成信江河谷Ⅲ级基座阶地，高出信江河床 10~15m，高出Ⅱ级阶地 4~6m。由中更新统进贤组冲积层组成，上部为浅黄色亚黏土及网纹状亚黏土，厚度 2.5~3.00m；下部为黄褐色亚砂土夹砾石层，厚度 2~3m。

信江中游分布于铅山、弋阳、鹰潭一带，在信江一侧发育有三级阶地，Ⅰ、Ⅱ级阶地为堆积阶地，Ⅲ级阶地为基座阶地。

Ⅰ级阶地：沿信江连续分布，阶面标高 28~68m，阶面平坦开阔，一般宽 1000~2000m，由第四系全新统冲积层组成，上部为褐灰色亚砂土、亚黏土，厚度 2~4m；中部为松散状砂层、粉砂砂层，含少量黏粒和小砾卵石，厚度 1~3.50m；下部为砂卵石层，厚度 4~6m。

Ⅱ级阶地：分布在铅山、鹰潭等地。阶面标高 30~56m，高于河床 7~12m。阶面宽 1200~1800m，阶面较平坦。由上更新统冲积层组成，上部为橘红色、局部为灰白色亚黏土，含少量砂质，厚度 2~4.7m；中部为灰褐色松散状砂、粉砂层，厚度 0.5~1.9m；下部为砾卵石层，厚度 4~6.5m。

Ⅲ级阶地：分布零星，仅见于上饶的董团、铅山、鹰潭等地。阶面标高 33~72m，高于河床 15~24m，宽 500m 左右，微向河床倾斜，由中更新统进贤组组成，上部为棕红色亚黏土，具网纹状构造，黏结性较强，厚度 0.5~3m；下部为棕灰褐色砾石层，厚 2~3m（图 1-2-14）。

信江下游分布于余干县，由全新组冲积层组成高河漫滩Ⅰ级阶地，阶面标高 19.5m，高于信江河水面 4~5m。以余干县大溪渡信江河谷阶地剖面为例（图 1-2-15）：

全新统联圩组（Qhl^{al}）	22.5m
⑤灰黑色、浅黄色亚黏土、含少量铁锰质结核。	4.79m
④浅黄、棕黄、灰白杂色粉砂质黏土。	2.08m
③灰白色细砂，砂粒主要成分为石英、长石、云母，分选性较好。	3.51m
②灰白色含砾卵石中粗砂，砂粒含量 80%～90%，砾卵石成分复杂，以石英、火山岩为主，次为变质岩、燧石等。大小不一，一般粒度 0.5～1cm，大者 4cm，次圆状，向下增多。	1.20m

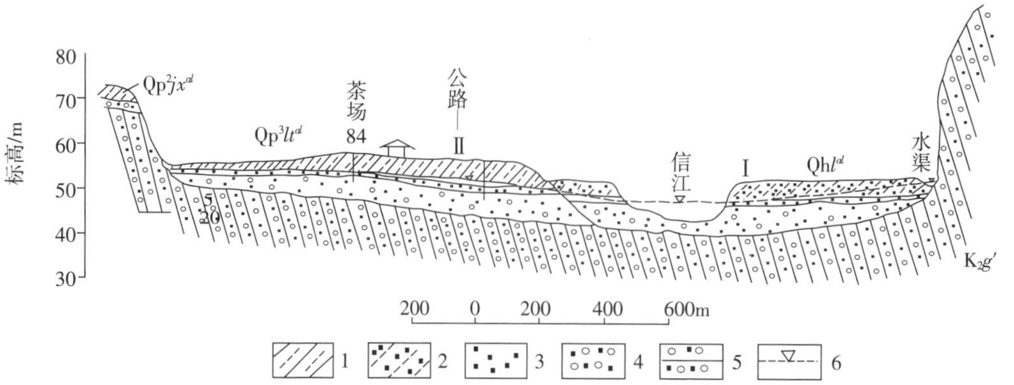

图 1-2-14 铅山县茶场信江河谷第四系阶地剖面图

Fig. 1-2-14 Cross section of Quaternary terrace of Xingjiang velly at the tea plant (Chachang) of Yanshan county

（据江西省水文地质大队，1981）

1—亚黏土；2—亚砂土；3—粉 - 细砂；4—砂卵石；5—砂砾石；6—水位线

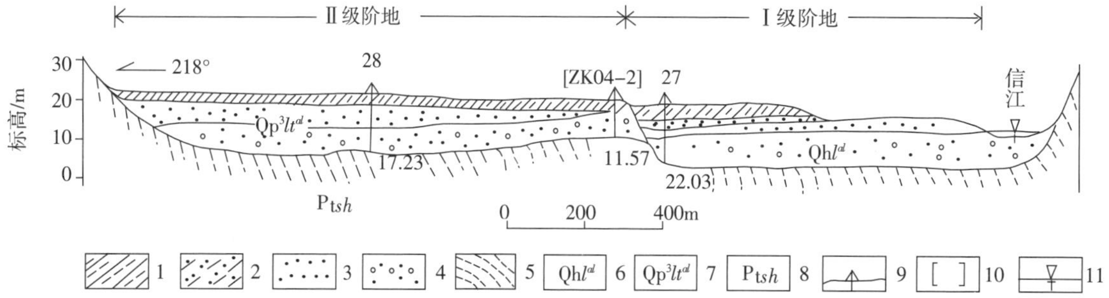

图 1-2-15 余干县大溪渡信江河谷第四系阶地剖面图

Fig. 1-2-15 Cross section of Quaternary terrace of Xingjiang velly at Daxi in Yugan county

（据江西省地矿局九一二大队，1979）

1—亚黏土；2—亚砂土；3—砂；4 砂砾石；5—千枚岩；6—全新统；7—上更新统莲塘组；8—前震旦系双桥山群；9—钻孔及编号；10—为统一编号（以下同）；11—地表水水位

①灰白色粗砂砾石，砾石约上 50%~60%，成分同上，粒度一般 0.2 ~ 0.5cm，大者 0.8 ~ 1.5cm，多次圆状。 10.92m

^^^^^^^^ 不 整 合 ^^^^^^^^

下伏地层：上元古界双桥山群（Pt_3sh）

风化千枚岩。

Ⅱ级阶地沿信江河谷断续分布，阶面高出河水面 5~8m，阶面较平坦，微有起伏，由上更新统莲塘组组成，岩性为黄棕、红棕色黏土质粉砂、泥质砾砂，厚度 11.80~14.87m。

六、饶河河谷盆地

饶河由昌江和乐安河两条水系汇合而成。一般发育三级河流阶地，Ⅰ级阶地多为堆积阶地，分布面积大，Ⅱ、Ⅲ级阶地保存零星。

Ⅰ级阶地：呈带状分布于乐安河谷和昌江河谷两岸，由全新统冲积层组成堆积阶地，阶面标高一般为 15~35m，高出河水面 7~10m，阶地宽乐安河 2000~3000m、昌江河 1000~1500m。上部为棕黄色、灰黄色黏土、亚黏土、亚砂土，偶夹细砂层，厚 6.19m；下部为砂卵石夹细砂层，厚 9.21m。

Ⅱ级阶地：零星分布乐安河、昌江两岸。由上更新统冲积层组成堆积阶地，阶面标高 22~35m，高出河水面 13~16m。昌江级阶地仅见于景德镇市一中附近，为基座阶地。岩性上部为橘黄色亚黏土，富含铁锰质结核，局部呈透镜体产出，厚度 3~5m；下部为淡黄－灰白色砂砾石层，厚度 8.1m。

Ⅲ级阶地：零星分布于乐安河中下游河段及昌江河谷。由中更新统进贤组组成，呈帽状残留于丘岗之顶，属基座阶地。乐安河阶面标高 40~60m，高出河水面 25~35m。昌江河谷阶面标高 44~54m，高出河水面 32~33m。岩性以昌江河谷段 40 号钻孔剖面为代表。

中更新统进贤组	16.40m
④肉红、黄色重黏土。中下部含铁锰质结核和裂面有褐色染膜层，具网纹构造。	5.30m
③黄色粉砂质亚黏土，水平层理清晰，沿层面有铁质结核富集分布。	1.30m
②黄－棕黄色含少量黏粒的砂砾石层，砾石成分为石英及硅质岩，黏土质胶结紧密。	4.90m
①黄色－肉红色黏土砾石层。	4.90m

～～～～～～ 不　整　合 ～～～～～～

下伏地层：白垩系

红色砂岩。

七、修水河谷盆地

修水中上游以侵蚀阶地为主，沿修水河谷发育四级阶地（图 1-2-16）。下游主要为堆积阶地。

Ⅰ级阶地：为高河漫滩及内叠阶地，阶地面标高 60~100m，高出河水面 5~10m。由全新统冲积层组成，上部为灰白色、灰褐色亚黏土，局部亚砂土，夹粗砂透镜体，厚度 3~5m；下部为灰白色砂砾石层，夹中粗砂透镜体，厚度 3~5m。

Ⅱ级阶地：一般为内叠阶地，局部为基座阶地，阶地面标高 70~105m，高出河水面 10~20m。由上更新统冲积层组成，上部为黄、灰黄色亚黏土或亚砂土层，含铁锰质结核或薄膜，局部见不清晰的灰白色网纹结构和少量石英细砾，厚度一般 3~5m；下部为砂砾石层，砾石分选性、磨圆度较好，厚度 2~3m。

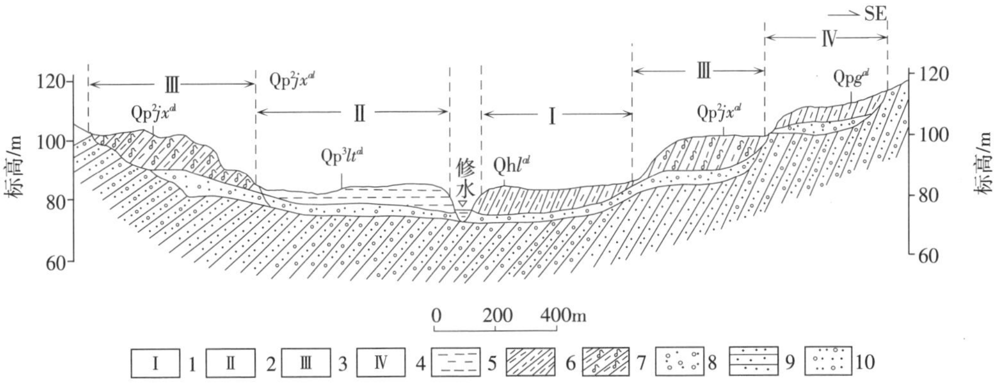

图 1-2-16　永修县三都修水河谷第四系阶地剖面图

Fig. 1-2-16　Cross section of Quaternary terrace of Xiushui velley at Sandou of Yongxiu county

（据江西省水文地质大队，1979）

1—一级阶地；2—二级阶地；3—三级阶地；4—四级阶地；5—黏土；6—亚黏土；7—虫状亚黏土；8—砂砾石；9—粉砂岩；10—砂砾岩

Ⅲ级阶地：主要分布于永修三都、石渡、渣津等地，一般为基座基阶，阶地面标高 80~110m，高出河水面 20~30m。由中更新统进贤组组成，上部为网纹状红土，黄白色网纹发育，宽 1~1.5cm，不规则状，厚度一般为 3~5m；下部为砂砾石层，表面具黄褐色铁锰质斑纹，厚度一般为 3~5m，最厚为 7m。

Ⅳ级阶地：仅见于武宁县城南西山下，为基座阶地，呈残留状覆盖于古近系红层之上（图 1-2-17）。阶地面标高 110~120m，高出河水面 30~50m。由下更新统赣县组组成，上部为网纹状红土砾石层，黏结紧密，砾石细小，厚度 0~2.50m；下部为砂砾卵石层，砾径一般为 5~15cm，砾石成分复杂，表面风化成黄褐色，击碎见风化圈，厚度一般为 2.5m。

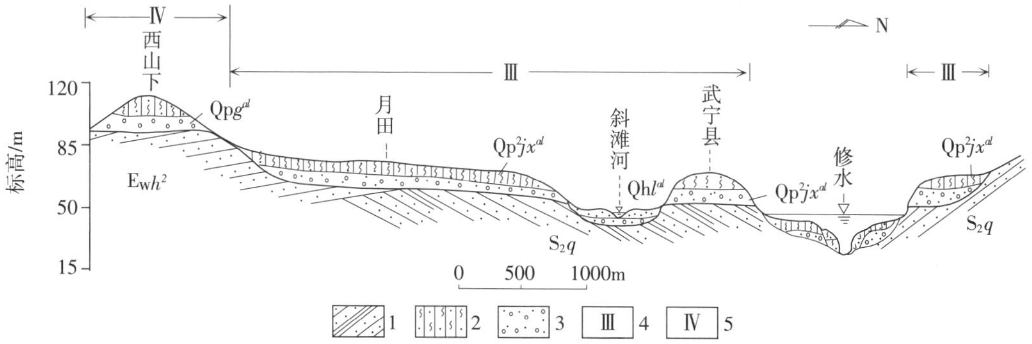

图 1-2-17　武宁县修水河谷第四系阶地剖面图

Fig. 1-2-17　Cross section of Quaternary terrace of Xiushui velley in Wuning county

（据江西省水文地质大队，1980）

1—砂页岩；2—亚黏土；3—砂砾石；4—Ⅲ级阶地；5—Ⅳ级阶地

第三节　庐山第四纪冰川地质

庐山地区是中国东部及长江中下游第四纪冰川遗迹发育最为的典型地区之一，也是我国第四纪冰川地质学的奠基地，历来为中外地学界所关注。该区第四纪冰川研究工作始于 20 世纪 30 年代初期，从 1931 年开始，李四光教授对庐山进行了系统地调查研究，发现庐山地区存在第四纪冰川遗迹，1947 年，正式出版了《冰期之庐山》一书，全面系统地论证了庐山地区第四纪冰川的发育和消亡过程，并首次划分出鄱阳冰期、大姑冰期和庐山冰期及其间的间冰期，并与阿尔卑斯山区的恭兹、民德、里斯三次冰期作了试比，为我国第四纪冰川研究奠定了基础。江西区域地质矿产调查大队（1978）对庐山第四纪地层、庐山第四纪冰川进行了专题研究，提出了比较完整的第四纪冰川和第四纪地层划分对比方案。江西省水文地质工程地质大队（1986）和中国地质科学院地质力学研究所（1992）对“鄱阳湖第四纪地质”及“庐山第四纪冰期与环境”进行了深入研究，获得了大量的钻探资料和实验测试数据，首次提出了有测年数据的第四纪地层年代表，并对本区第四纪下限的年代进行了讨论。余志庆等（1996）提交了第三十届国际地质大会 T332 路线庐山第四纪冰川和鄱阳湖第四纪地质考察报告（余志庆 等，1996）。江西省地质矿产勘查开发局（2014）在编撰《江西省区域地质志》过程中，对第四系进行了系统地清理，提出了第四系岩石地层单位划分方案（见表 1-2-1）。孙殿卿（1961，1977）、杨怀仁（1987）、周慕林（1982）、景才瑞（1980，1981，1987）、杨达源（1985）、赵良政（1985，1988）、吴锡浩（1982）、何培元（1992）等地学专家和学者也从不同的角度对庐山第四纪冰川进行研究和探讨，发表了不少的研究论文和论著，极大地丰富了庐山第四纪冰川的研究资料。波兰的柯萨尔斯基、美国的米勒教授、瑞士的施鲁克特博士等冰川专家都先后来庐山考察，发现了冰川作用的证据。庐山第四纪冰川地质调研成果，广泛见于区域地质调查报告、中国主要地质专著、典籍、图件与数据库，在地质界取得了广泛共识。但是，庐山地处中低纬度（北纬 29°25′~29°40′），属中山区（海拔 1000~1474m），第四纪能否发育山岳冰川？有相当一部分中外学者持有不同认识。巴博尔（1933）、德日进（1935）、黄培华（1963）、施雅风（1981，1989，2010）等从冰川形成的条件、冰蚀地貌、冰川堆积物特征等诸多方面，对庐山第四纪冰川提出了质疑，并认为庐山地貌和第四纪堆积物均与冰川作用无关，它们均系流水作用、泥石流作用或融冻泥石流形成。庐山第四纪“冰”与“非冰”之争，一波又一波持续至今，是中国地学界罕见的跨世纪之争。

1996 年庐山申报世界自然文化双遗产时，正值一波“非冰论”高潮。联合国自然遗产评估专家桑塞尔到庐山实地考察，对第四纪冰川遗迹表示认同。但最终因评委会认识分歧，自然遗产部分未获通过，庐山以“世界文化景观”列入世界遗产名录。2004 年庐山申报世界地质公园时，继续以第四纪冰川遗迹为重要支撑，以典型的冰川遗迹为实证，以大量权威性、代表性的地学文献为依据取得了成功。现今在庐山地质公园展览馆中陈列了大量庐山第四纪冰川遗迹展品、文献。典型的第四纪冰川遗迹，都设置了标牌说明，供中外公众考察、鉴赏。

一、自然地理及地质概况

（一）自然地理

庐山位于江西省北部，耸立于长江南岸，北临九江市，南接星子县，东南濒鄱阳湖。地理坐标为：北纬 29°25′~29°47′，东经 115°52′~116°10′。庐山的交通极为便捷，从南昌—九江为全程高速公路和铁路客运专线，南昌机场、庐山机场可连通香港、北京、广州、上海、南京等地，从九江水路可通达长江沿岸各大港口城市（图 1-2-18）。

庐山属地垒式断块山，主峰大汉阳峰海拔 1473.4m，相对高程 1200~1400m。山体“横看成岭侧成峰”，呈北东南西向延伸，长约 25km，宽约 10~12km，面积约 282km^2。庐山具有山地气候特征，表现为夏短冬长，春迟秋早的四季特点。据 1955~2008 年观测资料（叶正伟　等，2011），年平均气温 11.6℃，极端最高温 32.0℃，出现在 1966 年 8 月 10 日；极端最低温零下 16.8℃，出现在 1970 年 1 月 5 日。最热月（7 月）平均气温为 22.6℃，最冷月（1 月）平均气温为零下 0.4℃。庐山气候与南昌市、九江市、星子县存在较大差别（表 1-2-2）。庐山牯岭镇，海拔 1164m，又称“云中山城”，年平均有雾日为 191 天。庐山雨水丰沛，年平均降雨量为 1965mm，东南部的含鄱口位于暖湿气流的迎风坡，降水量多，强度大，1954 年的年降水量竟多至 3362.6mm，日降水量曾超过 400mm。庐山的冬季长达 5 个多月，最大积雪深度可达 37cm。

（二）地质概况

本区地处中国扬子板块下扬子坳陷南缘。由新元古界双桥山群组成褶皱基底，分布于庐山的南部，岩性为一套浅变质的千枚岩、板岩夹变质火山碎屑岩、火山熔岩。主峰汉阳峰，由残留的青白口系上

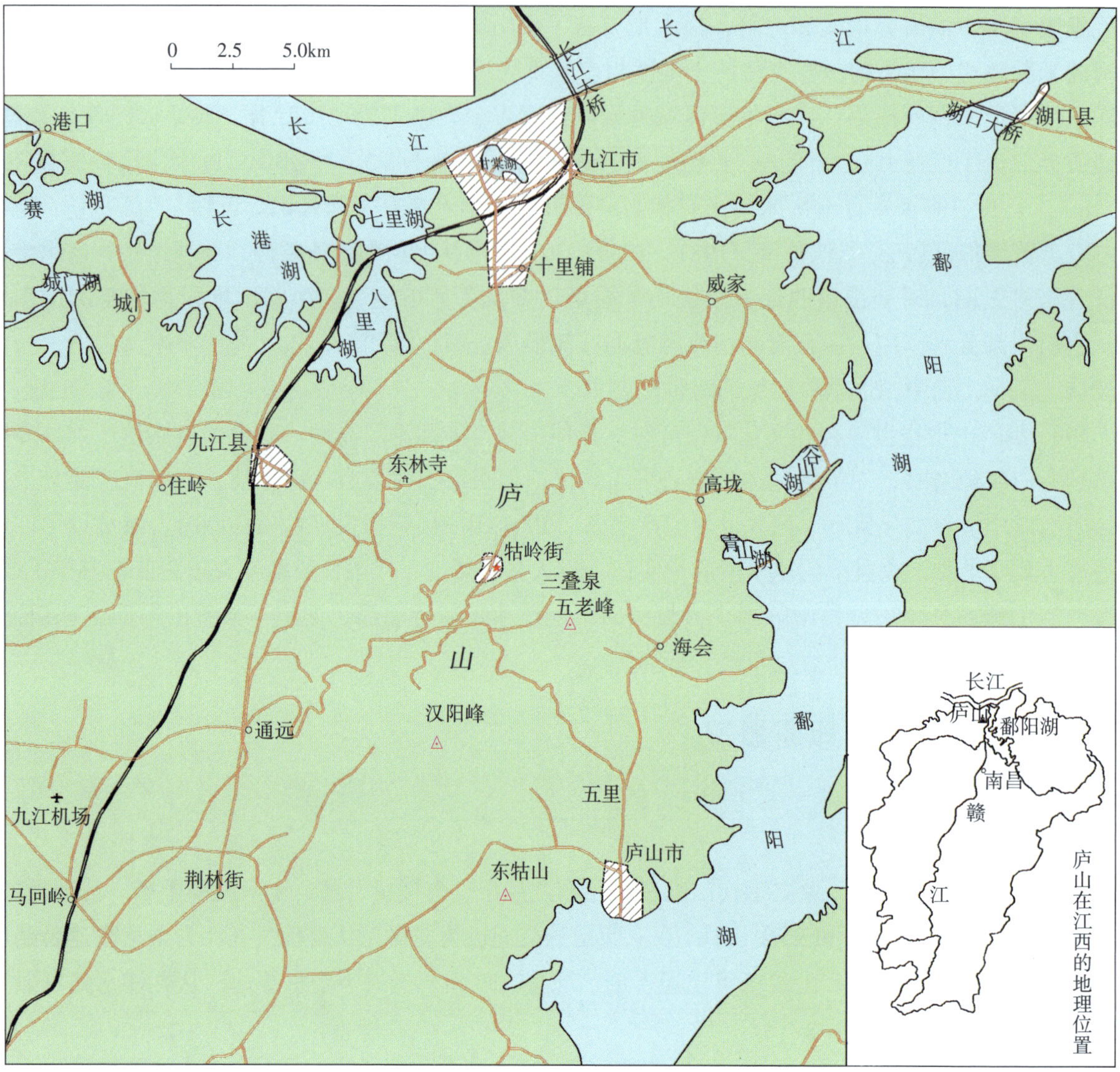

图 1–2–18　庐山交通位置图

Fig. 1–2–18　Lushan Access map

表 1–2–2　庐山与南昌、九江、星子等城市主要气候要素对照表

Table Ⅰ–2–2　Comparlslon of the main climate factors of Nanchang city, jiujiang city, Xingzi county and Lushan area

地区	年平均气温 /℃	一月极端最低气温 /℃	七月极端最高气温 /℃	年平均降雨量 /mm
南昌市	17.5	–10.0	41.0	1600
九江市	17.1	–9.7	40.3	1420
星子县	17.3	–10.7	40.2	1437
庐山	11.6	–16.8	32.0	1965

资料来源：庐山资料，叶正伟等，2011；南昌、九江、星子资料，《江西省地图集》，2008。

部汉阳峰组流纹斑岩组成。沉积盖层由南华系—中志留统组成，广泛分布于庐山的中部、北部和山麓，常组成次一级背斜、向斜。南华系下统莲沱组为河流 - 滨海相砂砾岩、长石石英砂岩、石英砂岩，构成庐山北部山体的主要岩石类型，受后期构造和风化作用影响，岩石中块状节理发育，球状风化作用较强，成为庐山第四纪冰川泥砾的主要原岩。南华系中上统为冰水相含砾泥岩。震旦系—奥陶系，主要为硅质岩、碳酸盐岩，中夹泥岩、炭质页岩。志留系由浅海潮坪相泥砂岩组成。白垩系、古近系零星出露于庐山山麓。第四系冰碛、河流冲积、残坡积等分布最广。

庐山东南麓有一条北北东向复式岩浆岩带，有晋宁期新元古代星子片麻状花岗岩锆石 SHRIMP U–Pb 年龄值 815±16Ma（李武显 等，1998），燕山晚期早白垩世黑云母二长花岗岩、花岗闪长岩以及沿断裂分布的伟晶岩、基性岩脉。

区内地质构造复杂，印支—燕山造山期为九江帚状旋卷褶皱构造的组成部分，形成长约 120km 的北东 - 北北东 - 北东东向“S”状复式褶皱和北北东向挤压走滑型赣江断裂带；造山后形成星子变质核杂岩构造地垒核杂岩构造，由变形花岗岩和新元古角闪岩相变质杂岩核、基底拆离带、浅变质褶叠层、沉积岩层上剥离层组成。庐山地垒形成于核杂岩之后的古近纪，西为九江—德安，东为威家—星子（赣江断裂带北部）两条北北东向断裂带，垂直距离约 1500~2000m。构成庐山高耸的北北东向面积约 $700km^2$ 的断块状山体。

二、冰川地貌

庐山第四纪冰川地貌深受地质构造及岩性的影响，后期遭受外力作用较大破坏，但存留的莲沱组砂岩中低山体中，其遗迹依然清晰可见。

区内冰川地形可分冰蚀地形和冰碛地形两大类，在空间上有机地联系在一起，具有明显的规律。冰蚀地形主要分布于庐山山上，而冰碛地形除山上有零星出现外，主要分布在山下的山麓丘陵和岗埠地区，尤以庐山的东北麓及西麓保存最为明显（图 1–2–19）。

（一）冰川侵蚀地貌

区内冰蚀地形有角峰、刃脊、冰斗、冰窖、U 谷、悬谷、冰盆口、冰坡、冰槛、冰筧、盘谷和羊背石等。现分述如下：

1. 角峰

由冰川侵蚀作用刻切成孤独的尖峰。区内角峰有太乙峰、屋脊岭、大月山等角峰。太乙峰角峰，位于三叠泉向斜南东，高程 1300m，由莲沱组长石石英砂岩夹砂砾岩组成，其位置高耸挺拔，常呈尖峰。

2. 刃脊

由冰川侵蚀作用刻切成刀刃状的山脊称为刃脊。保存较好的有含鄱岭、五老峰、大月山、女儿城、铁船峰等刃脊。含鄱岭刃脊，位于植物园南含鄱口，高程 1100m，由莲沱组长石石英砂岩夹砂砾岩组成，长约 1250m，刃脊两坡陡峻，其形状似鱼脊。含鄱岭刃脊西侧，可见太乙峰角峰和犁头尖角峰（图 1–2–20）。

3. 冰斗

区内保存较好，地貌形态清晰的有大坳冰斗，黄龙冰斗。鼓子寨冰斗和五乳寺冰斗，因遭受破坏，

图 1-2-19 庐山第四纪冰川遗迹分布图

Fig. 1-2-19 Lushan Quaternary glacial relic distribution

(据李四光，1934；何培元，1992)

1—角峰；2—刀脊；3—冰斗；4—冰坡；5—冰笕；6—悬谷；7—U 谷；8—冰坎；9—冰窖；10—盘谷；11—溢口；12—表皮构造；13—冰溜面；14—条痕石；15—漂砾；16—冰臬；17—冰楔；18—庐林冰缘期冰碛；19—庐山冰期冰碛；20—大姑冰期冰碛；21—大姑冰期冰水沉积；22—大姑冰期堆积；23—鄱阳冰期冰碛；24—大排冰期冰碛

形态不显著。现将保存较好的冰斗特征描述如下，其他冰斗见表 1–2–3。

大坳冰斗位于小天池南东 2km，大月山刃脊东北、王家坡冰川谷南侧岩壁上，由南华系莲南沱组含砾石英砂岩、石英砂岩组成。地层产状在冰斗出口处倾向为北西 50°，倾角 10°，而冰斗后壁倾向南东 10°，倾角 38°。冰斗长 300m，宽 250m，深 100m。斗底高程 1200m，斗底较平并向北微微倾斜。冰斗四周山峰环抱，冰斗西壁坡度是 40°，东壁坡度 35°，后壁为大月山刃脊，冰斗形态恰似“安乐椅”。

冰斗口狭窄，向北西 15°方向开口，出口处的左侧见冰槛残留，高出冰斗 20~30m，为后期侵蚀破坏，斗口右侧有一小缺口，直落于王家坡谷地。

在此冰斗西侧同一高度上尚有数个稍小的冰斗与其并列，成为冰斗群（图 1–2–21），在冰期时应处于同一雪线上。

图 1–2–20　含鄱岭刃脊与角岭素描图

Fig. 1–2–20　Sketch of the Hanboling edge ridge and Jiaoling ridge

（据白明晖，1983）

图 1–2–21　大坳冰斗群

Fig. 1–2–21　Da′ao cirque

（据白明晖，1983）

4. 冰窖

主要分布在庐山北部，有黄龙寺、庐林、三逸乡等冰窖。东谷、西谷、小连谷、天池等地为冰川流动之区，但亦为集聚冰雪之所，兼有冰窖及 U 谷之特征。冰窖分布高程大致可分为 400~600m，900~1000m 两种，冰窖地貌形态一般保存较好，底部带为后期流水侵蚀而成峡谷地形，底部有碎石黏土和泥砾堆积。现将庐山典型的庐林冰窖特征描述如下，其他见表 1–2–4。

庐林冰窖，位于玉屏峰之东，犁头尖之北，大校场冰川谷口下（图 1–2–22）。所处地层为南华系莲

表 1–2–3　庐山地区冰斗一览表

Table 1–2–3　List of the cirques in Lushan area

特征 / 冰斗名称	位置	高程 /m	地质特征(地层、岩性、构造)	形态特征(长、宽、深、出口方向)
黄龙	仰天坪北东	1250	莲沱组含砾石英石、三叠泉向斜南东翼	长 300m,宽 250m,出口方向北东 20°,斗深约 100m,呈斗形
鼓子寨	汉阳峯南东 3km	500	双桥山群十字石、石榴子石云母片岩、温泉断层北西	长 300m,宽 200m,出口方向南东,斗深约 70m,呈斗形
五乳寺	汉阳峯南东 3km	450	双桥山群十字石、石榴子石云母片岩、温泉断层北西	长 300m，宽 200m，出口方向东,斗深约 50m,呈斗形

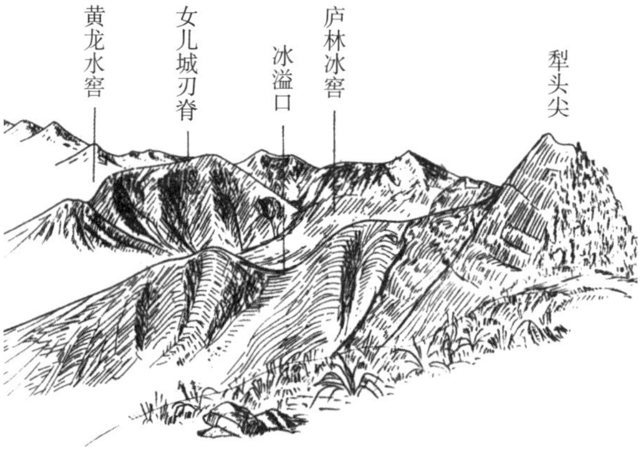

图 1-2-22 芦林冰窖素描图
Fig. 1-2-22 Sketch of Lulin icehouse
(据白明晖，1983)

沱组石英砂岩、长石石英砂岩。冰窖形似北东－南西向的椭圆形。底部高程在1000m左右，北东—南西长1300m，北西—南东最宽处为750m，两端稍窄，在冰窖底部的北东侧有一谷底平台，南北长约700m，东西宽为500m，高出冰窖底约50m，而冰窖底部为微向北西倾斜。冰窖之西与三逸乡冰窖相接；北东与大校场冰川谷相连，在冰窖之北西为女儿城刃脊的延伸部分，与黄龙寺冰窖相隔，故形成一四周为刃脊环抱的洼地。冰期时除大校场冰川谷来的冰川外，南东的九奇峰北坡的冰雪亦汇集于该地，则成冰蚀湖。冰窖之西北有一悬谷阶梯，冰川即从此口外溢，流经黄龙寺冰窖及石门涧冰川谷直至山麓赛阳一带。在冰窖底部有大姑期泥砾及庐山期泥砾堆积。

表 1-2-4 庐山地区冰窖一览表

Table 1-2-4 List of Icehouses in Lushan Mountain Area

特征 / 冰窖名称	位置	高程 /m	地质特征(地层、岩性、构造)	形态特征(长、宽等)
黄龙寺	庐山黄龙寺	850	莲沱组长石石英砂岩、凝灰岩夹砂砾岩、牯岭向斜南东部	长1000m、宽500m、椭圆形
三逸乡	植物园	1200	莲沱组长石石英砂岩、凝灰岩夹砂砾岩、三叠泉向斜核部	长750m、宽500m
黄石崖	黄泥庵南东1km	500	莲沱组含砾石英岩夹石英片岩、牯岭背斜南西部	长1250m、宽1000m
碧云庵	黄泥庵北东2km	600	莲沱组石英砂岩、长石石英砂岩、砂砾岩、牯岭背斜南西部	长750m、宽600m、蛇头形
莲花洞	莲花洞南东1.5km	650	莲沱组含砾石英岩夹石英片岩、牯岭背斜北西部	长1000m、宽600m、呈蛇头形
太雄庵	松树林东1km	300	莲沱组含砾石英岩夹石英片岩、牯岭背斜北东部	长800m、宽800m、呈桃形
回日寺	九里南750m	200	莲沱组石英砂岩、长石石英砂岩、牯岭背斜北东部	长1000m、宽750m、蛇头形
九里	九里	350	莲沱组含砾石英岩夹石英片岩、牯岭背斜北东部	长700m、宽500m、蛇头形

5. 冰川谷

庐山之冰蚀冰川谷地形一般保存较好，主要分布在庐山北部。主要冰川谷有：王家坡、东谷、西谷、大校场、七里冲等。现将王家坡冰川谷特征描述如下，其他见表 1–2–5。

王家坡冰川谷（图 1–2–23）为山上冰川谷中规模较大、形态保存较为完整的冰川谷之一。位于小天池东北 3km，为大月山及大寨脑二刃脊之间的一个宽阔的冰川谷地。由南华系莲沱组石英砂岩、长石石英砂岩组成。冰川谷上起载逢岭，下至长岭脚下，高程从谷缘 750m 降到谷口 200m，长达 4000m，宽 700m，谷底呈阶梯状下降，北西侧谷坡由上部 31°至下部 25°，南东谷坡上部 37°，下部 31°，南东坡较北西坡稍陡，冰川谷上窄下宽，谷底宽坦，从谷口至鄱阳湖滨见呈垄状分布的大姑冰期冰碛层。谷中堆碛棕红色泥砾，砾石中曾发现冰川擦痕。

图 1–2–23　王家坡冰川谷素描图

Fig. 1–2–23　Sketch of Wangjiapo glacier velly

（据白明晖，1983）

王家坡冰川谷上源与小天池冰川谷相连，小天池之东的连谷悬谷及白沙河冰川谷亦通往王家坡谷地，谷南东大月山北西坡发育了大坳冰斗，在冰川谷北西大寨脑刃脊南东坡上发育了数个冰窝；冰期

表 1–2–5　庐山地区冰川谷一览表

Table 1–2–5　List of Lushan glacial valleys

特征 / 冰斗名称	位置	高程 /m	地质特征	形态特征
大校场	庐林大桥北东 500m	1200~1350	莲沱组石英砂岩、长石石英砂岩，女儿城背斜南东部	长 2000m、宽 170m 呈长槽形
东谷	牯岭南西	950~1150	莲沱组石英砂岩、凝灰岩夹砂砾岩、牯岭向斜中部	长 2000m、宽 250m 呈长槽形
西谷	牯岭南西	800~1150	莲沱组石英砂岩、长石石英砂岩、牯岭向斜北西部	长 3500m、宽 250m 呈长槽形
七里冲	五老峰北西 1.5km 青连寺	1000~1300	莲沱组石英砂岩、长石石英砂岩、含砾石英岩、三叠泉向斜北西部	长 2500m、宽 200~800m，呈长槽形
白沙河	小天池南东 1km	750~1300	莲沱组石英砂岩、长石石英砂岩、牯岭向斜南东部	长 2000m、宽 250m，呈长槽形
小天池	白沙河北西 1km	750~1050	莲沱组石英砂岩、长石石英砂岩、牯岭向斜北西部	长 1500m、宽 200m
剪刀峡	牯岭北西 1km	250~1000	莲沱组长石石英砂岩、石英砂岩、含砾石英岩、王家坡倒转背斜西部	长 2500m、宽 250m，呈“S”形
石门涧	大天池西部	200~750	莲沱组长石石英砂岩、石英砂岩、含砾石英岩、牯岭向斜北西部	长 3000m、宽 200m 呈“S”形

续表

特征 冰斗名称	位置	高程/m	地质特征	形态特征
碧云庵	牧马场南西 2km	250~550	莲沱组含砾石英岩、石英砂岩;牯岭向斜南西部	长 2000m、宽 200m,呈"S"形
阮家朋	观音桥北西 3km	250~1000	部分混合岩	长 3500m、宽 200m
白鹤洞	植物园南东	350~1050	莲沱组长石石英砂岩、石英岩、含砾石英岩、三叠泉向斜南西部	长2200m、宽 200m,呈"J"字形
思德岭	王家坡冰川谷南东 1km	250~750	莲沱组石英砂岩、长石石英砂岩、三叠泉向斜北西部	长 2000m、宽 250m,呈长槽形
莲花洞	小天池北东 2km	250~600	莲沱组长石石英砂岩、石英砂岩、含砾石英岩、王家坡倒转背斜西北部	长 1700m、宽 200m 呈长槽形
龙门冲	妙智铺南东 2.5km	200~500	莲沱组石英砂岩、片麻状含砾石英岩、王家坡倒转背斜北西部	长 2500m、宽 200m,呈长槽形
东城坂	东城坂南东 2.5km	150~500	莲沱组长石石英砂岩、西峯寺组硅质岩	长 1500m、宽 200m,呈 J 字形
天花井	九里北	150~450	莲沱组长石石英砂岩夹砂砾岩王家坡倒转背斜北西部	长 1300m、宽 150m

时上源及两侧的冰川谷，冰斗、冰笕中的冰雪均汇集其中，是冰量较大的冰川谷地。

6. 悬谷

以汉口峡悬谷、连谷悬谷保存较好。其他有小天池，窑洼、庐林、植物园等悬谷。现将连谷悬谷特征描述如下：

连谷悬谷，位于日照峰南东王家坡冰川谷之上。所处地层为南华系莲沱组长石石英砂岩，含砾砂岩等。谷地与牯岭向斜构造相应，悬吊于王家坡冰川谷之上。

7. 冰溢口

区内女儿城刃脊上有多处冰溢口。如汉口峡冰溢口：位于牯岭南东 1km，高程 1250m，岩性为莲沱组石英砂岩、长石石英砂岩，溢口向北西，宽 30m 左右。其次有花径冰溢口等。

8. 冰坡

区内有金竹坪莲花台冰坡、牧马场冰坡等。金竹坪冰坡位于黄龙冰斗北坡，高程 1000~1200m，宽约 500m，长约 1000m，坡角 20°~25°。地层为莲沱组含砾石英岩。冰坡上常见有泥砾和碎石黏土堆积，并有数个基岩构成的小包，弧立于冰坡边缘。

9. 盘谷

分布于冰川谷出口处，高程约 100~200m。区内有莲花洞、龙门冲、黄照岭、蔡家龙、铁佛寺、报国寺、何家桥盘谷等。现将莲花洞盘谷特征描述如下，其他见表 1-2-6。

莲花洞盘谷位于庐山西北莲花洞冰川谷出口处，万家村即位于其中，北及北东为“城墙山”，西为花山，两山环绕，成一盘状洼地。由寒武系王音铺组炭质板岩等组成，处于莲花洞向斜核部。盘谷直径

表 1-2-6　庐山地区盘谷一览表

Table 1-2-6　List of zungenbecken in Lushan

特征 名称	位置	高程 /m	地质特征	形态特征
报国寺	通远北东 2.5km	100	仑山组灰白、紫红色石灰岩、白云质灰岩、通远莲花洞断层之间	长 1000m、宽 1000m，盘形
剪刀峡	赛阳公社南东 3km	250	莲沱组长石石英砂岩、凝灰岩夹砂砾岩、通远断层中部	长 550m、宽 550m，盘形
铁佛寺	太平宫南东 1km	200	莲沱组长石石英砂岩、凝灰岩夹砂砾岩、通远断层中部	长 650m、宽 600m，盘形
龙门冲	妙智铺南东 1.5km	150	王音铺组炭质頁岩、莲花洞向斜北东部	长 800m、宽 750m，盘形
何家桥	东城坂南 1.5km	150	西峰寺组深灰色硅质灰岩通远断层的北东部	长 600m、宽 600m，盘形
蔡家垄	威家南西 4km	150	莲沱组长石石英砂岩、莲花洞断层北东部	长 1200m、宽 700m，盘形
黄照岭	马头镇北 3km	200	青白口系十字石、石榴子石云母片岩	长 750m、宽 750m，盘形

约 1000m，底部高程为 200m，仅在洼地北端有一狭窄的出口，宽仅百米，在盘谷西侧底部堆积了大量泥砾及漂砾。

10. 冰坎

多见于冰川谷和冰斗出口处，由于后期构造作用，多遭受破坏，山上保存较好的有石门涧和猴子岭冰坎等。猴子岭冰坎，位于邮电大楼之南西，牯岭向斜东谷谷中，所处地层为南华系莲沱组砂岩。坎长 500m 左右，宽 200~600m。

11. 冰筧

庐山上王家坡有数个冰筧并列于谷坡上，尤以大寨脑冰筧较为清晰。大寨脑冰筧位于王家坡南侧，高程 1200m 左右，地层为莲沱组长石石英砂岩等。冰筧底部宽平，受近代流水刻切成“V”形，两侧基岩裸露，在底部有少量泥砾堆积。

12. 冰溜面

位于冰川运行故道的基岩表面，被冰川流动所侵蚀的磨光面。早在 20 世纪 30 年代，李四光教授在庐山芦林、五乳冰斗及鄱阳湖滨白石嘴等地发现了冰溜面，其中以白石嘴冰溜面较为典型。1983 年，何培元等在白石嘴附近大姑冰期冰碛物与下覆基岩的接触面又发现了冰溜面。基岩为石炭系黄龙组灰岩，在其磨光面上有细长而密布的条痕，它们相互平行，呈北东—南西方向排列，与冰川流动方向完全一致。

13. 羊背石

区内以白石嘴蛤蟆石较为典型。蛤蟆石羊背石位于白石嘴鄱阳湖边，高程 16m，为石炭系黄龙灰岩组成。石径 11~12m，嘴向南东，背向北北西，上大下小，背顶部圆滑。

（二）冰川堆碛地貌

1. 中碛垄地形

本区山上、山下均有分布，山上仅见莲谷出口处的裁缝岭中碛，其余均在山麓地区，中碛垄组成物质主要为大姑期泥砾，山麓地区有时上部见网纹红土。如裁缝岭中碛垄：位于王家坡冰川谷下部，由白沙河、小天地、莲谷悬谷三条冰川汇合后而成。分布高程900~1000m，垄长800m，宽100~250m，头宽尾窄。由大姑期和庐山期泥砾组成。

2. 侧碛龙地形

山上见于九奇峰之北，庐林冰窖南西、小天池、王家坡一带。区内王家坡冰川谷由于谷宽阔，堆积物较多，侧碛地形较为明显。自小天池至王家坡冰川谷出口处，侧碛龙地形呈断续排列。

3. 终碛龙地形

主要分布于庐山东北麓及西北端，位于冰川谷出口及出口以外的山麓地区。因受后期侵蚀切割弧形垄岗地形多呈长条状断续展布。区内以上青山—白石嘴—姑塘和八里湖一带终碛龙最为清晰。

4. 底碛丘阜地

分布于庐山西北麓妙智以西，东林、赛阳、朱家山至通远一带。北东麓高龙以东，青山湖以北，向北东展至万家龙、女儿港一带。海会西、五里牌东也有分布。底碛丘阜按地形形态划分具有两类：一类为呈扇形大片分布的岗埠地形，在五里牌、金锭山东侧的底碛丘阜则为缓圆低丘地形；另一类是沿山麓分布的窄条状丘陵地形，如东林赛阳至通远及海会一带，丘体呈盾形，顶部舒缓，二坡陡直，其间为深谷分割，前缘与终碛龙，侧碛龙或冰碛丘陵相接，丘阜下部主要由大姑期泥砾构成，上部有时为网纹红土覆盖。

5. 冰碛丘陵

展布于庐山西北麓叶家山及东麓卓尔山一带，高程为150~250m，近山麓为顶圆坡陡的丘陵，向低处伸延渐变为丘岗地形。卓尔山呈浑圆的馒头状丘陵，冰碛丘陵核部由基岩构成，上部复以厚薄不一的大姑期泥砾和漂砾，泥砾最厚可达5m以上，在叶家山一带，泥砾较薄仅零星分布于丘顶、边坡。

6. 冰碛阶地

分布在山麓前缘中碛垄或终碛垄的一侧，在庐山西北麓分布在曹家村、吴家湾、高家当、花山北及张家岭、殷家坳等处，在东北麓分布于海会一带，呈垄状或条带状，经过后期流水侵蚀成阶梯地形，高程为20~35m。

7. 冰水阶地

在中碛与终碛垄岗地的前缘地带，呈扇状或条带状分布，庐山北麓十里铺至八里铺、星子一带分布最广，高程60~90m，形如扇状，近山麓处窄，远山麓处宽，最宽达8km，延伸6km，阶地面缓斜，坡度角仅几度，其上发育冲沟回谷及小河谷。由冰水相砂砾石层构成，上部常复以网纹红土。

8. 冰桌

位于西谷大林路庐山中学门前，由南华系莲沱组长石石英砂岩夹石英砾岩构成上下两块巨砾叠置而成，形似桌。桌底巨砾长8.9m、高4.5m、宽6.1m。桌盖巨砾长5.6m、宽2.9m、高1.3m，在桌上见有冰川挖蚀面，与英国剑桥大学陈列馆的“冰桌”相似。

9. 漂砾

庐山地区的漂砾分布较广，东面主要见于金锭山、叶家垄、下青山、白石嘴、大排岭等丘岗及鄱阳湖滨；西部分布于羊角岭、十里铺。漂砾成分为长石石英砂岩，含砾长石石英砂岩，其原岩来自庐山南华纪莲沱组。巨砾一般为1~2m，最大可达7~8m，砾石表面多具风化网纹薄膜，有的见有擦痕。漂砾搬运距离4~5km，远者可达12km。

金锭山位于庐山东南麓，海拔193m，山顶平缓，呈浑圆状。漂砾成面型分布，延伸1000m，蔚为壮观。漂砾大小不等，一般为1~2m，最大直径可达5.3m。砾石成分为变余石英砂岩、含砾石英砂岩，其原岩均来自庐山南华系莲沱组下部，搬运距离达8.5km，最远至鄱阳湖滨大岭山，搬运距离11.5km。

三、冰期与间冰期沉积物

区内第四纪地层分布广泛，主要分布于庐山山体之东、北西及西部。岩性复杂，成因类型有冰碛、冰水、冲积、湖沼、河湖、残坡积相等（图1-2-24）。根据岩性岩相特征，地层层序、孢粉特征、构造

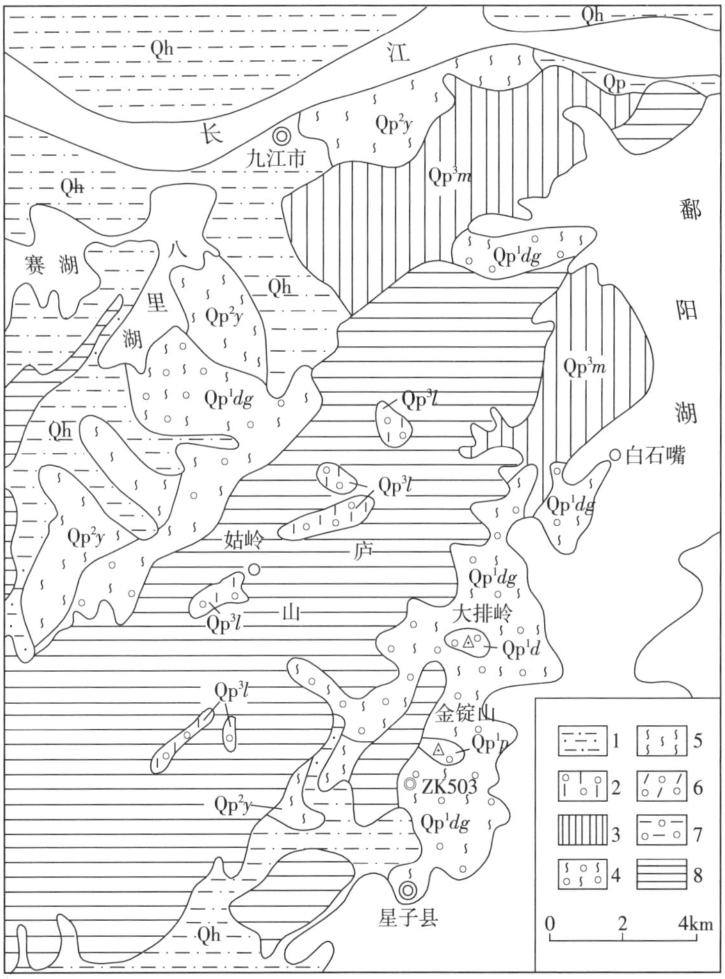

图1-2-24　庐山地区第四纪地质图

Fig. 1-2-24　Lushan Quaternary geological map

（据余志庆 等，1996）

1—冰后期；2—庐山冰期；3—庐山—芦林间冰期；4—大姑冰期；5—大姑—庐山间冰期；6—鄱阳冰期；7—大排岭冰期；8—基岩；Qh—全系统；Qp^3l—上更新统庐山泥砾；Qp^2y—中更新统叶家垅红土；Qp^1dg—下更新统大姑泥砾；Qp^1s—下更新统赛阳红土；Qp^1p—下更新统鄱阳泥砾；Qp^1d—下更新统大排岭泥砾

变动及冰蚀地形，按其形成时代本区可以划分四次冰期（大排岭、鄱阳、大姑、庐山）和三次间冰期。

（一）大排岭冰期

Qp^1s：下更新统赛阳红土；Qp^1p：下更新统鄱阳泥砾；Qp^1d：下更新统大排岭泥砾。

分布于庐山东麓海会镇大排岭，海拔284m，江西省水文地质工程地质大队（1986）、何培元等（1992）建立了大排岭冰期，为本区最早的一次冰期堆积物。岩性风化为棕黄、棕红色泥砾，砾石大小混杂，多呈棱角状、次棱角状，砾石成分为长石石英砂岩、石英砂岩，砾径最大为7.23m，一般为0.5~1.0m之间，厚度12~18m。不整合于花岗片麻岩或中元古界双桥山群之上。

孢粉分析反映属于干冷冰期气候的沉积物。其时代据古地磁研究约为2.50~3.00Ma（何培元 等，1992），大致与云南元谋的龙川冰期相当，为早更新世早期。

（二）大排岭－鄱阳间冰期

仅见于星子县五里牌江家村江西省水文地质大队施工的ZK503钻孔中（图1–2–25），为棕黄、棕红色、灰白色黏土夹少量细砾石，砾径一般小于2cm，最大仅8cm，砾石成分为以石英砂岩、石英岩及硅质岩为主，磨圆度较好，厚度为22.3m。孢粉含量较少，主要为禾本科、蒿，其次为栎、藜科、榆等。古地磁年龄为1.80~2.50MaBP（何培元 等，1992）。

（三）鄱阳冰期

鄱阳冰期为李四光（1947）创立，创名地点为位于九江县姑塘镇北东的鄱阳湖滨，分布于姑塘镇

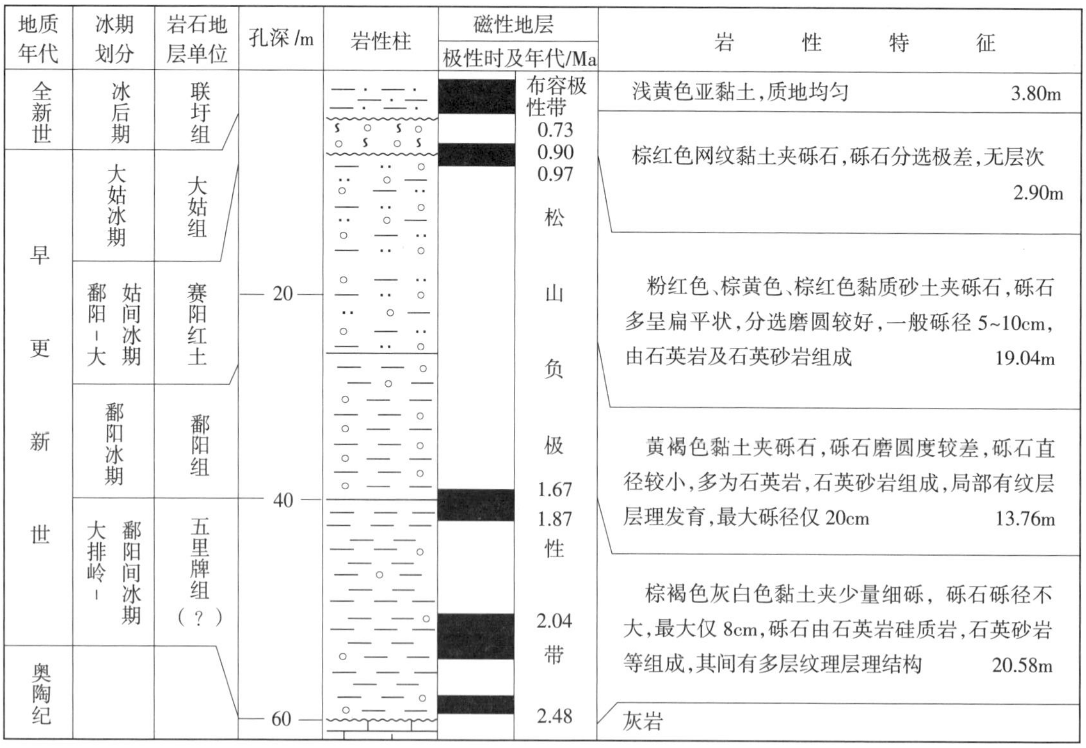

图1–2–25 星子县五里牌江家村ZK503钻孔柱状图

Fig. 1–2–25 The columnar section of the ZK503 drilling at Jiangjia village of Wulipai in Xingzi county

以东，白水湖、甘棠湖以北地区，出露厚度 2~2.8m。不整合于白垩系南雄组及以前的地层上，按其成因可划分冰碛相绛色泥砾和冰水相砂砾石层，两者为渐变关系。

1. 冰碛泥砾

绛红 – 酱红色泥砾。由砾石及细屑物组成。砾石成分为石英砂岩、长石石英砂岩、石英及燧石等，常以不同角度横卧、竖立于细屑物中，大小混杂，固结紧密。砾石表面具冰川擦痕和冰蚀面。细屑物以黏土为主，含铁锰质，后期“湿热化”程度深，网纹发育，风化呈蜂巢状。厚度大于 2.8m。

庐山东南麓金锭山分布有漂砾群，有的漂砾表面见冰臼构造，冰臼呈球形或椭圆形，直径一般 4~5cm，深达 1~4cm，臼体光滑。

2. 冰水砂砾

分布于九江市甘棠湖南西畔、九江化纤厂等地，为黄白、棕黄色黏土砂砾石层、黏土砾石层。砾石成分复杂，分选性差，有的砾石表面见冰川擦痕。砂砾层发育微褶皱和冰裂楔，砾石排列局部具有一定的方向性，厚度仅为数米。

据古地磁研究分析，鄱阳冰期沉积物年龄约 1.50~1.80Ma 之间。化学、氧同位素及孢粉分析，反映当时属于干冷气候环境。为本区早更新世第二次冰期，可与云南元谋的马头山冰期相当，时代为早更新世中期。

（四）鄱阳 – 大姑间冰湖

出露于白石嘴、姑塘镇北东鄱阳湖畔，赛阳、甘棠湖畔等地，厚度 1~2.4m，平行不整合于鄱阳期绛色泥砾，不整合于石炭黄龙组地层之上。按其成因可划分为冲积相绛色网纹红土和湖沼相泥炭及黄色黏土，现分述如下：

1. 冲积相绛色网纹土

见于九江市赛阳大路熊家。其岩性下部为棕红色条纹状亚黏土、亚砂土层，不整合于古近系武宁群之上；上部为棕红色网纹红土含少量砾石，砾径 2~3cm，磨圆度较好，成分为长石石英砂岩。上与大姑组冰碛泥砾呈平行不整合接触。厚度为 2.87m。

2. 湖沼相灰黑色泥炭及黄色黏土

见于鄱阳湖西畔的白石嘴，上部为黄色黏土，软韧，具交错层理，厚度为 2.1m；下部为灰黑色泥炭。泥炭中富含孢粉，以孢子为主，占总量 42.7%，主要为 *Polypodiaceae* 孢子。次为木本植物花粉，占总量 37%，其中以被子花粉为主，占总量 24.5%，主要为 *Betula* sp.,*Corylus* sp.,*Quercus* sp.,*Castanea* sp.，裸子植物花粉为总量的 12.5%，以 *Pinus sp.*,*Cunninghamia* sp.和 *Cupressaceae* 为主。被子草本植物花粉占总量 15.2%，以 *Gramineae* 居优势，次为 *Polygonaceac*、*Typhaceac* 等，上与大姑组冰碛棕红色泥砾为不整合接触，下未见底，可见厚度为 0.3m。

（五）大姑冰期

本期冰碛物分布最广，山上、山下均有广泛出露，在山上主要分布于庐林，植物园（三逸乡），王家坡、七里冲、大校场、东、西谷等冰窖和 U 谷。山下分布于高龙—大姑山、观音桥—马头湾、濂溪—妙智、莲花洞—八里湖和赛阳—通远一带，出露厚度一般 2~7.2m。最大厚度约 15m。按其成因可划分冰碛相棕红色泥砾和冰水相砂砾石层，两者为渐变关系。

1. 冰碛泥砾

在山上多被庐山期和近代堆积物掩盖。冰窖和U谷中多呈底碛。少数为中碛和侧碛垄堆积，下与南华系莲沱组呈不整合接触。山下出露广泛，在地貌上组成冰碛丘陵、底碛丘阜、终碛垄岗。

风化后为棕红色泥砾。由砾石和黏土质、粉砂组成，砾石成分以石英砂岩为主，其次为硅质岩，含砾砂岩、石英等。砾径多在0.3~0.7m之间，大者1~1.7m。砾石大小混杂，无明显分选及定向排列，一般磨圆度较好。填隙物为黏土和砂，具有明显或不明显的网纹结构。砾石表面具有各种不同形状的冰蚀面，如熨斗型，钝棱面型砾石和冰川条痕石。冰蚀面上也经常能见到红、白相间的斑纹。

在庐山西麓的羊角岭剖面，砾石大小混杂，排列无序，风化后以棕红色为主。向西至昌九高速公路剖面砾石排列逐渐显示出一定方向性，新鲜露头砾石黏土为浅灰白色。

在庐山东麓下青山剖面，大姑冰碛泥砾原生沉积为灰白色黏土砾石层，上部由灰白色逐渐过渡为棕红色，表明棕红色是经后期湿热风化作用的结果。

2. 冰水砂砾

区内大姑期冰水沉积物为本期的冰碛同期异相产物。在地貌上组成岗埠地形。主要分布于新桥、八里湖沿岸、五里牌—星子等地。黄白、棕黄色砂砾石层、砂层、黏土层互层，砾石、砂分选较好，层理较发育，厚度6~8m。在九江化纤厂附近发现细砾、粗砂、细砂层可相变为黏土砾石层，形成砾石与砂层相互交错的状态，表现了冰水沉积与冰碛逐渐过渡的特点。砾石表面有时见有冰蚀面和冰川擦痕。

大姑冰期堆积物是庐山第四纪冰川遗迹中分布最广、保存最好、争议最大的冰碛、冰水堆积物，冰川地形发育。主要分布于庐山王家坡冰川谷至鄱阳湖畔大姑山、白石嘴一带，以星子县叶家垅剖面、庐山白石嘴剖面、下青山剖面和庐山北麓羊角岭剖面、九江长虹大道剖面研究较为详细。

古地磁分析表明，大姑组跨越了布容和松山两个极性带，布容和松山极性带的分界位于网纹化黏土砾石或网纹红土中，松山负极性带的贾拉米洛正极性亚带出露在大姑组的下部，地质年代大致为0.90~1.10Ma之间，暂归为早更新世晚期。

重矿物组合为电气石－锆石－赤铁矿，稳定矿物含量达99.19%，含微量黄铁矿、普通角闪石、绿帘石，结合砾石表层风化厚度达5~10mm，表明其后期风化淋滤作用强烈。

泥砾中黏土矿物以伊利石－高岭石－蒙、伊混层矿物为主，反映其形成环境为较为寒冷、碱性环境。

电镜扫描，白石嘴、下青山、九江化纤厂底部的灰白色黏土砾石层的石英砂表面结构组合特征，具有贝壳状断口、擦痕、平行阶梯、解理面、挤压研磨的凹坑，翻卷解理面等，属冰川环境；顶部的红色风化层其石英砂表面以化学溶蚀的溶蚀坑、溶蚀裂隙、硅质沉积和重结晶的石膏为组合特征，表明冰期过后出现过一个湿热风化环境。

（六）大姑－庐山间冰期

本间冰期沉积物分布广泛，出露较好，主要分布于星子县叶家垄及星子县城外湖滨、九江市南湖、妙智铺、甘棠湖等地。岩性为棕红色网纹红土：上部为不具网纹结构的红土，与下部为过渡关系。下部为网纹红土，由黏土、粉砂质黏土组成。白色高岭土质条带发育，具网纹结构。底部有时夹有磨圆度较好的砾石层，砾石以石英为主，定向排列，砾径多在2~3cm，有的地区偶尔可见夹有条带状褐铁矿层。

星子县叶家垄剖面厚度为35.5m，磁性地层反映上部为布容正极性带，下部为松山负极性带，下伏地层大姑泥砾对应贾拉米洛正极性亚带。布容与松山极性带间的界线位于网纹红土的中上部（何培元 等，1992）。

九江长虹大道剖面厚度为14m，磁性地层特征与星子县叶家垄剖面和九江市金氏山庄剖面具有较好的可比性，它们均明显地显示出跨越了B/M界限，下部都出现贾拉米洛正极性亚带，布容正极性带与松山负极性带的分界位于叶家垄红土中（图1-2-26），地质时代约为0.1~1.07Ma，属于早更新世晚期至中更新世。

重矿物组合为锆石-钛铁矿-电气石，几乎全为稳定矿物，仅含微量黄铁矿；黏土矿物以高岭石为主，仅含少量水云母、微量长石，表明沉积物形成于炎热、湿润的气候环境，并经历了长期的风化淋滤作用，化学风化作用强烈，不稳定矿物风化解体难以保存（马振兴 等，2001）。

（七）庐山冰期

庐山冰碛泥砾：李四光（1947）所划分的“庐山冰期”堆积物，创名地点位于庐山牯岭王家坡。主要分布于海拔800m以上的王家坡、大校场、植物园、芦林溢口等地。岩性为棕黄、褐黄色泥砾，由砾石和黏土组成。砾石成分随地而异，多呈棱角状，少量次圆—次棱角状，大小混杂，无分选性，砾石与黏土互为嵌生，结构松散。有的砾石表面具冰蚀面和冰川擦痕，有时其下部还见有纹泥，厚度一般为1~5m。在庐山大校场，为黄色泥砾，由砾石和细屑物组成，砾石成分为含砾石英砂岩、长石石英砂岩、板岩等，砾径一般为35×20cm，最大者150×60cm，小者10×5cm，多数呈滚圆状，少量具棱角

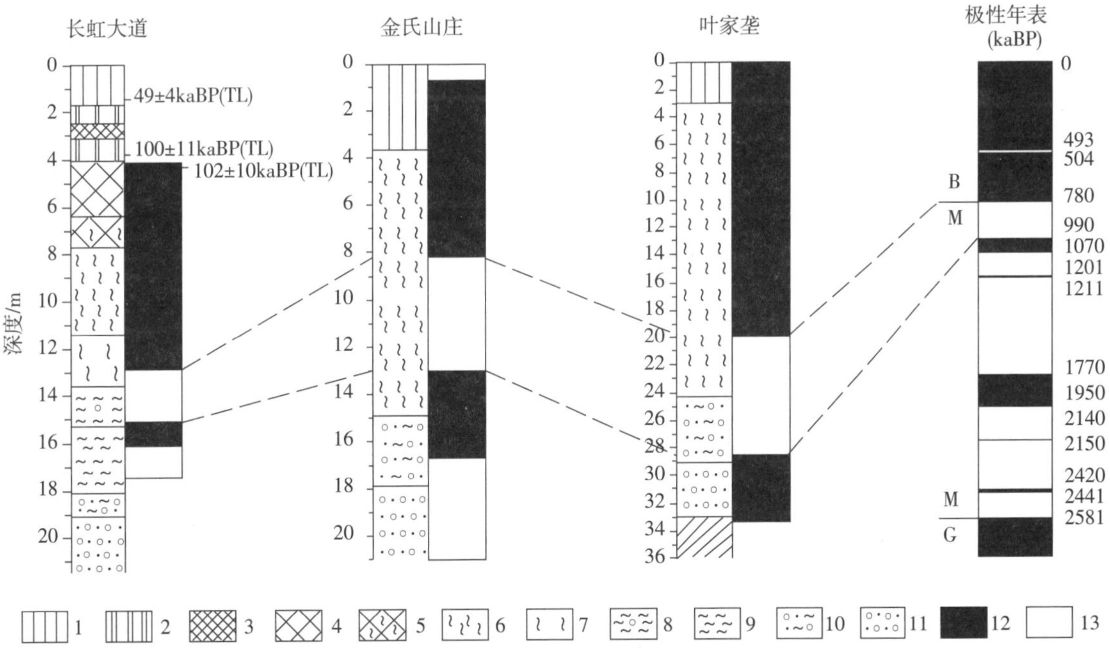

图1-2-26 九江地区第四系更新统磁性地层对比图

Fig. 1-2-26 Jiujiang magnetic stratigraphy of Quaternary Pleistocene correlation chart

（据蒋复初，1997；马振兴，2001）

1—疏松黄土；2—固结较好黄土；3—古土壤；4—红色黏土；5—网纹化红色黏土；6—网纹红土；7—粗大网纹红土；8—含砾网纹红土；9—铁质网纹红土；10—网纹化砂砾石；11—砂砾石；12—正向极性；13—反向极性

状，大小混杂，无层次，无分选性，结构松散，砾石表面具挖蚀面和擦痕，厚度为0.3~1.0m，不整合于南华系莲沱组之上。本层发现较多的孢粉化石，木本植物花粉占优势，含量84.1%~98.5%，其中以针叶花粉为主，占总量的74.8%~95.5%，主要以松、杉为主，阔叶植物花粉以栎较多；草本植物花粉较少，占1.5%~9.7%，以藜、蒿、禾本科为主；蕨类孢子只有水龙骨科。反映寒冷偏湿的气候环境。

黏土矿物经X光衍射和电镜分析，以伊利石－蒙脱石为主，少量多水高岭石、高岭石、水云母和绿石，反映了干旱和较寒冷的气候环境。

据古地磁测定，大校场剖面的上部为正极性段，下部为负极性段。根据剖面所处的地貌部位及地层层序，暂将其划归为布容正极性带，时限约0.2~0.4MaBP，时代为中更新世晚期。

冰蚀地貌主要继承大姑期冰川活动。主要见于大坳冰斗群、王家坡冰川谷、大校场冰川谷、芦林冰窖等地，底部常有碎石黏土和泥砾堆积。

（八）芦林冰缘期

芦林碎石黏土：江西省区域地质调查大队（1983）创名“芦林冰缘期”，创名地点为庐山芦林湖东北边缘，大校场谷地出口处。为黄褐色黏土岩块碎石层，以岩块碎石组成的块砾为主，黏土充填。岩块碎石成分为石英长石砂岩、板岩、含砾石英砂岩等。块砾大小不等，较为混杂，无层次，呈次棱角至尖棱角状。充填的黏土中含孢粉，以草本植物花粉为主，占孢粉总数的50%左右，其中*Compositae*占绝对优势，*Gramineac*也有相当数量；木本植物花粉占总量的17%，以*Pinus*为主，次为*Quercus*和*Cupressaceae*；蕨类植物孢子占总量的30%~40%，以*Pteridium*为主，次为*Podiaceae*，并有一定数量苔藓类。平行不整合于庐山泥砾之上，厚度0.2~0.5m。

芦林碎石黏土零星露头尚见分布于海拔1000m以上的汉口峡、大月山侧、筲箕洼和红石崖等，孢粉显示为干凉－寒冷的气候环境。江西省区域地质调查大队（1983）认为属于“冰缘气候条件下的融冻岩屑堆积”，时代相当于更新世晚期。

通过对庐山东南麓星子县下岸角第四纪地层剖面研究认为（朱艳，1998），大姑－庐山间冰期强网纹化红土之上以砂、 亚砂、 亚黏土为主 ,夹有淤泥层，热释光年龄为126~200kaBP，与庐山冰期—芦林冰缘期相当。沉积学、古地磁磁化率、古土壤、 重矿物风化系数、 孢粉等方面的初步定性研究 ,表明这段地层较上、下段地层形成时气候偏冷。

四、冰川类型和冰期划分

庐山地区第四纪时期，根据冰川地形和冰川堆积物的空间展布规律、作用强度和冰川堆积物的层序等特征，区内曾经历过四次冰期（大排岭、鄱阳、大姑、庐山）和三次间冰期，而各次冰期冰川类型也有所差异。

（一）冰川类型

庐山地区第四纪冰川作用以冰蚀、冰碛地形和相应的堆积物的分布为特征，明显地反映山岳冰川的特点，但由于各次冰川作用的强度的差异，因此所反映的冰川类型亦有所不同。

大排岭冰期仅分布于庐山山麓的最高一级台面上，海拔高程约为280~300m，应属山谷－山麓冰川。

鄱阳冰期由于遭受后期的构造和冰川的侵蚀作用，冰川地形山上反映不明显，仅在山麓平原地区显示垄状地形。从冰碛物分布特征看，本期冰碛物出露于大姑冰期之最前碛，东达鄱阳湖畔，远至鞋山也有其踪迹。北至杨家、十里铺、新桥以北，北西至八里湖一带。根据本次冰川作用范围和规模，鄱阳冰期应属山谷－山麓冰川。

大姑冰期所形成的冰蚀地形和冰碛堆积物保存较好，反映的冰川类型也较明显。庐山山体上也有残存的冰斗、U谷等冰川作用的遗迹，如大月山刃脊、大坳冰斗、王家坡U谷等，山麓地带还保存较好的堆积物。本次冰期多形成冰泛，根据冰川地形和冰碛物的分布特征，可推知大姑期冰川展布和退缩情况。当冰川最盛时，从庐山山上直达山麓共有8条冰泛，即高龙冰泛、白鹿冰泛、濂溪冰泛、东城冰泛、莲花冰泛、东林冰泛、石门间冰泛、报国寺冰泛等。据本期冰碛物的终碛垄推断，最前端东达鄱阳湖畔的大姑山、白石嘴、长岭头和马头湾一带，北达新桥、十里铺、西达沙河、通远等地。由此可知当时冰川作用范围和规模是相当大的，但仅次于鄱阳期，因此大姑冰期的冰川也属山谷－山麓冰川。

庐山冰期的冰蚀地形和冰碛物保存较好，形态清晰，集中于庐山山上，海拔高程800~1000m。现按冰川的活动方式及保存的地形特征，可分为冰斗冰川和悬冰川两种类型。

1. 冰斗冰川

是发育在冰斗内的冰川。它的规模较小，尚未形成显著的冰舌，冰体很少向外流动。如黄龙冰斗和大坳冰斗群，在冰斗出口处没有明显的U谷，而是形成的冰坡地形，冰斗中的冰流是通过冰坡而注入黄龙冰窖和王家坡U谷。

2. 悬冰川

是发育在山坡上的一种短小的冰川，或是冰斗冰川的补给量增大，冰雪向冰斗以外的山坡溢出，形成短小的冰舌悬挂在山坡上。这种冰川类型庐山山上比较发育，以莲谷悬谷较为典型，莲谷悬谷位于白沙河与天池U谷之间，其规模较小，位置高，在谷地的出口处急剧呈悬吊式降于王家坡U谷中。此外汉口峡悬谷，窑洼悬谷等也较典型。

芦林冰缘期，仅见于1000m以上的悬谷和部分U谷两侧和源头，与庐山冰期的冰蚀地形是继承复合关系。冰碛物反映寒冷干燥气候。

（二）冰期划分

庐山地区第四纪冰川作用，根据冰蚀地形、堆积物岩性岩相特征、地球化学、矿物组合、古地磁、孢粉组合、电镜扫描等资料，将庐山地区第四纪冰川划分为四次冰期及相应的间冰期（表1–2–7）。在横向上，从山体—山麓—湖滨（或长江），第四纪堆积物由冰碛逐渐过渡冰水沉积至河湖沉积，呈现出有规律地变化（图1–2–27）

1. 冰蚀地形

从庐山山上冰蚀地形分布高程及其保存程度均可分两类，其中尤以冰斗和U谷反映最为明显。山上的冰斗分布在1200~1250m及900~950m两个高度上，冰斗高者，外形保存完整，形态清晰，如黄龙冰斗和大坳冰斗群。冰斗低者后期破坏较厉害，形态不完整，如五乳寺冰斗和鼓子寨冰斗。山上的U谷也可分两类，一类分布在900~1250m，如莲谷、汉口峡、庐林、植物园等悬谷；另类分布在250~1100m，如王家坡、剪刀峡、石门涧、三叠泉、白鹤涧等U谷。前者谷地分布位置高，形态完整，规模小，多数呈悬谷；后者分布位置较低，谷地宽而长，普遍有谷套谷现象，如剪刀峡、三叠泉、白鹤涧

表 1-2-7　庐山地区第四纪冰期划分对比

Table 1-2-7　Correlation of Quaternary Ice Age in Lushan area

<table>
<tr><th colspan="2">冰期划分
地质时代</th><th colspan="2">李四光
1947</th><th>景才瑞
1960</th><th>江西省区域地质测量大队 1978</th><th>何培元、江西省水文地质大队 1992</th><th>本志
2014</th></tr>
<tr><td rowspan="13">第四纪</td><td>全新世</td><td colspan="2"></td><td></td><td>冰后期</td><td>冰后期</td><td>冰后期</td></tr>
<tr><td rowspan="2">晚更新世</td><td colspan="2"></td><td></td><td>大理冰期</td><td>芦林冰缘期?</td><td>芦林冰缘期?</td></tr>
<tr><td colspan="2"></td><td></td><td>庐山-大理间冰期</td><td>庐山-芦林间冰期</td><td rowspan="2">庐山-芦林间冰期</td></tr>
<tr><td rowspan="3">中更新世</td><td colspan="2">庐山冰期</td><td>庐山冰期</td><td>庐山冰期</td><td>庐山冰期</td></tr>
<tr><td colspan="2" rowspan="2">大姑-庐山间冰期</td><td>高龙-庐山间冰期</td><td rowspan="2">大姑-庐山间冰期</td><td rowspan="2">大姑-庐山间冰期</td><td>庐山冰期</td></tr>
<tr><td>高龙冰期</td><td rowspan="3">大姑-庐山间冰期</td></tr>
<tr><td rowspan="7">早更新世</td><td rowspan="2">大姑冰期</td><td>高龙段</td><td>谷山-高龙间冰期</td><td rowspan="2">大姑冰期</td><td rowspan="2">大姑冰期</td></tr>
<tr><td>谷山段</td><td>谷山冰期</td></tr>
<tr><td colspan="2" rowspan="2">鄱阳-大姑间冰期</td><td rowspan="2">鄱阳-大姑间冰期</td><td rowspan="2">鄱阳-大姑间冰期</td><td rowspan="2">鄱阳-大姑间冰期</td><td>大姑冰期</td></tr>
<tr><td>鄱阳-大姑间冰期</td></tr>
<tr><td colspan="2" rowspan="3">鄱阳冰期</td><td rowspan="3">鄱阳冰期</td><td rowspan="3">鄱阳冰期</td><td>鄱阳冰期</td><td>鄱阳冰期</td></tr>
<tr><td>鄱阳-大排岭间冰期</td><td>鄱阳-大排岭间冰期</td></tr>
<tr><td>大排岭冰期</td><td>大排岭冰期</td></tr>
</table>

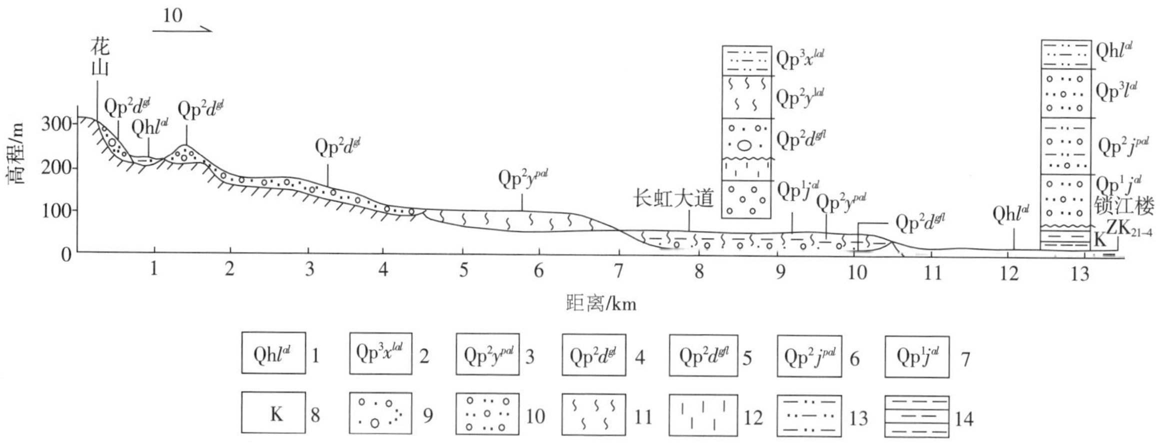

图 1-2-27　庐山花山－九江锁江楼第四系剖面图

Fig. 1-2-27　Cross section of Quaternary in Huashan of Lushan- Suojianglou of Jinujiang

（据余志庆 等，1996）

1—联圩组；2—新港组；3—叶家垄组；4—大姑组（冰碛）；5—大姑组（冰水沉积）；6—进贤组；7—九江组；8—白垩系；9—泥砾；10—砂砾；11—网纹红土；12—黏土；13—粉砂质黏土；14—泥岩

等，后期承袭了早期的老谷发育。分布位置较高的后期U谷（650~700m），被分布位置较低的早期U谷（400~450m）侵蚀切割，前者称上U谷，后者称下U谷。根据冰斗和U谷中谷套谷现象，庐山均明显地反映二次不同时期的冰川作用，前者为庐山期产物，后者为大姑期产物。本区最早的大排岭冰期、鄱阳冰期，由于长期遭受构造侵蚀作用，在山上难于找到其踪迹，而在山麓平原地区也只能发现其残存的垄状地形。区内最晚之冰期，芦林冰缘期仅现于山上的U谷顶端和两侧，由于冰量不多，未发生冰流，在地形上无明显反映，为寒冷的冰缘气候。

2. 冰川堆积物

不同性质的冰碛物是划分冰期的主要依据之一。区内冰川堆积物从岩性的颜色、结构、成岩程度等，可划分四种不同的泥砾：棕红－绛色泥砾、绛色泥砾、棕红色泥砾、黄色泥砾，分别代表了大排岭、鄱阳、大姑和庐山四次冰期。据各种泥砾中的部分细屑沉积物和黏土矿物的微观分析，各次不同的冰碛物反映的规律也有较明显的差异。

1）粒度特征。在冰期的冰碛物、冰水沉积物中，粒度较大的颗粒比重相对增高，细粒级的组分相对降低；中值粒径普遍相对偏大；分选系数相对较大，反映其分选较差；不对称系数一般均相对较小，颗粒中值相对偏向最大颗粒方向。

2）矿物组合特征。冰期沉积时，气候较为寒冷和干燥，风化作用相对较弱，重矿物中不稳定、次稳定矿物相对增多，稳定系数则相对较低。黏土矿物主要以伊利石、开放伊利石及蒙脱石混层矿物为主，间冰期沉积黏土矿物以高岭石、蒙脱石为主。

3）地球化学特征。冰碛和冰水沉积物中铜、锰元素极少；SiO_2、Al_2O_3、Fe_2O_3、MnO、Na_2O、K_2O等氧化物含量普遍偏低；FeO、P_2O_5的含量较高；SiO_2/Al_2O_3、FeO/Fe_2O_3、CaO/MgO较间冰期增大；硅化系数较高，铝化系数、残积系数较小，反映了冰期沉积物的古气候环境较间冰期沉积物更偏寒冷干燥，风化作用相对减弱，地球化学作用过程相对减慢。

4）石英颗粒的表面结构特征。据扫描电镜研究，庐山地区冰碛和冰水沉积中石英颗粒表面组合特征为具明显的贝壳状断口、擦痕、平行阶梯、解理面、挤压研磨凹坑、翻卷解理等现象。

3. 古地磁特征

庐山地区磁性地层剖面均明显地显示跨越了布容正极性和松山负极性两个极性时带，松山负极性时带中的贾拉米洛正极性亚带大都出现。大排岭冰期冰碛物对应于松山负极性带中的留泥汪正极性亚带；鄱阳冰期的冰碛和冰水沉积物对应于松山负极性带中的奥尔杜威正极性亚带；大姑冰期的冰碛和冰水沉积物对应于松山负极性带中的贾拉米洛正极性亚带；庐山冰期冰碛物对应于布容正极性带，各冰期和间冰期相应的磁性地层年龄见表1–2–8。

4. 孢粉组合特征

庐山地区第四纪冰期沉积地层在山麓分布较广，山上只有晚期冰碛物零星存留。沉积物的孢粉组合总体偏少，但反映的寒、温交替气象特征明显。冰期气候寒冷，植物化石稀少，孢粉化石不发育；山体为冰雪所覆，草木不生，泥砾中的孢粉，主要代表山麓山前植物群落；间冰期气候温暖湿润，孢粉化石比较丰富。

早更新世大排岭冰期零星见于鄱阳湖滨，孢粉化石贫乏，主要为松属、藜科、蒿属，反映当时为寒冷气候环境。大排岭－鄱阳间冰期，含少量孢粉化石，为栎属、蒿属、禾本科、藜科、榆属，反映温暖偏干的气候环境。

表 1-2-8 庐山地区各冰期和间冰期古地磁年龄

Table 1-2-8 Glacial and interglacial paleomagnetic Age in Lushan Mountain area

冰期间冰期	庐山冰期	庐山－大姑间冰期	大姑冰期	大姑－鄱阳间冰期	鄱阳冰期	鄱阳－大排岭间冰期	大排岭冰期
古地磁年龄/Ma	0.20~0.40	0.40~0.90	0.90~1.10	1.10~1.50	1.50~1.80	1.80~2.50	2.50~3.00

（据何培元 等,1992）

鄱阳冰期仅含零星的孢粉化石，反映当时属干冷气候环境。鄱阳－大姑间冰期，含丰富的孢粉化石，其组合以蕨类孢子最富，含量占 42.7%，主要为水龙骨科。次为木本植物花粉，占 37%，以被子木本居优，主要为桦、榛、栎、栗属。裸子植物花粉占 12.5%，主要有松、杉和柏科。被子草本花粉占 15.2%，禾本科居优，次为蓼、香蒲等。反映了当时的气候温暖湿润。

大姑冰期含少量松属、栎属、藜属及个别云杉、冷杉孢粉，说明当时属寒冷气候环境。

中更新世大姑－庐山间冰期，据黄翡等（2001）的研究，孢粉组合总体面貌保存不佳，裸子植物主要为松、雪松、柏科、杉科等；被子植物主要有栎、青冈栎、榜、桦、桤木、枫扬、枫香树等；草本植物有蒿、菊科、禾本科、藜科；蕨类植物孢子以水龙骨科、鳞始蕨、鳞盖蕨多见，还有里白、海金沙、紫萁等分子。硅酸体类型中以扇形、方形－长方形、竹节型保存较好。孢粉和植物硅酸体记录反映了红土形成时期植被具亚热带常绿阔叶及落叶混交林特征，气候温暖湿润，是第四纪主要湿热化时期。

庐山冰期冰碛物见于庐山山体，孢粉化石以木本植物花粉占优势，含量 84.1%~98.5%，其中以针叶花粉为主，占总量的 74.8%~95.5%，主要以松、杉为主，阔叶植物花粉以栎较多；草本植物花粉较少，占 1.5%~9.7%，以藜、蒿、禾本科为主；蕨类孢子只有水龙骨科。属寒冷偏湿的气候环境。

晚更新世庐山－芦林间冰期沉积物主要分布在山下及鄱阳湖滨，泥炭和黏土层中含较丰富的孢粉化石，以木植物花粉为主，植物群面貌以栎属及泽泻属为代表，基本可以表现为温暖、而略偏干燥的气候环境。

芦林冰缘期以草本植物花粉为主，占孢粉总数的 50%左右，其中菊科占绝对优势，禾本科也有相当数量；木本植物花粉占总量的 17%，以松属为主，次为栎属和柏科；蕨类植物孢子占总量的 30%~40%，以蕨属为主，次为水龙骨科，并有一定数量苔藓类。孢粉组合为寒冷或干凉的气候环境。

全新世以来，庐山气候转暖，冰川消融，泥炭层中含较丰富的孢粉化石。下部以木本植物花粉为主，占 50%以上，主要为松属占优势；蕨类孢子也有相当数量，占 40%，以蕨类为主。中部木本花粉含量仍占优势，占 45%，松属略有减少，阔叶树种栎属、榆属、柃木属、榜属有所增加；蕨类仍以蕨属占优势。上部木本植物花粉含量又略有增长，达总数的 56%以上，其中松属占优势；蕨类孢子仍占较大比例，达 40%，主要为蕨属；草本花粉仅占 4%。反映了下部凉偏湿、中部温热或温干、上部为温暖湿润的气候环境。

五、成因探讨

1934 年春，一批中外学者到庐山考察，瑞典地质学者诺林私下告诉李四光说："假若这些现象在我家乡发现，这没有问题是冰川造成的。"（李四光，1952）。这段话说明：庐山这些冰川遗迹出现的不是地方。不是冰川现象存在与否，而是庐山处于中低纬度、中低山，山体不大，不具备形成万年雪和冰川的环境条件。这种看法被一些学者传承至今。

事实上，根据前人和江西省地质工作者长期考察，对比国内外一些山岳冰川，认识到山岳冰川与西北欧第四纪大陆冰盖的环境不同，往往以独特的条件，呈点状分布，这也正是其珍稀之处，而庐山在地质、地貌、气候上的独特性尤为突出。构成了形成山岳冰川和存留冰川遗迹的有利条件。

综前所述，庐山地区从冰蚀地貌到冰川堆积物，构成了一个十分完整的第四纪冰川遗迹组合。其中，从大月山到鞋山，由大月山角峰、大坳冰斗群、大月山刃脊经王家坡“U”形谷，含冰川擦痕的垄状冰碛泥砾-冰水沉积物，至鄱阳湖滨白石嘴具有大量面型擦痕的冰溜面（图 1-2-28）以及远离庐山山体 16km 的鞋山上的远扬漂砾，构成了冰川形成、发育、消亡一条完整的冰川运行线路图。庐山的冰川漂砾，一般为 0.5~1m，大者 1~3m，鄱阳冰期在鄱阳湖畔形成的金锭山漂砾群，运移约 6km，堆积于 192m 高的低丘山，最大漂砾达 8m。有的“非冰川论者”也认为用“非冰”无法解释。

关于王家坡 U 谷，更新世冰期形成“U”形谷，冰后期全新世河流冲刷在谷底形成“V”形套谷，前后成因明显不同。

庐山更新世冰蚀地貌与冰川堆积与外围地区更新世流水沉积和庐山地区全新世的冰蚀地貌及其流水沉积差异是显而易见的。由此出现了庐山更新世沉积的融冻泥石流说。江西包括庐山全新世以来，每年 4~6 月暴雨季节是泥石流灾害的频发、高发期，冬季在少数高山背阴处由于积雪长时间不融，偶有融冻泥石流发生。这些泥石流形成的地貌与沉积物与庐山更新世完整的冰蚀地貌与冰川沉积系统很难相比。

庐山为何能在长江中下游形成与留存如此典型的第四纪更新世冰川遗迹呢?

首先，庐山是晚白垩世以来形成的地垒式断块山。主峰汉阳峰由少量残存的青白口纪晚期汉阳峰组坚硬的变斑流纹岩形成。山体北部由南华系下统莲沱组厚层砂岩组成，莲沱组在扬子区一般厚仅数十米至二、三百米，在庐山却厚近千米，这种坚硬的块状砂岩利于形成大量漂砾，也利于保存冰蚀地貌。庐山南部为青白口纪早期双桥山群，由浊积岩夹海相火山岩的浅变质千枚岩、板岩、粉砂岩夹变

图 1-2-28　鄱阳湖白石嘴冰川划痕

Fig. 1-2-28　The glacial scratch at the Baishizui,Poyang Lake

砂岩组成，常风化成碎片和发生泥化，不利于形成漂砾和存留冰蚀地貌，一些学者质疑：庐山冰蚀地貌和冰碛泥砾为何发生于山体北部？由此可得到说明。

第二，庐山一山飞峙，主峰海拔高程1473.4m，但相对标高1200~1400m，北长江、西北云梦泽、北彭蠡泽，东赣江，水气丰富，加上北风沿郯庐断裂带谷地南下，形成了特冷、特湿的气候。现在庐山的年平均气温比九江市、南昌市低6℃左右。多位学者（何培元，1994；傅逸贤，1982；杨怀仁，1985；竹淑贤，1980）推算，更新世冰期庐山地区的温度比现在更低11~14℃。庐山现今年平均气温11.6℃，1月份极端最代气温-16.8℃，7月份极端最高气温为32℃。由此可见，庐山在更新世冰期年平均气温在0℃以下。庐山断块山体古近纪时形成面积约700km^2，在第四纪早期也有相当大规模，如今所见的中低山仅150km^2，是冰后期遭雨水冲蚀，残留下的莲沱组砂岩残山，只是冰期冰蚀地貌的一部分，在冰期时，当积雪量大于溶解量时，逐年积累，势必会形成万年积雪和中小型山岳冰川。

根据冰蚀地貌、冰碛地层、古地磁、孢粉组合等资料综合研究，庐山更新世曾经历了大排岭、鄱阳、大姑、庐山四个冰期和三个间冰期，并可与世界上第四纪冰期大致对比。冰期与间冰期沉积物所反映的寒、温交替气象特征十分清晰。冰期寒冷，冰碛物以色浅、植物化石稀少为特征。草木不生，岩石裸露，冰碛层成为缺少生物化石的“哑地层”。中更新世大姑冰碛泥砾，孢粉化石稀少，表层呈赭红色，成了“非冰论”的依据。经深入观察，新鲜的泥砾为淡白色，表层因遭后期湿热化作用，由里及表颜色逐渐变红，泥砾中孢粉化石稀少正是山岳冰碛泥砾的一个特征。而间冰期沉积，以红色黏土为主，孢粉化石十分丰富。庐山第四纪各冰期类型、规模也有不同。早更新世时，我国东西部地势差别不大，主要受行星风系控制。随着青藏高原隆升，东南季风增强，冰川活动由盛而衰。受全球冰期约束，形成了大排岭、鄱阳冰期山谷－山麓冰川。早更新世晚期，青藏高原快速隆升，西南季风衰减，东南季风开始活动时期，形成规模略小于鄱阳冰期的大姑期山谷－山麓冰川。中更新世晚期庐山冰期规模变小，主要分布于山上，属冰斗冰川和悬冰川。至晚更新世进入冰缘期，在庐山仅形成了芦林碎石黏土。

第三，庐山第四纪冰川遗迹，历经了约300万年的形成与发展，早期冰川遗迹被后期冰川堆积覆盖或遭破坏，加上全新世以来，处亚热带，雨水丰沛，又受到了较强的地质改造和破坏，双桥山群、星子岩群抗风化侵蚀能力较弱的变质岩石已成为丘陵、低山、洼地。冰蚀地貌几乎破坏殆尽。活动较早的大排岭、鄱阳冰期冰川沉积仅呈残体存留于鄱阳湖滨，大排岭－鄱阳间冰期沉积现只见于星子县五里牌ZK503钻孔中。大排岭、鄱阳冰期的冰蚀地貌与冰川沉积组合的重建还有困难。值得注意的是，根据大排岭、鄱阳、大姑冰碛分布已达星子县城北部，而且规模较大，推测仰天坪至汉阳峰一带，更新世时有莲沱组分布，山体较现今略高、略大。该处山上莲沱组砂岩已形成漂砾，冰蚀地貌也遭到破坏。所幸庐山北部砂岩层层厚质坚，保存了珍稀的冰川遗迹。由此可以推想，江南地区有庐山这种特冷、特硬的中低山体，经详细调研，也有可能发现更多更新世冰川遗迹。

自20世纪30年代李四光发现庐山第四纪冰川遗迹以来，在地学界引发了罕见的激烈争论，每次争论都极大地丰富了庐山第四纪冰川地质的研究成果。使人们不断认识到，庐山以其独有的地质、地貌、水文、气象条件，在全球第四纪冰期大环境下，形成并保存了具有世界唯一性的中低纬度、中低山区典型、完美的山岳冰川遗迹。

第三章　新构造运动与地震地质

江西省自晚中生代以来，经历了燕山期强烈的陆内活化造山和造山后与喜马拉雅裂谷期的强烈块断伸展。古近纪末受喜马拉雅期四川运动影响，结束了断陷成盆活动，地壳活动趋缓，至新近纪进入了新构造活动时期。

江西新构造活动可分为两期：早期为新近纪至早更新世早期均衡弱隆升活动期，沉积物极少。晚期为早更新世中晚期以来多阶段不均衡弱隆起与沉降活动期，在山体缓慢隆升的同时，鄱阳湖等盆地和主要河谷下沉，有分布较广、厚度不大的沉积。

新近纪以来，省内燕山期形成的密集断裂网络，部分被断陷沉积盆地掩盖，盆缘断裂部分被“红层”超覆，但仍有部分，主要是北北东向、北东向断裂或断裂带的某一段落迄今仍有活动，在形成较丰富地热资源的同时，给地壳的稳定性带来了影响，特别是赣南、赣西北有多条引发破坏性地震的断裂带，成为重要一患。

关于江西新构造运动与地震活动，国家地震局福州地震大队、江西省地震办公室于1974年进行过烈度区划，编制了中国地震活动参数区划图（2012）；江西省地质局区域地质调查大队于1982年编制了1∶100万江西省构造体系与地震分布规律图及说明书、《江西省地震志》（2003）、《江西省地质矿产志》（1998）、《江西生态》（2007）等著作，先后对江西新构造与地震活动作过较全面的记述和总结。上述资料为本篇编写提供了重要基础。

第一节　新构造格局与地震活动

一、新构造格局

江西省自古元古代以来，历经约18亿年由洋—海—陆的发展演化，地质构造十分复杂，至新近纪初，形成了隆、坳、盆的基本构造格局。隆成山，坳成丘，盆成原，构成了江西岭、丘、原3个层次的构造－地貌景观。

江西隆、坳、盆与岭、丘、原的构造－地貌空间展布，主要受3个构造体系控制。总体以扬子反S构造和赣南“北贴西拼”式构造为基础，以晚白垩世以来逐渐形成的新华夏系北北东向“两隆、一陷”构造为主导。

根据国家地震局全国烈度区划，江西位于华南地震区东部（图1-3-1）。地震记载始于公元304年，至1970年，共记载有感地震280余次，其中4~4.5级地震47次，破坏性地震（震级≥4级）25次，

1806 年 1 月 11 日的会昌 6 级地震为江西境内历史上最大一次地震（表 1-3-1）。1971 年随着地震台网建成，根据江西地震局提供的资料，共记录省境 1971~2005 年 1 级以上地震 1891 次，中强以上地震 6 次，分别是龙南 5.4 级地震，寻乌 5.8、5.2、5 级地震，以及 2005 年 11 月 26 日的瑞昌 6、5.7 级地震，此次地震为江西近 200 年来最强的一次地震。地震活动主要分布在赣南与赣西北，赣南共发生中

图 1-3-1 江西及邻区活动断裂与强震震中分布图

Fig. 1-3-1 The distribution of the active faults and earthquake epicenter in Jiangxi and neighboring areas

（据国家地震局，1978）

1—推测活动的断裂；2—洋壳俯冲带；3—活动的断裂；4—上新世至下更新世玄武岩；5—新生代盆地或槽地

6—白垩纪至新近纪盆地或槽地；7—地质界线；8—地震震中位置

表 1-3-1　江西省破坏性地震一览表

Table 1-3-1　List of destructive earthquakes of Jiangxi Province

年	月	日	北纬	东经	地点	震级	烈度	地震动峰值加速度	震源深度	附注
304			27.3	115.3	吉水—永丰间	5	Ⅵ~Ⅶ	0.05~0.1		
319	01		29.0	115.0	武宁石门楼	5.5	Ⅶ~Ⅷ	0.1~0.2		原称南昌西北
455			28.7	116.6	余干	5	Ⅵ	0.05		
1334	01		28.8	117.0	乐平南	4.75				
1350	07		29.2	114.9	武宁西南	5	Ⅵ	0.05		原称修水
1361	（秋）		28.8	115.3	靖安	5.5	Ⅶ	0.1~0.15		
1562			25.8	116.0	瑞金	4.75	Ⅵ	0.05		
1575	03	16	29.0	114.0	修水西	5.5	Ⅶ	0.1~0.15		
1577	02	17	24.8	115.0	定南	4.75	Ⅵ	0.05		
1634	06		29.3	115.7	德安南	5	Ⅵ	0.05		
1710			28.5	117.6	横峰北	4.75	Ⅵ	0.05		原称上饶西北
1756	12	07	29.1	116.9	波阳东北	5.5	Ⅵ	0.05		
1792	04		27.4	114.6	安福北	4.75	Ⅵ	0.05		原称安福西
1804	（冬）		24.9	115.6	寻乌	5.25	Ⅵ	0.05		
1806	01	11	25.3	115.7	会昌南	6	Ⅶ~Ⅷ	0.1~0.2		
1847	（冬）		24.7	114.9	定南	5	Ⅵ~Ⅶ	0.05~0.1		
1863	08	30	29.1	114.1	修水西	5	Ⅵ	0.05		
1888	03	29	28.6	114.5	宜丰北	5.25	Ⅵ	0.05		
1888	05	28	25.8	115.0	赣州	5	Ⅵ	0.05		
1896			25.0	114.6	龙南西北	4.75	Ⅵ	0.05		
1907			25.4	115.0	定南	4.75	Ⅵ	0.05		
1908			25.3	114.3	大余	4.75	Ⅵ	0.05		
1911	02	06	29.7	116.0	九江	5	Ⅵ	0.05		
1926	02	13	26.4	116.3	石城	4.75	Ⅵ	0.05		
1941	09	21	25.1	115.6	寻乌	5.75	Ⅵ~Ⅶ	0.05~0.1		
1982	02	25	24.7	114.8	龙南	5.5	Ⅵ	0.05	16km	南亨
1987	08	02	25.0	115.6	寻乌	5.75	Ⅵ	0.05	13km	
1987	08	03	25.0	115.6	寻乌	4.9	Ⅵ	0.05		
1987	08	15	25.1	115.6	寻乌	4.8	Ⅵ	0.05		
1995	04	15	29.6	115.6	瑞昌	4.9	Ⅵ	0.05		
2005	11	26	29.7	115.8	九江—瑞昌间	5.7	Ⅶ~Ⅷ	0.1~0.2		

附注：据江西省地震局资料，其中部分地点据震中坐标修改

强以上地震 15 次，赣北为 14 次，赣中仅 2 次（图1-3-2）。这些中强地震主要为浅于 20km 的浅震，破坏性较大。

根据江西省地震局资料，江西地震活动在时间分布上，自 1562 年以来共有 21 个有震年份，平均

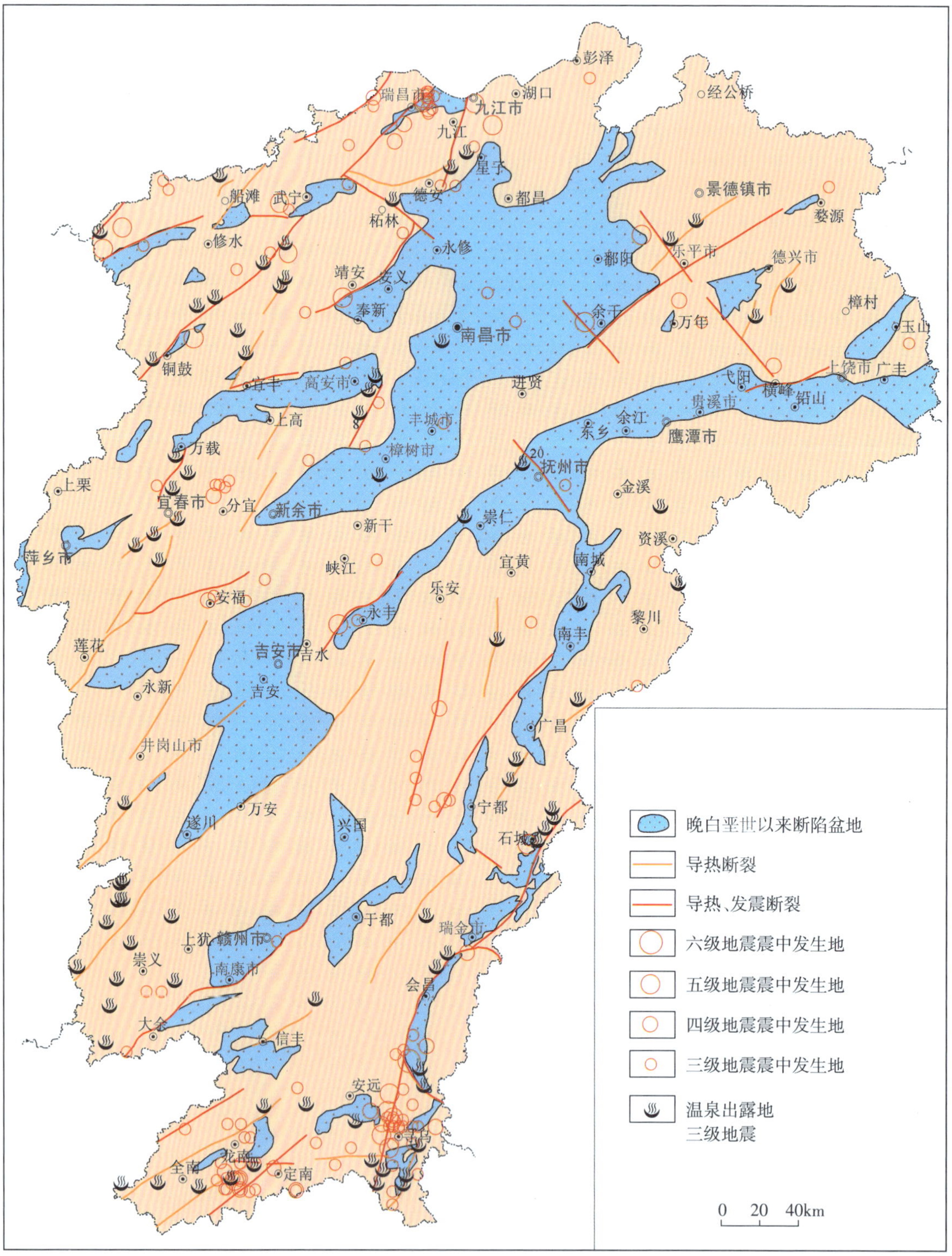

图 1-3-2 江西省地震震中与导热、发震断裂分布图

Fig. 1-3-2 Distribution map of epicenters, thermal conductivity and earthquake fracture of in Jiangxi Province

22 年有一次中强以上地震，频度较高。赣南地区从 1804~1987 年，中强以上地震平均时间间隔为 44 年。在赣北地区 1575 年以来中强以上地震时间间隔为 63~95 年，频度较低。1971~2005 年，全省年平均发生 2 级地震 21 次，3 级 3.8 次，4 级两年一次。3 级以上地震震中成群分布活动，时间上强弱起伏交替，地震较活跃年份是 1982、1985、1987 年与 2005 年，活跃期间隔约 20 年。

江西省的地震震中分布与新构造格局密切相关。江西中部的鄱阳、抚州、信江、吉泰、赣州等大中型断陷盆地内部地震活动较弱，较强地震分布于盆地边缘的控盆活动断裂带（图 1–3–2，表 1–3–2）。因此，全省地震活动北西、东南强，中部较弱。可分为幕阜 – 罗霄和怀玉 – 武夷 – 九连两条地震活动带。

表 1–3–2　江西省导热、发震断裂一览表

Table 1–3–2　List of thermal conductivity and seismogenic faults in Jiangxi

编号	断裂名称	控制作用	编号	断裂名称	控制作用
1	码头 – 九宫山断裂	导热、发震	19	上饶断裂	导热、发震
2	麻城 – 幕阜山断裂	导热、发震	20	抚河断裂	导热、发震
3	石坳 – 大田街断裂	导热、发震	21	安福断裂	导热、发震
4	船滩 – 棋坪断裂	导热	22	万洋山断裂	导热
5	铜鼓 – 瑞昌断裂	导热、发震	23	黄坳断裂	导热
6	九江坳陷南缘断裂	导热	24	遂川 – 临川断裂	导热
7	柘林 – 永修断裂	导热、发震	25	宜黄 – 宁都断裂	导热
8	九江 – 德安断裂	导热、发震	26	招携 – 小江断裂	导热、发震
9	棋坪 – 靖安断裂	导热、发震	27	大余 – 南城断裂	导热、发震
10	武宁岩 – 莲花断裂	导热、发震	28	驿前 – 黄岗山断裂	导热
11	宜丰断裂	导热、发震	29	宁都断裂	导热、发震
12	温汤断裂	导热	30	信丰断裂	导热
13	上高 – 新余断裂	导热	31	社迳断裂	导热、发震
14	赋春深断裂	导热、发震	32	龙南 – 版石断裂	导热
15	鄱阳 – 横峰断裂	导热、发震	33	九连山 – 安远断裂	导热、发震
16	信江大断裂	导热、发震	34	永平 – 寻乌断裂	导热、发震
17	余干 – 婺源断裂	导热、发震	35	定南 – 桂竹帽断裂	导热、发震
18	德兴断裂	导热	36	会昌环形断裂	导热、发震

二、幕阜－罗霄地震活动带

为大别地块郯庐－麻城地震活动区的南延部分。郯庐—麻城地区与幕阜—罗霄地区分属于中央造山带与扬子板块，为北西向的襄广逆冲推覆断裂带相隔，两地之间构造很不连续，但北北东向断裂地震带减弱后进入赣西北地区，其中麻城－幕阜活动断裂带经江西西北隅南延（图1-3-2）。郯庐断裂带至广济衰减后过长江，其末稍为码头－九宫山断裂带。

1978年以来，省内4级~4.7级地震尚有：1978年6月27日宁都4.4级地震，1979年1月6日定南4级地震，1982年龙南4.2级地震，1983年5月12日寻乌—武平（闽）4.4级地震，1985年7月4日龙南4.0级余震，1987年8月31日寻乌4.7级地震，1995年1月24日寻乌4.5级地震，1999年4月15日永丰4.0级地震。

幕阜－罗霄断裂带处于晚中生代时期形成的北北东向幕阜－罗霄构造断隆带和幔坳带，东侧以九江－永新断裂地震带为界，与一系列近东西向至北东东向相间排列的隆起、坳陷带形成复合构造格局。自北而南依次为九江坳陷、九岭隆起、萍乐坳陷、武功隆起与永莲坳陷组成。其间有十多个北北东向成行、东西向或北东东向成串的中小型晚白垩世—古近纪红层断陷盆地。地震活动自北向南趋弱。中强破坏性地震主要分布于九江坳陷与九岭隆起北部，形成赣西北中强地震区。

该带计有北北东向构造活动断裂带5条，自西向东为麻城－幕阜山、船滩－棋坪、瑞昌－铜鼓、武宁岩－莲花、九江－靖安断裂。中强破坏性地震与地热断裂带有麻城－幕阜、瑞昌－铜鼓、九江－靖安3条。武宁岩－莲花断裂带是在九岭隆起带之上的一条重要的地热带，在萍乐坳陷的宜春地区有4个3、4级地震震中分布。

地震主要发生于切割红层断陷盆地边缘的北北东向活动性断裂带，断裂主要呈断续式右行斜列分布。在北北东向断裂与北西向、北东向或近东西向断裂的交汇地区易于发震。值得注意的是鄂州－九江北西西向深张裂带与北东、北北东向断裂带的复合结点地区，可能是九江—瑞昌多次破坏性地震发生的因素之一。

三、怀玉－武夷－九连地震活动带

该带属于东南沿海地震亚区西缘，受晚中生代形成的北北东向怀玉－武夷构造隆起带制约，西缘以鄱阳、吉泰、赣州断陷盆地东南边缘控盆断裂为界，大致在鄱阳—吉水—赣州一线。次级构造北部为北东、北东东向，自北而南有九江坳陷（东）、九岭隆起（东）、萍乐坳陷（东），万年隆起，上饶坳陷，南部主要为北北东向的雩山隆起与武夷隆起，北部间夹北东向、近东西的中小型断陷盆地。南部发育北北东向长条状红层箕形断陷盆地。地震活动北部次强，中部较弱，南部强烈。活动性断裂有继承性，怀玉山区与九连山区，以北东向断裂为主，雩山、武夷山西坡以北北东向断裂带为主。怀玉次强地震活动区，中强地震主要发生于鄱阳盆地东南边缘的鄱（阳）余（干）地区，地震发生于北东向活动性深大断裂与北西向断裂的交汇地区。值得注意是乐平—上饶以东地震震中明显稀少。中部地区仅有吉水—永丰间中强地震一处，除此，沿宜黄－宁都、招携－小江等北北东向断裂带有3~4级地震震中分布。

江西最强烈的地震分布于赣南，该区地质构造错综复杂，中生代花岗岩广泛分布，中小“红盆”，小“火（山岩）盆”，温泉广泛分布。新构造活动显著。区内有全省最强的石城－寻乌北北东向断裂地震带，其次为九连山－安远、大余－赣州北东向断裂地震带，其中石城－寻乌地震带与会昌－上杭－云霄北西向深断裂带交汇地区发生过会昌 6 级地震。

第二节　断裂地震带及其主要特征

一、地震断裂特征

江西的活动性断裂，主要是燕山期形成的断裂网络中的一部分断裂或其某一段落发生“回春”活动而成。这些断裂带有以下特征。

（一）北北东、北东向断裂地震带

以北北东向断裂为主，其次为北东向断裂，形成重要的断裂地震带。前者主要分布于幕阜－罗霄隆起和武夷隆起，后者分布于怀玉—吉泰—九连山地区。其中定南－桂竹帽东西向的断裂由于规模较小，且较零散，未形成断裂地震带，但起到了重要的复合控震的作用。根据此次进一步研究，江西尚未发现重要的东西向断裂地震带，而且长期以来所称的赣江（湖口－丰州）北北东向断裂地震带，迄今并未发现中强地震活动。

北北东、北东向断裂地震带，大多经历了多期活动，断裂性质经历了较复杂的转变过程。总体看，这些断裂带燕山期时主要为挤压左行走滑性质。新近纪以来主要为正断层。第四纪又呈现挤压走滑性质。

（二）北西或北西西向断裂

往往连续性差，多数以张性，张剪性为主。新近纪以来主要为张性，这些断裂与北北东、北东向断裂地震带交汇地区易发生地震。沿崇义－铁石口，安福－宁都、永修－信江，鄱阳－上饶北西向断裂带地震震中约略呈串珠状分布。在鄂州－九江、会昌－上杭－云霄两条深断裂带与北北东向断裂地震带的复合地区，易发生较强地震。

除北西向的断裂外，其他如近东西、北东向断裂与北北东向断裂地震带的结点也易于发震。1978 年 6 月 27 日的宁都画眉坳 3.9 级有感地震（图 1-3-3）受北北东向与北东向断裂复合构造控震，等震线出现北北东、北东向两个十分特别的犄角。更值得注意的是北北东向控震断裂带与多向断裂的结点易于发生较强地震（如寻乌）。

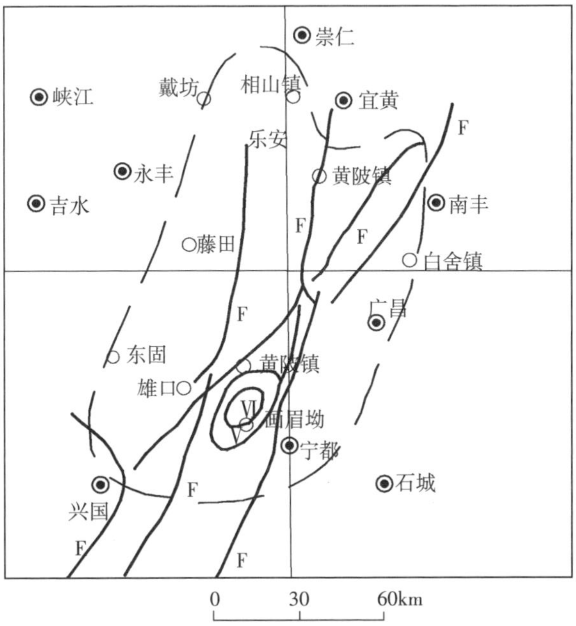

图 1-3-3　1978 年 6 月 27 日宁都 M_1 4.4 级地震等震线图

Fig. 1-3-3　M_1 4.4 grade isoseismal map of June 27,1978 in Ningdu county

（据江西省地震志资料）

F—断层；Ⅴ、Ⅵ—地震烈度

（三）晚白垩世—古近纪断陷盆地的控盆断裂带

控盆断裂往往发生“切盆”活动，是活动性断裂的重要标志，有的成为主要发震断裂。

（四）断裂地震活动的重现性、群聚性

断裂地震活动的重现性、群聚性是江西地震活动的显著特征。地震常发生于活动断裂的一定段落，或多次发生于某一构造结点，地震频发，震中密集成群。如寻乌、龙南、南亨、瑞昌等地，这些地段或地点是地震监测与防震重点。

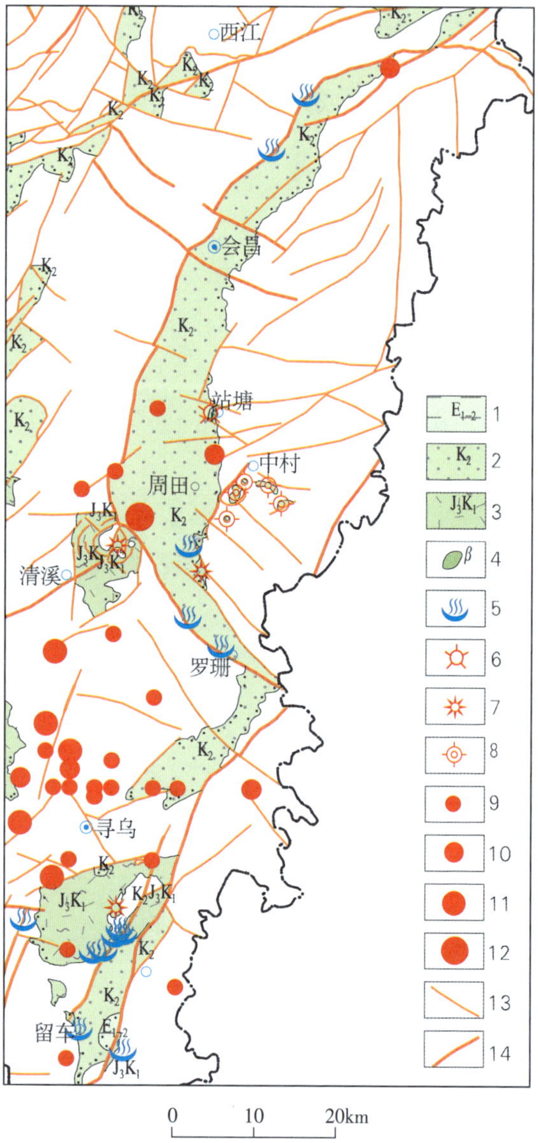

图 1-3-4 瑞金—寻乌构造地震地热带略图

Fig. 1-3-4 Sketch of Ruijin – Xunwu structure – earthquake and geothermal zone

1—古近纪盆地；2—晚白垩世盆地；3—早白垩世火山盆地；4—基性火山岩；5—温泉；6—晚白垩世—古近纪火山岩；7—早白垩世火山口；8—早白垩世隐爆角砾岩筒；9~12—地震震中：9—三级，10—四级，11—五级，12—六级；13—一般断层；14—主干断层；空白区—前白垩纪地层、岩石

二、主要断裂地震带及其特征

根据发震断裂的强度、频度，江西重要的断裂活动带分为北北东向与北东向两组，计 8 条，其中以石城 – 寻乌断裂地震带最为活跃。其次为瑞昌 – 铜鼓、九连山 – 安远、九江 – 靖安断裂地震带。

（一）北北东向断裂地震带

1. 石城 – 寻乌断裂地震带

属于永平 – 寻乌深断裂带南段，南延粤东河源，处于武夷隆起带南西缘（图 1-3-4）。该断裂带于早白垩世中晚期在其西侧形成了瑞金胎子岽隐爆角砾岩筒和会昌锡坑迳、寻乌等火山盆地，断裂东侧形成了石城海罗岭等一串北北东向花岗岩岩株及会昌、青龙山、官村、红山小照等一串 I 型斑岩引发的隐爆角砾岩筒。晚白垩世形成了石城、瑞金、会昌、寻乌留车等一串北北东向断陷红层盆地。晚白垩世末至古近纪在会昌盆地东部红层中形成了草桃背 – 站塘玄武岩熔岩喷溢带，在其东侧有草桃背、上寮、桃树排、青龙山、猪婆石一串中基性火山口，该带也是一个重要的萤石矿带，白垩纪—古近纪构造与岩浆活动十分强烈。

该带温泉密集分布，已发现约 20 多处温泉。地裂缝也很发育，1998 年 11 月~1990 年元月，瑞金沙洲坝大埠村、会昌城南及周田乡老虎村 3 处发生了地震缝带，带长 900m，宽约 150m，单条裂缝长 40~97m，一般宽 3~5m，走向以 20°~30°为主，呈右列式排列（张大任，2000）。

控热发震构造主要为北北东向控盆切盆的盆缘活动断裂带，往往形成陡立的硅化带断层崖，与盆地高差可达 100~300m。

在瑞金武阳一带，控制断陷盆地的北北东向断裂位于盆地两侧（图 1–3–5），晚白垩世红层上的第四纪Ⅱ、Ⅲ级阶地残留于盆地西部，Ⅰ级阶地和河漫滩发育于盆地东侧，各阶地面也有向东倾斜现象。该带地震频发：2~3 级地震震中密集成带，中强地震震中成串分布，主要集中发生于会昌周田与寻乌—三标间。1562 年瑞金发生 5 级地震，1804 年冬寻乌发生 5 级地震，1926 年石城发生 4.75 级和 4.5 级地震，1941 年 9 月 22 日、1987 年 8 月 2 日与 1955 年 1 月 24 日，寻乌城与三标间先后发生 5.75、5.2 级 5.0 级地震（图 1–3–6），恰在北北东向断裂与北西向、东西向等多向断裂交汇处。1983 年 5 月 12 日，寻乌—福建武平间发生的 4.4 级地震，震中在东经 116，北纬 25°处，位于会昌环形构造核部隆起中，等震线呈马鞍状（图 1–3–7），显示受北北东向、北西向两组断裂控制。1906 年 1 月 1 日，会昌周田发生 6 级地震，为江西历史上最强烈地震。位于会昌环形构造月牙形箕状晚白垩世红层盆地中南部，两侧均为控盆切盆断裂，并发育一组北西向切盆断裂，为北西向的会昌 – 上饶 – 云霄深断裂的末梢部分。

2. 麻城 – 幕阜山断裂地震带

该带北起湖北麻城，控制江汉平原东界和长江中下游铁铜成矿带西界，经江西省西北隅的幕阜山进入湘东北。沿带有咸宁温泉、麻城 6 级地震，麻城、黄冈、黄石 5 级地震。进入修水北西部幕阜山一带分别于 1575 年 3 月 26 日、1863 年 8 月 30 日发生了 5.5 级地震、5 级地震，并于 2014 年新发现白岭高温温泉，温度高达 82℃。上述地震是否与渣津晚白垩世红层盆地的北缘北东东向控盆断裂复合有关尚有待研究。

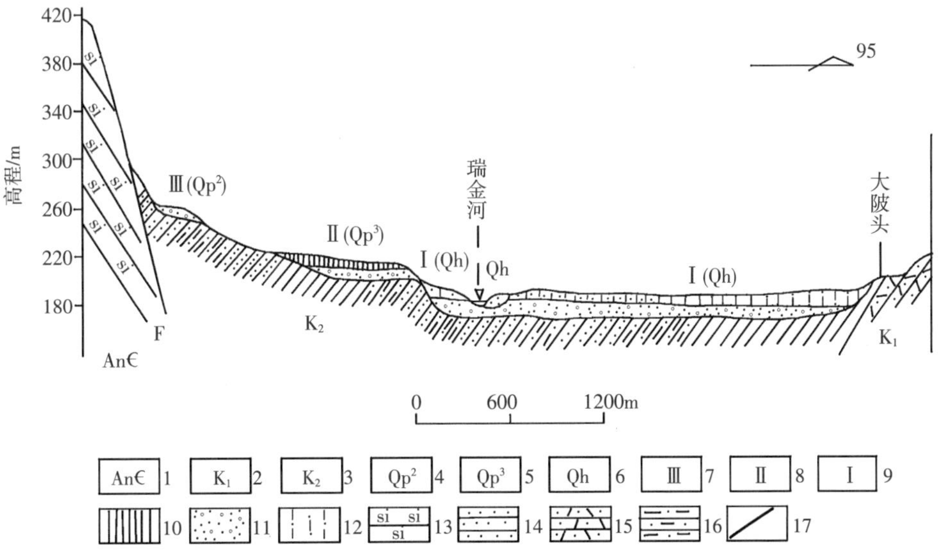

图 1–3–5　江西瑞金武阳寨—大陂头地质地貌剖面图

Fig. 1–3–5　Cross section of geology and landforms of Wuyangzai –Dapitou in Ruijin, Jiangxi

（据江西省地质局区域地质测量大队，1969，修改）

1—前寒武系；2—白垩系下统；3—白垩系上统；4—第四系中更新统；5—第四系上更新统；6—第四系全新统；7—三级阶地；8—二级阶地；9—一级阶地；10—网纹红土地；11—砾石层；12—亚黏土；13—硅质岩；14—砂岩；15—凝灰质砂岩；16—粉砂岩；17—断层

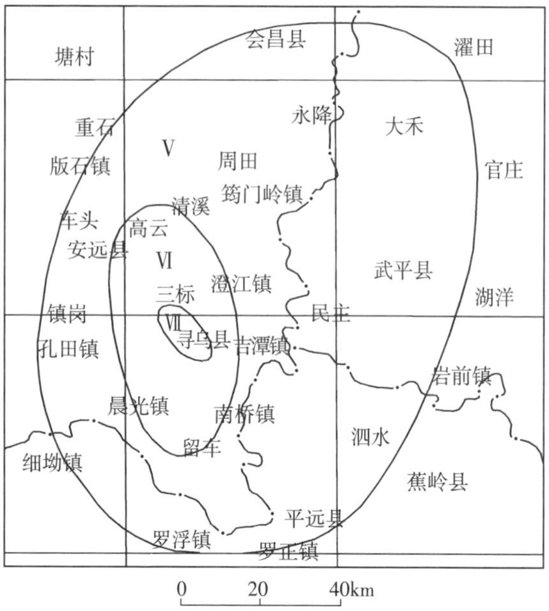

图 1-3-6　1987 年 8 月 2 日寻乌 5.5 级地震等震线图

Fig. 1-3-6　Grade 5.5 isoseismal map of August 2, 1987 in Xunwu county

（据江西省地震志资料）

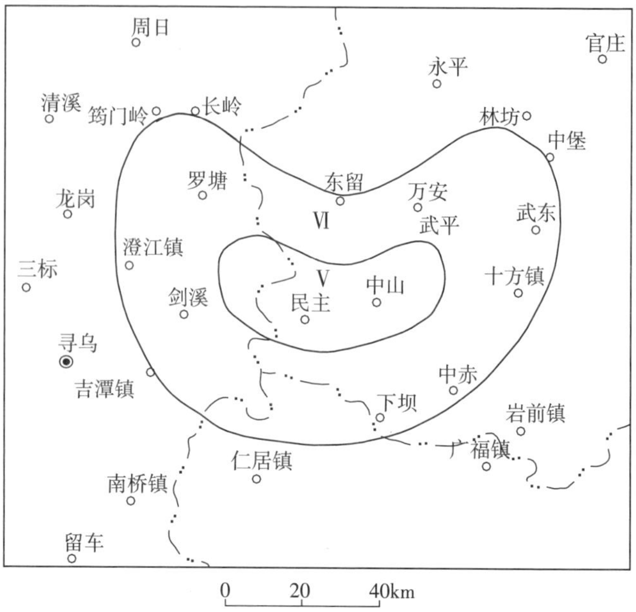

图 1-3-7　1983 年 5 月 12 日寻乌—武平间 M_l4.4 级地震等震线图

Fig. 1-3-7　M_l 4.4 grade isoseismal map of May12, 1983 in Xunwu-Wuping

（据江西省地震志资料）

3. 瑞昌－铜鼓断裂地震带

该带北起九江县滨临长江的望夫山。先后穿过九江坳陷与九岭隆起（图 1-3-8）。该带北段断裂呈北东走向，向南东陡倾，发育于北东向大冲－望夫山背斜南翼与瑞昌向斜北翼之间。为赛湖、范镇古近纪红层盆地北缘控盆断裂。断裂带至南义附近被青山侧列式北北东向断裂带复合归并，转为北北东向，倾向北西西，至武宁古近纪柘林盆地，断裂呈侧列状，切错盆地南北盆缘，南延进入九岭隆起，倾向转为南东东，南部控制切割铜鼓小型晚白垩世断陷盆地，是赣西北地区最重要的一条导热发震活动断裂带。2~5 级地震震中成带分布，在九岭隆起发育一串温泉。北段在九江坳陷中地热不发育，但地震活动增强，频度较高，主要发生于赛湖、范镇，柘林断陷盆地边缘切盆活动断裂。1995 年 4 月 15 日瑞昌发生 4.9 级地震，2005 年在九江—瑞昌间又发生了 5.7 级破坏性大的灾害地震，震中在赛湖盆地中的赛湖农场附近（图 1-3-9），发震断裂为赛湖古近纪盆地北缘的北东向断裂带，该断裂早白垩世为Ⅰ型花岗岩闪长斑岩的导岩断裂，古近纪转化为控盆正断层，古近纪末断裂停止下陷，被“红层”超覆，晚近又发生正断层活动。在丁家山铜矿区，见超覆于盆地北缘断裂与志留系之上的古近纪红色砂砾岩残留于山坡之上，与下陷的盆地垂直断距约 60m 以上。根据盆地北缘钻孔揭露，早白垩世成铜花岗闪长斑岩，断落于红盆之下约 400m 处。断面向南陡倾，震中恰在断裂深处。该处又处在与鄂州－九江北西西向深断裂带东南段以及赤湖－付山北北东向断裂的复合地区，可能是发生中强地震原因之一。加上该地区红层下碳酸盐岩地层分布较广，岩溶发育，坍陷次生灾害较重，地震的危害性、破坏性较大。

该断裂在武宁地区地震活动值得引起高度重视。以前所称的公元 319 年南昌西北地震，震中（北纬 29°，东经 115°）实际位置在武宁南的石门楼附近，发生于瑞昌－铜鼓断裂带与北东向的断裂的复合

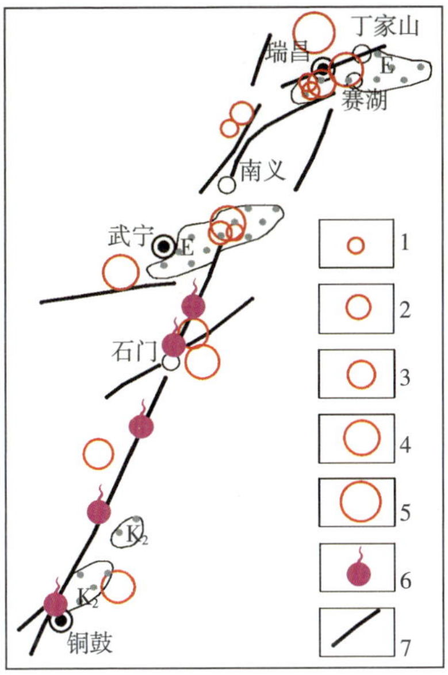

图 1-3-8　瑞昌 – 铜鼓断裂地震带略图

Fig. 1-3-8　Sketch of Ruichang–Tonggu fractured earthquake zone

震级：1—二级；2—三级；3—四级；4—五级；5—六级；6—温泉；7—活动断层；E—古近系；K_2—上白垩统

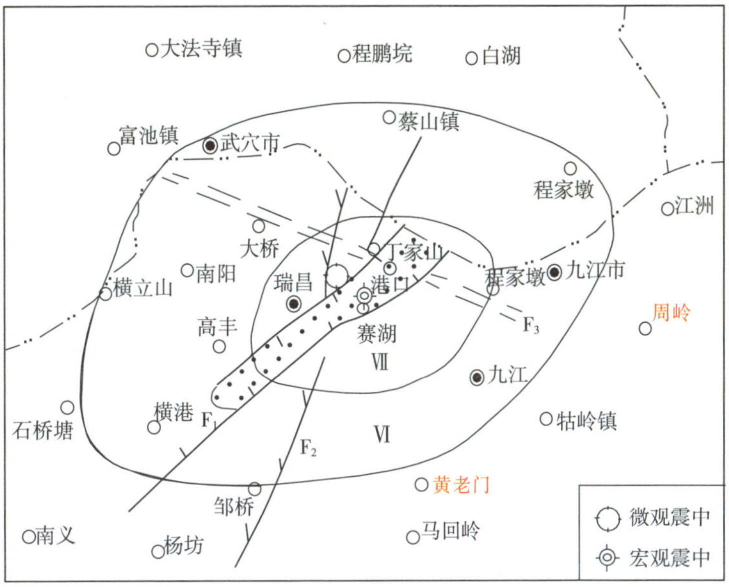

图 1-3-9　九江 – 瑞昌 6 级地震(2005,11)断裂与烈度分布图

Fig. 1-3-9　The distribution of grade 6 earthquake (2005,11) fracture and intensity in Jiujiang–Ruichang

E—古近系红色砂砾岩；F_1—瑞昌 – 铜鼓断裂带北部；F_2—瑞昌 – 付山断裂；F_3—鄂州 – 九江深断裂带；Ⅵ、Ⅶ—地震烈度

地区。而 1350 年的修水 5 级地震（北纬 29.2°，东经 114.9°）震中实际位置在武宁县清江与石渡之间，发生于瑞昌 – 铜鼓北北东断裂带上盘与清江东西向断裂的复合地区，后者在修水三都杨梅山错断第四系红土砾石层（图 1-3-10）。武宁地区 1971 年以来，2、3 级地震频发，需要加强监测，防震。

瑞昌 – 铜鼓断裂带南部切割晚白垩世小型“红盆”在铜鼓有 5 级地震发生，并有温泉活动。

4. 九江 – 靖安断裂地震带

该带处于幕阜 – 罗霄隆起带与赣鄱断陷带交接地带，也是一条显著的重力梯级带，是幕阜 – 罗霄地震带东缘一条中强断裂地震带。断裂带北段为庐山地垒西侧的九江德安断裂带，约略呈北北东向分布，最大垂直断距达近千米。控制切割沙河古近纪小型断陷盆地东缘，在九江通远黄泥潭公路旁见志留系砂页岩叠覆于第四系更新世大姑期冰碛泥砾之上。九江市 1911 年 2 月 6 日发生 5 级地震，德安 1634 年 6 月发生 5 级地震。断裂过共青城晚白垩世—古近纪断陷盆地（鄱阳盆地西北角）后，侧现于军山并迁就靖安 – 棋坪弧形逆冲推覆断裂带，向南西西方向弯转，经靖安、甘坊、向棋坪延展。该断裂古近纪时由向南东逆冲推覆转化为向南东

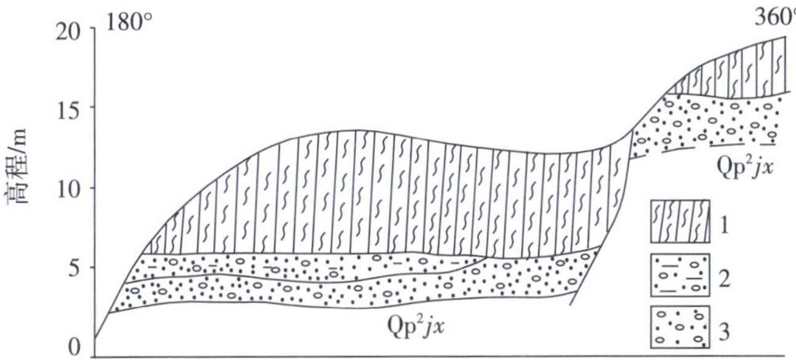

图 1-3-10　三都杨梅山阶地剖面图

Fig. 1-3-10　Cross section of Yangmeishan terrace in Sandou

（据江西省地质局区域地质测量大队，1964）

1—黄棕、砖红色红土；2—黄色黏土砾石层；3—粗砂黏土砾石层

方向倾斜的高角度正断层，控制切割安义北东向古近纪断陷盆地北西边缘。沿断裂有永修易家河（西海）温泉和安义西钻孔热水发现。1361年秋发生靖安—奉新间5级地震。断裂带南延趋弱，断断续续，侧列出现于上高东、分宜西、安福南—永新东—井冈山一带，安福北1954年4.75级地震，发生于该断裂与武功山隆起南缘滑脱带以及北西向断层复合地区。

其次，宜黄－宁都、招携－小江近南北至北北东向断裂带虽无中强地震发生，但1921年以来2、3级地震频发，特别是宜黄－宁都断裂控、切红层盆地明显，曾有4级地震发生，招携－小江断裂在永丰中村也有4级地震活动。值得进一步调研监测。

（二）北东向断裂地震带

该组断裂地震带主要发生于鄱阳、抚州、赣州、龙南断陷盆地的盆缘活动断裂带，与北西向断裂的交汇地区，有中强地震发生。1971年以来，地震活动频率较高的断裂地震带主要有以下4条，以赣西南的九连山－安远断裂地震带活动性最强。

1. 余干－婺源断裂地震带

该带发育一组北东向逆冲推覆断裂带，晚白垩世转化为正断层，与信江、鄱阳－上饶等北西向断裂带控制鄱阳断陷盆地东南边缘。沿带1971年以来有较多2、3级地震震中分布。但该带地震向北东趋弱，中强地震主要发生在鄱阳盆地东南部，有445年余干5级地震，死亡29人。万年北部曾发生4级地震，2014年7月31日万年湖云发生3级有感地震。在余干城西部15km的三塘乡壕湖一带，错断早更新世赣县组红土砾石层的垂直小断层十分发育，可能为余干地震的遗迹（图1–3–11）。

2. 吉水－临川地震断裂带

为抚州晚白垩世断陷盆地北缘北东向控盆断裂带，在该断裂带与北西向断裂交汇处附近，形成了临川青莲山温泉与崇仁马鞍汤溪温泉。公元304年在吉水—永丰间发生了5级石阳地震。

3. 大余－赣州地震断裂带

包括侧列分布的大余池江古近纪红层盆地的北缘北东向控盆断裂与赣州晚白垩世“红层”盆地的南东缘北东向控盆断裂带，该带有多处发生2、3级和大余4.75级地震，1888年5月28日赣州发生5级地震。

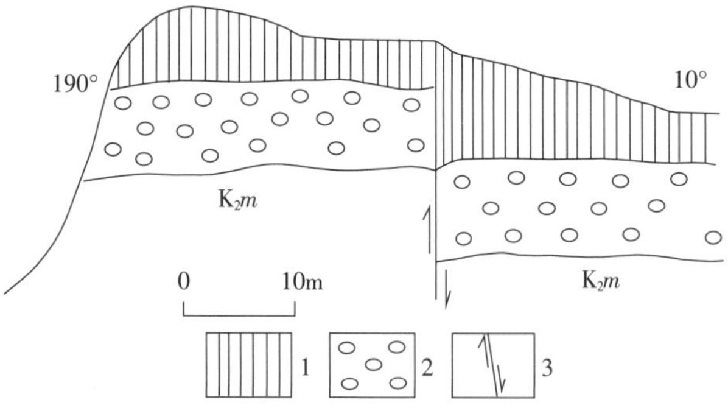

图1–3–11　余干县濠湖地区断裂素描图

Fig. 1–3–11　Sketch of fracture in Haohu area of Yugan

（据杨明桂资料）

1—下更新统赣县组网纹红土；2—下更新统赣县组砾石层；3—正断层及运动方向；K_2m—上白垩统茅店组红色砂砾岩

4. 九连山－安远断裂地震带

该带包括九连山－临塘、鸡啼石－安远两支断裂，是一条重要的导热发震断裂带。断裂带切割多个小型早白垩世火山盆地和晚白垩世红层断陷盆地，温泉成带，2、3级地震震中成群。地震主要发生在九连山－安远北东向断裂带与定南－桂竹帽东西向断裂带西部的交汇地区。1847年发生定南城北西附近4.75级地震，1982年2月25日发生龙南南亨5.4级地震，1985年7月4日该处又发生4级地震。南亨地震等震线呈北东向椭圆形（图1–3–12），显示控震断裂主要为北东向的鸡啼石－安远断裂。

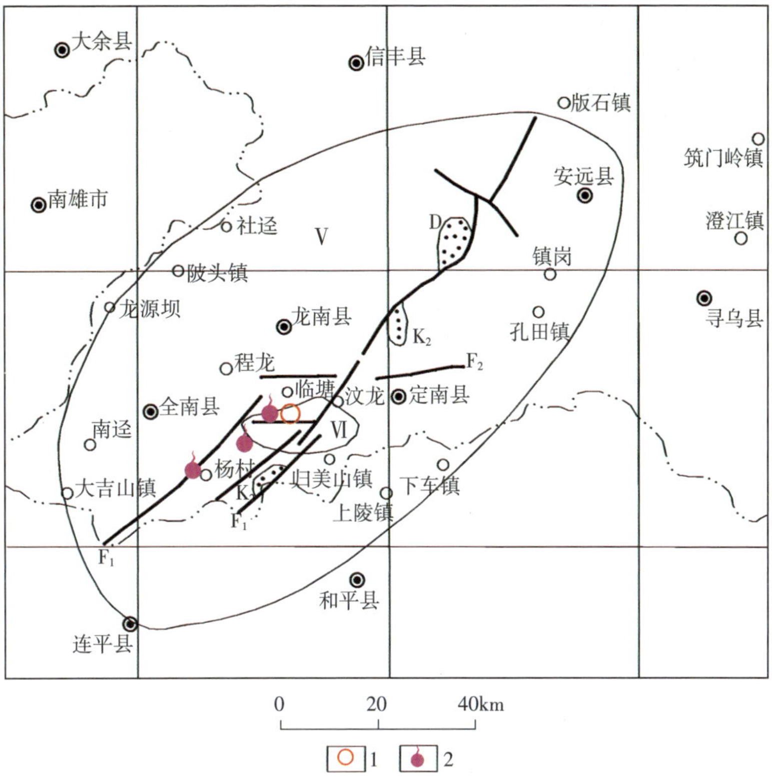

图 1-3-12　龙南 5.0 级地震(1982，2)断裂与烈度分布图

Fig. 1-3-12　The distribution of fracture and intensity with grade 5.0 (1982，2) in Longnan

1—震中；2.温泉；F_1—九连山–安远断裂带；F_2—东西向断裂带；Ⅴ、Ⅵ—地震烈度

除上述 4 条北东向断裂地震带外，1756 年鄱阳东北曾发生 5.5 级地震（北纬 27.4°，东经 116.9°）。位置大致在古县渡附近，处于宜丰 – 景德镇逆冲推覆断裂带北西侧（上盘），与控制鄱阳盆地北西缘的上饶 – 波阳北西向断裂带交汇地区，但该带 1971 年来地震活动较弱。

上述北北东向 4 条，北东向 4 条，计 8 条中强断裂地震带，应加强进一步调研和监测。尤其是赣南的石城 – 寻乌带的会昌 – 寻乌段、九连山 – 安远带的鸡啼石 – 安远段，赣西北瑞昌 – 铜鼓带的瑞昌武宁段及九江 – 靖安段，尤须加强监测与防震工作。

还需指出：九江—瑞昌间除地震频发，岩溶也发育，周田地区为采盐区，均易发生地震次生灾害，寻乌—三标间、南亨—定南间 4 级以上地震频度高，是江西 4 个重点防震区。

第三节　地震断裂带的动力机制与演化过程

江西的北北东、北东向地震断裂主要成型于燕山陆内活化造山期，转型于燕山期造山后，衰减于古近纪，于第四纪部分发生“回春”成为活动性导热或发震断裂。

早更新世中晚期，青藏高原急剧隆升，向东侧压增强，与菲律宾板块扩张作用联合，江西周边山体缓慢上隆、鄱阳盆地下沉，地壳整体隆升，极少沉积。据区域震源机制解析与地应力测量、大地测量三角网及断层位移测量等方法，所反映的地应力状态基本一致，主应力方向总体为北西—北西西向

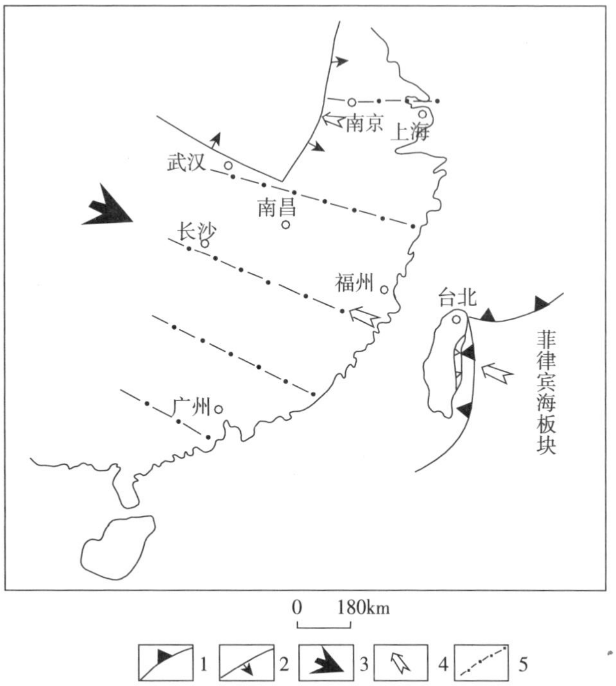

图 1-3-13 中国东南部现今构造活动机制示意图

Fig. 1-3-13 Schematic showing the present tectonic activity in South-East China

1—菲律宾海板块俯冲带；2—主要断裂及运动方向；
3—来自青藏高原的扩展活动方向；
4—菲律宾海板块结合带及活动方向；5—最大主应力迹线

（叶定衡，1996），说明来自东南方向的应力较强，居主导地位（图 1-3-13）。

江西的震源主压应力轴,赣西南为北西、北西西向，赣西北为近东西、北西西向。总体也为北西西向。

在上述区域应力场作用下，陆壳因轻度压缩，发生多阶段不均衡的弱隆升。受隆、陷差异活动影响，一些隆、陷之间的控盆断裂，发生正断层错动。赣东南地区处于沿海大陆向南东凸出部内侧，来自青藏高原的逃逸式伸展力最大化，又是菲律宾海板块扩张向北西西向挤压的主要方向，地应力活动较强，成为地热地震的重要活动区，而上饶—景德镇一线以东，已不在北北西向压应力范围，地震活动明显较弱。印度板块向北俯冲青藏高原隆升产生的向东侧压力，有部分可能沿龙门山断裂带向北东传导，遇中央造山带阻挡，有可能沿北西向的襄广断裂带南侧逸散，在汉中、安康、钟祥、黄石—瑞昌、九江一带和宜昌南、常德、至靖安一线，由于北西西向的挤压，北西、北西西向断裂引张开启，在其与北东、北北东向活动性断裂交汇处，利于形成温泉和发生地震，出现地震震中有北西向的成串分布现象。鄂州－九江北西西向深断裂带、会昌－上杭－云霄北西向深断裂带的复合部位，恰是会昌 6 级地震、九江赛湖 5.7 级地震震中所在。处于台湾与菲律宾岛弧转换带的巴士海峡－云霄－上杭－会昌北西向断裂，至会昌－寻乌地区，左行错动有可能转向定南－桂竹帽东西向断裂活动，与石城－寻乌，九连山－安远北北东、北东向活动断裂带复合，形成了赣南地震活动带。

江西与东南陆区处于台湾、青藏强烈地震区带之间。台湾地震带来自菲律宾海板块的挤压，大部分能量消耗在台东纵谷仰冲带，其作用力往西北传到台湾海峡，又被较厚的新生界松散沉积物吸收，及至大陆，作用力进一步弱化，故其波及范围较窄。青藏地震区剧烈而辽阔，由于印度板块向北俯冲派生的向南东方向扩展的能量大部消耗在该区南缘的龙门山、炉霍—康定、小江一线的断裂地震带，且距东南陆区较远，所以江西及邻区虽然处于东西对挤的应力场，但压缩轻，隆升弱，差异错动不强，地壳处于较稳定的环境，但也有若干破坏性地震发生。另外值得关注的是，青藏、台湾地震活动周期性与江西地震活动在时间分布上的具体关联与规律如何，还有待研究探索。

第二篇 Part Ⅱ Regional landforms

区域地貌

地貌是一种自然资源，是生态环境的要素之一，也是人类一切生产生活最基本的场所和物质基础，是由地壳、大气、水、生物和土壤等要素相互联系、相互作用形成的大地面貌。

江西省位于我国地势第三阶梯南部（图 2–0–1），由山地、丘陵、盆地组成。省境边缘为山地环境，峰岭交错；中南部丘陵起伏，盆岭相间；北部平原坦荡，河湖交织。地貌明显受地质构造制约，山岭及谷地、水系与湖泊由一系列北东、北北东和东西向的隆起、坳陷和断陷盆地组成，隆成山、坳成丘、盆成原，往往由断裂带构成其边界，在地质构造控制和外动力地质综合作用下，形成了江西省的独特地貌（图 2–0–2）。

边缘山地除北部与南部以东西走向为主外，其余多受北北东向构造控制。山脊线与构造线大致吻合，山体呈左行侧列展布。一般背斜和构造隆起带成山，向斜和坳陷为谷，岭谷相间，脉络清晰。山体多由变质岩和花岗岩组成，在构造运动影响和流水作用下，形成了岫峰峥嵘、深谷断崖和崇山峻岭，平均海拔 1000~1500m，构成省际天然界线和分水岭。东缘山脉，由北部鄣公山至武夷山脉组成，总体呈北东东和北东 – 南西走向。鄣公山、怀玉山受江南隆起和上饶坳陷控制，海拔 1000m 左右，怀玉山主峰玉京峰海拔 1819m；沿闽赣边境伸展的武夷山，由北北东 – 南南西走向转为北东东 – 南西西走向，绵延 500km，形成华东屋脊，海拔多在 1000~1500m 间，最高峰黄岗山 2158m，是华东第一高峰。山脉间有一些横切山地，形成峡谷或隘口。盘亘于赣粤边境的大庾岭和九连山，属南岭山脉东段，山脉走向零乱，总体为近东西向，海拔 1000m 左右；九连山最高峰黄牛石高 1430m，是赣江与北江、东江流域的分水岭。湘赣边境的幕阜山 – 罗霄山脉，呈北北东 – 南南西走向，海拔多在 1000m 以上，个别山峰达 2100 余米，绵延于赣西北的幕阜山和九岭、武功山，受构造控制，山地与丘陵相间分布，呈北东东

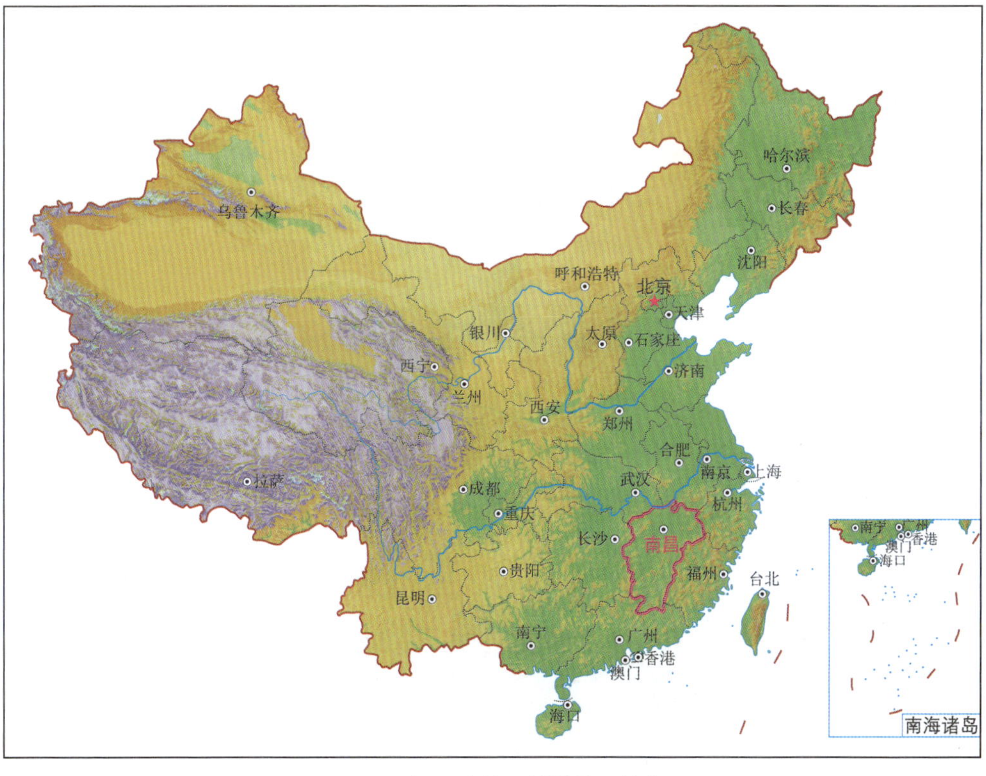

图 2–0–1　江西省的区域地貌环境位置

Fig. 2–0–1　Regional geomorphology map of Jiangxi Province

和近东西向走向，山脉海拔多在1000~1500m间；幕阜山居北，处湘赣鄂3省交界地，其东延余脉庐山，襟江带湖，平地拔起，是闻名中外的风景旅游胜地；九岭居中，大部分在省境内，是修水和锦江的分水岭；武功山居南，为袁、禾二水分水岭，主峰金顶1918m，为省境内最高峰；至罗霄诸广山，山脉呈近南北向展布，主峰南峰面海拔2120.4m。

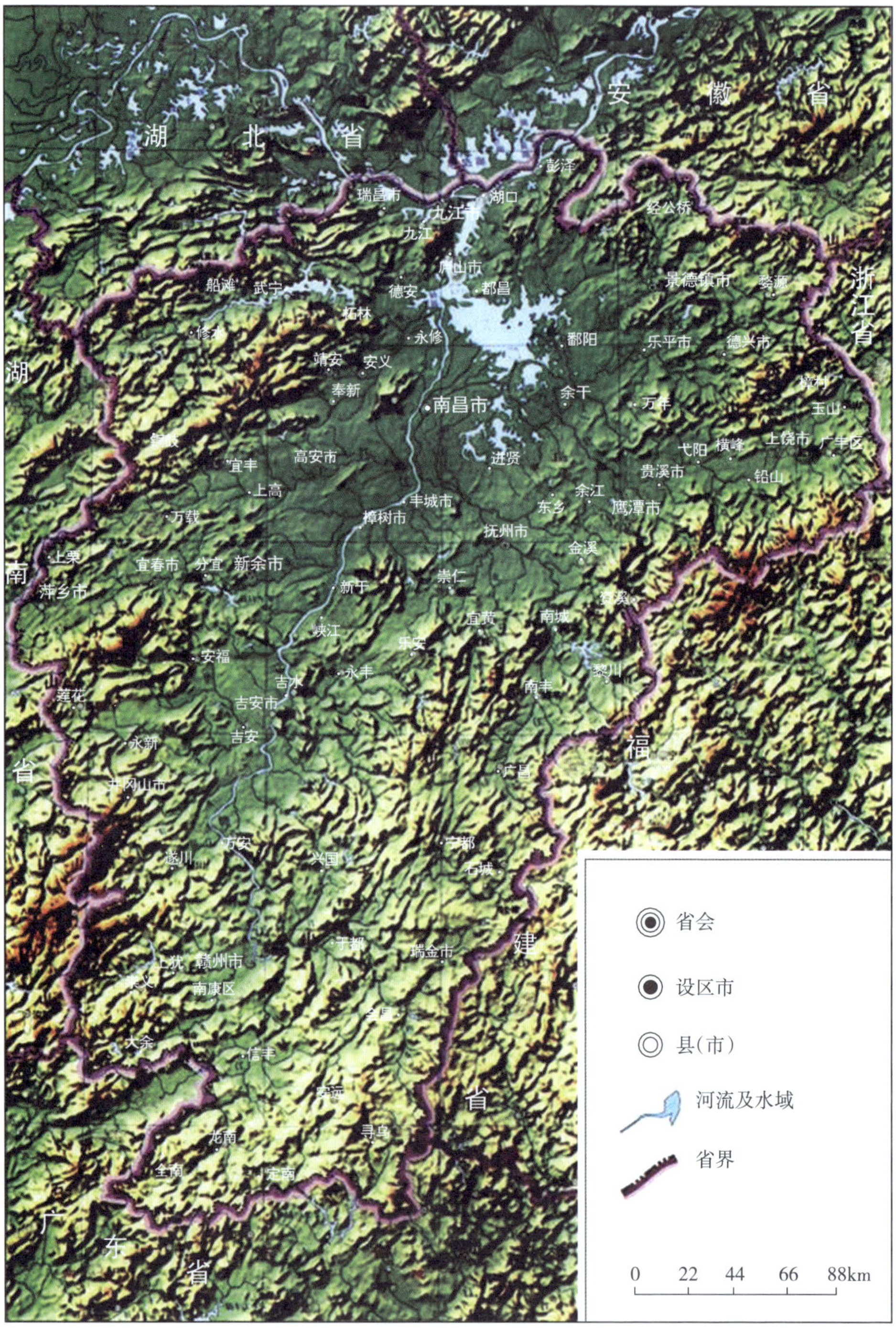

图2-0-2 江西省地貌总体轮廓图

Fig. 2-0-2 Overall topography map of Jiangxi Province

(据星球地图出版社，2009)

中部地形比较复杂，低山、丘陵、岗地与盆地呈北东向斜列交错分布，山丘海拔一般在200~600m间。盆地低丘区，红色岩系遍布，故有“红色丘陵”之称。比较著名的盆地有鄱阳盆地、清江盆地、吉泰盆地、赣州盆地、信江盆地、锦江盆地、抚州盆地、南丰盆地和会昌盆地等，形状各异，大小不一，主要呈北东、北北东向和近东西向成串分布，海拔多在50~600m之间。

北部为长江及鄱阳湖水系赣、抚、信、饶、修等河流冲积、淤积而成的滨湖平原，地形低洼平坦，分汊河网和湖泊密布，是江西第四系沉积中心。其范围北起长江，南达清江、临川，东抵乐平、万年，西至安义、高安，地跨25个县市，面积约2万km^2。平原的外侧，低丘岗地广布，地面波状起伏，海拔在50~100m间；地表广泛分布着红色风化物、第四纪红土及河流冲积物。内侧的滨湖圩区，海拔多在20m以上，地势低平，港汊纵横，草洲滩地连片，池沼稻田相间，鄱阳湖坐落中央。

江西省地貌调查研究工作及其著作记述始于春秋战国时代，《禹贡》有“九江”、“浅敷原”记载，《史记》、《汉书》有豫章地理记述。三国桑钦《水经》写到赣水、庐山水。宋代宜黄人乐史撰《太平寰宇志》被誉为古代地理名著，元代南昌人汪大渊所撰《岛夷志略》是古代地理罕见之作。元代临川人朱思本根据魏晋以来的各种地志和典籍，历时10年，编绘成7尺见方“计里画方”的《舆地图》。明代吉水人罗洪先创24种图例符号，并用15年时间对朱思本的《舆地图》进行增补，总称《广舆图》，翻印6次，远传加拿大、美国、日本、俄罗斯等国，为中国计里画方制图的典范。

唐代抚州刺史颜真卿的南城《麻姑仙坛记》记载：“高山中犹有螺蚌壳，或以为桑田所变”，并“刻金石而志之”，是古代最早论述海陆变迁的地质观。南宋婺源人朱熹在《朱子全书》中根据“高山有螺蚌壳”的事实，推导出“下者变而为高，柔者变而为刚”，进一步发展了沧海桑田之变的地质观。明代泰和人郭子章为意大利传教士利玛窦在南昌绘制的《山海舆地全图》作序，将地球思想传布全国。明末中国近代地学的开拓者徐霞客于万历四十六年（1618）和崇祯九年—十年（1936~1937）两次到江西考察，足迹遍及庐山、龟峰、挂榜山、龙虎山、会仙峰、武功山和青原山等地。崇祯二年（1620）徐光启主持首次测量南昌纬度为9°。鸦片战争后，西方近代地学传入江西。光绪十八年（1892），省城藩司署内设局，购进德国仪器，测算南昌、鄱阳湖区以及全省79个府、州、县的经纬度，历时4年编纂成图集。

1912年（民国二年）后，省内外地质、水利、气象、测绘、地理各学科的专家、技术人员分别对江西进行了大量的区域调查和观测记录，发表不少有价值的调查报告、图表、著作、论文，为现代地理学（及地貌学）研究奠定了一定的基础。这一时期的1918年，林传甲依据各部门的研究资料，编撰《大中华江西地理志》，综述了江西位置、自然地理（山水、气候、矿物、地质、地震、动物、植物）和人文地理（人民、语言、风俗、宗教、财政、赋税、文教、铁路、轮船、邮局、商务）及地方志等地理现象。萍乡人蔡源明自日本留学回国，1931年撰著《经济地理概论》，并翻译（日）竹田时男《魏格纳大陆浮动论》。1931年，中央研究院地质研究所所长兼北京大学教授李四光首次发现庐山第四纪冰川遗迹，并写进《庐山地质志略》，于1937年撰著《冰期之庐山》。1934年（民国二十三年），朱庭祜在《方志月刊》发表《南昌附近之地形》，为江西地形学研究的开端。1938~1940年，不少地质学者在地质调查中也不同程度地论述了地貌特征。

新中国成立后，江西地貌的调查研究仍然在不断推进。中国科学院学部委员陈述彭1958年主编《中华人民共和国自然大地图集》。1957年，江西师范学院地理系副教授刘象天与华东师范大学教授叶粟如首次编出《中国自然地理总论》，1958年南京师范学院鞠继武教授撰著《庐山的自然地理》。1988

年江西师范大学教授谭钜生等著的《江西地理》（江西教育出版社出版，1990）、朱宏富教授主编的《江西地理》（江西教育出版社出版）定为中学乡土地理教材。

江西省内区域地貌调查研究工作始于1959年，江西省地质局区域地质测量大队在进行1∶20万区域地质测量中开展了地貌综合调查，并设地貌组进行了专项研究，首编了1∶50万江西省地貌图；于1983年6月编制了新版1∶50万江西省地貌图及说明书，并正规印刷提交各方面使用。1985年，江西省地质矿产局水文地质工程地质大队完成《鄱阳湖地区地貌调查报告》，编制了鄱阳湖地区地貌图系，包括1∶25万地貌形态类型图、农业地貌区划图、地貌岩性组合和成土母质类型图、地面坡度分区图、水土流失现状图；1986年，该队又编制了江西省部分流域地貌图，包括1∶20万贡水流域地貌图、信江流域地貌图、潦河流域地貌图、袁水流域地貌图、赣江中游流域地貌类型图，1990年编制了修水流域地貌形态类型图、锦江流域地貌图。这些地貌学的成果，汇入了江西省志中的《江西省地质矿产志》（1998）和江西省地质调查研究院2014年完成的新一代1∶50万江西省第四纪地质地貌图（正在出版中）。

第四章　地貌类型

第一节　地貌主要形态类型

以海拔高程、地形切割深度、结合地面坡度为分类指标，参考《中国区域地质志工作指南》的《中国大陆地表地貌成因形态组合类型划分方案》和《江西省自然地理志》（杨巧言 等，2003），结合江西地貌实际情况，依据江西省地质局区域地质测量大队地貌组资料数据，将江西省地貌基本形态分为平原、岗地、丘陵、山地4种类型（表2–4–1）。

据江西省地貌形态类型的面积量算，海拔大于500m的山地（含中山与低山）面积61467.65km^2，占全省总面积的36.06%；海拔300~500m的高丘陵与海拔100~300m的低丘陵二者之和面积为71821.24km^2，占42.14%；海拔高程低于100m的岗地和平原（含水域）面积37169.09 km^2，占21.80%。说明江西是一个以山地丘陵为主的省区。

一、平原

有滨湖平原、河谷平原两个亚类。前者包括赣抚平原及信乐平原，其中以赣抚平原最为宽广；后者包括“五河”流域河谷平原，以赣江河谷平原面积最大。滨湖平原地势尤为低平，一般标高14~16.8m，微向湖倾斜，一般坡降为0.06%~0.09%。由于河床往返摆动，分汊，多形成扇形冲积–泛溢平原，河网发、湖沼星罗棋布。河口地区泥沙淤积形成砂坝，天然堤等三角洲微地貌，一般沿河道两侧发育，并向水下伸延。河谷平原地面标高一般为20~30m，由上游往下游徐缓倾斜；地势也较平坦，纵

表 2-4-1　江西省地貌形态分类

Table 2-4-1　Jiangxi landform classification

类　型		示 量 指 标				占全省总面积 / %	
类 别	亚 类	海拔高度/m	切割深度/m	坡度/(°)	面积/km^2	亚类/ %	类别/ %
山 地	中 山	3500~1000	>500	35~30	23409.06	13.73	36.06
	低山	1000~500	>500	30~25	22993.39	13.49	
			500~200	25~20	15065.20	8.84	
丘 陵	高丘陵	500~300	<200	20~15	31492.19	18.48	42.14
	低丘陵	300~100	200~80	15~12 或 10~7	40329.05	23.66	
岗 地		<100	80~30	5~3 或 10~1	11229.16	6.59	21.80
			30~5	2~3 或 1~0	11174.07	6.55	
平原(含河谷平原、滨湖平原、水域)			<5	<2	14765.86	8.66	

注:表中面积数据是依据江西省地质局区域地质调查大队地貌组 1983 年资料数据整理编制,面积总和与目前全省通用面积数据略有差异。

坡降一般小于 0.16%。其中以赣江下游河谷平原最小，为 0.038%。河谷形态略异，赣江、抚河具曲流型河谷特征较为显著。河床倾向摆动明显，河床宽而浅，边滩、心滩发育；而信江、饶河及修河河谷宽度较小，侧向摆动、边滩和心滩均不及赣江明显或发育。各河谷漫滩后缘均有一级阶地分布，由上更新统冲积物组成，一般比高 3~5m，最高者达 7~10m。

二、岗地

岗地以红岩及红土岗地面积最大，是境内最主要的岗地形态类型，广泛分布于省内各大河两侧及鄱阳湖周围的中、断陷盆地的边缘，主要由中、新生代红层、碳酸盐及碎屑岩的风化残积红土组成；其次，还有由第四纪更新世不同类型的堆积物组成的岗地，包括鄱阳湖区都昌以北的黄土岗地，赣江沿岸的厚田、莲塘、昌邑、老爷庙、砂岭及长江南岸的梅家洲、柘矶、红光等一带的砂岗，庐山山麓地区的冰碛垅岗等等。

境内不同成因类型的岗地，均具有相似的形态，即岗面微波起伏，岗缘平坦。一般岗面高程 60m 左右，多为由里向外微微倾斜，如鄱阳湖区进贤以北，青岚湖、军山湖以南的岗面向北倾斜，倾斜度约 2°~3°；岗缘平缓，坡度为 3°~8°，相对高程 20~30m；岗间谷地宽而浅。

三、丘陵

沿省境山地边缘分布。可分为低丘陵、高丘陵两个亚类。主要分布于断陷盆地、坳陷区中和隆起区边部，根据岩石类型又可分为变质岩丘陵、花岗岩丘陵及碳酸岩和碎屑岩丘陵等，这 4 类丘陵的地貌形态略有差异。

1. 变质岩类丘陵

主要分布于蛟潭、婺源、德兴、宜丰及九岭南麓等地。山体多受切割，山脊不连续，多呈馒头园丘，坡面较缓，切割深度浅，平均切割密度一般为400~500m，冲沟、溪谷发育。

2. 花岗岩类丘陵

主要分布于赣南的信丰、南康、上犹、兴国、宁都、会昌、定南及全南，赣中的峡江、南丰、黎川、万安及赣东北一带。山体呈波状、垄状、馒头状。多有发育的风化壳，常有崩岗、崩塌、滑坡等现象，水土流失严重。

3. 碳酸盐丘陵

主要分布于瑞昌、修水、彭泽、萍乡、宜春、高安、乐平、永新和莲花一带。多形成石芽、峰林、峰丛、漏斗、落水洞、溶蚀洼地、天生桥、溶蚀残山、暗河及溶洞等绚丽多姿的岩溶地形。

4. 红色碎屑岩类丘陵

主要分布于各断陷盆地边部。一般山顶平缓，多呈坦状、垄状、馒头状及波状起伏的地形。

此外，在鄱阳湖区，长江南岸的柘矶、芙蓉、红光和鄱阳湖沿岸的梅家洲、砂岭、老爷庙、松门山等地的“砂山”，是省内独特的冲积、风积丘陵，是由晚更新世砂层堆积而成的“砂山”，大多依附基岩山丘而存在，分布标高一般为85~105m，最高可达243m，顶平缓而坡陡，表面常见风蚀微地貌。

四、山地

分布于各隆起区。可划分为低山及中山等两个亚类。省内山地因新构造运动上升强烈程度有所差异，地貌形态所不同。部分山体上升强烈，如三清山、庐山等，山尖谷深，沟谷密布，水平切割密度一般为200~400m，切割深度为250~820m，山坡陡峻，坡度局部可达50°以上，山脊多呈锯齿状、垄状等。冲沟V谷发育，谷地狭窄，纵坡降大，断崖瀑布常见，水流湍急，形成景观山体。省内较多的山体处于缓慢隆升状态，呈穹状、浑圆状，风化壳发育，形成绿色山体。

第二节　地貌成因类型

据地貌发育的主导营力，省内地貌成因类型可分为流水地貌，湖泊地貌、岩溶地貌和冰川地貌4大类型（表2–4–2）。

一、流水地貌

（一）流水堆积–平原地貌

流水堆积地貌主要是流水沉积作用形成的平原地貌。主要分布在赣、抚、信、饶、修五河中、下游的较大盆地内，如赣州盆地、高安盆地等，根据形态特征和物质组成状况，分为河谷冲积平原、溪谷冲积平原。

1. 河谷冲积平原

由河流沿岸的河漫滩和一级阶地组成，主要分布于五河上游及主干支流下游地区。由于受地势的

表 2-4-2　江西省地貌成因与形态综合分类

Table 2-4-2　The geomorphic classification and genesis of Jiangxi Province

<table>
<tr><th colspan="4">形态类型 / 成因类型</th><th>岩性、形态、成因综合类型</th></tr>
<tr><td rowspan="7">流水地貌</td><td rowspan="3">堆积地貌</td><td rowspan="2">平原</td><td>河谷平原</td><td>河谷冲积平原、溪谷冲积平原</td></tr>
<tr><td>滨湖平原</td><td>冲积平原，冲、湖积平原，湖积平原</td></tr>
<tr><td colspan="2">岗地</td><td>冲、洪积岗地，残积岗地，变质岩岗地，花岗岩岗地，碎屑岩岗地</td></tr>
<tr><td rowspan="4">侵蚀剥蚀地貌</td><td rowspan="2">丘陵</td><td>低丘陵</td><td>变质岩低丘陵、花岗岩低丘陵、碎屑岩低丘陵</td></tr>
<tr><td>高丘陵</td><td>变质岩高丘陵、花岗岩高丘陵、碎屑岩高丘陵</td></tr>
<tr><td rowspan="2">山地</td><td>低山</td><td>变质岩低山、花岗岩低山、碎屑岩低山</td></tr>
<tr><td>中山</td><td>变质岩中山、花岗岩中山、碎屑岩中山</td></tr>
<tr><td rowspan="6">岩溶地貌</td><td rowspan="6">岩蚀地貌</td><td colspan="2">平 原</td><td>碳酸盐岩溶蚀平原</td></tr>
<tr><td colspan="2">岗 地</td><td>碳酸盐岩溶蚀岗地</td></tr>
<tr><td rowspan="2">丘陵</td><td>低 丘</td><td>碳酸盐岩溶蚀低丘</td></tr>
<tr><td>高 丘</td><td>碳酸盐岩溶蚀高丘</td></tr>
<tr><td rowspan="2">山地</td><td>低 山</td><td>碳酸盐岩溶蚀低山</td></tr>
<tr><td>中 山</td><td>碳酸盐岩溶蚀中山</td></tr>
<tr><td>冰川地貌</td><td>冰蚀地貌
冰碛地貌</td><td colspan="3"></td></tr>
</table>

影响，自上游往下游徐徐倾斜，分布在河流中、上游的河谷平原，海拔可达 80~100m，甚至更高，平原面积较小。下游地区的河谷平原，标高均在 40m 以下，平原分布范围较大。这些地区一般冲积物较厚，地势平坦（表 2-4-3）。

赣江为省内最大河流，中、下游冲积平原的面积居各河谷平原之首。边滩、心滩亦最为发育，其中赣江河口的扬子洲为省内最大的心洲平原。平原内冲积层均具二元结构，厚度各地不一，如赣江下游的清江段厚度 13~19.5m。基座主要为中、新生代地层（图 2-4-1）。其他河流冲积平原，多分布于下游地区，地面标高 20~40m，纵坡降为 0.11%~0.26%，冲积物为下粗上细，上部为亚黏土、亚砂土；下部为砂、砂砾石。厚度各河均有差异，抚河厚度 4.1~26.3m，信江厚度 3.7~15.4m，饶河厚度 5.7~16.4m，修河厚度为 14.5~22.3m。

2. 溪谷冲积平原

溪谷平原分布于五河上游及其他二级支流以上河流的河谷地带。支流溪谷多发源于省周围的丘陵山地，一般流程短，流量小。在山区多以侵蚀作用为主，仅局部谷盆地形成较窄的河漫滩。在丘陵、岗

表 2-4-3 河谷平原形态特征

Table 2-4-3 The morphology of the valley plain

河流名称	河床		边滩心滩		河漫滩			Ⅰ级阶地标高 / m
	宽度 /m	深度 /m	标高 /m	宽度 /m	断面	地面标高 /m	纵坡降 / %	
赣江	1010~1070	14.6~18.5	25	18.80	樟树镇	30.0	0.07	32
	969	9.4	20	7.80	八一桥	18.0		18
抚河	530	3.0	31	5.50	抚州市	34.0	0.13	40
	606~833	1.7~4.1	23	11.75	温圳	26.0		/
信江	320	4.0	20	5.00	云峰	24.0	0.11	25
	688	8.5	18	2.50	大溪度	19.9		20
乐安江	210	4.4	25	0.75	鹅鸬埠	28.6	0.18	35
	300	15.0	16	6.50	梓埠	16.4		/
昌江	213	3.5	20	2.00	利阳镇	2.3	0.19	/
	255	6.0	15	4.75	古县渡	16.4		20
修水	100	1.1	15	0.88	新柘林	26.0	0.19	28
	450	4.0	10	3.75	艾城	17.0		/
辽河	175	1.5	15	2.00	黄洲	30.0	0.26	40
	220	2.0	10	6.30	立新	18.0		/

注：各河流统计断面按上下游顺序排列。

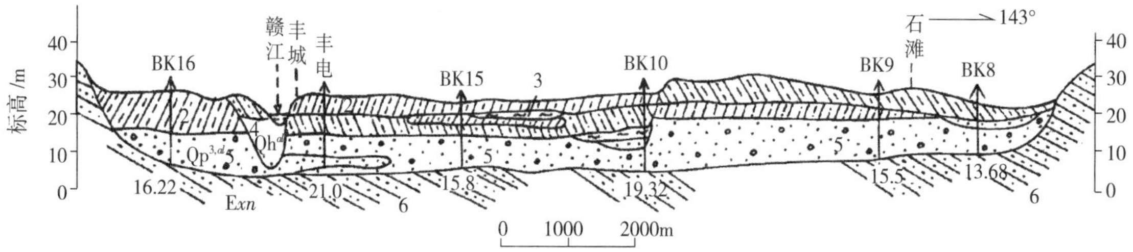

图 2-4-1 丰城市赣江河谷第四系剖面图

Fig. 2-4-1 Cross section of the Quaternary river valley in Fengcheng, Jiangxi

（据江西省地矿局水文地质工程地质大队，1980）

1—亚黏土；2—亚砂层；3—淤泥质亚砂土；4—砂；5—砂砾石；6—砂岩；Qh^{al}—全新统；$Qp^{3\text{-}al}$—更新统；

地区，由于地势比较小，河道比较开阔，河流沉积作用较弱，从而形成了冲积物组成的溪谷冲积平原，相对高度小于 10m，坡度在 5°以下。溪谷冲积平原，冲积物厚度不大，二元结构不及河谷平原明显。

（二）流水侵蚀剥蚀岗地、丘陵地貌

主要分布于五河及支流河谷，常见于平原两侧，特别是鄱阳湖地区丘岗分布最广，尤以红岩丘岗

地貌为明显。

1. 岗地

江西岗地面积 2240km²。岗地表面呈岗状起伏，地表切割微弱，顶平或浑圆，呈馒头状散布或呈垅状相同排列，岗面坡度小于 5°，相对高度 10~80m，河网冲沟密度 2km/km²。按组成物资分为冲洪积岗地、残积岗地、变质岩岗地、花岗岩岗地、碎屑岩岗地等。

（1）冲洪积岗地

分布于五河及其支流的中、下游和河口地段的两侧，多组成 2~4 级阶地，海拔多在 100m 以下，滨湖一带岗地较为低平，海拔为 30~50m 间。岗顶齐平，微向平原倾斜，与平原接壤转折界线清楚，部分岗缘具陡坎，并有崩塌现象。岗地内交错分布有宽浅不一的凹地或坳谷，呈岗状起伏。组成物质为更新统具二元结构的网纹红土砾石的冲、洪积层，一般厚度 1~3m。

（2）残积红土岗地

主要分布于鄱阳湖地区的进贤、东乡、波阳、都昌、乐平、永修、新建等地及新余、鹰潭一带。海拔小于 100m，相对高度小于 30m。垅岗长为 3~6km，宽 0.5~7km，为宽谷陡坡的凹谷与垅岗相间排列，呈条带状分布；岗面平缓，略向湖区及河谷倾斜。风化侵蚀剥蚀强烈，发育较厚的红土风化壳，进贤风化壳深度可达 50m。

（3）变质岩岗地

主要分布于鄱阳湖沿岸的鄱阳县古县渡、乐平石镇街、塔前、进贤卢骨岭、李塘、南昌石岗等地，由万年群的板岩、千枚岩和变质砂岩组成。岗顶往往形成台面，与宽阔的溪谷相同，地面起伏和缓，风化侵蚀剥蚀强烈，风化壳较厚，表面厚度各地不一。

（4）花岗岩岗地

主要分布于永丰的南部，奉新赤田、贵溪周坊和金溪的琅居等地的花岗岩出露地区。海拔小于 100m，相对高度 30~80m。由花岗岩组成的垄岗地形，顶部平缓，岗缘较陡，风化层厚度可达 50m 左右，质地松散，砂性重，红土化程度高，呈酸性，土壤为红色砂土，河网沟切割密度可达 4~6km/km²。

（5）红色碎屑岩岗地

分布较为广泛，面积也较大。主要分布于红色盆地的河谷两岸，在瑞金、南康、信丰、吉安、临川、上高、高安、清江、贵溪和弋阳等县均有大片分布。海拔 40~90m，相对高度 20~50m。垄岗多向湖区及河谷倾斜，坡度平缓，呈波状起伏，风化侵蚀剥蚀较强烈，凹谷和冲沟较发育。主要特征与变质岩岗地略相似。

2. 丘陵

丘陵在省内分布最广，面积（包括碳酸盐丘陵）为 72821.24km²。主要分布于省内中部，相对高度 80~200m，坡度陡缓不一，大部分在 20°以下，而且丹霞地貌、岩溶地貌之丘陵坡度较大。丘陵与山地之间有明显的地势转折，有时则逐渐过渡，地表起伏较大，丘谷交错，丘间凹沟比较发育。现代地貌过程以流水侵蚀为主，冲沟发育，片蚀作用强烈，地表切割密度 4~6km/km²。丘陵高锯于平岗之上，相对高度大者达 200m。按相对高度可分为低丘陵及高丘陵，按组成物质，又各自分为变质岩丘陵、花岗岩丘陵、碎屑岩丘陵。

（1）低丘陵

面积 40329km²，占丘陵面积的 56%。相对高度小于高丘陵，为 80~150m，坡度 7°~15°；丘顶浑圆、丘谷交错，丘间坳沟凹地比较发育，丘体多呈垄岗形、脊梁形等。现代地貌过程以流水侵蚀作用为主，冲沟发育、片蚀作用较强烈，一般地表切割密度 4~6km/km²。据物质组成，划分为变质岩低丘陵、花岗岩低丘陵、碎屑岩低丘陵。

1）变质岩低丘陵：主要分布于德兴、婺源、万年、景德镇、都昌、东乡及九岭山南麓的宜丰一带。由新元古界变质岩系组成。主要特征是：由于地面受长期侵蚀剥蚀，丘体风化壳深厚，一般为 3~5m，上部为红壤，表层为黄泥土，质地较黏。山体多受切割，而形成馒头状、垄状、波状起伏地形。

2）花岗岩低丘陵：主要分布于信丰、南康、上犹、会昌、兴国、峡江、南丰等地，海拔小于 300m，相对高度 80~200m；丘顶浑圆，山体呈波状、馒头状。风化作用强烈，在南康龙回花岗岩体水土流失严重，常常形成崩岗、崩塌、滑坡等现象；在峡江城上形成石蛋地形。

3）碎屑岩低丘陵：主要分布于全省各断陷盆地。是由红色岩系及砂页岩类组成的低丘陵，山体多呈馒头状、波状起伏的地形。由于流水沿层面和裂隙侵蚀剥蚀作用，往往形成山间盆地。在局部地区，如南康的赤土、朱坊、唐江、信丰大塘、于都仙霞、大余新城、会昌周田等地，多形成劣地面，疏状地形，具有"丹霞"地貌特色。

（2）高丘陵

面积 31492km²。分布于全省各个盆地内以及主要山脉的外缘地带，有的在山地的前缘。相对高度 150~200m，坡度 15°~20°。丘体呈短线条状，丘脊与谷地略作相同排列，冲沟亦呈条带状分布，冲沟河网密度可达 4~6km/km²。风化层较厚，残积物较多，现代地貌过程以流水的线状侵蚀为主。按物质组成，分为变质岩高丘陵、花岗岩高丘陵、碎屑岩高丘陵，其中以碎屑岩高丘陵分布范围最广。

1）变质岩高丘陵：沿新元古界变质岩组成的山体前缘或山脉的延伸地段分布。见于赣东北的德兴、婺源、景德镇、万年及赣北的彭泽、德安、靖安等地。其特征是：一般都沿山地呈带状分布，丘陵较平缓，山体受沟谷切割，多呈峡谷坡缓垄状山脊。风化壳发育，坡积残积物厚，发育红壤，质地黏重，偏酸性。

2）花岗岩高丘陵：分布零星，面积不大。主要分布于修水、铜鼓、贵溪、黎川、资溪、广昌、万安、兴国、宁都、会昌、定南和全南等地。花岗岩多为燕山期花岗岩，山体多呈垄状馒头状，丘顶浑圆。风化壳深厚，土层发育，多有 3 层，即表层为花岗岩发育的红砂土层，中层为灰白色砂土层，下层为机械破碎层，并有崩塌、滑坡现象及球状风化所形成的石蛋地形。

3）碎屑岩高丘陵：是由古生代及中新生代的砂岩、页岩、砾岩、火山碎屑岩等组成的高丘陵，多见于省内的断陷盆地边缘和山前地带，分布于信丰、遂川、安远、寻乌、石城、瑞金、金溪和铅山等地。主要特征是：山顶平缓，多呈垣状、垄状、馒头状，山坡较陡。风化壳不及变质岩深厚，一般 2~4m，由于岩性脆弱，易破碎，透水性差，沟状侵蚀比较严重，呈树枝状，植被破坏后，易水土流失，暴雨时还有崩塌现象。

3. 侵蚀构造山地地貌

主要分布于省境周缘，由变质岩、花岗岩、砂质岩、碳酸盐岩及火山岩类组成。海拔大都在 500m 以上。在形态上按高度分为低山、中低山、中山地貌。

（1）低山

海拔高为 500~1000m，相对高度 200~500m，坡度一般在 20°~30°。河网冲沟密度为 3~4.5km/km²，面积 15065km²。主要分布在中山的外围，山脊脉络清楚，一般可见到 500m±和 800m±的残留剥离面。

低山区的溪谷延伸较远，有的山岭陡峻，流水线状下切侵蚀强烈，形成峡谷或局部的盆谷地，常见的谷坡多凸形，部分低山口形孤立状，周围是起伏不大的岗地与平原。低山区风化作用较强烈，风化壳较厚，风化壳厚度因岩性、形状、坡向、坡度而异，一般 5~10m。山脚残坡积物发育，土层约 0.5~2.0m，土壤多为黄红壤、红黄壤，局部与黄棕壤交错过渡。现代地貌过程以流水的线状侵蚀为主。据组成物质不同，分为变质岩低山、花岗岩低山和碎屑岩低山。

1）变质岩低山：见于赣北的铜鼓棋坪、高村、婺源的古垣、景德镇东和赣南等地。赣北由新元古界双桥山群浅变质岩组成，赣南主要由南华系—下古生界浅变质岩组成。山势陡峻，山脊明显，山顶尖峭，沟谷深切，切割深度 200~600m 不等 ，以峡谷居多，山体呈锯状、垄状，风化壳较深厚，但黏性较大，水土流失较弱。坡度一般多大于 25°，河谷多呈 V 形谷，河谷低地与条状的山梁相间构成了坡陡、峡谷地貌景观。

2）花岗岩岩低山：主要见于花岗岩形成的中低山区前缘地带，主要分布于会昌、寻乌、定南、南康、全南、上犹、兴国、南昌、西山、高安、永修和武功山等地。海拔 500~1000m，尤以赣南及武夷山地区居多，其次为南昌地区梅岭，海拔 500~1000m，相对高度 200~500m。山体多呈块状、垣状分布，山脊浑圆，在坡脚地带常被沟谷切割，风化壳深厚且松散，沙性重，有水土流失现象。山顶平缓，山坡陡峻，山势雄伟，切割深度大，可达 350~400m，谷底纵比降大。植被条件好的地区，覆盖率可达 90%；水土流失区，切割强度大，切沟可达 5~6m，呈 V 形谷地，局部地区发育石蛋堆积。

3）碎屑岩低山：主要分布于赣北的德安付山、安福彭坊、吉安天柱山、贵溪、玉山及赣南的武功山东麓、遂川、兴国、定南、龙南及会昌、石城、广昌、瑞金等地。由古生代变质岩和中生代砂岩、砂页岩组成，在断陷盆地的边缘地带由中生代火山岩及红层组成。山顶浑圆或尖，谷地宽展，山势陡峻，气势雄伟。为山地与丘陵的过渡地带，山脊明显，山势陡峻，地表切割密度 6~9km/km^2，切割深度 300~400m，沟谷深切，为宽展 V 型谷，宽度可达 40~50m，山腰坡缓，一般 25°~30°。地貌特征兼有二类地形的特征。

（2）中山

分布于省境周围，有东部闽赣边境的武夷山脉和雩山山脉，南部赣粤边界的大庾岭、九连山，西部湘赣边境的罗霄山脉（包括武功山、九岭和幕阜山等），东北部的鄣公山、怀玉山等，面积 23409km^2，占全省面积 13.73%。海拔在 1000m 以上，相对高度大于 500m，坡度大于 35°，山脊尖峭，坡陡谷深，如罗霄山脉和武夷山脉大都在 1000m 以上。全省 1500m 以上的山峰达 34 座（表 2–4–4）。

山地区水系多呈树枝状，河床下切呈“V”形谷，河网冲沟密度一般 3~6km/km^2，且多出现峡谷及峰谷等。按组成物质分为变质岩中山、花岗岩中山及碎屑岩中山。

1）变质岩中山：主要有九岭、幕阜山及五股尖等。主要由新元古界的板岩、千枚岩、变质砂岩等组成。岩石裂隙、片理发育，由于处在新构造上升地带，因而形成高大山脉，山脉的山势陡峭，常有急流、峡谷、嶂谷。

2）花岗岩中山：主要分布于九岭、幕阜山、万洋山、诸广山、九连山、北武夷山、怀玉山、大王山及鸡笼嶂等地。海拔高度一般在 1000~2000m，相对高度大于 500m。主要由中生代、下古生代花岗岩、花岗闪长岩等组成。冲沟峡谷发育，山腰以下还常见花岗岩垂直节理风化成球状石蛋地形。在山地低洼处，常见倒石堆。为省内河流的发源地带，水力资源丰富。

3）碎屑岩中山：主要分布于庐山、武功山、井冈山、怀玉山、天湖山和黄岗山等地。由南华系、泥盆系和侏罗系的石英砂岩、砂岩、页岩、砂砾岩及下白垩统火山碎屑岩（黄岗山）等组成。

表 2-4-4 江西省 1500m 以上中山山峰

Table 2-4-4 The peaks above 1500m in Jiangxi Province

峰名	位置	海拔 /m	峰名	位置	海拔 /m	峰名	位置	海拔 /m
黄岗山	铅山	2161	狮子岩	武宁	1730	范水山	崇义	1547
独竖山	铅山	2129	梨头尖	武宁	1723	阳际坑	贵溪	1541
南风面	遂川	2120	九龙山	安福	1699	云盖峰	玉山	1538
齐云山	崇义	2061	太阳山	武宁	1657	铜拨山	广丰	1535
诸广山	崇义	2061	老鸦尖	武宁	1657	项山瓶	寻乌	1530
金 顶	安福	1918	明月山	宜春	1648	白崖山	武宁	1522
五府岗	铅山	1891	擂鼓峰	婺源	1630	五梅山	奉新	1516
过风坳	铅山	1887	五股尖	浮梁	1618	杨家岭	黎川	1513
玉京峰	玉山	1820	五指峰	崇义	1608	黄龙山	修水	1511
九岭尖	武宁	1794	大围山	铜鼓	1607	十八尖	上饶	1509
鸡笼寨	遂川	1743	幕阜山	修水	1596	军峰山	南丰	1761
太平山	宜春	1736	武宁岩	武宁	1574			

二、湖泊地貌

（一）湖成堆积滨湖平原地貌

主要分布于鄱阳湖南部滨湖区以及信江、饶河和修河的河口及尾闾地带，面积 3027km^2。鄱阳湖地区原是中生代以来的断陷盆地，第四纪期间，在新构造运动作用下，在沉降区形成不规则的似环状，南北长约 173km，东西宽约 16.9~70km，出口狭窄仅 3~15km 的湖泊。鄱阳湖湖水水位变化幅度大，当湖口水位 22m（吴淞基面）时，湖泊面积为 2935 km^2，容积为 295 亿 m^3；当水位 11m 时，面积为 340km^2，容积为 7 亿 m^3。最大水深 21.01m，岛屿率为 3.89%。鄱阳湖盆沉降幅度各地不一，第四纪堆积厚度各异，由数十米至百余米不等。又由于接纳了赣、抚、信、饶、修五河大量泥沙沉积，使鄱阳湖盆日益淤积，加之人工围垦，湖面逐渐缩小。

滨湖平原，大都在海拔 20m 以下（表 2-4-5），地势开阔平坦，湖泊、沼泽星罗棋布，河渠交织，水面广阔，土地肥沃，素为“鱼米之乡”。地面坡度一般均在 3°以下，地面纵坡降为 0.02%~0.24%，略向湖心倾斜，堆积有较厚的冲积及冲湖积物。根据成因，滨湖平原可分为冲积平原、冲积湖积平原及湖积平原 3 个类型。

1. 冲积平原

分布于赣、抚、信、饶、修五河河口及尾闾的三角洲地带。由分流的河漫滩、一级阶地所组成的平原，海拔一般 13~18m，相对高度小于 10m，边缘与丘岗侵蚀陡坎相接，高约 2~8m。由亚黏土、亚沙土、粉沙及细沙等组成，具层理，厚度 3~50m。冲积平原在五河河口区均发育不同规模的三角洲，

表 2-4-5　滨湖平原地貌形态特征

Table 2-4-5 The topography characteristics of the lake plains

区别		上断面		下断面		地面纵标降 / %	平原后缘标高 /m	平原前缘标高/m
		位置	标高 /m	位置	标高 /m			
赣江	主支	南新	18.14	昌邑	15.74	0.10		
	北支	禾洲	15.62	朱港	14.07	0.07	17.56	14.11
	中支	蒋巷	16.65	玉丰	14.32	0.08		
	南支	尤口	16.68	玉丰	14.32	0.07		
抚　河		罗家集	19.9	新联	14.99	0.11	17.30	15.09
信江	东河	余干、信河	16.4	十字河口	14.10	0.06	18.38	14.81
	西河	枫港	16.25	瑞洪镇	15.52	0.02		
饶河	乐安江	泗溪岭	18.76	饶丰农场	13.45	0.24	18.76	12.91
	昌江	中洲	14.52	下湖北	11.7	0.05	14.52	11
修　水		永修县城	20.05	大湖池旁	16.15	0.15	18.99	16.02

但其发育程度差别甚大，一般西部赣江、抚河、修水河口三角洲最完整，规模亦大，而东部饶河及信江东支（东大河）的河口三角洲不发育，规模较小，其中以恒湖至玉丰一带的三角洲最典型。赣江自南昌以下，四股分流，呈扇状展布，河道弯曲，摆动频繁，以主支最大、最深。各分支河道间常常可见天然堤、河间洼地等微地貌形态。组成物质主要为粒度均匀的粉细沙。总的特征是地表平缓，起伏小，向湖心倾斜，后缘地面标高 15.5m，前缘标高 13.5m。其他河口冲积平原面积小，形态特征与赣抚平原相似（图 2-4-2）。

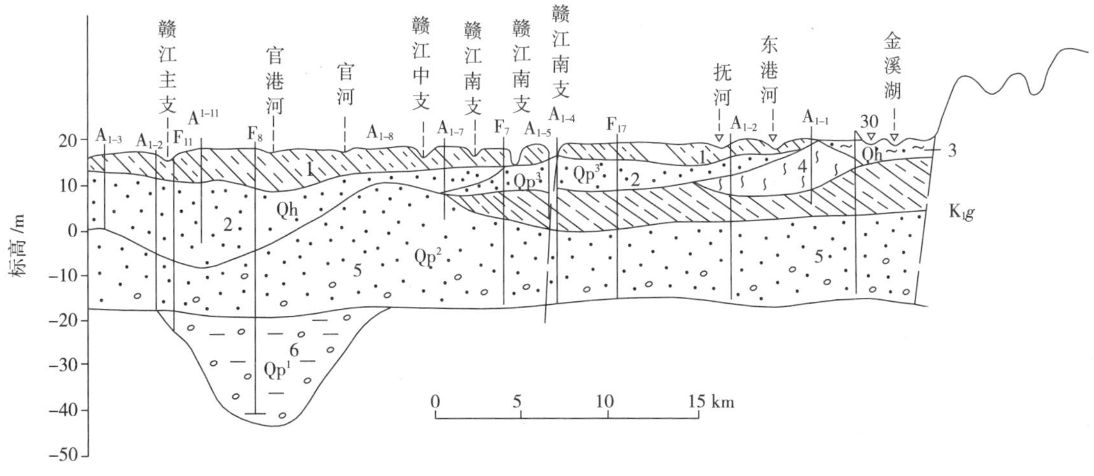

图 2-4-2　冲积平原地貌剖面图

Fig. 2-4-2　Cross section of the alluvial plain landscape

（据江西省地矿局水文地质工程地质大队）

1—亚黏土；2—砂层；3—淤泥质砂土；4—网纹红土；5—砂砾石层；6—黏土砾石层

2. 冲积、湖积平原

分布于冲积平原与湖积平原的过渡地带及赣、抚、信、饶、修五河分流区。由于主流河道向前推进，加速了泥沙的堆积作用，使鄱阳湖面积日趋缩小，并分割为许多大小不一的湖泊，如伴湖、珠湖、金溪湖、军山湖和青岚湖等。其中不少大小湖泊的边缘或小湖湖滩均垦为农田，成为“冲、湖积人造平原”。其特点是地表平坦，地势低洼，海拔均在13m以下；田畴棋布，河渠纵横。由于人为作用，具有“地成方渠络网格配其间”的特点。组成物质为冲积相中细沙、粉沙及亚沙土、湖积相有机质黏土亚黏土、淤泥质沙等。围湖堤垸一般约在25~30m左右，相对高度10m左右，宽度4~7m，纵横交错，高低不一，属一种人为的正向地貌。

湖积平原：分布于鄱阳湖水域地区及湖漫滩处。以鄱阳湖水下河道为中心，形成湖底淤积平原。主要特征为地势低洼，海拔多为10~11m（表2-4-6），湖底平坦，自南向北微微倾斜，东西两侧不对称，水下河道位置偏东，湖底坡度东陡西缓。

表2-4-6 鄱阳湖湖积平原地貌形态

Table2-4-6 The topography of Poyang Lake alluvial plain

断面位置	水下河道		湖底标高 /m				纵坡降 / %		底 质
	河床标高/m	天然堤标高 /m	西侧	坡降 / %	东侧	坡降 / %	湖底	河东	
南矶山	8.2	12	11.3~12.4	凹地	10.6~12	向东倾斜 0.25			沙 泥
棠荫山	7.4	11.3	11.2~12.0	0.08	10~11.3	向东倾斜 0.22			西侧为淤泥沙 东侧为沙泥
侏袍山	5.9	11.1	10.3~11.4	凹地 0.18	10.1~11	0.15	0.03	0.06	西侧沙泥、淤泥、泥沙
松门山东端	4.5	10.6	8.9~11.5	0.186	10.0~11	1.0			沙、淤泥、沙泥
吉山西	4.4	/	9~11.0	0.4	6~9.6	微坡状			沙

三、岩溶地貌

岩溶地貌即喀斯特地貌。省内主要岩溶发育区为萍乡、宜春、高安一带，其次为武宁、瑞昌、玉山—上饶地区，由下古生界、石炭系、二叠系、三叠系的碳酸盐及含碳酸盐的岩石组成。根据岩溶形态发育程度和新构造运动的差异，江西岩溶溶蚀地貌分为岩溶平原、岩溶岗地、岩溶丘陵和岩溶山地等亚类型。

（一）岩溶平原

主要分布于萍乡、宜春、高安、藤田一带。溶蚀平原包括溶蚀洼地、溶蚀盆地和溶蚀平原。其中前者分布较广，后两者较为少见。溶蚀洼地其特征是四周坡度25°~45°，洼地底部平坦，大小不一，有漏斗状、碟状；底部有小凹坑，一般落水洞有垂直、倾斜、弯曲等形状，深度约20~25m。洼地内常有松散堆积物，其下或有地下暗河。在溶蚀洼地较发育的地带，往往形成溶蚀盆地或溶蚀平原。其特点是面积较大，河网发育、峰林、孤峰到处可见，局部地区有石芽或孤立残丘，耸立溶蚀盆地或溶蚀平原之上。

（二）岩溶岗地

分布面积小且零星。主要分布于萍乡、宜春、高安等地的溶蚀丘陵的外围地带，是由石炭系、二叠系、三叠系的灰岩、白云质灰岩、含燧石灰岩等组成的溶蚀岗地。主要特征是岗地表面呈不规则的浑圆状，并间以宽展的谷地，常有石灰质的红土及黄色土。土壤类型为红壤，厚度为0.5~2m不等。岗间谷地多为耕地，岗面上有漏斗及落水井。有的地区在水流顺倾斜的基岩面上，可见溶蚀作用形成溶槽、石沟及石芽。其石芽大小参差，石沟深浅各异，使地表呈微小起伏，如修水四都的溶蚀石芽，沿山坡成群排列，形态如舌，呈犬牙状或似石林状、一般高度2~3m，宽度约1~2m，为棱角浑圆或三角形，牙顶尖锐。

（三）岩溶丘陵

1. 碳酸盐岩岩溶低丘

分布于修水四都、弋阳曹溪、婺源清华、景德镇涌山、高安杨柳坪、福相山及宜春、分宜、萍乡以北地区。溶蚀低丘一般都有基岩出露，丘顶尖、坡陡；土壤以红壤、黄红壤为主。由于地表水作用，各种形态的岩溶较为发育，裸露的灰岩多形成石芽、溶沟、孤峰、天然桥及石柱等，丘陵的中、下部发育有暗沟、溶洞。如修水四都的岩溶低丘，丘顶尖、坡度陡，海拔小于300m，相对高度从几十米至100余米不等。在基岩裸露的山脊常见石芽、溶沟、天然桥等溶蚀现象，在丘体周围常发育有各种不同高度的溶洞、暗河等。

2. 碳酸盐岩岩溶高丘

常见于山地前缘地带，主要分布在修水、瑞昌、永新、莲花、上高、宜春及柘林水库以北地区。由古生代寒武系、奥陶系、石炭系、二叠系和中生代三叠系的灰岩、白云质灰岩、泥质灰岩、燧石灰岩等组成。其特征是岩溶地貌明显，丘体表面石沟、石芽、溶洞、暗河较发育。由寒武系及奥陶系泥质灰岩、薄层状灰岩组成的溶蚀高丘，山体呈长条状，山脊浑圆状，丘间凹地残坡积较厚，植被覆盖较好，渗漏现象较严重。由石炭系、二叠系和三叠系的灰岩、白云岩和燧石岩组成的溶蚀高丘，丘脊呈条形、平缓，山顶浑圆状，多为基岩裸露，节理发育，局部形成悬崖峭壁，在岩溶发育区有成层溶洞，洞内常见石笋、石柱等，洞底有堆积物，有的堆积物可发现古文化层。

（四）岩溶山地

主要分布在德兴中村、横峰葛源、安福洲湖、萍乡石观泉、宜春西坑、瑞金、柘塘、玉山临湖和婺源的赋春等地。由寒武系、石炭系、二叠系及三叠系的石灰岩、白云岩、白云质灰岩、泥质灰岩和燧石灰岩等组成。海拔高500~700m，相对高度200~400m，面积不大。其特征是山体呈条带状分布，山岭成锯状、锥状及垄状，多数基岩裸露，土层瘠薄，表层红壤质地松散，地表冲刷剧烈，水土流失较严重，多形成冲沟、纹沟，山间发育小洼地、盆地、溶斗、石柱等，地下多暗河及溶胶洞。在宜春一带常见石芽式或石林式的山脊，并发育有溶洞、溶蚀残山和暗河。柘圹一带山脊呈条带状断续分布的山峰，形态多样，山坡陡峭。德兴市中村和玉山临湖，多为锯状、垄状或波状起伏的山峰。

1. 碳酸盐岩岩溶低山

分布面积小且零星，主要见于萍乡市北面的杨岐山。由三叠系的灰岩、白云质灰岩组成，海拔940m，呈孤立突起于高丘陵之上。山顶较圆，呈孤峰，山坡基岩裸露处，陡崖、峭壁比比皆是。在赣南铁山垄一带，由石炭系及二叠系的灰岩夹砂页岩组成的中低山也具有类似的特征。

2. 碳酸盐岩岩溶中山

主要分布于赣西北的修水港口、高湖一带。由寒武系的灰岩、泥质灰岩及钙质页岩等组成。海拔1300~1500m，相对高度600~700m，坡度30°~35°。山体呈东西、北东向展布，切割深度大，山顶尖峭，孤峰矗立，沟谷呈“V”形，山坡土层薄，植被覆盖较差，间有灌丛与疏林，顶部有草甸土，土壤主要为黄壤、黄棕壤，自然景观有明显的垂直分带性。

四、第四纪冰川地貌

主要发育于赣北的庐山，包括有冰蚀地貌与冰碛地貌（据江西省地调院）。

庐山地区的第四纪冰川地貌详见本志第一篇第二章第四节。

第五章　地貌分区及其特征

第一节　地貌单元划分

江西地貌有三重制约背景：一是燕山构造期陆内活化造山形成的隆起、坳陷构造格局；二是燕山期造山后与喜马拉雅伸展构造期形成的北北东向幕阜－罗霄、鄣公山－武夷断隆带及其间的赣鄱断陷带；三是全新世以来不均衡、多阶段的山体缓慢隆升与鄱阳盆地凹陷。省域内隆成山、坳成丘、盆成原的基本特征是明显的。据此，江西省地貌环境区划以上述“隆”、“坳”、“盆”构造为背景，以地貌形态、成因类型为主，结合物质组成，即按“形”与“质”、“因”相统一的原则，将全省分为3个地貌环境大区、18个地貌环境亚区和1个第四纪冰川地貌区、若干个红层盆地丘陵地貌环境区（表2-5-1，图2-5-1）。

表2-5-1　江西省地貌分区一览表

Table 2-5-1　Division of landforms in Jiangxi Province

地貌区	地貌亚区
赣北地貌区（Ⅰ）	九江碳酸盐岩低山丘陵平原亚区（$Ⅰ_1$）
	都昌－浮梁变质岩低山丘陵亚区（$Ⅰ_2$）
	九岭变质岩花岗岩中低山丘陵亚区（$Ⅰ_3$）
	庐山第四纪冰川地貌亚区（$Ⅰ_4$）
赣中地貌区（Ⅱ）	鄱阳湖平原亚区（$Ⅱ_1$）
	萍乡－高安碳酸盐岩低山丘陵平原亚区（$Ⅱ_2$）
	乐平变质岩碳酸盐岩低山丘陵亚区（$Ⅱ_3$）
	万年变质岩高丘陵亚区（$Ⅱ_4$）
	怀玉山花岗岩碎屑岩碳酸盐岩中低山丘陵亚区（$Ⅱ_5$）
	饶南溶岩碎屑岩低山丘陵亚区（$Ⅱ_6$）
	武功山变质岩花岗岩中低山丘陵亚区（$Ⅱ_7$）
	永新－莲花碳酸盐岩碎屑岩低山丘陵亚区（$Ⅱ_8$）
赣南地貌区（Ⅲ）	罗霄变质岩花岗岩中低山丘陵亚区（$Ⅲ_1$）
	雩山变质岩花岗岩中低山丘陵亚区（$Ⅲ_2$）
	武夷变质岩花岗岩火山岩中低山丘陵亚区（$Ⅲ_3$）
	宁都－于都碳酸盐岩碎屑岩低山丘陵亚区（$Ⅲ_4$）
	九连山－三百山变质岩花岗岩火山岩低山丘陵亚区（$Ⅲ_5$）

续表

地貌区	地貌亚区
第四纪冰川地貌区	庐山第四纪冰川地貌区(L)
红层盆地丘陵岗地地貌区	江西的红层盆地较多,发育特色丘陵地貌。其中规模较大者有:信江红层盆地(X)、抚州红层盆地(F)、吉泰红层盆地(J)、南城红层盆地(N)、赣州红层盆地(G)、信丰红层盆地(XF)、石城红层盆地(S)、会昌红层盆地(H)、修水三都盆地、铜鼓盆地、萍乡盆地、锦江盆地、里田盆地等

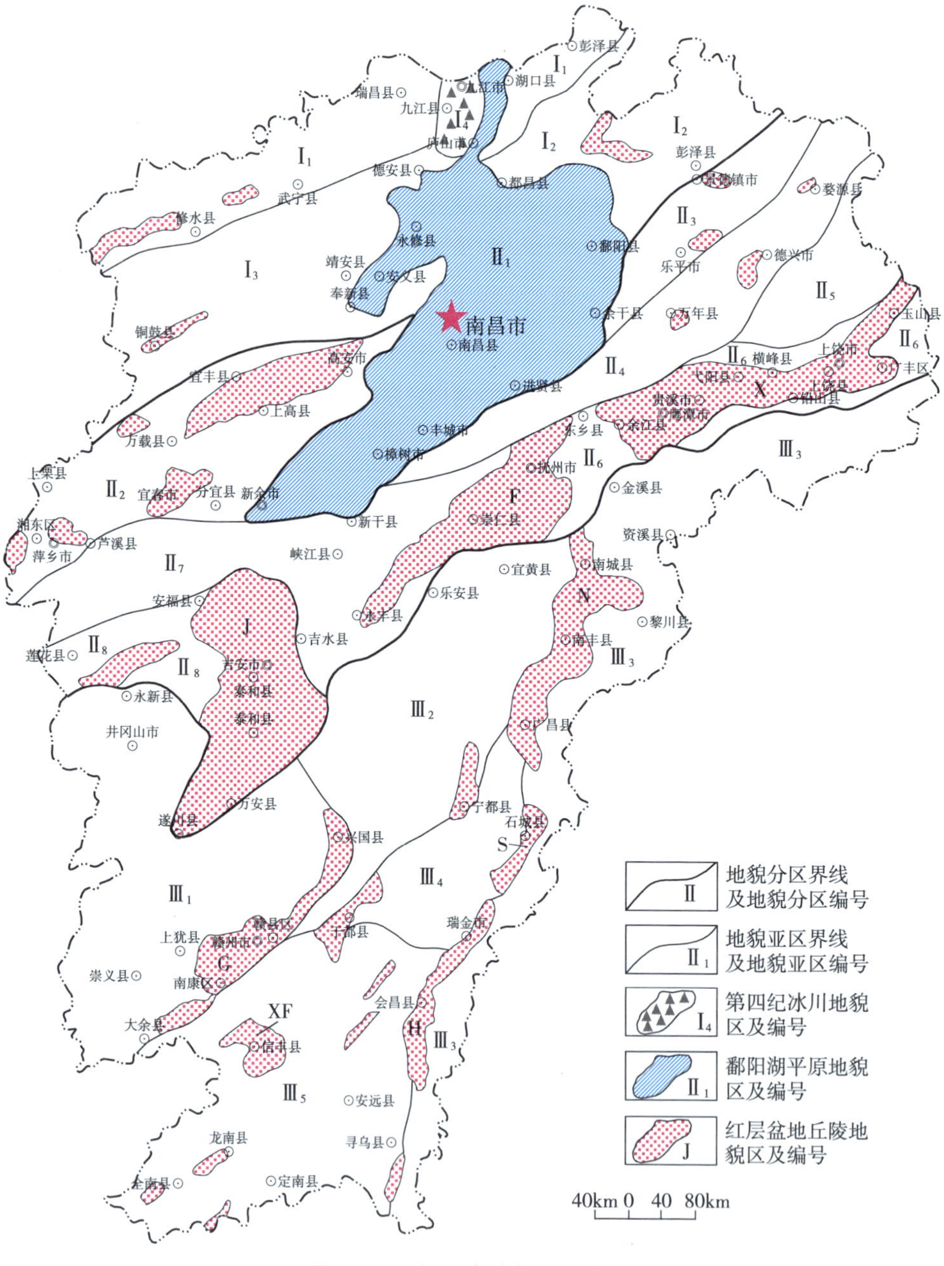

图 2-5-1 江西省地貌分区略图

Fig. 2-5-1 Sketch of Jiangxi geomorphological zoning

第二节 主要地貌单元特征

一、赣北地貌区（Ⅰ）

位于江西省的北部，地处扬子板块下扬子地块。包括九江坳陷盆地丘陵带、九岭隆起带及鄱阳湖平原等。隆起区出露新元古代双桥山群组成的褶皱变质基底，坳陷区主要由南华纪至古生代二叠纪沉积盖层组成，晚白垩世－古近纪红层盆地分布于山间断陷盆地。区内地势是东西两侧高、中部低，南部高北部低，分别向鄱阳湖平原、长江河谷平原倾斜。地貌环境以鄱阳湖平原为中心，其东部与西部地貌环境出现明显差异，东部即景德镇以北至彭泽地区，地貌形态以山地与丘陵呈北东向带状展布，主要水系如昌江等由北东向南西流入鄱阳湖，或向北流入长江（湖口－彭泽地带）；西部则为两隆、两坳相间，依次为九江坳陷、幕阜－庐山隆起、修武向斜、九岭隆起，主要水系如修水、辽河等自西向东流入鄱阳湖。

赣北地貌区，根据其地质构造背景格局、组成的地层岩性、地貌形态等特征，可进一步划分为九江碳酸盐岩低山丘陵平原、都昌－浮梁变质岩低山丘陵、九岭变质岩花岗岩中低山丘陵、庐山第四纪冰川地貌等4个地貌亚区。

（一）九江碳酸盐岩低山丘陵平原亚区（$Ⅰ_1$）

分布于长江中游南岸，大致包括瑞昌、九江、彭泽以及修水、武宁等县市。处于九江坳陷的带状复向斜与修水－武宁东西向复向斜的低山丘陵平原地带，主要由南华纪—早三叠世海相碳酸盐岩与碎屑岩组成。瑞昌—彭泽一带，总体地势向长江倾斜，地貌类型以带状褶皱丘陵为主体，总体呈北东东－近东西向展布；长江南岸与鄱阳湖沿岸地带为河湖平原。修水—武宁一带，介于幕阜山－九宫山与九岭山中低山丘陵地貌带之间，包括修水、武宁等县域，总体为一坳陷形成的复式向斜，后经断陷形成的中低山丘陵地貌。地势北、西、南三面高，为中低山丘陵；中部低，为丘陵；向鄱阳湖倾斜，水系自西而东流入鄱阳湖。该区由于碳酸盐岩分布广泛，岩溶地貌发育，以岩溶丘陵和地下溶洞为主，局部，尤其是区内的岩溶溶洞往往成群成带发育、特征典型、景观奇特，是重要旅游洞穴景观资源带，如彭泽的龙宫洞、九江县的狮子洞、瑞昌的秦山洞、修水的布甲溶洞等。

（二）都昌－浮梁变质岩低山丘陵亚区（$Ⅰ_2$）

位于鄱阳湖东部的都昌－浮梁境内、九岭隆起东部。地貌形态以低山丘陵为主，有零星的山地。最高峰为皖赣交界的鸡冠石，海拔1063m。区内地势北东高，南西低，向鄱阳湖倾斜；山体走向北东，呈条带状分布，丘陵形态呈馒头状和垄状，山体海拔一般为300~500m左右，主要由新元古代双桥山群褶皱变质岩组成的低山丘陵。溪流多沿断裂发育，呈北东向分布，溪流两岸分布大小不等的溪谷平原，以及由基座阶地组成的岗地。地势东高西低。

（三）九岭变质岩花岗岩中低山丘陵亚区（$Ⅰ_3$）

该区以九岭山脉为中心，西起铜鼓县的大围山，东接鄱阳湖平原，呈近东西向展布于铜鼓—靖安—永修的云山一带，处于九岭隆起带，是江西省境内的大型山脉之一。地貌形态以中低山地为主、间有丘陵，其地势中高、周低，是由3条北东向山脉即连云山（1600m）－大龙山（1006m）、七星岭（1607m）－鸿岩尖（1006m）、仙姑栋（1404m）－石花尖（145m）－五梅山（1516m）－九岭尖（1794m）－武宁岩（1547m）－云山五老峰（925m）等山系和山间丘陵带组成。主体由新元古代双桥山群变质岩和晋宁期花岗闪长岩组成，部分地段分布有南华纪沉积碎屑岩和燕山期花岗岩。山岭陡峻、山峰多呈锯状或垄状，发育有变质岩、花岗岩、南华纪砂砾岩峰丛、峰岭和峡谷、溪流、瀑布等地貌景观。

（四）庐山第四纪冰川地貌亚区（$Ⅰ_4$）

庐山地区遗存有第四纪山岳冰川地貌，虽然分布面积不大，但是全国的一个具有重大第四纪地质、地貌科学价值意义的地貌类型，特独立划出“庐山第四纪冰川地貌区（L）”。具体特征见本志第一篇第二章第三节。

二、赣中地貌区（Ⅱ）

赣中地貌区分布于江西两大构造单元即赣北的扬子古板块与赣南的华夏古板块之间，处于两大古板块结合带，包括萍乡－宜春－新余－南昌－乐平、上饶等赣中地带，是江西三大地貌环境单元之一，其地质构造背景与物质组成复杂，特征显著与赣北、赣南不同，总体呈近东西向展布。根据其地质构造单元、组成地层岩石、地貌形态等特征，进一步划分为以下8个地貌亚区。

（一）鄱阳湖平原亚区（$Ⅱ_1$）

位于江西北部，又称赣北平原或鄱阳湖盆地，包括鄱阳等12个县（市）的全部或大部分。面积15762.03km^2。

鄱阳湖是国内第一大淡水湖，面积约2937km^2。该区是省内地势最低平地带，为一外围高、中部低平的似环状盆地，平面轮廓略呈四边形。中部地面低平坦荡、河道迂回曲折，港汊纵横，湖泊星罗棋布。平原地面海拔高程，大部分14~15m，地势自南向北，自西向东稍有降低。中部平原区地面坡度小于2°，中部平原由冲积平原、冲湖积平原、湖积（湖底）平原及外湖等组成。

滨湖平原四周均有岗地、丘陵环绕，中部平原向外为滨湖岗地。它们包括由2~4级河流堆积及湖成堆积阶地组成的冲积、冲湖积红土岗地及变质、花岗岩和碎屑岩组成的侵蚀岗地。岗地海拔一般为30~50m。滨湖阶地一般具有基座阶地→堆积阶地→埋藏阶地等类型，并有自外围向湖心依次排列，阶面向湖心逐降而缓倾的特点。在岗地外围为环湖丘陵，海拔高程多小于200m，由变质岩、花岗岩及碎屑岩组成。低丘陵与岗地有的逐渐过渡，有的互相穿插。

区内具辐射状向心水系，西河及昌江呈南西向流入鄱阳湖，乐安江呈东西向汇入鄱阳湖，信江呈北西向注入鄱阳湖，抚河呈北西向汇入鄱阳湖，修水及潦河呈北东向注入鄱阳湖，博阳河呈南东流入鄱阳湖。

区内地貌类型组合以流水堆积地貌为主，兼有流水侵蚀地貌、湖成堆积地貌，地貌结构以平原为主，具有向心环状的分布特征。

（二）萍乡－高安碳酸盐岩低山丘陵平原亚区（$Ⅱ_2$）

分布于萍乡－万载－上高－高安地区，处萍乐坳陷带西段，区内晚古生代碳酸盐岩分布广泛，褶断构造复杂，断裂构造－岩溶带非常发育，以岩溶丘陵间夹河谷平原为特色，往往形成近东西（北东东—南西西）向岩溶丘陵、洼地、溶洞、地下河组成的独特岩溶地貌带，发育小型岩溶峰丛、石芽、洞穴廊道与暗河瀑布等岩溶微地貌景观带。在坳陷带边缘，往往发育由不同地质构造单元岩层、岩体岩片、推覆与滑覆构造体等构成的低山丘陵。

（三）乐平变质岩碳酸盐岩低山丘陵亚区（$Ⅱ_3$）

分布于宜丰－景德镇深大断裂带南东侧、乐平－段莘断裂带北西侧的乐平市、浮梁县及婺源县西北地区，呈北东向展布，主要由新元古代万年群褶皱变质基地岩系和晚古生代盖层碳酸盐岩与碎屑岩构造岩片组成。以低山丘陵地貌为主，中低山地仅分布于赣皖边境。区内北东向褶皱、断裂构造复杂，并发育推覆构造，构成独特的北东向低山丘陵和构造岩溶地貌带。在婺源县古坦—赋春、乐平市涌山—塔前一带，发育典型构造——岩溶带，岩溶丘陵、洼地、溶洞非常发育，并在局部构成岩溶微地貌景观群带，如婺源石城石林、灵岩洞群、赋常溶洞群、乐平涌山洞等，往往发育地下暗河。

（四）万年变质岩高丘陵亚区（$Ⅱ_4$）

分布于万年－德兴地区、乐安江流域，处于乐平－段莘断裂带南东侧、赣东北深大断裂带北西侧，呈北东向带状展布，主要是由新元古代万年群变质岩推覆构造体和系列构造岩片组成的高丘陵地貌区。区内构造侵蚀与风化剥蚀程度较高，以变质岩丘陵地貌为主，局部残留有古生代—中生代向斜形成的构造岩溶丘陵和岩溶微地貌，如万年县怪石林、仙人洞、神农洞群及地下河等。

（五）怀玉山花岗岩碎屑岩碳酸盐岩中低山丘陵亚区（$Ⅱ_5$）

分布于赣东北的怀玉山地区，包括德兴、玉山、上饶等县市的部分地区。处于赣东北深大断裂带南东、信江盆地之北。为怀玉山扬子型坳陷，由于早白垩世以来岩浆强烈侵入活动形成构造隆起山地。以怀玉山花岗岩基组成的中山为中心，周缘分布有青白口系上部登山群和南华纪至奥陶纪海相沉积岩系组成的低山丘陵，局部残留有晚古生代泥盆纪—石炭纪沉积盖层组成的碎屑岩和碳酸盐岩岩溶丘陵。南缘横峰县一带为早白垩世火山岩丘陵。区内地貌以大茅山－怀玉山－三清山和灵山花岗岩中山地貌为特色，山势高耸，沟谷切割深，山体呈圆锥状、峰丛－峰林状。边缘为低山丘陵，局部发育典型岩溶丘陵、洼地、溶洞群等微地貌，如玉山天梁发育的小型典型峰丛、石芽、漏斗、溶洞群及地下河等。

（六）饶南碳酸盐岩碎屑岩低山丘陵亚区（$Ⅱ_6$）

分布于饶南地区，处信江盆地南缘、北武夷山脉山缘地带，呈近东西向条带状展布，包括东乡－铅山－上饶－广丰－玉山等县域的南部地带，主要为晚古生代—中生代碳酸盐岩与碎屑岩组成的低山丘陵地貌区，包括早白垩世陆相火山岩组成的低山丘陵。

（七）武功山变质岩花岗岩中低山丘陵亚区（$Ⅱ_7$）

分布于武功山－峡江地区，包括萍乡－新余南部、莲花－安福北部地区。处于扬子与华夏古板块结合带的南侧、华夏古板块前缘构造形变带、萍乡－广丰深大断裂带南侧。主要由青白口系上部潭头群和南华系－寒武系浅变质岩、加里东期、印支期及燕山期花岗岩等组成的中低山丘陵地貌区。其中，加里东期花岗岩基与燕山期花岗岩株组成的武功山中山花岗岩地貌山势雄伟壮观，坡陡与深切割峡谷相间；武功山脉周缘则由变质岩组成的低山丘陵为主，局部残留古生代沉积碎屑岩与碳酸盐岩丘陵和中生代断陷盆地红层丘陵。

（八）永新 – 莲花碳酸盐岩碎屑岩低山丘陵亚区（$Ⅱ_8$）

分布于武功山脉南部、罗霄山脉北东缘的永新 – 莲花地区，处赣江支流禾水河上游流域。地处加里东期褶皱带上的永莲晚古生代坳陷区。主要由晚古生代海相沉积碎屑岩与碳酸盐岩盖层褶皱。地貌格局是以晚古生代坳陷为基础，发育系列北东走向“S”形隆、坳相间的次级地貌格局，由北东向 – 北东东向山地组成 的“三山”夹“两坳”地貌，“三山”即武功山（1918m）– 柑子山（1217m）、陈山（石门山 1300m、秋山 1391m）和南华山（1176m）；“两坳”即“三山”之间分布有两个坳陷即莲花与永新复向斜，两个复向斜之间还发育有晚白垩世断陷红层盆地。坳陷区地貌主要为低山丘陵，禾水河沿着坳陷中心自西向东穿流。区内石炭 – 二叠纪灰岩往往形成碳酸盐岩丘陵，发育溶洞和地下暗河。

三、赣南地貌区（Ⅲ）

地处华夏板块东南加里东造山带。地质构造以隆起为主，地貌形态类型多样，构造侵蚀与风化剥蚀较强烈。区域地质构造与地貌总体格局，主要发育 4 条构造隆起带和赣江、抚河两条断陷盆地带，局部残留晚古生代 – 中生代坳陷。4 条构造隆起带包括近南北向的罗霄山隆起带和雩山隆起带、北北东向的武夷山隆起带、近东西向的南岭隆起带（东段）。残留的晚古生代坳陷盆地主要分布于于都 – 宁都坳陷，其他地区仅有零星分布。总体地貌形态以低山丘陵为主，间夹河谷小平原，隆起带主要为中低山地，红层盆地为丘陵，碳酸盐岩分布区发育岩溶丘陵地貌。根据区域地质构造单元特点、地层岩石、地貌形态分布规律等综合特征，可以进一步划分为以下 5 个地貌亚区。

（一）罗霄变质岩花岗岩中低山丘陵亚区（$Ⅲ_1$）

位于赣湘边境地区，地处罗霄山脉构造隆起带东坡地区，南接南岭隆起断裂带、北邻永莲坳陷区，东至吉泰与赣州红层盆地区。区内主要由南华纪 – 奥陶纪海相沉积浅变质岩系复式褶皱组成变质基底；加里东期、印支期及燕山期花岗岩分布广泛，往往组成山地核心；残留少量晚古生代坳陷沉积盖层，主要分布于井冈山和“崇余犹”地区。区内北东、北北东向断裂构造发育，并控制了罗霄山系系列山脉的区域走向。地势总体为西高东低，地貌以中低山地为主，由侧列式北东 – 北北东向山脉组成，如万洋山、八面山、诸广山等，主要山峰海拔高程都在 1500m 以上，最高峰南风面 2120m，次高峰齐云山 2061m，构成峰峦叠嶂、峡谷纵横的山地地貌，在山地边缘和山间洼地分布有丘陵和溪谷平原。

（二）雩山变质岩花岗岩中低山丘陵亚区（$Ⅲ_2$）

雩山山脉北自崇仁南部大王山（1136m），南到雩山（634m）。包括崇仁、宜黄、乐安、南城、南丰、永丰、兴国、于都、宁都等县域的部分地区。属于雩山构造隆起带，主要由青白口系 – 寒武系变质岩和花岗岩组成，花岗岩多分布于山地的核心地带，变质岩则多分布山缘地带。地貌以中低山地为主，由系列北北东向、千米以上的山脉组成，如芙蓉山（1176m）– 军峰山（1761m）、崇华山（1198m）– 西华山（1267m）、大王山（1136m）– 十八排（1370m）、大华山（896m）– 鸭公嶂（1346m）、天门嶂

（1276m）–凌云山（1454m）、高龙山（1038m）–冕山岽（1127m）等。在山系的周缘和山间盆地分布有丘陵。

（三）武夷变质岩花岗岩火山岩中低山丘陵亚区（$Ⅲ_3$）

武夷山脉有华东“屋脊”之称，是区域大型山脉。是我国东南地区的一条重要的中生代构造–岩浆强烈活动带、构造隆起带，也是东南沿海与内陆分界的重要山脉，处赣闽边境，总体呈北北东向展布，江西处于武夷山脉的北西坡。该区主要由元古宇中深变质岩、加里东期花岗岩、燕山期花岗岩、早白垩世火山岩等组成，有少量寒武系、上古生界变质岩分布。主峰黄岗山（2157m）是华东最高峰，地势总体呈脊状凸起，北高南低，并分别向赣、闽两省域依次降低为丘陵盆地。地貌以中低山地为主体，由系列北北东走向的山脉组成，山间断裂与峡谷发育。根据武夷山脉地质地理特征的差异，江西境内可以划分为北武夷山、中武夷山和南武夷山3个地貌单元。

北武夷中山山地区：位于武夷山脉的东北段，属于信江上游流域的源区，也是信江与闽江的分水岭地带。海拔1500m以上的山峰有黄岗山、独竖山、五府岗、山风坳、阳际坑、铜钹山等。区内地势南高北低，山峦起伏，谷壑深邃，为簇状中山，主要由花岗岩、火山岩组成。山脉总体走向为北东东，由系列走向北北东的山脉（山）构成，山峰似锯齿状，山势高耸，深切700m以上，山体多呈圆锥状，周围山地平均高度1000m，山间溪流、瀑布发育，水力资源与森林资源丰富。

中武夷中低山地区：位于武夷山脉的中段，包括黎川、南丰、广昌等县域东部边境地带，属于抚河上游流域的源区。主要由新元古界上部变质岩、花岗岩组成，有零星古元古界中深变质岩出露。山脉走向为北北东向，地貌以中低山地为主。

南武夷中低山丘陵区：位于武夷山脉的南段，包括石城、瑞金、会昌–寻乌等县域东部边境地带，属于赣江的源区。主要由新元古界—寒武系变质岩、花岗岩、中生代火山岩组成。山脉走向为北北东向，地貌以低山丘陵为主，部分属中低山地区。

（四）宁都–于都碳酸盐岩碎屑岩低山丘陵亚区（$Ⅲ_4$）

该区处于宁于坳陷，包括宁都、于都、瑞金、会昌四县（市）交汇地区，是赣南存留较大的晚古生代坳陷区。主要由晚古生代泥盆纪—侏罗纪沉积盖层褶皱组成，褶断构造发育，坳陷区周缘往往为泥盆—石炭系碎屑岩组成，其中心地区一般由石炭—二叠系碳酸盐岩组成。地貌以低山丘陵为主，周缘往往为碎屑岩组成的低山山地，中部常常为碳酸盐岩岩溶丘陵，局部发育岩溶小型峰丛–石芽–石林（如于都金鸡山、会昌西江北部、云石山）、洼地、溶洞等典型景观。

（五）九连山–三百山变质岩花岗岩火山岩低山丘陵亚区（$Ⅲ_5$）

分布于赣南南部，地处南岭东西向构造带的东段，包括信丰、安远、三南等县，属于赣江南支桃江流域和东江的源区。主要由新元古界上部—寒武系变质岩褶皱基底、花岗岩、中生代陆相火山岩等组成，局部残留有晚古生代—中生代沉积碎屑岩与碳酸盐岩。该区地形较破碎，地貌总体以低山丘陵为主，部分如九连山（变质岩与砂砾岩地貌，主峰海拔1430m）与三百山（火山岩地貌，主峰海拔1444m）等地区为中低山地，山间盆地及河谷地区为丘陵，沿河谷发育有阶地地貌和河谷冲积小平原，局部残留有岩溶地貌。

四、红层盆地丘陵岗地地貌区

江西的红层盆地较多，形态不同，规模大小有异，全省晚白垩世红层盆地计有30余处，分散于各地，其中规模较大者有鄱阳（P）、信江（X）、抚州（F）、吉泰（J）、南城（N）、赣州（G）、信丰（XF）、石城（S）、会昌（H），以及修水三都、铜鼓、萍乡、锦江、里田等红层盆地。多数是在古生代坳陷盆地基础上，再经由晚白垩世断陷形成的叠覆式盆地。该类盆地都由陆相红色碎屑岩组成（简称"红层盆地"），盆地内发育特色丘陵地貌，多含有恐龙等古生物化石，盆地边缘的红色砾岩、砂砾岩往往形成独特别的丹霞景观。在盆地中部往往有河流通过，并形成河谷平原和部分河流阶地地貌，是第四系和平原的主要分布区，如鄱阳盆地已成为平原。这些分布全省各地的红层盆地主要受新华夏断裂体系的断裂带控制，北北东向成带、近东西向成行，北东、北北东向成体。呈斜列状间断式带状分布。

（一）修水河谷红层盆地丘陵带

沿修河河谷自西向东，由黄龙－古市盆地、三都－澧溪盆地、武宁盆地等组成，呈近东西向分布，是在古生代坳陷向斜盆地基础上，经中生代断陷、受修河河谷断裂带控制的晚白垩世—古近纪红层盆地。

（二）萍乡—上饶红层盆地丘陵岗地带

该红层盆地带呈近东西向展布，主要受宜丰－景德镇与萍乡－广丰深断裂带控制，发育于扬子与华夏古板块结合带内，在古生代坳陷盆地基础上，再经中生代断陷作用形成。自西而东有：萍乡－宜丰－清江－南鄱阳红层盆地丘陵带，由萍乡盆地、高安盆地、清江盆地、安义盆地、南鄱阳盆地、信江盆地、抚州盆地等组成，呈串珠状带状展布。在盆地谷中发育有潦河、锦江及袁水、信江等近东西向河流。沿河两岸河谷开阔，发育有较宽广的河谷及溪谷平原，以及由多级阶地组成的岗地。

其中的信江红层盆地丘陵（图2-5-2，图2-5-3）规模较大，面积11039.57km²。其中丘陵面积7401.16km²，海拔多在100~300m间，地形略呈波状起伏。信江及其支流水系横贯盆地中部，均源于盆地边缘的山地，由东向西至鹰潭转北西汇入鄱阳湖。信江两岸地势平坦、呈长带状，为第四系河流冲积物亚黏土、亚砂土及砂砾石层组成的河谷平原。沿河谷平原的两侧依次分布岗地、丘陵地貌。由阶地组成的岗地、丘陵多呈波状、垄状。盆地的南部边缘丹霞发育，形成形态各异的丹霞地貌，如广丰铜钹山、龟峰—龙虎山一带的丹霞峰林、孤峰、陡崖、岩洞、穿洞等自然景观。

图2-5-2 信江盆地红层丘陵与信江中游河谷平原地貌ETM影像

Fig. 2-5-2 The ETM image of the red-bed hills in Xingjiang basin and velley plains in the middle reaches of Xingjiang river

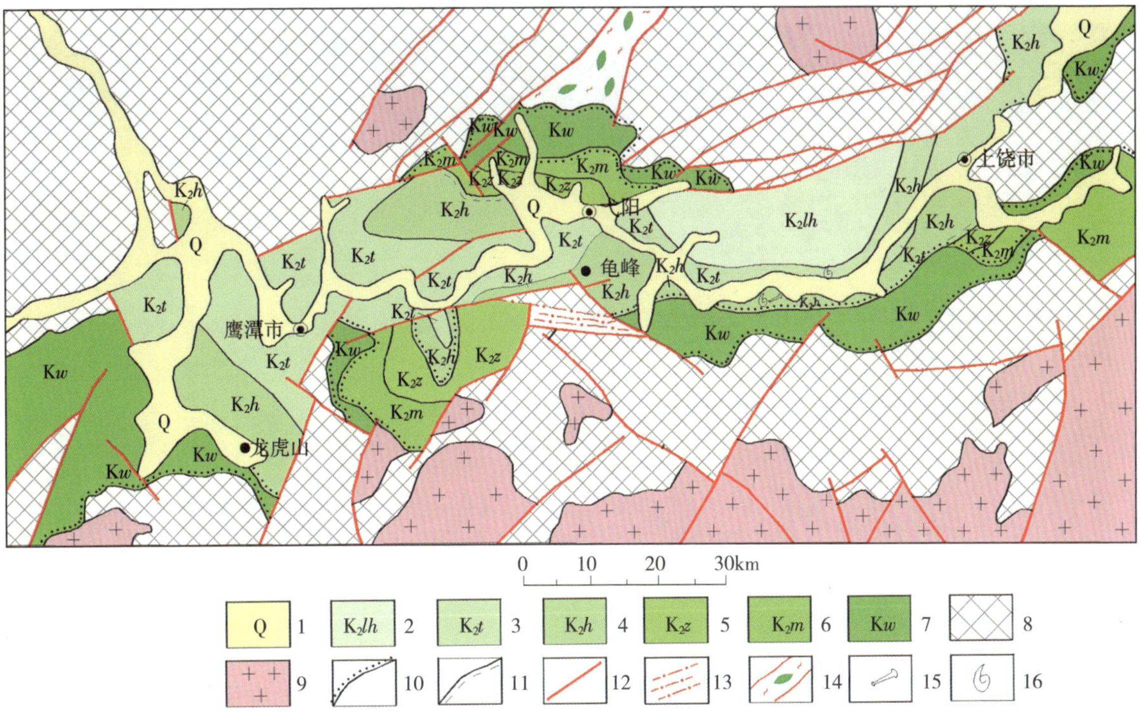

图 2-5-3　信江盆地地质构造略图

Fig. 2-5-3　Sketch of the geological structure of Xinjiang basin

1—第四系；2—上白垩统莲荷组；3—上白垩统塘边组；4—上白垩统河口组；5—上白垩统周田组；6—上白垩统茅店组；7—下白垩统武夷群；8—前白垩系；9—花岗岩；10—不整合界线；11—平行不整合界线；12—断层；13—韧性剪切带；14—古板块缝合带；15—恐龙骨骼化石；16—恐龙蛋化石

（三）吉泰红层盆地丘陵岗地区

位于江西省中部吉安 - 泰和地区。盆地沉积总的特点是南断北超，地势是南东高、北西低，向北西方向倾斜，地面多在 300m 以下。区内以丘岗地貌为主，占全区总面积 70%以上。盆地受外围地势控制，往往发育为向心水系。由红色砂岩、泥岩、页岩、砂砾岩及砾岩组成的丘岗地，经后期流水侵蚀剥蚀成为低缓的馒头状及波状丘陵和岗地地貌。赣江从中部穿流，发育有宽阔的河谷平原，河谷平原的边缘有 1~3 级阶地组成的岗地堆积地貌。该红层盆地区缺少大面积巨厚层状的砂砾岩、砂岩，丹霞发育较差（图 2-5-4）。

（四）大余 - 赣州 - 兴国红层盆地丘陵岗地带

位于江西省南部地区。以赣州盆地（图 2-5-5）为中心范围，包括大余池江、赣州、兴国等盆地及外围。丘陵多分布于断陷盆地的边缘地带，盆地均由上白垩—古近系红岩组成。由断陷盆地边缘向盆地中心呈带状依次分布丘陵、岗地、平原地貌。丘陵分布在断陷盆地边缘，地表波状起伏、丘谷交错；河网冲沟密度大，一般为 6~8km/km^2；谷坡剥蚀强烈，水土流失严重，是江西流失最严重区。岗地分布在丘陵与平原之间，地表和缓起伏，多呈垄状，风化壳发育。在断陷盆地中部沿河两岸，地势平坦，为狭长的河谷平原及溪谷平原。

图 2-5-4　吉泰盆地红层丘陵与赣江中游(万安段)河谷地貌 ETM 影像

Fig. 2-5-4　The ETM image of the red-bed hills in Ji-tai basin and velley plains in the low and middle reaches of Ganjiang river (Wan-an section)

图 2-5-5　赣州盆地红层丘陵(通天岩)与赣江上游河谷地貌 ETM 影像

Fig. 2-5-5　TThe RTM image of the red-bed hills (Tongtianyan Rock) in Ganzhou basin and velley plains in the up-reaches of Ganjiang river

（五）武夷山脉西缘红层盆地丘陵岗地带

分布于武夷山脉西坡山前断陷带，主要由寻乌南桥、会昌汉仙岩 - 瑞金罗汉岩、石城、广昌 - 南城（图 2-5-6）等红层盆地丘陵组成，总体沿着断裂带呈北北东向串珠带状展布。由盆地边缘到盆地中心，地貌形态依次为高丘陵 - 低丘陵 - 岗地 - 河谷冲积平原与阶地。盆地边缘的砾岩、砂砾岩往往形成丹霞景观，如寻乌的青龙岩、会昌的汉仙岩、瑞金的罗汉岩、石城的通天寨、广昌的龙凤岩等。

图 2-5-6　南城盆地红层丘陵地貌 ETM 影像（南城洪门水库）

Fig. 2-5-6　The ETM image of the red-bed hills in Nancheng basin (Hongmen reservoir of Nancheng)

第六章 典型微地貌

根据形态成因，全省微地貌分为流水微地貌、湖泊微地貌、岩石微地貌和冰川微地貌等四大类型，其中岩石微地貌以碳酸盐岩岩溶微地貌、红层微地貌（丹霞）和花岗岩微地貌为典型。

第一节 典型河湖微地貌

一、流水微地貌

江西流水微地貌中，特征典型的为河流微地貌。典型河流微地貌有峡谷、瀑布、侵蚀残丘及侵蚀盆地和冲、洪积扇等。主要分布于省境边缘地带，海拔多在500~1500m，由变质岩、花岗岩等组成的山地。其特点是新构造运动上升强烈，基岩裸露，山岭陡峻，山脊尖峭，流水侵蚀作用强烈。

峡谷：分布在鄣公山、武夷山、九岭、幕阜山一带。由于变质岩及花岗岩受强烈侵蚀切割，形成山谷纵坡降大，横切面呈V型谷，如北武夷山的华山（1390m）花岗岩中的峡谷地貌。

瀑布：多见于庐山东麓、九岭山北麓及井冈山、武功山、三百山等地。庐山由于地垒式断块上升，形成十分壮丽的断崖瀑布。全省主要瀑布有庐山的三叠泉瀑布、香炉峰瀑布、石门涧瀑布、玉帘泉瀑布等，以及九岭的石门楼瀑布、黄沙瀑布，井冈山的刘家坪瀑布、五龙潭瀑布等。多数瀑布呈阶梯状，如井冈山的龙潭瀑布、庐山的三叠泉瀑布，呈三级阶梯，落差50~60m。

侵蚀残丘与侵蚀盆地：侵蚀残丘主要分布于碎屑岩类的岗地地带。由于受风化及流水作用，形成波状、馒状等微地形。如湖口－彭泽及鄱阳湖沿岸，该类微地形较为发育，残丘多呈馒状，丘顶圆平，坡度平缓；在残丘集中的地带，常形成波状起伏的微地貌景观。侵蚀盆地主要分布于武功山、万洋山、大余岭、九连山及怀玉山等地。为流水侵蚀堆积而成的微地形，属周边高中间低平的凹地。形态为长条状、椭圆状、马蹄状等等，盆地大小各地不一。典型的侵蚀盆地有萍乡新泉盆地、井冈山茨坪盆地、龙南汶龙盆地和横峰葛源盆地等。

冲洪积扇：主要分布于九岭山北麓、武功山北麓及陈山北麓等山麓地带。多出现于海拔300~500m山口地区，呈扇形，扇顶齐平，微向平原倾斜，与平原接壤转折界线清楚；部分扇缘具陡坎，并有崩塌现象，扇内分布有宽浅的凹地或坳沟、呈微波起伏。组成物质是具二元结构的网纹红土砾石冲、洪积层。在陈山北麓的横龙至路口，此类地形常成群出现，形成冲、洪积扇群。赣江入湖（鄱阳湖）的河口冲积形成的扇形三角洲地貌特征较典型，而且不断向北东方向的湖泊推进（图2-6-1）。

图2-6-1　赣江河口三角洲遥感影像

Fig. 2-6-1　The image of the remote sensing for Ganjiang estuary delta

二、湖泊微地貌

天然湖泊微地貌主要分布于鄱阳湖地区。鄱阳湖滨湖平原大都在海拔 20m 以下，为新构造运动沉降区。地势开阔平坦，河网交织，湖沼密布，地面略向湖心倾斜。主要典型微地貌有湖中岛山、三角洲、湖底平原等。

湖中岛山：鄱阳湖湖中岛山甚多，主要有鞋山、蛤蟆石、落星石、松古山，小矶山、松门山、长山、四望山、猪头山、南矶山等，其中以松门山最大，长山岛最高（海拔 124.4m）。水下河道东部及北部岛山多属石质岛山，如鞋山，蛤蟆石为石灰岩岛山，小矶山为碎屑岩岛山，落星石为晚白垩世红层，四望山、长山为变质岩岛山。西部岛山多为堆积岛山，如松门山为砂层，南矶山为网纹红土砾石层。其中鞋山（形似巨鞋的石岛）、蛤蟆石（形似蛤蟆的羊背石）、落星石（形似天上之星降落水中）等，为鄱阳湖中奇特的地貌景观。

三角洲：鄱阳湖区滨湖平原发育一定规模的河口三角洲，但其发育程度差别甚大，一般西部的赣江、抚河、修水河口三角洲发育最完整，规模最大，微地貌可分为蝶形平原、湖洲平原及船形平原。东部的饶河、信江东支（东大河）的河口三角洲不发育，规模也小，微地貌为蝶形平原及湖洲平原。

滨湖平原区河口三角洲属扇形三角洲，其中以恒湖—玉丰一带赣江北支至南支间的河口三角洲最为典型。由于河道分汊较多，造成泥沙大量淤积，形成扇形展布的三角洲，前缘（水下）向湖中推进约 7~8km，表面平缓，属湖洲平原微地貌。由粒度均匀的粉细砂组成，各分流河道的泥沙沉积，形成一系列的天然堤、沙洲及分流间洼地（蝶形平原）。总的形态特征是起伏小，微向湖中倾斜，后缘标高

14m 左右，前缘标高 11~12m。由于鄱阳湖属于过水性湖泊，湖水位高程及湖水面积随着气候变化和上游来水量的变化而产生较大的涨落差异，呈现“洪水一片，枯水一线”水情特点，滨湖平原区与河口三角洲的面积也随之变化（图 2-6-2）。

湖底平原：湖底平原系以水道为中心发育而成的湖底蝶形平原或船形平原，其形态自南向北微微倾斜，东西侧不对称，底坡西缓东略陡，水下河道分布于东部，河道两侧天然堤发育，堤顶高于两侧蝶形平原 0.4~0.8m。根据浅层声呐物探资料，湖底平原的北部入江水道湖域为细砂、中粗砂，局部含砾，南部湖域为泥质砂、细砂。沉积物的分布变化规律是：北粗南细，西细东粗。

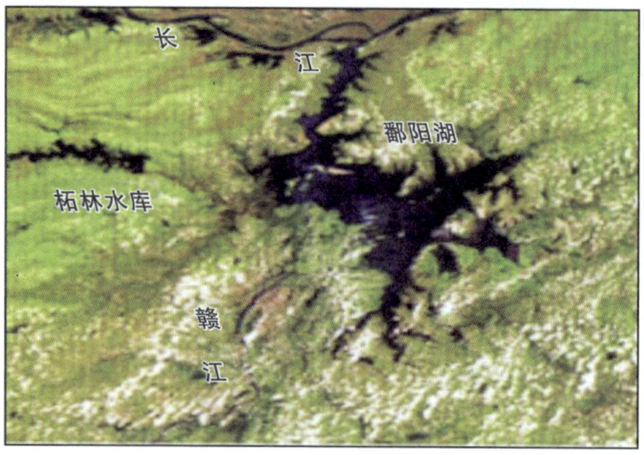

气象卫星鄱阳湖流域水体监测图(2010 年 5 月 30 日 10 时)

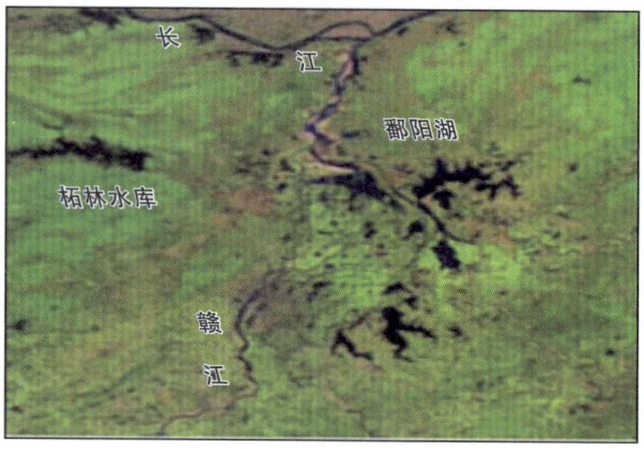

气象卫星鄱阳湖流域水体监测图(2011 年 5 月 30 日 10 时)

图 2-6-2 鄱阳湖 2010 年 5 月与 2011 年 5 月水情卫星遥感监测对比图

Fig. 2-6-2 Satellite Remote Sensing comparison chart of the flood in Poyang Lake in May 2010 and May 2011

(引自中国气象局国家卫星气象中心)

第二节 岩溶微地貌

岩溶（喀斯特）微地貌主要分布在九江、萍乐、上饶、永莲、宁于坳陷区或向斜中的瑞昌—彭泽、修水、萍乡、宜春、高安、上高、万载、分宜、万年、乐平、玉山、上饶和赣南的于都、瑞金、崇义等地。微地貌多见于岩溶丘陵区和岩溶山地区。岩溶丘陵区有孤峰、石林、石芽、溶沟、天然桥、溶洞、落水洞、漏斗、洼地、暗河等。其中以孤峰、石林、石芽、溶洞、漏斗及暗河等微地貌最为典型。

孤峰：孤峰多见于岩溶平原、岩溶丘陵中，呈圆柱状，四壁陡立。宜春慈化东南的孤峰竖立于岩溶丘陵上，高约 50m，直径约 30m。孤峰周围还有石芽及溶沟，构成奇特的自然景观（见照片 3-1~照片 3-23）。

石林：常见于岩溶高丘地带，呈峰林状、峰顶尖，沟壁直立，溶沟、石芽发育，如宜春柏木的石林呈直立柱状，沟壁垂直，沟壁上常有石芽、溶蚀凹槽，石芽间有很深的石沟，石林高 30~40m。

石芽：在岩溶区到处可见，主要分布在宜春的江东、金瑞、彬江、三阳、高安的福相山、鸡公岭，修水四都等地。石芽多发育于灰岩裸露的山脊、分水岭及山坡地带，呈尖锥状、舌状、犬芽状及似石林状，芽尖为棱角状，浑圆状等，如高安鸡公岭的石芽，呈尖锥状，高 1~3m，溶沟宽 0.3~1.2m，沟深 1.5~3m，沟壁光滑，石芽溶沟呈凹凸相间，芽尖为犬芽状尖锐。又如修水四都的石芽沿山坡成群排列，多呈舌状、犬牙状、似石林状，高 2~3m，宽 1~2m，牙尖为棱角状、尖锐。

漏斗：常见于溶蚀洼地中，主要分布在宜春的金瑞、洪圹、彬江、柏木，高安的鸡公岭，修水四都等地。呈漏斗状、井状及管状等。岩溶漏斗在宜春原型木、高安锦江一带多为开口椭圆形，宽约15m，深约30m，底部常有落水洞出现。

溶洞：主要见于修水四都，宜春的滋化、柏木、金瑞、下浦，高安福相山，弋阳万家墩、万年大源、乐平涌山、婺源清华、彭泽天洪、九江狮子、涌泉及龙南濂江等地。溶洞多沿裂隙和层面发育，溶洞形态主要有水平溶洞（龙宫洞）、多层溶洞（狮子洞）、地下厅溶洞（仙人洞）、通山溶洞（玉壶洞）、袋状溶洞（涌山洞）等。洞内钟乳石、石笋、石柱发育、多数洞穴与地下暗河相连，如彭泽县龙宫洞，洞口标高105m，洞体近东西方向延伸，全长1700m，宽一般为15~25m，最宽48m，高一般10~20m，最高30余米。洞体岩石为中寒武统泥质条带状灰石。洞内地下暗河发育，常年流水不断，并有各种造型奇特的石钟乳、石笋、石柱、石阶梯、石花等。

省内著名溶洞有龙宫洞、玉壶洞、仙真岩、狮子洞、涌泉洞、孽龙洞、洪岩洞、酌江洞、竹山洞等，已成为江西的重要旅游风景区。

暗河：主要分布于彭泽县龙宫洞、九江县涌泉洞、萍乡市孽龙洞、宜春酌江洞与竹山洞、乐平市洪岩洞、德兴市黄柏塘溶洞暗河群等地的溶洞中，常见暗河是溶洞沟通相邻的漏斗、落水洞及谷地而形成的地下伏流微地貌，如九江的涌泉洞，地下暗河长1000余米，沿地下暗河构成了千姿百态、奇异瑰丽的岩溶地貌。

另外，在红层（丹霞）地貌中因红层中含钙及盐类矿物，也往往在局部发育岩溶现象而形成岩溶微地貌（假喀斯特现象），如龟峰、龙虎山等地红层中的洞穴，瑞金罗汉岩的钙华堆积等。

第三节　红层微地貌（丹霞）

江西中新生代陆相红层较发育，遍布全省30多个中生代陆相盆地，其总体地貌表现为红层丘陵盆地，周边往往为其他地层岩石构成的山地地貌。江西的红层微地貌类型多样、数量丰富，多分布于盆地的边缘地带，常由晚白垩世的红色砂岩、砂砾岩层组成独具特色的丹霞景观。主要分布于广丰、上饶、横峰、弋阳、鹰潭、贵溪、南城、南丰、石城、瑞金、会昌、龙南、宁都、于都、兴国、赣州、铜鼓、修水等地。其中以弋阳龟峰至龙虎山、石城、龙南等地的红层微地貌（丹霞）最为典型，往往形成石柱奇峰、群峰峥嵘、层岚叠翠，姿态万千的独特地貌景观，是江西重要旅游胜地之一。丹霞微地形有石柱、峰林、峰丛、桌状山、方山、单斜山、蘑菇山、龟形、岩洞、穿洞等，其中以石柱、峰林、龟裂石、岩洞较为典型（见照片2–1~照片2–27）。

石柱：多见于河谷平原或溪谷平原中，呈圆柱状，岩壁近直立，如鹰潭龙虎山的石柱，呈孤立状屹立于白塔河畔，高约40m；又如会昌枚子坝的石柱，呈孤峰屹立于红岩丘陵上，构成奇特的地貌景观。

峰林：以弋阳龟峰、龙虎山和龙南小武当山最典型，呈峰林状，多为岩壁直立。圭峰由于早期以河流侵蚀为主，后期风化作用强烈，因而形成了群峰峥嵘，姿态万千的奇特地貌。

峰丛：以龙虎山、石城、兴国、铜鼓、广丰铜钹山等地最典型，多为峰丛、峡谷、峰墙组合为地貌。

龟裂石：以石城通天寨最为典型、面积大、全国罕见。在龟峰的局部也可见及。

岩洞：主要分布于龟峰的南岩、贵溪城南、龙虎山、南城之西、会昌汉仙岩、赣州通天岩、兴国冰心洞等地。岩洞特点是：洞浅、洞体较规整简单，规模较小，常常构成群洞景观，当两洞连接则形成穿洞。

第四节　花岗岩微地貌

江西是中国东南部重要的花岗岩省区之一，其微地貌种类较多，主要有花岗岩峰林、峰丛、峰墙、石柱、石蛋、峡谷、石臼、倒石堆、岩洞等，往往构成花岗岩特色景区、景点。主要分布于怀玉山（三清山、大茅山）、上饶灵山与五府山、婺源大鄣山、景德镇南山、幕阜山（九宫山、黄龙山、太阳山、大围山）、九岭山、南昌梅岭、武功山、上犹五指峰、崇义齐云山、赣县宝莲山、南丰军峰山等地（见照片 1-1~照片 1-27）。

峰林：以三清山与武功山花岗岩峰林最为典型，主要为尖锥状花岗岩峰林为特色，主要发育于千米以上的花岗岩山体上部。其中三清山峰林发育于白垩纪花岗岩之中，面积大，世界罕见；武功山峰林仅局部发育，见于志留纪花岗岩中。

峰丛：主要见于上饶灵山，组成独特的环状花岗岩峰丛；其次见于上犹五指峰，局部发育峰丛。

峰墙：主要见于三清山、武功山等地。有栅状、排骨状、长城式等。

石柱：是花岗岩地貌的常见微地貌形态，在三清山、大茅山、灵山、九岭山、铅山葛仙山、玉华山、高安华林寨等地均可见，其中尤以三清山“巨蟒出山”石柱高达 118m，世界罕见。

石锥：是雨水淋蚀型花岗岩微地貌，形成顶尖颈园的锥形石景，在三清山与灵山花岗岩微地貌中发育最好。

石蛋：是花岗岩在节理构造控制下经风化形成的常见微地貌形态，常发育于风化程度与剥蚀程度较高的花岗岩分布区，数量多、特征典型的石蛋主要见于南昌梅岭、九岭山，往往成群成带出现。

图 2-6-3　玉华山花岗杂岩倒石堆地貌(新干燥石)

Fig. 2-6-3　The landform of granitic complex in Yuhuashan mountain

石臼：主要发育于花岗岩峡谷河床地带，由流水地质作用形成，在花岗闪长岩体组成的峡谷中常见，石臼、壶穴大小不一，形态奇特，典型石臼群主要见于靖安的中源、遂川七岭、上游燕子岩、崇义上堡等地。

倒石堆：主要发育于侵蚀程度较高的花岗岩分布区，以南昌梅岭、新干－丰城的玉华山（图 2-6-3）、九岭山、大围山等地的倒石堆微地貌最为典型，往往成片成带分布。在三清山北坡与灵山发育有融冻成因的倒石堆。

第五节　冰蚀微地貌

分布于庐山北部，由巨厚的南华系莲沱组砂岩组成、发育、保存了罕有的典型冰蚀微地貌与冰碛微地貌。详细见本志第一篇第二章第三节。

第七章 区域地貌形成及演化

江西省现今的地貌环境和得天独厚的地貌资源，是区域地质长期演化与发展的结果，也是地球内外动力及地外因素共同影响与综合作用的产物。

第一节 地貌形成的地质条件

一、区域地质构造条件

江西区域地质构造是地貌格局的主要约束条件，从本篇第二章地貌区划可知，省内自中新元古代以来，经长期演化形成的隆起、坳陷、断陷红盆地三重构造格局，清晰地控制着全省的山地、丘陵、平原和河流、湖泊的展布格局，以及不同地貌单元的物质组成。

（一）隆成山、坳成丘、盆成原

1. 隆起区带

主要由变质岩、花岗岩基带组成，第四纪以来仍处于隆升状态，形成中低山，边缘有丘陵分布，如九岭山、武功山、罗霄－诸广、雩山、武夷山脉均属之，构成省境内的主要山脉。其中唯处于钦杭带中的万年逆冲推覆隆起以低山丘陵为主。

2. 坳陷区带

主要由沉积碎屑岩、碳酸盐岩组成，第四纪以来处于隆升与沉降的过渡状态，表现为不均衡的缓慢隆升，主要形成低山丘陵，如九江、萍乡－高安、广丰、饶南、永新－莲花、宁都－于都等坳陷形成的碎屑岩、碳酸盐岩低山丘陵地貌区。唯怀玉坳陷由燕山晚期花岗岩和南华系砂岩为支撑，且处于较强隆升状态，形成了以中低山为主的地貌区；庐山处于九江坳陷，燕山造山后呈地垒式断块隆升状态，形成“一山飞峙”型中低山体。

3. 断陷红盆地

主要由晚白垩世—古近纪固结程度不高的紫红色砂岩、砂砾岩组成，受边缘控盆断裂控制，呈箕状式多角形。盆缘往往为红色丘陵，或因较快隆升形成丹霞景观。盆地中部往往为岗埠平原，如鄱阳盆地在第四纪以来，由于继续沉降，形成了国内最大淡水湖泊和平原；其他盆地为多阶段隆升状态。

（二）地质构造控制地貌格局

1. 江西中北部的隆坳构造与地貌格局

隶属于扬子巨型反“S”构造体系。区内构造带与山脉总体属近东西－北东东－北东向，坳、隆与丘陵、山地相间排列。自北而南依次为九江坳陷低山丘陵、九岭隆起中低山地、萍乐坳陷低山丘陵、万年隆起低山丘陵、怀玉隆起（先坳后隆）中低山地、饶南及玉山坳陷低山丘陵、武功山隆起中低山地、永新—莲花坳陷低山丘陵。其间，修水、潦河、锦江、袁河、禾水、信江、乐安江、昌江等河流水系皆呈近东西向展布于山地丘陵之间。

2. 江西南部的隆坳构造与地貌格局

江西南部总体为隆起区，由罗霄 - 诸广、雩山、武夷 3 条近南北向、北北东向隆起组成。中夹小型的宁都 - 于都坳陷，南部与南岭隆起复合，相应地形成了 3 条近南北向、北北东向山脉和宁于低山丘陵，以及九连山 - 三百山中低山丘陵区。

3. 晚白垩世—古近纪块断伸展构造与盆岭地貌格局

该时期形成了赣鄱断陷系与幕阜 - 罗霄、鄣公 - 武夷、南岭隆起山地，构造了全省周缘高、中间低、南高北低的“盆形”地貌格局。数十处盆地成了汇水或过水盆地，造就了江西的平原沃土。其中，赣州盆地汇赣南诸水形成赣江，流经吉泰盆地再汇赣中诸水后，北流与修、昌、信、抚诸水共同汇入鄱阳湖，注入长江，形成全省最大的鄱阳湖平原。

二、地层岩石条件

地层和岩石是地貌形成的物质基础。因地层产状与岩石性质的差异，组成不同或特异的地貌景观。

（一）沉积岩地貌

省内各时代的沉积地层，在宏观上或遥感影像上形成层纹状地貌，以下 3 种沉积岩层形成了具有特征性的地貌景观。

1. 坚硬厚层砂岩砂砾岩层

主要有南华系莲沱组砂岩和泥盆系底部石英砂岩（砂砾岩），往往形成砂岩峰林、悬崖或盆缘单面山。如莲沱组砂岩形成的庐山砂岩峰林、悬崖和各种冰蚀地貌，以及九江坳陷、修武向斜边缘的单面山，形成武宁岩（1574m）、白崖山（1522m）等中山山地；泥盆系底部石英砂岩（砂砾岩）包括丫山组、灵岩寺组、峡山群等石英质杂砾岩、砂砾岩、砂岩，形成了井冈山、崇义阳岭、云山、大余丫山、于都峡山等崇山峻岭、峡谷、悬崖等地貌，以及腾田、万安等向斜边缘的单面山。

2. 碳酸盐岩与砂页岩互层

分布于坳陷之中，以形成低山丘陵为主。其中，当碳酸盐岩岩层厚度较大时，如上石炭统—下三叠统、赣北中寒武统—奥陶系，形成岩溶洞穴、岩溶洼地等；当碳酸盐岩岩层厚度较大，且地层产状较缓时，可形成碳酸盐岩峰林或石林。由于江西碳酸盐岩岩层变形复杂，石林不多、规模也较小，而溶洞景观较多。

3. 红色砂砾岩层

主要出露于断陷红色盆地边部，岩石固结程度较低，含钙较高，岩层产状平缓垂直节理发育，以形成红色低丘岗埠为主。

晚白垩世时在盆缘地带往往发育冲洪积砂砾岩体，岩石抗风化能力较强，当发生盆缘抬升时，雨水淋蚀、片流冲刷、溪谷刻切，加上重力崩塌，形成红色石寨、峰墙、峰林、石柱、崖壁、峡谷等丹霞景观。

江西断陷红层盆地较多，雨水丰富，丹霞发育，尤以武夷山脉北西坡红层盆地成串分布，加上武夷山体仍处隆升状态，盆缘抬升，形成了浙西江郎山和江西铜钹山、龟峰、龙虎山、阳石寨、龙凤岩、翠微峰、通天寨、罗汉岩、汉仙岩、青龙岩等丹霞景区，在武夷山脉东坡缘福建境内有著名的武夷山、泰宁、连城冠豸山等丹霞，成了全国规模最大、类型多样的丹霞，共同组成了武夷山脉山前断陷红盆丹霞景观带，成了全国规模最大、类型多样的丹霞带。

（二）变质岩地貌

省内变质地层分布广泛，面积约 60500km^2，占全省面积的 36%，主要为浅变质的板岩、千枚岩、变质粉砂岩、变质砂岩等，以海相泥砂质细碎屑沉积变质岩为主，含有不同数量的海底火山喷发物质。在饶南、武夷山脉一带变质程度较深，以片岩、变粒岩为主，并有片麻岩出现。这类岩石含 SiO_2 一般在 60%~70%之间，$Al_2O_3$14%左右，岩石呈灰、灰绿色，形成青色山体。由于岩石硅低、铝高，风化壳发育，植被繁茂，溪谷发育，流水清澈，景色幽深，负氧离子丰富，是重要林区，也是未来休闲度假旅游的好去处。目前开发利用的主要有婺源，由新元古界双桥山群浅变质岩组成，山区为茂林翠竹、绿山碧水、板石古道，丘陵为茶园、梯田，风景如画，是我国最美乡村。其他如铜鼓汤里变质岩区域温泉带、仙女湖（江口）、陡水湖等变质岩区，都有开发利用前景。

（三）花岗岩地貌

江西花岗岩出露面积约 3 万 km^2，近占全省面积的五分之一。以 S 型花岗岩为主，I 型中酸性侵入岩规模较小，由于剥蚀程度与岩性差异，构成了不同的地貌景观。

1. 花岗岩山地

花岗岩是江西大型山脉山体的核心组成岩体。江西计有海拔 1500m 以上的中山山峰 34 处（表 2-4-4），其中 28 处，如幕阜、九岭、武功山、诸广山、齐云山、雩山、武夷山等，由花岗岩组成，花岗岩石构成江西中高山山体的主要岩石类型，与花岗岩含硅质高、岩石坚硬、抗侵蚀能力强有关。

2. 花岗岩峰林

花岗岩是江西峰林地貌发育的物质条件之一。由花岗岩形成的大量中低山体中，多数为穹式山峰、波状山体，坡面不峭、浑厚不峻。尖峭的峰林比较少见。究其原因，是花岗岩虽然坚硬，但岩体裂隙发育，其中长石、铁镁质矿物易于风化，加上华南雨多，极易发生侵蚀、山体园化。根据“三清山式花岗岩峰林地貌”研究，形成花岗岩峰林的主要条件是：快抬升、燕山期、超酸性、新出露（图 2-7-1）。

快抬升：山体抬升速度大于侵蚀速度，山体中风化壳薄而少见。三清山景区即为一个受三角形断裂围限的快速隆升山体。

燕山期、超酸性：以燕山晚期早白垩世正长、碱长超酸性花岗岩最为有利，抗风化能力强。三清山就是就是以早白垩世三清山中粗粒碱长超酸性花岗岩株为主体，以晚次侵入的玉京峰细粒碱长超酸性花岗岩瘤为主轴形成的花岗岩山体。

新出露：即岩体新剥出地表。三清山还有株就是一个在准原态状侵入岩株基础上，被大自然雕刻而成的中心式、高山峰林景观。

以江西最重要的三清山 – 灵山花岗岩峰林地貌区为例，可进一步分析花岗岩地貌景观的形成机理。该区由怀玉山、灵山两个早白垩世花岗岩带组成，根据重力资料推测，二者在深部融为一体，岩体为 S

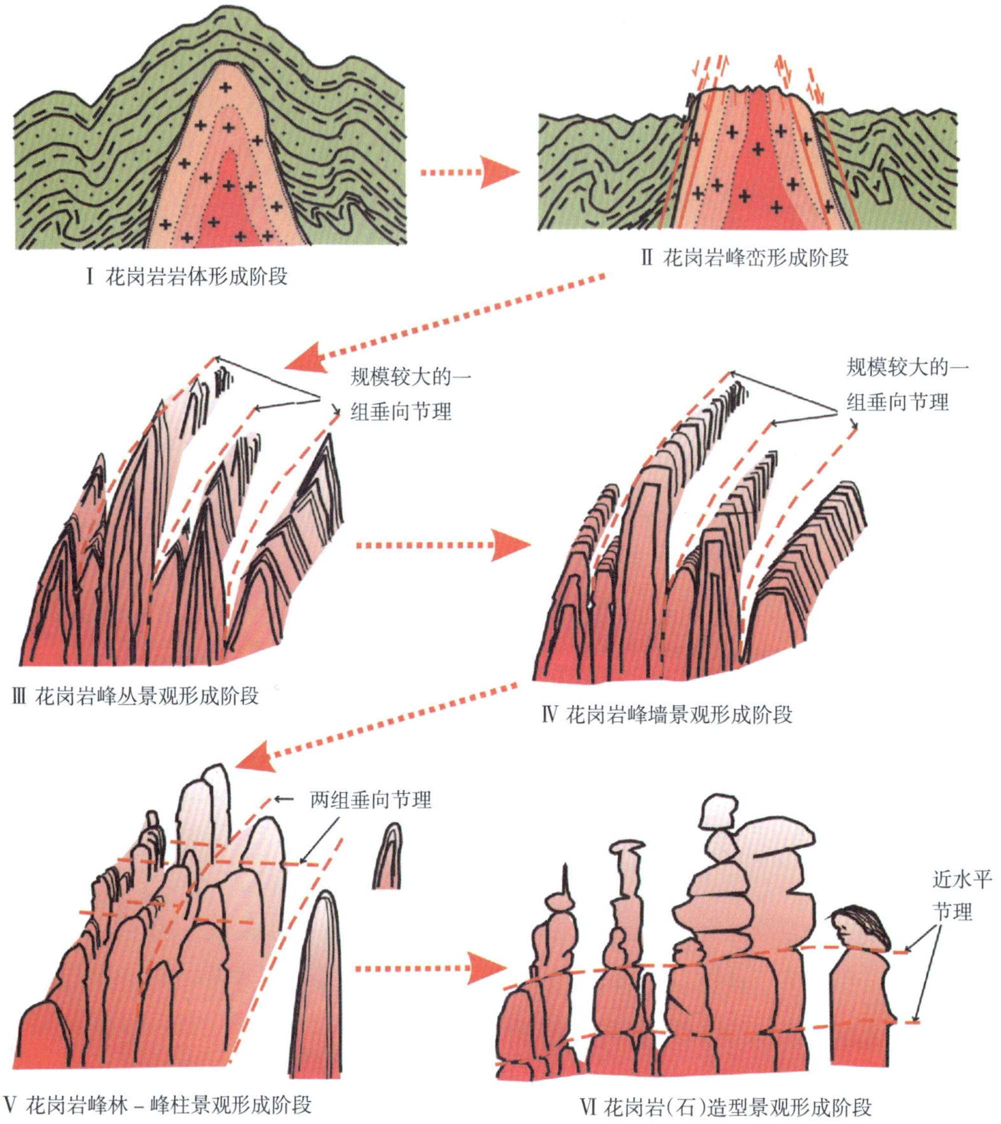

图 2-7-1　三清山花岗岩峰林地貌形成演化示意图

Fig. 2-7-1　The schematic for the formation and evolution of granitic peak-forest landform in Sanqingshan mountain

型江南组合花岗岩，前者为怀玉山序列，由花岗闪长岩－二长花岗岩－正长花岗岩－碱长（晶洞）花岗岩－石英斑岩组成；后者为灵山序列，由中－细粒环斑角闪石黑云母花岗岩、花岗斑岩－正长花岗岩－黑云碱长（晶洞）花岗岩组成。形成了三清山“秀”、怀玉山“雄”、大茅山“幽”、灵山“奇”等四个花岗岩景区。三清山玉京峰为怀玉山脉主峰，在前已述及，形成具有世界唯一性的“三清山式峰林”地貌；怀玉山主要由二长花岗岩组成，形成穹式陡坡状雄伟山体；大茅山梧风洞花岗岩，以悬崖陡壁、环境险峻幽深为特征。灵山为卵圆状花岗岩基，以早次的具有中基性浆喷包体的环斑角闪石黑云母花岗岩为主体，具有环斑结构与低酸性岩性，易于风化、形成卵形洼地负地形；晚次侵入的正长、碱长花岗岩，主要沿卵形岩基边缘侵入，由这些超酸性侵入体形成了环状峰林，结构奇特（图 2-7-2），并可说明花岗岩岩石类型与岩石性质差异，构成了不同的地貌形态。花岗岩体由于与围岩岩性差异，而形成独特的地貌，其遥感影像特征显示清晰。

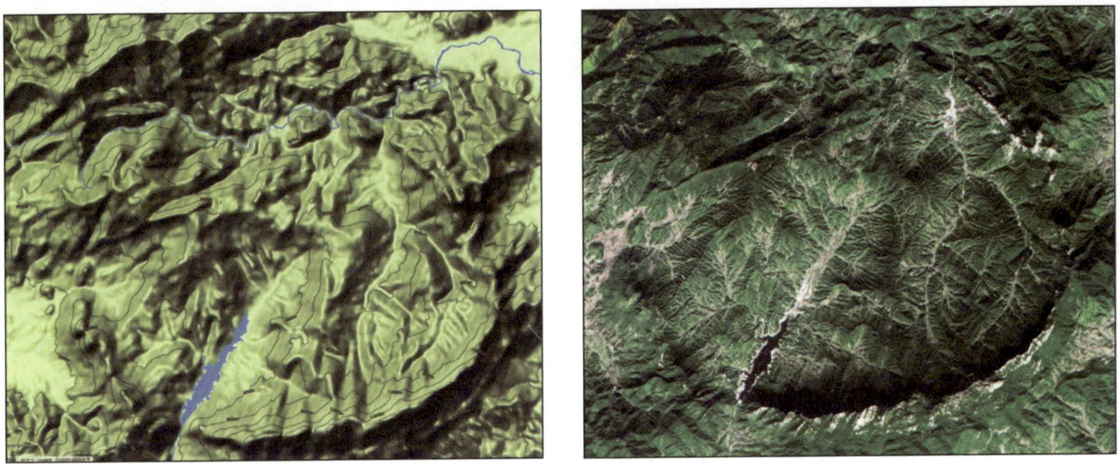

图 2-7-2　上饶灵山花岗岩体环形构造地貌（左图为 DEM，右图为 TM 影像）

Fig. 2-7-2　The ring structural landforms of Lingshan mountain in Shangrao city (The left is DEM image, right is TM image)

3. 花岗岩丘陵

江西花岗岩丘陵较广，尤以北纬 27°以南的赣南居多。主要分布于隆起山体边部与断陷盆地带之间的过渡地带，以加里东期至燕山早期强剥蚀 S 型花岗岩基或大型岩株为主。由于地壳隆升速度略小于风化侵蚀速度，花岗岩体的风化壳发育，加上赣南温度较高、雨量丰富、湿度较大，使风化作用进一步增强，形成了丰富的离子型稀土矿床。同时，也是水土流失灾害的易发、频发区。

4. I 型花岗斑岩负地形

燕山期 I 型花岗斑岩在江西主要形成负地形。这类岩体主要分布于江西北部九瑞与钦杭带江西段，以小岩株为主，由于岩石属中酸性，往往由长石构成斑晶，易于风化，一般形成洼地。当接触带围岩硅化蚀变较强时，往往形成环形正地形，岩体的负地形特征更加显现。

5. 典型花岗岩岩体地貌

（1）宁冈岩体地貌

宁冈岩体出露于罗霄山脉构造隆起带的中段，其地貌形态与罗霄山脉的其他山地地貌不同，为环状形态地貌小单元。宁冈岩体面积约 650km^2，为小型岩基，呈卵圆形，为加里东期形成的复式岩体，属石英闪长岩—花岗闪长岩—二长花岗岩序列，其与围岩的接触变质构造带发育，并往往构成环状正地形地貌形态；而岩体中心及西北部因岩性偏中酸性，暗色矿物较多，岩石易风化，相对形成环状负地形形态地貌（图 2-7-3）。

（2）新干麦斜岩体地貌

新干麦斜岩体是一个加里东期形成的花岗岩体，分布于赣江大断裂边侧，受断裂构造的影响较大，岩体总体形态呈北东向卵形。因其岩性属于花岗闪长岩，化学成分为中酸性，暗色矿物含量较高，抗风化能力相对弱，故而形成了相对围岩而言的“负地形”地貌小单元特点，负地貌形态与岩体的形态基本一致（图 2-7-4）。

（3）景德镇鹅湖岩体地貌

鹅湖岩体由白垩纪早世鹅湖序列花岗闪长岩（导体）–二长花岗岩（主体）–正长花岗岩（补体）

图 2-7-3 宁冈岩体地貌(DEM)

Fig. 2-7-3 Ninggang pluton topography (DEM)

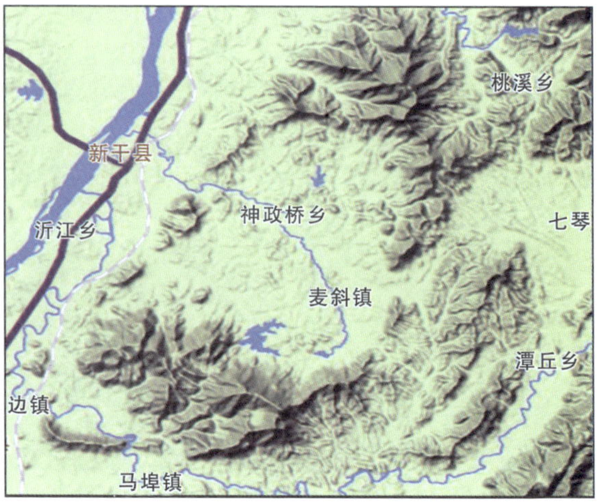

图 2-7-4 新干麦斜岩体地貌(DEM)

Fig. 2-7-4 Maixie pluton topography (DEM) in Xingan county

组成，岩体风化程度较高，相对于围岩呈现“负地形”形态地貌小单元。地貌形态轮廓明显受卵圆形岩体形态的控制，呈环状形态地貌（图 2-7-5）。

（四）火山岩地貌

江西省的火山岩自元古宙至白垩纪各时代几乎都有不同程度的发育，但其中的白垩纪陆相火山活动最为强烈，火山遗迹和火山岩地貌最为典型。

中生代火山岩为陆相火山岩，主要分布于赣东（丰城 - 广丰）和赣南（三南及寻乌、安远、会昌），发现有古火山机构 27 处，古火山口近百个。早白垩世火山岩形成的地貌以低山丘陵为主。

赣东火山岩区由于北武夷山脉于早白垩世燕山造山后快速隆升，火山盆地被分割，并由北向南逐渐抬升，由丘陵向低山、至赣闽边境形成了中高山链。由火山岩组成的武夷山脉主峰黄岗山海拔

图 2-7-5 景德镇鹅湖岩体地貌(左图为 DEM，右图为 TM 影像)

Fig. 2-7-5 E-hu pluton topography in Jingdezhen city (left is DEM, right is TM image)

2158m，另有铅山过风坳（1887m）、东路山（1425m）、广丰铜钹山（1535m）、贵溪阳际坑（1541m）、资溪野鸡顶（1228m）、鹤东坪（1254m）等山峰。

火山机构形成的环形微地貌尤为多见。一些破火山－侵入机构形成了穹状中山峰，如乐安的相山（1215m）、玉华山（1169m），安远东江源三百山主峰（1169m）等。

新元古代残留的汉阳峰组流纹斑岩构成了庐山主峰汉阳峰，海拔 1473.4m。

三、构造变形条件

构造地质作用不仅形成了江西省的大型构造地貌，如山地山脉和构造盆地地貌，控制了区域地貌总体格局，同时还形成了一些中小型特色构造地貌。

（一）褶皱构造地貌

江西的构造隆起带和山地地貌的形成，几乎都有褶皱构造作用的因素，其中有许多是经历了多次叠加褶皱作用形成。但区域形态典型的褶皱构造地貌主要见于沉积盖层构造，如九瑞地区的帚状旋卷褶皱地貌、永丰藤田向斜盆地地貌、泰和天湖山－茶园弧形向斜地貌、龙南武当的向斜地貌等。

1. 井冈山向斜盆地地貌

地处永新－莲花坳陷南部的拿山复向斜，形成于寒武系—奥陶系浅变质岩褶皱基底之上，总体呈北东向“S”状。其南西端构成了井冈山核心的茨坪山间盆地，由中上泥盆统组成了主要哨口、悬崖、瀑布。该复向斜北东部在井冈山下（拿山地区），南西部爬升到井冈山上（图 2–7–6），是研究罗霄山脉中生代以来隆升的典型构造案例之一。

2. 九瑞地区帚状旋卷褶皱地貌

主要由南华纪—古生代地层的弧形褶皱组成，区域褶皱轴向总体呈东西向，过码头－九宫山北东向基底挤压走滑断裂带后，发生反时针旋卷，褶皱带向西收敛、向东撒开；东部褶皱过瑞昌－武宁北东向断裂后再次旋卷；东及九江－德安北北东向断裂带，向东南侧的彭山为“S”状短轴背斜，显示为顺时针方向旋转。构成典型帚状旋卷褶皱构造地貌（丘陵山地）、发育线型山地与峡谷组合地貌特征（图 2–7–7）。

3. 永丰藤田向斜盆地地貌

由晚古生代石炭—二叠纪海相地层的褶皱组成，为一残留向斜构造，具有北西向、近东西向与北北东向叠加褶皱特征。边缘的华山岭组砂砾岩、砂岩形成单面山，向斜中部形成碳酸盐岩岩溶洼地。褶皱轴向总体呈北西向，形态表现为向斜盆地，犹如一北西向的葫芦形，是一个典型多边形褶皱向斜构造盆地地貌（图 2–7–8）。东北部湖坪加里东期花岗岩形成丘陵，周边潭头群浅变质岩形成低山。

4. 万安县宝山向斜盆地地貌

由晚古生代泥盆纪—石炭纪地层的褶皱组成，为一残留向斜构造，翼部为上泥盆统砂砾岩组成弧形单面山，槽部为石炭系形成的山间盆地，褶皱轴线走向北西，并发育有北西断裂构造，是一个典型褶皱向斜构造盆地地貌。向斜的西仰起端受到北东向断裂的切割，但向斜构造形态总体完整（图 2–7–9）。

5. 泰和天湖山－茶园弧形向斜地貌

由晚古生代泥盆纪—石炭纪地层的褶皱组成，为一弧形向斜构造，形态表现为槽部成谷、翼部成

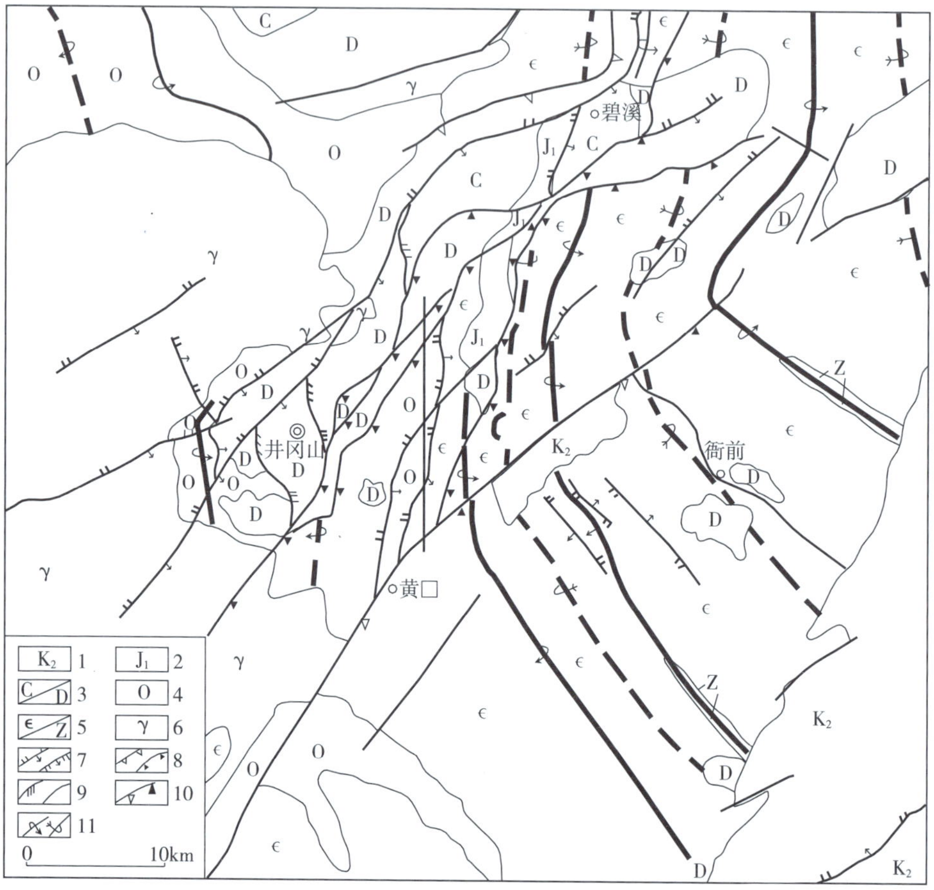

图 2-7-6 井冈山向斜盆地地质构造略图

Fig. 2-7-6 Sketch of synclinal structure in Jinggangshan basin

1—上白垩统红层；2—下侏罗统；3—石炭系 / 泥盆系；4—奥陶系；5—寒武系 / 震旦系；6—志留纪花岗岩；7—正断层和逆断层
8—滑覆和推覆断层；9—斜冲断层和性质不明断层；10—斜冲断层和斜滑断层；11—倒转背斜、向斜轴迹

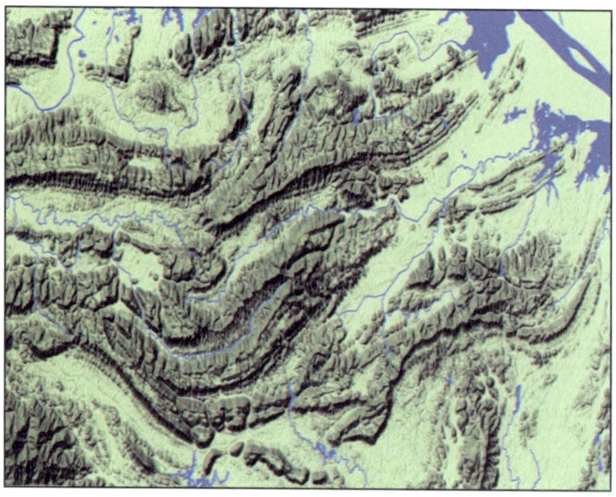

图 2-7-7 九瑞地区帚状旋卷褶皱地貌(DEM 图)

Fig. 2-7-7 The fastigiated shape convolute fold in Jiurui area (DEM Figure)

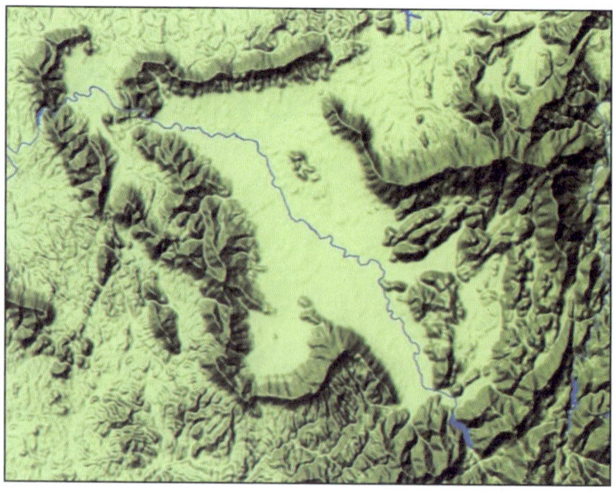

图 2-7-8 永丰藤田向斜盆地地貌

Fig. 2-7-8 Fujita synclinal basin landforms in Yongfeng county

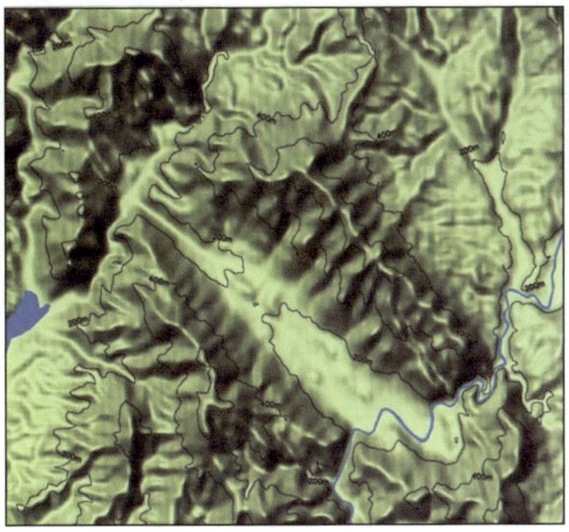

图 2-7-9　万安县宝山向斜盆地地貌
Fig. 2-7-9　Baoshan synclinal basin landforms in Wanan county

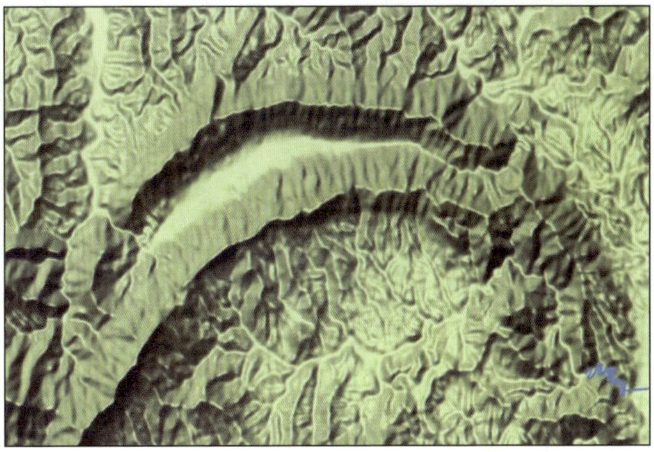

图 2-7-10　泰和天湖山 – 茶园弧形向斜地貌
Fig. 2-7-10　Tianhushan-Chashan synclinal basin landforms in Taihe county

岭，翼部为上泥盆统砂砾岩组成弧形山岭，槽部为石炭系形成的弧形峡谷，褶皱轴线呈向北弯曲的弧形，是一个典型褶皱向斜构造地貌。向斜的两端仰起，西仰起端出露完整，东仰起端为兴国中生代盆地沉积不整合覆盖（图 2-7-10）。南部为隆坪印支—燕山期花岗岩穹隆。

6. 龙南小武当向斜地貌

分布于龙南县小武当山的北部，由晚古生代泥盆纪—石炭纪地层的褶皱组成，总体为一向斜构造，翼部为泥盆系组成单面山岭，槽部为石炭系形成的山间小盆地，褶皱轴向为北北东向，该向斜构造出露不完整，只出露了北半部，南部为断层切割和中生代火山 – 沉积盆地所掩盖（图 2-7-11）。

7. 修武复向斜与修水河谷地貌

修水河谷丘陵盆地是一个典型的由复向斜槽部构造控制的河谷丘陵盆地，该盆地是一个复合式构造盆地，其主体是一个由南华纪至古生代地层组成的修（水）武（宁）宽展型复向斜，向斜的轴向近东西向。在晚白垩世—古近纪时期，向斜受近东西向断裂构造切割和升降作用，向斜的南、北两翼抬升，槽部下陷，形成了宽达 12~16km、长达 170km（向西延伸至湖南省境内）的大型断陷构造带，带内基本保留了古生代向斜构造特征，但在部分地段形成了上叠的小型红层盆地（如船滩、三都、武宁等），共同构成了以断裂构造为边界的向斜断陷河谷盆地丘陵地貌带，于向斜东端的武宁柘林以莲沱组砂岩为坝基建设了水库，即著名的庐山西海风景名胜区（图 2-7-12）。

（二）断隆与断陷构造地貌

地貌的形成与演化受断裂构造的控制明显，一些大中型地貌单元的边界往往是由深大断裂控制，如：武夷山脉、雩山山脉、九岭山脉、罗霄山脉的万洋山与诸广山等山脉山地地貌的边界都是受断层控制，萍乐拗陷丘陵 – 盆地地貌带也主要受到两处深大断裂构造的控制，红层丘陵地貌发育于中生代断陷盆地内，盆地的边界往往为断裂带，同时还发育有一些中小型断块构造地貌。典型的中小型断隆与断陷构造地貌有：庐山断块山（地垒构造）、三清山三角形断块构造、修水河谷断陷盆地、大余池江断陷盆地等。

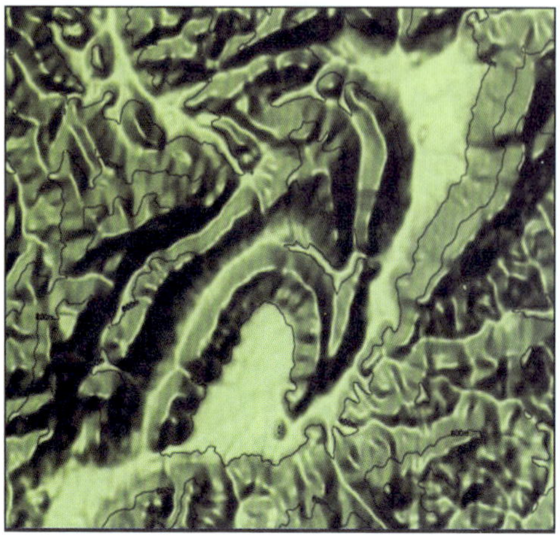

图 2-7-11　龙南武当向斜地貌

Fig. 2-7-11　Wudang synclinal basin landforms in Longnan county

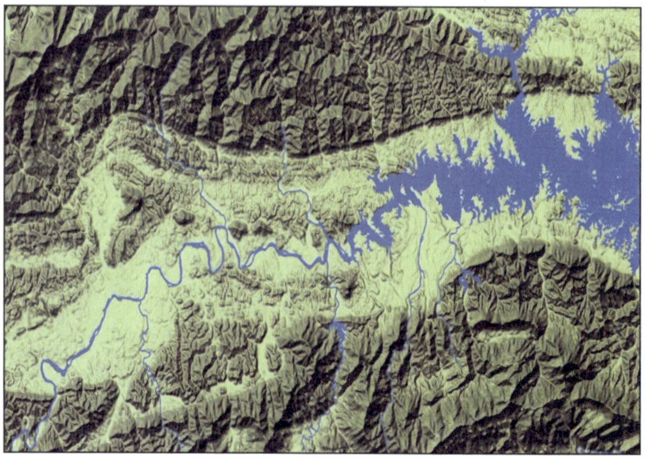

图 2-7-12　修水河谷断陷盆地东段丘陵 - 河谷组合地貌

Fig. 2-7-12　The hill - valley landforms in the east section of Xiushui graben basin

1. 庐山地垒式断块山构造地貌

庐山是一处典型的断块山，形成于中生代旋转褶皱构造基础上，呈透镜状山体。经晚白垩世—古近纪伸展作用、断块差异升降，以九江 - 德安、威家 - 星子、湖口 - 屏峰 3 条北北东向正断层为边界，形成了北北东向的庐山地垒和湖口地堑。庐山于更新世时期又经冰川、流水复合地质作用而形成了现今的奇特景观（图 2-7-13）。

2. 三清山三角形断块构造地貌

三清山是一个由 3 条不同方向断裂构造切割的三角形断块山，在 3 条不同方向断层构造作用下，三角形断块不断隆升而形成的中山山地地貌（图 2-7-14）。

图 2-7-13　庐山北北东向、地垒式与湖口地堑构造地貌

Fig. 2-7-13　Lushan horst with NNE tendency and Hukou graben structure landform

图 2-7-14　三清山三角形断块构造地貌

Fig. 2-7-14　The triangular block structure in Sanqingshan mountain

3. 大余池江断裂走滑拉分盆地地貌

大余池江盆地是一个发育于加里东期褶皱构造基底上的晚白垩世—古近纪红层盆地，该盆地与赣州盆地同受大余－南城北东向大断裂控制，赣州盆地在断裂的北西侧，池江盆地在断裂的东南侧，二者右行侧列分布，显示右行走滑拉分特点。池江盆地东北部受北东东向分枝断裂控制，为“北断南超”型盆地，盆地平面形态呈梭形，走向为北东东向，至今呈现山间红层盆地地貌形态特征，池江纵贯其间，中部为河谷平原（图 2-7-15）。

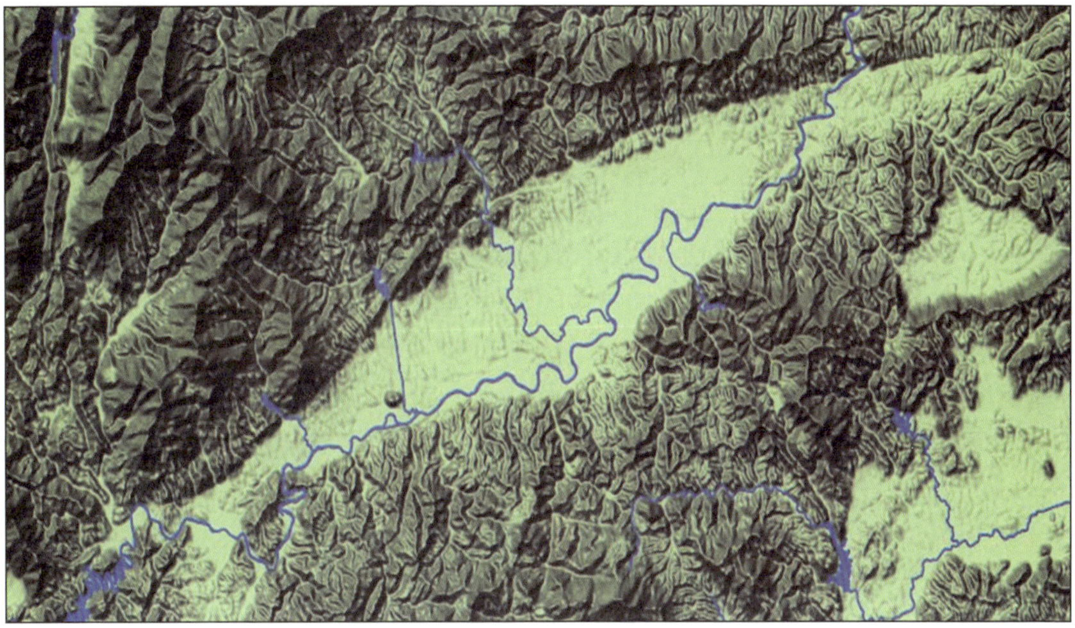

图 2-7-15　大余池江断裂构造走滑拉分盆地地貌

Fig. 2-7-15　The strike-slip pull apart basin landforms of Dayu Chijiang faults in Dayu county

（三）典型微地貌形态形成发育的重要条件

构造往往是一些典型地貌形态景观发育的必要条件。一是宽展型盖层褶皱往往背斜成岭（如庐山、彭山等）、向斜成谷－成盆（如修水、藤田等）。二是各种岩体中发育的峰林、石林、柱峰微地貌形态，其基岩必须发育有一定网度和密度的垂直节理或裂隙构造，才能在风化剥蚀、流水侵蚀、崩塌等表生地质作用下形成峰林景观。三是岩层的产状也是影响岩体微地貌发育的重要因素，产状近水平、岩层厚度大是峰林景观形成的重要因素之一。四是断裂及节理构造是影响岩体微地貌和岩溶微地貌发育程度的重要条件之一，岩溶作用往往沿着可溶岩（如碳酸盐岩）岩体的薄弱面发展，构造切割强烈和节理发育的碳酸盐岩，其岩溶化程度高，江西省的地下溶洞有许多是沿着断裂构造带发育而成的，最典型的如万载竹山洞、婺源灵岩洞、崇义聂都的仙鹤洞等。五是构造是河流微地貌形态如河谷、河流阶地地貌形成演化的重要因素，河流的形成及其走向往往与断裂构造带有关，如赣江北北东向断裂构造带和抚河北西向断裂构造带分别控制了赣江、抚河的形成、走向及河谷演化；断层切割岩体所形成的断崖断壁，往往是瀑布形成的落差条件；一些深大断裂带和活动型断裂，是控制温泉形成及其区域展布的重要条件。

第二节　地貌形成的表生地质作用条件

表生地质作用条件主要包括风化与剥蚀作用、地表流水地质作用、地下水地质作用、冰川地质作用、负荷（重力）地质作用等。

一、风化剥蚀作用

岩石及其中的矿物是地质作用的产物，它稳定于一定的物理化学条件。大部分矿物及其所组成的岩石是在地下一定温压条件下形成的，当由于地壳运动等原因，暴露地表后，与大气圈、水圈、生物圈直接接触，在结构、构造上，甚至化学成分上将随之发生变化，力图达到新的平衡。这样，岩石由坚硬变得松散，由大块变成了小块，矿物也可随之破碎、分解，产生稳定于地表环境下的新矿物。因而，风化作用是一种原地破坏作用，发生风化的因素主要是温度变化、氧、水溶液和生物作用等。风化作用的方式和类型可分为物理风化（如岩石与矿物的热胀冷缩、岩石空隙中水的冻融作用与盐的结晶与潮解），化学风化如氧化作用、水溶液作用（包括溶解作用、水化作用、水解作用），生物风化（包括生物机械风化、生物化学风化）。

风化作用的速度有快有慢，主要决定于自然地理条件和岩石与矿物的性质等地质条件。

（一）气候

气候条件的影响包括温度变化、降水性质及降水量，并影响到生物界的繁殖。

江西省地处亚热带季风气候区，气候温润潮湿，降水充沛，生物繁茂，相对于我国北方地区，各类风化作用速度较快，尤其是化学风化和生物风化作用有利，因而风化产物较丰富，如土壤较发育。省内碳酸盐岩分布较广，但地表岩溶景观发育较差，如无典型石林，风化速度是影响因素之一，而且在宜春、瑞昌、瑞金等地还形成了覆盖型岩溶小型石林景观，即岩溶石林发育在风化土壤层之下。

（二）地形

地形条件影响气候，使山地气候产生垂直分带现象，并存在阳坡与阴坡、地势的陡与缓方面的风化差异，如高山阴坡易发生冻融作用。江西省地形复杂，山地较多，风化作用千差万别，形成的微地貌多样。

（三）岩石性质

岩石性质包括两个方面，一是岩石的矿物成分和化学成分，深刻地影响到风化的速度、程度和产物，岩石抗风化的能力有强有弱。如酸性岩浆岩比基性岩抗风化能力强，砂岩比泥（页）岩抗风化能力强，含钙质和可溶盐矿物的岩石（如碳酸盐岩、钙质页岩等）比不含可溶盐矿物的岩石更易发生溶蚀等风化作用。不同岩性组合的岩层往往形成凹凸不齐的差异风化现象，这在省内各地的红层微地貌和岩溶微地貌形态中常见，由于差异风化，所形成景观的形态多样、造型丰富。二是岩石结构和构造（包括有晶质与非晶质、等粒与不等粒、细粒与粗粒、层理发育与不发育、成分分异定向与非定向等）也是影响风化速度与程度的因素之一。一般而言，非晶质、等粒、细粒、块状岩石的抗风化能力相对强。

二、流水地质作用

水是重要的自然环境要素，水也是地貌形态的雕刻师和美容师，许多自然地貌奇观其形成都离不开水力地质作用。水的地质作用包括侵蚀、溶蚀、搬运、沉积（堆积）地质作用。

（一）地面流水地质作用

地面流水作用是促进地壳表面形态变化、发展的最重要的地质营力，也是地壳表面各种景观形成的最主要的动力作用。

江西省降水充沛，水系发育，河流成网。地表流水地质作用是江西现代正在进行的、最为显著的地质作用，古代流水地质作用的遗迹十分丰富，在全省几乎所有的地貌形态都不同程度地遗存有古代流水地质作用的痕迹，说明江西地貌形成发育过程中，流水地质作用非常重要。

地面流水地质作用包括有暂时性流水地质作用，如雨蚀作用、片流地质作用、洪流地质作用、河流侵蚀作用（河流下蚀作用、侧蚀作用和河流搬运与沉积作用）等。

其中的雨蚀作用使地面降低和地形起伏减小，并使高处风化物向低处移动堆积。雨水淋蚀形成的微地貌较多，如三清山“东方女神”与“巨蟒出山”圆顶造型石柱、大量头园顶尖的石锥，还有“企鹅石”、“双乳峰”等。

片流由降水形成，片流沿整个地表，如斜坡把细小的风化产物冲洗至斜坡下部，其过程是一个洗刷作用过程。片流的溶蚀作用可形成溶沟、石芽等地貌景观，如碳酸盐岩地区常见的溶沟、溶槽、石芽等景观主要是片流地质作用形成的，龙虎山的“大地之母”景观就是由片流冲蚀形成的，龟峰丹霞地貌主要由地面雨蚀与片流形成（图 2-7-16）。片流作用的强度与降水、地形及地面坡度、岩性和植被有关，片流还具有搬运和沉积作用，搬运距离不大，一般形成坡积物。

洪流由片流汇聚到沟谷形成，洪流具有巨大的动能，因存在时间短，而以机械冲刷作用为主、化学溶蚀作用微弱，冲沟和峡谷地貌景观主要由洪流地质作用形成。

河流地质作用是流水侵蚀作用中动能最大的地质作用，河流侵蚀作用以机械侵蚀作用为主，当流经可溶岩地区时，其溶蚀作用也很显著。河流的下蚀作用使河床下切而不断降低标高，且具有溯源侵

图 2-7-16　晚白垩世受到雨水与片流侵蚀形成沟痕/流痕现象（龟峰）

Fig. 2-7-16　The grooves / flow marks formed by Late Cretaceous erosion of rain and flow (Guifeng peak)

蚀演化现象。河流侧蚀作用是河水以自身的动力和其搬运的泥沙侵蚀河床的两侧或谷坡，促使河床左右迁徒或谷坡后退，包含着机械的侵蚀和磨蚀以及化学溶蚀等方式。峡谷、瀑布是河流侵蚀作用形成的典型景观，也出现洞穴、深潭，如沿龙虎山的泸溪河多处见及。影响河流侵蚀作用的因素复杂，有地壳升降变化、气候干湿交替、河床基岩性质、河床标高及坡度等。河流地质作用除了具有强大侵蚀能力外，还有强大的搬运能力，搬运方式有机械搬运（如机械侵蚀的碎屑物）和化学搬运（如溶解于河水中的 Na_2CO_3、$Ca(HCO_3)_2$、NaCl、$FeSO_4$ 等化学物质），搬运能力和搬运量取决于流量、河水性质、其中的机械搬运量还与河床坡度有关。而溶运量则与水质及基岩性质有关，搬运过程还对机械搬运物有分选、磨蚀、磨细作用。河流沉积作用（特别是机械沉积作用）也是非常显著的，而且能形成典型河流堆积景观，如吉安的白鹭洲、南昌厚田砂山等微地貌。

（二）地下水地质作用

地下水广泛存在于地表之下的土层中、岩石的孔隙和裂隙中，是一种重要的地质营力。地下水不仅是一种水流，能机械冲蚀岩石，而且还是一种溶剂（含有 CO_3^{2-} 、SO_4^{2+}和其酸根），对岩石具有较强的溶蚀能力。在可溶岩（如碳酸盐岩等）分布区，在地下水作用下，使岩石遭受破坏，同时也改变地形和先成地貌，并可形成重要的地下岩溶景观。

地下水地质作用包括有潜蚀作用（含机械潜蚀和化学溶蚀作用，在可溶岩区以化学溶蚀作用为主）、搬运作用（有机械搬运、也有化学搬运）和地下水沉积作用等。如果发育有地下河，则地下水的冲蚀、溶蚀、搬运、沉积作用强度和动力会更大。

1. 地下水的溶蚀作用

地下水溶蚀作用可以使岩石内的洞穴、孔隙或裂隙不断扩大。如长期作用结果，可在岩石内形成各种形状与大小的洞穴、廊道等奇异地质现象——岩溶景观。

可溶性岩石在地下水化学溶蚀、溶蚀陷落、片流洗刷作用对岩石表面的溶蚀下发育的过程，以及其所形成的种种地质现象，称为岩溶或“喀斯特（Karst）”。

可溶岩地区的潜水面附近，地下水在压力或重力作用下，沿岩石裂隙和层理流动并将其溶蚀，空隙扩大形成溶洞，溶洞可连通成串，构成高低曲折、时宽时窄的地下廊道，其中常有地下河流通。地下溶洞发育在潜水面附近，总体呈近水平方向延伸，如果地壳相对上升或河流下切作用加强，潜水面下降，造成溶洞高悬于山坡、山腰之上，而成干溶洞或称“罕洞”。溶洞规模不等，省内已探明溶洞最长数千米。溶洞还常是原始人穴居之所。

2. 地下水的搬运和沉积作用

其方式有机械作用和化学作用两种，在可溶岩分布区，地下水的搬运和沉积作用以化学方式最为显著，并能形成和发育丰富多彩的地下水沉积景观。地下水的化学沉积作用主要包括过饱和沉积作用和石化作用。

（1）过饱和化学沉积作用

过饱和沉积作用是地下水溶运物在流动过程中，因物理、化学环境改变（如水温降低、水汽蒸发或流出地表或流入开阔的洞穴中）引起水溶液的过饱和而发生沉淀。常见的沉淀物有泉华和溶洞滴石。

泉华：为沉淀在泉水出口处的疏松多孔的物质，按物质成分可分为钙华（$CaCO_3$）、硅华（SiO_2）。江西省有不少温泉出口堆积有泉华，且有硫华，但多已破坏。

溶洞滴石：富含 $Ca(HCO_3)_2$ 的地下水沿岩石的裂隙流入溶洞中，因压力降低，蒸发加快，水中 CO_2 逸出，致使 $CaCO_3$ 沉淀，形成的沉淀物称为溶洞滴石，其外形锥状、柱状或其他形状，横切面具层圈构造。若沉淀物悬挂在溶洞顶上，称石钟乳；如 $CaCO_3$ 在洞底沉淀，形成笋状沉淀物，称石笋；如长期沉积，石钟乳和石笋不断生长而相接则形成石柱；如沉淀物沿洞壁流淌而下，则可形成边石坝、石瀑布、石幔等景观。

(2) 石化作用（置换作用）

石化作用是地下水溶质与掩埋在沉积物内生物体之间的物质交换（置换）作用。置换过程中，生物体内一切能被地下水溶蚀的物质随地下水流失，而被溶蚀后的空间由地下水中的矿物质（SiO_2、$CaCO_3$ 等）沉淀充填，物质成分改变了，但原有的构造仍保留，如硅化木就是这样形成的。

江西省碳酸盐岩分布较广，碳酸盐岩分布区的地下水地质作用较强烈，所形成的地下溶洞遍及全省各地市，许多成群发育，且与地下河相伴，溶洞中地下水沉积物琳琅满目，构成独特洞景奇观，是省内典型地貌景观中的一个重要类型。

三、冰川与冻融地质作用

江西庐山在第四纪的更新世期间曾发育山岳冰川。江西省中北部地区的山地曾受到冻融地质作用的影响，武宁岩、大围山等地也有冰川遗迹报道，但有待进一步查证。

根据陈安泽等研究（2009），江西于更新世末次冰期时处于季节性冻土区。又据图幼吾、郭东信等研究，江西现代处于短时性季节冻土区。在九岭山和三清山北坡阴处，融冻倒石堆和泥石流的发现，说明在江西高山阴坡发生冻融现象可能性很大。

第三节　几种典型微地貌形成条件

一、典型丹霞的形成条件

江西丹霞的形成条件主要有 3 个：

1）红色碎屑岩系是形成丹霞地貌的物质基础，又是最重要的形态与色彩特征。主要是以晚白垩世陆相盆地沉积的红色、紫红色砂砾岩、砂岩为主，夹有泥岩，以冲洪积砂砾岩最为有利。

2）挽近构造运动是形成丹霞地貌的构造条件。受区域断裂作用和间歇式的振荡抬升，发育网格状垂直节理。流水沿节理下切并不断扩大，进而形成陡壁、巷谷、石寨、峰墙、峰林、石柱等微地貌形态。形成丹霞峰林者，其岩性以红色砂砾岩为主，产状较平缓、岩层厚度大（厚层状或块状层理）、发育有一定网度的多组垂直节理。

3）气候对丹霞地貌的形成有重要的影响。江西地处亚热带地区，由于雨水多，加速了流水对岩层裂隙及节理的切割和溶蚀作用，从而形成大量奇特秀美的丹霞微地貌。

丹霞地貌类型很多，且随划分的依据不同而不同，根据丹霞地貌的形成条件及形态特征可划分为 4 个主要成因类型：

1）流水冲刷侵蚀型：多分布于中生代红层盆地的河谷边侧，地壳相对抬升，沿裂隙及垂直节理，经流水冲刷侵蚀切割成“一线天”、嶂谷、石崖、石墙、石寨、石梁、石柱、石峰等丹霞地貌景观。在陡峭的岩壁上，因软硬岩层的差别侵蚀，往往形成槽、穴、洞、坑及鼻状、粒状等微形态。石寨属方山地貌，经切割侵蚀，面积不断缩小，可形成石柱、石峰为主的类型，有时可形成峰丛、峰林或孤峰。

2）侵蚀崩塌残余型：丹霞地貌发育到中、晚期，石柱、石峰进一步受到侵蚀及崩塌，而原来的石柱逐渐形成残峰孤石。

3）崩塌堆积型：由陡峭的岩壁上沿节理崩塌落于山麓或江边的岩石碎块，往往具有独特的形体特征而具有较高观赏价值的微型景观类型。

4）溶蚀风化型：在红色砂砾岩中，若含有较多的石灰质砾石或钙质胶结物质或泥质岩石软弱夹层，经水溶蚀后，可形成许多溶蚀洞龛或喀斯特式的岩洞景观。

二、典型花岗岩峰林形成条件

江西省自元古代以来至中生代末，各时代的花岗岩均有出露，而且分布广泛。但是形成峰林奇特景观者却为数极少，仅以三清山花岗岩峰林最典型，其次有灵山、武功山等地。其他地方的花岗岩虽成峰，但不成林，或有石，但不奇。综合分析，究其原因，主要受地质构造和地理条件的控制。

1. 岩体时代条件

综合分析全省各时代花岗岩，其形成奇峰异石景观者，主要为燕山期花岗岩，以燕山晚期花岗岩有利。

2. 岩性条件

江西省花岗岩种类齐全，岩性众多。但形成奇特景观者，主要是以S型花岗岩为主，以酸性、超酸性的正长、碱长花岗岩或石英斑岩、花岗斑岩最为有利。

峰林主要与燕山期花岗岩株有关。如武功山花岗岩景观中，现有峰林主要分布于明月山燕山期花岗岩山谷中，海拔1200m左右，但在1400~1600m标高地带残存小型峰林、柱峰和峰丛景观，是加里东期花岗岩峰林蚀余遗迹。

3. 构造条件

1）地壳抬升幅度大、速度快，一般利于花岗岩体成景。

2）岩体规模大（岩株以上），利于成景。

3）岩体断裂和裂隙发育条件：这是形成花岗岩峰林景观的关键性因素。如果岩体中发育多组垂直型断裂或裂隙、节理构造，则在风化、流水侵蚀作用下，将容易形成峰林景观，如三清山花岗岩峰林景观。否则将难成峰林景观，省内许多边境山体中的花岗岩体没有形成峰林景观，缺少构造条件是重要原因。

4）地形条件：综合分析江西花岗岩地貌，能够形成花岗岩峰林者，主要为燕山期造山后多阶段隆升的中山地形，而峰林发育高度集中在海拔1100~1800m之间。

5）外因地质作用条件：对江西省而言，外因地质作用主要为风化剥蚀和流水侵蚀作用，其影响因素主要包括气候、地形、岩性等。除此，时间也是重要因素，即花岗岩体暴露地表的年代和经受地表持续侵蚀的时间，也是景观形成的重要因素。

综合全省地貌形成时代分析，现今地貌主要形成于晚白垩世至新生代以来，丹霞景观形成主要为第四纪。故此，地貌的年龄总体是比较年轻的，而且仍在不断的变化之中。

如从地貌形成与演化而言，有些花岗岩体可能已进入老年期丘陵化和准平原化阶段，也有一些花岗岩体刚从围岩中剥露出来，尚未步入峰林阶段。

三、典型碳酸盐岩溶洞与石林

省内碳酸盐岩溶洞发育，以上石炭统—下二叠统碳酸盐岩的岩溶最为发育。赣北上寒武统—奥陶系厚层状致密的白云岩、白云质灰岩、泥灰岩岩溶率最低，溶洞欠发育。

发育石林和峰林的碳酸盐岩产状近水平，地形为台地或地形较平坦。江西省的碳酸盐岩之所以石林发育差，主要原因是不具备适宜的构造条件，省内碳酸盐岩地层主要呈带状分布，构造形变复杂，褶断构造发育，岩层产状多倾斜且变化大。因而，省内地表岩溶景观是以溶沟、石芽、峰丛、孤峰景观为主，石林仅修水的东林、婺源的石城、于都的金鸡山等局部发育。

四、球形石景发育条件

江西省有不少侵入岩体地貌中发育球形石，构成了景区内的一种独特的景物，即石蛋景观。如南昌梅岭、三清山、灵山、葛仙山、上犹五指峰等花岗岩景区，另在石城通天寨等丹霞景观区也有石蛋景观。其形成条件主要有：

1）岩石具有块状或厚层状构造。

2）岩石中发育有几组交叉裂隙或节理。

3）岩石难于溶解，即属于非可溶岩。

4）岩石主要为中细粒等粒结构。

如有被 3 组以上裂隙切割出来的岩块，起初棱角明显，在风化过程中，棱角处首先风化，最后使岩块变成椭球形、球形结构，剥离后即成“石蛋”。

第四节　区域地貌形成演化阶段及主要特点

江西省现今的地貌环境和得天独厚的地貌景观资源，是区域地质长期演化发展的结果，也是地球内外动力及地外因素共同影响与综合作用的产物。江西区域地貌形成的基因，可以追溯到中新元古代，大致经历了 3 个大的 “造貌” 时期。

一、中新元古代（晋宁期）—早白垩世（燕山造山期）

中新元古代（晋宁期）古华南洋及陆缘弧盆结构于晋宁期碰撞造山形成的反“S”构造体系，青白口纪晚期—早古生代（扬子—加里东期）华南裂谷系于加里东期作“北贴西拼”式闭合造山，形成的复杂褶皱带构成了江西中北部地质构造与现今地貌的古老基因。

晚古生代—中三叠世：处于陆表海环境。受到晋宁—加里东期形成的古构造格局控制。经印支运动，沉积盖层发生褶皱，形成了九江、赣中（钦杭）等复向斜，九岭、武功山、雩山、武夷山等复背斜。至此，江西及邻区进入了大陆发展时期。

早侏罗世—早白垩世：发生了强烈的陆内活化造山。一是在印支期复式褶皱构造的基础上，形成了隆起、坳陷；二是形成了大量花岗质侵入岩和赣东、赣南两大火山盆地；三是形成了以新华夏系为主体的断裂网络；四是地壳隆升形成了高地。这个时期形成的隆起、坳陷构成了硅铝质隆起山地与岩溶低山丘陵地貌的重要基因。

二、晚白垩世—古近纪（燕山造山后—喜马拉雅伸展期）

这一时期发生了强烈的断陷成盆与断隆成山的差异构造活动。形成了新华夏式的北北东向构造带，地貌则以“两隆”（幕阜－罗霄、鄣公－武夷）、“一陷”（赣鄱断陷）为格局。

（一）周缘隆起带

该期构造，首先表现为以新华夏系北北东向为主导，对前期隆坳构造的继承复合，并未彻底改变前期隆坳构造的基本格局。其次，由于强烈断块隆升，省境周缘隆起，形成了由幕阜－罗霄、鄣公－武夷、南岭东部等组成的“U”形山链，使省内前期构造面貌发生了改变，最显著的地区有：

庐山地区：庐山东麓的早白垩世花岗岩带被剥露出地表，其上覆地层被侵蚀掉约3km左右，北西、东、南三面形成断陷之地。古近纪时庐山于九江坳陷中部作北北东向地垒式上升，湖口鄱阳湖管道作地堑式断陷，形成2000m以上的落差。

怀玉地区：由于快速隆升，使怀玉、灵山花岗岩体呈岩基状出露地表，上覆地层被侵蚀掉约4~5km，并使原来低缓的低山丘陵坳陷区成为中低山地，与信江红层盆地形成1000余米落差。

北武夷地区：赣东自东乡至广丰的早白垩世火山盆地，根据恢复再造研究表明，基本上是一个相连的大型火山盆地。其中，北部被晚白垩世红盆叠覆，期间又被稍晚的花岗岩体侵入；部分被后期构造破坏，如天台山、月风山火山盆地，同属冷水坑火山盆地，被冷水坑逆冲推覆体分割为天台山、月风山盆地及中部的冷水坑推覆隆起。

该区由于武夷山脉于燕山期造山后快速隆升，火山盆地的北部在信江红盆地南边部向武夷山方向逐步抬升，形成了北武夷山火山山链，高达1500m以上，最高峰黄岗山海拔2158m，造成了4000余米落差。

赣中南地区：现今总体为一个隆起区。除小型的宁（都）于（都）坳陷外，仅残留有零星的向斜；根据研究，宁于坳陷有可能曾与信丰、龙南等向斜相连；崇义向斜，东有被剥蚀的西华山－漂塘背斜，西有被剥蚀的营前－关田背斜、思顺向斜，曾是一个小型坳陷；说明赣南曾有北北东向隆、坳相间构造与古地貌。

江西大量断陷红层盆地中多发现有石灰岩质砾岩层和含钙砂岩层，与这些被侵蚀的沉积盖层有关。

（二）赣鄱断陷带

赣鄱上叠的断陷盆地形成。

规模最大的为鄱阳湖－吉泰－赣州断陷盆地带，形成了江西“U”形地貌格局的中间低地和北部的鄱阳盆地。其次，为赣中（钦杭）断陷带，横亘于江西中部，由高安、萍乡、三阳、里田、南鄱阳、抚州、信江等一串断陷盆地组成，大部分上叠于萍乐、怀玉、永（新）莲（花）等坳陷之上。除此，为北北东向的南城－广昌－会昌断陷盆地带。

这些断陷盆地带的形成，进一步凸显了江西北部“一隆”（九岭）、“两坳”（九江、赣中）、“一盆”（鄱阳）和江西南部“三隆”（罗霄、雩山、武夷）、“两陷”（赣江、抚河）的构造地貌格局。

古近纪末，由于古太平洋板块沿台玉里带俯冲，又因印度板块俯冲、青藏地区向东逃逸作用相向挤压，发生了“四川运动”，结束了伸展成山成盆活动。

三、新近纪以来—新构造时期

这一时期的地质构造作用与人类活动关系十分密切，也是地貌成型（定形）的重要时期。这方面已积累了较多的地质地貌资料，主要问题是测年工作显得滞后，使地貌演化时期研究受到了很大限制。

新近纪—早更新世早期，江西受来自菲律宾海板块扩张与青藏地区向东扩展的两面挤压，地壳处于均衡隆升、剥蚀时期。

至早更新世晚期，青藏高原快速抬升达海拔4000~5000m以上，我国地势的三大阶梯开始形成。江西虽处于第三阶梯，由于地壳挤压加强发生了弱造山，与华北地区不同——未能形成大平原。构造活动转变为阶段性不均衡弱隆升与沉降。

（一）山岳地貌造型时期

这一时期的构造－地貌格局无重大变化。由于山体隆升速度、岩石性质不同，塑造出不同的山岳形态地貌，山体的山高、规模也有所变化。

以庐山为例，山体南部由于属于双桥山群变质岩，更新世冰蚀地貌已荡然无存；山体北部由南华系莲沱组砂岩组成，存留的冰蚀地貌以中更新世大姑期冰蚀地貌为主；早更新世大排岭冰期、鄱阳冰期的冰蚀地貌大部已被剥蚀。说明庐山更新世时期山体比现今略高、略大。

三清山地区保存有东亚－北美间断分布的种子植物68属，是华东黄杉现代分布的中心地区，这些植物可能起源于古近纪东亚或东南亚亚热带地区，在第四纪冰期能得以保存，说明三清山在早更新世时期的山体不高、未遭到冰川侵袭。再者，形成三清山主体的碱长花岗岩体是早白垩世怀玉山花岗岩序列中的末次产物，迄今仍保留有侵入体的原始形态，推测三清山山体快速隆升时间为中更新世大姑冰期之后的晚更新世和全新世之初。

根据黄进教授的研究，华南丹霞景观形成时期一般在1000万年以来，正是新近纪整体隆升夷平时期。江西境内，武夷山脉西坡的山前丹霞景观群（带）形成时代应当更晚，为第四纪。即可能与台湾海岸山运动有关。除流水侵蚀外，更新世时期还可能遭到冻融作用。龙虎山丹霞地貌已进入老年早期，山体迄今仍处于弱隆升状态，从景区穿流而过的泸溪河形成于晚更新世。

（二）主要河流湖泊形成时期

长江：流经江西北部，西自江汉平原、沿长江中下游坳陷带注入东海。据报道（何培元，1994），长江上游与中游的贯通时间为中更新世。九江沿岸的早更新世九江组河湖型沉积，其年龄为1.61Ma（ESR），与长江沿岸的宜昌卢演冲砾石层（1.20Ma，ESR）、安庆砾石层（0.83Ma，ESR）、望江县砾石层（1.07~1.1Ma，ESR）基本相当，表明宜昌以下的长江段于早更新世中晚期已经连通。

赣江：赣州盆地和泰和盆地沿江地段均有早更新世晚期的赣县组（0.83~0.85Ma）分布，即比早更新世大姑冰期稍晚，雨水增多。这个时期的赣江已经穿越赣县储潭至万安县城关附近的“九曲十八滩”、向北奔流，至赣抚三角洲，钻孔揭露出早更新世早期的恒湖组（1.93~2.28Ma）为赣江的早期沉积物，大致与大排岭－鄱阳间冰期时间相当。

昌江、信江、抚河下游，即鄱阳湖平原区有赣县组分布。信江、抚河于中更新世分别沿北西向的信江、抚河断裂进入鄱阳湖；修河于中更新世，沿修武向斜东流，过柘林后，沿着北西向的柘林－永修断裂带汇入赣江。时间也在早更新世大姑冰期之后。

鄱阳湖：早期为过水性湖泊，但规模不大。两晋－南朝时期彭蠡泽南侵，枭阳、海昏县城沦入湖中，隋唐时期形成了今日所见的全国最大的淡水湖。

（三）平原的形成时期

自早更新世始，鄱阳湖湖区下沉，沉积了河湖型沉积物，形成了江西最大的平原。其他红层盆地和省内二、三级河流于早更新世晚期始，先后接受河流沉积，由于处于多阶段沉降与隆升交替状态，一般可形成 3~4 级内叠式河流沉积阶地；由于这些地区总体上沉降大于上升，形成了大大小小的断陷盆地型或山间盆地型小平原、河谷平原以及谷地，为耕地和人口聚居之所。

四、区域地貌形成演化的一些规律与特点

1）江西地貌的形成基因可追溯到中新元古代的地质构造与古地貌格局。经长期演化，于中新生代形成的隆起、坳陷、断陷盆地构造格局制约着今天地貌的基本格局。

2）江西第四纪早更新世晚期以来，受到青藏高原快速隆升向东逃逸和菲律宾海板块扩张向北西方向挤压的相向地应力作用，处于我国地势第三阶梯，发生新的弱造山，与华北形成的大平原不同，而以中低山地与丘陵盆地为主。

3）江西雨水丰沛，以水蚀型地貌为主。同时，发育保存有华南罕有的、最具典型意义的更新世庐山山岳冰川地貌。

4）江西地貌环境条件较总体较好，地貌资源丰富，许多地貌景观具有极高的科考、观光旅游价值，拥有优越的、可塑造不同地貌景观的地质条件。

江西素有花岗岩王国的美称。此次研究总结了花岗岩地貌成因的地壳隆升、岩体时代、岩石成因类型、岩石化学性质等地质要素。江西的中山山峰主要由花岗岩组成。怀玉山脉山体隆升较快、花岗岩时代新、超酸性、岩体出露晚、地貌期年轻等，形成了世界唯一性的“三清山式”花岗岩峰林地貌和怀玉山花岗岩地貌景观带。

江西变质岩出露广泛，以形成青山碧水、翠绿幽深的低山丘陵为主，中国最美乡村——婺源即为该类景区之一，许多变质岩山地都具有较高休闲度假的优美环境。

江西的沉积岩成景岩层包括：坚硬的砂岩形成庐山、井冈山等崇山峻岭；碳酸盐岩以形成大量溶洞为特征；晚白垩世红色砂砾岩形成大量丹霞。研究发现，武夷山脉山前是我国最重要的丹霞景观带，在武夷山脉北西侧山前的江西境内形成了由广丰县铜钹山、弋阳县龟峰、鹰潭市龙虎山、石城通天寨等组成的十多个丹霞景观带。

江西构造形变地貌丰富多彩，以九瑞地区帚状旋卷褶皱群景观与庐山复背斜、地垒构造、井冈山向斜构造盆地景观等最为珍稀。

5）根据江西隆、坳、盆构造控制地貌的规律，以“形”、“质”、“因”地貌三要素相结合的原则，对江西地貌进行了新的区划，将江西划分为北、中、南 3 个地貌区、18 个地貌亚区，并分区进行了地貌特征总结。

6）研究总结了区域地貌形成演化过程。划分为晋宁—燕山期为控制地貌隆起、坳陷的基础构造形成期时期；晚白垩世—古近纪（燕山造山后与喜马拉雅伸展期）为强烈的断隆成山、断陷成盆时期，形成了北北东向断隆与上叠的赣鄱断陷盆地群，基本山奠定了江西地貌的基本格局。

新近纪以来的新构造时期：新近纪—早更新世早期为地壳整体隆升剥蚀期；早更新世中晚期以来，为江西地貌的定型期，值得注意的是，这一时期的武夷山、怀玉山、庐山等发生了较强隆升。

7）早更新世中晚期以来，江西地壳由均衡隆升转变为阶段性不均衡隆升与沉降。为山岭定形、鄱阳成湖成原、长江贯通、五河成网时期。

隆起区山地不同程度地遭到侵蚀、最后定形；长江中下游于早更新世中晚期已经连通，赣江在诸水中最早于此时南北贯通，昌、信、修、抚以及三级河流主要于中更新世形成。鄱阳湖地区于早更新世已开始下沉，成为过水盆地，隋唐时期发生湖侵，形成全国最大的淡水湖。同时，其他较大的断陷盆地、“五河”与三级支流，处于多阶段沉积与上升冲蚀状态，是江西鄱阳湖平原和其他断陷盆地、山间盆地与河谷平原形成时期。至此，形成了山、江、湖的构造地貌格局。

8）江西总体为周缘隆起、南高北低的“U”形地势，构成了与湘、粤、闽之间的屏障。但江西北部具“两坳”（九江、赣中）、“一隆”（九岭）构造地貌结构；江西南部具“三隆”（罗霄 – 诸广、雩山、武夷山）、“两坳”（吉泰 – 赣州、南城 – 会昌）构造地貌格局。从而构成了山体为林带、丘陵成果园、盆原是粮仓的地貌景象，而四大坳（断）陷带则成为四大交通干线与经济带（长江、湘赣浙沪、京九、赣闽）。

但是，江西地貌研究工作还有待进一步深化，基础性的专项地貌调查、新近纪以来的测年等工作十分薄弱，是江西地貌科学工作的一个“短板”，亟待加强。

第三篇 Part Ⅲ The geological heritage and geological tourism

地质遗迹与旅游地质

地质遗迹是地球演化发展历史过程中遗留下来的记录和物证，又称“地质遗产”、“地质景观”等，是世界自然遗产的重要组成部分，更是重要的旅游地质资源，是许多旅游园区的物质基础。重要的地质遗迹代表了一个地区的地质历史、地质事件以及地质演化过程。地质遗迹是人类共同的宝贵财富，保护好这些地质遗产是人类的责任。正如人的生命只有一次一样，我们必须认识到地球只有一个，了解地球环境的过去、现在，正是为了预测未来，保护地质遗迹则是这种探索的基础，而建立地质公园是保护地质遗迹的最好方式。本篇主要根据2000年以来江西省地质遗迹调查、地质遗迹保护利用规划、地质公园与矿山公园建设、自然遗产与旅游地质研究等相关成果资料编纂而成，重点记述了全省地质遗迹资源和旅游地质资源情况、地质遗迹保护利用现状等。

人类对地质遗迹作为一种独立的具有特殊意义资源的重要性的认识时间较晚，对地质遗迹资源进行独立保护利用的历史则更晚。从1972年的《世界自然与文化遗产公约》到1991年的《保护地球历史国际宣言》，再到1999年的《世界地质公园计划》和2000年我国的国家地质公园计划，犹如一股股强大的浪潮，引起了社会各界的热情关注，并产生了全球性效应，推动着地质遗迹保护和合理利用工作的不断向前发展，特别是我国地质公园计划实施以来，开创了我国地质遗迹调查研究与保护利用工作的新局面。

在我国，从政府发布有关法规到地质遗迹保护区的建设始于20世纪80年代，地质公园的建设则是2000年以来的事情。过去，往往把地质遗迹纳入到自然遗产、旅游自然资源和文物（如古生物化石）等范围进行保护利用。因此，至今江西省对地质遗迹与旅游地质的调查研究工作程度尚低。

江西省关于地质遗迹与旅游地质调查研究方面的记录记载大致可以划分为古代至新中国成立之前、新中国建立以来至20世纪末、21世纪以来等三个大的阶段，其中：

古代—新中国成立之前：属历史“志”记与名人记述阶段。主要在《山海经》和各级各类“地方志”中对部分地质自然景观作为地方“风景名胜”给予了一定记载和简要的描述。在历史上，庐山洞、西山洞（南昌）、鬼谷山洞（贵溪）、笥山洞（永新县）、麻姑山洞（南城县）等列入了道家的三十六洞之内，麻姑山（南城县）、龙虎山（鹰潭）、灵山（上饶）、阁皂山（樟树市）、始丰山(丰城市)、逍遥山(南昌)、虎溪山(彭泽县)、元晨山（都昌县）、马蹄山(鄱阳县)等列入了道家的七十二福地之内。起行于明末的著名地理学家徐霞客曾经来到江西“旅行”考察，开近代地学之先，在其“游记”中对庐山、龟峰、龙虎山、挂榜山、会仙峰、青原山、武功山等地的山形地貌及自然景观有过记述。在20世纪的30、40年代，著名地质学家李四光在庐山发现了第四纪冰川地质遗迹，奠定了庐山成为中国第四纪冰川地质学的发源地地位。

新中国成立至20世纪末：属“风景名胜”与“地学”结合的认识阶段。20世纪80年代以来，我国开始了地质遗迹保护区建设，原地质矿产部于1995年颁布实施《地质遗迹保护管理规定》。江西省地矿局及江西省地矿厅、江西省地质学会开辟了“地学夏令营”活动，许多地质遗迹与地质现象被作为地学科普活动素材，并逐步发表了一批旅游地质方面的论文论著，江西省地矿局的尹培基、马恒玮等人为江西旅游地质和地学科普事业做出了重要贡献。1998年出版的《江西省地质矿产志》对江西旅游地质资源进行了总结性记述。

21世纪以来：进入地质遗迹与自然遗产资源调查研究新阶段。江西省地质矿产厅、江西省国土资源厅于1999年开始部署全省地质遗迹调查工作，2005年编制发布《江西省地质遗迹保护利用规划

(2005~2020 年)》。2000 年启动国家地质公园区的综合科考，2004 年启动了省级地质公园区综合科考工作，2005 年启动了国家矿山公园区的综合科考工作，先后安排实施了全省地质遗迹调查、地质遗迹保护利用规划、拟建地质公园与矿山公园区综合科考、部分省级以上地质遗迹保护等调查研究与保护工程项目。另从 1995 年始，在江西省人民政府主持下，由江西省建设厅组织，先后开展了世界自然遗产的科学考察与论证等研究工作。庐山在 1996 年 12 月被联合国教科文组织世界遗产委员会列入《世界遗产名录》的“世界文化景观”进行保护利用。三清山与龙虎山（含龟峰）分别于 2008 年、2012 年列入世界自然遗产地进行保护利用。2017 年武夷山脉主峰铅山县黄岗山地区纳入武夷山世界自然文化双遗产。地质公园与矿山公园建设取得了重大进展。已建世界地质公园有庐山、龙虎山（含龟峰）、三清山 3 处，国家地质公园有武功山、石城 2 处；国家矿山公园有景德镇高岭山、德兴、萍乡安源、瑞昌铜岭等 4 处；省级地质公园有柘林湖、铜鼓、五指峰（上犹）、神农源（万年）、洪岩洞（乐平）、象山（贵溪）、兴国丹霞、信丰香山等 8 处。

第八章　地质遗迹资源

第一节　地质遗迹资源概况

江西大地已知有 18 亿年的地质记录。在这地史长河中，曾经历过 5 个大的发展阶段和 4 场具有变革意义的造山运动。地史中的激烈动荡与沧桑变迁，形成了丰富的地下资源，也给我们留下了大量珍贵的地质遗产。因江西地跨扬子、华夏古板块，中侏罗世以来又受新华夏构造体系复合制约，形成了南北不同、东西有异的地质地貌格局。江西是一个自然资源大省，不仅资源丰富，而且创造了具有世界特色的资源文化——铜文化、瓷文化、钨文化……江西早在 1 万年前，中华民族的祖先就在此劳动生息繁衍，创造了灿烂的古代文明，并留下了丰富的古人类遗迹与文化遗产。

一、地质遗迹资源主要种类

根据江西省地质遗迹调查的成果资料，全省已知地质遗迹 528 处，大致可以分为古生物化石及产地、重要地质剖面、典型构造形迹、第四纪冰川遗迹、岩体地貌景观、水体地貌景观、奇岩名石、重要采矿遗址与著名矿址、重要湿地等类型。江西省地质遗迹的发育与分布情况主要受地质构造单元和地层、岩性等控制。其中，地质地貌景观与构造运动及中生代以来的地质作用密切相关。如花岗岩与砂岩、变质岩地貌景观多分布于构造隆起区，岩溶地貌景观主要分布于古生代浅海台地带，丹霞均见于晚白垩世至古近纪陆相盆地，古生物化石与地层时代及岩性相关，古人类遗迹多见于岩溶洞穴之中，重要矿址多产于规模大的构造带，岩体地貌景观与水体地貌景观多相伴而生（图 3-8-1）。

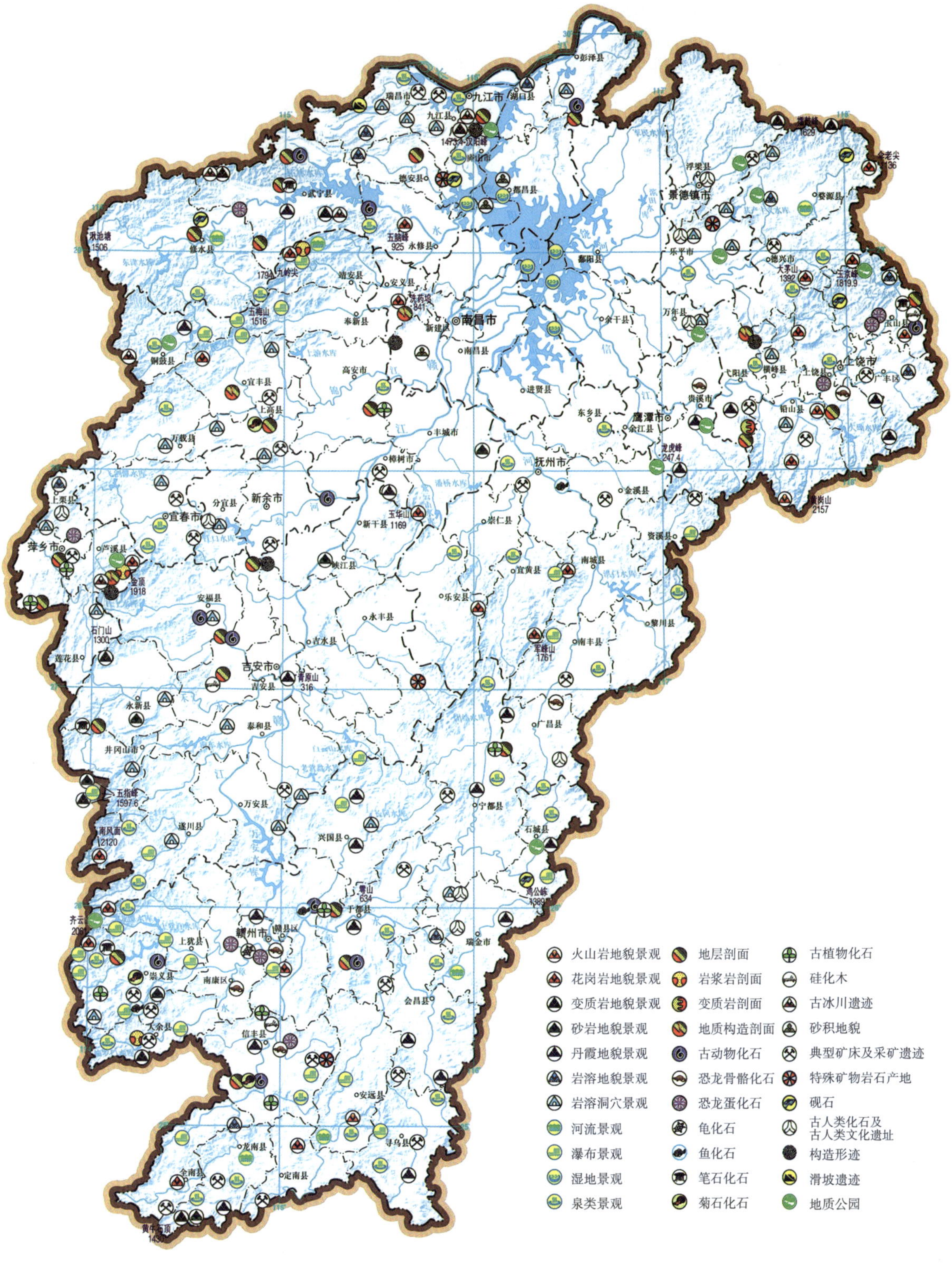

图 3-8-1　江西省地质遗迹资源分布略图

Fig. 3-8-1　Sketch of the distribution of the geological heritage resources in Jiangxi Province

二、地质遗迹资源的等级和保护利用分级

地质遗迹资源价值的等级划分：依据江西省地质遗迹调查成果，全省地质遗迹资源按其价值和重要性划分为5个等级，经评估，全省已知有Ⅰ级（具有国际性意义）地质遗迹36处、Ⅱ级（具有全国性意义）120处、Ⅲ级（具有区域性意义）167处、Ⅳ~Ⅴ级（具有地区及地方意义）205处。

为利于地质遗迹资源的保护利用与监测管理，我国目前对地质遗迹资源保护利用的分级主要采用行政区划等级体制划分办法（国土资源部地质环境司，2006、2007），对地质遗迹保护利用等级划分为4个等级，即：世界级（如建立世界地质公园）；国家级（如建立国家地质公园、国家矿山公园、国家地质遗迹保护区）；省级（如建立省级地质公园、省级矿山公园、省级地质遗迹保护区或保护地）；市县级（如建立市县级地质公园、市县级地质遗迹保护区或保护地）。

第二节　典型地质遗迹资源

一、重要古生物化石

古生物化石是地球历史的重要物证，特别是地球生命起源、演化、发展历史的特殊“文字记录”。

江西省已发现的古生物化石门类及属种众多，化石产地遍布全省各地，其中较为重要和典型的古生物化石产地有40余处（表3-8-1），部分具有全国性乃至世界性意义（见照片8-1~照片8-26）。

表3-8-1　江西省重要古生物化石产地

Table 3-8-1　The important fossils producing area in Jiangxi Province

序号	名称	产地	评估级别	序号	名称	产地	评估级别
1	柘林震旦纪原始水母化石群	永修县	Ⅰ级	9	西垅志留纪笔石动物化石群	武宁县	Ⅱ级
2	青草湖震旦纪海相藻类化石群	萍乡市	Ⅱ级	10	峡山泥盆纪多门类古生物石群	于都县	Ⅱ级
3	高滩-水石寒武纪小型腕足与双壳化石群	崇义县	Ⅱ级	11	铅厂泥盆纪鱼类与植物化石群	崇义县	Ⅲ级
4	乐观寒武纪至奥陶纪多门类动物化石群	彭泽县	Ⅱ级	12	鹅公头泥盆纪硅化木	信丰县	Ⅱ级
5	古城奥陶纪笔石动物化石群	玉山县	Ⅰ级	13	三门滩石炭纪植物化石群	于都县	Ⅱ级
6	大岭脚奥陶纪珊瑚化石群	玉山县	Ⅲ级	14	华山岭早石炭世植物化石群	丰城市	Ⅲ级
7	茅坪奥陶纪笔石动物化石群	崇义县	Ⅰ级	15	金鸡山石炭至二叠纪海相动物化石群	于都县	Ⅲ级
8	韩江-石口奥陶纪笔石动物化石	永新县 井冈山市	Ⅱ级	16	上饶晚白垩世恐龙化石群	上饶县	Ⅲ级

续表

序号	名 称	产地	评估级别	序号	名 称	产地	评估级别
17	小江边二叠纪腕足动物化石群	安福县	Ⅲ级	31	龙华恐龙蛋化石	南康区	Ⅲ级
18	大桥二叠纪植物化石群	信丰县	Ⅲ级	32	玉山恐龙蛋化石	玉山县	Ⅲ级
19	铁石口三叠纪动物化石群	信丰县	Ⅱ级	33	上饶晚白垩世恐龙化石群	上饶县	Ⅲ级
20	安塘三叠纪古火山喷发废林残迹	吉安县	Ⅱ级	34	三都恐龙蛋化石	修水县	Ⅲ级
21	龙岭白垩纪爬行动物化石群	南康区	Ⅰ级	35	萍乡恐龙蛋化石	萍乡市	Ⅱ级
22	白杨镇檀山古生代动物化石群	瑞昌市	Ⅲ级	36	姚圩古近纪古脊椎动物化石群	新余市	Ⅱ级
23	毛宅侏罗纪硅木化石群	玉山县	Ⅰ级	37	头陂新近纪植物化石群	广昌县	Ⅱ级
24	梅岗早白垩世鱼类化石群	临川区	Ⅱ级	38	仙人洞第四纪古人类文化遗址	万年县	Ⅰ级
25	军峰山早白垩世硅化木化石群	乐平市	Ⅱ级	39	涌山洞第四纪古动物化石群	乐平市	Ⅱ级
26	甘竹龙溪甲龙化石	广昌县	Ⅰ级	40	玉石岩第四纪古动物化石群	龙南县	Ⅲ级
27	五里亭–龙岭白垩纪爬行动物化石群	赣州市	Ⅰ级	41	石屋洞第四纪古动物化石群	安福县	Ⅲ级
28	信丰白垩纪恐龙动物化石群	信丰县	Ⅰ级	42	牛心岭第四纪古动物化石群	信丰县	Ⅲ级
29	茅店恐龙化石	赣县	Ⅲ级	43	腾田剑齿象动物化石	永丰县	Ⅲ级
30	三益恐龙蛋化石	南康区	Ⅲ级				

二、重要地层剖面

地层剖面是地球演化发展历史信息的物质记录，是地球历史档案的组成部分。一条地层剖面，往往代表了地壳发演化过程中的特定时段、特定地域的地质发展历史。江西省自元古宙以来，地层基本齐全。根据第二代《中国区域地质志·江西志》（江西省地质矿产勘查开发局，2017），经整理，全省共确立岩石地层单位“群”级 20 个、“组”级 164 个，并新厘定了区域变质基底地层的时代及划分方案。这些“群”、“组”级岩石地层单位，都有代表性的地层剖面，它们共同记录了江西大地 18 亿年来的地质发展演化历史和区域古地理环境沧海桑田的变迁历史，期中较为重要、国内外有重要影响的地层剖面主要 22 条（表 3–8–2）。

表 3-8-2 江西省重要地层剖面

Table 3-8-2 The important stratigraphic section in Jiangxi Province

序号	名称	产地	评估级别	序号	名称	产地	评估级别
1	新元古代张村岩组(片)剖面	德兴市	Ⅰ级	12	西垅志留纪笔石地层剖面	武宁县	Ⅲ级
2	新元古代双桥山群层型剖面	修水、武宁、星子、鄱阳县	Ⅰ级	13	峡山泥盆纪多门类古生物石群与层型剖面	于都县	Ⅲ级
3	新元古代神山组－库里组层型剖面	新余市	Ⅱ级	14	早石炭世梓山组选层型剖面	于都	Ⅱ级
4	周潭－洪山中新元古代地层层型剖面	弋阳县	Ⅰ级	15	小江边二叠纪小江边组层型剖面	安福县	Ⅲ级
5	新元古代登山群层型剖面	弋阳县	Ⅱ级	16	鸣山晚二叠世乐平组选层型剖面	乐平	Ⅱ级
6	新元古代广丰群层型剖面	弋阳县	Ⅱ级	17	三叠纪铁石口组选层型剖面	信丰县	Ⅲ级
7	南华纪杨家桥群层型剖面	新余市	Ⅰ级	18	晚三叠世安源群选层型剖面	萍乡	Ⅱ级
8	乐观寒武纪至奥陶纪介壳灰岩相地层剖面	彭泽县	Ⅱ级	19	早白垩世打鼓顶组火山岩层型剖面	龙虎山上清宫	Ⅱ级
9	茅坪奥陶纪笔石地层剖面	崇义县	Ⅱ级	20	早白垩世鹅湖组层型剖面	铅山县鹅湖	Ⅲ级
10	韩江－石口奥陶纪笔石地层剖面	井冈山	Ⅱ级	21	头陂新近纪头陂组层型剖面	广昌县	Ⅱ级
11	古城奥陶纪笔石地层剖面	玉山县	Ⅱ级	22	第四纪更新世冰碛地层剖面	庐山	Ⅰ级

三、重要岩石

具有重大地质意义和在全国及世界有重要影响的岩石主要有蛇绿岩、蓝闪片岩和特殊的花岗质岩类组成的古华南洋地质遗迹群（表 3-8-3）。

表 3-8-3 江西省重要岩石

Table 3-8-3 The important rocks in Jiangxi Province

序号	名称	位置	评估级别
1	新元古代蛇绿岩、斜长花岗岩(968Ma)、蓝闪片岩(867Ma)	弋阳县樟树墩、德兴市西湾	Ⅰ级
2	新元古代弧后盆地枕状玄武岩、细碧－石英角斑岩，产于安乐林组	星子县庐山垅、武宁县大洞	Ⅱ级
3	青白口纪晚期浆混岩(石英正长岩与闪长玢岩组成浆混结构)	横峰县港边	Ⅱ级
4	晋宁期九岭花岗岩与莲沱组不整合(华南首次发现)	武宁县武宁岩	Ⅱ级
5	早古生代超基性岩	新余市神山	Ⅲ级

续表

序号	名 称	位 置	评估级别
6	加里东期上犹花岗岩与泥盆系不整合(华南首次发现)	上犹县陡水	Ⅱ级
7	中侏罗世碱性花岗岩(江西唯一产地)	龙南县塔背	Ⅲ级
8	中晚侏罗世西华山花岗岩(由4个亚序列组成的花岗岩株)	大余县西华山	Ⅱ级
9	早白垩世灵山环斑花岗岩—晶洞花岗岩序列	上饶县灵山	Ⅱ级
10	石英二长岩(麦饭石母岩)	信丰县金盆山	Ⅱ级
11	古近纪似金伯利岩筒	安远县路迳	Ⅳ级

四、重要构造形迹

江西的构造形迹异彩纷呈，是研究区域地质演化发展历史的良好场地，也是解决华南大地构造问题最有利的地区之一。在这些众多的构造形迹中，以下列构造形迹具有重大科学价值和典型代表性。

（一）古板块结合带与地壳叠接带

钦杭结合带从江西中部通过，遗存有中新元古代珍稀的地质遗迹群和3条著名的构造带。

1. 浏阳－宜丰－景德镇－歙县古板块对接带与叠接带断裂构造遗迹

为凭祥－宜丰－苏州古华南洋俯冲带和扬子古板块与华夏古板块的对接带中残留的浏阳－宜丰、歙县伏川准原地蛇绿岩片。该带于中生代九岭隆起向南逆冲推覆，出露地点为宜丰县东桥、余干城郊；武功山北段滑脱前缘向北逆冲在万载县兴源冲一带，有宜丰蛇绿岩片推出浅表。晚白垩世转化为控盆正断层，古近纪又发生逆冲，出露地点为南昌、高安盆地北缘。

2. 赣东北地壳叠接断裂构造遗迹

为晋宁—加里东期万年推覆体前缘构造－蛇绿混杂岩断裂带、信江钱塘地块消减叠覆带，长达300km。见有德兴准原地蛇绿岩片、金山超糜棱岩带、西湾蛇绿岩与M型大洋钠长花岗岩及蓝片岩、洪家混杂岩块、杨溪混杂岩片、金山岭－十二公包南华系残留岩片等（图3-8-2）。

3. 萍乡－广丰地壳叠接断裂构造遗迹

位于北海－萍乡－绍兴地壳叠接断裂带东段，为东南加里东期造山带前缘大规模逆冲推覆型地壳叠接断裂构造。

（二）其他典型构造形迹

1）郯庐断裂带末梢码头－九宫山挤压走滑褶断带。

2）九江多重帚状褶皱带旋卷构造。

3）星子变质核杂岩构造。

4）武功山加里东期片麻状花岗岩隆滑构造和强力侵入型韧性剪切带、混合岩化带与递进变质带。

5）石城－寻乌控岩、控矿、控盆深断裂与会昌断裂构造复合导热、发震断裂带（图11-45-4）。

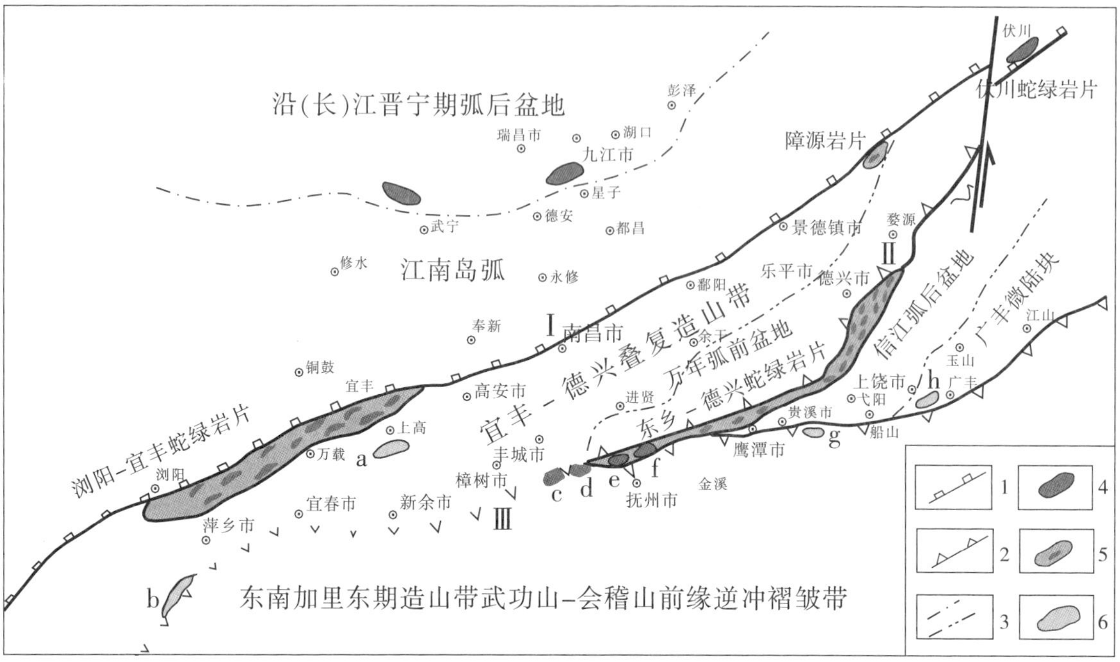

图 3-8-2 浏阳－德兴－伏川地区蛇绿岩片与构造岩片分布略图

Fig.3-8-2 Distribution of the ophiolte and microlithons in the area of Liuyan-Dexing-fuchan

(据杨明桂 等，2015)

1—板块对接带；2—地壳叠接带；3—三级构造单元/四级构造单元分界线；4—中元古代构造岩片；5—中新元古代洋壳残迹岩片；6—新元古代构造岩片；a—青白口系下部大洞枕状玄武岩；b—青白口系下部筲箕洼火山岩；c—青白口系下部郭源枕状玄武岩；d—下南华统漫田岩片；e—南华系—寒武系广寒寨岩片；f—下南华统—青白口系上部白土混杂；g—下南华统乌石岩片；h—南华系黄马岩片；i—新元古代登山群荷岭岩片；j—中元古界铁沙街岩片；k—中元古界田里岩片露头点；

Ⅰ—宜丰－景德镇板块对接带；Ⅱ—德兴－弋阳地壳叠接带；Ⅲ—萍乡－广丰－绍兴地壳叠接带

五、第四纪冰川遗迹

位于江西北部的庐山，为我国冰川地质学的发祥地，保存有比较完整的更新世冰蚀地貌与冰川堆积（冰碛物）遗迹。详见本志第一篇第二章第四节（见照片 7-1）。

第三节 典型岩体地质地貌景观资源

一、花岗岩景观资源

江西省是花岗岩王国，出露很广，景观资源十分丰富。由于花岗岩体的质地坚硬，岩性较均一，垂直节理发育，多构成山地的核心。现今处于隆升的花岗岩山体，在流水侵蚀和重力崩塌等地表地质作用下，常形成挺拔险峻、峭壁耸立的雄奇景观，而有重要观赏价值。

省内已知的典型花岗岩体地质地貌景观，除世界自然遗产、世界地质公园三清山和国家地质公园武功山之外，主要有灵山、大茅山、葛仙山、梅岭、军峰山、玉华山、五指峰、九岭山、齐云山、云山、石耳山、大华山、峰山、梧风洞等 20 余处（表 3-8-4，照片 1-1~照片 1-27）。

表 3-8-4　江西省花岗岩典型景观

Table 3-8-4　The typical granitic landscape in Jiangxi Province

序号	名 称	位 置	评估级别
1	三清山花岗岩地质遗迹景观	三清山	Ⅰ级
2	武功山多种类地质遗迹景观	武功山	Ⅰ级
3	五指峰花岗岩地质遗迹景观	上犹县	Ⅱ级
4	九岭山新元古代花岗岩地貌景观	武宁县	Ⅱ级
5	梅岭新元古代花岗岩地质遗迹景观	南昌市	Ⅱ级
6	灵山燕山期花岗岩地貌景观	上饶县	Ⅱ级
7	云居山燕山期花岗岩地质遗迹景观	永修县	Ⅲ级
8	石耳山元古代花岗岩地貌景观	婺源县	Ⅲ级
9	军峰山燕山期花岗岩地貌景观	南丰县	Ⅲ级
10	大华山燕山期花岗岩地貌景观	乐安县	Ⅲ级
11	麻姑山加里东期花岗岩地貌景观	南城县	Ⅲ级
13	葛仙山燕山期花岗岩地貌景观	铅山县	Ⅲ级
14	官山花岗岩地貌景观	宜丰县	Ⅲ级
15	大茅山中生代花岗岩地质地貌景观	德兴市	Ⅲ级
16	太阳山花岗岩地质地貌景观	武宁县	Ⅲ级
17	黄龙山花岗岩地质地貌景观	修水县	Ⅲ级
18	窑里汪湖花岗岩地质地貌景观	浮梁县	Ⅲ级
19	大鄣山花岗岩地质地貌景观	婺源县	Ⅲ级
20	玉华山中生代花岗岩地貌景观	丰城市	Ⅲ级
21	会仙峰燕山期花岗岩地貌景观	黎川县	Ⅳ级
22	峰山花岗岩地貌景观	赣州市	Ⅳ级
23	齐云山花岗岩地貌景观	崇义县	Ⅳ级
24	大围山新元古代花岗岩地貌景观	铜鼓县	Ⅳ级
25	百丈山花岗岩地貌景观	奉新县	Ⅴ级

二、火山岩景观资源

火山岩是由火山活动形成的岩石。江西省的火山岩自元古宙至古近纪各时代几乎都有不同程度的发育，但其中以早白垩世陆相火山活动最为强烈，火山遗迹最为典型。中生代火山岩主要分布于丰城－广丰、三南及寻乌、安远、会昌地区，面积约 4445km^2，发现有古火山机构 27 处，古火山口近百个。其中，具有典型地质遗迹或火山岩地质地貌景观意义者，主要有铅山黄岗山、安远三百山、玉山尖山、横峰天台山和崇仁的相山、乐平南港等 10 余处（表 3-8-5，照片 4-1~照片 4-5）。

表 3-8-5 江西省火山岩典型景观资源

Table 3-8-5 Typical volcanic landscape resources in Jiangxi Province

序号	名 称	位 置	评估级别
1	黄岗山火山岩地质地貌景观	铅山县	Ⅰ级
2	三百山火山岩地质地貌景观	安远县	Ⅱ级
3	青龙山隐爆岩筒－火山口地质地貌景观	会昌县	Ⅱ级
4	鹅湖岭火山岩地质遗迹景观	铅山县	Ⅲ级
5	尖山古火山口地质地貌景观	玉山县	Ⅲ级
6	银山西山火山口地质地貌景观	德兴市	Ⅲ级
7	马头山－大觉山火山岩地质地貌景观	资溪县	Ⅲ级
8	相山火山岩地质地貌景观	崇仁县	Ⅲ级
9	玉华山火山杂岩地质地貌景观	丰城市	Ⅲ级
10	阳际坑火山岩地质地貌景观	贵溪市	Ⅳ级
11	天台山火山岩地质地貌景观	横峰县	Ⅳ级
12	南港火山岩地质地貌景观	乐平市	Ⅳ级

三、变质岩景观资源

江西省变质岩分布很广，加上植被发育，构成了大量重要的绿色山体和幽谷溪流。中国最美乡村婺源主要属于变质岩丘陵，竹林、茶山、漂流河谷、小桥流水的江南山丘风光为其代表。另外，险峻幽深的有九宫山（板岩）、大庾岭（板岩、千枚岩）、禾山（板岩、千枚岩）、罗山（板岩、千枚岩）等（表 3-8-6）。此外，还有梅岭、麻姑山（中深变质岩）等。

表 3-8-6 江西省变质岩典型景观资源

Table 3-8-6 Typical landscape resources of metamorphic rocks in Jiangxi Province

序号	名 称	位 置	评估级别
1	婺源变质岩地貌景观	婺源县	Ⅱ级
2	九宫山变质岩地貌景观	修水、武宁县	Ⅱ级
3	麻姑山变质岩地貌景观	南城县	Ⅱ级
4	大庾岭变质岩地貌景观	大余县	Ⅲ级
5	禾山变质岩地貌景观区	永新县	Ⅴ级
6	罗山变质岩地貌景观区	丰城市	Ⅴ级
7	阁皂山变质岩地貌景观区	樟树市	Ⅳ级

四、丹霞

丹霞地貌为 1939 年陈国达教授命名，指红色碎屑岩形成的雄伟奇险的岩壁、岩峰、岩洞、岩块等有关的地貌。江西的丹霞发育，广泛分布于全省各地的 30 余个中生代陆相盆地中，主要由红色砂砾岩构成，成岩时代集中于晚白垩世。典型丹霞景观则以武夷山隆起带的西及西北山缘断陷盆地内最为集中，尤以信江盆地饶南地段、抚河流域及贡江上游等最具有代表性。丹霞景观的类型比较齐全，成因类型包括有流水冲刷侵蚀型、侵蚀崩塌残余型、崩塌堆积型、溶蚀风化型等；形态类型有石寨、石墙、石梁、石崖、石柱、石峰、峰林、一线天、嶂谷、峰丛、单斜山、石门、天生桥、穿洞、扁平洞、额状洞、岩槽、溶洞、水蚀溶洞、竖状洞穴、蜂窝状洞穴、崩塌洞穴、堆积洞穴、崩积岩块、天然壁画和千姿百态的造型地貌等丹霞景观种类在江西省均有发现。

全省著名的丹霞为世界自然遗产地与世界地质公园的龙虎山、龟峰，还有翠微峰（宁都）、通天岩（赣州）、武当山（龙南）、汉仙岩（会昌）、罗汉岩（瑞金）、罗田岩（于都）、白花岩（广丰）、挂膀山（贵溪）、通天寨（石城）、青龙岩（寻乌）、天柱峰（铜鼓）、龙凤岩（广昌）等30余处（表3–8–7，照片2–1~照片2–27）。

表3–8–7　江西省典型丹霞景观资源

Table 3–8–7　The typical Danxia landscape resources in Jiangxi Province

序号	名 称	位 置	评估级别	序号	名 称	位 置	评估级别
1	龙虎山	鹰潭市	Ⅰ级	18	红梅岩	于都县	Ⅳ级
2	龟峰	弋阳县	Ⅰ级	19	紫云山	会昌县	Ⅴ级
3	通天寨	石城县	Ⅱ级	20	南台山	南康市	Ⅴ级
4	翠微峰	宁都县	Ⅱ级	21	仙济岩	信丰县	Ⅴ级
5	通天岩	赣州市	Ⅲ级	22	狮子岩	信丰县	Ⅴ级
6	罗汉岩	瑞金市	Ⅲ级	23	天龙山	全南县	Ⅴ级
7	汉仙岩	会昌县	Ⅲ级	24	九狮山	铅山县	Ⅴ级
8	武当山	龙南县	Ⅱ级	25	仙人寨	铅山县	Ⅴ级
9	挂榜山	贵溪市	Ⅳ级	26	叫岩	铅山县	Ⅴ级
10	铜钹山	广丰县	Ⅲ级	27	狮子山	金溪县	Ⅴ级
11	六石岩石	广丰县	Ⅲ级	28	龙凤岩	广昌县	Ⅳ级
12	天柱岩	广丰县	Ⅳ级	29	阳石寨	广昌县	Ⅴ级
13	东岩	广丰县	Ⅳ级	30	南岩	上饶市	Ⅴ级
14	宝石寨	兴国县	Ⅴ级	31	月亮山	上饶县	Ⅴ级
15	马祖岩	兴国县	Ⅴ级	32	桐子坪	武宁县	Ⅴ级
16	天鹅湖	兴国县	Ⅳ级	33	天柱峰	铜鼓县	Ⅳ级
17	罗田岩	于都县	Ⅴ级	34	青龙岩	寻乌县	Ⅳ级

五、南华纪—泥盆纪砂岩与砂砾岩景观资源

省内南华纪早世—泥盆纪中晚世组成的中厚层状砂岩、砂砾岩，由于石质坚硬，往往构成了峰林—峰丛、陡崖景观地貌。其中，最著名的为庐山、井冈山砂岩、砂砾岩景观地貌（表3–8–8）。

表 3-8-8 江西省南华系—泥盆系砂岩与砾岩地貌主要景观资源

Table 3-8-8 The major Paleozoic sandstone landform resources in Jiangxi Province

序号	名 称	位 置	评估级别
1	庐山南华纪莲沱组砂岩地质地貌景观	庐山	Ⅰ级
2	井冈山泥盆纪砂岩地貌景观	井冈山	Ⅰ级
3	武宁岩－白崖山南华纪莲沱组砂岩地质地貌景观	武宁—靖安县	Ⅱ级
4	碧波岩泥盆纪砂岩地貌景观	永新县	Ⅱ级
5	九连山泥盆纪砂岩地貌景观	龙南县	Ⅲ级
5	玉笥山泥盆纪砂岩地貌景观	峡江县	Ⅲ级
7	阳岭砾岩地质遗迹景观	崇义县	Ⅲ级
8	丫山砂砾岩地质地貌景观	大余县	Ⅳ级
9	株山砂岩地貌景观	丰城市	Ⅴ级
10	青原山砂岩地貌景观	吉安市	Ⅳ级

(一) 赣北庐山等地区的莲沱组砂岩景观资源

赣北地区的南华纪莲沱组主要由厚层状砂岩、砂砾岩组成，在庐山不整合于新元古代双桥山群变质岩之上，在武宁岩不整合于晋宁期九岭花岗岩之上，由于石英质成分含量较高，往往构成凸形山脊、峰岭，又经流水等表生地质作用，形成独特的峰丛、石峰、陡崖、峡谷与溪流瀑布组合景观。其中，著名的如庐山的五老峰、锦绣谷、三叠泉、石门涧等；武宁岩－白崖山的峰丛、峡谷、溪流、瀑布、奇石等。此外，还有庐山第四纪冰川遗迹。

(二) 赣中井冈山地区的石英砂岩景观资源

井冈山山体具有二元结构，即下部为前泥盆纪浅变质岩系（板岩、千枚岩），上部及顶部往往为泥盆纪石英砂岩，二者间为明显的角度不整合关系。其崇山峻岭和巍峨群峰的上（或顶）部多为泥盆系石英砂岩构成独特的山、石、峡谷和断崖、飞瀑等奇特景观。井冈山地区由石英砂岩构成的景观主要有井冈山五指峰等山峰的上部景观层和永新县城东的碧波岩景区最为典型（照片 5-5~照片 5-13）。

(三) 赣南崇余地区的阳岭砾岩景观资源

阳岭由两套砾岩组成，下部为下志留统黄竹洞组浊流成因的砾岩楔，上部为中上泥盆统砾岩，不整合于黄竹洞组砾岩之上。阳岭之名含义为阳刚峻伟之义，其山势峻拔，岫嶂峥嵘，有峻峰 36 座，已发现瀑布悬崖 9 处，峡谷和奇岩，怪石独特。主峰阳岭，巨壁峭立，茫茫林海，好一派崇山峻岭之自然景观。

大余丫山的阳岭砾岩往往分布于中山地形之山体的上部或顶部，构成独特的地貌景观。由三套砾岩组成，下泥盆统丫山组为灰色磨拉石，角度不整合于下古生界变质岩之上，中泥盆统下部灵岩寺组紫红色杂砾岩，平行不整合于丫山组之上，中泥盆统上部云山组为灰白色砂砾岩，构成屹立于大余盆地之上的“丫”状奇峰。是华南加里东期造山运动的重要见证。

六、岩溶地质景观资源

岩溶，也称“喀斯特（Karst）”。主要是指水流对碳酸盐岩等可溶性岩石以化学作用为主、机械作用为辅的地质作用过程及其所产生的地质现象的总称。

江西省位处亚热带季风型岩溶区，易溶岩（主要为碳酸盐岩）分布较广。因缺少大范围的厚层状、近水平产状的碳酸盐岩分布，地表岩溶地貌景观发育欠佳，但地下岩溶景观丰富多彩。从岩溶类型而言，多属埋藏型岩溶，裸露型岩溶不多，也发育覆盖型岩溶。

（一）地表岩溶典型景观资源

总体以岩溶丘陵地貌为主体，微观岩溶形态景观欠典型，以石芽、峰丛、溶沟、孤峰、漏斗、洼地、小型石林等为特色。较为典型的地表岩溶景观有石钟山、修水东岭石林、婺源的大游山和三灵山及石城石林、玉山漏底、于都金鸡山、瑞金云石山、崇义王公寨石林等24处（表3-8-9，照片3-1、照片3-2、照片3-21、照片3-22）。

表3-8-9 江西省碳酸盐岩地表岩溶典型景观资源

Table 3-8-9 The typical karsts landscape resources in Jiangxi Province

序号	名称	位置	评估级别	序号	名称	位置	评估级别
1	彭郎矶(小孤山)	彭泽县	Ⅲ级	13	小昆山	德安县	Ⅴ级
2	石钟山	湖口县	Ⅱ级	14	大游山	婺源县	Ⅴ级
3	鞋山(大孤山)	星子县	Ⅱ级	15	三灵山	婺源县	Ⅳ级
4	东岭石林	修水县	Ⅱ级	16	石城石林	婺源县	Ⅲ级
5	聂都王公寨石林	崇义县	Ⅱ级	17	东岭石林	修水县	Ⅲ级
6	杨岐山	上栗县	Ⅲ级	18	化成岩	宜春市	Ⅴ级
7	漏底	玉山县	Ⅱ级	19	九峰山	上高县	Ⅴ级
8	秦山	瑞昌市	Ⅲ级	20	莲花岩	安远县	Ⅴ级
9	玉壶山	莲花县	Ⅲ级	21	鸡公山	乐平市	Ⅲ级
10	金鸡山	于都县	Ⅲ级	22	鹄山	乐平市	Ⅲ级
11	云石山	瑞金市、会昌县	Ⅲ级	23	梅岩	乐平县	Ⅴ级
12	石笋凌空	万载县	Ⅳ级	24	怪石林	乐平市、万年县	Ⅲ级

（二）地下岩溶典型景观资源

岩溶地下水在碳酸盐岩体内溶蚀、冲蚀和堆积形成的各种岩溶形态景观，主要有溶洞、地下河和地下廊道、暗湖、洞穴堆积等等。洞穴堆积包括碎屑堆积、化学沉积、河流冲积物等。其中的洞穴化学沉积景观最为绚丽多彩，如石灰华或钙华、钟乳石、石笋、石柱、石幔、边石、石珊瑚、石珍珠、石花、穴珠等，拟人拟物，形态万千，栩栩如生。

江西省古生代海相碳酸盐岩发育，分布广泛，形成的岩溶洞穴几乎遍及全省各地市，洞穴景物景观之奇有的精巧神奇，钟乳石形态万千，地下河屡见不鲜，有些洞穴还遗存有古人类文化遗迹，不仅为优势景观资源之一，也具有重要的科考、科普和旅游开发价值。据“江西省地质遗迹调查”成果，全省已知溶洞（含洞群）49处，其中较为典型的和著名的溶洞为：彭泽龙宫洞群、湖口张青溶洞群，九江狮子洞与涌泉洞、瑞昌秦山溶洞群、婺源灵岩洞群、乐平洪岩洞和涌山洞、万年仙人洞和盘岭洞、弋阳三百烈士洞、玉山漏底洞群、万载竹山洞、宜春酌江溶洞群、萍乡孽龙洞和石源洞、分宜洪阳洞、安福石屋洞天、莲花玉壶洞、永新梅田洞、井冈山石燕洞、泰和武山溶洞群、于都金鸡山溶洞群和竹篙寨溶洞、瑞金独石洞、崇义聂都大理石溶洞群、龙南玉虚洞等49处（表3-8-10，照片3-3~照片3-20、照片3-23）。

表3-8-10 江西省碳酸盐岩主要地下溶洞景观资源

Table 3-8-10 The main cave landscape resources in carbonate in Jiangxi Province

序号	名 称	位 置	评估级别	序号	名 称	位 置	评估级别
1	龙宫洞洞群	彭泽县	Ⅱ级	26	诸仙洞	景德镇	Ⅴ级
2	张青溶洞群	湖口县	Ⅴ级	27	乐平洪岩洞	乐平市	Ⅱ级
3	高丰王乔洞群	瑞昌市	Ⅳ级	28	涌山洞	乐平县	Ⅲ级
4	秦山溶洞群	瑞昌市	Ⅲ级	29	上泸观音岩洞	上饶县	Ⅴ级
5	狮子洞洞群	九江县	Ⅳ级	30	华坛山花岩洞	上饶县	Ⅴ级
6	涌泉洞	九江县	Ⅳ级	31	黄沙岭徐石岩溶洞群	上饶县	Ⅴ级
7	清水岩溶洞	修水县	Ⅲ级	32	应家仙岩洞	上饶县	Ⅴ级
8	孽龙洞洞群	萍乡市	Ⅱ级	33	猴狲洞	上饶县	Ⅴ级
9	七宝洞	萍乡市	Ⅴ级	34	铁山西岩溶洞群	上饶县	Ⅴ级
10	赤山龙洞	萍乡市	Ⅳ级	35	天桂岩溶洞	广丰县	Ⅴ级
11	牛鼻子洞	萍乡市	Ⅴ级	36	漏底岩溶洞群	玉山县	Ⅱ级
12	石源洞	萍乡市	Ⅳ级	37	仙人洞	万年县	Ⅱ级
13	院霞洞	萍乡市	Ⅴ级	38	盘岭洞	万年县	Ⅱ级
14	酌江洞群	宜春市	Ⅲ级	39	灵岩洞洞群	婺源县	Ⅱ级
15	竹山洞	万载县	Ⅲ级	40	三灵山溶洞	婺源县	Ⅲ级
16	洪阳洞	分宜县	Ⅲ级	41	三百烈士溶洞群	弋阳县	Ⅴ级
17	龙施洞	新余市	Ⅴ级	42	岑山洞	横峰县	Ⅴ级
18	末山洞	上高县	Ⅴ级	43	太平岩溶洞	兴国县	Ⅴ级
19	武山溶洞群	泰和县	Ⅳ级	44	双狮岩溶洞	瑞金市	Ⅴ级
20	玉壶山溶洞群	莲花县	Ⅲ级	45	聂都溶洞群	崇义县	Ⅱ级
21	石屋洞天	安福县	Ⅲ级	46	金鸡山溶洞群	于都县	Ⅲ级
22	洲湖长砻洞	安福县	Ⅴ级	47	竹篙寨溶洞群	于都县	Ⅲ级
23	梅田洞群	永新县	Ⅲ级	48	玉石岩溶洞	龙南县	Ⅳ级
24	飞龙洞	井冈山	Ⅴ级	49	宝山狮子岩洞	万安县	Ⅴ级
25	石燕洞	井冈山	Ⅴ级				

七、第四纪砂积地貌景观资源

鄱阳湖地区的第四纪地层在中国东部具有典型性和代表性。其中具有地貌景观意义的主要为晚更新世形成的砂积地貌景观，如都昌的老爷庙砂山、永修吴城松门山与鄱阳湖世界湿地景观共生，具有独特景观价值，也是晚更新世气候干凉、多风沙的见证。吉安的白鹭洲（沙洲）和南昌厚田的砂山也因其景观独特而辟为旅游景点。

第四节 典型水体景观资源

江西省的水资源丰富，水体呈现的自然形式多种多样，水体景观丰富多彩。根据水体景观的表现形式，大致可划分为河流、湖泊、瀑布、泉等景观类型。

一、典型河流景观

江西省共有大小河流 2400 余条，总长约 18400km，其中常年有水的有 1600 多条，河流水质总体较好，不少河流沿岸山清水秀，由水体、山体、植被等共同组合而构成风景河段。但是，把河流从景观角度来认识和开发利用的历史不长，已发现的景观河段较多，可划分为风景河段和漂流河段两种类型，主要的景观河段（表 3-8-11）。

表 3-8-11 江西省典型风景河段与漂流河段

Table 3-8-11 The typical river landscape and the sections for rafting in Jiangxi Province

序号	名 称	位 置	评估级别
1	修河修水段风景河	修水县	Ⅱ
2	泸溪河中游风景河段	鹰潭龙虎山	Ⅰ级
3	湘水中游风景河段	会昌汉仙岩	Ⅱ级
4	瑞金－会昌绵水风景河段	瑞金市、会昌县	Ⅳ级
5	宝峰北河风景河段	靖安县	Ⅲ级
6	虎滩漂流河段	婺源县	Ⅳ级
7	朱砂冲漂流河段	井冈山	Ⅳ级
8	龙头滩漂流河段	龙南县	Ⅳ级
9	大丘田漂流河段	龙南县九连山	Ⅳ级
10	九曲风景河段	定南县	Ⅲ级
11	上犹江南河至罗边风景河段	上犹县、南康市	Ⅳ级
12	上堡塘山风景河段	崇义县	Ⅳ级
13	三江口洪水寨风景河段	大余县	Ⅳ级
14	梅岭溪霞河	南昌梅岭	Ⅲ级

（一）风景河段

风景河段是以河流为主线，以沿岸地质地貌景观和人文遗址及生物景观的集中成带分布为衬托，使人进入其景即能感受到山水组合的自然美。如位于世界自然遗产地与世界地质公园中的泸溪河中游风景河段，河流源自武夷山脉，河水清澈透明。其风景河段位处卢溪河的中下游，分布于龙虎山世界地质公园区的上清—仙水岩之间，曲折纵贯地质公园区，全长约 30km。沿河两岸的各种丹霞地貌典型景观密集成带，构成一幅独特的碧水丹山之美丽画卷，常有世界珍稀的中华秋沙鸭在此栖息，是江西最美的风景河段，也是全国丹霞景区中最为优美的风景河段之一。

（二）漂流河段

漂流河段是以适于漂流的河流水体为依托、以河流沿岸风光为背景，使人能够享受接触自然、融入自然的乐趣及“人在画中游、景在岸上走”的动态自然美感。目前已知的漂流河主要有：北河中游漂流河段（靖安三爪仑）、虎滩漂流河段（婺源）、龙头滩漂流河段（龙南）、朱砂漂流河段（井冈山）、梅岭溪霞河、奉新潦河、永修龙源峡等（见照片 6-9~照片 6-12）。

二、典型湖泊景观

江西是一个湖泊较多的省区，全省天然湖泊 100 余座，在分布上具有范围广而又相对集中的特点，主要集中分布在赣北地区，且形成以鄱阳湖为中心的星罗棋布格局。现代天然湖泊类型除鄱阳湖外，多属河迹湖，如长江南岸和赣、抚、信、饶、修等五大河流尾闾地带的湖泊。最具典型和代表意义的是鄱阳湖、玉山罗家岩溶湖、武宁鲁溪岩溶湖、庐山芦林湖（更新世冰窖遗迹）、三百山仰天湖（古火口遗迹）等（见照片 6-1~照片 6-8）。

（一）中国最大淡水湖——鄱阳湖

鄱阳湖位处长江中游南岸、江西省北部，九江与南昌之间，属于吞吐型过水及季节性变化很大的湖泊。居江西省低洼地中心，汇流面积 16.22 万 km^2。

鄱阳湖的形态呈葫芦状，南北长 170km，以松门山为界，南宽北狭，南部最宽达 74km、北部宽仅 3~5km。湖岸线总长达 1800km。湖面随季节而变化，低水位（7~12m）时，水体面积在 500km^2 以下；通常水位（14~15m）时，面积约 3050km^2；在高水位时面积达 3914km^2。“洪水一片，枯水一线”是鄱阳湖水体变化特征的写照。

鄱阳湖形成于扬子、华夏古板块结合带之上，发育于晚白垩世—古近纪鄱阳断陷盆地之中。在第四纪全新世，由洼地潴水为湖，跨长江南北，称“彭蠡泽”。后北部萎缩、南部扩展，至隋末唐初始称鄱阳湖。湖泊南部主要受北西、北东向断裂控制，北部沿湖口地堑注入长江。

鄱阳湖的水质良好，景观优美，与庐山、长江构成“山江湖”一体的景观区，包括多种类型：一是湖泊水体碧波千层，浩瀚万顷，水天相连，渺无际涯；二是发育有岛湖景观，如石钟山、鞋山、落星石等，洲岛错列，湖滨有许多小湖；三是湖岸边侧的自然地质地貌景观和人文遗址众多，构成独具特色的自然与文化遗产环带，如庐山、云居山、梅岭等地质地貌景观，庐山、云居山、星子、枭阳古城等文化遗产，以及南昌、九江、景德镇历史文化名城；四是湖滨湿地与生态景观，有“天鹅湖”之誉，渔舟唱晚，候鸟翔飞，江豚游弋，美不胜收。

（二）第四纪冰窖遗迹——芦林湖和花径湖

位于庐山牯岭镇，为典型第四纪冰川地质作用的遗迹——冰窖遗迹。现虽经人工改造，但其古冰窖形态仍可辨识，外围保存有配套的古冰川遗迹。

（三）罗家岩溶湖

位于玉山县境、三清山的东南，形成于石炭系碳酸盐岩中，是省内发现并部分出露地表的唯一一处岩溶湖，呈椭圆形，面积约 4000m^2，东侧有长达 3km 的地下暗河，与七一水库相通。

（四）火山口湖——仰天湖

位于安远县三百山火山岩地貌景观区为一典型的早白垩世火山活动遗迹，是一处破火山口。呈近圆形洼地，外围发育环形构造和斑岩墙。该破火山口曾积水成湖，大约在 20 世纪 50 年代为当地居民掘口排水造田需要而破坏。

除了上述典型湖泊之外，省内尚有大量人工湖，部分形成了独特的“高峡出平湖”和“群岛”湖泊景观，如柘林湖（永修 - 武宁）、仙女湖（分宜）、腾龙湖（安福）、洪门湖（南城）、犹江湖（上犹）、油罗口湖（大余）、三清湖（玉山）等。还有部分河迹湖，如九江市的甘棠湖、南昌市的青山湖、象湖、瑶湖、青岚湖等，已成为城市旅游休闲的重要景观场所。

三、主要瀑布景观

瀑布具有独特的美学观赏价值。飞流直下，仪态万千，而且给人以充满活力的动态美感，声、色、气、味、景融于一体。

江西的瀑布景观众多，已发现各类瀑布景观 134 处以上，已知最大落差为 200 余米，落差 50m 以上者已知有 30 多处。其中，较为典型和著名的有庐山的三叠泉和秀峰（香炉峰）瀑布、井冈山的龙潭瀑布和仙女瀑布、武功山的云谷瀑布与天心瀑布、三百山的东江源瀑布、永新碧波潭瀑布、萝卜潭瀑布群、犀牛潭瀑布、洞山银瀑、黄檗山瀑布等，还有孽龙洞与洪岩洞等地下河瀑布等（表 3–8–12）。在这 100 多条瀑布中，有的直落千尺，轰然雷鸣，涌雪堆玉，还会出现七色彩虹，以其磅礴的气势令人惊心动魄；有的瀑布则跳荡迸溅似飞珠腾矶，如轻纱飘飞，如妩媚仙女，其声如管弦丝竹，最后化为霏霏细雨。因此，瀑布是省内最为活跃、最生态、也是最壮观的水体景观。

表 3–8–12　江西省主要瀑布景观

Table 3–8–12　The main waterfalls in Jiangxi Province

序号	名称	位置	评估级别	序号	名称	位置	评估级别
1	庐山瀑布	庐山秀峰	Ⅰ级	7	小井五龙潭瀑布群	井冈山	Ⅰ级
2	三叠泉	庐山	Ⅰ级	8	金狮面瀑布群	井冈山	Ⅰ级
3	石门涧瀑布	庐山	Ⅳ级	9	大井水口瀑布	井冈山	Ⅰ级
4	玉帘泉瀑布	庐山	Ⅲ级	10	云谷瀑布	武功山	Ⅰ级
5	王家坡双瀑	庐山	Ⅳ级	11	天心瀑布	武功山	Ⅰ级
6	谷帘泉瀑布	庐山	Ⅳ级	12	潭口瀑布	武功山	Ⅲ级

续表

序号	名 称	位 置	评估级别	序号	名 称	位 置	评估级别
13	白龙潭瀑布	武功山	Ⅲ级	44	聂都寨下瀑布	崇义县	Ⅲ级
14	乌龙潭瀑布	武功山	Ⅳ级	45	丰州洞瀑布	崇义县	Ⅳ级
15	马尾瀑布	永新碧波岩	Ⅱ级	46	丰州牛轭洞瀑布	崇义县	Ⅳ级
16	独虎跳墙瀑布	永新碧波岩	Ⅱ级	47	乐洞花皮山瀑布	崇义县	Ⅳ级
17	二桥墩红色瀑布	三清山	Ⅱ级	48	乐洞黄沙河瀑布	崇义县	Ⅳ级
18	川桥石门双色瀑布	三清山	Ⅲ级	49	乐洞龙冬水瀑布	崇义县	Ⅳ级
19	八祭龙潭瀑布群	三清山	Ⅱ级	50	长江老米瀑布	崇义县	Ⅳ级
20	冰玉洞瀑布	三清山	Ⅳ级	51	长江乌地瀑布	崇义县	Ⅳ级
21	云盖峰鸳鸯潭瀑布	三清山	Ⅱ级	52	度江一滴水瀑布	崇义县	Ⅲ级
22	黄岗山瀑布群	铅山县	Ⅱ级	53	陡水龙潭瀑布	上犹县	Ⅱ级
23	五府山石孔瀑布	铅山县	Ⅱ级	54	西垅瀑布	上犹县	Ⅲ级
24	麻姑山双瀑	南城县	Ⅱ级	55	荡坪锣鼓山瀑布群	大余县	Ⅲ级
25	大华山下通瀑布群	乐安县	Ⅱ级	56	荡坪洪水寨沟瀑布	大余县	Ⅳ级
26	三爪仑白水洞瀑布	靖安县	Ⅲ级	57	蛤湖龙潭瀑布	赣州	Ⅳ级
27	萝卜潭瀑布群	奉新县	Ⅱ级	58	峰山滴水赛瀑布	赣州	Ⅲ级
28	犀牛潭瀑布	奉新县	Ⅲ级	69	金盆山坳脑瀑布	信丰县	Ⅲ级
29	洞山银瀑	奉新县	Ⅲ级	60	牛乳泉瀑布	信丰县	Ⅳ级
30	黄檗山飞瀑	宜丰县	Ⅲ级	61	全南龙潭瀑布	全南县	Ⅳ级
31	望天瀑布	三百山	Ⅲ级	62	大鄣山瀑布群	婺源县	Ⅱ级
32	福鳌塘瀑布	三百山	Ⅱ级	63	白水仙瀑布群	遂川县	Ⅱ级
33	三叠瑶池瀑布群	三百山	Ⅱ级	64	仙人漂布景观	兴国县	Ⅱ级
34	知音泉双瀑	三百山	Ⅳ级	65	白水礤瀑布	石城县	Ⅱ级
35	上峙黄塘垅瀑布	崇义县	Ⅳ级	66	小觉岩龙潭瀑布	资溪县	Ⅲ级
36	上峙井水坑瀑布	崇义县	Ⅳ级	67	抚河源血木岭瀑布	广昌县	Ⅲ级
37	山院礤下瀑布	崇义县	Ⅳ级	68	贡水源高桥岽瀑布	石城县	Ⅱ级
38	山院段头瀑布	崇义县	Ⅳ级	69	罗家湘瀑布	石城县	Ⅲ级
39	大王洞瀑布	崇义县	Ⅲ级	70	灵山瀑布泉	兴国县	Ⅳ级
40	大坪山吉凤尾龙潭瀑布	崇义县	Ⅲ级	71	西山岩瀑布水帘	会昌县	Ⅳ级
41	聂都瀑布帘	崇义县	Ⅳ级	72	孽龙洞地下瀑布	萍乡市	Ⅰ级
42	上堡塘江山瀑布群	崇义县	Ⅲ级	73	洪岩洞地下瀑布	乐平市	Ⅱ级
43	聂都龙潭瀑布	崇义县	Ⅲ级				

四、泉

江西已知的各类泉有1万多处。其中，水质好、水量大或因奇水怪泉而闻名遐迩的“名泉”也有百余处之多。由于地质构造背景不同和水文地质条件的差异，在全省众多的泉中有四季如汤的温泉，刺骨冰肌的冷泉，喷涌而出、飞翠流玉的承压水泉，清澈如镜、汩汩外流的潜水泉，腾地而起、水雾迷漫的喷泉，时尚时停、含情带意的间歇泉（潮水泉、含羞泉、虹吸泉），去病愈疾的药泉，甘甜健身的矿泉，还有一些离奇古怪的“文化泉”等等。根据江西省泉的特点和社会通俗习惯，在此将泉划分为温泉、名泉、文化泉、矿泉等4类。

（一）温泉（地热）与矿泉资源

江西是我国温泉（地热）资源较丰富的省份之一，据目前资料，全省出露水温25℃以上的断裂带对流型天然温泉 (地热田) 共96处，钻孔揭露的隐伏地热水31处，主要分布于山地或盆地边缘。宜春温汤被国土资源部命名为温泉之乡。南昌市郊东岗桥盆地隐伏型地热田的发现，揭开了城市地热开发的序幕。温泉成了江西重要的洁净能源和旅游、休闲、度假胜地（见照片6–13~照片6–28）。

全省有饮用天然矿泉138处，热矿水78处。详见本志第五篇。

（二）文化泉与奇泉名泉

九江浪井：位处长江南岸，每当江涛汹涌时，井内也扬起波浪，故名“浪井”，原已破坏，目前已修复遗址。这是反映地表水与地下水动态关系的奇特水体景观。

还有乐平翻花井、东乡的“龙山狮水”、奉新的“考功泉”、瑞金的“红井”、弋阳的潮水泉（虹吸泉）、庐山的“一滴泉”、南城的“一勺泉”、婺源县中云的浇心泉等。

主要名泉：

天下第一泉：指庐山西南康王谷中（现为庐山桃花源景区）的谷帘泉。

天下第四泉：即“陆羽泉”，位处上饶市第一中学校园内。

天下第六泉：即庐山招隐泉，位处观音桥东侧。

天下第八泉：是指南昌梅岭的洪崖瀑布水，也有人认为是指南昌湾里“洪崖丹井”水。

天下第十泉：是指庐山天池之水。

第五节　重要矿业遗迹

一、重要古矿遗址

矿业遗迹是自然地质作用与人类文明历史中共同创造的资源文化遗产，是一类独具特色的旅游地质文化资源。

江西有悠久的矿产资源开发利用的历史，遗存有一些珍贵的采矿遗址，其中大部分在新中国成立后经勘查已成为重要矿产地。建设了一批国内外著名的矿山，创造了具有世界特色的矿业文化，如铜文化、陶瓷文化。

江西发现的古代采矿坑道遗迹和采矿冶炼遗迹几乎遍及全省各地，说明古代江西的矿业是十分繁荣昌盛的。在这些众多的古代采矿与冶炼遗址及遗迹中，保存较好、研究相对较详且具有典型代表意义的古代采矿（及冶炼）遗址20余处（表3-8-13、表3-8-14）。主要如瑞昌铜岭商代铜矿采冶遗址（见照片10-1）、金溪宝山唐代银金矿采冶遗址、崇义铅厂唐宋银铅矿采冶遗址、德兴铜厂采冶遗址（见照片10-11）、贵溪银路岭宋代银铅采冶遗址、于都银坑宋代铅铅矿采冶遗址、上高蒙山太子壁宋元银铅矿采冶遗址（见照片10-13、照片10-14）、德兴银山铅银采冶遗址（见照片10-9、照片10-10）、德兴金山金矿采矿遗址（见照片10-7、照片10-8）、弋阳铁砂街银铁采冶遗址、大余西华山钨矿山遗址（见照片10-15~照片10-17）、景德镇高岭山高岭土采矿遗址和古瓷窑遗址群（见照片10-2、照片10-3）、吉安县吉州古瓷窑址群、丰城市洪州瓷窑遗址、南丰县白舍瓷窑遗址、赣州市七里镇古窑址等。

表3-8-13 江西省重要采矿遗址与现状

Table 3-8-13 Important mining relics and their present status in Jiangxi Province

序号	名称	位置	现状
1	高岭山高岭土采矿遗址	景德镇市	已建国家矿山公园和国家级文保单位
2	铜岭商代铜矿采冶遗址	瑞昌市	探明中型铜矿，矿冶遗址已建国家矿山公园和国家级文保单位
3	鹅湖岭金矿遗址	铅山县	探明小型金矿，已采空，已建省级文保单位
4	银路岭宋代银矿遗址	贵溪市	探明超大型银铅锌矿床，开采利用中
5	宝山唐代银金矿采冶遗址	金溪县	探明小型银矿、中型钼
6	蒙山太子壁宋元银矿采冶遗址	上高县	已建省级文保单位
7	银坑宋代银矿采冶遗址	于都县	探明大型银金多金属矿
8	铅厂唐宋银矿采冶遗址	崇义县	探明中型钨铅锌银矿，开采利用中
9	德兴超大型斑岩铜矿	德兴市	利用古代金银矿业遗迹和现代铜矿山采空区、废弃尾砂库等，已建“德兴国家矿山公园”
10	银山大型铜金铅锌银矿		
11	金山超大型金矿		
12	西华山钨矿	大余县	资源濒临耗竭，拟建矿山公园
13	安源煤矿	萍乡市	已经国家矿山公园和国、省级文保单位
14	永平铜矿	铅山县	探明大型铜矿，开采利用中
15	弋阳铁沙街铜矿	弋阳县	探明小型铜矿，开采利用中
16	城门山铁矿	九江市	探明大型铜矿，开采利用中
17	包家金矿遗址	上饶县	已列入国家级文保单位

（一）铜岭商代采冶遗址

铜岭商代采冶遗址位处长江中下游铜多金属成矿带“九瑞”铜金银多金属矿集区。遗存的采矿井巷、支护系统完整，生产工具和生活用品齐全，并发现有冶铜竖炉。经考古鉴定，其时代为3300~3100年前。

该遗址的发现，再现了古代铜矿采矿、冶炼生产之实况，是中国已知最早的铜矿采冶遗址，也是

表 3-8-14 江西省重要陶瓷窑场遗址

Table 3-8-14 Important ceramic kiln ruins in Jiangxi Province

序号	名称	位置	现状
1	洪州古窑遗址群	丰城市	省级文保单位
2	吉州古窑遗址群	吉安市	国家级文保单位
3	赣州七里镇古窑遗址群	赣州市	省级文保单位
4	景德镇古瓷窑遗址群	景德镇市	国家级与省级文保单位
5	白舍古瓷窑遗址群	南丰县	省级文保单位

保存最为系统完整的一处代表性铜矿采冶遗址，其采矿技术与采冶工艺之先进堪称同时代的世界第一。结合江西其他地方的采铜遗址和出土的铜器文物，特别是近年在新干县大洋洲和德安陈家墩遗址发现并出土的青铜文物，说明商代的江西就是一个矿业发达，特别是铜矿业繁盛的“青铜王国”，属于我国古代铜文化的重要发源地区之一。

（二）景德镇高岭土采矿遗址

景德镇高岭土矿床产出于燕山晚期（130~111Ma）鹅湖岩基东部的白云母（二云母）花岗岩中，为风化残积型。

高岭土采矿遗址众多，是世界上陶瓷从原料开采、加工到制瓷全过程遗存最完整，遗址、遗迹、遗物最系统、最丰富的瓷业遗址。

高岭，是世界上“高岭石”矿物命名地和“高岭土”矿原产地。景德镇为著名瓷都，考古发现的典型代表性古窑址和陶瓷文化文物遗址 30 多处，其陶瓷文化与制瓷工艺源远流长，已知有 1700 多年的陶瓷历史，是中国之西文单词“China”的发源地，中国从景德镇陶瓷走向世界，世界从景德镇陶瓷文化中了解中国。

（三）赣南西华山钨矿山遗址

西华山钨矿位处南岭钨矿带东段，是产于花岗岩中最大、最典型的石英脉型黑钨矿床。发现于 1907 年，是中国发现最早、开发最早的钨矿床，也是我国发现最早、最典型的多阶段多次成岩、多次成矿的脉状钨矿床。

西华山钨矿产于西华山燕山早期（160~130Ma）花岗岩株中。西华山钨矿田内，有 6 个钨矿床，矿脉 2265 条。以西华山矿床规模最大，探明矿脉 708 条，王牌矿脉长 1075m，延深 370m，矿脉走向为 NEE、NWW 两组。1949 年前已采 WO_3 3.08 万 t，1949 年后累计探明 WO_3 9.44 万 t。矿床向西侧伏，在矿区西南部深处有新的盲矿脉组发现。

西华山钨矿的发现与勘查开发历史是中国钨矿资源产业兴衰历史的一个缩影，也是成就我国钨矿床理论、方法、技术的典范。目前正拟建矿山公园。

二、著名典型矿山

江西省不仅有历史最久远、最知名的古矿冶遗址，还有国内外著名的世界级、超大型、大型典型矿床，它们不仅具有开发利用和考察研究价值，而且具爱国主义教育、科普教育及旅游观光价值。

（一）三大世界级矿床

1. 居世界之首的大湖塘钨矿田

由世界规模最大的石门寺钨矿床、超大型的大湖塘钨、狮尾洞等3个矿床组成，钨（WO_3）资源储量达200万t以上，伴有丰富的铜矿。以蚀变花岗岩型矿床为主，伴有石英脉型、斑岩（墙）型、隐爆岩筒型“四位一体”矿田。

2. 居世界之首的浮梁县朱溪接触交代型钨矿床

钨（WO_3）资源量达230万t以上。

3. 世界级的横峰县松树岗钽矿床

为隐伏的蚀变花岗岩型钽铌矿床，钽（Ta_2O_5）资源储量2.9万t。

（二）四大石英脉型黑钨矿名山

大余西华山钨矿：是中国发现最早、规模最大的花岗岩中石英脉型黑钨矿床，以6次成岩（花岗岩）、3次成矿为特征。

全南大吉山钨矿：是世界上规模最大（主脉深>1000m）、产于成矿花岗岩外接触带的大型石英大脉型黑钨矿床。

于都盘古山钨矿：是中国延深最大的石英大脉型黑钨矿床。

于都黄沙钨矿：是典型的“五层楼”+“地下室”型大型黑钨矿床。

（三）铜矿的“五朵金花”

德兴斑岩铜矿田：是中国最大的超大型斑岩铜矿矿田之一。

铅山永平铜矿：为似层状铜钨硫矿床与斑岩钼（铜）矿的“二位一体”矿床，铜、钨、硫都属大型，是华南规模最大的上石炭统似层状矽卡岩铜矿床。

九江城门山铜矿：为3次成岩、2次成矿的大型接触交代型、斑岩型、似层状硫化物型、隐爆岩筒型“四位一体”的铜钼硫矿床。

瑞昌武山铜矿：为大型接触交代型与似层状硫化物型铜硫矿床。

德兴银山铜矿：为大型潜火山斑岩型铜、金、铅、锌、银矿床，共伴生的金达超大型规模。

（四）矿藏之最

金矿之最：德兴金山金矿为超大型金矿，是中国罕有的绿岩超糜棱岩蚀变岩型金矿。

银矿之最：贵溪冷水坑潜火山超大型斑岩、似层状、脉状“三位一体”型银铅锌（金）矿床，是中国已知最大的银矿之一。

钽矿之最：宜春雅山钽铌床，钽、锂、铷、铯均达超大型，铌为中型。为中国已知最大的蚀变花岗岩型钽铌、锂矿开采矿山之一。

稀土矿之最：龙南701重稀土矿为世界上发现的第一个大型离子型重稀土矿；寻乌河岭轻稀土矿为世界上发现的第一个大型离子型轻稀土矿床。

铀矿之最：乐安相山铀矿为中国发现最早的火山岩型铀矿床，也是中国最大的超大型铀矿田；宁都桃山是中国规模最大的花岗岩型超大型铀矿田。

铁矿之最：新余铁矿田是华南规模最大的南华纪间冰期沉积变质型铁矿田，由三期叠加褶皱形成

“红绸舞式”复杂矿体形态。

锡矿之最：会昌锡坑迳为中国最大的斑岩型锡矿田之一。

磷矿之最：上饶朝阳磷矿是江西，也是华东区最大的磷矿床。

岩盐之最：樟树市清江超大型岩盐矿是江西已知最大的岩盐矿床。会昌周田大型岩盐矿的发现，受到了毛泽东的批示与表扬。

粉石英矿之最：宜春麦田粉石英矿是中国发现最早、已知规模最大的粉石英矿床。

滑石矿之最：广丰溪滩超大型滑石矿床是中国最大的滑石矿之一。

三、重要新矿物

（一）世界首次发现的矿物及命名地

1. 高岭石（KaoLnte）矿物命名地

高岭石是组成高岭土的主要矿物成分，高岭土是以江西高岭村命名。我国古代对高岭土的记载始见于清初《南窑笔记》，其中有述：“高岭出浮梁县东乡之高岭山（亦叫高岭村），挖取深坑坑土，质如蚌粉、色素白、有银星，入水带青色青佳，淘澄做方块晒干，即名‘高岭’”。至康熙五十一年（1712 年），法国传教士殷弘绪（Entrecolles）曾将浮梁县、景德镇制瓷技术方法写成长信寄往法国，信中说，精瓷之所以密实，完全是因为含有高岭土，它增加了白坯子的强度，使瓷器比岩石还要坚硬。从此，高岭土这一名称传到了欧洲和全世界。1867 年，约翰逊和布来克（Johnson and Blake）把组成高岭土的黏土矿物命名为“高岭石”。

2. 赣南矿（Gananite）矿物命名地

1979 年江西省地质局九〇八队实验室成隆才在鉴定赣县赖坑钨矿人工重砂样品时，发现一种不能确认的棕黑色矿物。送至江西省地质局中心实验室，经胡宗铭、潘世伟、黄荣胜、过叔良等鉴定为自然界尚未发现的新矿物，并命名为赣南矿。1983 年 4 月 12 日“国际矿物协会（IMA）新矿物与矿物命名委员会”确认。

（二）国内首次发现的矿物及产地

产于江西、属国内首次发现的 19 种新矿物中，硫化物 3 种、氧化物 6 种、碳酸盐 3 种、磷酸盐 2 种、砷酸盐 1 种、硅酸盐 4 种。现对其中有特殊意义的黑钨矿和海泡石简介如下：

1. 黑钨矿（Wolframite）首次发现地

清光绪末年（1908 年），大余县天主堂德藉牧师邬礼亭游览西华山时，在山上拾得既黑又重的矿石带回德国化验，始知为黑钨矿。黑钨矿系统的矿物学工作始于新中国成立之后，中国地质科学院地质研究所、江西省地质局科研所和江西冶勘公司等单位都做过较深入的研究工作。

西华山黑钨矿的平均化学成分（%）：WO_3 74.41，FeO 13.31，MnO 10.17，Nb_2O_5 0.6105，Ta_2O_5 0.1340，Sn_2O_3 0.0492，主要为钨锰铁矿。

2. 海泡石（Sepiolite）首次发现地

1946 年，由江西省地质调查所章人骏在乐平西乡牯牛岭发现海泡石矿。赋存于二叠系下统小江边组钙质黏土层内，与滑石、蒙脱石、高岭石和方解石等共生。20 世纪 70 年代以来，随着该矿的开发利用，江西省地质局九一六队与浙江省地矿中心实验室对乐平海泡石矿作了较深入的矿物学工作。

第九章 旅游地质资源

江西省自然地理环境优越，区位交通优势明显，复杂多样的地质背景条件形成了丰富的旅游地质资源，为旅游业跻身支柱产业创造了得天独厚的条件。旅游地质资源是江西旅游资源中自然旅游资源的最重要的组成部分，包括重要地质遗迹、地质自然景观等地质自然遗产资源，人文旅游资源多依附于它。旅游地质资源的特色是包含丰富的地球科学知识信息，是发展科学旅游的基础资源。

根据全省地质遗迹资源，特别是其中的重要地质自然景观与地质遗迹资源的区域分布、成因相关性和空间组合性、形成与发育的规律性，对全省旅游地质资源大致分为环鄱阳湖、井冈山－武功山和赣南等三大旅游地质资源片区，包括庐山－鄱阳湖、景德镇－婺源、三清山－灵山、龙虎山－铜钹山、九岭山－九宫山、麻姑山－军峰山、孽龙洞－竹山洞、武功山、井冈山、“崇余犹”、赣江贡江源－东江源等13个特点不同、特色各异的旅游地质资源区，简介如下。

第一节 环鄱阳湖地区旅游地质资源

一、庐山－鄱阳湖旅游地质资源区

该区是以庐山为中心，包括长江南岸和鄱阳湖北部地区。区内地质景观以庐山多种类地质遗迹景观区、铜岭商代铜矿采冶遗址和长江南岸地带的碳酸盐岩岩溶地貌景观为特色，融大江大湖名山于一体，集变质岩、碳酸盐岩、沉积岩等岩体地貌景观和代表性构造形迹、地层剖面、古生物化石及典型矿业遗迹等山江湖历史文化于一区。

主要地质遗迹景观有庐山第四纪冰川遗迹和中新生代核杂岩伸展构造、星子岩群层型剖面，龙宫洞、鞋山、石钟山、涌泉洞、狮子洞、秦山、王乔洞等碳酸盐岩岩溶景观，乐观奥陶纪角石动物化石群，铜岭商代铜矿采冶遗址和城门山、武山等典型矿床，星子金星砚石产地，落星墩岛湖景观等。其中，最典型和具有代表意义的为具有世界价值的庐山多种类地质遗迹景观区、铜岭商代采冶遗址和石钟山—鞋山及龙宫岩溶洞群等。

（一）庐山多种类地质遗迹景观区

庐山位处长江南岸、鄱阳湖之滨，平地拔起，最高峰为大汉阳峰海拔1474m。总面积302km^2，其中山体面积282km^2。

庐山以其遗存具有地球演化典型历史价值和揭示地球新近纪以来气候与环境变迁历史意义的第四纪冰川地质遗迹、中新生代伸展构造、元古宙地层、复合成因地貌景观为特色，集丰富多彩地质遗迹景观与深厚的中国传统文化景观于一山，融山、江、湖为一体。

1. 第四纪冰川遗迹

庐山是中国冰川地质学的奠基地。自20世纪30年代李四光先生发现及其专著《冰期之庐山》发表以来，成了国际冰川地质学者科考与学术交流的园地。它以其位处地球中低纬度东部地区发育山岳型冰川为特点，以冰川地貌、冰碛地层、冰川构造等地质遗迹保存的完整性、系统性、典型性，是中国东部以及西太平洋地区新近纪以来气候与环境变迁历史的重要见证。

2. 中新生代旋卷、伸展构造

包括九江市帚状褶皱群和星子变质核杂岩构造及后期的地垒式块断差异升降构造。以其出露的完好性、宏观露头尺度的可辨识性、区域地质平面结构上的完整性和反映地壳垂向结构的多层性地学断面为特点，以露头良好和肉眼可识别构造形迹的多样性与构造组合上的配套性为典型。保存与出露良好的伸展构造形迹，不仅是揭示庐山形成演化历史的重要证据，也对揭示区域山江湖形成演化历史提供了佐证。

3. 元古宙地层

庐山的新元古代地层以发育和出露齐全为特色，包括有：造山带深部角闪岩相的星子岩群、代表弧后盆地沉积的双桥山群安乐林组筲箕洼段深海相火山岩，青白口纪晚期汉阳峰组陆相火山岩，南华纪的莲沱组、南沱组和震旦系以及晋宁期观音桥变形变质花岗岩等。在中国下扬子地区具有典型代表性，也是揭示与见证区域早期地壳形成演化历史的一个重要“窗口”。

4. 复合成因地貌景观

庐山的地质地貌景观种类多样、数量丰富。有千姿百态的砂岩造型地貌景观如峰丛、峻崖峭壁、奇岩怪石等，也有丰富多彩的水体景观如瀑布、温泉及峡谷，并可纵览山江湖综合景观，还有丰富的生物种群和古树名木。地貌景观的成因是构造作用、冰川作用和流水侵蚀作用的复合叠加反映，也是揭示地球表层系统地质作用及地球表面形态形成与演化历史的典型见证。

5. 历史文化景观

庐山是一座千古名山。庐山的自然是诗化的自然；庐山的文化是人与自然协调发展的文化，也是中国古代“天人合一”思想、山水文化、田园文化的典型代表。秀丽的自然景观与优美的自然环境，孕育了具有庐山特色的历史文化，吸引了世界上不同特色的民族文化。具有两千多年人类历史文化的庐山，遗存了丰富多彩的历史文化景观，并因价值的世界性意义，于1996年12月以世界文化景观列入《世界遗产名录》。历史上，曾吸引了1500多位国内外著名科学家、文学家、哲学家、画家、书法家到庐山考察与旅行，遗存有4000多首著名诗篇，近千篇学术论文与游记、画卷，保存有展示15个国家和民族特色文化风格的古建筑636栋。

庐山因其突出地学价值，于2001年3月6日批准建设为中国第一批国家地质公园，2003年7月成为世界地质公园。

（二）龙宫洞岩溶洞穴群

龙宫洞位于东经116°26′，北纬32°87′，处彭泽县境西南天红乡的乌龙山，主峰海拔238.6m，面积约6.25km²。岩溶洞群由龙宫洞、玉壶洞、仙真岩、竹林洞、龙泉洞、通天洞、白鸟洞等构成。出露地层为中寒武世杨柳岗组条带泥灰岩，因断裂节理发育，受地下水溶蚀和重力崩塌作用形成，属地下水位型岩溶洞穴群。

天生桥：即“龙门”，高18m，宽6m，横跨于龙宫洞洞口，是江西省内已知最大的碳酸盐岩岩溶型天生桥景观。

龙宫洞：洞体近东西向延伸，与地层走向一致，洞长1700余米。由前宫、东宫、西宫、正宫、后宫、四廊、水晶宫、鼓厅、仙游楼等景区（点）组成。每座宫都可容纳千人，其中水晶宫最大，高30m，长宽约60m，空间达10.8万m^3，是目前世界上已开放溶洞中空间规模较大的一个。洞内地下河发育，常年流水不断。洞内发育有各种造型奇特的石钟乳、石笋、石柱、石幔、石竹、边石坝、石花等，构成“海寿星”、“游龙回宫”、“巡海龙舟”、“定海神针”、“金钟宝塔”等景观。

玉壶洞：位处龙宫洞北侧，相距约600m。洞内又有水、旱二洞，水洞长600余米，可行船；旱洞长800余米，总面积达1.3万m^2。洞内宽敞，景点众多。

（三）石钟山

位于湖口县城西侧，有上、下石钟之分。两山相邻，矗立鄱阳湖口、长江之滨，属岩溶孤峰地貌。下石钟山尤为著名，山如巨钟覆盖，山下穴隙纵横，水石相搏，声如洪钟，因而得名。

山体由晚石炭世黄龙组碳酸盐岩构成，因依江滨湖，倍受流水冲刷、侵蚀，而形成三面环水、突兀江湖之边的湖蚀崖。因灰岩易被溶蚀，在山上形成各种溶沟、溶槽、石芽、石峰等微地貌形态；而山中则发育众多大小不一的洞穴缝隙，并不断为江湖水所扩大蚀空。

石钟山锁湖控江，为长江沿岸绝胜之一。亭阁玲珑，堪称江西园林瑰宝，并有太平遗垒等胜迹。登山可远眺浩瀚长江、渺渺鄱阳湖，巍巍匡庐，近观湖江交汇水情变化、清浊分明。宋代苏轼曾月夜泛舟，探寻石钟之秘，写下了脍炙人口的《石钟山记》。

（四）鄱阳湖及岛湖、湿地景观

鄱阳湖是我国最大、世界著名的淡水湖，是一个典型的河迹湖与过水性湖泊。丰水期，万顷碧波荡漾的壮丽湖泊景观；平水期，湖岛星点期间、湖群星罗棋布，湖岛风光无限。其中的鞋山（又名大孤山）形状似“鞋”、又似“船”，如履万顷碧波之上，由黄龙组碳酸盐岩组成，李四光曾在岛上发现有莲沱组砂岩形成的冰川漂砾。枯水期，湖区出现平原湿地一片，候鸟群聚，争奇斗艳，生机盎然。

二、景德镇－婺源旅游地质资源区

该区包括景德镇、浮梁、婺源、乐平、万年等市（县）在内的旅游地质资源分布区，是我国国家级陶瓷历史文化名城、古镇和最美乡村所在地。区内地质遗迹景观以世界级陶瓷历史文化遗址为特色，以碳酸盐岩溶洞景观、花岗岩峡谷瀑布、变质岩地貌为主体。

主要地质遗迹景观有高岭山和瑶里高岭土采矿遗址群，景德镇典型古窑遗址，瑶里汪湖与婺源大鄣山花岗岩峡谷及瀑布，灵岩洞群、洪岩洞、仙人洞、盘岭洞、涌山洞、诸仙洞等碳酸盐岩岩溶洞穴景观，乐平军山白垩纪硅化木等。其中尤以景德镇陶瓷遗址世界著名（如前述），其次为神龙源与洪岩洞地质公园、灵岩洞群等。

（一）高岭土采矿遗址和陶瓷历史文化名城名镇

主要分布于景德镇城区－高岭山－瑶里地段。以一千多年的陶瓷历史文化遗产为特色，有世界高岭土矿物命名地与高岭山采矿遗址群、陶瓷历史文化名城景德镇、陶瓷历史文化古镇瑶里，融古瓷业遗址与昌江两岸变质岩花岗岩自然生态景观于一体。

（二）碳酸盐岩岩溶景观

区内的碳酸盐岩岩溶景观资源较多，地表岩溶景观有婺源的石城石林和乐平的怪石岭石林，景区不大、石林规模较小，但特征较典型。地下溶洞发育有奇观异景、景点较多，有婺源的灵岩洞群、景德镇的诸仙洞、乐平的洪岩洞与涌山洞、万年的仙人洞与盘岭洞等。

1. 灵岩洞群

位于婺源县城西北约60km的古坦乡通元观村。以通元观村为中心，岩溶洞穴甚多，历史记载有36个溶洞，现已探明和发现洞口的溶洞31处，其中以涵虚洞、卿云洞、凌虚洞、萃灵洞、琼芝洞、莲花洞最为知名。洞体由上石炭统—二叠系灰岩组成。最大特色是洞壁上保留了2000多处历代名人题墨和题刻，堪称国内一绝，是江西历史上最负盛名的洞穴群。

涵虚洞：面积约7200m^2，游程2.1km。上下7层，累计高达数十米，愈下洞体愈大、愈险，钟乳石景也愈多、愈奇。洞中有历代题墨题刻1000余处。底层有地下河通过，可通舟筏。

卿云洞：洞口轩敞壮观，高30m，宽45m有暗河贯穿全洞，长约500m，可通舟筏。洞内有“钓鱼台、鲫鲐、聚仙堂”等36处景点。

凌虚洞：有“帘掩青山”、“月窟仙蟾”、“玉屏引胜”、“琅环金缅”等钟乳石景。最为珍贵的是“玉屏引胜”处有岳飞题墨。

萃灵洞：绵延数里，面积2万km^2，发育有200余米长廊道，有四大厅30余景，堪称地下艺术长廊。其中最魅人的是“天池荷香”、“灵霄宫”、“震天磬”等景观，奇特无比。

莲花洞：是唐代道士郑金福建观（通元观）前修真之所。面积1200m^2，洞中有洞。石景众多，洞口有象、狮、龟景，洞顶有鹤、牛、鹿等景。洞中有“群仙堂”等景，有太上老君守炉炼丹、玉莲台、无底洞、龙井、仙人湖、藏经馆等造型景观。洞壁有宋、元、明、清数百人之题墨。

琼芝洞：洞中钟乳石景观丰富，造型景观神态毕现，尤以石瀑奇特，盘旋而下，“仙人厨房”中碟、盘、杯、碗、菜肴应有尽有，20余列石仙聚首会餐。

2. 仙人洞

位于万年县城东北约15km的大源乡，又名仙岩，因石笋酷似观音而得名。洞体由碳系灰岩构成，主洞空旷幽深，长60m，宽约25m，高约3m，可容纳1000余人。

仙人洞是一万多年前新石器时代的古人类遗址（江西省文物考古研究所 等，2014；彭适凡 等，2004）。考古界人士曾先后于1962年、1969年、1993年、1995年、1999年多次对仙人洞及附近的吊桶环遗址进行发掘，该遗址有旧石器时代末期到新石器时代早期上下两层地层堆积，上层距今约9000~14000年，下层距今约15000~20000年。出土了大量石器、骨器、穿孔蚌器、原始陶片、人骨标本以及兽骨残片，是中国南方出土物最多的洞穴，其中陶片最早的年代约12000年左右，是中国已发现的最早陶制品之一。两处遗址都有野生稻和人工稻的线索，对吊桶环遗址的稻作植硅石分析显示了将野生稻驯化为人工稻的历程，证实该地区是亚洲乃至世界上最早栽培水稻的地区。1995年被列为全国十大考古新发现之一，2001年3月被评为中国20世纪100项考古大发现之一。

仙人洞的东侧之盘岭在石炭系灰岩中发育有较丰富的岩溶景观，地表有悬崖陡峭如刀砍斧削，山石形态奇特，或禽或兽，似人似物，惟妙惟肖，在数平方千米范围内，分布有宝剑峰、动天峰、指天峰、石人峰、狮子峰、狮子岭、桃花窟、飞凤上天、神龟下山、蛤蟆石、将军印等诸多山石景点。地下发育岩溶洞穴群，其中的神龙宫（又名盘岭洞、百龙洞），全长570m，宽约3.7m，最高处达37m，洞道迂回曲折，洞中有洞，其中“五龙殿”有五层楼阁，可容纳上千人。洞中的钟乳石千奇百怪，形态各异，有“花径”、“三叠泉”、“九重天”、“金龙飞舞”、“观音听潮”等数十个景点。

3. 洪岩洞

洪岩洞又名洪崖洞、洪源洞。由洪岩洞及支洞新岩洞、天井洞、千人厅、桐木岩、风岩、气岩等组成。发育于石炭系灰岩之中，主洞长10000余米，有地下河贯穿洞中并形成十分壮观的地下瀑布，落差高达20余米，瀑布宽6~8m，为国内岩溶洞穴所罕见。洞中钙华堆积景观众多，钟乳石景丰富多彩。

（三）花岗岩峡谷瀑布

分布于大鄣山南坡中段的斜坡地带，以花岗岩、变质岩斜坡峡谷与溪流瀑布为特色，典型景观有瑶里汪湖花岗岩峡谷瀑布景区、婺源大鄣山花岗岩峡谷瀑布群景区。

三、三清山－灵山旅游地质资源区

三清山－灵山地区包括赣东北的玉山、上饶、德兴等市县境内。地处扬子、华夏古板块结合带与华夏古板块信江－钱塘地块西部残留的怀玉坳陷。在华南大地构造和成矿作用上具有独特意义，以具有世界价值的花岗岩地质景观为主体，兼有其他种类的地质景观，地质遗迹景观多样，数量丰富，有国内外著名的花岗岩峰林奇观三清山，世界著名的德兴矿集区、世界级的葛源钽铌矿田等；还有重要的古生物化石保存地，如古城的奥陶纪笔石动物化石群、毛宅硅化木群等，华南地区出露最好的蛇绿混杂岩和古板块构造遗迹（弋阳县樟树墩、德兴西湾），此外还有灵山与大茅山花岗岩地貌景观、漏底岩溶洞穴群、尖山古火山口、梧风洞瀑布、暖水温泉等。

（一）花岗岩地质地貌景观

区内典型花岗岩景观区为怀玉山花岗岩景观群，有三清山秀、怀玉山雄、大茅山险、灵山奇等美誉。

1. 三清山花岗岩峰林景观区

三清山处怀玉山系的腹地，位于玉山、德兴两县（市）交界地带，因三座主峰玉京、玉华、玉虚比肩峭立、列坐而得名，顶峰（玉京峰）海拔1819m。主要景观分布面积300多平方千米，中心景区面积220km^2。

三清山地区为一北东向复式背斜构造，燕山晚期黑云母花岗岩沿复背斜核部侵入，构成怀玉山花岗岩基的一部分，以三清山中粗粒黑云母花岗岩岩株为主体，以玉京峰细粒花岗岩株为中心。南北两侧依次出露震旦、寒武、奥陶纪地层。早白垩世以来，地壳多期抬升，使花岗岩株出露地表并形成山体。沿花岗岩体中的多组高角度断层、节理进行风化剥蚀、冲刷、崩塌，逐渐形成景观奇特的峰林景观。其地质、地貌条件与黄山相似。但黄山为花岗岩体遭到剥蚀夷平，和冰川作用后发生“回春”式抬升而成的中平边峭山体。三清山则为剥露不久的准原态型花岗岩株被水蚀而成中心式尖峭峰林，成为独特的“三清山式”花岗岩峰林（杨明桂，2012；尹国胜，2009）。

三清山目前已查明景观、景物300多处，可划分为梯云岭、西华台、玉京峰、三清宫、玉灵观、三洞口、石鼓岭、冰玉洞等八大景区，52个景群。晋代葛洪在此修道炼丹，为道教名山之一，曾享有

“江南第一仙峰”之誉，后随道教衰落而荒芜，20世纪90年代才开始保护利用。21世纪初先后被列入世界自然遗产名录和世界地质公园，成为世界名山。

奇峰奇石景观：有奇峰48座，奇石52处。世界罕见景观有东方女神、巨蟒出山等。东方女神，高达81.43m；“女神”短髻披肩，惟妙惟肖。身躯系由北北东和东西向两组断裂切割而形成的柱峰，头部则为一球状风化形成的巨大石蛋。巨蟒出山，为一巍然矗立的花岗岩峰柱，高达124.42m，直径仅7~8m，酷似巨蟒昂首挺立，系沿北西向与南西向两组垂直裂隙风化剥蚀形成的万笏朝天峰墙、崩塌而成的蚀余型柱峰景观，为国内外罕见。南山峰林，花岗岩石峰石笋，拔地而起，高者六七十米，低者二三十米，蔚然成林，构成独特的花岗岩“石林”景观。观音听琵琶，自南向北远眺，一柱峰宛如老叟端坐，抱琵琶；另一柱峰酷似观音侧立，聆听乐曲，形神兼备。天门峰丛，花岗岩奇峰林立，造型各异，有火炬峰、跃鱼峰、玉田峰等，中有山垭如门，而故名。此外，还有三龙出海、玉台、琼台、玉皇顶、秀峰、太白峰、合欢峰、蓬莱三岛、九天锦屏峰、双剑峰、庆云峰、老子看经峰等奇峰，神仙显指、锯解石、吊桥石林、丹炉石和合石、石蛋群、天宝石、葫芦石、蛤蟆望天、仙果石、猴子抱仙桃等奇石景观。

峡谷、岩洞、瀑布：著名的峡谷有风门、清都吊桥、玉零观吊桥、游云仙、游仙谷等，主要沿花岗岩体中的陡倾断裂切割和流水侵蚀而成。岩洞有结髻岩、梯云岩和三洞口等，方志敏领导的红军曾在三岩洞制造武器。三清山泉瀑众多，为盛景之一类。主要瀑布，如二桥墩红色瀑布，瀑流从30m高的赤青色峭壁上倾泻而下，似红锦高悬，紫绡飘落，阳光照射下鲜艳夺目；川桥石门双色瀑布，受基岩石色映衬，一红一白，既相互依偎，又渭泾分明，又因河床坡度变化而被折成三叠，故又称三叠瀑；云盖峰鸳鸯潭瀑布，落差百余米，冲刷谷底成潭，潭底岩石一边青、一边黄、受阳光映照和石色反衬，使潭水成青黄双色、如鸳鸯相伴；石鼓岭玉帘瀑，落差34m，瀑宽可达20~30m；八礤龙潭瀑布群，由18级飞瀑、龙潭相间而成，最大一级落差80余米、宽10余米，甚为壮观。

2. 灵山环状花岗岩峰林

主要分布于上饶县西北的灵山地区，以奇特的环状花岗岩峰林、峰墙和龟裂花岗岩地质景观为特色。

3. 怀玉山花岗岩山峰

分布于怀玉山花岗岩基的核心地段，穹状山峰、雄伟壮观。

4. 大茅山花岗岩峰丛、峡谷

分布于德兴市的东南地区，以花岗岩峰丛、峡谷、溪流、水潭、瀑布为特色，兼有温泉。

(二) 碳酸盐岩岩溶地质景观

以分布于三清山东南侧、三清湖（七一人工湖）西侧地带的漏底碳酸盐岩岩溶地质景观为典型。属于上石炭统碳酸盐岩构造——岩溶带，岩溶景观呈地表、地下立体型带状展布，是江西省内已发现的岩溶景观区中岩溶类型最齐全、景观种类最丰富的岩溶区之一。

(1) 地表岩溶景观

典型地表岩溶景观有：岩溶湖（罗家）、岩溶漏斗（漏底，是省内已知规模最大、形态最典型且完整的岩溶漏斗）、石芽（针状石林，较为典型，成片分布）、峰丛、天生桥景观以及岩溶峡谷、盲谷、溶沟及众多的造型石景。

(2) 地下岩溶景观

区内地下岩溶非常发育，岩溶溶洞成群分布，地下暗河形成地下径流系统，已发现溶洞洞口50余处。

（三）德兴金、银、铜“三山”矿集区

德兴矿集区形成于赣东北深断裂带南、北两支之间的晋宁期蛇绿岩片中。由金山、银山、铜山（铜厂）三大矿田组成，为重要现代化矿山。遗存有种类多样、数量众多古代采冶遗址。正在建设国家矿山公园。

（四）重要古生物化石

区内已发现的古生物化石有元古宙时期的藻类、瓶形虫，玉山古城奥陶纪笔石动物化石群，玉山县毛宅侏罗纪硅化木群、玉山县城西的恐龙蛋化石群、上饶县恐龙蛋及虚骨龙骨骼化石（张志 等，1999）等。

四、九岭山－九宫山旅游地质资源区

该区包括赣西北幕阜山脉的修水、武宁、铜鼓、宜丰、奉新、靖安等县（区）。主要处修水中上游流域、潦河流域及锦江流域北部，包括九岭、九宫两山。可划分为山地型地质遗迹景观和山缘或山间型地质遗迹景观两大部分，二者在地质遗迹景观的组合上明显不同、特色各异，共同展示了该地区的地质景观特点和地质形成与演化的历史。

（一）山地型地质地貌景观

主要分布于九岭山和九宫山的山体内，地质遗迹景观以花岗岩、元古宙变质岩及世界级大湖塘钨矿田等地质遗迹景观为特色。主要地质遗迹景观：一是发育丰富的地质地貌景观，包括有花岗岩体地貌景观，如大围山、九岭尖、石花尖、仙姑崇等千米以上地貌景观；变质岩地貌景观，如武宁岩—白崖山陡崖峭壁和中山地貌景观；断裂构造景观，如由硅化构造组成的峰墙、倒天崖景观等。二是九岭花岗岩基（831~818Ma）与南华系莲沱组之间的沉积不整合地质剖面。三是峡谷、瀑布景观丰富多彩；四是沿着大断裂带出露的温泉群。

1. 九岭山与幕阜山花岗岩地质地貌景观

主要分布于九岭山的核心地带，典型花岗岩景观有宜丰的官山、武宁的太阳山、靖安的中源、奉新的萝卜潭、铜鼓的大围山等；幕阜山－九宫山的花岗岩地质景观主要有修水的黄龙山、九宫山。花岗岩地质景观主要以花岗岩山峰、峡谷、瀑布等地质地貌景观为主。

2. 云居山花岗岩体地质景观

云居山位处九岭山系的东端、永修县城之西，挺拔于鄱阳湖平原之上，集自然景观和千年佛教文化于一山。

云居山花岗岩基是一个燕山晚期由多次岩浆侵位而形成的小型岩基，已知有150余处景群、景点。其中有奇峰，如王脑峰、高山岩、桃花岩、菊花岩；岩洞有仙人石屋、清凉洞、雷公洞、热风洞、凉风洞等；怪石有欢喜石、石鼓、石船、鸡石、龟石、仙人脱鞋、鹰嘴石等；峡谷有百花谷、卢谷、扬洲谷等；泉瀑有易家河（西海）温泉、真如寺慧泉、云门寺聪明泉等。云居山，因其居山临湖，平地拔起，云雾和气象景观奇特，有云山晨昏日象、天堂云海、月映真如寺等。

云居山的佛教文化源远流长，已知有一千多年的历史，遗存有摩崖石刻、唐代铜佛、康熙千僧锅和200多座历代高僧墓塔、古寺牌楼、僧侣塔林。其中的真如寺是国家重点开放寺庙，为全国三大样板丛林之一。

3. 梅岭花岗岩及构造地貌景观

梅岭原名飞鸿山，西汉末年为纪念南昌尉梅福的高风亮节建有“梅仙坛”而改名“梅岭”，又因其位处南昌西部而称“西山”，主要地质遗迹景观分布面积150多平方千米。

梅岭地处九岭山系的东端，东临鄱阳湖。山虽不高，但地形雄峻，地质遗迹景观丰富。

一是梅岭是九岭南缘逆冲－推覆构造系统的组成部分，是一个大型推覆体、山体南缘的大型剪切变形变质带、西山构造窗等构造形迹典型。同时，拥有从韧性剪切变形变质到脆性碎裂变形的各种构造形迹景观。

二是发育有江南最古老的花岗岩体地貌景观和自晋宁期、加里东期、燕山期等9亿多年以来的多期次、多类型岩浆活动遗迹。有奇峰、异岩、怪石及峡谷等景观群、景点近百处，特别是由花岗岩形成的大型球状风化景观如“石蛋”、球状岩石、倒石堆等地貌景观典型而独特。同时发育有山涧溪流峡谷20余处，大小瀑布20余条，还有水石混合的“水礁群”独特景观和具有特殊意义的“义井甘泉”、“洪崖丹井”，并遗存有第四纪更新世寒冷气候环境的遗迹——洗药坞泥炭。

梅岭还是一座人文历史名山。发现有寺、庙、观、庵、坛、堂等古建筑遗址136处。儒道相济、佛道共兴的“梅岭文化”曾鼎盛过较长时期。洪崖丹井遗址是中国古典音律和舞蹈的发祥地。

4. 南华纪砂岩地质地貌景观

主要分布于武宁岩、神雾山至靖安县的三爪仑、白崖山一带。以峰丛、悬崖、峡谷、瀑布等自然景观特色。其中：

三爪仑位处九岭山腹地的靖安县北河流域，主要景观分布面积约150km^2。主要景观有奇峰、奇石、峡谷、瀑布、风景河等山水自然景观为特色，并遗存有众多的历史文化遗址和革命史迹。已知有景群、景点160多处。典型景点有橹崖，位于小湾水库上游，夹岸险崖怵目，奇岩怪石众多，屹立溪边，有岩石造型似橹而名，实为构造岩景观。狮子口瀑布群，位于洪屏东南出口处，有巨石蟠伏如狮而名。九岭水系汇流于此，经峡谷奔流而下，形成五叠瀑布群，一瀑之下有石洞、可容10余人；二瀑之下有10余个圆形池；三瀑处吊崖高10余米，怪石横附潭壁，吊崖之下，绝壁千寻；四、五瀑腾空直泻，如白练空舞，蔚为壮观。白水洞瀑布，落差40余米、瀑宽4m，飞流直下，吐珠溅玉，震声如雷。瀑顶有一巨岩，状如风帆，十分壮观。倒天崖，悬崖耸立于峡谷之中，崖项平坦，伫立崖顶，云蒸雾绕，变幻莫测，仿佛天地倒置，景象万千。观音岩，古木参天、奇峰林立、瀑布成群（每隔100~200m出现一条瀑布）。其中的仙女浴瀑布，落差30m，宽30m，瀑下为奇特造型石景——裸女石，高约1.7m，头、胸、背、臀、腿等体态完美，线条清晰，瀑流从其身上倾泻而下，如仙女沐浴，堪称天下奇观。虎啸峡，两岸悬崖壁立、无道可攀，中有长峡，曲折幽深，峡谷内景致迷人。上游河床洁白细腻如玉；中游有猴面石浑身洁白无瑕，造型奇；下游的虎头岩，惟妙惟肖，似猛虎面河而立。北河风光，位处宝峰镇宝莲村至大梓村之间的一段风景河。河面宽20~50m，长约8km，河道迂回曲折，河水清澈，两岸苍岩壁立、怪石嶙峋，茂林掩映、如诗如画。顺流而下，次递出现急流险滩和碧波荡漾的清潭，并可饱览太平洲岛、城门石诸胜景，令人赏心悦目、有惊无险。曾为省内外影视外景场地。

（二）山缘或山间盆地型多种类地质遗迹景观

以反映山体边缘构造演化历史和揭示山缘古地理环境演变历史的地质遗迹景观为特色，典型遗迹类型有：一是震旦纪以来的重要古生物化石如拓林震旦纪原始水母化石等；二是九岭南缘蛇绿岩片与逆冲推覆构造形迹；三是山缘中新生代盆地中的丹霞景观；四是温泉等。

1. 丹霞景观

丹霞景观主要分布于九岭山体的西、北麓中新生代断陷盆地中，处修河流域的中上游地段。典型丹霞景区、景点有铜鼓县的铜鼓石、天柱峰以及武宁县城西的丹霞景观。

铜鼓丹霞景区：以造型山峰为特色，因其中有一巨石，色如紫铜，形似鼓，击之有声而得名。奇峰异石众多，以单斜群峰丹山为典型。

天柱峰丹霞景区：石峰凌空崛起，壁立千仞，自古有修水流域第一峰之誉。又因拦河为湖，形成丹山碧水景观，令人心旷神怡。其中主要丹霞景观为柱峰、一线天、鱼跃龙门等景点。

武宁县城西的丹霞景观：位处柘林水库上游南岸，其特色为第四系覆盖型丹霞峡谷（沟谷）景观。地貌结构展示了两个古夷平面，一为丹霞地形景观之侵蚀基准面（大致为现今水面）；二为丹霞景观之顶界面，亦即第四系沉积底界面，平坦开阔，属修水河谷冲积平原面。较好地揭示了丹霞地貌形成的地质时代，是一处丹霞地貌形成时代的重要见证地。

2. 碳酸盐岩岩溶景观

岩溶景观主要分布于九岭山体北缘和南缘的古生代海相沉积盆地中。

九岭北麓岩溶景观：主要见于修水县的南崖－清水岩景区，由南崖、修河峡谷画廊、东岭石林、清水岩溶洞群等呈带状分布构成。景区以寒武系碳酸盐岩形成的喀斯特地貌为主，集山、水、石林、溶洞和人文遗址于一体。清水岩溶洞由两洞组成，洞内支洞众多，钟乳石造型千姿百态。

九岭南麓碳酸盐岩岩溶景观：主要分布于宜丰、上高等县（市）境内。岩溶景观主要有溶洞、地下河及地表的峰丛、石芽、溶沟和少量柱峰景观。

3. 温泉

该区内的温泉众多，主要分布于九岭山体边缘及山间断裂构造带，主要有修水县的白岭温泉、黄沙汤桥温泉和渣津株树下温泉，武宁县的上汤温泉、罗溪汤里温泉和宋溪伊山口温泉，永修县的西海温泉，铜鼓县的铜鼓温泉、汤里温泉，奉新县的九仙汤温泉，靖安县的中源温泉、罗湾温泉及九岭温泉等10余处。

4. 重要古生物化石

主要分布于九岭山体边缘地带，重要古生物化石产地有柘林震旦纪原始水母动物化石群、武宁西垅志留纪笔石动物化石群、上高七宝山二叠纪菊石为主的多门类动物化石群、修水三都恐龙蛋化石等。

5. 典型构造形迹

九岭山为一巨型的逆冲推覆隆起构造，其北缘与修水－武宁复向斜相接，其南缘与萍乡－乐平拗陷带相连，分布有蛇绿岩片和宜丰桥西逆冲推覆构造形迹群。

五、龙虎山－黄岗山旅游地质资源区

该区位处信江盆地南缘、北武夷山北麓，总体呈近东西向展布。区内以丰富多彩的丹霞景观为特色，兼有早白垩世火山岩、地层剖面、古生代化石、典型矿床和采矿遗址等多种地质遗迹景观，以及大量道儒佛文化遗产。

（一）典型丹霞

发育于信江盆地边缘的红色砾岩、砂砾岩为主地层中。自东而西，典型丹霞景观有广丰县的六石岩、铜钹山（白花岩）、东岩，上饶县的七峰岩、南岩（卢家岩）、月亮岩，铅山县的叫岩，弋阳县的龟峰，贵溪市的挂榜山，鹰潭市的龙虎山等10余处。各景区丹霞景观的成因相似，但景观形态各有不同、各具特色。综合而言：区内集天下丹霞景观之大成，尤以龙虎山、龟峰丹霞最典型，是世界老年早期丹霞的典型代表地。

1. 龙虎山丹霞

位处鹰潭市西南约20km，主要由晚白垩世河湖相红色砂砾岩构成，面积300余平方千米，海拔200~300m不等。全区有99峰、24岩、百余处景点景物，泸溪河自南而北斜贯全区，而构成独特丹山碧水奇观。全区可分上清镇、龙虎山、仙水岩、象鼻山、排衡峰、乌祖岩等景区。主要特色是碧水丹山和丹霞峰林以及千姿百态的造型山峰、岩、石景观，且融道教名山和两千多年前的崖暮文化历史于一山，是国家级重点风景名胜区，于2001年3月成为中国国家首批地质公园之一，2007年与龟峰整体申报成为世界地质公园、2010年列入世界自然遗产名录。

2. 龟峰丹霞

位于弋阳县南部，地处信江盆地南缘，丹霞景观分布面积135km^2，因不少山峰、岩、石造型似龟而得名。以36峰8大景群而著称，共有4个景区，主要景群景点近百处。其中龟峰景区面积25km^2，景点密集，以龟形丹山为特色，石峰林立，造型奇特，有世界丹霞的“橱窗”与“标本”之誉。主要景物有龟峰（又名三叠龟峰）、老人峰、双剑峰、锦屏峰、壁画峰、雨花岩以及金线吊蛤蟆等大量景点。南岩景区，以丹霞岩洞、天生桥（穿洞）和佛龛为特色。景区发育岩洞23个，其中的南岩洞遗存石刻佛像近百尊，天生桥，天然跨度30多米，是江西省内已知规模最大的丹霞穿洞景观。

3. 铜钹山丹霞

分布于北武夷山前的信江红层盆地东段、广丰县南部铜钹山、赣闽浙三省边境地带。丹霞景观较发育，以白花岩、九仙山、九仙湖景区丹霞特征为典型。

白花岩景区：面积20多平方千米，峰林、峰墙、奇岩、怪石遍地成景，而且是由晚白垩世红色砂砾岩和早白垩世红色火山－沉积岩系组合而成的复合型丹霞奇观。白花岩脚下还发现有五代—宋代窑址，是江西烧制青瓷器的典型遗址。

九仙山景区：海拔550m，面积10km^2。四面皆悬崖峭壁，仅北面陡壁有人工凿成的羊肠小道可供攀登。周边奇峰突兀，怪石林立，各种象形石姿态惟妙惟肖，造型栩栩如生。山上遗存有明清时期农民起义军遗址，被列为省级文物保护单位。

红军岩：因峰峦叠嶂、地势险要，并排有七座悬崖组成，故名“七岩”。“红军岩”于民国二十一年（1932年）初，红军留赤警营一个排，为掩护县委机关和群众转移，与敌人鏖战，后因弹尽，剩下21名战士跳下悬崖，壮烈牺牲18人，为纪念革命烈士，崖壁上刻有毛泽东手书体“红军岩”三字，兴建了“红军岩纪念亭”和“红军岩纪念碑”。

九仙湖景区：即军潭湖（人工湖），湖面2100亩，是铜钹山境内三大高峡平湖之一。湖的四周丹山环绕，绿树葱茏，以丹山碧水绿树景观为特色。

4. 六石岩丹霞

六石岩是广丰县“三岩（白花岩、六石岩、天桂岩）”名胜之一，位于广丰县嵩峰乡十都村东南，由6大丹霞柱峰齐肩并立，分别称为竹山石、麒麟石、雷钻石、剖刀石、猢狲石和关公石，高200余米，以各自不同形状共同组成典型的丹霞峰林，面积不大，但雄伟壮观，素有赣东北“一洞天”之誉。景区内古木参天、山泉潺潺、曲径通幽，溪流曲折蜿蜒。竹山石以高、险、奇、幽而冠六石之首，岩前有“一洞天”，岩上镌有“六石仙岩”四个大字。明代天顺年间广信知府金铣的“出双山、望六石、六石垒垒”之上联，至今无人对出下联，更增添了游人的遐想。

（二）典型火山岩地貌景观

区内火山岩地貌景观主要发育于早白垩世武夷群火山岩系之中，典型地貌景观有黄岗山、鹅湖山、龙虎山世界地质公园内的应天峰等地。还有早白垩世火山机构，如玉山县的尖山火山机构、铅山县石溪乡的五通桥古火山遗迹群较为典型。

黄岗山：位于赣闽交界处的铅山县境内，是武夷山脉主峰，也是华东地区最高峰，海拔2157.7m。于燕山期造山后，由“火盆”成高峰之变。山势雄伟而顶部平坦开阔，构成独特壮观的山地地貌景观。

鹅湖山：位铅山县永平镇东约3km，海拔690m。山峰兀立，秀岭相连，清泉甘洌。北麓的鹅湖书院，是我国名书院之一。北部有五通桥破火山口遗迹成群分布。

（三）典型花岗岩地貌景观

主要分布于北武夷山北坡地区，有上饶县的五府山、铅山县的葛仙山等地。以花岗岩奇峰、怪石、峡谷、流泉飞瀑为特色。

（四）碳酸盐岩岩溶景观

以溶洞岩溶景观发育较好。主要分布于饶南地区的铅山县南部、上饶县的上卢－四十八都等碳酸盐岩地带。

1. 天桂岩

位于广丰县排山镇西岩山腰上，属石灰岩溶洞，为广丰著名胜地三岩之冠，因岩前古时有桂树而得名。岩门有明朝丁矶手书“天桂岩”三个大字，笔力遒劲，岩门左侧题有明代周尚德五言诗《题天桂岩》。岩正中洞高10余米，宽可容千余人，中有“江东第一洞天”题字，洞穴忽宽忽窄，高低参差，有“九层楼”之称。上三层各有“石室”，室中有石桌、石凳、石床、石缸、石灶、石锅铲等。石壁上有天成的“奇兽异禽”象形景观。

2. 葛仙山溶洞群

为2013年新发现的溶洞群，位于铅山县葛仙山乡茅排村附近，当地总称“阴消洞”，意为只见水流进、不见水流出。

龙凤石神仙洞：洞口较小，需扶梯而下，洞内有石笋、石钟乳等。洞内又有18个小洞相连，别有洞天。

马鞍山溶洞：洞内石笋、石钟乳组合在一起，像流瀑、像华盖、像树林、像珠帘……景象奇丽。

蝙蝠洞：洞口处有一对高大的石钟、石笋，据村民结伴游洞，往返4个多小时，火把用完，未到尽头。

龙凤石神仙洞、马鞍山洞、蝙蝠洞：成一条直线，处于同一条断裂构造岩溶带，洞口相距不远，可能相贯通；上朱家洞、木杓坑洞也成一线，很可能相贯通。该洞群的特征，尚待探查。

（五）重要地质剖面和古生物化石

主要有弋阳县周潭—洪山新元古代至寒武纪的周潭岩组、万源岩组、洪山组、外管坑组层型剖面，铅山县鹅湖山早白垩世鹅湖岭组层型剖面，龙虎山上清景区早白垩世打鼓顶组层型剖面等。

（六）典型矿床和采矿遗址

主要有上饶县包家金矿采冶遗址，弋阳县铁沙街中元古代海相火山热水喷硫沉积叠改型铜多金属矿为区内最古老的铜矿床。另有著名的铅山县永平铜矿、贵溪冷水坑超大型银矿田及采矿遗址等。其中：

包家金矿遗址（刘诗中，2014）：位于上饶县茶亭镇包家境内，是中国发现最早的金矿遗址之一，历经唐、宋、元、明、清5代，持续开采1100年以上。于2013年5月被国务院核定公布为第七批全国重点文物保护单位。经考古确认，包家金矿遗址始采于唐代乾元二年（759），宋、元、明、清延续开采，金矿遗址分布范围达25km^2。遗址主要由采矿区、选矿区、冶炼区构成，保存良好，有露天采矿遗迹300多处和巧妙利用自然巨石开凿的水力自动淘金遗迹，还有地下开采遗迹、废石与炼渣堆积等。同时，出土了大量陶瓷器标本和刻有与古矿山有关的唐、宋、明摩崖题刻。宋代史料记载，包家金场年岁课税达千两。

露天采坑遗址：有的直径达百米、深度数十米。

探槽遗址：是寻找矿脉的勘探方法之一，有一条长达500m。

地下矿坑：约有2000多处，矿洞周边明显有古代烧爆法痕迹。地下采场纵深达百余米，距地表深达三四十米，采用竖井、平巷、斜井联合开拓，构成了宏大复杂的采矿系统。同时，还有通风、提升、运输、排水等设施。

六、麻姑山－军峰山旅游地质资源区

该区位于雩山山脉北部—中武夷山西坡的抚州地区，花岗岩、火山岩、变质岩及丹霞等地质遗迹景观较丰富，主要有军峰山（花岗岩）、麻姑山（变质岩）、大觉山（火山岩）、会仙峰（火山岩）、玉华山（火山岩与高位侵入杂岩）、相山（火山岩）、龙凤岩（丹霞）、太极岩（丹霞）等地质地貌景观，分布有较多温泉资源，还有甲龙化石产地。

（一）花岗岩地质地貌景观——军峰山

分布于南丰、宜黄两县交境地带，中心由志留纪、侏罗纪花岗岩组成，西北部为变质岩。主峰海拔1760.9m，是雩山山脉的最高峰。明崇祯九年（1636年）11月11日，徐霞客登军峰山时，曾有“军峰耸翠乃南丰八景之最，羡军峰之亲和”的感叹。景区内山峰逶迤，横亘绵延，15座山峰都在584~1761m之间，座座山峰嶙峋峭拔，姿态万千。遍布于各处嶙峋石峰之间的奇岩石景，更使景区景色缤纷。多有飞瀑瓢泼，云雾迷漫，竹木环绕。人文遗迹众多，寺、观、祠、庙、庵、堂、坛、殿自唐、宋时期开始兴建，到明、清时期最为鼎盛。遗存的古迹有讲经台、炼丹台、净手池等。

（二）火山岩地质地貌景观——玉华山

区内火山岩地质地貌景观主要有大觉山（1396m）、玉华山（1169.1m）和相山（1219m）。后二者发育典型火山机构、环形构造及次火山岩、侵出杂岩等。

玉华山位于丰城、樟树、新干三市（县）交界处，为大型火山穹构造，主峰海拔1169.1m，周围有12座海拔千米山峰拱卫，奇峰竞秀，远眺似九叠芙蓉。主要由早白垩世火山岩、碎斑熔岩、侵出型花岗斑岩及环状花岗斑岩组成，形成罕见的火山与侵出杂岩系，因构造切割和流水侵蚀等，形成典型的倒石堆地貌与遍山石景，尤以新干县燥石地区的倒石堆地貌景观为全省同类典型代表，同时发育有较多峡谷、溪流、瀑布景观。

玉华山也是一座人文历史圣山，相传在晋元康二年（292年），浮丘、王凝之、郭璞三仙对弈于“紫玄洞”。明代刘同升有“清溪荡灵气，一径上疏烟。中有来真人，真人秀且鬈”诗句。又罗洪先诗云：“游遍名山几洞天，紫玄真是洞天仙。悬崖飞步迹三五，大世含九思万千”等，描写和赞美紫玄洞奇观盛景。山间有十八间石洞、仙水池、高山湖、龙涵瀑布群、赣一泉洞水、落雨红豆杉等自然景观。奇峰异石千姿百态，如月亮石、官印石、三生石、鳌头石等，堪称“奇石博物馆”。

（三）变质岩地质地貌景观——麻姑山

主要由中深变质岩构成，位于南城县西。这里山势秀丽，万木葱茏，有奇特壮观的飞瀑“玉练双飞”，还有千古流芳的鲁公碑，著名的半山亭、仙都观、神功泉、龙门桥、丹霞洞等。麻姑山的人文史迹丰富，《名山志》上记述“中国有三十六洞天，七十二福地，分布在九州四海，唯独麻姑山，既有洞天，又有福地，秀出东南。”相传唐代邓紫阳真人在麻姑山习道修炼，成为东南一带道教中心。秦时大学者华子岗遨游万里来到麻沅著书，留下了不少赞美麻姑山的诗篇。唐书法家颜真卿，在《麻姑山仙坛记》中写道“高山中有百螺壳，或以为桑田所变”，是世界上关于沧桑之变地质观的最早论述。

（四）丹霞

区内丹霞主要分布于抚州红层盆地、南城－广昌红层盆地。有抚州临川的豹子岩（金石山）、宜黄的太极岩、南城县的潮音岩（潮音洞）、南丰县的响石和曾巩读书岩、广昌县的龙凤岩等。

1. 宜黄太极岩丹霞石拱

位于宜黄县二都镇西北2km处，总面积12.6km²。为中国罕见丹霞石拱（天生桥）景观。跨径40余米，形成一半月形两层石拱，犹如太极图，故得名太极岩。明代旅行家徐霞客谓之：“东西横跨，若飞梁半天，较贵溪石桥，高与大俱倍之。”景区共分三部分：一是以鲤鱼湖为中心的水上游乐区；二是以石拱寺为中心的佛教景区；三是以太极岩为中心的自然风景区。

2. 广昌龙凤岩

位于广昌县城西北15km的东华山下，坐落在苦竹镇大陵村范围内。丹霞群峰耸立、岩洞发育，并兼有流泉飞瀑和人工湖泊，融丹霞群峰与湖光山色于一体，含古寺、崖墓等古迹，是全省36个重点寺观之一。龙凤岩分为前岩（普陀岩）、中岩（罗汉岩）、后岩（七星岩）。后岩是主岩，该岩东西岩壁犹如龙飞凤舞，飞泉瀑布如青雨纷飞，故又称“青雨岩”，青雨寺就建在岩洞内。有赵朴初题写的“龙凤岩”字迹。

（五）温泉

区内的温泉资源较多，沿山间断裂带出露的温泉共6余处，如临川温泉、资溪法水温泉、崇仁汤溪温泉、宜黄的岭下温泉与淡水温泉、南丰付坊清水湾温泉、南城上塘温泉、永丰君埠温泉等。

第二节　井冈山—武功山地区旅游地质资源

一、井冈山旅游地质资源区

井冈山耸立于赣湘交界的罗霄山隆起中段，方圆约250km²。以寒武系、奥陶系浅变质岩为褶皱基底，以泥盆系组成的茨坪向斜为中心，西、西南及南侧还有加里东期花岗岩基及燕山期花岗岩株产出。该区自中生代以来不断抬升，形成了中山地貌为主的巍峨群山，主要山峰海拔都在千米以上，茨坪山间盆地镶嵌其间，峡谷及水系发育、溪水四面奔流，因山势陡峻、断崖多、落差大，易形成瀑布景观。

外围有罗霄山脉主峰南峰面（2021m），汤湖、热水洲、盆珠等温泉，泥盆系石英砂岩地貌景观，如碧波岩、阿育塔柱峰景观等，还有白水仙瀑布、武山溶洞等景观。

（一）井冈山变质岩及砂岩地貌景观

井冈山既是中国革命的摇篮，又是国家级重点风景名胜区。主要特点是山势雄伟，层峦叠嶂，奇峰幽壑，林海浩瀚，瀑潭成群，高山田园，景色如画，朱德誉之为“天下第一山”。山体具有二元结构，即下部为寒武系至奥陶系浅变质岩，上部以泥盆系砂岩、灰岩组成的向斜，构成了群山环绕的茨坪山间盆地，成为红军的第一个根据地，具有较高军事地质学价值。

井冈山主要景观分布面积250多平方千米，已知景群景点300多处，划分为茨坪、龙潭、黄洋界、五指峰、笔架山、湘洲、桐木岭、鹅岭、仙口等九大景区。重要地质地貌景观有：

1. 巍峨群峰

井冈山有数百座山峰，层峦叠嶂、气势磅礴。其中尤以五指峰、笔架山、金狮面、鹅岭最为壮观。

五指峰：为井冈山主峰，海拔1586m，五峰并列如五指并举，山腰悬崖上有落差百余米的飞龙潭瀑布，峰下有天军洞，人工湖。

笔架山：因17个山峰依次排列，形似笔架而得名，以扬眉峰为中心，以险峰、奇石、古松和杜鹃林等景观为特色，以云海和日出为奇观。

金狮面：因山形如金狮卧伏而得名。有龙女峰、姐妹峰、海螺峰、琴台、金龟击鼓、一线天、回音壁、人面崖等岩峰石景。金狮面的间隙瀑，每隔几秒钟就涌起一米高的白浪，再碎成几米宽的水帘轻飘而下，受阳光照射呈现七色彩虹，甚为奇特。

鹅岭：又名鹅山，海拔1408m。因其发育两个拔地而起的玉笋石峰，其状如鹅而得名。终年云雾缭绕，人文历史古迹遍布山峰，远自汉、唐就是一个名胜点。

2. 五大哨口

五大哨口是环绕茨坪嵯峨群峰中五处险峻的军事要隘，又是风光无限的自然景观。

八面山哨口：海拔1484m，是五大哨口中海拔最高、气势最雄伟的山岭，可观赏井冈云海和湘赣边境风光。

黄洋界哨口：海拔 1343m，下由花岗岩、上由泥纪砂岩形成的高峰、断崖，峻拔险要，山顶建有“黄洋界保卫战胜利纪念碑”。

双马石哨口：山势峻峭，山顶有两块巨石相叠，状若双马，为一咽喉状隘口。

朱砂冲哨口：为峡谷地貌，山陡路险、沟谷深邃，在绝壁悬崖间仅有一线峡口可出入行人。其中的朱砂河，落差 65m，流速 0.7~2.4m/s，平均流量 7.1m^3/s，宜漂流。

桐木岭哨口：海拔 866m，桐木岭的地形与山下相对高差很大，显得高耸兀立，巍峨挺拔，断崖发育，构成天然屏障。

3. 瀑布群

井冈山地形陡峭，植被茂盛，水系发育，瀑布成群，瀑潭相间，形成奇特水体景观。

小井五龙潭瀑布群：在五神河不足 2km 的流程中，涧水五次飞跃峻岩，形成风格迥异的五潭五瀑。第一瀑名碧玉潭，落差达 67m，宽 6~17m，为最壮观的一级瀑布。

大井水口瀑布：瀑布飞跃断崖，成梯形泻落，高达百余米，宽 10 余米，气势磅礴，并常现彩虹，是一奇特景观。

还有如金狮面的间歇泉和瀑布群、水帘瀑和仙女瀑等都是井冈名瀑。

4. 溶洞

井冈山溶洞已知有飞龙洞和石燕洞，主要为泥盆系碳酸盐岩和钙质岩石组成。石燕洞已探明洞体千米左右，洞中有洞，因多蝙蝠而得名。洞中钟乳石琳琅满目。

（二）碧波岩

碧波岩位于井冈山北麓的永新县城东约 13km 处，是由泥盆纪砂岩构成的奇特景观区，区内以峡谷、飞瀑和奇岩异石为特色。其中峡谷幽深，谷壁陡峻多悬崖峭壁，谷中溪流奔腾，因断崖发育、瀑潭成群，水质清澈，两侧景色如画，尤以其中的马尾瀑布和独虎跳墙瀑布最为奇特而罕见。

马尾瀑落差 30 余米，水从绝壁之顶凌虚泻下，瀑布始泻如扇，继而成线，到中间化成一片细雨，到下面只见一片青烟，生生灭灭于飞云削崖之下，有有无无于断壑幽谷之中，甚是玄妙。

独虎跳墙瀑布从峡谷中一悬崖上泻下，扑到对面山崖上又返跳回来，只见瀑流成无数白珠飞迸跳跃，甚是奇观。

碧波岩瀑巨流从悬崖上倾泻而下状如飞练、声如响雷，蔚为壮观。众多奇岩异石造型景观分布于整个景区，生于绿树丛中。

（三）白水仙瀑布群

白水仙位于遂川县境内，已发现自然景观 30 多处，有水口峰、白水仙瀑布、仙女浴盆、葛仙岩洞、蛇龟崖、浴女瀑等。白水仙瀑布，高 116m，远望如观音沐浴。

（四）梅田洞群

梅田洞群位处永新县城东的梅田山，由石炭系碳酸盐岩组成的孤峰。已发现溶洞 3 个，由玉虚洞、青花洞、合璧洞构成。洞内有河穿行，洞顶多有天窗而与山顶岩溶漏斗相通，洞内钟乳石景众多、造型奇特、千姿百态。洞体规模以玉虚洞最大，且为一穿洞，洞内有伏流穿洞而过，遗存有石刻、诗文，明代家徐霞客曾到此游览考察并留下珍贵的诗文。

井冈山周缘的碳酸盐岩岩溶景观还有泰和的武山溶洞群和万安的狮子岩等。武山洞群，是一处发育于石炭系碳酸盐岩中的溶洞群，已知溶穴 20 余个，碳酸盐岩层的上部为晚白垩世红色砂砾岩层不整合覆盖。

（五）温泉群

在井冈山的东南侧，沿着北东走向的黄凹大型断裂带，温泉成群呈带状展布，其中最为著名的有汤湖、热水洲温泉群。

汤湖温泉群：有温泉 4 处，泉池终年热气腾腾，素有“大鄢泉白气如沸”的江西“小海南”之称。泉水喷涌，水温高达 83℃，目前建有温泉疗养院和地热研究所。也是“狗牯脑”名茶产地。

二、武功山旅游地质资源区

武功山脉为一北东东走向的构造隆起区，横亘于赣西地区的浙赣铁路之南、罗霄山脉之东。主峰金顶海拔 1918.3m，为省境之内最高峰。

武功山是一座千古名山，自东汉以来就与赣北的庐山、南岳衡山齐名，并称江南三大名山，至今已有近两千年的人文历史，遗存有丰富的人文史迹。

（一）武功山花岗岩地质地貌景观

武功山为一典型的构造——岩浆穹隆、叠加伸展隆滑构造。山体核部为加里东期片麻状花岗岩，间有燕山期花岗岩，周缘分布有新元古代—寒武纪浅变质岩和晚古生代海相沉积岩，其中发育环状韧性剪切带。几度沧桑巨变，形成现今雄奇险峻的花岗岩中山地貌，以峰之奇、岩之险、石之危、松之怪、草之袤、云之瑰、禽之珍、瀑之湍、潭之幽而成为江南千古名山。由加里东期花岗闪长岩形成的波状高山草甸与燕山期花岗岩形成的明月山峻峭峰林，构成了一幅富有地质韵味的绝妙画卷。自明代徐霞客考察以来，先后吸引了俄、日、法、奥、英等国和我国众多专家学者来此科考研究。

1. 花岗岩山峰、岩、石景观

武功山有千米以上奇峰 20 余座，如白鹤峰、九龙山、明月山、太平峰等，具有美中见奇、奇中见险、险中藏秀的花岗岩地貌景观。

奇岩 50 多处，如万花岩、万松岩、千丈岩、白仙岩、观音岩、玉屏岩、簸水岩、鸡婆岩、乌龙岩等。其中尤以乌龙崖的绝壁崖高达 100 余米，最为峻险壮观，为一大奇景。

怪石近百处，羊狮幕穿云石笋，从深谷拔地挺立直插云际，高达 190 多米，为罕见奇观。

花岗岩洞 10 余处，以风火洞最为奇特，上下两洞距仅 3m，下洞清风徐来，而上洞则热气熏人。

2. 水体景观

瀑布：已发现重要瀑布景观 20 余处，名瀑有潭口瀑布、云谷瀑布、白水滩瀑布、天心瀑布、乌龙瀑布、龙潭瀑、子母瀑、黄龙喷雾、双瀑联珠、三叠泉等。其中的云谷瀑布为三叠瀑布构成，总落差 200 多米，第三叠落差最大达 74m，飞流直下，飞花走雾，正如“终年匹练寒幽谷，尽目银河空紫霄”；安福境内的天心瀑布，落差 70 余米，水量大，似白绫高悬空际，瀑景、瀑声十分壮观。

峡谷、水潭、溪滩：数量众多，名潭往往与峡谷和名瀑相伴。典型者有深江谷和云谷等 10 余处，尤以深江谷口乌狗潭上空的天然藤桥——峡谷古藤飞渡最为惊险奇绝，为一天生奇景。

温泉：有温汤及洪江、泰山等温泉，还有10余处矿泉。其中尤以温汤温泉最为著名，水质可与法国著名的“埃克斯”矿泉媲美，浴疗对心血管、消化道、泌尿系统有明显疗效，是一处罕见的含硒温泉。

人造湖景观：即大中型水库工程地质景观，典型者为仙女湖、安福的腾龙湖、萍乡的明月湖。仙女湖水面面积达75km^2，湖区岛屿97个，形态各异，沿湖岸线140多千米，景观美妙、秀色可餐；腾龙湖位处武功山腹地，具有高峡出平湖的景观。

3. 生态景观独特

武功山区在生态上具有以山体为单元的独立系统性。有高山草甸10余万亩，被誉为“云中草原”，为罕有奇观。已发现了种子植物1800余种，蕨类140多种，苔藓类30多种，大型真菌110多种。各类松、杉、柏、夜光木、水椏木等珍稀树种较多，有世界仅存两株的落叶华木莲，部分群落保留了原始状态，是亚热带地区生物群落的典型代表地之一。

4. 人文历史遗址众多

武功山已知有近两千年的人文历史，一山藏二教，既有道教丛林遗存，也有佛教墓塔群遗址，历史上有近百位名人咏诵武功山，遗留的诗、词、碑刻、石刻、文章100多篇。

5. 武功山主峰金顶是江西省境内最高峰，气象万千，有云海、日出、仰山积雪等云、雾、雨、风和日象和月影等奇观。同时，武功山还有第四纪冰川遗迹的报道和两处古沼泽遗迹。

（二）典型构造形迹

武功山地区的构造形迹种类多样，数量丰富，特征典型，保存完整，空间分布有序，为国内外所罕见。

武功山处于加里东期东南造山带前缘。由于大规模向前陆逆冲推覆，形成武功山变形花岗岩和新余铁矿田“红绸舞”式褶皱形迹群，由近东西向大规模倒转背斜、北西向同斜褶皱和近南北向开阔褶皱叠加形成，为世界所罕见。褶皱千姿百态，有饼状、剑鞘状、舌状、杆状、柱状等，且成群展布，被中外地质学家誉为“地质构造的橱窗”，是我国浅变质岩区地质填图的示范地。

武功山地区是研究青白纪晚期—寒武纪南华裂谷海盆发展演化的代表性地区，剖面研究程度高，确立了标志层组合，解决了叠加褶皱形变之浅变质岩系的地层层序，具有很高科考价值。

（三）山缘地带的岩溶景观

在武功山山缘地带的萍乡—新余、莲花、安福等地石炭纪和二叠纪纪碳酸盐岩中，发育有较多的岩溶景观，尤以岩溶溶洞较为典型，如莲花的玉壶山，分宜的洪阳洞，萍乡的七宝洞，安福县的黄公洞、聚仙岩和长砻洞等。其中尤以玉壶山和洪阳洞最为典型。

玉壶山位于武功山西麓的莲花东北部，岩溶景观有元阳洞和蕊珠洞等溶洞景观和多处奇峰怪石景点，且融道、佛、儒文化遗址于一体。

洪阳洞位于武功山北缘、分宜县城南侧，相传东普葛洪、娄阳二人在此洞栖身养性和修道炼丹，故名洪阳洞。据分宜县志载：洞内“有石室十七，石穴七十二”，分为东西两部分，东部高大宽敞，西段幽暗深邃，洞内怪石壁立，钟乳嶙峋，琳琅满目，仪态万千。洪阳洞也是新石器时代的古人类文化遗址，发现有灰烬层、烧骨和少量石器及陶器。

三、孽龙洞—竹山洞岩溶旅游地质资源区

该区包括萍乡上栗—孽龙洞至万载—宜春袁州区、分宜洞村—上高一带，地处萍乐坳陷带西段（北侧），出露地层以石炭系和二叠系碳酸盐岩为主，地层褶断构造发育，构造岩溶地质作用强烈，总体呈北东东向展布。岩溶地貌景观呈地上、地下立体分布，尤以地下岩溶洞穴发育典型、数量众多、成群成带分布，同时发育地下河及部分洞穴廊道，洞内景观奇特。

（一）地下岩溶洞穴群

该区的地下溶洞十分发育，是一个北东东向地下溶洞与地下暗河发育带。在上栗县，溶洞成群分布，有名的溶洞有孽龙洞、赤山龙洞、石源洞、牛鼻子洞、阮霞洞等20余个；在万载县有竹山洞；在宜春袁州区有酌江洞群；在上高县有球湖洞群、仙姑洞、七宝洞、燕子洞等；在分宜县有洞村溶洞群等。

1. 萍乡孽龙洞

孽龙洞距萍乡市约20km，洞长4.2km。洞体主要由二叠系栖霞灰岩和茅口灰岩组成。蜿蜒曲折，暗河相伴，水随洞转，洞因水活。洞内厅廊相连，最大洞厅高达30m，可容纳近千人。石笋、石花、石幔玲珑剔透，千姿百态，形成了蔚为神奇而壮观的地下天然艺术长廊。洞内景观有“千人厅”、“龙牙穴”、“擎天柱”、“千丘田”、“仙女池”、“雨打芭蕉”、“峡谷”、“鸳鸯池”、“童子拜观音”、地下河瀑等。尤其是“洞天飞瀑”似银河倾泻，是国内溶洞之罕见奇观，徐霞客称为“玉壶飞泉”。许多钟乳石仍在生长之中。

上栗的石源洞是一个隐伏型溶洞，也是一条地下河道，洞中可行人，地下河可泛舟。当地村民曾用糠（谷壳）放流检测，总长达10余千米。

除了上述已命名和探查的溶洞外，区内还有许多未命名、未勘测的溶洞。

2. 宜春酌江洞

位于宜春市三阳镇境内，距宜春市区18km。分为“白龙洞”、“酌江洞”、“水上基地”、“石林”、“果园”等五大景区。

白龙洞：洞穴系统较庞大，洞中有洞，又发育地下暗河。怪石嶙峋，千姿百态，白色钟乳石似冰柱闪闪发光，圆锥形的石笋挺立向上。各种钙华形成的造型石近百处。

酌江洞：洞内80%的钟乳石都“洁白如雪，质纯似玉”，千姿百态，造型各异。“酌江洞”的特点是钟乳石的生长速度非常快（据观测10年能生长1cm），是一个研究观测岩溶地质作用的好场地，有“酌江山水画，溶洞自然诗”之赞誉。洞内暗河可漂流，洞外有酌江中型水库，四周群山环抱，景色迷人。是旅游度假、喀斯特科研考察的好地方。

3. 万载竹山洞

位于万载县马步乡洞口村境内，距县城10km，包括竹山洞、竹山洞森林公园、石笏旅游度假村。规划面积4000hm²。以清代万载人张鳌诗“怪石层岩护竹山，洞门虚敞几重关”得名。其洞长3985m。穹隆高大，洞道幽深，潺潺流水，终年不息，属地下水位型溶洞。洞内钟乳低垂，怪石嶙峋，有大小自然景观300多处。同时，它也是一座“断层博物馆”，可以非常清楚地看到裂隙带、断层带和被溶洞中雨水淋净的顶板断裂面。竹山洞，洞中有洞，景观十分丰富。

4. 分宜洞村溶洞群

分宜县洞村、高岚、操场、下村、仁和等乡镇已查明的洞穴多达百余处。特别是以洞村乡南村的神牛洞为中心，方圆10余千米范围内密集分布了7个绮幻多姿、特色各异的大型溶洞群，包括寨口洞、神牛洞、寒毛洞等诸多富有古老神奇传说的溶洞。洞中有乳石、石笋林立，千姿百态，拟人拟物，形象逼真。洞中有洞，地下暗河与岩溶泉发育。

神牛洞：绵延6.5km，是一个峡谷型溶洞，它因洞口有一横卧巨石神似水牛而得名。入洞沿行，两侧峭壁陡立，气势磅礴，中间河谷深切，令人目眩，酷似实物的石床、石桌遍布，云盘阡陌，有如长城蜿蜒，石戏台硕大，岩顶“天幕”波澜起伏，钟乳石千姿百态，出神入化。

寨口洞：位于神牛洞之南1.5km处，为一处河道型溶洞，它以水取胜，洞前瀑布高悬，水声如雷，洞内水流滔滔，莫测高深。

寒毛洞：毗邻寨口洞，又名寒坡洞，以幽称奇，该洞内小洞接大洞，圆洞套方洞，洞洞相连，洞洞皆景。洞口位于高岚乡北部，以旷争雄，共有三洞，洞厅极为宽敞，洞内钟乳倒悬，各种造型巧夺天工，惟妙惟肖。

桃源洞：在操场乡境内，以深引人，洞口高轩，顶部石壁镌刻有“桃源古洞”四个古字，洞尾岩穴深邃，又套有大小不一的洞穴，蜿蜒曲折，远通至上高县末山。洞内有石钟、石磬，皆扣之有声；石猴、石狮、石象、石虎以及“九龙戏水”、“八仙过海”等景观，俨然天造地设。

5. 上高县溶洞

主要分布于田心、江南、城陂、汗堂、南港、七宝山、蒙山等地。溶洞群与地下暗河很多，如田心的球湖羊牯洞、莲花洞（千佛洞）、末山洞、燕子洞（蒙山）等，地下暗河与岩溶泉景观较多，保护利用价值较大，但其特征尚待进一步探查。

（二）地表岩溶景观

主要为岩溶丘陵，地貌微型景观有溶沟、溶槽、溶蚀洼地、小型峰丛、石柱、石芽等景观。上栗杨岐山融岩溶自然景观与历史文化遗址于一山，是中国佛教杨岐宗的发祥地，古寺、宫、观保存较好，寺内的唐碑、唐塔、唐柏并存。

在萍乡市周围还分布有较多的地质遗迹景观，如安源国家矿山公园是我国现代工业的先驱、中国工人运动的发祥地和秋收起义的策源地，煤矿的总平巷已列为省重点文物保护单位；在白垩纪红层中发现了恐龙蛋化石群、在湘东区发现有硅化木化石等，都是重要的地质遗迹景观。

第三节　赣南地区旅游地质资源

一、赣州－兴国盆地区旅游地质资源

赣州－兴国盆地为江西晚白垩世的典型陆内断陷盆地之一。受大余－赣州－兴国北东向断裂带控制，盆地呈北东向带状展布，由晚白垩世龟峰群红层组成，并呈现南断（南东侧断陷）北超（北西侧超覆不整合）特点。主要旅游地质资源有典型丹霞、晚白垩世恐龙等脊椎动物化石、典型河流等地质遗迹景观。同时，区内人文遗址景观资源丰富，有赣州古城、七里古瓷窑遗址（省内宋代的四大古窑场之一）等，还有源远流长的客家文化和红色文化资源。

（一）典型丹霞

1. 通天岩丹霞

位处赣州晚白垩世盆地北东段，章、贡二江合流区的赣江西岸，赣州古城西北郊约 6.8km 处。是一处典型丹霞景观区，由上白垩统龟峰群陆相红色岩系组成，具有砂岩、砾岩交互成层的特点。岩层产状多呈水平或近水平状，节理发育，在差异风化、重力崩塌、侵蚀、溶蚀等外力地质作用下，形成了系列城堡状、宝塔状、柱状、方山状、蘑菇状等丹霞岩峰，“状若瓜瓠、岩峰屏列”，具有顶园、身陡、麓缓特点，丹崖赤壁、穿洞、岩洞、岩槽等微地貌景观特征典型、数量众多。因天然岩洞多，并有一岩洞顶有一窍通天而名。以丹霞微地貌景观独特、石窟文化深厚、文物古迹众多、生态景致宜人为特色。代表性丹霞景观景点有通天岩、忘归岩、观心岩、龙虎岩、翠微岩等。

通天岩是我国南方古代石窟艺术宝库之一。石窟开凿于唐朝，兴盛于北宋。遗存有唐代至宋代的石龛 279 座、石刻造像 359 尊，宋代至民国的摩崖题刻 128 品，有“江南第一石窟”之誉。

通天岩之南东有赣州古城景观和章、贡二江合流景观。赣州古城三面环水，章江从城西而来，贡水从城东而来，两水夹城而过，在城北的八境台下汇合为赣江，构成了千里赣江第一景。

2. 灵山 – 宝石寨丹霞

位处兴国晚白垩世红层盆地北东部盆缘，由上白垩统龟峰群砂砾岩、砂岩等组成。分为宝石寨和灵山两大景区，地形峻峭、复杂、微地貌发育，丹崖峭壁和石柱、石峰、峰丛、峡谷形态多样、特征典型，具有重要科学意义和观赏价值。

宝石寨（又名“宝石仙境”）景区：位于兴国城北东约 13km，面积 70 余平方千米，集丹霞奇观、人文古迹和山水风光于一体。有宝石寨、八仙岩、东（西）井、宝石仙境、世外桃源、梦幻西天、凤凰岭、天鹅湖等八大丹霞片区和腊石寨、关刀岩、天井架、象鼻峰、回音壁、燕子岩、八仙岩、圣告峰、双龟石、天鹅湖、通慧寺、狮岩古寺、文天祥抗元遗迹 (古山寨) 等 120 余处景点。

灵山景区：有兴国第一胜景之誉，分布于兴国县城东约 8km，面积 60 余平方千米，丹霞岩峰众多，主峰（灵山）海拔 461.2m，峰峰有岩、岩岩有寨，是一处集丹霞奇观与人文遗址景观于一体的景区。区内景点有冰心洞、竹笋峰、仙桃峰、蛤蟆石、芒锤石等丹霞奇峰异石和岩洞，还有狮子岩、读书岩、仙女潭、角石寨、猴哥寨、清静观、三官殿、亲光寺、飞来佛、三皇宫等等人文遗址景观。

晚白垩世红层盆地中的兴国县是著名的苏区模范县、红军县、烈士县、将军县，红色文化厚重，红色资源数量多、分布广，有各类战斗遗址、革命旧址和名人旧居 100 余处，主要景点有“一园、一院、六馆、七大革命旧址”。

“一园”：即将军园，位于兴国县将军大道南端，是“全国爱国主义教育示范基地”。

“一院”：即潋江书院，省级文物保护单位。位于兴国县城横街小井头，为“土地革命干部培训班”遗址，也是 1930~1934 年间的兴国县苏维埃政府所在地。

“六馆”：即将军纪念馆、革命历史纪念馆、毛主席作长冈乡调查纪念馆、革命烈士纪念馆、苏区干部好作风陈列馆、中央苏区反“围剿”纪念馆。

“七大革命旧址”：即土地革命干部训练班旧址（潋江镇横街），中共江西省委旧址（潋江镇牛坑塘），江西省工农兵代表大会旧址（潋江镇背街陈家祠）、江西军区旧址（潋江镇筲箕窝），长冈乡调查旧址（长冈乡长冈村），中央红军兵工厂旧址（兴莲乡官田村），中央红军总医院旧址（鼎龙乡茶岭村）。

（二）晚白垩世恐龙等脊椎动物化石——赣州恐龙群

江西上白垩统红层中发现的恐龙化石很多、分布较广，尤其是赣南的赣州盆地和信丰盆地的恐龙化石种类多样、数量丰富，自20世纪80年代以来发现的恐龙蛋化石数以万计，大量恐龙蛋及珍贵的恐龙等脊椎动物骨骼化石在民间流失。特别是2000年以来，在赣州晚白垩世盆地中发现的恐龙新种群化石引起了国内外古生物学界的高度关注。这些发现说明晚白垩世的江西是恐龙的家乡，赣州盆地在晚白垩世时期是一个爬行脊椎动物种类多样、恐龙动物种群庞大，而且富有生机的恐龙家园。

赣州盆地已发现的恐龙等脊椎动物化石丰富多样。出土的恐龙蛋化石数以千计，大致可分为2科，5种；恐龙骨骼化石9具（不含民间流失数）；龟鳖类化石7具（不含民间流失数）。而且多处化石产地出现恐龙蛋、恐龙骨骼、龟鳖类化石相互共生、成群产出现象，并有含胚胎恐龙蛋化石（徐星 等，2016）（图3-9-1），为国内外罕见。特别是由中国地质科学院吕君昌领导的中英科学家组成的联合研究小组，先后在赣州盆地研究命名了5个晚白垩世时期恐龙动物的新属种，包括蜥脚次亚目—巨龙形类—多孔椎龙类的一个恐龙新属种：中国赣南龙（*Gannansaurus sinensis gen. et* sp. *nov.*）（吕君昌等，2013）；兽脚亚目—窃蛋龙次亚目的一个恐龙新属种：江西南康龙（*Nankangia jiangxiensis gen. et* sp. *nov.*）(吕君昌 等，2013)（图3-9-2）；兽脚亚目—窃蛋龙次亚目—窃蛋龙科的一个恐龙新属种：赣州江西龙（*Jiangxisaurus ganzhouensis gen. et* sp. *nov.*）(魏雪芳 等，2013)（图3-9-3）；霸王龙科的新属种：中国虔州龙（*Qianzhousaurus sinensis gen. et* sp. *nov.*）（图3-9-4）；窃蛋龙科的新属种：赣州华南龙（吕军昌 等，2015）（图3-9-5）。恐龙研究的系列新发现，说明赣州盆地是世界上发现恐龙化石，特别是窃蛋龙类化石最多的地方之一。在此基础上，研究小组将晚白垩世这一新的恐龙动物群命名为赣州恐龙动物群。

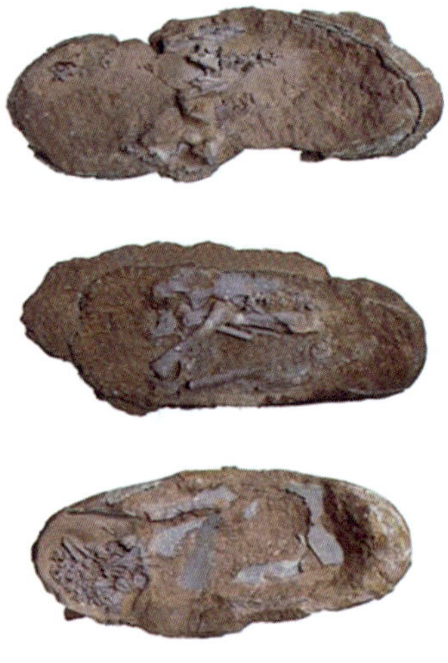

图3-9-1 赣州晚白垩世新发现的三件窃蛋龙胚胎化石

Fig. 3-9-1 The three newly found Late Cretaceous dinosaur egg embryo fossils in Ganzhou

（徐星研究组、王烁供图，2016）

图3-9-2 江西南康龙

Fig. 3-9-2 Nankang dinosaur, Jiangxi

（据吕军昌 等，2013）

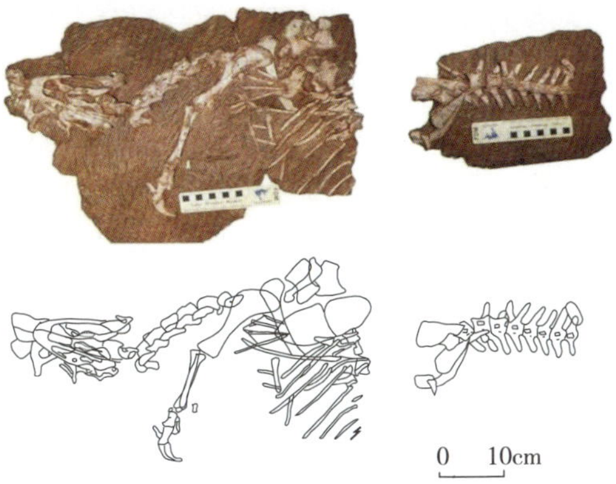

图 3-9-3　赣州江西龙

Fig. 3-9-3　Jiangxi dinosaur, Ganzhou, Jiangxi

（据魏雪芳 等，2013）

图 3-9-4　虔州龙头骨和下颌骨

Fig. 3-9-4　Skull and mandible of Qianzhou dinosaur

（据吕军昌 等，2014）

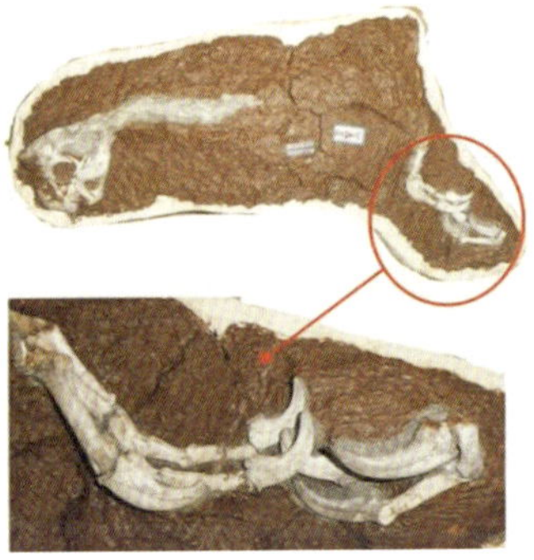

（华南龙的正型标本）

（华南龙的头骨）

图 3-9-5　赣州晚白垩世地层中发现新的窃蛋龙化石——赣州华南龙

Fig. 3-9-5　The dinosaur egg fassils of Huanan dinosaur,newly discovered in Late Cretaceous strata, Ganzhou

赣州恐龙动物群目前尚处于研究工作过程中，但已获恐龙新属种的系列发现和研究命名，不仅为世界恐龙动物研究提供了新材料，而且对古气候、古环境、古生态以及对恐龙动物的演化与绝灭等研究具有重大科学意义。赣州恐龙动物群是赣州市新的世界名片，也是重要科普旅游资源，具有建立晚白垩世恐龙科普旅游园地和恐龙动物科普研究基地的资源条件。

二、“崇余犹”山地区旅游地质资源

“崇余犹”包括崇义、大余、上犹三县，地处罗霄隆起带南部与南岭东西向构造带的交接地带的山地地貌区，地质构造位置特殊、地质构造背景复杂，地质遗迹景观资源多样。有花岗岩、变质岩、碳酸盐岩溶洞、沉积砾岩地质地貌景观，温泉、矿业遗迹景观、重要古生物化石与地层剖面等。

（一）花岗岩地质地貌景观

区内处于诸广山花岗岩基带，形成一条近南北向的加里东—印支—燕山早期 S 型复式花岗岩带，“崇余犹”地区位处该花岗岩带的南段，典型的花岗岩地质景观，主要有上犹五指峰和崇义齐云山。

1. 上犹五指峰

地处赣湘边境的上犹县境内，主要景观分布面积300多平方千米，以其中的花岗斑岩墙呈指状山峰直插云霄而得名。五指峰花岗岩主体属诸广山燕山期花岗岩基中的鹅形花岗岩体的北部，侵入于加里东期花岗岩基上堡岩体、铁山岩体、寒武系板岩和泥盆系砂页岩体之中。全区花岗岩地貌以中山为主，海拔高度一般在700~1500m，最高峰1608m，山势陡峻，群峰巍峨、层峦叠嶂、峡谷幽深、峰谷交错、林海茫茫的奇丽景观，又因断崖发育和沟谷水系众多，流泉飞瀑非常发育，并有多处温泉出露。还有中泥盆统云山组砂砾岩不整合于上犹加里东期花岗岩之上的地质现象，为具有极高价值的地质科考、科研和观赏旅游、休闲度假以及科普教育的场所。

2. 崇义齐云山

以花岗岩山地景观和生态景观为特色。地处罗霄山脉南端赣湘交界处的崇义县境，主峰海拔2061.3m，是赣南第一高峰，江西省第三高峰。山势巍峨，兀自耸立，山上终日云腾雾绕，自然景观分外秀丽。山顶有500多平方米的花岗岩平台，绿草覆盖，山巅下望，青山绿水，峡谷瀑流尽收眼底，层峦叠嶂一览无余。极目远眺，云海茫茫无际，山腰有齐云古寺遗址。发育峡谷、溪流、瀑布、“石臼”等景观。

（二）变质岩地质地貌景观

区内变质岩分布较广，较为典型的变质岩地貌景观以大余梅岭为代表。

大余县梅岭位处赣粤两省交界处，居“岭南第一关”险要之地，“海上丝绸（瓷）之路”之要冲，为赣粤两省天然屏障。相传西汉庾将军岭下筑城、岭上建寨，故称庾岭。山体主要由震旦系至寒武系板岩、千枚岩组成，山势险要，峰峦对峙。主要景观有山峰、峡谷、隘口等，其中的梅关最为著名，是古代重要关口和通商要道，遗存有古驿道。

（三）古生代沉积砾岩景观

赣南地区的古生代砂砾岩主要为泥盆纪浅海－滨海相砂岩砂砾岩，称为丫山组、灵岩寺组、峡山群。这些砂砾岩往往呈角度不整合于下伏的寒武至奥陶纪地层之上，并组成诸多山体之上部，形成奇峰异岩怪石景观。有崇义的阳岭、大余的丫山、全南天龙山与青龙山、龙南的九莲山等，其中以崇义阳岭最具有典型性和代表性。

阳岭砾岩地质地貌景观位于崇义县城南端，由下志留统砾岩楔和中泥盆统砾岩组成。主峰海拔1259.5m，因山岭具有阳刚雄峻特点而名“阳岭”。山势峻拔，岫嶂峥嵘，有峻峰36座，瀑布9处，峡谷、悬崖、怪石、峰丛景观众多而独特。同时也是一座生物物种丰富的基因库，已发现木本植物87科，371种，野生动物1150种，保存有亚热带典型常绿阔叶林群落，植被生态具明显的垂直分布特征，山麓为阔叶林带，山腰为针阔林竹混交带，山顶为杂木矮林。

（四）古生代碳酸盐岩溶洞景观

“崇余犹”地区的碳酸盐岩地层分布不多，主要岩溶景观为崇义的聂都。

聂都大理岩溶洞群位于崇义县西南聂都乡、章江源头。已探明洞口22个，分布于聂都岩溶洼地（盆形）的周缘。由奥陶系结晶灰岩和大理岩构成，是华南罕见的下古生界变质岩系奥陶系大理岩夹层形成的溶洞群。已勘查溶洞两个，一为仙鹤洞，因发育一对栩栩如生的“仙鹤”石景而名，洞长已知

800m，有6个洞厅，发育地下河，石笋、石柱、石瀑、石漫、石花等钟乳石景琳琅满目、造型多样；二为罗汉洞，洞长大于1000m，已知洞厅18个，洞体结构复杂，大致可分上、中、下三层，互为串通，洞景以中层为主，下层为地下河，主要洞景有“十八罗汉石”、“观音老母石”、“八仙相会石”、“神龟出海石”、“洞中一线天”等。在聂都溶洞群景区北部的王公寨残存有小型大理岩石林—石芽—峰丛，面积约1.3万m^2，由洁白如玉的大理岩组成，十分罕见。

（五）典型水体景观

“崇余犹”地区处赣江支流章江源区，径流发育，形成了类型不同的水体景观，主要有三大类型：

峡谷河流、瀑布、水潭景观：大余县有丫山龙山瀑布群和锣鼓山瀑布，崇义县有阳岭瀑布群、上堡塘江山瀑布链、聂都瀑布帘、聂都龙潭瀑布、乐洞瀑布、土段头瀑、长江老米瀑布、长江乌地瀑布、上峙黄竹龙瀑布、龙江一滴水瀑布、水坑飞流瀑布、大王洞瀑布、龙潭水口瀑布，上犹县有西龙瀑布等。这些瀑布，每到春夏季节，水流湍急，似银河垂泻，飞珠吐雾，浪花翻滚，形态各异，十分壮观。

陡水湖（人工湖）：位于上犹县陡水镇，在陡水峪谷隘口处拦截上犹江筑坝成湖。可见中泥盆纪砂岩不整合于上犹加里东期应有岩何组，水域面积31km^2，湖面处在群山环抱之中，构成独特的“高峡平湖”景观，湖岸线长264km，是一个蜿蜒曲折、秀长形的扇形湖泊。湖湾427个、湖心岛42个，湖面开阔处纵横达500m以上，视野宽广、波平如镜。后来，在上犹江上建成罗边、龙潭等发电站，形成了“一线穿五珠、一江连五湖”壮美景观。

温泉：有上犹县的丛树下、下汤湖、黄沙坑、热水、暖塘、五指山、土坝村等温泉，崇义县的上堡暖水、分水坳、茶滩、鹿井、茅坪等温泉，大余县的河洞热水温泉等，都是休闲健身的重要旅游资源。

（六）典型矿业遗迹景观

区内矿产资源丰富，是世界著名的黑钨矿矿集区。大余县西华山是中国最早（1907）的钨矿产地，也是“五层楼+地下室式钨矿床”的典型矿业遗迹地，拟建国家矿山公园。此外，还有崇义县铅厂的古矿冶遗址。

（七）重要古生物化石与地层剖面

具有重要价值的古生物化石和地层剖面：一是茶滩等地寒武系地层中新发现的叠层石（雷汉生，2014），属江西首次发现；二是铅厂、稍坑等地泥盆纪早期地层中发现的鱼类与植物化石，初步鉴定的鱼类有胴甲鱼、沟鳞鱼、赣南鱼（新属）（王俊卿 等，2000）等，植物有亚鳞木、拟鳞木、斜方薄皮木、园印木、巴兰德木等；三是过埠－茅坪奥陶纪笔石地层剖面，发现的笔石动物化石属种多样（黄枝高 等，1988），记有25属，277种，含肿笔石等142个新种，23个新亚种，总体属于“太平洋型”笔石动物群，有学者认为该地区“可能是奥陶纪时期世界笔石动物群的发源中心”。

三、赣江源－东江源区旅游地质资源

赣江（贡江）源－东江源地区位于赣州市的东部、武夷山脉的南段西坡，包括赣江源区的兴国、于都、宁都、瑞金、石城、会昌和东江源区的安远、寻乌、定南等县（市）。变质基底为青白口纪晚期—寒武纪浅变质岩系，局部出露中深变质岩，晚古生代—早三叠世海相沉积盖层零散分布于小向斜中。中生代火山岩及花岗岩广泛分布。该区的旅游地质资源以火山岩地质地貌景观、红层盆地的丹霞、温泉群等为主，在宁于坳陷的于都—宁都—瑞金发育有碳酸盐岩岩溶景观。同时，红色旅游资源和客家文化遗产丰富多彩。

（一）典型火山岩地质地貌景观——三百山

赣南地区的火山岩主要为早侏罗世—晚白垩世陆相火山岩，分布于安远、寻乌—会昌地区和龙南、全南、定南等县。其地质地貌景观以安远三百山地区最典型，并具有代表性。

三百山位处南岭构造带东端的安远与寻乌县边境地带，主体属于早白垩世鸡笼嶂组形成的陆相火山穹窿，是东江源头和香港同胞饮用水源区。

三百山的仰天湖破火山口构造直径约15km，近椭圆形，喷发中心火山口直径约200m，呈盆形地貌，古为火山口湖（现已掘口破湖造田）。但火山机构遗存完整，由中心向四周，火山角砾岩、熔岩、凝灰岩依次呈环状分布，发育环形断裂和环状次火山岩墙，并发现有火山弹和柱状流纹岩。

火山岩系组合特征典型，发育有爆破相、溢流相、空落相及浅成侵入相之依序堆叠组成完整的流纹质火山岩系。由火山口向外，岩性依次为流纹质熔结角砾岩→熔结凝灰岩→角砾凝灰岩→晶屑凝灰岩等，火山机构中心发育有花岗斑岩，外围见有英安斑岩。

三百山有200余处自然景观，可分四大景区。其中，奇峰异石有仙指峰、剑尖峰、铁板岩、鹰愁岩、将军岩、卧虎石景观。瀑布已知有50余处，分别注入20余条峡谷溪流，其中望天瀑布落差近达200m，气势磅礴；福鳌塘瀑布落差150m，誉为“东江第一瀑”；还有三叠瑶池发育三潭三瀑，九曲十八滩，滩潭相接，步移景换，知音泉危崖壁立，双瀑对鸣等。保存有完好的常绿阔叶林，已发现木本植物111科，661种；野生动物440余种，满山皆翠、古木参天、巨藤倒挂，构成绮丽的火山岩地貌与森林生态景观。

（二）典型丹霞

分布于宁于坳陷和武夷山西坡山前的会昌－瑞金、石城等晚白垩世红层盆地，典型的丹霞景区、景点主要有宁都的翠微峰、于都的宽石寨、石城的通天寨、瑞金的罗汉岩、会昌的汉仙岩、寻乌的青龙岩等。

1. 翠微峰丹霞

位于宁都县城西北5km的金精山，是由晚白垩世赣州群和龟峰群组成的丹霞景观，以柱峰及峰林—峰丛景观为特色，包括合掌峰、仙桃峰、瑞竹峰、凌霄峰、石鼓峰、三献峰、狮子峰、望仙峰、伏虎峰、披发峰、莲花峰等共同组成的金精山十二峰，其中翠微峰是金精山的主峰，高300余米，巍峨挺拔，壁立如削，气势雄伟，是一巨型柱峰景观，十分罕见。此外，还有一线天、金精洞、金线吊葫芦、系马桩、雷打石、集贤岩等景点和众多历史文化遗址；是著名的《翠岗红旗》故事发生地。

2. 石城丹霞

位于中武夷山西麓的石城县城东约7km，主峰海拔600余米。以龟裂丹霞与大断裂带温泉为特色，发育丹霞柱峰、奇岩、怪石和瀑布，融客家文化、红色文化与古山寨等人文遗迹景观于一体。主要地质景点有龟裂石、石笋峰、仙人犁田、通天石等。奇峰通天寨，内有窍孔通天，故名通天寨。其中的龟裂丹霞景观的规模之大、特征之典型在我国十分罕见。建有国家地质公园。

3. 罗汉岩丹霞

位处武夷山中段西麓的瑞金市东北约20km，主峰500余米，以奇峰、峡谷、怪石、丹霞瀑布、丹霞岩溶为特色，并有较多宗教文化遗址。

4. 汉仙岩丹霞

位处会昌红层盆地南端，由晚白垩世赣州组红色砂砾岩组成，相传为汉钟离修道成仙之所而故名。丹霞景观沿湘江中上游串珠状分布，景区南北长约15km，由汉仙岩、盘古山、羊角寨、肖帝岩、紫云山等景区组成。其中以汉仙岩丹霞景观最丰富、特征最典型，景区内丹壁四合，俨如城廓，峡谷深切、石峰林立，峭峻突兀。景区内还有温泉、漂流河，乘舟筏漂行，丹山碧水，满目皆景。

5. 青龙岩丹霞

位于寻乌县南桥红层盆地，丹霞景观与人文遗址相结合，由丹崖碧水相映和岩洞、古寺构成，丹霞峭壁凌空，壁上发育岩洞100余个，顺岩层近水平多层分布，为流水冲刷侵蚀与溶蚀形成，岩洞发育和分布位置反映了古河道演变和水位遗迹。丹霞红岩屹立，石窟玲珑，穴下瞰溪坛前为僧寺，佛像成群，其中有一大佛高9.98m，蔚为壮观。“幽径云边转，寒溪寺下流”是青龙岩胜景的生动写照。

（三）重要温泉资源带（区）

沿着寻乌－会昌－瑞金－石城大断裂带，发现的温泉已知达29处之多，是江西温泉地热资源最丰富、分布最密集、资源潜力巨大的重要温泉地热资源带。出露地如下：

石城县有九寨、烧水湖、烧湖里、白水下等4处温泉，近年来，经江西省地矿局地勘单位勘查，在通天寨—杉山里一带已探明温泉地热水资源量每日近达万立方米。

瑞金市出露有谢坊温泉，水温51℃；另有赤沙滩、咸水等温泉。

会昌县出露有均门岭热水塘温泉，水温59℃，还有热水塘、竹村、荷草坑、黄坊等温泉。

寻乌县出露的温泉多达14处，主要有热水、南桥横迳、南桥麟石背、南桥狮峰、留车石头湖、上津、热水、热汤嶂下、吊神排等温泉。

安远县的三百山之山麓，沿断裂带温泉发育，成群成带出露。其中的虎岗温泉最典型，常年成群涌流，地表水温25~76℃，钻孔出口温度达79℃，含硫黄，可用于保健疗养。此外，还有孔田、新塘、双芫暖水湖等温泉。

（四）典型河流景观

处于赣江支流贡江和东江的源头，峡谷发育，河流景观优美，部分河段具有风景河与漂流河价值，如定南县的九曲河、会昌县的湘江、石城县的琴江河等。下面以定南县的九曲长滩为例。

九曲河是一条风景河和漂流河，古有“江西九十九条河，只有一条通博罗”之誉，这条河就是定南县的九曲河。九曲河是定南县境内最大的河流，与发源于安远三百山和寻乌鸡笼嶂，同为东江之源，因为河道流经博罗湾时呈“九”字形，故名九曲河。河道弯曲、山峦叠翠，四季如春。沿河主要景点有天成桥、客家山寨、月光岛、亚热带原始植物群落。

四、九连山地区旅游地质资源

该区属“三南”地区，位于赣粤边境，桃江源区。地处南岭构造带东段，变质基底由新元古代—寒武纪浅变质岩组成，保存有晚古生代泥盆纪—三叠纪海相沉积盖层，中生代形成了较多的陆相火山岩与花岗岩体，晚白垩世发生断陷，形成了一些小型条带状红层盆地。

该区的主要旅游地质资源有：变质岩与砂砾岩地质地貌景观、丹霞、峡谷瀑布、温泉等，遗存有碳酸盐岩溶洞景观。同时，分布有大量客家历史文化遗产。

（一）变质岩与砂砾岩地质地貌景观——九连山

位于龙南县境内，因环绕赣粤两省九县并有99座山峰相连而得名，主峰黄牛石峰海拔1430m。山体具有双层结构，即下为变质岩、上为泥盆纪砂砾岩。峡谷、溪流、瀑布发育，群峰起伏，峡谷幽深，飞瀑动人，生态环境优美，原生性的亚热带常绿阔叶林生态系统保持完整，古老孑遗植物繁多，既有与恐龙同时代的粗齿桫椤和被称为活化石的银杏，又有白垩纪残遗植物南方红豆杉群落和竹柏。是一个“绿色宝库”、也是野生“动物乐园”，被誉为赣粤边境一颗绚丽的绿色明珠。

（二）典型丹霞

1. 龙南小武当山丹霞峰林

小武当山位于龙南县南部武当镇，距龙南县城和广东连平县城、和平县城均为44km。西邻九连山亚热带原始森林，北起龙南武当镇。面积20余平方千米，融丹霞奇观与古代文化遗址景观于一体，以山峰奇险壮美为特色。有99座石峰齐耸立，构成典型峰林。可分为“武当胜地”、“叠翠霞谷”、“南海行辕”三大片区，八大景区，54处景点、185个景物景观。是由晚白垩世红色砾岩砂砾岩组成的省内外罕见、海拔高达813m的峰林丹霞，反映了古近纪以来由“红盆”到“丹峰”之变。

2. 全南天龙山丹霞

天龙山位于县城东9km与龙南县交界处，因山峦昂首酷似巨龙腾飞而得名。属于峡谷、崖壁、石寨（石堡）类丹霞。天龙山也是一座人文历史遗迹丰富的丹霞景观山，明代理学家王阳明登上天龙山即兴吟诗“天龙山峰插云霄，桃江曲折环山绕，四季不凋青春色，人杰地灵出英豪”；1940年6月，蒋经国曾上天龙山，赞曰“实为楚峦佳地，南国秀岳，真乃天龙胜地也。”

（三）碳酸盐岩岩溶景观

区内碳酸盐岩主要残留在石炭至二叠系组成的小向斜中。岩溶景观以地下溶洞为主。

龙南县玉石仙岩位于县城北端，桃江岸边，由石炭系灰岩组成的溶洞，溶岩如白玉，故名玉石岩。洞内曾出土较多的第四纪动物化石，洞壁遗存有历史名石刻43万字，堪称洞刻之最。

（四）温泉及河流瀑布景观

区内温泉众多，龙南县以汤湖温泉著名，另有程龙吾头、夹湖、抖头等温泉；全南县有南迳、热水、茅山、乌龟墩等温泉。

龙南汤湖温泉群位于县城南17km处的105国道旁。泉群在东坑小河中涌现，出露面积达200多平方米，可见60多个冒气水眼，温泉自流水量每天达600多立方米，出水口最高水温达73℃。泉水中富含锂、锶、氟、偏硅酸、氡等，用途广泛，既具饮用有益健康延年益寿的特殊优功效，又有医疗、洗浴、健身等功能。

全南县南迳温泉群位于南迳镇圩东2.5km，温泉群呈东西向带状分布，自然冒流，水温高达65℃，已建有洗浴、休闲场馆和温泉种养殖场地多处。

区内处桃江源区，植被和水系发育，断崖、溪流、水潭、瀑布较多，常成群发育，如龙南县龙潭五叠瀑布群、全南龙潭瀑布等。

第十章　地质遗迹资源保护利用与地质公园建设

2500多年前，我国春秋时代的大思想家孔子说过“智者乐水，仁者乐山，智者动，仁者静，智者乐，仁者寿”。孔子将自然山水特色与人的美好性格紧密联系，意味深长，也是对大自然深刻的理解。严格保护和合理利用地质遗迹是人类社会经济可持续发展战略的一项内容。江西省地质遗迹的保护利用工作，最早始于20世纪30年代的庐山第四纪冰川地质遗迹，著名地质学家李四光于1937年在庐山脚下的鄱阳湖畔建立了第四纪冰川遗迹陈列馆，为战争所毁。江西省地质矿产厅于1996年提出了《江西省地质遗迹保护区规划（草案)》，为了推进全省地质遗迹保护与地质公园工作，地矿部门于2000年组织江西省地质调查研究院尹国胜等人编制了《江西省地质遗迹保护规划》（建议稿)，江西省国土资源厅于2004年组织省地质调查研究院，在以往基础上重新编制并经省人民政府同意公开发布实施了《江西省地质遗迹保护利用规划（2005~2020年)》，这是江西率全国之先由省政府同意、省国土资源部门发布的第一个有关地质遗迹保护利用方面的规划，对全省地质遗迹资源的保护利用起到了重要的指导和促进作用。该规划，以可持续发展理论为指导，以有效保护和合理利用地质遗迹资源为目的，以“在保护中开发，在开发中保护”、“积极保护，合理利用”为原则，以区域经济和社会发展需求为导向，充分利用地质遗迹资源为地方社会经济的可持续发展服务，统筹安排了2005~2020年全省地质遗迹保护与科学利用工作。

第一节　地质遗迹保护利用状况

江西省对地质遗迹景观资源的开发利用，一是建立世界与国家遗产保护地；二是建设了一批不同级别的地质公园和矿山公园；三是建设了一批不同级别的自然保护区；四是建设了大量以旅游地质资源景观为主要利用对象的各级风景名胜区及旅游风景区；五是建设了一批包含典型地质遗迹资源景观的各级森林公园；六是建设了一些以典型地质遗迹景观为开发利用对象的疗养院，如庐山温泉疗养院、宜春温汤疗养院、遂川汤湖温泉疗养院、龙南汤湖温泉疗养院、龟峰疗养院等；七是有部分典型地质遗迹景观建立了文物保护单位；八是建设了一批水利风景区。

一、世界自然遗产申报建设状况

江西省是我国自然遗产资源较丰富的省区之一。迄今，已经成功申报列入世界遗产名录的有4项，包括庐山世界文化景观、三清山世界自然遗产、龙虎山与龟峰世界自然遗产（中国丹霞遗产组成地)、武夷山世界自然与文化双遗产。列入世界遗产预备名单的有井冈山（自然与文化双遗产预备名录)，列入国家遗产名录的有武功山、景德镇高岭窑里、铜岭铜矿遗址等。

二、地质公园申报建设状况

江西省地质矿产厅于1996年提出了建立地质公园的设想，为了推进江西省地质遗迹保护工作，于1999年立项对全省地质遗迹进行调查，江西省国土资源厅于2005年编制并颁布了《江西省地质遗迹保护利用总体规划（2005~2020年）》。迄今，江西省成功申报建设世界地质公园3处、国家地质公园5处、省级地质公园8处（表3-10-1）。

表3-10-1 江西省地质公园名录

Table 3-10-1 List of Jiangxi Geo-parks

序号	名称	典型地质遗迹景观	级别
1	庐山地质公园	变质岩、第四纪冰川地质与复合地貌景观	国家、世界
2	龙虎山地质公园	丹霞峰林景观	国家、世界
3	龟峰地质公园		
4	三清山地质公园	中生代花岗岩峰林景观与十亿年地质历史遗迹	国家、世界
5	武功山地质公园	古生代花岗岩地质地貌景观	国家级
6	石城地质公园	龟裂丹霞、温泉等地质遗迹景观	国家级
7	柘林湖-云居山地质公园	花岗岩、温泉、古生物等地质遗迹与人工湖泊景观	省级
8	万年神农源地质公园	碳酸盐岩岩溶地质地貌景观与古人类文化遗址	省级
9	贵溪象山地质公园	丹霞地质地貌景观	省级
10	铜鼓地质公园	丹霞、温泉等地质遗迹景观	省级
11	上犹五指峰地质公园	花岗岩与变质岩地质地貌景观、温泉等	省级
12	乐平洪崖洞地质公园	碳酸盐岩岩溶地质地貌景观与人文遗址	省级
13	兴国丹霞地质公园	丹霞峰丛—峰林景观	省级
14	信丰香山地质公园	泥盆系石英砂岩峰丛—峰林、峡谷景观	省级

江西省矿业遗迹景观资源丰富，在悠久的矿业历史中形成了一批具有全国及世界特色的矿业遗迹与矿业文化，如“瓷都”、“钨都”、“铜都”、“金山”、“银城”、“铅厂”、“银场”等等。迄今，江西省的大多数矿业遗迹资源没有被利用，且部分处于自然与人为的损毁之中，利用矿业遗迹景观资源建立矿山公园的只有4处（表3-10-2），大余县西华山正在申报和筹建矿山公园。

表3-10-2 江西省矿山公园

Table 3-10-2 Mine Park in Jiangxi Province

序号	名称	典型矿业遗迹景观	级别
1	景德镇高岭矿山公园	世界高岭土矿物命名地，高岭土矿产地质、开采、选矿、运矿遗迹和陶瓷文化遗迹及花岗岩景观	国家级
2	德兴矿山公园	金、银、铜采、选、冶等古代矿业遗迹、矿产地质遗迹景观，现代大型矿山景观，湿法炼铜技术发源地等矿业文化遗迹	国家级
3	萍乡安源矿山公园	安源群层型剖面、百年煤矿变迁史迹、矿业文化遗址景观等	国家级
4	瑞昌铜岭矿山公园	商代铜矿采、选、冶炼遗迹，矿产地质遗迹景观，矿业文化历史遗址景观	国家级

第二节　地质公园与矿山公园

一、地质公园

（一）庐山世界地质公园

图 3-10-1　庐山世界地质公园标志碑

Fig. 3-10-1　The marks of stone tablets for Global Geopark of Lushan Mountain

庐山面积约 302km²，山体“横看成岭侧成峰”，呈北北东向飞峙于长江南岸。西有赛城湖，东为鄱阳湖，构成了名山、大江、大湖一体的景观格局。庐山风光秀美，气候凉爽，林木幽深，并有源远的历史文化底蕴和丰富的自然科学内涵。庐山世界地质公园的建设（图 3-10-1），带动了江西省地质遗迹资源及地质环境的保护和合理利用，也为江西打造世界名山、发展旅游经济起到了重要的促进作用。

庐山处在扬子板块东部，晚白垩世时地壳强烈伸展形成核杂岩，古近纪时山体作地垒式隆起，为第四纪冰川和断陷湖泊的形成提供了条件。

庐山保存有新元古代以来较完整的地质记录。不仅造就了绮丽的山江湖景观，而且地质遗存与景观十分丰富。在以庐山为中心、40km 为半径的范围内，出露有八大独特、典型和富有科学价值的地质景观（杨明桂 等，2004）：一是保存完好的第四纪冰川遗迹；二是出露了比较齐全的晋宁期造山带从中深部到浅部的地质断面；三是位处九江帚状旋卷构造带（图 3-10-2），构成了透镜状山体；四是庐山山体，是一个典型而富有特色的变质核杂岩构造（图 3-10-3）；五是保存有地垒式块断山的典型构造形迹；六是断块、冰川、流水复合地貌景观奇特；七是东临有中国第一大淡水湖和亚洲最大淡水湖泊湿地鄱阳湖；八是外围发现了商代采铜遗迹和城门山、彭山典型多金属矿田等地质遗产。

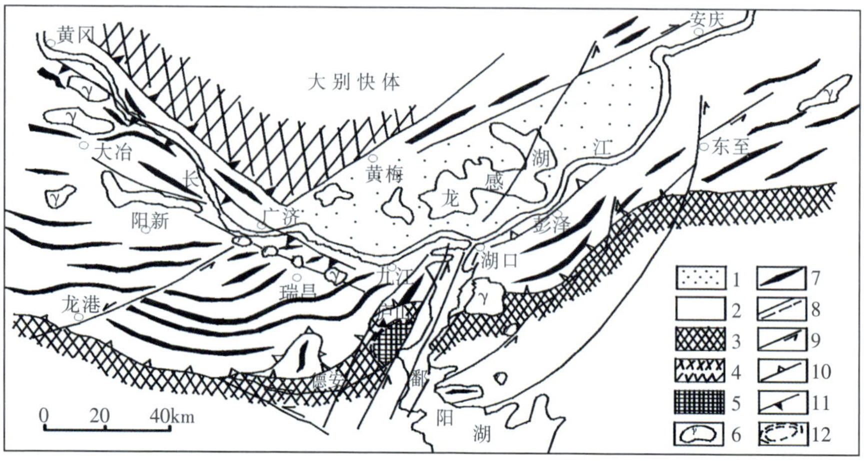

图 3-10-2　九江庐山地区地质构造略图

Fig. 3-10-2　Sketch of the geological structure for Lushan area, Jiujiang

1—第四系—白垩系盆地；2—南华系—侏罗系；3—江南新元古界变质褶皱基底；4—大别地块；5—星子岩群；6—燕山期侵入岩
7—盖层褶皱；8—断裂或隐伏断裂；9—平移断层；10—滑覆断层；11—推覆、逆冲断层；12—庐山变质核杂岩

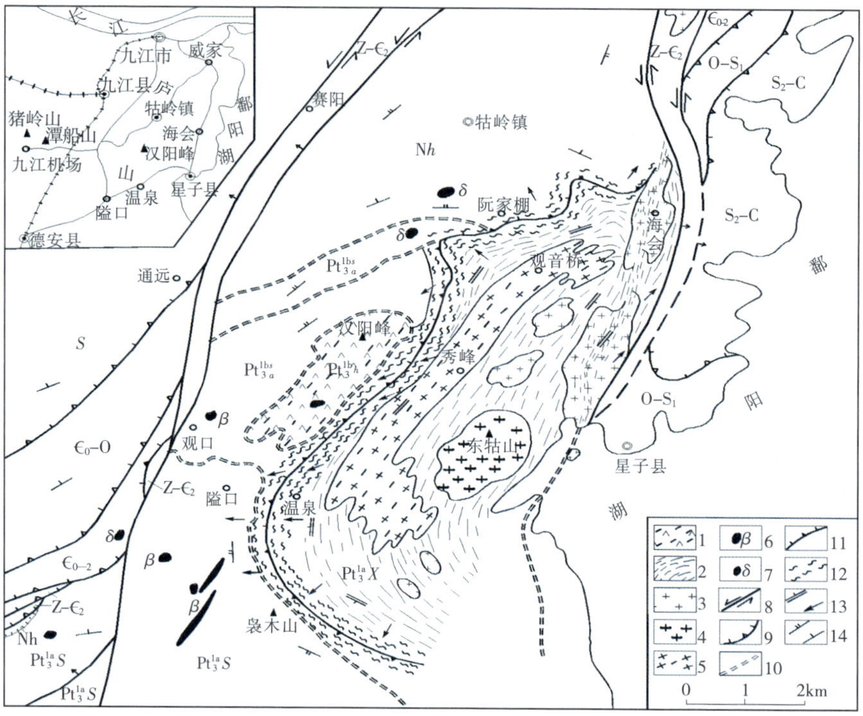

图 3-10-3　庐山星子变质核杂岩构造地质略图

Fig. 3-10-3　Sketch geological map of Xingzi metamorphic core complex in Lushan

（据尹国胜 等，1996，略有修改）

1—陆相火山岩；2—片麻岩；3—燕山期花岗岩；4—加里东期花岗岩；5—前寒武纪变质花岗岩；6—辉绿岩；7—闪长岩；
8—走滑断层；9—浅层次剥离断层；10—韧性剪切带；11—基底拆离构造带；12—热动力变质带；13—片理和线理；
14—劈理和层理；S_2-C—志留系中统—石炭系；S—志留系；O-S_1—奥陶系—志留系下统；ϵ_2-O—寒武系中统—奥陶系；
ϵ_{1-2}—寒武系底下统；Z-ϵ_2—震旦系—寒武系下统；Nh—南华系；$Pt_3^{1b}h$—青白口纪晚期汉阳峰组；
$Pt_3^{1a}a^s$—青白口纪晚期筲箕洼段；$Pt_3^{1a}S$—新元古代早期双桥山群；$Pt_3^{1a}X$—青白口纪早期星子岩群（中深变质）

苏东坡游庐山时曾发出“不识庐山真面目，只缘身在此山中”的感叹。今天，通过地质公园的建设与保护，逐步揭开了庐山的“真面目”，把大自然科学融入旅游观光之中，使人们在饱览大自然山水之美的同时，还能了解庐山丰厚的地学奥秘。

（二）龙虎山（龟峰）世界地质公园

龙虎山世界地质公园以丹霞地貌景观多样性为主体，融丹霞地质多样性、丹霞地貌多性及丹霞生态、丹霞文化于一体，是中国丹霞自然遗产中老年早期丹霞的典型代表。拥有丰富多彩、独特而罕见的丹霞自然美地区。这些美学价值极高的自然现象蕴含了极高的科学价值，使得龙虎山（龟峰）成为一处杰出的丹霞地质自然博物馆。公园包括龙虎山和龟峰、象山三大园区（图 3-10-4）。

1. 龙虎山园区

龙虎山位于江西省鹰潭市城区西南约 20km 处，面积 $320km^2$，地跨贵溪市、余江县，是典型的老年

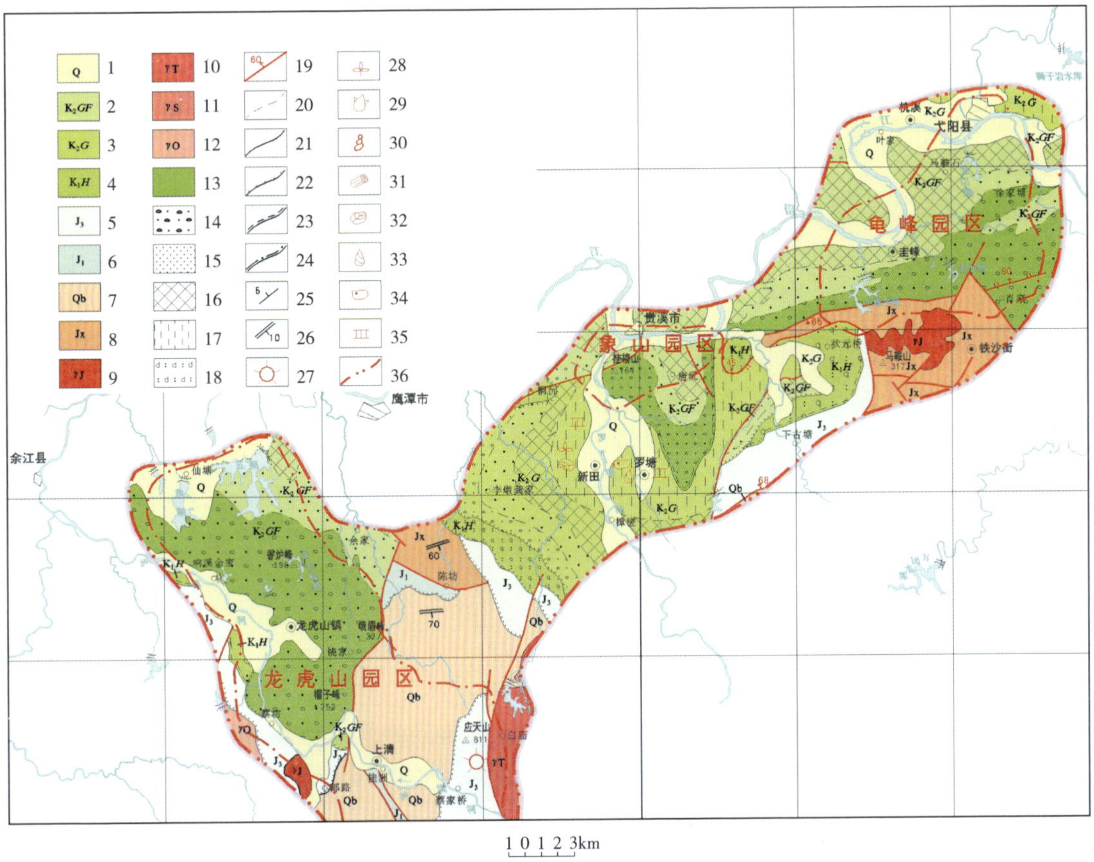

图 3-10-4　龙虎山(龟峰)世界地质公园地质略图

Fig. 3-10-4　Sketch geological map of Lunghushan global geopark (Guifeng)

1—第四纪亚砂土、亚黏土；2—晚白垩世圭峰群砾岩、砂岩、粉砂岩、泥岩；3—早 - 中白垩世赣州群砾岩、砂砾岩夹粉砂岩；4—早白垩世火把山群砂岩、粉砂岩；5—晚侏罗世流纹质熔结凝灰岩；6—早侏罗世砂岩、粉砂岩；7—青白口纪变余杂砂岩；8—蓟县纪千枚岩、变余杂砂岩、变沉凝灰岩；9—侏罗纪侵入岩；10—三叠纪侵入岩；11—志留纪侵入岩；12—奥陶纪侵入岩；13—主要造景层；14—冲洪积相；15—辫状河相；16—曲流河相；17—湖泊相；18—喷发 - 沉积相；19—断层及产状；20—沉积相界线；21—地质界线；22—不整合地质界线；23—平行不整合地质界线；24—构造平合地质界线；25—地层产状；26—片理产状；27—火山口；28—植物化石；29—双壳类；30—腹足类；31—硅化木；32—叶肢介；33—轮藻；34—介形虫；35—石膏；36—地质公园界线

早期丹霞地貌景观区。以碧水丹山和道教文化与古越悬棺遗址著名。

龙虎山丹霞地貌是由晚白垩世红色砂砾岩地层在构造断裂、水流冲刷、差异风化、溶蚀、重力崩塌等内外地质营力的综合作用下形成，区内丹霞典型景观出露面积约 180km²，海拔多在 200~300m 之间，最高 327.9m（峨眉峰）。丹霞地貌景观的 26 种形态类型中，龙虎山有石寨、石墙、石梁、石崖、石柱、石峰、峰丛、嶂谷（一线天）、盲谷、扁平洞、水蚀洞穴、单面山、猪背山、天生桥、穿洞、竖状洞穴、蜂窝状洞穴、崩塌洞穴、岩槽、崩塌岩块、石门、象形石（造型石）、天然壁画等 24 种。龙虎山丹霞的成因可分为水流冲刷侵蚀型、溶蚀风化型、崩塌残余型、崩塌堆积型及溶蚀风化型等 5 种类型，成因类型的丰富程度在全国同类型地貌中不多见。泸溪河是一条受北西向断层和多组节理控制而形成的深切曲流，似一条玉带串联沿岸丹霞奇景，构成了中国最优美的碧水丹山景观，使龙虎山成为我国丹霞发育最好的地区之一，具有很高的艺术观赏价值和地学科普价值。此外，还有早白垩世火山岩地质景观，如火山岩山峰、古火山口、打鼓顶组火山岩地层剖面、肖家深大断裂构造等地质遗迹景观。

龙虎山的碧水丹山是世界丹霞山水文化完美融合和人与自然完美结合的典范，也是中国丹霞自然遗产中老年早期丹霞的典型代表。地质公园的建设不仅使该区地质遗迹景观资源得到有效的保护，而且提升了丹霞等地质遗迹景观的科学价值和旅游观赏品牌效益。

2. 龟峰园区

位于上饶市弋阳县城区西南部，320 国道、311 高速和浙赣铁路旁，信江中游南岸，距弋阳县城 10km，总面积 136km²。龟峰是雨水侵蚀型壮年晚期—老年早期丹霞的典型代表。丹霞地貌以方山、石寨、石墙、陡崖、石梁、穿洞、天生桥及残余峰丛、峰林为特征，崖壁两侧雨水侵蚀型纵向线性沟槽发育，岩溶弱。微地貌景观及其景观组合以珍稀的丹霞造型石峰、石柱、石芽等为特色，是中国丹霞的精品、世界“丹霞盆景”式珍稀微地貌的典范，有丹霞橱窗之誉。已发现并命名的奇特峰岩、峰石有 100 余座。移步换景、一峰多景、无峰不成景，并有“无山不龟，无石不龟”之美誉。丹霞石峰、石柱、石芽造型各异、拟人拟物、拟兽拟禽，且精致、精美、奇特。代表性象形石有老君峰、女王峰、奇人峰、三叠龟等。

龟峰园区分为三大景区：

一是龟峰绿色自然文化景区：面积 28km²，自古有“三十六峰八大景”之说，龟形丹山之奇，有“丹霞标本”之誉，为历代名人所赞叹，如“江上龟峰天下稀”（明代李梦明）、“殊照长城壮汉关”（明代高明）、“大地文章集龟峰”（邵式平）等。主要自然景观景点有双龟迎宾、老人峰、三叠龟、一线天、四声谷、天女散花、百年道、大地之父、清水湖等（图 3-10-5）。

二是南岩古色佛教文化区：丹霞崖壁与岩洞发育，有依山就洞（丹霞岩洞）而建的南岩寺、龙门寺、双岩寺等宗教文化遗址，还有散布金区的天然岩洞 23 个。主要景观景点有南岩寺、佛传洞、佛史洞、观音洞和弋阳卧佛等。其中，南岩寺始建于晋代，随岩洞而立、不瓦而栋、不檐而藩，岩洞寺内遗存造型石龛 40 余座，有“江南第一佛洞”和“南方敦煌”之誉。

三是叠山红色文化景区：主要景观景点有方志敏纪念馆、叠山书院等。

（三）三清山世界地质公园

三清山地质公园位于江西省东北部德兴市与玉山县交界处，是以独特花岗岩峰林地貌为主要景观特色，融千年道教文化遗产和秀美自然景观于一体，具有极高的科学品位和研究价值，兼具观赏游览、

图 3-10-5　龟峰丹霞景区景点分布与游览线路图

Fig. 3-10-5　Danxia scenic area and sightseeing routes in Guifeng

科普、休闲等多项功能的中山山岳类大型地质公园（图 3-10-6）。公园总面积为 229.5km^2，共划分为南清园、三清宫、玉京峰、西海岸、东海岸（阳光海岸）、万寿园、玉灵观、西华台、石鼓岭、三洞口等十大景区，为了保护公园环境与地质遗迹景观，在公园的外围设置了 168.5km^2 的缓冲区。

三清山位于“扬子”、“华夏”两古板块结合带内，北侧为赣东北深断裂带，有国内少见的新元古代蛇绿混杂岩带和兰闪片岩以及闻名中外的德兴超大型铜、金、银矿集区，南侧有典型的奥陶系笔石地层剖面。“三清山式”独特的花岗岩景观形成条件：一是花岗岩时代较新（白垩纪中晚期）；二是为超酸性正长－碱长花岗岩；三是从围岩中剥露出来的时间不长，保持岩株的准原态；四是以三清山花岗岩株为“体”，以玉京峰碱长花岗岩小岩株为轴；五是一个典型的三角形断块隆起山，发育有多组配套的断裂网络和帚状裂隙群；六是山体仍在缓慢抬升，处于幼年晚期—壮年初期发育阶段，且雨水丰沛，造就了奇绝的峰林、峰柱、峡谷、飞瀑组合景观。

三清山独特的地质地貌特征及其地质内涵为花岗岩地质地貌学增添了珍贵的科学资料，具有很高的地学科考科普价值，是世界展示花岗岩微地貌形成演化历史过程的一个天然博物馆、西太平洋地区

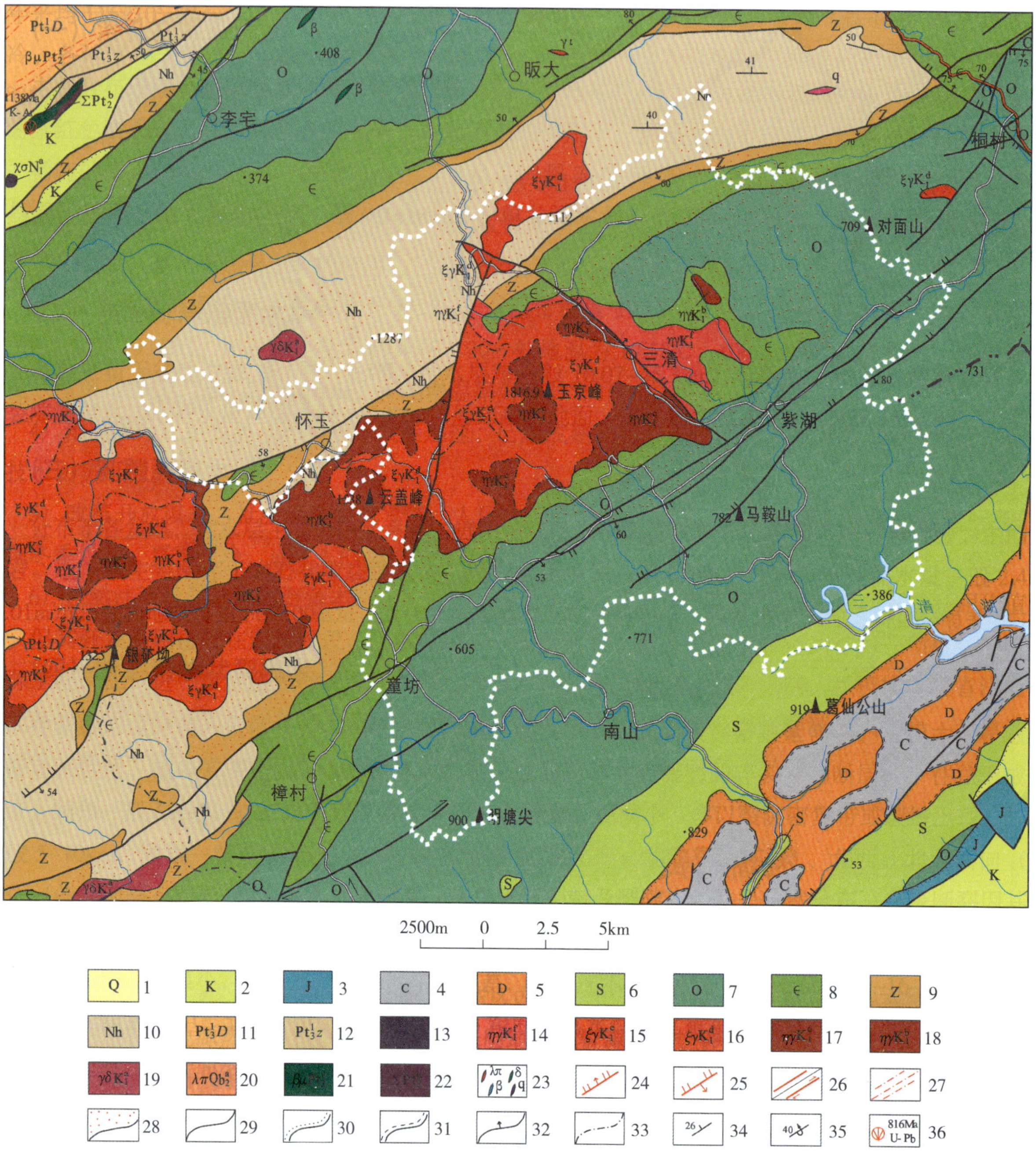

图 3-10-6 三清山世界地质公园地质略图

Fig. 3-10-6 Sketch geological map of Sanqingshan global geopark

1—第四系；2—白垩系；3—侏罗系；4—石炭系；5—泥盆系；6—志留系；7—奥陶系；8—寒武系；9—震旦系；10—南华系；11—新元古界登山群；12—新元古界张村岩片；13—暖水超基性岩筒；14—玉京峰侵入体；15—杨家坪侵入体；16—玉皇顶侵入体；17—里松洋侵入体；18—童坊侵入体；19—蒋源独立侵入体；20—札源独立侵入体；21—大龙独立侵入体；22—樟树墩独立混杂侵入体；23—岩脉：石英斑岩 ($\lambda\pi$)、闪长岩 (δ)、辉绿岩 ($\beta\mu$)、玄武岩 (β)、石英脉 (q)；24—实测正断层；25—实测逆断层；26—实测性质不明断层/实测平移断层；27—糜棱岩（化）；28—角岩化；29—实测整合岩层界线；30—实测不整合界线；31—实测平行不整合界线；32—岩浆岩侵入接触界线；33—脉动型侵入接触界线；34—岩层产状；35—倒转岩层产状；36—同位素地质年龄值 (Ma) /同位素测年法。

花岗岩地质演化中的一个突出范例、揭示地球演化历史重要阶段的关键地域。

三清山的花岗岩峰林地貌的形态主要有峰峦、峰墙、峰丛、石柱、石芽等类型。东方女神、巨蟒出山的造型之秀美为世界“绝景”，是三清山的两个标志性景观；万笏朝天、观音赏曲、九天长城、天门丛峰、三龙出海五处特色景观气势宏伟，形态逼真。峡谷流泉飞瀑与奇峰怪石交相辉映，飞仙谷、游云峡和八礤龙潭瀑布、二桥墩瀑布、川桥瀑布等更增添了三清山的灵秀和生机。山体中下部雄峻、上部奇秀，峰林奇石景观分布集中，中心景区 $28km^2$ 范围内有奇峰 48 座，怪石 89 处，景物、景观 300 余处，具有东险西奇、北秀南绝、中峰巍峨的特点。犹如一个大盆景，坐落于三清山中高山之上，集结了峰林景观的精华，为世界罕见。

三清山还是道教名山，历史文化积淀丰厚，道教建筑风格独特，具有极高的历史文化研究、鉴赏与传承价值。

以三清山地质公园为中心，可以建立张村（古板块碰撞遗迹）、德兴（矿业遗迹与大茅山花岗岩）、灵山（花岗岩地貌）、三清湖（岩溶）、怀玉山（花岗岩地貌）、玉山（古生物化石）等品牌的系列地质遗迹科学园区。

（四）武功山国家地质公园

武功山位于江西省西部，坐落在萍乡市东南的芦溪县境内，地跨萍乡、宜春、吉安三市，面积 $378.3km^2$。武功山是以花岗杂岩穹状隆滑山体和“四层”地貌景观带为特征，集典型构造、典型花岗杂岩、典型矿床于一山，融高山草甸、峰林陡崖、飞瀑流泉景观于一体，具有很高科考、科普与美学价值的国家地质公园。

武功山由花岗杂岩“一核四带”构造成山，穹状山体。加里东期—燕山期花岗岩体组成山体核部，外侧为青白口纪—寒武纪变质岩和泥盆纪沉积岩。由核部往外依次出露有环状韧性拆离带、剪切褶皱带、盖层滑脱带和前缘逆冲带等构造形迹。滑脱带中发育有大量飞来峰、构造窗、多重滑片堆叠体和滑块堆垛群，向北西方向滑距达 80km。山体构造于古近纪定型，构成了完美、罕见的武功山花岗岩穹状隆滑构造（图 3–10–7）。

武功山，雄伟壮观。自上而下：海拔 1600m 以上，由加里东期花岗闪长岩构成穹山草甸带，山形如穹似波，绿草如茵，浩似碧海，为国内绝景；1600m 以下至 1200m 之间地带，主要为燕山期酸性花岗岩构成的峰林陡崖带，受北东向断裂控制，绵亘百里，似墙如壁，微地貌景观受复合的北东、北北东、北西向断裂网络控制，千姿百态，锥状峰、小型峰墙、峰丛、峰林、断崖、峡谷、石柱、石芽与众多的象形石以及点缀其上的台湾松组合成武功山险峻奇特的景观带，羊狮幕穿云石笋从深谷拔地挺立直插云霄，高达 190m，为世间绝景；1200m 以下至 500m 为陡坡飞瀑带，常绿阔叶林与竹林交织，浓阴蔽日，其间有大小瀑布、水潭景观近 200 处，多姿多彩，十分壮美，主要瀑布有龙王潭、白龙潭、潭口瀑布、云口瀑布、金壶洒酒瀑布、天心瀑、云谷飞瀑等，其中金壶洒酒瀑布落差 120 多米，瀑布形似白链，烟雾缭绕，声如沉雷；海拔 500m 以下为丘陵岗埠温泉带，有温泉 4 处，以温汤温泉最为著名。四层景观带联为一体，构成了一幅独特的地质地貌生态景观。

武功山地质公园还是一个天然植物园和野生动物的乐园。历史文化久远，自东汉以来历经 1800 余年，人文古迹丰富，且是佛教禅宗沩仰宗发源地；更有近代著名地理学家徐霞客两度游考武功山，其《游武功山记》中盛赞“博海内外，无如赣之武功山”。

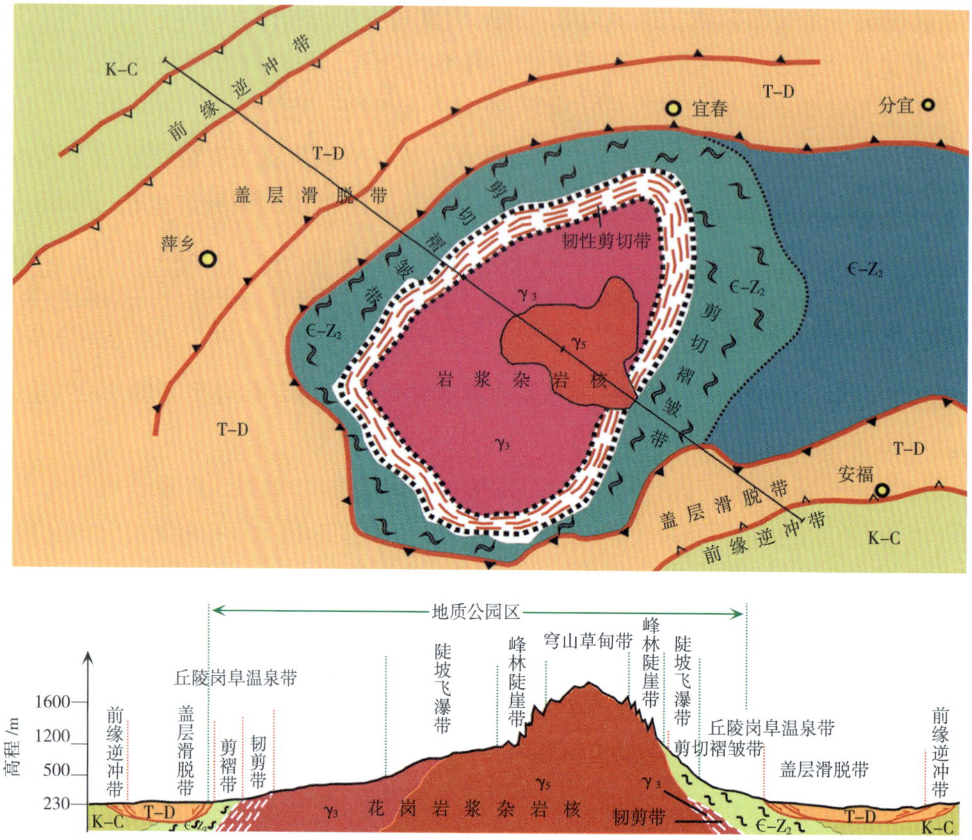

图 3-10-7　武功山国家地质公园地质略图("一核四带"地质遗迹景观分带示意图)

Fig. 3-10-7　Sketch geological map of Wugongshan global geopark

K–C—白垩系至石炭系；T–D—三叠系至泥盆系；Є—寒武系；γ_5—燕山期花岗岩；γ_3—加里东期花岗岩

(五) 石城国家地质公园

石城地质公园处于南武夷山西坡、江西母亲河赣江源区。距石城县城 7km，面积 22.6km^2，包括通天寨、石马寨、九寨温泉三大景区和石背、云岭两个生态保护区。以龟裂丹霞地质地貌景观和硅化带型瀑布温泉为特色。公园已建设成为 4A 级景区、国土资源科普基地、国家科普教育基地。同时，石城还是"中国白莲之乡"、"中国灯彩之乡"，拥有赣江源国家自然保护区，国家级文物保护单位北宋宝福塔院等。

公园丹霞景观类型丰富，以构造 - 水蚀型和干裂风化侵蚀型丹霞为特色，计有重要景点 32 处，其中龟裂层和龟裂石规模之大与形态的典型精美全国罕见。龟裂层"仙人犁田"、空心峰柱"通天岩"、造型峰柱"生命之根"、竖状洞穴"生命之门"、造型崖壁"千佛丹霞"堪称园区"五绝"，并有龟寿石、松果石、河蚌石，鸳鸯石等石景均为世之珍品，具有很高的地学、美学价值。

园区处于石城 - 寻乌断裂温泉带，其中的九寨瀑布温泉是武夷山西麓北北东向地热带的代表，堪称"千里赣江第一泉"，泉水产于硅化构造带之中，形成瀑布温泉奇观，可供游览、沐浴、疗养之用，控热构造十分清晰典型，具有很高的地热地质研究价值。

园区植被发育，物种丰富，构成特色的丹霞型常绿阔叶林，有高等野生植物 236 种，其中有国家一级保护植物南方红豆杉等 4 种。石城为著名莲乡，盛夏时节，园区一派"荷映丹霞"的秀美奇观。

石城地质公园地质构造独特（图 3-10-8），地质遗迹丰富，地学美学价值很高。地质公园的建立，不仅保护了地质遗迹，普及地学知识，而且丰富了旅游内涵，助推了当地旅游支柱产业的快速、跨越式发展。

（六）柘林湖地质公园

柘林湖地质公园位于江西省西北部永修、武宁县境内，由一湖两山即柘林湖（又称“西海”）、云居山、神雾山组成，山水相依，联为一体，为新兴的风景名胜区，著名佛教圣地和温泉疗养地，也是重要的地质遗迹景观区，人文、地学资源丰厚，具有很高的科学、美学及历史文化价值。

柘林湖位于武宁－柘林大向斜东端。该向斜构造形态完美、开阔对称、地层出露齐全，层型剖面多，古生物化石丰富。向斜构造控制两山一洼，以南华系砂岩为翼形成单面高山，以志留系砂页岩为核形成山丘洼地，洼区成湖，向斜东端翘起，在厚层砂岩圈闭构造上形成了亚洲第一大土坝，具有重要的工程地质典型意义和研究价值。湖区西部有 6 条典型层型、次层型地层剖面，其中新开岭奥陶系剖面含 19 个笔石带，为笔石化石科研教学重要基地；湖中有“笔石岛”；坝区“水母坡”出露珍稀的震旦纪大型原始水母化石群，为地球首次动物爆发的遗存；湖区受层理与横节理控制，形成近千个岛屿，水面宽阔，群岛绿翠，如银盘青螺，景色秀美。湖畔还出露有温泉，水量丰沛，新建疗养院已初具规模。

云居山真如禅寺为佛教禅宗曹洞派发祥地，为全国佛教三大样板丛林之一；由白垩纪花岗岩杂岩体组成的峰岩奇石地貌景观围绕真如禅寺所在的莲花城，花岗岩奇石千姿百态，具有很高的观赏研究价值。

神雾山景区的南华系厚层砂岩受北西、北东向断裂切割，形成由奇峰、峭壁、奇石、峡谷组成的峰岩壮美景观，其中武陵溪断裂谷、飞瀑流泉是漂流的佳境。武陵岩南华系莲沱组砂岩不整合面之下出露的晋宁期花岗岩“天窗”是厘定江南地区青白口纪花岗岩的依据。

（七）贵溪象山地质公园

贵溪象山地质公园位于贵溪市城南，是以丹霞地貌景观为主体，融合儒学文化的地质遗迹景观区。

象山丹霞地貌与龙虎山、龟峰丹霞地貌同处信江红盆地西段南部，共同组成了景观独特而丰富的大丹霞地貌景观区。象山丹霞地貌景观区位于罗塘侏罗系上统、白垩系下统和上统三重叠合小盆地北部，广泛分布有白垩系上统富含钙质的紫红色砂砾岩层，其丹霞地貌景观的形成与龙虎山、龟峰的盆缘翘起成山不同，是受北侧隐伏的萍乡－广丰深断裂挽近时期北陷南抬活动影响，成山于信江盆地之中部。象山丹霞地貌景观受岩层层面和节理裂隙控制，长期的水流冲刷、风化剥蚀、崩塌、溶蚀等内外地质营力作用形成，有 12 峰、9 岩，30 余处景观景点，形态丰富而又奇特。比较集中分布于挂榜山、徐岩、仙人桥 3 个景区，以仙人桥景区的老人峰、象岩、铁笼关象、老虎山、巨蟒岩等景点造型最为逼真，挂榜山与徐岩丹壁美丽壮观，有较高的科普与观赏价值。

象山地质公园具有丰厚的儒学文化底蕴，宋代著名理学家、教育家陆九渊创办的象山书院遗址和明朝内阁首辅夏言读书处位于地质公园内，历史文化遗存较多，近代著名地理学家徐霞客也在这里留下了我国早期珍贵的地理学考察资料。

（八）万年神农源地质公园

神农源地质公园位于江西省万年县东北部，总面积为 61.7km^2，园内有仙人洞、吊桶环稻作文化堆

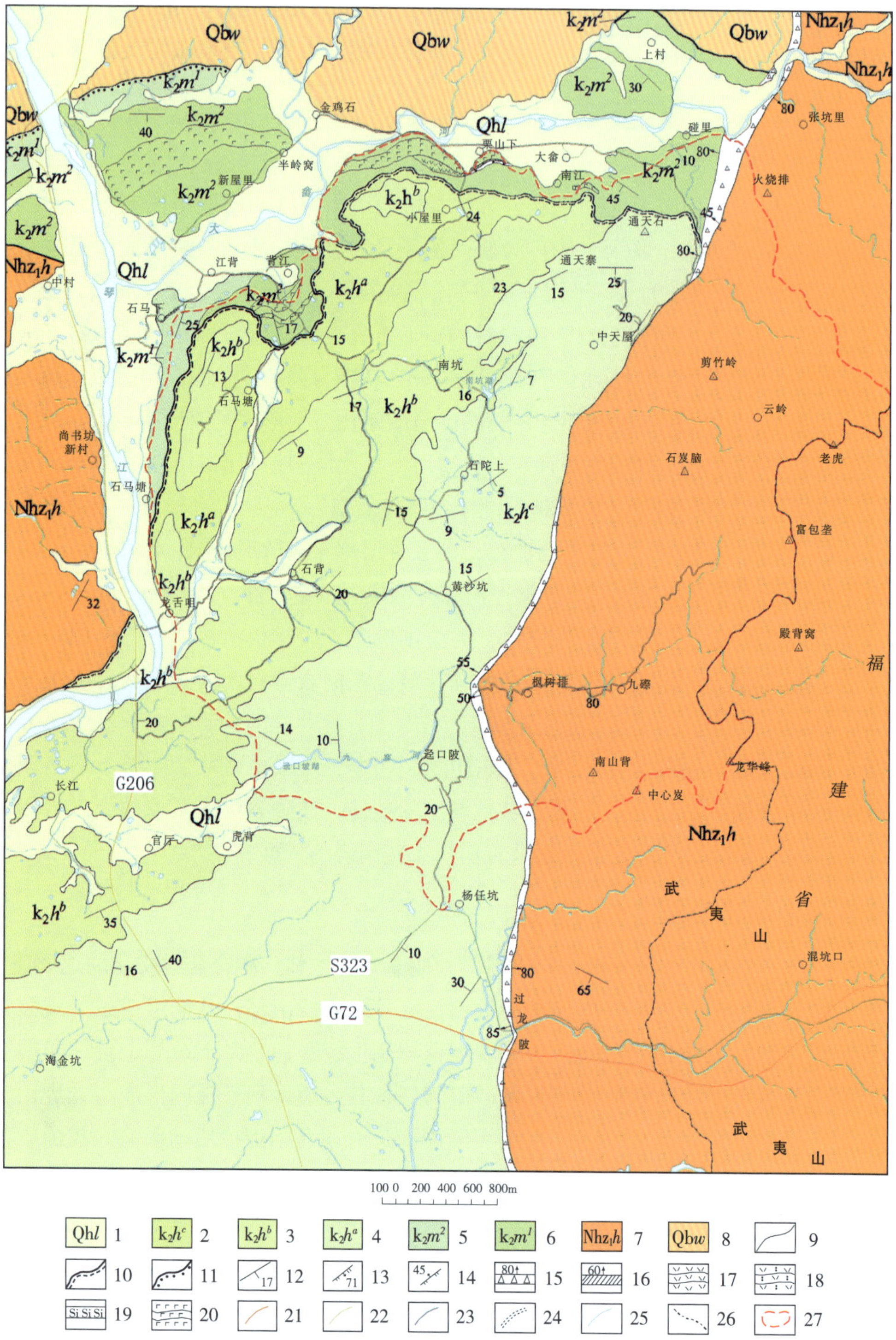

图 3-10-8 石城国家地质公园地质略图

Fig. 3-10-8 Sketch geological map of Shicheng global geopark

1—第四纪全新世联圩组；2—白垩纪晚世河口组远端相；3—白垩纪晚世河口组中端相；4—白垩纪晚世河口组近端相；5—白垩纪晚世茅店组上段；6—白垩纪晚世茅店组下段；7—南华纪—震旦纪洪山组；8—南华纪万源组；9—实测整合岩层界线；10—实测平行不整合界线；11—实测角度不整合界线；12—岩层产状；13—实测正断层；14—实测逆断层；15—硅化构造角砾岩带及产状；16—韧性剪切带及产状；17—英安岩；18—凝灰岩；19—硅质岩；20—玄武岩；21—高速公路；22—国道；23—省道；24——般公路；25—河流；26—省级；27—石城地质公园范围

积遗址、完整的神农宫洞穴系统等，各类遗迹、景观相辅相成，相得益彰。具有极高的美学和科研价值，是大自然和先祖赠予的丰富遗存，2007 年 11 月被江西省国土资源厅列为省级地质公园。

万年神农源地质公园位于江西万年、弋阳、乐平三县（市）交界处的黄天峰下，紧邻弋（阳）万（年）公路，距万年县城 20km。园区群山环绕，景色秀丽，空气清新，气候宜人。

神农源地质公园由世界稻作文化发源地（涵盖国家级重点文物保护单位仙人洞与吊桶环遗址、仙人洞吊桶环遗址陈列馆等）、中国最美地下河——神农河、中国首家原生态洞穴探险三部分组成。

神农源景区荟萃了大自然的形态美、动态美、色彩美、声音美和朦胧美，具有新、奇、灵、秀、幽、险等特点。

万年仙人洞是我国较早发现的一处新石器时代遗址，早在 20 世纪 60 年代初就进行过两次科学发掘，发现了不少人类活动遗址和丰富的文化遗物，曾引起中外学者的极大关注和重视。但是，由于对该遗存的绝对年代和原始经济形态诸问题的认识存在较大分歧，故该遗存价值淹没近 30 年。

为了探索人工驯化稻的起源，1993 年和 1995 年，中美农业考古队两次对该仙人洞和距仙人洞约 800m 的吊桶环洞进行了考古取样和发掘，取得了重大成果。

一是证实仙人洞和吊桶环洞有着从旧石器末期到新石器时代早期完整而清晰的上下两层地层堆积，据大量 ^{14}C 测定数据表明，上层大约距今 9000~14000 年；下层大约距今 15000~20000 年。这种完整的地层堆积在华南地区已发现的诸多洞穴遗址中都是罕见的，这就为探讨人类如何从旧石器过渡到新石器以及新石器革命是在何种环境、何种状态下发生提供了科学的资料，在学术上具有重大意义。

二是出土的人工遗物丰富，这在华南诸多洞穴中也是出土物最多的。据初步统计，石器 474 件(片)、骨器 248 件、穿孔蚌器 19 件、原始陶片 297 块和 20 多块（片）人骨标本以及数以万计兽骨残片。有的骨器或骨管上刻有一道道划痕，这是中国目前所见较早的记事或表数的刻划痕。原始陶片，夹粗砂，胎厚，火候低，陶胎多用泥片分块贴拍，也有近底部采用泥条盘筑法成型。器型主要为直口筒腹圜底罐形器，器表多为错乱甚或迭压着粗绳纹或条纹，也发现有草搓擦的错乱条纹，有的器内壁也饰有横向纹饰。这些陶片最早的年代可能到 12000 年左右，这是目前我国发现最早陶片之一，这无疑对于研究陶器的起源有着重要意义。

三是两洞穴采集标本的孢粉和植硅石细胞分析结果表明，两处遗存都有野生稻和人工稻的线索，尤其吊桶环的下层大量存在野生稻，上层的野生稻虽占多数，但发现有人工栽培稻的扇形体，这就为探索稻作农业起源提供了极重要的线索，也昭示了赣鄱地区在中国乃至世界稻作起源的研究中有着不可忽视的作用和地位。

神农河景区由喀斯特溶洞和地下河组成。溶洞是亚洲较为年轻的岩洞，钟乳石质地纯净，石珠洁白、色泽如玉。被中国地质科学院列为中国洞穴景观评价一等奖；而神农河全长 460m 曲折清幽、色彩斑斓，为中国最美的地下河之一。

岩洞年轻、水质纯净、水源丰富，是造就中国最美地下河的温床。在这里不仅各类钟乳石造型各异，品种应有尽有；更难能可贵的是：地下河道随岩洞走势而延伸，形成一种人在岸边走似在水中游浪漫情景；各种灯饰合理科学的组合，更让一种神秘之光沿神农河弥漫，让你恍如步入天上街市；尤其是你坐上小船，泛舟神农河，沿途浏览仙女沐浴神农扬帆罗汉迎神等景点时，你就更觉得是在荡舟九天银河了！

神农河地下岩洞全长 7000m，只开发 1600m，另有 800m 原始洞穴之地，留待游客探险。这是江西首家原生态的洞穴探险之旅，也是目前国内较为精彩的地下溶洞探险基地。探险之旅沿途可欣赏到三狮上山（侧看母子情怀）→牦牛归原→炎帝陵（墓穴、墓碑、蜡烛台、供果）→蓬莱仙境→天泉地眼→黄龙瑶池→尼拉加瓜大瀑布→地下长城→圣母升天→地下动物园（北极熊、企鹅、银蛇、灵猫、鸵鸟、狸猫背太子等）→将军布阵→佛光普照→银河梯田→银狮神灵（神农河镇河之宝）等稀世钟乳石精品。

（九）铜鼓地质公园

铜鼓地质公园地处赣西北边陲，修河上游，介于东经 114°05′~114°44′，北纬 28°22′~28°50′之间。因城东有一丹霞巨石色如铜，形似鼓，击之有声，故名铜鼓。

铜鼓地质公园总面积 137.66km²，包括铜鼓红色历史文化景区、铜鼓丹霞景区、仙羊寨丹霞观光游览区、大莲山丹霞观光游览区等四大景区。

铜鼓地质公园是华南山间小型箕状盆地丹霞的典型代表。所在地的铜鼓是我国秋收起义的策源地之一，有着丰厚的丹霞景观和红色历史人文遗迹；地质公园内拥有三都、九龙湖丹霞盆地和汤里—温塘断裂地热带组成“两盆一带”丹霞、温泉地质遗迹景观群，大莲山“红色长城”峰墙峰丛、杨家寨“锦绣铜鼓”石柱石堡群和九龙湖“平湖丹霞”等三大标志性组合景观，以及造型精美的骆驼峰、将军石、天柱峰、擎天一柱、九龙飞瀑等丹霞地貌景观，具有很高的地学美学价值。而汤里、温塘两处温泉，水温都在 60℃以上，又为铜鼓地质公园增添了保健、观赏等旅游价值。铜鼓地质公园是一个赏丹霞、浴温泉、考察地质遗迹、领略红色文化、品味绿色生态的理想园地。

（十）乐平洪岩洞地质公园

乐平洪岩洞地质公园位于景德镇乐平市洪岩镇，处萍（乡）乐（平）坳陷带北东段。由石炭纪灰岩组成的溶洞为主体，景区面积 4km²，溶洞洞室面积达 10 万 m²，洞长 2000 余米。公园的岩溶地质遗迹景观资源类型丰富多样，系统记录了岩溶地貌的形成演化过程，是江西省岩溶地质景观的典型地区之一，具有较重要的科研、科普和美学价值。

公园内拥有丰富的自然、生态、人文景观。有堪称溶洞四绝的“洪岩仙境”；丹桂飘香、怪石嶙峋，藤穿石、石抱树的“石林峰谷”；建于明万历二十六年，终年水花飞溅的“铁井飞泉”；雍正皇帝御赐“世德、流光”四字的“项家庄古祠堂”。出生在这里的南宋名臣洪皓游后留下“有此乾坤有此岩，谁知仙境在人间……”的绝句。洞中有“九天飞瀑、震天雷、仙人田、水中天”，38m 高的“擎天柱”和“金银山”、“五指山”、“金钟宝塔”、“仙人献指”、“人面狮”、“观音坐莲”等象形石景。洞外有古人类居住遗址、南宋的洪皓学堂遗址、明代的铁井飞泉、当代中美农业考古队考古现场。还有 140 亩风景如画的石林。

二、矿山公园

江西省的矿山公园建设工作始于 2005 年。2005 年 8 月，景德镇高岭成为我国首批 28 个“国家矿山公园”之一、江西首个“国家矿山公园”。2010 年 5 月，德兴、萍乡安源经国土资源部批准列入第二批国家矿山公园；2013 年 1 月，瑞昌铜岭批准列入第四批国家矿山公园。迄今，江西批准建立的国家矿山公园共 4 处。

(一) 景德镇高岭国家矿山公园

高岭是世界通用矿物高岭土和高岭石的命名地。高岭古矿自南宋初已有开采，明清最为鼎盛，持续至20世纪60年代。高岭土引入瓷胎，使制瓷原料与工艺发生重大变革，陶瓷质量跃居世界领先，大大推动了欧亚乃至世界制瓷业进步，是我国最早向国外传播的重大科学技术成果。

景德镇高岭国家矿山公园保存有大量的古尾矿堆、高岭土矿残体、古采坑、古采硐、古洗选池、运矿古道、古码头和古亭、古桥等古矿遗迹，加上古文献、古瓷器遗存，形成了采、选、运、销一条龙，古矿址、古商埠、古村落三位一体的综合景观。宛如一座从古至今，陶瓷业的生产、发展的大观园。

高岭国家矿山公园的核心区是高岭古采矿遗址，位于瓷都景德镇市东北部浮梁县瑶里镇高岭村。矿物主要是用于陶瓷生产的瓷土矿石。1965年后，高岭山的瓷土矿经数百年的开采后，因资源枯竭而停产。昔日曾经繁盛的采矿场高岭山，只剩下采掘遗迹。

经考古调查发现，高岭山的古矿坑有数百处之多，至今保存完好的有4处。

一号古矿坑：开采年代为明万历至清乾隆年期间，有200年历史。坑道全长约750m，宽20~300m，尾沙平均厚度10m，估计尾沙量为127万t。

二号古矿坑：二号坑全长1000多米，宽50~200m，尾砂厚度为10~30m，尾砂量约有442万t。是高岭山中面积最大、采掘量最多的矿坑。

古淘洗槽：槽底及四壁均用砖或石块砌成，槽间以沟槽相连，并设有闸板开关。

接夫亭：又名“碑亭”。原亭始建于明朝，后被毁，现亭于1990年首届景德镇国际陶瓷节前重建。亭中有一石碑，正面刻着“高岭”两个大字，背面刻有高岭遗址保护区介绍。

选矿尾沙堆：根据反复调查和推算，高岭山4个开采地段上，尾砂堆积面积约16万m^2，总量750多万吨中，堆积厚度最小5m，最大的近30m。现今几百万吨的尾砂堆上也长满了植被。

高岭古道：高岭古道始修建于宋代，全部用麻石铺砌而成，共有5600级台阶。明清之际，矿工们通过这条路将高岭土挑到东埠码头，装船运往景德镇。

(二) 萍乡安源国家矿山公园

安源煤矿有1300多年开采历史，它是中国矿业史上最早采用现代采矿技术的煤矿，是中国近代工业文明的象征，矿业遗迹种类齐全、数量丰富、特征典型。红色人文景观多样，是中国工人运动的摇篮和秋收起义的策源地，有国家重点文物保护单位1处两点，省级重点文物保护单位8处，市级文物单位13处。保存了国家一级文物11件，三级以上文物1000多件。成了爱国主义教育的重要基地。

安源是中国南方重要的晚三叠世含煤盆地，是“安源组”和“安源运动”的创名地。保存有典型的安源组剖面和丰富的动植物标准化石，已载入中国地层典。

安源煤矿创办于1898年，是当时中国十大厂矿之一、最大企业——“汉冶萍公司”的重要组成部分，也是中国矿业史上最早采用现代采矿技术和最早采用电力运输、掘进、排水、照明的煤矿之一。安源煤矿是中国近代煤炭工业文明的见证，保存有丰富、齐全、珍稀、典型的矿业遗迹。

在安源这块红土地上，毛泽东、刘少奇、李立三等老一辈无产阶级革命家在这里点燃了中国工人运动的圣火，爆发了震惊中外的安源路矿工人大罢工和湘赣边界秋收起义，创造了中国工人运动和革命史上的18个“全国之最”，保存有许多珍贵的红色人文遗址景观特色资源。

安源矿山公园共分为十大景区、76 处景点和三大生态保育区。规划建设“五区一带、一园一廊、一城一馆”园区布局。

十大景区：包括矿山矿械展示区（高坑煤矿）、露天采矿遗迹游览区（三丘田以东露天采场）、井下探秘体验区（西平巷）、矿山生产流程博览园（安源煤矿）、地质遗迹展示带（紫家冲、三丘田—安源群剖面）、矿业文化博览区（公务总汇一带）、红色历史文化长廊（安源镇）、绿色生态休闲区（小金山森林公园）、影视城（安源镇）、矿山公园博物馆（安源路矿工人运动纪念馆）。

三大生态保育区：包括安源生态保育区、王家源生态保育区、高坑生态保育区。

（三）德兴国家矿山公园

德兴国家矿山公园由德兴铜矿、银山银矿和金山金矿等矿业遗迹分布区共同组成，为我国最重要的铜、金、银多金属矿集区之一。集合了丰富多样的矿业遗迹资源，形成了金山、银城、铜都“三金合一”的公园独特形象模式。依托特色资源组合优势，结合德兴旅游发展，构建了集遗产保护、观光体验、休闲娱乐、知识传播、环境恢复等多功能为一体的综合园区。德兴是中国“铜都”，铜文化是德兴市的主题文化，也是德兴市对外的文化名片。德兴市 2000 多平方千米面积土地上，储藏着德兴超大型斑岩铜矿田、金山超大型绿岩糜棱岩蚀变岩型金矿田、银山超大型金银铜铅锌矿床，规模巨大、类型典型，还有着悠久的金、银、铜冶炼历史。国家矿山公园的建设，是德兴市“金山、银城、铜都”矿业文化的载体。

德兴矿山公园位于德兴市银城镇、泗洲镇和花桥镇。由金山、银山、铜山和文博园四大园区组成，总面积 11.77km^2。其中金山园区位于花桥镇金山金矿东侧，面积 3.197km^2；银山园区位于银城镇银山铅锌矿东侧，面积 2.625km^2；铜山园区由泗洲镇铜都文化园和德兴铜矿一、二号尾矿库等组合而成，面积 5.916km^2；文博园区位于银城镇德兴南门新区，含矿山公园博物馆、主碑广场等，面积 0.035km^2。

1. 金山园区

金山采金始于宋代，依托林海，以采金工艺体验为主题，有古今采金体验、地下矿脉穿越、金山密林休闲等矿业科普旅游项目。矿业遗迹主要集中在阳山—大坞一带，主要景点有金矿硐石英脉露头、阳山露采场、126 号矿硐蚀变岩矿体、宋代岩金开采体系、大坞古选场、现代金山采选体系与采矿活动、三和金业炼金活动等。

2. 银山园区

银山银矿发现于隋代。为早白垩世潜火山斑岩型、脉型大型铜、银、铅、锌矿和超大型伴生金矿。园区的银矿遗址是目前我国发现的面积最大、保留较为完整的古银矿遗址，已列为国家级文物保护单位。采矿历史从唐代至宋代断续开采达 1700 多年，元、明、清都有矿冶遗迹。银山园区依托唐代邓公场遗址，规划建设古矿遗址景观展示、市民文化休闲、青少年科普乐园等项目，拟发展科普旅游业。主要矿业遗迹景观景点有：西山火山口、仙人架板铅锌矿露头、银山露采场矿体、银山采银遗迹体系、铁石山冶银遗址、银矿井及邓公祠、“烧爆法”采矿技术、“灰吹法”冶银技术、银城发展史、洎水古码头等。

3. 铜山园区

园区内有中侏罗世斑岩型两个超大型（铜厂、富家坞）–大型（朱砂冲）铜（金）矿床。宋代德兴人张潜所创的冶铜法为世界湿法冶铜之始。德兴产铜居全国之首，拥有世界上最大的电动车作业和中国最大的斑岩铜矿露采坑，每年都有上万游客慕名前来参观考察。拟建设两个景区：

一是铜都文化景区：以矿山废弃地环境治理修复和矿业文化景观建设为主。包括铜矿业形象展示、游客中转、科普教育、餐饮休闲等功能，设立铜都工业旅游标志，体现德兴铜业雄浑气势。

二是铜川绿野景区：以铜矿废弃的1、2号尾矿库环境治理与生态修复和矿业遗址景观建设为主。其主要景点包括有铜厂斑岩铜矿体、湿法炼铜起源地、孔雀山采铜遗址、1号2号尾矿库、铜厂露天采场、铜矿选矿场体系、铜矿环境治理技术、4号尾矿库、兴利场湿法炼铜遗址、祝家古法炼铜世家、现代铜矿采矿和运输活动、铜埠码头等。

4. 文博园区

位于南门新城聚远新区，以“铜海金田”为主题，展示德兴矿业文化。功能上分为主碑广场区、矿业文化区、文史综合区、演艺娱乐区和服务管理区、人工湖及湖岸休闲游步道等。包含有矿山公园博物馆（江西矿冶博物馆）。

（四）瑞昌铜岭国家矿山公园

瑞昌铜岭地处我国著名的“九瑞铜多金属矿集区”内，为一个小型岩溶迁积型铜矿床，易开采冶炼。近期勘查发现的原生接触交代型铜矿床，规模达中型。经综合考察和考古发掘，发现铜矿业遗迹类型齐全、数量众多、特征典型、保存系统完整，计有矿产地质、矿业生产、矿业制品、矿山社会生活、矿业开发史迹等5大类，9个亚类，共38种矿业遗迹，其中珍稀级与重要级矿业遗迹24处；已出土文物达468件，已鉴定为国家级文物16件，经^{14}C同位素年龄测定，木质文物年代最早的为商代(3240±80年)。发掘研究成果表明，铜岭矿业遗迹是我国乃至世界迄今为止发现的铜矿业遗址中历史最早、矿业遗迹最丰富、出土文物数量最多、保存最为系统完整的铜矿遗址，具有重大科学和历史文化价值，是一处世界罕见的铜矿矿业遗址与中国青铜文化重要遗产地。

矿山公园范围包括铜岭古代矿业遗迹分布区和现代采空废弃的铜铁矿山区域，处于长江经济带中段南岸、鄱阳湖生态经济区与庐山世界地质公园旅游经济辐射圈内。区位条件优越，旅游开发潜力大。公园的矿业遗迹在国内外具有典型示范价值和科学研究对比意义。

第四篇 Part Ⅳ Regional Ecological Geochemical Environment

区域生态地球化学环境

水土环境关系国计民生。化学元素与人类生存及健康密切相关，其在表层生态系统中的分布分配、集中分散、迁移转化等，对生态环境的影响至关重要。生态是地球系统的组成部分，地球环境可以分为地球化学环境与地球物理环境，地质地球化学环境是生态环境的本底及物质基础。环境污染可以划分为化学污染、物理污染和生物污染。化学环境是一个物质的环境，化学污染的环境往往是一个我们看不见、摸不着，而隐藏着杀机的环境。生态地球化学环境现状及其质量状况不仅严重影响着生态现状及其健康安全，而且影响到生态的发展与未来。

在国土资源部中国地质调查局和江西省政府大力支持下，江西于2001年开始1∶25万区域土壤多目标地球化学调查方法试验，于2003年启动实施江西省人民政府与国土资源部中国地质调查局合作的“鄱阳湖及周边经济区农业地质调查”以来，取得了大量生态地球化学环境方面的科学数据、调查成果及创新认识。

本篇是在21世纪以来江西区域土壤多目标地球化学调查（农业地质调查）系列成果基础上编纂而成（国土资源部中国地质调查局，2010；江西省地质调查研究院，2009）。总结了区域表层系统生态地球化学元素分布的主要规律，重点介绍了江西10.35万km^2区域的生态地球化学环境状况。

人类赖以生存发展的环境在工业化与城市化的高速发展进程中不断受到污染，人类同时也受到环境污染物（特别是化学污染物）的侵害。生态环境问题已经从局部演变为全球性的问题，并危及人类健康和生存环境。特别是新世纪以来，人类面临“人口、资源、环境”三大问题更加突出。生态环境问题涉及几乎所有自然资源与自然环境的开发利用问题，关系到人类的基本生存条件与发展前景。如何合理利用地质自然环境及其资源，保护和改善人类的生态环境，促进环境和生态朝着有利于人类的方向发展十分重要。

国家和中央领导人高度重视生态环境的保护与污染防控及治理，党的十八大提出“加强生态文明建设”，习近平主席指出“生态环境保护是功在当代、利在千秋的事业。要清醒认识保护生态环境、治理环境污染的紧迫性和艰巨性，以对人民负责、对子孙后代高度负责的态度和责任，为人民创造良好生产生活环境。21世纪以来，党中央国务院及相关部委出台了系列举措如：国发〔2005〕39号《国务院关于落实科学发展观加强环境保护的决定》、国办发〔2009〕61号《关于加强重金属污染防治工作的指导意见》、《国家环境与健康行动计划（2007~2015年)》（国家18个部委联合发布）、《国家环境保护“十二五”环境与健康工作规划》、《重点流域水污染防治“十二五”规划》、《全国重点地方病防治规划（2004~2010年)》、《重金属污染综合防治“十二五”规划》（其中，江西被列入14个重金属污染防治重点省区之一)、《长江中下游流域水污染防治规划（2011~2015年)》（五部委联合发布，鄱阳湖流域被列入防治区域之一）等。同时颁布实施了新的环境保护法与污染防治法以及《农产品质量安全法》（2006年)、《食品安全法》（2009年)、《GB 2762—2012 食品安全国家标准——食品中污染物限量》等法律法规政策与国家标准。

江西省委、省政府高度重视生态环境的保护和污染防控与治理，是全国最早提出“既要金山银山，又要绿水青山”的省区之一，也是全国大湖泊最早建立国家级生态经济区——鄱阳湖生态经济区的省区。编制与发布了《江西省重金属污染综合防治“十二五”规划》，2014年6月江西省全境列入我国首批“生态文明先行示范区”建设的省份之一，标志着江西省建设生态文明先行示范区上升为国家战略，成为江西省继鄱阳湖生态经济区和赣南等原中央苏区振兴发展后的第三个国家战略，也是江西省第一个全境列入的国家生态战略。

国土资源部中国地质调查局为了调查全国生态地球化学环境、摸清全国水土环境质量家底，于1999年经工作试点，于2003年启动了以生态地质地球化学为方法技术手段的全国农业地质调查。

生态环境好、生态环境优越是江西的最大优势，青山绿水是“看得见”的优势与看得见的山水之美，但还有眼睛“看不见的潜在优势”或“看不见的潜在问题”。江西省的生态环境究竟好在什么地方？又有些什么优势？不同的人，可能会从不同的角度得出不同的认识。本篇依据江西省近10年来1：25万区域土壤多目标地球化学调查所取得的系列成果，试图从人们眼睛“看不见的环境”（即生态地球化学环境）角度来反映江西省已获得调查区域的生态环境现状与家底，用已取得的科学成果数据来揭示人们眼睛“看不见”的江西生态地球化学情况。期望能够：有益于生态文明建设，有益于农业现代化建设，有益于耕地质量管护，有益于生态环境安全与食品原产地安全管控，从源头上保障“舌尖上的安全”。

1. 区域生态地球化学环境调查研究工作概况

在江西大地以岩石、土壤、水等地质环境物质的化学元素为调查研究对象的区域性工作，主要始于20世纪的20、30年代的前中央地质调查所和前江西地质调查所，至今有近百年历史，从调查研究对象、工作性质及服务目标大致可以划分三个大阶段。

服务地质找矿阶段：在20世纪80年代前，主要是新中国建立以来，江西省地矿部门在完成1：20万区域地质矿产调查与区域水文地质工程地质普查工作的同时，配合地质找矿开展了1：50万、1：20万、1：5万等不同调查精度的区域地球化学调查，调查对象包括有土壤金属量测量、水系沉积物地球化学测量、岩石地球化学测量等，调查的化学元素主要以成矿及相关元素为主，获取了大量成果数据和找矿信息。

服务地质找矿为主兼顾其他阶段：从改革开放至20世纪末，地球化学工作主要服务于地质找矿。其中，农业部门完成了江西省土壤普查，调查了土壤中的少数营养元素和几个有毒有害元素指标；环保部门建立了14个土壤环境监测点和一些河流水质监测断面，主要监测污染物质情况；江西省地矿局所属的环境地质大队开展过“江西省土壤背景值研究”、“江西省癌症分布与地质环境相关性研究”等，江西省地矿局所属的地质矿产调查研究大队在赣南开展过区域遥感农业地质调查和局部农业地质调查；江西省卫生部门开展了地方病调查研究；省内外的科研院所院校，在局部开展了一些点式的水、土、生物等环境化学研究工作，发表了一批相关论文。该阶段取得了覆盖全省面积、不同比例尺精度的区域土壤、水系沉积物地球化学数据及系列成果，圈定了一批具有地质找矿指示信息意义的地球化学异常，为江西矿业和工业经济的发展做出了重要贡献。但该阶段的这些地球化学调查成果数据的服务目标主要是为地质找矿服务，调查的元素较少，主要是成矿及相关元素，其分析精度也较低，这些成果数据对地质找矿工作而言是非常珍贵的，但难以用于生态环境评价领域。

服务于生态建设为主的多目标阶段：2001年至今，江西省人民政府与国土资源部中国地质调查局合作，由江西省地质调查研究院实施，开展了大规模的区域地球化学调查研究工作，以服务于农业、环境、生态、地方病防控为主，兼顾地质找矿为目标（多目标），以双层土壤（表层与深层）为对象，兼顾水与农作物等介质，以农田、水域、城市等生态系统单元为主体，兼顾其他，采用生态地质地球化学方法技术手段和国家统一技术标准与规范，相当于给江西大地作了一次系统“体检”，检测指标54~66项（包括常量元素、微量元素、重金属元素及pH、有机碳等）。迄今，已完成调查总面积约

10.35 万km^2，覆盖了全省主要平原、盆地的城市区和农业区、经济区，获得了丰硕成果，开创了江西生态地球化学环境调查、评价、研究新时代，可为江西全面摸清生态环境质量家底、耕地质量管护、农产品质量安全的源头控制化学污染防治、地方病防控、生态文明建设等提供成果数据基础和方法技术支撑。已覆盖地区包括：鄱阳湖生态经济区、信江盆地、吉泰盆地、赣南地区等江西的主要农耕与人口分布区。取得了区域双层（浅层与深层）土壤 54~66 项指标（赣南地区调查 66 项指标，其他地区调查 54 项指标）的海量科学数据，获得系列新发现与新认识，初步掌握了调查范围内土壤重金属主要污染区域的分布现状情况，概略查明了土壤环境质量现状，在局部地方发现了重金属污染造成的系列危害，如耕地重金属污染、粮食及蔬菜等农产品重金属含量超标、重金属污染对人体健康危害的地球化学病等。同时，在省政府支持下、经省编办批准，于 2013 年 6 月在江西省地矿局设立了“江西省现代农业地质研究所”，在江西省地质调查研究院设立了“土地生态地质所”等生态地球化学环境专业研究机构。

2. 区域生态地球化学环境调查方法

江西省的区域生态地球化学环境调查工作是以土壤为主要调查对象，结合湖积物与河流底泥及生物，通过系统采样和分析检测 54~66 项指标，包括“营养元素”、“微量元素”、“有毒有害重金属元素”、pH 值、有机碳、“六六六”与“DDT”农药残留等，在调查获得数据基础上，展开生态地球化学评价，系统查明土壤资源环境和评价农业生态环境状况。

土壤地球化学调查包括表层土壤和深层土壤调查两部分。深层土壤调查主要研究区域土壤原始状态（即第一环境）元素地球化学背景分布状况；表层土壤调查主要研究土壤经自然作用、人类活动影响后（即第二环境）的元素地球化学背景变化状况。江西区域土壤生态地球化学调查工作方法主要采用国际上先进的勘查地球化学理论、1∶25 万网格化面积性调查工作方法，分别采集表层土壤（0~20cm）、深层土壤（150~200cm）样品，表层土壤采样密度 1 件/km^2、城区及周边地区加密到了平均两个点/km^2、组合分析 1 件/4km^2，深层土壤采样密度 1 件/4km^2、组合分析 1 件/16km^2，土壤样品分析指标 54 项、赣州市土壤样品分析指标 66 项（增加了全部稀土元素分析指标）。样品控制网度及采样方法严格执行有关规范和技术要求。

地球化学调查样品测试选择以 X 荧光光谱仪和 ICP-OES、ICP-MS 为主体的分析方法配套方案。

第十一章　土壤元素生态地球化学分布特征

2004~2014 年，江西省 1∶25 万多目标区域地球化学调查工作实施的项目包括：①江西省鄱阳湖及周边经济区农业地质调查；②江西省信江盆地多目标区域地球化学调查；③江西省信丰地区多目标区域地球化学调查；④江西省吉泰盆地及赣县多目标区域地球化学调查；⑤江西省大余—南康地区多目标区域地球化学调查；⑥江西省兴国—寻乌地区多目标区域地球化学调查共 6 个项目，完成的调查面积为 10.35 万 km^2（图 4-11-1）。各项目工作区范围及完成的主要工作量如下：

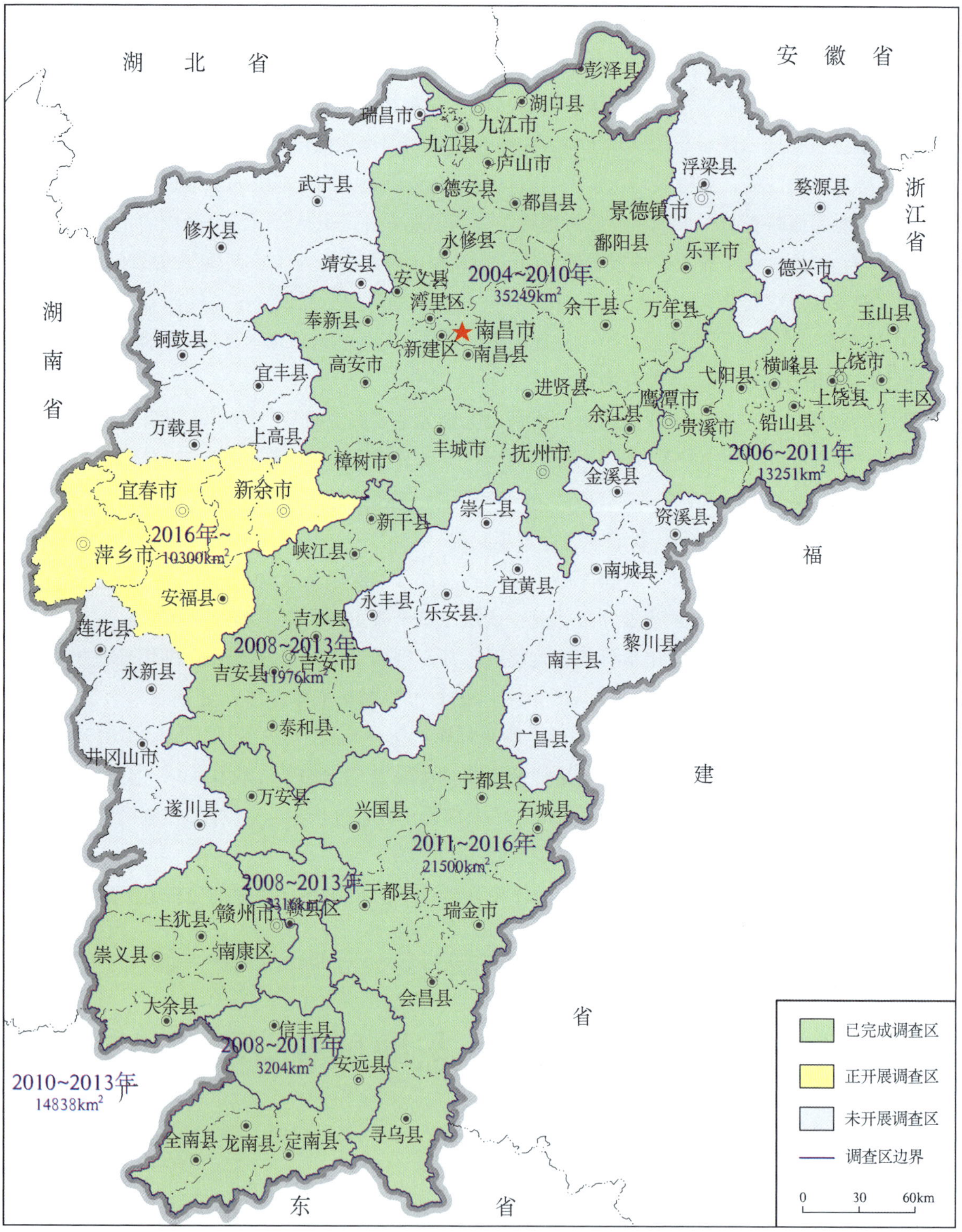

图 4-11-1 江西省 1：25 万区域土壤生态地球化学调查工作现状图

Fig. 4-11-1 The current situation of regional ecological and geochemical soil survey at the scale of 1：250000 in Jiangxi Province

（截至 2015 年，据江西省地质调查研究院）

1. 江西省鄱阳湖及周边经济区农业地质调查项目

主要对鄱阳湖地区的土壤、湖积物和水进行了多目标区域地球化学调查，全面获得了鄱阳湖地区土壤、湖积物和水生态地球化学特征资料。工作范围涉及鄱阳湖地区的南昌（东湖区、西湖区、青云谱区、青山湖区、湾里区、南昌县、新建县、安义县和进贤县）、九江（浔阳区、庐山区、九江县、德安县、星子县、都昌县、湖口县、彭泽县和永修县）、宜春（丰城市、高安市、樟树市和奉新县）、抚州（临川区和东乡县）、上饶（鄱阳湖、余干县和万年县）、鹰潭（余江县）、景德镇（乐平市）等 7 个设区市的 29 个县市区，调查总面积近 3.90 万 km^2。

该区土壤地球化学调查共采集表层、深层土壤样品 45531 件。

湖泊沉积物地球化学调查也包括表层湖积物和深层湖积物调查两部分。表层湖积物采样密度 1 件/4km^2，采样深度度 0~20cm，深层湖积物采样密度 1 件/16km^2，采样深度 150~200cm，分析单点样品。共采集表层、深层湖积物样品 1817 件。

土壤及湖积物样品均分析 54 项指标，获取了 663930 个土壤地球化学数据。

2. 江西省信江盆地多目标区域地球化学调查项目

信江盆地范围涉及上饶市的信州区、上饶县、玉山县、广丰县、铅山县、弋阳县、横峰县和鹰潭市的月湖区、贵溪市等 9 个县区市，调查总面积 1.2715 万 km^2。

土壤生态地球化学调查工作，采集表层土壤样品 13564 件、深层土壤样品 3022 件，获取了 54 项指标 229932 个高精度的测试数据。

3. 江西省信丰地区多目标区域地球化学调查项目

信丰盆地包括信丰县行政辖区全境，国土总面积 3204km^2。土壤生态地球化学调查工作，采集表层土壤样品 3268 件、深层土壤样品 868 件，获取了 66 项指标 67848 个高精度的测试数据。

4. 江西省吉泰盆地及赣县多目标区域地球化学调查项目

吉泰盆地范围涉及吉安市吉州区及青原区、新干县、峡江县、吉水县、吉安县以及泰和县，面积约 1.0 万 km^2。赣县行政辖区调查面积约 3000 km^2。

吉泰盆地土壤生态地球化学调查工作共采集表层、深层土壤样品 15427 件，获取了土壤 54 项指标 204498 个土壤地球化学数据。赣县共采集表层、深层土壤样品 4324 件，获取了土壤 66 项指标 72204 个土壤地球化学数据。

5. 江西省大余—南康地区多目标区域地球化学调查项目

大余—南康地区涉及赣州市章贡区、大余县、崇义县、上犹县、南康市、安远县、全南县、定南县及龙南县等 9 个县市区，调查总面积 14279km^2。

大余—南康地区区域地球化学调查工作，共采集表层、深层土壤样品 18903 件，样品分析了 66 项元素（指标），获取了 327558 个土壤地球化学数据。

6. 江西省兴国—寻乌地区多目标区域地球化学调查项目

兴国—寻乌地区涵盖了赣州市的宁都县、于都县、石城县、瑞金市、会昌县、寻乌县、兴国县及吉安市的万安县等 8 个县市，总面积 21500km^2。兴国—寻乌地区区域地球化学调查工作，共采集表层、深层土壤样品 27480 件，样品分析了 54 项指标（其中 6857 件样品分析了 66 项指标），获取了土壤样品 485502 个地球化学数据。

第一节　土壤元素生态地球化学特征

一、表层土壤地球化学参数特征

全区表层土壤 pH 背景值为 5.25，明显呈酸性。现时 pH 值变化区间为 4.09~8.88，平均值为 5.09，变异系数 1.03，表明区内表层土壤整体为酸性土。从各指标变异系数上看，大部分元素或指标在表生环境条件下经长期的熟化作用后趋于均匀化，呈均匀或较均匀分布，其 *CV* 值一般小于 0.5。而 Be、Br、Cu、F、Sn、Na_2O 等呈不均匀或极不均匀分布，*CV* 值大于 0.7（表 4-11-1）。其中 W3.79、Bi3.55、Ag2.60、Mo2.53、Au2.49、Sb2.03、As1.90、Cd1.55、CaO1.48、Hg1.26、Pb1.07，表明这些元素或指标在区内有局部富集或遭受积聚污染的地球化学特征。

表层土壤中元素或指标含量的算术平均值普遍略高于几何平均值，其中 Cl、Ga、Ge、Nb、S、Sc、Ti、Zr、SiO_2、Al_2O_3、pH 接近相等，而 Au、Br、Cd、Mo、Sb、CaO、Na_2O 等相差稍大些（两者比值大于 1.2）。现时含量均值明显大于背景的指标主要有 As、Bi、I、W 等与人类扰动关系密切的元素（两者比值大于 1.4），说明这些指标在表生土壤中受不同的人文景观影响较大。

表 4-11-1　全区表层及深层土壤主要地球化学特征参数对比表

Table 4-11-1　Comparison for geochemical parameters in surface and deep soil of the region

指标	表层土壤(样本数 26903 件)							深层土壤(样本数 6910 件)						
	X	X_g	X_{me}	X_{max}	X_{min}	CV	背景值	X	X_g	X_{me}	X_{max}	X_{min}	CV	基准值
Ag	0.105	0.090	0.086	25.600	0.011	2.60	0.084	0.080	0.067	0.065	29.600	0.021	4.57	0.052
As	9.4	6.7	7.2	1898.0	0.1	1.90	2.0	11.4	8.5	9.4	919.0	0.1	1.58	10.2
Au	2.0	1.6	1.5	572.0	0.2	2.49	1.2	1.6	1.4	1.3	219.7	0.2	2.11	1.3
B	63.2	53.7	61.1	2209.0	2.7	0.63	51.0	61.2	53.5	61.0	470.8	1.3	0.51	55.0
Ba	422	389	391	5552	22	0.50	387	459	431	436	3049	3	0.39	409
Be	2.92	2.50	2.26	63.90	0.44	0.78	2.01	3.22	2.83	2.56	149.00	0.76	0.91	2.29
Bi	0.97	0.61	0.50	346.16	0.07	3.55	0.36	0.80	0.53	0.44	135.26	0.08	2.80	0.31
Br	2.8	2.3	2.1	50.6	0.1	0.89	1.5	2.1	1.8	1.8	45.8	0.1	0.69	1.8
Cd	0.197	0.163	0.156	33.140	0.004	1.55	0.150	0.115	0.095	0.093	5.706	0.010	1.02	0.089
Cl	59	56	54	1068	10	0.50	48	42	40	38	417	14	0.50	40
Co	9.8	8.8	9.4	259.0	0.2	0.48	5.6	12.6	11.6	12.4	65.5	1.2	0.41	13.5
Cr	54.7	47.0	56.8	1474.1	0.7	0.51	46.4	59.1	52.0	62.3	364.3	1.0	0.44	76.6
Cu	23.5	20.7	22.2	1070.0	0.1	0.75	19.1	22.9	20.7	22.3	241.0	0.1	0.46	24.5
F	513	478	470	38000	39	0.83	400	526	503	490	2700	98	0.35	470

续表

指标	表层土壤(样本数 26903 件)							深层土壤(样本数 6910 件)						
	X	X_g	X_{me}	X_{max}	X_{min}	CV	背景值	X	X_g	X_{me}	X_{max}	X_{min}	CV	基准值
Ga	17.8	17.1	16.9	54.7	4.8	0.29	17.1	19.9	19.3	19.0	46.0	7.2	0.25	17.0
Ge	1.64	1.62	1.61	4.32	0.59	0.17	1.61	1.74	1.72	1.72	4.88	0.84	0.16	1.71
Hg	0.098	0.085	0.081	7.589	0.007	1.26	0.079	0.056	0.051	0.050	1.613	0.005	0.67	0.049
I	2.15	1.51	1.26	35.44	0.15	1.10	1.12	3.11	2.57	2.71	33.30	0.20	0.65	2.26
Li	45.4	41.3	39.5	580.0	4.7	0.55	34.3	51.0	47.4	46.2	485.0	10.0	0.46	45.8
Mn	370	316	316	5546	10	0.62	316	569	508	520	3101	28	0.49	512
Mo	1.04	0.81	0.77	344.40	0.17	2.53	0.73	1.14	0.94	0.89	55.20	0.16	1.19	0.76
N	1355	1282	1321	9220	32	0.32	1171	468	440	433	1997	37	0.37	420
Nb	22.7	21.6	20.6	178.5	2.2	0.38	18.4	22.9	22.0	21.0	109.1	5.1	0.34	19.7
Ni	20.5	17.7	20.2	307.0	0.1	0.55	16.2	23.8	21.1	24.2	243.0	0.1	0.47	23.3
P	568	533	540	6940	60	0.38	476	372	348	350	3061	53	0.39	348
Pb	40.3	36.4	34.3	5004.0	7.6	1.07	27.3	35.9	32.9	30.6	616.0	10.8	0.55	26.4
Rb	145.7	126.8	115.2	831.0	17.2	0.62	101.0	155.2	139.8	127.0	811.0	37.7	0.54	101.0
S	275	261	260	5661	15	0.39	260	120	113	110	1667	22	0.44	110
Sb	0.87	0.69	0.73	150.00	0.07	2.03	0.70	0.81	0.65	0.70	18.40	0.03	0.85	0.29
Sc	10.0	9.5	9.8	39.6	0.0	0.32	7.2	11.3	10.9	11.3	77.5	1.4	0.29	12.6
Se	0.30	0.28	0.27	3.68	0.03	0.48	0.23	0.26	0.24	0.24	7.76	0.03	0.55	0.25
Sn	7.4	6.2	5.6	328.0	0.2	0.96	4.4	6.2	5.2	4.5	123.0	1.4	0.92	4.4
Sr	44	39	40	1036	5	0.56	39	45	41	43	346	2	0.49	44
Th	17.5	15.8	14.5	120.9	1.7	0.55	13.1	18.9	17.2	15.7	103.0	4.8	0.53	15.1
Ti	4722	4535	4773	17878	286	0.27	3388	4851	4673	4871	19622	732	0.26	4012
Tl	0.86	0.76	0.70	27.20	0.14	0.62	0.58	0.92	0.84	0.77	6.03	0.24	0.50	0.67
V	75.5	69.0	74.9	807.0	6.5	0.44	73.3	85.8	79.9	86.8	1025.0	3.6	0.39	102.0
U	4.19	3.64	3.26	94.54	0.63	0.66	2.60	4.40	3.87	3.48	31.10	0.76	0.61	2.57
W	5.10	3.44	3.02	1618.30	0.39	3.79	2.47	4.18	3.39	3.05	344.68	0.73	1.69	2.19
Zn	74.4	70.2	69.9	1037.0	7.7	0.39	70.0	76.0	72.8	72.7	581.0	11.9	0.32	72.8
Zr	309	301	303	1102	35	0.23	268	292	286	290	965	67	0.20	290
TC	1.43	1.34	1.38	9.18	0.06	0.35	1.23	0.42	0.38	0.36	2.88	0.07	0.52	0.35
TOC	1.36	1.27	1.33	9.17	0.02	0.36	1.16	0.35	0.30	0.29	2.26	0.01	0.59	0.27
SiO_2	69.35	69.08	69.64	93.69	37.35	0.09	67.28	66.60	66.37	66.79	84.40	37.38	0.08	67.08

续表

指标	表层土壤(样本数 26903 件)							深层土壤(样本数 6910 件)						
	X	X_g	X_{me}	X_{max}	X_{min}	CV	背景值	X	X_g	X_{me}	X_{max}	X_{min}	CV	基准值
Al_2O_3	14.81	14.35	14.29	31.57	2.92	0.25	14.37	16.74	16.37	16.26	32.20	6.12	0.21	13.84
Fe_2O_3	3.83	3.61	3.68	22.67	0.64	0.35	3.09	4.91	4.72	4.89	22.88	0.89	0.28	4.85
MgO	0.61	0.56	0.55	4.95	0.05	0.48	0.55	0.69	0.64	0.64	10.81	0.08	0.48	0.64
CaO	0.22	0.17	0.16	8.23	0.02	1.48	0.15	0.23	0.18	0.18	5.47	0.02	1.40	0.17
Na_2O	0.30	0.23	0.22	2.88	0.03	0.81	0.21	0.29	0.23	0.22	3.92	0.01	0.83	0.20
K_2O	2.53	2.34	2.31	6.79	0.31	0.41	2.34	2.62	2.47	2.43	7.28	0.53	0.35	2.22
pH	5.09	5.28	5.14	8.88	4.09	1.03	5.25	5.52	5.85	5.74	8.78	4.05	0.99	5.38
Y	34.1	32.3	31.5	316.5	4.2	0.41	29.3	31.7	30.5	30.1	230.2	4.9	0.34	28.5
La	52.8	47.9	45.0	613.8	6.4	0.51	37.7	47.6	45.1	43.6	305.2	6.2	0.38	44.2
Ce	106.3	99.3	94.7	929.9	16.1	0.42	83.6	96.2	91.7	88.0	517.7	21.7	0.37	102.0
Pr	15.6	14.3	14.3	69.2	3.9	0.43	9.4	12.0	11.3	11.0	63.8	1.5	0.38	9.9
Nd	56.9	52.4	52.6	247.1	14.9	0.42	52.3	43.8	41.4	40.5	225.6	5.6	0.37	33.5
Sm	10.5	9.7	9.7	51.6	2.6	0.42	9.7	8.1	7.6	7.5	33.7	1.7	0.37	5.9
Eu	1.55	1.44	1.44	5.30	0.20	0.40	1.45	1.22	1.16	1.18	3.87	0.14	0.32	1.17
Gd	8.9	8.3	8.2	44.5	2.4	0.39	6.8	7.1	6.7	6.6	30.3	2.6	0.35	5.9
Tb	1.39	1.29	1.26	9.55	0.38	0.43	0.97	1.13	1.07	1.04	6.95	0.35	0.39	0.88
Dy	7.8	7.2	6.9	61.2	2.1	0.46	5.2	6.4	6.0	5.8	47.2	2.1	0.42	5.7
Ho	1.55	1.43	1.37	12.78	0.42	0.47	1.31	1.31	1.22	1.17	10.40	0.45	0.44	1.11
Er	4.38	4.03	3.82	39.68	1.33	0.51	3.62	3.73	3.47	3.31	30.52	1.25	0.47	2.92
Tm	0.68	0.62	0.58	6.32	0.19	0.54	0.48	0.59	0.55	0.51	5.05	0.18	0.49	0.50
Yb	4.30	3.91	3.63	42.80	1.27	0.57	2.91	3.75	3.47	3.24	33.98	1.21	0.51	2.89
Lu	0.67	0.61	0.56	6.51	0.20	0.57	0.48	0.59	0.54	0.50	5.15	0.21	0.51	0.47

注：1.指标含量单位：Au 为 μg/kg，TC、TOC 和氧化物为%，其他指标为 mg/kg，pH 无量纲。
2.Pr、Nd、Sm、Eu、Gd、Tb、Dy、Ho、Er、Tm、Yb、Lu 等 12 项稀土元素表层土壤样本数 10294 件，深层土壤样本数 2670 件。

二、深层土壤地球化学参数特征

深层土壤 pH 基准值为 5.38。现时变化区间 4.05~8.78，平均值 5.52，变异系数 0.99，总体呈弱酸性。与表层土壤类似，土壤中元素现时含量的算术平均值普遍略高于几何平均值。从变异系数上看，Ag、As、Au、Bi、Cd、Mo、W、CaO 等 CV 值大于 1（表 4-11-1），呈极不均匀分布，存在局部明显富集现象。深层土壤一般未受人类活动影响，主要是不同地质体中的元素含量分布、分配不均一性的反映。

第二节　区域土壤元素地球化学分布规律

根据元素地球化学性质，将元素分为亲石元素、亲铜（硫）元素、亲铁元素、亲生物元素、碱金属元素、碱土金属元素、稀有元素、分散元素、稀土元素、放射性元素等。依据江西21世纪以来取得的10.35万km^2区域土壤生态地球化学调查数据成果，对区域土壤生态地球化学元素的分布规律简述如下。

一、亲石元素及氧化物分布规律

亲石元素及氧化物主要包括硼（B）、氟（F）、三氧化二铝（Al_2O_3）、二氧化硅（SiO_2）、氯（Cl）、钛（Ti）、钒（V）、铬（Cr）、锰（Mn）、溴（Br）、碘（I）、钨（W）12种。

1. 硼（B）

大致以万安—东乡—万年一线为界，赣北、赣中地区表层土壤中硼含量总体呈较均匀分布，只有鄱阳湖盆地区硼含量相对偏低；赣东北、赣南地区表层土壤中硼含量差异较大，出现明显的高、低值区，呈北东向展布。深层土壤中硼分布规律与表层土壤相似。

2. 氟（F）

表层土壤氟分布规律不明显，仅在赣东北地区贵溪—玉山、赣南地区安远—宁都一带略呈北东向展布。深层土壤氟分布也无明显规律，仅在赣南地区于都—石城一带略具北东向展布。

3. 三氧化二铝（Al_2O_3）

奉新以西、贵溪—广丰南部、崇义—大余西部、宁都北部、龙南北部、定南—安远一带表层土壤三氧化二铝出现高值区，而赣北地区、信江盆地、吉泰盆地、赣州盆地、信丰盆地等地区则呈低值区，赣南地区总体呈北东向展布。深层土壤三氧化二铝分布规律与表层土壤基本一致（图4–11–2）。

4. 二氧化硅（SiO_2）

信江盆地、吉泰盆地区表层土壤二氧化硅出现高值区，奉新以西、鄱阳湖盆地、崇余地区、三南地区、宁都—石城一带呈低值区，赣南地区略呈北东向展布。深层土壤二氧化硅分布规律与表层土壤总体一致。

5. 氯（Cl）

表层土壤氯呈高、低值区相间分布，总体分布规律不强。深层土壤氯分布则具明显规律性，即赣东北地区、南昌湾里区、宁都北部、万安南部呈高值区分布，吉泰盆地为大面积低值区分布。

6. 钛（Ti）

表层土壤钛分布规律明显，即新干—抚州—德兴以北、弋阳—广丰以北、三南地区表层土壤钛呈面积性高值区分布，鄱阳湖盆地、赣江流域、吉泰盆地以南广大地区、弋阳—广丰以南地区表层土壤钛呈低值区分布。深层土壤钛分布规律与表层土壤一致。

7. 钒（V）

赣北地区、赣东北地区表层土壤钒呈明显高背景，其中弋阳—上饶以北地区出现大面积高值区，赣中、赣南地区表层土壤钒呈明显较低背景，基本以峡江为界、南北差异明显。深层土壤钒分布规律

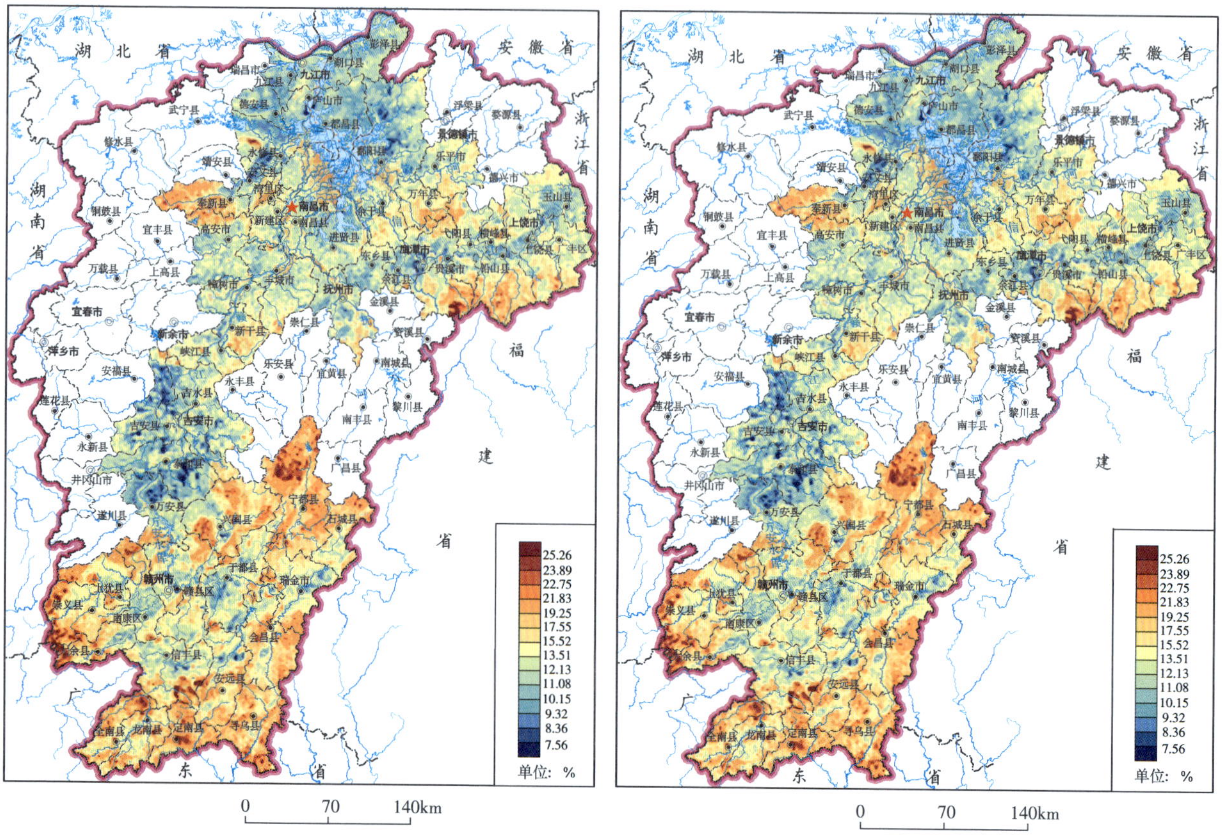

图 4-11-2　区域土壤三氧化二铝地球化学分布图（左为表层土壤、右为深层土壤）

Fig. 4-11-2　Geochemical distribution of the aluminum oxide in the regional soil (left for the surface soil, right for deep soil)

与表层土壤完全一致。

8. 铬（Cr）

表层土壤铬分布规律性强，以吉安—抚州—万年一线为界，北部地区表层土壤铬呈明显的高背景，只有鄱阳湖盆地、赣江、抚河、信江流域呈低背景；该线以南广大地区表层土壤铬总体为中、低背景，高背景区仅零星小面积分布，区域上总体呈北东向展布。深层土壤铬分布规律与表层土壤基本一致。

9. 锰（Mn）

表层土壤锰分布总体规律性不强，表现为赣北、赣东北地区锰背景值略高于赣中、赣南地区，其中信江盆地、吉泰盆地、赣州盆地等中生代陆相红盆区表层土壤锰呈相对低背景。深层土壤锰分布规律总体与表层土壤一致，仅鄱阳湖盆地与表层土壤不一致，呈低背景域。

10. 溴（Br）

表层土壤溴分布规律性不强，总体表现为其背景值赣南比赣中、赣北略高，在奉新西部、九江南部、武夷山北麓、大余—崇义、三南地区出现面积性的高值区。深层土壤溴分布特点与表层土壤总体一致。

11. 碘（I）

表层土壤碘分布表现为赣南地区碘背景值略高于赣中、赣北地区，碘高值区主要分布于“崇余犹”、安远—全南、武夷山北麓地区，低值区主要分布于湖口—都昌、泰和—吉安地区。深层土壤碘分布规律与表层土壤略有差异，高值区主要分布在“崇余犹”、三南地区，低值区主要分布在鄱阳湖地区及铅山南部。

12. 钨（W）

表层土壤钨分布规律明显，赣南地区钨普遍呈高背景区，“崇余犹”、于都—宁都钨呈面积性高值带，鄱阳湖区及赣江入湖口、赣江沿线钨呈高背景，赣南地区钨高值区总体呈北东向展布；钨低值区主要分布于信江盆地、吉泰盆地。深层土壤钨分布规律基本与表层土壤一致（图 4-11-3）。

二、亲铜元素（亲硫元素）

亲铜元素也称亲硫元素，主要包括硫（S）、铜（Cu）、锌（Zn）、镓（Ga）、锗（Ge）、砷（As）、硒（Se）、银（Ag）、镉（Cd）、锡（Sn）、锑（Sb）、金（Au）、汞（Hg）、铅（Pb）、铋（Bi）15 种元素。

1. 硫(S)

表层土壤硫分布特征表现为赣北地区硫背景值明显高于赣中、赣南地区，硫高值区主要分布于余干—乐平、铅山—上饶—横峰、丰城—高安、南昌市南部地区，呈大面积分布；硫低值区主要分布于鄱阳湖盆地、赣江流域、吉泰盆地、全南—龙南地区。深层土壤硫分布规律性不强，总体表现为樟树—进贤—乐平以北地区及赣东北地区硫背景值相对偏低，赣南地区硫略呈北东向展布。

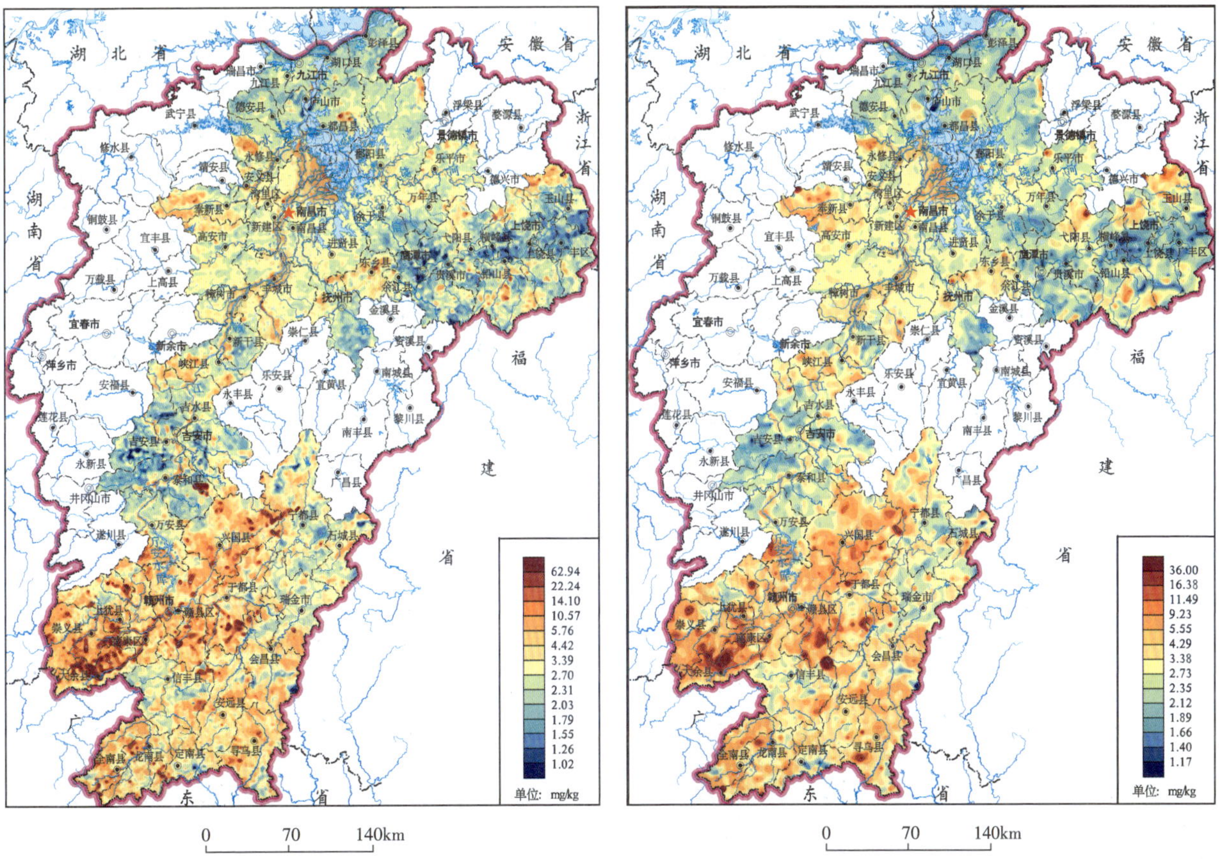

图 4-11-3　区域土壤钨地球化学分布图（左为表层土壤、右为深层土壤）

Fig. 4-11-3　Geochemical distribution of tungsten in the regional soil (left for the surface soil, right for deep soil)

2. 铜(Cu)

表层土壤铜分布表现为赣北、赣东北地区铜背景值高于赣南地区，横峰—上饶、鹰潭—铅山、乐安河流域、长江流域九江段、赣南“崇余犹”地区铜呈高值带，宁都—寻乌地区呈低值区。深层土壤铜分布规律总体与表层土壤一致（图 4-11-4）。

3. 锌(Zn)

表层土壤锌分布特征总体规律性不强，横峰—上饶以北、贵溪—广丰以南、崇义—大余、奉新以西、鄱阳南部出现小面积分布的高值区；信江盆地、吉泰盆地、于都—信丰出现低值带。深层土壤锌分布规律与表层土壤基本一致。

4. 镓(Ga)

表层土壤镓分布特征表现为赣南地区镓背景值高于赣中、赣北地区，高值区主要分布在崇义—大余西部、龙南—定南—安远、宁都—石城北部、奉新西部地区，呈小面积分布；低值区主要分布在余江—铅山—上饶—玉山一带、吉泰盆地、赣州盆地、信丰盆地等地区，赣南地区镓具有北东向展布特征。深层土壤镓分布特征总体与表层土壤一致，仅在鄱阳湖区北部都昌—星子一带出现明显的低值区。

5. 锗(Ge)

表层土壤锗分布特征表现为赣南、赣中地区锗背景值明显低于赣北地区，赣南仅在赣县—兴国一带出现小面积的高值区，铅山南部、万年、奉新西部、永修北部、南昌湾里等地出现面积性的高值区；锗低值区主要分布在赣南地区。深层土壤锗分布规律总体与表层土壤一致，仅高值区略有差异，赣东

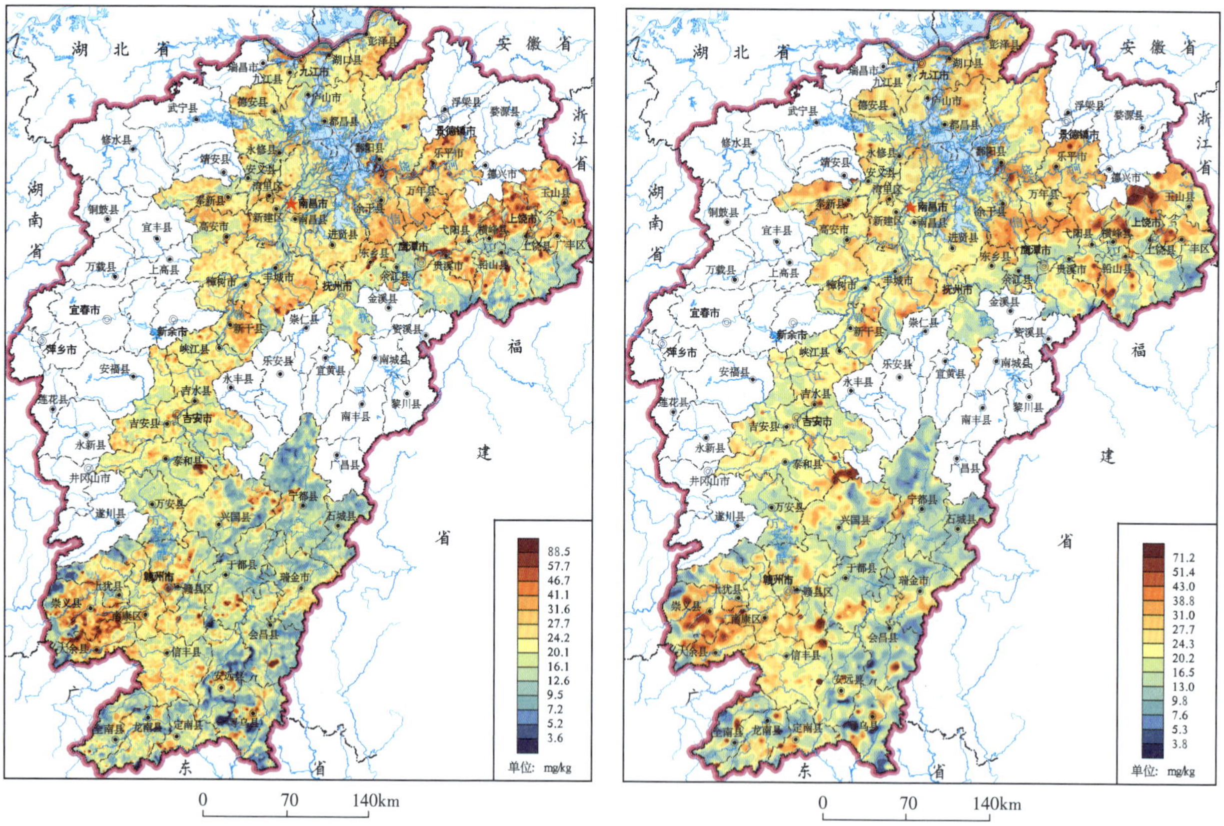

图 4-11-4　区域土壤铜地球化学分布图(左为表层土壤、右为深层土壤)

Fig. 4-11-4　Geochemical distribution of copper in the regional soil (left for the surface soil, right for deep soil)

北地区锗高值区分布于上饶—玉山北部、铅山南部，赣南地区出现在赣县南部及赣县北部地区。

6. 砷(As)

表层土壤砷元素分布特征总体表现为赣北、赣中地区砷背景值高于赣南地区，但高值区集中分布于“崇余犹”地区，低值区大面积分布于宁都、石城、会昌—寻乌地区。深层土壤砷分布规律与表层土壤基本一致。

7. 硒(Se)

赣北地区、赣中北部、赣南西部表层土壤硒呈高背景分布，鄱阳湖盆地、赣南东部地区表层土壤硒呈低背景分布，低值区面积性分布于石城—瑞金、星子—湖口一带，高值区主要大面积分布于赣东北地区。深层土壤硒分布特征总体与表层土壤一致，但低值区主要分布于都昌—湖口地区。

8. 银(Ag)

表层土壤银具北东向区域展布特征，赣南、赣中、赣东北地区银背景值明显高于赣北地区。银高值区主要分布于赣东北、鄱阳—余干、大余—赣县—宁都一带，银低值区主要分布于樟树—高安—德安、进贤—万年等地。赣江、抚河、信江、饶河流域银背景值明显高于周边地区。深层土壤银区域分布特征总体与表层土壤一致，但五河入湖三角洲地区为银高背景区。

9. 镉(Cd)

表层土壤镉高值区主要分布于弋阳—玉山、鄱阳湖滨湖及赣南部分地区，区域上略呈北东向展布。深层土壤镉高背景区主要分布于长江南岸、鄱阳湖区、赣江流域、赣东北地区以及赣南的部分地区，低值区主要分布于奉新—南昌、鄱阳县北部、抚州—进贤一带。

10. 锡(Sn)

赣南地区表层土壤锡具明显的高背景，高于赣中、赣北地区，且高、低值差异较大，其次为赣东北地区，高值区主要集中分布于赣南的“崇余犹”地区以及赣县—会昌、安远—龙南的局部地区，北部主要分布于奉新西部和永修西北部；低值区主要分布于信丰盆地、于都—石城、兴国盆地、吉泰盆地、余江—弋阳、长江南岸九江段，赣南地区锡具有北东向展布特征。深层土壤锡分布特征与表层土壤基本一致，仅低值区分布不同于表层土壤，主要分布于赣东北地区余江—玉山一带。

11. 锑(Sb)

表层土壤锑分布具有赣中、赣北地区锑背景值明显高于赣南地区，锑高值区主要分布于德安—永修西北部、鹰潭—广丰北部、余干—乐平、丰城—樟树、吉水—泰和西部、崇义—大余、于都—瑞金等地；低值区集中分布于宁都—石城以北广大地区、会昌—定南以东地区、鄱阳湖区、武夷山北麓等地，锑的区域分布具有北东向展布特征。深层土壤锑分布规律总体表层土壤一致，仅会昌周边低值区锑含量比表层土壤更低，分布范围更大。

12. 金(Au)

表层土壤金分布规律性不明显，高背景区主要分布于樟树—南昌、万年—乐平、弋阳—玉山以北、铅山—上饶、赣县—大余、于都—宁都等地，低背景区主要分布于鄱阳湖区、宁都北部、石城、会昌—寻乌一带。深层土壤金分布规律基本与表层土壤一致，区域上略具北东向展布特征。

13. 汞(Hg)

表层土壤汞分布总体规律性不明显，泰和—南昌呈高背景区，高值带主要分布于南昌—樟树、赣县—南康、吉安周边等城区周围；低值区主要分布于鄱阳湖区、鹰潭—广丰一线、信丰盆地等区域。

深层土壤汞分布无明显规律，高值区、低值区呈点状分布。

14. 铅(Pb)

表层土壤铅区域分布规律性强，总体呈北东向展布，赣南地区、赣东北部分地区为高背景区，赣中、赣北地区为低背景区，高值区主要分布于武夷山北麓、赣南部分地区；低值区主要分布于信丰盆地、吉泰盆地、东乡—玉山、樟树—永修一带。此外，鄱阳湖滨湖区、赣江流域土壤铅背景相对高于其周边地区。深层土壤铅分布规律总体与表层土壤一致。

15. 铋(Bi)

表层土壤铋高背景区主要分布于赣南地区，其次为赣江流域、赣江入湖三角洲地区、铅山南部、奉新西部等地；低背景区主要分布于瑞金—石城、横峰—广丰—玉山一带。赣南地区铋略呈北东向展布。深层土壤铋分布规律与表层土壤基本一致，仅赣东北地区铋低值区分布范围更大。

三、亲铁元素或氧化物

主要包括三氧化二铁（Fe_2O_3）、钴（Co）、镍（Ni）、钼（Mo）4种元素或氧化物。

1. 三氧化二铁(Fe_2O_3)

表层土壤三氧化二铁分布总体表现为赣北其背景值明显高于赣中、赣东北地区，三氧化二铁高值区主要分布于南昌—奉新、进贤—万年、崇义—大余、赣州市三南地区；低值区主要分布于赣南中、东部，吉泰盆地和信江盆地。深层土壤三氧化二铁分布规律与表层土壤基本一致。

2. 钴(Co)

表层土壤钴高背景区主要分布于赣北、赣东北、赣州市“崇余犹”和三南地区；低背景区主要分布于赣州中、东部，吉泰盆地南部、鄱阳湖区，区域上略呈北东向展布。深层土壤钴区域分布大致与表层土壤类似。

3. 镍(Ni)

赣北、赣东北地区表层土壤镍背景值明显高于赣中、赣南地区，低值区主要分布于鄱阳湖地区、信江盆地和赣南广大地区，赣南地区表层土壤镍略呈北东向展布。深层土壤镍区域分布规律总体与表层土壤一致。

4. 钼(Mo)

赣东北地区、赣州崇义—大余、三南及安远—寻乌地区表层土壤钼具明显高背景，鄱阳湖区及其以北地区、吉泰盆地呈低背景区，高值区主要分布于横峰—广丰以北地区、崇义—大余、安远—寻乌地区；低值区主要分布于吉泰盆地、星子地区。深层土壤钼高值区主要分布于赣东北、赣南地区，低值区主要分布于奉新—星子一带。

四、亲生物元素及氧化物

主要包括全碳（TC）及有机碳（TOC）、磷（P）、氮（N）、氧化钙（CaO）、氧化镁（MgO）、氧化钾（K_2O）、氧化钠（Na_2O）8种指标。

1. 全碳(TC)及有机碳(TOC)

表层土壤全碳及有机碳分布规律总体一致，表现为赣北、赣东北地区背景值高于赣中、赣南地区，高值区主要分布于余干—乐平、弋阳—玉山以北、贵溪—上饶以南、南昌—丰城、崇义—上犹、安远—寻乌等广大地区；低值区主要分布于鄱阳湖及赣江、抚河、饶河、信江，吉泰盆地等地区。赣南及赣东北地区、长江流域九江段深层土壤全碳、有机碳背景值略高于赣北及赣中地区，与表层土壤差异明显。

2. 磷(P)

表层土壤磷高值区主要分布于横峰—玉山、铅山—上饶、东乡—万年、樟树—南昌、泰和—万安、赣县—信丰—定南等地区；低值区主要分布于鄱阳湖区、吉水—吉安、兴国—于都—安远以东的广大地区。深层土壤磷分布规律明显不同于表层土壤，主要表现为赣北、赣东北地区磷背景值明显高于赣中、赣南地区，磷高值区主要分布于长江南岸、奉新西部、横峰—玉山以北、上饶—铅山南部、崇义—大余地区；低值区主要分布于赣南广大地区。

3. 氮(N)

表层土壤氮分布特征表现为赣北、赣东北地区氮背景值明显高于赣中、赣南地区，氮高值区主要分布于鄱阳—余干—万年、弋阳—横峰—玉山、南昌—东乡、丰城—峡江以及赣县等地区；低值区主要分布于鄱阳湖区、长江南岸、赣江流域、信江流域、吉泰盆地等地区。深层土壤氮分布规律与表层土壤基本一致，仅低值区主要分布于宁都北部、兴国—赣县—信丰一带。

4. 氧化钙(CaO)

表层土壤氧化钙高值区主要分布于德安—星子以北的长江南岸广大地区、赣东北地区、万年—乐平以及南昌等地，赣北、赣东北地区氧化钙背景值明显高于赣中、赣南地区；低值区主要分布于鄱阳湖区、赣南广大地区。深层土壤氧化钙分布规律与表层土壤总体一致（图 4-11-5）。

5.氧化镁(MgO)

表层土壤氧化镁总体表现为高值区主要分布于德安—星子以北的长江南岸广大地区、赣东北地区、奉新—弯里，赣中及赣南则零星分布；低值区主要分布于会昌—安远—寻乌地区。深层土壤氧化镁分布规律总体与表层土壤一致。

6.氧化钾(K_2O)

表层土壤氧化钾分布规律性强，主要表现为赣南、武夷山北麓地区氧化钾呈高背景区，明显高于赣中、赣北地区，氧化钾高值区主要集中分布于赣州北部、南部地区以及武夷山北麓；低值区大面积分布于吉泰盆地、樟树—丰城—高安、鄱阳湖盆地、信江盆地等广大区域，赣江下游、赣江入湖三角洲、抚河流域氧化钾含量明显高于其周边地区。深层土壤氧化钾区域分布规律总体与表层土壤一致。

7.氧化钠(Na_2O)

表层土壤氧化钠高值区主要分布于德安—都昌以北长江南岸、鄱阳湖两岸的广大地区、赣东部地区、赣南北部等地；低值区主要分布于鄱阳湖区、赣中地区以及赣南广大地区。赣江下游及赣江入湖三角洲平原、抚河、信江、饶河流域氧化钠背景值明显高于其周边地区。深层土壤氧化钠分布规律与表层土壤基本一致，仅低值区主要分布于赣南崇义—上犹—大余—南康地区以及三南地区。

五、碱金属及碱土金属元素

主要包括锂（Li）、锶（Sr）、钡（Ba）3 种指标。

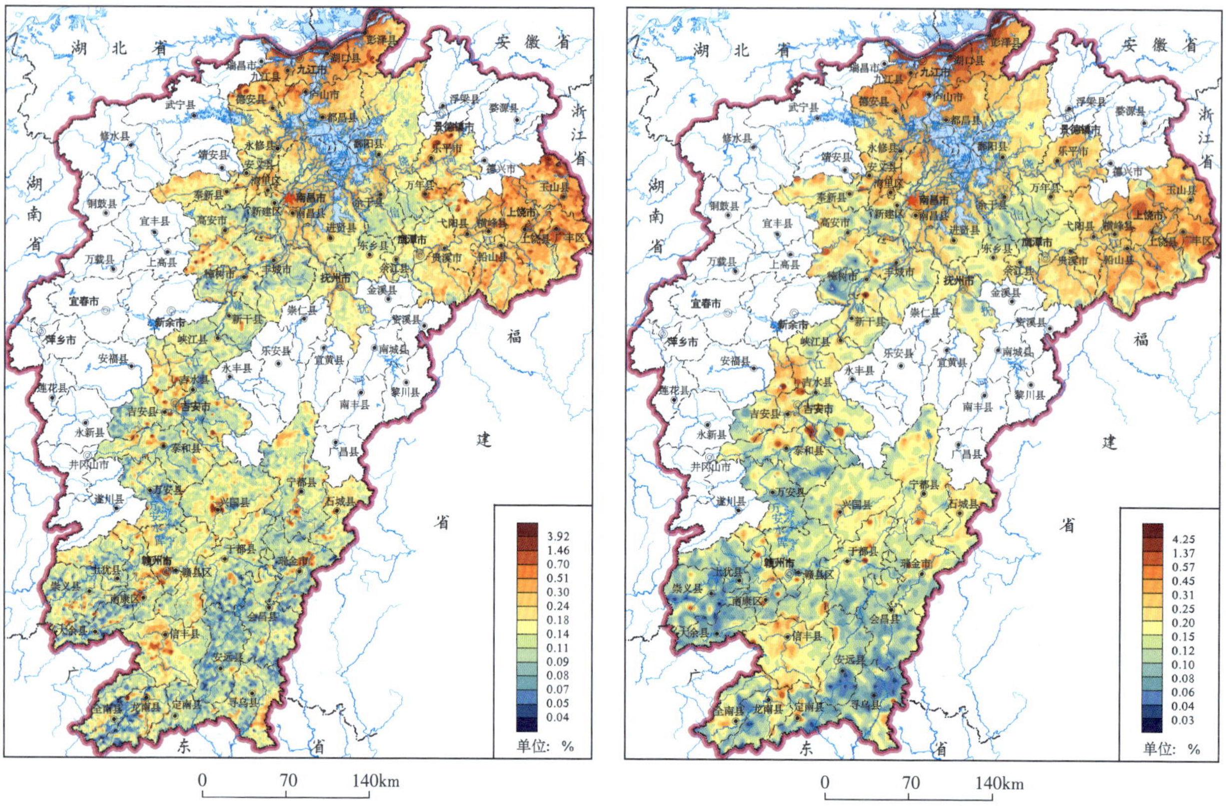

图 4-11-5 区域土壤氧化钙地球化学分布图(左为表层土壤、右为深层土壤)

Fig. 4-11-5 Geochemical distribution of the calcium oxide in the regional soil (left for the surface soil,right for deep soil)

1. 锂(Li)

表层土地壤锂高背景区主要分布于赣南、奉新、贵溪—广丰一带，低值区主要分布于吉泰盆地、信江盆地和鄱阳湖区。区域上表层土壤锂略具北东向展布特征。深层土壤锂高值区主要分布于奉新、玉山北部、贵溪南部、兴国—石城、会昌东部、崇义—大余西部地区；锂低值区主要分布于赣东北、吉泰盆地和赣北地区。

2. 锶(Sr)

赣北、赣东北地区表层土壤锶高背景区明显高于赣中、赣南地区，往南背景值逐渐降低。高值区主要分布于都昌—德安以北的长江南岸广大地区、南昌—乐平、赣东北地区；低值区主要分布于鄱阳湖区、赣中南部和赣南广大地区。深层土壤锶分布规律与表层土壤完全一致。

3. 钡(Ba)

表层土壤钡高值区主要分布于湖口—彭泽南部、横峰—上饶北部、贵溪南部、铅山—广丰南部、瑞金—宁都—石城等地；低值区主要分布于鄱阳湖区、永修—樟树、信江盆地、吉泰盆地、赣州盆地以及安远—寻乌等地区。抚河、赣江及抚河入湖三角洲地区钡具明显高背景。深层土壤钡分布规律与表层土壤总体一致。

六、稀有元素

主要包括铍（Be）、铌（Nb）、锆（Zr）3 种指标。

1. 铍(Be)

表层土壤铍区域上呈北东向展布，赣南、赣东北地区铍背景值明显高于赣中、赣北地区，高值区主要分布于横峰—玉山北部、贵溪—广丰南部、奉新西部、大余—赣县—宁都北西部以及全南—安远—会昌等地；低值区主要分布于余江—贵溪—铅山一线、吉泰盆地以及信丰—于都等地。赣江、抚河及两河入湖三角洲地区铍呈高背景区。深层土壤铍分布规律与表层土壤基本一致。

2. 铌(Nb)

表层土壤铌区域上呈北东向展布，赣南、赣东北地区铌背景值明显高于赣中、赣北地区。铌高值区主要分布于横峰北部、武夷山北麓、赣县南部以及龙南—安远—会昌以南的广大地区；铌低值区主要分布于余江—贵溪—上饶、鄱阳湖区、高安—湾里北西部、吉泰盆地、兴国盆地、赣州盆地、信丰盆地等地区。深层土壤铌区域分布规律与表层土壤基本一致。

3. 锆(Zr)

表层土壤锆区域上呈北北东向展布，锆背景值具有由北向南逐渐降低的变化趋势。锆高值区主要分布于九江—德安、都昌—彭泽、鄱阳县北部、东乡—余江南部、贵溪南部、龙南—定南等地；低值区主要分布于鄱阳湖盆地、奉新西部、铅山南部、上犹—大余等地。深层土壤锆区域分布规律与表层土壤基本一致。

七、分散元素

主要包括铷（Rb）、铊（Tl）两种指标。

1. 铷(Rb)

表层土壤铷区域上略呈北东向展布，赣南地区铷背景值明显高于赣中、赣东北及赣北地区。铷高值区主要分布于全南—安远—会昌一线南东部、上犹—兴国—宁都一线北西部、武夷山北麓、奉新西部、永修北西部等地；铷低值区主要分布于鄱阳—乐平、东乡—贵溪—上饶、抚州南部、吉泰盆地等地区。赣江、抚河及两河入湖三角洲地区铷背景值明显高于周边地区。深层土壤铷区域分布规律总体与表层土壤一致。

2. 铊(Tl)

表层土壤铊区域上略呈北东向展布，赣南地区、武夷山北麓铊背景值明显高于赣中、赣北、赣东北地区。铊高值区主要分布于赣南南部及北部、武夷山北麓、奉新西部、永修北西部等地；铊低值区主要分布于鄱阳—乐平、东乡—贵溪—上饶、吉泰盆地等地区。赣江、抚河及两河入湖三角洲地区铊背景值明显高于周边地区。深层土壤铊区域分布规律与表层土壤基本一致。

八、放射性元素

包括铀（U）、钍（Th）两种指标。

1. 铀(U)

表层土壤铀区域分布总体表现为赣南、赣东北地区铀背景值明显高于赣中、赣北地区。铀高值区主要分布于横峰—上饶以北、武夷山北麓、奉新西部、宁都北部、兴国—上犹—大余北西部、会昌—安远—龙南地区；低值区主要分布于鄱阳—乐平北部、余江—弋阳—上饶、吉泰盆地、于都—石城等地区。赣江流域及赣江入湖三角洲地区铀背景值明显高于周边地区。深层土壤铀区域分布规律与表层土壤基本一致。

2. 钍(Th)

表层土壤钍具北东向展布特征，赣南地区南部及北部、武夷山北麓为钍的高背景区。钍高值区主要分布于横峰北部、贵溪南部、宁都北部、上犹—大余北西部、会昌—安远—龙南南东部，低值区主要分布于鹰潭—铅山—上饶、吉泰盆地、于都—石城等地区。深层土壤钍分布规律与表层土壤基本一致。

九、稀土元素

主要包括镧（La）、铈（Ce）、镨（Pr）、钕（Nd）、钐（Sm）、铕（Eu）、钆（Gd）、铽（Tb）、镝（Dy）、钬（Ho）、铒（Er）、铥（Tm）、镱（Yb）、镥（Lu）、钪（Sc）、钇（Y）16 种指标。

1. 镧(La)

表层土壤镧区域分布特征主要表现为赣南、赣东北地区镧背景值明显高于赣中、赣北地区，且高背景区总体呈北东向展布。镧高值区主要分布于贵溪南部、上犹、赣县、宁都—会昌、龙南—定南、安远—寻乌等广大地区；低值区主要分布于东乡—贵溪、高安—安义、樟树、吉水西部、泰和—万安等地。深层土壤镧区域分布规律与表层土壤基本一致（图 4-11-6）。

2. 铈(Ce)

表层土壤铈区域分布特征与镧类似，总体表现为赣南、赣东北地区铈背景值明显高于赣中、赣北

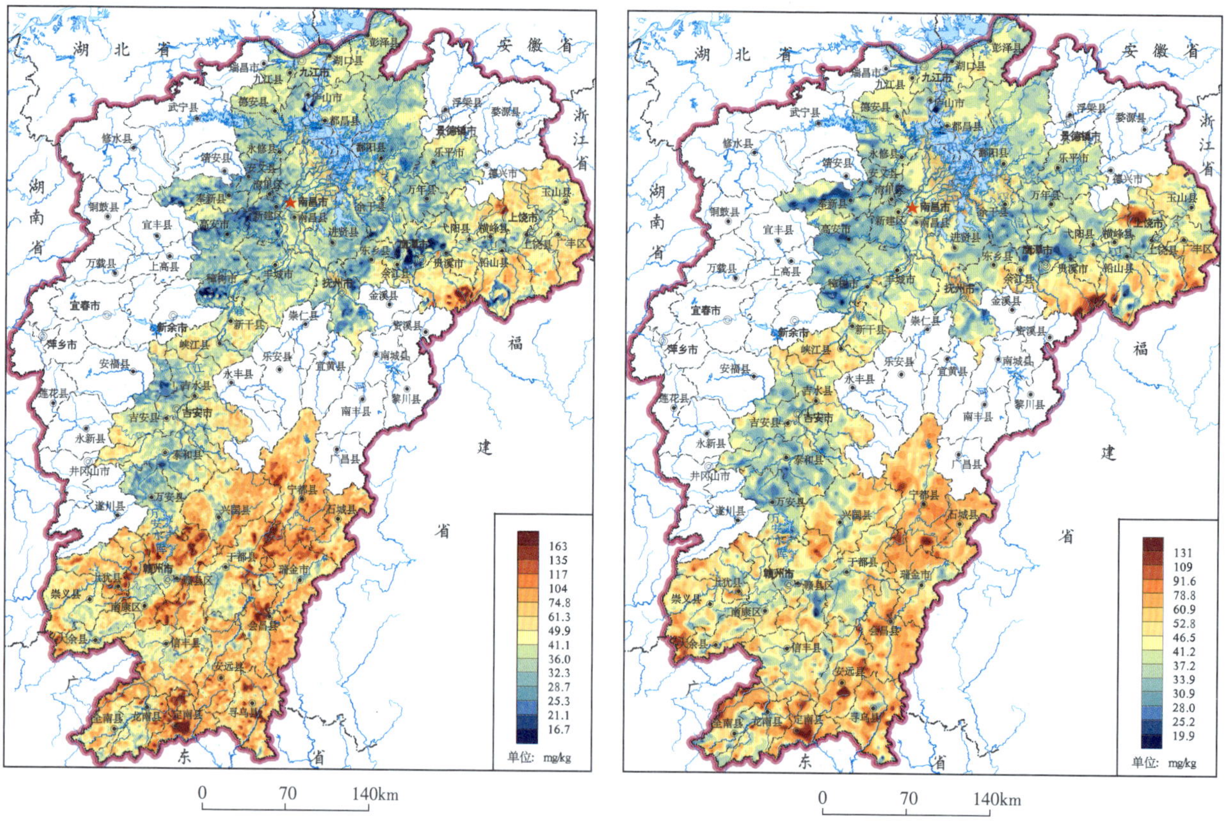

图 4-11-6　区域土壤镧地球化学分布图(左为表层土壤、右为深层土壤)

Fig. 4-11-6　Geochemical distribution of lanthanum in the regional soil (left for the surface soil, right for deep soil)

地区，且高背景区具北东向展布特征。铈高值区主要分布于贵溪南部、赣县、宁都—会昌、定南、寻乌等地；低值区主要分布于余江—弋阳、樟树—高安、吉泰盆地、兴国盆地等地。深层土壤铈区域分布规律与表层土壤基本一致。

3. 镨(Pr)

表层土壤镨总体呈北东、北北东向展布，镨高值区主要分布于瑞金北西部、赣县北部、会昌北西部、定南、安远南部等地；低值区主要分布于兴国盆地、赣州盆地、信丰盆地、于都、大余—崇义、瑞金等地。深层土壤镨具北北东向展布特征，镨高值区主要分布于宁都南部、会昌西部、安远南部、定南东部、大余西部等地，呈小面积分布。

4. 钕(Nd)

表层土壤钕总体北东向展布，钕高值区主要分布于于都北东部、赣县北部和南部、会昌西部、寻乌南东部、定南等地；低值区主要分布于兴国盆地、赣州盆地、信丰盆地、于都、瑞金、全南—龙南等地。

5. 钐(Sm)

表层土壤钐区域上呈北东向展布，钐高值区主要分布于赣县北部和南部、于都北东部、会昌西部、定南等地；低值区主要分布于兴国盆地、赣州盆地、信丰—于都、瑞金—石城、龙南—全南等地。深层土壤钐略具北东向展布，钐高值区面积很小，仅零星分布于龙南—定南、会昌—寻乌等地，钐低值区亦零星分布于兴国—于都—信丰等地。

6. 铕(Eu)

表层土壤铕区域上呈北东—北北东向展布，铕高值区主要分布于赣县、上犹—南康、定南等地；低值区主要分布于崇义及上犹北西部、安远—寻乌等地。深层土壤铕区域上呈北北东向、南北向、北西向展布，铕含量值差异较小，高值区呈点状零星分布，低值区主要分布于崇义北西部。

7. 钆(Gd)

表层土壤钆区域上呈北东—北北东向、北西向展布，钆高值区主要分布于瑞金北西部，赣县南部，会昌东、西部，龙南—定南等地；低值区主要分布于兴国盆地、赣州盆地、宁都北部、信丰—于都、瑞金—石城等地。深层土壤钆区域上展布特征基本同表层土壤，但钆高、低值区仅小面积零星分布。

8. 铽(Tb)

表层土壤铽区域上呈北东向展布，铽高值区主要分布于赣县南部、会昌东部和西部、龙南—定南等地；低值区主要分布于宁都北部、兴国盆地、赣州盆地、信丰—于都、瑞金—石城等地。深层土壤铽区域上略呈北东向、北西向展布，铽高值区和低值区呈小面积零星分布。

9. 镝(Dy)

表层土壤镝区域上总体呈北东向展布，镝高值区主要分布于赣县南部、会昌东部、龙南—定南等地；低值区主要分布于宁都北部、兴国盆地、于都—信丰、瑞金—石城、龙南—全南等地。深层土壤镝区域分布规律总体与表层土壤一致，只是其高值区、低值区呈小面积零星分布。

10. 钬(Ho)

表层土壤钬区域上呈北东向展布，钬高值区主要分布于赣县南部、会昌东部、信丰南东部、龙南南东部等地；低值区主要分布于宁都北部、兴国盆地、信丰—于都、瑞金—石城等地。深层土壤钬区域上略呈北东向、北西向展布，钬高值区主要分布于崇义北西部、上犹北部、石城北东部、会昌东部、安远北东部及北西部、龙南南东部等地；低值区主要分布于宁都北部、赣县、信丰等地区。

11. 铒(Er)

表层土壤铒区域上总体呈北东向展布，铒高值区主要分布于上犹北部、赣县南部、会昌东部、安远北东部及北西部、龙南南东部等地；低值区主要分布于宁都北部、兴国盆地、瑞金—石城、信丰—于都、全南等地。深层土壤铒分布规律基本与表层土壤一致（图4-11-7）。

12. 铥(Tm)

表层土壤铥区域上呈北东向展布，铥高值区主要分布于上犹北东部、赣县南部、会昌东部、安远北东部及北西部、龙南南东部等地，呈小面积分布；低值区主要分布于宁都北部、兴国盆地、瑞金—石城、信丰—于都、大余西部、龙南—全南等地。深层土壤铥区域分布规律基本与表层土壤一致。

13. 镱(Yb)

表层土壤镱区域上呈北东向展布，镱高值区主要分布于赣县南部、上犹北部、会昌东部、安远北东部及北西部、龙南南东部等地；低值区主要分布于兴国盆地、瑞金—石城、信丰—于都、大余西部、龙南—全南等地，呈小面积分布。深层土壤镱分布规律基本与表层土壤一致。

14. 镥(Lu)

表层土壤镥区域上总体呈北东向展布，镥高值区主要分布于上犹北部、赣县南部、会昌东部、安远北东部及北西部、龙南南东部等地；低值区主要分布于兴国盆地、瑞金—石城、信丰—于都、大余西部、全南等地。深层土壤镥区域分布规律基本与表层土壤一致。

15. 钪(Sc)

表层土壤钪区域分布规律总体表现为具北东向展布特征，赣北、赣东北地区钪背景值明显高于赣中、赣南地区，钪高值区主要分布于奉新、东乡—万年、弋阳—上饶北部、信丰—全南等地；低值区主要分布于鄱阳湖区、余江—上饶、吉泰盆地、兴国—寻乌等地区。表层土壤钪区域分布规律基本与

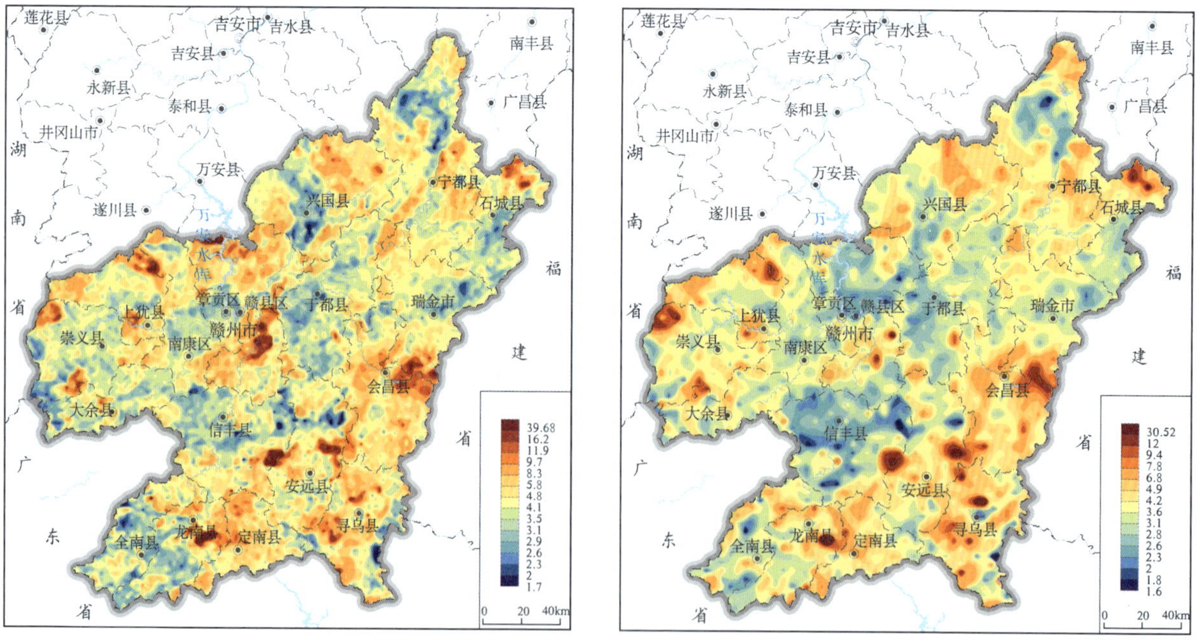

图4-11-7 赣南区域土壤铒地球化学分布图(左为表层土壤、右为深层土壤)

Fig. 4-11-7 Geochemical distribution of erbium in the regional soil (left for the surface soil, right for deep soil)

深层土壤一致。

16. 钇(Y)

表层土壤钇区域总体具北东向展布特征，赣南地区钇背景值明显高于赣中、赣东北、赣北地区。钇高值区主要分布于赣县、上犹北部、宁都—石城、龙南—安远—会昌、寻乌等地；低值区主要分布于余江—上饶—玉山地区以及鄱阳湖星子段。深层土壤钇区域分布规律基本与表层土壤一致，仅赣东北横峰—玉山北部出现高值区。

第十二章　区域生态地球化学环境概况

第一节　土壤生态地球化学环境总体状况

一、土壤生态地球化学环境质量综合评价方法

主要参考《土壤环境质量标准》(GB15618—2008)，利用江西省地质调查研究院1∶25万区域土壤地球化学调查取得的镉(Cd)、汞(Hg)、铜(Cu)、砷(As)、铅(Pb)、锌(Zn)、铬(Cr)、镍(Ni)等数据，采用“一票否决法”进行综合评价。采用土壤生态地球化学环境质量分级标准(表4-12-1)。

表4-12-1　土壤生态地球化学环境质量分级标准指标值表

Table 4-12-1　Index value for classification of soil's geochemical and ecological environment quality

项目		一级标准值/10^{-6}	二级标准值(按pH值分组)/10^{-6}				三级标准值/10^{-6}
			≤5.5	>5.5~6.5	>6.5~7.5	>7.5	
总镉	水田	0.20	0.25	0.30	0.50	1.0	1.0
	旱地		0.25	0.30	0.45	0.80	
	菜地		0.25	0.30	0.40	0.60	
总汞	水田	0.15	0.20	0.30	0.50	1.0	1.5
	旱地		0.25	0.35	0.70	1.5	
	菜地		0.20	0.30	0.40	0.8	
总砷	水田、菜地	15	35	30	25	20	35
	旱地		45	40	30	25	45
总铅	水田、旱地	35	80	80	80	80	500
	菜地		50	50	50	50	
总铬	水田	90	220	250	300	350	400
	旱地、菜地		120	150	200	250	300
总铜	水田、旱地、菜地	35	50	50	100	100	400
	果园		150	150	200	200	
总镍	水田、旱地	40	60	80	90	100	200

续表

项目		一级标准值 /10^{-6}	二级标准值(按 pH 值分组)/10^{-6}				三级标准值 /10^{-6}
			≤5.5	＞5.5～6.5	＞6.5～7.5	＞7.5	
总镍	菜地	40	60	70	80	90	200
总锌		100	150	200	250	300	500

注：水旱轮作地的土壤环境质量标准，各指标取值以严格要求为准。

第一级：环境背景值。基本上保护土壤处于环境背景水平，是保护土壤环境质量的理想目标。适用于国家规定的自然保护区（原有背景重金属含量高的除外）、集中式生活饮用水源地、牧场和其他需要特别保护地区的土壤。

第二级：筛选值。初步筛查判识土壤污染危害程度的标准。土壤中污染物监测浓度低于筛选值，一般可认为无土壤污染危害风险；高于筛选值的土壤是具有污染危害的可能性，但是否有实际污染危害，尚需进一步调研与确定。适用于各类用地土壤。

第三级：整治值。土壤发生实际污染危害的临界值。适用于各类用地的污染场地土壤。

依据表 4–12–1 区域土壤生态地球化学环境质量分级指标作为评价标准，根据土壤应用和保护目标可以将土壤环境质量与功能划分为四类：

Ⅰ类土壤环境：主要适用于国家规定的自然保护区（原有背景重金属含量高的除外）、集中式生活饮用水源地、茶园、牧场和其他保护地区的土壤，土壤质量基本上保持自然背景水平。

Ⅱ类土壤环境：主要适用于一般农田、蔬菜地、茶园、果园、牧场等土壤，土壤质量基本上对植物和环境不造成危害和污染。

Ⅲ类土壤环境：重金属含量达到土壤环境质量三级标准的临界值。主要适用于林地土壤及污染物容量较大的高背景值土壤和矿产附近等地的农田土壤（蔬菜地除外）。土壤质量基本上对植物和环境不造成危害和污染。

劣Ⅲ类土壤环境：是指所有低于三级标准的土壤环境，重金属含量超过土壤环境质量三级标准的临界值。只能用作为非食品生产、非居住用地环境。

二、土壤生态地球化学环境质量分区

采用单指标评价和综合评价相结合对土壤生态环境质量进行分区。

单指标评价是指参照《土壤环境质量标准》（GB15618—2008）标准，对表层土壤毒害重金属（镉、汞、砷、铜、铅、铬、锌、镍 8 项指标）污染进行地球化学环境质量评价，从而确定表层土壤单因子污染等级划分。综合评价法是在单指标评价的基础上，再以“一票否决法”或“极值法”为原则，综合各单因子评价结果，确定表层土壤环境质量级别及其应用功能（奚小环，2006）。

依据评价成果，在 10.35 万 km^2 调查面积中，Ⅰ类土壤生态地球化学环境区占调查总面积的 30.58%，Ⅱ类土壤生态地球化学环境区占调查总面积的 59.22%，Ⅲ类土壤生态地球化学环境区占调查总面积的 7.99%，劣Ⅲ类土壤生态地球化学环境区占调查总面积的 2.21%，Ⅰ类与Ⅱ类土壤生态地球化学环境区占调查总面积达到 89.80%。说明调查区（江西）的土壤生态地球化学环境总体较好，这是江西所表现的生态环境优势之一。但是，土壤的酸化较严重，pH 值普遍在 4.5~5.5 之间（图 4–12–1）。

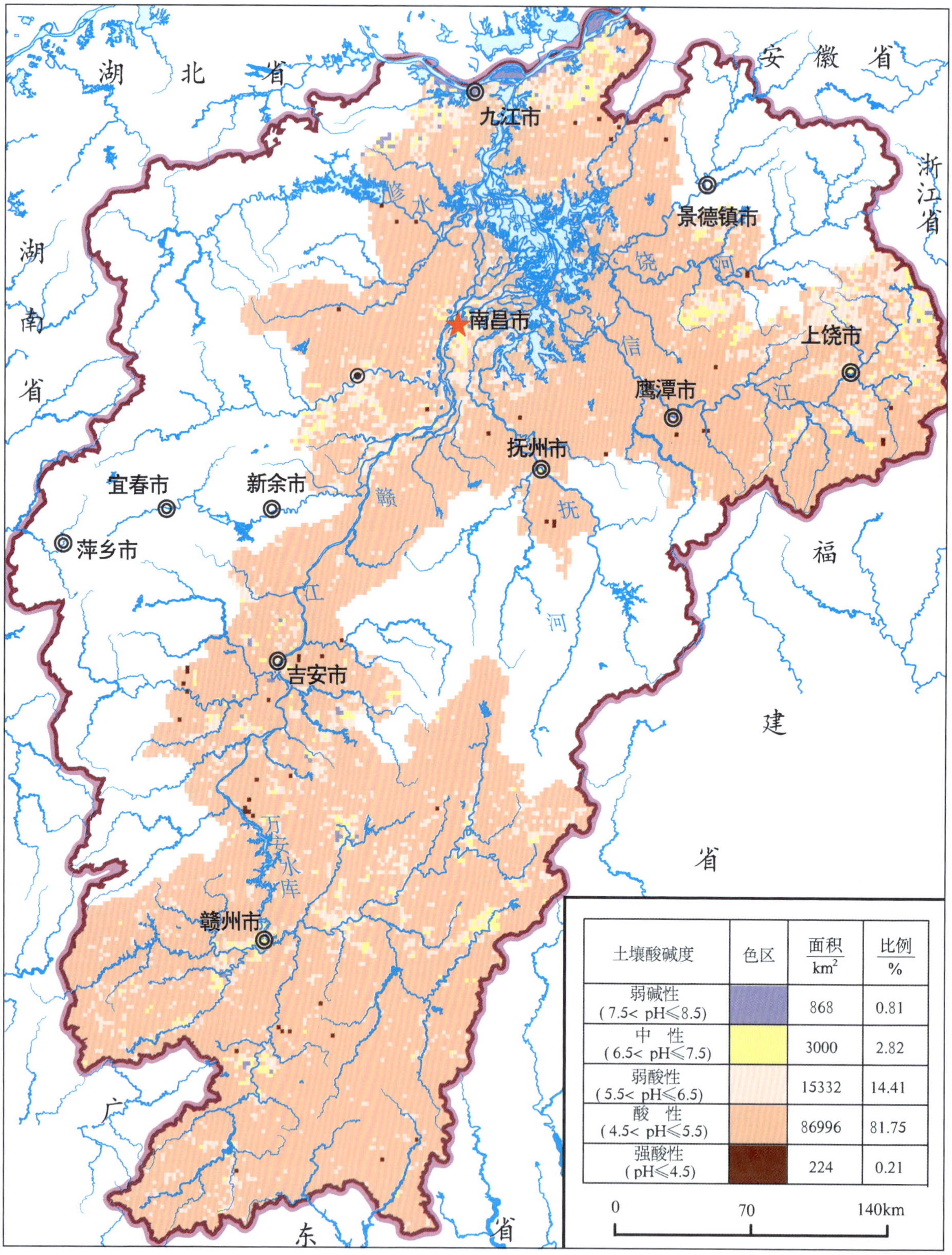

土壤酸碱度	色区	面积 km²	比例 %
弱碱性（7.5< pH≤8.5）		868	0.81
中 性（6.5< pH≤7.5）		3000	2.82
弱酸性（5.5< pH≤6.5）		15332	14.41
酸 性（4.5< pH≤5.5）		86996	81.75
强酸性（pH≤4.5）		224	0.21

图 4-12-1 已调查区域土壤酸碱度（pH）环境图

Fig. 4-12-1 Diagram showing pH value of soil of the region being surveyed

（数据来源：江西省地质调查研究院）

第二节　表层土壤有益元素分布现状

一、表层土壤 N、P、K 生态地球化学环境（养分丰缺）

依据《土地质量地球化学评价规范》（中国地质调查局，2014），以 2km×2km 网格为评估单元，根据土壤 N、P 和 K 调查指标数据，评价单指标土壤肥力地球化学等级，分级标准见表 4–12–2。

表 4–12–2　土壤 N、P 和 K 生态地球化学等级划分标准

Table 4–12–2　Ecological and geochemical classification criteria for N, P and K in Soil

指标 \ 等级及含义	一级	二级	三级	四级	五级
	很丰富	丰富	适中	稍缺	缺
全氮/($g\cdot kg^{-1}$)	>2	1.5~2	1~1.5	0.75~1	≤0.75
全磷/($g\cdot kg^{-1}$)	>1	0.8~1	0.6~0.8	0.4~0.6	≤0.4
全钾/($g\cdot kg^{-1}$)	>25	20~25	15~20	10~15	≤10

在氮、磷、钾土壤单指标肥力地球化学等级划分基础上，按照公式计算土壤养分地球化学综合得分 $f_{养综}$。土壤肥力地球化学综合评价等级划分和含义见表 4–12–3。

表 4–12–3　土壤养分地球化学综合等级划分表

Table 4–12–3　Geochemical classification for soil nutrients

等级	一	二	三	四	五
含义	丰富	较丰富	中等	较缺乏	缺乏
$f_{养综}$	≥4.5	4.5~3.5	3.5~2.5	2.5~1.5	<1.5

经综合评价，江西已调查区（面积 10.35km²）的表层土壤的 N、P、K 养分总体较丰富。其中：丰富（一级）区占调查总面积 8.52%；较丰富（二级）区占调查总面积 43.08%；中等（三级）区占调查总面积 46.16%；较缺乏（四级）区只占调查总面积 2.24%（图 4–12–2）。

二、土壤有益元素综合生态地球化学环境

根据区域土壤地球化学调查成果数据，选择了 B、Cl、Co、Cu、F、I、Mn、Mo、N、P、S、Se、V、Zn、Si、Fe、K、Ca、Mg、C 20 项元素指标数据，进行数据处理、评价和编图，以反映丰缺及区域分布情况和揭示区域有益元素综合生态地球化学环境状况。

分为有益元素缺乏区（累频 25%时数据值）、相对缺乏区（累频 50%时数据值）、适量区（累频 75%时数据值）、相对丰富区，然后成图（图 4–12–3）。

从图 4–12–3 可以看出，区域表层土壤的有益元素空间分布均匀，赣南东部、吉泰盆地南部、信江盆地的中、南部有益元素丰度低，主要是部分微量元素低。

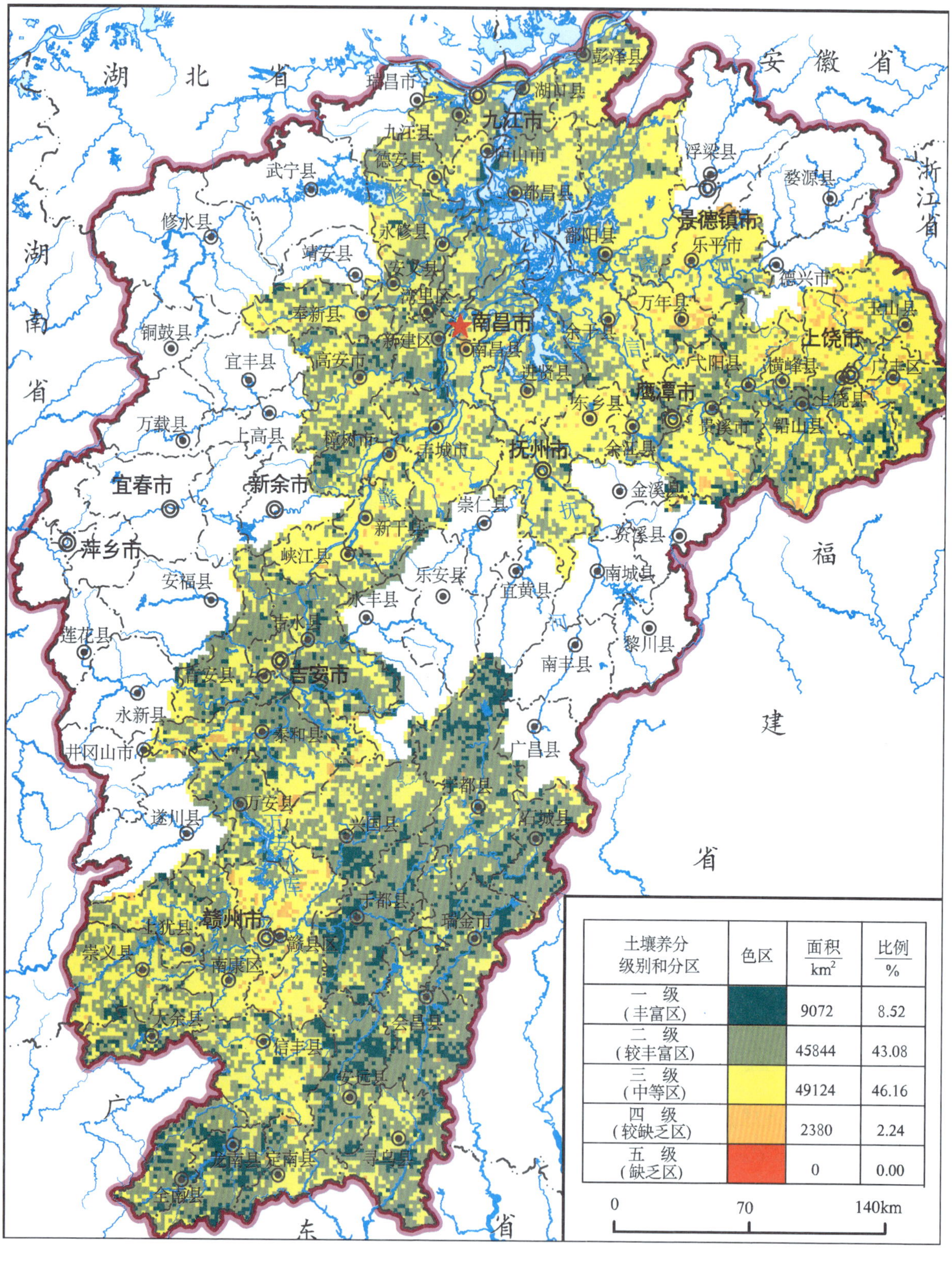

图 4-12-2 调查区表层土壤 N、P、K 养分地球化学综合评价图

Fig. 4-12-2 Comprehensive geochemical evaluation for N, P, K in the topsoil of the regional surveyed area

(资料来源：江西省地质调查研究院)

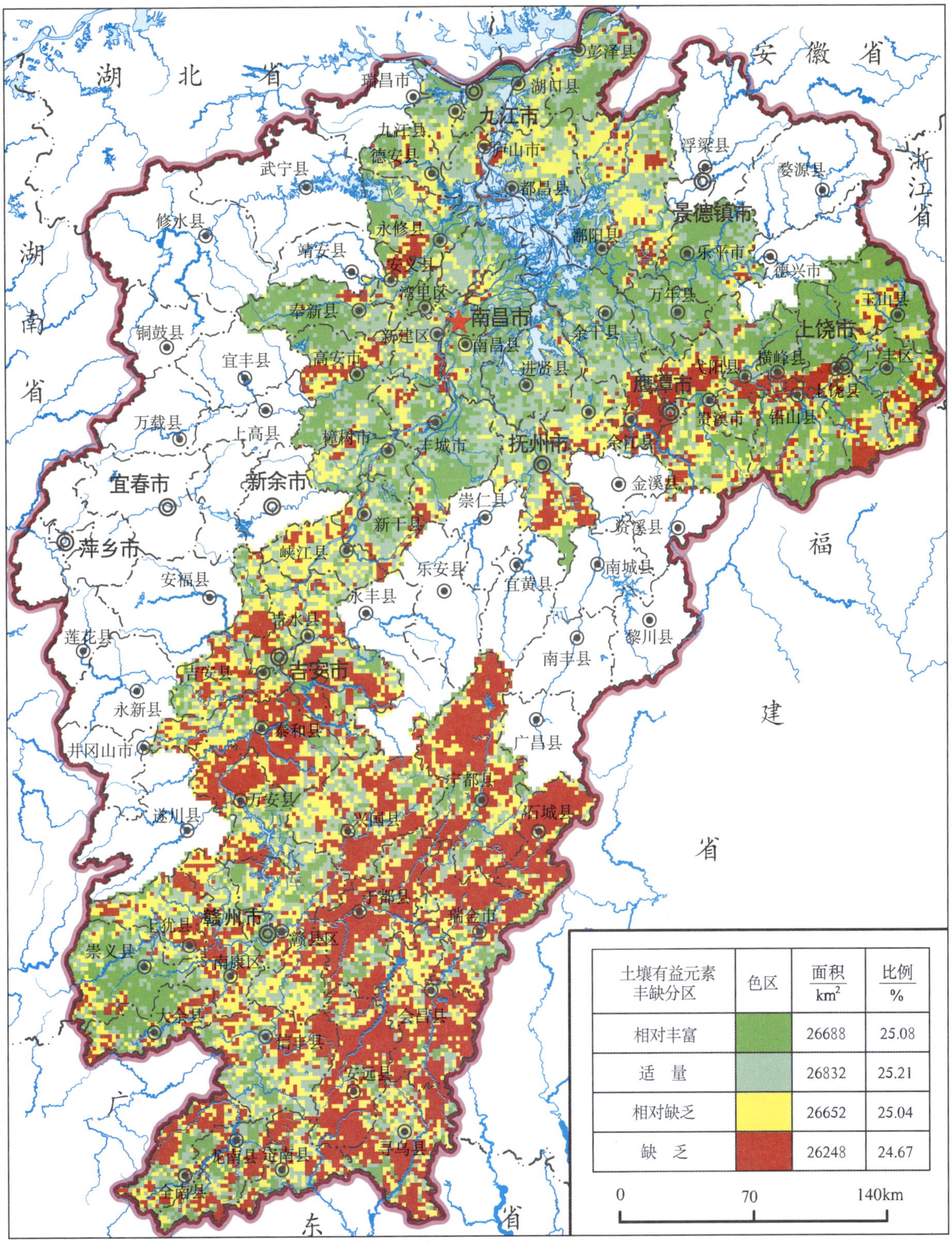

土壤有益元素丰缺分区	色区	面积 km²	比例 %
相对丰富		26688	25.08
适　量		26832	25.21
相对缺乏		26652	25.04
缺　乏		26248	24.67

图 4-12-3　调查区表层土壤有益元素生态地球化学综合评价图

Fig. 4-12-3　Comprehensive ecological and geochemical evaluation for beneficial elements in the topsoil of the regional surveyed area

(资料来源：江西省地质调查研究院)

三、特色土壤元素生态地球化学环境

1∶25 万区域土壤多目标地球化学调查工作，首次在江西发现了天然有机富硒（衷存堤 等，2011；谢振东 等，2011）、富锗、富锌等特色土壤资源，并富硒了一批天然的富硒、富锌、富锗农产品。现对调查区的硒（Se）、碘（I）、锗（Ge）等特色土壤元素生态地球化学环境状况展示如图 4-12-4~图 4-12-7。

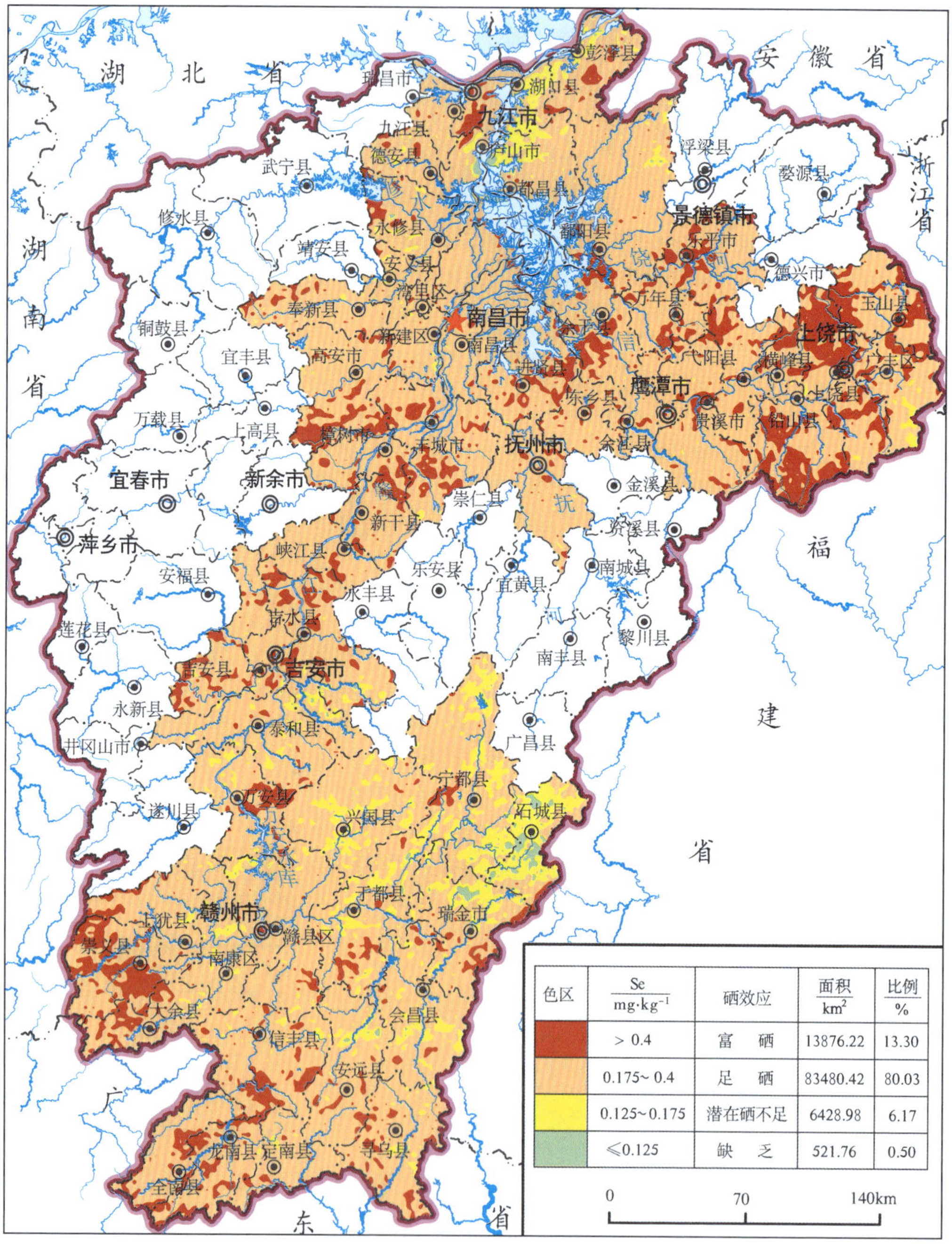

图 4-12-4　调查区表层土壤硒（Se）生态地球化学环境质量评价图

Fig. 4-12-4　Comprehensive ecological and geochemical evaluation for selenium in the topsoil of the regional surveyed area

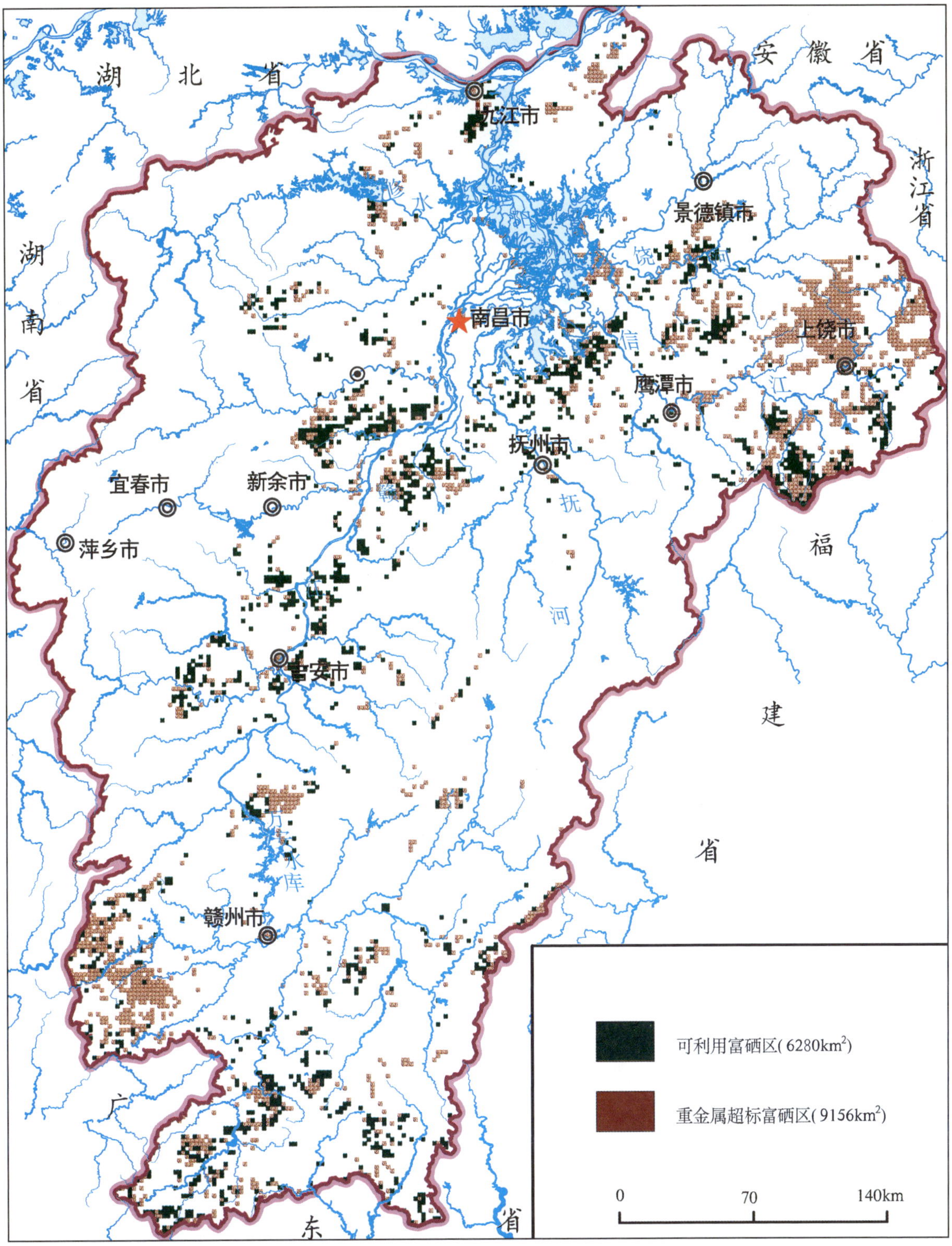

图 4-12-5　调查区表层富硒(Se)土壤资源环境质量评价图

Fig. 4-12-5　Soil environmental quality assessment for selenium in the topsoil of the regional surveyed area

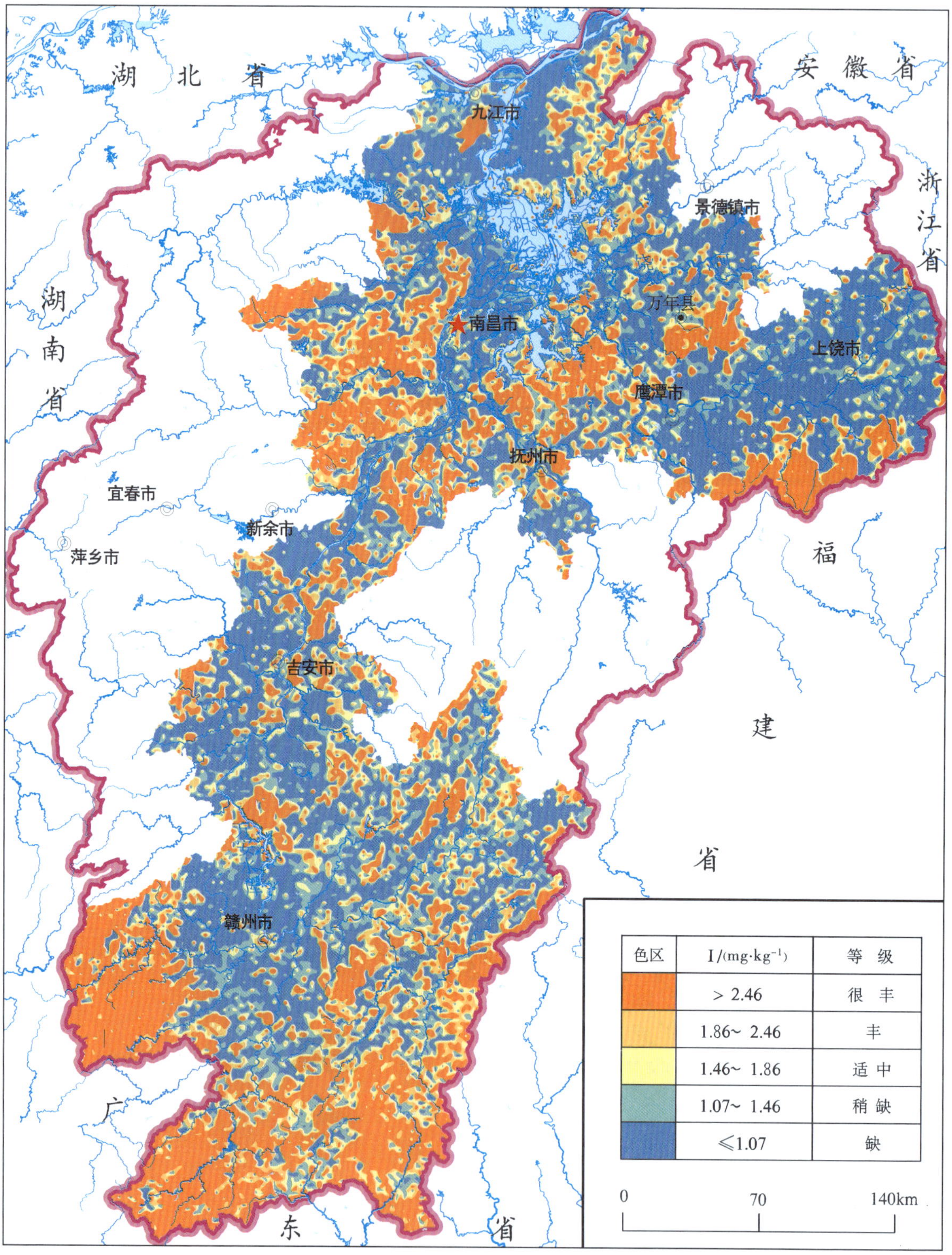

图 4-12-6 调查区表层土壤碘(Ⅰ)生态地球化学环境质量评价图

Fig. 4-12-6 Ecological and geochemical evaluation for iodine in the topsoil of the regional survey area

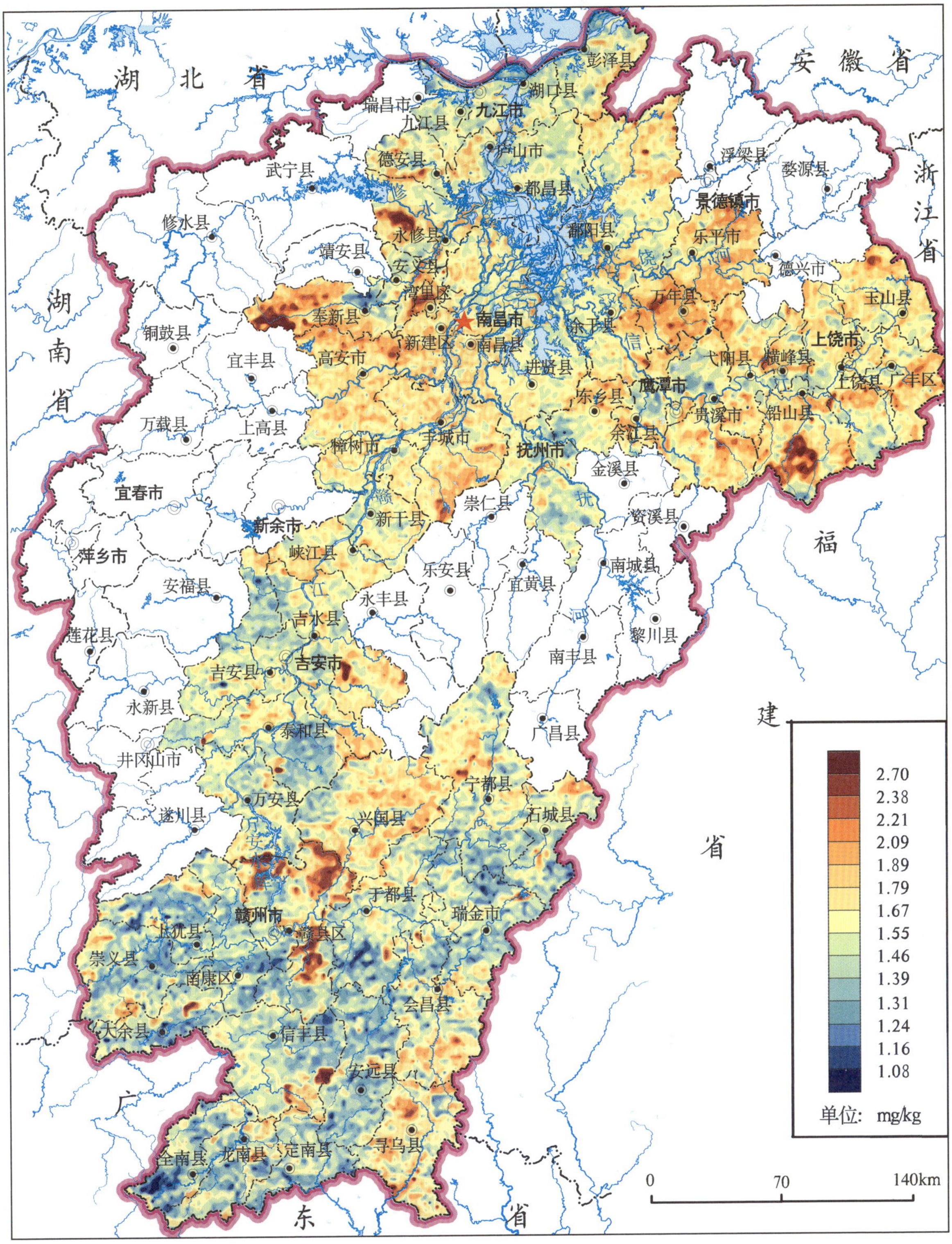

图 4-12-7　调查区表层土壤锗(Ge)地球化学图

Fig. 4-12-7　Quality evaluation of the eco-geochemical environment of germanium (Ge) in surface soil of surveying area

图 4-12-4 表明，江西发现的富硒土壤资源较丰富，调查区已发现了 1.39 万 km^2 的富硒土壤资源分布区，同时在石城县的南部、瑞金市北部、都昌—彭泽县等地发现了局部的硒不足和少量硒缺乏的环境。图 4-12-5 表明，调查区已发现的 1.39 万 km^2 富硒土壤资源中，属于清洁富硒土壤资源的有 9156 km^2，值得保护利用；还有一些富硒土壤资源的重金属超标，开发利用时需要注意，并采取适当的调控技术，控制土壤重金属向农产品转移。

图 4-12-6 表明：在 10.35 万 km^2 的调查区域中，存在大面积分布的碘（I）不足及碘缺乏环境，在这些地区生活的人需要注意坚持食用加碘盐。图 4-12-7 说明江西存在具有潜在优势的富锗（Ge）土壤资源，值得重视研究和合理开发利用和发展特色生态农业产业。

四、区域土壤农产品产地环境适宜性状况

依据无公害农产品产地环境质量要求、绿色食品产地环境质量要求和有机食品生产基地的农产品产地环境质量要求，通过对调查数据江西综合处理和评价，江西生态地球化学调查区域（10.35 万 km^2）中，有 88.95%的面积适宜发展无公害农产品产地环境质量要求，67.91%的面积适宜发展绿色食品产地环境质量要求，67.28%的面积适宜发展有机食品产地环境质量要求，充分说明江西具有发展绿色农业和有机食品的良好生态环境及发展潜力。

同时，对江西的部分名特优农产品原产地生态地球化学环境进行了调查评价研究，包括鄱阳湖水产（鱼类）、鄱阳湖湿地的藜蒿（藜蒿被誉为“鄱阳湖的草，农村人的宝”）、军山湖的螃蟹、庐山云雾茶、奉新猕猴桃、余干辣椒、樟树药材、吉安横江葡萄、泰和乌骨鸡、崇义阳岭绿茶与上堡大米、赣南脐橙等名特优农产品产地，开展了生态地球化学环境评价研究，揭示了这些名特优农产品与产地地质背景及生态地球化学环境的关系、主控因素等地球化学秘密，建立了部分名特优农产品产地的地质地球化学模型。

第三节　区域表层土壤有毒有害元素分布情况

水土环境的重金属污染受到人们的普遍关心关注，特别是对镉（Cd）、砷（As）、铅（Pb）、铬（Cr）、汞（Hg）、铜（Cu）等化学污染更是得到全社会的重视。

江西省根据已调查区生态地球化学环境成果数据显示，有毒有害元素的生态地球化学环境，总体上相对较清洁，但局部地段存在的重金属累积与重金属异常值得重视。发现的局部重金属异常。在这些重金属异常区、重金属超标点，往往出现农产品重金属的点超标率较高、存在生态安全隐患。

汞（Hg）元素在一些城市出现明显的异常分布或超标现象。氟（F）生态地球化学环境评价图（图 4-12-8）显示，调查区既存在一些氟不足（缺乏）环境区，同时也存在氟异常与氟超标环境，在局部段的个别矿集区存在氟超标导致的有害生态效应（谢振东，2012），当地的水稻、蔬菜等农产品氟的点超标率高，人群（包括少年儿童）中出现氟斑牙的比例高达 25%以上，需要重视防控“氟骨病”。

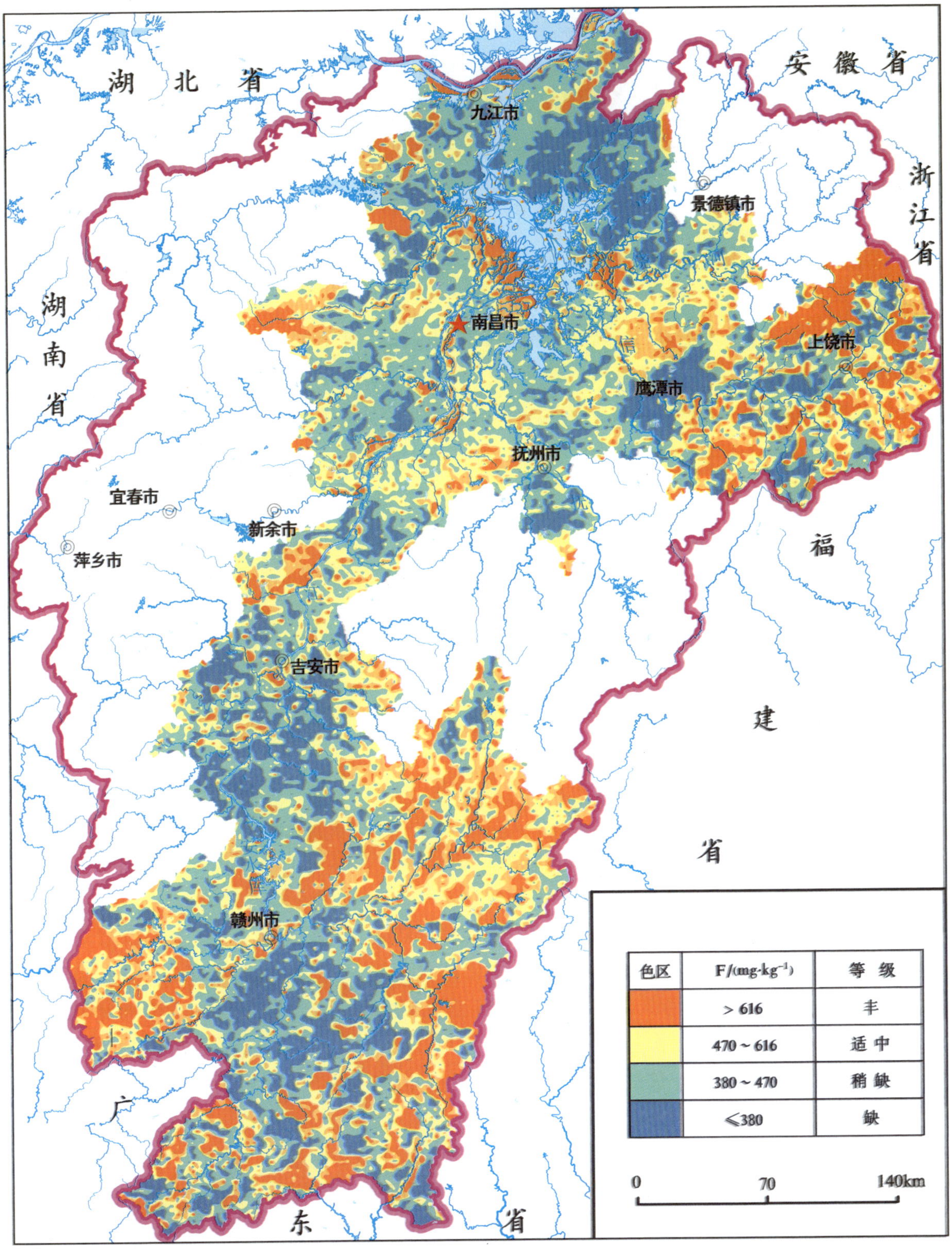

图 4-12-8　区域土壤氟生态地球化学环境评价图

Fig. 4-12-8　Ecological and geochemical evaluation for fluorine in the regional soil

第十三章　区域生态地球化学环境分区

以深层土壤元素或指标地球化学图为依据，结合地质背景、地貌类型、土壤类型等环境因素，为深层土壤地球化学区划分的主要原则。

元素地球化学背景、成岩地质环境和土壤类型相似或相近划分一级地球化学区，全区共划分为21个地球化学区（图4-13-1）。由于特殊的地质体、矿产资源集中分布区和非自然因素等影响形成的特殊的地球化学背景，又可将各地球化学区进一步划分为若干个地球化学亚区。以下按项目区分别详述各地球化学区及地球化学亚区的主要特征。

第一节　鄱阳湖地区生态地球化学环境分区

一、鄱阳湖地区深层土壤地球化学分区

鄱阳湖地区共划分5个地球化学区，10个地球化学亚区（赵小敏 等，2011）（图4-13-2）。

1. 德安－都昌地球化学区（A）

进一步划分为德安、都昌两个地球化学亚区。

（1）德安地球化学亚区（A_1）

位于德安县、九江县、星子县等北部地区，土壤酸碱度（pH值）为5.3~7.5，属弱酸性至中性土壤，亚区主要出露南华纪早古生代沉积岩、区内锡及多金属、萤石等矿产，资源丰富。

该亚区锰（Mn）高背景含量630μg/g，部分地区有1000μg/g地球化学异常；镉（Cd）高背景含量0.06μg/g，部分地区有0.25μg/g地球化学异常；氧化钙（CaO）高背景含量0.32%，局部有0.50%地球化学异常；氧化钠（Na_2O）高背景含量0.33%，局部有0.50%地球化学异常分布；部分有锑（Sb）高背景含量1.0μg/g，局部有Sb异常分布。另外有钨（W）低背景含量2.5μg/g，锡（Sn）低背景含量4.0μg/g，氯低背景含量4.5μg/g等低背景元素地球化学负异常分布。

（2）都昌地球化学亚区（A_2）

位于都昌县北部地区包括彭泽、湖口的东部地区，深层土壤酸碱度（pH值）为5.0~7.5，属酸性至中性土壤，主要出露地层为寒武纪白云质灰岩、灰岩和石煤层，新元古代变质粉细砂岩、沉凝灰岩和凝灰质泥砂岩，在都昌县北东部分布有花岗闪长斑岩，有大型斑岩型钼钨矿和热液型铜、金矿产出。

深层土壤地球化学亚区锰（Mn）高背景含量大于630μg/g，局部有（Mn）地球化学异常分布；镉（Cd）高背景含量大于0.06μg/g，在寒武纪地层中有Cd局部地球化学异常分布；氧化钠（Na_2O）高背景含量大于0.33%，在亚区西部有Na_2O地球化学异常分布；氧化钙（CaO）高背景含量大于0.32%，

局部有 CaO 地球化学异常分布，与寒武纪地层相吻合；钼（Mo）高背景分布，有面积较大的 Mo 含量大于 1.6μg/g 地球化学异常分布。钨（W）低背景含量小于 2.5μg/g，锡（Sn）低背景含量小于 4.0μg/g，氯（Cl）低背景含量 4.0μg/g，上述元素低背景无负异常分布，其中铍（Be）部分含量小于 2.5μg/g，呈低背景分布。

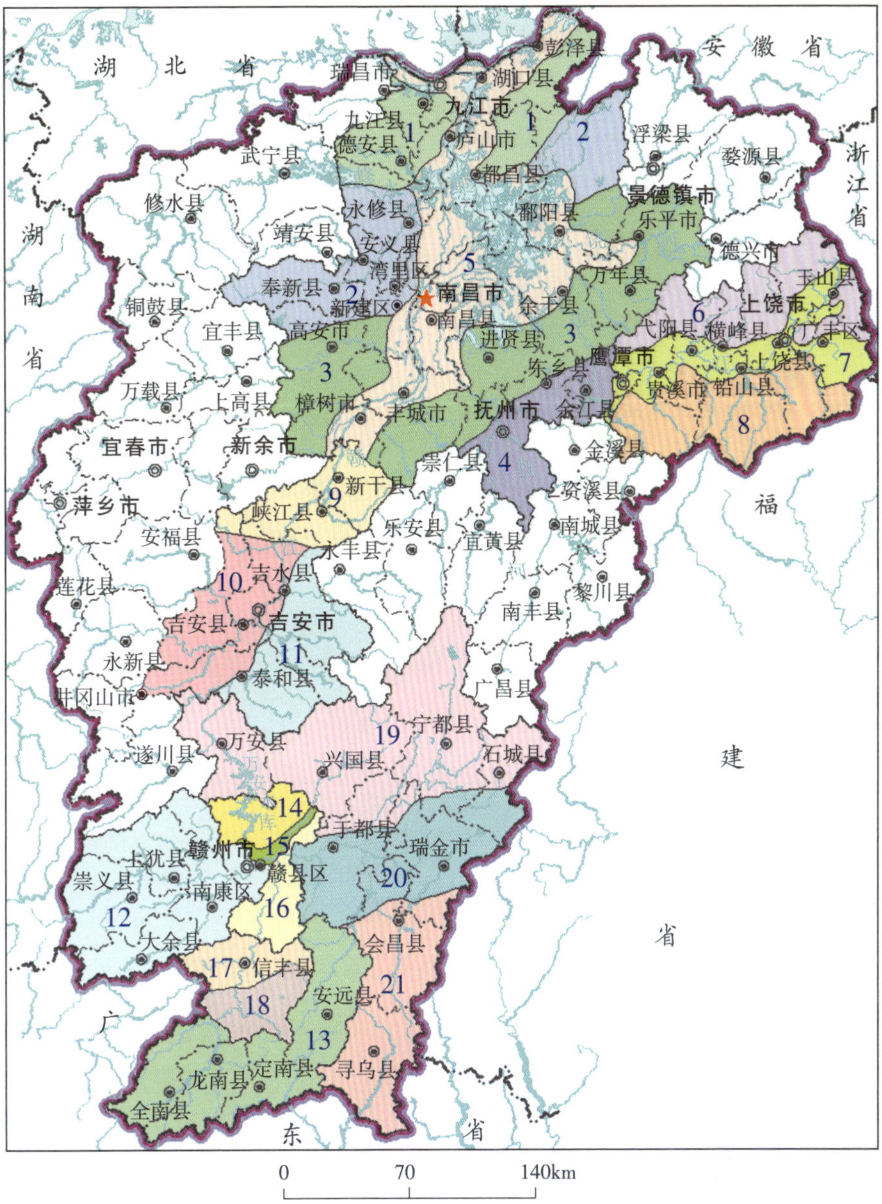

图 4-13-1　已调查区深层土壤地球化学环境分区图

Fig. 4-13-1　Geochemical zoning map for the deep soil of the region being surveyed

1—德安 - 都昌地球化学区；2—奉新 - 田坂街地球化学区；3—高安 - 进贤 - 乐平地球化学区；4—抚州 - 余江地球化学区；5—鄱阳湖及沿江地球化学区；6—信江盆地北部地球化学区；7—信江盆地中部地球化学区；8—信江盆地南部地球化学区；9—吉安北部地球化学区；10—吉安市西部地球化学区；11—吉安市东部地球化学区；12—崇义 - 南康地球化学区；13—安远 - 全南地球化学区；14—赣县北部地球化学区；15—赣县中部地球化学区；16—赣县南部地球化学亚区；17—信丰地区北部地球化学区；18—信丰地区南部地球化学区；19—万安 - 宁都地球化学分区；20—于都 - 瑞金地球化学区；21—会昌 - 寻乌地球化学区

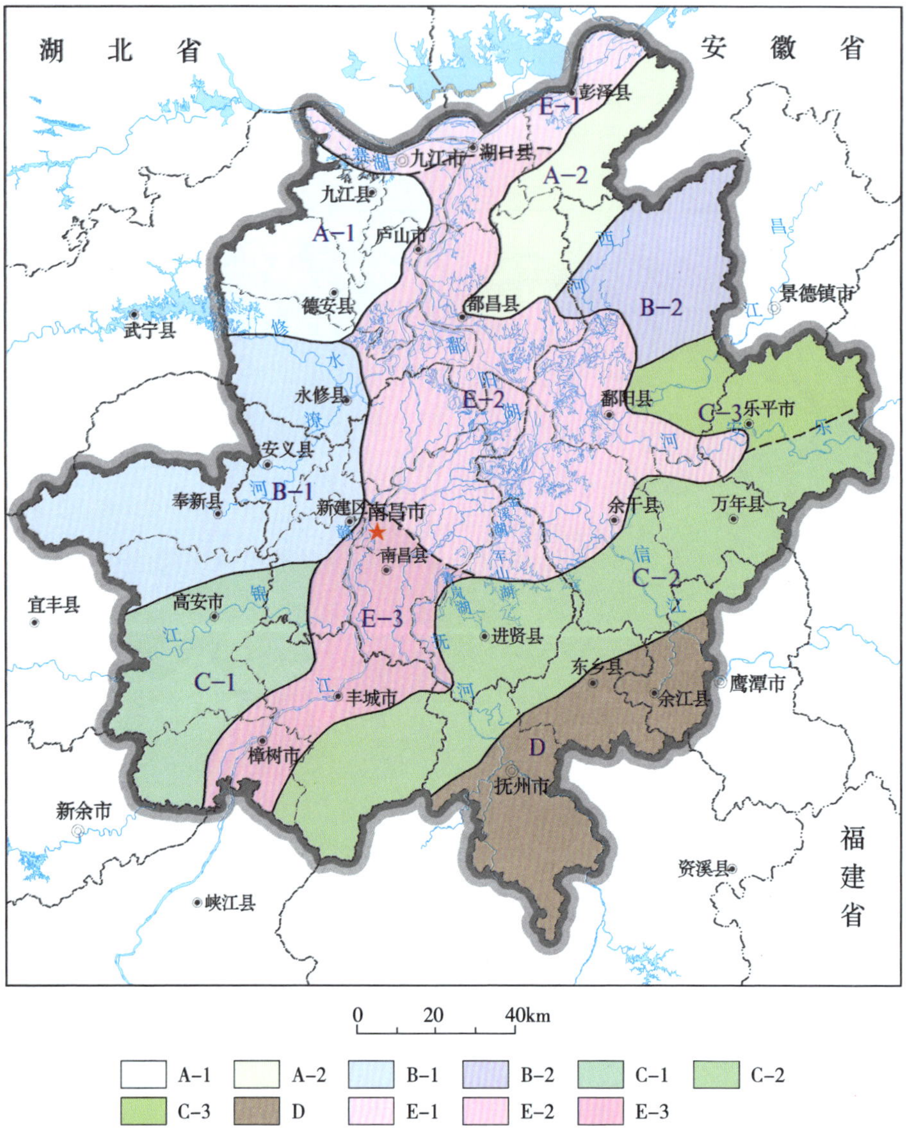

A—德安－都昌地球化学环境区
A-1—德安地球化学环境亚区
A-2—都昌地球化学环境亚区
B—奉新－田坂街地球化学环境区
B-1—奉新—永修地球化学环境亚区
B-2—鄱阳县田畈街地球化学环境亚区
C—高安－进贤－乐平地球化学环境区
C-1—高安地球化学环境亚区
C-2—进贤地球化学环境亚区
C-3—乐平地球化学环境亚区
D—抚州－余江地球化学环境
E—鄱阳湖及沿江地球化学环境区
E-1—长江南岸地球化学环境亚区
E-2—鄱阳湖地球化学环境亚区
E-3—南昌赣江流域地球化学环境亚区

图 4-13-2　鄱阳湖地区深层土壤地球化学环境分区图

Fig. 4-13-2　Geochemical zoning map for the deep soil in Poyang Lake region

2. 奉新－田坂街地球化学亚区（B）

位于奉新县、永修县和鄱阳县田坂街地区，深层土壤酸碱度（pH 值）为 4.5~7.0，属酸性至中性土壤，主要出现钨、锡、锑等高背景区及氟、氯、锶等低背景区，其他元素主要为背景含量分布。

（1）奉新－永修地球化学亚区（B_1）

位于奉新县、永修县和安义县，九岭隆起东南部。深层土壤酸碱度（pH 值）为 4.5~6.5，属弱酸性至酸性土壤，地球化学亚区主要出露地层为古近纪紫红色碎屑岩夹含钙细碎屑岩，新元古代变质粉细砂岩、沉凝灰岩和凝灰质泥砂岩及大面积出露的九岭花岗闪长岩。

深层土壤地球化学亚区钨（W）高背景含量大于3.2μg/g，局部在花岗岩分布区有W地球化学异常分布；锡（Sn）高背景含量大于5.6μg/g，局部在花岗岩分布区有Sn地球化学异常分布；铀（U）高背景含量大于3.2μg/g，部分在花岗岩分布区有U地球化学异常分布；三氧化二铝（Al_2O_3）高背景含量19.5%，高背景分布与花岗岩相吻合；氟（F）大部分地区为低背景分布，含量小于530μg/g，在花岗岩地区出现高背景和局部异常分布；锶（Sr）低背景含量小于40μg/g，部分地区出现（Sr）负异常。

（2）鄱阳县田坂街地球化学亚区（B_2）

田坂街地球化学亚区位于鄱阳县北部莲花山钨锡、金、萤石矿田及外围，深层土壤酸碱度（pH值）为5.5~7.0，属弱酸性至中性土壤。地球化学亚区主要出露地层为新元古代变质粉细砂岩、沉凝灰岩、凝灰质泥砂岩，古近纪紫红色碎屑岩夹含钙细碎屑岩，莲花山局部出露二长花岗岩，北东向构造发育。地球化学亚区内锑（Sb）高背景含量大于1.5μg/g，局部有Sb地球化学异常分布；锂（Li）高背景含量大于50μg/g，在花岗岩分布区有Li地球化学异常分布。氟（F）大部分地区有低背景分布，F含量小于530μg/g；氯（Cl）低背景含量小于4.0μg/g；铍（Be）低背景含量小于2.5μg/g。

3. 高安－进贤－乐平地球化学区（C）

位于高安—进贤—万年—乐平等地萍乐坳陷含煤带中东部。深层土壤酸碱度（pH值）为4.5~8.0，属酸性至弱碱性土壤。主要出现硒、锑、镉、硫等背景区，氯、钠等低背景区，其他元素主要背景含量分布。

（1）高安地球化学亚区（C_1）

位于高安市以南和樟树、丰城北部地区，总面积为3022km²，深层土壤酸碱度（pH值）为4.5~7.0，属酸性至中性土壤。该地球化学亚区主要出露晚古生代—三叠纪碎屑岩、灰岩夹煤层及白垩纪紫红色含铁碎屑岩，偶夹泥质岩。区内有铜、铁、锑、煤和灰岩等矿产分布。

区内局部有Se含量大于0.4μg/g富硒土壤，锑（Sb）高背景含量大于1.0μg/g，局部有Sb地球化学异常分布；硒（Se）高背景含量大于0.25μg/g；硫（S）高背景含量大于100μg/g，局部有S含量大于160μg/g地球化学异常分布；钼（Mo）高背景含量大于0.8μg/g，部分地区有Mo浓度大于1.25μg/g地球化学异常分布。氧化钠（Na_2O）低背景含量小于0.25%，局部有Na_2O负异常分布；氧化钾（K_2O）低背景含量小于2.0%，局部有K_2O浓度小于1.25%的负异常分布。

（2）进贤地球化学亚区（C_2）

位于进贤县、万年县等地，西南部位于丰城市南部地区，该地球化学亚区呈北东向展布，总面积为6971km²，深层土壤酸碱度（pH值）为4.5~6.5，属弱酸性至酸性土壤。该地球化学亚区主要出露地层为新元古代变质泥砂质岩、凝灰质细碎屑岩夹火山熔岩，在丰城市以南地区出露二叠纪、三叠纪地层，岩性为泥质灰岩、白云岩、碎屑岩夹煤层，在丰城徐山和进贤以南地区有花岗岩分布，北东向断裂密集分布。区内有铜、银、钨、铅锌、金矿分布。

区内硒（Se）高背景含量大于0.25μg/g，局部地区有Se地球化学异常分布；在余干县南部和黄金埠附近，有Se含量大于0.4μg/g富硒土壤，面积达400余km²；硫（S）高背景含量大于100μg/g，局部有S含量大于160μg/g地球化学异常分布；氧化钠（Na_2O）高背景含量大于0.06μg/g，局部有Na_2O含量小于0.10%低含量分布；氧化钙（Ca_2O）低背景含量小于0.20%，余干县南部有Ca_2O含量小于

0.10%低含量分布。

(3) 乐平地球化学亚区 (C_3)

位于乐平市和鄱阳县部分地区，呈东西向展布，总面积为1740km²，深层土壤酸碱度（pH值）为6.5~7.5，属中性土壤，局部地区大于7.5的弱碱性土壤和小于6.5的弱酸性土壤。主要出露地层为新元古代变质粉细砂岩、沉凝灰岩、凝灰质泥砂岩和泥砂质岩，凝灰质细碎屑岩夹火山熔岩；在北东向断裂分布地区尚有二叠纪、三叠纪、白垩纪地层分布。区内有铜、金矿分布。

区内硒（Se）高背景含量大于0.25μg/g，局部Se含量大于0.4μg/g具有高含量分布；镉（Cd）高背景含量大于0.06μg/g，部分地区有Cd含量大于0.10μg/g的地球化学异常分布；锑（Sb）高背景含量大于1.0μg/g，部分有Sb含量大于1.6μg/g的地球化学异常分布。氯（Cl）低背景含量小于4.0μg/g，部分地区有Cl含量小于2.5μg/g的低含量分布；铍（Be）低背景含量小于2.5μg/g；部分地区Be含量低于1.0μg/g低含量分布。

4. 抚州－余江地球化学区（D）

位于抚州市、余江县和东乡县的南部地区。深层土壤酸碱度（pH值）为4.5~6.5，属弱酸性至酸性土壤，沿抚河流域有小面积的中性土壤。主要出露地层有白垩纪晚世红色碎屑岩，早白垩世灰色、紫红色细碎屑岩，火山熔岩和火山碎屑岩，新元古代变质泥砂质岩、硅铁质岩、炭质板岩；在抚州市和东乡县南部，出露有花岗岩，且有小型铅锌、金矿床分布。

区内钼（Mo）高背景含量大于0.80μg/g，在余江、抚州和东乡南部Mo含量大于1.25μg/g，局部出现Mo地球化学异常；铜（Cu）低背景含量小于25μg/g，呈大面积分布，部分地区Cu含量小于15μg/g呈低含量和负异常分布；钴（Co）低背景含量小于12.5μg/g，在抚州、余江等地，Co含量小于6.3μg/g呈低含量或负异常分布；其次，硼（B）含量小于65μg/g，呈低背景分布，部分地区B含量小于45μg/g呈低含量或负异常分布。

5. 鄱阳湖及沿江地球化学区（E）

位于鄱阳湖及周边河流冲（洪）积和湖沼沉积区，以及长江南岸和赣江流域冲（洪）积沉积区，深层土壤酸碱度（pH值）为5.5~7.5，呈弱酸性至中性土壤，长江南岸pH值大于7.5，呈碱性土壤。该土壤地球化学区，主要出现镉、铅、锡、铋、铀、锶、铊、钍等重金属异常分布。

(1) 长江南岸地球化学亚区 (E_1)

位于长江南岸九江、湖口、彭泽等地，沿长江流域洪泛沉积区。深层土壤酸碱度（pH值）大于7.5，属碱性土壤。主要出露地层为第四系。

区内镉（Cd）高背景含量大于0.06μg/g；锶（Sr）高背景含量大于53μg/g，且高含量与长江南岸范围相一致；其次，总碳（TC）高背景含量大于0.40%，硫（S）高背景含量大于100μg/g，氧化钠（Na_2O）高背景含量大于0.33%，氧化镁（MgO）高背景含量大于0.80%，氧化钙（CaO）高背景含量大于0.32%，以上高背景元素与长江南岸冲（洪）积沉积环境相吻合。碘（I）低背景含量小于2.0μg/g，其次，尚有W、Sn、Bi等元素呈低背景分布。

(2) 鄱阳湖地球化学亚区 (E_2)

位于鄱阳湖及鄱阳县、余干县、乐平市等滨湖平原区。深层土壤酸碱度（pH值）大于5.5~7.5，属弱酸性和中性土壤，局部有偏碱性土壤。该土壤地球化学亚区主要出露地层为第四系。

区内镉（Cd）高背景含量大于0.06μg/g，与亚区范围相一致；铅（Pb）高背景含量大于32μg/g，特别是河流冲（洪）积沉积环境 Pb 含量较高；锡（Sn）高背景含量大于 5.0μg/g，高背景区主要在鄱阳湖区；其次，鄱阳湖周边基岩（矿产）风化冲(洪）积沉积地区，尚有 Hg、Zn、Be、Ba、U、Th、Tl、Rb、Ga、P、Li、La、S、W、Y、Ag、Nb 等元素呈高背景分布。碘（I）低背景含量小于 2.0μg/g，在鄱阳湖区 I 含量呈低含量分布；其次，尚有 Br、Ti、V 等元素呈低背景分布。

(3) 赣江流域地球化学亚区（E_3）

位于南昌市、丰城市、樟树市及赣江冲（洪）积沉积地区。深层土壤酸碱度（pH 值）5.5~7.5，属弱酸性至中性土壤，南昌市区有偏碱性土壤分布。亚区主要出露地层为第四系，局部有石炭、二叠纪地层零星分布。

区内镉（Cd）高背景含量大于 0.06μg/g；铋（Bi）高背景含量大于 0.40μg/g，高浓集与赣江流域相吻合，近代沉积环境与 Bi 含量浓集部位相一致；铀（U）高背景含量大于 3.2μg/g；部分高背景在第四纪更新世棕红色网纹状黏土相吻合；其次，赣江流域冲（洪）积沉积环境中，尚有 Sn、Pb、La、Rb、Th、Tl、Be、W、Au、Ag、K、Na、等元素呈高背景分布。钛（Ti）低背景含量小于 4000μg/g，Ti 低含量与赣江流域分布吻合；其次，与赣江流域分布相一致的有 V、Sc、Sb、Cr 等元素呈低背景分布。

二、鄱阳湖地区农业地球化学环境质量分区

根据土壤酸碱度、营养及有益元素丰缺、有机质含量、重金属污染情况及环境质量情况包括地貌类型分区和光、热、水影响条件等诸因素，对调查区农业环境质量进行地球化学分区（余忠珍 等，2010）。

1. 一等农业区

一等农业区主要分布在长江南岸九江、湖口、彭泽以及南昌、乐平、丰城、高安、奉新等地区，其中控制面积比较大的是长江南岸、南昌东部、乐平及丰城等一等农业区（图 4-13-3）。

(1) 长江南岸一等农业区

区内主要为全新统褐黄色含砾亚黏土夹岩块岩屑；表层土壤酸碱度（pH 值）大于 7.5，属弱碱性土壤，土壤磷（P）含量大于 630μg/g，最高达 1600μg/g，氧化钙（CaO）含量大于 0.35%，氧化镁（MgO）含量大于 1%，农业营养元素比较丰富，三氧化二铁（Fe_2O_3）含量大于 5%，有时高含量大于 6%，锰（Mn）含量大于 630μg/g，铜（Cu）含量大于 50μg/g，锌（Zn）含量大于 100μg/g，钼（Mo）含量大于 0.63μg/g。上述有益元素都出现高背景分布；有机质含量大于 2%；砷（As）含量 8~15μg/g，镉（Cd）含量 0.2~0.4μg/g，铅（Pb）、汞（Hg）含量呈正常分布，铬（Cr）含量 83~100μg/g，土壤重金属元素综合污染指数属无污染等级，土壤地球化学环境质量综合评价为一等农业区。

(2) 南昌东部一等农业区

全区为中更新统棕红色网纹状黏土和全新统褐黄色含砾亚黏土夹岩块岩屑。表层土壤酸碱度（pH 值）6.0~7.5，属弱酸性至中性土壤。表层土壤氮（N）含量 1250~2500μg/g，磷（P）含量 530~1250μg/g，氧化钾（K_2O）含量大于 3%，氧化钙（CaO）含量 0.2%~1.0%，氧化镁（MgO）含量 0.5%~1.0%，农业营养元素比较丰富。锰（Mn）含量 250~830μg/g，Fe、Cu、Zn 三元素正常分布至高含量分布，有机质含量大于 3%，砷（As）含量低，镉（Cd）含量 0.16~0.25μg/g，表层土壤重金属元素综合污染指数属无污染等级，土壤地球化学环境质量综合评价为一等农业区。

(3) 乐平一等农业区

主要在乐安江流域，主要出露全新统褐黄色含砂亚黏土夹岩块岩屑。表层土壤酸碱度（pH 值）

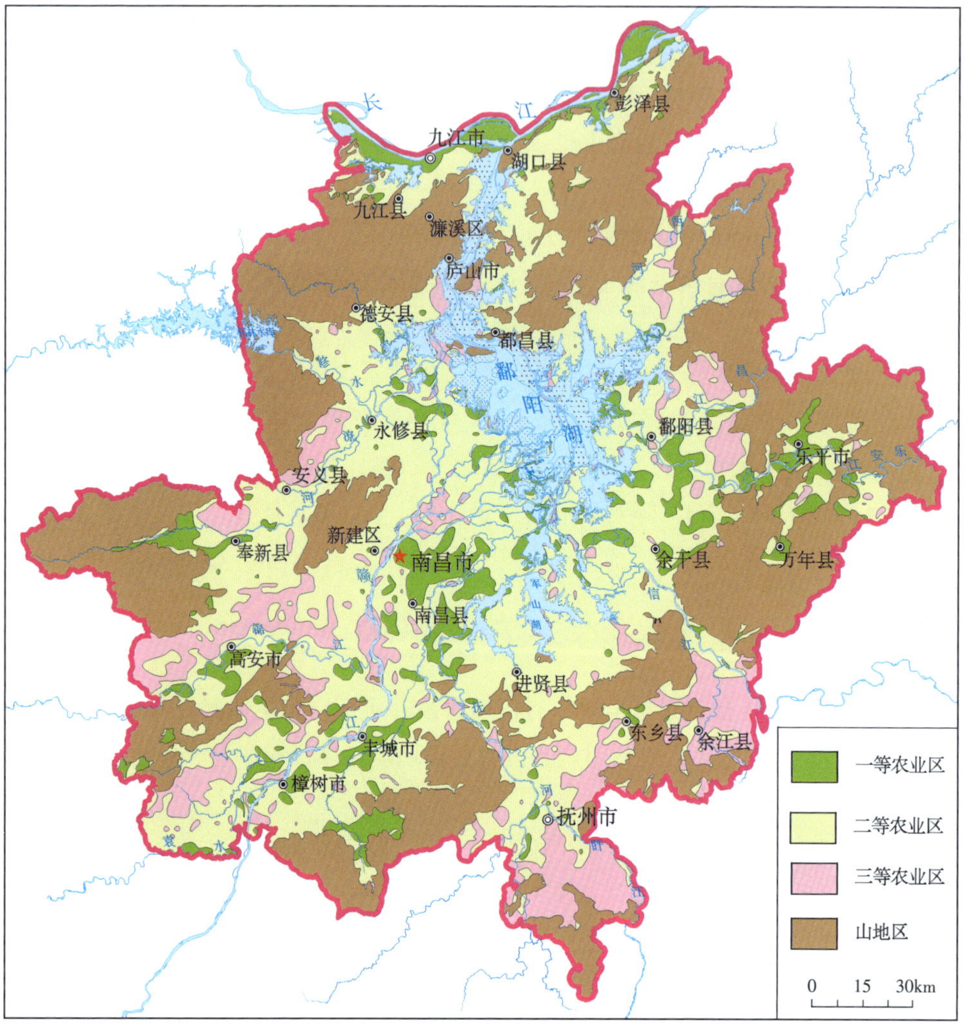

图 4-13-3 鄱阳湖地区农业地球化学环境质量分区图

Fig. 4-13-3 Geochemical zoning map for the agricultural environment quality in Poyang Lake

6.0~7.5，属中性－弱酸性土壤。表层土壤氮（N）含量 1250~2000μg/g，磷（P）含量 630~1600μg/g，氧化钾（K_2O）含量 1.0%~2.5%，氧化钙（CaO）含量 0.2%~1%，氧化镁（MgO）含量 0.80%~1.25%，农业营养元素比较丰富。三氧化二铁（Fe_2O_3）含量 3.25%~5.5%，锰（Mn）含量 250~500μg/g，铜（Cu）含量 35~100μg/g，锌（Zn）含量 63~150μg/g，钼（Mo）含量 0.8~5.0μg/g，硼（B）含量 50~125μg/g，有益元素有背景含量和丰富含量。有机质含量中等至丰富含量，镉（Cd）含量 0.16~0.40μg/g，汞（Hg）含量 0.08~0.25μg/g，铅（Pb）含量 32~45μg/g，As、Cr 为背景值含量，土壤重金属元素综合污染指数属无污染等级，土壤地球化学环境质量综合评价为一等农业区。

（4）丰城一等农业区

主要在丰城市南部呈北东向展布，主要出露全新统褐黄色含砾亚黏土夹岩块岩屑。表层土壤酸碱度（pH 值）6.0~7.5，属弱酸性至中性土壤。表层土壤氮（N）含量 1600~2000μg/g，磷（P）含量 630~1250μg/g，氧化钾（K_2O）含量 2.5%~4.0%，锌（Zn）含量 83~125μg/g，钼（Mo）含量 0.8~1.6μg/g，Zn、Mo 呈丰富含量，其他有益元素呈背景和高背景分布，有机质含量大于 3%呈丰富含量，砷（As）

含量 12.5~25μg/g，汞（Hg）含量 0.6~0.32μg/g，铅（Pb）含量 32~63μg/g，Cr、Cd 含量呈背景含量或高背景分布，土壤重金属元素综合污染指数属无污染等级，土壤地球化学环境质量综合评价为一等农业区。

2. 二等农业区

主要分布在鄱阳湖周边地区和五大水系的冲（洪）积平原区及湖口、彭泽的平原区，主要出露全新统，涉及二等农业区面积较大。

表层土壤酸碱度（pH 值）5.5~8.0，鄱阳湖区表层土壤为中性至弱碱性。其他地区为偏酸性至酸性土壤。表层土壤氮（N）含量 830~2300μg/g，磷（P）含量 530~1250μg/g，氧化钾（K_2O）含量 1.25%~2.5%，氧化钙（CaO）含量 0.2%~1.25%，氧化镁（MgO）含量 0.4%~1.25%，营养元素都在背景值及高含量分布范围内；三氧化二铁（Fe_2O_3）含量 3.25%~6.75%，锰（Mn）含量 250~1500μg/g，铜（Cu）含量 20~45μg/g，锌（Zn）含量 50~100μg/g，钼（Mo）含量 0.5~1.6μg/g，硼（B）含量 65~125μg/g，有益元素含量在低背景和高含量范围内，对农业生产是有益的。有机质含量 0.8%~4.2%，属中等农业区的平均含量。表层土壤砷（As）含量 8~16μg/g，镉（Cd）含量 0.12~0.50μg/g，汞（Hg）含量 0.05~0.32μg/g，铬（Cr）含量 50~200μg/g，铅（Pb）含量 20~125μg/g，土壤地球化学环境质量综合评价为二等农业区。

3. 三等农业区

主要分布在抚州、余江、高安北部和赣江流域及鄱阳县地区。三等农业区重点概述抚州、余江、高安市北部地区的具体情况。

(1) 抚州三等农业区

主要分布在抚州市南部，出露全新统褐黄色含砾亚黏土夹岩块岩屑及上白垩统红色碎屑岩风化残坡积区。表层土壤酸碱度（pH 值）4.5~6.5，属弱酸性至酸性土壤。表层土壤氮（N）含量 1250~2000μg/g，磷（P）含量 300~830μg/g，氧化钾（K_2O）含量 1%~2.5%，氧化钙（CaO）含量 0.1%~0.2%，氧化镁（MgO）含量 0.25%~0.65%，营养元素含量属中等含量和缺乏含量；有机质含量 0.86%~2.50%，属偏缺乏的含量；表层土壤三氧化二铁（Fe_2O_3）含量小于 3%，锰（Mn）含量大于 250μg/g，铜（Cu）含量小于 25μg/g，锌（Zn）含量小于 63μg/g，钼（Mo）含量 0.5~1.6μg/g，硼（B）含量 45~80μg/g，有益元素呈背景和低含量分布；表层土壤砷（As）含量 12~22μg/g，镉（Cd）含量 0.06~0.16μg/g，汞（Hg）含量 0.08~0.32μg/g，铬（Cr）含量 32~83μg/g，铅（Pb）含量 23~65μg/g。抚州三等农业区，营养元素和有益元素含量比较低，与其成土母质含量低有关系，土壤在酸性条件下，表层土壤许多元素被淋滤，出现营养元素、有益元素含量缺乏的现状。

(2) 余江三等农业区

在余江县东部和北部，信江流域的南侧分布。出露全新统褐黄色含砾亚黏土夹岩块岩屑，更新统棕黄色、棕红色网纹状亚黏土和上白垩统红色碎屑岩风化残坡积区，表层土壤酸碱度（pH 值）5.0~6.5，属弱酸性至酸性土壤。表层土壤氮（N）含量 430~1500μg/g，磷（P）含量 500~1250μg/g，氧化钾（K_2O）含量 1%~2.5%，氧化钙（CaO）含量 0.10%~0.25%，氧化镁（MgO）含量 0.25%~0.65%，营养元素含量属中等含量至缺乏含量；有机质含量小于 1%，属偏缺乏的含量；三氧化二铁（Fe_2O_3）含量 2.73%~3.75%，锰（Mn）含量大于 250μg/g，铜（Cu）含量小于 25μg/g，锌（Zn）含量小于 80μg/g，钼（Mo）含量 0.4~1.6μg/g，硼（B）含量小于 80μg/g，有益元素呈背景和低含量分布，是属缺乏的有益元素含量；表层土壤砷（As）含量小于12μg/g，镉（Cd）含量0.02~0.20μg/g，汞（Hg）含量0.03~0.16μg/g，铬（Cr）含量小于80μg/g，铅（Pb）含量20~65μg/g。该区营养元素和有益元素含量比较低，与其成土母质化学成分低有关，土壤在酸性条件下，表层土壤许多元素被淋滤，出现营养元素、有益元素含量缺乏的现状。

（3）高安北部三等农业区

位于高安市锦江北岸，出露全新统褐黄色含砂砾亚黏土夹岩块岩屑，更新统棕黄色、棕红色网纹状亚黏土和上白垩统红色碎屑岩风化残坡积沉积区。该区呈北东东向展布，与白垩纪地层展布一致。

该区表层土壤酸碱度（pH值）4.5~6.5，属弱酸性至酸性土壤。表层土壤氮（N）含量450~1600μg/g，磷（P）含量430~630μg/g，氧化钾（K_2O）含量小于2.5%，氧化钙（CaO）含量小于0.20%，氧化镁（MgO）含量小于0.6%，营养元素属中等至缺乏含量；三氧化二铁（Fe_2O_3）含量3%~5.5%，锰（Mn）含量100~1000μg/g，铜（Cu）含量15~45μg/g，锌（Zn）含量小于63μg/g，钼（Mo）含量0.4~1.0μg/g，硼（B）含量40~100μg/g，有益元素在背景和低含量分布范围内，是属缺乏的有益元素含量；表层土壤砷（As）含量5~25μg/g，镉（Cd）含量小于0.2μg/g，汞（Hg）含量0.03~0.25μg/g，铬（Cr）含量32~100μg/g，铅（Pb）含量小于25μg/g。高安北部低级农业区，与抚州、余江等低级农业区相似，由于其成土母质营养元素和有益元素含量比较低，在表层土壤酸性条件下，许多元素被淋滤，出现营养元素、有益元素含量缺乏的现状。

综合上述情况，一等农业区、二等农业区和三等农业区出现在不同的地区，它与地质背景、第四纪地质作用过程和生态环境密切相关，反映了调查区表层土壤基本化学组成的客观差异。表层土壤中化学元素含量是反映土壤环境质量地球化学特征的差异，土壤中一些营养元素和有益元素地球化学指标的差异，都可以从其成土母质化学成分来源找到一定的联系。

第二节　信江盆地区生态地球化学环境分区

信江盆地表层土壤共划分出3个地球化学区，10个地球化学亚区（图4-13-4）。各区特点如下。

一、北部地球化学区（A）

位于鹰潭市塔桥镇—弋阳葛源镇—玉山紫湖镇一线，总面积为4242.47km²。深层土壤pH值6.0~7.5，属弱酸性至中性土壤。区内金、银、铌、钽及铜多金属、萤石等矿产资源丰富。

该区锰（Mn）高背景含量600μg/g，局部有1000μg/g的地球化学异常分布；镉（Cd）高背景含量0.17μg/g，局部有0.35μg/g地球化学异常；氧化钙（CaO）高背景含量0.32%，局部有0.50%地球化学异常；氧化钠（Na_2O）高背景含量0.33%，局部有0.50%地球化学异常分布；锑（Sb）高背景含量1.0μg/g，局部有Sb异常分布。同时，有Pb、Co、Cl低背景。

1. 怀玉山地球化学亚区（A_1）

位于上饶县—玉山县的怀玉山地区，面积430.82km²。主要出露有南华系砂岩，震旦系砂岩、硅质岩，寒武—奥陶系海相碳酸盐、硅质沉积物。岩浆岩以燕山晚期怀玉山岩体的中细粒黑云母花岗岩为主。地貌以山地地貌为主，土壤类型土壤pH值5.15~7.07，属酸性至中性土壤。主要特点是W、Cu、

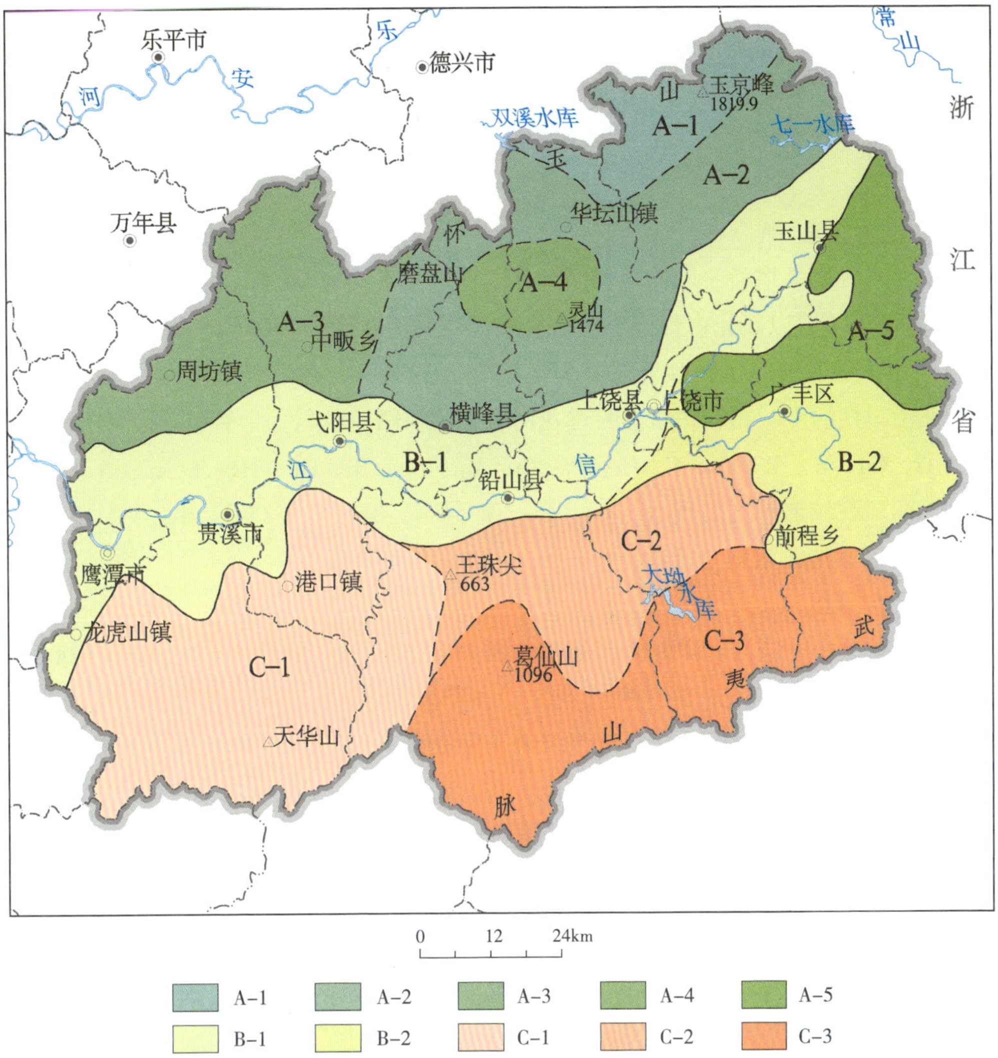

A—怀玉地球化学环境区
A-1—三清山地球化学环境亚区
A-2—紫湖地球化学环境亚区
A-3—曹溪地球化学环境亚区
A-4—灵山地球化学环境亚区
A-5—仙岩地球化学环境亚区
B—信江盆地地球化学环境区
B-1—弋阳地球化学环境亚区
B-2—五都地球化学环境亚区
C—饶南地球化学环境区
C-1—塘湾地球化学环境亚区
C-2—上泸地球化学环境亚区
C-3—黄冈山地球化学环境亚区

图 4-13-4　信江盆地土壤地球化学环境分区图

Fig. 4-13-4　Geochemical zoning map for the soil in Xinjiang basin

Nb、CaO、F、Au、Be、Ge、Sn、Bi、Tl、U 呈现高背景，而 Co、Zr、I、Sr 等呈现低背景，其他元素主要为背景含量分布。

2. 华坛山地球化学亚区（A_2）

位于弋阳、横峰、上饶和玉山县北部地区，总面积 1778.57km^2。属酸性至中性土壤（pH 值 5.00~7.87）。主要出露寒武纪白云质灰岩、灰岩和石煤层；中元古代变质粉细砂岩、沉凝灰岩和凝灰质泥砂岩。

区内 Mn、Cd、Ag、Au、Ba、Co、Cr、Cu、F、Fe_2O_3、Hg、Bi、Sc、Se、Ti、V、W、Mo 和 Zn 呈

高背景分布；Cl、Ge、S 呈低背景分布；其他元素则呈背景分布。

该亚区锰（Mn）高背景含量大于 700μg/g，局部有 Mn 异常分布；镉（Cd）高背景含量大于 0.15μg/g，在寒武纪地层中 Cd 异常发育；氧化钙（CaO）高背景含量大于 0.38%，局部有 CaO 异常分布，与寒武纪地层空间展布相吻合；Mo 高背景分布较为醒目，有大面积的钼（Mo≥1.6μg/g）地球化学异常分布。

3. 曹溪地球化学亚区（A_3）

位于弋阳县曹溪—贵溪塔桥—弋阳樟树墩地区，分布面积 1027.46km²，属酸性至中性土壤（pH 值 4.93~7.48）。出露地层主要以新元古代万年群一套以浅变质海相泥砂质碎屑沉积岩为主，夹火山碎屑岩及熔岩、张村岩组的海底浊流沉积砂泥质碎屑沉积岩、石炭—二叠纪碳酸盐岩、侏罗纪水北组砂岩，岩浆岩主要为燕山早期的中－粗粒斑状黑云母花岗岩，樟树墩蛇纹岩。地貌以丘陵低山为主。

区内 Ni、Ti、Cu、W、B、Co、C、Cr、P、Zn、Mn、Sn、Bi、Ge、Hg、I、Li、N、Sc 和 Cl 呈高背景分布，围绕樟树墩蛇纹岩地区出现 Ni、Co、Cu、W 异常；Th、Ba、CaO、Be、Cd、La、Nb、Pb、Tl 和 U 呈低背景分布，其他元素则呈背景分布。

4. 茗洋地球化学亚区（A_4）

位于弋阳县葛源镇—上饶县茗洋地区，分布面积 286.23km²，属酸性土壤（pH 值 5.00~6.42）。大面积出露灵山岩体，岩性为二长花岗岩、钾长花岗岩和花岗闪长岩，寒武纪黑色页岩、灰岩和石煤层，中元古代变持沉凝灰岩和凝灰质泥砂岩。地貌以山地丘陵为主。

高背景含量元素主要有：Rb、La、Th、Be、Bi、CaO、Cd、Ce、Cl、F、Ga、Ge、Mo、Sn、Sr、Zr、W、Zn、U 和 Y，这些高背景异常主要分布灵山岩体；低背景含量元素主要有：N、C、Au、Cr、Br、As、Se、Cu、Hg、I 和 S；其他元素呈背景含量分布。

5. 仙岩地球化学亚区（A_5）

位于玉山县白云镇—广丰县官溪村—上饶县灵溪镇地区，分布面积 719.4km²，属酸性土壤（pH 值 5.00~6.42）。出露青白口纪河上群、翁家岭组变质砂、泥质沉积岩夹火山熔岩、火山碎屑岩，震旦纪朝阳组、灯影组、兰田组和皮园村组的碎屑岩、碳酸盐岩、硅质岩及磷块岩，寒武纪—奥陶纪灰岩，侏罗纪—早白垩世砂岩，砂砾岩。

区内 P、Sr、As、CaO、Co、Cr、Cu、F、Fe_2O_3、Hg、Mn、Mo、Ni、Ti、V 呈高背景分布；Rb、Ag、Be、Bi、Ce、Cl、Ge、K_2O、La、Li、Na_2O、Nb、Pb、S、Sn、C、Th、Tl、W、Y 呈低背景分布；其他元素呈背景分布。

二、中部地球化学区（B）

位于鹰潭市、贵溪市、弋阳、铅山和上饶的中部—玉山中北部—广丰县的东南部地区，呈东西向展布，总面积 3678.23km²。大面积出露地层为白垩纪圭峰群，次为赣州群，此外沿信江冲积河谷分布有第四系冲积物。深层土壤 pH 值 5.35~7.87，属酸性－弱碱性土壤。主要出现 SiO_2、MgO、Cr、V 等高背景区，C、Al_2O_3、Bi 等低背景区，其他元素主要呈背景含量分布。

1. 弋阳地球化学亚区（B_1）

位于鹰潭市、贵溪市、弋阳、铅山和上饶的中部—玉山中北部一带，总面积 2778.74km²。深层土壤 pH 值 5.35~7.87，属弱酸性至酸性土壤。地球化学亚区内主要出露地层为白垩纪圭峰群，此外，沿信江冲积河谷分布有第四系冲积物。

该亚区 SiO_2 呈高背景分布，Sb 则在东部呈高背景分布；Al_2O_3、Br、Be、Cd、Ce、F、Ga、Ge、Hg、La、Nb、Pb、Rb、Y、Zn、Tl、U、C、Th、W、V、Sn 则呈低背景分布；Li、MgO、Mn、Mo、N、NaO、Ni、Sc、Se、I、Bi、Co 和 Fe_2O_3 在中西部地区呈低背景分布，在东部地区则呈背景分布；Cl 则在东部呈低背景分布，而在中部呈高背景分布；其他元素则呈背景分布。

2. 五都地球化学亚区（B_2）

该亚区位于上饶县朝阳乡—广丰县五都镇、嵩峰乡一带，总面积 899.49km^2。深层土壤 pH 值 4.91~6.77，属酸性至中性土壤。亚区内主要出露白垩纪赣州群砂砾岩、砂岩、玄武岩。

区内 CaO、Co、Cr、MgO、Cr、V、Fe_2O_3、La、Li、Mn、Na_2O、P、Ti、Zr、F 呈高背景分布，局部出现 Cr、MgO、Cr、V 异常；Ag、Au、Bi、Br、C、Cl、Hg、I、Mo、N、S、Se、Sn、W 呈低背景分布，局部出现 Bi 负异常；其他元素呈背景分布。

三、南部地球化学区（C）

该土壤地球化学区位于贵溪市、弋阳县、上饶县和广丰县南部一带，总面积为 4794.3km^2，深层土壤 pH 值 4.45~7.3，属酸性至弱碱性土壤。以近东西向构造岩浆 – 火山岩带大面积分布为特征，北东向断裂构造发育，主要出现 Pb、Al_2O_3 等高背景分布，Fe_2O_3 等低背景分布。

1. 塘湾地球化学亚区（C_1）

该地球化学亚区位于贵溪市以南塘湾、上清—铅山湖坊陈坊地区，总面积为 2047.33km^2。深层土壤 pH 值 5.04~6.88，属酸性至中性土壤。主要出露中元古代铁砂街组变质复理石泥砂质及基性至酸性海底喷发岩类、南华纪早世万源岩组变质砂泥火山碎屑岩、侏罗纪武夷群火山碎屑岩。岩浆岩主要为加里东期二云二长花岗岩、花岗闪长岩、英云闪长岩，燕山早期黑云母花岗岩。区内有银、铜、铁、和金等矿产分布。

区内 Li、F、Pb、Zn、Ag、Al_2O_3、Au、Sb、S、Se、Sr、Sn、C、Th、K_2O、La、Tl、Cd 呈高背景分布，其中 B、Li 在大塘岩体呈高背景，Ce、La、Ga、K_2O、Na_2O 在陈坊岩体呈高背景，围绕弋阳铜矿有 Ag、Au、Cu、As 元素高背景分布；Cu、Cr、Co、Ge、Ni、Ti、V 和 MgO 呈北高南低的分布特征；P、Ce、Br、Nb、I、U 呈北低南高的分布特征；Zr 则呈中间低南北高分布；CaO、SiO_2 和 Fe_2O_3 呈低背景分布。

2. 上泸地球化学亚区（C_2）

位于铅山县虹桥、永平至上饶县上泸镇、花厅镇地区，该亚区北东向展布，总面积为 1084.53km^2。深层土壤 pH 值 5~7.3，属弱酸性至中性土壤。该地球化学亚区主要出露中元古代—新元古代变质泥砂质岩、凝灰质细碎屑岩夹火山熔岩。在上饶县南部一带出露二叠纪、三叠纪地层，岩性为泥质灰岩、白云岩、碎屑岩夹煤层；在鹅湖岭北部地区有侏罗纪火山碎屑岩分布，发育有小面积侏罗纪花岗岩。区内分布有铜、金、铅锌矿。

区内 C、Ag、Au、B、CaO、Cd、Cl、Cr、La、Li、Ge、Na_2O、S、Sb、Sr、W、Zn、Zr、Pb 呈高背景分布；Hg、Ba、Be、Br、Fe_2O_3、Ga、I、MgO、Mo、N、Nb、Ni、Sc、U 和 Th 呈低背景分布；其他元素则呈背景分布。

3. 黄岗山地球化学亚区（C_3）

位于铅山县、上饶县和广丰县南部地区，总面积为1662.44km^2。深层土壤pH值4.5~6.16，属酸－中性土壤。主要出露大面积白垩纪花岗岩岩基，岩性主要以黑云二长花岗岩、钾长花岗岩、石英二长岩和正长岩类为主；地层主要出露侏罗纪泥岩、砂岩和砂砾岩，火山碎屑岩，早白垩世周田组泥岩。北东向断裂发育。区内分布有铜、金及砂金矿。

区内Sn、Th、Tl、U、Al_2O_3、W、Y、Zn、Ba、Be、Bi、Br、Ce、Cl、C、F、Ga、Hg、I、K_2O、La、Mo、Na_2O、Nb、Pb、Rb、S等呈高背景分布；Cr、Ag、As、Au、B、CaO、Co、Cu、Fe_2O_3、Li、MgO、Mn、N、Ni、P、Sb、Sc、SiO_2、Ti、V等元素呈低背景分布；其他元素则呈背景分布。

第三节　吉泰盆地区生态地球化学环境分区

全区共划分3个地球化学区、6个地球化学亚区（图4–13–5）。

一、新干－峡江土壤地球化学环境区（A区）

位于吉安市北部，主要包括新干县大部分地区、峡江县部分地区等，面积约2949km^2。该地区出露大面积新元古代青白口纪—震旦纪地层，在新干则出露大面积第三纪地层，西部出露有大面积侏罗纪花岗岩。

1. 新干－峡江地球化学亚区（A–1）

该区位于新干县三湖—仁和至峡江县金滩、花桥一带，面积1918km^2，大面积出露青白口—震旦纪地层，小面积寒武纪地层，北部出露有一定面积新近纪地层，南部出露大面积晚古生代地层，岩浆岩主要为侏罗纪花岗岩，西南部有铁矿、煤矿等矿产资源分布；地貌以低山、丘陵和冲积平原为主，土壤pH值4.5~6，属酸性至中性土壤，呈高背景元素和指标有Ag、SiO_2、Au、Ba、Be、Bi、Ce、Se、V、C、F、Ga、Ge、K_2O、La、Li、S、N、P、Pb、Mo、Y、Sr、U、Th、Sn、Rb、Al_2O_3、W和Ni；低背景含量的元素和指标有Br、Cd、Cl、Mn、Co、Ni、I、Sb、MgO、Fe_2O_3；其他元素呈背景分布。

2. 桃溪－桐林地球化学亚区（A–2）

该区位于新干县七琴—峡江县庙口一带，面积1031km^2，大面积出露地层主要为青白口—震旦纪地层，小面积石炭和侏罗纪地层分布，中部出露有侏罗纪花岗闪长岩（岩株）和志留纪斜长角闪岩（岩滴），东部出露白垩纪火山－次火山岩，地貌以中山－丘陵为主，土壤pH值5~6.5，属酸性至中性土壤，呈高背景的元素和指标有Au、Ba、Ce、Cl、Se、V、C、Ga、Ge、I、La、S、N、P、Pb、Zn、Na_2O、Fe_2O_3、Ti、Sr、Sc、Co、Cr、MgO、Th、Sn、Al_2O_3和Ni；低背景含量的元素和指标Ag、Bi、Br、F、Li、Mo、W、Y、SiO_2、Rb、Sb、Zr；其他元素呈背景分布。

二、吉安西部土壤地球化学环境区（B区）

该区位于吉安市西部，主要包括吉水县、峡江县、吉安县、泰和县部分地区和吉安市区等，面积约4216km^2。该地区出露大面积白垩纪—新近纪地层，西南部有大面积寒武纪分布，其他泥盆、石炭、侏罗纪地层也有小面积分布。

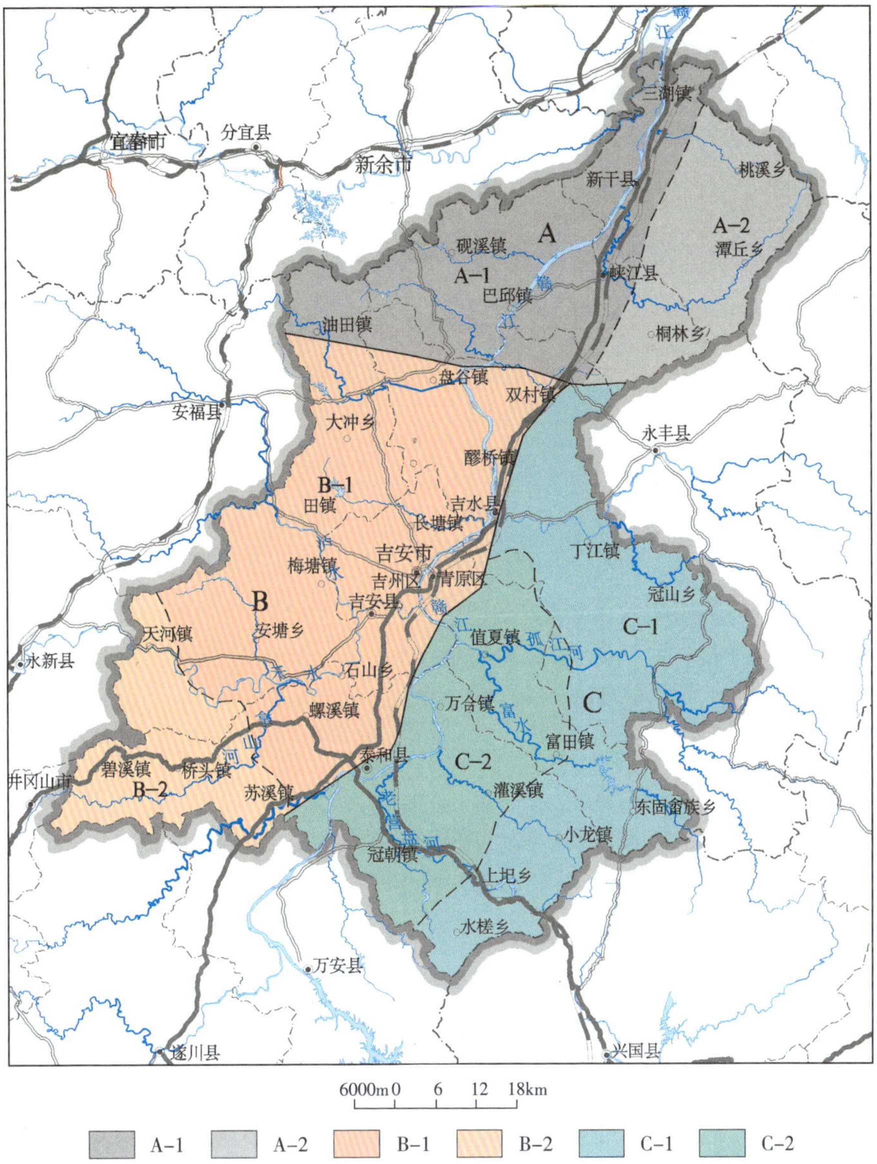

A— 新干 – 峡江土壤地球化学环境区　B—吉安西部土壤地球化学环境区　C—吉安东部土壤地球化学环境区

A–1—新干 – 峡江地球化学环境亚区　B–1—吉水 – 吉安地球化学环境亚区　C–1—东固 – 冠山地球化学环境亚区

A–2—桃溪 – 桐林地球化学环境亚区　B–2—桥头 – 天河地球化学环境亚区　C–2—值夏 – 冠朝地球化学环境亚区

图 4–13–5　吉泰盆地地球化学环境分区图

Fig. 4–13–5　Geochemical zoning map in JiTai basin

1. 吉水 – 吉安地球化学亚区（B–1）

该区位于峡江县南部至吉水县大冲—固江、吉安县敦厚和泰和县永阳—禾市地区，包括吉安市区，面积 3302km²。大面积出露地层主要为白垩纪—新近纪地层，小面积泥盆、石炭和侏罗纪地层分布，沿赣江及主要支流两侧分布有第四纪冲积层；地貌以盆地 – 丘陵为主，土壤 pH 值 5~7.5，属酸性至碱性土壤，呈高背景元素和指标有 Ag、Cl、Sb、SiO_2、CaO、MgO、Sr、S、Zr；低背景含量的元素和指标有 Al_2O_3、Ba、Be、Ce、Cd、Cu、F、Ga、Ge、Pb、Rb、W、Y、Zn、Sn、Sc；其他元素则呈背景分布。

2. 桥头－天河地球化学亚区（B-2）

该区位于泰和县西南地区的前岭—碧溪—桥头—天河一带，面积914km^2。表层土壤pH值4.0~6.5，属酸性至中性土壤，主要大面积出露为寒武纪地层，一定面积的泥盆、石炭纪地层；地貌以中低山－丘陵为主，呈高背景的元素和指标有As、Au、Co、Cr、I、Hg、F、Fe_2O_3、MgO、S、N、Ga、Ge、Mo、Zn、Zr、Sb、Se、P、Pb、V；呈低背景的元素和指标有Na_2O、Li、Sr、CaO；其他元素则呈背景分布。

三、吉安东部土壤地球化学环境区（C区）

该区位于吉安市东部，主要包括吉水县、吉安县、泰和县东部地区，面积约4048km^2，该地区出露青白口—震旦纪地层和白垩纪地层，东南部有大面积寒武纪地层分布，以及侏罗纪花岗岩出露，有钨矿分布。

1. 东固－冠山地球化学亚区（C-1）

该区位于吉水八都、乌江—吉安县东固—泰和县冠山一带，呈北东向展布，面积2357km^2。深层土壤pH值5~7.5，属弱酸性至中性土壤，地球化学亚区内出露地层主要为青白口—震旦纪地层，中部出露小面积白垩纪地层，南部则出露大面积寒武纪地层；在东南部则出露有侏罗纪花岗岩；地貌以低山－丘陵为主，呈高背景元素和指标有Au、Ba、Be、Ce、F、Ga、Ge、I、K_2O、La、P、Pb、Na_2O、Fe_2O_3、Li、Mo、Rb、W、Y、MnO、Th；低背景含量的元素Ag、Cl、Bi、Cr、C、Ti、V、Sb、N、S、Zr；其他元素呈背景分布。

2. 值夏－冠朝地球化学亚区（C-2）

该区位于青原区值夏镇—泰和县冠朝一带，面积1691km^2，大面积出露白垩纪地层，局部出露石炭纪地层，沿赣江及支流河谷区分布有大面积第四纪冲积物，地貌以盆地和丘陵为主。土壤pH值4.5~6.5，属于酸性－中性土壤；呈高背景元素和指标有Ag、Cl、Sb、SiO_2；低背景含量的元素或指标有Be、Cd、Bi、B、Ba、Ce、C、F、Ga、Ge、Hg、Al_2O_3、I、Mo、La、Li、N、Pb、Rb、Sr、Ti、Y、Zn、Ni、Sc、Co、Cu、V和MgO；其他元素呈背景分布。

第四节　赣县生态地球化学环境分区

全区共划分为A、B、C 3个地球化学区，其中，A、C地球化学区可进一步划分为A-1、A-2、C-1、C-2地球化学亚区（图4-13-6）。

一、北部土壤地球化学环境区（A区）

该区位于赣县北部沙地—湖江—南塘一带，面积1238km^2，该地区出露大面积震旦—寒武纪地层、三叠和侏罗纪花岗岩，小面积白垩纪红层分布，区内稀土和钨矿资源丰富。

1. 沙地－湖新地球化学亚区（A-1亚区）

该区位于赣县西北部的沙地—攸镇—湖新一带，地貌以丘陵为主，面积715km^2。深层土壤pH值6.0~7.5，属弱酸性至中性土壤，地球化学亚区内出露地层主要为寒武纪地层，少量震旦纪地层、大面积侏罗纪花岗岩分布，呈高背景的元素和指标Ba、Be、Br、Cl、Gd、I、K_2O、Mo、Na_2O、Nb、Rb、

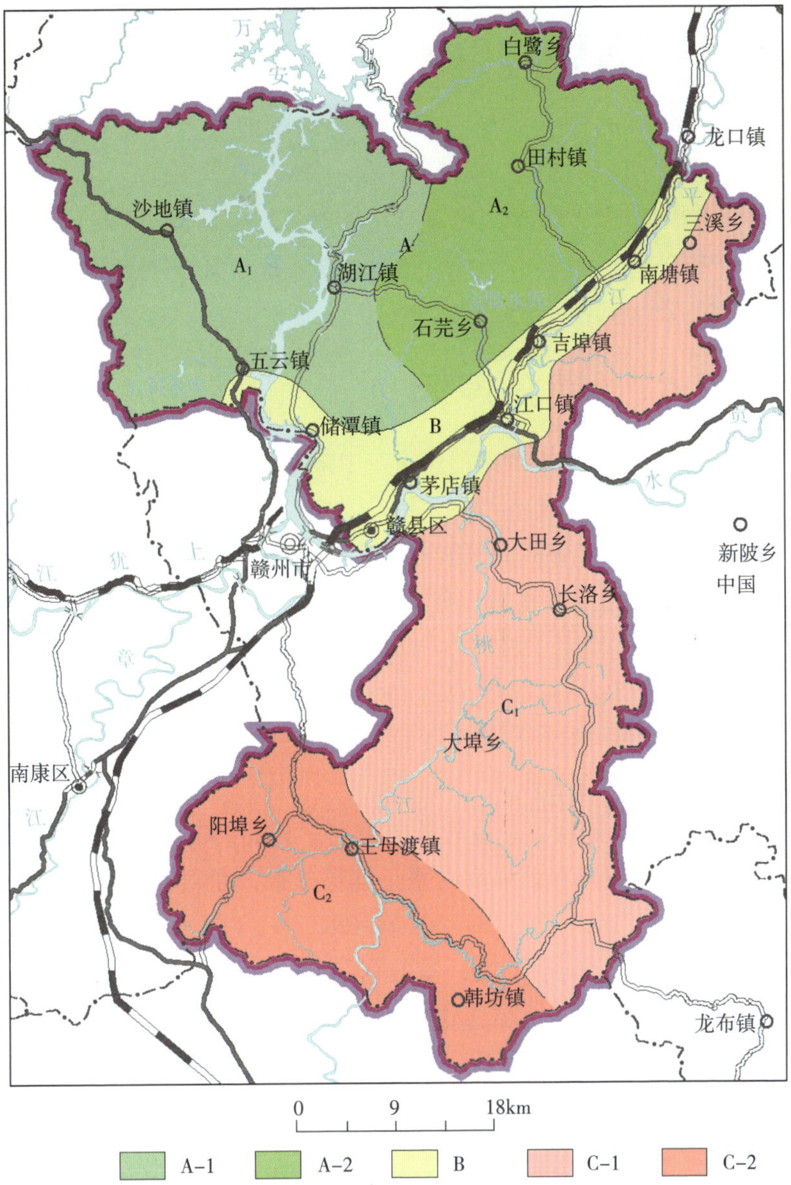

A—北部地球化学区　　B—中部地球化学区　　C-1 长洛 - 小坪地球化学亚区

A-1 沙地 - 湖新地球化学亚区　　C—南部地球化学区　　C-2 阳埠 - 韩坊地球化学亚区

A-2 石芫 - 白鹭地球化学亚区

图 4-13-6　赣县土壤地球化学环境分区图

Fig. 4-13-6　Geochemistry zoning map for the soil in Ganxian county

Sm、Tb、Th、Tl、U；呈低背景的元素 Ag、As、B、Bi、Cd、Hg、N、S、Sb、Se、Ti、W、Zr；其他元素则呈背景分布。

2. 石芫 - 白鹭地球化学亚区（A-2 亚区）

该区位于赣县东北部的石芫—田村—白鹭一带，地貌以丘陵为主，面积 523km²，主要以田村岩体为主。呈高背景的元素和指标有 Ag、Al_2O_3、B、Ba、Be、Bi、Br、Cd、Ce、C、Dy、Eu、F、Ga、Ge、Hg、Ho、K_2O、La、Li、Mn、N、Nd、P、Pb、Pr、Rb、Sm、Sn、Sr、Tb、Th、Ti、U、Y、Zn、Zr；低背景含量的元素和指标有 As、SiO_2、Au、Cl、Co、I、Mo 和 Ni；其他元素或指标呈背景分布。

二、中部土壤地球化学环境区（B 区）

位于赣县中部的五云—茅店—江口—南塘一带，地貌以盆地为主，局部发育丹霞地貌，面积 327km²，主要分布白垩纪红层，小面积震旦、寒武、泥盆、侏罗纪地层分布。其中呈高背景分布的元素和指标有 Cr、S、Sb、SiO_2、Ti、V、Zr 等，局部有正异常。呈低背景分布的元素和指标有 Al_2O_3、Be、Bi、Ce、Co、C、Dy、Er、Eu、Ga、Gd、Ho、K_2O、La、Lu、Mn、Nd、Pb、Pr、Sm、Sn、Tb、Th、Tl、Tm、V、W、Y、Yb、Zn。其他元素呈背景分布。

三、南部土壤地球化学环境区（C 区）

位于赣县中南部地区，面积 1428km²，区内稀土、钨、钼矿资源丰富。

1. 长洛－小坪地球化学亚区（C–1 亚区）

位于长洛—大埠—小坪地区，面积 968km²，区内大面积出露的是侏罗纪花岗岩，小面积寒武、震旦、泥盆纪地层分布。高背景分布的元素和指标有 Ag、Al_2O_3、Be、Bi、Br、CaO、Cd、Dy、Er、Ga、Hg、Ho、I、K_2O、Nb、Pb、Se、Li、Lu、Mn、Mo、Rb、S、Sc、Sn、Th、Tl、Tm、W、Y、U、Yb、Zn；呈低背景的元素和指标有 Au、B、Ba、Ce、Co、Cr、Eu、Fe_2O_3、Gd、La、MgO、Nd、Ni、P、Pr、SiO_2、Sm、Sr、Ti、V、Zr。其他元素（指标）则呈背景分布。

2. 阳埠－韩坊地球化学亚区（C–2 亚区）

位于阳埠—王母渡—韩坊地区，地貌以丘陵和低山为主，面积 460km²，区内大面积出露震旦—寒武纪变质地层，小面积泥盆—石炭纪沉积盖层和白垩纪红层分布，在阳埠地区发育有志留纪花岗岩。呈高背景分布的元素和指标有 Ag、As、Au、Ba、CaO、Cd、Co、Cr、Ce、Cu、Eu、Fe_2O_3、Ho、La、Mo、Nd、Ni、Pr、Sb、Sc、SiO_2、Ti、V、W、Zr；呈低背景分布的元素和指标主要有 Be、Bi、Cl、F、Ga、Ge、Hg、Li、Rb、S、Sn、Th、Tl、U、Zn、Al_2O_3 等。

第五节　大余—南康地区生态地球化学环境分区

全区划分为 A、B 两个地球化学区，可进一步划分为 A–1、A–2、A–3 和 B–1、B–2、B–3、B–4 共 7 个地球化学亚区（图 4–13–7）。

一、北部地球化学区（A）

该区位于赣州市西南部，主要包括赣州市市区、上犹、崇义、大余、南康等县，面积约 7447km²，该地区出露大面积震旦—寒武纪地层，在赣州—池江、油石等地出露大面积白垩纪地层，西部出露有大面积侏罗纪花岗岩。区内钨锡矿产资源极其丰富，其中有西华山、漂塘、淘锡坑等众多特大－大型钨矿山。

1. 横市－隆木地球化学亚区（A–1）

该区位于上犹县西北部的社溪—横井市一带，面积 874km²，大面积出露主要为志留和侏罗纪花岗岩，小面积震旦—寒武纪地层分布，地貌以低山和丘陵为主，土壤 pH 值 4.5~6，属酸性至弱酸性土壤，

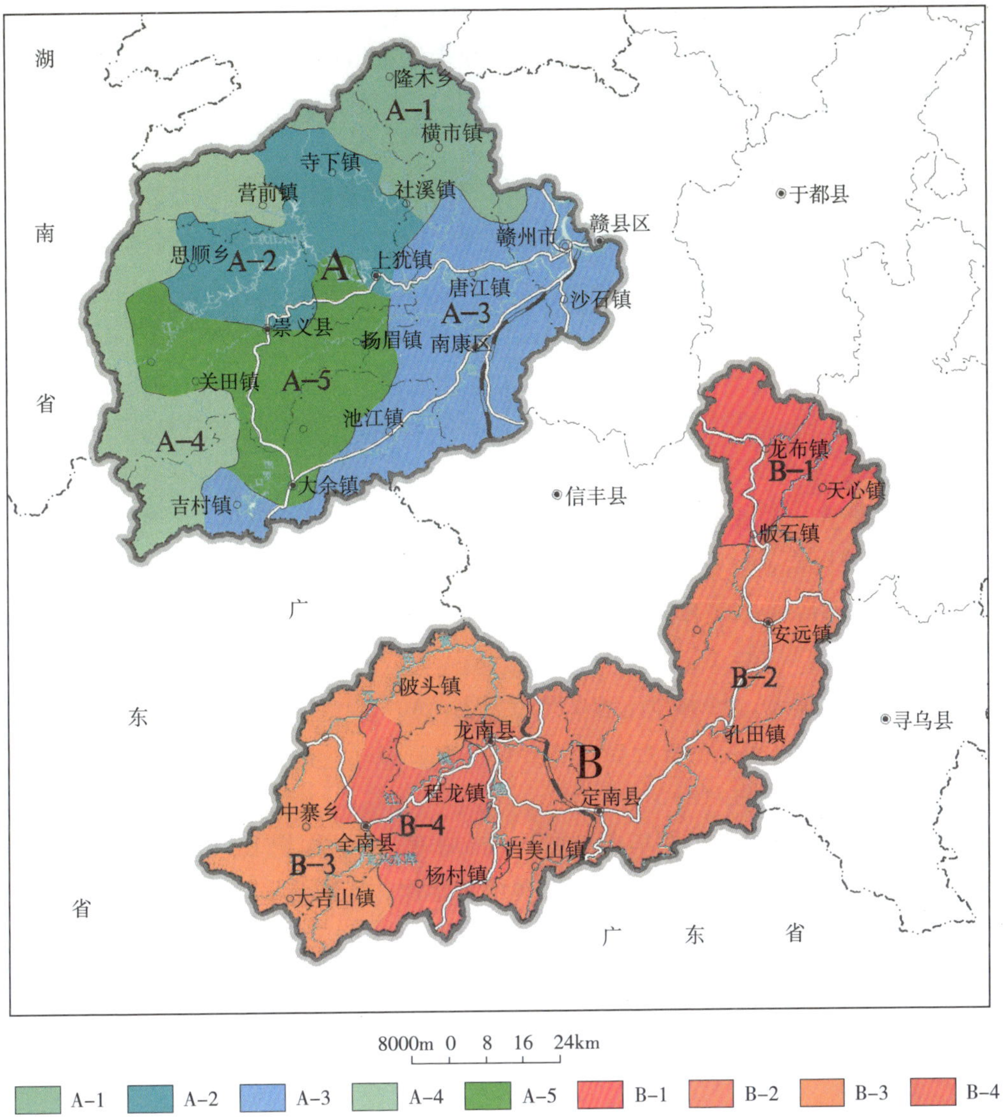

A—北部地球化学区

A–1—横市–隆木地球化学亚区

A–2—寺下–思顺地球化学亚区

A–3—唐江–池江地球化学亚区

A–4—营前地球化学亚区

A–5—漂塘–古亭地球化学亚区

B—南部地球化学区

B–1—龙布–版石地球化学亚区

B–2—安远–定南地球化学亚区

B–3—陂头–中寨地球化学亚区

B–4—程龙–杨村地球化学亚区

图 4–13–7　大余—南康地区土壤地球化学环境分区图

Fig. 4–13–7　Geochemical zoning map for the soil in Dayu–Nankang areas

呈高背景元素和指标有 B、Ba、Be、Bi、Cd、Cl、Ce、C、Dy、Eu、Ga、Ge、K_2O、La、Li、Mn、N、Nd、P、Pb、Pr、Rb、Sm、S、Sn、Sr、Tb、Th、Ti、U、Y、Zn、Al_2O_3、MgO、Na_2O；低背景含量的元素和指标有 Ag、As、SiO_2、Au、Br、Co、Cr、Cu、Sb、Sc、Se、V、Fe_2O_3、Hg、F、I、P、Zr、Mo 和 Ni；其他元素呈正常分布。

2. 寺下–思顺地球化学亚区（A–2）

该区位于崇义和上犹县的过埠—陡水一带，面积 1327km^2，大面积出露地层主要为寒武纪地层，小面积出露震旦、泥盆、石炭和奥陶纪地层，地貌以低山–丘陵为主，土壤 pH 值 5~6.5，属酸性至弱酸性土壤，呈高背景元素和指标有 Ag、As、Au、N、Ba、Co、Cr、F、Cu、Li、Pb、Rb、Zr、MgO、SiO_2、V、Fe_2O_3、I、P、Ni、W；低背景含量的元素和指标有 Be、Bi、Cd、Cl、Sr、N、Nb、Tb、Tl、Lu、Ho、Mo、Th、U、Ti、CaO、Sn、Na_2O 和 K_2O；其他元素呈正常分布。

3. 唐江 – 池江地球化学亚区（A–3）

该区位于赣州市城区、南康市唐江镇、谭口镇、大余县青龙镇、池江镇一带，呈北东向展布，面积 2278km²，深层土壤 pH 值 5~7.5，属酸性至中性土壤，地球化学亚区内出露地层主要为白垩—新近纪地层，少量震旦纪地层分布，沿章江及支流两岸分布有大面积第四纪冲积层，地貌以丘陵和冲积平原为主，呈高背景的元素和指标有 Ag、As、Au、B、Cl、Bi、Cu、Hg、N、Cd、Sr、S、Mo、P、S、Sb、Ti、W、Zr、CaO、MgO、SiO_2；呈低背景的元素和指标有 Co、Ba、Be、Br、Ga、I、K_2O、Mn、Pb、Sc、Se、Rb、Zn、REE、Tb、Th、Tl、U、C、Al_2O_3；其他元素则呈正常分布。

4. 营前地球化学亚区（A–4）

该区位于崇义县鹅形—上堡—文英至大余县西部内良一带，面积 1377km²，大面积出露地层主要为志留、三叠、侏罗纪花岗岩，地貌以山地为主，海拔 400~2700m，土壤 pH 值 4.5~6.5，属于酸性至弱酸性土壤；呈高背景元素和指标有 Be、Cd、Bi、Br、B、Ba、Ce、C、Dy、F、Ga、Ge、Hg、K_2O、Al_2O_3、I、Mo、La、Li、N、Nd、P、Pb、Pr、Rb、Sm、Sn、Sr、Tb、Th、Ti、U、Y、Zn、CaO；低背景含量的元素和指标有 Ag、As、Ni、Ti、Sb、Sc、SiO_2、Au、Cl、Co、Cu、V、Zr、Eu 和 MgO；其他元素呈正常分布。

5. 漂塘 – 古亭地球化学亚区（A–5）

该区位于大余、崇义和上犹县的西华山—关田—扬眉寺一带，面积 1591km²，大面积出露地层主要为寒武纪地层，小面积出露震旦、泥盆、石炭和奥陶纪地层，区内众多大型钨锡矿床分布。地貌以低山 – 丘陵为主，土壤 pH 值 5~7.5，属酸性至中性土壤，呈高背景元素和指标有 Ag、As、Au、B、Ba、Be、Br、Bi、Cd、F、Li、Mn、Mo、Pb、S、Sn、Ti、Zn、Al_2O_3、MgO、SiO_2、Co、Cr、Cu、Sc、Se、V、Fe_2O_3、Hg、I、P、Ni、W；低背景含量的元素和指标有 N、Sr、N、Nb、La、Zr、Na_2O 和 K_2O；其他元素呈正常分布。

二、南部地球化学区（B）

该区位于赣州市东南部，主要包括安远县、定南县、全南县、龙南县全境，面积约 6855km²，该地区北部出露有大面积侏罗纪火山岩，石炭纪、侏罗纪、白垩纪花岗岩，小面积白垩纪和震旦—寒武纪地层分布；西南部大面积分布寒武纪和白垩纪地层、白垩纪花岗岩。区内稀土和钨锡资源丰富。

1. 龙布 – 版石地球化学亚区（B–1）

该区位于安远县西北部的龙布镇—天新镇一带，面积 829km²，表层土壤 pH 值 4.0~5.5，属强酸性至酸性土壤，地球化学亚区内主要出露地层为震旦纪地层少量寒武纪地层，有一定面积侏罗纪和白垩纪地层分布，地貌以丘陵和盆地为主，呈高背景的元素有 Au、Sb、B、Ba、Se、Sc、V、Zr、Rb、Sm、Tb 等；呈低背景的元素和指标有 Ag、Br、Be、Bi、Cd、Hg、Ge、N、I、S、Mn、Mo、P、S、Sn、Se、Pb、Rb、CaO、Na_2O、K_2O、Al_2O_3、C、Th、Tl、U；其他元素则呈正常分布。

2. 安远 – 定南地球化学亚区（B–2）

该区位于赣县东北部的石芫—田村—三溪一带，面积 3399km²，表层土壤 pH 值 4.0~6.5，属酸性至弱酸性土壤，主要出露地层为震旦和寒武纪地层，有一定面积的侏罗纪火山岩及大面积的石炭纪、三叠纪、侏罗纪、白垩纪花岗岩分布；地貌以山地和丘陵为主，少部分地区为盆地，呈高背景的元素和指标有Ag、Au、B、Mo、Zn、Zr、Ba、Be、Bi、Br、Ce、C、Dy、Eu、F、Co、Fe_2O_3、Sc、Ga、Ge、Se、Hg、K_2O、Na_2O、S、N、Nb、P、Pb、Rb、Ti、REE、Th、Tl、U、W；呈低背景的元素和指标有As、Bi、Li、Cd、Hg、Mn、Sb、CaO、MgO；其他元素则呈正常分布。

3. 陂头－中寨地球化学亚区（B–3）

该区位于龙南和全南县西部的社径—陂头—龙源坝—大吉山一带，面积1654km^2，表层土壤pH值5.0~6.5，属酸性至弱酸性土壤，大面积出露白垩纪花岗岩、寒武纪地层，一定面积出露侏罗纪火山碎屑岩；地貌以山地和丘陵为主，呈高背景的元素和指标有Ag、B、F、Sn、Zn、Zr、Ba、Be、Bi、Ga、Ge、Hg、K_2O、Al_2O_3、Na_2O、S、Nb、P、Pb、Li、Cd、Rb、REE、Th、Tl、U、W、CaO；呈低背景的元素和指标有As、Au、Mo、B、Hg、Mn、Co、Cr、Cl、N、Sc、V、Sb、C、Se、SiO_2、MgO；其他元素则呈正常分布。

4. 程龙－杨村地球化学亚区（B–4）

该区位于龙南中—南部和全南县东部的程龙—杨村一带，面积973km^2，表层土壤pH值4.5~6，属酸性至弱酸性土壤，大面积出露寒武纪和白垩纪红层，小面积出露泥盆—石炭纪地层；地貌以丘陵和盆地为主，呈高背景的元素和指标有As、Au、B、Br、Hg、Mn、I、Co、Cr、Cl、Cu、Ni、Sc、Ti、Zr、V、Sb、C、Se、SiO_2、MgO、Fe_2O_3；呈低背景的元素和指标有Be、F、Sn、Sr、Zn、Bi、Ge、Nb、P、Pb、Li、Cd、N、REE、Th、Tl、U、W、CaO、K_2O、Na_2O；其他元素则呈正常分布。

第六节　信丰地区生态地球化学环境分区

区内共划分出两个地球化学区，8个地球化学亚区（图4–13–8）。

一、北部地球化学区（Ⅰ）

位于万隆—古陂—新田以北区域。深层土壤pH值4.9~7.8，属酸性至弱碱性土壤。该地球化学区内地质背景以中—新生代沉积岩为主，北部还出露有震旦—寒武纪变质地层、泥盆纪碎屑岩和少量二长花岗岩。地球化学特点为硅（SiO_2）等指标的高背景和铁（Fe_2O_3）等指标的低背景，呈近东西向展布，明显受地质背景控制。其中，硅（SiO_2）含量普遍大于80.8%，局部可达84.4%，高值区主要分布在中部信丰—新田一带，与白垩纪花岗岩和侏罗纪碎屑岩有关；铁（Fe_2O_3）含量小于2.35%，局部为1.97%，主要分布在中东部信丰—新田一带寒武纪变质地层区和侏罗纪砂岩区。

1. 西牛地球化学亚区（Ⅰ$_1$）

位于大阿镇—西牛镇以北地区，属酸性至弱碱性土壤（pH值4.9~7.8），主要特点是氯、钠、金、银等元素和指标呈现高背景；而铝、铋、钼、碘、铅、锡等元素和指标呈现低背景。

该亚区氯（Cl）高背景含量大于53μg/g，局部出现57.7μg/g的异常，分布于该区北部沉积岩区；钠（Na_2O）高背景含量大于0.2%，局部出现0.27%的高值，分布在该区北西部花岗岩区；金（Au）高背景含量大于2.12ng/g，局部出现有2.25ng/g的高值，分布于该区北西部震旦纪变质岩和花岗岩中；银

Ⅰ—北部地球化学区

$Ⅰ_1$—西牛地球化学亚区；

$Ⅰ_2$—新田地球化学亚区；

$Ⅰ_3$—油山地球化学亚区；

$Ⅰ_4$—正平地球化学亚区；

Ⅱ—南部地球化学区

$Ⅱ_1$—金盆地球化学亚区；

$Ⅱ_2$—万隆地球化学亚区；

$Ⅱ_3$—安西地球化学亚区；

$Ⅱ_4$—铁石口地球化学亚区

图 4-13-8　信丰地区土壤地球化学环境分区图

Fig. 4-13-8　Geochemical zoning map for the soil in Xinfeng county

(Ag) 高背景含量大于 0.105μg/g，主要在北西部泥盆纪沉积岩区；而铝 (Al_2O_3) 在区域为低背景含量大部分小于 13.5%，铋 (Bi) 低背景含量小于 0.41μg/g，钼 (Mo) 低背景小于 0.73μg/g，在该区主要分布在西部白垩纪红层中；碘 (I) 低背景小于 2.34μg/g，分布在北部花岗岩区；铅 (Pb) 低背景小于 25.9μg/g，分布在中北部泥盆纪沉积岩中；锡 (Sn) 低背景小于 3.76μg/g，分布在西北部区域。

2. 新田地球化学亚区（$Ⅰ_2$）

位于大塘埠—大桥镇以北地区，属酸性至弱碱性土壤 (pH 值 5.0~7.7)。主要出露寒武纪变质砂岩、板岩、早侏罗纪石英质砂岩以及夹泥岩，在西部出露有二长花岗岩。主要特点是碳、金、铋、钨等元素和指标呈现高背景；而钠、氯、碘、铜、铁、锰、钙、锗等元素和指标呈现低背景。

该亚区碳 (TC) 高背景含量大于 0.59%，分布于该区北部花岗岩区；金 (Au) 高背景含量大于 2.12ng/g，分布在该区北部花岗岩区和侏罗纪石英质砂岩中；铋 (Bi) 高背景含量大于 0.82μg/g，钨 (W) 高背景含量大于 4.97μg/g，主要分布在东北部；而钠 (Na_2O) 在区域为低背景分布，大部分含量小于 0.13%，特别是在该区东部侏罗纪地层中；氯 (Cl) 低背景含量小于 38.6μg/g，主要在中东部构造带中；碘 (I) 低背景小于 2.4μg/g，主要在该区东部震旦纪变质岩中；铜 (Cu) 低背景含量小于

22.1μg/g，分布在东部寒武纪变质岩区和侏罗纪沉积岩区；铁（Fe_2O_3）低背景含量小于4.07%，主要在该区东部和西部部分寒武纪变质岩中；锰（Mn）低背景含量小于359.8μg/g，主要呈东西向分布于寒武纪地层区；钙（CaO）低背景小于0.18%，主要在该区东部的寒武纪和震旦纪变质岩中；锗（Ge）低背景小于1.51μg/g，主要在侏罗纪（砂）砾岩中，呈南北展布。

3. 油山地球化学亚区（I_3）

位于油山镇以西地区属弱酸性土壤（pH值5.2~6.5）。主要出露震旦纪变质含锰质砂岩和粉砂质板岩，在西部出露有少量寒武纪变质岩和侏罗纪花岗岩。主要特点是钡、轻稀土、镍、铬、锰、镁等元素和指标呈现高地球化学背景；而锂、碘、氯、银等元素呈现低地球化学背景。

该亚区钡（Ba）高背景含量大于521μg/g，多分布于变质岩区；轻稀土元素在该区大部分震旦纪变质岩中明显高背景，其中铕（Eu）相对明显，其背景含量大于1.87μg/g；镍（Ni）高背景含量大于31.8μg/g，主要分布在该区西北部二长花岗岩和寒武纪变质岩中；铬（Cr）高背景含量大于88.1μg/g，主要分布在该区西北部寒武纪和震旦纪地层构造带；锰（Mn）高背景含量大于657.6μg/g，主要分布在该区中北部震旦纪变质岩中；镁（MgO）高背景含量大于0.97%，主要分布在该区西南部震旦纪变质岩中；而锂（Li）在区域为低背景，大部分含量小于37.3μg/g，特别是在该区中北部震旦纪变质岩中；碘（I）低背景小于2.16μg/g，主要在该区北部震旦纪变质岩中；氯（Cl）低背景含量小于36.1μg/g，主要在西北部构造带中；银（Ag）低背景含量小于0.07μg/g，分布在该区东部震旦纪变质岩区的断裂带。

4. 正平地球化学亚区（I_4）

位于正平—大塘埠—古陂—大桥以北地区，属弱酸性至中性土壤（pH值5.5~7.5）。主要出露白垩纪钙质紫红色砾岩、砂砾岩，西部出露有少量震旦纪、寒武纪变质岩。主要特点是锆、硅、锶、钙、镁等元素和指标呈现高地球化学背景；而碘、氟、锰、钡、镉、汞、铕、碳等元素呈现低地球化学背景。

该亚区锆（Zr）高背景含量大于365.9μg/g，分布于东北部晚白垩世红层区；硅（SiO_2）高背景含量大于80.8%，主要分布在东北部花岗岩区。锶（Sr）高背景含量大于51.9μg/g，主要分布在中西部晚白垩世红层中；钙（CaO）高背景含量大于0.32%，镁（MgO）高背景含量大于0.97%，主要分布在中西部白垩纪地层区。而碘（I）在区域为低背景含量小于2.65μg/g，主要分布在西北部晚白垩世地层中；氟（F）低背景含量小于427.6μg/g，主要分布在东北部白垩纪红层中；锰（Mn）低背景含量小于249.5μg/g，碳（TC）低背景含量小于0.24%，钡（Ba）低背景含量小于319.1μg/g，镉（Cd）低背景含量小于0.06μg/g，铕（Eu）低背景含量小于0.92μg/g，整体都表现为低背景；汞（Hg）低背景含量小于0.04μg/g，主要分布在西北部和西南部白垩纪地层区。

二、南部地球化学区（Ⅱ）

位于万隆—古陂—新田以南区域。深层土壤pH值5.0~7.4，属酸性至中性土壤。主要出露寒武纪变质岩、泥盆纪（砂）砾岩、二叠纪灰色砂岩以及花岗岩体。主要特点为铝、溴、镧、钇等元素呈现高地球化学背景，硅等指标呈现低地球化学背景。

1. 金盆地球化学亚区（II_1）

位于古陂镇—金盆一带，属酸性至中性土壤（pH值5.0~7.0）。西部主要出露寒武纪变质砂岩与粉砂岩、少量泥盆纪砾岩和二长花岗岩、白垩纪（砂）砾岩，东部主要为震旦纪变质（砂）砾岩，东北部出露有少量泥盆纪砾岩、砂砾岩。主要特点是钡、硫、碘、铍等元素呈现高地球化学背景，而氮、硅、氟、钴、钠、锌、锡、锂等元素和指标呈现低地球化学背景。

该亚区钡（Ba）高背景含量大于345.13μg/g，主要分布在西部花岗岩区；硫（S）高背景含量大于116.35μg/g，碘（I）高背景含量大于2.82μg/g，都主要分布于东南部寒武纪地层区；铍（Be）高背景含量大于2.48μg/g，主要分布于东北部震旦纪变质岩区；而氮（N）低背景含量小于356.9μg/g，主要分布在中北部震旦纪变质地层区；硅（SiO_2）低背景含量小于69.6%，氟（F）低背景含量小于402.2μg/g，主要分布于东南部寒武纪变质地层区；钴（Co）低背景含量小于11.7μg/g，主要分布于东南部震旦纪和寒武纪变质岩层中；钠（Na_2O）低背景含量小于0.12%，锌（Zn）低背景含量小于48.5μg/g，主要分布于震旦纪变质地层区；锡（Sn）低背景含量小于3.89μg/g，主要分布于西部白垩纪地层区；锂（Li）低背景含量小于37.2μg/g，主要分布于北部的泥盆纪岩层中。

2. 万隆地球化学亚区（Ⅱ$_2$）

位于万隆镇以南一带，属酸性至中性土壤（pH值5.1~6.9）。主要出露寒武纪变质砂岩、粉砂岩，北部出露少量震旦纪含锰变质砂岩和白垩纪（砂）砾岩，西南部出露少量侏罗纪二长花岗岩，南部出露有少量花岗岩体和石炭纪灰岩。主要特点是氮、铬、轻稀土、硫、碳、砷、铁、镍、钴等元素和指标呈现出高地球化学背景；而钙、铋、银、锶、钨等元素和指标呈现出低地球化学背景。

区内氮（N）高背景含量大于356.9μg/g，铬（Cr）高背景含量大于88.1μg/g，铁（Fe_2O_3）高背景含量大于6.62%，镍（Ni）高背景含量大于31.8μg/g，硫（S）高背景含量大于169μg/g，碳（TC）高背景含量大于0.59%，在该区大部分区域都呈现高背景；轻稀土元素主要在中西部寒武纪地层中呈现高背景，分布特征很相似；砷（As）高背景含量大于14.52μg/g，主要呈东西向展布；钴（Co）高背景含量大于18.81μg/g，主要分布于中北部区域。而钙（CaO）低背景含量小于0.2%，主要呈南北向展布；铋（Bi）低背景含量小于0.45μg/g，银（Ag）低背景含量小于0.07μg/g，主要分布于东北部白垩纪地层和寒武纪地层区；锶（Sr）低背景含量小于31.2μg/g，主要分布于西南部区域；钨（W）低背景含量小于3.24μg/g，主要呈南北向分布。

3. 安西地球化学亚区（Ⅱ$_3$）

位于安西以南一带，属酸性至中性土壤（pH值5.2~7.4）。主要出露花岗岩体，西北部和西南部出露有寒武纪变质砂岩、粉砂岩，东南部出露新元古代变质岩。主要特点是重稀土、钍、铅、锌、铀、锗、钨、锡、铋、锂、钾、碘、氟、汞、镓、硒、铝、钼、铍等元素和指标呈现出高地球化学背景；而硼、硅、钡、钙、镁、锆、钴、金元素和指标呈现出低地球化学背景。

区内重稀土都呈现出高背景含量，主要分布于花岗岩区；钍（Th）高背景含量大于25.4μg/g，锌（Zn）高背景含量大于83.8μg/g，碘（I）高背景含量大于5.39μg/g，铀（U）高背景含量大于6.56μg/g，锡（Sn）高背景含量大于7.02μg/g，都呈高背景分布，在西南部花岗岩区局部呈现聚集；铅（Pb）高背景含量大于44.4μg/g，锗（Ge）高背景含量大于1.9μg/g，铋（Bi）高背景含量大于0.82μg/g，汞（Hg）高背景含量大于0.066μg/g，镓（Ga）高背景含量大于25μg/g，钼（Mo）高背景含量大于1.49μg/g，铍（Be）高背景含量大于4.52μg/g，都呈高背景分布，在东北部花岗岩区出现局部聚焦；钨（W）高背景含量大于4.97μg/g，主要分布于中部大部分区域；锂（Li）高背景含量大于69.16μg/g，主要分布于东北部花岗岩区；钾（K_2O）高背景含量大于3.25%，氟（F）高背景含量大于653μg/g，主要分布于花岗岩中；硒（Se）高背景含量大于0.443μg/g，主要分布于东北部寒武纪地层中；铝（Al_2O_3）高背景含量大于 23.09%，主要分布于中生代火山岩中。而硼（B）低背景含量小于 36.1μg/g，金（Au）低背景含量小于 1.23ng/g，全区呈低背景；硅（SiO_2）低背景含量小于 62.0%，在全区都呈低背景，特别是西北和西南部区域较明显；钡（Ba）低背景含量小于 329.5μg/g，锆（Zr）低背景含量小于 290.5μg/g，主要在东北部侏罗纪二长花岗岩区；钙（CaO）低背景含量小于 0.18%，镁（MgO）低背景含量小于 0.51%，主要分布在花岗岩区；钴（Co）低背景含量小于 10.9μg/g，主要分布于东北部和西南部花岗岩区。

4. 铁石口地球化学亚区（$Ⅱ_4$）

位于铁石口—小江一带，属酸性至中性土壤（pH 值 5.4~7.0）。区内北西部出露志留纪黑云（二长）花岗岩、黑云石英（二长）岩；其余地区主要以第四系和二叠纪砂岩、泥岩、灰岩为主。主要特点是氮、硒、钒、锑、钴、钛、铕等元素呈现出高地球化学背景；而锗、金、钾等元素和指标呈现出低地球化学背景。

区内氮（N）高背景含量大于 535.2μg/g，硒（Se）高背景含量大于 0.443μg/g，钒（V）高背景含量大于 118.6μg/g，锑（Sb）高背景含量大于 1.514μg/g，钛（Ti）高背景含量大于 5771μg/g，都呈高背景分布，特别是在中北部二叠纪地层中；钴（Co）高背景含量大于 18.81μg/g，主要分布于东北部寒武纪地层中；铕（Eu）高背景含量大于 1.87μg/g；而锗（Ge）低背景含量小于 1.61μg/g，主要分布于早二叠世硅质岩中；金（Au）低背景含量小于 1.25ng/g，主要分布于南部二叠纪灰色砂岩区；钾（K_2O）低背景含量小于 2.16%，在该区中部呈南北向展布。

第七节　兴国—寻乌地区生态地球化学环境分区

全区共划分为 3 个地球化学区和 9 个地球化学亚区（图 4-13-9）。

一、万安 - 宁都地球化学分区（Ⅰ）

位处调查区北部，面积 11016.14km^2。区内新元古代变质岩和早志留世及侏罗纪二长花岗岩广泛分布，北东向、北北东向断裂构造十分发育。在表层土壤中出现了 MgO、Na_2O、K_2O、Zn、Ga、REE 等元素和指标地球化学高背景或地球化学异常，并伴有 Fe_2O_3、Co、Cr、V、Ni、Ge、Sn、Sb、Pb、As、Tl、Be、U、Th、Nb、Al_2O_3 等元素和指标的高地球化学场及 SiO_2、Cu、I、Mo 等元素和指标的地球化学洼地或负异常。

根据该地球化学区特征元素及特征元素组合的地域性分布特征，划分为 4 个地球化学亚区。

1. 宁都地球化学亚区（$Ⅰ_1$）

位于万安 - 宁都地球化学区的东部，面积 3391.92km^2。区内新元古代南华纪变质岩及早志留世二长花岗岩广泛出露，北北东向断裂构造极其发育。在表层土壤中呈现了 K_2O、Sr、Ba、Zr、Al_2O_3、LREE 等元素和指标的地球化学高背景或异常，Ca、Zn、Ga、Li、Nb、B 等指标的地球化学高背景场及 TC、SiO_2、I、Cr、V、Ni、Br、Sb、W 等指标的地球化学洼地或负异常。

2. 小布地球化学亚区（$Ⅰ_2$）

位于万安 - 宁都地球化学区的中部，面积 3843.88km^2。区内南华纪、震旦纪及古生代地层和侏罗

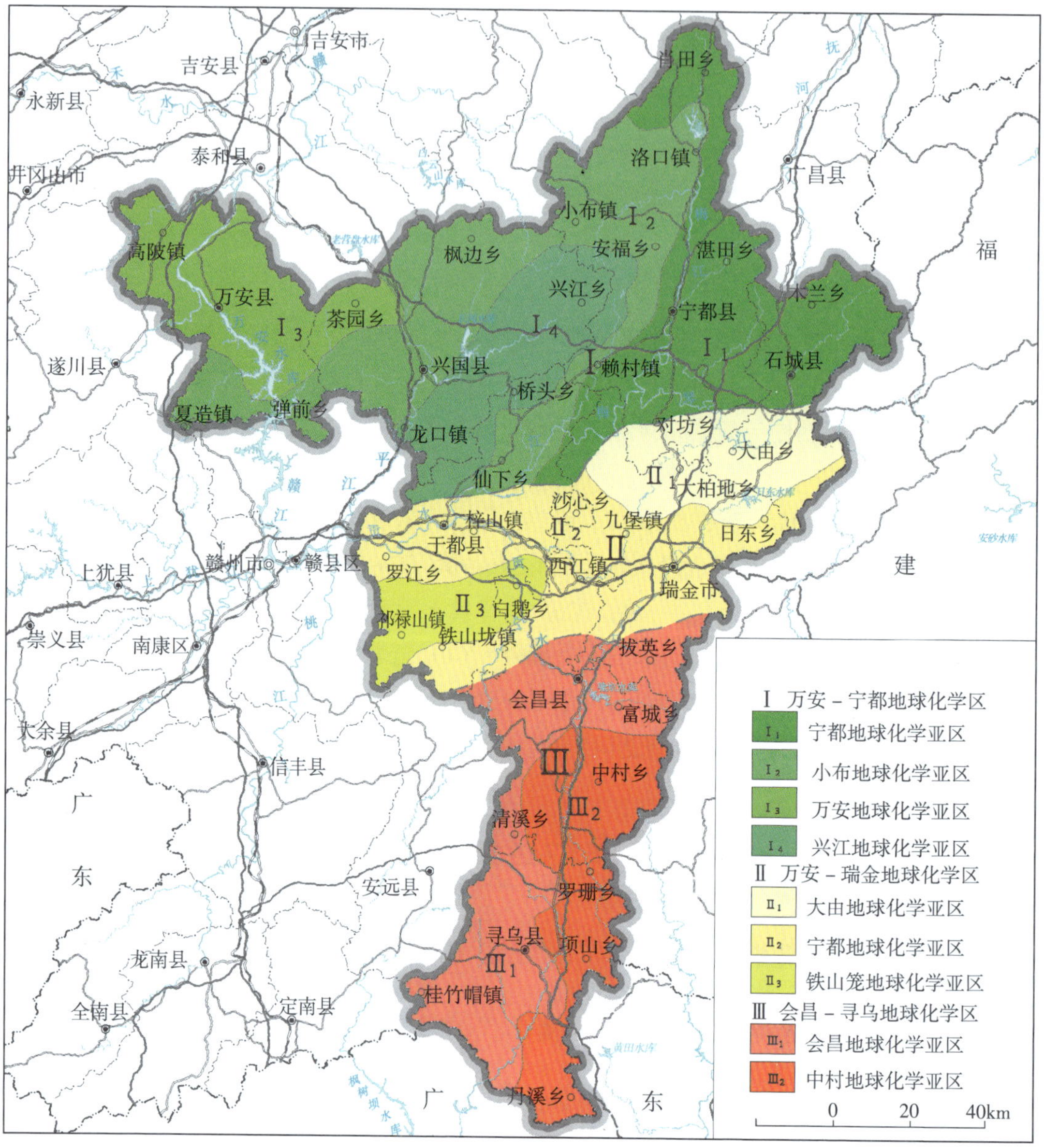

图 4-13-9　调查区表层土壤地球化学环境分区图

Fig. 4-13-9　Geochemical zoning map for the surface soil in surveyed area

纪二长花岗岩广泛分布，特别是侏罗纪二长花岗岩，北北东向断裂构造十分发育。在表层土壤中，出现了 U、Sr、Rb、Al_2O_3 等元素和指标的地球化学高背景及异常，并伴有 K_2O、Zn、Mn、Cd、Sn、Pb、Ga、Tl、Be、HREE 等元素和指标的高地球化学场和 SiO_2、Cr、V、Ge、Ti 等指标的地球化学洼地。

3. 万安地球化学亚区（$Ⅰ_3$）

位于万安－宁都地球化学区的西部，面积 1899.28km²。区内古生代地层分布极其广泛，特别是早古生代浅变质岩，在南部可见有侏罗纪二长花岗岩的出露，北东向及北西向断裂构造发育，并控制古生代地层的空间分布。在表层土壤中呈现 N、Cl、SiO_2、Sb、As 等元素和指标的地球化学高背景或地球化学异常，同时伴有 Se、Cr、Ni、Ti、B 等元素的高地球化学场和 K_2O、Na_2O、Mn、Sn、Pb、Ga、Bi、Li、U、Al_2O_3、Nb、Rb 等元素和指标的地球化学洼地或地球化学负异常。

4. 兴江地球化学亚区（I_4）

位于万安－宁都地球化学区中南部，面积1881.06km²。区内南华纪变质岩及晚古生代地层和侏罗纪二长花岗岩广泛分布，北北东向断裂构造极其发育，已知的矿产有画眉坳等钨矿床（点）15处。在表层土壤中W、Mo、Be、Bi、F、Cd、Se等元素呈地球化学高背景或地球化学异常，并伴有Cu、Mn、Cr、Ni、Ge、Sb、Pb、As、Li、Tl、U、Ag、Au、REE等元素高地球化学场和SiO_2等指标的地球化学洼地或负异常。

二、于都－瑞金地球化学区（Ⅱ）

位处调查区的中区，呈现北东东向带状展布，面积5434.33km²。区内新元古代震旦纪及古生代寒武纪、泥盆至二叠纪地层和侏罗纪二长花岗岩分布广泛，北东向、北北东向和近东西向断裂构造十分发育，地质构造背景复杂。在表层土壤中出现了Se、Fe_2O_3、Co、Sb、As、Au等元素和指标的高地球化学背景或异常，同时伴有MgO、SiO_2、Cu等元素和指标的高地球化学场和K_2O、Zn、I、Mo、Ge、Sn、Pb、Tl、U、Be、Nb、Rb、Al_2O_3等元素和指标的地球化学洼地。

1. 大由地球化学分亚区（$Ⅱ_1$）

位于于都－瑞金地球化学区东北部，面积1457.18km²。区内震旦纪及古生代地层广泛分布，特别是震旦纪和寒武纪地层，局部可见早志留世二长花岗岩裸露，北东向断裂及近东西向褶皱发育。在表层土壤中Ba、MgO、REE等元素和指标呈现高地球化学背景或异常，伴有SiO_2的高地球化学场和P、Mo、Bi、Sn、Th、U等元素地球化学负异常及Ge、Pb、Tl、Be、W等元素的地球化学洼地。

2. 于都地球化学分亚区（$Ⅱ_2$）

位于于都—瑞金地球化学区的中部，面积3157.03km²。区内震旦纪及古生代地层分布十分广泛，特别是早寒武世含碳板岩、硅质岩，侏罗纪二长花岗岩局部裸露。北东向、北西向及近东西向断裂十分发育。在表层土壤中SiO_2、Se、Sb、As、Na_2O、MgO等元素和指标呈现高地球化学背景或地球化学异常，并伴有Cr、V、Ni等元素的高地球化学场和K_2O、Zn、Mo、Ge、Sn、Pb、Bi、Tl、Be、U、Nb、Rb、W、Al_2O_3等元素和指标的地球化学洼地或地球化学负异常。

3. 铁山垅地球化学分亚区（$Ⅱ_3$）

位于于都－瑞金地球化学区的西部，面积820.12km²。区内出露有震旦纪及古生代地层，尤以古生代地层广泛分布为特征，局部可见侏罗纪黑云花岗岩裸露。北东向、北北东向和北西向断裂十分发育。在表层土壤中W、Sn、Bi、V、Cd、Sb、As、Se等元素呈现高地球化学背景或地球化学异常，同时伴有Cu、Mo、Cr、Ni、Ag等元素高地球化学场和Na_2O、Ge、Ga、K_2O、Pb、Th、U、Sr、Nb、Rb、Al_2O_3等元素和指标的地球化学洼地或地球化学负异常。

三、会昌－寻乌地球化学区（Ⅲ）

位处调查区的南部，面积4817.86km²。区内新元古代震旦纪、南华纪及中生代侏罗纪、白垩纪地层和三叠纪、侏罗纪二长花岗岩及中生代火山岩广泛分布，北北东向、北东向、北西向、近东西向断裂构造十分发育。在表层土壤中出现了Sn、Be、U、Th、Al_2O_3、Rb、Nb、REE等元素和指标呈现了高地球化学背景或地球化学异常，并伴有K_2O、Na_2O、Zn、I、Mo、Ga、Se等元素和指标的高地球化学场及MgO、SiO_2、Cu、Fe_2O_3、Co、Cr、V、Ni、Sb、As、Au等元素和指标的地球化学洼地或负异常。

1. 会昌地球化学分亚区（Ⅲ$_1$）

位于会昌－寻乌地球化学区的西部，面积2864.68km^2。区内震旦纪变质岩、侏罗纪—白垩纪碎屑岩及火山碎屑岩和三叠纪、侏罗纪二长花岗岩及中生代火山熔岩、潜火山岩的分布广泛，北北东向、近东西向断裂构造发育。在表层土壤中TC、F、Sn、Be、Pb、U、REE、Zr、Nb、Rb等元素和指标出现了高地球化学背景或地球化学异常，并伴有K_2O、Na_2O、Cl、Mo、Cd、Bi、W、Al_2O_3等元素和指标的高地球化学场和MgO、SiO_2、Ba、Ti、CaO、Co、Ni、Sb、As、Au等元素和指标的地球化学洼地或地球化学负异常。

2. 中村地球化学分亚区（Ⅲ$_2$）

位于会昌－寻乌地球化学区的东部，面积1953.18km^2。区内南华纪、震旦纪变质岩及三叠纪、侏罗纪二长花岗岩分布广泛，北东向、北西向、近东西向断裂十分发育。在表层土壤中Sr、SiO_2、Na_2O、Al_2O_3等元素和指标呈现高地球化学背景或异常，同时伴有Pb、Nb、Rb等元素的高地球化学场和N、MgO、V、Sb、As、Li、Ti、B、Au、Ag等元素和指标的地球化学洼地或地球化学负异常。

第十四章 鄱阳湖地区水地球化学特征

鄱阳湖地区水地球化学调查包括地表水和浅层地下水地球化学调查两部分。样品按网格布设，采样密度根据调查区地形地貌类型确定，平原区为1组/16km^2、丘陵区为1组/32km^2、山区为1组/64km^2。共采集地表水、浅层地下水样品4301组。

水样品分析26项指标，包括As、Ba、Be、Ca、Cd、Cl^-、Co、Cr^{6+}、Cu、F^-、Fe、Hg、Mg、Mn、Mo、Ni、P、Pb、Se、Zn、NH_3-N、NO_3^-、NO_2^-、SO_4^{2-}、挥发酚、pH。共分析水样品4301组，获取了111826个水地球化学数据。

区内浅层地下水各地球化学指标的变异系数较大，其中，Mn、Zn、Cl^-、SO_4^{2-}、P、Ba、Be、Mo、Ni、Pb、Se等地球化学指标的变异系数为0.81~3.88之间；Fe、Co、Cd、Hg、NH_3-N、NO_2^-、NO_3^-等化学指标的变异系数为4.54~7.89之间；F、Cu、Ca、Mg、挥发酚等化学指标的变异系数为10.61~21.15之间。总体来看，大多数化学指标的变异系数在1.00~4.00之间，呈不均匀性分布，具明显的局部富集现象。尤以Cu、Ca、Mg、挥发酚等化学指标最为突出，反映了局部环境因素影响依然存在。

全区地表水地球化学指标变异系数变化较大，为0.86~29.14。其中Fe、Mn、Zn、Cl^-、P、Ba、Ni、Mg、Co、Cd、Pb、Hg、Se、NO_2^-、NO_3^-等化学指标的变异系数在0.86~3.73之间；Cu、Be、F^-、NH_3-N等化学指标的变异系数在5.44~8.04之间；SO_4^{2-}、Mo、As、Ca、Mg、挥发酚等化学指标的变异系数在10.05~29.14之间。总体来看，全区地表水地球化学指标的变异系数变化幅度较大，大多数化学指标的变异系数在0.86~3.73之间，呈不均匀分布，具明显的局部富集现象。尤以SO_4^{2-}、Mo、As、Ca、Mg、挥发酚等化学指标最为突出。

根据水体多目标区域地球化学调查成果，通过对实测值的分布式检验，求取各指标的平均含量值，作为研究水体中元素（化合物）区域地球化学分布特征的基础值，研究各元素（化合物）的区域地球化学分布特征和地球化学背景的变化规律及受控的环境因素。参照生活饮用水卫生标准的分类方案，各指标区域地球化学分布特征分述如下（袁存堤，2006）。

第一节 水体化学指标区域分布特征

一、水体酸碱度（pH值）区域分布特征

区内地表水中pH的平均值为7.1、标准离差0.432、变异系数0.06；浅层地下水分别为6.5、0.46和0.07。浅层地下水至地表水的碱性程度增强，浅层地下水总体为弱酸性和中性，地表水以中性为主，局部为弱碱性（图4-14-1、图4-14-2）。

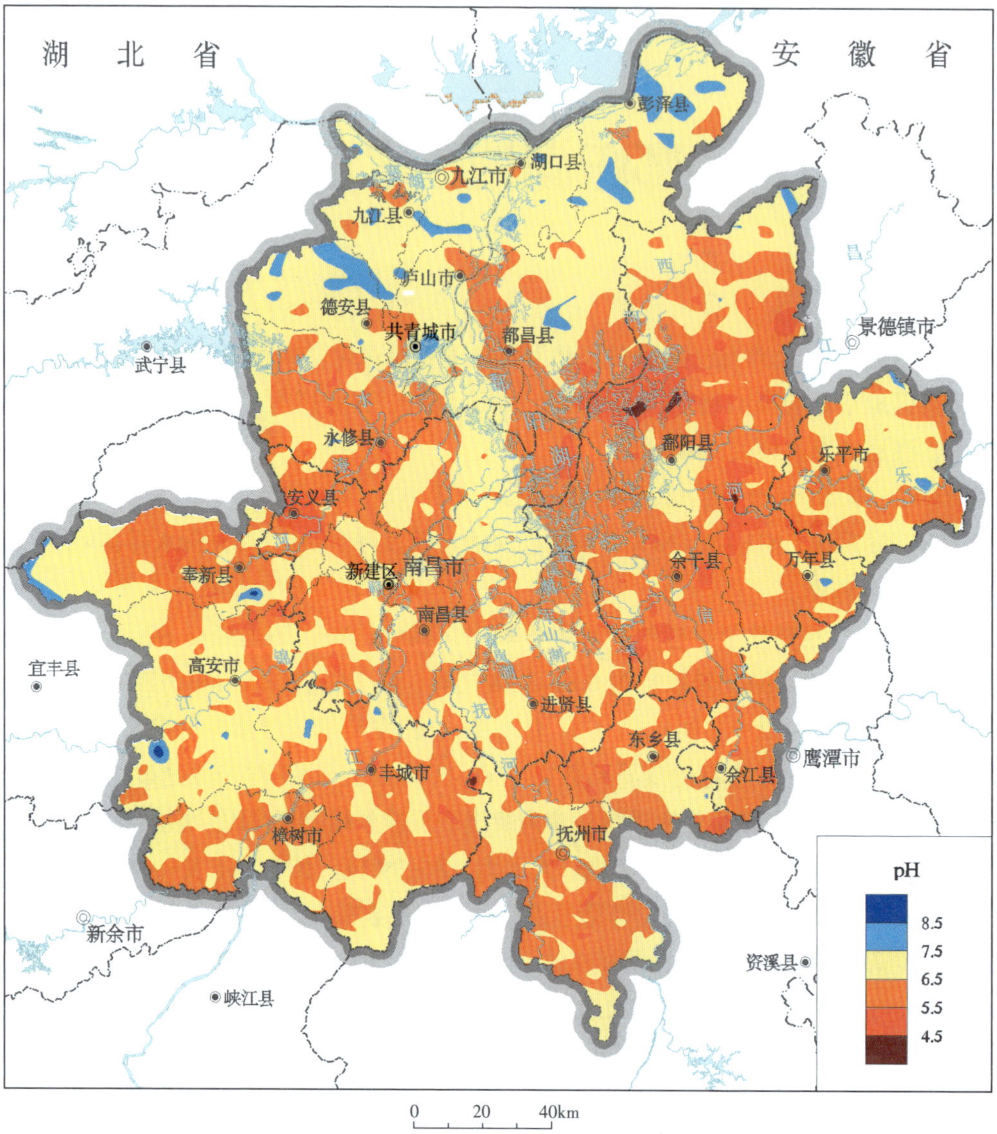

图 4-14-1 鄱阳湖地区浅层地下水酸碱度(pH)图

Fig. 4-14-1 Shallow groundwater acidity (pH) in Poyang Lake area

pH 值的区域分布与地质背景，特别是成岩的古地理环境和特殊的岩层（岩石）相关。北部南华纪早古生代地层区以碳酸盐岩、钙质岩和泥质岩组合为特点，地表水的 pH 值大于 7.5，呈现弱碱性，浅层地下水 pH 值介于 6.5~7.5 之间，表现为中性，反映出水体 pH 值升高、碱性度增强的演化趋势，形成了水体大范围的偏碱性域。南部晚古生代地层区在碳酸盐岩发育区地表水呈弱碱性，浅层地下水为中性水。调查区中性地表水和弱酸性浅层地下水分布极其广泛，水体总体以中性水为主，反映出水体质量较好，遭受污染程度低，地表水和浅层地下水均符合生活饮用水的质量要求。

二、水体一般化学指标区域分布特征

1. 铁（Fe）

浅层地下水中 Fe 平均含量为 62.16μg/L、标准离差 31.6μg/L、变异系数 0.51，地表水分别为

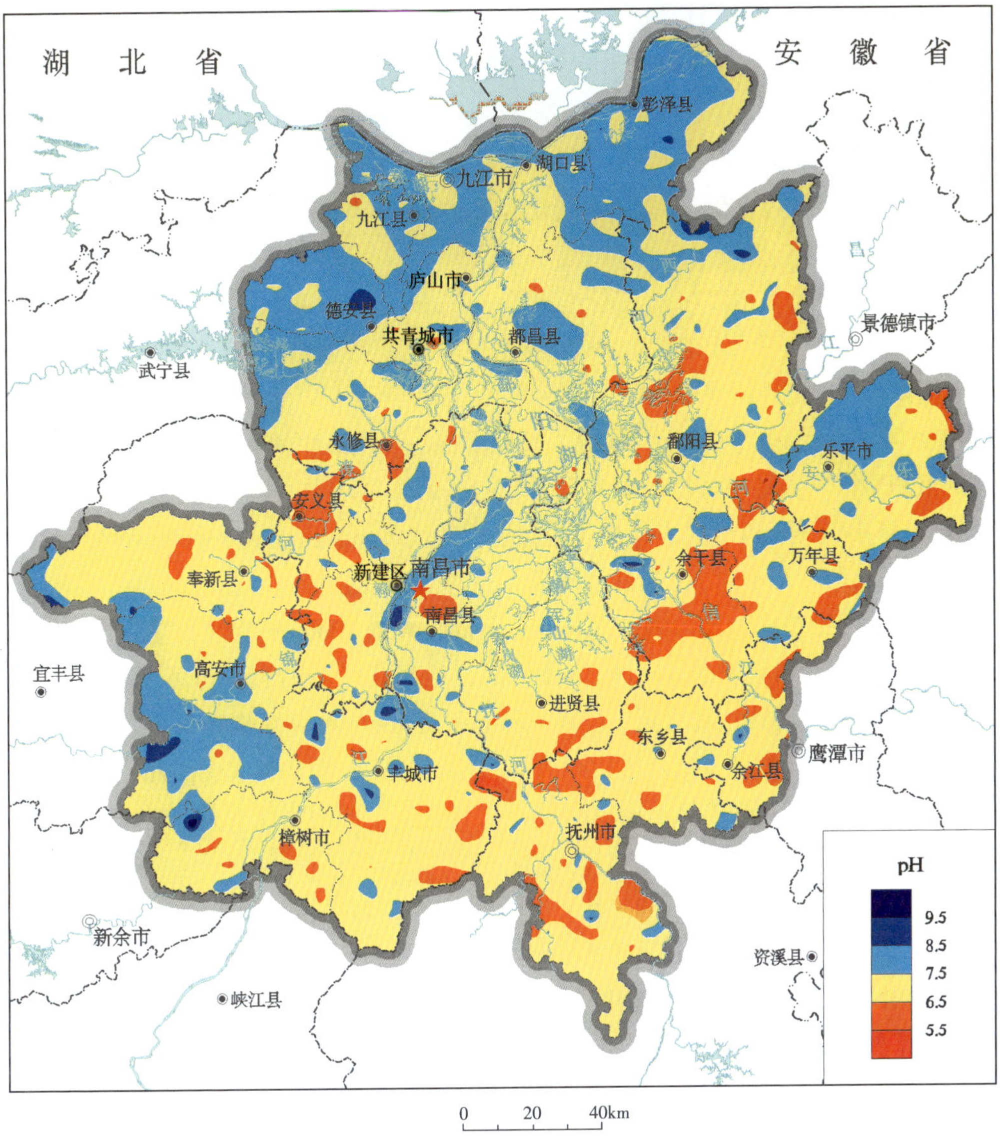

图 4-14-2　鄱阳湖地区地表水酸碱度(pH)图

Fig. 4-14-2　Surface water acidity (pH) in Poyang Lake area

367.88μg/L（超过环境最大允许值 300μg/L）、185.25μg/L 和 0.54。从浅层地下水至地表水铁的含量急速增高，可能与汇水流域大量铁物质的输入和在弱酸性地表水中部分三价铁形成溶解度较大的铁络合物有一定的关系。

在区域地球化学分布上，表现出北高南低的基本特征，在奉新至鄱阳以北地区，地表水中 Fe 一般含量 250~600μg/L，局部小于 250μg/L（如彭泽的东南部、鄱阳的候家岗和永修云山等地区）。浅层地下水一般含量 100~200μg/L，局部大于 300μg/L（德安及鄱阳凰岗山等地区）或小于 100μg/L。总的来看，地球化学背景比较稳定，含量变化不大。

南部区 Fe 的地球化学背景十分复杂。地表水一般含量 300~800μg/L，局部大于 1250μg/L（南昌将巷和鄱阳城区等）或小于 250μg/L（九岭花岗闪长岩区）。浅层地下水一般含量 100~300μg/L，而大于 300μg/L 也具一定的分布范围，局部大于 1600μg/L（安义、鄱阳、南昌县和赣江三角洲平原区）。可见，区内水体中 Fe 的地球化学背景变化大，近东西向的起伏式分布现象显著。

应当指出，陆相红层盆地区浅层地下水中 Fe 含量超过 300μg/L，地表水大于 800μg/L，同时古近纪红色砂岩区高于白垩纪红色地层区。

湖区表层水中 Fe 一般含量为 300~800μg/L，星子往北入江湖段 Fe 含量显著升高，入江口 Fe 最高含量为 4810μg/L，这与环境的 Eh 和 pH 值条件变化有关。

2. 锰（Mn）

浅层地下水中 Mn 平均含量 10.27μg/L、标准离差 7.67μg/L、变异系数 0.75，地表水分别为 37.7μg/L、20.47μg/L 和 0.54。浅层地下水至地表水中 Mn 含量显著增高，地球化学背景由复杂趋向稳定。

区域水体中锰具有北低南高的地球化学分布特征，在新建至鄱阳以北地区，浅层地下水中 Mn 含量小于 100μg/L，其中早古生代地层区小于 50μg/L，反映了深海环境沉积的变质岩区地下水 Mn 含量低于浅海环境形成的沉积岩区，受地质环境的影响显著，与基岩含锰水平一致。地表水中 Mn 含量以小于 100μg/L 为主，山地区小于 50μg/L，元古代变质岩和早古生代沉积岩区地表水中 Mn 含量的差异性不明显，长江南岸大于 100μg/L，形成了 Mn 的高含量带。

南部水体中 Mn 含量比较高，浅层地下水中 Mn 含量以大于 100μg/L 为主，呈现高地球化学背景域，局部呈现小于 100μg/L 和小于 50μg/L 的低背景区，地球化学场的起伏与区域地质构造线一致，高值和低值中心呈北东东向展布，在樟树 – 进贤 – 余干和抚州 – 东乡 – 万年北东东向构造岩浆带浅层地下水中 Mn 的浓集中心呈现线型分布。区内地表水中 Mn 一般含量 100~1000μg/L，为高背景域；局部小于 100μg/L，为低背景区，地球化学场较稳定，表现出近东西向平缓变化。地表水中 Mn 含量高于北区。

湖区表层水中 Mn 含量小于 60μg/L，浅层地下水仍然保持高 Mn 态势，反映了地表水 Mn 含量还与水环境的氧化还原电位有关。另外，在赣江三角洲平原区浅层地下水和地表水中均出现 Mn 的高度聚集。

综上所述，调查区水体 Mn 的区域地球化学总体特征：含量值高，Mn 含量大于环境最大允许值的分布范围较广，北部水体质量优于南部区。

3. 铜（Cu）

区域浅层地下水 Cu 平均含量 1.20μg/L、标准离差 0.63μg/L、变异系数 0.53，地表水分别为 1.49μg/L、0.55μg/L 和 0.37。浅层地下水至地表水 Cu 含量略有升高趋向，变异程度明显增强。这与 Cu 的地球化学性质分不开，铜化物的溶解度随着水环境 pH 值的降低而升高，造成地表水中 Cu 含量略高于浅层地下水。

浅层地下水和地表水中 Cu 的区域地球化学分布特征相似，一般含量为 1.6~3.0μg/L，同时具有如下分布规律：

水体中 Cu 与地质背景有着一定的成生联系。在铜多金属结集区，浅层地下水 Cu 呈现高背景。

鄱阳湖区水体中 Cu 呈现低背景，可能与 pH 值条件有关；湖区水和泥呈中性 – 弱碱性，造成铜化物溶解度降低。南昌、丰城和星子等城市区浅层地下水中 Cu 出现了明显的聚集，与工业废水排放有关；地表水反映不明显，可能与城市区地表水的碱性增强，促使铜化物不稳定析出，水体中 Cu 含量偏低有关。此外，铜区域地球化学分布还受地貌类型影响，山地区水体 Cu 的背景偏低，Cu 一般含量小于 1.25μg/L，丘陵 – 岗地区 Cu 大于 1.25μg/L，Cu 的背景略偏高，而平原区水体中 Cu 含量变化复杂，规律性不明显。

4. 锌（Zn）

区域浅层地下水中Zn的平均含量16.29μg/L、标准离差8.03μg/L、变异系数0.49，地表水分别为15.16μg/L、7.29μg/L和0.48。区内水体中Zn一般含量小于50μg/L，区域地球化学场比较稳定，起伏变化平缓，Zn的区域地球化学分布规律性不明显，在水体中Zn以硫酸盐形式存在，其他锌化合物的溶解度均小，加之Zn易被吸附，故一般水体中Zn含量较低。尽管如此，在不同类型的地貌区水体中Zn的地球化学背景也有变化，山区浅层地下水和地表水中Zn一般含量小于20μg/L，以低背景区为主，这与生物的生化作用有关。丘陵、岗地区水体中Zn含量普遍大于20μg/L，地球化学背景高于山地区。平原区水体中Zn含量变化大，地球化学背景比较复杂。

河谷区浅层地下水中Zn含量略呈升高趋势，局部大于25μg/L，而地表水反映不明显。赣江、抚河、信江等三角洲平原区水体中Zn含量也稍显增高趋势，特别是浅层地下水。在多金属矿聚集区（如张十八大型铅锌矿区），水体中Zn以低背景为特征，Zn含量一般小于12.5μg/L。

5. 酚

酚类化合物分为挥发性酚和不挥发性酚，挥发性酚以苯酚为主，酚是水体中主要污染物之一。区域浅层地下水中酚平均含量0.001mg/L、标准离差0.001mg/L、变异系数1.00，地表水分别为0.001mg/L、0.001mg/L和1.00。浅层地下水至地表水中酚含量比较稳定，变化不明显，但数据离散程度显著增强。

区域水体中酚总体含量不高，浅层地下水中酚含量小于0.0016mg/L，地表水小于0.002mg/L。酚区域地球化学场十分稳定，呈现微弱的起伏变化。区域地球化学分布特征如下：

1）该区北部早古生代变质岩和西南部晚古生代煤岩发育区水体中酚呈现地球化学高背景，特别是地表水，酚一般含量大于0.00125mg/L，局部（丰城—新街镇和鄱阳凤凰山）大于0.002mg/L。可能与煤岩含有较高不挥发性酚有关。

2）九江市和南昌市水体中酚含量高，其中九江市浅层地下水酚含量大于0.0016mg/L，局部大于0.002mg/L，地表水大于0.002mg/L，局部大于0.005mg/L，遭受不同程度污染，影响范围达90km^2。南昌市水体中酚含量低于九江市，以地表水酚高为特征，酚一般含量0.002~0.0049mg/L，分布面积约433.33km^2。引发酚类增高与城市区的工业废水排放有关。

3）铜多金属矿产资源开发区及其附近水体中酚呈现高地球化学背景。乐安河源于怀玉山地，流经德兴铜多金属矿集结区，水体中酚表现为高地球化学背景，河谷区浅层地下水中酚含量大于0.001mg/L，地表水大于0.00125mg/L。可能与上游矿山采选工业废水排放有关。

4）庐山—德安樟树地区水体中存在一北东向酚的高背景带，酚含量大于0.00125mg/L，其中浅层地下水中酚含量大于0.0016mg/L，范围较大，局部大于0.002mg/L，超过了环境最大允许值。高背景区形成的控制因素不清，需进一步研究。

6. 硫酸盐（SO_4^{2-}）

水体中SO_4^{2-}绝大部分为可溶性硫酸盐，极少部分呈不溶性硫酸盐，呈悬浮物形式存在。区域浅层地下水中SO_4^{2-}平均含量为4.83mg/L、标准离差3.23mg/L、变异系数0.67，地表水分别为8.571mg/L、3.96mg/L和0.46。浅层地下水至地表水中SO_4^{2-}含量显著升高，区域地球化学场由复杂趋向简单，这可能是受非自然因素影响的结果。

浅层地下水和地表水中硫酸盐的区域地球化学分布特征基本一致。

1）以奉新至乐平为界南北两区地球化学场的差异性变化清晰可见，南北地球化学背景起伏频繁，大致呈东西向带状展布。北区地球化学场稳定，变化幅度小，以呈北东向延展为特点。

2）早古生代炭硅质岩区和晚古生代煤岩区水体中 SO_4^{2-}呈现高地球化学背景。北部早古生代地层区浅层地下水中 SO_4^{2-}含量大于 25mg/L；地表水大于 20mg/L。西南部煤系地层区浅层地下水和地表水中 SO_4^{2-}含量大于 25mg/L。SO_4^{2-}高背景的形成与地层岩石中硫含量较高有关，如煤岩中硫一般含量为 0.38~6.85μg/g。另外，中生代碎屑岩和火山岩分布区水体中 SO_4^{2-}地球化学背景也呈现偏高趋向。

3）不同地貌单元区水中 SO_4^{2-}地球化学背景也呈现明显的变化。山区水体中 SO_4^{2-}表现为低背景，浅层地下水一般小于 16mg/L，地表水小于 12.5mg/L。丘陵、岗地区水体中 SO_4^{2-}地球化学背景偏高，特别是浅层地下水，一般含量大于 16mg/L。平原区水体中 SO_4^{2-}地球化学背景比较复杂，受非自然因素影响比较明显，背景含量一般小于 10mg/L，为低背景域。

4）在铜多金属矿产资源开发区及其附近河谷区水体中 SO_4^{2-}背景明显呈偏高现象，特别是浅层地下水。长江南岸的水体，形成了沿江 SO_4^{2-}高背景带，浅层地下水中 SO_4^{2-}含量大于 40mg/L，地表水大于 30mg/L。

7. 氯化物（Cl^-）

氯化物属强氧化剂，是水体主要污染物之一。区域浅层地下水中 Cl^-平均含量 7.21mg/L、标准离差 4.04mg/L、变异系数 0.56，地表水分别为 5.68mg/L、2.43mg/L 和 0.43。浅层地下水至地表水中 Cl^-含量呈现降低趋势，与介质 pH 值条件变化有关。

区域浅层地下水中 Cl^-在新建至鄱阳以北地区含量变化小，地球化学背景偏高，分布比较简单，以近东西向的平缓起伏为特征，在长江南岸出现了 Cl^-含量大于 30mg/L 的高背景带，局部大于 50mg/L（如湖口—彭泽），由于北区的水体、土壤略偏碱性，氯化物的溶解度增强，水体中 Cl^-含量随之增高。南区浅层地下水 Cl^-含量变化复杂，地球化学背景呈现北东向较为紧密的起伏变化，地球化学背景略低于北区。但是，地表水中 Cl^-的南北差异性分布不明显，总体呈现北北东向起伏变化，中部为低背景带，含量变化不一，东西两侧为高背景带，含量变化大，局部聚集现象多见。

鄱阳湖周边山区浅层地下水和地表水 Cl^-含量高于中部平原、岗地区。山区水体中 Cl^-含量大于 12.5mg/L，由于随着 pH 值的降低氯化物溶解度增大，同时山区基岩是以元古代变质岩为主，在变质作用过程中易引发氯的释放，形成可溶性化合物进入水体，以上可能是影响山地区水体中 Cl^-含量增高的主要因素。平原、岗地区水体中 Cl^-含量小于 12.5mg/L，特别是湖区，同时不同平原区由于物质组分的差异，水体中 Cl^-的地球化学背景也有明显变化，赣江、抚河三角洲平原区，沉积物以黏土物质为主，由于黏土对氯的强烈吸附，水中 Cl^-表现为低背景，而信江和修河三角洲平原物质成分以砂质为主，氯呈现高背景。

总体来看，水体（浅层地下水和地表水）中 Cl^-含量未超过环境允许最大限值，水质优良。

8. 钼（Mo）

区域浅层地下水中 Mo 平均含量为 0.498μg/L、标准离差 0.18μg/L、变异系数 0.36，地表水分别为 0.53μg/L、0.20μg/L 和 0.38。浅层地下水至地表水中 Mo 含量变化较稳定，但地表水中 Mo 的分散程度高于浅层地下水。

Mo 的区域地球化学背景比较简单，高背景和低背景相间出现，组成一略呈北西向的波状变异带。浅层地下水和地表水 Mo 的区域地球化学分布基本一致，但局部仍然存在较大的差异。调查区北部早古生代地层区水体中 Mo 呈现高地球化学背景，浅层地下水 Mo 含量大于 1μg/L；地表水大于 0.8μg/L。在寒武纪、奥陶纪炭硅质岩发育区和阳储岭钨钼矿区出现了Mo的局部聚集，尤以德安车桥地区表现最显著。区内基岩中钼含量较高（寒武纪炭硅质岩中钼含量22.83~3.19μg/g）和偏碱的介质条件，可溶性钼络合物稳定性增强，是Mo高背景形成的主要控制因素。

西南部晚古生代地层区水体中Mo呈现高背景，Mo一般含量大于0.8μg/L，在煤岩分布区出现了Mo的局部聚集，以浅层地下水反映最明显，这与基岩的含钼水平有关，晚古生代地层岩石钼平均含量3.27μg/g，其中煤岩5.9μg/g、碳质岩4.5μg/g。

在中生代火山岩分布区和东乡枫林铜矿区及万年虎家尖银铅矿区水体中Mo呈现高背景，东乡火山岩和铜矿区浅层地下水中Mo含量大于1μg/L，地表水大于0.6μg/L，万年虎家尖矿区地表水中Mo含量大于1.25μg/L，浅层地下水大于1μg/L。另外，乐安河的乐平河段水体中Mo含量较高，浅层地下水和地表水中Mo含量均大于1μg/L，在洛口地段浅层地下水中再现了Mo局部聚集，Mo一般含量1.75~2.37μg/L，这可能与德兴铜矿废水排放有关。

区域水体中Mo含量尚未超过环境临界值，局部接近警戒值，总体水环境质量尚可。

9. 镍（Ni）

区域浅层地下水中Ni平均含量0.63μg/L、标准离差0.37μg/L、变异系数0.59，地表水分别为0.78μg/L、0.43μg/L和0.55。浅层地下水至地表水中Ni含量略有升高趋势，区域含量变化相似。

浅层地下水和地表水中Ni的区域地球化学分布基本一致。调查区北部早古生代地层区水体中Ni含量小于1.25μg/L，在彭泽—湖口—庐山—新塘以北地区Ni含量大于1.25μg/L，局部大于5μg/L，出现Ni聚集，形成沿江Ni的高背景带。其他地层区水中Ni含量大于1.25μg/L，表现为高地球化学背景，含量变化较为稳定。花岗岩分布区水体中Ni以呈现低背景为特点。在晚古生代玄武岩发育区（如丰城市铁路）和古近纪含碳页岩分布区（如临江盆地）水体中Ni表现为高地球化学背景，这可能与玄武岩含Ni较高（42μg/g）和炭质页岩中有机质对Ni的强烈吸附有一定的成生联系。

区域水体中Ni的地球化学背景与区域性断裂构造关系十分密切，在丰城—进贤—余干—乐平北东向构造岩浆带水体中Ni的地球化学背景变化复杂，断裂发育区出现了Ni的局部聚集，以地表水表现明显为特征，Ni含量大于5μg/L，这可能与含高Ni的地幔物质沿断裂上侵有关，上地幔物质中Ni含量1500μg/g（黎彤，1975）。

鄱阳湖周边山地区地表水中Ni略低于平原、岗地区，而浅层地下水亦表现出相反的趋势。这与介质环境条件的差异变化有关，浅层地下水为弱酸性水，Ni易形成可溶性化合物或络合物。

10. 钴（Co）

Co具有亲硫、亲铁双重的地球化学物特征，在水中可溶性钴化合物含量低。区域浅层地下水中Co平均含量0.58μg/L、标准离差0.36μg/L、变异系数0.62，地表水分别为0.59μg/L、0.30μg/L和0.51。浅层地下水至地表水中Co含量稍现升高趋势，由于在水体中Co主要以Co的重碳酸形式存在，而地表水因有少量的酸性大气降水的加入，Co的重碳酸盐稳定性增强，造成Co含量偏高现象。

Co区域地球化学分布深受介质pH值条件、基岩风化剥蚀程度及地貌类型等诸因素的影响。北部长期处在隆起风化剥蚀状态，同时水体中的pH值大于7，在中－弱酸性条件下，Co的重碳酸盐不稳定，易发生沉淀，造成北区Co的地球化学背景偏低，水体中Co含量小于1.25μg/L。南区为坳陷区，基岩遭受剥蚀风化程度比较低，水环境条件复杂，pH值一般小于7，在中－弱酸性条件下，水体中Co的重碳酸盐比较稳定，形成了Co的高地球化学背景。

不同地貌单元区水体中Co含量的差异性变化较明显。山区水体中Co的背景偏低，一般含量小于1.0μg/L。低丘岗地区Co含量为高背景，局部Co含量大于5μg/L，出现了Co的聚集，特别是浅层地下水，形成了环鄱阳湖Co的高背景带。平原水体中Co的地球化学背景高于山区，而低于低丘岗地。

总的来看，区域浅层地下水和地表水中Co含量均未超过环境允许值，水环境Co质量优良。

11. 钡（Ba）

Ba属碱土金属元素，与Ca的化学性质接近。在水体中可溶性钡化物不稳定，易水解沉淀。因此，水体中Ba含量较低，含量变化大。区域浅层地下水中Ba平均含量为29.41μg/L、标准离差15.69μg/L、变异系数0.53，地表水分别为17.97μg/L、7.82μg/L和0.44。浅层地下水至地表水表现为降低趋向，Ba是碱土元素，在偏碱的介质中，钡化物溶解度增大。

浅层地下水和地表水Ba具有相似的分布特征。在奉新至鄱阳以北地区Ba的地球化学背景较为简单，呈现平缓的起伏变化，背景含量略偏高，局部聚集现象明显，地球化学洼地少见，南区则反之。Ba地球化学背景的南北的差异性特征的形成可能与水环境pH值条件变化有关，北部区水体pH值大于7，略偏碱性，特别是地表水，在偏碱的环境中，Ba易形成可溶性钡酸盐，使水体中Ba含量出现偏高现象。

在底寒武世炭硅质岩区和白垩纪、古近纪红色盆地区水体中Ba呈现高地球化学背景，局部聚集现象明显，尤其是地表水，反映了水体中Ba的背景含量与基岩中钡含量水平相一致；九岭隆起区钡的地球化学背景呈现近东西向的起伏变化，局部聚集区大致也是近东西向线型分布，萍乡坳陷区钡地球化学背景由西往东，表现为由北东东向转向北东的起伏变化，并在进贤—余干一带出现了钡背景的变异分布带和线型的局部聚集。

在鄱阳湖的滨湖平原和赣江三角洲平原区水体中Ba呈现聚集现象，特别是浅层地下水，Ba一般含量大于100μg/L。由于黏土物质和有机物质具有较强的吸附能力，但是吸附状态的Ba是不稳定的，随着季节性pH值条件的变化，Ba可能呈可溶态重新进入水体，造成该平原区Ba地球化学高背景的形成。

12. 铍（Be）

区域浅层地下水中Be平均含量为0.044μg/L、标准离差0.019μg/L、变异系数0.43，地表水分别为0.04μg/L、0.02μg/L和0.41。区域水体中Be的背景含量比较高，从浅层地下水至地表水Be含量变化较稳定，与Be在表生作用的活动性较差，铍化物溶解度低、稳定性强有关，同时地表水中的Be也存在一定程度的均一化现象。

浅层地下水和地表水中Be的区域地球化学分布基本相似。北部早古生代地层区水体中Be呈现偏低的地球化学背景，浅层地下水中Be一般含量为0.04~0.1μg/L，局部出现近东西向分布的线型低背景区，和长江南岸沿江局部聚集的高背景带；地表水中Be一般含量为0.05~0.1μg/L，局部高背景和低背景范围大大缩小，地球化学背景变化趋向稳定。东部和东南部元古代变质岩区浅层地下水和地表水中Be一般含量0.025~0.1μg/L，含量变化大，地球化学复杂，局部聚集现象比较普遍，其中浅层地下水Be的局部聚集强度和范围显著大于地表水。西南部晚古生代地层区水体中Be一般含量0.03~0.1μg/L，在碳酸盐分布区局部为低背景区，而煤岩发育区局部以Be的高背景区分布为特点，Be的高背景和低背景区的空间展布与地质构造线一致。中生代红色碎屑岩和火山岩区水体中Be以高背景为特征，局部出现了聚集，特别是浅层地下水。花岗岩类区水体中Be呈现高地球化学背景，燕山期花岗岩区出现了Be的聚集现象，浅层地下水Be含量大于0.2μg/L，地表水大于0.1μg/L，这与基岩含Be水平一致。

河谷区水体中 Be 的地球化学背景普遍偏高，局部聚集现象明显，同时在信江、饶河、赣江等三角洲冲积平原区水体中 Be 的聚集现象明显，特别是浅层地下水。湖区表层水中 Be 呈现低背景，一般含量为 0.03~0.08μg/L，但在都昌—湖口入江湖段出现了 Be 的局部聚集。

13. 钙（Ca）

区域浅层地下水中 Ca 平均含量 11.19mg/L、标准离差 8.24mg/L、变异系数 0.74，地表水分别为 5.53mg/L、2.95mg/L 和 0.53。浅层地下水至地表水中 Ca 含量大大降低，地表水中 Ca 含量约为浅层地下水的 49.42%。由于地表水直接与大气接触，空气中含有大量的二氧化碳，使可溶性的重碳酸钙不稳定，易形成碳酸钙析出，造成地表水中 Ca 含量比较低。

浅层地下水和地表水中 Ca 的区域地球化学分布基本一致。北部和西南部古生代地层区水体中 Ca 呈现高地球化学背景，浅层地下水中 Ca 含量一般大于 40mg/L，地表水大于 12.5mg/L，在长江南岸出现了 Ca 的局部聚集，形成了沿江 Ca 的高值带，浅层地下水中 Ca 含量大于 12.5mg/L，地表水大于 40mg/L，由于古生代地层岩石普遍含有较高 Ca，而水体 pH 值大于 7，在这种环境条件下，有利于重碳酸钙的形成和稳定，使水体中 Ca 的地球化学背景较高。其他地层区及花岗岩区水体中 Ca 的背景明显偏低，浅层地下水中 Ca 一般含量为 12.5~40mg/L，局部出现 Ca 的聚集，地表水为 5~12.5mg/L，局部小于 5mg/L，形成 Ca 的地球化学洼地。

湖区表层水中 Ca 含量一般为 8~10mg/L，呈现低地球化学背景，这可能与湖区水体中水生生物繁盛，吸附了水中过量的二氧化碳有关。

14. 镁（Mg）

区域浅层地下水 Mg 的平均含量 3.76mg/L、标准离差 2.76mg/L、变异系数 0.73，地表水分别为 1.35mg/L、0.54mg/L 和 0.40。浅层地下水至地表水中 Mg 含量呈现降低趋势，同时趋向均一化。在中偏碱的介质条件下，Mg 的可溶性氯化物和硫酸盐溶解度下降。

浅层地下水和地表水中 Mg 具有相似的区域地球化学分布特征。北部和西南部地区水体中 Mg 表现为高地球化学背景，北部早古生代地层区浅层地下水中 Mg 一般含量为 6~16mg/L，长江南岸局部大于 20mg/L；地表水中 Mg 一般含量 3~10mg/L，长江南岸局部大于 10mg/L，由于在偏碱的介质条件下，Mg 易形成可溶性镁酸盐，这是 Mg 高背景形成的主要影响因素。西南部晚古生代地层区水体中 Mg 的地球化学背景略低于北部区，仍然表现为高地球化学背景，浅层地下水中 Mg 一般含量 4~12.5mg/L，含量变化较大；地表水中 Mg 含量一般 1.6~4mg/L，局部大于 4mg/L，含量变化比较稳定。另外，在新建－永修－庐山汉阳峰基性－超基性岩和变基性火山岩发育带，地表水中 Mg 呈现北北东向线型不连续的局部聚集带，Mg 含量大于 5mg/L。

东部和东南部以元古代变质岩为主的地层区水体中 Mg 的地球化学背景明显偏低，浅层地下水 Mg 一般含量 2.5~6mg/L，局部大于 6mg/L；地表水中 Mg 一般含量 1.25~2.5mg/L，局部大于 3mg/L，含量变化相对较稳定。

花岗岩类区和中生代酸性火山岩区水体中 Mg 表现为低地球化学背景，浅层地下水中 Mg 含量小于 2.5mg/L，焦坑和云山花岗岩区大于 2.5mg/L；地表水中 Mg 一般含量小于 1.25mg/L，这与基岩中 Mg 含量低有关。湖区表层水 Mg 一般含量小于 2mg/L，入江都昌—湖口段略有偏高趋势。湖区三角洲略有偏高趋势。湖区三角洲冲积平原区水体中 Mg 的局部聚集十分显著，浅层地下水中 Mg 含量大于 320mg/L，地表水局部大于 20mg/L。

三、水体毒理学指标区域分布特征

1. 氟（F）

区域地表水中F的平均含量0.09mg/L、标准离差0.04mg/L、变异系数0.44，浅层地下水分别为0.06mg/L、0.03mg/L和0.43。浅层地下水至地表水中F含量明显呈现升高趋势，这主要由F的化学性质所决定以及大气降雨中少量F加入的结果。

浅层地下水和地表水中F具有不同的区域地球化学分布特征，由于F的化学性质非常活泼，能够与很多物质发生化学反应，致使地表水发生较强的均一化过程。浅层地下水中F呈现北高南低的分布特点，北部早古生代地层区浅层地下水中F一般含量0.175~0.25mg/L，呈现高背景，含量变化小，局部小于0.063mg/L，形成F的地球化学洼地，地表水F一般含量为0.125~0.3mg/L。而南部晚古生代地层区浅层地下水中F一般含量0.10~0.125mg/L，地表水一般为0.16~0.20mg/L，地球化学背景低于北部区，F含量变化大，局部小于0.06mg/L，呈现地球化学洼地。东部和东南部以元古代地层为主的地区中浅层地下水中F一般含量0.02~0.1mg/L，含量变化复杂，地表水一般含量0.05~0.3mg/L，F的地球化学背景总体偏低。上述F区域地球化学分布特征与基岩中F含量水平及介质pH值条件有关。

湖区表层水中F含量大于0.2mg/L，高于河水，表现为高背景，这与pH值条件有关。滨湖平原区局部浅层地下水F含量大于1.0mg/L，最高达24.63mg/L，出现F的聚集。另外，山区水体F含量低于岗地平原，由于山地区介质中磷含量较高，F易形成溶解度低的氟磷酸盐析出，造成水体中F的地球化学背景偏低。

2. 砷（As）

区域浅层地下水中As平均含量0.30μg/L、标准离差0.14μg/L、变异系数0.47，地表水分别为0.72μg/L、0.32μg/L和0.44。浅层地下水至地表水中As含量大大增高，可能与工业废水的排放有关。

浅层地下水和地表水中As区域地球化学分布特征近似，尤以浅层地下水As含量变化大、地球化学场变化复杂为特点。不同时代地层水体中As含量变化微弱，北部早古生代地层区浅层地下水中As的地球化学背景略高于西南部晚古生代地层区，而晚古生代地层区又略高于元古代变质岩区，与基岩中砷含量水平比较接近有关，早古生代地层岩石中砷平均含量8.07μg/g、晚古生代沉积岩6.14μg/g、元古代变质岩5.80μg/g。地表水中As区域地球化学背景继承了浅层地下水的特点，但含量变化幅度小，地球化学场趋向平稳。但是，特征岩石对As地球化学背景的影响十分明显。在早寒武世炭硅质岩和二叠—三叠纪煤岩分布区，水体中As都呈现不同程度的局部聚集现象。

中南部萍乐坳陷南北边缘断裂构造带水体中As存在着线型区域地球化学变异带。局部出现了As的聚集，以浅层地下水表现为显著。另外，在区域变质作用下，As进一步释放，使变质岩中As含量变化大，最高达15.75μg/g，同时也造成As低背景区的普遍存在。

河水中As含量较低，但在赣江三角洲冲积平原区水体出现了As高地球化学背景，浅层地下水As含量大于1.6μg/L，最高达23.13mg/L，地表水As含量大于1.25μg/L，形成调查区内As唯一的聚集区，这可能与工业废水排放有关。湖区表层水中As含量高于河水，一般含量为1.25~1.0μg/L，往北入江湖段As含量呈现升高趋势，As含量大于1.6μg/L。

鄱阳湖周边山区水体中As的地球化学背景略低于中部岗地、平原区，这反映出山区As以低背景区为主，而岗地、平原区则反之。

3. 硒（Se）

浅层地下水中Se平均含量0.044μg/L、标准离差0.04μg/L、变异系数0.91，地表水分别为0.084μg/L、0.05μg/L和0.60。浅层地下水至地表水中Se含量明显升高，离散程度减弱，含量渐趋均一化。由于从弱酸性浅层地下水到中性地表水，Se的活性增强，和大气降水、大气降尘、生物体腐解及工业废水排放等都会有一定量硒加入地表水，造成地表水中Se背景含量增高。

浅层地下水和地表水中Se具有北高南低的区域地球化学分布特征，特别是浅层地下水。九岭隆起区水体中Se含量略高于南部萍乐坳陷区，同时北部区水体中Se含量变化小，地球化学背景比较稳定，而南部区Se含量变化大，地球化学背景十分复杂。Se区域地球化学背景南北差异的主要控制因素是北部区水体pH值大于7，表现偏碱趋势，有利于可溶性亚硒酸盐的形成，而南部区浅层地下水呈弱酸性、地表水为中性，Se易形成溶解度低的硒酸盐沉淀；北部地质构造简单，Se地球化学背景变化不大，而南部地质构造十分复杂，易引发Se的活化转移，造成Se地球化学背景的复杂化。但是，不论北区还是南区，Se地球化学背景起伏与区域构造基本一致。

水体中Se的局部聚集与特征岩石类型密切相关。在底、早寒武世碳硅质岩发育区，浅层地下水中Se含量大于0.4μg/L，最高含量达11.70μg/L，地表水中Se含量大于0.16μg/L，最高含量达6.03μg/L。在晚古生代煤岩分布区，浅层地下水中Se含量大于0.5μg/L，最高含量4.61μg/L，地表水中Se含量大于0.25μg/L，最高含量达2.93μg/L。这里特征岩石中硒含量高，水对岩石硒的萃取是引发硒局部聚集的主要控制因素。

湖区表层水中Se表现为低地球化学背景，Se一般含量小于0.1μg/L，最低含量为0.041μg/L。由于湖区表层水的pH值小于7，Se易形成硒酸盐析出，可能是造成湖区表层水Se低背景形成的主要影响因素。

4. 汞（Hg）

区域浅层地下水中Hg的平均含量0.006μg/L、标准离差0.003μg/L、变异系数0.50，地表水分别为0.005μg/L、0.005μg/L和1.00。浅层地下水至地表水中Hg含量微显降低趋向，离散程度增强，由于Hg有很高蒸气压，易形成汞气进入大气圈，在水体中汞化物的溶解度很低，而介质中许多物质对Hg都有很高的吸附能力，这些可能造成Hg在地表水中出现略偏低现象。

浅层地下水和地表水中Hg的区域地球化学分布基本一致。北部早古生代地层区和西南部晚古生代地层区水体中Hg表现为高地球化学背景为主，浅层地下水和地表水中Hg含量大于0.0125μg/L，在底、早寒武世炭硅质岩和晚二叠世煤岩分布区水体中Hg呈现不同程度的聚集，一般含量大于0.02μg/L，最高含量达0.17μg/L（€1）、0.06μg/L（P_3）和0.46μg/L（T_3）。东部和东南部元古代变质岩广泛分布区水体中Hg的地球化学背景略低于古生代地层区，Hg含量以小于0.0125μg/L为主。在晚古生代炭质岩和变质玄武岩发育区，浅层地下水中Hg含量大于0.016μg/L，最高含量达0.04μg/L，地表水中Hg含量大于0.02μg/L，最高含量达0.05μg/L，呈现Hg的局部聚集。在抚河与信江之间复杂的地质构造区浅层地下水中Hg一般含量0.002~0.01μg/L，地表水0.004~0.0125μg/L，表现为Hg的低背景域，这与汞在复杂的地质作用过程中，易引发活化转移造成Hg的地球化学背景偏低。

赣江、抚河三角洲平原区浅层地下水中Hg呈现明显的聚集，一般大于0.05μg/L，抚河三角洲平原最高含量达3.20μg/L、赣江三角洲平原最高达1.10μg/L。另外，滨湖平原区浅层地下水局部也有偏高现象。湖区表层水中 Hg 呈现低地球化学背景，一般含量为 0.004~0.008μg/L，往北入江湖段略有增高趋势，Hg 含量大于 0.006μg/L。

5. 镉（Cd）

区域浅层地下水中 Cd 平均含量 0.03μg/L、标准离差 0.013μg/L、变异系数 0.43，地表水分别为 0.041μg/L、0.016μg/L 和 0.39。浅层地下水至地表水中 Cd 含量略有升高趋势，这是因大气降尘和工业废水都会有部分镉进入地表水，使地表水中 Cd 的地球化学背景显示偏高现象。

浅层地下水和地表水中 Cd 具有相近的区域地球化学分布特征。北部早古生代地层区水体中 Cd 的地球化学背景高于东部及东南部元古代地层区，低于西南部晚古生代地层区。早古生代地层区浅层地下水中 Cd 一般含量 0.04~0.08μg/L，在底、早寒武世炭硅质岩发育区出现 Cd 的局部聚集，最高含量达 3.14μg/L；地表水中 Cd 一般含量 0.03~0.2μg/L，炭硅质岩区高达 0.4μg/L。晚古生代地层区浅层地下水中 Cd 一般含量 0.05~0.1μg/L，在煤岩分布区最高达 0.73μg/L；地表水一般含量为 0.04~0.3μg/L，煤岩区含量高达 0.93μg/L。元古代变质地层区浅层地下水中 Cd 一般含量 0.02~0.08μg/L，在新元古代炭质岩发育区出现 Cd 的局部聚集，最高含量达 0.53μg/L；地表水中 Cd 一般含量 0.01~0.16μg/L，炭质岩区 Cd 含量达 0.4μg/L。上述地球化学背景的变化反映了基岩含镉水平的差异，两者存在一定的因果关系。

河谷区浅层地下水中 Cd 含量大于 0.08μg/L，特别是沿河谷和三角洲 Cd 局部聚集明显，Cd 一般含量大于 0.1μg/L，最高含量为 0.76μg/L；地表水中 Cd 一般含量 0.06~0.08μg/L，在河谷区和三角洲平原局部呈现 Cd 的高地球化学背景，聚集程度低于浅层地下水。

6. 铅（Pb）

区域浅层地下水中 Pb 平均含量 0.83μg/L、标准离差 0.41μg/L、变异系数 0.49，地表水分别为 1.19μg/L、0.52μg/L 和 0.44。浅层地下水至地表水中 Pb 含量急剧升高，由于地表水中 Pb 的物源十分复杂，工业废水、废气和汽车尾气排放均有 Pb 进入地表水，同时铅又易被有机和无机胶体吸附，呈固体悬浮物存在于地表水中，造成地表水中 Pb 含量大大高于浅层地下水。

浅层地下水和地表水中 Pb 的区域地球化学分布特征基本一致，地球化学背景比较简单，含量变化比较稳定，特别是地表水，由于铅化物不易溶解，化学性质稳定，迁移能力有限，故水体中 Pb 含量不高。

不同时代地层岩石中 Pb 平均含量虽存在较大变化，但水体中 Pb 含量变化很小，地球化学背景近似。Pb 的地球化学背景的起伏变化与区域构造线一致，较好地反映了隆起和坳陷两大构造单元的构造特征，同时在边缘断裂发育带，出现了铅的线型高背景和局部聚集。

水体中 Pb 的区域地球化学分布深受介质中特征成分和 pH 值条件的影响，北部和西南部高安灰埠镇至丰城一带水体中 pH 值大于 7，呈中－弱碱性水，理应有利于可溶性铅络合物的形成，但介质中硫含量高，促使铅络合物不稳定，易分解形成硫酸铅沉淀，造成浅层地下水 Pb 含量小于 1.25μg/L，地表水小于 1.6μg/L，呈现 Pb 的低背景域。

在矿产资源开发区及其附近水体中 Pb 表现为高地球化学背景和局部聚集，个别有色金属矿区浅层地下水中 Pb 含量大于 0.8μg/L，最高含量达 12.2μg/L，地表水中 Pb 含量大于 1.6μg/L，最高含量达 7.4μg/L。

山地、丘陵区水体中 Pb 呈现低地球化学背景，浅层地下水中 Pb 含量小于 1.6μg/L，地表水小于

2.0μg/L。岗地、平原区水体中 Pb 以地球化学高背景为主，浅层地下水中 Pb 含量大于 1.6μg/L，地表水大于 2.0μg/L。由于山地、丘陵区在微生物和生化作用下，有机质分解产生大量的硫，Pb 属亲硫元素，易与硫形成难溶化合物沉淀，造成水体中 Pb 含量背景降低。而鄱阳湖区地表水中 Pb 表现为高背景，一都昌往北入江湖段 Pb 的背景呈现增高趋势。

南昌市等城市区水体中 Pb 的地球化学背景出现了不同的变化趋势，南昌市浅层地下水为高地球化学背景。地表水 Pb 含量小于 1.25μg/L，最低含量为 0.602μg/L，表现为低地球化学背景。

7. 氨氮（NH_3–N）

区域浅层地下水中 NH_3–N 的平均含量 0.04mg/L、标准离差 0.015mg/L、变异系数 0.38，地表水分别为 0.062mg/L、0.02mg/L 和 0.32。浅层地下水至地表水中 NH_3–N 表现为升高趋势，由于在缺氧的浅层地下水环境中不利于 NH_3–N 的形成，造成浅层地下水中 NH_3–N 的含量明显低于地表水。

浅层地下水和地表水中 NH_3–N 略呈北高南低的分布特征，在奉新至鄱阳以北地区浅层地下水中 NH_3–N 一般含量 0.03~0.125mg/L，地表水为 0.04~0.20mg/L，地球化学背景比较稳定，含量变化小，而地表水因非自然因素的影响，地球化学背景比浅层地下水变化大。南部区浅层地下水中 NH_3–N 一般含量 0.04~0.16mg/L，地表水为 0.07~0.31mg/L，地球化学背景变化大。NH_3–N 南北地球化学背景差异性的形成可能与介质 pH 值条件有关，北部浅层地下水和地表水为中性至弱碱性水，南部浅层地下水呈弱酸性偏中性，而地表水为中性偏弱酸性，在中性 – 弱碱性条件下，介质中［H^+］含量低，不利于 NH_3–N 的形成。

区域水体中 NH_3–N 的局部聚集与特征的岩石类型有关，底、早寒武世炭质岩（含氮 1900μg/g）、晚二叠世及晚三叠世煤岩（含氮 2000~3000μg/g）和古近纪沥青质页岩分布区水体中出现了不同程度的 NH_3–N 局部聚集，浅层地下水中 NH_3–N 含量大于 0.2mg/L，地表水大于 0.5mg/L，其中以晚古生代煤岩区反映最为显著，形成了与煤岩分布相一致的 NH_3–N 地球化学高背景。

赣江、饶河河谷区水体中 NH_3–N 呈现高地球化学背景，在三角洲冲积平原区出现了 NH_3–N 较大范围的聚集。浅层地下水中 NH_3–N 大于 0.08mg/L、地表水大于 0.25mg/L，三角洲平原区浅层地下水 NH_3–N 含量大于 0.2mg/L，地表水大于 0.5mg/L，局部大于 2mg/L。湖区表层水中 NH_3–N 一般 0.06~0.16mg/L，入江湖段略有升高趋势。

8. 亚硝酸盐（NO_2^-）

区域浅层地下水中 NO_2^-平均含量为 0.16μg/L、标准离差 0.007μg/L、变异系数 0.04，地表水分别为 1.65μg/L、1.72μg/L 和 1.04。地表水中 NO_2^-含量为浅层地下水的 10.31 倍，表明地表水中 NO_2^-含量比较高，这与水中生物活动强烈有关。

浅层地下水和地表水中 NO_2^-具不同的区域地球化学分布特征。浅层地下水中 NO_2^-地球化学背景北部高于南部区，而地表水则反之，在奉新至鄱阳以北地区浅层地下水中 NO_2^-呈现高背景域，NO_2^-一般含量 4~100μg/L，最高含量达 1035.01μg/L；地表水含量 0.8~10μg/L，最高含量为 91.32μg/L，表现为低地球化学背景域。南部区浅层地下水中 NO_2^-一般含量为 0.4~10μg/L，最高含量达 639.27μg/L，为低地球化学背景域；地表水一般含量 0.8~16μg/L，最高含量达 487.06μg/L，呈现高背景域。形成上述地球化学背景的差异变化可能与介质的氧化和还原条件有关。

水体中 NO_2^-区域地球化学背景与地质环境的关系反映不是十分明显。总的来看，晚古生代地层区水体 NO_2^-地球化学背景略高于早古生代地层区，而早古生代地层区又略高于元古代变质地层区。晚古生代地层区浅层地下水中 NO_2^- 一般含量 0.9~2.5μg/L、地表水 4~16μg/L；早古生代地层区浅层地下水一般为 0.3~2μg/L、地表水 1~10μg/L；元古代变质地层浅层地下水一般为 0.15~1.25μg/L、地表水 0.15~5μg/L。花岗岩类区水体中 NO_2^- 含量小于 1μg/L，呈现低背景，中生代碎屑岩及火山岩区水体中 NO_2^- 一般含量大于 1μg/L，局部出现聚集。

修河、饶河、抚河、信江、赣江下游河谷区和三角洲冲积平原区水中 NO_2^- 表现为高地球化学背景，局部存在不同程度的 NO_2^- 聚集，浅层地下水和地表水中 NO_2^- 含量均大于 20μg/L。湖区表层水中 NO_2^- 一般含量 30~60mg/L，呈现偏高的地球化学背景。

应当指出，若采用统一的量纲，水体中 NO_2^- 在氮化物中的含量是比较低。在表生环境中 NO_2^- 很不稳定，易氧化成硝酸盐，或还原为 NH_3–N。

9. 硝酸盐（NO_3^-）

区域浅层地下水中 NO_3^- 平均含量 1.07mg/L、标准离差 0.67mg/L、变异系数 0.63，地表水分别为 0.496mg/L、0.138mg/L 和 0.28。浅层地下水至地表水 NO_3^- 含量呈现降低趋向，浅层地下水比地表水高 1.91 倍。同时，反映了氮在浅层地下水中主要以硝酸盐形式存在。

浅层地下水和地表水中 NO_3^- 具有相似的区域地球化学分布特征。区域水体中 NO_3^- 的地球化学背景与地质环境呈现一定的成生联系，表现出与 NO_2^- 同样的分布规律，从晚古生代地层区到元古代变质地层区水体中 NO_3^- 地球化学背景呈现降低趋向，晚古生代地层区浅层地下水 NO_3^- 一般含量 16~30mg/L、地表水为 5~10mg/L；早古生代地层区浅层地下水 NO_3^- 一般含量 12.5~25mg/L，地表水为 5~10mg/L；元古代变质地层区浅层地下水 NO_3^- 一般含量 8~20mg/L、地表水 4~8mg/L。在丰城至乐平北东向断裂带中，地表水中 NO_3^- 地球化学背景出现明显的变化，存在 NO_3^- 呈线型分布的局部聚集和地球化学背景梯度变异带。花岗岩类区水体 NO_3^- 呈现低背景，浅层地下水中 NO_3^- 含量小于 5mg/L，地表水以小于 20mg/L 为主；中生代碎屑岩和火山岩区水体中 NO_3^- 表现为高背景，浅层地下水中 NO_3^- 含量大于 20mg/L、地表水含量变化较大，以大于 5mg/L 为主。

河谷区水体中 NO_3^- 的地球化学背景略显高背景，局部聚集显著。但三角洲冲积平原区 NO_3^- 地球化学背景比较复杂，信江、饶河三角洲平原区水体 NO_3^- 呈现高背景，而赣江、抚河三角洲平原区 NO_3^- 则表现为低背景。同时修河和赣江北支三角洲平原区浅层地下水中 NO_3^- 呈现高背景，而地表水则为低地球化学背景。湖区表层水中 NO_3^- 表现为低地球化学背景，一般含量 3~5mg/L，都昌以北入江湖段 NO_3^- 含量略升高趋势，一般含量 4~8mg/L。

10. 磷（P）

区域浅层地下水中 P 平均含量 0.015mg/L、标准离差 0.01mg/L、变异系数 0.67，地表水分别为 0.023mg/L、0.01mg/L 和 0.44。浅层地下水至地表水中 P 含量呈现升高趋势。介质中 pH 值、生物和物理化学条件的变化以及人为因素的影响可能是造成地表水中 P 含量增高的主要原因。

浅层地下水和地表水中 P 具有不同的区域地球化学分布特征。浅层地下水中 P 表现出北高南低的区域地球化学分布格局，奉新至鄱阳以北地区浅层地下水中 P 呈现高地球化学背景，P 一般含量 0.02~0.2mg/L，在含硅矿化层的底、早寒武世炭质岩和中志留世砂泥质岩分布区出现了 P 的局部聚集，P 含量大于 0.2mg/L，最高含量达 0.77mg/L。南部区 P 呈现低背景，P 一般含量 0.006~0.1mg/L，以小于 0.02mg/L 为主体，在新元古代变质炭质岩及玄武岩、晚二叠世及晚三叠世煤岩、晚侏罗世火山岩等分布区出现了 P 的局部聚集。花岗岩类区多数呈现 P 的高背景，其中九岭和阳储岭花岗岩区由于在风化成土过程中发生了强烈的去硅富铝化，制约了磷的沉淀，从岩石中水解出来的磷形成可溶性磷化物进入水体，在浅层地下水中P含量大于0.2mg/L，出现了P的聚集，最高含量达0.81mg/L。

地表水中P区域地球化学背景含量值的南北差异性变化不明显，但地球化学背景的起伏变化存在明显的不同，奉新至鄱阳以北地区P的地球化学背景简单，除在长江南岸形成了一条宽10.11~27.78km的磷高背景带（P>0.05mg/L）外，广大区域P含量变化小，地球化学场呈现近东西向的平缓起伏。南部区截然不同，P的地球化学背景变化十分复杂，含量变化大，地球化学场起伏频繁，局部聚集和分散时常可见，在煤岩分布区地表水中P呈现高背景，局部出现聚集，在第四纪松散堆积物区P表现为低背景，形成地球化学洼地，一般含量0.004~0.02mg/L。

河谷区和三角洲冲积平原区浅层地下水、地表水中P存在不同程度高地球化学背景，浅层地下水中P含量大于0.016mg/L、地表水大于0.02mg/L，局部出现P的聚集，特别是赣江、修河和信江三角洲平原区，浅层地下水和地表水中磷含量大于0.02mg/L。湖区表层水中P一般含量0.02~0.03mg/L，都昌以北入江湖段P含量大于0.03mg/L，呈现升高趋势。南昌市、鄱阳等城市区水体中P表现不同程度的聚集和地球化学背景偏高现象，尤其是地表水，南昌市区地表水中P最高含量达1.96mg/L，鄱阳城区地表水中P最高含量为2.24mg/L。

第二节 水地球化学环境评价

江西省地质调查研究院对鄱阳湖地区水地球化学环境进行了评价（衷存堤 等，2006）。

一、浅层地下水地球化学环境质量综合评价

全区浅层地下水符合优良（Ⅰ类）水质标准的分布面积为0.3km^2；良好（Ⅱ类）水质标准的分布面积为15025.6km^2，占总面积的42.66%；较好（Ⅲ类）水质标准的分布面积为14322.5km^2，占总面积的40.66%；较差（Ⅳ类）水质标准的分布面积为5782.5km^2，占16.42%；极差（Ⅴ类）水质标准的分布面积为91.8km^2，占0.26%。全区绝大多数浅层地下水为良好（Ⅱ类）和较好（Ⅲ类），占总面积的83.32%，而较差（Ⅳ类）和差（Ⅴ类）浅层地下水占总面积的16.68%，主要分布于鄱阳湖周边三角洲冲积平原和滨湖平原、赣江流域下游一带入湖江段（图4-14-3）。

污染物主要为Be、Fe、Mn，其次为NO_3^-、NO_2^-、NH_3-N、F^-、挥发性酚，少量为Cu、Co、As、Ba、Ni、Cd、Hg、Cl^-、SO_4^{2-}等。其中，Be超标率为69.07%，平均超标9.7倍，最大超标58.5倍；Fe超标率为20.99%，平均超标10.05倍，最大超标200倍；Mn超标率为25.21%，平均超标7.6倍，最大超标119倍；NH_3-N超标率为7.53%，平均超标7.8倍，最大超标77.6倍；NO_2^-超标率为3.63%，平均超标6.7倍，最大超标54.7倍；NO_3^-超标率为1.12%，平均超标1.4倍，最大超标2.7倍；酚超标率为2.3%，平均超标3570倍，最大超标68980倍；P超标率为4.7%，平均超标2.2倍，最大超标10.1倍；F^-超标率为0.9%，平均超标20.9倍，最大超标88.6倍。

二、地表水地球化学环境质量综合评价

全区地表水地球化学环境质量均未达到优良（Ⅰ类）水质标准；符合良好（Ⅱ类）水质标准的分

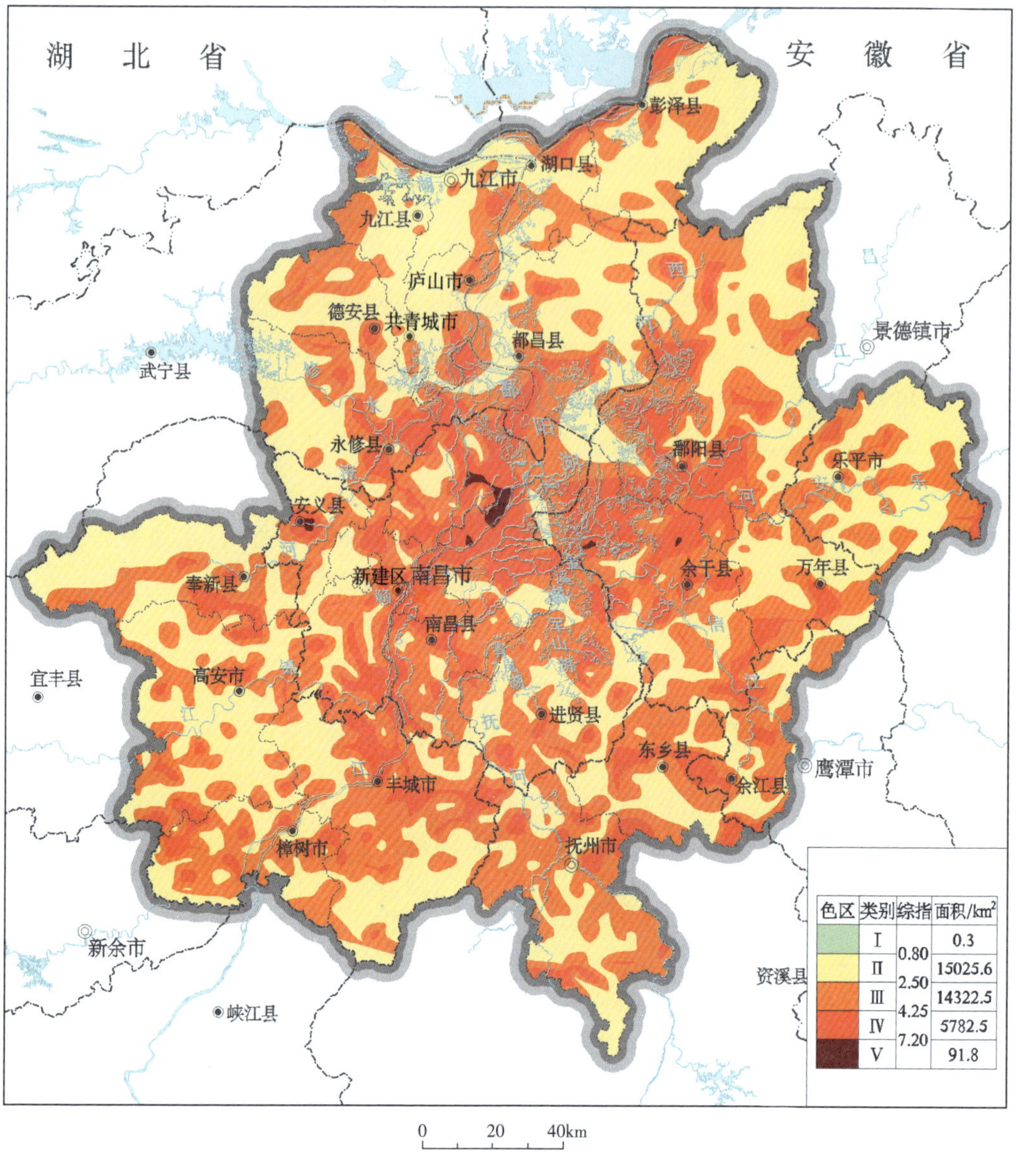

图 4-14-3 鄱阳湖地区浅层地下水地球化学环境质量综合评价图

Fig. 4-14-3 Ecological and geochemical quality evaluation for the shallow groundwater in Poyang Lake area

布面积 4369.9km^2，占总面积的 88.15%；符合较好（Ⅲ类）水质标准的分布面积 2930.3km^2，占总面积的 7.52%；较差（Ⅳ类）水质标准的分布面积 1674.7km^2，占总面积的 4.30%；差（Ⅴ类）水质标准的分布面积 15.8km^2，占总面积的 0.04%。全区绝大多数地表水为良好（Ⅱ类）和较好（Ⅲ类），占总面积的 95.67%，而较差（Ⅳ类）和差（Ⅴ类）地表水仅占评价区总面积的 4.34%，说明全区地表水水质总体良好。较差（Ⅳ类）和差（Ⅴ类）地表水主要分布于长江南岸、赣江流域、入湖三角洲冲积平原和县级以上城市附近，其中城镇周边污染程度较高，污染指数大于 7.2 的极差（Ⅴ类）地表水在安义县城附近分布面积最大（图 4-14-4）。

主要污染物为 NH_3-N、P、挥发性酚，少量为 F^-、Hg、As、Cu、Cd 等。其中，NH_3-N 超标率为 5.23%，平均超标 4.76 倍，最大超标 77.6 倍；P 超标率为 4.53%，平均超标 2.9 倍，最大超标 40.75 倍；酚超标率为 1.27%，平均超标 1148 倍，最大超标 18294 倍；F^-超标率为 0.52%，平均超标 12.9 倍，最

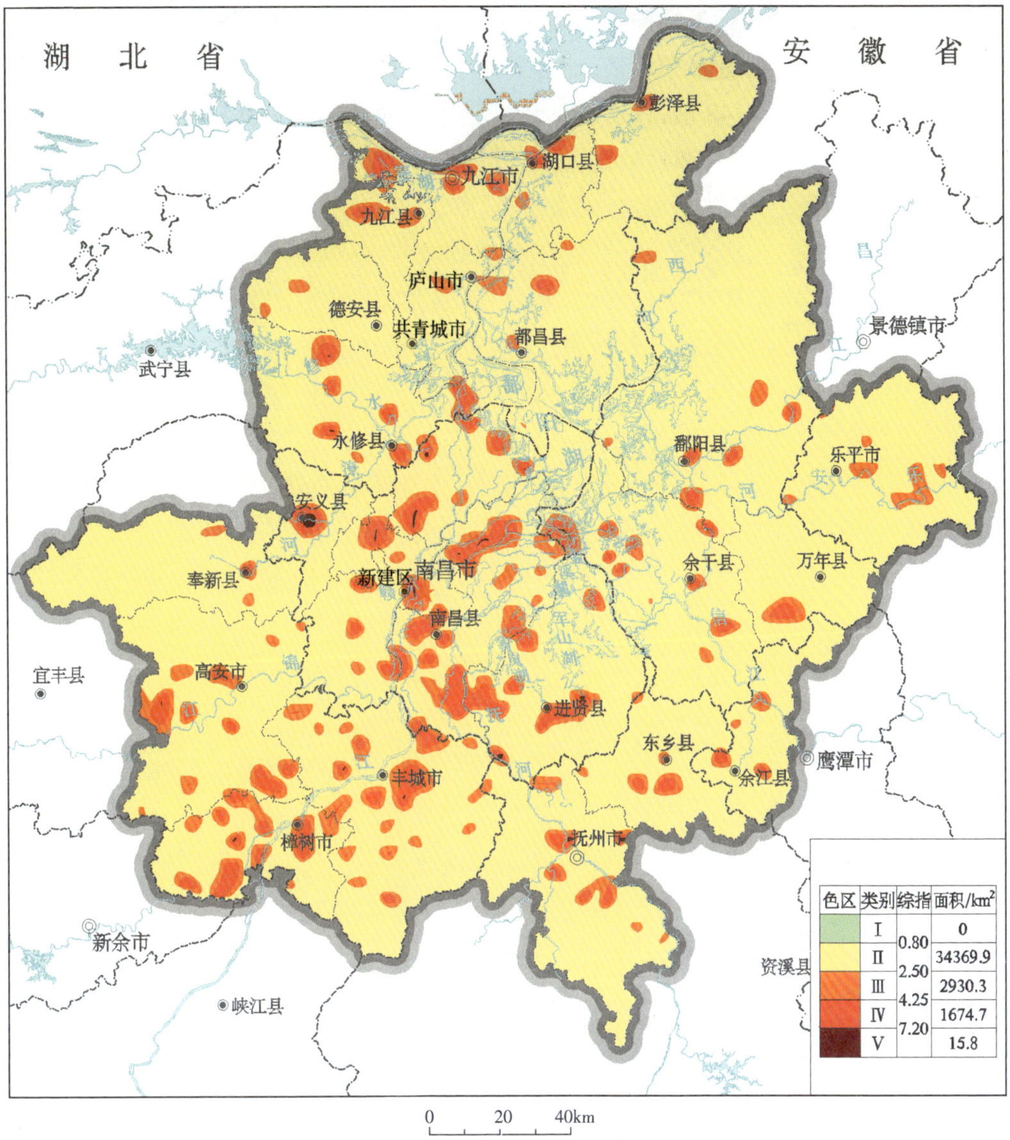

图 4-14-4　鄱阳湖地区地表水地球化学环境质量综合评价图

Fig. 4-14-4　Ecological and geochemical quality evaluation for the surface water in Poyang Lake area

大超标 25.6 倍。

三、水体一般化学指标区域分布特征

全区地表水地球化学环境质量均未达到优良（Ⅰ类）水质标准；符合良好（Ⅱ类）水质标准的分布面积 4369.9km²，占总面积的 88.15%；符合较好（Ⅲ类）水质标准的分布面积 2930.3km²，占总面积的 7.52%；较差（Ⅳ类）水质标准的分布面积 1674.7km²，占总面积的 4.30%；差（Ⅴ类）水质标准的分布面积 15.8km²，占总面积的 0.04%。全区绝大多数地表水为良好（Ⅱ类）和较好（Ⅲ类），占总面积的 95.67%，而较差（Ⅳ类）和差（Ⅴ类）地表水仅占评价区总面积的 4.34%，说明全区地表水水质总体良好。较差（Ⅳ类）和差（Ⅴ类）地表水主要分布于长江南岸、赣江流域、入湖三角洲冲积平原和县级以上城市附近，其中城镇周边污染程度较高（图 4-14-4）。

主要污染物为NH_3-N、P、挥发性酚，少量为F^-、Hg、As、Cu、Cd等。其中，NH_3-N超标率为5.23%，平均超标4.76倍，最大超标77.6倍；P超标率为4.53%，平均超标2.9倍，最大超标40.75倍；酚超标率为1.27%，平均超标1148倍，最大超标18294倍；F^-超标率为0.52%，平均超标12.9倍，最大超标25.6倍。

第十五章　区域生态地球化学环境工作主要进展与问题

第一节　区域生态地球化学环境调查评价取得的主要进展

综合江西省近 14 年来以 1：25 万区域生态地球化学环境为主的区域生态地球化学调查评价研究成果，迄今在生态地球化学环境调查研究工作方面取得的主要进展有以下几个方面。

一、区域生态地球化学环境调查主要进展

1）初步掌握了 10.35 万 km^2 的区域双层土壤（表层土壤和深层土壤）54~66 项元素指标的含量基本特征、有益有害物质空间分布规律。区内土壤中各指标含量特征及分布总体受地质背景控制，表层土壤中部分指标含量明显叠加人为活动影响。

2）基本掌握了 10.35 万 km^2 区域土壤 54~66 项指标元素的地球化学背景值与基准值两个重要科学参数值以及区域土壤碳库及土壤元素（化合物）0~20cm、0~100cm、0~180cm 的储量及其空间分布规律等基础数据。

3）首次发现并初步圈定了一批富硒、富锌、富锗等富含有益元素的特色土地资源。调查区已发现了 1.39 万 km^2 的富硒土壤资源分布区，同时在石城县的南部、瑞金市北部、都昌—彭泽县等地发现了局部的硒不足和少量硒缺乏的环境。其中属于清洁的富硒土壤资源有 9156 km^2，值得保护利用；还有一些富硒土壤资源的重金属超标，开发利用时需要注意并采取适当的调控技术，控制土壤重金属向农产品转移。

4）发现并初步圈定了局部地段存在的土壤重金属异常或超标区（带），对典型异常区大致查明了异常重金属种类、成因、物质来源及生态效应情况。

二、区域生态地球化学环境评价研究主要进展

1）在调查取得的大量生态地球化学数据资料基础上，通过评价研究，概略查明了 10.35 万 km^2 区域土地生态地球化学环境现状和质量状况，并对区域性生态地球化学安全风险、土地生态地球化学环境、大宗农产品质量安全等进行了概略性评价和预测评估。

一是评价表明，区内Ⅰ类与Ⅱ类土壤生态地球化学环境区占调查区总面积的 89.80%，说明调查区（江西）的土壤生态地球化学环境总体较好，这是江西所表现的生态环境优势之一。但是，土壤的酸化较严重，pH 值普遍在 4.5~5.5 之间。

二是调查区表层土壤 N、P、K 养分总体较丰富。其中：丰富（一级）区占调查总面积 8.52%、较

丰富（二级）区占调查总面积 43.08%、中等（三级）区占调查总面积 46.16%、较缺乏（四级）区只占调查总面积 2.24%。

三是调查区土壤有 88.95%的面积适宜发展无公害农产品产地环境质量要求、67.91%的面积适宜发展绿色食品产地环境质量要求、67.28%的面积适宜发展有机食品产地环境质量要求，说明江西具有发展绿色农业和有机食品的良好生态环境及发展潜力。

2）运用生态地质地球化学理论方法与技术，揭示了一批地方传统名特优农业品产地环境的科学奥秘。

3）以深层土壤元素或指标地球化学图为依据，结合地质背景、地貌类型、土壤类型等环境因素，将全区划分为 21 个地球化学区，各地球化学区进一步划分为若干个地球化学亚区。系统总结了各地球化学亚区的元素组合及含量特征。

4）初步评价了鄱阳湖地区水地球化学环境。全区绝大多数浅层地下水为良好（Ⅱ类）和较好（Ⅲ类），占总面积的 83.32%，而较差（Ⅳ类）和差（Ⅴ类）浅层地下水占总面积的 16.68%，主要分布于鄱阳湖周边三角洲冲积平原和滨湖平原、赣江流域下游一带入湖江段。全区绝大多数地表水为良好（Ⅱ类）和较好（Ⅲ类），占总面积的 95.67%，而较差（Ⅳ类）和差（Ⅴ类）地表水仅占评价区总面积的 4.34%，说明全区地表水水质总体良好。较差（Ⅳ类）和差（Ⅴ类）地表水主要分布于长江南岸、赣江流域、入湖三角洲冲积平原和县级以上城市附近，其中城镇周边污染程度较高（衷存堤 等，2014）。

三、成果转化应用主要进展

1. 应用生态地球化学调查成果成功建设了丰城市“中国生态硒谷”

根据“鄱阳湖及周边经济区农业地质调查”项目所首次发现了富硒土壤资源成果，江西省地质调查研究院与丰城市人民政府合作，于 2007 年在丰城市董家镇选择了 $50km^2$ 富硒土地资源区作为农业地质调查与土地质量地球化学评估成果应用示范基地，成功建设“中国生态硒谷”，通过丰城市政府及农业部门招商引资，引进农业龙头企业 15 家和科研机构 1 所，其中亿元以上重大项目 11 个，预期总投资 100 亿元，2014 年底已完成投资 31.25 亿元，实现产值 42 亿元，创外汇 200 余万美元，开发富硒农产品 40 多个。目前，富硒产业生产基地覆盖 9 个乡镇 20 万人口，解决农民家门口就业 20000 人，带动农民增收 5 亿元，丰城“中国生态硒谷”已获得省级“农业科技园区”、“现代农业示范区”、“农业标准化示范基地”等荣誉命名。其经验目前已经推广到高安市、宜春市袁州区、樟树市、万安县、乐平市、崇义县等地。

2. 水土重金属污染治理的试验研究工作取得了初步成效

重金属污染的治理是国内外生态环境领域的一大难题。江西省历史遗留的重金属污染问题比较突出。近年来，在国家中央财政与省财政的支持下，开始了江西重金属污染治理的行动，并取得了一定成效，不同程度地控制了增量、减少了存量。

一是中国节能环保集团公司与省政府合作，在江西开展了一些重金属污染防治项目，包括部分冶炼、矿山的尾渣、废渣的治理以及涉重工业企业废水、废气处理工程设施的改造等。

二是国家地质实验测试中心的生态地球化学环境实验室，以刘晓端研究员为主的技术团队，在江西的德兴、龙南等地开展了矿山尾水重金属的治理试验研究，取得了良好试验效果。

三是中国科学院南京土壤研究所江西鹰潭红壤生态试验站以周静为主的技术团队，选择了贵溪市贵冶周边重金属污染农田修复试验示范研究工作，在进一步查明重金属污染种类、污染程度与污染特征、污染物质来源等情况下，分别采用了非金属矿物材料（土壤调理剂）、生物吸附法、磷灰石纳米材料以及农艺法等多方法、技术与工艺，建立了多工艺方法技术试验示范研究基地，成功实现了2000余亩重金属污染农田的修复，取得了较好的经济效益、生态环境效益和社会效果。目前，该试验示范基地已成为国家级重点试验示范基地之一，并成了“中欧环境治理项目”的示范点之一。

四是以江西省地质调查研究院尹国胜、衷存堤为主的农业地质技术团队，与国家地质实验测试中心的刘晓端研究团队合作，于2014年6月开始，在赣南选择了一个以镉（Cd）为主的耕地（农田）重金属污染治理试验研究，在不改变耕地正常生产耕作活动的条件下，采用非金属矿物材料，通过半年周期的试验，在改善了耕地土壤理化功能、削减水稻重金属含量方面取得了初步成功，使试验地的中稻与晚稻从“镉米”变成了“无公害大米”，目前该项工作还在试验之中。

第二节　区域及局部生态地球化学环境的主要问题

通过区域土壤和鄱阳湖区水地球化学调查，发现了一些生态地球化学环境问题，由于限于调查精度，这些发现还是初步的，但值得引起高度重视，进一步加强监测研究，提出治理对策。

一、区域性生态地球化学环境问题

通过分析10.35万km^2区域土壤生态地球化学调查的成果数据，发现江西省区域生态地球化学环境存在一些值得有关方面重视的问题，需要进一步监测研究和治理。

1）现有调查评价研究成果数据表明：江西具有显著的生态地球化学环境优势和绿色有机食品产业的巨大潜力，如何把这一优势转化为生态经济优势和绿色有机食品产业优势值得政府及相关部门重视，并在农业现代化与现代农业示范园区基地选区上，应考虑生态地球化学环境状况、优选良好生态地球化学环境区作为农业现代化与示范园区的基地。同时，在10.5万km^2调查区内发现了一批特色土壤资源分布区，如富硒土壤、富锗土壤、富锌土壤、富硒富锌土壤等和一些富含有益健康元素的综合生态地球化学环境区域，但目前对这些富含有益健康元素的生态地球化学环境区的调查研究工作程度尚低，建议在此基础上安排开展进一步的评价研究工作，查明元素形态与土壤环境质量状况及相关特征，以促进对这些宝贵土壤资源的合理开发利用，把这些宝贵资源转化为特色产业与特色经济。

2）在局部地段及流域，发现存在镉（Cd）、砷（As）、汞（Hg）、铅（Pb）、铜（Cu）、氟（F）等有毒有害元素的生态地球化学环境异常（或点位超标）区（带），包括长江南岸部分地段的镉（Cd）异常带，饶河与乐安河的中下游部分河谷的镉（Cd）、铅（Pb）、铜（Cu）重金属异常，赣南“崇余犹”地区部分地段砷（As）镉（Cd）重金属异常，鄱阳湖三角洲的多种类重金属组合积聚区，部分城市的汞（Hg）、镉（Cd）、砷（As）、铅（Pb）、铜（Cu）异常，部分地区的氟（F）异常，环鄱阳湖地区晚稻大米的镉（Cd）点位超标率高和局部点位等。但对这些地段的土壤重金属形态特征、污染程度、生态风险与危害等情况尚不清楚，建议对这些重金属异常区（带）和超标点位安排开展1：5万精度的区域耕地重金属污染现状调查评价，为重金属污染防控治理与当地产业结构的调整提供科学依据。

3）调查区的土壤酸化问题是一个普遍现象。江西的酸性土壤分布广泛，土壤pH值多在5.5~4.5之间，与20世纪80年代数据对比，土壤的酸化现象明显。由于土壤的酸化将加速部分地区的重金属活化，并可能导致有害物质向生物体迁移转化、进入食物链循环、影响人体健康安全。具体情况需要作进一步的调查研究。

4）区域耕地重金属污染的防控治理工作亟待加强。10余年来生态地球化学调查成果数据表明：江西局部存在的历史遗留的重金属污染问题比较突出，但至今，区域土壤重金属的存量基本没减、增量还在增加，个别地方通过食物链长期的重金属迁移转化与累积，开始产生生态危害和影响人体健康。有必要建立重金属污染的预测预警与防控机制，预防局部重金属污染引发的生态灾害和群体性突发事件（成杭新 等，1999、2004）。

二、鄱阳湖地区局部存在的生态地球化学环境问题

（一）与地球化学环境有关的疾病

1. 地氟病

地方性氟中毒就是因长期饮用当地高氟量饮用水，或摄入因环境污染的食物，空气中氟化物含量过高而引起的一种慢性中毒性疾病。主要侵犯牙齿、骨骼，发生斑釉齿（氟斑牙）和氟骨症，同时对人体其他系统也有不同程度的影响。严重者由于骨关节的畸形，肌肉萎缩而造成弯腰驼背，甚至瘫痪。尤其是严重地影响儿童和青少年的生长及智力发育。江西省萤石矿资源丰富，矿山正逐年增加，加强绿色矿山建设，防止地氟病发生与蔓延。

吴山地氟病是江西省典型的地氟病高发区，主要分布在吴山、林泉、塘山、爱民、樟树、邹桥、车桥、磨溪、付山等地。当地卫生防疫站查出患氟斑牙病人为1548人，总发病率32.10%。

区域地球化学调查发现，表层土壤氟高含量区主要分布于萤石矿至吴山一带，呈南北向展布，与水系分布基本一致，分布面积约30km²。尤其是在萤石矿周围土壤中氟含量大于1000μg/g，最高达5000μg/g，吴山最高达1300μg/g，高含量点均分布于萤石矿及锡矿采场和选场所在地附近。而深层土壤中氟含量较低，未受污染。

2. 碘缺乏病（地甲病）

碘缺乏病是由于自然环境缺碘而对人体所造成的损害，形成各种疾病。地方性甲状腺肿、地方性克汀病、地方性亚临床型克汀病及影响生育而出现的不育症、早产儿、死胎、先天畸形儿等这些病统称为“碘缺乏病”。碘缺乏病最主要的危害是影响胎儿的脑发育，导致儿童智力和体格发育障碍，造成碘缺乏地区人口的智能损害。

根据区域地球化学调查，彭泽县是江西省碘缺乏病发生的典型地区。

地甲病在彭泽县流行已久，以山区尤甚，伴有地克病发生。1984年以来，通过加碘盐的推广及采取相关的预防措施，至1998年该病已基本在彭泽县消除，目前无新发病例。

江西省地质调查研究院按不同地质环境和不同病情区单元采集了水、土、粮、菜测试样品。取水样96份，分析水中碘均值为：重病区1.9μg/L、轻病区2.4μg/L、非病区7.5μg/L；取病区稻谷5份，分析其中碘均值为31.38μg/kg；采集干菜5份，分析其碘均值为41.7μg/kg；采集土壤10份，分析其碘均值为211.49μg/kg。另外，采集了人尿碘和血清蛋白结合碘，其中尿样56份，尿碘均值：地甲病人37.16μg/克肌酐；地克病人23.08μg/克肌酐；健康人41.72μg/克肌酐；血清25份，血清蛋白结合碘均

值：地甲病人 2.72μg%、地克病人 1.96μg%、健康人 4.53μg%。对水作了全分析及水中 Zn、Mg、Mn、Cu、Mo 等有关微量元素分析，进行了社会环境调查，说明地甲病的主要致病因素是外环境缺碘，是人体摄碘不足造成的。

彭泽县从 1982 年开始全面推广碘化盐，实施了碘盐、碘油丸、碘砖等防治措施，地甲病防治工作取得了较满意的效果，碘盐知识普及率 85.8%。7 月中旬抽查尿样 30 份，全部达到基本控制地甲病标准。

（二）不适宜的农业生态地球化学环境

根据江西省地质调查研究院区域地球化学调查资料，采用国家有关标准，对鄱阳湖地区的表层土壤进行评价，发现区内存在一些不适宜发展无公害农产品、绿色食品产地要求的农业生态地球化学环境亟待治理修复。

根据农业部颁布的《无公害水稻产地环境条件》（NY5116—2002）和国家颁布的《无公害蔬菜产地环境要求》（GB/T 18407.1—2001），利用 8843 件表层土壤样品中 Cd、Hg、As、Pb、Cr 等重金属元素含量及其土壤 pH 值，采用内梅罗指数法对区内无公害水稻产地土壤环境质量和无公害蔬菜产地土壤环境质量进行综合评价。初步结果表明，鄱阳湖地区不适宜发展无公害水稻产地的农业生态地球化学环境区主要分布在南昌市郊、赣江中支入湖三角洲、鄱阳—余干之间的冲积平原、彭泽—湖口南东部、德安吴山、高安鸡公岭、樟树南部一带的部分地段，绝大多数分布面积很小，部分是山地或丘陵地区。主要是由于土壤中 Cd、Hg、As 等重金属元素含量超标所引起，属于自然高背景土壤环境。

不适宜发展无公害蔬菜产地的农业生态地球化学环境区主要分布在彭泽东升—天红镇、高安市鸡公岭、南昌市郊、鄱阳—余干之间的冲积平原、樟树市南部一带。南昌市区—南昌县的东部、鄱阳—余干之间的冲积平原部分地段、樟树市南部部分地段目前不宜发展无公害蔬菜基地。主要是当地表层土壤中 Cd、Hg、As 等重金属元素含量偏高。

根据农业部颁布的《绿色食品产地环境技术条件》（NY/T391—2000），利用 8843 件表层土壤样品中 Cd、Hg、As、Pb、Cr、Cu 等重金属元素含量及其土壤 pH 值，采用内梅罗指数法对区内土壤进行绿色食品产地土壤环境质量初步综合评价。初步结果表明，不适宜发展绿色食品旱地产地的主要分布区是彭泽县东升—天红镇、德安县吴山乡、高安市鸡公岭、南昌市郊、鄱阳—余干之间的冲积平原、乐平市历崌山及乐平—万年之间、樟树市南部、丰城市铁路镇以东、东乡县南部部分地段。其中除南昌市郊、樟树市南部、鄱阳—余干之间冲积平原外，其他地区主要为低山丘陵区，前三个区域目前不宜发展绿色食品（旱地）产地。主要是表层土壤中 Cd、Hg、Pb、As、Cu 等重金属元素含量偏高所引起，属于自然高背景土壤环境。

不适宜发展绿色食品水田的主要分布区是彭泽县东升—天红镇、德安县吴山乡、高安市鸡公岭、南昌市郊、鄱阳—余干之间的冲积平原、乐平市历崌山及乐平—万年之间、樟树市南部、丰城市铁路镇以东、东乡县南部部分地段。其中除南昌市郊、樟树市南部、鄱阳—余干之间冲积平原外，其他地区主要为低山丘陵区，前三个区域部分地段目前不宜发展绿色食品（水田）产地。主要是由于表层土壤中 Cd、As、Pb、Hg、Cu 等重金属元素含量偏高所引起，属于自然高背景土壤环境。

（三）土壤酸化和土壤肥力下降问题

1. 表层土壤酸化趋势显著

鄱阳湖地区深层土壤中 pH 背景值为 5.9，表层土壤 pH 值为 5.1，pH 值降低 0.8 个单位，显示土壤酸度呈增强态势；表层土壤的酸性土分布面积大大超过深层土壤，酸性土壤区占调查区陆地总面积的80%以上，是深层土壤的3.66倍（pH值<5.5土壤面积之比）；而城区表层土壤则反之，出现了碱化趋势（如南昌市城区）；酸碱度的极端不良现象明显，pH最小极值为4.2，呈强酸性。

影响表层土壤酸化的可能因素：其一，与土壤溶液中 [H^+] 浓度和土壤中胶体吸附的 [H^+] 和 Al^{3+}交换量有关；其二，与酸雨有关，通过对南昌、九江和抚州三个设区市四个季度的大气降水监测，雨水中的pH值为4.51~5.01，呈现酸性；其三，与“三废”排放有关，由于大量的“三废”排放，据有关部门统计，每年排入饶河的酸性废水（pH值为2.42）有700~1000万t，从而引发生态地球化学环境中pH值的降低，土壤酸性增强。例如赣江流域受“三废”排放影响较轻，表层土壤呈弱酸性，而饶河和信江流域受矿产资源开发的大量“三废”排入，表层土壤呈酸性，在饶河洺口局部呈现强酸性（pH<4.5）。这些因素是促使表层土壤逐渐酸化的“催化剂”和驱动力。

土壤酸化对土壤的物理性质、微生物活动和土壤肥力等有很大的影响，破坏土壤结构，诱发了土壤中营养元素有效态含量的降低，特别是磷的有效态。同时，促使土壤中重金属元素形态向活性转化，增强了重金属元素的迁移、渗透能力和生物活性，给生态环境带来了严重的危害。

2. 土壤肥力下降趋势明显，一级营养元素分布分配不协调

表层土壤中有机质和全氮在庐山、九岭山、玉华山、历崌山等地区及部分丘陵区呈现富足状态，而鄱阳湖平原和河谷平原及长江南岸平原粮、棉、油主产区为缺乏区，局部存在严重缺乏。调查区全磷总体较低，呈现缺乏状态（而城市周边及平原区略好于其他地区），相对缺乏区分布较广。耕作区表层土壤中全钾含量总体适中至富足状态，而赣江、抚河河谷及三角洲平原区、花岗岩类分布区全钾很富足。由此可见，土壤的养分资源配置很不协调，耕作区土壤肥力低的现象突出，在一定的程度上制约了区域农业产业的可持续发展。导致土壤中营养元素丰缺现状的根本原因是水土流失的加剧和对土壤资源的过度利用，促使土壤的养分大量流失，土壤贫瘠化和肥力下降。同时，由于元素化学性质和适应pH条件变化能力的差异，从而形成了空间分布的不和谐性。

改革开放以来，随着人们环保意识的提高，退耕还林政策的贯彻和落实，土壤肥力下降趋势得到了有效的遏制。通过与第二次土壤普查成果资料（1986年）对比，表层土壤近20年来有机质和全氮含量有明显的提高，增幅超过50%的表层土壤分布面积约占45%，其中增幅超过100%的占30%，但平原耕作区略有增加或减少，变幅不足20%；表层土壤中全磷含量变化十分明显，约90%的表层土壤中全磷含量增幅超过100%；全钾含量增速相对较小，增幅超过50%的表层土壤分布面积仅占40%，而约有30%的表层土壤全钾含量增幅不明显或略有下降趋向。

（四）水地球化学环境问题

鄱阳湖地区水体地球化学环境质量总体良好，但潜在的威胁因素突出。地表水环境如果考虑Fe、Mn指标因素，环境质量则以Ⅲ类水为主，这样地表水和地下水的Ⅲ类水占有比较大的比例，Ⅲ类水处于安全警戒线，其威胁程度可想而知。另外，初步发现水体中不少毒理指标的点位超标率高：浅层地下水中Be超标率为69.07%，Mn超标率为25.21%，氨氮超标率为7.53%，挥发酚超标率为2.3%,平均超标3570倍,最大超标68980倍；NO_2^-、NO_3^-、F^-也有不同程度的超标现象。地下水中氨氮超标率为5.23%，挥发酚超标率为1.27%，氟化物超标率为0.52%。总的来看，浅层地下水环境质量略优于地表水，需要加强进一步监测、研究和治理。

地球化学环境质量相对较差的浅层地下水和地表水都分布在河谷和三角洲平原区，是主要的耕作区和人口较密集的地区，这对生活饮用水的安全带来了很大的威胁。依据国颁《生活饮用水卫生标准》（GB5749—1985）的要求，浅层地下水和地表水有七成未能达到生活饮用水的质量标准，特别是平原区未能达标的地表水约占九成。因此，洁净的饮用水源较缺乏，多数水源都不宜直接饮用。

鄱阳湖区水体富营养化程度不容乐观。参照中国地质调查局《区域生态地球化学评价技术要求（试行）》（DD20005—02）推荐划分方案，湖区水体以中营养化至中富营养化为主，分布面积占湖区水域总面积的85%以上；局部为中－贫营养化，分布面积约占8.15%，主要分布于中、北湖区；富营养化水域占总面积的6%以上，主要分布在南湖及附近湖泊。

（五）其他地球化学环境问题

1）初步发现赣江部分地段悬浮物中放射性物质含量高，这与赣江河谷及三角洲平原区土壤中出现了铀、钍聚集相印证。需要给予足够的重视，需进一步加强监测。

2）根据入湖口（赣江采用分支前监测点）监测点样品的分析成果和五大水系的多年平均径流量，概略估算五河由悬浮物输出重金属元素（Cd、Cu、Ni、Pb、Zn、As、Hg）通量为250.0537万t，而据湖口入江的监测结果，入江悬浮物中重金属总量217.6394万t，鄱阳湖截留总量32.4143万t，将对湖区沉积物地球化学环境质量带来严重的影响，需进一步监控减量。

第五篇 Part V Regional hydrogeology and underground water resource

区域水文地质与地下水资源

江西省地处亚热带，雨量丰沛，地表水资源丰富，地下水资源相对较少，但也具有相当规模，水质良好，与地表水有一定互补性，可调节使用。

全省地下水天然资源量约 230.48 亿 m^3/a，地下水可开采资源量 73.4 亿 m^3/a。

省内地下水分布不均，弱富水的基岩裂隙水、孔隙裂隙水分布最广，占全省面积的 83.8%；强 – 中富水的松散岩类孔隙水、碳酸盐岩岩溶水，其分布面积占全省面积的 16.2%。

全省地下水主要为重碳酸盐型淡水，多数地区水质良好，是我国地下水质最好的地区之一。白垩系、古近系红色碎屑岩分布地区一部分为硫酸盐型微咸水，鄱阳湖的滨湖区部分上更新统冲积层孔隙水分布区铁、锰离子偏高，另有个别地区为放射性水和氟含量较高的水，少数人口密集的城镇第四系孔隙水遭受人为污染，大肠杆菌和氨氮、亚硝酸、氯、砷、汞、酚等超标，这些地区的地下水不能直接作生活用水使用，水质需作处理才能饮用。

省域地质构造南北差异明显，大致以萍乡 – 广丰近东西向深断裂为界，江西北部构造十分复杂，呈“两块夹一带”结构，自北而南依次为下扬子地块、钦杭结合带中酸的宜丰 – 德兴加里东期造山带和信江钱塘地块。江西南部为加里东期造山带。自元古代以来，有各时代地层、各类沉积岩、变质岩、不同时期的岩浆岩形成。岩层（体）经历多次构造运动，褶皱、断裂构造发育。经燕山期陆内活化造山和晚白垩—古近纪断陷成山成盆，全省形成了变质基底隆起，盖层沉积坳陷，红层断陷盆地三重地质构造。赣北呈现隆坳交替格局，赣中南以隆起为主，坳陷规模很小。赣西北之幕阜山、九岭山区，赣西南的罗霄山及诸广山区，赣东北的鄣公山区怀玉山与万年地区，赣东南之雩山、武夷山区相对隆起，形成中低山 – 低山丘陵区；九江、萍乐、上饶、永莲、宁于等坳陷区南华纪—侏罗纪或晚古生代—侏罗纪的沉积岩，属丘陵或低山区；鄱阳、信江、抚州、吉泰、赣州等断陷盆地中新生界红层构成低丘岗埠地形；鄱湖、赣江、修河、抚河、信江、饶河及其支流河谷两岸地势低平，形成冲积平原区。因此，省内地下水具有中低山 – 低山丘陵 – 丘陵 – 平原的分布、运移水文地质特征。

第十六章　地下水赋存特征、类型及富水性

第一节　地下水赋存特征

省内地层岩性、地质构造、地形地貌及水文气象等因素严格地控制着地下水的类型、水质、水量、埋藏和分布，平原区人类长期活动也影响着地下水的天然动态平衡。

一、地层岩性赋水性

不同类型的岩层（体）在其成生发展过程中经其后多期次构造运动改造，形成了岩性形态、规模和连通性不一的储水空间，使地下水的运动、分布具有明显的差异，不仅形成了不同类型的地下水，还影响着地下水的分布规律和富集程度。分别形成河谷两岸第四系冲积、冲湖积松散岩类孔隙水，断

陷盆地上白垩统—古近系紫红色砂砾岩、砂岩、粉砂岩、泥岩碎屑岩孔隙裂隙水与灰岩砾岩溶隙水，坳陷带碳酸盐岩地层岩溶水以及中古生界—中生界碎屑岩裂隙水，隆起带的变质岩、花岗岩裂隙水。

二、构造贮水性

省内岩层（体）经多次构造运动，形成了规模不等、力学性质不同的各种构造形迹。其中以褶皱构造、断裂构造对地下水的分布、富集影响较为普遍。

断裂带及两侧构造裂隙相对发育，地下水常沿断裂带富集，形成带（脉）状含水体。但因其成生时代、活动期次、规模及背景岩层不同，地下水的富集程度差异较大。省内北北东－北东和北东东向断裂主要属压性或压扭性，但在白垩世—古近纪时转化为正断层，规模大，延伸长，常成组成带出现，为主要控水断裂。沿断裂带出露有较多的泉水，有些地带还有温泉出露。北西和北北西向断裂多为张性或张扭性断裂，一般规模小，延伸相对较短，自身储水能力有限，但导水性强；常是矿区矿坑充水的主要因素。其与北东、北北东向等断裂的复合结点，往往为成泉部位。

断裂构造除本身地下水相对富集外，还沟通了各类地下水，也成为各类地下水相互补给的主要通道。

褶皱构造对地下水的影响在碳酸盐岩岩溶水中表现尤为明显。在褶皱轴部和褶皱转折部位，其裂隙相对发育，溶蚀作用强烈，地下水相对富集。常见流量较大的泉或暗河出露，地下水非常丰富。

三、地形地貌控水特征

地形地貌是影响地下水分布、埋藏、运移的重要因素。不同的地貌单元，地下水的富集程度有明显的差异。地势低平的河谷平原和岩溶丘陵地区地下水最丰富，其余地区地下水相对贫乏，中新生界红层构成的低丘岗埠地区，往往丘顶光秃，河流短浅，地下水非常贫乏，是省内的主要缺水区。

在同一地貌单元中，不同地形条件下的地下水分布也不一致。省内地下水水位埋深常随地形起伏而起伏，地表水和地下水分水岭基本一致。在分水岭地带，大气降水是地下水的唯一补给源，地下水以垂向运动为主，水位埋藏相对较深，水位、水量年变幅大，开采困难；斜坡地带，地下水以倾斜径流为主，既可得到大气降水的补给，又可得到邻近山区地下水的侧向补给，地下水相对丰富，在地形切割较深的谷地或斜坡前缘，常以泉或散流形式排泄至地表；低平的河谷平原区，地下水的补给源更加充沛，不但可获得大气降水和邻近山区地下水侧向补给，还可得到稻田灌溉期垂向渗入补给和汛期河水返向补给。地下水以平缓径流为主，水位埋藏浅，水位、水量年变幅小，地下水较丰富，也常常成为有利开采的地段。

四、水文气象控制地下水分布

省内地下水位和泉流量的动态曲线呈典型的气象－水文型曲线。水位、流量与大气降水关系密切，且常随季节变化，其峰值出现时间绝大多数地区滞后降水 1~20d。地下水交替频繁，水质良好，为淡水；仅有局部埋藏较深的红层孔隙裂隙水，因地下水径流不畅，地下水位峰值滞后降水时间 1 月左右，形成矿化度偏高的微咸水。

河谷平原区的松散岩类孔隙水的水位随河水水位升降而起伏，每年的 4~6 月河水位常高于沿岸地下水位，形成河水的反向补给；据勘查资料，反向补给带宽度一般为 500~2000m，补给天数 21~119d；

平水和枯水期地下水位常高于河水位，地下水以近源排泄为主，泄于附近河谷之中。

五、人类活动对地下水的影响

在工农业相对发达、人口相对密集的城镇、厂矿地区，人类活动使当地的水文地质条件发生变化，并引发相应的环境地质问题。

南昌、新余、高安、丰城、樟树、景德镇、乐平、德兴、吉安、瑞金等市、县（市、区）所在地的部分地段，地下水已出现污染现象，部分水井中有毒和有害元素超过饮用水标准。

某些地区长期不合理开采地下水，已引发严重的环境地质问题。如在覆盖型岩溶地区，因强烈开采和疏排地下水，造成地面塌陷，有些矿区曾因地面塌陷，造成附近河水倒灌矿坑、河水断流的现象，使矿床开采条件更为复杂；再如南昌市长期开采地下水，地下水位逐年下降，降落漏斗逐年增大。

城市地下空间的拓展利用，在一些区域使地下水的补、径、排条件遭到人为改变，地下水位逐年下降。

第二节　地下水类型及富水性

江西省地下水含水层按储水空间特征分有：松散岩类孔隙水、基岩裂隙水、碎屑岩孔隙裂隙水、碳酸盐岩裂隙岩溶水四种地下水类型（图 5-16-1）。

全省弱富水的岩浆岩、变质岩、碎屑岩类裂隙含水层及残、坡、洪积物等松散岩类孔隙含水层分布广泛，面积约 14 万 km^2，约占全省面积 84%。强 - 中富水的碳酸盐岩类岩溶（含红层溶孔裂隙）含水层及冲积、湖积松散岩类孔隙含水层面积 2.7 万 km^2，约占全省面积的 16%；其中岩溶水含水层面积约 1 万 km^2，占全省面积 6%。在 2.3 万 km^2 冲积、湖积、残坡积孔隙水分布区下伏的含水层分别为：1.2 万 km^2 孔隙裂隙水含水层、0.4 万 km^2 岩溶水含水层、0.7 万 km^2 裂隙水含水层。

一、松散岩类孔隙水

主要分布于鄱阳湖平原及赣、抚、信、饶、修五大河谷及支流两岸和盆地、山间谷地、岗埠丘陵地带。分布面积 23161km^2，占全省 13.9%。含水岩组包括第四系各种成因类型的松散堆积层，地下水主要赋存于孔隙之中，形成孔隙水赋水类型。按含水层形成的成因类型，有冲积、冲湖积松散堆积层和冲洪积、冰积、残坡积松散堆积层。冲积、冲湖积松散堆积层分布于鄱阳湖平原及赣、抚、信、饶、修五大河流及其支流两岸，含水层面积 17462km^2。含水层普遍具二元结构，上部为弱透水的黏土、粉质黏土，厚度 3~12m；下部为强透水的砂、砂砾卵石层，厚度变化大，自数米至七八十米不等，该层结构松散 - 密实，孔隙率高，连通性好，以颗粒间孔隙赋水。厚度变化在纵向上总体由河流上游往下游及滨湖平原增厚，横向上由阶地的后缘向前缘增厚。冲洪积、残坡积松散堆积层分布于盆地、山间谷地、岗埠丘陵地带，含水层面积 5699km^2；含水层岩性为黏土夹碎石，碎石成分因母岩而定，有石英、灰岩等，厚度 2~22m。冰积层仅分布于庐山地区。

含水层主要为第四系中更新统、上更新统、全新统，下更新统分布局限。其中的冲积相松散堆积层构成河谷Ⅰ-Ⅳ阶地。下更新统除九江的七里湖—锁江楼一带和鄱湖湖西的南昌县赣、抚三角洲地区被后来形成的堆积物掩埋外，其他地区零星呈帽状残留于主流河谷两岸，构成Ⅳ级基座阶地。九江的

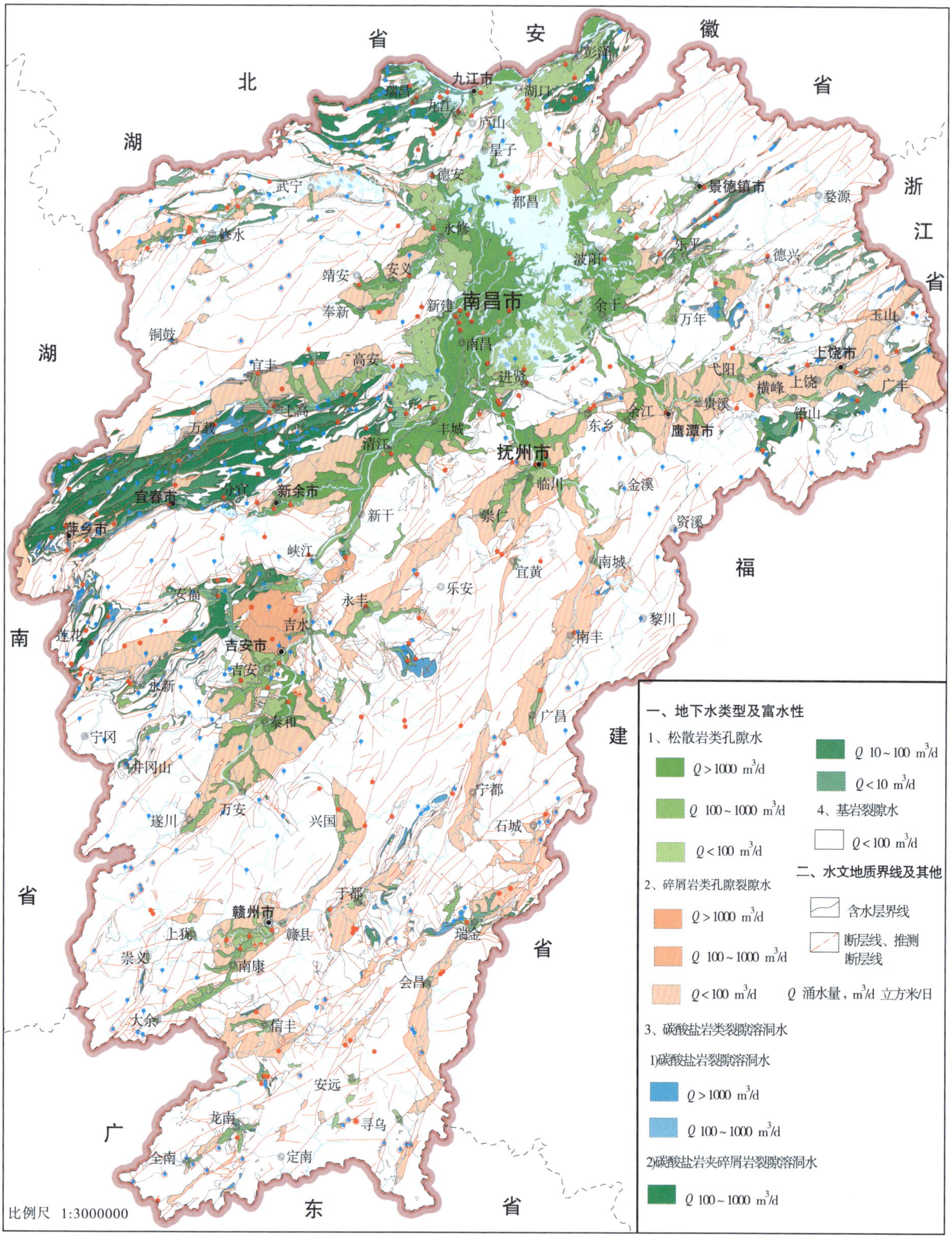

图 5-16-1 江西省水文地质略图

Fig. 5-16-1 Hydrogeological map of Jiangxi Province

(据江西省水文地质大队，1990)

七里湖—锁江楼一带和鄱湖湖西的南昌县赣、抚三角洲地区形成具有多层结构的含水层，其他则透水不含水；中更新统除鄱湖湖西的赣、抚三角洲地区被全新统或上更新统掩埋外，其他地区不对称呈岛状残留于河谷两岸，构成Ⅲ级基座阶地，前者形成具有多层结构的含水层，后者形成独立含水层；上更新统构成Ⅱ级阶地，阶面宽阔、平坦，微向河床倾斜，不对称分布于河谷两岸；全新统构成Ⅰ级阶地及漫滩，阶面宽阔、平坦，微向河床倾斜，不对称分布于河流两岸，与Ⅱ级阶地呈内叠阶地，构成统一含水层（刘溅传 等，1981）。

受含水层厚度、物质组成、颗粒级配、结构特征等因素影响，地下水的富水性差异较大，单井涌水量（指井径203mm，井内水位降至含水层厚度一半时，井的稳定出水量）每日数立方米至每日数千立方米。按地下水的富水性可分为水量丰富（单井涌水量1000~5000m³/d）、水量中等（单井涌水量100~1000m³/d）、水量贫乏（单井涌水量10~100m³/d）、水量极贫乏（单井涌水量小于10m³/d）等区段。水量丰富区段分布于长江南岸、鄱阳湖平原及赣、抚、信、饶、修五大河谷中－下游段和一级支流下游段两岸，含水岩组为上更新统、全新统冲积、冲湖积松散堆积层，含水层厚度一般5~20m，最厚可达80m，地下水位埋深一般1~5m，在鄱阳湖湖滨部分地段地下水位高出地面0.1~2.5m，天然状态下地下水具承压性质，水位年变幅0.8~5.3m，单井涌水量一般2000~4000m³/d，有利地段可达5000~10000m³/d；水量中等区段分布于赣、抚、信、饶、修五大河谷的上游－中游段两岸、一级支流的中游－下游段两岸，含水岩组为上更新统、全新统冲积松散堆积层，含水层厚度一般3~11.5m，地下水位埋深一般1~5m，地下水多为潜水，局部承压，水位年变幅1.5~2.4m，单井涌水量一般200~1000m³/d，有利地段可达1500~1800m³/d；水量贫乏区段主要分布在一级支流的上游－中游段、二级支流两岸，含水岩组为上更新统、全新统和中更新统冲积松散堆积层，含水层厚一般0.56~6.18m，地下水位埋深一般1.5~2.5m，地下水多呈微承压性质，水位年变幅一般2m左右，单井涌水量一般30~100m³/d，有利地段可达150~500m³/d；水量极贫乏区段分布于山间谷地、岗埠丘陵地带，含水岩组为中更新统冲洪积、残坡积松散堆积层，因黏土含量高，含水性和透水性较差，单井涌水量一般小于10m³/d，但有利地段可达50~100m³/d。

全省有较多市县、乡镇、厂矿坐落于河谷冲积平原之上，该类地下水可作为这些乡镇、厂矿的供水水源，对市县的供水可以起到一定的调节作用或应急作用。由于近几年城市建设速度加快，特别是地下空间的拓展利用，在一些城区使该类地下水的补、径、排遭到人为改变，地下水位正在逐年下降，地下水降落漏斗正在逐年扩大，水质遭到不同程度人为污染。

二、碎屑岩孔隙裂隙水

分布于鄱阳、吉泰、清江、信江、崇仁、高安、赣州、抚州、南丰等18个白垩系—古近系红层断陷盆地，面积22138km²，占全省面积13.2%；另有12000km²被第四系覆盖。含水层岩性为固结程度不高的紫红色为主的砂砾岩、砂岩、粉砂岩、页岩、泥岩等，夹石膏或岩盐。泥质、硅质、钙质胶结。部分地段钙含量较高，为钙质岩层，厚15~60m。砂砾岩砾石成分以石英、砂岩为主，在古近系新余群局部地段和白垩系上统赣州群、龟峰群底部有一层以灰岩砾石为主的砾岩，层厚一般10~45.31m。钙质岩层和砾石成分为灰岩的砂砾岩，在构造作用和古风化壳地下水的作用下，溶蚀强烈，岩溶发育，岩溶形态有溶孔、溶隙、溶洞。部分地段钻孔见洞率和线岩溶率均较高，溶洞多为空洞，洞高一般0.5~2.0m。地下水主要赋存于岩石孔隙和裂隙、溶隙、溶孔、溶洞中，构成孔隙裂隙含水层。根据含水介质特征，细分为溶孔孔隙裂隙水、灰岩砾岩溶隙水、孔隙裂隙水、断裂带脉状裂隙水四种赋水亚类型。

（一）溶孔孔隙裂隙水

主要分布于南昌断陷盆地的南昌市东北部、抚州盆地的抚州市区；含水岩组为古近系新余组，岩性为紫红色含钙砂岩和灰绿色含钙泥岩，在地下水的作用下，形成大小不一，呈蜂窝状、针状、条带状、稀疏的星点状等形态不一的溶蚀小孔。含水层埋深 24.7~58.09m，含水层厚度一般 20~50m。地下水具承压性质，地下水位埋深一般 0.7~18.62m。单井涌水量一般 300~500m³/d。有利地段可达 1000~2000m³/d。

（二）灰岩砾岩溶隙水

多数分布于盆地边缘“红层”底部，含水层厚一般 10.07~45.31m，有溶孔、溶隙、溶洞发育，富含裂隙溶隙水。地下水位埋深一般 4~9.82m，局部高出地面，单井涌水量 211.94~2428.15m³/d。

（三）孔隙裂隙水

分布于各盆地，含水层主要为白垩系和古近系紫红色、灰白色砂岩、泥岩和以碎屑岩成分为主的砂砾岩。地下水主要赋存于岩石孔隙裂隙之中，地下水位埋深一般 0.16~11.37m，单井涌水量一般 2.47~41.01m³/d，有利地段可达 50~100m³/d。因受沉积环境和后期构造影响，各盆地水文地质特征略有差异。

（四）断裂带脉状裂隙水

按断裂形成时期、规模分为：一是控制盆地生成发展的边缘断裂，多数延伸长，规模大，一般是先压后张性质，破碎带多为由下盘前白垩系岩层形成的压碎并经碾磨的碎裂岩和断层泥，往往形成硅化带，倾角一般 60°~70°；二是发育红盆地中的晚期断裂，规模小，多以裂隙密集带或裂缝出现，延伸一般 5~10km，倾角一般 60°~85°，发育方向一般有：北北东、北东东（东西）、北西、北北西向（南北）（各盆地略有差异）。地下水主要赋存、富集于断裂带及裂隙中，并呈带状分布。边缘断裂因其规模大，且多期次活动，断裂破碎带及裂隙发育，地下水相对富集，单井涌水量 300~2000m³/d；红层中的晚期断裂因其规模小，地下水富集程度相对较差，单井涌水量一般 60~450m³/d(图 5-16-2，图 5-16-3）。在这四组断裂中，北西、北北西、北北东 3 组断裂富水性较北东东断裂要好，而断裂带的交汇部位富水性更好，单井涌水量一般可达 300~500m³/d。

古近系、上白垩统红色碎屑岩组成低丘和波状起伏的岗地，海拔标高一般 40~150m，比高 10~50m。其间多为旱地和待开发利用的宜农荒地，因此孔隙裂隙水类型中的灰岩砾岩溶隙水、断裂脉状裂隙水可作农作物灌溉用水。

三、碳酸盐岩岩溶水

主要集中分布于九江、萍（乡）－乐（平）、永（新）－莲（花）、上饶、宁（都）－于（都）等坳陷，其他地区尚有零星分布。总面积 13943km²，占全省面积的 8.25%，其中 3994km² 被第四系松散堆积层覆盖。含水层包括震旦系至三叠系含可溶碳酸盐岩的各地层单元。按岩石组合（碳酸盐岩与碎屑岩的比例）关系分为：碳酸盐岩岩溶含水层、碳酸盐岩夹碎屑岩裂隙岩溶含水层、碎屑岩夹碳酸盐岩岩溶裂隙含水层。碳酸盐岩岩溶水含水地层主要为石炭系黄龙组，二叠系马平组、栖霞组、茅口组、长兴组灰岩；岩性为灰白色、灰黑色致密块－厚层状白云岩、白云质灰岩、含燧石结核及沥青质灰岩；碳酸盐岩夹碎屑岩裂隙岩溶水含水地层为寒武系杨柳岗组、华严寺组、西阳山组，奥陶系仑山组、汤山组，石炭系杨家源组、三叠系青龙组灰岩；岩性为灰黑色中厚－薄层状含燧石条带、炭质页岩夹条带灰岩，泥质灰岩等；碎屑岩夹碳酸盐岩岩溶裂隙含水层地层为震旦系陡山沱组、灯影组、罗墩组、棋梓桥组、佘田桥组、梓门桥组、小江边组、殷坑组、吴家坪组，岩性为灰黑色中厚薄层状泥质灰岩夹灰白色厚层状瘤状灰岩。

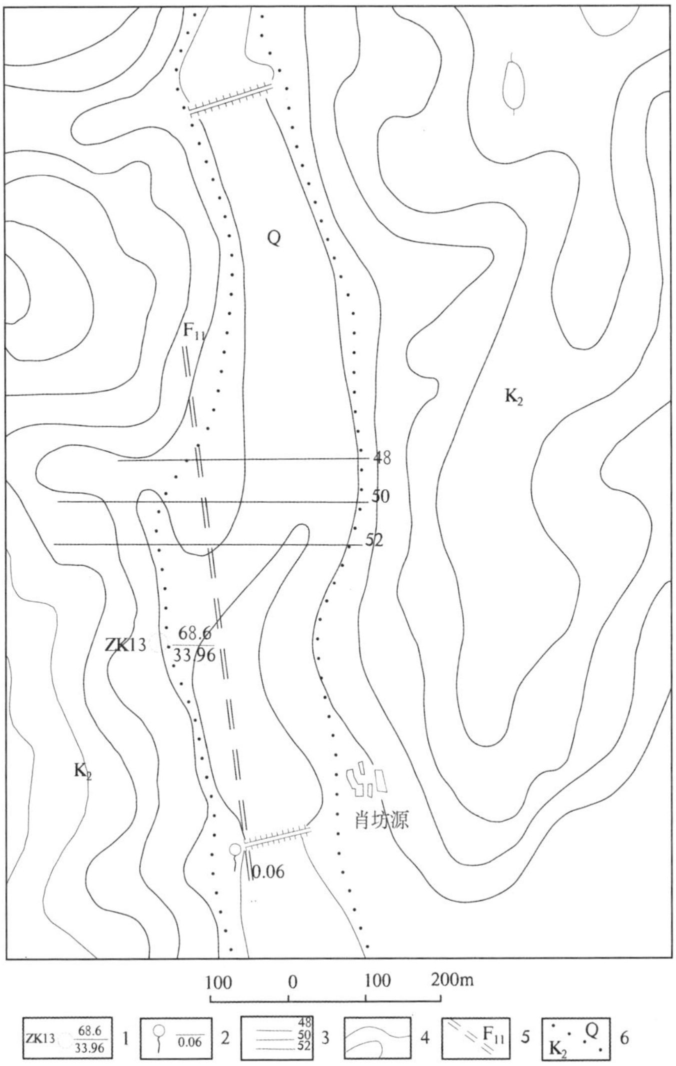

图 5-16-2　东乡县肖坊源南北向沟谷与裂隙密集带关系平面示意图

Fig. 5-16-2　Map of the relation between the concentrated zone of fissures and Xiaofangyuan gully with SN trend in Dongxiang County

(据江西省水文地质大队，1991)

1—钻孔：左为编号，右为$\frac{\text{涌水量}\ (m^3/d)}{\text{降深}\ (m)}$；2—季节性泉井，右数字为受抽水影响水位下降值；

3—物探剖面线号；4—地形等高线；5—推测裂隙密集带及编号；6—地层界线及地层代号 $\frac{\text{第四系}}{\text{上白垩统}}$

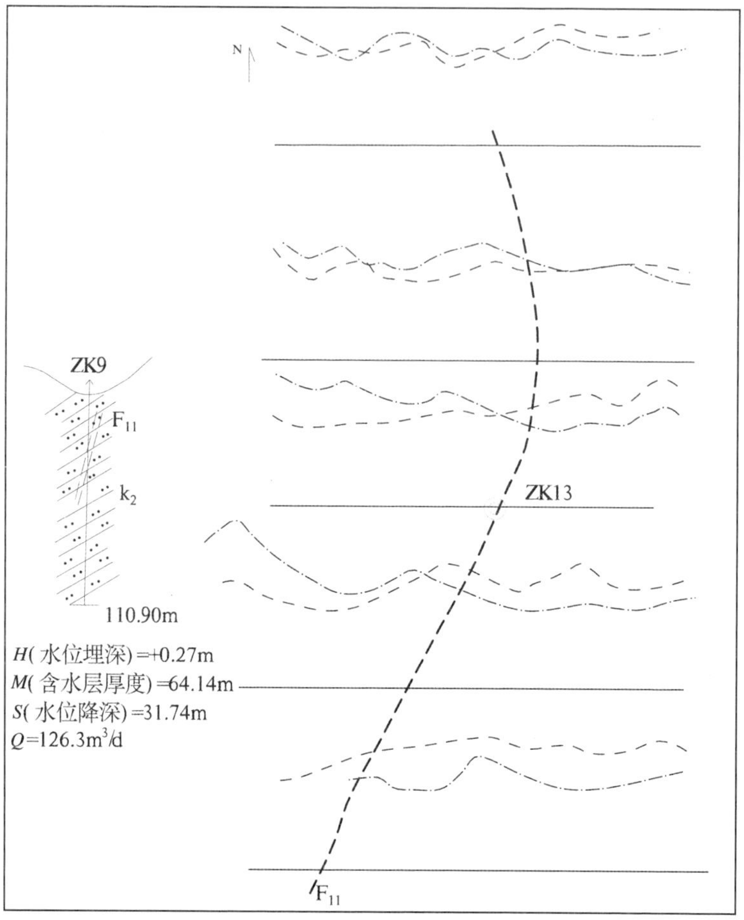

图 5-16-3　东乡县肖坊源 F_{11} 断层物探综合成果示意图

Fig. 5-16-3　Comprehensive geophysical map of Xiaofangyuan F_{11} fault, Dongxiang County

（据江西省水文地质大队，1991）

按岩溶含水层出露条件和覆盖层特征，可分裸露型、覆盖型（盖层为松散堆积层，厚度一般小于30m）、埋藏型（盖层为基岩，厚度一般大于 20m）三种类型。

岩溶发育，其岩溶形态有溶洞、溶隙、暗河、落水洞、岩溶洼地、溶沟、溶槽等。岩溶发育强度、形态受地层岩性、地质构造、地形地貌控制。地层岩性上，石炭系黄龙组白云岩、白云质灰岩质较纯，CaO、MgO 含量相对较高，相对溶解度值大，岩溶最发育，钻孔见洞率达 80%，线岩溶率 10%；二叠系的马平组、茅口组、长兴组含燧石结核灰岩岩溶发育次之，钻孔见洞率 50%~70%，线岩溶率 5%~8%；相对较差的为二叠系栖霞组炭质灰岩、三叠系青龙组薄层状灰岩，钻孔见洞率 20%，线岩溶率 1.5%~3.0%。从地质构造上，沿北东向断裂和褶皱轴部岩溶最发育，北西向断裂岩溶发育次之。地貌上，山地丘陵碳酸盐岩裸露区，以竖向岩溶发育为主，岩溶发育相对不均匀；波状岗埠或河（湖）平原碳酸盐岩覆盖区，岩溶相对发育且较均匀。

地下水主要赋存于岩石裂隙、溶隙、溶洞之中，呈管道流或网络管道流，形成溶洞岩溶裂隙含水层，含水层的富水性与岩性组合、岩溶发育强度、地貌密切相关。碳酸盐岩岩溶含水层，其岩溶发育，钻孔见洞率达 50%~80%，线岩溶率 5%~10%，中 – 强富水，泉及暗河流量 0.1~179L/s，最大可达

201.12L/s，水位埋深 0.5~21m，水位年变幅 2.6~10.8m，单井出水量一般 500~2000m³/d，有利地段可达 4000~10000m³/d。该含水层地下水的富集程度在平面上有一个显著特点，即地下水的富集与地质构造、地形地貌密切相关。在低山－高丘陵地区，往往灰岩裸露，形成裸露型岩溶区，地下水以垂向运动为主，大气降水渗入补给经短程径流排泄于相邻谷地，为地下水补给－径流区；地下水与地表水互相转化频繁，水力特征为畅排型；因此，地下水富集相对较差，单井涌水量一般小于 1000m³/d，为中等富水区。波状岗埠或河（湖）平原地区，灰岩往往被第四系堆积物所覆盖，属覆盖型岩溶区，地下水垂向运动减弱，而水平管道或网络状溶洞发育（图 5-16-4、图 5-16-5），成为地下水的汇流地区，地下水相对富集；在地形有利地段常集中排泄于地表，形成沼泽或泉群，泉流量相对较大，单井涌水量一般大于 1000m³/d，为水量丰富区。碳酸盐岩夹碎屑岩裂隙岩溶含水层，碎屑岩厚度约占 18%~22%，钻孔见洞率 20%左右，线岩溶率 1.5%~3.0%，中等富水，泉及暗河流量 0.1~58L/s，地下水位埋深 0.8~28m，地下水位年变幅 1.4~9.8m，单井涌水量多数在 100~1000m³/d，少数大于 1000m³/d，有利地段也可

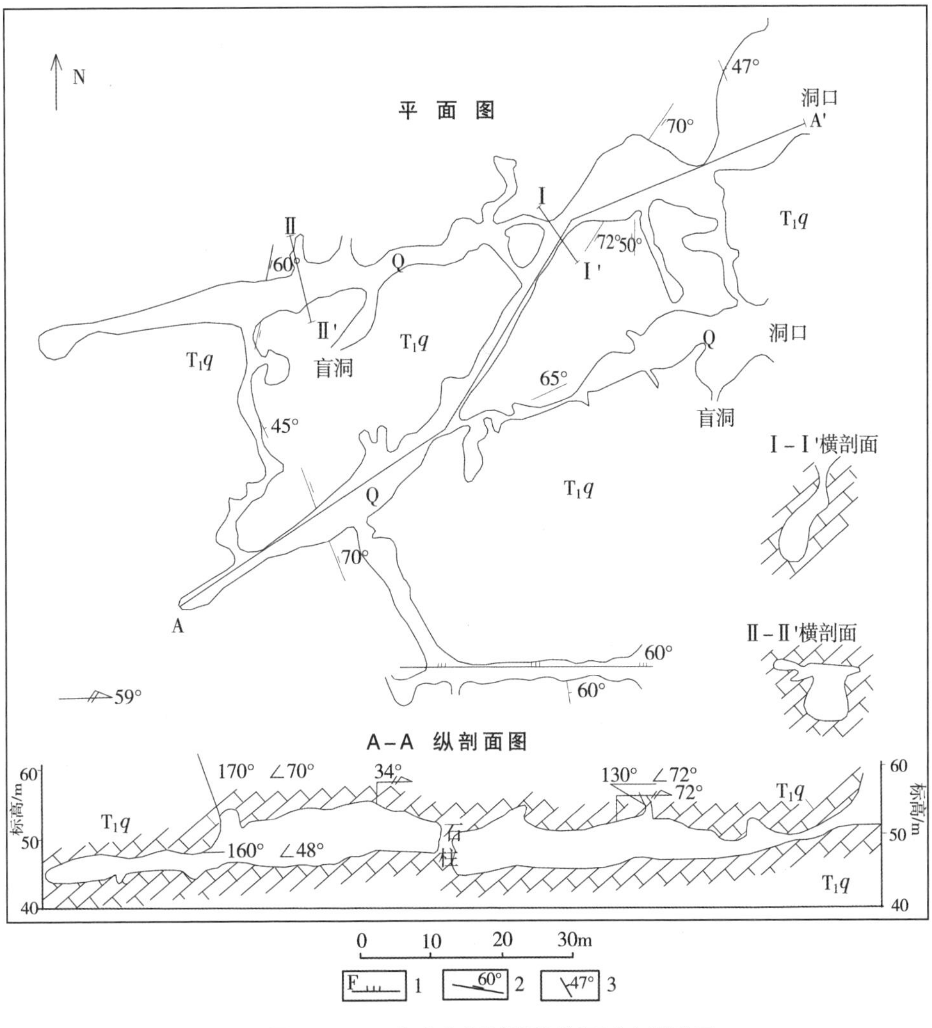

图 5-16-4　高安市相城张坑溶洞形态描述图

Fig. 5-16-4　Morphological sketch of the caverns in Zhangkeng, Xiangcheng Town, Gao´an county

（据江西省水文地质大队，1980）

1—压性断裂；2—节理及产状；3—地层产状；Q—第四系；T_1q—下三叠统青龙组

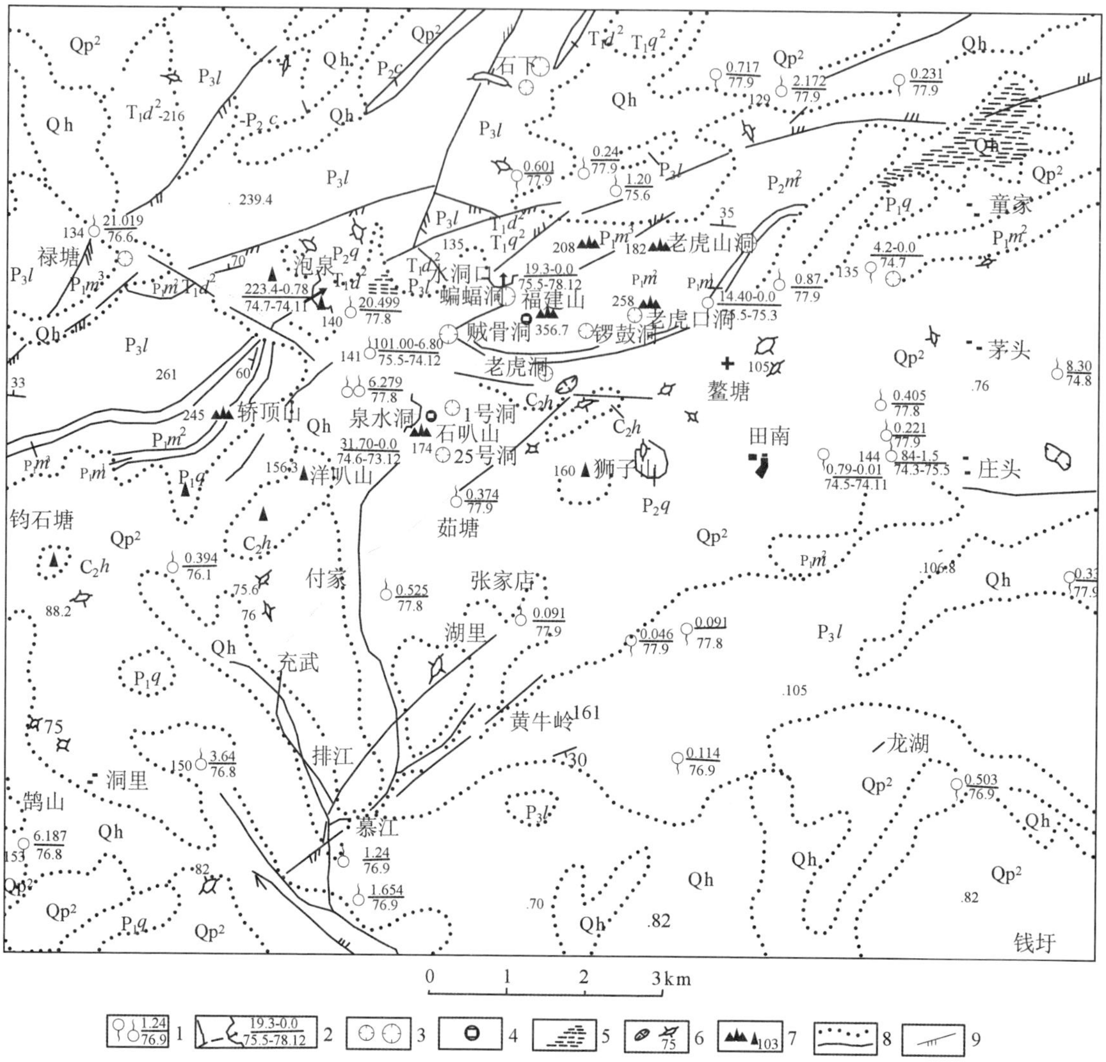

图 5-16-5　高安市田南地区岩溶发育略图

Fig. 5-16-5　Karst development (caverns) in Tiannan area, Gao´an county

（据江西省水文地质大队，1980）

1—上升泉、下降泉：左为编号，右为$\frac{分子为流量（L/s）}{分母为测流时间}$；2—暗河出口及推测暗河：右为$\frac{分子为流量（L/s）}{分母为测流时间}$；3—溶洞；4—竖井；5—沼泽地；6—洼地残丘数字为丘顶标高(m)；7—溶丘、孤峰、数字为峰顶标高(m)；8—地质界线；9—走滑断层；Qh—全新统；Qp^3—上更新统；Qp^2—中更新统；T_1y—下三叠统殷坑组；T_1q—下三叠统青龙组；P_3l—上二叠统乐平组；P_2m—中二叠统茅口组；P_2q—中二叠统栖霞组；P_2c—上二叠统长兴组；C_2h—上石炭统黄龙组

达 2000~4000m^3/d。该含水层地下水富集在平面的特点与碳酸盐岩岩溶含水层相同；碎屑岩夹碳酸盐岩岩溶裂隙含水层，灰岩厚度薄，呈夹层分布，灰岩质不纯，岩溶化程度低，泉流量一般 0.011~2.06L/s，地下水位埋深 2.91~11.11m，单井涌水量一般 10~500m^3/d，但在有利地段可达 1000~2000m^3/d。

在覆盖型岩溶区，开采岩溶地下水引起地面塌陷是江西省比较严重的环境地质问题之一。萍乡—丰城、瑞昌、景德镇、乐平、上饶、贵溪、吉安、吉水、安福、永新、瑞金等地均有发生岩溶塌陷（图 5-16-6）。地面塌陷损毁房屋、农田，影响公路、铁路运行安全，严重威胁到国家和人民的生命和财产安全。因此，对岩溶水应合理开发，并制定防减灾对策。

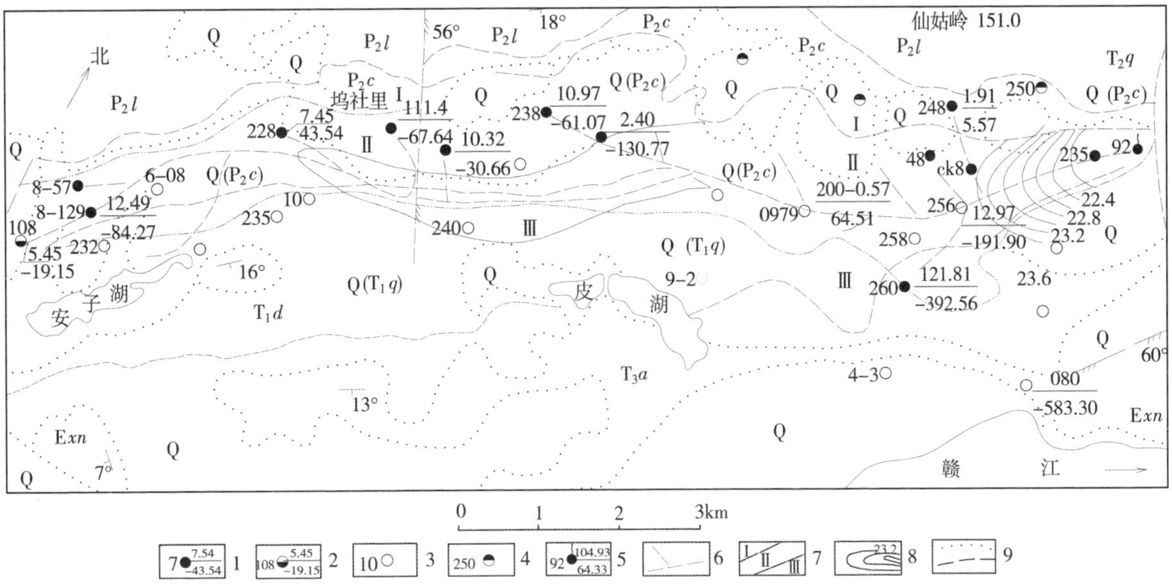

图 5-16-6　丰城市坞社里暗河系略图

Fig. 5-16-6　Map of underground river system in Wusheli, Fengcheng city

(据江西省水文地质大队，1980)

1—溶洞率大于 5%的钻孔；2—溶洞率 1%~5%的钻孔；3—溶洞率小于 1%的钻孔；4—表部为第四系残坡积物，仅存数米硅质岩(P_2c)的钻孔 1~4 数字：左为孔号，分母为岩溶发育标高(m)，分子为最大溶洞高度(m)；5—上升泉：左为编号，右为最大、最小流量(L/s)；6—推测暗河；7—岩溶平面分带及界限 Ⅰ 为岩溶残存带，Ⅱ 为岩溶强发育带，Ⅲ 为岩溶弱发育带；8—长兴阶灰岩枯季等水位线 (m)；9—第四系界限和基岩界限；P_2c—上二叠统长兴组；P_2l—上二叠统乐平组；T_1q—下三叠统青龙组；T_3a—上三叠统安源组；Q—第四系；Exn—古近系新余组

四、基岩裂隙水

广泛分布于省内中低山、丘陵地区的花岗岩类及变质岩和青白口系上部—侏罗系的沉积碎屑岩。分布面积 10.8 万 km²，占全省面积 64.65%。由于裂隙成因、分布和相互连通性不同，使地下水的水理、水力特征及赋存和分布规律具有明显的差异，因此，可分为风化裂隙含水岩组和构造裂隙含水岩组。风化裂隙含水层，包括各地质时期的岩浆岩，以花岗岩为主，岩石表部遭受不同程度的风化，形成一定厚度的风化层，全省各时期岩浆岩因长石、黑云母等矿物成分含量的差异，风化层厚度变化较大，但总体风化层厚度以山口、斜坡地段最大，河（沟）谷地段相对较小（图 5-16-7），地下水赋存风化裂隙中，以弱富水的风化裂隙潜水为主。地下水位埋深一般 0.2~35.66m，一般山顶、山坡埋藏较深，河（沟）谷地段埋藏较浅，含水层厚度一般 5~50m，一般山顶、山坡地段相对较薄，河（沟）谷地段相对较厚。单井涌水量一般数十至 200m³/d，但在断裂破碎带、岩浆岩侵入接触带、岩脉密集带，岩体裂隙发育，岩石破碎，常形成廊状地下水富集带，单井涌水量可达 200~2000m³/d；构造裂隙含水层由前震旦系变质岩和青白口系上部—侏罗系沉积碎屑岩组成，地下水赋存于岩石断裂破碎带及构造裂隙中，含水层厚度一般 9~70m，水位埋深一般 3~12m，富水性不均，泉流量一般 0.01~0.4L/s，单井涌水量一般数立方米至 200m³/d，在断裂构造带适宜部位，常形成承压自流水，水头高出地面 2~79m，泉流量可达 2L/s。

构造裂隙含水层的富水性受岩性、构造、地貌条件的影响，它的赋存和分布具有如下规律：

1）厚度较大的脆性岩层，裂隙相对发育，张开性好，充填物少，地下水相对富集。

2）断裂构造带及其影响带地下水相对富集，沿断裂带常见流量相对稳定的上升泉出露（图 5-16-8）。

3）浅部岩层在风化作用下，裂隙密度增大，透水性和富水性相应增强，到一定深度后，往下减弱。

4）地形地貌是影响构造裂隙水运动的重要因素。地下水水位标高常随地形起伏而升降，地表水和地下分水岭基本一致，低山、丘陵区地下水以垂直运动为主，泉流量和地下水位年变幅较大，斜坡、河沟谷地带，地下水以倾斜和平缓运动为主，地下水动态相对稳定，泉流量和地下水位变幅较小。

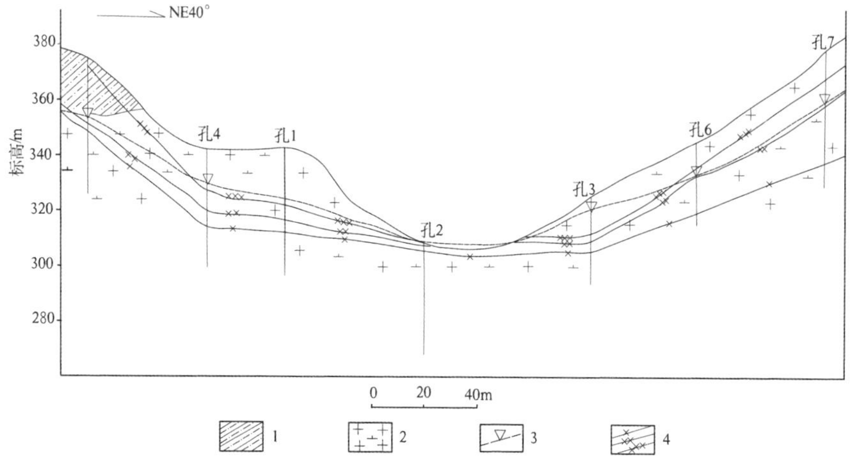

图 5-16-7　奉新县北潦北支茶子山坝址坝轴线水文地质剖面图

Fig. 5-16-7　Hydrogeological profile of Cazishan dam axis, Fengxin county

（据江西省水文地质大队，1984）

1—变质粉砂岩；2—中 - 细粒花岗闪长岩；3—地下水位线；4—微、弱、强风化带下限

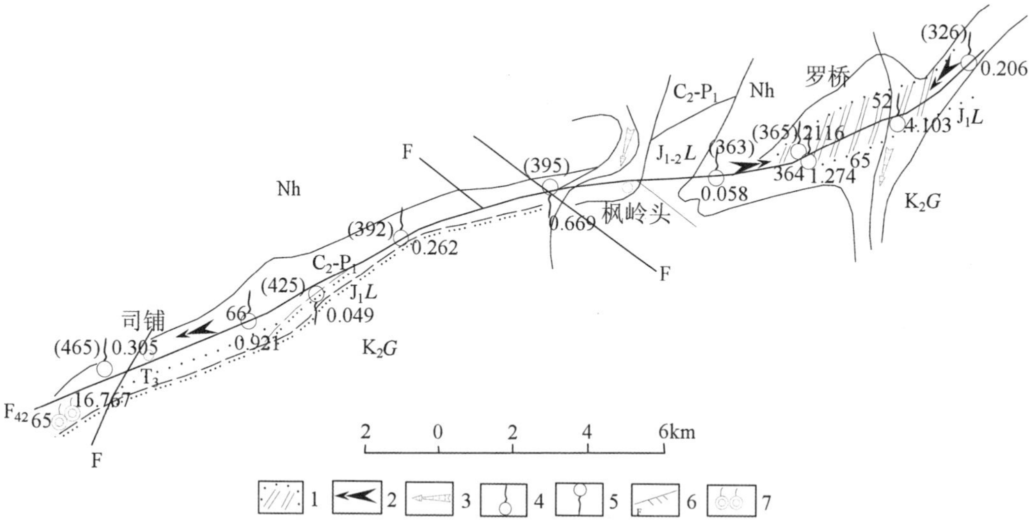

图 5-16-8　上饶县罗桥 F_{42} 断裂泉水平面分布图

Fig. 5-16-8　Sketch showing F_{42} spring distribution in fracture zone, Luoqiao, Shangrao county

（据江西省水文地质大队，1981）

1—覆盖型岩溶区；2—地下水流向；3—地表水流向；4—上升泉：左为编号、右为流量（L/s）；5—下降泉：左为编号、右为流量（L/s）；6—断裂编号；7—温泉：左为编号、右为流量（L/s）；K_2G—上白垩统龟峰群；$J_{1-2}L$ —下中侏罗统林山群、T_3—三叠系；C_2-P_1—上石炭统—下二叠统；Nh —南华系

第三节　地下水化学特征

全省地下水一般无色、无味、无嗅，清徹透明。pH 值多为 6.5~7.5，矿化度多在 0.1~0.3g/L 之间，符合饮用水标准。水温 15~22℃，与当地年平均气温相当。与一般水质差异较大的主要有：含膏盐夹层或径流条件较差的红色碎屑岩孔隙裂隙水多为硫酸盐－氯化物型微咸的硬水或极硬水，矿化度 1~35g/L，局部有的可达 330g/L；鄱阳湖湖滨平原及五河尾闾第四系孔隙水铁锰质较高。部分燕山期花岗岩山区以及萤石矿区、矿脉附近，地热水分布区地下水中氟含量可达 5~13mg/L，不宜饮用；二叠系煤系构造裂隙水（特别是矿区）多出现硫酸型酸性水，pH 值小于 5；放射性矿区地下水中，放射性强度超标；此外，城镇及工矿企业所在地的浅层松散岩类孔隙水，部分遭受氨氮、硝酸态氮、细菌等污染。

受含水层岩性、地下水径流条件和人类活动影响，不同含水岩组水化学组分具有一定的变化规律，形成不同的水质类型，表现出各自不同的特征。

一、松散岩类孔隙水水化学特征

受周边含水岩组影响，其水质类型相对复杂，一般冲洪积、残坡积层孔隙水水质类型随母岩而变化；支流河谷及山间溪谷孔隙水多为 HCO_3·Cl–K+Na·Ca 型，矿化度 0.1~0.18g/L，总硬度（以 $CaCO_3$ 计，下同）31.20~79.97mg/L，pH5.7~6.5；主流河谷及鄱阳湖平原孔隙水，其补给、径流条件好，水质类型为 HCO_3–Ca·Na，矿化度 0.020~0.5g/L，总硬度 5.35~125mg/L，pH5.5~7.5。直接覆盖于碳酸盐岩岩溶含水层和“红层”孔隙裂隙含水层之上的孔隙水与两含水层水力联系密切，裂隙岩溶含水层之上的受岩溶水影响，水质类型为 HCO_3–Ca 型水，而孔隙裂隙含水层之上的，SO_4^{2-}含量增大，矿化度增高。鄱阳湖滨湖平原及五河尾闾的孔隙水面积分布达 2584km^2，地下水总铁含量 0.6~105mg/L，锰含量 0.15~5mg/L，超过国家生活饮用水标准。受人类活动影响，在景德镇市区的昌江两岸、乐平市南、南昌县莲塘周边、新余市市区的袁河两岸、萍乡市西南、吉安市市区的赣江两岸等地，地下水中检出亚硝酸根、氨氮等超标，有的检出酚、汞、镉超标。

二、碎屑岩孔隙裂隙水

受含水介质和地下水循环条件影响，水质类型复杂，但变化总体呈现以下规律：

1）受含水介质可溶性影响，水化学特征差异明显，上白垩纪—古近系“红层”底部灰质砾岩岩溶裂隙水水质类型为 HCO_3–Ca·Mg，矿化度 0.1~0.3g/L；具溶孔的孔隙裂隙水水质类型为 SO_4–Na·Ca，矿化度 0.2~3.5g/L，总硬度 105~1474.1mg/L；孔隙裂隙水水质类型为 HCO_3–Na·Ca，矿化度低，仅 0.1~0.2g/L，总硬度 69.78~112.25mg/L；断裂带脉状裂隙水水质类型为 SO_4–Na·Ca，矿化度 0.48~1.61g/L，总硬度 112~1198mg/L，标性离子 SO_4^{2-}、Na^+具有盆地边缘向盆地中心增高的特点。随着地下水开采时间的增长，水质逐渐变软、变淡，SO_4^{2-}、Na^+离子逐渐降低。

2）平面上同一含水介质体在各断陷盆地水化学特征存在差异，水化学组分变化明显；在同一盆地，地下水中标性离子也有自盆地边缘向盆地中心增高的特点。

3）受地下水循环深度影响，垂向上地下水中标性离子和矿化度均具有随深度增大含量增高的特点，浅部（120~180m）一般为低矿化度、软－极软、微酸或微咸性淡水；深部为高矿化度、硬度大、微咸性或咸性水。

三、碳酸盐岩岩溶水

地下水循环交替强烈，水中 Ca、Mg 含量较高，地下水类型为 HCO_3–Ca 或 HCO_3–Ca·Mg 型，矿化度一般 0.073~0.456g/L，总硬度 88.5~274.8mg/L，pH6.0~8.5，在萍乡市西南、瑞金市沙洲坝等地地下水中检出氨氮、亚硝酸根、镉、汞等超标。

四、基岩裂隙水

地下水循环交替强烈，水质类型为 HCO_3–K+Na·Ca，在风化层较厚、人口稠密地区，局部遭受污染，Cl^-含量增高，水质出现 HCO_3·Cl–K+Na·Ca 型。矿化度 0.02~0.21g/L，总硬度 3.5~74.9mg/L，pH5.7~6.8。在二叠系龙潭组、三叠系安源组煤系地层中含黄铁矿较高，地下水呈铁锈色，具泥铁腥味，SO_4、Fe 离子含量高，局部出现矿化度 20~50g/L 的强酸水（SO_4–Fe·Ca），pH 值小于 5；此外在铜矿、铅锌矿矿床区其伴生有黄铁矿，在这些矿床区的氧化带中常常出现硫酸型水，pH 值均低于 5，而矿化度、总硬度则比较高。这类地下水对金属和水泥制品的腐蚀性较强，不适宜工农业和生活用水；另外花岗岩和萤石矿分布区部分地段（点）地下水氟含量大于 1mg/L，萤石矿区断裂带中地下水氟含量可达 60mg/L，为高氟地下水，全省发现 25 个氟病点（村）。

第四节　地下水的补给、径流和排泄

全省各类地下水运动总的特征是：泉流量和井（孔）中地下水的动态曲线均属典型的气象－水文型曲线，表明大气降水、地表水是地下水的主要补给源，省内雨量充沛，水网发育，为地下水提供了充足的补给来源，枯水期地表水又是地下水的排泄场所。地下水位的高低常随地形起伏而升降，多数泉点出露集中在当地侵蚀基准面一定高度之内，随着地形的增高，泉点数量减少，流量变小，地表水和地下水分水岭基本一致，显示地形地貌是控制地下水运移的主要因素。但由于含水层的岩性、构造、埋藏和出露条件及组成地形地貌不同，地下水的补给、径流和排泄方式有较明显的差别。

一、松散岩类孔隙水

松散岩类孔隙水分布区地形平缓，地表水网发育，地下水除接受大气降水补给外，还受地表水体垂直渗入（包括水田、塘、渠道渗漏）和河流洪水期河水反向补给，以及边缘地带相邻含水层潜流的侧向补给。其中分布山涧谷地、岗埠丘陵地带，含水层为冲洪积、残坡积层的孔隙水，地下水主要接受大气降水的补给，同时还得到边缘地带相邻含水层潜流的侧向补给，以泉或隐渗形式排泄地表；分布于山涧溪谷及支流沿岸和Ⅲ级阶地的中更新统孔隙水，地下水以平缓径流为主，多具微承压，地下水与大气降水关系密切，水位动态呈气象型曲线，地下水除主要接受大气降水外，还接受田间灌溉水和边缘地带相邻含水层潜流的侧向补给，以泉或隐渗形式排泄地表；分布于长江南岸、鄱阳湖平原及赣、抚、信、饶、修五大河谷中下游段和一级支流下游段两岸的孔隙水，分布地地形平坦，含水层为全新统、下更新统冲积层，含水岩组具二元结构，下部砂砾石层相互衔接，构成统一含水层，上部为黏土或粉质黏土，局部为粉细砂层，地下水埋藏浅，水位变幅小，地下水以平缓径流为主，地下水流向基本垂直河流，水力坡度0.0043~0.0054，上游至下游逐渐减缓，地下水位动态呈水文型曲线，与河水位相对应，地下水接受大气降水、田间灌溉水、水渠、塘湖垂直渗入补给、边缘地带相邻含水层潜流的侧向补给，在河流中下游沿岸，洪水期尚可得到河水的反向补给，反补宽度0.5~2km，补给时间可达21~119d。地下水位在枯、平水期均高于邻近河水位，地下水常以平缓的径流方式排泄河流之中，丰水期河水位上涨，圩堤内侧常产生大量泡泉，威胁堤坝安全。

据江西省水文地质大队《江西省鄱阳湖地区地下水资源调查报告》，河湖平原区降雨对地下水的补给受表层黏土的岩性、厚度、降雨形式、降雨强度、农田灌溉等多种因素控制。有以下特点：

1）在水田分布区，4~9月水稻生长灌溉期，田间积水，形成面状连续补给，该期以田间灌水渗入补给为主。据高安锦惠渠、向塘试验站1979~1983年资料统计，双季稻生长期灌溉渗入水的总高度分别为217.4mm和179.93mm。

2）表层黏土的岩性、厚度是降雨入渗的一个障碍因子。前者因资料较少，研究不够，后者从大量的地下水动态观测资料中统计发现，表层黏土厚度与降雨渗入系数之间有密切的负相关关系，即随厚度增加渗入系数减小。其相关方程为：

$$a=0.1307\sim0.00518H^{1.2} \qquad (5\text{-}16\text{-}1)$$

式中：a为降雨渗入系数；H为黏土厚度，m。

3）不同季节的降雨方式和强度、饱气带的厚度与湿度亦影响渗入补给。丰水期降雨量多、降雨强度大，地下水位高，饱气带厚度小，降雨入渗系数小，一般为0.028~0.08；枯水期则相反，降雨入渗系数一般为0.12~0.26。

二、碎屑岩孔隙裂隙水

分布在中—新生代断陷盆地内，红层多构成缓倾斜的向斜或单斜构造，边缘常形成绵延起伏的丘陵、岗地，中部多被第四系冲积层覆盖。地下水主要接受大气降水直接渗入或通过上覆松散层渗入补给，局部近河地段，丰水期可接受地表水侧向渗入补给，盆地边缘地段还可获得侧向含水层的侧向补给。地下水径流方向，主要从盆地边缘向盆地中心及下游运移，而后排入河湖；地下水的动态变化，除浅表风化带和灰质砾岩分布区分别与裂隙潜水和岩溶水相近外，水位年变幅0.3~3.0m，滞后降水2~4d。总体具有补给条件差、径流缓慢、水交替慢的特点。

三、碳酸盐岩裂隙岩溶水

各岩溶块段常被切割成许多大小不一的独立水文地质单元。在同一水文地质单元，一般具有分散补给、集中径流、统一排泄的特点，但出露条件不同的岩溶水则有各自的补、迳、排条件。

裸露区多为高、中丘陵区，植被稀少，地表溶蚀强烈，地下水除接受裂隙水侧向径流补给和局部降水地表汇流灌入补给外，主要接受大气降水垂直渗入补给，泉流量变化与当天降水量关系密切，其相关系数达0.9左右，泉流量年变幅在数倍至数百倍，反映出大气降水转化地下水迅速的特点，泉流量变化曲线起涨段陡，降落段相对较缓，表明得到相邻含水层潜流连续性补给。经溶隙、溶洞管道短途径流，多在低洼或坡麓或与覆盖交接带附近以暗河、泉的形式排泄于地表。

覆盖区多为低丘和岗埠区，地势相对低洼，岩溶水主要得到裸露区地下径流的侧向补给和相邻含水层潜流的补给以及大气降水通过上覆盖层垂直渗透入补给，经短途水平径流，受非岩溶边界阻拦或断裂切割，呈上升泉的形式出露或以散流形式排于河溪。其动态相对稳定，水位年变幅一般小于5m，泉流量变化倍数多小于3。

四、基岩裂隙水

分布于中低山、丘陵区，地形起伏较大，地形切割较深，主要接受大气降水垂向渗入补给。除脉状储水构造径流集中、流逕较长外，地下水一般径流短而分散，地下水流向和水力坡度与地形坡向和坡度基本一致，在地形低洼的沟谷、坡麓地带汇集，并以散流或下降泉形式排泄地表，并有泉流量小、径流模数大的特征。泉流量与降水量关系密切，相关系数大于0.8，年变幅大，泉流量变化5.8~48倍，地下水位埋深及水位动态变化受地形的控制明显，在沟谷及坡麓地带水位埋藏浅，动态变幅小，山坡、山顶部位则埋藏深、动态变幅大。

第十七章　水文地质分区

构造是江西地下水系统的主要控制因素。省内不同构造发育阶段的构造、建造对地下水的赋存、运移的控制作用具有明显的差异。例如，新元古界—下古生界晋宁、扬子—加里东构造旋回所形成的泥砂质复理石建造和紧密线形“基底褶皱”隆起带，变质岩、花岗岩广泛出露，地貌多为中－低山，构成不同级别的分水岭，是省内裂隙水的主要赋存区；南华系—下三叠统扬子—加里东、华力西—印支构造旋回所形成的浅海相－滨海相泥砂质、碳酸盐岩建造和宽缓的“盖层褶皱”坳陷带，由碎屑岩、碳酸盐岩组成，地貌多为丘陵，是省内裂隙岩溶水的赋存区；晚中生代—新近系燕山—喜山构造旋回所形成的断陷盆地的内陆湖相、河流相含膏盐的红色碎屑岩建造，地貌多为低丘岗地，是省内孔隙裂隙水赋存区；第四纪以来新构运动阶段所形成的河、湖相黏土、砂砾石堆积及沉降平原是省内孔隙水的主要赋存区。江西北部与中南部地质构造差异明显，因此，以萍乡—东乡、武夷山北麓为界，分为赣北、赣南两个水文地质大区。在这一背景上，根据隆起带成山、坳陷带成丘、断陷成盆，从而构成各自特点的水文地质分区，据此分为九江等12个水文地质区（图5–17–1）。

第一节　赣北水文地质大区（Ⅰ）

该区水文地质条件比较复杂，隆起与坳陷、山地与丘陵相间，中部为鄱阳湖平原，北临长江，五河汇集，天然与人江湖泊众多，水网密布，地下水以岩溶水、孔隙水、裂隙水都较发育为特征，水资源条件总体比较优越。

一、九江坳陷水文地质区（$Ⅰ_1$）

位于长江南岸，包括瑞昌、九江、湖口、彭泽等地，区域构造为以瑞昌－彭泽、修水－武宁复向斜为主体的九江坳陷，区内由南华系—中三叠统组成宽缓的带状弧形褶皱。是江西碳酸盐岩地层分布较广的地区之一。断裂以走向北东及北北东向挤压走滑断裂为主。岩性以碳酸盐岩、泥砂质碎屑岩为主。其间有庐山地垒式隆起和湖口地堑式断陷。另有由古近系武宁群组成的小型断陷盆地，长江南岸冲积层厚度较大。全区地貌以低山丘陵为主。沿江湖泊成群，鄱阳湖由此注入长江。

区内地下水以碳酸盐岩裂隙岩溶水为主并有松散岩类孔隙水、基岩裂隙水、碎屑岩孔隙裂隙水（刘溅传 等，1981）（王崇于 等，1982）（曾马荪 等，1989）。

（一）松散岩类孔隙水

含水地层从全新统至下更新统均有分布，以全新统分布面积最广；成因有冲积、冰碛、冰水堆积、

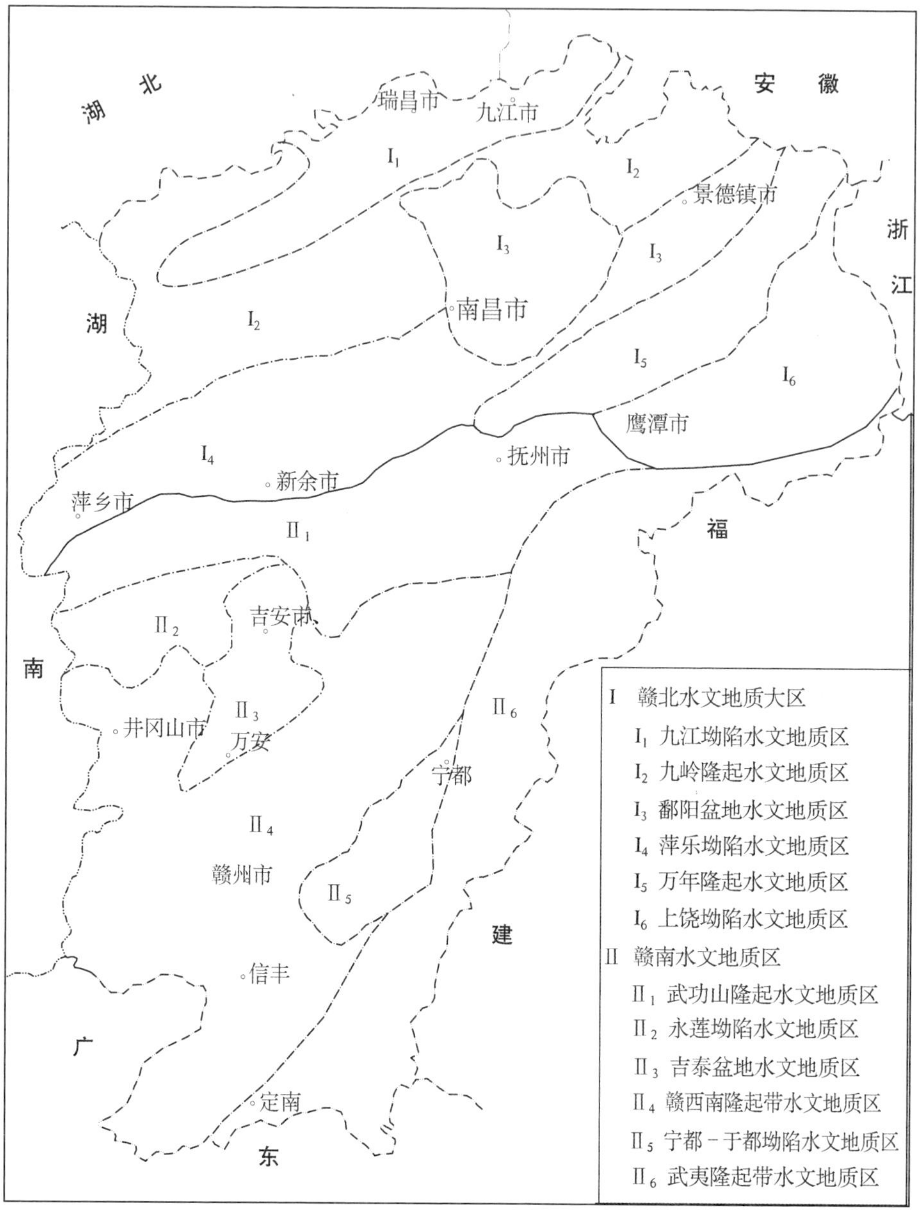

图 5-17-1 江西省水文地质分区示意图

Fig. 5-17-1 Sketch showing hydrogeologcial zoning in Jiangxi Province

残积、冲洪积等，冲积主要分布长江南岸及支流河谷两岸，冰碛、冰水堆积主要分布于庐山东麓星子、海会、高垅、九江八里坡一带，残积、冲洪积主要分布于岗丘及山间谷地；冲积层均具二元结构，上部为粉质黏土，下部为砂、砂砾石层，冰碛、冰水堆积为黏土砾石层，残积为粉质黏土夹碎石，冲洪积为黏土砾石、碎石层；分布厚度变化大。冲积层在长江南岸Ⅰ级阶地厚 38.92~60.00m，支流河谷中下游段厚 10~30m，支流河谷上游段厚一般小于 8m，冰碛、冰水堆积层一般厚 20~30m，在闫家渡、梅家洲局部厚可达 109.55m；富水性差异较大，按地下水富集程度，可分水量丰富、水量中等、水量贫乏和水量极贫乏 4 个级别。

水量丰富的含水层分布于长江南岸Ⅰ级阶地中前缘地带和九江十里铺至九江市一带，长江南岸分布宽 0.2~2.0km，含水层前者为全新统长江冲积细砂、砂砾石层组成，后者为下更新统九江组砾石层，含水层厚度前者一般 15~40m，后者 20.49~60.70m，地下水位埋深为 1.82~20.80m，单井涌水量一般 1000~3000m³/d，大者可达 7000m³/d，水质类型以 HCO_3–Ca·Mg 为主，矿化度 0.2~0.622g/L，pH6.7~8.5，总硬度 176.1~585.3mg/L。

水量中等的含水层分布于支流河谷中下游段和长江南岸Ⅰ级阶地后缘，含水岩组为全新统冲积砂、砂砾石层，夹泥沙较多，常见与黏土交错沉积，分选性相对较差，厚 4.2~18.26m，地下水位埋深 2.05~4.5m，单井涌水量 194~246m³/d，局部地段可达 500~800m³/d，水质类型以 HCO_3–Ca 为主，矿化度一般 0.2~0.3g/L，pH6.7~7.5，总硬度 175~237.3mg/L，局部铁、锰离子偏高，超饮用水标准；水量贫乏的含水层分布于支流河谷上游段和山间河谷区及冰碛、冰水堆积层分布区，含水岩组前者为全新统冲积层砂砾石层，后者为下更新统和中更新统冰碛、冰水堆积黏土砾石层，厚 1.58~12.55m，地下水位埋深 0.91~3.95m，单井涌水量一般 10~100m³/d，局部地段也可达 300~500m³/d，水质类型以 HCO_3–Ca·K+Na 为主，矿化度 0.099~0.155g/L，pH6.9~7.55，总硬度 31.9~81.3mg/L。

水量极贫乏的含水层分布于低丘垅岗地带，标高 30~60m，含水层主要为中、上更新统冲积、残积、冲洪积黏土砾石夹砂砾石层透镜体，呈小面积零星分布，透水性较差，单井涌水量一般小于 10m³/d。

（二）碳酸盐岩类岩溶水

分布于瑞昌 – 彭泽、修水 – 武宁复向斜。其水文地质特征两复向斜略有差异。

1. 修水 – 武宁复向斜

含水岩组为震旦系—下三叠统的灰岩地层。呈条带状分布于修水、武宁一带，多数组成向斜的两翼。出露面积不到 400km²。

各含水岩组出露较好，为裸露型岩溶区。以寒武系中、下统条带状灰岩出露最广，为总面积的 90%，其余面积甚小。普遍见有溶蚀现象，地表岩溶形态以溶沟、溶槽、石芽、漏斗、落水洞、溶洞为主。较大岩溶形态发育密度平均每百平方千米 13.9 处，泉点、暗河出露密度平均每百平方千米 35.9 个点，流量平均每百平方千米 185.46m³/d，线岩溶率 3.14%，岩溶发育标高最高 660m，最低–14m，最大暗河为武宁县石渡崖下暗河，长 2km，流量 148.4L/s，泉流量常见值 0.1~1.0L/s，为弱 – 中等岩溶发育区。岩溶发育程度受岩性、构造及地貌条件等因素影响。岩溶发育有以下规律：

1）一般灰岩质较纯和灰岩所占比例较高的碳酸盐岩，其可溶性成分含量相对其他灰岩含量高，岩溶相对发育。

2）多数溶洞沿结构面发育，构造控制岩溶发育方向和规模。

3）岩溶集中分布在标高 280~300m、150~200m、100~130m 及小于 50m 的 4 个高程内，与修河河谷阶地标高基本一致，岩溶发育呈一定的阶段性，显示新构造运动控制着岩溶分布高程。

各含水岩组碳酸盐岩岩性差异较大，有的被泥质条带和碎屑岩所夹，按碳酸盐岩厚度所占比例，可分碳酸盐岩夹碎屑岩裂隙岩溶含水岩组和碎屑岩夹碳酸盐岩岩溶裂隙含水岩组。碳酸盐岩夹碎屑岩裂隙岩溶含水岩组分布于溪口 – 涅溪向斜边缘、高枧向斜南翼、修水县城南的宁洲向斜、杭口向斜的核部及武宁向斜的两翼。含水岩组包括震旦系陡山沱组，寒武系杨柳岗组、华严寺组、西阳山组，石炭系黄龙组，二叠系栖霞组、长兴组，三叠系青龙组条带状灰岩夹页岩、瘤状灰岩及厚层状灰岩。灰岩中可溶性成分含量相对较高，岩溶相对发育。但由于灰岩中夹有碎屑岩，其岩溶发育程度在平面上和垂向上都呈现不均匀性，溶蚀裂隙间的连通性和渗透性能普遍较差，仅局部地段连通性较好。地下水主要富集、储存于溶蚀裂隙和溶洞之中。据地下水富集程度可分为：水量中等和水量贫乏的两个富水等级。水量中等的含水岩组为寒武系杨柳岗组、华严寺组、西阳山组条带状灰岩夹页岩，分布于上述褶皱构造的翼部和核部，宁洲、杭口向斜较宽缓，有利于地下水的运移和富集。含水层厚度各地不一，泉流量常见值 1~5L/s，地下水径流模数 3.56L/s·km^2，最大暗河流量 148.4L/s，单井涌水量 304.32~600.59m^3/d，在有利地段可达 1741.82m^3/d。地下水位埋深 3.74~18.02m。水质类型为 HCO_3–Ca，矿化度 0.1~0.3g/L，pH6~7.3，总硬度 163.6~251.6mg/L；水量贫乏的含水岩组为石炭系黄龙组，二叠系栖霞组、长兴组，三叠系青龙组厚层状灰岩、白云质灰岩。虽岩溶发育，但因各含水岩组出露面积小，有的仅残留呈盖状复于碎屑岩之上，地下水的富集程度相对较差。泉流量常见值 0.4~0.8L/s，最大 11.16L/s，单井涌水量小于 100m^3/d。含水厚度、地下水位埋深各地不一。地下水以大气降水补给为主，地下水动态呈气象型曲线。

碎屑岩夹碳酸盐岩岩溶裂隙含水岩组分布零星，面积较小。含水岩组包括奥陶系印渚埠组钙质页岩夹瘤状灰岩，二叠系小江边组沥青质页岩夹扁豆状灰岩、龙潭组灰黑色薄层状燧石灰岩。岩溶相对不发育，泉流量最大 5.104L/s，最小 0.01L/s，常见值 0.1~0.5L/s，单井涌水量 53.6~71.21m^3/d。含水层厚度、地下水位埋深各地不一。地下水以大气降水补给为主，泉流量动态受降水严格制约，变化幅度较大。

2. 瑞昌–彭泽复向斜

含水岩组包括震旦系—三叠系碳酸盐岩层，按其岩性组合，可分碳酸盐岩岩溶水和碳酸盐岩夹碎屑岩岩溶裂隙水两个含水岩组。前者地层包括二叠系、石炭系碳酸盐岩，后者地层包括三叠系、奥陶系、寒武系、震旦系碳酸盐岩。岩溶发育，地表岩溶形态主要有：石芽、溶沟、溶槽、漏斗、落水洞、洼地、溶洞和暗河。二叠系、石炭系碳酸盐岩灰岩较纯，钙镁比值在 20~243 之间，相对溶解度 0.88~1，岩溶相对发育，钻孔见洞率 43%~63%，线岩溶率 3.74%~3.84%。奥陶系灰岩，钙镁比值 1.5。中上寒武系、震旦系灰岩与泥质灰岩互层或灰岩呈透镜状分布于泥质页岩、炭质页岩中，质不纯，岩石可溶性矿物含量差异较大，岩溶发育相对较差，钻孔见洞率 28%，线岩溶率 0.8%~3%；构造控制岩溶发育方向、形态和规模。岩溶绝大部分沿断裂构造、向斜仰起端、背斜倾伏端发育。此外在硫化矿床附近、岩浆岩接触带，岩溶化作用加剧，钻孔见洞率在 60%以上，线岩溶率 4.17%~7.14%；地貌上西、南部低山丘陵区，碳酸盐岩裸露；往中北部的范镇、新塘一带山前河谷丘陵区，碳酸盐岩多被薄层第四系松散堆积物所覆盖；至东北部武山、城门山及芙蓉至马挡一带冲湖积平原区，碳酸盐岩全被第四系冲湖积松散堆积物所覆盖。相应岩溶形态由地表溶沟、溶槽、石芽、直立或倾斜状落水洞、漏斗为主转为倾斜或水平状溶洞、暗河、岩溶洼地到地下洞穴为主，溶洞分布由稀散到相对密集，钻孔线岩溶率由小到大，洞穴堆积物由钙华、黏土碎石为主转为黏土砾石、砂砾石为主。地下水富集程度受岩溶发育强度控制，一般岩溶发育强烈的地下水丰富，反之则地下水贫乏，按地下水富集程度可分：水量丰富、水量中等、水量贫乏 3 个等级。

水量丰富的含水层分布于后山、樟桥至黄桥、桂林桥至赛湖、横港至新塘等地及芙蓉至马挡沿长江一带的裸露、覆盖碳酸盐岩分布区，含水层为二叠系、石炭系灰岩，岩溶发育深度一般在标高负 75m 以上，钻孔见洞率 15%~66%，线岩溶率 0.9%~7.14%，泉或暗河流量 50%大于 10L/s，最大 143.97L/s，地下水径流模数加权平均值 6.93L/s·km^2，钻孔单井涌水量 2000~5000m^3/d，最大达 9797.76m^3/d；地下水位埋深，裸露区一般小于 50m，覆盖区+1.85~14.18m，水质类型为 HCO_3–Ca，矿化度 0.193~0.308g/L，pH7.1~8.2，总硬度 101~264mg/L。

水量中等的含水层分布于凤凰山、马口湖、大湖塘至洋港、泉坪至塘山等地，含水岩组为周冲村组、青龙组、长兴组、茅口组上段、栖霞组、黄龙组碳酸盐岩裸露区；在江桥至黄岭一带，含水层为奥陶系汤山组、仑山组，寒武系西阳山组、华严寺组、杨柳岗组碳酸盐岩覆盖区，裸露区地表岩溶发育，地下径流模数加权平均值 4.47L/s·km^2，泉或暗河流量常见值 1~10L/s，最大流量 71.34L/s，覆盖区岩溶发育，钻孔见洞率 34.6%，线岩溶率 1.3%，单井涌水量一般 100~500m^3/d，在有利地段可达 3000m^3/d，地下水位埋深在裸露区一般小于 30m，覆盖区 0.65~18.66m，水质类型为 HCO_3–Ca，矿化度 0.2~0.4g/L，pH7~8，总硬度 214.1~267.7mg/L。

水量贫乏的含水层分布于李家山至石震湾、官田湖、梅山等地，含水岩组为奥陶系白云质灰岩区及西南部石炭系、二叠系碳酸盐岩分布的低山裸露区，岩溶相对不发育，泉点少，流量小，泉或暗河流量常见值小于 1L/s，最大 2.6L/s，地下径流模数加权平均值 2.03L/s·km^2，地下水位埋深小于 50m。

（三）基岩裂隙水

分布于中低山丘陵、构造剥蚀丘陵地区，含水岩组为双桥山群变质岩、南华系—三叠系沉积碎屑岩和横山花岗岩组成，地下水主要赋存于断裂破碎带及各种裂隙之中。依裂隙成因，地下水空间分布特征，可分为风化裂隙水、构造裂隙水两个含水岩组。

风化裂隙水：主要分布白沙铺、武山、城门山、阳储岭、蔡岭等地，含水岩组为横山花岗岩基和城门山等小型斑岩体。风化带厚度一般 30~50m；沿侵入接触带、断裂构造带两侧网状裂隙特别发育，且发育深度大，可达 70~100m，地形地貌上一般山前坡麓、谷地风化裂隙发育，风化带厚度较厚，而丘顶较薄，一般小于 5m。根据地下水的富集程度，可分水量中等、水量贫乏两个富水等级。

水量中等的含水层主要分布于都昌横山花岗岩区，地下水位埋深 0.45m，钻孔单位涌水量 0.446L/s·m，单井涌水量 485m^3/d，枯季泉流量常见值 0.1~1L/s，矿化度 0.44g/L，pH7.1，总硬度 25mg/L，水质类型为 HCO_3–Ca·K+Na。

水量贫乏的含水层分布于武山、城门山等地，含水岩组岩性为花岗闪长斑岩，风化带厚度相对较薄，枯季泉流量常见值 0.05~0.1L/s，地下径流模数 0.7L/s·km^2，单井涌水量一般 11.43~29.66m^3/d，但在侵入接触带、断裂构造带有利部位，单井涌水量可达 100~2000m^3/d，矿化度 0.065~0.167g/L，pH7~7.5，总硬度 23.2~92.8mg/L，水质类型为 HCO_3–Ca·K+Na。

构造裂隙水：含水岩组为双桥山群变质岩、南华系—三叠系沉积碎屑岩，岩性为炭质页岩、硅质岩，局部夹硅质灰岩、砂岩、砂砾岩等，岩石致密坚硬，构造裂隙发育，三叠系、泥盆系、志留系碎屑岩以 270°~300°方向裂隙最发育，其次为北西向、北东向一对扭裂隙，面裂隙率 0.275%~1.34%，加权平均值 0.67%，地表浅部多被泥质充填；震旦系皮园村组以硅质岩为主，有时夹碳酸盐岩，构造裂隙呈柱状、网络状发育，使岩石切割成菱形块状，在夹碳酸盐岩地区和陡山沱组碳酸盐岩，溶蚀裂隙发育，并见有溶洞，局部线岩溶率达 2.8%，发育深度多在零标高以上。根据地下水富集程度可分水量中等、水量贫乏、水量极贫乏 3 个富水等级。

水量中等的含水层主要分布于九江复向斜南部，王音铺、彭山、庐山郭家桥一带。含水岩组为荷塘组、观音堂组、皮园村组，岩性主要为炭质页岩、页岩、硅质岩，在彭山、庐山东北麓夹有薄层状或透镜状灰岩。构造裂隙发育，裂隙密度 5~13 条/m，沿北北东、北东向断裂构造带和断裂构造的复合部位，构造裂隙密集成带（图 5-17-2）；夹灰岩分布区溶蚀裂隙发育，并见有溶洞，枯季泉流量常见值 0.1~0.6L/s，少数达 1~2.5L/s，地下径流模数 2.25~3.98L/s·km^2，单井涌水量 100~500m^3/d，在断裂构造带、灰岩分布区的有利部位，地下水较丰富，单井涌水量可达 1000~2600m^3/d，山前地带，地下水普遍具承压性质，承压水头+0.4~+14.62m，自流量 0.4~10.82L/s，水质类型为 HCO_3–Ca·Mg，矿化度 0.02~0.2g/L，pH6.5~7.5，总硬度 7.1~89.2mg/L。

水量贫乏的含水层为南华系—三叠系泥砂质碎屑岩及双桥山群变质岩，大部分基岩裸露，构造裂隙发育，多呈闭合状，地表浅部泥质充填，枯季泉流量常见值 0.01~0.16L/s，地下径流模数平均值 1.77L/s·km^2，单井涌水量一般小于 100m^3/d，但在有利部位单井涌水量可达 200~500m^3/d，水质类型为 HCO_3–Ca·K+Na，pH7~8，总硬度 17.8~35.6mg/L。

水量极贫乏的含水层分布于北部修水—武宁一带。含水岩组为奥陶系中、上统，志留系、上泥盆统—下石炭统五通群沉积碎屑岩，岩性为粉砂岩、长石石英砂岩、页岩等。岩石风化后多呈泥土状，构造裂隙发育相对较差。在上述地层分布区，地表溪沟相对发育，表明大气降水汇入地表溪沟径流为

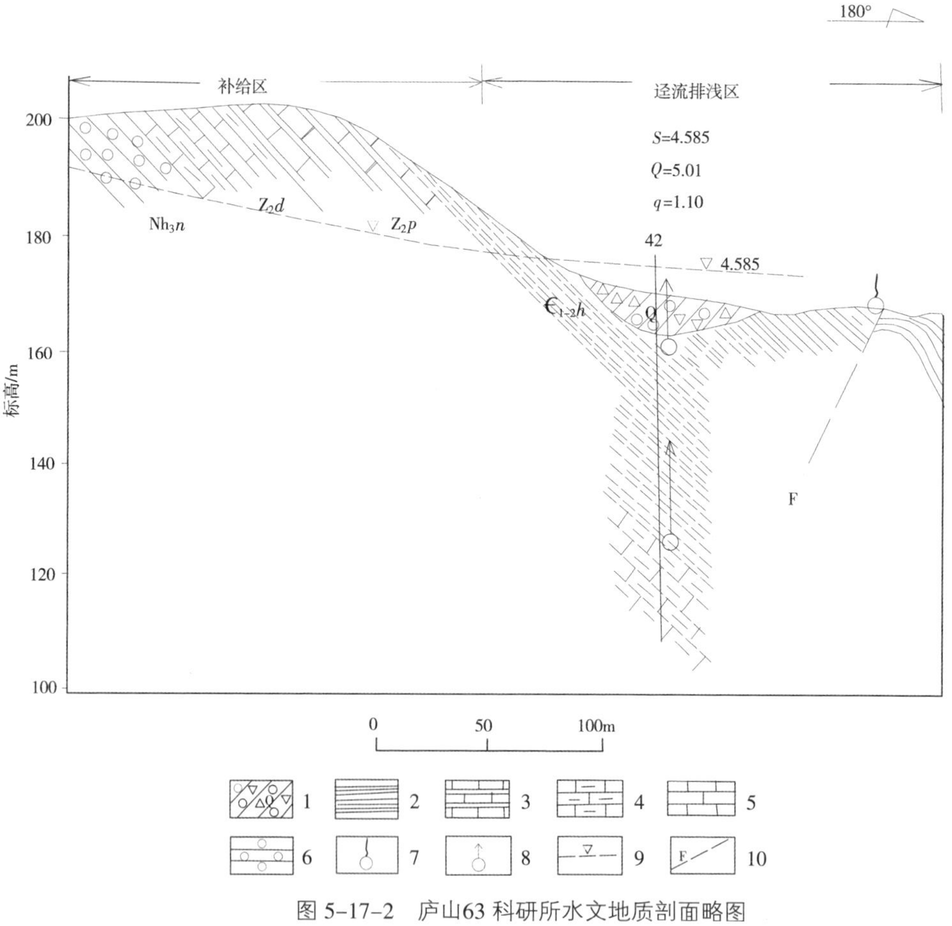

图 5-17-2　庐山63 科研所水文地质剖面略图

Fig. 5-17-2　Hydrogeological profile located in Lushan N0.63 Scientific Research Institute

（据江西省水文地质大队，1989）

1—第四系碎石漂砾黏土；2—薄层硅质岩夹炭质页岩；3—中薄层状硅质岩；4—炭质泥岩；5—灰岩；6—冰砾岩；7—上升泉；8—涌水位置；9—地下水位线；10—推测断层；$€_{1-2}h$—下—中寒武统荷塘组；Z_2p—上震旦统皮园村组；Z_1d—下震旦统陡山沱组；Nh_3n—上南华统南沱组冰碛层

主，而渗入补给地下水较差。溪沟流量变化大，季节变化明显，旱季溪沟多干涸。地下水多以散流形式排泄，泉点少见。地下径流模数 0.98L/s·km^2。水质类型 HCO_3–Ca，矿化度小于 0.2g/L，pH67.6，总硬度 9.4~201.6mg/L。

（四）碎屑岩孔隙裂隙水

出露面积小，主要分布沙河街新港、瑞昌、阎家渡渣津、三都、征村、船滩、武宁等古近系小型断陷盆地之中，岩性：下部为紫红色砾岩夹砂岩，砾石成分为周边老地层的碳酸盐岩，习称灰质砾岩；中上部为湖泊沉积的粉砂岩、含砾砂岩，偶夹石膏薄层和玄武岩。下部灰质砾岩在沙河街九江十里铺溶蚀强烈，岩溶发育，钻孔见洞率达 66.7%~80%，线岩溶率 1.88%~20.97%。其他盆地溶蚀则相对较弱，新港盆地地下水主要赋存于孔隙、裂隙、溶隙、溶洞中。按地下水赋存介质和富集程度，可分具灰质砾岩裂隙岩溶水、孔隙裂隙水两个含水岩组。

灰岩砾岩裂隙岩溶水：主要分布于沙河街、九江十里铺、新港断陷盆地，一般砾岩中石灰质砾石少，断裂构造不发育或远离断裂构造带的区段，岩溶不发育，岩石完整，通常不含水或含水极贫乏，而石灰质砾石含量多，且有断裂构造发育的区段，岩溶发育，钻孔见洞率达 66.7%~80%，线岩溶率 1.88%~20.97%，岩溶主要发育标高 10~-70m，最低标高-110m，且分带明显。第一带：+5~-10m，岩溶极为发育，大部分充填；第二带：-15~-40m，岩溶发育，溶洞呈半充填状，偶见空洞；第三带：-60~-70m，为空洞；第四带：-100~-110m，为空洞。地下水主要赋存于溶洞中，地下水位埋深 0.76~13.65m，为承压水，单井涌水量达 2300~3200m^3/d，地下水质为 HCO_3–Ca，淡水，水温 18~19℃。

孔隙裂隙水：零星分布于瑞昌渣津、三都、武宁等地，含水岩组岩性为中上部湖泊沉积的粉砂岩、含砾砂岩，裂隙不发育，地下水贫乏，单井涌水量一般小于 10m^3/d，但沿断裂构造带及断裂构造带复合部位，单井涌水量可达 50~500m^3/d。

二、九岭隆起水文地质区（I_2）

包括武宁、铜鼓、宜丰、奉新、安义、靖安、德安、都昌及景德镇东北区域。北、南分别以九江坳陷南缘断裂带和宜丰－景德镇断裂带为界。包括幕阜－九宫凸起和九岭－莲花山隆起，总体构造呈近东西向至北东东向展布。九岭－莲花山隆起南部沿宜丰－景德镇断裂带逆冲推覆于萍乐坳陷带上，地质构造十分复杂，隆起带中段为北鄱阳盆地叠盖。

断裂以近东西向、北东向、北北东向断裂最为发育，规模也较大。

新元古界双桥山群浅变质岩广泛裸露，以变质杂砂岩、变余粉砂岩、千枚岩、板岩为主，夹凝灰岩、钙质地层和少量玄武岩、石英角斑岩。

岩浆活动较强烈，岩浆岩主要分布于隆起地带。以晋宁期九岭花岗闪长岩基规模最大，其次有印支期甘坊岩株和燕山期的幕阜山、太阳岩、云山、古阳寨、莲花山、鹅湖等一批花岗岩体。

自新生代以来，地壳以间歇性上升为主，山体高峻，河谷深切，基岩裸露，第四系松散堆积层薄，分布零散，为典型的基岩中低山－丘陵区，修河、鄱江由区内汇入鄱阳湖。地下水以大气降水补给为主，地下水动态多呈气象型曲线。

本区分布有松散岩类孔隙水、基岩裂隙水、碎屑岩孔隙裂隙水。以贫乏的基岩裂隙水分布最广（郭育忠 等，1979）（章毅 等，1980）（郭迪忠 等，1984）。

（一）松散岩类孔隙水

为本区具有供水开采意义的地下水类型，含水岩组为第四系松散堆积层。按其成因有冲积层、残积层；按堆积时代有下更新统、中更新统、上更新统、全新统；冲积层沿修河、潦河、昌江及支流河谷和山间溪谷两岸不对称分布，构成河流阶地，以全新统冲积层分布面积最大。下更新统冲积层仅分布在修河的修水县的洋湖、武宁县县城南的西山下村，面积很小，呈帽状残留丘顶，分布标高110~120m，高出河水位30~50m，构成Ⅳ级基座阶地，岩性上部为蠕虫状红土砾石，厚2.5~5m，下部为红土砾石，厚5~6m；中更新统冲积层零星呈岛状分布于修河的三都、修水县县城、渣津，武宁县县城、德安的蛟塘，潦河的安义、万家埠，昌江的景德镇西岸、凤岗一带，组成Ⅲ级基座阶地。岩性上部为棕红色网纹红土，厚度在修河上游为3~5m、下游为3~8m，潦河为1~5m；下部为砂砾石层，分选性中等，结构密实，厚度修河上游1.5~3.5m，下游1.5~5m，潦河1.0m；上更新统冲积层，修河零星分布于修水县县城附近及一级支流，潦河分布奉新、安义、万家埠一带的河流两岸，昌江仅景德镇一中一带有分布，组成Ⅱ级内叠和基座阶地，岩性上部为黄、灰色黏土或亚黏土，含铁锰质结核，厚度修河3~5m，潦河1.28~4.25m；下部为砂砾石层，分选性较好，中密状，厚度修河2~5m，潦河2.97~8.86m。全新统冲积层不对称分布在修河、潦河、昌江及一级支流和山间溪谷两岸，构成Ⅰ级阶地和河漫滩。岩性上部为灰白、灰褐色黏土、亚黏土，厚度：修河柘林以上河谷段3~5m，以下河谷段5~9m；潦河0.5~4.73m；昌江0.4~10.8m；支流及山间溪谷0.5~2.6m。下部为砂砾石层，结构松散，厚度修河柘林以上河谷段一般3~5m，以下河谷段1.4~4m；潦河一般3~8.55m，昌江0.5~9.28m，支流及山间溪谷0.5~2.36m。残积层主要分布于永修、恒丰、蛟塘等地的剥蚀低丘岗埠地带，岩性为棕红色网纹状红土、黏土夹碎石，碎石成分因母岩而异，呈棱角状，较密实，厚一般5~15m。地下水主要赋存、富集于砂砾石层孔隙之中。其含水岩组和地下水储存、运移有以下特征。

1. 含水岩组特征

含水岩组具二元结构，上部为黏土、亚黏土，透水性相对较差，下部为砂砾石层，孔隙发育，联通性好，是孔隙水主要储存、运移的层位。

含水岩组堆积时代不同，其厚度、分布面积存在差异，一般全新统冲积层厚度最厚、面积最大，上更新统冲积层次之，中更新统和下更新统最薄、面积最小，同一堆积时代含水岩组，不同河流含水层厚度不同，同一河流地貌位置不同，含水层厚度也不一致，一般从上游至下游由薄增厚，含水层颗粒由粗变细。

2. 地下水特征

（1）地下水的补、径、排条件

地下水主要接受大气降雨、地表水体、田间灌溉水的垂直渗入补给，其次还接受边缘地带相邻含水层潜流的侧向补给和河岸汛期河水的补给。

河岸汛期河水返补，主要在修河艾城以下主流河段，潦河为靖安县城以下和奉新县城以下主流河段，昌江为凤岗镇以下主流河段。返补时间21~56d，返补水力坡度0.0002~0.0035。

孔隙水以近水平径流，水力坡度一般0.0001~0.0057，其流向以高锐角斜交河床下游或近垂直河床。孔隙水排泄一是潜流排泄地表径流，二是人为开采地下水。

（2）地下水的水力特征

多为潜水，仅修河柘林以下河段、潦河奉新至黄城河段为承压水。

(3) 地下水动态特征

地下水动态变化特征受水文、气象因素控制极为明显。丰水期（4~6月），地下水位急剧上升，枯季地下水位下降，地下水动态变化在修河艾城以上河段、潦河靖安县城、奉新县城以上河段、昌江凤岗镇以上河段呈气象型曲线，与大气降雨相对应，上述以下河段呈水文型曲线，与河流径流变化相对应。

(4) 地下水埋藏特征

地下水的埋藏受地形地貌严格控制，一般阶地前缘浅于阶地后缘，河流的上游深于下游，支流河谷深于主流河谷。

3. 地下水的富水特征

1）不同含水岩组，含水层厚度不同，富水性亦各异，以全新统冲积层含水层厚度最厚，富水性最好。

2）相同含水岩组，上游河段富水性小于下游河段；支流河谷富水性小于主流河谷。

按地下水的富集程度，可分水量丰富、水量中等、水量贫乏、水量极贫乏和透水不含水层5个富水级别。水量丰富的主要分布于修河的柘林以下的Ⅰ、Ⅱ级阶地，含水岩组为全新统和上更新统冲积层。上部为亚黏土、亚砂土，厚5.2~10.10m，平均7.37m，下部为砂砾石层，结构松散，厚5.85~13.99m。单井涌水量1042.34~4369.25m^3/d，近岸地段可达6785m^3/d。地下水具承压性质，水质类型为HCO_3-Ca·K+Na，矿化度0.088~0.218g/L，pH5.8~7.8，总硬度25.8~138.3mg/L；水量中等的分布于修河的柘林以上河谷段和支流河谷的Ⅰ级阶地，潦河的靖安县城以下和奉新县城以下主流河段Ⅰ、Ⅱ级阶地，昌江凤岗镇以下主流河段的Ⅰ级阶地，含水岩组为全新统和上更新统冲积层，二元结构明显，上部为亚黏土、亚砂土，厚0.5~5.15m，下部为砂砾石层，结构松散，厚1.88~10.22m，地下水位埋深1.23~4.43m，水位年变幅0.70~2.90m，单井涌水量105.41~638.50m^3/d，在潦河的万家埠至立新一带，单井涌水量可达1000m^3/d以上。水质类型为HCO_3-Ca·K+Na，矿化度0.037~0.277g/L，pH5.8~7，总硬度26.5~111.0mg/L；水量贫乏的分布于修河的Ⅲ级阶地和支流河谷的Ⅱ级阶地及山间溪谷，潦河的靖安县城以上、奉新县城以上主流河谷段Ⅰ、Ⅱ级阶地和支流河谷的Ⅰ级阶地及山间溪谷，昌江凤岗镇以上河段及支流Ⅰ级阶地和山间溪谷，含水岩组为全新统、上更新统和中更新统冲积层，上部为亚黏土，厚1~2.6m，下部为砂砾石层，厚1.35~2.36m，地下水位埋深0.5~3.0m，单井涌水量一般13.22~50.8m^3/d，局部地段可达200m^3/d，水质类型为HCO_3-Ca·K+Na，矿化度0.041~0.286g/L，pH6.1~7，总硬度19~98.1mg/L；水量极贫乏的分布于永修、安义蛟塘等地的剥蚀低丘岗埠地带和潦河的Ⅲ级基座阶地，含水岩组为中更新统残积层、中更新统冲积层，地下水位埋深0.62~7.25m，单井涌水量一般1.21~10.37m^3/d，局部有利地段可达100m^3/d，水质类型为HCO_3-Ca，矿化度0.047~0.279g/L，pH 5.8~6.6，总硬度51.5~91.7mg/L；透水不含水层为下更新统冲积层，呈帽状残留丘顶之上，面积小，汇、储水条件差。

（二）基岩裂隙水

大面积分布，含水岩组包括各时期、各类型岩浆岩、混合岩、新元古界浅变质岩和古生代沉积碎屑岩。以裂隙贮水为共同特征。根据裂隙成因、分布特征和地下水赋存条件，可分为风化裂隙水、构造裂隙水两个含水岩组。

风化裂隙水主要分布中、南部的九岭山和西部的幕阜山，含水岩组为花岗岩类。地下水主要贮存于其浅层风化裂隙中。而风化裂隙的发育程度常受岩性、构造、地形地貌等因素控制。断裂构造带和侵入接触带附近风化带较厚，常形成廊状风化带；坡麓、沟谷地带风化带相对较厚，坡顶地带风化带相对较薄。

风化带发育深度多在20~30m，最深46.3m，赋存风化带的地下水较均一，常呈网状，多为潜水，地下水位各地不一，一般在10~15m，地下水以大气降水补给为主，地下水动态与降水关系密切，一般就近补给，近源排泄，坡顶、斜坡地带以垂向运动为主，坡麓及缓坡地带以倾斜或近水平运动为主，在地形低洼和地质条件有利地点常形成泉水或散流，排泄于地表。

地下水的富集常与风化裂隙发育程度、断裂构造和接触带等贮水构造及地貌条件有关。按地下水富集程度可分水量中等、水量贫乏两个富水等级。

水量中等的含水层分布于九岭山南部的西塔、黄岗、九仙汤—澡都、甘坊—靖安一带及修水的山口和何市两个花岗岩形成的小盆地。含水岩组为晋宁期花岗闪长岩，印支期、燕山期花岗岩。山口、何市两处花岗闪长岩体基本被双桥山群浅变质岩所环绕，四周地势高，而岩体地势较低平，构成汇水盆地，风化裂隙水不仅得到降水的补给，还可获得周边构造裂隙水的补给，富水条件较好；九岭山南部的黄岗、甘坊—靖安一带，断裂构造发育，成组成带出现，裂隙发育，风化带相对较厚且均匀，风化带上部多呈砂土状，透水性强，尤其是甘坊一带，后期岩浆岩和岩脉侵入体较多，侵入接触带裂隙发育，有利于降水渗入补给，富水条件好；此外，因位于九岭山脉南侧，受东南季风影响，降水量最大，年均降水量达1900~2100mm。泉流量常见值0.1~0.45L/s，地下水径流模数8.82L/s·km^2，单井涌水量67.56~219.93m^3/d。在断裂构造和接触带有利地段，单井涌水量可达1000m^3/d以上。水质类型为HCO_3–Ca·K+Na，矿化度0.04~0.08g/L，pH5.9~6.3，总硬度2.3~18.7mg/L。

水量贫乏的含水层分布于幕阜山的白岭和九岭山北麓的何市—高湖一带，含水岩组为燕山期白岭花岗岩和晋宁期九岭花岗闪长岩。白岭地区，山高陡峻，白岭花岗岩体长石含量相对较高，易于风化，风化物多呈砂土状，冲沟坳谷发育，水土流失严重，地表排水条件好，地下贮水条件相对较差；九岭山脉北麓地区，风化带厚度相对较薄，大气降水相对要少。泉流量常见值0.033~0.054L/s，地表径流模数2.67L/s·km^2，单井涌水量一般小于50m^3/d，在断裂构造和接触带有利地段单井涌水量也可达1000m^3/d。水质类型为HCO_3–Ca·K+Na，矿化度0.03~0.06g/L，pH6.5，总硬度9.4~33.9mg/L，为软淡水。

构造裂隙水大面积分布于西部铜鼓—修水、南部宜丰—新建以北、中部瓜源、东部三龙—蛟潭一带。含水岩组包括双桥山群变质岩和南华系下古生界沉积碎屑岩。构造裂隙和层间裂隙发育，并有以下规律。

1）构造裂隙发育程度与岩石脆性有关。一般坚硬、性脆的变质砂岩、硅质页岩、石英砂岩构造裂隙、层间裂隙发育，张开程度好，充填程度相对较差，而柔性的粉砂岩、页岩，构造裂隙发育相对较差。

2）断裂构造带两侧，构造裂隙发育密度、深度大，常形成廊状构造裂隙密集带，发育深度最深可达80~100m。

3）张性或张剪性裂隙，导水性相对较好。

4）裂隙的发育深度还与地形地貌有关，一般山坡地带裂隙发育深度相对较大，坡脚、沟谷地带裂隙深度相对较浅。

地下水赋存、富集于构造裂隙、层间裂隙中。按地下水的富集程度为水量贫乏的富水等级。

水量贫乏的含水岩组为双桥山群变质岩，岩性多为层厚不一的板岩。岩石坚硬、性脆，在多次构造运动作用下，构造裂隙、风化裂隙发育，多张开 0.1~0.5cm，泥沙质半充填，降水入渗条件和裂隙赋水条件相对较好。在南部的芳村—宜丰一带，宜丰岩组上段有大量的辉绿玢岩岩脉，构造裂隙发育，密度 4~3 条/m，大部分微张开，少量泥沙质充填，在地形有利地段，岩脉一侧常见有上升泉或沼泽地。含水层厚度一般 15~25m，地下水位埋深山坡地带一般 15~20m，沟谷地带一般 1~5m。多为潜水，断裂构造带及岩脉一侧为承压水，高出地面 1.24~6.73m。地下水以大气降水补给为主，地下水位变化呈降水型曲线。地下水常呈散流和泉的形式排泄。泉流量常见值 0.02~0.1L/s，地下水径流模数 2.4L/s·km^2。单井涌水量一般 12.96~89.71m^3/d，在断裂构造有利地段单井涌水量可 600~800m^3/d。水质类型为 HCO_3–K+Na·Mg，矿化度 0.02~0.2g/L，pH5.8~7.3，总硬度 9.4~38.5mg/L，为软水。

（三）孔隙裂隙水

分布于太畲坪、奉新断陷盆地。含水岩组为上白垩统—古近系含钙粉质砂岩、砂岩、砂砾岩。砂砾成分复杂，有花岗岩、变质岩、石英砂岩、石灰岩等，灰岩砾石在太畲坪盆地含量较高。灰质砾岩含量较高地段见有溶蚀现象，地表常见溶孔、溶隙，也偶见有大型溶洞。

粉砂岩、砂岩、砂砾岩虽然普遍含有钙质成分，部分地段砾石成分为石灰岩，地表也见有溶孔、溶隙和溶洞。但由于基岩裸露，植被不发育，大气降水多形成地表径流，渗入补给地下水的条件较差。地下水主要赋存于岩石孔隙、裂隙、溶隙和溶孔之中，其富集程度为水量贫乏的含水岩组。单井涌水量一般小于 10m^3/d，但在断裂构造带和盆地边缘的有利地段，单井涌水量也可达 100~500m^3/d。地下径流模数 0.238~2.37L/s·km^2，泉流量常见值 0.012~0.081L/s，地下水位埋深 5.65~19.05m，水质类型 HCO_3–Ca，矿化度 0.049~1.692g/L，pH5.9~7.9，总硬度 19.2~1012.4mg/L。

三、鄱阳盆地水文地质区（I_3）

鄱阳盆地北部，即北鄱盆地形成于九岭隆起中段；其南部，即南鄱盆地形成于萍乐坳陷带中段，晚白垩世时断陷下沉成盆；盆地西部晚白垩世和古近系红层沉积均较发育；盆地东部仅有晚白垩世沉积，其中有少量玄武岩。古近纪末盆地萎缩，新近纪时沉积停止。第四纪早更新世再度沉降，其松散沉积物以北部和西部地区最厚，东部相对较薄。是全省第四系沉积最广、最厚，地层最齐全的地区。

盆地地下水分布有松散岩类孔隙水和碎屑岩孔隙裂隙水（章毅　等，1980）(张平　等，1982)(宋喜林　等，1967)(程九洲　等，1978)(郭育忠　等，1985)。

（一）松散岩类孔隙水

盆地内第四系的岩相、岩性、结构、厚度、分布特征等湖西与湖东差异较大。湖西相对比较复杂。时代从全新统至下更新统均有分布。湖西的南昌县赣、抚三角洲地区中更新统和下更新统被全新统或上更新统掩埋，在垂向剖面一般都有两个二元结构（图 5–17–3）。成因有河流冲积相和湖冲积相。厚度湖西 30~50m，最厚 71.45m，深槽位置在官港附近，大体呈北东向延展至湖底，可能是赣江最早河道。湖东 10~20m，最厚 30m。含水岩组大部分具二元结构，仅湖区低洼地带全新统缺失砂砾石层。上部为黏土、亚黏土、淤泥、淤泥质黏土、亚砂土、粉细砂等，下部为砂砾石、含砾粗砂等。地下水赋存于砂砾石、含砾粗砂层中。按其水力性质可分孔隙潜水和孔隙承压水。按地下水的富集程度可分水量丰富至极丰富、水量丰富、水量中等的3个富水等级。

1. 孔隙潜水

分布于南昌艾溪湖东岸南塘、牌楼村一带罗家集、谢埠、莲塘等地及西北的吉山、松门山、张家山一带。含水岩组在南昌一带为中更新统冲积层，构成赣江Ⅲ级阶地，呈垄岗状展布；西北吉山一带为上更新统冲积层，组成垄岗状沙丘。含水岩组上部为沙土、粉细沙，透水性能较好，有利大气降水的渗

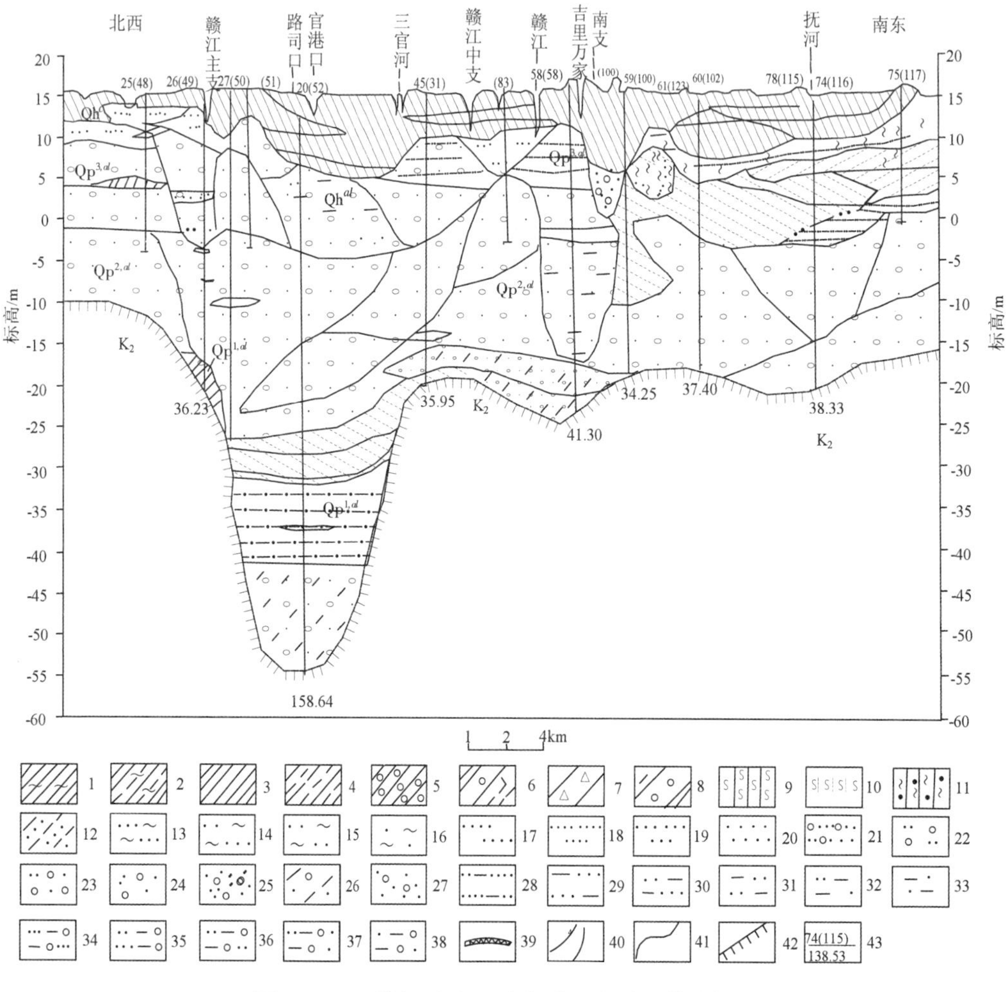

图5-17-3 赣江、抚河三角洲第四纪地质横向剖面图

Fig. 5-17-3 Quaternary geological horizontal profiles of Fuhe and Ganjiang river delta

(据江西省水文地质大队，1967)

1—淤泥质黏土；2—淤泥质亚黏土；3—黏土；4—亚黏土；5—含少量砾的黏土；6—含少量砾的亚黏土；7—黏土、夹碎石；8—黏土砾石层；9—网纹状黏土；10—网纹状亚黏土；11—网纹状沙砾黏土；12—亚砂土；13—淤泥质粉细砂；14—淤泥质中细砂；15—淤泥质中砂；16—淤泥质粗砂；17—粉砂；18—粉细砂；19—细砂；20—粗砂；21—砾质（含砾）中细砂；22—砾质（含砾）中砂；23—砾质（含中粗砂）；24—砾质（含砾）粗砂；25—砂砾石（粗、中、细）；26—含黏砾的砂砾石；27—砾卵石；28—含少量黏粒的粉细砂；29—含少量黏粒的细砂；30—含少量黏粒的中细砂；31—含少量黏粒的中砂；32—含少量黏粒的中粗砂；33—含少量黏粒的粗砂；34—含少量黏粒的砾质细砂；35—含少量黏粒的砾质中细砂；36—含少量黏粒的砾质中砂；37—含少量黏粒的中粗砂；38—含少量黏粒的砾质粗砂；39—铁皮（盘）层；40—岩性界线；41—地层界线；42—基岩；43—钻孔、编号（不加括号者为同一编号，加括号者为实际材料图号）及孔深；$Qp^{1,al}$—第四系下更新统冲积层；$Qp^{2,al}$—第四系中更新统冲积层；$Qp^{3,al}$—第四系上更新统冲积层；Qh^{al}—第四系全新统冲积层；K_2—上白垩统红层砂岩

入，下部为砂砾石层，厚 27.10~27.75m，中密结构，透水性能好，含极丰富的地下水。单井涌水量 6873.20~8286.67m^3/d。地下水位埋深西北吉山一带 3.0~4.20m，南昌一带 10.16m。水位年变幅 0.28~0.92m。水质类型为 HCO_3·CI–K+Na·Ca，矿化度 0.028~0.22g/L，pH5.9~7.6，总硬度 7.0~168.8mg/L。

2. 孔隙承压水

水量丰富至极丰富的含水岩组分布于赣、抚三角洲地带。为中更新统冲积层。绝大部分被上更新统冲积层或全新统冲积层掩埋，含水层顶板埋深 4.3~28.20m，含水层岩性为粗砂砾石层，其颗粒粒径由三角洲前缘向后缘变细。含有少量黏粒。含水层厚度 8.67~29.26m。地下水位埋深 0.90~5.05m，单井涌水量 2370.47~12085.26m^3/d。该含水岩组与上覆上更新统冲积层或全新统冲积层相连，形成组合含水层，含极丰富的地下水。尤其赣江中支到赣江主支之间的朱港至蒋家埠一带和抚河的西联闸至天子庙一带，其富水性更强。朱港至蒋家埠一带为盆地第四系基底的深槽部位，含水层厚度达 23.8~66.81m，含水层上覆为全新统冲积层，顶板埋深 3.65~20.48m。地下水位埋深 0.14~3.93m，单井涌水量达 5107.26~42171m^3/d。西联闸至天子庙一带，上覆为全新统冲积层，顶板埋深 13.15~15.76m。水位埋深 0.9~1.87m，单井涌水量 5483.86~15983.52m^3/d。

水量丰富的含水岩组分布于赣江沿岸，赣、抚三角洲，修河三角洲，昌江，乐安河，信江三角洲地带。为上更新统冲积层和全新统冲积层。具二元结构，上部为黏土、亚砂土、淤泥质黏土，厚 3.45~15.02m，下部为砂砾石层、含砾粗砂层，厚 1.80~20.70m。地下水位埋深 0~2.1m，单井涌水量 1061.42~4684.04m^3/d。含水层颗粒粒径、厚度、地下水丰富程度各分布地带存在一定的差异。赣江沿岸含水层颗粒相对较大，以砂砾石为主，厚 4.06~20.70m，全新统冲积层与上更新统冲积层呈内叠接触，下部砂砾石层水力联系密切，形成统一含水层。单井涌水量 1834.0~4684.04m^3/d，近岸和心滩地带可达 7018.71~8726.17m^3/d。赣、抚三角洲地带上更新统冲积层含水层岩性变化大，为粗砂、细砾层，颗粒总体由南往北变细，厚度 1.80~6.72m，单井涌水量 1061.42m^3/d。全新统冲积层大部分缺失砂砾石层，仅朱港至蒋家埠一带有中、粗砂分布，厚 2.3~16.45m，单井涌水量 3487.83m^3/d。昌江、乐安河、信江三角洲地带上更新统冲积层大部分为全新统冲积层覆盖，含水层顶板埋深 4.90~10.40m，含水层岩性以砾质粗砂、细砾为主，厚 3.04~18.40m，单井涌水量 1189.20~2350.73m^3/d。其覆盖层全新统冲积层均缺失砂砾石层，不含地下水。

水量中等的含水岩组分布于湖西的赣、抚三角洲地带内的窖头衔、鹭鸶口—东江湖、吉里—玉丰、康垦四处和湖东的昌江、乐安河、信江三角洲地带以及信江主支的瑞洪、三塘和北部的三汊港等地。含水岩组湖西一带为下更新统冲积层、湖东为中更新统冲积层、信江主支和三汊港为全新统冲积层。湖西的赣、抚三角洲地带均掩埋中更新统冲积层之下，含水层顶板埋深 21.52~38.50m，含水层岩性为细砾、砂砾石层，含少量黏粒，结构密实，厚 2.20~23.16m，富水性相对较差，单井涌水性 100.38m^3/d；湖东的信江、昌江、乐安河三角洲地带，含水岩组具二元结构，上部为黏土、亚黏土，厚 14.9~17.10m，下部为细砾或砾质粗砂层，厚 5.86~9.57m，水位埋深 2.70~6.32m，单井涌水量 860.65m^3/d；瑞洪、三汊港等地，含水层顶板埋深 6.50~13.40m，含水层岩性为含砾粗砂，厚 2.00~4.93m，水位埋深 2.80~3.00m，单井涌水量 107.45~459.32m^3/d。

五河尾闾平原及滨湖平原（面积 2548km^2）地下水中总铁含量 0.6~105mg/L，锰含量 0.15~5mg/L，超过国家生活饮用水标准（0.3mg/L）。据江西省水文地质大队“鄱阳湖地区地下水资源调查”，铁、锰离子含量具有如下规律。

1）平面上铁、锰离子含量的变化具有上游向下游向滨湖平原逐渐增高特征。铁离子含量的变化见图 5–17–4。

2）垂向上铁离子含量变化自上而下大致可分为 3 个带（图 5–17–5），即：①递增带：铁离子含量自上而下递增，峰值视地层岩性、所处位置而变化，临界深度大致与含水层上部的淤泥质土、淤泥质砂底界相当，界面埋深一般在 15~20m，局部可达 20~30m。②递减带：铁离子含量自峰界而下递减，一般可减至 5mg/L 以下，其下界深度，单含水层大致为 20~25m，双含水层可达第一含水层底板，深 40~45m。③稳定带：位于递减带之下，铁离子含量接近饮用水标准。

3）铁、锰离子含量季节性变化明显，枯期含量高于丰水期，其倍比系数一般为 1.3~3.3，最高 9.3。

4）铁、锰离子含量具有随人工抽采时间延长而降低的特征。

5）铁、锰离子的富集主要与还原环境和介质中的含铁、锰量有关，区内晚全新世有机质黏土分布区多为铁、锰离子富集区。

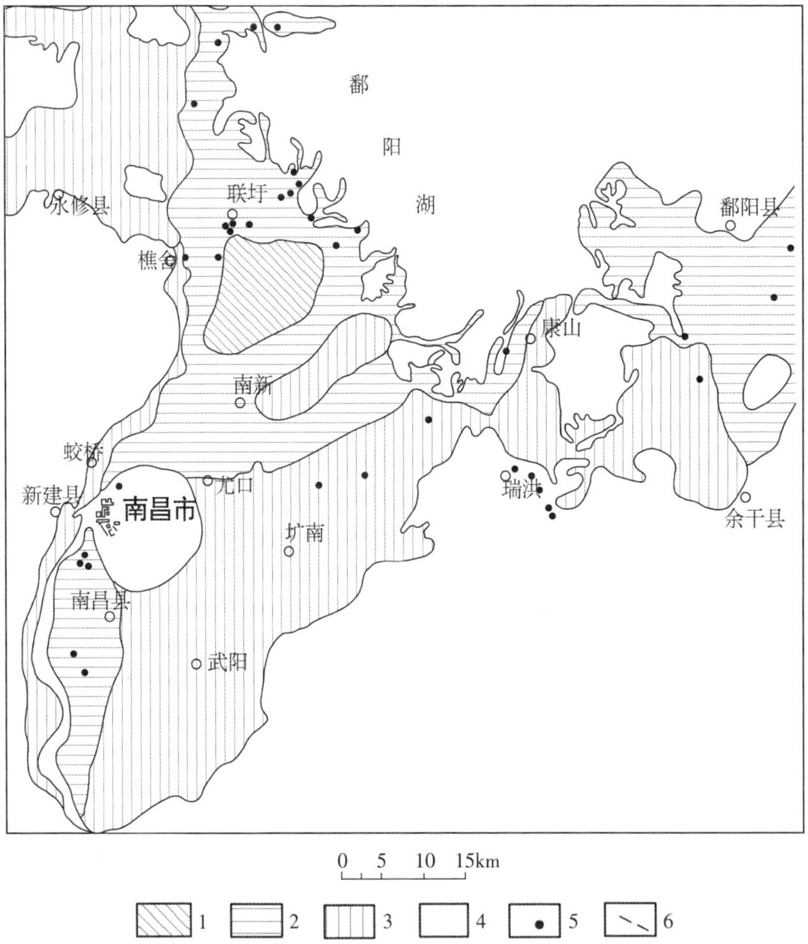

图 5–17–4　鄱阳湖滨湖平原区浅层地下水铁离子赋存富集分区图

Fig. 5–17–4　Enrichment zoning map of underground water ferric ion occurance in the superficial layer at the plain area of Poyang lake side

（据江西省水文地质大队，1985）

1—铁离子含量大于 50mg/L；2—铁离子含量 10~50mg/L；3—铁离子含量 3~10mg/L；4—铁离子含量小于 3mg/L；5—有机质黏土钻孔；6—分区界限

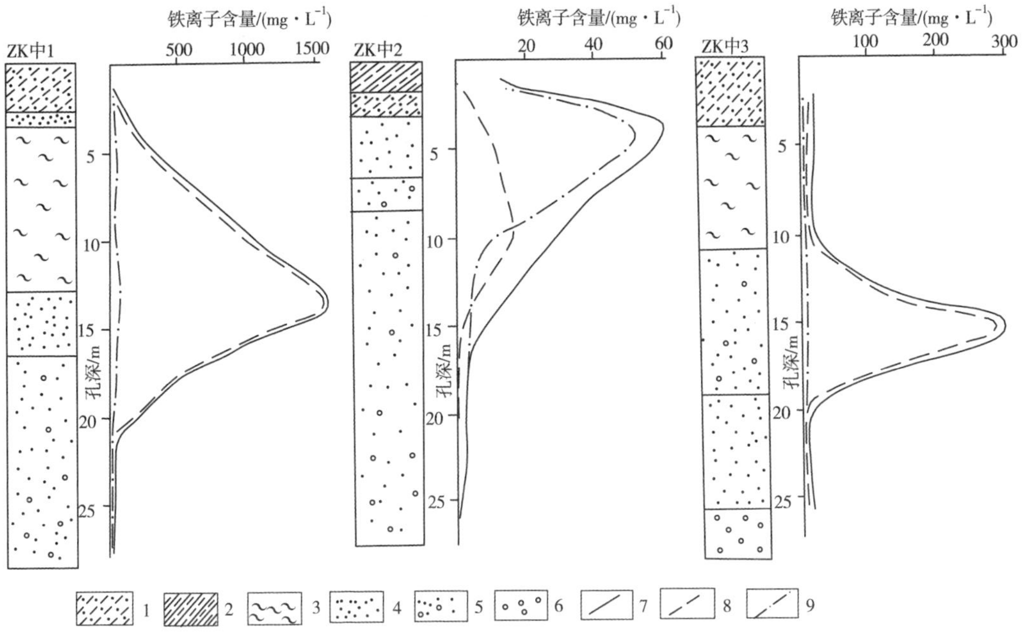

图 5-17-5 南昌县南新中徐村浅层地下水铁离子含量垂向变化柱状图

Fig. 5-17-5 Vertical variation histogram of underground water ferric ion content in the superficial layer, Xu village, Nanxinzhong, Nanchang country

(据江西省水文地质大队，1967)

1—亚砂土；2— 亚黏土；3— 淤泥质亚黏土；4— 砂；5—含砾砂；6—砾卵石；7—总铁离子；8—二价铁离子；9—三价铁离子

(二) 碎屑岩孔隙裂隙水

分布于整个盆地，含水岩组为赣州组和新余群。赣州组、新余群上部岩层以钙质砂岩为主，并夹薄层石膏。溶蚀孔洞发育。按地下水的赋存特征，可分为：具溶孔孔隙裂隙水、具灰质砾岩溶隙水、孔隙裂隙水 3 个含水岩组。

具溶孔孔隙裂隙水：主要分布于南昌市区和盆地地势相对低洼的赣、抚三角洲、昌江、乐安河、信江三角洲地带及永修等地。该层上部盖层为第四系下更新统至全新统冲积孔隙水含水层。厚 14.32~71.41m。含丰富的松散岩类孔隙水。含水层为赣州组和新余群，岩性有紫红色粉砂岩、泥岩、钙质砂岩、钙质泥岩、并夹薄层石膏，见有钙质结核和团块。岩层产状平缓。在浅部风化带之下发育一厚薄不一的溶孔、溶蚀裂隙层，溶孔、溶隙密集发育，呈蜂窝状。溶孔直径 0.5~2.5cm，溶孔无充填。溶蚀多沿裂隙面和钙质结核和团块发育。地下水主要赋存、富集于溶孔、溶隙中。按地下水富集程度可分水量丰富、水量中等、水量贫乏 3 个富水等级。

水量丰富的含水层主要分布于南昌市的老福山—江西师大—新杨村一带。面积约 7.008km^2，含水岩组为新余群上部钙质砂岩，处于红层北东向背斜轴部地带。含水层厚度 33.12~37.44m，顶板埋深 35.30~44.58m，地下水位埋深 8.48~12.51m，为承压水。地下水位年变幅 0.27~1.41m，单井涌水量一般 1183.68~1663.29m^3/d。水质类型 SO_4-K+Na·Ca，矿化度 0.359~2.253g/L，总硬度 131.8~518.6mg/L，pH7.2~9.1。

水量中等的含水层主要分布于南昌市区的赣江东岸的树脂厂一带和永修、赣、抚三角洲、昌江、乐安江、信江三角洲等地带。含水岩组为赣州组上部钙质粉砂岩、新余群上部钙质粉砂岩、钙质泥岩。

含水层厚 25.96~90.05m，顶板埋深 7.04~77.05m，地下水位埋深 0.80~13.92m，为承压水。地下水位年变幅 0.42~0.59m，单井涌水量一般 106.94~644.27m³/d。水质类型 HCO_3-Ca，矿化度 0.105~0.394g/L，总硬度 54.2~207.1mg/L，pH7.3~8.0。

水量贫乏的含水层主要分布于盆地的赣江以西及盆地中部地带。含水岩组为新余群上部钙质粉砂岩，节理裂隙不发育，溶孔稀疏，且直径小，一般 0.1~0.7cm，含水层厚度 15.11~28.98m，顶板埋深 33.66~38.59m，地下水位埋深 5.58~5.86m，单井涌水量 44.06~68.26m³/d。水质类型 SO_4-K+Na· Ca，矿化度 1.78~2.42g/L，总硬度 334.6~875.1mg/L，pH7.7~7.8。

具灰质砾岩溶隙水：主要分布于永修县西北的杨林山至江溢、共青城等地，沿盆地边缘大致呈南北向条带状分布，面积约 16km²。含水岩组为新余群下部砾岩，砾石成分以灰岩为主，钙质孔隙式胶结。该地带盆地边缘为寒武纪碳酸盐岩，构造上又有杨林山帚状构造。其灰砾岩岩溶发育，最大溶洞洞高 2.73m，无充填。单井涌水量可达 10100.16m³/d，出露一上升泉，流量 109.99L/s。含丰富的溶隙裂隙水。

孔隙裂隙水：主要分布于盆地东部，西部仅零星出露，含水岩组为赣州组，岩性为砾岩、砂砾岩、粗砂岩、泥质粉砂岩。地下水主要赋存于岩石孔隙裂隙中。按地下水的富集程度可分水量中等、水量极贫乏两个富水等级。

水量中等的含水层主要分布于盆地北部的周溪、东部的鄱阳—洪门口、朱港农场—三湖一带的盆地边缘地带。所处地貌为高岗或高阶地，大部分被第四系残积或冲积层复盖，盖层厚 3.20~7.63m。受盆地边缘断裂影响，岩石中裂隙发育，特别是下部灰质砾岩段有溶隙、溶洞发育。地下水位埋深 0.37~7.58m。属承压水。单井涌水量一般 73.74~190.45m³/d。在断裂带和灰砾岩有利地段，单井涌水量可达 2267.37m³/d。水质类型 HCO_3-Ca·K+Na，矿化度 0.13~0.28g/L，总硬度 77.2~174.7mg/L，pH6.6~7.2。

水量极贫乏的含水层分布于盆地中东部。岩石中裂隙发育相对较差，地下水富水性相对较差，单井涌水量一般小于 10m³/d。在有利地段也可达 50~100m³/d。

四、萍乐坳陷水文地质区（$Ⅰ_4$）

北以宜丰－景德镇逆冲推覆断裂带为界，南以萍乡－新余、礼林－婺源深断裂为界，为上叠于钦杭古板块结合带万年推覆体之上的一条北东东至北东向延伸的狭长坳陷地带。广泛出露晚古生代和中生代地层。中部被南鄱阳盆地叠覆，坳陷带被分割为西、东两部分。西部晚古生代及其以后的沉积层广泛出露，地层走向北东东；东部多被逆冲推覆断裂严重破坏。呈构造岩体分布。上叠的主要断陷盆地有高安、清江、萍乡株潭等上白垩统—第四系盆地。

由新元古界下部万年群组成万年推覆体，主要呈构造岩片出现于景德镇、乐平地区，以北东东至北东向紧密线型褶皱为主；沉积盖层褶皱，主要发育于西端之萍乡—高安地区，以过渡型褶皱和宽展型褶皱为主，在萍乡—宜春地区尚发育一系列同斜倒转褶皱，南翼倒转。在乐平地区主要呈构造岩片出露，褶皱展布，由西至东，形成一北北东—北东—北北东向的反“S”形图像。

断裂颇为发育，主要以北东东之走向断层为主，北部为九岭南麓逆冲推覆断裂带，南部为武功山隆起、万年隆起北缘滑脱带，断裂且往往成群、成组出现。其他北北东向挤压走滑断裂，北西向的横断裂也比较发育，但其规模一般较小。

岩浆活动比较微弱，有加里东期丰顶山岩株、印支期蒙山岩株和燕山期志木山、村前、塔前等花岗岩、花岗闪长岩（斑）小岩体。

区内地貌以丘陵、岗埠为主。总体西高东低，蒙山白云峰为最高峰，海拔1004m。锦江、袁水狭长河谷于南北两侧由西向东展布，汇于赣江。

区内地下水有松散岩类孔隙水、碎屑岩孔隙裂隙水、碳酸盐岩岩溶水、基岩裂隙水。其中的碳酸盐岩岩溶水为江西省内可溶碳酸盐岩主要分布区。其岩溶发育最强，富水性较好，水资源较丰富（高忠坛等，1997）（陈铁汉 等，1984）（郭育忠 等，1981）（柳江波 等，1980）（吴健康 等，1980）（王权 等，1981）（金克柏 等，1986）。

（一）松散岩类孔隙水

主要分布于赣江的三湖—丰城段、赣江一级支流锦江、袁水和支流河谷两岸及丘陵岗埠山坡地带。含水岩组为中更新统冲积层、上更新统冲积层、全新统冲积层和中更新统残积层。冲积层不对称分布于河谷两岸，组成河漫滩及Ⅰ–Ⅲ级阶地，阶面宽变化较大，一般上游及支流河谷宽0.5~2km，中、下游河谷宽5~6km；残积层分布丘陵岗埠山坡地带，岩性为红色黏土、亚黏土、碎石黏土等，厚2~18m。冲积层有以下特点。

1）含水岩组均具二元结构，上部为黏土、亚黏土、亚砂土，下部为砂、含砾粗砂、砂砾石层；其结构：中更新统结构密实、上更新统稍密结构、全新统结构松散。

2）中更新统呈岛状不对称分布锦江、袁水和赣江两岸，组成Ⅲ级基座阶地，上更新统构成Ⅱ级阶地，全新统构成Ⅰ级阶地和漫滩，两者为内叠关系，下部砂砾石层相互衔接，组成统一含水层。

3）各含水岩组的含水层颗粒、含水层厚度均有由上游往下游粒径变细、厚度逐渐增大的特点。

地下水主要赋存、富集于砂、砂砾石层和碎石黏土颗粒间孔隙中。水位埋深1.04~4.73m。水力性质，上、中游多为潜水，下游多为承压水。地下水位年变幅3.2~5.01m，水质类型为弱酸–中性重碳酸钙型淡水。按地下水的富集程度，可分为水量丰富、水量中等、水量贫乏、水量极贫乏4个富水等级。

水量丰富的含水层主要分布于赣江、袁水的宜春—江口水库和昌付以下河谷段、锦江的上高县徐家渡镇以下河谷段两岸，不对称分布，含水层为上更新统、全新统冲积层和赣江两岸的中更新统冲积层。上部为黏土、亚黏土，厚一般1.5~5.6m，下部为砂、砂砾石层。厚一般4.45~11.0m，结构松散，单井涌水量：赣江河段的上更新统、全新统冲积层一般3000~5000m^3/d、中更新统冲积层一般1000~2000m^3/d；袁水河谷宜春—江口水库段1066.51m^3/d；袁水的昌付以下河段和锦江的上高县徐家渡镇以下河段一般1048.32~2885.3m^3/d。

水量中等的含水层分布于袁水河谷的芦溪—宜春段、新余—昌付段和支流河谷下游段两岸、锦江河谷的万载县城—上高县徐家渡镇段和北部支流河谷的棠浦河、耶溪河、长塍河下游段，不对称分布，含水层为中更新统、上更新统、全新统冲积层。含水层厚1.45~5.8m。单井涌水量：呈岛状分布的中更新统冲积层一般100~185.92m^3/d；上更新统、全新统冲积层一般264~534.22m^3/d，局部地段也可达1000m^3/d以上。

水量贫乏的含水层分布于锦江河谷万载县城以西的上游两岸、袁水河谷芦溪以西的上游两岸、支流上–中游河谷两岸及西村、分宜等地的岗埠丘陵山坡地带。含水岩组为上更新统、全新统冲积层，含水层厚2.35~5.68m，砂砾石中含泥质较高，渗透性相对较弱，单井涌水量15.99~26.89m^3/d。

水量极贫乏的含水层分布于西村、分宜等地的岗埠丘陵山坡地带，含水层为中更新统残积层，岩性为网纹红土夹碎石，碎石含量由上往下逐渐增多，厚 2.0~18.0m，单井涌水量一般 2.14~12.92m³/d。

（二）碎屑岩孔隙裂隙水

主要分布于宜春以北的雷桥盆地、萍乡的芦溪盆地、万载县的株潭盆地和高安盆地、清江盆地。前三个盆地为小型盆地，单个盆地面积仅数十平方千米。各盆地水文地质特征略有差异。

1. 雷桥盆地

含水岩组为上白垩统龟峰群，岩性为一套以紫红色砾岩为主的碎屑岩，砾岩成分以石英、灰岩为主，钙质胶结。砾岩中有岩溶发育，溶蚀形态有溶孔、溶隙、溶洞。溶洞高一般 0.3~0.6m，最高 2.15m。地下水主要赋存于溶孔、溶隙、溶洞中，属具灰质砾岩溶隙水。泉流量一般 0.02~4.48L/s，地下水径流模数 1.33~3.98L/s·km²，地下水位埋深 4.84~13.35m，为承压水。单井涌水量 249.70~1009.26m³/d，为水量中等含水层。水质类型为 HCO_3-Ca 型淡水，pH6.8~7.8，矿化度 0.12~0.19g/L。盆地具有由北向南、由西向东富水性更好的特点。

2. 芦溪盆地、株潭盆地

含水岩组为上白垩统龟峰群。含水层溶蚀微弱，裂隙不发育，地下水的赋存和富集较差，泉流量一般 0.02~0.75L/s，地下水径流模数 0.92L/s·km²，单井涌水量一般小于 10m³/d。但在盆地边缘或断裂构造有利地段，单井涌水量可达 200~1000m³/d。

3. 高安盆地

西起万载，往东经宜丰、上高、高安至高邮，北侧受宜丰－景德镇断裂控制。盆地呈北东东方向延展。地层为上白垩统龟峰群。南北两侧边缘断续出露上古生代和下中生代碳酸盐岩和碎屑岩。盆地为一单斜构造，沉降中心由北向南迁移，岩层倾角一般 10°~20°。局部地段岩层有所起伏和挠曲。盆地北缘断裂已转变为向北北西向倾斜的逆冲断层，古老地层已逆冲于白垩系地层之上。

盆地地形标高 30~100m，相对比高 10~50m，坡度小于 15°，属构造剥蚀低岗地形。

含水岩组为龟峰群，岩性为一套紫红色砂砾岩、砾岩、夹含砾粉砂岩、泥岩为主的碎屑岩。在边缘为上古生代灰岩分布区，底部砾岩中常见灰岩砾石，灰岩砾石含量 40%~70%，钙质含量高，孔隙式胶结，在断裂构造带常形成有溶洞；地下水主要赋存于岩石孔隙裂隙、溶隙和溶洞中。地下水的分布、赋存、富集主要受岩性、构造、地貌等因素控制。碎屑岩以非可溶性物质为主要成分，岩层完整，结构致密。地貌形态以丘、岗为主。其岩性和地貌条件一般都不利于地下水富集，单井涌水量多小于 5m³/d。属富水性极贫乏的含水层。但部分地段富含灰质砾岩及断裂或裂隙密集带发育部位，为地下水的赋存、富集提供了相应空间。据水文地质勘察资料，盆地富水性极贫乏的碎屑岩中含存有 3 种地下水相对富集类型。

（1）具“灰岩砾岩”溶隙富水类型

红层中以灰岩砾石为主要成分的砾岩，溶孔、溶隙发育较普遍。在断裂或裂隙密集带部位，岩石完整性差，溶蚀更强烈，岩溶更发育。钻孔见洞率、线岩溶率值均较大。富含裂隙溶隙水，单井涌水量一般 120~300m³/d，在断裂或裂隙密集带影响处，溶蚀强烈，单井涌水量可达 500~2000m³/d。该富水类型空间分布不稳定，主要分布于盆地边缘上古生代灰岩区段的底部砾岩中。

（2）断裂脉状水富水类型

断裂或裂隙密集带成为脉状含水体。单井涌水量一般100~500m³/d。一般张剪性断裂带单井涌水量

500m³/d 以上；压扭性断裂带单井涌水量多在 200~300m³/d；张剪性裂隙密集带单井涌水量大部分在 200~300m³/d；压剪性裂隙密集带单井涌水量多在 80~150m³/d，该富水类型空间分布大致为：断裂带多分布于近盆地边缘地带，延伸长一般 4~10km；裂隙密集带多分布于盆地中部地带，呈一定的等距性，延伸长一般 1~5km。

(3)"层间"承压水富水类型

泗溪—杨公圩一带分布一层间承压含水层，构成轴向北东东的向斜贮水构造，轴长约 18km，南北宽 5~6km，东段扬起，西段倾伏，两翼岩层倾角 8°~25°。据钻孔揭露，含水层厚度 73.85m，顶板埋深 60.75m，含水层岩性以紫红色砂岩为主，夹钙质泥岩，钙质孔隙式胶结，钻孔涌水，水头高出地面 2.95m，自流量 3.37m³/d。抽水试验，降深 48.16m，单井涌水量 28.08m³/d。

4. 清江盆地

为一北东至北北东向延伸的断陷向斜盆地。南北两侧边界分别受萍乡 – 广丰和丰城 – 婺源深断裂限制。西端在上述两断裂交汇处之新余西消失，东段延至鹰潭张巷一带封闭。主要由古近系新余组、临江组构成，西北部边缘出露少量条带状龟峰群。清江以东沉积中心向南迁移，西侧沉积中心呈北北东向稳定延伸。岩层倾角平缓，一般 5°~15°，部分 2°~25°。盆地南缘发育一系列北东东走向的逆断层，古老地层向北北西叠瓦式逆冲于古近系之上。

地下水主要赋存于岩石孔隙、裂隙、溶孔、溶洞及断裂破碎带中。孔隙裂隙水分布、赋存、富集有以下特征。

1）控制盆地边缘的区域性大断裂带，因其多期活动，断裂带和两侧岩石破碎，裂隙发育，有利于地下水的赋存、富集，含丰富的地下水。

2）盆地边缘为碳酸盐岩的灰质砾岩分布地带，其岩溶发育，含丰富的地下水。

3）红层盆地中大的断裂带少见，而次级褶曲和裂隙密集带比较发育，这些裂隙密集带和交合部位地下水相对富集，构成相对富水条带。

4）古近系新余组第二岩性段有一层分布普遍、水量贫乏 – 中等的层间承压含水层，单井涌水量 15.9~115.17m³/d，含水层富水性变化平面上大致以赣江为界，赣江以西富水性贫乏，单井涌水量一般小于 100m³/d，赣江以东富水性中等，单井涌水量一般大于 100m³/d。

5）就红层碎屑岩而言，除古近系新余组第二岩性段含贫乏 – 中等的地下水外，其余岩组含水极其贫乏，单井涌水量一般 1.0~3.0m³/d。

6）受含水介质影响，不同含水地质体其水化学特征有一定差异。盆地边缘断裂带和灰质砾岩溶隙水水质类型为 HCO_3–Ca·Mg，矿化度低；红层孔隙裂隙水和裂隙密集带脉状水，由于孔隙、裂隙发育，成为地下水汇集带，导致易溶盐积累，水质类型为 SO_4–Na·Ca，矿化度相对偏高。此外，地下水中标性离子 SO_4^{2-}、Na^+、溶解固形物含量由盆地边缘往盆地中部增高。

按地下水富水性可分为水量中等、水量贫乏、水量极贫乏 3 个富水等级。

水量中等的含水层可分为两类，一是分布于控制盆地的边缘区域性大断裂破碎带和盆地边缘为碳酸盐岩的灰质砾岩分布地带，多呈条带状展布，单井涌水量一般 211~986m³/d，在有利地段，单井涌水量可达 2500m³/d；二是分布于清江盆地赣江以东杨家脑—丰城一带，含水岩组为古近系新余组第二岩性段。有微弱溶蚀现象，含水层厚 18.59~52.26m，褶皱明显，轴向北东、向南西倾伏的两个向斜（图 5–17–6），次级裂隙密集带发育，地下水位埋深一般 3~5m，单井涌水量 114.16~182.42m³/d。

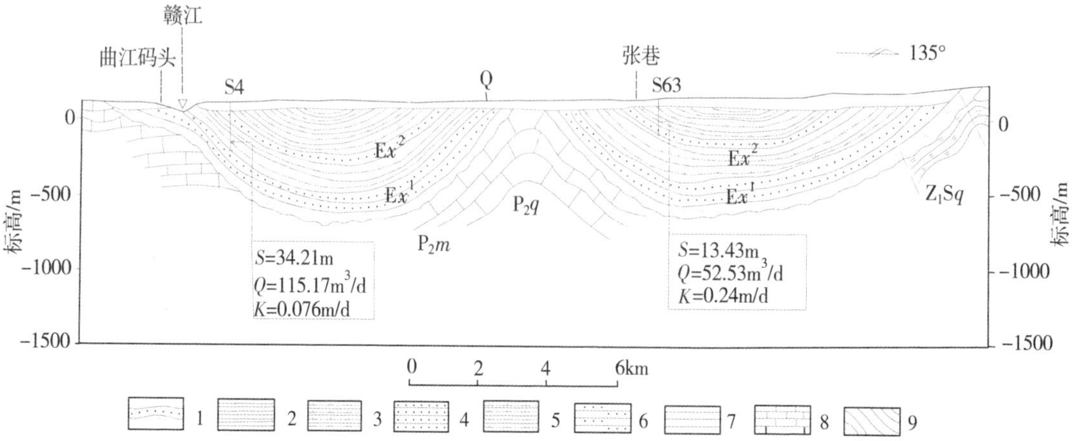

图 5-17-6　清江盆地曲江张巷剖面图

Fig. 5-17-6　The profile located in Zhangxiang, Qujiang in Qingjiang Basin

（据江西省水文地质大队，1980）

1—含水段示意部位；2—粉砂质泥岩；3—钙质粉砂岩；4—含砂砾岩；5—砂砾岩；6—细砂岩；7—砾岩；8—灰岩；9—绢云母千枚岩；Q—第四系；Ex^2—古近系新余组二段；Ex^1—新余组一段；P_2m—中二叠统茅口组；P_2q—中二叠统栖霞组；Z_1Sq—下震旦统双桥山群；S4—钻孔及编号

水量贫乏的含水层分布于赣江以西，含水岩组为古近系新余组第二岩性段。含水层多出露盆地边缘，走向北东，倾向南东，含水层厚 19.68m，顶板埋深 80.24m，地下水位埋深一般 5.5~11.37m，单井涌水量 8.94~69.51m^3/d。

水量极贫乏的含水层分布于上述两个富水级别之外的红层分布区，含水岩组为龟峰群、新余组、临江组。岩层相对完整，单井涌水量一般 1~3m^3/d。

（三）碳酸盐岩岩溶水

分布面积 3849km^2，其中 1483km^2 为第四系松散层覆盖。含水岩组为泥盆系佘田桥组至三叠系下统周冲村组的可溶碳酸盐岩。构成一系列轴向北东－北东东紧密倒转褶皱，其间夹碎屑岩，多呈条带状展布。根据地层的岩性组合（灰岩与碎屑岩的比例），可分为碳酸盐岩岩溶含水层和碳酸盐岩夹碎屑岩裂隙岩溶含水层。碳酸盐岩岩溶含水岩组为石炭系黄龙组，二叠系马平组、茅口组、长兴组，岩性为厚层状白云岩、隐晶质生物灰岩、白云质灰岩、燧石结核灰岩、粉晶质灰岩、灰岩等；碳酸盐岩夹碎屑岩裂隙岩溶含水岩组包括泥盆系佘田桥组，上石炭统杨家源组，二叠系栖霞组、吴家坪组，下三叠统青龙组、周冲村组，岩性为深灰色薄层钙质粉砂岩夹泥灰岩、灰岩，灰黑色灰岩夹薄层页岩、炭质页岩，深灰、灰黑色薄－厚层状含燧石结核或条带状灰岩、沥青质臭灰岩及灰色薄层状灰岩夹黑色粉砂质泥岩、粉红色白云质灰岩、浅灰、灰白色厚层状白云岩等。按岩层出露条件，岩溶含水层可分裸露型和覆盖型。可溶性碳酸盐岩岩层溶蚀强烈，岩溶形态发育齐全，地表岩溶形态有溶沟、溶槽、石芽、漏斗、落水洞、岩溶洼地、溶洞等；地下岩溶形态有溶洞、暗河。岩溶形态的分布不同地貌单元其分布特征不同，区内大致可分四种岩溶形态发育区。

1. 峰林谷地

分布于西北部的高台尖、天台山、龙公岭、洞村等地，地形标高 500~700m，地表岩溶形态以岩溶洼地为主，溶沟、溶槽、漏斗、落水洞到处可见，水平溶洞及地下洞穴不发育。

2. 岩溶丘陵

分布于宜春的金瑞、柏木、楠木，分宜的高岚、双林等地，地形标高300~500m，地表、地下岩溶很发育，地表主要有溶沟、溶槽、溶洞、石芽、漏斗、落水洞、洼地等。石芽、溶沟、溶槽多发育斜坡地带，洼地、漏斗发育于次级分水岭及两侧山坡地带，溶洞发育于山坡中部和坡脚地带，暗河发育于坡脚及沟谷。地下溶洞分布标高一般在91~204m，线岩溶率4.02%，充填与未充填各占一半。

3. 孤峰坡地

分布于萍乡的宣风—宜春—彬江—凤阳一带，地面标高100~300m。地表岩溶发育特征是，山峰之间不连续，呈孤立状分布，裸露区可见石芽、溶沟、溶槽和溶洞，地表岩溶发育标高105~160m，地下岩溶发育标高0~70m，线岩溶率8.53%。

4. 岩溶准平原

大至分布于上高、新余一线以东大部分地区，地面标高小于100m，碳酸盐岩多隐伏于第四系松散层以下，地表平坦略有起伏，地表岩溶少见，常有较大的泉水出露，地下岩溶发育标高-23~+65m，线岩溶率9.23%。

岩溶发育规律遵循地层岩性、地质构造、地形地貌条件控制。因此，区内岩溶发育有以下特点。

1）黄龙组钻孔见洞率82.4%、线岩溶率10.1%，茅口组钻孔见洞率70%、线岩溶率8.9%，长兴组钻孔见洞率72.4%、线岩溶率7.3%，栖霞组钻孔见洞率59.1%、线岩溶率2.4%，青龙组、周冲村组钻孔见洞率65.4%、线岩溶率2.4%；表明块状、厚层状灰岩、白云岩、含燧石结核灰岩，岩溶发育强度高；条带状灰岩、沥青质灰岩、薄层状灰岩夹粉砂质泥岩，岩溶发育强度相对较低。

2）断裂带、褶皱轴部和可溶岩与非可溶岩接触带岩溶发育。

3）不同的地貌单元其岩溶发育特征、发育强度均有较大的差异，一般在低山－高丘陵区岩溶发育以地表为主，地下岩溶不发育；低丘－高岗埠区地表、地下岩溶均较发育；岩溶准平原区地表岩溶少见，地下洞穴系统发育。低山、丘陵到岩溶准平原总体有如下特点：溶洞的分布由稀散到相对密集，钻孔见洞率、线岩溶率由小到大，洞穴堆积物由钙华、黏土碎石为主转变到以砂砾石、黏土砾石为主，岩溶发育标高由高到低。

地下水主要赋存于岩石裂隙、溶隙、溶洞之中。呈管道流或网络状管道流。地下水的分布、埋藏、富集程度与岩溶发育强度、地貌位置相当密切。因此，区内岩溶地下水有以下特点。

1）岩溶发育强度相对高的碳酸盐岩含水岩组地下水比较丰富。而地下水的富集与地质构造、地形地貌的关系比地层岩性更密切、更明显。因此，地下水富水性表现出一定的地区性，即在同一地貌单元，各含水岩组富水性大致相同或差异不大；同一含水岩组在不同的地貌单元富水性存在差异。岩石裸露区的富水性相对岩溶准平原覆盖区要差；水力性质裸露区多为潜水，覆盖区为承压水；地下水动态裸露区变幅大、不稳定，覆盖区变幅小、相对稳定；地下水的分布裸露区极不均一，各向异性明显，覆盖区相对均一。

2）断裂带、褶皱轴部和可溶岩与非可溶岩接触带地下水相对富集。

根据地下水的赋存特征和岩性组合，可分碳酸盐岩裂隙岩溶水、碳酸盐岩夹碎屑岩岩溶裂隙水两个含水岩组。

1）碳酸盐岩裂隙岩溶水：含水岩组为黄龙组、茅口组、长兴组。岩性为质纯的块状、厚层状灰岩、白云岩、含燧石结核灰岩。为区内岩溶发育强度最强的含水层。受地质构造、地貌影响，按地下水富水性可分水量丰富、水量中等两个富水等级。

水量丰富的含水层分布于萍乡的湘东、上高至新余一线以东的上高、高安、丰城岩溶岗埠－岩溶准平原区和地处宜丰大断裂带和万载褶皱弯转的黄茅、慈化、三兴、敖桥、柏木及东部的乐平、黄柏塘、塔前－赋春断陷小盆地等地。其断裂密集交错，岩溶非常发育，钻孔见洞率87.5%，线岩溶率平均8.18%，地下水除大气降水补给外，还可获得上覆含水层和邻近基岩裂隙水的补给。强岩溶发育带一般在地面以下60~100m，含水层厚度一般大于30m，地下水位埋深一般小于5m，具承压性，地形低洼地带常有流量较大的上升泉出露。单井涌水量一般大于1000m^3/d。有利部位可达3000~5000m^3/d。

水量中等的含水层分布于寨下、田心、操场、高岚、七宝山、南港、洞村和东部塔前－赋春盆地东北段、中云等地。为北东－北东东紧密褶皱地带，以溶丘洼地地貌为主的地区，地势一般较高，起伏较大，溶洞、暗河较发育，钻孔见洞率78.15%，线岩溶率4.91%，地下水主要为大气降水补给。含水层厚度多在30~60m，地下水位埋深3~20m，地下水分布不均一。溶洼和开阔谷地地下水位埋深浅，泉水出露多，为相对富水地带，单井涌水量一般100~1000m^3/d。有利地带也可达2000~3000m^3/d。

2）碳酸盐岩夹碎屑岩裂隙岩溶水：含水岩组为佘田桥组、杨家源组、栖霞组、吴家坪组、青龙组、周冲村组。岩性为灰岩、沥青质灰岩、硅质灰岩及泥灰岩夹泥岩、炭质页岩、粉砂岩等。按地下水富水性可分水量中等、水量贫乏的两个等级。

水量中等的含水层分布于楠木、竹亭、三阳、高岚、凤阳及上高至新余一线以东的岩溶岗埠－岩溶准平原区。分布区北东、北东东向紧密褶皱和断裂构造发育。岩溶较发育，岩溶形态有暗河、溶洞等，钻孔见洞率57.38%，线岩溶率3.09%，含水层厚10~50m，地下水位埋深5~50m，多属潜水。地下水分布极不均一，各向异性明显，一般沿断裂构造带方向和地层走向方向水力联系相对密切。泉流量一般小于1.0L/s，单井涌水量一般100~1000m^3/d。

水量贫乏的含水层分布于西北部的高台尖、天台山、龙公岭、洞村等地。以峰林谷地地貌为主的地区，地势一般较高，地形起伏大，仅地表岩溶发育，地下岩溶少见，大气降水速转为地表径流，补给条件差，地表极少有泉水出露，偶见季节性泉或暗河。单井涌水量一般小于100m^3/d。

（四）基岩裂隙水

按地下水的赋存特征，可分风化裂隙水、构造裂隙水两个含水岩组。

1. 风化裂隙水含水岩组

零星分布于西部的丰顶山、蒙山和东部的平坦地区，出露面积小。含水岩组为花岗岩，处于丘陵或低丘地带，地表风化剥蚀剧烈，风化带厚度相对较薄，风化裂隙多为泥质充填。地下水赋存条件差，泉流量均小于0.1L/s，地下径流模数小于1L/s·km^2，单井涌水量一般小于10m^3/d。局部有利地段可达100~500m^3/d。

2. 构造裂隙水含水岩组

包括零星的浅变质岩和泥盆系—侏罗系沉积碎屑岩。构造裂隙、层间裂隙发育，但多为闭合裂隙，张开或微张开裂隙多为泥质全充填或半充填。地下水主要赋存、富集于张开未充填或半充填的构造裂隙和层间裂隙中。按地下水富水性可分水量中等、水量贫乏两个富水等级。

水量中等的含水层呈北东东向条带状分布于萍乡—丰城一带，含水岩组为泥盆系、石炭系、三叠系、侏罗系沉积碎屑岩，多为低丘垄岗地形，岩石坚硬性脆，节理裂隙发育。据勘察资料，面裂隙率10.6%，线裂隙率0.072%，裂隙带深度一般10~30m，枯季地下径流模数3.18~5.96L/s·km^2，泉流量一般0.08~0.427L/s，单井涌水量一般小于100m^3/d。但在断裂构造有利部位可达200~500m^3/d。

水量贫乏的含水岩层为龙潭组、小江边组、乐平组浅变质岩。前者主要分布于东部乐平—婺源一带，后者主要分布于西部萍乡—乐平一带。岩石构造裂隙发育，但由于裂隙张开度小，且多为泥质全充填或半充填，地下水赋存条件相对较差。枯季地下径流模数0.46~0.73L/s·km^2，泉流量一般0.02~0.76L/s，单井涌水量一般小于10m^3/d。在断裂构造有利部位也可达100~300m^3/d。

五、万年隆起水文地质区（I_5）

西起白土、温圳，东经进贤、万年、德兴，讫于浙赣交界之石耳山一带。南北两侧均以深大断裂为界，为一大致呈北东方向延展的舌状逆冲推覆型隆起地带。

区内新元古界万年群浅变质岩褶皱基底大片出露，沉积盖层零星分布，上石炭统沉积不整合于褶皱基底之上，古—中生代地层主要发育于曹溪向斜与德（兴）－乐（平）盆地中。

基底褶皱甚为发育，以近东西向至北东向紧密线型褶皱为主。断裂带主要发育于两侧，内部断裂一般不明显，规模比较小，主要有3组：北东向、北西向及近东西向。

岩浆岩以加里东、燕山期花岗岩、花岗闪长岩为主。

区内主要为低山丘陵，乐安江、信江、抚河均流经本区进入鄱阳盆地。

区内地下水分布有松散岩类孔隙水、碎屑岩孔隙裂隙水、基岩裂隙水和零星分布的碳酸盐岩岩溶水。以贫乏的基岩裂隙水分布面积最广（彭根祥 等，1986）（吴安平 等，1981）（吴健康 等，1980）（金克柏 等，1990）（林强 等，1990）。

（一）松散岩类孔隙水

分布于抚河的李渡－温圳段、信江下游的锦江镇－龙津镇段和支流河谷两岸及岗埠区。含水岩组为第四系中更新统冲积层、中更新统残积层、上更新统冲积层、全新统冲积层。中更新统冲积层呈岛状不对称分布于抚河、信江两岸，组成Ⅲ级基座阶地；上部为砖红色网纹状或蠕虫状亚黏土，厚一般3~10m；下部为砂、砂砾石层，砾石含量50%~70%，含有少量黏粒，结构密实，厚一般8~12m。上更新统冲积层不对称分布于抚河、信江及支流河谷两岸，组成Ⅱ级阶地，阶面宽阔、平坦，微向河床倾斜，具二元结构；上部为黏土、亚黏土，厚6~17m；下部为砂、砂砾石层，砾石含量50%~70%，结构稍密；厚一般5~12m。全新统冲积层不对称分布抚河、信江及支流河谷两岸，组成Ⅰ级阶地或漫滩，具二元结构；上部为亚黏土、亚砂土，厚一般3~8m；下部为砂、砂砾石层，结构松散，厚一般5.0~11.0m。下更新统残积层，分布于岗埠地区，岩性上部为黏土，一般厚0.5~2m，下部为黏土碎石，碎石由上往下增多，厚2~5m。地下水主要赋存、富集于砂、砂砾石层、黏土碎石层中。按地下水的富水性，可分水量丰富、水量极贫乏的两个级别。

水量丰富的含水层分布于抚河的李渡－温圳段、信江的锦江镇－龙津段，含水岩组为中更新统、上更新统、全新统冲积层。信江上更新统冲积层和全新统冲积层组成Ⅰ、Ⅱ级内叠阶地，抚河中更新统至全新统冲积层组成Ⅰ、Ⅱ、Ⅲ级内叠阶地，下部砂、砂砾石层相互衔接，地下水联系密切，构成统一含水体。受含水层厚度、岩性、结构等因素影响，各河谷段、各含水岩组富水性、水力特征存在一定差异，抚河河谷上更新统、全新统冲积层单井涌水量一般 3000~5000m³/d，中更新统冲积层 1000~2000m³/d，地下水具微承压，承压水头 1~3m，水位埋深 1.5~4.0m，局部自流；信江段单井涌水量一般 1000~2000m³/d，地下水多为潜水，水位埋深一般 1.04~3.51m。水质类型为 HCO_3-Ca 淡水，局部地段铁、锰离子含量达 1mg/L，有的高达 50mg/L。地下水接受大气降水和周边其他含水岩组地下水侧向补给、田间灌溉水和地表水体垂向渗入补给及丰水期河水的反向补给。

水量极贫乏的含水层分布于岗埠地带，含水岩组为中更新统残积层。单井涌水量一般 8.86~12.92m³/d。

（二）碎屑岩孔隙裂隙水

分布于万年盆地、洛口盆地及零星出露隆起边缘地带。含水岩组为上白垩统周田组、龟峰群。周田组为厚层状含砾砂岩与砂岩互层，主要分布于洛口盆地、万年盆地；龟峰群为厚层状砾岩、紫红色含砾砂岩、粉砂岩夹薄层状粉砂质泥岩，底部有一层厚 10.07~45.31m 灰岩砾石含量较高的砾岩。零星分布于隆起边缘的东乡占圩、店前、小璜、珀玕一带。地下水主要赋存于岩石孔隙、裂隙、溶孔、溶洞及断裂破碎带中。按地下水富水性，可分水量丰富、水量贫乏两个等级。

水量丰富的含水层分布于隆起边缘的东乡占圩、店前、小璜、珀玕，呈条带状展布。该带有控制盆地的区域性断裂带和底部以灰岩砾石为主的砾岩。断裂带厚 16.48~17.17m，岩石破碎；底部灰质砾岩溶蚀强烈，岩溶形态为溶孔、溶隙、溶洞，洞高一般 0.5~1.24m，钻孔见洞率 84.6%，地下水位埋深一般 4.0~9.82m，局部高出地面 0.32~3.53m。单井涌水量 211.94~2428.15m³/d。

水量贫乏的含水层分布于洛口盆地、万年盆地，含水岩组为周田组。裂隙不发育，岩石相对完整，泉流量一般 0.014~0.039L/s，地下水枯季径流模数 0.032~0.677L/s·km²，单井涌水量一般 13~24m³/d。

（三）碳酸盐岩岩溶水

零星分布于南昌县的黄马丰城市的泉田，进贤的墨岗山，东乡县的占圩、小璜、珀玕，乐平县的曹溪、黄柏等地。多为小型岩溶盆地，面积几平方千米到几百平方千米，以黄柏塘向斜盆地最大，面积 225.4km²。含水岩组为黄龙组、马平组、长兴组、茅口组碳酸盐岩。小型盆地多为覆盖型岩溶，盖层厚度一般小于 30m，在东乡占圩、小璜、珀玕盆地南侧埋藏于白垩系红层之下，为埋藏型岩溶。灰岩单斜产出，倾角较陡，一般 30°~50°。按岩溶发育深度 250m 推算，埋藏型岩溶分布宽度约 500~1000m；黄柏塘向斜盆地（图 5-17-7）自轴部至翼部依次分布埋藏型、覆盖型、裸露型岩溶。埋藏型岩溶位于向斜轴部的曹溪—倪家桥—众埠一带，埋藏于侏罗系冷水坞组之下，盖层厚度小于 200m；芳湖—上西吴一线以东则为覆盖型岩溶区，盖层厚一般 8.18~40.39m；以西为裸露型岩溶区。

碳酸盐岩岩溶发育，裸露型岩溶区岩溶形态以溶沟、溶槽、石芽、落水洞、溶洞、暗河为主，黄柏塘盆地的裸露区发育有芳湖、郑家坞、西港、上西吴 4 条长 2~7km 的暗河；覆盖型岩溶区地下岩溶形态以岩溶洼地、溶洞、溶蚀裂隙为主，岩溶洼地均集中浅部，顺层发育，溶洞发育标高一般在-130m 以上，各分布地发育标高略有差异。据勘察资料，钻孔见洞率 66.0%~80.6%，线岩溶率 1.29%~45.54%，最高 50.6%，溶洞高度一般 0.2~5.36m，最高 26.22m，溶洞大部分被泥沙质和灰岩碎块全充填或半充填；埋藏型岩溶区岩溶形态以溶洞、溶蚀裂隙为主，钻孔见洞率 45.5%，岩溶发育标高-40.19~-198.10m，线岩溶率 2.45%~14.45%，溶洞均被黏土碎石全充填或半充填。地下水主要赋存、

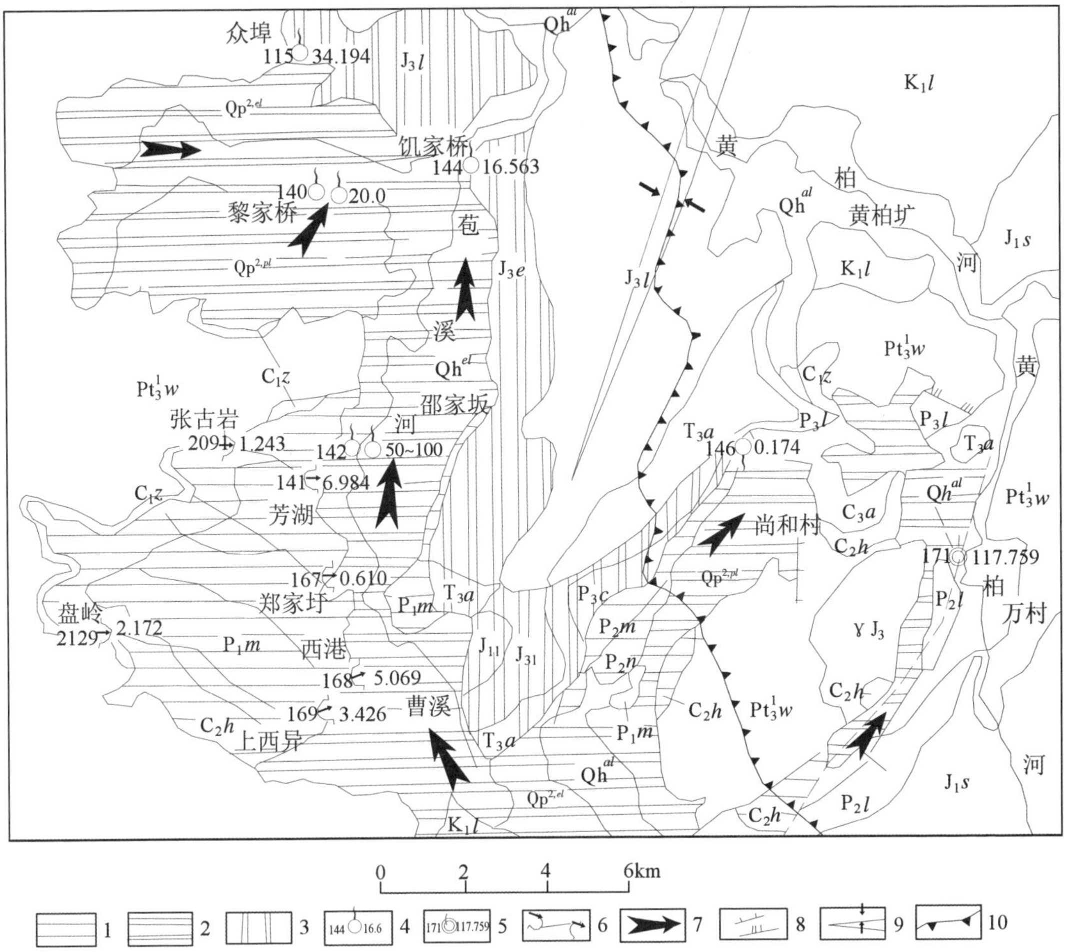

图 5-17-7　德兴县黄柏塘裂隙溶洞水盆地水文地质图

Fig. 5-17-7　Hydrogeological map with fissured and karst, Huangpotang, Dexin county

（据江西省水文地质大队，1980）

1—裸露型灰岩区；2—覆盖型灰岩区；3—浅埋型灰岩区；4—灰岩岩溶上升泉：左为编号，右为流量（L/s）；5—温泉：左为编号，右为流量（L/s）；6—暗河进出口：左为编号，右为流量（L/s）；7—地下水流向；8—断层带；9—向斜轴；10—地表分水岭；Q—第四系；K_1l—下白垩统冷水坞组；J_1s—下侏罗统水北组；T_3a—上三叠统安源组；P_3c—上二叠统长兴组；P_3l—上二叠统乐平组；P_2m—中二叠统茅口组；P_2q—中二叠统栖霞组；P_1m—下二叠统马平组；C_2h—上石炭统黄龙组；C_1z—下石炭统梓山组；Pt_3^1W—新元古界下部万年群

富集于溶洞、溶隙中。区内碳酸盐岩分布为岩溶盆地，平面上构成独立的汇水盆地，有利于地下水的补给、运移和富集。地下水的补给除大气降水外，还可获得周边其他含水岩组地下水的侧向补给和汇集。其地下水的分布、赋存、富集特征如下。

1. 裸露型岩溶区（黄柏塘向斜盆地芳湖—上西吴以西）

位于盆地边缘，地形为峰丛洼地，大气降水、地表汇流和侧向基岩裂隙水多通过落水洞、漏斗、溶隙补给地下水，为地下水的补给、径流区，形成芳湖、郑家坞、西港、上西吴 4 条长 2~7km 的暗河，暗河在裸露与覆盖交界线附近出口，其流量动态变化大，枯季流量 0.61~6.984L/s，雨季流量可达 500~700L/s，流量变化系数达百倍。水力性质为潜水。单井涌水量一般小于 500m³/d。为地下水富水性中等分布区。

2. 覆盖型岩溶区

位于盆地中部，其岩溶呈网络状发育，为地下水的径流、排泄区，在地形低洼或地质条件有利处，地下水常以上升泉群的形式排泄地表，常见泉流量相对较大，一般11.209~117.759L/s，水力性质为承压水，水位埋深+0.23~19.86m，动态相对稳定，泉流量变化系数1.3~4.2，水位变幅0.79~3.59m，单井涌水量一般1195~3862m³/d。为地下水富水性丰富分布区。

3. 埋藏型岩溶区

其岩石岩溶发育，地下水的赋存、富集条件尚好，单井涌水量一般586~986m³/d。在构造、岩性和地貌条件有利地段，单井涌水量可达2500m³/d。

（四）基岩裂隙水

广泛分布全区，含水岩组主要为万年群变质砂岩、凝灰质千枚岩、千枚状粉砂岩、板岩，南部夹杂有群村岩组，其次有零星分布的下石炭统、二叠系砾岩、砂岩、粉砂岩、下白垩纪系冷水坞组含钙砂岩及花岗岩等。裂隙发育，地下水赋存于裂隙中，按裂隙发育特征和地下水贮存条件，可分网状风化裂隙水、构造裂隙水和具溶孔裂隙水3个含水岩组。

网状风化裂隙水：零星分布于进贤县东南、周坊和浙赣交界的石耳山附近。含水岩组为扬子期、加里东期和燕山期花岗岩，风化带厚度一般20~50m，泉流量常见值0.10~0.16L/s。据进贤县城镇供水勘察资料，风化裂隙的富水性在垂向上可分两个带：①强风化粉土带，岩石风化极强，呈土状，黏塑性好，原岩结构不清，厚1.86~4.0m，富水性极弱；②中风化砂土－碎块带，岩石风化强烈，上部风化呈砂土状，结构疏松，下部为碎石、碎块状，其发育深度可达50m以上。富水性相对较强，抽水试验，单位涌水量0.434L/s·m。单井涌水量一般100~400m³/d。

构造裂隙水：广泛分布于进贤、万年、德兴至石耳山一带，含水层为万年群及零星分布的古生界碎屑岩。组成丘陵地形，构造裂隙发育，据德兴铜矿、德兴铅锌矿等矿区勘查资料，碎屑岩常见北东、北西向两组裂隙，变质岩裂隙发育很密集，面裂隙10条/m²以上，以闭合裂隙为主，钻孔线裂隙率0.001%~0.03%，裂隙发育密度随深度增加而减少。富水性贫乏，泉流量常见值0.013~0.10L/s，枯季地下径流模数0.144~2.96L/s·km²，单井涌水量一般2.5~84.0m³/d。构造裂隙含水带厚度24.5~110m。新元古界变质岩含水岩组在德兴铜厂—富家坞铜矿一带，常见有自流量不大的构造脉状承压水，自流水头1.41~24.3m，自流量5.36~194m³/d，单位自流量0.003~0.291L/s·m。

具溶孔裂隙水：分布于黄柏向斜盆地轴部的湾头—南港一带，面积68.8km²。含水层为冷水坞组含钙砂岩，其钙质呈团块和豆粒状结核。在微风化层下部形成一厚7.29~12.11m溶孔、溶隙层，溶隙宽度1~3mm，溶孔孔径一般0.5~4.0cm，溶孔中见少量溶残物，发育深度一般20m左右。地下水赋存于溶孔、溶隙中。按地下水富水性可分水量中等、水量贫乏两个等级。

水量中等的含水层分布于湾头、黄柏塘西、南港西等地势相对低洼、上覆并分布有第四系孔隙含水层的区域，面积约18km²，溶孔呈蜂窝状发育，含水层顶板埋深12.11m，底板埋深19.40m，含水层厚7.29m，地下水与上覆第四系孔隙水有一定的水力联系，地下水位埋深1.6m，单井涌水量969m³/d。

水量贫乏的含水层分布于南港西部地势相对较高的丘岗地带，面积约50.8km²，溶孔、溶隙发育相对稀疏，含水层厚12.11m，地下水位高出地面0.40m，单井涌水量50m³/d。

六、上饶坳陷水文地质区（I_6）

位于上饶地区，其北界受北东向赣东北深断裂的控制，南侧至武夷山隆起北缘。由北部的怀玉山坳陷、南部的饶南坳陷和中部的信江火山－红层叠合盆地组成，形成“两山夹一盆”向北东展开的三角形坳（断）陷地区。

怀玉坳陷主要特点是青白口上部登山群—震旦系和古生界—侏罗系地层出露比较齐全。

岩浆活动主要有扬子期登山群中火山岩和港边岩浆混岩体，燕山期形成大茅山及灵山等花岗岩基。

本区褶皱、断裂发育。新元古界—侏罗系沉积盖层，形成了一系列以北东向为主的过渡型背、向斜构造。区内有横峰－萧山、上饶－玉山深大断裂带通过，区域断裂以北东—北东东向最为发育，规模也较大，一般延伸十余千米至数十千米，且多为平行褶皱轴向的逆断层或斜冲断层；其次为斜切褶皱轴的北北东向和北西向断层。

饶南坳陷位于萍乡－广丰断裂带南侧，武夷山北坡，为一北东东—南西西向延伸的小型断陷。饶南坳陷发育于加里东运动后，基底地层为青白口纪晚期—寒武纪中深变质岩系。晚石炭世—中侏罗世地层构成饶南坳陷地层的主体。南部有大量的燕山期花岗岩侵入、吞蚀，使地层出露支离破碎，连续性较差。

区内断裂发育，由近东西向、南北向、北北东向、北东向及北西向 5 组断裂组成断裂网络。

岩浆岩以燕山期花岗岩及陆相火山岩、潜火山岩及火山碎屑岩沉积为主，次为加里东期的花岗岩及混合岩化变质岩。构成一近东西向的复式花岗杂岩带。

中部为信江早白垩世武夷群、火把山群组成的火山盆地与晚白垩世红层盆地构成叠合盆地。火山岩主要出露于盆地边缘。

区内北部为以大茅山、怀玉山、三清山、灵山花岗岩为骨干的中低山，南部为低山区，中部为信江盆地，信江呈近东西向穿行于盆地中部，形成低丘岗埠谷地。

区内地下水分布有第四系松散岩类孔隙水、碎屑岩孔隙裂隙水、碳酸盐岩岩溶水、基岩裂隙水。碳酸盐岩岩溶水出露面积小，呈零星断块状或条带状分布，分布广泛的是富水性贫乏的基岩裂隙水和碎屑岩孔隙裂隙水（彭根祥　等，1986）（吴安平　等，1981）（蔡荣芳　等，1990）（陈昌明　等，1982）。

（一）第四系松散岩类孔隙水

分布于信江中上游和支流两岸及山间洼地、坡麓地带，含水岩组为中更新统冲积层、上更新统冲积层、全新统冲积层和中更新统残积层。冲积层分布于信江及支流河谷两岸，组成Ⅰ、Ⅱ、Ⅲ级阶地。其中，中更新统冲积层呈岛状零星分布于信江的铅山茶场、汪二、鹰潭，面积仅 8.4km^2，组成不连续的Ⅲ级基座阶地；岩性具二元结构，上部为棕红色亚黏土，网纹构造，厚 0.5~3.0m；下部为棕灰色砂砾石层，含少量泥质，结构密实，厚 2.0~3.0m。上更新统冲积层零星分布于信江的铅山茶场、汪二、鹰潭，面积仅 29.1km^2，组成Ⅱ级阶地；岩性具二元结构，上部为橘红色局部灰白色亚黏土，厚 2.0~4.7m；下部为砂、砂砾石层，稍密－中密结构，厚 4.5~7.0m。全新统冲积层不对称分布于信江及支流河谷两岸，组成Ⅰ级阶地和河漫滩，其厚度各地有所变化，信江干流 8.99~13.10m，且有由上游往下游逐渐增厚、阶地后缘向前缘增厚的分布规律，支流河谷两岸 2.0~7.0m。岩性具二元结构；上部为灰褐色黏土、亚黏土，厚 2.0~4.0m；下部为砂、砂砾石层，结构松散，厚 1.0~9.5m。残积层主要分布于山间洼地和坡麓地带，岩性为亚黏土夹碎石，厚 5.0~15.0m。地下水主要赋存于下部砂、砂砾石层和碎石中。地下水位埋深一般 1~5m，水力性质多为潜水，局部为承压。地下水位年变幅信江 2.86~4.86m，支流河谷 1.84~3.08m，地下水补给除大气降水外，还有地表水体和田间灌溉期灌溉水的垂向渗入补给、边缘其他含水岩组侧向补给及汛期河水的反向补给。据流域水文地质综合评价资料，河水返补时间上游的上饶一带年均有 21d，往下游返补时间增长，在下游的梅港一带达 119d。返补宽度 500~2000m。按地下水的富集程度，可分水量丰富、水量中等、水量贫乏 3 个富水等级。

水量丰富的含水层分布于鹰潭以西的信江下游段，含水岩组为第四系全新统冲积层，组成Ⅰ级阶地及河漫滩，松散层厚 13.10m，上部亚黏土，厚 2.0m，下部为砂、砂砾石层，厚 11.10m，含水层厚 5.84m，地下水位埋深 7.26m，单井涌水量 1552m³/d。

水量中等的含水层分布于信江两岸Ⅰ、Ⅱ级阶地和支流葛溪河下游段Ⅰ级阶地，含水岩组信江为上更新统冲积层和全新统冲积层；葛溪河为全新统冲积层。受含水层厚度影响，单井涌水量信江与支流、信江上游与中游均有差异。信江单井涌水量 356~972m³/d。上游段的上饶往下铅山、弋阳到中游的鹰潭，单井涌水量分别为 356m³/d、451m³/d、526m³/d、972m³/d。支流葛溪河单井涌水量 236m³/d。

水量贫乏的含水层分布于信江Ⅲ级阶地和支流河谷两岸的Ⅰ级阶地及山间洼地、坡麓地带，含水岩组为中更新统冲积层、全新统冲积层和中更新统残积层。单井涌水量 16~85m³/d。

（二）碎屑岩孔隙裂隙水

分布于信江盆地。盆地面积 3427.2km²。含水岩组为白垩系火把山群、赣州群、龟峰群，厚度一般 6000~7000m，最厚 9000 余米。火把山群、赣州组岩性为砂砾岩、砂砾、泥岩夹火山碎屑岩及火山熔岩。出露于盆地两侧；龟峰群岩性为砾岩、砂砾岩、砂岩、粉砂岩、泥岩。砾岩成分局部地段为灰岩，其灰质砾岩空间分布不稳定，一般走向延伸 5~11km，横向宽 0.4~1km，厚 10~50m。出露于盆地中部。上饶以东夹有数层玄武岩。

白垩系红层中发育有断裂带和裂隙密集带，但规模较小，分布稀疏，前者一般延伸 5~10km，后者一般延伸 1~4km，其分布一般近盆地边缘以断裂带为主，往盆地腹部为裂隙密集带。

地下水主要赋存于岩石孔隙裂隙中。盆地地下水的分布、富集有以下特征。

1）白垩系红层碎屑岩岩层以非可溶性物质为主要成分，岩石完整，结构致密。含水性极差，泉流量大多小于 0.1L/s，枯季地下径流模数均小于 1L/s·km²。单井涌水量多小于 5m³/d，就是在汇水条件较好的地段，单井涌水量也小于 30m³/d。属富水性极贫乏的地层。

2）断裂带和裂隙密集带富成为脉状含水体，是盆地红层地下水相对富集的唯一类型，使得盆地红层地下水贫中有富。但因断裂带和裂隙密集带的发育规模不同，其富水性差异较大，断裂带富水性较好，单井涌水量可达 1000m³/d 左右，如鹰潭西南一钻孔见宽 9.75m 的断裂破碎带，单井涌水量达 1615.7m³/d（图 5–17–8）。裂隙密集带富水性相对要小，一般 80~700m³/d，其富水性大小，主要受力学性质和背景岩性条件制约，一般张扭性裂隙带处于灰质砾岩介质中，单井涌水量可达 500~700m³/d；张剪性裂隙带处于砂砾岩、砂岩介质中，单井涌水量一般 100~300m³/d；压剪性裂隙带处于砂砾岩、砂岩介质中，单井涌水量 80~150m³/d。

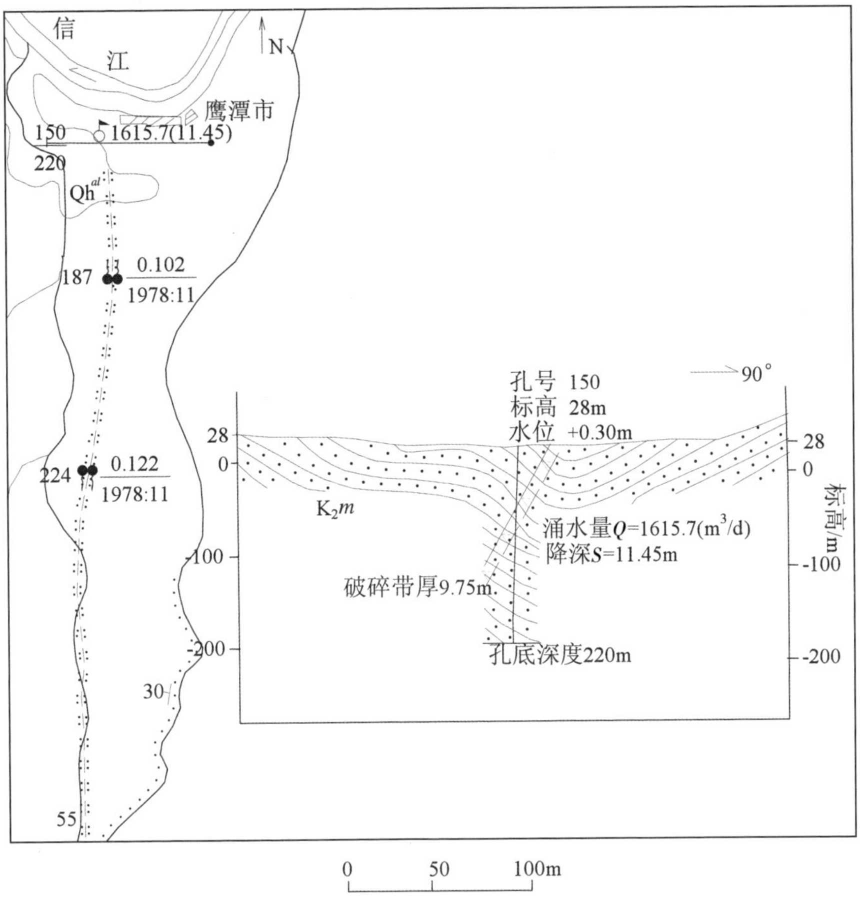

图 5-17-8　鹰潭市(150 号孔)充水断裂平剖面图

Fig. 5-17-8　The plane - profile of water recharging fractures at No.150 hole, Yingtan city

(据江西省水文地质大队，1986)

1—粉砂岩；2—断裂破碎带；3—推测充水断裂；4—上升泉群：左为编号，右$\frac{流量\ (L/s)}{年：月}$；5—自流孔；Q—第四系；K_2m—上白垩统茅店组

(三) 碳酸盐岩裂隙岩溶水

呈零星小块或狭长条带状分布于苏桥、朝阳、葛源、玉山、陈坊、司辅 - 三都、杨林、球川、田墩、叶家流 - 上坂、上泸 - 四十八都及广丰的五都等低山丘陵区，单块最小面积 1.6km²，最大 65.8km²。含水岩组包括：震旦系陡山沱组、灯影组，寒武系杨柳岗组、华严寺组，奥陶系三衢山组、砚瓦山组、黄泥岗组，石炭系黄龙组、藕塘底组，二叠系马平组、栖霞组、茅口组、鸣山组，三叠系下统青龙组。

按碳酸盐岩与碎屑岩含量比例，大致可分 3 类：碳酸盐岩、碳酸盐岩夹碎屑岩、碎屑岩夹碳酸盐岩。碳酸盐岩包括马平组、栖霞组、茅口组、鸣山组、黄龙组、黄泥岗组；碳酸盐岩夹碎屑岩为杨柳岗组；碎屑岩夹碳酸盐岩陡山沱组、灯影组、华严寺组、砚瓦山组、藕塘组、青龙组。按灰岩出露条件可分裸露型和覆盖型两种分布类型。

碳酸盐岩岩溶发育，其岩溶发育规律受岩性、构造、地貌等条件控制，层厚、质纯的石炭系、二叠系碳酸盐岩岩溶发育强烈，钻孔见洞率52%，线岩溶率4.4%~19.75%；碳酸盐岩夹碎屑岩岩溶发育一般，钻孔见洞率9.8%，线岩溶率0.24%~2.77%；碎屑岩夹碳酸盐岩岩溶发育微弱。岩溶多沿断裂带、节理裂隙、可溶岩与非可溶岩接触面发育，岩溶发育各向异性明显。

岩溶形态发育比较齐全。裸露区一般有溶洞、落水洞、岩溶洼地、溶沟、溶槽、石林、暗河。发育标高多在105~370m。覆盖区主要为溶洞、溶隙、溶孔。洞高多在0.2~5.48m，发育深度多在地面以下110~138m（标高-40~-120m）以上，其强岩溶发育带在地表以下30~60m。溶洞多数为全充填或半充填。充填溶洞多在地表以下35m以上。

地下水赋存于溶洞、溶隙、溶孔中。其地下水富集有以下特点。

1）岩溶发育强烈的碳酸盐岩岩层，地下水相对富集，富水性较好。而断裂带、裂隙带、可溶岩与非可溶岩接触面常成为地下水富水条带。地下水的分布在裸露区呈倾斜的脉状或管道状单向流，在覆盖区呈近水平网络管道流。

2）溶洞充填程度严重影响其富水性，一般全充填溶洞段富水性较差，半充填或无充填溶洞段富水性较好。

3）同一含水岩组的碳酸盐岩岩层，覆盖型的富水性比裸露型的富水性要好。

按地下水的富集程度，可分为水量丰富、水量中等、水量贫乏3个富水等级。

水量丰富的含水层分布于陈坊、司铺—三都、铺前等地，含水层由栖霞组、茅口组、黄龙组、黄泥岗组碳酸盐岩组成。含水层厚21.75~141.75m，水位埋深0.68~7.35m，裸露区多为潜水，覆盖区均为承压水，承压水头2.37~16.35m。泉流量变化系数为3.6~58.7。单井涌水量多为1049~4808m³/d。

水量中等的含水层分布于杨林、姚家、叶家流—上坂、上泸—四十八都、五都等地，含水层由马平组、栖霞组、安洲组、茅口组、黄龙组、三衙山组、黄泥岗组组成的碳酸盐岩，以及分布于葛源、含水层为寒武系杨柳岗组的碳酸盐岩夹碎屑岩。前者为裸露型岩溶区，后者为一封闭的岩溶盆地，补给条件较好。泉流量一般0.647~0.652L/s，最大25.12L/s，暗河流量39.193L/s，枯季地下径流模数3.347L/s·km²，单井涌水量253~850m³/d。在断裂构造和地貌综合有利地段，单井涌水量可达1000~3000m³/d。

水量贫乏的含水层分布于苏桥、朝阳、玉山、田墩、叶家流—上坂、上泸—四十八都等地，含水层陡山沱组、灯影组、华严寺组、砚瓦山组、藕塘底组、青龙组碎屑岩夹碳酸盐岩组成，灰岩质不纯，厚度薄，岩溶化程度低。含水层厚度12.04~86m，地下水位埋深2.91~11.11m，泉流量一般0.018~0.095L/s，枯季地下径流模数1.218L/s·km²，单井涌水量一般50~543m³/d。在断裂构造和地貌综合有利地段单井涌水量可达1000~2000m³/d。

（四）基岩裂隙水

分布于北东、东部、南部，含水岩组为各期岩浆岩、青白口系上部—南华系、震旦系、寒武系浅变质岩和石炭系下统—侏罗系碎屑岩组成。经历多期构造运动，构造裂隙发育。以构造裂隙赋水为共同特点。其富水性和分布规律受岩性、构造、地形地貌、降水量等多因素的综合控制。富水性很不均匀，单井涌水量常见值9~111m³/d，水力性质有潜水和承压水，水位埋深47.97~+29.03m，一般在10m以内，含水层厚度一般27.41~114.89m。按地下水富集程度，可分为水量中等、水量贫乏两个富水等级。

水量中等的含水层分布于灵山、葛源、文坊—双港一带。灵山含水岩组为燕山期花岗岩，地形起伏大，裂隙发育中等，主要有北东向、北西向两组，裂隙间距 0.5~1.0m，微张开。岩体中部发育一北北东向压扭性断裂带（图 5-17-9），其两侧影响带内裂隙很发育，主要有北西向、北东向、东西向、北北东向四组。沿断裂带有较多的上升泉水出露，泉流量平均值 0.057L/s，枯季地下径流模数 3.92~5.712L/s·km^2。葛源含水岩组为寒武系荷塘组硅质板岩、炭质页岩夹灰岩透镜体。处于北东向向斜的轴部，见有一系列北东向压扭性断裂，岩石构造裂隙发育。地貌上为一山间盆地，地下水补给条件较好。泉流量平均值 0.143L/s，枯季地下径流模数 3.347L/s·km^2。文坊—双港一带，含水岩组为花岗岩、变质岩，地形起伏大，沟谷切割较深，地形坡度一般 30°~45°，地貌属侵蚀构造中低山 – 构造剥蚀丘陵区，植被较发育。断裂、褶皱多，构造裂隙普遍发育；其中，加里东期花岗岩，以张开为主，张开宽度 1~5mm，少量砂质充填，发育频率 1 条/m，局部地段密集发育，达 12 条/m；燕山期花岗岩，裂隙微张开，少量泥砂质充填，发育频率一般 2~3 条/m。变质岩，以闭合裂隙为主，少量张开，张开宽 1~5mm，发育频率 3~5 条/m。地下水具有就地补给、近源排泄、年变化大、交替剧烈的运移特征。排泄以散流状为主，次为泉流。泉出露一般在地形有利的坡脚和山坡地带，泉流量常见值 0.013~0.491L/s，枯季地

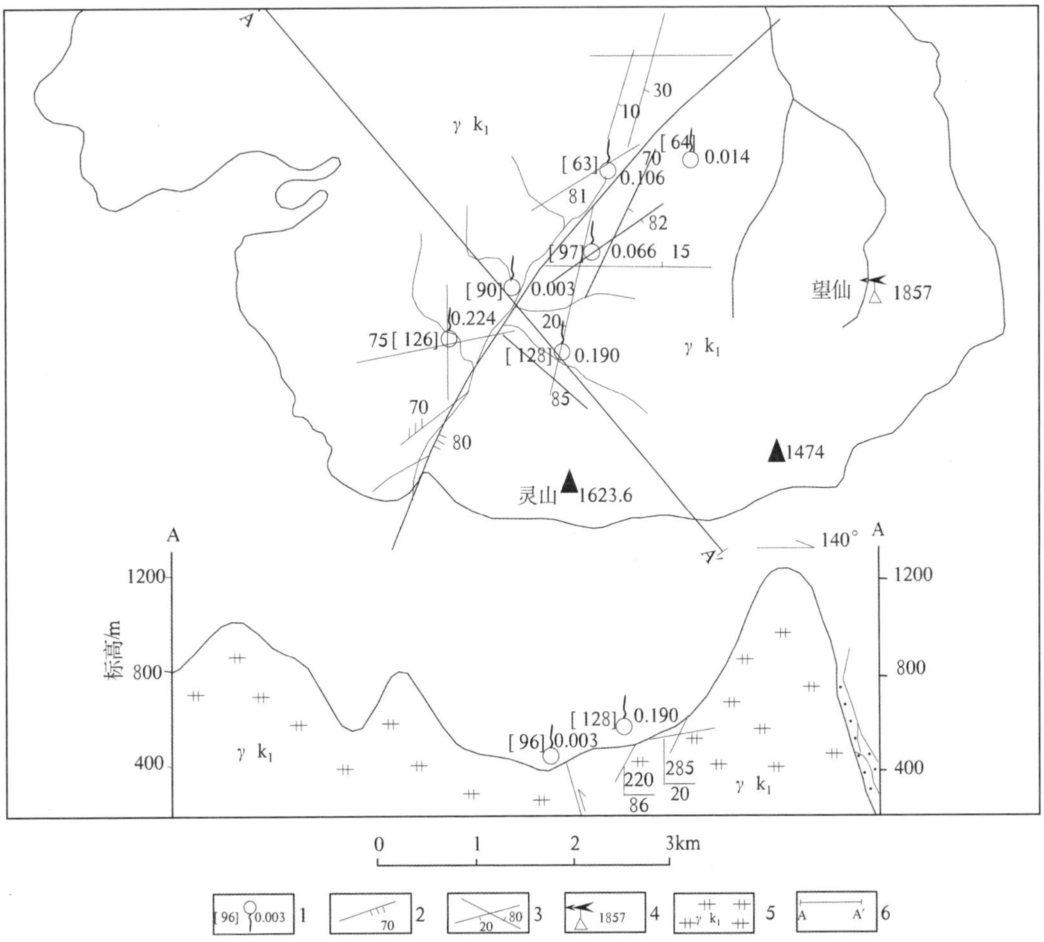

图 5-17-9　灵山花岗岩体北东向断裂两侧泉水分布图

Fig. 5-17-9　The spring distribution at both sides of NE trending fault of Lingshan granite body

（据江西省水文地质大队，1981）

1—下降泉：左为编号，右为流量（L/s）；2—压性断裂及倾角；3—构造裂隙及倾角；

4—雨量站及平均年降水量（mm）；5—早白垩世细—中粒斑状黑云母花岗岩；6—剖面线位置及编号

下径流模数 4.107~5.518L/s·km^2。区内的断裂构造带、裂隙密集带、侵入岩接触带，切割深度大，岩石破碎。富含地下水，为脉状水富水类型，单井涌水量可达 300~600m^3/d。水量贫乏的含水层分布于东北部的樟树墩—清水，东部的樟村、大南，南部的英将、五都等地。含水岩组为浅变质岩、燕山期、加里东期花岗岩、石炭系下统—侏罗系碎屑岩组成。岩石软硬相间，地貌属剥蚀丘陵－侵蚀岗丘区，植被不发育。岩石裂隙发育，但多为泥质充填，裂隙发育一般 3~5 条/m。泉流量平均值 0.059L/s，枯季地下径流模数 0.324~2.262L/s·km^2。单井涌水量极不均匀，常见值 6~60m^3/d，最大 381m^3/d，地下水位埋深各地不一，且变化大，埋深最大 46.38m，在地形有利地段，高出地面 29.03m，含水层厚度一般 27.4~114.89m，在断裂带和地貌综合有利地段，单井涌水量可达 200~600m^3/d。

第二节　赣南水文地质大区(Ⅱ)

该区为加里东期造山后隆起区，青白口系上部—下古生界组成的变质基底大面积裸露。变质地层分布由西向东，时代变老，变质程度加深。上古生界—侏罗系沉积盖层主要存留于莲吉、宁于两个小型坳陷；中生代陆相火山盆地分布于寻乌、三南地区；主要的上白垩统—古近系红层盆地，规模较小，分布于赣州、南城—广昌、宁都、信丰、会昌、池江等地。

区内加里东、印支、燕山期花岗岩广泛出露，断裂发育，形成了以北东、北北东向为主体的断裂网络。地下水以裂隙水为主。

该区处于赣江、抚河中上游，水网、溪谷密布，南依南岭，东倚武夷，为长江水系与珠江、闽江的分水岭，区内中低山脉纵横、盆地河谷相间，水资源比较丰富，但逊于赣北地区。

一、武功山隆起水文地质区（$Ⅱ_1$）

武功山隆起属东南加里东期造山带前缘褶冲带西部，北以萍乡－广丰断裂带为界，南界大致位于莲花、安福、吉水、乐安、抚州一带。中西部广泛出露由青白口系上部—寒武系组成的褶皱基底，东部为抚州火山－红层盆地。

断裂构造发育，以北东至北北东向断裂组为主，一般多成带出现，延长约 30~50km 不等，且多属压剪性斜冲断层，北西向断裂仅断续零星分布，以抚河断裂带规模较大。

岩浆活动强烈，有扬子—加里东旋回的基性至中酸性海底火山喷发岩，并有一条加里东期、印支期、燕山期的花岗岩和加里东期超基性侵入岩带。白垩系形成玉华山－相山－东乡火山岩带。

区内地下水有第四系松散岩类孔隙水、碎屑岩孔隙裂隙水、碳酸盐岩裂隙岩溶水、基岩裂隙水。以水量贫乏的基岩裂隙水分布最广泛（王权 等，1981）（姜雷 等，1981）（孙宁佳 等，1982）（刘其麟 等，1990）（龚香发 等，1990）。

（一）第四系松散岩类孔隙水

分布于赣江中游吉水—新干段和支流河谷两岸、抚河一级支流崇仁河及支流河谷两岸以及山间盆地、山坡地带。含水岩组由中更新统冲积层、上更新统冲积层、全新统冲积层和中更新统残坡积层组成。冲积层不对称分布于河谷两岸，构成河漫滩和Ⅰ-Ⅲ级阶地。阶面平坦，微向河床倾斜，宽窄不一，一般上游河谷段偏窄，往下增宽；岩性具二元结构，上部为棕红、灰褐色亚黏土，厚度一般 1~10m，下部为砂、砂砾石层，厚度一般 3.5~11.6m，含水层厚度、结构特征各河谷及河谷段均有差异，总的变化规律是：主流河谷厚度大于支流河谷，厚度由河谷上游往下游逐渐增厚，颗粒由上游往下游逐渐变细；结构特征是：中更新统冲积层结构密实并含有 30%的泥质，上更新统冲积层结构稍密，全新统冲积层结构松散。中更新统残坡积层主要分布于山坡地带，岩性为亚黏土、黏土砾石或黏土碎石层。

地下水主要赋存于砂、砂砾石层颗粒间孔隙中。地下水的赋存、富集程度由含水层厚度、结构控制。按地下水富集程度可分为水量丰富、水量中等、水量贫乏和水量极贫乏 4 个富水等级。

水量丰富的含水层分布于赣江河谷新干至永太段。含水岩组为上更新统冲积层、全新统冲积层。组成河漫滩和Ⅰ、Ⅱ阶地，含水层厚 6.75~11.04m，以潜水为主，局部承压，水位埋深 1.0~4.5m，水位年变幅 2.61~6.16m，单井涌水量 1482.54~3082.39m^3/d。

水量中等的含水层分布于赣江河谷上游谷村至新干段和抚河一级支流崇仁河、盱江两岸，含水岩组为中更新统冲积层、上更新统冲积层、全新统冲积层。赣江两岸阶面呈窄条状，宽一般 1~1.5km，含水层厚度 3.32~9.93m，水位埋深 5.5~7.5m，以潜水为主，水位年变幅 1.7~5.8m，单井涌水量 462.76~751.67m^3/d；崇仁河、盱江两岸，含水层厚度 2.7~8.64m，以潜水为主，水位埋深 1.3~3.5m，水位年变幅阶地前缘 1.25~1.92m、后缘变幅 0.82m，单井涌水量上游段一般 132.69~157.61m^3/d；中、下游段一般 132.67~995.01m^3/d。

水量贫乏的含水层分布于小溪和山间盆地。含水岩组为全新统冲积层。含水层厚 1.00~1.64m，水位埋深 0.62~3.00m，以潜水为主，水位年变幅约 1.0m，单井涌水量 10.97~95.04m^3/d。

水量极贫乏的含水层分布于低岗和山坡地带。含水岩组为中更新统残坡积层，含水层厚 3.75~5.94m，地下水位埋深 2.66~3.45m，以潜水为主，单井涌水量大部分在 10m^3/d 左右，地形汇水条件较好地段，单井涌水量可达 30m^3/d。

（二）碎屑岩孔隙裂隙水

主要分布于抚州 – 永丰断陷盆地，其他如峡江的水边、宜黄等地零星呈断块状分布。抚州 – 永丰断陷盆地绝大部分为白垩系龟峰组，仅永丰县城一带有古近系出露。岩层层序反映为一单斜断陷盆地，沉积中心由南东向北西方向逐渐迁移。岩层向北西倾斜，倾角一般 10°~20°。

盆地岩性一般以非可溶性物质为主要成分，岩石完整，结构致密，富水性较差，枯季地下径流模数 0.116~0.598L/s·km^2，泉流量常见值 0.04L/s，单井涌水量一般 3.61~7.38m^3/d，属富水性极贫乏的地层。部分地段砾岩中富含灰质砾石，砂岩、泥岩中富含钙质。断裂或裂隙密集带部位，岩石破碎和溶孔、溶隙及溶洞发育，为地下水的富集提供了空间。因此，贫水的红层中也有三种地下水相对富水类型，但分布相对局限。一是红层灰质砾岩裂隙溶隙富水类型，仅见盆地北缘的温泉—展坪一带，含水层主要为粗砾岩，其砾岩成分主要为灰岩，溶蚀裂隙、孔洞发育，富含地下水。含水层埋深 73.50~206.0m，厚 12.30~189.43m，为承压水。此外，该带位于抚州 – 遂川深断裂旁侧，次级断裂及裂隙发育，外围丘陵区基岩裂隙水侧向补给条件较好，单井涌水量一般 734.94~2219.38m^3/d。二是具“溶孔、溶隙”孔隙裂隙富水类型，主要分布于抚州市区一带，含水岩组为白垩系龟峰组中部紫红色之粉砂岩、泥岩及细砂岩、含砾砂岩。钻孔揭露粉砂岩、泥岩及部分细砂岩中溶孔、溶隙断续呈蜂窝状发育，孔径一般1.5~7mm，大者达40mm，无充填，发育深度地面以下10~100m。溶孔、溶隙段富含地下水，具层间水性质，含水层厚度、单井涌水量东西两侧差异较大；西侧，含水层厚度一般10~90m，水位埋深1.00~14.57m，局部高出地面11.0m，单井涌水量106.47~459.73m³/d，由东往西增大；东侧，含水层厚度24.18~39.69m，水位埋深0.95~9.06m，单井涌水量55.35~68.63m³/d。三是断裂脉状水富水类型。断裂或裂隙密集带富含地下水成为脉状含水体。其表现形式：在地貌上常为直线型沟谷，平面延长1~5km，地面物探主要反映为低阻异常正交点有序排列，钻孔中，岩心破碎，采取率较低，起、下钻水位有明显变化，裂隙面有地下水活动痕迹，少数有漏水、涌水现象。其大部分单井涌水量在100~500m³/d，是非可溶性红层地下水相对富集的类型。其水量变化，服从于压性、压剪性断裂控水，张性、张剪性断裂导水的基本规律。盆地内北西、北北西向断裂或裂隙密集带为张性、张剪性，多倾向北东，倾角60°~80°，地下水相对富集，单井涌水量大部分在100m³/d以上；北东、北北东向断裂或裂隙密集带为压性、压剪性，多倾向北西，倾角50°~80°，旁侧（下盘）富水，单井涌水量大部分在60~100m³/d。

地下水水质类型除具“溶孔、溶隙”孔隙裂隙富水类型外，多为HCO_3–Ca·K+Na型，矿化度0.15~0.48g/L，总硬度25~143.6mg/L，pH7.4~7.8；具“溶孔、溶隙”孔隙裂隙富水类型，水质类型为SO_4–K+Na·Ca，矿化度1.05~4.5g/L，总硬度293~820.6mg/L，pH7.3~7.6。

（三）碳酸盐岩裂隙岩溶水

主要呈向斜和小型盆地分布于隆起边缘安福以北的严田、万福、枫江，吉水的八都，峡江的水边等地，而东段的黄坊、官仓前则呈零星断块状分布，面积仅零点几平方千米至数平方千米。含水岩组由石炭系黄龙组，二叠系栖霞组、茅口组、长兴组组成。大部分为覆盖型岩溶区，埋藏型岩溶区仅吉水八都盆地北部西段小面积分布。岩溶发育，以溶洞为主；大部分为泥沙、黏土碎石全充填或半充填，发育标高由西往东渐降。其岩溶发育服从岩性、构造、地貌及新构造运动等基本规律。

地下水主要赋存、富集于岩层裂隙、溶隙和溶洞中。按地下水的富集程度可分水量丰富、水量中等、水量贫乏3个富水等级。

水量丰富的含水层分布于严田、万福、枫江等地。其岩溶发育，富含岩溶水，单井涌水量大部分在1000m³/d以上，但各向异性明显。

水量中等的含水层分布于八都盆地的南部八都块段，其覆盖层厚度一般小于20m，地表发育有岩溶洼地，地下岩溶发育，钻孔见洞率71%，线岩溶发育率3.1%~9.8%，溶洞发育较浅，多在孔深15~32m间，最大溶洞6.57m，最小0.2m，一般1~2.5m，半充填或全充填。孔深40m以上裂隙多张开，40m以下裂隙则多被方解石脉充填。水位埋深0~3m，以承压水为主，枯季地下径流模数4.16L/s·km²，最大泉流量32.22L/s，单井涌水量351.25m³/d。

水量贫乏的含水层分布于八都盆地北部水边块段，东部的黄坊、官仓前等地。水边块段西侧为覆盖型，盖层厚一般5~43m，东侧为埋藏型，上覆盖层为白垩系，埋深一般小于100m，钻孔未见溶洞，仅见溶孔、溶蚀裂隙。枯季地下径流模数1.83L/s·km²，最大泉流量4.53L/s，单井涌水量53.46~111.03m³/d；黄坊、官仓前虽有岩溶发育，但充填情况较好，且出露面积小，单井涌水量一般在100m³/d左右。

（四）基岩裂隙水

广泛分布中部及东部含水岩组由各期次岩浆岩和青白口系上部—寒武系浅变质岩组成。西段的宜春温汤、新泉、安福的浒坑、宜黄南东至金溪的东侧一带分布边缘混合岩化变质岩，其中有大量的岩脉。岩浆岩和变质岩风化裂隙、构造裂隙发育，地下水赋存于裂隙中。按裂隙发育类型、地下水赋存特征，可分为风化带网状裂隙水和构造裂隙水两个含水岩组。

风化带网状裂隙水：分布于宜春的南庙、温汤、新泉、安福的浒坑、往东山庄、金滩、麦斜、玉华山、相山等地。含水岩组由各期岩浆岩和混合岩组成。岩性为花岗岩、花岗闪长岩、二云母花岗岩。受岩性、构造、风化剥蚀等综合因素作用，加里东期、印支期岩浆岩组成侵蚀剥蚀低丘陵－低岗地形，地势低缓，呈波状起伏，丘（岗）顶浑圆，比高一般 20~100m；而燕山期岩浆岩和混合岩构成侵蚀构造中低山地形，标高一般 500~1700m，比高 300~1200m，山坡坡角一般 35°~40°，局部达 60°~70°，“V”形谷、峡谷发育。

岩石风化强烈，据钻孔资料，加里东期、印支期花岗岩、花岗闪长岩风化较深，厚度一般为 60.15~66.74m，最厚 86.86m；燕山期之二云母花岗岩风化带厚度一般 5~30m，最厚 52.90m。风化带根据风化程度可分为全、强、中、微 4 个风化带。全风化带，岩石风化呈砂土，原岩结构不清；强风化带，岩石风化呈泥沙集合体，原岩结构尚可辨，上部泥质成分较高，向下部泥质成分渐少；中风化带，岩石风化呈碎块状，裂隙面有氧化铁质斑膜，矿物风化褪色；微风化带，岩石较完整，沿部分裂隙面可见矿物风化褪色的现象。风化带网状裂隙水主要贮存于风化带之中风化带和强风化带下部，其厚度一般 5~10m。地下水位埋深各地不一，一般埋深 0.66~8.50m，属潜水。地下水主要受大气降水补给，在沟谷呈泉流、散流近源排泄。泉流量一般较小，且多为下降泉，流量小于 0.1L/s 的占 80%，常见泉流量 0.014~0.40L/s。散流径流量差异较大，燕山期岩浆岩和混合岩组成的构造侵蚀中低山区，枯季地下径流量一般 3.37~5.97L/s·km^2；加里东期、印支期岩浆岩组成的侵蚀剥蚀丘陵－低岗区，枯季地下径流量一般 0.44~2.81L/s·km^2。单井涌水量一般 22.156~24.043m^3/d。地下水动态变化大，水位变化幅度一般为 1.45~4.50m，水位变化滞后大气降水 2~4d。地下水流向与地形趋向一致。

风化带网状裂隙水分布区内的断裂带和裂隙密集带、岩体侵入接触带岩石破碎，富含地下水，为脉状水富水类型。单井涌水量在 100~2000m^3/d。其富水性的差异受断裂带的规模、力学性质等因素制约。区内北北东向、北东向断裂属压性、压扭性，其规模大，延伸远，多以具有一定宽度的硅化破碎带、挤压透镜体、碎裂岩和断层泥出现，单井涌水量相对较大，一般 500~2000m^3/d；北西向、北北西向断裂属张性、张扭性，其规模小，延伸短，仅数百米至三四千米，有的地段以裂隙密集带为主要表现形式。沿断裂带或裂隙密集带常见泉、湿地。单井涌水量一般 100~500m^3/d。

构造裂隙水：分布最广，含水岩组主要为浅变质岩、陆相火山岩。地下水主要贮存于构造裂隙中，其含水性很不均匀，柔性岩层相对较小，单井涌水量一般 0.555~10.282m^3/d，枯季地下径流模数 0.552~1.20L/s·km^2，泉流量常见值 0.014~0.114L/s；刚性岩层稍强，单井涌水量 21.859m^3/d，枯季地下水径流模数 3.217~5.704 L/s·km^2，泉流量常见值 0.102~0.454L/s。水位埋深随地而异，在有利地段常出现高出地面形成自流水，多为承压。地下水主要接受大气降水补给，泉流量年变化 2.7~3.2 倍。

二、永莲坳陷水文地质区（$Ⅱ_2$）

位于武功山以南，莲花、永新、吉水等地。东部为吉泰断陷盆地叠覆。由中泥盆统至中三叠统构成，寒武系—奥陶系为褶皱基底主要出露中部陈山凸起。

中上泥盆统为陆源碎屑岩夹碳酸盐岩建造；石炭系浅海相含石膏碳酸盐岩建造；二叠系—中下三叠统为海相碳酸盐岩和海陆交替含煤碎屑岩建造。在坳陷区的中部上叠有晚白垩世怀忠断陷盆地，呈北东东向展布。

主要断裂有3组：北北东向断裂与晚古生代地层走向一致，多属走向逆冲或滑脱断层，延伸多在50km以上；北东向断裂多成组成带出现，规模较大，性质复杂；北东东向断裂主要分布在陈山凸起与怀忠红盆的边缘，以张剪性正断层为主，延长一般十至数十千米。

岩浆活动弱，仅见少量中酸性岩脉。

地下水分布有第四系松散岩类孔隙水、碎屑岩孔隙裂隙水、碳酸盐岩裂隙岩溶水、基岩裂隙水（谢显东 等，1981）。

（一）第四系松散岩类孔隙水

分布于琴水河、禾水河及其支流溪谷和山前坡麓地带。含水岩组由中更新统残积层、冲洪积层、上更新统冲积层、全新统冲积层组成。中更新统残积层主要分布于山前坡麓地带，岩性上部为亚黏土，下部为黏土碎石，厚3~15m。中更新统冲洪积层呈岛状分布于河溪两岸和山前地带，构成Ⅲ级基座阶地，岩性具二元结构，上部为棕红色网纹状亚黏土，下部为黏土砾石，结构密实，厚3~5m。上更新统冲积层零星不对称分布于河流及山间支流两岸，构成Ⅱ级阶地，厚3~12m，岩性具二元结构，上部为棕黄色亚砂土及亚黏土，下部为砂砾石层，分选性差，结构中密，厚4~8m。全新统冲积层不对称分布于河流及山间溪流两岸，构成Ⅰ级阶地及漫滩，厚5~13m，岩性具二元结构，上部为灰－灰黄色亚砂土、亚黏土，下部为砂砾石层，结构松散，厚1~10m。

地下水赋存于砂砾石孔隙中。按地下水富集程度可分为水量中等、水量贫乏、水量极贫乏3个富水等级。

水量中等的含水层主要分布于永新县县城—罗家、文竹—沙市一带的禾水河两岸。含水岩组为上更新统冲积层、全新统冲积层。含水层为中－粗粒砂砾石，结构中密－松散，厚4~10m。地下水位埋深0.96~4.54m，多为潜水，单井涌水量108~310m^3/d，涌水量变化规律大致为：水量由上游往下游逐渐增大，阶地后缘往前缘增大。

水量贫乏的含水层主要分布于琴水河河谷两岸及禾水河的烟阁、梅田等地，含水岩组为上更新统冲积层、全新统冲积层。含水层为下部砂砾石层，地下水位埋深一般0.24~2.56m，多为潜水。单井涌水量一般10.37~70.26m^3/d。

水量极贫乏的含水层主要分布于山间溪流两岸、山前坡麓地带及呈岛状分布于琴水河、禾水河两岸的Ⅲ级阶地。含水岩组为中更新统残积层、冲洪积层，全新统冲积层。含水层为黏土碎石、黏土砾石和砂砾石层。地下水位埋深一般0.34~2.37m，单井涌水量一般1.46~10.11m^3/d。

（二）碎屑岩孔隙裂隙水

分布于永新县的怀忠断陷盆地。盆地面积356.24km^2。盆地呈北东东向展布，长轴50km。盆地北缘受多次活动的陈山南麓断裂控制，南缘平行和斜接不整合覆盖于文竹向斜、永新向斜之上，东、西两端收缩并翘起。盆地内地层为白垩系龟峰群，单斜产出，倾向北北西，倾角小于20°。局部具向斜出现，其北翼陡短。

龟峰群为一套砾岩、砂岩、泥质粉砂岩，部分地段砾岩砾石以灰岩、白云岩为主。局部灰质砾岩和钙质含量相对较高地段及少数软硬相间的层间接触面，在断裂构造及裂隙作用下，地表、地下均发育有溶孔、溶隙、溶洞，据钻孔资料，钻孔揭露地下最大溶洞高9.30m。局部地段线岩溶率1.5%~16.0%。

断陷盆地内发育有北北东、北东东、北北西、北西向4条（组）断裂构造。

地下水赋存于孔隙、溶孔、溶隙、溶洞之中，其富水性主要受构造和岩性控制，富水性极不均匀。在没有断裂构造和裂隙密集发育的地段（块），其岩石完整，结构致密，仅见少许溶孔和沿层面发育的溶隙，富水性差，单井涌水量一般2.0~10.97m^3/d，地下水位埋深一般0.15~4.0m，属承压水，泉流量一般小于0.1L/s，枯季地下径流模数0.405~1.066$L/s\cdot km^2$。盆地西端的石市、沙市富水性略好于东南端的沅头、周坊一带。

断裂构造带部位岩石破碎，裂隙密集发育，特别是在背景岩性为灰质砾岩地带，溶孔、溶隙、溶洞发育。如黄岗北5°东断裂带。沿该断裂带地表、地下岩溶发育，地表见一长23m、高2.0~3.5m、宽3m的中型溶洞和塌陷洼地；地下钻孔揭露，于35.4~71.0m之间溶孔、溶隙发育，71.0~85.23m见溶洞两个，洞高分别为1.5m和9.30m，前者无充填，后者半充填。富含丰富的地下水。成脉状含水体。地下水位埋深3.97m，局部高出地面，为承压水，单井涌水量达1949.82m^3/d。可见，断裂脉状富水是盆地红层中地下水相对富集的唯一类型。

（三）碳酸盐岩裂隙岩溶水

分布于莲花县的路口向斜盆地、陈家湾向斜、黄滩向斜、六市、永新县的永新－洲湖－太平复向斜、文竹向斜盆地、新居向斜盆地，零星分布于吉水的古富、吉安的富田等地。含水岩组由泥盆系棋梓桥组，石炭系杨家源组、梓山组、上西坑组、黄龙组，二叠系马平组、栖霞组、茅口组、长兴组，三叠系青龙组成。棋梓桥组下部为粉砂岩、千枚状页岩；中部浅灰色白云质灰岩、泥质灰岩、白云岩夹钙质粉砂岩及细砂岩，钙质成分由南往北增高；上部千枚状页岩、粉砂岩夹钙质、粉砂质白云岩和石英细砂岩，由南往北变薄。下石炭统在永新一带下部为灰黑色灰岩、硅质灰岩、泥灰岩，中部泥灰岩、钙质泥岩夹结晶灰岩，上部为泥质灰岩、结晶灰岩夹硅质灰岩、角砾状灰岩；在路口盆地为深灰色－灰黑色灰岩夹薄层炭质页岩、钙质砂岩。上石炭统黄龙组下部为灰至深灰色中厚层状白云岩、白云质灰岩夹钙质粉砂岩，上部为深灰、肉红色厚至巨厚层状结晶质灰岩、夹角砾状白云岩、泥岩及硅质灰岩。栖霞组，茅口组、小江边组、长兴组、青龙组仅零星分布。根据碳酸盐岩与碎屑岩含量比例，可分为碳酸盐岩岩层、碳酸盐岩夹碎屑岩岩层、碎屑岩夹碳酸盐岩岩层。碳酸盐岩岩层包括黄龙组、栖霞组、茅口组中上段、长兴组；碳酸盐岩夹碎屑岩岩层包括棋梓桥组、杨家源组；碎屑岩夹碳酸盐岩岩层包括茅口组下段、青龙组等。

根据岩石出露特征，可分出裸露、覆盖、埋藏3种岩溶类型，其中埋藏型面积较小，裸露与覆盖分布面积基本接近。

地貌为侵蚀岩溶丘陵地形，并与构造盆地相吻合，周边高，中心低，形成良好的地表、地下水汇集区。一般由茅口组、梓山组、上西坑组组成岩溶丘陵地形，标高150~300m，高差50~100m，棋梓桥组、杨家源组、黄龙组构成残山、盆地、洼地。

岩溶发育，岩溶形态以溶洞为主，溶蚀洼地、漏斗、落水洞、暗河、溶隙、溶沟、溶槽、石芽次之。一般石炭系以发育溶洞、暗河为主，且规模多为大中型；岩溶洼地主要发育在茅口组中上段和棋梓桥组、杨家源组；落水洞、漏斗主要发育在茅口组中上段。

岩溶发育主要受岩性、构造控制。其岩溶发育和分布规律大致如下。

1）厚－巨厚层状灰岩、白云岩、白云岩灰岩岩溶发育程度最高；中厚－薄层状灰岩、燧石结核及燧石条带灰岩、白云质灰岩夹泥岩、粉砂岩岩溶发育次之；薄－中厚层状砂岩、粉砂岩夹薄层灰岩、泥灰岩岩溶发育程度较弱。据钻孔资料，黄龙组线岩溶率7.58%，栖霞组线岩溶率25.63%，茅口组中上段线岩溶率6.10%，杨家源组线岩溶率3.41%，梓山组、上西坑组线岩溶率2.49%。

2）张性、张剪性断裂带的上盘、压性、压剪性断裂带的下盘、断裂交汇部位岩溶发育，背、向斜的倾伏端和轴部岩溶发育次之，翼部及翘起端岩溶发育较差。

3）岩溶发育垂直分带明显，强岩溶发育带处于标高200~250m和50~100m范围内；中等岩溶发育带处于标高250~450m、100~200m、和±0~50m范围内；弱岩溶发育带处于标高±0m以下。

4）溶洞的充填程度较好，一般地表以上溶洞少许充填，地下溶洞浅部全充填或半充填，中深部半充填居多，深部多未充填。

地下水主要赋存、富集于岩石裂隙、溶孔、溶隙、溶洞之中。呈管道流或网络状管道流。地下水的分布、埋藏、富集受岩溶发育强度和岩性、构造制约。地下水的分布具有以下特征。

1）岩溶发育强度相对较高的地层地下水相对丰富。据勘察资料，各地层单位面积泉流量大致为：棋梓桥组，2.873L/s·km^2；杨家源组，5.256L/s·km^2；梓山组、上西坑组，0.673L/s·km^2；黄龙组，5.414L/s·km^2；栖霞组，0.325L/s·km^2；茅口组下段，0.0325L/s·km^2；茅口组中上段，1.194L/s·km^2。

2）断裂带及断裂交汇部位、褶皱轴部、可溶岩与非可溶岩接触带地下水相对富集，成富水条带，常见有大泉、暗河出露。地下水各向异性明显。

根据岩性组合，可分出碳酸盐裂隙岩溶水、碳酸盐岩夹碎屑岩岩溶裂隙水、碎屑岩夹碳酸盐岩岩溶裂隙水3个含水岩组。

碳酸盐岩裂隙岩溶水：按地下水富集程度，可分水量丰富和水量中等的两个富水等级。水量丰富的含水层主要分布于莲花的六市、高洲、路口、永新的永新－洲湖－大平、文竹、新居等向斜构造的核部和断裂带及交汇部位，多为覆盖型。含水岩组为黄龙组、马平组、栖霞组、茅口组中上段、长兴组之灰岩、白云岩、白云质灰岩、燧石结核及燧石条带灰岩组成，灰岩质纯，厚度大，处于断裂带和向斜构造盆地的核部，岩溶发育，线岩溶率6.10%~7.58%，最大达25.69%。地貌上又处于盆地中部，地势低平，有利于地下水的补给和汇集。地下水位埋深4.25~5.24m，承压水。单井涌水量一般大于1000m^3/d。最大达7643.6m^3/d。水量中等的含水层主要分布于路口、太平、洲湖、七甲等地，处于褶皱构造的核部与翼部转折部位，地貌为低丘岗埠地形，有裸露和覆盖型。含水岩组主要为茅口组中上段之燧石结核及燧石条带灰岩，次为黄龙组白云岩、白云质灰岩。地表岩溶以岩溶洼地、漏斗、落水洞为主。泉流量最小值1.04L/s，最大值55.08L/s，平均4.203L/s，单井涌水量一般101.416~422.966m^3/d。

碳酸盐岩夹碎屑岩岩溶裂隙水：呈条带或肠道状分布于路口向斜盆地南翼的下龙、万龙山、桐坑，文竹向斜的南翼，永新向斜盆地的战田、才丰等地。含水岩组为棋梓桥组、杨家源组之白云质灰岩、泥灰岩夹泥岩，钙质粉砂岩组成。岩溶发育，地表常见洼地、落水洞、漏斗、溶洞、暗河等，地下以溶洞为主，据才丰矿区钻孔资料，线岩溶率3.61%，岩溶发育浅强深弱，发育最深标高−120m。岩溶发育平面上西部较东部发育。常见泉流量1.16~8.84L/s，最大达141.76L/s。地下水分布不均，单井涌水量一般61.65~236.74m^3/d，在断裂带有利地段，单井涌水量可达1385.0m^3/d。

碎屑岩夹碳酸盐岩岩溶裂隙水：按地下水富集程度，可分为水量中等、水量贫乏两个富水等级。水量中等的含水层主要分布于永新向斜盆地南西端的山田江断裂与北东向断裂的复合交汇部位的才丰一带。含水岩组为梓山组、上西坑组之石英砂岩、粉砂岩夹泥灰岩、灰岩、白云岩。呈条带状展布。由于岩石处于断裂带及复合部位，岩石裂隙和岩溶发育，赋存层间岩溶裂隙水。据才丰矿勘查资料，大部分钻孔涌水，水头高出地面 1.64~23.55m。单井涌水量 46.39~254.79m^3/d。泉流量常见值 1.09~3.10L/s，最大 30.0L/s。水量贫乏的含水层分布于路口向斜盆地、太平－永新向斜盆地的两翼，呈条带状展布，出露宽度 200~1000m。含水岩组为梓山组、上西坑组、茅口组下段、青龙组之粉砂岩、细砂岩夹泥灰岩、灰岩、白云岩等。为丘陵垄岗地形，岩层岩溶化程度较弱，常见泉流量 0.03~0.1L/s，单井涌水量 9.033m^3/d。枯季地下径流模数小于 3L/s·km^2。

（四）基岩裂隙水

主要分布于陈山—彭坊、敖城—樟坑一带。含水岩组由寒武系、奥陶系浅变质岩和泥盆系跳马涧组、佘田桥组、锡矿山组，三叠系上统安源组，侏罗系水北组碎屑岩组成。构成侵蚀构造中低山－剥蚀构造丘陵地貌，山体陡峻，切割深，地表沟谷密度大，植被茂密。岩石构造裂隙发育，裂隙发育密度一般 1~3 条/m，断裂带旁侧最密可达 11 条/m。以张开裂隙为主，张开宽一般 0.1~0.4cm，最宽 0.5~1.5cm，多为泥砂质充填。大气降水通过裂隙渗入、运移、储存于构造裂隙之中，一般就地补给，短程径流，于坡脚处以散流、股流、片流形式排泄于溪沟中，泉流量一般 0.012~0.827L/s，枯季地下径流模数 1.61~4.85L/s·km^2，地下水位埋深一般 7.24~+1.12m，单井涌水量一般 46.10~258.98m^3/d。泉流量变化系数 7.62~8.57 倍。

三、吉－泰盆地水文地质区（$Ⅱ_3$）

位于江西中部之吉安、泰和、遂川、万安等地，面积约 4000km^2。大体呈北北东向展布的不规则菱形。主要由上白垩统赣州组和龟峰群构成。北部有少量新近系黄桥组。盆地中北部叠覆于永莲坳陷之上。基底以晚古生代地层为主，少量为中生代地层。盆地南部基底可能以寒武系变质砂岩为主。盆地中部之吉安以南一带，有上古生界凸起，分隔南北为两个次级盆地。北为吉安盆地，南为泰和盆地。吉安盆地由早禾凹陷和吉安凹陷组成，盆地边缘断裂发育，地层产状平缓，褶曲不显，但发育多组断裂。泰和盆地由泰和与真华山凹陷组成，为一北东向单斜盆地，南东边缘断裂发育，且长期多次活动，既控制了盆地的沉降，又切割了盆地中的沉积地层。

盆地内主要分布松散岩类孔隙水和碎屑岩孔隙裂隙水。盆地北部红层之下上古界—中生界沉积岩，有岩溶水或岩溶裂隙水（谢显东　等，1981）（齐俊生　等，1976）。

（一）松散岩类孔隙水

主要分布于赣江的中游吉水—万安段及其一级支流禾水、泸水、蜀水的中下游段河谷两岸。含水岩组为下更新统冲积层、中更新统冲积层、上更新统冲积层、全新统冲积层。下更新统冲积层呈帽状残留分布于赣江两岸，分布面积小；其岩性为黏土砾石层，厚 1~13m。中更新统冲积层，零星分布于赣江、禾水、泸水、蜀水河谷两岸，构成Ⅲ级基座阶地。赣江两岸阶面呈微波状起伏。岩性具二元结构，下部为棕黄色砂、砂砾石层，含少量泥质，结构密实，厚度赣江一带 4~12m，支流河谷 1~6m；上部为网纹红土，厚赣江两岸4~9m，支流河谷两岸1~5m。上更新统冲积层，断续分布于赣江及支流河谷两岸，组成Ⅱ级内叠阶地。岩性具二元结构，下部为砂、砂砾石层，结构稍密－中密，赣江和禾水一带厚8~9m、泸水、蜀水一带6~8m。全新统冲积层，分布于赣江和支流河谷两岸，构成Ⅰ级阶地和漫滩，阶面平坦，岩性具二元结构，下部为砂、砂砾石层，结构疏松，赣江处一般厚5~13m，支流一般4~6m。

地下水主要赋存于砂、砂砾石层中。地下水补给为大气降水补给、田间灌溉期垂向渗入补给、侧向孔隙裂隙水补给及洪水期河水反向补给。地下水位变化呈水文型曲线，与河水水位变化基本同步。地下水位埋深各地而异，一般0.5~5m，最深8m。地下水的富集程度受含水层厚度、结构、泥质含量等因素制约。按地下水富集程度，可分为水量丰富、水量中等、水量贫乏3个富水等级。

水量丰富的含水层主要分布于赣江的吉水—泰和段河谷两岸和支流河谷下游段河谷两岸的Ⅰ级阶地及漫滩。含水岩组为全新统冲积层。潜水为主，局部微承压，地下水位埋深2.91~6.2m；含水层之砾石分选性好，结构松散。地下水丰富，单井涌水量赣江河谷两岸一般1880~6778m^3/d；其水量变化一般是：阶地前缘水量大于后缘，河谷凸岸大于凹岸，上游往下游逐渐增大。支流河谷下游段河谷两岸一般1000~1200m^3/d。

水量中等的含水层主要分布于赣江河谷万安—泰和段Ⅰ级阶地及漫滩和万安—吉水段Ⅱ级阶地及支流河谷的中游段河谷两岸Ⅰ、Ⅱ级阶地。含水岩组为全新统冲积层和上更新统冲积层。地下水以潜水为主，局部承压。水位埋深一般2.46~4.68m。单井涌水量赣江河谷两岸一般412.6~900m^3/d，河漫滩单井涌水量可达1000m^3/d；支流河谷两岸一般100~500m^3/d。

水量贫乏的含水层零星分布于赣江及支流河谷两岸Ⅲ级阶地。含水岩组为中更新统冲积层。其含水层结构密实，且含有少量泥质。地下水位埋深一般2.5~50m，单井涌水量一般小于100m^3/d。

下更新统冲积层呈帽状残留于岗顶，储水条件差，为透水不含水层。

（二）碎屑岩孔隙裂隙水

含水岩组由赣州群、龟峰群和黄桥组组成。其中，赣州群的上部为紫红色泥岩、泥灰岩中夹石膏层；龟峰群的上段巨厚层状砂砾岩之砾石成分多为灰岩及白云岩；黄桥组为灰、褐灰黑色泥炭、有机质黏土、砂质黏土互层，底部为灰白色砂、砾岩，岩质疏松。

盆地内发育多组断裂构造。但规模相对较小，平面延伸一般3~10km。在断裂构造作用下，龟峰群中、上段之钙质粉砂岩、泥质砂岩、细砂岩、砂砾岩岩层中沿断裂构造带溶孔、溶隙断续呈蜂窝状发育，局部地段发育有溶洞。溶孔、溶隙和溶洞均未充填。

地下水主要赋存、富集于溶孔、溶隙、溶洞和岩石孔隙、裂隙中，为承压水。地下水补给以大气降水为主。盆地边缘地带，因断裂构造切割，沟通了边缘地带基岩裂隙水，可获得部分基岩裂隙水的补给；上覆有第四系松散岩类孔隙水含水岩组的，还可获得部分孔隙水的补给。地下水动态变化为气象型曲线。

盆地地下水可分为五种赋水类型。一是孔隙裂隙赋水类型，大面积广泛分布。岩层中不含或含极少量的可溶盐成分。断裂构造不发育地块，其岩石完整、结构致密，仅沿岩层面有少许小溶孔发育，地貌多呈低丘垄岗地形。富水性差，泉水出露少，且流量小。溪沟枯季多断流，枯季地下径流模数一般0.12~0.43L/s·km^2，单井涌水量一般小于10m^3/d。二是层间孔隙裂隙水赋水类型，其含水岩组为白垩系上统赣州群底部长石石英砂岩夹细砂岩，砂质胶结，结构疏松，孔隙裂隙发育。钻孔揭露，厚13~

17m，含孔隙裂隙层间承压水。水位高出地面4.90m，单井涌水量174.61m³/d。三是具溶孔孔隙裂隙水赋水类型，含水岩组为龟峰群中、上段钙质砂岩、泥质砂岩、细砂岩、砂砾岩，且断裂构造发育地段，主要分布于盆地西部大屋场、中部兴桥、杨家坊、大塘等地。岩石中溶孔、溶隙发育，少数地段发育有溶洞，溶孔断续呈蜂窝状发育，无充填。枯季地下径流模数平均值3.38 L/s·km²，上升泉常见流量0.71~2.68L/s，地下水位埋深0~1.39m，单井涌水量一般84.417~154.148m³/d。四是断裂构造脉状赋水类型，分布于断裂构造带部位。该部位岩石破碎、裂隙发育，有利于地下水渗透和富集，成为脉状含水体。部分断裂带有流量相对稳定的上升泉出露。单井涌水量一般75.08~223.0m³/d，在不同方向的断裂交汇部，富水性更强，单井涌水量可达300~500m³/d；五是深层承压盐卤水赋水类型，分布于泰和县的梅岗至樟塘一带，面积约8km²。含水岩组为龟峰群泥岩夹含钙砂砾岩、粉砂岩，构造形态为向东南倾斜的单斜构造。卤盐水赋存于含钙砂砾岩中，矿化度大于300g/L。单井涌水量51.93~202.0m³/d。

四、赣西南隆起带水文地质区（$Ⅱ_4$）

位于宜黄－安远断裂带与宁于坳陷以西的广大赣西南地区，包括罗霄—诸广、雩山大面积隆起地带，其间有赣州、信丰、池江等中小型断陷盆地。

区内广泛出露浅变质的青白口系上部潭头群—下古生界。主要为泥砂质浊积岩建造，夹少量碳酸盐岩、硅铁质岩、硅质页岩层和砾岩。上古生界以滨海－浅海相泥砂质及碳酸盐岩建造为主，仅零星分布于北东部和西部崇义、“三南”等地的小型向斜盆地中。

基底褶皱发育，以紧密线形为主，轴面多向东倾斜。盖层褶皱主要发育于上古生代地层中，为宽展型褶皱，受后期断裂和侵入岩体破坏，形态不甚完整。

断裂构造主要有四组：北北东向、北东向、北西向及近东西向。北北东向、北东向、近东西向断裂控制了中新生代断陷盆地发展与演化。

岩浆活动强烈，以燕山期为主，加里东期、印支期次之。形成了罗霄—诸广、雩山复式花岗岩岩基带和“崇余犹”燕山期隐伏花岗岩岩基区。早侏罗世、早白垩世火山岩及火山碎屑岩，出露于南段的“三南”地区。

地下水分布有：松散岩类孔隙水、碎屑岩孔隙裂隙水、碳酸盐岩岩溶水、基岩裂隙水。而以贫乏的基岩裂隙水分布最广泛（刘敬之　等，1980）（孙长贵　等，1980）（赵耀宗　等，1982）（齐俊生　等，1976）（吴冬有　等，1980）。

（一）松散岩类孔隙水

主要分布于赣江上游段和遂川江、上犹江、章江、贡水等支流河谷两岸及山间洼地、山麓地带。含水岩组由下更新统冲积层、中更新统冲积层、上更新统冲积层、全新统冲积层和中更新统冲洪积、坡积及残积层组成。下更新统赣县组砾石层分布零星，面积小，呈帽状残留于赣江东岸万安县的郭埠、横塘、罗塘的岗上村及赣州、潭口等地，组成Ⅳ级阶地。岩性为灰白、棕黄色黏土砾岩层，结构密实，厚度变化较大，2~11m。中更新统冲积层呈窄条状、不对称、断续分布于赣江、遂川江、上犹江、章江河谷两岸，组成Ⅲ级阶地。岩性具二元结构，上部为棕红、棕黄色网纹亚黏土，厚度变化大，一般2~12m，下部为红土砂砾石层，含泥量赣江两岸约20%，支流河谷两岸约30%~40%，结构密实，厚度变化大，一般4~10m。上更新统冲积层不对称分布于赣江及支流河谷两岸，以赣江的潭口—赣州段较发育，厚7~20m，组成Ⅱ级阶地。岩性具二元结构，上部为浅黄、棕黄色亚黏土，厚2.6~4.73m；下部为砂、砂砾石层，结构稍密-中密，赣江一般厚4.7~13.46m，支流河谷1.5~4.5m。全新统冲积层，不对称分布于河谷两岸，组成Ⅰ级阶地及河漫滩；厚度赣江一般10~19.5m，支流河谷5.9~9.5m。岩性具二元结构，上部为浅灰、灰褐色亚黏土、亚砂土，赣江一般厚1.8~6.5m，支流河谷0.3~4.0m；下部为砂、砂砾石层，结构松散，赣江一般厚2.9~11.08m，支流河谷2.3~3.9m，支流河谷含少量泥质。中更新统冲洪积层、坡积层、残积层主要分布山间洼地、坡麓地带，岩性为黏土砾石、碎石黏土，厚度变化大，一般2~13m。

地下水主要赋存于砂砾石层、碎石黏土颗粒间孔隙之中。地下水主要受大气降水、田间灌溉水、侧向基岩裂隙水和洪水期河水反向的补给。地下水的富集受砂砾石层厚度、结构、泥质含量等因素制约。按地下水的富集程度，可分为水量中等、水量贫乏、水量极贫乏和透水不含水4个富水等级。

水量中等的含水层主要分布于赣江及支流河谷两岸全新统冲积层、上更新统冲积层的砂砾石层中，含水层厚度一般2.05~6.89m，地下水位埋深一般2.46~4.28m，最深7.24m，以潜水为主，局部承压，单井涌水量一般112.54~695.65m^3/d，赣江沿岸河漫滩地带水量大于1000m^3/d。其水量变化一般具有主流河谷较支流河谷大、同一河谷由上游往下游逐渐增大、阶地后缘往前缘增大的变化规律。

水量贫乏的含水层分布于支流河谷上游段和溪流两岸的全新统冲积层及赣江沿岸的中更新统冲积层、山间洼地的冲洪积层的砂砾石层和黏土砾石层中。含水层厚一般1.18~5.80m，微承压，水位埋深一般2.00~3.26m，单井涌水量一般7.49~53.35m^3/d。

水量极贫乏的含水层分布于支流河谷两岸的中更新统冲积层和坡麓地带的残积层之黏土砾石和碎石黏土中，含水层厚一般1.05~3.36m，地下水位埋深一般1.65~2.45m，单井涌水量一般5.20~11.90m^3/d。

呈帽状残留于丘顶之上的下更新统冲积层之黏土砾石层，因所处位置高，面积小，补给有限，仅在雨季含少量的季节性潜水。属透水不含水层。

（二）碎屑岩孔隙裂隙水

主要分布于赣州、兴国、社溪、信丰、池江、龙南等断陷盆地。

赣州盆地：呈北东—北东东向展布，其发生发展主要受盆地东南侧之大余-南城断裂带控制，盆地内广泛分布龟峰群、赣州群地层。赣州群仅分布于赣县蟠龙、赣州市、储潭圩、茅店一带，并略呈一向南西倾伏的平缓背斜。整个盆地仍为一单斜构造。岩层层序反映沉积中心向东南部深大断裂所在一侧迁移。岩层走向除盆地边缘受古地形影响随边界变化外，地层总体走向北东—北东东向，倾向南东，倾角一般15°~20°。岩层微有挠曲或波状起伏。

兴国盆地：近南北向延伸，略向东突出的新月形断陷盆地。内广泛分布赣州群、龟峰群地层。受东部边缘弧形断裂的影响，沉积中心逐渐向东迁移，故西部广布赣州群，东部广布龟峰群。岩层向东倾斜，倾角一般15°~25°，部分地段5°~15°。

社溪盆地：面积仅83.64km^2。呈北东向展布，分布龟峰群地层。为向北西倾斜的单斜构造。

信丰盆地：为一断陷盆地。在信丰城—屋背岽一带，出露一小片东西向展布的基底，将盆地分隔为南北两部分。北部盆地地层主要为龟峰群和古近系，构成一近东西向延伸的向斜构造，岩层倾角一般20°~25°；南部盆地地层为赣州群、龟峰群，岩层一致北倾，构成一北东东向延伸的单斜构造，岩层倾角一般10°~15°。

池江盆地：为一北东向延伸的菱形断陷盆地，周边均受北东向和近东西向两组断裂控制。地层以古近系池江组为主，仅南东分布有少许赣州群，总体为一向南东倾斜的单斜构造。

龙南盆地：总体呈北东向展布。地层为白垩系赣州群、龟峰群，岩性为厚层粉砂岩夹钙质砂岩、砂砾岩等。受晚期构造运动影响，盆地红层内断裂构造及裂隙发育，但规模小，平面延伸一般 2~8km，多以裂隙密集带为表现形式。断裂带附近裂隙密集发育，其频率达 7~12 条/m，以张开为主。

据石油、水库坝址、水文地质资料，钙质粉砂岩、细砂岩和以钙质胶结的岩层，在构造作用下，岩层发育有溶孔、溶隙、溶蚀层面等溶蚀现象。溶孔、溶隙的发育程度受断裂构造和背景岩层控制。一般断裂构造带和裂隙带，溶孔断续呈蜂窝状或海绵状发育，溶孔孔径为 10mm×20mm，无充填；远离断裂带的岩层，仅有少量、稀疏的小溶孔沿层面发育。

地下水主要赋存于岩石溶孔、溶隙、裂隙及孔隙之中。地下水的分布、赋存、富集特征如下。

1）盆地内分布的赣州群、龟峰群、池江组红层，均含有一层或数层含钙或钙质胶结的粉砂岩、细砂岩、砂砾岩。在这些含钙地层中，断续、稀疏发育着一些小溶蚀孔洞和溶隙，地下水赋存于其中，为具溶孔孔隙裂隙赋水类型。但因孔径小、连通性差，地下水的补给径流条件不畅，赋存空间有限，富水性较差，单井涌水量一般 3.8~25.5m^3/d，在地形汇水条件好、有利补给的地段，单井涌水量一般也小于 38.10m^3/d，泉流量常见值 0.014~0.061L/s，枯季地下径流模数一般 0.305~1.2151L/s·km^2，地下水位埋深+1.75~10.89m。属富水性贫乏的地层。

2）盆地内小型断裂带或裂隙密集带岩石破碎，裂隙密集发育，有利于地下水渗入，含有较丰富的地下水，常形成带状含水体。沿断裂带常见流量较大、动态相对稳定的上升泉出露，如信丰盆地东侧北北东向挤压裂隙密集带，出露泉流量 6.91L/s 的上升泉群。单井涌水量一般 122.70~190.08m^3/d。

3）信丰盆地北部边缘及基底、池江盆地的东南边缘及基底为石炭系、二叠系碳酸盐岩地层组成的裂隙岩溶水。两者水力联系密切，在一定的条件下可以相互补给，形成边缘富水条带。水质类型为 SO·HCO–Na 或 SO–CI·Na，pH7.2~8.3，矿化度 1.208~4.88g/L，总硬度 161.1~216.6mg/L。

（三）碳酸盐岩裂隙岩溶水

主要分布于拿山、严塘、陈家、茶沅、崇义、关田古亭、左溪、聂都、藤田、信丰、小坪、暖水湖、古陂圩、始兴、梅岭等山间向斜盆地或单斜盆地中。含水岩组由奥陶系古亭组，泥盆系棋梓桥组、佘田桥组、锡矿山组，石炭系黄龙组，二叠系马平组、栖霞组、长兴组、茅口组，三叠系铁石口组组成。岩性为灰、灰白色灰岩、白云岩、白云质灰岩、生物灰岩、灰、灰黑色有机质灰岩夹生物灰岩和燧石条带、深灰色结晶灰岩及灰黄、灰绿色薄层钙质页岩、粉砂岩夹泥质灰岩。

各岩溶盆地面积分布不大，一般几十平方千米，最大的藤田盆地，面积不足 300km^2，最小的小坪盆地和梅林盆地仅十几到 20km^2。盆地多为三面环山，一面开阔的间型封闭向斜盆地。盆地中部地形平坦，略有起伏。周边为低山丘陵，山坡坡度较陡，一般大于 30°。

碳酸盐岩出露形态有裸露型、覆盖型和埋藏型。裸露型一般出露于盆地近边缘碳酸盐岩与碎屑岩接触地带，地形多为丘陵或岗埠，地貌多为孤峰、残丘、石芽等；覆盖型多为盆地中部地带，覆盖层有全新统冲积层和中更新统残坡积，盖层厚度一般冲积层 5~7m，残坡积层 15~40m；埋藏型主要分布断陷盆地的边缘地带，其面积较小。

岩溶作用强烈，岩溶形态较齐全，裸露区地表可见石芽、溶沟、溶槽、溶蚀洼地、落水洞、漏斗、溶洞、暗河、峰林等，覆盖区有溶洞、溶隙、暗河，呈网络管道状发育。线岩溶率 3.0%~33.6%。岩溶发育服从于受构造（沿褶皱轴部、断裂构造带、岩层面发育）、岩性控制的基本规律。一般层厚、质纯的碳酸盐岩岩溶化程度高，层薄、夹层、含泥质、砂质碳酸盐岩岩溶化程低；沿断裂构造带，背、向斜轴部岩溶化程度高。发育特征在平面上具有一定的方向性，与当地区域构造方向基本一致；在垂直剖面上具有成层性，一般在当地侵蚀基准面上下100~150m内发育，大致可分3~4层溶洞。侵蚀基准面以上溶洞多为干洞，仅近侵蚀基准面附近，有季节性充水，侵蚀基准面以下溶洞，长年充水。强岩溶发育带均在侵蚀基准面以下。浅部溶洞多为泥沙、碎石全充填。

按碳酸盐岩与碎屑岩含量比例，可分为碳酸盐岩岩溶水与碎屑岩夹碳酸盐岩岩溶裂隙水两个含水岩组。

碳酸盐岩岩溶含水岩组：为古亭组、棋梓桥组、黄龙组、马平组、栖霞组、长兴组灰岩。大部分构成向斜盆地的轴部，多被第四系松散层覆盖。岩溶化程度相对较高。

碎屑岩夹碳酸盐岩岩溶裂隙含水岩组：为棋梓桥组、佘田组、锡矿山组、茅口组、铁石口组，多构成向斜盆地的翼部，大部分为裸露型岩溶区，岩溶化程度相对较低。

地下水主要赋存、富集于溶孔、溶隙、溶洞中，呈脉状管道流，地下水的分布、埋藏、富集受岩溶发育强度、岩性、构造制约。地下水分布不均，各向异性明显。断裂构造带、向斜轴部往往成为富水带。其地下水的分布、赋存、富集特征如下。

1）碳酸盐岩裂隙岩溶水主要为大气降水和基岩山区地表水汇流河水及基岩裂隙水侧向补给。

2）裸露型岩溶区位于盆地边缘，地形多为丘陵区，常为与非可溶岩接触地带。大气降水、地表水和基岩裂隙水多通过落水洞、漏斗、溶隙、岩溶洼地补给地下水，地下水一般沿岩溶管道及溶隙向地势相对低洼的覆盖区径流，为地下水的补给、径流区，在裸露与覆盖交汇处附近的地形低洼处常见有上升泉群或暗河出口，水力性质多为潜水，水位埋深一般5.51~24.90m，含水层厚度一般19.42~119.38m，顶板埋深13.75~34.48m，单井涌水量一般50~754.33m^3/d。

3）覆盖型岩溶区位于盆地中部，上覆盖层厚5~40m，为地下水的径流、排泄区，地下水呈网络管道状径流，在地形低洼处或地质条件有利处，地下水常以上升泉群的形式排泄地表。水力特征为承压水，水位埋深一般9.12~16.0m，局部高出地面，顶板埋深22.36~41.92m，含水层厚度49.06~147.81m，泉流量一般0.91~9.03L/s，最大73.55L/s，单井涌水量一般487.30~2732.88m^3/d，藤田盆地最大可达3880m^3/d。

（四）基岩裂隙水

广泛分布。含水岩组由潭头群—下古生界浅变质岩、混合岩化变质岩，上古生界—侏罗系碎屑岩及各期花岗岩组成。

区内断裂构造和构造裂隙发育，构造形迹多样，但总体显示近东西向构造南强北弱，北东向、北北东向构造东强西弱及遍布全区的特点。受区域断裂构造影响，构造裂隙北部及中部以北东、北北东、北西向三组最发育，南部以北东向、北北东向、近东西向三组最发育。而裂隙发育密度、平面延伸长度、张开程度硅质岩、砂砾岩、石英砂岩等刚性岩石比泥岩、页岩等柔性岩石要好。

加里东期、印支期、燕山期侵入岩及混合岩化变质岩，易产生风化作用，形成厚度一般1~30m，最厚68.55m的网状裂隙风化层。风化层厚度变化主要受岩体侵入时间、岩石结构、地形地貌、断裂构造制约，其一般规律如下。

1）侵入时期早的加里东期花岗岩较相对较晚的燕山期花岗岩风化层厚度要大。

2）中粗粒结构的花岗岩较中细粒结构的花岗岩风化层厚度要大。

3）地貌为侵蚀剥蚀丘陵地形（海拔标高一般小于 500m）区风化带厚度一般 20~30m，构造侵蚀中低山地形区风化层厚度一般 0~5m。

4）断裂构造带两侧风化层厚度大，常形成廊状风化带。

风化层按其风化程度，可分强、中、微三个风化带。强风化带：岩石风化呈砂土状，岩石组织结构大部分被破坏，风化带厚度一般 0.5~10.0m；中等风化带：岩石风化呈碎块、短柱状，岩石结构部分被破坏，裂隙发育，厚度一般 9.0~15.0m；微风化带：岩石结构基本未变，仅沿裂隙面有浸染和变色，厚 3.0~5.0m。

地下水主要赋存于风化裂隙和构造裂隙中。以大气降水补给为主，局部地段有水库、山塘等地表水体和上覆第四系松散岩类孔隙水的渗入补给。一般为就地补给，短程径流，近源排泄，具有水交替循环强烈的特点。水力性质多为潜水。地下水动态变化大，一般滞后降水 2~4d，其变化为典型的气象型曲线。按地下水赋存特征，可分为风化带网状裂隙水和构造裂隙水两个含水岩组。

风化带网状裂隙水：主要分布于万安的吊龙，上犹的高湖脑，赣县的广教寺、大埠，兴国的永丰、清溪、古龙岗杰村，龙南的澄江、坪田、足洞等地。含水岩组为地处海拔标高小于 500m 的侵蚀剥蚀低山丘陵的加里东期、印支期、燕山期花岗岩。地表波状起伏，丘顶多呈馒头状，冲沟发育，局部地区水土流失严重。岩石风化强烈，风化层厚度一般 20~30m，地下水主要赋存于裂隙发育的中风化带中（图 5-17-10）。多呈层状分布，水力联系密切，构成统一含水体，水力特征以潜水为主。地下水位埋深

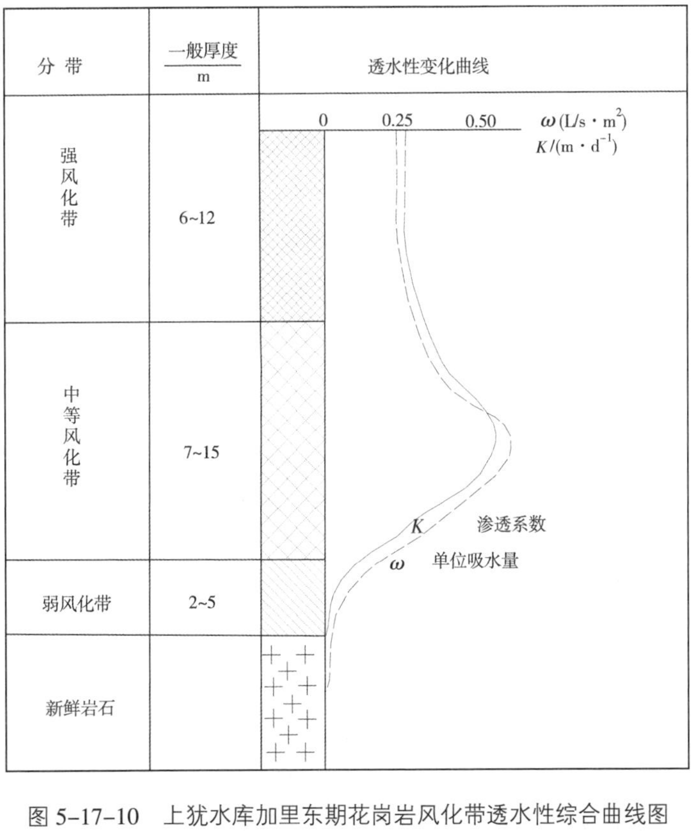

图 5-17-10　上犹水库加里东期花岗岩风化带透水性综合曲线图

Fig. 5-17-10　Comprehensive curve of water permeability of Caledon granite weathering zone in the Shangyou reservoir

（据江西省水文地质大队，1980）

一般 0.95~4.26m，其富水性主要受岩石风化程度、风化层厚度、植被发育程度、大气降水等多种因素制约。区内枯季地下径流模数、泉流量值富水性指标，具有南部及中部大、东部及北东部偏小的特征。南部及中部枯季地下径流模数一般 3.33~5.49L/s·km^2，泉流量一般 0.014~0.639L/s；东部及北东部枯季地下径流模数一般 1.21~2.92L/s·km^2，泉流量一般 0.014~0.137L/s，单井涌水量一般 11.58~297.22m^3/d。

构造裂隙水：分布于北部的沙溪、龙岗、东固—良村，西北的前岭—东坑坳、中部的南坑、龙布、油山，南部的石人嶂－方洞、小江、高栋、牛岭河洞等地，含水岩组为南华系—下古生界浅变质岩、奥陶系至侏罗系沉积碎屑岩及地处海拔标高 500m 以上构造侵蚀中低山的加里东期、印支期、燕山期花岗岩和混合岩。构造裂隙发育，发育密度一般 1~2 条/m，面裂隙率 0.13%~1.457%，以张开为主，少量泥砂充填，裂隙发育深度一般 50~100m，地下水位埋深一般小于 10m，局部高出地面。其富水性主要受裂隙发育密度、裂隙张开程度及充填程度、岩石刚柔性、植被覆盖情况、地形地貌和大气降水等多因素制约。单井涌水量一般 5~37.08m^3/d，部分地段可达 176~423.36m^3/d。枯季地下径流模数 0.39~11.30L/s·km^2，泉流量 0.001~0.869L/s。其枯季地下径流模数、泉流量变化在平面具有以下特点。

1）海拔标高 500m 以上的构造侵蚀中低山区枯季地下径流模数一般 3.04~7.71L/s·km^2，泉流量一般 0.076~0.354L/s；海拔标高小于 500m 的侵蚀剥蚀低山丘陵区，枯季地下径流模数一般 1.08~2.95L/s·km^2，泉流量一般 0.03~0.085L/s。

2）刚性岩石分布区的枯季地下径流模数、泉流量比柔性岩石分布区偏大。

3）区域断裂构造发育相对密集地段，其构造裂隙密集发育，地下水相对富集。如东固—良村和兴国县的茶园一带。前者为岩浆岩，岩性为中粗粒斑状黑云母花岗岩，断裂构造密集发育，形成的硅化带似墙状突出地表，其构造裂隙密集发育，尤以北 10°~30°组特别发育，沿该组裂隙泉水出露较多，泉流量 0.102~0.865L/s，枯季地下径流模数 3.74L/s·km^2；后者为寒武系灰绿色变余凝灰质石英砂岩，构造裂隙密集发育，经后期风化作用，形成风化、构造裂隙密集发育区，结构相对破碎，透水性强，单井涌水量达 423.36m^3/d。

区内断裂构造带，其规模大，切割深，沿断裂带裂隙密集发育，风化层厚度增大；岩浆岩侵入接触带，受热胀冷缩作用，产生较多的纵张、横张裂隙，岩石相对破碎，两者均有利于地下水的渗入和富集，常形成廊状或带状含水体。常见流量相对稳定的上升泉出露（图 5–17–11），单井涌水量可达 200~800m^3/d。

区内断裂构造带，其规模大，切割深，沿断裂带裂隙密集发育，风化层厚度增大；岩浆岩侵入接触带，受热胀冷缩作用，产生较多的纵张、横张裂隙，岩石相对破碎，两者均有利于地下水的渗入和富集，常形成廊状或带状含水体。单井涌水量可达 300~800m^3/d。

五、宁都－于都坳陷水文地质区（$Ⅱ_5$）

位于宁都、于都一带，东与武夷隆起带相邻。为晚古生代至中侏罗世的小型坳陷。

基底褶皱由青白口系上部—寒武系变质岩系组成。东部被鹰潭－安远逆冲推覆断裂带破坏，构造十分复杂。盖层褶皱主要由晚古生代地层组成。在坳陷的西部于都一带被白垩系断陷盆地掩盖。加之断裂及侵入岩体的破坏残缺不全。褶皱主体呈北北东向展布。向斜较为开阔。银坑—青塘一带由于武夷山前缘逆冲推覆构造影响，两翼岩层倾角较陡。

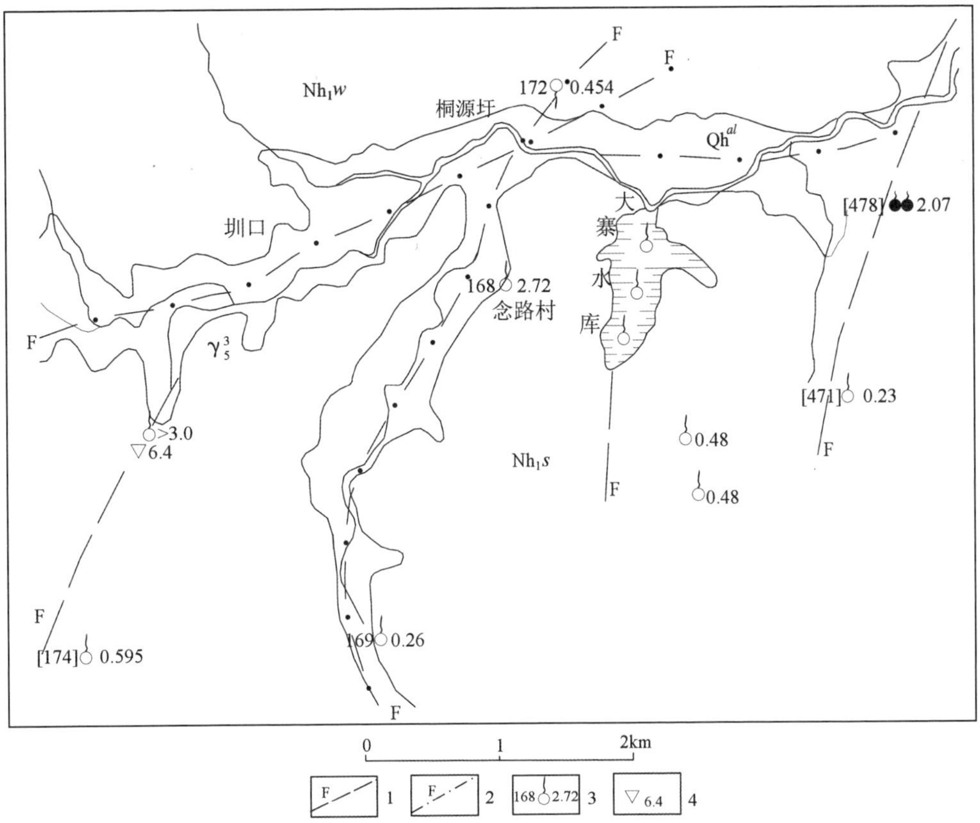

图 5-17-11　临川市桐源断裂构造富水区水文地质略图

Fig. 5-17-11　Hydrogeological map with fractures in Tongyuan, Linchuan city

(据江西省水文地质大队，1985)

1—推测断裂；2—掩盖断裂；3—泉：左为编号，右为流量(L/s)；4—枯季测流点及地下径流模数（$L/s\cdot km^2$）；

Q_h^{al}—第四系全新统冲积层；Nh_1w—南华系下统乌石岩片；Nh_1s—南华系下统上施组；γ_5^3—燕山期花岗岩

断裂构造发育，主要以北东—北东东、北西西向为主。

岩浆活动较弱，其中有少量加里东期、燕山期花岗岩株，以及燕山期小型中酸性斑岩瘤分布。

区内地下水分布有松散岩类孔隙水、碎屑岩孔隙裂隙水、碳酸盐岩裂隙岩溶水、基岩裂隙水（孙长贵　等，1980）（赵火茂　等，1981）。

(一) 松散岩类孔隙水

主要分布于贡水中游及其支流河谷两岸、山间向斜盆地和山前坡麓地带。含水岩组为中更新统残坡积层、上更新统冲积层、全新统冲积层。中更新统冲积层主要分布于三门滩、银坑等山间向斜盆地和山前坡麓地带，岩性为黏土碎石层，上部以黏土为主，往下碎石含量增多，厚度山间向斜盆地一般15.50~29.77m，山前坡麓地带一般5.0~15.0m。上更新统冲积层零星分布于贡水河河谷两岸，构成Ⅱ级阶地；岩性具二元结构，上部为亚砂土，厚3.0~5.0m；下部为砂砾石层，结构稍密，含少量泥质，厚一般0.55~5.58m。全新统冲积层窄条状、不对称分布于贡水河及支流河谷两岸，构成Ⅰ级阶地和漫滩，高出水面1.0~6.0m；岩性具二元结构，上部为亚黏土，厚1.0~7.0m；下部为砂砾石层，结构松散，含少量泥质；贡水河谷两岸分选性较好，支流河谷两岸则大小混杂，显山区河谷特点，厚2.0~6.0m。

地下水主要赋存于砂砾石和黏土碎石孔隙中。其富水性受砂砾石层厚度、结构特征、地貌位置等众多因素影响。地下水的补给有大气降水补给、田间灌溉期垂直渗入补给、侧向其他岩类地下水补给和汛期河水反向补给。地下水位埋藏各地不一，但总的特点是阶地前缘相对较浅，阶地后缘相对较深。地下水动态变化受大气降水控制，时间一般滞后5~10d。水位年变幅一般0.5~3.5m。按地下水富集程度，可分水量中等、水量贫乏的两个富水等级。

水量中等的含水层主要分布于贡水河河谷及支流河谷下游段的两岸。含水岩组为全新统、上更新统冲积层，含水层厚一般2.0~6.0m，多为潜水，局部承压。水位埋深一般0.7~8.51m，单井涌水量一般100~688.18m³/d。其水量变化服从河谷上游往下游逐渐增大、阶地后缘往前缘增大的普遍规律。

水量贫乏的含水层主要分布于贡水支流河谷中、上游段两岸及山间向斜盆地和山前坡麓地带，含水岩组为全新统冲积层，中更新统残坡积层。含水层厚一般0.55~5.58m。多为潜水。地下水位埋深一般0.25~10.72m，单井涌水量一般11.15~53.57m³/d。

（二）碎屑岩孔隙裂隙水

主要分布于于都断陷盆地，上叠于宁于坳陷南部。盆地呈北北东向展布，为一南西方向抬起、北东方向下沉，南东翼宽、北西翼窄的不对称倾伏向斜。盆地基底北东端为震旦系变质岩，南西端为石炭系灰岩。岩层由盆地边缘倾向盆地中心，倾角一般5~15°，西北角受断裂构造影响，倾角达65°。盆地地形起伏不大，丘岗连绵，植被不发育。

盆地地层为龟峰群。其底部以灰岩砾石为主的砾岩，钙质、泥质胶结，厚度10~102.29m，其厚度变化北东端较薄，南西端较厚。

据水文地质勘察和于都县利村煤矿（图5-17-12）勘查资料，南西端底部灰质砾岩，普遍发育溶孔、溶蚀裂隙和溶洞。钻孔见洞率25.9%，洞高最小0.2m，最大21.18m，均为空洞，溶洞发育标高-28.07~139.81m，溶蚀裂隙发育标高-155.52~139.77m。施工过程中，59.3%的钻孔遇溶蚀裂隙和溶洞，冲洗液全漏失。中、上段钙质粉砂岩、钙质泥岩中断续发育有稀疏溶蚀晶洞，孔径小，连通性差。

地下水主要赋存于孔隙裂隙、溶孔、溶蚀裂隙和溶洞中。盆地地下水赋存、富集特征如下。

1）控制盆地边缘的断裂构造，其规模大，且多次活动，断裂带及两侧岩石破碎，裂隙发育，有利于地下水的渗入、赋存、富集，含较丰富的地下水。

2）盆地龟峰群地层中，大的断裂构造少见，但次级断裂或裂隙密集带发育，这些裂隙密集带和其交汇部位，岩石相对破碎，有利于地下水的渗入和富集，形成脉状相对富水条带。

3）盆地龟峰群地层按地下水赋存特征，可分为底部灰质砾岩裂隙岩溶水和具溶孔孔隙裂隙水两个含水岩组。

底部灰质砾岩裂隙岩溶水：主要分布盆地南西端，溶蚀现象发育，见有溶孔、溶蚀裂隙和溶洞。含水层厚度11.52~84.40m，顶板埋深67.0~293.70m，水位埋深8.50~50.35m，为承压水，承压水头43.07~243.35m，单井涌水量一般940.82~1615.18m³/d。地下水与下部碳酸盐岩裂隙岩溶水联系密切。地下水主要为大气降水和边缘其他含水岩组地下水的侧向补给。地下水水位年动态变化幅度0.91m。

溶孔孔隙裂隙水：分布于整个盆地，含水岩组为龟峰群钙质粉砂岩、钙质泥岩、长石粗砂岩。见有星点状溶蚀小孔和氧化铁膜裂隙面，其连通性差，富水性极差，单井涌水量一般0.28~3.89m³/d。

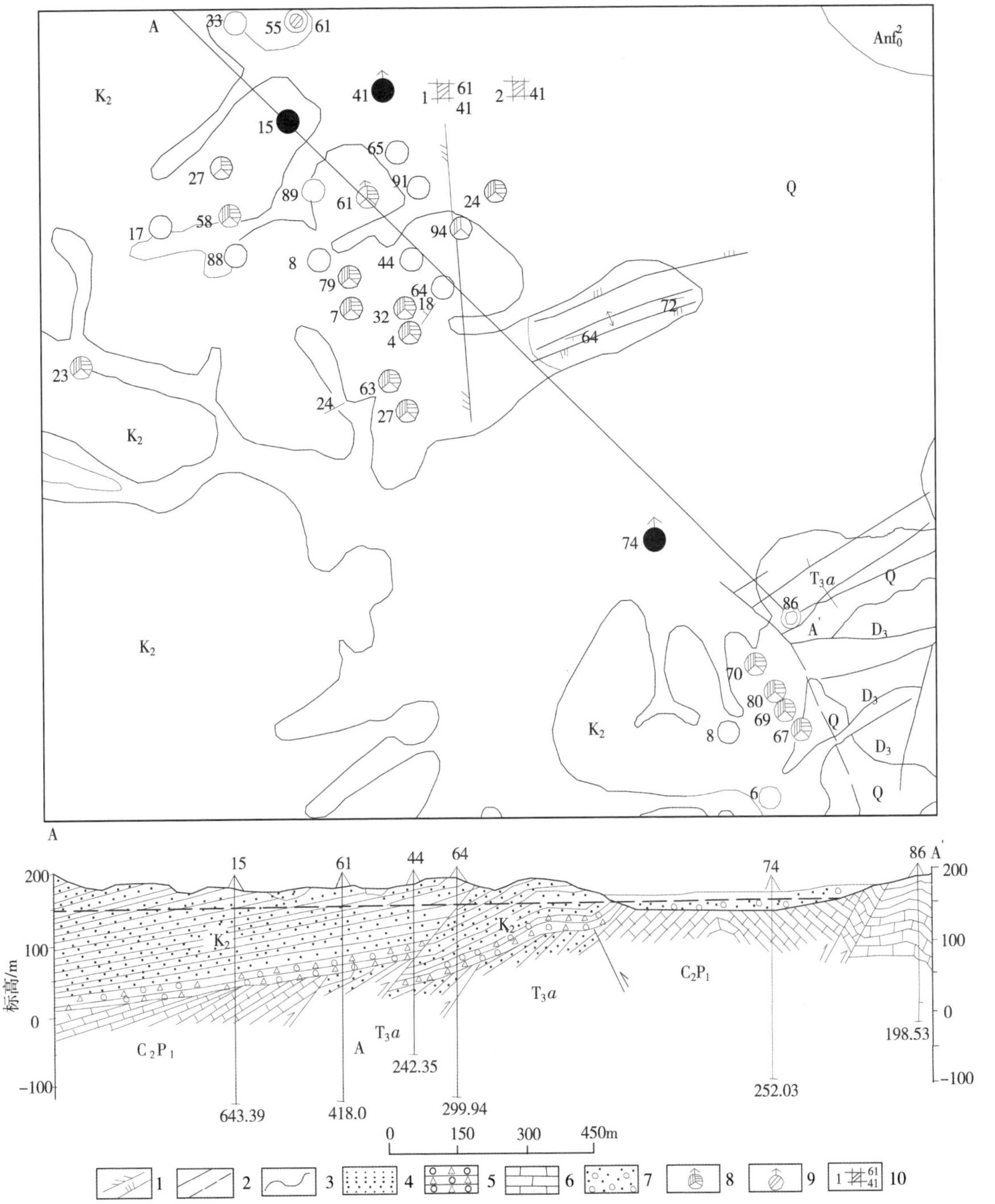

图 5-17-12　于都县利村煤矿红层水文地质略图

Fig. 5-17-12　Hydrogeological map of red-bed in coal mine of Li village, Yudu county

（据江西省水文地质大队，1982）

1—压扭、压性断裂；2—性质不明、推测断裂；3—地层界线；4—红砂岩；5—红层底砾岩；6—石灰岩；7—砂砾石；8—见红层底砾钻孔（左为钻孔编号，箭头表示抽水孔，左上角花纹表示红层底砾溶洞，右上角花纹表示溶洞漏水）；9—石灰岩含水层孔（圆内花纹表示受抽水孔影响之孔，右侧数字表示抽水孔号，其他同前）；10—民井（其中花纹表示受抽水孔之影响，其他同前）；Q—第四系；K_2—上白垩统；T_3a—上三叠统安源组；C_2P_1—上石炭统—下二叠统；D_3—上泥盆统

（三）碳酸盐岩裂隙岩溶水

小面积零星分布于都、三门滩、梅窖、青塘、银坑、马安、禾丰、梓山、宽田向斜盆地内。盆地为狭长的封闭型山间向斜谷地，四周高，中间低。四周为低山丘陵，标高500~1176m，坡度较陡，组成地层为泥盆系中、上统，石炭系下统之页岩、砂岩、砂砾岩等，中间地形平坦，略有起伏，偶见灰岩孤峰突起。盆地受区域构造影响，呈北东向、北西向展布。含水岩组为黄龙组、马平组、栖霞组。岩性为白云岩、白云质灰岩、灰岩、炭质、硅质灰岩等。

区内碳酸盐岩以覆盖型为主，裸露型次之，埋藏型面积很小。覆盖型主要分布盆地中部，上覆一般有5~15m，最厚30m的第四系松散堆积物；埋藏型分布于于都盆地，上覆为白垩系，厚度大于50m。

岩溶发育强烈，岩溶形态发育齐全，地表有石芽、溶沟、溶槽、溶洞、落水洞、暗河、岩溶洼地等，地下有暗河、溶洞、溶隙等。于都盆地利村矿区、青塘盆地狮吼山矿区、梅窖盆地罗带矿区和银坑盆地，钻孔见洞率20%~100%，线岩溶率2%~13%，洞高一般0.59~5.0m，最高26.91m，浅部充填程度高，达到100%，下部充填程度一般为0~50%，强岩溶发育带深度一般在地表以下100m内。岩溶发育规律如下。

1）岩溶主要沿断裂构造带、向斜轴部发育，在断裂构造交汇部位，往往形成大型溶洞。

2）岩溶沿层面（含可溶岩与非可溶岩接触带）发育。

3）当地侵蚀基准面以上岩溶发育。

地下水主要赋存于溶孔、溶隙、溶洞中。地下水补、径、排呈山间盆地特征。大气降水、地表河水补给；汇流型径流，即主流沿向斜轴部向水力坡度递减的下游流动；以大泉或暗河形式集中于地势低洼处或阻水断裂、岩层界面处出露排泄。地下水动态受降水控制，呈气象型曲线，水位峰值一般滞后降水2~6d。水位年变化幅度一般1~8m，泉流量年变化系数一般1.5~10.6倍，最大18倍。按地下水富集程度，可分为水量丰富、水量中等、水量贫乏3个富水等级。

水量丰富的含水层分布于于都盆地、梅窖盆地、青塘盆地、马安盆地的覆盖型和埋藏型岩溶区。含水岩组为石炭系黄龙组，二叠系马平组、栖霞组。岩溶发育，但不均一，地下水天然露头泉流量大小相差悬殊，一般断裂带、向斜轴部泉流量较大，其他地段泉流量较小。地下水各向异性明显。单井涌水量一般1000~2385.55m^3/d。在断裂带或向斜轴部有利部位，单井涌水量可达4048.20m^3/d。

水量中等的含水层主要分布于于都盆地、梅窖盆地、青塘盆地、马安盆地的裸露型岩溶区和银坑盆地、禾丰盆地、梓山盆地、宽田盆地的覆盖型岩溶区。含水岩组为黄龙组、马平组、栖霞组。常见泉流量1.519~6.984L/s，暗河流量16.993~63.019L/s。单井涌水量一般141.7~800.0m^3/d。在断裂带或向斜轴部有利地段可达1811.68m^3/d。

水量贫乏的含水层主要分布于银坑盆地、禾丰盆地、梓山盆地、宽田盆地的裸露型岩溶区。含水岩组为黄龙组、马平组、栖霞组。泉流量一般0.06~0.26L/s，暗河最大流量22.758L/s。单井涌水量一般小于100m^3/d。在断裂带有利部位单井涌水量可达1000m^3/d。

（四）基岩裂隙水

广泛分布，含水岩组为青白口系上部—寒武系浅变质岩，泥盆系中、上统，石炭系下统，二叠系茅口组、乐平组，侏罗系碎屑岩及加里东期花岗岩。断裂构造及构造裂隙、风化裂隙发育。地下水赋存于构造裂隙、风化裂隙中。按地下水赋存特征，可分风化网状裂隙水、构造裂隙水两个含水岩组。

风化网状裂隙水：主要分布于北东部的鹅婆岩体，含水岩组为加里东期中粒似斑状黑云母花岗岩。岩体构成低山丘陵地形，地形起伏不大，切割不深，山坡平缓。岩石风化强烈，风化层厚度一般5~27m，按风化程度可分强、中、微三个风化带。强风化带岩石风化呈砂土状，岩石结构全破坏，厚3~15m。中风化带岩石风化呈碎块状，裂隙发育，厚2~7m。微风化带岩石结构基本未变，仅沿裂隙面有浸染和变色，厚2~5m。地下水主要赋存于中风化带裂隙中。地下水补、径、排呈山区特征，大气降水补给，经山坡短程径流，于坡脚或地形低洼处以泉或散流形式的近源排泄。地下水动态受大气降水控制，水位变化曲线呈气象型曲线，水位年变幅1.04~4.70m。泉流量变化3~10倍。泉流量常见值0.001~0.091L/s，枯季地下径流模数0.16~4.84L/s·km^2。

构造裂隙水：含水岩组为青白口系上部—寒武系浅变质岩、泥盆至侏罗系碎屑岩。浅变质岩构成侵蚀构造中低山和剥蚀低山丘陵地形，地形切割强烈，碎屑岩组成山间向斜盆地的边缘。岩石经多次构造运动，断裂构造及构造裂隙发育，构造裂隙主要有走向20°、70°、310°三组最发育。以闭合裂隙为主，近地表浅部，受风化作用，裂隙多张开，富水性弱。在浅变质岩区，泉点多，但泉流量小，常见泉流量值0.01~0.1L/s，枯季地下径流模数一般2.04~2.78L/s·km^2；碎屑岩区泉点少见。断裂构造带、侵入岩接触带，其规模大，切割深，岩石破碎，裂隙发育密度明显增大，有利于地下水的渗入、赋存、富集，常形成脉状含水体。其单井涌水量可达200~800m^3/d。

六、武夷隆起带水文地质区（$Ⅱ_6$）

位于闽赣两省接壤之武夷山，西部以宜黄－安远深断裂为界，北与饶南坳陷接壤，东接闽西，南入粤北，为一条北东东—北北东向的弧形隆起带。

该带为加里东造山带的中深部带，隆起带内新元古代晚期地层与花岗岩广泛分布，混合岩化变质岩也较发育。北武夷青白口系上统—震旦系广泛出露，在南武夷南华系—寒武系出露较广。褶皱强烈，属紧密线型褶皱。

中新生代断陷红层盆地主要有南城－广昌盆地、宁都盆地、瑞金－石城盆地、会昌盆地。盆地走向均以北北东向为主。盆地西部边缘多为断裂控制，呈箕型盆地。

断裂发育，主要有三组：北东至北北东向、北西向、近东西向。北东至北北东向断裂，极为发育，规模也较大，主要有近南北向、北北东向的宜黄－宁都断裂带、鹰潭－安远深断裂、永平－寻乌深断裂带，北东向的洪门－湖石、驿前－黄岗山、信丰－瑞金等大断裂。多以左行侧列式成组出现。它不仅控制了中生代盆地的形成、分布和沉积，而且不同程度地控制了晚古生代盆地的展布。北西向断裂，主要分段集中发育于北段的资溪—黎川地区、中段的石城—瑞金地区、南段的会昌—寻乌地区。规模一般不大，仅北段部分为大断裂。近东西向断裂，主要发育于中段的石城—会昌地区和南段的寻乌地区。以南段寻乌地区的断裂规模较大。

岩浆活动强烈，形成了武夷山加里东期、印支期、燕山期花岗岩带。早白垩世在该带北部和南部分别形成了贵溪月风山、铅山黄岗山与安远版石、会昌清溪、寻乌南桥火山盆地群。

该区以中低山为主，中小型盆地散布其中，构成了长江水系与闽江、珠江水系的分水岭。分别处于抚河中上游、赣江上游地区。

区内地下水分布有松散岩类孔隙水、碎屑岩孔隙裂隙水、碳酸盐岩裂隙岩溶水、基岩裂隙水。以基岩裂隙水分布最广泛（吴冬有 等，1980）（万益民 等，1980）（赵火茂 等，1981）（邹文贤 等，1982）。

（一）松散岩类孔隙水

由北往南，分布于信江南岸二、三级支流河谷两岸、抚河上游段及支流河谷两岸、贡江上游段及支流河谷两岸。含水岩组由下更新统冲积层、中更新统冲积层、上更新统冲积层、全新统冲积层组成。下更新统冲积层零星分布于抚河上游段盱江的广昌县县城东岸、砂子岭、南丰县的白沙等地，呈帽状盖于丘岗之上，构成Ⅳ级基座阶地。岩性：下部为棕红、棕黄色黏土砂砾石层，结构密实，厚 0.5~3.0m，上部为棕红色亚黏土，厚 0.5~2.0m。中更新统冲积层零星分布于抚河上游段盱江、贡江上游段的梅江两岸，构成Ⅲ级基座阶地，岩性具明显的二元结构，上部为棕黄、棕红色网纹状亚黏土，厚 1.0~3.0m，下部为棕黄色砂砾石层，含泥量高，结构密实，厚一般 1.0~5.0m，最厚达 11.5m。上更新统冲积层断续分布于抚河上游的盱江、贡江上游的梅江两岸，构成Ⅱ级阶地，与Ⅰ级阶地呈内叠形式，岩性具明显的二元结构，上部为棕黄色亚黏土，厚 2.0~4.0m。下部为棕黄、灰白色砂砾石层，结构稍密，厚 2.5~4.0m。全新统冲积层呈条带状、不对称分布于抚河上游段的盱江、贡江上游的梅江两岸及支流河谷两岸，构成Ⅰ级阶地和漫滩。盱江、梅江阶面宽一般 400~800m，最宽 1200m，支流河谷则为典型的山区河谷，具有阶面窄、不对称、坡降大、颗粒大小不均、厚度变化大、间夹部分洪积物等特征。岩性具明显的二元结构，上部为灰褐色亚砂土、亚黏土，厚 2.0~6.0m，下部为灰白色砂砾石层，结构松散，厚度变化大，一般盱江、梅江河谷两岸厚 4.0~9.0m，支流河谷两岸厚 2.0~4.0m。

地下水主要赋存于砂砾石颗粒间孔隙中。地下水主要接受大气降水、田间灌溉期垂向渗入、侧向基岩裂隙水的补给。地下水以大角度斜交河谷下游，水力坡度 0.0039。地下水的富水性受含水层厚度、结构、阶地位置等因素制约。其地下水的分布、埋藏、富集有以下特点。

1）地下水位埋深一般 0.5~5.0m，其变化一般是Ⅰ级阶地埋藏浅，往后逐渐变深；在同一阶地，阶地前缘埋藏浅，后缘埋藏深。

2）盱江、梅江河谷两岸Ⅰ、Ⅱ级阶地为微承压，承压水头一般 1.0~4.0m，支流河谷两岸为潜水。

3）盱江、梅江河谷漫滩和Ⅰ阶地的凸岸，富水性较好，单井涌水量一般大于 1000m^3/d，最大可达 2753.36m^3/d。

4）分布盱江、梅江河谷两岸Ⅰ、Ⅱ阶地的全新统冲积层、上更新统冲积层水力联系密切，构成统一含水体。中等富水，单井涌水量一般 119.66~833.53m^3/d。其水量变化规律较强，一是河谷上游往下游水量增大；二是Ⅱ级阶地往Ⅰ级阶地水量增大；三是同一级阶地后缘往前缘水量增大。

5）分布于支流河谷两岸的全新统冲积层，零星分布于盱江、梅江两岸Ⅲ级阶地的中更新统冲积层，其厚度不稳定，含水层颗粒混杂，含有少量泥质，富水性贫乏，单井涌水量一般 11.49~240m^3/d。其水量变化主要表现在不同的河谷段，一般中上游河谷段及中更新统冲积层单井涌水量 11.49~89.31m^3/d，中下游段河谷段 110~240m^3/d。

6）零星分布于盱江Ⅳ级基座阶地的下更新统冲积层，呈帽状盖于丘顶之上，储水条件较差，该层为透水不含水层。

（二）碎屑岩孔隙裂隙水

主要分布于南城－广昌、宁都、石城－瑞金、会昌、寻乌等断陷盆地。含水岩组为下白垩统冷水坞组、赣州群、龟峰群，古近系新余群。各断陷盆地由于构造作用、沉积环境不同，岩性、岩相存在一定差异，使地下水的分布、埋藏、赋存、富集及水化学特征各不相同。

1. 南城－广昌盆地

为一北北东向延伸的狭长断陷盆地。其形成和发展主要受西侧安远－鹰潭深断裂控制。地层自东向西，依次分布白垩系火把山群、赣州群、龟峰群和古近系新余群。构成一向西倾斜的单斜构造，岩层倾角一般20°~30°。盆地西缘断裂甚发育。

火把山群：下部石溪组，岩性为黄褐、紫红色砾岩、砂砾岩、砂岩和粉砂岩，间有酸性火山岩夹层和底部的安山岩、英安岩夹凝灰岩；上部冷水坞为灰黄、灰绿、紫红色中厚层砂砾岩、粉砂岩、泥岩及凝灰岩，夹少量黑色炭质页岩及泥灰岩。

赣州群：岩性上部为棕红、砖红色厚层状砾岩、砂砾岩；中部为紫红色薄层状砾岩、砂岩、钙泥质粉砂岩，局部含钙结核、间夹一厚度不等的中薄层粉砂岩、泥岩和页岩；下部为紫红色厚层状砾岩、砂砾岩，间夹粉砂岩、砂岩，泥砂质胶结。东部举兰一带底部为凝灰质熔岩、纹岩夹凝灰质砂岩、玄武岩。

龟峰群：分两个岩性段。一段：砖红色砾岩、含砾砂岩、砂岩为主，间夹紫红色泥质粉砂岩和含钙质结核粉砂岩。岩相变化大，南部广昌一带以砾岩、砂砾岩为主，含钙质；往北至南丰一带，则以砂岩、粉砂岩互层为主，间夹含砾砂岩。二段：浅肉红、砖红色长石石英砂岩、长石砂岩、粉砂岩和含钙粉砂岩互层，间夹薄层状灰白色泥质页岩。

新余群：分两个岩性段。一段：棕红、砖红色长石石英砂岩、砂砾岩和粉砂岩，中、上部以砾岩、砂砾岩、含砾砂岩为主，钙质、砂质胶结为主；下部颗粒变细，泥质胶结为主。二段：棕红、砖红色砂岩、砂砾岩夹中粗粒砂岩，砾岩、砂砾岩中见少许灰岩砾石，胶结以钙质、砂质为主。颗粒变化由西向东、由南往北颗粒变细，钙质胶结自西向东减少。

在新余群第一岩性段的中、上部，第二岩性段钙质胶结为主的岩层中，沿层面发育有稀疏的溶蚀小孔洞，沿裂面发育有蜂窝状溶蚀孔洞，孔径一般1.5~7.0mm，大者40mm，无充填。发育深度一般地面以下10~100m。

地下水主要赋存于岩石孔隙、裂隙和溶孔中，地下水以大气降水补给为主，西侧因断裂发育，可获得部分侧向基岩裂隙水的补给。水力性质为承压水，地下水位埋深一般1.0~14.57m，局部高出地面11.0m。地下水的分布、赋存、富集主要受岩性、构造等因素制约。按地下水的富集程度，可分为水量中等、水量贫乏两个富水等级。

水量中等的含水层分布于盆地西侧和南城至万坊一带。含水岩组前者为新余群第一岩性段上、中部和第二岩性段岩层；后者为龟峰群岩层。构成走向北北东，倾向北西西，倾角20°~30°的单斜构造，裂隙主要以走向5°~30°、285°~315°两组最发育，微张开，半充填，发育密度0.2~0.5条/m。钻孔揭露，分段富水，具层间水性质。含水（层）段一般2~4段，含水层厚一般29.85~231.0m，含水层埋深各地不一，一般11.99~91.26m。含水层岩性为砂质和钙质胶结的砂砾岩。地下水天然露头少见，枯季地下径流模数一般2.14~4.34L/s·km^2，单井涌水量一般132.36~270.43m^3/d，断裂构造带有利部位，单井涌水量可达505.54~856.28m^3/d。

水量贫乏的含水层分布于盆地的东、中部。含水岩组为新余群第一岩性段下部地层、龟峰群、赣州群、火把山群地层。岩性以砂岩、粉砂岩、含砾砂岩及页岩，泥砂质及钙质胶结。该含水岩组地下水天然露头稀少，枯季多数小溪沟干涸断流，枯季地下径流模数一般小于 1.0L/s·km²。据钻孔揭露，含水岩组分段富水，具层间水性质。一般有 2~3 个含水（层）段，含水层岩性为砂岩和粉砂岩，砂质和钙质胶结，其岩石结构不致密。水力性质为承压水，多数自流。地下水富水性不均匀，单井涌水量一般 21.49~95.62m³/d。在断裂构造带有利部位，单井涌水量可达 156.80~385.26m³/d。

2. 宁都盆地

为一北北东向延伸的狭长断陷盆地。其形成和发展受西侧鹰潭 – 安远深断裂控制。地层为赣州群。其岩性分为两段，下段为砾岩、含钙砂砾岩、砂岩、钙质砂岩、粉砂岩、泥质粉砂岩、页岩、火山岩等；上段为含钙砾岩、砂砾岩、砂岩、粉砂岩、粉砂质页岩。

含钙砾岩、砂砾岩、砂岩岩层中，地表部分地段沿层面发育有溶洞，而地面以下沿裂面和层面发育有稀疏的溶蚀小孔洞，孔径一般 1~5mm，其连续性较差。地下水主要赋存于岩石孔隙、裂隙和溶蚀孔洞中，为具溶孔孔隙裂隙水赋水类型。其富水性较差，据盆地炎水排一带八个钻孔抽水试验资料，其中七孔单井涌水量为 0.40~11.09m³/d，仅一孔水量达 133.92m³/d。

3. 石城 – 瑞金盆地

为一北东 – 北北东向断陷盆地，其形成和发展受东侧永平 – 寻乌深大断裂南段控制。地层为赣州群、龟峰群。北、东、南部边缘及基底为青白口系上部—寒武系浅变质岩，西南边缘基底为宁于坳陷的石炭系、二叠系碎屑岩、碳酸盐岩。

赣州群零星呈窄条带分布于盆地东侧，其岩性：下部为紫红、暗紫红色含钙砾岩、砂砾岩、砂岩、钙质砂岩、粉砂岩、泥质粉砂岩、页岩、火山岩等；上部为紫红、棕红色含钙砾岩、砂砾岩、砂岩、粉砂岩、砂质页岩等。龟峰群在盆地中大面积出露，下部为猪肝色中薄层钙质粉砂岩、粉砂质泥岩，夹灰绿色薄层页岩；上部为砖红色巨厚层砂砾岩、粉砂质泥岩、砾岩夹厚层长石粗砂岩。

赣州群、龟峰群地层浅部的含钙岩层中发育有稀疏的小溶蚀孔洞，孔径一般 1~5mm，无充填，局部呈蜂窝状。地下水主要赋存于岩石孔隙、裂隙和溶蚀孔洞中。盆地水文地质特征如下。

1）赣州群、龟峰群地层浅部的含钙岩层中虽有稀疏的小溶蚀孔洞发育，地下水赋存于其中，为具溶孔孔隙裂隙水赋水类型。但溶蚀孔径小，连通性差，地下水的赋存空间有限，富水性差，单井涌水量一般 0.563~2.465m³/d。地下水位埋深一般 0.74~4.04m，水力性质为承压水。地表天然露头少见，且流量均小于 0.1L/s。

2）盆地西南边缘及基底石炭系、二叠系碳酸盐岩地层，其岩溶发育，含碳酸盐岩裂隙岩溶水。两者水力联系密切，在一定条件下两者地下水可相互补给，形成富水条带。

3）盆地内有次级断裂或裂隙密集带发育，其切割相对较深，延伸远，沿断裂或裂隙密集带地表常形成线状负地形，有利于地下水的补给，形成脉状富水条带。

4. 会昌盆地

系在南华系—寒武系中深变质基底上形成的断陷盆地，总体呈近南北向展布并向西凸出的月牙状弧形盆地。其形成、发展受西侧寻乌 – 瑞金断裂控制。地层为赣州群茅店组、周田组，前者分布于东侧，后者分布于西侧。岩层倾向西，形成一向西倾斜的单斜构造，岩层倾角由东往西逐渐变陡，一般 15°~30°，西侧受断裂构造影响，岩层倾角达 45°。

赣州群呈窄条弧形展布盆地东侧，茅店组岩性为砖红色巨厚层状砂砾岩夹厚层状中粗粒长石砂岩，底部为砾岩、墨绿色橄榄玄武岩、安山岩；周田组以灰色薄层泥岩、含钙泥岩为主，夹紫红色泥岩、粉砂质泥岩，中部含岩盐与钙芒硝。

赣州群地层中的安山岩和玄武岩及其上、下接触带孔隙裂隙较发育；周田组含钙砂岩和钙质粉砂岩中，沿裂面和层面发育有稀疏的溶蚀孔洞，孔径一般 1~5mm，连续性差。地下水主要赋存于岩石孔隙裂隙、溶孔中。按地下水的赋存特征，可分孔隙裂隙水、具溶孔孔隙裂隙水两种赋水类型。

孔隙裂隙水：分布于盆地东侧，含水岩组为茅店组。地下水主要赋存于安山岩、玄武岩之成岩孔隙裂隙及与其上、下接触带之孔隙裂隙中，地下水富水性较好。含水层顶板为紫红色粉砂岩，顶板埋深 34.65m，底板埋深 55.98m，水位埋深 16.20m，单井涌水量 174.87m³/d，水质为重碳酸钠型，矿化度 0.637g/L，pH8.2，总硬度 62.6mg/L。

具溶孔孔隙裂隙水：分布于盆地中、西部，含水岩组为周田组。该层的含钙砂岩和钙质粉砂岩中，发育有溶蚀孔洞，但发育不均，连续性较差，其发育特征一般沿裂面呈蜂窝状，沿层面呈稀疏的星点状。地下水的富水性分布不均匀，一般次级断裂或裂隙密集带部位，单井涌水量 50.17~97.98m³/d，裂隙不发育地段，单井涌水量 2.45~22.56m³/d。水质类型为 HCO_3-Ca 或 Na 型，矿化度 0.25~0.42g/L，pH5.9，总硬度 29.4~357.8mg/L。

（三）碳酸盐岩裂隙岩溶水

主要分布于瑞金的云石山－沙洲坝、九堡、日东，龙南的龙南、里仁、极富、南亨向斜盆地。含水岩组由石炭系黄龙组，二叠系马平组、栖霞组、长兴组，三叠系青龙组组成。

各盆地面积分布不大，一般十几平方千米，最大的龙南盆地面积 287.9km²，最小仅 3km²，盆地多为间封闭型向斜盆地，三面环山，一面开阔，盆地内地形平坦，略有起伏，周边为低山丘陵区，山坡坡度较陡，一般大于 30°。

碳酸盐岩出露形态以覆盖型为主，裸露型次之，埋藏型小面积分布。覆盖区的覆盖物为第四系冲积层和残坡积层。冲积层分布于小溪两岸，岩性具二元结构，上部为亚砂土，下部为砂砾石层，厚 2~4m。残坡积层分布于裸露与覆盖交汇带附近，岩性为黏土碎石，厚 1.5~6m。裸露型出露于盆地边缘，地貌上呈孤峰、残丘、石芽；埋藏型主要分布里仁、极富、九堡一带，上覆为白垩系碎屑岩，埋藏深度一般小于 200m。

各盆地岩溶发育强烈，地表及地下岩溶形态较齐全，地表有溶沟、溶槽、岩溶洼地、落水洞、溶洞等，地下有溶隙、溶洞。据沙洲坝供水勘察资料（图 5-17-13），钻孔见洞率达 66%，线岩溶率达 10%。溶洞充填程度高，一般地面以下 80m 以内，充填程度 50%~100%，多为全充填，少部分半充填，地面 80m 以下充填程度 0~50%。区内岩溶发育主要受地质构造、岩性、地形地貌等多种因素控制，岩溶发育极不均匀，小的溶孔仅几毫米，大的溶洞达 231.92m。岩溶发育具有以下规律。

1）岩溶大多沿断裂构造和向斜轴部发育。

2）岩溶沿岩层面（含与非可溶岩接触面）发育。

3）灰岩相对较纯的岩溶发育，区内以马平组岩溶发育最强，黄龙组次之，栖霞组、青龙组较弱。

4）90%的溶洞发育在地面以下 100m 以内，100m 以下以溶孔、溶隙为主。

地下水主要赋存于溶蚀孔洞和溶隙中。地下水位埋深一般 3.5~12.39m，局部高出地面 7.26m，水力性质在裸露区为潜水，覆盖区为承压水。地下水主要接受大气降水、侧向基岩裂隙水和地表水汇流补给，径流与地表水流向一致，即上游流向下游，盆地边缘流向中部。在盆地出口处以大泉或泉群形式

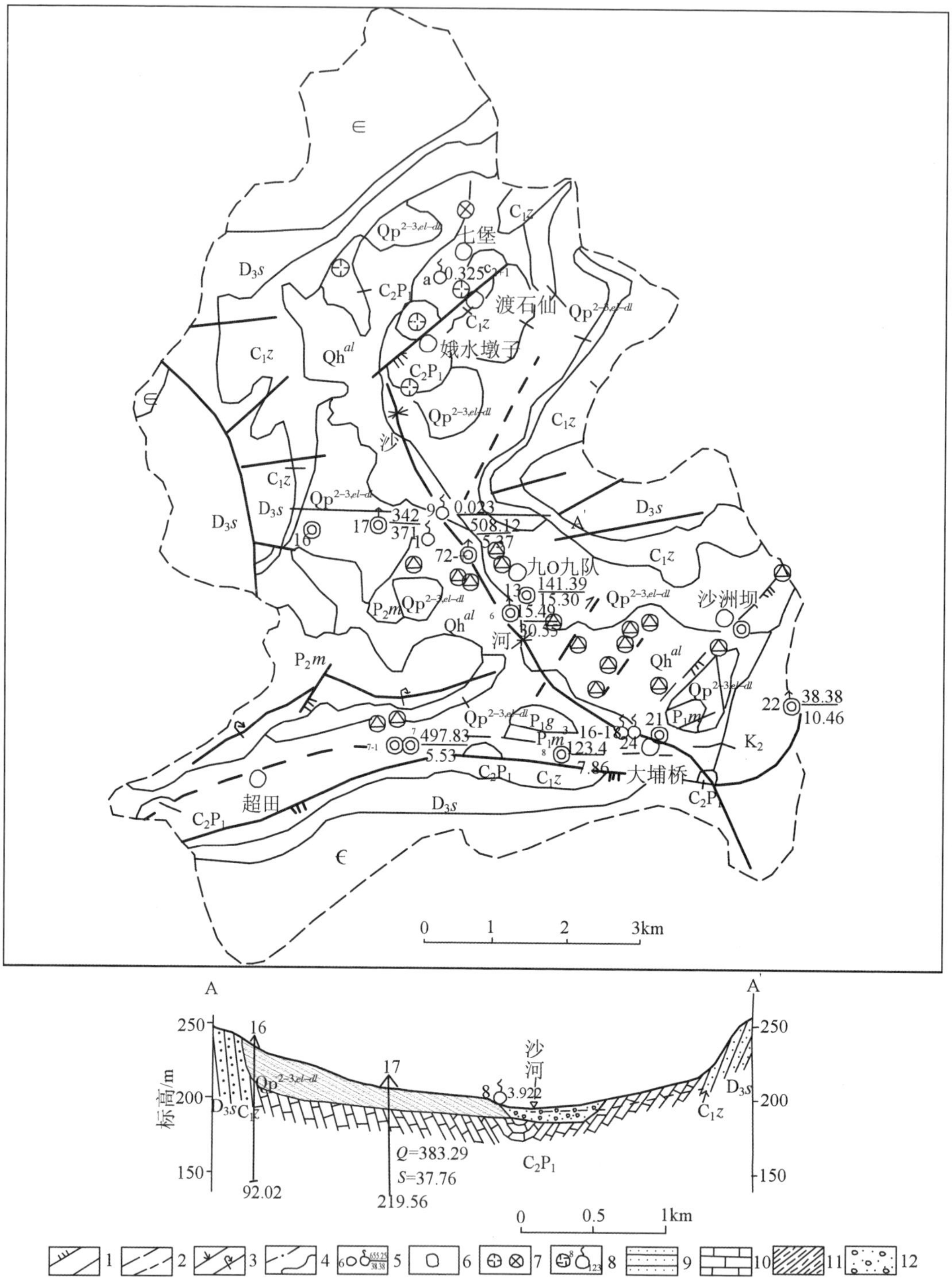

图 5-17-13　瑞金市沙洲坝岩溶盆地水文地质略图

Fig. 5-17-13　The hydrogeological map of Shazhou dam karst basin, Ruijing city

(据江西省水文地质大队，1982)

1—压性断裂和性质不明断裂；2—隐伏断裂和推测断裂；3—向斜轴及倒转向斜轴；4—盆地分水岭界线及地层界线；5—灰岩钻孔及抽水灰岩钻孔(左为编号，右侧：分子为流量(t/d)，分母为抽水降深(m)；6—居民点；7—地表溶洞及落水洞；8—地表塌陷及岩溶上声泉(左为编号，右为流量(L/s)；9—砂岩；10—灰岩；11—亚黏土；12—砂砾石；Q—第四系；K_2—上白垩统；P_2m—中二叠统茅口组；C_2P_1—上石炭统—下二叠统；C_1z—下石炭统梓山组；D_3s—上泥盆统三门滩组；∈—寒武系

集中排泄。地下水动态变化呈气象型曲线，水位峰值滞后降水 4~6d，水位年变幅 3.62~5.02m，泉流量变化 1.5~3.5 倍。由于岩溶发育不均一性，地下水的分布各向异性明显，富水性差异较大。泉流量一般 0.138~10.62L/s，最大 80.56L/s，枯季地下径流模数 1.186~6.043L/s·km^2，单井涌水量几十立方米每天至 5743.96m^3/d。其变化有以下规律。

1）裸露区为地下水补给、径流区，一般沿岩溶管道及溶蚀裂隙向地势低洼的覆盖区径流排泄，其地下水径流途经短，泉流量一般 0.138~0.940L/s，单井涌水量一般 0.83~78.72m^3/d，为水量贫乏区。

2）覆盖区岩溶呈网络管道发育，地下水沿各种通道向向斜盆地轴部汇流，并在轴部附近以泉的形式排泄，泉流量一般 2.0~66.383L/s，最大 80.56L/s，含水层厚度一般 19.42~116.38m，顶板埋深一般 13.75~34.48m，单井涌水量一般 250.83~754.33m^3/d，在汇水条件较好的向斜轴部和断裂带部位，单井涌水量可达 2091.84~5743.96m^3/d。

（四）基岩裂隙水

广泛分布，含水岩组由新元古界—寒武系中深变质岩、浅变质岩和零星的石炭系下统、二叠系上统碎屑岩及各期岩浆岩组成。

中深变质岩为各类变粒岩、片麻岩、片岩、混合岩化变质岩；浅变质岩为变质砂岩、千枚岩等；沉积岩为长石细砂岩、石英砾岩、泥质砂岩等。岩层经多次构造运动，断裂构造和构造裂隙发育。多数为张开状，张开宽度一般 0.2~0.8cm，多数为泥砂质半充填。

岩浆岩广泛分布，主要有加里东期、燕山期和少量的印支期花岗岩，形成 1~30m 厚度不等的风化层，风化层厚度的变化主要受地形地貌、岩石结构、岩体侵入时间、断裂构造等多因素控制。厚度变化一般规律如下。

1）地貌为构造侵蚀中低山区风化层厚度一般 0.5~5m；侵蚀构造低山丘陵区风化层厚度一般 5~20m；构造剥蚀丘陵区风化层厚度一般 20~30m。

2）侵入时期早的加里东期花岗岩比晚的印支期、燕山期花岗岩风化层厚度相对要大。

3）结构为粗、中粗粒花岗岩，比中细、细粒花岗岩风化层厚度相对要大。

4）沿断裂构造带两侧风化层厚度较大，常形成廊状风化带。

风化层按岩石风化程度，分为强、中、微三个风化带。强风化带岩石结构全破坏，岩石风化呈砂土状，一般厚 5~15m；中风化带岩石基本保留了原岩结构，裂隙十分发育，锤击易碎，一般厚 5~10m；微风化带岩石完整，裂隙一般不发育，一般厚 2~8m。

地下水主要赋存于岩石风化裂隙、构造裂隙中。地下水补给以大气降水为主，局部地段有水库、山塘等地表水体和上覆为第四系松散岩类孔隙水的地区，可获得地表水体和孔隙水的渗入补给。多以下降泉和散流形式排泄。具有就地补给、短程径流、近源排泄、水交替循环强烈的特点。水力性质多为潜水，水位埋深变化大，一般山坡和坡顶埋藏深，坡脚埋藏浅。地下水动态随季节变化，其变化呈气象型曲线，水位峰值一般滞后降水 2~4d，泉流量变化 2~5 倍。按地下水的赋存特征，分风化网状裂隙水、构造裂隙水两个含水岩组。

风化网状裂隙水：广泛分布，含水岩组由地貌为侵蚀构造低山丘陵和构造剥蚀丘陵地形区的加里东期、印支期、燕山期花岗岩组成，岩石风化强烈，风化层厚度 5~30m，地下水主要赋存于中风化带风化裂隙中。水位埋深与地形基本一致，从丘顶到沟谷水位埋深由深至浅，一般 5~15m。泉流量大多小于 0.1L/s，枯季地下径流模数0.74~8.6L/s·km^2，单井涌水量 0.95~50.95m^3/d。枯季地下径流模数、单井涌水量的变化主要受岩石结构、地形地貌等因素影响，一般中粗粒结构的岩石单井涌水量大于细粒结构的岩石，侵蚀构造低山丘陵区枯季地下径流模数大于构造剥蚀丘陵区，单井涌水量则小于构造剥蚀丘陵区。

构造裂隙水：大面积分布。含水岩组由新元古界—寒武系变质岩和零星的石炭系下统、二叠系上统碎屑岩及位于地貌为侵蚀构造中低山区的各期花岗岩、混合岩化变质岩组成。水力性质多为潜水，局部承压，水位埋深一般 0.82~15.70m。含水层厚度一般 20~40m。单井涌水量一般 12.096~31.86m^3/d。泉流量一般 0.001~0.828L/s，枯季地下径流模数 0.24~18.39L/s·km^2。泉流量、枯季地下径流模数的大小变化与地形地貌关系非常明显。侵蚀构造中低山地形区，泉流量一般 0.001~0.828L/s，平均 0.069L/s，枯季地下径流模数一般 2.04~18.39L/s·km^2，平均 7.38L/s·km^2；侵蚀构造低山丘陵地形区，泉流量一般 0.001~0.454L/s，平均 0.059L/s，枯季地下径流模数 2.44~6.28L/s·km^2，平均 3.98L/s·km^2；构造剥蚀丘陵地形区，泉流量一般 0.001~0.319L/s，平均 0.031L/s，枯季地下径流模数 0.24~2.64L/s·km^2，平均 1.26L/s·km^2。

区内断裂构造带规模大，切割深。沿断裂带两侧，构造裂隙发育密度明显增大，风化层明显增厚，侵入岩接触带，受热胀冷缩作用，横、纵张裂隙发育，岩石相对破碎。两者均有利于地下水的渗入和储存，常形成富水条带，单井涌水量可达 200~800m^3/d。

第十八章　地下水资源

第一节　地表水资源量及其变化

江西省降水充沛，地表水资源量丰富，年均径流深 9218mm，全省河川年径流量 1541 亿 m^3。其中，自产年河川径流量 1458 亿 m^3，省外年入境水量 83 亿 m^3。地表水资源年际变化大，偏丰年（P=20%）为 1926.3 亿 m^3，平水年（P=50%）为 1495.3 亿 m^3，偏枯年（P=75%）为 1201.5 亿 m^3，枯年（P=95%）为 847.6 亿 m^3。全省各流域地表水资源见表 5–18–1。年径流最大值与最小值比值，全省大多在 3~6 倍，仅局部地区大于 6 倍或小于 3 倍；袁水、渌水地区比较稳定，小于 3 倍；桃江、濂江和湖区西部变幅较大，大于 6 倍（白细民 等，2002）。

全省河川径流量年内各季分配大致是：1~3 月占 14%~17%，4~6 月占 53%~60%，7~9 月占 18%~22%，10~12 月占 6%~10%。径流量最大月一般出现在 6 月或 5 月，最小月出现在 12 月或 1 月。

表 5–18–1　江西省河川径流量一览表

Table 5–18–1　The summary table of river runoff quantity in Jiangxi Province

分　区	年均径流值		不同频率年径流量 /10^8m^3			
	10^8m^3	mm	20%	50%	75%	95%
赣　江	733.2	894.0	923.8	505.8	557.3	388.6
抚　河	159.7	1010.0	202.8	153.8	121.4	83.1
信　江	175.5	1208.4	221.1	168.5	133.4	93.0
饶　河	123.9	1030.1	157.5	119.0	94.3	64.4
修　水	135.9	917.1	171.1	130.4	103.3	72.0
鄱阳湖	129.3	711.9	170.7	122.9	89.3	55.6
湖外水系	83.0	904.8	107.5	78.7	59.6	39.4
全　省	1540.5	921.8	1954.5	1495.3	1201.5	847.6

第二节　地下水资源

一、地下水资源分区

根据省内地下水分水岭与地表水分水岭基本一致的特点，地下水资源概算按流域分为鄱阳湖水系的赣江、抚河、信江、饶河、修河、鄱阳湖和湖外水系 7 个一级地下水资源分区和章江、桃江等 28 个二级分区（如图 5–18–1），各分区的基本特征见表 5–18–2。

二、地下水天然补给资源量

分别采用地下径流模数法、补给模数法、水文分析法计算地下水天然补给资源量。

地下径流模数法主要用于山地丘陵区，补给模数法主要用于平原孔隙水区；水文分析法采用控制性水文站枯季（11 月至次年 2 月）日平均流量最小值进行平割，其结果为地下水年径流量。

1. 地下水径流（补给）模数

1）枯期径流（补给）模数：主要采用全省 1∶20 万区域水文地质报告参数，分不同系统、不同地

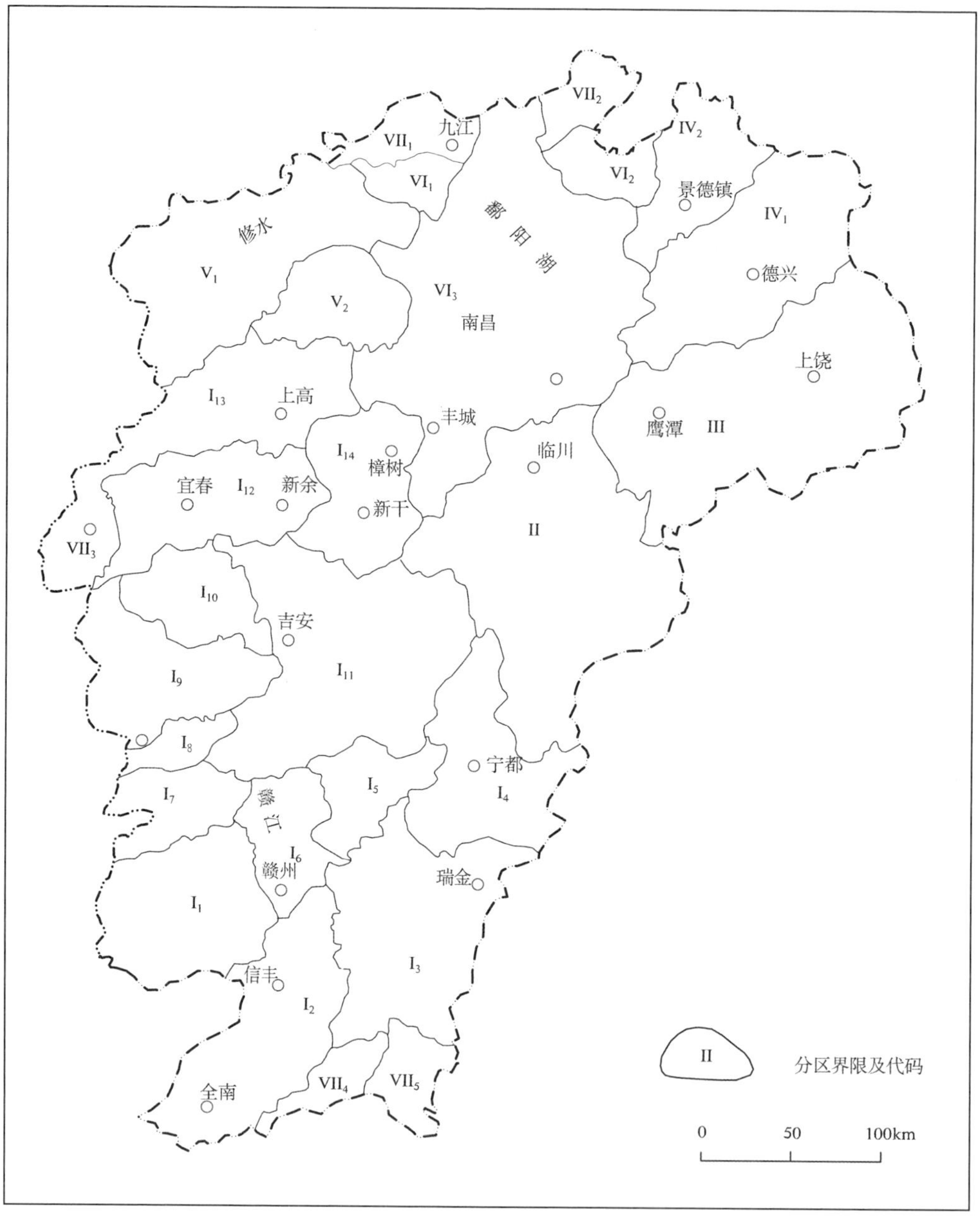

图 5-18-1　江西省地下水资源分区图

Fig. 5-18-1　The zoning map of underground water resources in Jiangxi Province

（分区编号见表 5-18-2）

表 5-18-2 地下水资源分区基本特征一览表

Table 5-18-2 The summary table of basic feature of underground water resources

一级分区		二级分区		面积 /km²	基本特征	
编号	名称	编号	名称		主要赋水类型	富水性
Ⅰ	赣江	$Ⅰ_1$	章江	6795.4	裂隙水	弱
		$Ⅰ_2$	桃江	7663.9	裂隙水	弱
		$Ⅰ_3$	贡水	9228.1	裂隙水	弱
		$Ⅰ_4$	梅江	6213.0	裂隙水	弱
		$Ⅰ_5$	平江	2781.4	裂隙水	弱
		$Ⅰ_6$	上游干流	2972.8	裂隙水	弱
		$Ⅰ_7$	遂川江	2592.7	裂隙水	弱
		$Ⅰ_8$	蜀 江	1096.6	裂隙水	弱
		$Ⅰ_9$	禾 水	5576.9	岩溶水	中－强
					裂隙水	弱
		$Ⅰ_{10}$	泸水	3369.6	岩溶水	强－中
					裂隙水	弱
		$Ⅰ_{11}$	中游干流	12901.1	孔隙水	强
					孔隙裂隙水	弱
					岩溶水	强－中
					裂隙水	弱
		$Ⅰ_{12}$	袁水	5831.7	孔隙水	强－中
					岩溶水	强－中
					孔隙裂隙水	弱
					裂隙水	弱
		$Ⅰ_{13}$	锦江	6145.1	孔隙水	强－中
					岩溶水	强－中
					孔隙裂隙水	弱
					裂隙水	弱
		$Ⅰ_{14}$	下游干游	4921.2	孔隙水	强
					裂隙水	弱
Ⅱ	抚河	Ⅱ	抚河	15705.1	孔隙水	中等
					孔隙裂隙水	弱
					裂隙水	弱
Ⅲ	信江	Ⅲ	信江	14289.7	岩溶水	强－弱
					孔隙裂隙水	弱
					裂隙水	弱
Ⅳ	饶河	$Ⅳ_1$	乐安江	8422.1	岩溶水	强－中
					裂隙水	弱
		$Ⅳ_2$	昌江	3943.8	裂隙水	弱

续表

一级分区		二级分区		面积/km²	基本特征	
编号	名称	编号	名称		主要赋水类型	富水性
Ⅴ	修河	V_1	修河	10257.9	孔隙水	强－弱
					岩溶水	中－弱
					裂隙水	弱
		V_2	潦河	3500.0	孔隙水	中－弱
					孔隙裂隙水	弱
					裂隙水	弱
Ⅵ	鄱阳湖	VI_1	博阳河	1337.3	岩溶水	强－中
					裂隙水	弱
		VI_2	西河	1785.3	裂隙水	弱
		VI_3	湖区	20398.2	孔隙水	强
					裂隙水	弱
Ⅶ	湖外水系	VII_1	长江中游干流	2018.2	岩溶水	强－中
					孔隙水	强
					裂隙水	弱
		VII_2	长江下游干流	1420.7	孔隙水	强
					岩溶水	强－中
					裂隙水	弱
		VII_3	渌水	2097.4	岩溶水	强
					裂隙水	弱
Ⅶ	湖外水系	VII_4	定南水	1642.5	孔隙裂隙水	弱
					裂隙水	弱
		VII_5	寻乌水	2067.4	孔隙裂隙水	弱
					裂隙水	弱

下水类型和不同富水等级分别进行统计。

2）多年平均径流（补给）模数：先采用水文分析法计算出全省多年平均天然补给资源总量，再按各区的枯期天然补给资源量在全省总量中所占比例计算其多年平均天然资源量，然后反算求得多年平均径流（补给）模数。

2. 补给模数

主要采用全省1∶20万区域水文地质报告、1∶20万流域综合水文地质评价报告、鄱阳湖地区地下水资源调查报告的参数，分不同系统、不同富水等级分别进行统计，求得多年平均补给模数。

3. 水文资料

利用1950~1999年湖口、赣州外洲、抚河李家渡、信江梅港、昌江渡峰坑、乐安江虎山、潦河万家埠、修河虬津等水文站枯季（11月至次年2月）日平均流量的最小值。

全省地下水天然补给资源量结果见表5–18–3。

表 5-18-3　全省地下水天然补给资源量统计一览表

Table 5-18-3　The statistical summary table of natural supply quantity of resources of underground water in Jiangxi Province

单位：$10^8m^3/a$

一级分区	二级分区	孔隙水	岩溶水	孔隙裂隙水	裂隙水	合计
Ⅰ	$Ⅰ_1$	0.57	0.08	0.12	7.8	8.57
	$Ⅰ_2$	0.09	0.22	0.26	15.04	15.61
	$Ⅰ_3$	0.26	0.95	0.50	16.67	18.38
	$Ⅰ_4$		0.15	0.20	5.58	5.93
	$Ⅰ_5$		0.02	0.13	2.10	2.25
	$Ⅰ_6$	0.18	0.01	0.24	3.07	3.50
	$Ⅰ_7$	0.25		0.12	4.13	4.50
	$Ⅰ_8$	0.03	0.03	0.05	1.63	1.73
	$Ⅰ_9$	0.08	3.04	0.40	6.17	9.69
	$Ⅰ_{10}$	0.04	2.50	0.24	3.29	6.07
	$Ⅰ_{11}$	3.48	2.08	2.98	10.54	19.08
	$Ⅰ_{12}$	0.95	6.96	0.47	3.32	11.70
	$Ⅰ_{13}$	1.14	2.38	0.98	4.07	8.57
	$Ⅰ_{14}$	2.50	1.22	0.31	2.18	6.21
	小 计	9.56	19.65	70.0	85.59	121.79
Ⅱ		2.13	0.06	1.54	9.29	13.03
Ⅲ		1.52	1.75	1.06	11.79	16.12
Ⅳ	$Ⅳ_1$	0.48	1.00	0.18	5.83	7.49
	$Ⅳ_2$	0.31	0.12	0.02	2.95	3.39
	小计	0.79	1.12	0.20	8.78	10.88
Ⅴ	$Ⅴ_1$	0.07	1.71	0.51	8.33	10.63
	$Ⅴ_2$	0.70		0.20	3.59	4.49
	小计	0.77	1.71	0.71	11.92	15.12
Ⅵ	$Ⅵ_1$	0.08	0.77	0.003	0.58	1.43
	$Ⅵ_2$	0.53	0.06	0.12	0.95	1.66
	$Ⅵ_3$	23.72	0.82	0.71	4.22	29.47
	小 计	24.33	1.66	0.83	5.74	32.56
Ⅶ	$Ⅶ_1$	1.02	2.03	0.17	0.66	3.89
	$Ⅶ_2$	0.63	0.58		0.46	1.67
	$Ⅶ_3$		3.14	0.29	1.07	4.50
	$Ⅶ_4$			0.004	4.92	4.924
	$Ⅶ_5$			0.04	5.97	6.01
	小 计	1.64	5.76	0.51	13.08	20.99
全 省 合 计		32.02	31.71	11.86	154.89	230.48

三、地下水可开采资源量

分别采用开采模数法、泉流量汇总法计算地下水可开采资源量。

开采模数法主要用于孔隙水、孔隙裂隙水、水量中等－丰富的岩溶水区；泉流量汇总法主要用弱富水的岩溶水、裂隙水和孔隙裂隙水区。对无泉点资料的地区，按泉流量加权平均值（$0.59\times10^4 m^3/km^2\cdot a$）计算。

全省各类地下水可开采资源量结果见表5-18-4。

表5-18-4 全省地下水可开采资源量统计一览表

Table 5-18-4 The statistical summary table of minable underground water quantity in Jiangxi Province

单位：$10^8m^3/a$

一级分区	二级分区	孔隙水	岩溶水	孔隙裂隙水	裂隙水	合计
Ⅰ	$Ⅰ_1$	0.28	0.05	0.03	0.36	0.72
	$Ⅰ_2$	0.05	0.14	0.05	0.39	0.64
	$Ⅰ_3$	0.16	0.61	0.10	0.44	1.31
	$Ⅰ_4$		0.11	0.07	0.30	0.47
	$Ⅰ_5$		0.02	0.04	0.12	0.18
	$Ⅰ_6$	0.09	0.01	0.04	0.12	0.26
	$Ⅰ_7$	0.14		0.01	0.14	0.29
	$Ⅰ_8$	0.01	0.02	0.004	0.06	0.10
	$Ⅰ_9$	0.03	1.76	0.05	0.46	2.31
	$Ⅰ_{10}$	0.02	1.51	0.03	0.22	1.78
	$Ⅰ_{11}$	1.62	1.22	0.20	0.49	3.52
	$Ⅰ_{12}$	0.66	6.24	0.17	0.23	7.30
	$Ⅰ_{13}$	0.60	2.04	0.41	0.22	3.27
	$Ⅰ_{14}$	3.44	1.08	0.06	0.15	4.73
	小计	7.11	14.80	1.28	3.69	26.88
Ⅱ		1.29	0.02	0.19	0.67	2.18
Ⅲ		1.33	1.04	1.41	0.55	4.33
Ⅳ	$Ⅳ_1$	0.69	1.13	0.02	0.44	2.28
	$Ⅳ_2$	0.42	0.08	0.002	0.22	0.72
	小计	1.11	1.21	0.02	0.65	3.00
Ⅴ	$Ⅴ_1$	0.04	1.10	0.06	0.48	1.68
	$Ⅴ_2$	0.36		0.02	0.17	0.55
	小计	0.40	1.10	0.08	0.65	2.23
Ⅵ	$Ⅵ_1$	0.05	0.53	0.0002	0.06	0.64
	$Ⅵ_2$	0.34	0.06	0.02	0.07	0.49
	$Ⅵ_3$	26.74	0.71	0.09	0.40	27.95
	小计	27.13	1.30	0.10	0.53	29.07

续表

一级分区	二级分区	孔隙水	岩溶水	孔隙裂隙水	裂隙水	合计
Ⅶ	$Ⅶ_1$	0.34	1.33	0.01	0.04	1.72
	$Ⅶ_2$	0.28	0.37		0.03	0.68
	$Ⅶ_3$		2.85	0.14	0.06	3.05
	$Ⅶ_4$			0.001	0.10	0.10
	$Ⅶ_5$			0.01	0.11	0.12
	小计	0.62	4.54	0.16	0.35	5.67
全省合计		39.01	24.01	3.26	7.09	73.40

统计结果表明，全省地下水可开采资源以松散岩类孔隙水和碳酸盐岩类岩溶水为主，分别占全省总量的53.2%和32.7%，且集中分布于鄱阳湖平原、赣江中下游和瑞昌—彭泽、萍乡—乐平、莲永坳陷等地区。为全省可集中开采的主要地下水类型；孔隙裂隙水和基岩裂隙水，分别占4.4%和9.7%，主要为分散开采的方式开发利用。空间上，孔隙水主要集中分布于鄱阳湖平原区，占68.6%，而赣江中下游集中了全省的大部分岩溶水可开采资源，占57.7%。

四、各地市地下水资源分布概况

全省各地市地下水资源分布见表5–18–5。

表5–18–5　江西省各地市地下水资源一览表

Table 5–18–5　The summary table of underground water resources of prefectures and cities in Jiangxi Province

城市名称	面积 /km²	天然资源 /($10^4m^3·a^{-1}$)	可开采资源 /($10^4m^3·a^{-1}$)
南 昌	7399.4	125147.0	138537.6
景德镇	5268.9	47751.6	15359.9
萍 乡	3826.1	85781.7	45725.6
九 江	18709.0	229203.9	87051.0
新 余	3191.5	58055.3	36704.5
鹰 潭	3515.5	36846.6	13247.4
赣 州	39396.7	652159.0	38013.2
宜 春	18677.4	262746.8	140687.0
上 饶	22798.0	254889.8	118681.9
吉 安	25322.6	383439.0	74898.2
抚 州	18870.0	168796.4	24768.8
合 计	166975.1	2304817.1	733674.2

第三节　地下水质量

一、地下水水质评价

1. 评价方法

评价以《地下水质量标准》(GB/T14848—93）为标准，分别用单项参数评价和多项参数综合评判方法进行。

1）单项参数评价:按《地下水质量标准》(GB/T14848—93）的分类指标划分5类，不同类别标准值相同时，从优不从劣。

2）多项参数综合评判:综合对比单项参数评价各项指标的评价结果，采用从高不从低的原则判定地下水的类别，即当有某一参数含量较高时，就按它所属的类确定该地下水的类别，最后归类取决于各单项参数评价的最高者。

2. 评价参数

选择pH、氨氮、硝酸盐、亚硝酸盐、挥发性酚类、氰化物、砷、汞、铬（六价)、总硬度、铅、铜、锌、氟、镉、硒、溶解性总固体、高锰酸盐指数、硫酸盐、氯化物、大肠菌群21项作为主要评价参数。

3. 评价结果

根据地下水监测和县市区域水文地质调查等水质分析资料对地下水水质进行评价。评价结果：孔隙水的水质主要为1~3级，局部4级，影响因子主要为pH、氨氮、硝酸盐、亚硝酸盐、汞等；此外，五河尾间及鄱阳湖滨湖平原地段铁、锰离子含量较高，对水质有影响，需经适当处理后才能利用；岩溶水的水质一般为1~3级，局部4级，影响因子主要为pH、氨氮、硝酸盐、亚硝酸盐等；裂隙水和孔隙裂隙水的水质一般较好，为1~3级。

二、不良地下水环境背景

江西省地下水化学组分含量绝大多数均低于国家饮用水标准，仅局部存在铁锰和氟超标的不良地下水环境背景。铁锰离子超标主要成片分布，氟离子超标则呈点状分布。

1. 铁、锰离子超标

江西省多数地下水铁离子含量小于0.3mg/L，锰离子含量小于0.1mg/L，符合国家饮用水标准。高铁、锰地下水主要集中分布五河尾间及鄱阳湖滨湖平原的第四系孔隙水中，面积2548km^2，地下水总铁含量0.6~105mg/L，锰含量0.15~5mg/L。此外长江沿岸、河谷平原与岗间谷地孔隙水中也有零星分布。

2. 高氟地下水

江西省绝大部分地区地下水氟含量小于0.5mg/L，符合国家饮用水标准。高氟地下水分布主要是赣南的东部、赣北的西部（赣东也有少量分布）的基岩裂隙水中。氟含量一般大于1mg/L，莹石矿区断裂破碎带中地下水含氟量可达60mg/L。20世纪80年代水文地质普查发现全省有25个地氟病点（村)，随着90年代的改水，地氟病区的患病率有了较大的降低，甚至消除了地氟病。

三、地下水污染状况

1. 评价方法

评价背景值参照《地下水质量标准》(GB/T14848—93）二类标准，分单项参数评价和多项参数综合评价相结合的原则进行，划分为四级。

1 级：主要反映地下水化学组分的天然背景含量或无明显可辨识的污染源存在，且水质的变化未超过《生活饮用水卫生标准》(GB 5749—85）时，归为未污染水（标准一、二类水)。

2 级：仅有单参数超背景值，且有可辨识的污染源存在，但污染水未超标或单项超标且污染超标强度（一年内所取样品中污染样与非污染样之比）在 10%以内时，定为轻度污染。

3 级：多于一项参数超背景值或超标且污染强度在 10%以内时，定为中度污染。

4 级：多于一项参数超背景值或超标且污染强度大于 10%时，定为重度污染。

2. 评价参数

选择 pH、氨氮、硝酸盐、亚硝酸盐、挥发性酚类、氰化物、砷、汞、铬（六价)、总硬度、铅、铜、锌、氟、镉、硒、溶解性总固体、高锰酸盐指数、硫酸盐、氯化物、大肠菌群 21 项作为主要评价参数。

3. 评价结果

根据地下水监测和县市区域水文地质调查等水质分析资料对地下水污染状况进行评价。评价结果：孔隙水除少数地区遭受轻度污染，南昌、吉安、新余、樟树等县市局部地段遭受轻度 - 中度污染外，大部分未污染，污染项目主要为氨氮、亚硝酸盐、砷、汞、氯、酚等；岩溶水主要在景德镇、萍乡、瑞金等县市局部地段存在轻度 - 中度污染，污染物主要为亚硝酸、氨氮、六价铬、汞、铅等；裂隙水和孔隙裂隙水未受污染。

四、地下水质量综合评价

根据地下水水质分级和地下水污染程度分级对地下水质量进行综合评价，共分 4 级，分级标准见表 5-18-6。

表 5-18-6　地下水质量综合评价分级表

Table 5-18-6　Table of comprehensive evaluation of underground water quality

<table>
<tr><th>地下水质量综合评价分级</th><th>地下水水质分级</th><th>地下水污染程度分级</th></tr>
<tr><td rowspan="3">Ⅰ级　可供饮用的地下水</td><td>1 级</td><td rowspan="3">1 级(未污染)</td></tr>
<tr><td>2 级</td></tr>
<tr><td>3 级</td></tr>
<tr><td>Ⅱ级　适当处理后可供饮用的地下水</td><td rowspan="2">4 级</td><td>2 级(轻度污染)</td></tr>
<tr><td>Ⅲ级　可供工农利用的地下水</td><td>3 级(中度污染)</td></tr>
<tr><td>Ⅳ级　不可直接利用的地下水</td><td>5 级</td><td>4 级(重度污染)</td></tr>
</table>

注：二项评价指标有交叉时，由环境背景值引起的水质问题，向水质相对好的一级靠；若由污染引起，则归属于水质相对较差的一级。

评价结果显示，全省地下水质量除少数地区稍差为Ⅱ级，适当处理后可供饮用外，绝大多数属Ⅰ级，可直接供饮用。质量为Ⅱ级块段地下水质量简述如下。

1）南昌Ⅱ级块段：主要位于南昌县莲塘周边的孔隙水，水质为1~4级，地下水中检出亚硝酸根、氨氮等超标。

2）景德镇Ⅱ级块段：位于景德镇市区昌江两岸的孔隙水，水质为1~3级，地下水中检出亚硝酸根、氨氮等超标。

3）乐平Ⅱ级块段：位于乐平市南的孔隙水区，水质为1~4级，地下水中检出亚硝酸根、铅等超标。

4）新余Ⅱ级块段：位于新余市区袁河两岸的孔隙水区，水质为1~4级，地下水中检出酚、汞等超标。

5）萍乡Ⅱ级块段：位于萍乡市西南孔隙水和岩溶水区，水质为1~4级，地下水中检出氨氮、亚硝酸根、镉等超标。

6）吉安Ⅱ级块段：主要位于吉安市区赣江两岸孔隙水区，水质为1~4级，地下水中检出氨氮、亚硝酸根等超标，近年超标程度有所减轻。

7）瑞金Ⅱ级块段：位于瑞金市沙洲坝岩溶水区，水质为1~4级，地下水中检出有汞、镉等超标。

第四节　地下水资源开发利用

一、地下水资源开采利用状况

江西省地下水的开采主要为两种形式。一是利用机井开采，主要开采孔隙水、岩溶水、孔隙裂隙水，总量为$6.985\times10^8m^3/a$；二是利用民井、压水井、引扩泉等方式分散开采，估算开采总量$5.526\times10^8m^3/a$。主要开采裂隙水、水量贫乏的孔隙水及部分岩溶水。

全省城镇供水主要依靠地表水，地下水供水量约占供水总量的5%~6%，但在市区工业、生活用水供水中部分城市占有相当比例。如：萍乡市为33.32%、吉安23.35%、景德镇23.27%、宜春市18.0%、南昌市15.84%、临川市7.6%、上饶6.31%、鹰潭市5.16%。城市地下水开采方式多以厂矿企业自备水井为主。而在瑞昌市、九江县等城区，地下水在城区供水起主导作用。

广大农村生活用水主要靠地下水作供水水源。估算全省约1370万农村人口饮用地下水，用水方式主要是民井、压水井、引扩泉等。在平原区，村村有民井，甚至户户有压水井，开采孔隙水作为生活用水；在丘岗、山区，则在地势低洼处挖井集水，或引泉扩泉，以汲取生活用水。

在孔隙水、岩溶水丰富地区，地下水也是农业灌溉用水的重要补充水源，采用大井、引泉、机井等方式利用。

二、地下水资源开发利用

（一）地下水可开采资源潜力分析

江西省地下水可开采资源量达$73.4\times10^8m^3/a$，而地下水年开采量仅$12.51\times10^8m^3/a$，地下水开发利用程度仅 17.1%，说明江西省地下水资源潜力较大。但由于含水岩组及富水性的空间分布差异很大，各地市地下水的开发利用潜力也不均衡，以南昌、九江、宜春地市潜力最大，而景德镇、赣州地市的潜力相对较小。

江西省的地表水资源丰富，全省工业、农业、生活用水是以地表水作为主要供水水源，其主导地位不会改变，地下水只是不可或缺的补充供水水源，在战略储备水源、临时救急水源、常备水源等方面继续发挥重要作用。

（二）地下水开发利用存在的问题

1. 碳酸盐岩岩溶水

岩溶地区地下水资源往往比较丰富，但因其岩溶发育，开采岩溶水比较容易引发地面塌陷，从而在一定程度上制约了岩溶水资源开发程度的提高。这些地区应在查明岩溶发育规律及地面塌陷形成机制的基础上，通过合理布井，控制水位降深和开采量，并采取防治地面塌陷的正确措施等途径，来提高岩溶水的开发利用程度。

2. 鄱阳湖平原高铁、锰地下水

鄱阳湖平原赋存有丰富的松散岩类孔隙水，但因其铁、锰离子含量较高而影响了开发利用。这些地区应在查明地下水中铁、锰的富集与垂直分带规律的基础上，选用先进的取、供水方法，集中开采稳定带之下铁、锰含量低的地下水，并建立去除铁、锰离子的相应设施，可提高地下水的开发利用程度。

3. 碎屑岩孔隙裂隙水

红层碎屑岩孔隙裂隙水地区在江西省往往是地表水、地下水资源比较缺乏的地区。因此，加强红层碎屑岩孔隙裂隙水资源开发利用的研究具有非常重要的战略意义。

江西省红层碎屑岩孔隙裂隙水地区水资源总体贫乏，但局部存在富水地段（带），贫中有富。其富水规律较强。一是部分盆地碎屑岩中富含可溶灰质砾岩，其灰质砾岩中溶孔、溶隙发育，富含裂隙溶隙水；二是部分盆地边缘地带为古生界碳酸盐岩，其岩溶发育，富含岩溶水；三是红层碎屑岩中发育有断裂构造或裂隙密集带，成为脉状含水体。在这些相对富水地段，开采地下水可以解决或部分解决红层碎屑岩区的人畜饮水困难和灌溉用水问题，具有较好的开发利用前景。另外，这些相对富水地段的开采技术条件也比较简单，井深一般 100~200m。

4. 基岩裂隙水

分布广泛的变质岩类、花岗岩类、碎屑岩类基岩裂隙水，总体富水性贫乏，但在断裂构造带、侵入岩接触带和地形地貌有利部位，也常相对富水，具有一定的开发前景。

第六篇 Part Ⅵ The Geothermal and Mineral Water Resources

地热与矿水资源

地热资源是指能够经济地被人类所利用的地球内部的热能及其有用组分。目前可利用的地热资源主要包括：天然蒸气、温泉、地热水、干热岩、浅层地温能等，简称地热。温泉是指温度显著地高出当地年平均气温的泉水，是地（下）热水涌出地表的天然露头。地热水孔（井）是指地面无温泉显示利用钻探或其他人工手段揭露出地下热水的人工露头。

江西省处于中国东南沿海地热带，地热资源比较丰富，经近期勘察，新发现了一批地热水点。特别是南昌西郊南昌盆地西部隐伏型地热田的发现，实现了城市找热的突破。同时在浅层地温能开发利用方面也取得了重要的进展，干热岩调查评价工作也已启动。江西缺少油气，煤炭资源不足，显然加强地热资源的勘察开发利用，是改善能源结构和打造低碳经济的有效途径之一。

江西省温泉利用历史悠久，早在东晋时期就见于记载。清康熙年间编纂的《古今图书集成》载："……今有温泉而无寒火，然今温泉往往有方，如骊山、尉氏、骆谷、汝水、黄山、佛迹岩、匡庐、闽中等处，皆表表在人耳目"。匡庐温泉被列入其中，匡庐即庐山（星子）温泉。唐朝诗人白居易有《题庐山山下汤泉诗》一首，诗云："一眼汤泉流向东，浸泥浇草暖无功，骊山温水因何事，流入金铺玉甃中"。北宋大诗人苏轼、宋朝大理学家朱熹、元末明初文学家王炜、明正德时学者汪颖、清初著名学者黄宗羲等也在星子（庐山）温泉留下许多诗句和文字记述。刘侗、于奕正的《帝京景物略》将临川、崇仁温泉收入其中。修水白岭、宜春温汤、遂川汤湖、会昌筠门岭、信丰安西、德兴万村、安远虎岗、龙南抖豆、汤湖、寻乌横迳等温泉在明清时代各地方志中也都有记述。

1955~1958 年，星子（庐山）温泉和抚州温泉首先建起了温泉疗养院，此后，1975 年在宜春温汤也建起了地区温泉疗养院和地矿局山水温泉疗养院，经临床实践证明，对慢性运动系统疾病、皮肤病、神经系统疾病、消化系统疾病和心血管系统疾病等疾病有良好医疗效果。21 世纪初在永修易家河建起了国际西海温泉度假村，在安福高峰建有中国首家慢生活基地和武功山嵘源温泉酒店等。

地热水在省内农副业生产中利用较为广泛，利用地热水作为热源建立地热温室，用于水稻改良、繁育、栽培、养殖水产、水浮莲越冬、孵化家禽及有关农业科学试验等。

1971 年江西省地矿局水文地质工程地质大队与天津大学等单位合作，在宜春温汤利用 67℃的地热水建成了全省第一座 50kW 双循环系统试验性小型地热电站。实践证明，技术上可行，但经济上不划算，尚不具商业价值。

江西省现代地热资源调查最早的记载是 1933 年 10 月江西地质矿业调查所周作恭、周道隆、谢光运对临川温泉的调查。1934 年 3 月江西地质矿业调查所著有《青莲山温泉调查报告》（林强注：即抚州温泉）。1937 年江西地质矿业调查所夏湘蓉也对抚州温泉做过调查。同年，陈国达对崇仁汤溪温泉做过调查。1942 年 12 月，盛莘夫对铜鼓县和武宁县上汤温泉进行调查。1948 年章人骏对安远县虎岗温泉做过调查，并对温泉水温、水量做了描述，对温泉成因提出了一些认识。1949 年 1 月何国维《江西温泉辑要》辑有温泉 48 处。1956 年 5 月章鸿钊《中国温泉辑要》辑有江西温泉 36 处。1949 年后，省内温泉调查不断得到加强。1960 年抚州专区地质大队对其辖区内 7 个温泉进行了调查，写有《抚州专区构造带矿泉初步探讨》。1961~1964 年江西省地矿局水文地质工程地质大队对抚州市温泉、武宁县上汤、罗溪县温泉、修水县汤桥、白岭、靖安县邱家街、奉新县九仙汤、铜鼓县温塘、古桥、汤里、宜丰县尾水、宜春市温汤、洪江、崇仁县汤溪、宜黄县兰水（沄田里）、资溪县法水、黎川县洲湖、南丰县尾水、大余县热水和德兴县万村等 19 处热矿泉进行了调查。20 世纪 70 年代初，世界性能源危机的发生，促进了我国地热资源的勘探和开发，在地质部长李四光的倡导下，全国各地掀起了“地热”热。1970~1972 年间，江西省地矿局水文地质工程地质大队对全省未进行温（矿）泉调查的区域进行了全面调查，共调查有 40 余处温泉。江西省地矿局赣西北大队对九江专区内 6 个温泉进行了调查。江西省地矿局九〇九、江西省地矿局九〇八大队对龙南县汤湖、抖豆、夹湖温泉，全南县南迳温泉进行了调查。1970~1973 年，江西省地矿局水文地质工程地质大队首次对宜春县温汤温泉及遂川汤湖温泉进行了水文地质勘察，江西省地矿局九〇八大队对安远县虎岗温泉进行普查勘探。1976 年江西省地矿局水文地质工程地质大队完成首份 1：175 万《江西省地下热水分布图》。1976~1977 年，江西省地矿局九一六大队对星子温泉进行了地热普查。1976~1980 年，全省开展 1：20 万综合水文地质普查时，对全省温泉再次进行了补充调查和部分勘察，新发现了一些温泉和热水孔（井）。1982 年国家科委和地质部在营口市召开了我国第一次地热工作会议，会上提出“积极稳妥、因地制宜、合理开发、综合利用”发展我国地热产业的方针后，全国地热产业步入了新的时代。1981~1983 年，江西省地矿局水文地质工程地质大队编制了《江西省地热远景区划报告》。1982~1984 年，江西省地矿局环境总站、江西省地矿局水文地质工程地质大队先后对南昌地区中新生代盆地隐伏地热进行了探索性勘查。此后，江西省地矿局水文地质工程地质大队对星子温泉、抚州温泉、万载鲁塘、会昌筠门岭、靖安中源温泉进行了勘查。江西省地矿局环境总站对九江市威家温泉；江西省地矿局赣西北大队对瑞昌市上坝温泉进行了勘查。江西省地矿局九〇八大队对龙南县汤湖温泉进行了勘查，1999 年 4 月江西省地矿局水文地质工程地质大队、江西省地矿局九〇二大队和江西省地矿局地质调查研究院合作，编制了《南昌地区地热补充调查及地热勘查靶区论证报告》，确定了中新生代鄱阳湖红盆南昌地区存在有三个地热远景区，并将南昌市新建县东岗桥作为首选靶区。21 世纪初，地热勘查得到了进一步加强，江西省地矿局水文地质工程地质大队对萍乡市芦溪万龙山、宜春市夏家坊、梅花桥等隐伏地热区进行了勘查。其中在南昌市新建东岗桥首次打出了中新生代盆地隐伏型地热水，实现了地热进城的突破，取得了红层盆地下构造堆叠岩片找热的宝贵经验，呈现了红盆地找热的良好前景。此外还对奉新九仙汤、修水汤桥、安福高峰、资溪法水、崇仁汤溪、石城九䃰进行了勘察。江西省地矿局环境总站对遂川热水洲温泉，井冈山市曲沄－黄坳隐伏地热区进行了勘查。江西省地矿局九一六大队对永修易家河（西海）等热田进行了勘查。

2010 年以来，在江西省地勘资金的支持下，江西省地矿局水文地质工程地质大队对奉新九仙汤、丰城市隍城（圳头）、安义新民（隐伏）、永丰君埠、吉安青原区、宜黄沄田里、于都盐湖脑、崇义热水壶（獭坑）、新余市横板桥（隐伏）、遂川樟木坑、广昌潘田（隐伏）修水白岭、安远新塘温泉和赣州市峰山—南康市南山，江西地矿局赣南地质调查大队对寻乌磷石背，江西省国土资源测绘工程总院对武宁罗溪汤里，江西省地矿局九一五地质大队对铜鼓古桥汤里（玉龙）等，进行了勘查，并取得了较好的地热成果。其中，江西省地矿局九一五地质大队在宁都县肖田温泉（龙归山）勘查中，打出水温高出原温泉水温 12.8℃（达到 54.8℃）出水量达 2031m³/d 的地热水；江西省地质工程（集团）公司在对石城赣江源地热带勘查中在高田上温寮新发现一处水温 46.2℃，出水量约 200m³/d 的温泉，并在该断裂带南区无温泉显示的隐伏区打出了水温 52℃、出水量 1284.11m³/d 的地热水；江西省地矿局水文地质工程地质大队对修水白岭温泉、宁都县蓝田温泉勘查中均打出了水温达 83℃的地热水，成为省内孔口最高温度者。

第十九章　地热资源分布的基本特征

第一节　江西省成热地质背景

一、成热地质构造环境

江西于中晚侏罗世至早白垩世（约 175~95Ma）发生了强烈的陆内造山运动。于晚白垩世进入燕山造山后强烈伸展造盆时期，至晚白垩世中晚期（79±7Ma），古太平洋板块沿台湾玉里带向陆缘俯冲，闽东向陆内掀斜，古近纪时怀玉—武夷一带随之掀斜隆起，至古近纪末中国东南陆区盆地基本萎缩消亡。至此江西形成了隆起、坳陷与断陷红盆三种基本构造单元组成的构造格局，和以北北东向、北东向新华夏系断裂系统为主导的断裂网络。

新近纪以来菲律宾海板块向台东海岸山脉仰冲，其北西方向的赣闽台走廊地带处于弱挤压隆升状态，主应力方向为北西西向。因此江西最重要的成热构造为北东、北北东向断裂系统，由燕山造山期的压扭性到造山后强烈伸展，古近纪来大部分停止活动，为新地层沉积掩盖，新近纪以来部分断裂或部分段落发生差异断陷活动，成为导热构造。

二、成热区带

江西处于中国东南沿海地热带，根据《中华人民共和国水文地质图集（1979）》中国地下热水分布图分析，成热与菲律宾海板块向台东仰冲有关，在台东纵谷结合带前缘，依次形成了台闽粤高温水、汽带和闽赣粤高、中温热水带，且大致以宁德—鄱阳一线为界，热水分布南西强东北弱（图 6–19–1）。因此，江西与湘、鄂、浙、闽北等地区相比，成热地质条件较好。且尤以赣南地区成热条件最好，赣东北地区成热较弱。

江西地热分布与晚白垩世以来形成的北北东向“两隆一陷”的断隆带、断陷带构造格局相关。自西而东为幕阜 – 罗霄山隆起断裂型地热带、鄱阳 – 赣州断陷盆地型隐伏成热带和雩山 – 九连山及怀玉山 – 武夷断裂型地热带（图 6–19–2）。

江西地热资源分布与次级隆起、坳陷、断陷盆地相关，由于这些单元的地层岩石性质、结构构造和储盖条件的差异，断裂型温泉主要出露于隆起区和隆坳、隆盆交接的断裂地带，坳陷带内由于地下水活跃聚热差，极少有温泉出露，且均为中低温温泉。红盆中更是难见热水露头。因此江西最重要的温泉区，主要形成于隆起区，计有幕阜、九岭、萍高、武功山、诸广山、雩山、九连山、怀玉山、北武夷、南武夷等 10 个重要的隆起地热区。

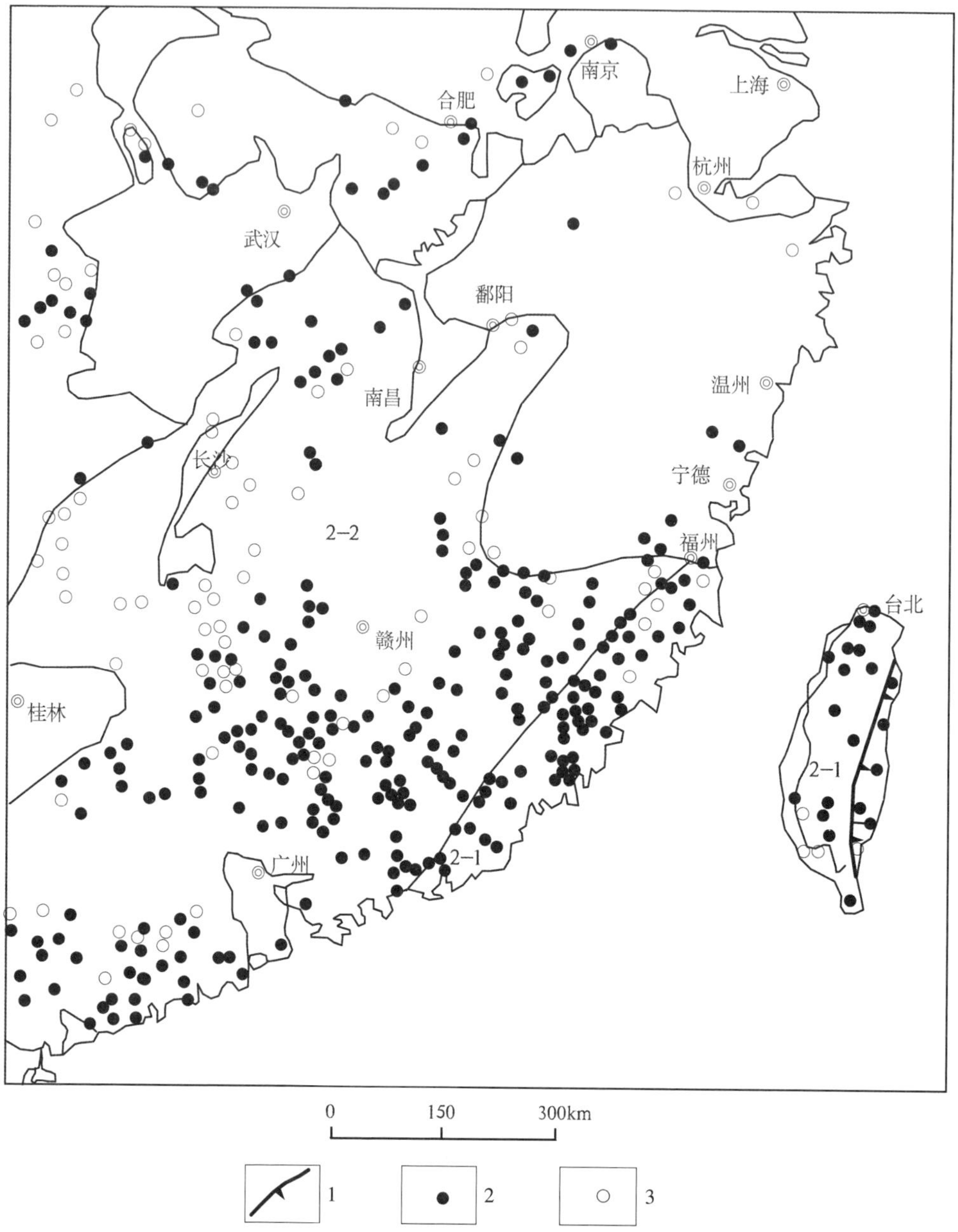

图 6–19–1　中国东南部地下热水分布图

Fig. 6–19–1　Distribution of geothermal water in Southeast China

（据国家地质总局水文地质工程地质研究所，1979，有修改）

1—台东纵谷板块缝合带；2—>40℃温泉；3—<40℃温泉；2–1—台粤闽高温热水、汽亚带；2–2—闽赣粤高、中温热水亚带

三、成热地质构造条件

断裂型温泉的成热构造为李四光（1973）所厘定的新华夏系和华夏系（式）构造，它们的北北东向、北东向断裂带为重要导热构造。江西省西部的幕阜－罗霄、中东部的雩山－九连山和东部的武夷山断裂地热带以北北东向的控热断裂带居优势，中部的赣鄱断陷盆地带以斜列式展布的北东向控热断裂带为主。

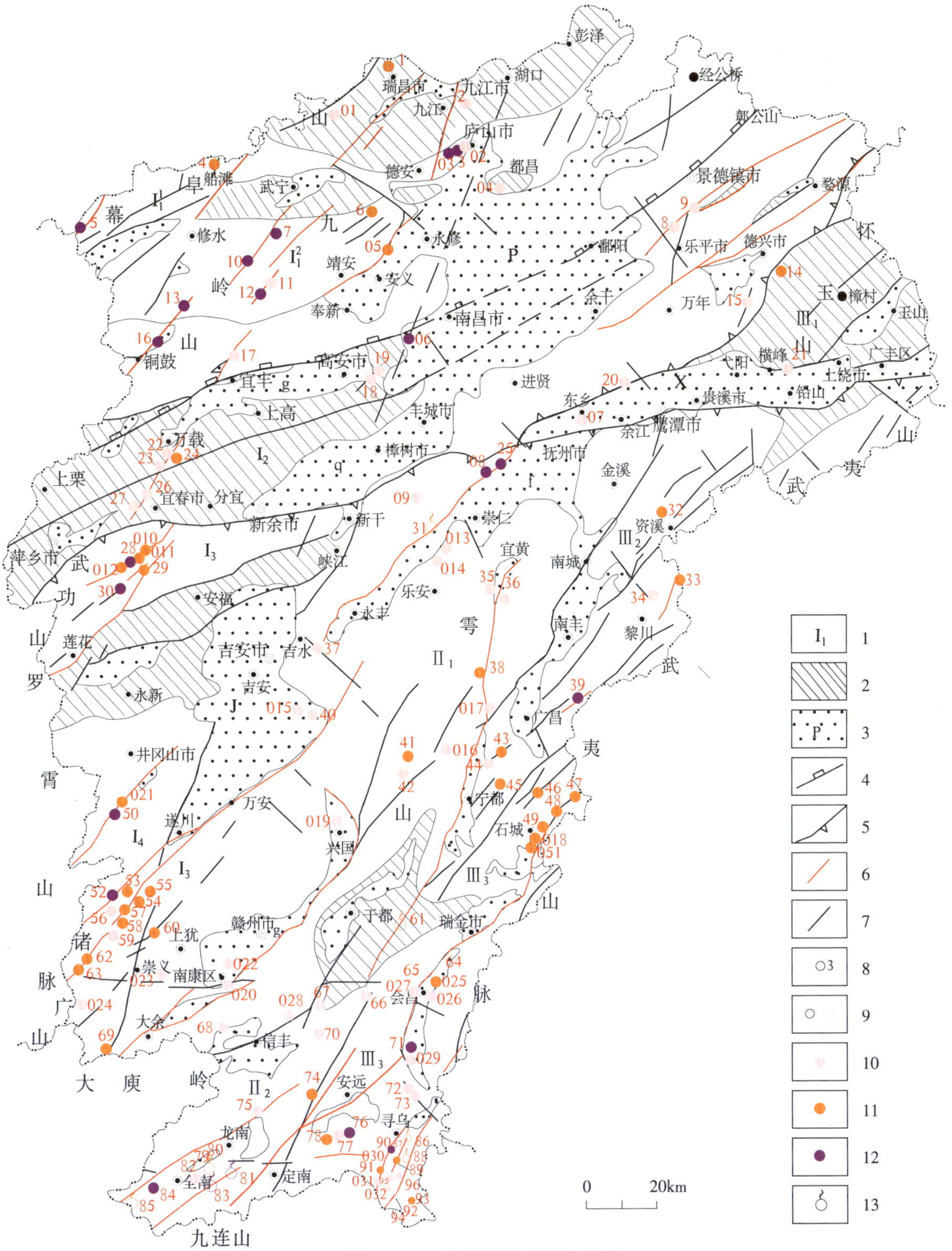

图 6-19-2 江西省地热水分布图

Fig. 6-19-2 Distribution of geothermal water in Jiangxi Province

1—隆起区（罗马字为地热区带编号）；2—坳陷区；3—中新生代断陷红色盆地（拼音字母为盆地代号）；4—宜丰－景德镇板块对接（晋宁）断裂带；5—萍乡－绍兴地壳叠接（加里东）断裂带；6—重要控热断裂构造；7—重要断裂构造；8—温泉点（数字为编号）；9—地热水（钻孔）（前缀 0 字数字为其编号）；10—中低温温水（25~40℃）；11—中低温温热水（40~60℃）；12—中低温热水（60~90℃）；13—含游离 CO_2 气泉

活动性较强、规模大、延伸长、切割深以及挽近期有明显活动的北北东、北东向断裂带（硅化带、含萤石、重晶石硅化带）往往为重要的导热构造。

导热断裂与北西向、北西西向、北北西向张扭性断裂或近东西向断裂带的结点，利于控热成泉。坚硬致密的块状岩石如花岗岩、硅化岩等在受到拉伸、剪切和挤压应力的作用下，较易破碎、构造裂隙发育，利于形成断裂型温泉。江西大部分温泉分布于花岗岩区，这是因为致密的岩石地下热水、水汽不易逸散，主要经压扭性断裂带循环加热，构成聚热导热断裂带，而构造结点处往往成了天然的热水管道，上涌成泉。这点对于温泉定位预测是相当重要的。

第二节　地温场与大地热流

一、地温场

江西地温研究始于20世纪70年代，通过对南昌地区大量的钻孔系统测温资料的整理分析研究，得到南昌地区恒温带的深度为25m，恒温带温度为19.5℃（比年平均气温高出2℃）。25℃等温面平均埋深为172m，大部分介于150~200m之间。鄱阳湖盆地中新生代红层地温梯度为3~4.7℃/100m，大部分介于3~4℃/100m之间，平均3.5±1.2℃/100m。

赣北隆起山区一般地温梯度为1.93~2.01℃/100m，平均地温梯度1.97±1.1℃/100m。萍乡—乐平坳陷带地温梯度一般1.74~2.83℃/100m，平均地温梯度2.22±0.87℃/100m。赣南褶皱山区一般地温梯度为1.39~3.36℃/100m，平均地温梯度2.47±1.4℃/100m。

我国规定地温梯度大于3.5℃/100m，视为地热异常。

二、大地热流

1973年中国地质科学院、华东地质学院胡圣标等，在江西境内共取得81个钻孔的测温资料（钻孔深度介于300~1800m），省内适于作为热流测试孔的钻孔共19个，尽管数量不足，分布也不均匀，但对认识江西省地温场的概貌，了解地热资源形成和赋存条件，判定区域地热资源的潜力，还是提供了重要的依据。

江西大地热流的区域分布格局是：赣西北地区，即下扬子地块，热流值较低，介于57.8~59.2MW/m^{2}之间，平均值为58.5MW/m^2，这种低热流特征与该区新元古代造山带比较稳定的陆壳属性是相吻合的。分布于赣中南的东南加里东期造山带与赣西北晋宁期造山带截然不同，带内热流值明显升高，变化于62.1~79.9MW/m^{2}之间，平均值为70.8MW/m^2，略高于全国平均值63~68MW/m^2。这不仅与该造山带形成较晚（早古生代）的碰撞形成时代有关，更主要反映了中新生代时期以来的构造－热流体叠加。赣中南燕山期侵入岩、火山岩活动明显强于赣西北。介于这两个造山带之间属于钦杭结合带的萍乡－乐平坳陷和万年推覆体，由于中新生代经历了坳陷与断陷沉积和褶皱推覆以及岩浆活动，从而表现出较高的地表热流值72.2~82.5MW/m^2，平均值达77.4MW/m^2，高于两侧造山带内的平均热流值。因此，江西境内大地热流的分布格局，不仅体现了江南造山带与东南造山带，在岩石圈状态上的差异，而且突出地反映了区内中新生代以来的构造－热流体演化特征。

第三节　地热资源分布

江西省域位处中国东南沿海地热带、闽赣粤中低温热水亚带，是我国温泉分布较多的省份之一，温泉数量位居全国第八位。

省内已发现的地热资源属液态水为主的地热资源，也叫地（下）热水资源。

我国《地热资源地质勘查规范》（GB/T 11615—2010）将地热资源温度分为三级：$t\geqslant150$℃，称为高温地热资源；90℃$\leqslant t<150$℃称为中温地热资源；$t<90$℃称为低温地热资源。为了使用方便，又将低温地热资源进一步划分为：60℃$\leqslant t<90$℃，低温热水资源；40℃$\leqslant t<60$℃，低温温热水资源；25℃$\leqslant t<$40℃，低温温水资源。江西地热资源温度<90℃，属低温地热资源。

截至2015年底，统计结果表明，全省现有天然温泉96处，钻探发现的地热水32处，共计地热水点127处。其中25~40℃的温泉61处、钻探温泉22处，40~60℃的温泉有44处、钻探温泉8处，60~90℃的温泉22处、钻探温泉2处，分别占全省温泉、钻探温泉点总数的39.6%、39.6%、20.8%和68.75%及25.0%、6.25%。最高温泉温度83℃，孔内最高地热水温度为87.8℃，全省温泉平均温度42.82℃，热水孔(井)平均温度36.7℃。地热水资源总量为113317.6m^3/d，全省每日放热量为1429.31×10^7kJ，折合标准煤488.98t/d。

全省温泉按行政设区市统计，赣州市67处，地热水资源量33228m^3/d，每日放热量为440.7×10^7kJ；宜春市17处，地热水资源量29049.9m^3/d，每日放热量为375.77×10^7kJ；吉安市9处，地热资源量为7213m^3/d，每日放热量为116.53×10^7kJ；上饶市3处，地热资源量为11221m^3/d，每日放热量为49.06×10^7kJ；景德镇市2处，地热资源量为1907m^3/d，每日放热量为10.8×10^7kJ；南昌市2处，地热资源量为8429.8m^3/d，每日放热量为124.60×10^7kJ；鹰潭市1处，地热资源量为998m^3/d，每日放热量为3.34×10^7kJ；萍乡市1处，地热资源量为2200m^3/d，每日放热量为37.60×10^7kJ，九江市12处，地热资源量为12877.5m^3/d，每日放热量为194.7×10^7kJ；抚州市13处，地热资源量为6193.4m^3/d，每日放热量为76.21×10^7kJ。地热资源分布最多的行政区市为赣州市，其次为宜春市，上述两区市占全省地热水点总数的67.2%，占全省资源总量的54.96%，占全省每日总放热量的57.12%。

按县市区地热水点分布最多的为寻乌县，有15处，其次为宜春市袁州区和赣州市上犹县、崇义县各6处，再次为宁都县、会昌县各5处。

详见图6-19-2江西省地热水点分布图和表6-19-1江西省地热水点统计表。

从全省地热水点分布图（图6-19-2）上可以明显地看出，江西温泉的分布呈现明显的地域性和分带性的特点，这是与全省地质构造格局、地热背景和区域水文地质条件密切相关的。根据地热资源形成的地热条件、热源性质和热量传递方式，将省内地热资源划分为隆起断裂型和沉降盆地型。前者主要分布于褶皱隆起山区的山间盆地和山前地带，常有温泉出露于地表；后者隐伏埋藏于沉降盆地区内，温泉少见。

表 6-19-1 江西省地热水点统计表

Table 6-19-1 Statistic of geothermal water spots in Jiangxi Province

市	县	温度分级/℃			小计	资源量 m³/d	每日放热量 10^7kJ	折合标准煤 t/d
		25~40	40~60	60~90				
九江市	庐山区	1			1	94.5	0.35	0.12
	瑞昌市	1	1		2	500	11.49	3.92
	武宁县		1	1	2	1621	39.66	13.50
	星子县	1		2	3	5775	41.73	28.27
	修水县			2	2	2659	72.6	24.77
	都昌县	1			1	709	2.37	0.81
	永修县		1		1	1519	26.5	9.00
合计					12	12877.5	194.7	80.39
南昌市	新建县			1	1	8029.8	123.71	42.21
	安义县		1		1	400	0.89	0.39
合计					2	8429.8	124.60	42.60
景德镇市	乐平市	2			2	1907	10.80	3.68
上饶市	德兴市	1	1		2	9773	44.05	15.03
	横峰县	1			1	1448	5.01	1.78
合计					3	11221	49.06	16.81
鹰潭市	余江县	1			1	998	3.34	1.14
宜春市	丰城市	3			3	4081	11.30	7.28
	奉新县			1	1	3000	56.90	19.40
	靖安县	1			1	979	9.02	3.01
	上高县		1		1	4489	13.61	4.60
	铜鼓县			2	2	4481	143.61	34.97
	万载县	2			2	4077.6	21.70	3.89
	宜丰县	1			1	53	0.18	0.06
	袁州区	2	3	1	6	7889.3	119.45	41.32
合计					17	29049.9	375.77	114.53
萍乡市	芦溪县		1		1	2200	37.60	12.80
抚州市	崇仁县	1	1		2	1300	16.00	5.46
	黎川县	1	1		2	129.4	1.20	0.41
	临川区			2	2	2496	45.67	15.58
	南丰县			1	1	56	1.00	0.36

续表

市	县	温度分级/℃			小计	资源量 m³/d	每日放热量 10^7kJ	折合标准煤 t/d
		25~40	40~60	60~90				
抚州市	宜黄县	2			2	277	1.84	0.62
	东乡县	1			1	1085	3.68	1.26
	乐安县	1			1	111	0.56	0.19
	资溪县		1		1	339	3.60	1.30
	广昌县		1		1	400	2.66	0.91
合计					13	6193.4	76.21	26.09
吉安市	井冈山市		1		1	877	0.17	0.06
	安福县			1	1	1600	39.72	13.55
	青原区	1			1	1089	4.65	1.59
	遂川县		1	2	3	2979	68.56	23.32
	泰和县	1			1	116	0.83	0.19
	永丰县		1		1	52	0.57	0.19
	吉水县	1			1	500	2.03	0.69
合计					9	7213	116.53	39.59
赣州市	安远县	2	1	1	4	2079.7	36.79	12.90
	崇义县	3	3		6	2435.8	23.89	8.20
	大余县		1		1	69	0.77	0.26
	会昌县	4		1	5	2392.3	24.26	8.63
	龙南县	1	1	2	4	4500	94.81	32.13
	宁都县	2	3		5	4345.8	50.87	17.79
	全南县	1	1	1	3	1214	13.51	4.62
	瑞金市	2	1		3	1109.2	11.83	4.07
	上犹县	1	5		6	768.4	11.83	4.07
	石城县		4		4	6848.9	88.95	30.34
	信丰县	3	1		4	580	3.56	1.21
	赣县	1			1	516	1.45	0.31
	南康市	2			2	133.4	0.88	0.31
	兴国县	2			2	303.5	1.78	0.62
	寻乌县	9	5	1	15	4610	62.38	21.34
	于都县	1	1		2	1322	13.14	4.55
合计					67	33228	440.7	151.35
全省总计		62	45	21	127	113317.6	1429.31	488.98

第二十章 隆起区断裂型地热资源

全省隆起断裂型地热资源的区域分布与隆起构造和上地幔凹陷区相对应，分为北北东向展布的幕阜－罗霄－诸广山、雩山－九连山和怀玉－武夷山等3条地热带；温泉主要沿北北东、北东向断裂构造带展布，其分布主要受北北东向一级隆起带和北东向、近东西向构造带的复合控制。

第一节 幕阜－罗霄－诸广山地热带(Ⅰ)

位于江西省西部，东至赣江（湖口－丰州）断裂带，西至鄂湘赣边界，北起幕阜山、九岭山、经武功山至罗霄山脉，地热活动强烈，温泉温度最高，是江西最重要的地热区带之一，整体呈现为北北东向构造隆起带，自北而南有：幕阜－九岭（I_1）、萍（乡）高（安）（I_2）、武功（I_3）和罗霄－诸广山（I_4）4个地热区断隆组成，呈斜列展布，现分别叙述如下。

一、幕阜－九岭地热区（I_1）

位于江西西北部，包括修水、武宁、奉新、宜丰等地区，大致为北东东向分布。展于幕阜－罗霄地热带北段，处于江南隆起带、九岭隆起西段，是江西最重要的地热区之一。地热资源主要分布于幕阜凸起和九岭凸起。区内形成幕阜、九岭两个亚区。

（一）幕阜区（I_1^1）

为九江坳陷与修水－武功山复向斜之间的近东西狭窄凸起，主要由新元古界双桥山群浅变质岩带和幕阜、九宫山等花岗岩体组成。区内出露温泉3处，钻探温泉2处。两处位于花岗岩中或接触带上（修水白岭和武宁上汤），另1处位在新元古代变质岩地层中（星子温泉和归宗寺、隘口钻探温泉）。出露标高37~280m。温泉出露主要受麻城－幕阜山、船滩－棋坪、武宁岩－莲花、赣江4条北北东向活动性断裂带控制。其中麻城－幕阜山断裂带北起湖北麻城，沿带出露有湖北咸宁、通城温泉至江西西北部的幕阜山修水白岭温泉，近期打出了水温高达83℃，出水量达1200m³/d的地热水，目前仍在勘探中。该区温泉温度在45~68.5℃之间，平均65.5℃，最高温度83℃，地热水井口温度36~65℃。流量9943m³/d，每日放热量153.37×10⁷kJ。水化学类型为重碳酸盐钠型水，溶解性总固体255~347mg/L，pH值8.3~8.5，F 12~15mg/L，H_2SiO_3 78~143mg/L。本区已开发利用的有星子（庐山）温泉，已成为著名的疗养、旅游、度假胜地。武宁上汤温泉也有小规模开发。

实例：星子（庐山）温泉地热田

位于星子县温泉乡温泉村，古称黄龙灵汤。处于九江坳陷南缘庐山地垒与鄱阳湖湖口—星子地堑相交接的赣江（湖口 – 丰州）断裂带北端，鄱阳湖北缘，威家 – 隘口断裂热水带，沿断裂带有星子、威家温泉和隘口、归宗寺热水孔，星子温泉发现最早。出露地层主要有新元古界星子岩群变粒岩、片岩，双桥山群浅变质岩及燕山期花岗伟晶岩脉、石英脉、辉绿岩脉等（图 6–20–1）。温泉分布于庐山南麓—东西向狭长沟谷中。在长 60m 宽 20m 范围内出露温泉 9 处。7 处在岸边，两处在小溪中。温泉温度 52~68℃，天然流量约 4L/s，目前因大量开发，水位下降。温泉出露标高 450m。

该温泉于 1963~2002 年先后经江西省地矿局水文地质工程地质大队、九一六大队和再次经江西省地矿局水文地质工程地质大队普查勘探，查明该热田主要受赣江断裂带北段西侧次级正断层（走向北东 20°，倾向南东∠70°~80°）断裂硅化破碎带与东西向断层（走向 86°，倾向北∠60°~85°）断裂硅化破碎带复合控制。前者为控热构造，后者为导水构造。热储层为星子岩群变粒岩、片岩。热田面积

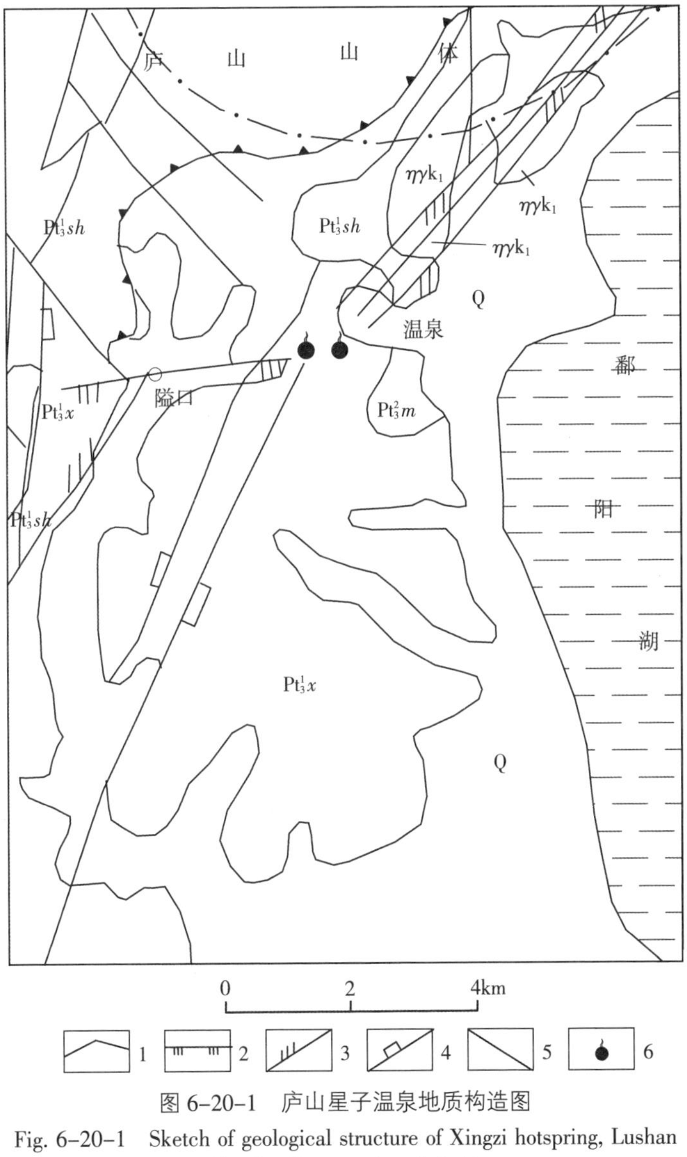

图 6–20–1　庐山星子温泉地质构造图

Fig. 6–20–1　Sketch of geological structure of Xingzi hotspring, Lushan

（据尹祝 等，2009 年，有修改）

1—层间滑动断层；2—东西向压性断裂；3—北东向压扭性断裂；4—北北东向压扭性断裂；5—北西向张扭性断裂；6—温泉出露点；Q—第四系；Pt_3^1sh 新元古界下部双桥山群浅变质岩；Pt_3^1x—新元古界下部星子岩群结晶片岩；Pt_3^2m—新元古界上部马涧桥组安山质层凝灰岩；$\eta\gamma k_1$—早白垩世二长花岗岩

0.2km^2，热储顶板埋深46~170m。流体井口温度67℃，可开采资源为3725m^3/d。每日放热量为73.19×10^{7}kJ。

水化学成分：水质类型为重碳酸钠型水，pH值8.53，溶解性总固体344mg/L，H_2SiO_3 80~90mg/L，H_2S 2.94~4.25mg/L，F 7~15mg/L，Rn 166.6~185.2Bq/L，E_h值-50.5mv。

据华东地质学院李学礼（1992）等人对庐山地区环境同位素资料的采集和相关分析，认为庐山温泉水氚为1TU。说明温泉水是由1954~1961年热核试验前生成的，其循环过程至少在20~30a以上。庐山温泉水与当地的常温地下水、鄱阳湖水的δD、δ^{18}O含量分别为-52.6‰~-38.8‰、-6.37‰~-8.06‰和-35.2‰~-36.1‰、-6.24‰~-5.37‰，说明温泉水与常温地下水、湖水氢氧同位素值非常接近，都落在克雷格降水线上，其相关系数r=0.89，有很少的δ^{18}O向右偏移，这说明庐山温泉热水是由同一地区的大气降水补给的。其补给来源为北部的庐山牯岭一带，补给高程在1000m左右，大气降水下渗循环深度在3700m左右，基底热储温度为124℃。

星子（庐山）温泉于1957年建成江西省庐山温泉工人疗养院，2005年9月改制。星子温泉坐落于著名的庐山世界地质公园东南部，地质遗迹、风景资源、历史遗迹及人文景观资源丰富，是我国知名的温泉疗养胜地。温泉区曾是古柴桑故地和著名诗人陶渊明的故里，北临王家坡幽谷、大排岭、鄱阳、大姑冰碛、星子变质核杂岩等地质遗迹以及白岳麓书院、香炉峰瀑布、龙沄瀑布、秀峰寺、归宗寺等人文、风景名胜，为温泉度假和旅游胜地科研、教学基地。

（二）九岭区（I_1^2）

位于九岭隆起，西起湘赣边界，东至永修一带。大致作近东西—北东东向延展。区内褶皱基底广泛裸露（新元古界双桥山群），沉积盖层极不发育，除安义、铜鼓等断陷盆地中，有少许白垩纪及古近纪陆相沉积外。南华系仅局部残存。区内断裂发育，以北北东向断裂和北东向—近东西向断裂较为重要。延伸一般十至数十千米。岩浆活动强烈、频繁，以晋宁期和燕山期的岩浆活动最发育。侵入岩除晋宁期九岭花岗闪长岩基外，有些中小型燕山期、印支期花岗岩株，其次尚有少量喜马拉雅期基性岩瘤或脉。

本区出露温泉8处，7处均位于九岭花岗闪长岩体中，仅一处位于新元古界双桥山群地层中，不远处亦有燕山期花岗岩出露。温泉出露标高232~580m。拥有3条重要的北北东向导热断裂带，温泉出露均与北北东向和北北东向断裂有关。

1）武宁（罗溪）-铜鼓北北东向断裂带位于瑞昌-铜鼓活动性断裂带中南段，九岭凸起区，有铜鼓温圹、汤里（玉龙）、修水汤桥、武宁（罗溪）汤里温泉。

2）北北东向武宁岩-甘坊断裂热水带位于武宁岩-莲花断裂带北段。在九岭区，有奉新九仙汤、靖安邱家街温泉，中段经萍（乡）-高（安）坳陷有万载县窑上、鲁圹和上高县田心及宜春三阳、新田温泉；南段有武功山地热区宜春温汤、洪江和安福县高峰温泉分布。新近江西水文队在奉新九仙汤地热勘探中，喜获水温62.5℃出水量达3000m^3/d的地热水，水温、流量均有较大提高。

3）九江-靖安断裂热水带、云山-靖安断裂带有永修易家河（西海）温泉和安义新民地热水孔。水化学类型主要为重碳酸钠型，其次为重碳酸硫酸钠型水。溶解性总固体265~441mg/L，pH值7~8.7，F 10~12mg/L，H_2SiO_3 52~130mg/L。本区永修易家河（西海）温泉已建成了国家4A级温泉度假村，另外几处尚在开发中。

实例（一）：铜鼓温圹地热田

热田位于铜鼓县温泉乡温圹村。武宁（罗溪）－铜鼓北北东向断裂热水带南端，主断裂带西侧（下盘）为双桥山群和燕山期晚侏罗世花岗闪长岩株，上盘为铜鼓北北东向箕状小型断陷红盆地。双桥山群主要为板岩、变质凝灰岩、变质砂岩夹千枚岩。盆地中为白垩系上统龟峰群（K_2G'）砂岩、含砾砂岩、粉砂岩夹钙质泥岩及第四系松散层（图 6-20-2）。

热田位于武宁－铜鼓控热断裂带南端西侧（下盘）北北东向入字形断裂（F_4）硅化破碎带中，走向 37°~40°，倾向南东∠79°，全长 45km，宽数米至 20 余米，压扭性与东西向断裂（F_7）破碎带（走向北东 70°，倾向南东∠69°，带宽 15~20m）反接复合部位。据钻孔揭露，前者为控热导热构造，后者亦为导热构造。温泉水温 49℃，天然流量 0.14L/s，出露标高 232.5m。1981 年应当地政府要求，江西省地矿局水文地质工程地质大队对温圹温泉进行了详细勘察，探明井口水温 60.6~71℃，单井开采量 1480.9m^3/d

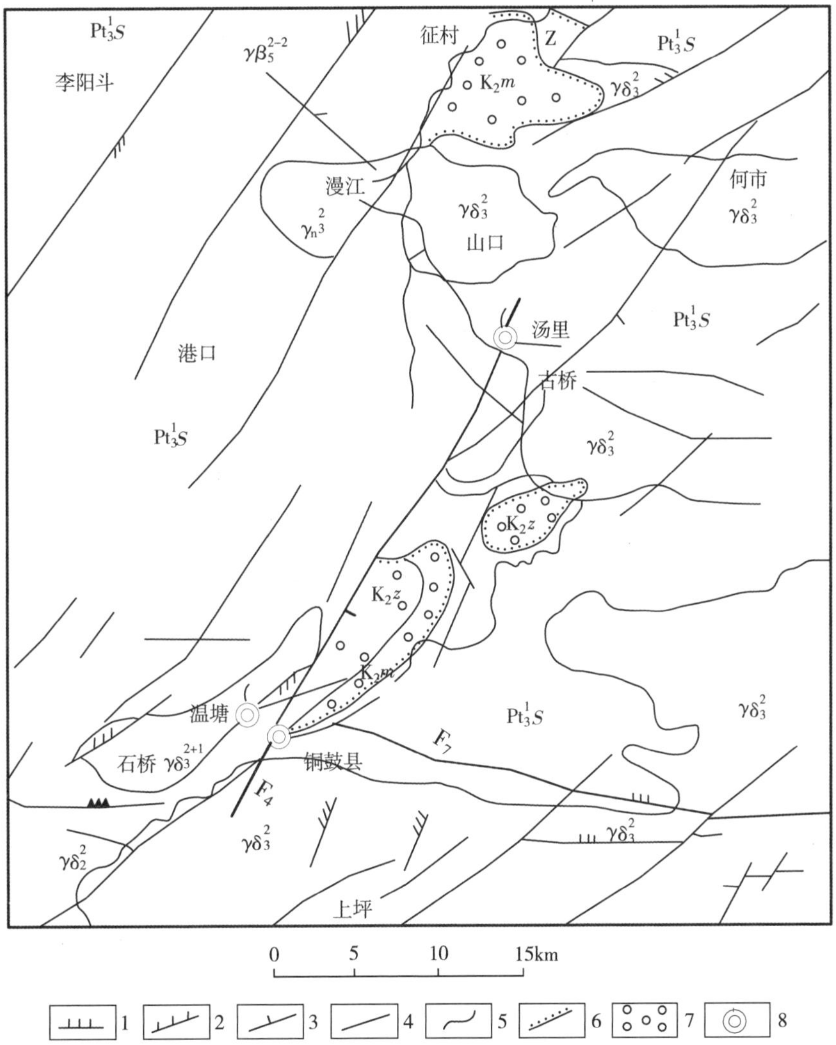

图 6-20-2　铜鼓温泉区域地质构造略图

Fig. 6-20-2　Geological structure map of Tonggu hotspring region

1—逆冲性断裂；2—走滑断裂；3—正断裂；4—性质未分的一般断裂；5—地质界线；6—不整合地质界线；7—中、新生代盆地；8—温泉；K_2z—上白垩统周田组；K_2m—上白垩统茅店组；Pt_3^1S—新元古界下部双桥山群；$\gamma\delta_5^2$—燕山期花岗闪长岩；$\gamma\delta_3^2$—晋宁期花岗闪长岩

（降深 40.73m），放热量为 29×10^{-7}kJ。热储层为晋宁期（青白口纪早期）花岗闪长岩。

水化学成分：水质类型为硫酸重碳酸钠型水，pH 值 8.6，溶解性总固体 331mg/L，H_2SiO_3 117mg/L，F 6mg/L。二氧化硅温标计算，热储基底温度达 130℃，循环深度为 3810m。泉华主要成分是非晶质的 SiO_2、Fe_2O_3、Al_2O_3 等。热水矿物有沸石、黄铁矿、方解石。

铜鼓温圹温泉，明清时期就建有温泉浴室，目前正在进行开发利用，地热水将直接引入县城。温泉东临铜鼓丹霞地质公园，即将成为温泉疗养、休闲、度假、旅游、科学研究的基地。铜鼓山清水秀，其北边尚有古桥汤里（玉龙）温泉经地热勘查，已获水温 72℃,可开发量 3000m³/d，地热资源潜力很大，开发前景广阔。

实例（二）：永修易家河地热田

位于永修县三溪桥乡易家河浴塘边村，修水南岸，九岭隆起中段燕山晚期云山花岗岩体北缘外接触带 1.5km 处，为鄱阳湖盆地与九岭隆起交接带。区内大面积出露新元古界双桥山群修水组浅变质岩和南华系莲沱组碎屑岩，寒武系炭质页岩、含钙质页岩、硅质岩夹长石杂砂岩，古近系红色砂砾岩夹粉砂岩、页岩及第四系冲积层（图 6-20-3）。

地热田处于一近南北向小型盆地中，一条小溪自南向北注入修河。原温泉就出露在小溪西侧浴塘边村口，温泉于水泥池底汩汩涌出，伴有多量间歇性气泡，泉水晶莹透明，略具硫化氢臭，测得水温 41~

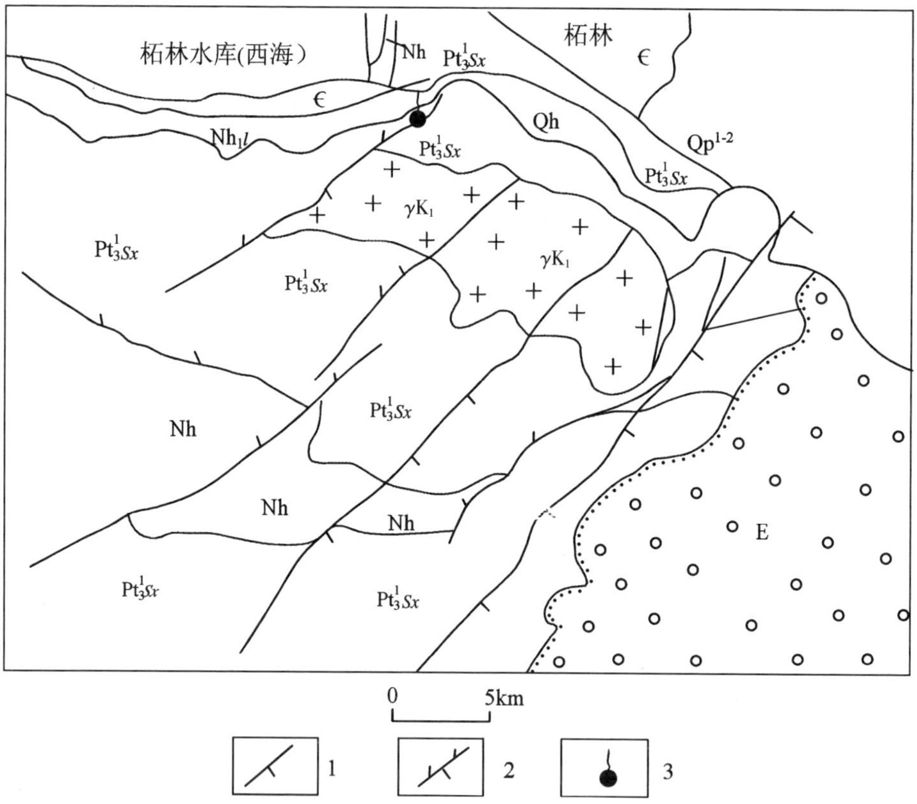

图 6-20-3　易家河（西海）温泉地质图

Fig. 6-20-3　Geological map of Yijiahe hotspring （Xihai）

（据杨明桂，2014）

1—新生代以来活动的正断层；2—活动性走滑断层；3—温泉；Qh—第四系全新统；Qp^{1-2}—第四系下更新—中更新统；E—古近系；€—寒武系；Nh—南华系；Nh$_1l$—南华系下统莲沱组；Pt_3^1Sx—新元古界下部双桥山群修水组；γK_1—早白垩世花岗岩

44℃，天然流量 1.243L/s。

易家河地热田主要受北东走向（倾向北西）高倾角的鲁家咀断裂所控制，该断裂自西南斜切燕山期云山花岗岩株向北端延伸至修河中。该断裂总体产状为 300°，倾角 78°，断裂宽达 30 余米。中段角砾岩带宽达百余米。

2003~2004 年经省地矿九一六地质队勘察，施工钻孔 3 眼，探明地热田长 1080m、宽 100~240 余米、厚 54~68m 左右，板状斜体产出（图 6-20-4）。

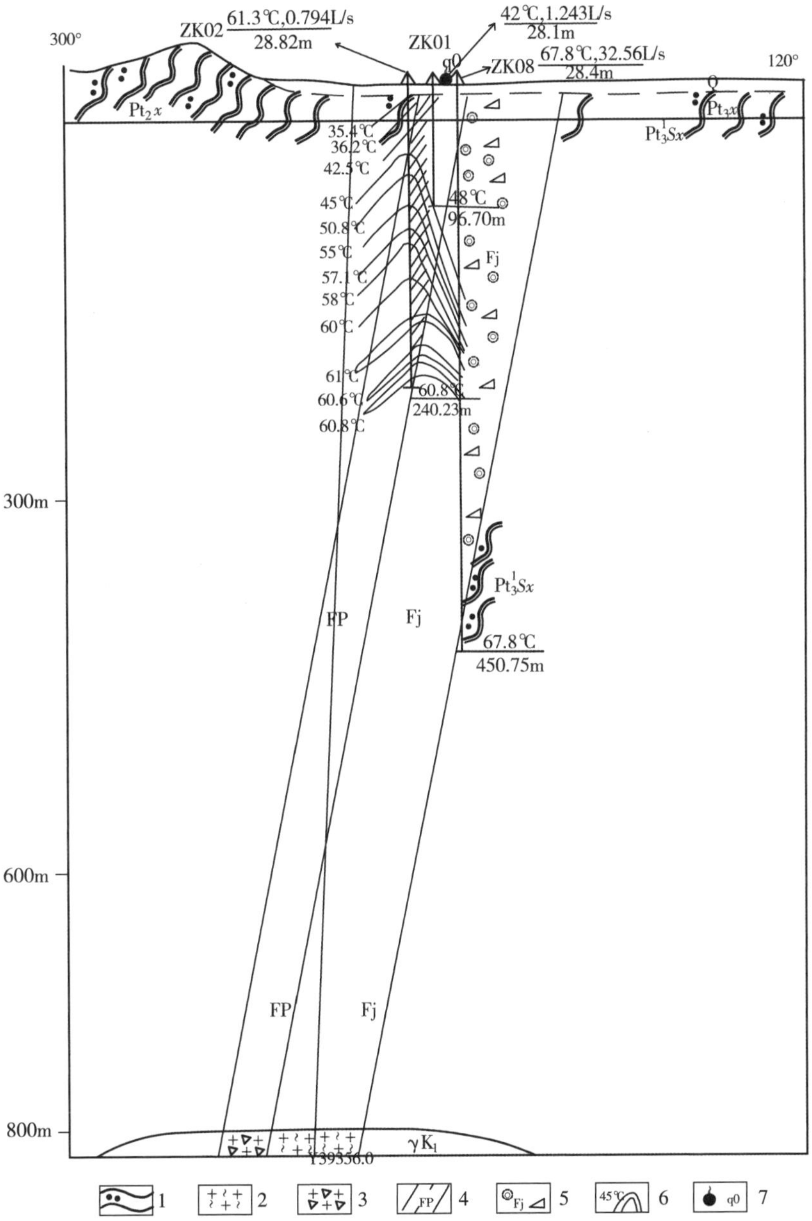

图 6-20-4　50 线地质剖面图

Fig. 6-20-4　Geological profile of line 50

（据廖洪鑫，2014）

1—板岩、粉砂质板岩；2—片麻状花岗岩；3—角砾状花岗岩；4—构造裂隙密集带；5—构造角砾岩带；6—等温线；7—上升泉位位置及编号；Q—第四系；Pt_3x—新元古界下部修水组；Pt_3^1Sx—新元古界下部双桥山群修水组；γK_1—早白垩世花岗岩热储层岩性为新元古界双桥山群修水岩组粉砂质板岩及石英脉体的构造角砾岩、断裂间隙密集带，获得最大出水量为 1519m³/d，平均水温 55.14℃，在一隐伏基性岩墙处获最高水温 61.3℃。每日总放热量 26.5×10^4kJ/d，热储基底温度（钾钠温标计算）98.08~121.96℃。

其水质类型为重碳酸钠型水，溶解性总固体 311mg/L，pH9.9 为弱碱性，F 10.8~12.5mg/L，H_2SiO_3 60.91~80.88mg/L，H_2S 2.11mg/L，Rn 21.1~49.52Bq/L。

地热田区已建成集温泉乐园、五星酒店、豪华别墅、精致公寓于一体的庐山（西海）温泉国际度假村。泉东司义堂、泉南魏家山，分别是明代刑部尚书魏源的出生地和墓地。邻近水碧天蓝的柘林湖景区，其东南侧不远处的云居山为冠世绝境；山巅之真如禅寺，始建于唐朝元和二年（808 年），1957 年重建，是省级文物保护单位，寺宇规模宏伟，周围景色旖旎，是游览、休闲的好去处。

二、萍（乡）–高（安）坳陷地热区（I_2）

位于萍（乡）–乐（平）坳陷带之西部，南北侧均为深断裂所限，呈北东东向延伸展布。中泥盆世—侏罗纪沉积盖层广布，其中有零星小型红层盆地分布。盖层褶皱走向北东东向断裂发育，以北东—北东东向最为发育，走向与盖层褶皱轴向走向一致，多属南冲北滑断层。其次为北北东向断裂，其中武宁岩–莲花断裂带为区内为重要导热断裂。岩浆活动不甚发育，主要有燕山期花岗岩及花岗闪长斑岩。

本区出露温泉 5 处（万载窑上、鲁圹、上高田心、宜春三阳和新田温泉），占全省地热水点总数的 7.6%，均位在晚古生界碳酸盐岩和碎屑岩中。温泉出露高程 80~112m。都与北东向和北北东向断裂有关。温泉温度一般较低，26~40℃，平均温度 30.2℃，最高温度 40℃，总流量 7711m³/d，每日放热量 43.8×10^7kJ。水化学类型均为重碳酸钙型水，溶解性总固体为 304~402mg/L。pH 值 7.2~7.4，F 0.12~0.56mg/L，H_2SiO_3 17.2~23.4mg/L。由于温泉温度较低，系岩溶影响所致，一般没有形成规模开发，仅自发利用于水产养殖、水浮莲越冬、育秧、灌溉等。

实例（一）：鲁圹温泉

位于万载县马步乡鲁圹村东。

出露地层：下二叠统马平组白云质灰岩、中二叠统栖霞组灰岩、小江边组钙质页岩夹瘤状灰岩，茅口组炭质页岩，含燧石灰岩间夹硅质岩，上二叠统乐平组煤系，七宝山组与长兴组灰岩，时夹硅质岩、硅质页岩，下三叠统钙质页岩、粉砂岩夹泥质岩及灰岩及第四系松散层（图 6–20–5）。

温泉位于锦江上游二级支流鲁圹小溪畔，温泉两处，自第四系冲积层溢出，伴有气泡，其连线方向为北西–南东排列，水温 29~32℃，天然流量 2.79L/s，温泉出露标高 93m。

温泉主要受 F_1 和 F_5 断裂复合控制。F_1 断裂较发育，且规模较大，多系南东盘向北东推移而覆于较新地层 P_3l 之上。走向 30°~50°，倾向南东∠43°~66°，压扭性，以断裂破碎带形式出现，垂直断距>300m，故其延伸大，使深部热源传递到浅层，ZK_3 见宽 2.64m，常被北西向断裂切割。F_5 断裂南起皱家坑，经卫家到鲁圹北东侧，长 5km，张扭性走向 315°~340°，倾向西南∠80°左右，裂隙、岩溶发育，常见地下河大泉，地貌上形成沟谷和垭口，水平断距 100~300m。

鲁圹温泉是 20 世纪 70 年代末江西省地矿局水文地质工程地质大队开展 1：20 万综合水文地质普查时发现的，并于 1983 年开展地热普查勘探，施工钻孔 5 眼（计 1261.8m），抽水 6 层，初步探明鲁圹地热田，F_1 为控热构造，F_5 为导水构造，热储层为二叠系下统马平组白云质灰岩，厚 400m，岩溶发

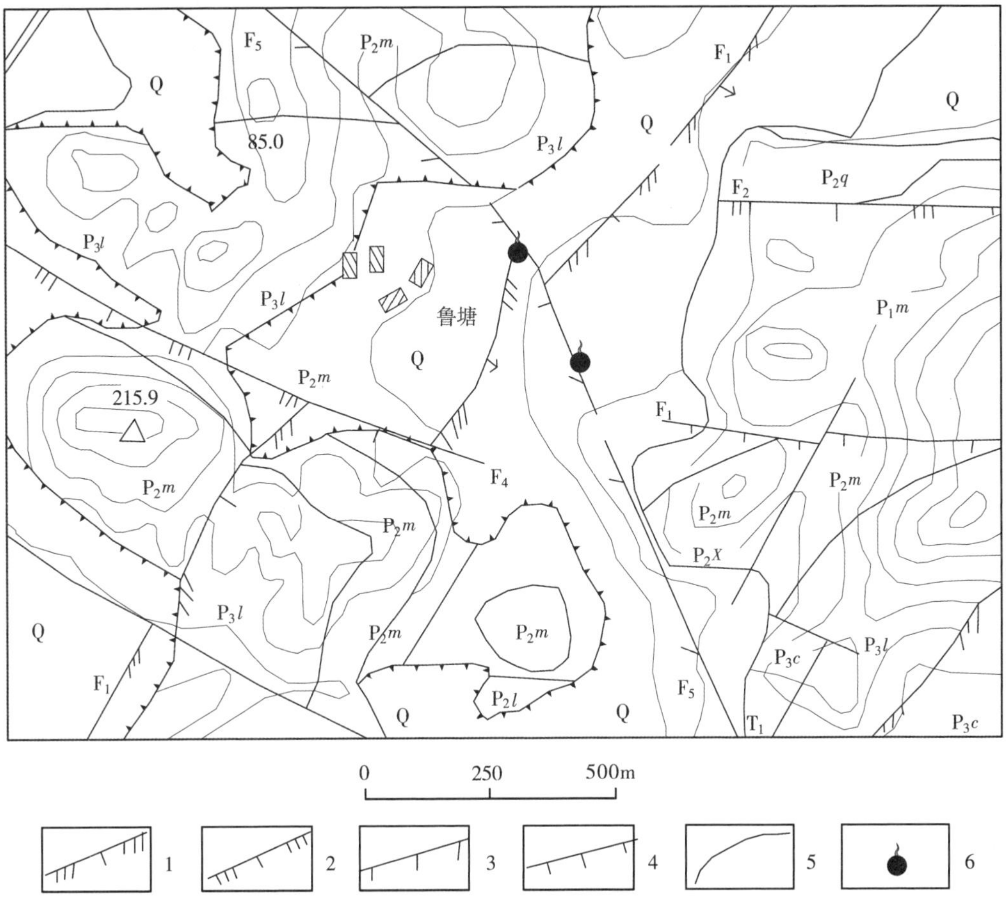

图 6-20-5　万载鲁塘温泉地质略图

Fig. 6-20-5　Simplified geological map of Lutang hotspring, Wanzhai

1—压扭性断层；2—压性断层；3—张扭性断层；4—张性断层；5—地层界线；6—温泉；

Q—第四系；T_1—下三叠统；P_3c—上二叠统长兴组；P_3l—上二叠统乐平组；P_2m—中二叠统茅口组；

P_2x—中二叠统小江边组；P_2q—中二叠统楼霞组；P_2l—中二叠统粱山组；P_1m—下二叠统马平组

育，下部为二叠系乐平组（P_3l）灰岩间夹炭质泥岩、含煤层的碎屑岩。穿过断裂带后，水温急剧变低，水温最低值达 24.5~28℃（图 6-20-6）。热储层无盖层，埋深极浅，温度较低，井口水温为 31.1~32.7℃，地热资源量为 2937.6m³/d。每日放热量为 17.7×10^7kJ，折合标准煤 2.52t/d。

水化学成分：水质类型为重碳酸钙型水，pH 值 7.2，溶解性总固体 234mg/L，H_2SiO_3 31.2mg/L，F 0.463mg/L。

目前尚未开发。

三、武功山地热区（I_3）

位处武功山隆起，北界萍（乡）-乐（平）坳陷西段，南临永莲坳陷，位于萍乡—分宜与莲花—安福之间的武功山区，作北东东向延展。周围均被伸展断裂所局限，为隆滑型山体。区内青白口系上部—震旦系变质岩广泛出露，寒武系仅残存于南侧边缘。基底褶皱强烈，断裂较发育，主要有 3 组：近东西至北东东向、北东和北北东向，多成带出现。且多属压剪斜冲断层。近东西向断裂组主要发育于南北

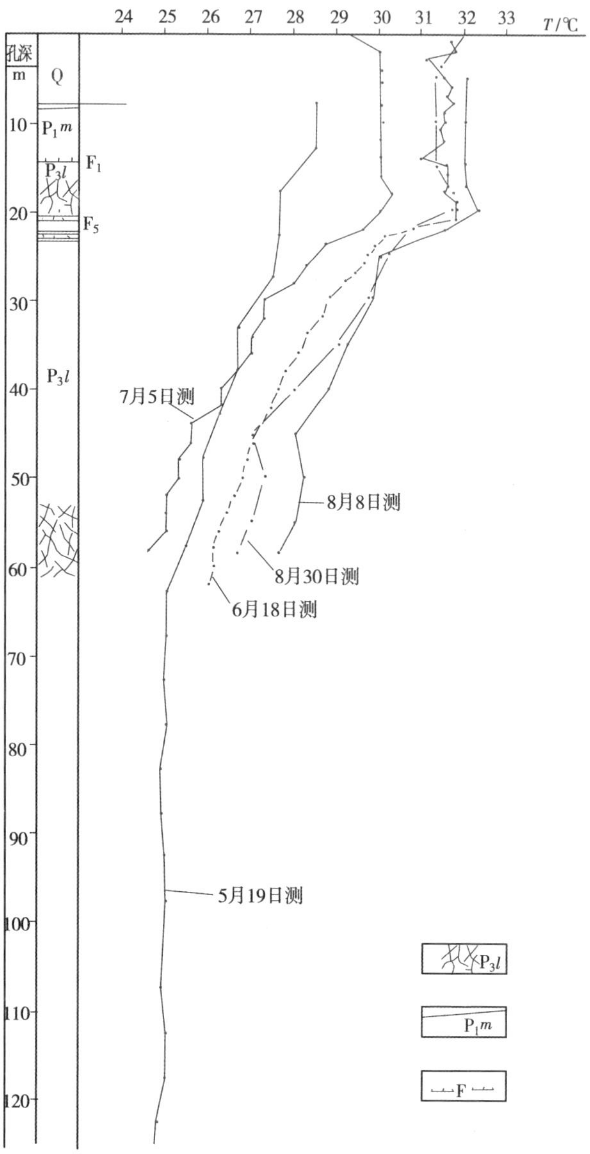

图 6-20-6 鲁圹温泉 ZK1 钻孔测温曲线图

Fig. 6-20-6 Curve of tempreture measured from Lukuang hotspring ZK1 borehole

Q—第四系；P_3l—下二叠统乐平组硅质岩、炭质泥岩；P_1m—下二叠统马平组白云质灰岩；F—断层

两侧之隆凹过渡地带。北西向断裂组仅断续零星分布。规模一般不大。岩浆活动强烈，形成了武功山加里东期—印支期—燕山期复式花岗岩带，武功山加里东期岩基规模最大，发育边缘混合岩带，并有超基性小岩体和中基性、中酸性岩脉。

本区出露温泉 3 处（宜春温汤、洪江和安福高峰），钻探发现地热水 3 处（芦溪万龙山和宜春夏家坊、梅花桥），5 处位于武功山加里东期花岗岩边缘韧性剪切带与混合岩中，1 处位于燕山期花岗岩中，分别受北东东向温汤 - 万龙山断裂带及北北东向洪江 - 莲花断裂构造带的控制。温度一般在 45~66℃，平均 56.5℃，最高温度 77℃，总出水量 10524.3m^3/d，每日放热量 87.25×10^7kJ。水化学类型均为重碳酸钠型水，溶解性总固体 249~298mg/L，pH 值 7.49~8.5，F 2~2.4mg/L，H_2SiO_3 58.5~104mg/L。本区地热资源优势明显，已开发的宜春温汤温泉已成为赣西重要的疗养、休闲、旅游度假的重要基地。安福高峰温泉目前亦开始规模开发，建有中国首家慢生活基地。其他几处地热资源开发亦在积极筹划中。

该区温汤 - 万龙山断裂热水带是一条重要的热水带。形成于武功山加里东期花岗岩体北部，导热构造为温汤 - 新泉北东向压扭性断裂带。其北东段走向北东东，南西段走向北东，总体走向 40°左右，向南东倾斜，倾角 50°~70°，沿断裂带有明月山、青龙山、万龙山、新泉等一串燕山早期花岗岩株分布。燕山运动时是一条重要的地热带。温汤热田恰在该断裂带上，江西省地矿局水文地质工程地质大队、江西省地矿局九〇一大队、江西省地矿局地质调查研究院按照构造结点成热思路，沿该带勘察，通过钻孔揭露，自北东向西南新发现了梅花桥、夏家坊、万龙山、新泉等一串隐伏性地下热水。卫星照片（图 6-20-7）清晰地显示这些点地下热水形成于北东向导热断裂与北西向断裂的结点地区，且大致呈等距分布。

实例（一）：宜春温汤地热田

位于宜春市袁水区温汤镇，武功山北麓，2013 年由国土资源部命名为“中国温泉之乡”。

热田产于志留纪加里东期片麻状花岗岩与震旦系围岩的边缘混合岩，附近有燕山早期中粒斑状二云母花岗岩株。

图 6-20-7　温汤-新泉地热带卫星照片

Fig. 6-20-7　Satellite image of Wentang-Xinquan geothermal belt

温泉位在袁水二级支流温汤河上游下坪河段及河床中。在长 50m、宽 20m 范围内较集中出露温泉三处，均自基岩裂隙中呈股状涌出，伴有串珠状气泡逸出，泉水清澈见底，水温 57~62℃，天然流量 10L/s，温泉出露标高 168m（图 6-20-8）。

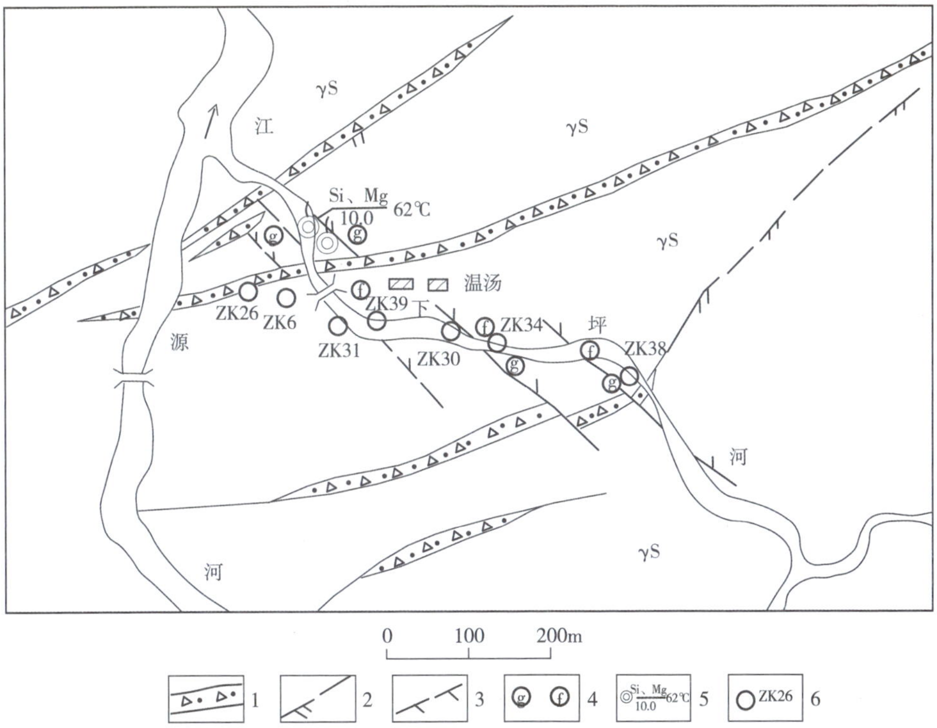

图 6-20-8　宜春温汤地热田地质构造纲要图

Fig. 6-20-8　Sketch of geological structure of Wentang geothermal field in Yichun

1—硅化破碎带；2—实测及推测压扭性断裂；3—实测及推测张扭性断裂带；4—沸石化、硅化；5—温泉（左为编号，右分子为主要微量元素 mg/L，分母为流量 L/s，分式末端为水温℃）；6—钻孔及编号；γS—志留纪片麻状花岗岩

1970 年 8 月~1972 年 8 月江西省地矿局水文地质工程地质大队对宜春温汤进行了地热勘探。施工钻孔 40 眼，总进尺 6274.67m。查明热田面积 0.12km^2，地热水主要分布在温汤－新泉断裂带 F_1^1 硅化破碎带（走向 55°~60°，倾向南东∠60°~70°，长 52km，压扭性）上盘及其与北西向次级断裂 F_1^2、F_2^2 复合部位。

热储层为志留纪加里东期片麻状花岗岩，热储层顶板埋深 30~180m，厚 16.2~34m，地热水井口温度 61~66.6℃，开采资源 3700m^3/d，每日放热量 75.74×10^{7}kJ。

水化学成分：水质类型为重碳酸钠型水，pH 值 7.4~7.6，溶解性总固体 150~263mg/L，H_2SiO_3 104~117mg/L，F 1.25~1.32mg/L。

水热蚀变矿物有片沸石、石膏等。基底温度为 131℃，循环深度达 3760m。

1970 年，江西省地矿局水文地质工程地质大队与天津大学、南昌大学（原江西大学）密切合作，利用 66.6℃的地热水进行了地热发电试验（50kW），并获得了成功，开创了全国双循环系统地热发电的先河。

温汤地热田自 1972 年勘查开发利用以来，通过多次人工回灌、扩大了流量，至 2008 年 6 月，回灌总量为 13366m^3/d，试验可开采量为 10239m^3/d，采灌比 0.56~0.66。其回灌效果明显，地热水温度始终保持在 66℃，水质变化不明显，实现了变不自流热水为自流热水。2011 年 12 月再次进行生产性回灌抽水试验，回灌量增至 20181m^3/d，出水量为 13053m^3/d，采灌比 0.64，水温由抽水前的 64℃突降至 58℃，水位下降 1.2m，水化学成分在可变范围内有所下降。此后（2012~2014 年）历时 3 年，最大开采量一直在 10000m^3/d 以内，温汤地热田地热水水温仍保持在 58℃，水位、水化学成分相对稳定，似乎已达到一种平衡状态。造成 2011 年 12 月那次回灌试验后水温、水位及水化学成分下降的原因，可能是回灌试验钻孔施工导致浅部地下冷水及回灌水与地下热水混合作用（辛田军 等，2015），其形成机理有待进一步研究。

据史料记载，温汤温泉在宋朝时就已被人们熟知，现在这里是国家森林公园、省级明月山风景名胜区，已成为著名的温泉疗养、假日旅游、休闲胜地。

四、罗霄山－诸广山地热区（I_4）

位于湘赣边界罗霄山脉东部之万洋山—诸广山一带，处于南岭东段隆起带。南华系、寒武系和奥陶系广泛出露，构成弧形褶皱基底。轴向多北西向，多属线形紧密褶皱。盖层褶皱主要由晚古生代地层所组成，多属宽展型褶皱，仅残存于少数向斜小盆地中，轴向北北东向。断裂发育，主要为北东向和北北东向，发育于盖层中，断裂延伸在 50km 以上，部分长达百余千米，多属走向逆冲或斜冲断层，多成组成带出现，规模较大，可能经长期多次活动发展演化而成。而北西向近东西向断裂一般规模不大，分布零星。岩浆岩广泛分布，岩性主要为花岗闪长岩和花岗岩，分属于加里东期、印支期和燕山期。该区导热断裂带主要为赣江断裂带南段的北北东向遂川－丰州、碧洲－崇义两条断裂带，形成了遂川－崇义断裂热水带以及热水洲－黄坳断裂热水带。

本区出露温泉 13 处，钻探出现温泉 3 处，其中 8 处（遂川县汤湖、樟木坑，上犹县松树下、下汤湖、黄沙坑、热水村，崇义县下暖水和大余县热水温泉）位在花岗岩体中，6 处（井冈山市曲坛、遂川县热水洲、上犹县暖圹外接触带、崇义县分水坳、热水壶温泉和茅坪热水孔）位在寒武系或奥陶系地层中，1 处（崇义县洞下）位在泥盆系地层中。出露标高在 270~450m，温泉主要受北东向及北北东向断裂控制。温泉温度一般在 40~53℃左右，平均温度 45℃，最高温泉温度 82℃，总出水量达 7126m³/d，每日放热量 100.47×10⁷kJ。水化学类型均属重碳酸钠型水，溶解性总固体 210~356mg/L，pH 值 7.1~8.5，H_2SiO_3 78~130.6mg/L。本区温泉仅遂川汤湖已小规模开发，其他几乎都没有开发，仅建浴池用于沐浴。

幕阜山－罗霄山地热带共出露温泉 32 处，钻探温泉 8 处，合计 40 处，占全省地热水点总数的 31.25%，水温一般 40~60℃，平均温度 51.18℃，最高温泉温度 83℃，孔内最高温度 87.8℃，总流量 46896.8m³/d，占全省流量总数的 42.41%，每日总放热量 722.76×10⁷kJ，占全省总放热量的 50.43%，折合标准煤 242.97t/d，占全省总的 49.89%，是江西省地热水温度最高之处 (修水白岭 83℃，遂川汤湖 82℃)，平均温度最高达 51.18℃；≥60℃的热水点最多达 11 处的地热区带，具有广阔的开发前景。

实例：汤湖地热田

位于遂川县汤湖镇，古称大鄢泉，是江西省温泉温度最高者。

在地质构造上处于抚州－遂川北东向深断裂与北北东赣江断裂以及东西向断裂的交汇部位。出露地层除寒武系上统变质砂岩、板岩残留顶盖外，大面积分布志留纪加里东期花岗闪长岩（图 6-20-9）。

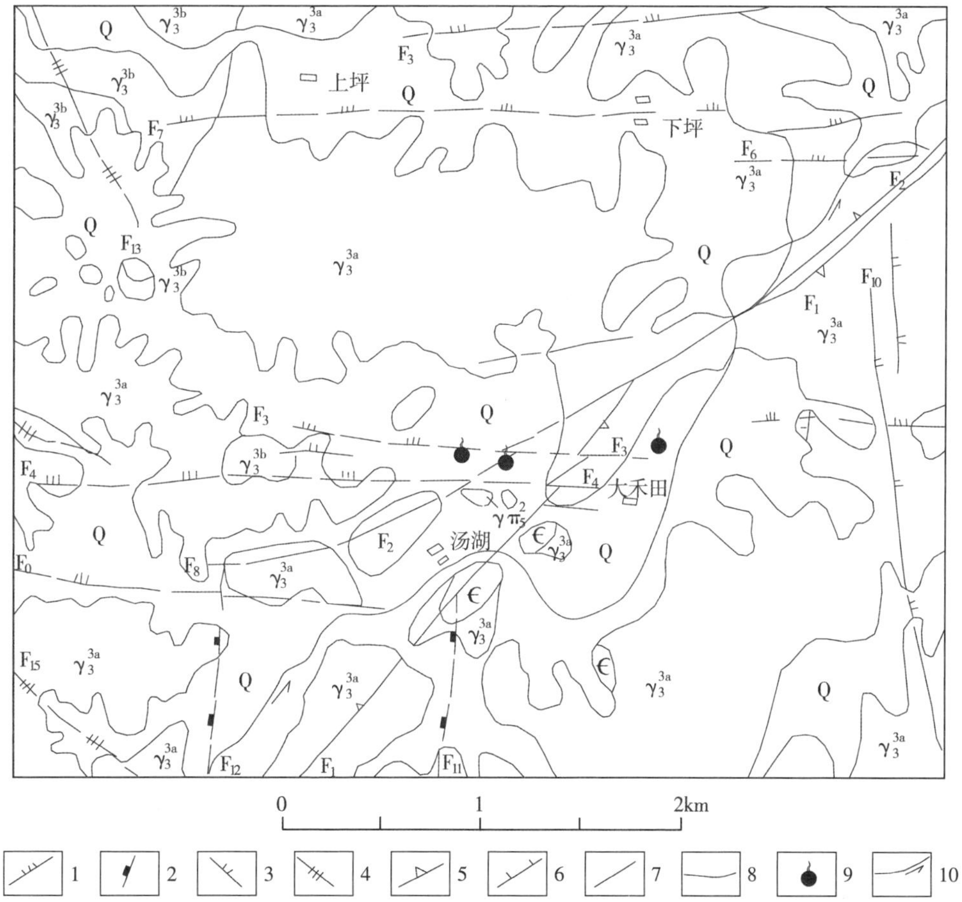

图 6-20-9　遂川汤湖热水区地质构造略图

Fig. 6-20-9　Sketch of geological structure of Tanghu thermal water region, Suichuan

1—东西向逆断层；2—北北东向逆断层；3—南北向逆断层；4—北西向逆断层；5—北东向逆断层；6—张性断裂；7—断层；8—地质界线；9—热泉；10—河流及流向；Q—第四系；∈—寒武系；$\gamma\pi_5^2$—燕山期花岗斑岩体；γ_3^{3b}—加里东期第二次侵入体中—细粒白云母花岗岩；γ_3^{3a}—加里东期第一次侵入体—斑状中粒黑云母花岗岩

温泉位处赣江支流左溪河北侧，大小温泉10余处，其中两处较大，相距120m，一曰“小汤湖”，位在东，温泉自花岗闪长岩（$\gamma\delta_3^{2-3}$）裂隙中溢出，伴有间隙性气泡，水温76~80.5℃，天然流量6.3L/s；另一处位在西侧小溪河畔，曰“大汤湖”，已用块石围砌成池（2.5m×1.5m），温泉呈股状涌出，蒸如腾雾，探如沸羹，臭如腐卵，有白色硅华沉淀。水温82℃，天然流量8.5L/s，出露标高300~315m，水温年变幅仅0.1~0.5℃左右，流量变幅5%~20%，动态稳定。

1972~1973年，江西省地矿局水文地质工程地质大队对汤湖地热区进行了地热勘探，施工钻孔31眼，总进尺6556m。

汤湖地热田主要受北东向F_1、F_2和东西向F_3、F_4断裂控制。F_1、F_2为区域性控制构造，走向N40~50°E，倾向南东、北西和北西∠45°~85°，压性、压扭性，为万安－禾源大断裂组成部分，断裂硅化破碎带宽10~15m，经多次活动。F_3、F_4断裂为导水构造，走向80°~85°，倾向北，∠65°~80°，断裂硅化破碎带宽8~15m，长3km。

热储层为加里东期花岗闪长岩，线裂隙率>1%，热储层面积>0.2km²，热储层厚37~120m，顶板埋深52~270m，流体温度80~82℃，最大开采自流量为1800~2050m³/d，动储量为3189m³/d，每日放热量为49.5×10^7kJ，折合标煤16.8t/d，热储基底温度142℃，地热水循环深度4100m左右。

水质类型为重碳酸钠型水，pH值8~8.3，溶解性总固体310mg/L，F 5.6~13mg/L，H_2SiO_3 104~143mg/L，Li 0.909~1.32mg/L。

硅华化学成分：SiO_2 75%~80%，$CaCO_3$ 10%~15%，CaF_2、Fe_2O_3、Al_2O_3、$MgCO_3$少量。水热蚀变矿物有：高岭土、沸石类、方解石、石英等。

汤湖温泉水温高，流量大，水质好。1974年曾建有遂川县汤湖地热研究所，主要从事农业科学试验研究，曾取得良好的社会经济效益。近年来，为了适应社会大众对养生、休闲、度假的需求建起了温泉宾馆、浴室，但规模尚小。

第二节 雩山－九连山地热带(Ⅱ)

分布于江西中东部，北起宜黄、乐安，经于都至龙南、全南地区，位于赣州－南雄和广昌－周田沉降带之间的隆起带。

呈近北北东向展布。区内以青白口系上部—寒武系变质岩出露较广，局部地区有泥盆系至三叠系地层下部。全南南迳、龙南汤湖陆相火山盆地中有下白垩统鸡笼嶂组和石溪组火山岩分布。晚白垩世红层主要分布在宜黄－宁都－于都－安远小型断陷盆地中。基底褶皱属紧密线形或同斜倒转褶皱，轴向以近南北向为主，次为北西及东西向。盖层褶皱由上古生界泥盆系—石炭系组成复式和单式向斜盆地，规模一般不大。断裂发育，主要为四组：北东－北东东向、近东西向、北北东向及北西向断裂组，以北东－北东东组最为发育，规模较大。北北东向断裂主要有宜黄－宁都、招携－小江断裂带，北东向断裂主要有九连山－安远断裂带。岩浆活动强烈，以加里东期和燕山期最为发育。加里东期形成了规模较大的花岗岩。燕山期的花岗岩分布最广，形成了近北东向及北北东向花岗岩带或岩体。

雩山－九连山地热带分雩山区和九连山区。

一、雩山区（$Ⅱ_1$）

分布有温泉5处，钻探温泉2处，其中出露于新元古界变质岩中的有宜黄县岭下、沄田里（外接触带），永丰县君埠，兴国县南坑和宁都县肖田温泉（外接触带），以及广昌县潘田钻探温泉。出露于侏罗纪花岗岩的仅1处为宁都桃源地热水孔。出露标高185~316m，温泉主要受宜黄－宁都断裂带的控制。宁都桃源地热水孔主要受桃山华夏式北东向断裂的控制。水温27~44℃，平均温度37.4℃，最高温度为54.8℃。宁都肖田温泉，原温泉水温42℃，最近经江西省地矿局九一五队勘查，孔口水温达54.8℃，自流量达1238.63m^3/d，取得了重大突破，目前仍在勘探中，该队称之为龙归山地热水。宁都蓝田温泉经水文地质大队勘查，水温高达83℃，井口自流量737.1m^3/d。

水化学类型以重碳酸钠型水为主，次为重碳酸钠钙型水，溶解性总固体264~361mg/L，pH值7.1~8.6，F 8~15mg/L，H_2SiO_3 64.95~97.5mg/L。

二、九连山区（$Ⅱ_2$）

主要指龙南县、全南县及信丰县等地，分布有温泉13处，钻探温泉1处。其中出露于早白垩世火山岩中的温泉有3处（龙南西坑、汤湖和全南南迳温泉），出露在晚古生代碎屑岩中的有2处（全南金龙和信丰淹湘温泉）；碳酸盐岩中的有3处（信丰热水湖、丫叉桥和安远暖水湖温泉）；出露在晚白垩世红层中只有赣县韩坊地热水孔1处；上古生界与红层接触中的有龙南夹湖和于都盘古山温泉2处；出露于侏罗纪花岗岩中的有2处（信丰安西和全南茅山温泉）；另外还有一处位在侏罗纪花岗岩与寒武纪浅变质岩接触带附近的龙南抖豆温泉。温泉大多受北东－北东东向和东西向断裂复合控制。温泉温度一般为29~65℃，平均温度41.6℃，最高温度为72℃（龙南汤湖），出露标高155~445m，地热水流量为7394m^3/d，每日放热量116.42×10^7kJ，折合标准煤39.53t/d。

水化学类型以重碳酸钙型水为主，次为重碳酸钠型水。溶解性总固体216~563mg/L，最高达1360mg/L（龙南抖豆温泉），pH值6.2~7.2，以中性水为主，次为弱酸性水，H_2SiO_3 52~78mg/L，F 2~4mg/L，游离CO_2 137~554.11mg/L（室内检测），如在现场检测，游离CO_2含量将大为提高，可以达到碳酸泉的标准，它们是龙南抖豆、汤湖、西坑、和全南南迳、茅山温泉。

雩山－九连山地热带出露温泉共18处，钻探温泉3处，其出水量10445.3m^3/d，每日放热量154.40×10^7kJ，折合标准煤52.41t/d,分别占全省总数的16.41%、9.44%、10.8%和10.74%。本区地热资源丰富，绝大多数未经开发利用，潜力很大。

实例：龙南汤湖地热田

位于龙南县南约19km临圹乡汤湖村，因温泉“热沸如汤”故名汤湖。

汤湖地处低山丘陵之中，四周岗峦起伏，海拔400~500m，地势东南高向西北倾斜，最高峰上岽海拔538.2m。

汤湖在地质构造上位处南岭东部隆起带的三南－寻乌东西向构造带中部及北东向龙南－会昌火山岩带的龙南－东坑火山盆地的中段。出露地层主要有下白垩统鸡笼嶂组（K_1j）火山岩系，其南、南西有石炭系、泥盆系，北有寒武系及上白垩统，东、北有燕山期花岗岩分布。

热泉出露于渥江支流北西向东坑河及其两岸沿河展布在长55m，宽5~10m范围内，呈泉群溢出，热泉自东西向、北东东向及其与北北东向、北西向基岩裂隙的交汇处涌出，伴有间歇性气泡，岸边较大的泉眼有 6 处，单个流量 0.13~2.56L/s，总流量 15.19L/s，泉温 62~71℃，泉水晶莹，澄澈，无味，具硫化氢，泉口有白色钙华沉淀，现仅存 1 处，流量 0.13~1.24L/s。温泉出露标高 240m。

热泉主要受北东东向（60°~65°、倾向北西、倾角 80°~85°）压性断裂硅化破碎带（带宽 10~18m，延长 40km）、成组断续出现的东西向（95°~100°、倾向北及南、倾角 70°~75°）压性裂隙密集带或硅化破碎带（带宽 6m）、以及北北东向（30°、倾向北西、倾角 68°，顺时针扭动）压扭性硅化断裂带复合控制。后者切割前二者。北东东向断裂为控热导热构造，东西向和北北东向断裂带为导水构造（图 6-20-10）。

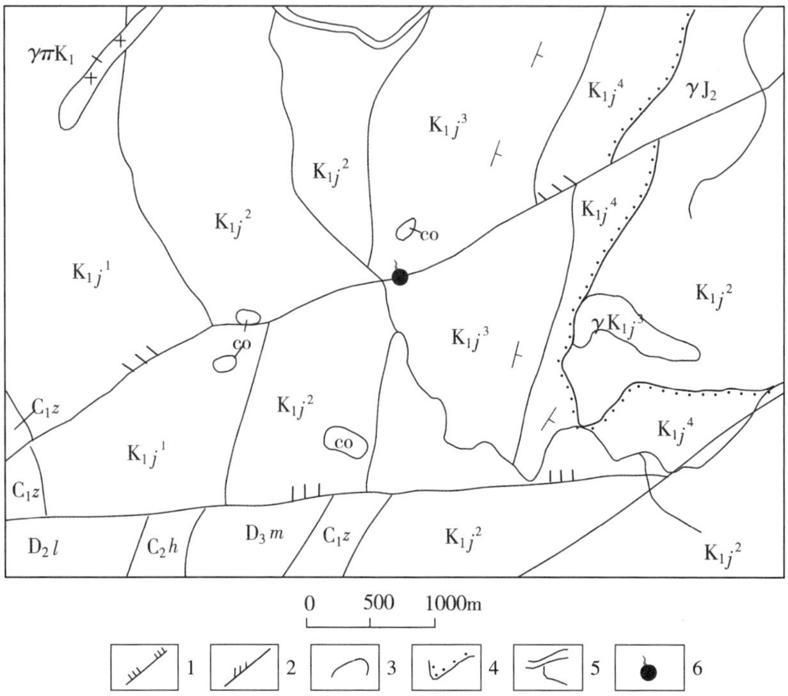

图 6-20-10 龙南临圹汤湖地热田地质图

Fig. 6-20-10 Geological map of Tanghu geothermal field, Lingkuang, Longnan

1—压性断裂；2—压扭性断裂；3—地层界线；4—不整合界线；5—河流；6—温泉；

K_1j—下白垩统鸡笼嶂组；C_2h—晚石炭世黄龙组；C_1z—下石炭统梓山组；D_3m—上泥盆统麻山组；D_2l—中泥盆统罗塅组

20 世纪末，赣南地调院曾对其进行勘查，施工钻孔 7 眼，孔深在 100m 左右。获孔口水温 72~72.5℃，动储量 6100m³/d，可开采量 3600m³/d，热储层为下白垩统鸡笼嶂组（K_1j）流纹质变角砾凝灰岩、含砾凝灰岩、褐铁矿化凝灰岩及变安山质凝灰岩、玄武岩、流纹质晶屑凝灰岩等。

水质类型为重碳酸盐钙型水，溶解性总固体 630mg/L，pH 值 6.8~7.8，F 6.05mg/L，H_2SiO_3 71.5mg/L，Li 1.1mg/L。

建有小型温泉宾馆、浴室。

第三节　怀玉山－武夷山地热带(Ⅲ)

位于江西东部，北起鄣公山，经怀玉山至武夷山脉，地热活动具有明显的北弱南强的特征。南武夷山南至安远地区，为江西最重要的地热区之一。怀玉山－武夷山地热带包括：怀玉山、北武夷山、南武夷山地区，现分别阐述如下。

一、怀玉山区（Ⅲ$_1$）

位于怀玉坳陷之德兴、横峰地区，本区新元古代和早古生代地层广泛出露，中生代地层分布不广，构造上为印支—燕山期形成的北东向复式向斜。断裂发育，除北西侧之赣东北深断裂带、中部的肖山－横坪深断裂带、南侧的萍乡－广丰深断裂带外，北东东走向的断裂亦极为醒目，一般延伸多在十至数十千米左右。另外，还发育一些北北东向及北西向断裂。岩浆活动以燕山晚期最为强烈，形成大茅山、灵山花岗岩基，西部德（兴）－乐（平）盆地，南部东乡－广丰盆地有早白垩世火山喷发活动，形成中酸性火山岩及火山碎屑－沉积岩。

本区出露温泉只有3处，一处为德兴市绕二温泉，燕山期花岗岩内接触带，出露标高130m，受北东、北北东断裂控制，温泉温度42℃，勘探后流量1200m^3/d，水化学类型为重碳酸盐钠质型水，溶解性总固体216mg/L，pH值7.1，F 7.5mg/L，H_2SiO_3 50mg/L。第二处为德兴万村度头温泉，泉温26℃，流量8573.3m^3/d，位在二叠系马平组（P_1m）灰岩地层中，受北北东向断裂所控制，出露标高45m，水化学类型为重碳酸钙质水，溶解性总固体340mg/L，pH值7.8，F 1.2mg/L。第三处是横峰县司铺刘家温泉，出露于晚白垩世红层信江红盆北部边缘与二叠系栖霞组（P_2q）灰岩断裂接触带上，出露标高88m，泉温27℃，流量1448m^3/d，水化学类型为重碳酸钙质型水，溶解性总固体207mg/L，pH值7.7。

上述温泉均未开发利用，其中德兴绕二温泉温度最高，距世界地质公园、世界自然遗产地三清山直线距离35km，成热条件较有利，其前景十分看好。

二、北武夷山区（Ⅲ$_2$）

位于武夷山脉西坡的资溪—黎川地区，为一近北北东向断裂隆起带。区内新元古界万年群（Pt_3W）变质岩，志留纪加里东期、侏罗纪燕山期花岗岩广泛出露。中新生界主要发育于西侧之南城－广昌盆地中，走向以北北东为主，西侧多被断裂所控制，属箕形断陷盆地。基底褶皱强烈，以紧密线型褶皱为主。北北东、北东向断裂最为发育，规模也较大，控制了中生代盆地的形成和沉积，同时切割了上述地层和有关岩体，属长期发展、多次活动的断裂，同时有象湖－抚州－黎川北西向断裂带在本区内交汇。

出露温泉4处，两处位于花岗岩中（黎川县暖水和南丰县汤尾），两处位于震旦纪和南华纪地层中（资溪县烧水圹和黎川县石坑），但近旁都有花岗岩出露，出露标高194~255m。均受北北东和北东向断裂所控制。温泉温度一般在43.5~44.8℃，平均46.8℃，最高62℃。总天然流量524.4m^3/d，每日放热量8.78×10^7kJ。水化学类型为重碳钠和碳酸钠型水，溶解性总固体115~1640mg/L，pH值6.3~7.6，F 2~12mg/L，H_2SiO_3 36.4~130mg/L。

三、南武夷山区（Ⅲ$_3$）

位于武夷山脉西坡的石城—寻乌和安远地区，区内主要由南华系—寒武系组成变质褶皱基底。宁（都）于（都）坳陷中有上古生界—侏罗系分布，南部有中生代陆相火山盆地和于都、石城、会昌等中小型红层断陷盆地，西以鹰潭－安远深断裂带为界，北北东、北东向断裂发育，近东西向与北西向断裂规模一般不大。岩浆活动强烈，以志留纪加里东期花岗岩和侏罗纪早白垩世花岗岩为主，三叠纪印支期花岗岩也有出露，在会昌盆地边缘发育晚白垩世中基性熔岩与火山口。是江西新构造活动与地热活动的重要地带，其中北北东向的石城－寻乌深断裂带为主要发震导热构造，沿带有天然温泉、钻探温泉23处，为江西主要的活动性断裂热水带，该断裂既控盆又破（红）盆。

该区地热勘查程度较低，地热地质条件较好。

（一）石城－寻乌断裂带北段

控制了石城地区5处温泉中的4处（石城县上温寮、烧湖里、楂山里和九磜温泉），并在石城县城郊通天寨不远处的大畲，江西地质工程公司2014年打出了地热水孔，水温42℃，出水量1488m³/d，目前仍在勘查中。均位在红层断陷盆地与震旦系北北东向赣江源断裂接触带上（图6-20-11），另1处（石城

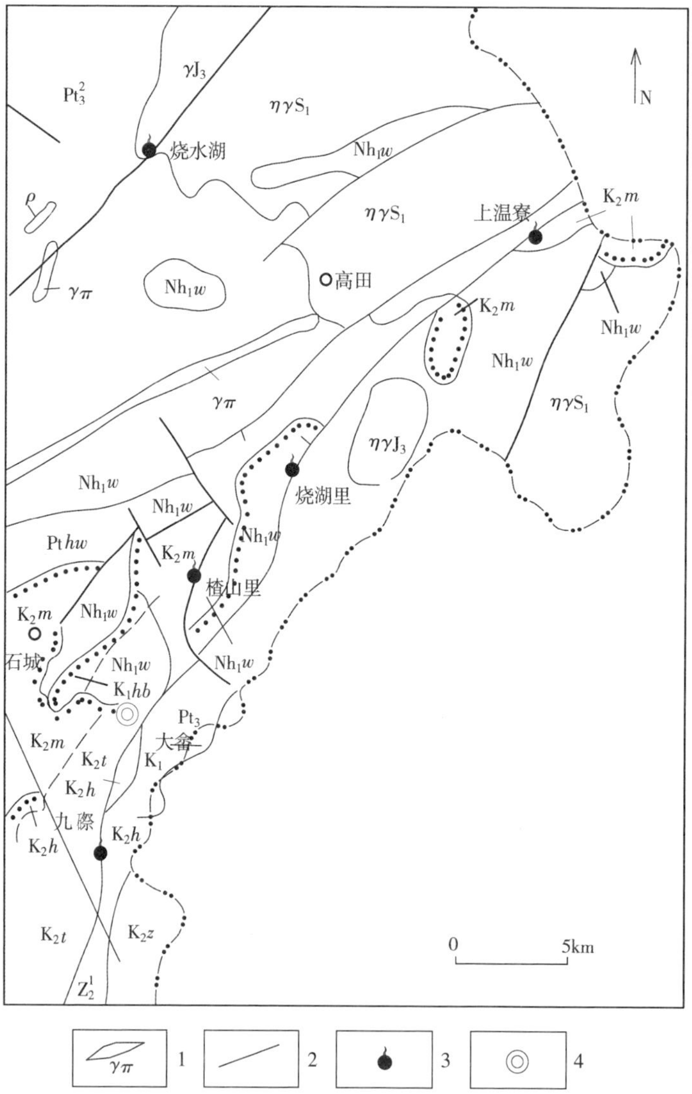

图6-20-11　石城赣江源地热带地质图

Fig. 6-20-11　Geological map of Ganjiangyuan geothermal region, Shicheng

1—花岗斑岩脉；2—断裂；3—温泉；4—地热水孔（井）；K_2t—上白垩统圹边组；K_2h—上白垩统河口组；K_2z—上白垩统周田组；K_2m—上白垩统茅店组；K_1hb—下白垩统火把山群；Z_2l—上震旦统老虎圹组；Nh_1w—下南华统万源岩组；Pt_3^2—新元古界上部变质岩；$\eta\gamma J_3$—晚侏罗世二长花岗岩；γJ_3—晚侏罗世花岗岩；γJ_2—中侏罗世花岗岩；$\eta\gamma S_1$—早志留世二长花岗岩

烧水湖温泉）位在三叠纪燕山期花岗岩中，出露标高 214~270m。本段温泉水温 35.5~57℃，平均 48.5℃，最高温度 59℃，总出水量 2732.8m³/d，每日放热量 30.36×10⁷kJ。水化学类型为硫酸、重碳酸盐钠水或重碳酸硫酸钠水，溶解性总固体 320~657mg/L，pH 值 6.3~7.8，F 5~10mg/L，H_2SiO_3 30~65mg/L。

实例：九磜温泉

位于石城县珠坑乡九磜村西，也称九寨温泉。

九磜温泉位于赣江源地热带南部。地热水形成于珠坑晚白垩世红层丹霞盆地东缘，早南华世万源岩组由北北东、北北西两条控盆硅化断裂带在这里交汇，聚结成一个 100 多平方米的硅质岩块（图 6-20-12）。一条山溪从硅质岩块的崖壁上飞泻而下，形成一道落差达 20 余米的瀑布。瀑下为一个硅质泉池，在裸露的硅池之旁有泉眼十数处，两眼温泉沿新华夏系的一对北东东向、北北西向剪切破裂带涌流而出（杨明桂 等，2009），剪切面上近水平阶步擦痕清晰可见，池中伴有大量串珠状气泡溢出，泉水清澈见底，具硫化氢臭，水温 56℃左右。构成一幅飞瀑流泉景观，像一个天然精致的地热地质模型，展示出新华夏系北北东向断裂控盆导热，一对剪切面涌水成泉的成热规律。

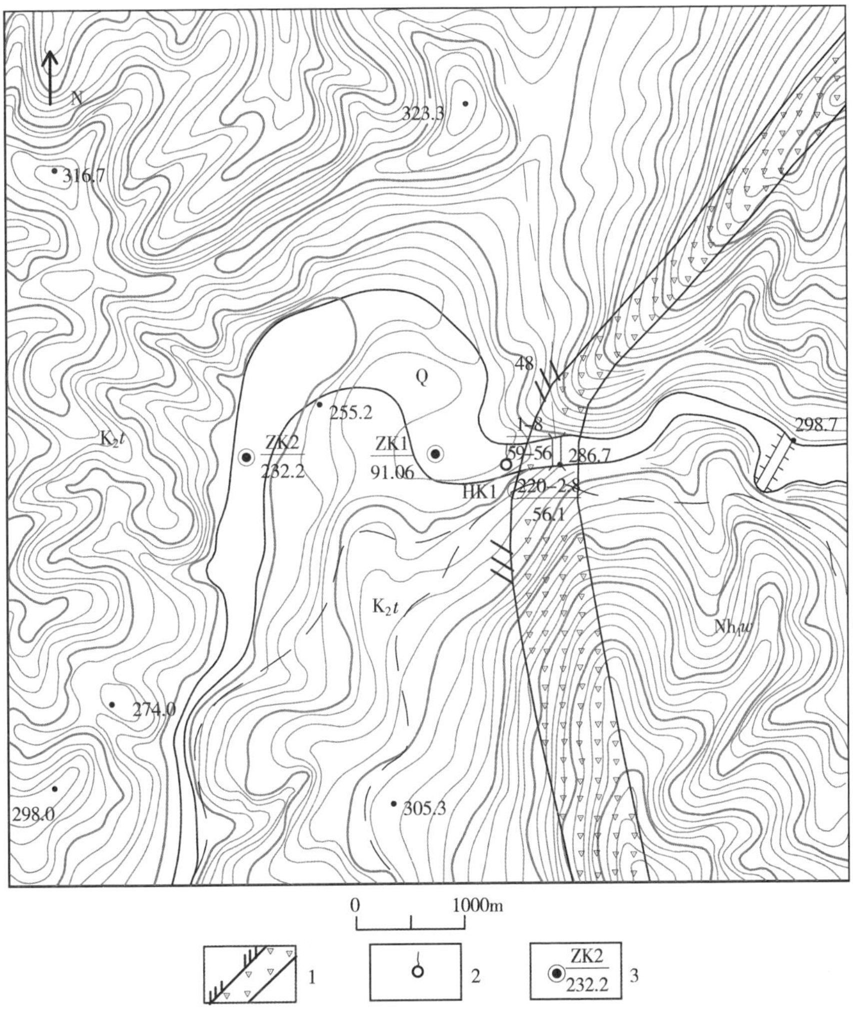

图 6-20-12　石城县九磜温泉地热地质图

Fig. 6-20-12　Geologic map for geothermal of Jiuqi hotspring, Shicheng County

1—断裂硅化破碎带；2—温泉；3—钻孔编号及孔深（m）；

Q—第四系松散堆积层；K_2t—白垩系上统塘边组砂岩、细砾岩；Nh_1w—下南华统万源岩组变余砂岩

在该地热带北部的烧湖里，温泉形成于丰山小型晚白垩世红层断陷盆地东缘的北北东向断裂硅化带中,硅质泉池中地热水也是沿北东东向、北北西向一对剪切破裂面上涌。调查显示赣江源地热带具有相当大的地下热水资源潜力。

2006 年 7 月，赣南地质勘探公司曾在温泉南约 20m 处断裂硅化带中施工钻孔 BK_1，终孔深度 76.3m，经抽水试验，S=2.8m，Q=227.52m^3/d，水温 56.1℃。2008 年 7 月，江西省地矿局水文地质工程地质大队分别在温泉西侧 80m 和 240m 处施工钻孔 ZK_1（孔深 90.06m）、ZK_2（孔深 237.2m），分别于孔深 50.71~80.56m 和 210~237.2m 揭露断裂硅化带，热储层为上震旦统老虎圹组变质砂岩，最终获得井口水温 59℃，开采资源量为 1442.9m^3/d 的热水，每日放热量为 24.59×10^{7}kJ。

水质类型为硫酸重碳酸钠钙型水，pH 值 7.4~8.3，溶解性总固体 796~818mg/L，H_2SiO_3 75.4~76.93mg/L，F 5.2~6.2mg/L，热储基础温度为 107.6℃，水循环深度为 2972m。

目前石城县旅游局已在此建有九寨温泉度假庄园，九礤温泉距石城通天寨丹霞风景区近在咫尺，温泉与丹霞景观相映，成为琴江胜景与休闲度假园地。

（二）石城 – 寻乌断裂带中段

主要位于瑞金—会昌地区，该北北东向深断裂带与会昌环状构造带西环外带复合，控制了温泉 5 处（即瑞金市赤砂堆、咸水，会昌县筠门岭、竹村，寻乌县上津）和钻探温泉 4 处（瑞金市新圹，会昌县黄坊、何草坑、周田地热水孔），出露地层有南华系、寒武系变质砂岩、板岩等，以及侏罗纪燕山期花岗岩和上白垩系赣州群红层，均处在该断裂与红盆接触带上或红盆内。温泉出露标高 190~260m，水温 25~60℃，平均 35.8℃，最高温度 60℃，总流量 3511.7m^3/d，每日放热量 37.73×10^{7}kJ。

水化学类型为硫酸重碳酸盐钠型水，溶解性总固体 320~657mg/L，pH 值 6.3~7.8，F 5~10mg/L，H_2SiO_3 30~65mg/L。

（三）石城 – 寻乌断裂带南段

位在寻乌县和安远县境，共出露温泉 14 处，钻探温泉 3 处。

寻乌地区出露温泉 11 处，钻探温泉 3 处，其中 7 处位于乌泥嶂火山盆地中（寻乌热汤嶂下、磷石背、横迳、河唇温泉和珠珊、菖蒲、石马地热水孔）。2 处位于火山盆地与侏罗纪燕山期花岗岩接触带中（狮子峰和河角），2 处位于留车红盆中(乌疗岌和留车温泉)。1 处位于燕山期花岗岩中（吊神排），1 处位于加里东期花岗岩中（旗形排温泉），1 处位在南华纪混合花岗岩中（石牛湖温泉）。主要受北北东向留车 – 吉沄、菖蒲 – 寻乌断裂带控制。温泉温度 26~76℃，平均 43.2℃，最高温度 76℃，出露标高 171~310m，总出水量 4668m^3/d，每日放热量 33.19×10^{7}kJ。

水化学类型主要为重碳酸钠型水，其次为重碳酸硫酸钠钙型水，溶解性总固体多数在 1140~3700mg/L，pH 值多数 6.4~6.8，F 1.2~5mg/L，其中碳酸泉 4 处，游离 CO_2 444~1908mg/L，少数含铀水 1.04~1.06×10^{-5}g/L，Rn130.5~337.2Bq/L。

实例（一）：横迳地热田

位于寻乌县南桥镇横迳村汤下。

石城 – 寻乌断裂热水带南段出露地层主要有：下白垩统鸡笼嶂组（K_1j）火山岩，上白垩统赣州群红色砂岩、砂砾岩夹钙泥岩、泥灰岩、局部玄武岩。岩浆岩有侏罗纪燕山期早白垩世花岗岩侵入体

(γK_1)、燕山晚期花岗斑岩（$\gamma\pi K_1$）及富斜花岗岩，断裂构造有北北东向和东西向两组（图 6–20–13）。

温泉位于乌泥嶂火山盆地的东南部边缘，寻乌水西侧，横迳岌（海拔 416.3m）南麓的山间谷地小溪北西侧，主要受北北东向压性、压扭性（倾向 326°∠75°）留车－吉沄断裂破碎带与近东西向张性或张扭性（倾向 0°∠65°）断裂带复合控制。温泉大多自第四系松散层中以泉群形式溢出，在 100m×60m 范围内见有大量泉眼不时翻花冒泡，伴有大量气体逸出，宛如一串串晶莹的珠玉，水温 38~50℃，总天然流量 3.032L/s，泉水澄泓无色，清澈见底，具有浓烈的硫气臭，味酸，涩口，见有大量钙华沉淀，厚 0.1~0.5m。其中 1 处温泉已围砌成 4.4×4.2m 的方形泉池，水深 0.5m，温泉从池底下白垩统鸡笼嶂组角砾凝灰岩裂隙中呈股状涌出，浮珠累累，水温 50℃，流量 1.652L/s，出露标高 252m，总放热量为 3.4×10^7kJ。

温泉水化学类型为重碳酸钠型水，pH 值 6.6，溶解性总固体 2048mg/L，F 5mg/L，H_2SiO_3 78mg/L，Li 1.45 mg/L，游离 CO_2 616.8mg/L，Eh 值 180~280mv。铀 3.8×10^{-6}~1.3×10^{-5}g/L，镭 1.62×10^{-12}~5.5×10^{-11}g/L、氡 16.7~77.6Bq/L。温泉水含铀、镭、氡，与近源铀矿化点岩性有关。泉华成分：CaO 占 30%~40%，SiO_2 占 5.9%~28%，还有 Fe_2O_3、Al_2O_3、MgO 及 MnO_2 等。这种以钙、硅化为主的特点反映了本区温泉可能属深循环类型。

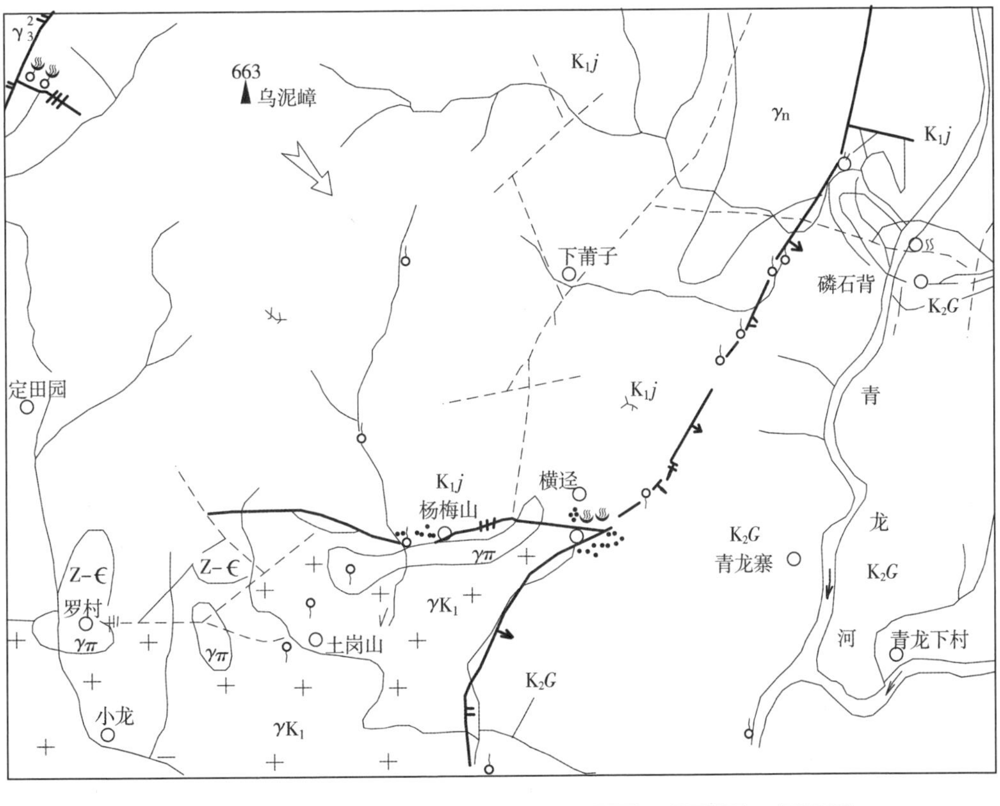

图 6–20–13　横迳地区温泉分布图

Fig. 6–20–13　Distribution of hotsprings in Hengjing region

（据孙占学 等，1994）

1—北东向断裂带；2—东西向断裂带；3—地热水流向；4—地表水系；5—温水及热水；6—下降泉；7—山峰及高程；K_2G—上白垩统赣州群 9；K_2j—下白垩统鸡笼嶂组；Z-∈—震旦系—寒武系变质岩；γK_1—早白垩世花岗岩；$\gamma\pi$—花岗斑岩；γn—富斜花岗岩

据 1993 年 9 月采集的水同位素样品分析，当地地表水、井水 $\delta^{18}O$ 值变化在-5.95%~-5.63%之间，而地热水的 $\delta^{18}O$ 近似于地表水，井水 $\delta^{18}O$ 值为-6.93%，处在雨水同位素组成（$\delta^{18}O$=+10‰~50‰）变化范围内，因此本区地热水的形成与大气降水有密切相关（朱基忠 等，1981）。

而本区温泉氚含量为 3.28~9.07TU，均小于 10TU，多数在 5TU 以下，考虑到地热水在上升过程中与浅层水混合，地热水的实际氚值可能更低，大部分可视为无氚水。显然本区地下热水的补给发生在热核试验以前，其形成年龄至少在 40a 以上。而当地邻区浅层水和河水，氚含量为 13.14~20.31TU，循环时间显然较短。

可以认为，本区地热水属大气降水深循环成因。大气降水从西北面山区通过断裂构造和裂隙，垂直向下渗透，进行深部循环，在径流过程中，地下水从围岩中获取了热量（区域热流从底部传导供热）并不断地溶滤了火山岩和其他围岩的矿物成分，随着深度的增大，温度逐渐升高，围岩发生水热蚀变，并因各种变质作用产生出的大量 CO_2，也增强了地下热水的溶解能力，使水中富集了硅酸、氟、锂等，到达一定深度后，在压力差的作用下，地下热水沿构造断裂迅速上升，在构造侵蚀有利部位以温泉形式出露于地表。

根据二氧化硅地热温标，估计出其热储基底温度为 110℃左右，根据本区地温梯度 33℃/km，估计其地热水循环深度大致为 3050m。

横迳温泉是一处高热偏硅酸、氟和碳酸的复合型医疗热矿水，具有极高的医疗价值。泉区青龙村西侧，寻乌河畔，有青龙岩风景区，是寻乌八景之一。

实例（二）：磷石背温泉

位于寻乌县南桥镇磷石背村北。

地处南武夷隆起南端西侧，为低山丘陵地区，区内峰峦起伏，沟谷纵横，溪沟发育，地势由北西向南东倾斜，区内最高峰磷石寨海拔 442m。珠江水系的青龙河（寻乌水）由北而南纵贯泉区。

温泉出露于青龙河东岸次级东西向小溪汇合处，呈泉群溢出，较大的有 5 处。磷石背温泉处在留车－吉沄北北东向断裂带与近东西向断裂交汇部位。近东西向断裂破碎带走向 100°~125°，倾向北，倾角 35°，带宽 20~30m，有不同程度的硅化，该断裂带北侧出露的地层为下白垩统鸡笼嶂组晶屑凝灰岩，南侧出露的地层为下白垩统赣州群紫红色中细粒砂岩。温泉出露标高 238m。温泉温度 32~46℃，天然流量 1.482L/s，其中一处高出溪水 0.6m，已围砌成池，地热水自第四系亚砂土中涌出，水温 45℃，天然流量 0.325L/s，均伴有大量气泡涌出，如釜中沸水，具臭鸡蛋臭，可见大量泉华沉淀，较厚处达 0.6m，其中一处泉华冢，高出小溪河水位 7m 左右，上面曾是热泉出口，现已断流，可能由于温泉自封闭作用或可能由于水位消退所致。

2010 年 6 月~2011 年 12 月，江西省地矿局赣南地质大队曾对该区进行地热普查，施工钻孔 3 眼，其中两孔穿过白垩纪红层，揭露到鸡笼嶂组晶屑凝灰岩热储层，分别于孔深 70.68m 至 123.8m，揭露到地热水，水头高出地面 6.5m，自涌水量 1328m³/d，孔口水温 52℃；另一孔水位高出地面 2.3m，自涌水量 968.46m³/d，孔口水温 51℃。初步估算该区地热水资源量达 3000m³/d。

水化学类型为重碳酸钠型水，溶解性总固体 1600~2800mg/L，pH 值 6.5~7.3，H_2SiO_3 40mg/L，F 1.2~7.5mg/L，U 1.04×10^{-5}~1.3×10^{-5}g/L，野外现场测定游离 CO_2 达 1833mg/L，据气体成分分析，CO_2 占气体体积分数为 93.4%，氮气占 4%。

泉华化学成分分析：CaO 占 3%~4%，SiO_2 占 5.9%~28%，其他还含有某些微量元素。

磷石背温泉目前尚未开发利用，开发中一定要注意对泉华冢和泉华的保护。它是重要的古温泉遗迹，也是温泉主要景观之一，具有很高的观赏性和科学研究价值。该区域温泉众多，计有10余处，希望有关部门和当地政府能统一规划，整体开发，不要以开发地热水资源为主，而应以自然景观，包括火山岩、火山口、岩浆岩、丹霞地貌和文化遗迹等观赏、科考、旅游、休闲、服务业为主。

安远地区出露温泉3处，主要受鹰潭－安远深断裂带南段次级北东东向断裂控制。两处位于燕山期花岗岩中（新田和虎岗温泉），1处位于南华纪混合岩中（新圹温泉），出露标高276~312m，温泉温度32~74℃，平均温度52.3℃，最高温度78℃，总流量1517.7m³/d，每日放热量37.96×10⁷kJ。

水化学类型以重碳酸钠型为主，次为重碳酸硫酸钠型水，溶解性总固体188~1092mg/L，pH值6.8~7.9，F 0.5~6.2mg/L，H_2SiO_3 57.2~72.8mg/L。

实例（三）：虎岗温泉

位于安远县三百山镇虎岗村热水，古称汤泉。区内出露地层有：加里东期片麻岩、寒武系下统牛角河组（$\epsilon_{1\text{-}2}n$）变余砂岩、沉凝灰岩、板岩、硅质岩、炭质板岩和第四系堆积层。岩浆岩有燕山早期中粗粒黑云母花岗岩和燕山晚期石英斑岩。

温泉位于三百山东南麓，新田水溪畔谷地中，在190m×160m范围内分布有温泉20余处，山坡上、岸边、溪流中均有出露，其气氤氲，如雾蒸腾，沉淀有大量白色泉华，厚达0.6m。水温49.5~74℃不等，天然总流量达7.124L/s，温泉出露标高305~333.6m。

温泉主要受东西向和北北东向断裂复合控制。东西向断裂带（即热水-吉沄断裂）倾向北，倾角75°~85°，以硅化带裂隙密集带形式出现，裂面平直、光滑、具水平擦痕、舒缓波状，压扭性，左行扭动，长4km，宽10~20m，多次活动。北北东向断裂以一组密集的挤压裂隙和一组密集的劈理、裂隙带形式出现，走向北东15°~25°，倾向南东，倾角80°~85°，带长1~3km，宽4m（图6-20-14）。

1971~1972年，江西省地矿局九〇九大队曾对虎岗温泉进行了地热勘查，施工钻孔4眼，于东西向断裂带上施工ZK1和ZK2，孔深分别为362.26m和463.77m，热储顶板埋深为11.20m和4.67m，热储层厚度分别为351.06m和385.23m。热储层为燕山晚期石英斑岩，自流降低水头11.3m和1.73m，分别获得自流热水量1380.67m³/d和508.9m³/d，井口水温分别为75℃和78℃。ZK3和ZK4位于北北东向断裂上盘，孔深分别为261.35m和364.66m，热储层为燕山期花岗岩，顶板埋深1.1m和21.18m，热储厚度分别为273.47m和22.44m，自流量分别为86.4m³/d和20.74m³/d。井口水温分别为71℃和55℃。

2013年，江西省地矿局水文地质工程地质大队曾在该区施工两眼地热水井（1井、2井），地热水自然露头由原来的20余处减少至11处。

虎岗地热田主要热储层为燕山晚期石英斑岩，热储流体温度为75~78℃，自流量1380.67m³/d，每日放热量为32.55×10⁷kJ，折合标准煤11.10t/d。水化学类型为重碳酸钠型水，pH值7.9，溶解性总固体285mg/L，F 6mg/L，H_2SiO_3 72.8mg/L，B 21.62mg/L，Li 0.4645mg/L。

据二氧化硅温标计算，热储基础温度达107℃，地下水循环深度达2900m左右。

虎岗温泉位于国家级重点风景名胜区和国家级森林公园东江源头，目前已有小规模开发，建有温泉宾馆和浴池。虎岗温泉因水温高、水质好，具有极高的医疗价值。同时也是江西省最具观赏性的温泉、泉华等地热景观。虎岗温泉因处在特殊的构造部位，温泉众多，岩浆活动、火山熔岩、变质岩、沉积岩均在同一地区显现，是地球科学研究的好场所。

怀玉山－武夷山地热带，总共出露温泉34处，钻探温泉8处，占全省地热水点总数的32.81%。

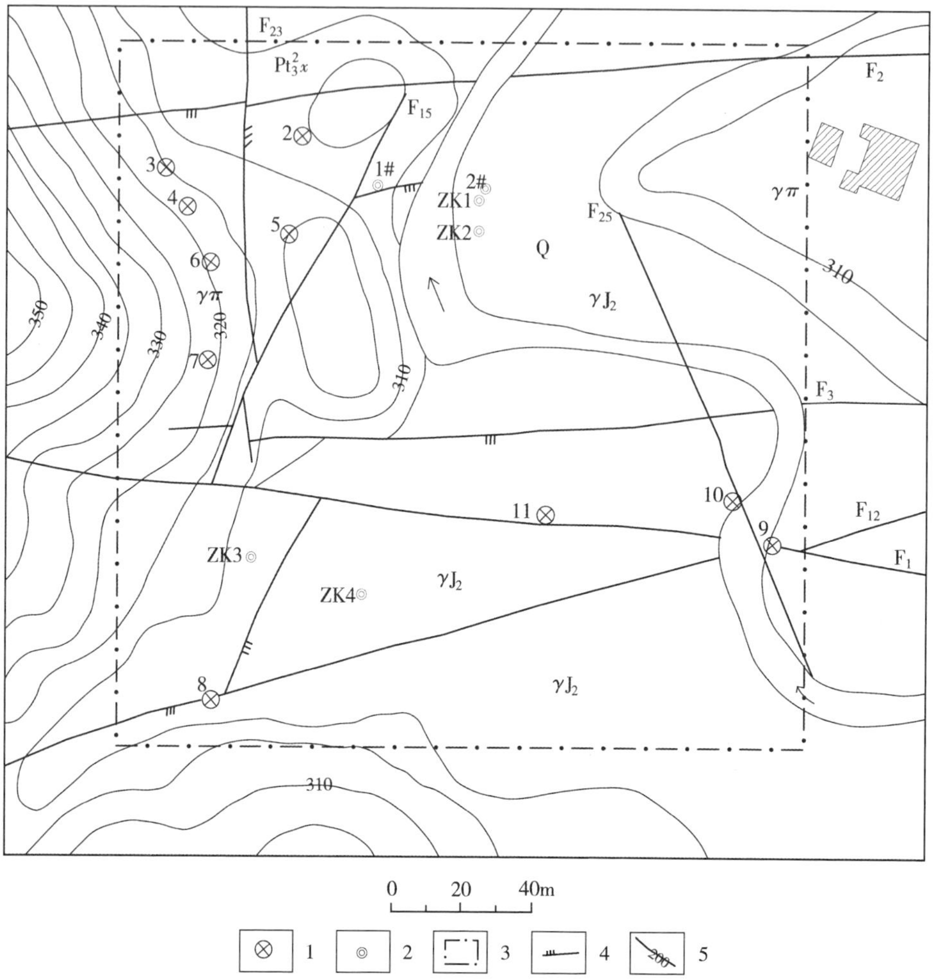

图 6-20-14　虎岗地热水出露区地质图

Fig. 6-20-14　Geological map showing outcrops of geothermal water in region of Hugang

（据孙长贵 等，1972）

1—温泉点；2—热水孔（井）点；3—地热区范围；4—断裂及倾向；5—地形等高线（m）；

Q—第四系松散层；Pt_3^2x—新元古界上部寻乌岩组变质岩；$\gamma\pi$—花岗斑岩；γJ_2—中侏罗世中粗粒少斑黑云母花岗岩

一般温度 40~45℃，平均温度 42.7℃，最高温度 78℃。总出水量 29640.8m³/d，占全省总数的 26.80%，每日放热量 271.80×10^7kJ，占全省总数的 18.97%，折合标准煤 101.28t/d,占全省总数的 20.80%。其中南武夷石城－寻乌北东向断裂热水带是该区也是全省最重要断裂热水带之一。本区地热资源丰富，潜力很大，绝大部分未经开发，目前仅有资溪法水温泉、石城九礤、安远虎岗和寻乌河角温泉小规模开发。

第四节　隆起断裂型地热水成热规律

江西已发现的断裂型地热水资源较为丰富，近期通过加大就热找热力度，在扩大一批地热资源规模和提高地热水温度的同时，又发现了一批温泉。这一趋势仍在发展之中。现就已发现的温泉分布与成热地质条件初步综合分析，可以得出以下一些认识。

1）江西省域隆起、坳陷、断陷盆地三类基本构造单元成热条件差异明显。花岗岩、变质基底广泛出露的隆起山地，因岩石硬化程度高、脆性大、断裂发育且通水性好，利于断裂型热水形成，是断裂型中高温温泉重要分布区，形成重要的热水区，如九岭、武功山、诸广山、九连山、南武夷等区。坳陷区内主要由碳酸盐岩、砂泥质沉积岩组成，地形低洼，水系发育，地下水埋深浅，水交替循环积极，即使有深位热水上涌，到达近地表易与岩溶水混合，温度降低，故而形成温泉少，且以中低温热水为主。晚白垩世、古近纪红层断陷盆地内部断裂不发育，区域性断裂大部分被其掩盖，红层岩性以粉砂质泥岩、粉砂岩为主，孔隙较小，不利于聚集热水，故红层中仅有极少的低温热水发现。

2）省内导热的断裂带主要为北北东向、北东向两组，已发现重要断裂热水带：北北东向的有石城－寻乌、崇义、威家－隘口等，北东向断裂热水带有武宁－铜鼓；北东东向断裂热水带有新泉－温汤、龙南－安远等。在上述断裂与其他方向断裂，特别是北西向断裂的结点部位有利于成泉成带出现。这些断裂热水带在空间分布上有以下特点：

分段性：规模较大的断裂带往往通过隆起、坳陷等不同构造单元，或被红层断陷盆地所掩，出现温泉分段现象；在不同段落，主要在隆起区形成断裂热水带。如赣江断裂带，在其北段形成威家－隘口断裂热水带，在星子岩群变质岩中形成了著名的星子温泉，在该断裂带南段的诸广山隆起区也形成了重要的断裂热水带；但其中段主要通过坳陷区或红层盆地，热水点不多，主要有圳头－新街中低温断裂热水带。又如瑞昌－铜鼓北东向断裂带，其北段处于九江坳陷，仅有1处温泉发现，南段在九岭隆起区，形成了重要的武宁－铜鼓断裂热水带、武宁岩－莲花北北东向断裂带，在九岭隆起有著名的奉新县九仙汤温泉，进入萍－乐坳陷形成了万载－宜春断裂中低温热水带，至武功山区又形成了中高温的安福泰山高峰温泉。

等距性：地热水点在断裂热水带上的分布具有大致等距分布的特点，如温汤－新泉断裂热水带沿北东向断裂带，自东向西有宜春袁州区梅花桥钻探温泉、温汤温泉、夏家坊、芦溪县万龙山钻探温泉呈大致等距分布。石城县、烧湖里、杉山里、大畲、九磜（寨）温泉沿北东向断裂热水带也大致等距分布。武宁－铜鼓北东向断裂热水带的武宁县汤里、修水县汤桥、铜鼓县汤里与铜鼓温塘温泉等也大致呈串珠状等距分布。

3）致密质脆性岩石是断裂型热水成泉的有利条件。致密块状的岩浆岩花岗岩等或混合花岗岩是最有利的成泉岩石，变质岩居其次。断裂带中的硅化岩是最常见的断裂带成泉岩石。

4）大地热流为其主要增温热源，地温梯度等于正常值或略高于正常值，温泉温度的高低主要取决于地下水的循环深度和径流排泄条件。热储基底温度一般小于140℃，地下热水常沿陡倾斜或近似直立的活动性断裂带涌出地表或赋存于浅部。在热水主流带附近常形成局部热异常，盖层极薄或缺失。温泉大都出露于山间盆地或山前地带。大都与岩浆岩和火山岩分布有关，这类温泉占总数的60%。地热田面积都很小，一般不超过1km^2。大气降水和地表水入渗为其主要补给来源。水质比较单一，主要决定于热储及地下热水循环途径围岩的成分。在花岗岩、片麻岩、混合岩地区，大部分为低矿化的重碳酸盐钠型水，多呈中性或弱碱性，水中偏硅酸和氟离子含量较高。气体成分主要为氮气（90%以上），并含有少量氦和氩。另外还有不少是碳酸泉，游离CO_2一般为数百毫克每升至1833mg/L。碳酸气的形成主要与深部热力变质作用有关。泉华多为钙华，伴生矿有铀、萤石、重晶石、多金属等。在碳酸盐岩及砂岩、页岩地区多为重碳酸钙型水或重碳酸钙镁型水，偏硅酸和氟离子含量较低，含有微量元素锶、锂等。

表 6–20–1　江西省温泉一览表

Table 6–20–1　List of hotspring in Jiangxi Province

序号	温泉行政位置	温度/℃	流量/($m^3 \cdot d^{-1}$)	地层代号	温度 T　流量 Q
1	九江市瑞昌县武蛟上坝	32~40	100	O_2~O_3	勘探后：T=40℃　Q=400m^3/d
2	九江市庐山区威家方竹庵	25.4	94.5	$Z_2\epsilon_1 d$	
3	九江市星子县温泉镇(庐山)温泉	63~68.5	345.6	$Pt_3{}^{1q}x$	勘探后：T=64~68.5℃　Q=3725m^3/d
4	九江市武宁县上汤温汤	40~45	321	$\eta\gamma k_1/Pt_3{}^{1a}a$	
5	九江市修水县白岭温泉	65	173	$\eta\gamma J_3$	
6	九江市永修县易家河(西海)温泉	41~44	104	$Pt_3{}^{1q}xs$	勘探后：T=58.6℃　Q=1519m^3/d
7	九江市武宁县罗溪汤里	65~72	158	$\eta\gamma Pt_3$	勘探后：T=65~70℃　Q=1300m^3/d
8	景德镇市乐平县塔前龙沄	35.3	737	C_2h	
9	景德镇市乐平县塔前月湖	28.8	1170	P_{2t}–q	
10	九江市修水县汤桥	62~70	259	$\gamma\delta Pt_3$	
11	宜春市靖安县中源邱家街	35	52	$\gamma\delta Pt_3$	勘探后：T=39 ℃　Q=979m^3/d
12	宜春市奉新县澡溪九仙汤	54	52	$\Gamma\delta o Pt_3$	勘探后：T=62 .5 ℃　Q=3000m^3/d
13	宜春市铜鼓县古桥汤里	62	9.0	$Pt_{3\alpha}{}^{1\alpha}/\gamma\delta o Pt_3$	
14	上饶市德兴县绕二暖水池	42	391	$\xi\gamma k_1$	勘探后：T=41℃　Q=1200m^3/d
15	上饶市德兴县万村渡头	26	8573.3	P_2ms	
16	宜春市铜鼓县温泉温圹	49	16.9	$\gamma\delta J_3/k_2h$	勘探后：T=71℃　Q=1481m^3/d
17	宜春市宜丰县沄山尾水	26	53	$\gamma\delta Pt_3$	
18	宜春市丰城县隍城泸田	27	682	P_3c	
19	宜春市丰城县隍城圳头	31	3230	P_2m	
20	鹰坛市余江县锦江	25.5	998	J_1s/P_2ms	
21	上饶市横峰县司铺刘家	27	1448	P_1m	
22	宜春市万载县马步窑上	26	1140	P_1m	
23	宜春市万载县马步鲁圹	32	30.2	P_1m/P_3l	勘探后：T=32℃　Q=2937.6m^3/d
24	宜春市上高县田心石圹前	34~40	1469	C_3c/T_1a	
25	抚州市临川区温泉	42	495	C_1z/K_2t	勘探后：T=61.2℃　Q=2084.3m^3/d
26	宜春市袁州区三阳秆圹	27	1474	P_2c/T_1t	
27	宜春市袁州区新田黄家坊	26	691	T_1c	
28	宜春市袁州区温汤	62	864	γS	勘探后：T=66℃　Q=3700m^3/d
29	宜春市袁州区洪江温圹	37	126	γS	勘探后：T=49.8℃　Q=824.3m^3/d
30	吉安市安福县泰山高峰	42	480	$\eta\gamma o_3$	勘探后：T=77℃　Q=1600m^3/d
31	抚州市崇仁县马鞍汤溪	43.5	176	$Pt_3{}^{16}k/K_2$	勘探后：T=47℃　Q=1300m^3/d
32	抚州市资溪县嵩市烧水圹	43.5	323.6	$Nh_1w/\gamma J$	

续表

序号	温泉行政位置	温度/℃	流量/($m^3 \cdot d^{-1}$)	地层代号	温度 T　　流量 Q
33	抚州市黎川县华山岭洲湖暖水	48.8	39	$\gamma\pi k_2$	
34	抚州市黎川县石坑	33	86.4	$Nh_1w/\eta\gamma J_3$	
35	抚州市宜黄县黄陂圹圩岭下	28	147	Nh_1w/k_2t	
36	抚州市宜黄县中港沄田里	39	130	$Nh_1w/\eta\gamma J_1$	
37	吉安市吉水县文峰炉村	28	500	J_1s/J_2z	
38	赣州市宁都县肖田热水	42	385	$Pt_3^{1b}\chi$	勘探中：T=54.8℃　Q=2031.8m³/d
39	抚州市南丰县付坊汤尾	62	56	$\eta\gamma o_1$	
40	吉安市青原区富田水口村	28.5	1089	C_2h	
41	吉安市永丰县君埠石马迳	44	52	$Nh_2\chi$	
42	赣州市兴国县南坑下叶	35	233.5	$Nh_2\chi$	
43	赣州市宁都县湛田蓝田	57	52	$\eta\gamma s_1$	勘探中：T=83℃　Q=737.1m³/d
44	赣州市宁都县石上樟莲湖	35.5	207	$K_{2\delta}/\gamma s_1$	
45	赣州市宁都县湛田仙人井	52	432	$\eta\gamma s_1$	勘探后：T=57.6℃　Q=1024.8m³/d
46	赣州市石城县木兰烧水湖	40.5	13.89	γJ_1	
47	赣州市石城县高田上温寮	46.2	200	$\eta\gamma S_1/k_2n$	
48	赣州市石城县丰山烧湖里	41	518	k_2z/ Nh_1w	
49	赣州市石城县琴江楂山里	46	758	k_2m/ Nh_1w	
50	吉安市遂川县大汾热水洲	63	432	$\eta\gamma S_1/\epsilon_4s$	勘探后：T=63℃　Q=1009m³/d
51	赣州市石城县珠坑九磜(寨)	56	605	k_2h/ Nh_1w	勘探后：T=59.0℃　Q=1442.9m³/d
52	吉安市遂川县汤湖	82	1278.7	$\eta\gamma S_1$	勘探后：T=82℃　Q=1860m³/d
53	吉安市遂川县左安樟木坑	41.5	107	$\eta\gamma S_1$	
54	赣州市上犹县五指峰丛树下	41	259	$\xi\gamma J_3$	
55	赣州市上犹县五指峰下汤湖	43	39	$\xi\gamma J_3$	
56	赣州市上犹县五指峰黄砂坑	>36	86.4	$\xi\gamma J_3$	
57	赣州市上犹县五指峰热水	44	141	$\xi\gamma J_3$	
58	赣州市上犹县平富暖圹	40	243	ϵ_4s	
59	赣州市崇义县金坑分水坳	37	19	ϵ_4s	
60	赣州市崇义县茶滩热水壶(獭坑)	53.5	233	C_2z/ϵ_4s	勘探后：T=55~58℃　Q=737m³/d
61	赣州市于都县黄麟盐湖脑	40	186	Nh_1s /$\eta\gamma S_1$	勘探后：T=44.3℃　Q=1300m³/d
62	赣州市崇义县上堡洞下	43	401.7	D_xjd	
63	赣州市崇义县上堡下暖水	42	74.8	$\gamma\delta S_1/\epsilon_4s$	
64	赣州市瑞金市武阳赤砂堆	29.2	57	Z_2l/k_2z	

续表

序号	温泉行政位置	温度/℃	流量/($m^3 \cdot d^{-1}$)	地层代号	备注
65	赣州市瑞金市谢坊咸水	37.8	87	$\eta\gamma T_2$/ k_2z	勘探后：T=39.5℃ Q=616.2m^3/d
66	赣州市于都县盘古山人和	26	82	Z_2l/k_2m	
67	赣州市安远县双芫暖水湖	35	562	P_2x–C	
68	赣州市信丰县西牛丫叉桥	28	255	C_2h	
69	赣州市大余县河洞热水	45	69	$\eta\gamma T_2$	
70	赣州市信丰县新田淹湘	25.5	22	J_1s	
71	赣州市会昌县�门岭热水圹	51~60	1382	k_2z	
72	赣州市会昌县筠门岭竹村	26.5	19	k_2z/Pt_3^{2-3}	
73	赣州市寻乌县罗珊上津	36	90	Pt_3^{2-3}/ k_2z	
74	赣州市信丰县安西热水	51.4	130	$\eta\gamma k_1$	
75	赣州市信丰县铁石口高桥	29	173	P_3l/P_1m	
76	赣州市安远县三百山虎岗热水	74	615.5	$\gamma J_1/Q\pi k_1$	勘探后：T=78℃ Q=1380.67m^3/d
77	赣州市安远县三百山新田	32	33	$\eta\gamma T_3$	
78	赣州市安远县三百山孔田新圹	47	104	$Pt_3^{2-3}\chi$	勘探中
79	赣州市龙南县程龙抖头	53	173	$\epsilon_3q/\eta\gamma J_3$	
80	赣州市龙南县临圹西坑	25	173	k_2h/ k_1j	
81	赣州市龙南县临圹汤湖	72	1312.2	k_1j	勘探后：T=72℃ Q=3636m^3/d
82	赣州市全南县金龙乌龟墩	25	492	D_3st/ D_2z	
83	赣州市龙南县夹湖花树下	67	518	k_1s/ D_3m	
84	赣州市全南县南迳热水	65	376	k_1j	
85	赣州市全南县南迳茅山	52	346	$\epsilon_3q/\eta\gamma J_3$	
86	赣州市寻乌县南桥狮子峰	46.5	357	$\eta\gamma S_1$	
87	赣州市寻乌县南桥热汤嶂下	38	339	k_1j	
88	赣州市寻乌县南桥麟石背	46	128	k_1j	勘探后：T=52℃ Q=1328m^3/d
89	赣州市寻乌县南桥横迳	50	262	k_1j	
90	赣州市寻乌县晨光河角	76	737	$\eta\gamma S_1/k_1j$	
91	赣州市寻乌县菖蒲河唇	46	1005	J_1c	
92	赣州市寻乌县留车	31	9	k_2m	
93	赣州市寻乌县留车石牛湖	46	39	$Pt_3^{2-3}\chi$	
94	赣州市寻乌县龙廷吊神排	31	86	$\eta\gamma J_3$	
95	赣州市寻乌县南桥旗形排	29.5		$k_2m/\eta\gamma J_3$	
96	赣州市寻乌县南桥乌疗岌	25.7		k_2m	

表 6-20-2　江西省地热水孔(井)一览表

Table 6-20-2　General chart of the geothermal water holes (wells) in Jiangxi province

编号	地热水孔位置	井口水温/℃	出水量/($m^3·d^{-1}$)	热储层代号
01	九江市瑞昌市花园坳下	34.4	400	S_1q
02	九江市星子县温泉归宗寺	36	480	Pt_3^1x
03	九江市星子县隘口	65	500	Pt_3^1x
04	九江市都昌县南山	25	709	$Є_1dp/Nh_1m$
05	南昌市安义县新民乡花园垄	40	400	Pt_3^1a
06	南昌市新建县流湖东岗桥	48~56.2	8029.8	K_2l–(T–P)
07	抚州市东乡县考岗付坊	26	1085	K_2m
08	抚州市临川区温泉	63	412	K_2t
09	宜春市丰城市荷湖新泽	35	169	T_3a
010	宜春市袁川区南庙梅花桥	45	1000	γS
011	宜春市袁川区温汤夏家坊	42	1200	γS
012	萍乡市芦溪县万龙山东坑	58	2200	γS
013	抚州市崇仁县桃源游坊	30	432	K_1c
014	抚州市乐安县湖溪邹家山	29	111	K_1c
015	吉安市泰和县万合梅岗	34	116	K_2z
016	赣州市宁都县钓峰桃源	27	52	$\eta\gamma J_1$
017	抚州市广昌县潘田	34	400	Nh_2h/ K_1s
018	赣州市石城县大畲	42	1488	K_2m/Nh_1w
019	赣州市兴国县高兴老圩	26	65	$\eta\gamma J_1$
020	赣州市峰山—南康市南山	25	13.4	K_2l
021	井冈山市曲沄	41	877	$Є_4S$
022	赣州市南康市沄口	34	120	K_2l
023	赣州市崇义县长龙茅坪	29.5	446	$Є_3q$
024	赣州市崇义县丰州鹿井	35	758	$\eta\gamma J_2$
025	赣州市瑞金市谢坊新圹	54	436	$K_2z/\eta\gamma J_2$
026	赣州市会昌县文武坝河草坑	26	121	K_2z
027	赣州市会昌县文武坝黄坊	25	775.5	K_2z
028	赣州市赣县韩坊	26	516	K_2h
029	赣州市会昌县周田新圩	26	15	K_2z
030	赣州市寻乌县中和珠珊(井)	37	100	J_1s
031	赣州市寻乌县菖蒲	39	141	J_1s
032	赣州市寻乌县岗车石马	26	117	J_1c

第二十一章 赣鄱断陷盆地群埋藏型地热资源

该类型主要指分布在江西省中部莫霍面隆起带的中新生代红层断陷盆地群。晚白垩世—古近纪由于地壳伸展及其断块作用，在江西省形成了一系列以北东和北北东向为主的断陷盆地，称赣鄱盆地群。武夷山西麓之南城、宁都、会昌一带，以北北东向长条状断陷箕形盆地为主；江西中部之九江、鄱阳、安义、清江、抚州、吉（安）、泰（和）、万安、赣州、信丰一带，以北北东向成带、一系列左行斜列的北东向断陷箕形盆地为主；武宁、锦江、信江、澧田等地区则以北东东或近东西向断陷盆地为主。赣鄱盆地群岩性以山麓冲洪积相、河流相红色砂砾岩为主，其中含有湖相浅色细碎屑以及膏盐夹层。这些盆地的主要特点是：沉积厚度大，相变剧烈，盆地沉积中心多作单向迁移，在靠近断裂一侧之盆地中，常有玄武岩或安山玄武岩流的喷溢。

盆地与周缘山区相比，构造变形微弱，区域断裂带一般未进入盆地。控盆断裂大部分在盆地发展中后期停止断陷，被盆地沉积超覆，只有部分盆缘断裂切割红层，继续活动，有的成为发震导热构造。这些构造特点决定了，除盆地深部部分边缘断裂有热水分布外，盆内几无温泉出露。

江西省红层断陷（凹）盆地较多，盆地内的低丘岗埠平原地貌与第四系广布，成为省内各重要城市、城镇的所在地，且居中于京九浙赣经济走廊地带。但面积在 200km^2 以上的只有 18 个，1000km^2 以上的只有 8 个，盆地面积最大的为鄱阳湖盆地；其次为吉泰盆地、信江盆地、抚州盆地、锦江盆地及赣州盆地等均为江西的主要城市与经济区。所以盆地地热对江西社会经济发展具有特别重要意义。经数十年探索与研究预测，实现了南昌盆地隐伏性地热的找矿突破，为扩大城市找热提供了可贵经验。

第一节 鄱阳湖断陷盆地地热资源

鄱阳湖盆地处于鄱阳湖生态经济区，是江西政治经济中心地区，是全省面积最大的中新生代断陷盆地，面积达 10680km^2。北鄱与南鄱系分别形成于九岭隆起与萍乐坳陷带和二者之间的九岭南缘逆冲推覆带的基础上。盆地内主要为上白垩统赣州群、龟峰群及古近系武宁群、新余组、信江组河湖相碎屑沉积，其岩性主要由紫红、砖红色砂岩、含砾砂岩、粉砂岩及泥岩等组成。盆地中见有石膏、岩盐和数层安山岩、玄武岩的喷溢，沉积厚度在南鄱阳最大达 4600m。盆地北部基底由新元古界双桥山群变质岩组成，南部盆地基底主要由万年群基底变质岩与晚古生界石炭系、二叠系和三叠系碳酸盐岩夹碎屑岩层等组成，往往为构造岩片堆叠结构。

鄱阳盆地周边已有多条断裂热水带，北侧有赣江断裂带，北段威家－隘口断裂热水带有著名的星子温泉；盆地西北侧有易家河－靖安断裂热水带，西南部有丰城圳头、泸田温泉；盆地东侧地热活动较弱，仅有乐平塔前、月湖断裂热水点。

据南昌地区地热调查，大地热流为58.6mW/m²（仅1处），略低于世界平均值。地温梯度介于2.5~4.7℃/100m，大部分介于3~4℃/100m，平均3.46℃/100m，略高于全国平均值。1000m深度平均地温46~54℃，（图6-21-1，图6-21-2），2000m深度平均地温70~80℃，红层孔隙率为9.4%~19.7%。

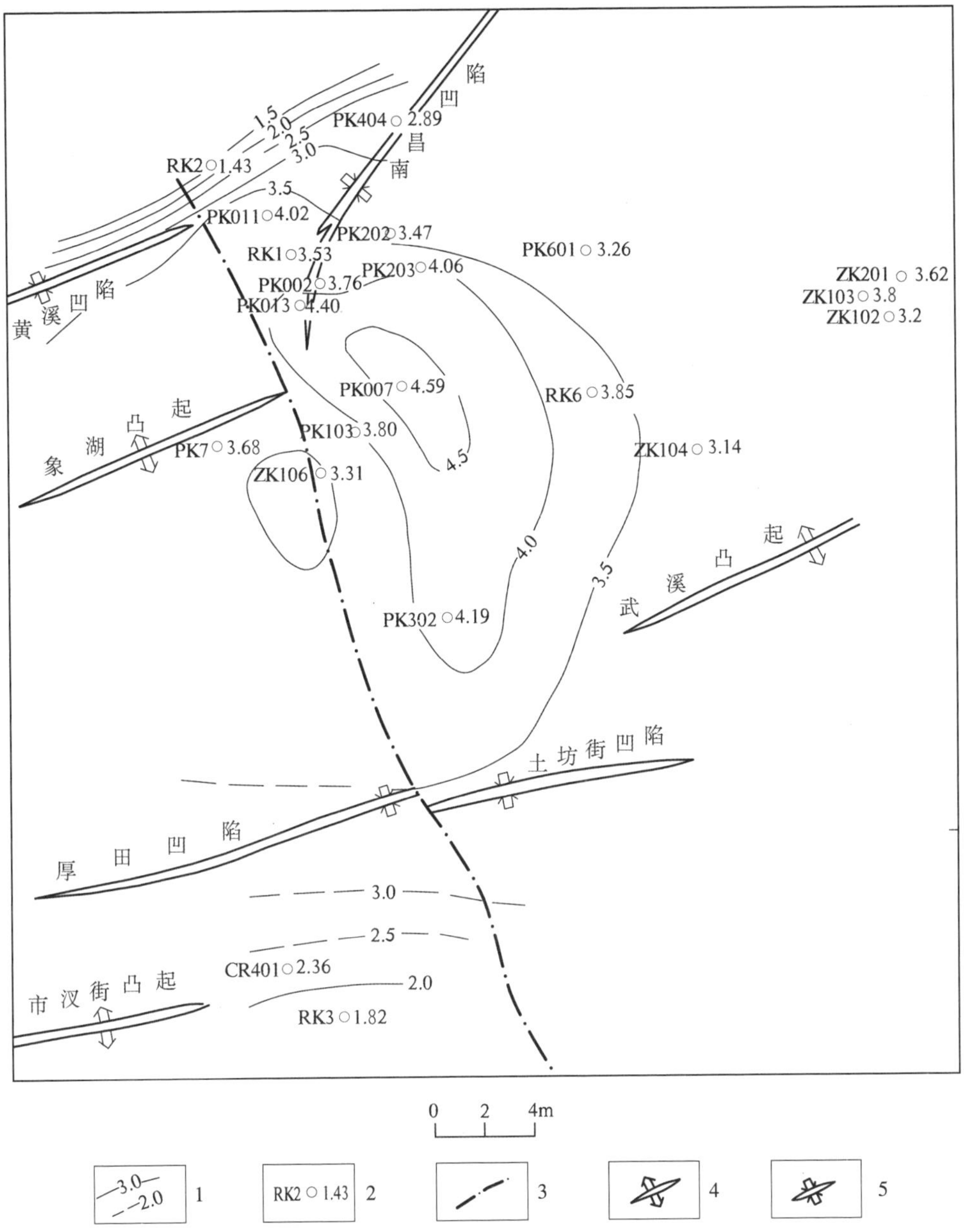

图6-21-1　南昌地区地温梯度图

Fig. 6-21-1　Map of geothermal gradient in Nanchang region

（据王兆英 等，2000年）

1—实测、推测地温梯度等值线（℃/100m）；2—测温钻孔、编号及梯度（℃/100m）；3—物探解译断裂；4—凸起；5—凹陷

据中2孔、莲4孔、赣9孔、赣13孔，在南鄱阳湖盆地红层之下揭露到三叠纪和上古生代碳酸盐岩、碎屑岩岩层，且厚度较大，断裂、岩溶发育。

根据对南鄱阳盆地的南昌盆地西侧西山地区，九岭南缘逆冲推覆断裂形成的万年群浅变质岩，石炭纪、二叠纪碳酸盐岩与上三叠统安源组煤系组成的构造岩片、堆叠结构和人工地震测得的红层厚度进行靶区定位预测，2007 年江西省地矿局水文地质工程地质大队在南鄱阳湖盆地的南昌盆地西部南昌市新建县东岗桥施工的 R_1 孔于 883m 深处钻穿晚白垩世红层钙质底砾岩。红层之下为晚古生代碳酸盐岩及煤系地层，未遇岩溶，终孔深度 1041m，获水温 48℃，单井涌水量为 709m³/d 的地热水。水质为氯化物硫酸钠型水，溶解性总固体达 6666mg/L，富集有 Li、Sr、B、Br、F、H_2SiO_3 及 Rn、H_2S 等。继取得找热突破之后，经该队和富尔富公司近几年的勘查，昌西地热田的轮廓已具雏形。热田红层之下基底地质结构复杂，为逆冲推覆构造岩片堆叠结构，由浅变质岩、上古生界—上三叠统碳酸盐岩、砂页岩、煤系地层叠瓦式构造岩片组成（图 6–21–3、图 6–21–4），并有高角度断裂发育。数次重复出现，岩片有厚有薄。钻孔热水单井涌水量由 544~2438m³/d 不等，水温一般在 48~63℃之间，勘探深度目前控制在 2076m。涌水量变化可能与岩性、断裂性质、发育情况及岩溶发育程度有关。R_4 孔：红层下为变质岩岩片，聚热条件较好，含热水段为堆叠结构煤系与碳酸盐岩片，出水量达 2438m³/d，孔口水温 55℃。R_5

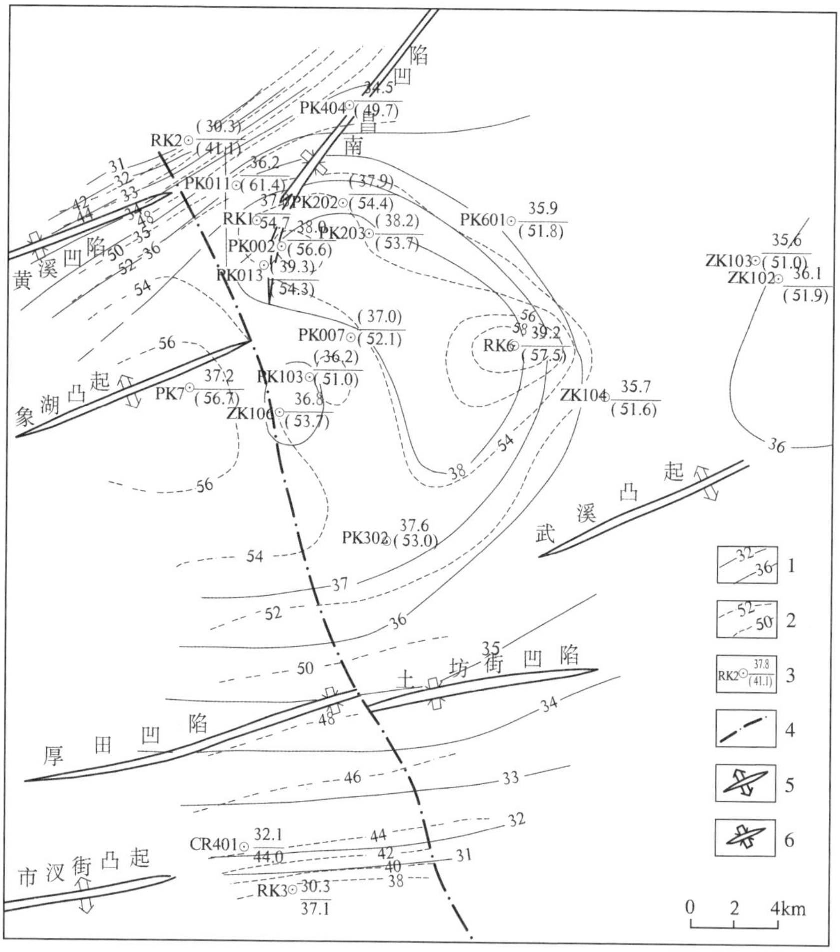

图 6–21–2　南昌地区 1000m 地温等值线图

Fig. 6–21–2　Isogram of 1000m ground tempreture in Nanchang region

（据王兆英 等，2000）

1—埋深 500m 地温等值线（℃）；2—埋深 1000m 地温等值线（℃）；

3—测温钻孔：左为编号，右分子为埋深 500m 地温（℃），分母为埋深 1000m 地温（℃）；

4—物探解译断裂；5—凸起；6—凹陷

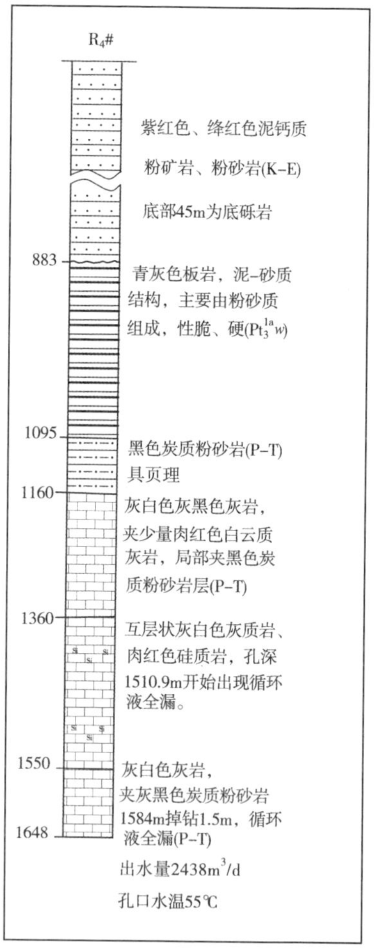

图 6–21–3　东岗桥地热田钻孔柱状图

Fig. 6–21–3　Histogram of Donggangqiao geothermal borehole

上白垩统厚度缩减三分之二

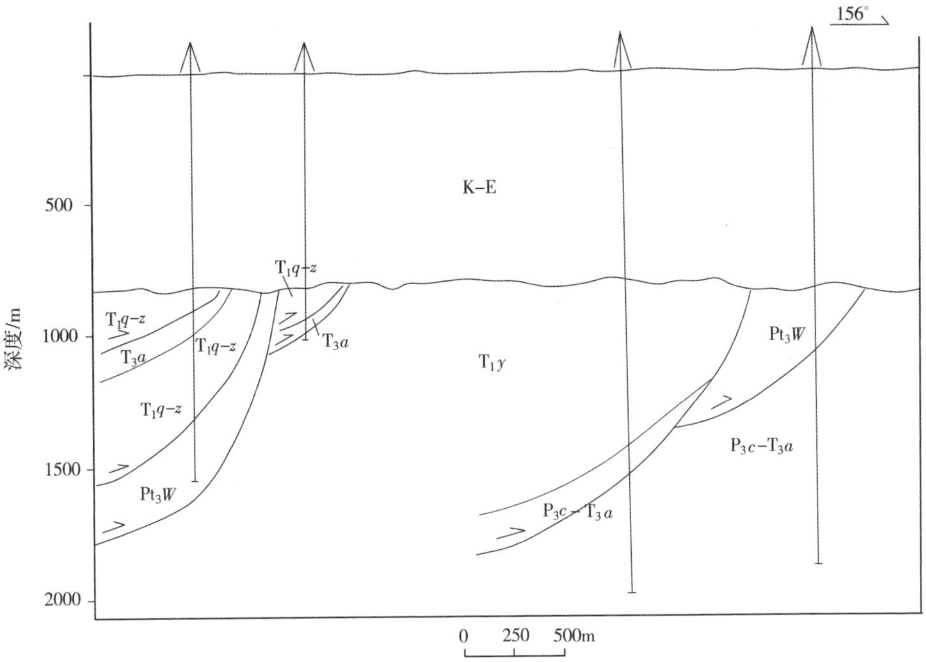

图 6–21–4　东岗桥地热田剖面示意图

Fig. 6–21–4　Illustration of Donggangqiao geothermal field profile

T_3a—上三叠统安源组煤系；T_1q–z—下三叠统青龙组—周冲村组；T_1y—下三叠统殷坑组；P_3c–T_3a—上二叠统长兴组—上三叠统安源组堆叠岩片；Pt_3W—新元古界万年群变质岩

孔：红层下主要为下三叠统下部殷坑组粉砂岩、页岩夹薄层灰岩，溶洞不发育，孔深达 2076m，未发现热水。水温变化：可能除传导型外，有断裂对流型热水参与，形成传导 – 对流复合型地热水。岩溶热储水质类型为重碳酸钠和氯化物硫酸钠型水，溶解性总固体 454~6600mg/L，pH 值呈中性 7.4~7.6，富含 H_2SiO_3 21.1~26.66mg/L、F 1.76~2.44mg/L、Sr 0.661~11.121mg/L、Li 0.081~5.50mg/L、H_2S 0.330mg/L。据 $R_4^{\#}$孔地热水稳定同位素的测定，δD –43.9‰，δ^{18}O –6.66%，均落在我国大气降水线上，地下水主要为大气降水补给。放射性同位素 ^{14}C 的测定结果计算，地热流体的年龄为 21330a。昌西热田位于南昌盆地西部，开发条件优越，北起石埠 – 石埂断裂，东至象湖断裂，南及松湖—岗上一带，地热资源潜力较大，但地质结构构造十分复杂，亟待整装勘查、整体规划开发。

根据昌西热田地质特征分析，该区地质体与西面的锦江红盆地红层下地质体均处于九岭南缘逆冲推覆带与萍乐坳陷带，具有类似的成热条件。南昌市之东的南鄱阳盆地红层下基岩亦为萍乐坳陷带的晚古生代—中生代地层，处于九岭南缘逆冲推覆断裂系统与万年隆起北缘滑脱断裂系统的对接地带，构造复杂，且红层厚度较大（1300~1600m 左右），该区为油气、页岩气找矿远景区，适宜油、气、地热兼探。

第二节　清江断陷盆地地热资源

清江断陷盆地面积 3600km²，为鄱阳盆地西南分支。呈北东东向延伸，是在萍乐坳陷带基础上发育起来的晚白垩世—古近纪断陷箕状红层盆地，具南断北超、南陡北缓的结构特征。盆地两侧边界受萍乡－广丰和丰城－婺源等断裂限制。盆地由古近系和部分白垩系组成，最大沉积厚度达 4500m（洋湖）。古近系临江组岩性为页岩、粉砂岩、细砂岩及钙质砂岩。下部为新余组泥岩夹不连续的薄层条带砂岩、泥岩互层，含岩盐，顶部有薄层泥灰岩。据清 40 孔揭露，于孔深 781.1~845.18m 之间为砂砾岩，砾石成分以灰岩为主，占 90%，分选性、磨圆度差，砾径 0.5~1cm，大者 3.6~4cm、7~8cm，钙泥质胶结，砾石层厚 64.08m，孔深 845.18~862.78m，揭露到石炭系深灰色隐晶质灰岩（未揭穿）。另据《清江幅 1：20 万水文地质普查报告》，江西盐矿回灌采卤井井口温度多年测温都在 28~42℃之间，在其不远处曾施工 69 号钻孔，经测温计算地温梯度达 4.73℃/100m，属地温异常。

清江盆地红层地温梯度较高，红层之下还有晚古生代碳酸盐岩地层存在，具较好的地热勘查前景。

第三节　吉泰断陷盆地地热资源

吉泰盆地面积 4500km^2，是省内第二大中新生代断陷盆地。形成于晚白垩世，沉积了一套含膏盐红色建造。盆地四周均受断裂所限，属南断北超箕状断陷构造盆地。主要沉积有白垩世赣州群和龟峰群，北部尚有少量古近系。中部吉安以南一带，由于近东西向晚古生代地层凸起控制，遂分南北两个次级盆地。吉安盆地系发育于永（新）莲（花）晚古生代—早中生代坳陷之上。基底含碳酸盐岩层可能赋存有岩溶热水，盆地边缘断裂发育，产状平缓。泰和盆地基底西部主要为寒武系浅变质岩，东部可能有泥盆—侏罗系碎屑岩。盆地南东边缘断裂发育，为一上陡下缓，倾向北西的铲状断裂，既控制了盆地的沉积，又切割了盆地中的沉积地层，沿断裂带有抚州温泉、崇仁汤溪和遂川汤湖温泉出露，是一条重要的成热断裂带。

盆地内吉安县富田镇水口村出露有一处低温温泉，水温 28.5℃，天然流量 1089m^3/d。

另据江西省地矿局九〇一大队泰和县梅岗卤水普查报告，梅岗－樟塘矿区 803 孔上卤水层水温 28℃，经计算其地温梯度为 3.77℃/100m，有地温异常。卤水层底部为上白垩（统）赣州群（K_2G^{2-1}），岩性为砂岩、砾岩夹粉砂岩，砾石成分为石英、灰岩，分选性差，个别段见沥青质碳酸盐岩，厚 126m。K_2G^{2-2} 为薄－中厚层状钙质泥岩、夹薄层泥灰岩数层，其余为粉砂、砂质泥岩夹细砂岩条带，厚 287m。K_2G^{2-3} 为钙质泥岩与薄层泥灰岩互层，厚 101m，总厚 1651m。

如上所述，吉泰盆地不仅出露有低温温泉，在梅岗—樟塘一带，地温梯度有异常，在其底部还存在有厚度较大具一定渗透性的岩层，该盆地同样具地热勘查前景。

除上述 3 个较大的找热前景较好的中新生代盆地外，其他规模较大，基底含有岩溶、岩溶加构造裂隙地层的红盆地尚有。据昌西地热田勘查实践表明，江西中新生代断陷盆地型地热资源，尤其是一些规模较大的红层盆地，基底上部岩层盖层较厚，隔热保温条件好，碎屑岩层具一定的孔隙性或存在灰岩质底砾岩，可形成红层孔隙热储层。而基底以古生界碳酸盐岩为主的岩层，由于经历构造变动次数多，断裂构造发育可形成岩溶或裂隙岩溶型热储层，一般都赋存有地热水资源。热储层以后者为主，前者为次。热储层多层状，兼有带状特征。资源补给以侧向补给为主，多呈隐伏排泄，地表出露温泉极少。热流和地温梯度一般接近正常值或略高于地壳平均值，属正常地温增温，具低热背景，水温相对较低。大气降水入渗为主，有部分属古沉积水。水化学类型以氯化物重碳酸盐或氯化物－硫酸盐为主，溶解性总固体一般小于 1g/L，有的地方每升可达数克以上，水中含有偏硅酸和氟离子，局部含钠、钾、碘、溴、锂、锶、硼等宏量和微量元素。

南昌盆地昌西地热田取得的找热突破表明，盆地基底碳酸盐岩组成与结构是成热的重要条件，初步综合已有地质资料，江西主要盆地城市基底地质组成与结构可分为以下几类。

（一）成热条件较好的盆地

1）上叠于含碳酸盐岩沉积地层的坳陷区之上的红盆有九江、清江、高安、宜春（北部）、萍乡、于都、瑞金盆地等。

2）上叠于逆冲推覆断裂带变质岩、含碳酸盐岩沉积构造岩片堆叠地层之上的红盆地有南昌盆地、景德镇等盆地。

（二）成热风险较大的盆地

1）上叠于变质岩、花岗岩为主的地层之上的红盆有北鄱阳、安义、泰和、赣州、池江、南丰－广昌、宁都、会昌等盆地。

2）上叠于中生代火山盆地之上的红盆地有德兴、鹰潭、抚州等盆地。

3）上叠于中生代火山岩盆地，含碳酸盐岩层坳陷之上的叠合盆地有上饶、广丰等。

除此，盆地红层底部以灰岩砾石为主的砾石层往往形成岩溶水层、隐伏型断裂带等，也有可能形成热储层或热水带。

以上埋深适当、构造发育、可能赋存岩溶水或岩溶裂隙水的盆地具有较好的寻找盆地隐伏传导型或传导－对流复合型地热水资源的条件。

第二十二章　浅层地温能

浅层地温能是指蕴藏在地表以下一定深度（200m）范围内，温度小于25℃，在当前技术经济条件下具有开发利用价值的热能资源。它的形成是地球内热（传导热流）与太阳能（辐射）共同作用的产物。

浅层地温能是20世纪90年代从地热能拓展出的一个新领域，依靠地源热泵技术开发浅层地温能。热泵技术是一种利用地球表层土壤或地下水中的温度相对稳定的特性，通过少量高位电能输入，使低位热源向高位或高位热源向低位热源转移，实现冬天供暖、夏天制冷的一种空调系统。

地源热泵系统根据热交换系统形式的不同，一般分为地下水源热泵系统、地埋管热泵系统等。

第一节　浅层地温能开发利用现状

一、国内外浅层地温能开发利用概况

利用热泵技术开发利用浅层地温能资源已有近百年的发展历程。

地源热泵的概念最早出现在1912年Zolly的一份专利文献中，之后一直处于试验研究状态。1948年第一台地下水源热泵系统在美国俄勒冈州波特兰市联邦大厦运行（Hatte，1992），该系统从设计开始就得到了广泛的关注。系统在建成的10年时间里，由于腐蚀和生锈而失效，以及当时能源价格低廉等因素，导致热泵系统未能得到深入推广。20世纪70年代初，由于世界上发生了第一次能源（石油）危机，欧美等国家再次关注地源热泵系统，在能源部的支持下，俄克拉荷马州立大学等研究机构对岩土体的热物性、不同形式埋管换热器的性能进行了深入研究，解决了腐蚀等问题，提升了能源的利用率，使得地下水源热泵逐渐得到了广泛应用。20世纪90年代以来，地源热泵在北美和欧洲迅速普及，美国每年大约安装5万套地源热泵，年增长率为12%；1997年，欧洲发展基金会重新提出热泵发展计划，欧洲一些国家采取积极促进政策，地源热泵市场发展迅速。加拿大从1990~1996年家用的地源热泵以每年20%的速度增长，2005年达到了37000台。瑞典地源热泵近5年来的发展速度是世界上最快的，在2000年地热的直接利用能量排名世界第10位，到2005年迅速跃居世界第2位。除此之外，德国、奥地利、芬兰、日本等国的地源热泵市场增加也很快。2005年，地源热泵在世界上33个国家已经安装了130万台，占世界地热直接利用总装机容量的56.5%。

我国浅层地温能资源开发利用起步较晚，但近5年来利用地源热泵技术迅速增进，年增长达60%，已远超世界地源热泵近5年来所保持的近20%年增长率。

我国热泵技术的研究始于20世纪50年代，天津大学热能研究所最早开展我国热泵的研究。1965

年天津大学与天津冷气机厂合作，研制了国内第一台地下水热泵空调机组。1978~1988 年，我国热泵应用与开发进入全面复苏阶段，国外一些知名热泵生产厂家开始来中国投资建厂。1989 年，青岛建筑工程学院在国内建立实验平台，开始了对地源热泵系统的研究工作（万平强 等，2003）。自 1997 年辽宁省辽阳市邮电局地源热泵系统投入使用以来，截至 2010 年底，辽宁省已有 8500 万 m^2 的建筑使用地源热泵供暖（冷）。2000 年，北京地区自空军丰台招待所水源热泵系统投入商业运行以来，到 2010 年底，北京有 2500 万 m^2 的建筑利用地源热泵系统供暖（冷）。除辽宁和北京之外，在河北、天津、山东、河南、内蒙古等地区，总共有几十个城市均开始了利用地源热泵技术为建筑物供暖（冷）的试点工作。应用浅层地温能资源进行供暖制冷的地源热泵项目全国已经超过 7000 个。截至 2013 年底，全国应用总面积已经超过 3 亿万 m^2，但项目多集中于华北和东北地区。

二、江西浅层地温能开发利用现状

江西省最早的浅层地温能开发利用是 1974 年江西棉纺印染厂地下水人工回灌冷水体空调降温系统的应用，随后于 1984 年开展了南昌东郊江西氨厂地下水人工回灌试验研究，均取得良好效果。

江西省地源热泵系统的应用起步较晚，始于 21 世纪初期，近几年开始升温，主要集中于南昌、九江、吉安、宜春和赣州等主要城市，其中南昌市地源热泵系统的应用于 2001 年开始建设。2005 年投入使用的泰豪研发大楼首先采用的地下水源热泵系统工程，进行集中制冷取暖获得了成功，使用建筑面积 11520m^2。此后，南昌县人民医院、江中集团办公大楼、鄱阳湖大酒店、南昌市地税局、湖景商务酒店、南昌市园林局、新建动物园等利用水源热泵系统工程相继成功建成，至 2008 年底，主要典型工程使用总面积达 11520 万 m^2。与此同时，省勘察设计研究院水工环地质培训综合楼、中环医院（红谷滩）、江中紫禁城等地源热泵工程也基本建成，并陆续投入使用，全市地源热泵系统工程建成供给面积在 80.5 万 m^2 以上，主要以地下水地源热泵系统为主。其中江中紫禁城项目采用地下水源热泵系统和地埋管地源热泵综合技术进行制冷采暖，为南昌市最大的地源热泵系统工程，设计使用面价 9 万 m^2，该项目已成功申报建设部、财政部可再生能源示范小区，并获得财政部补贴 900 万元。此外，南昌市奥林匹克体育中心、南昌日报社、南昌市新地中心、武警水电二支队南昌基地、万科四季花园社区中心、江西气象局新办公楼、高安市第一人民医院、宜丰县行政中心大楼、新力中心、南昌新地中心、绿地兰宫、博泰生命树等一批建设项目也计划使用地源热泵系统，并开展了相应的前期勘察与评价工作。

近年来，随着国家政策的引导及热泵技术应用推广，越来越多的城市建筑采用地源热泵进行制冷取暖，如九江市九龙新城区住宅小区、九江市委党校新校区、赣州市瑞德电子厂区办公楼等，据初步统计，全省地源热泵系统工程面积在 100 万 m^2 以上。

2013 年 8 月，江西省勘查设计研究院对南昌市城区（面积 501.31km^2）开展了 1：5 万浅层地温能的调查，查明了浅层地温能条件，进行了地源热泵系统应用适宜性分区。根据浅层地温能资源计算与潜力评价，提交了《南昌市浅层地热能调查评价报告》，为南昌市浅层地温能可持续开发利用奠定了基础，提供了科学依据，同时也为江西省其他城市开展浅层地温能开发利用技术起到了示范和推广作用。

江西是能源消耗大省，煤炭资源不足，缺油少气，但地下水资源和浅层地温能资源丰富，具备了制冷供暖各项条件。

1）江西地处中亚热带温润季风区，气候温和，雨量丰沛，多年平均降水量 1351~1934mm，是全国多雨省区之一。光照充足，多年平均日照数1780~1880h，年日照百分率40%左右，太阳总辐射量南昌市年平均116×10³cal/cm²，赣州市为111×10³cal/cm²，夏冬长、春秋短，江西平均气温16.3~19.5℃，1月最冷，各地平均气温3.6~8.5℃，极端气温-18.9℃，远远低于世界卫生组织推荐的最低室内温度16~18℃的标准。南方不供暖的规定已不能适应时代的发展和社会需求。7月最热，各地平均气温26.9~29.8℃，极端气温44.9℃。浅层地温能开发利用时间长。

2）江西地下水资源丰富，可采资源量每年达73.4×10⁸m³，而地下水实际开采量仅12.51×10⁸m³，开发利用程度仅为17.1%。地下水位高、埋深浅，仅数米至十余米。土层含水量大，热传导性能高，可提升其热交换率，有利于热泵工程的应用，非常符合浅层地温能开发利用条件。

3）江西土壤的恒温带一般在地下9~28m，恒温带温度19.13~19.5℃，平均19.32℃，地下水埋深5m处地温为19.02℃，10m处地温为19.46℃，30m处地温为19.58℃，100m处地温22.06℃，浅层地温梯度（埋深<200m）1.82~5.4℃/100m，平均增温率为3.87℃/100m。

4）地源热泵机组及各项相关技术发展迅速，已趋成熟，有利于热泵技术的应用，经多地应用，热泵技术切实可行。

5）改革开放以来，社会经济快速发展，人民生活品质日益提高，要求改善工作环境和居所条件，实现冬季供暖、夏季制冷，成了人们必须的要求。

6）虽然江西浅层地温能资源丰富，分布广，储量大，埋藏浅，可就近开发利用，开发利用价值巨大，但其开发利用还处在起步阶段，仍然有很长一段路要走，需要地方政府将其作为一项世纪性重大能源工程来抓，进一步加强领导，和有关部门通力协作，提升认识，创新机制，积极推动全省浅层地温能开发利用工作，大力宣传其节能减排的实际效果，使这一绿色环保新型能源深入人心，为建设一个环保、资源节约、减排的花园城市而共同努力吧。

第二节　南昌市浅层地温能资源概述

南昌市浅层地温能调查评价项目是2013年中国地质调查局下达的，由江西省勘察设计研究院承担。通过近两年的工作，主要查明了南昌市工作区内各岩土层热物性条件及地温场基本特征，进行了现场热响应试验、地源热泵系统适宜性分区、浅层地温能资源计算、评价及经济和社会效益初步研究，编制了浅层地温能开发利用方案，为南昌市浅层地温能开发利用和可持续利用提供了科学依据。现将南昌市浅层地温能资源简介如下。

一、浅层地温能开发利用条件

（一）岩土结构及水文地质

1. 岩土结构

大致以西河砖瓦厂—蛟桥—前湖一线为界，可分东部和西部两个区。

(1) 东部冲积平原区

第四系松散冲积层具二元结构，上部为黏性土，厚5~15m，最厚18.1m。下部为砂砾石层，厚5~

25m，最厚 34.4m。下部为上白垩统龟峰岩组和古近系地层，岩性为相对较软的紫红色泥岩、粉砂岩、砂岩等，易于钻进。

(2) 西部岗埠区

主要由新元古界万年群千枚岩、片麻岩等组成，厚度分别 509m 和 264m。片状绢云母千枚岩质地较软、易钻进；片麻岩、片岩、混合岩等较坚硬，难以钻进。基岩上部普遍有薄层残坡积层，为含碎石、粉质黏土层，厚一般小于 5m，以 1~3m 为主。

2. 水文地质

南昌市第四系含水层由全新统、上更新统和中更新统冲积砂、砾石层组成，松散岩类孔隙水含水层平均给水度 16%~20%。赣江沿岸及以东的广大地区换算涌水量为 1000~10000m³/d，渗透系数一般为 10.34~177.5m/d，含水中等至极丰富。赣江以西的岗埠间谷地及残坡积层，富水性较好，换算涌水量≤1000m³/d，渗透系数 1.15~5.15m/d。孔隙水水位一般高于砂类土层顶板，具微承压性。

含水层的回灌性能差异较大，采灌比一般为 59.6%~78.3%。南昌地区地下水含砂率普遍较高（1.760~9.009/万），在砂砾石含水层进行人工回灌，随着时间的推移，常会发生回灌井水位不断上升，单位回灌量逐渐减少，回灌效能降低，甚至出现含水层堵塞的问题，一般可采取每天回扬 1~2 次，每次回扬 15~20min（至返清水为止）。

（二）浅层地温场特征

2008 年 9 月选择 25 个钻孔进行地温测量，分别进行 5~13 次系统测温，孔深最浅 15.2m，最深 201.20m。

1. 南昌地区恒温带温度

南昌地区恒温带顶板埋深 9~28m（东部平原区 9~25m，西部岗埠区 11~26m）。南昌地区恒温带温度为 19.3~19.5℃，平均 19.32℃，比南昌平均气温高 1.38~1.75℃，平均高 1.57℃。

2. 南昌地区埋深 30m、200m 地温及 25℃等温面梯度

南昌地区埋深 30m 处地温为 19.2~20.1℃，平均 19.58℃；南昌地区埋深 200m 处地温为 22.3~28.1℃，平均 25.71℃；南昌地区 25℃等温面埋深 130~350m（标高-340m~112m），平均 196m。南昌地区地温梯度为 1.82~5.40℃/100m，平均 3.87℃/100m。

3. 南昌地区地下水温度

南昌地区地下水温度为 19.08~20.98℃，平均 19.38℃。

4. 南昌地区热流值

实测热流值为 58.6MW/m²。

二、浅层地温能开发利用适宜性分区

南昌市工作区面积 510.1km²，地下水地源热泵适宜性分为 3 类：适宜区、较适宜区和不适宜区。

（一）地下水地源热泵适宜性分区

共分 7 个区：适宜区 2 个，面积 252.17km²，占工作区面积 49.4%；较适宜区 1 个，面积 115.09km²，占工作区面积的 22.6%；不适宜区 4 个，面积 142.84km²，占工作区面积的 28.0%。

（二）地埋管地源热泵适宜性分区

共分 7 个区：适宜区 3 个，面积 180.49km^2，占工作区面积的 35.4%；较适宜区 2 个，面积 320.8km^2,占工作区面积的 62.9%；不适宜区 2 个，面积 8.79km^2，占工作区面积的 1.7%。

（三）地源热泵系统适宜性分区

共分 8 个区：地源热泵适宜区 2 个，面积 277.58km^2，占工作区面积的 54.4%；较适宜区 4 个，面积 223.73km^2,占工作区面积的 43.9%；不适宜区 2 个，面积 8.79km^2，占工作区面积的 1.7%。

三、浅层地温能热容量及换热功率

南昌市工作区适宜区和较适宜区面积 501.31km^2，200m 以浅浅层地温能热容量为 2.50×10^{14}kJ/℃。地下水热泵系统适宜区和较适宜区面积为 367.26km^2，夏季换热功率为 2.52×10^5kW，冬季换热功率为 1.26×10^5kW。地埋管热泵系统换热功率适宜区和较适宜区面积为 501.31km^2，夏季换热功率为 27.48×10^5kW，冬季换热功率为 29.77×10^5kW。

如不考虑土地利用率（按 100%计算），地下水热泵系统夏季换热功率为 27.42×10^5kW，冬季换热功率为 13.71×10^5kW。地埋管热泵系统夏季换热功率为 728.61×10^5kW，冬季换热功率为 789.33×10^5kW。

四、浅层地温能潜力评价

南昌市工作区地下水热泵系统夏季可制冷面积 3.15×10^6m^2，冬季可供暖面积 2.10×10^6m^2。地埋管热泵系统夏季可制冷面积 3.44×10^7m^2，冬季可供暖面积 4.96×10^7m^2。

如不考虑土地利用率（按 100%计算），地下水热泵适宜区和较适宜区资源总潜力：冬季可供暖面积 22.85×10^6m^2，夏季可制冷面积 34.27×10^6m^2。

如不考虑土地利用率（按 100%计算），地埋管热泵适宜区和较适宜区资源总潜力：冬季可供暖面积 131.55×10^7m^2，夏季可制冷面积 91.08×10^7m^2。

五、经济和社会效益

通过计算分析，南昌市工作区浅层地温能开发利用的总能量为 1.69×10^9GJ，相当于 1012.5 亿元的燃煤。每年减少向大气和环境中排放二氧化碳、二氧化硫、氮氧化物、悬浮质粉尘、煤灰渣等气体及灰尘共计 24213.54 万 t，减少环境治理费约 271.38 亿元。

实例：山水青国际大酒店水源热泵工程（酒店宾馆）项目

1）工程概况：该酒店共 12 层，总建筑面积 14500m^2，需制冷供暖面积为 12000m^2。其中 1~3 层为超市及餐厅，建筑面积约为 5000m^2（不含地下室）；4~12 层为宾馆客房，建筑面积约为 7000m^2。

2）冷负荷估算：4~12 层为宾馆客房，冷负荷按 100W/m^2，建筑面积为 7000m^2，则需制冷量为 700kW；1~3 层为超市及餐厅，冷负荷按 200W/m^2，建筑面积为 5000m^2，则需制冷量为 1000kW，故总制冷量约为 1700kW。

3）需水量计算：夏季井水量

$$G_{冷}=(1+1/COP)\times Q_{冷}/C\triangle T \qquad (6-22-1)$$

式中：COP 为机组的工况系数（一般取 4~6）；$Q_{冷}$ 为建筑物的冷负荷；C 为水的比热容，4.2kJ/kg·℃。

为减少地下水用量，通常 ΔT 取温差在 10~15℃，如果温差取在 10℃，10kW 大机组工况系数为 5，(若是小机组，工况系数为 4)，则 1t 水为机组提供的制冷量约 8kW。本项目为大机组，故所需的水量为 180t 左右。采用两抽三灌的结构，其中一口抽水井的水量为 80t，另一口抽水井的取水量为 100t。

4）室外管道设计及经济性分析：对于室外管道的设计主要考虑两个方面：一是深井潜水泵在满足流量的同时扬程取何值。扬程选小了，水量不够，扬程选大了，耗电量高。在计算扬程时，要计算地形扬程、管道阻力、设备阻力和回灌阻力，上述阻力之和再乘以安全系数（一般取 1.1）就是深井潜水泵的扬程。二是输水管道直径计算问题。管径取小了，管道沿程阻力过大，管径取大了，初投资成本大。成本分析见表 6–22–1。

从表 6–22–1 可以看出，管径不同，材料价格相差很大，直接决定项目的投资成本。

表 6–22–1　不同规格管材价格对比

Table 6–22–1　The prices comparison of pipe material in different specification

序号	材料名称	规格	单位	市场价 / 元	备注
1	PE100 给水管	DN125	m	136.23	1.6Mpa
2	PE100 给水管	DN160	m	222.6	1.6Mpa
3	PE100 给水管	DN200	m	354.53	1.6Mpa

5）通过上述项目实例分析，地源热泵中央空调系统具有如下优点：①节能：由于充分利用了地下储藏的巨大能量，机组的能效比（COP）可达 4.5~6 以上，是节能效率较高的中央空调系统之一，相比传统中央空调可节能 30%~60%，如加装热水回收装置，可免费享受卫生热水。从其他省市已建成的地源热泵空调示范项目运行资料分析，其冬季采暖的运行费用为 16 元/m^2，远低于燃煤、燃油锅炉的运行费用。②节省占地空间、改善外观形象：没有传统中央空调大型主机房集中占地问题，节省了建筑面积，产生附加经济效益，并且没有室外机组，改善了建筑物外观形象。③维护费用低：系统具有高效节能特点，而且各台机组可以分别开、停控制，同时系统结构简单，运行部件少，可靠性高，折旧费和维修费都大大低于传统中央空调。④寿命长：由于热泵空调系统使用的地层土壤、地下水的温度波动小，在冬季运行时，无需除霜，可以保证热泵机组全年处于稳定状态。相对传统中央空调，地源热泵机组寿命较长，可达 25a。⑤运行灵活可靠、易于管理：各区域或房间均为独立系统，每台热泵机组均能独立控制。个别机组故障不影响整个系统运行，系统可靠性大大优于传统中央空调。通过把空调费用直接转变为电费，真正实现分户分表，独立计费，方便业主管理。

第二十三章　矿 水 资 源

矿水是指地下水在地层深处经历了一系列物理、化学作用，使围岩中的矿物成分不断地溶入其中，而使地下水“矿化”成为矿水资源。

矿水是以其含有一定量的矿物盐、微量元素、气体成分、放射性成分或具有较高的温度（>34℃）而区别于一般地下水（淡水）。矿泉和矿水的含义其实是一致的，前者是指地下矿水沿着断裂、裂隙自然涌出地表的叫矿泉；后者是指在没有矿水露头的地方，通过人工钻探或凿井方法提取地下矿水以供利用的叫矿水。

矿泉水用途很广，按其用途，可以分为以下几类：

医疗矿水：是指矿泉水中含有一定量的矿物盐、某种气体成分或具有一定的温度，对人体可产生良好的生物化学作用，达到医疗治病目的的地下水。

饮用矿水：指不以医疗为目的，但具备安全、卫生、健康，对人体有营养价值，可供食品行业做瓶装饮料的饮用天然矿泉水。

除此外，还有工业矿水与农业矿水，省内少见，不予叙述。

第一节　医 疗 矿 水

关于医疗矿水的划分与定义各国并不统一。1964 年卫生部科学技术委员会理疗和疗养专题委员会在北京召开了首属本学科的科研成果汇报会与 10 年科学研究发展规划会议。会上由陈炎冰、王立民等专家结合我国矿泉不同的物理特性、化学成分等四个方面首次提出了中国医疗矿泉分类方案。1981 年在青岛召开了全国首届疗养学术会议，由王立民、安可士等专家提出了我国医疗矿泉分类修正方案，为我国矿泉医疗事业的发展和矿泉的科学研究打下了基础。将我国医疗矿泉分为 12 类（①氡泉，②碳酸泉，③硫化氢泉，④铁泉，⑤碘泉，⑥溴泉，⑦砷泉，⑧硅酸泉，⑨重碳酸盐泉，⑩硫酸盐泉，⑪氯化物泉，⑫淡泉），1~3 类为气体成分泉，在医疗上起主要作用的是气体成分；4~8 类为离子成分泉，在医疗上起主要作用的是那些少量活性离子；9~11 类为盐类成分泉，在医疗上起主要作用的是盐类成分；12 类为单纯温泉，在医疗上起主要作用的是温度，并对每类的主要化学质量作了具体的规定。

从地下自然涌出或人工钻孔取得的地下水，每升含有 1g 以上可溶性的固体成分，一定的特殊气体成分与一定量的微量元素，或具有 34℃以上的温度，可供医疗与卫生保健应用的泉水，称为医疗矿泉。

2010 年制定的国家标准《地热资源地质勘查规范》（GB/T 11615—2010）附录“理疗热矿水水质标准”，将矿水温度确定为大于等于 34℃以上，共分为 14 类（①碳酸水，②硫化氢水，③氟水，④溴水，⑤碘水，⑥锶水，⑦铁水，⑧锂水，⑨钡水，⑩硼水，⑪硅水，⑫氡水，⑬温水，⑭淡水），并将其标准确定为“有医疗价值浓度”、“矿水浓度”和“命名矿水浓度”，与1981年全国疗养学术会议方案在分类项目和具体标准上有所不同。

现分别按两个分类标准对江西省现有医疗矿泉水进行分类叙述。

一、按1981年全国理疗会议修订后的我国医疗矿泉分类方案

1）氡泉：指在1L泉水中氡气的含量在111Bq（贝可）以上者。氡是由放射性元素，铀－镭系蜕变过程中产生的一种蜕变产物，它是一种惰性气体，具有放射性。放射性氡泉的生物作用主要是指其蜕变过程中及其分解产物 ^{218}Po、^{214}Bi、^{214}Pb 等所发生出的 α、β、γ 射线对机体产生的效益。全省有10处，其中单纯氡泉只有1处，其余9处分别与硅酸、碳酸组成复合型矿泉。如星子温泉、宜春温汤和资溪法水矿泉皆是（表6-23-1）。

表6-23-1　江西省医疗矿泉水一览表

Table 6-23-1　List of medical mineral spring water in Jiangxi Province

序号	矿泉名称	医疗矿泉及矿水孔编号
1	氡泉	3星子温泉、28宜春温汤、32资溪法水、35宜黄岭下、81龙南汤湖、92寻乌河角、87寻乌热汤嶂下、94寻乌石牛湖、96寻乌吊神排、107寻乌咸水
2	碳酸泉	88寻乌磷石背、89寻乌横迳、95寻乌留车、102永丰白水、101吉水乌江、103南丰包坊、105赣州清水塘、106赣州横江、104寻乌土岗山、107寻乌咸水
3	硅酸泉	3星子温泉、4武宁上汤、5修水白岭、10修水汤桥、12奉新九仙汤、6永修易家河、14德兴绕二、13铜鼓古桥、16铜鼓温汤、25抚州温泉、28宜春温汤、29宜春洪江、33黎川洲湖、36宜黄东港、35宜黄岭下、39南丰汤尾、50遂川热水洲、52遂川汤湖、53遂川樟木坑、38宁都肖田、46石城烧水湖、48石城烧湖里、49石城楂山里、51石城九礤、54上犹丛树下、55上犹下汤湖、56上犹黄沙坑、57上犹热水村、58上犹平富、59崇义分水凹、63崇义下暖水、65瑞金咸水、61于都盐屋脑、74信丰安西、79龙南程龙、81龙南汤湖、84全南南迳、85全南茅山、71会昌筠门岭、72会昌竹村、76安远虎岗、78安远新塘、92寻乌河角、87寻乌热汤嶂下、94寻乌石牛湖、30安福高峰、41永丰君埠、44宁都石上、62崇义洞下、08抚州展坪、029会昌周田、012萍乡万龙山、031寻乌菖蒲
4	溴泉	022南康沄口
5	碘泉	022南康沄口
6	重碳酸盐泉（重碳酸钠）	39南丰汤尾、79龙南程龙、83龙南夹湖、84全南南迳、78安远新塘、86寻乌狮子峰、89寻乌横迳、94寻乌石牛湖104寻乌土岗山、107寻乌咸水
	（HCO_3–Ca）	31崇仁汤溪
	（HCO_3·SO_4–Na）	64瑞金赤砂堆、65瑞金咸水、022南康沄口、027会昌黄坊
	（HCO_3·Cl–Na）	34黎川石坑
7	硫酸盐泉（SO_4–Na）	39南丰汤尾
	（SO_4·重碳酸钠）	72会昌竹村、94寻乌石牛湖、025瑞金谢坊、027会昌黄坊
	（SO_4·Cl–Na）	022南康潭口
8	氯化物泉（Cl·SO_4–Na）	06南昌东岗桥
9	淡泉	9乐平塔前、73寻乌上津

2）碳酸水：指在1L泉水中碳酸气的含量1000mg以上者。碳酸泉是医疗矿泉中价值很高的一种矿泉，碳酸泉对心血管疾病有显著疗效，对肥胖病以及各种代谢障碍疾病亦有良好的作用。全省目前已知的有10处，如寻乌磷石背、横迳、土岗山等矿泉。

3）硅酸泉：指在1L泉水中硅酸（H_2SiO_3）的含量在50mg以上者。地下水尤其是地下热水中的硅酸主要以偏硅酸和正硅酸的形式出现，它们在水中的含量取决于地下热水溶滤的岩石中硅酸盐的富集程度。硅酸盐是人体正常生长和骨骼钙化不可缺少的，也是生命中不可缺少的元素，浴用时硅酸对皮肤及黏膜有洁净、洗涤、消退作用，饮用时能缓解动脉硬化，维持动脉弹性，保护动脉内膜，使脂质不能侵入。全省此类矿泉多达53处，另10处分别与氡、碳酸等结合组成复合型矿泉。如遂川汤湖、武宁上汤和修水汤桥温泉等。

4）溴泉：指在1L泉水中溴的含量超过25mg以上者。溴是人体必需的微量元素之一，多出现在血中及垂体前叶，它是构成生命组织重要物质之一，能拟制中枢神经系统并有镇静作用。省内只有1处，为南康沄口，含量35mg/L。

5）碘泉：指在1L泉水中碘的含量大于5mg以上者。碘是以极微量存在于各矿泉中，碘和溴同样经常出现在高矿化度的卤水和油田有关的地下热水中，碘是人体必需的微量元素之一，缺乏它会导致机体发生严重障碍，碘能明显地激活机体的防御机能，在风湿性关节炎疾病以及淋巴系统中更明显。省内只有1处，为南康沄口，其含量达45mg/L。

6）重碳酸盐泉：指在1L泉水中总固体成分1g以上，其中阴离子主要是重碳酸离子（HCO_3^-），阳离子主要是钠、钙、镁离子，结合时主要形成重碳酸钠、钙、镁矿泉者。饮用此类矿泉水对改善胃肠功能有治疗作用。省内此类医疗矿泉有16处，其中单纯重碳酸泉6处，另10处分别与硅酸、碳酸结合组成复合式医疗矿泉，如龙南程龙、全南南迳温泉等。

7）硫酸盐泉：是指在1L泉水中总固体成分在1g以上，其中阴离子主要是硫酸离子（SO_4^{2-}），阳离子主要是钠、钙、镁离子，结合时主要形成硫酸钠、钙、镁矿泉者，饮用此类矿泉有缓泻及减肥、降低血压、胆固醇等作用。省内此类医疗矿泉有6处，另两处分别与硅酸结合组成复合型矿泉。如南丰汤尾、寻乌石牛湖等矿泉。

8）氯化物泉：指在1L泉水中总固体成分在1g以上，其中阴离子主要是氯离子（Cl^-）,阳离子主要是钠、钙、镁，结合时主要形成氯化钠、钙、镁矿泉者，饮用氯化钠泉对中枢神经系统机能性疾病、减肥有良好疗效。全省只有1处，南昌东岗桥矿泉。

9）淡泉：指在1L泉水中总固体成分不足1g，其他少数微量元素、气体成分、放射性成分与化学成分均未达到医疗矿泉最低限值，而泉温在34℃以上者，也叫单纯温泉，主要利用泉温的作用，多用浴疗为主。淡泉中存在着丰富的无机触媒，所以淡泉的氧化还原能力具有极其重要意义。全省只有乐平塔前和寻乌上津2处。

按上述方案，江西省现有医疗矿水有9类共80处矿泉水（表6-23-2）。储量为32401.5m^3/d。

二、按2010年《理疗热矿水水质标准》分类

1）碳酸水：指1L水中游离CO_2含量≥250mg且≤1000mg者，称有医疗价值的矿泉水；在1000mg以上者称碳酸水。江西省有碳酸水10处，有医疗价值的碳酸水10处，并分别与其他离子成分结合组成复合型矿水（表6-23-2），以下同。

表 6-23-2　江西省理疗热矿水一览表

Table 6-23-2　List of geothermal mineral water for physiotherapy in Jiangxi Province

序号	矿水名称	医疗矿泉及矿水孔编号
1	氟水、偏硅酸水、硫化氢水、氡水	3 星子温泉
2	氟水、偏硅酸水、镭水、氡水	65 瑞金咸水
3	氟水、偏硅酸水、硫化氢水、氡水 *	6 永修易家河
4	氟水、碘水 *、溴水、锂水	022 南康潭口
5	氟水、偏硅酸水、硫化氢水、锂水 *	012 萍乡万龙山
6	氟水、偏硅酸水、偏硼酸水、锂水 *	61 于都盐屋脑
7	氟水、偏硅酸水、镭水、硫化氢水 *	7 武宁罗溪
8	氟水、镭水、氡水、偏硅酸水 *	32 资溪法水
9	镭水、氟水 *、偏硅酸水 *、碳酸水 *	31 崇仁汤溪
10	氟水、偏硅酸水、氡水	08 抚州展坪、44 宁都石上、28 宜春温汤、92 寻乌河角
11	氟水、偏硅酸水、镭水	13 铜鼓古桥、52 遂川汤湖
12	偏硅酸水、氡水、氟水 *	81 龙南汤湖、87 寻乌热汤嶂下
13	碳酸水、氟水 *、偏硅酸水 *	88 寻乌磷石背
14	氟水、氡水、碳酸水 *	96 寻乌吊神排
15	氟水、偏硅酸水、碳酸水 *	79 龙南程龙、81 龙南汤湖、85 全南茅山
16	氯水、偏硅酸水 *、氡水 *	027 会昌黄坊
17	氟水、氡水 *、碳酸水 *	86 寻乌狮子峰
18	氟水、氡水	024 崇义丰洲
19	氟水、碳酸水	95 寻乌留车、89 寻乌横迳
20	偏硅酸水、氡水	35 宜黄岭下
21	氟水、偏硅酸水	14 德兴绕二、4 武宁上汤、16 铜鼓温汤、33 黎川洲湖、36 宜黄东港、39 南丰汤尾、50 遂川热水洲、53 遂川樟木坑、38 宁都肖田、46 石城烧水湖、48 石城烧湖里、49 石城楂山里、50 遂川热水洲、51 石城九磜、54 上犹丛树下、55 上犹下汤湖、56 上犹黄沙坑、57 上犹热水村、59 崇义分水凹、58 上犹平富、63 崇义下暖水、74 信丰安西、76 安远虎岗、78 安远新塘、85 全南茅山、41 永丰君埠、031 寻乌菖蒲
22	氟水、偏硅酸水 *	42 宁都兰田、45 宁都仙人井、82 全南乌龟墩、09 丰城荷湖、025 瑞金谢坊、032 寻乌石马
23	偏硅酸水、氟水 *	72 会昌竹村、029 会昌周田
24	氟水、碳酸水 *	64 瑞金赤砂堆、83 龙南夹湖
25	偏硅酸水、碳酸水 *	84 全南南迳
26	镭水、偏硅酸水 *	11 靖安中源
27	氟水 *、偏硅酸水 *	93 寻乌河唇、25 抚州温泉

续表

序号	矿水名称	医疗矿泉及矿水孔编号
28	偏硅酸水、镭水	29 宜春洪江
29	偏硅酸水	5 修水白岭、10 修水汤桥、12 奉新九仙汤、30 安福高峰、62 崇义洞下、69 大余河洞、71 会昌筠门岭
30	氡水 *	24 上高江南
31	偏硅酸水	75 信丰高桥
32	碳酸水	101 吉水乌江、103 南丰包坊、108 南康浮石山
33	偏硅酸水、碳酸水	102 永丰白水、107 寻乌咸水
34	氟水、锂水、碳酸水	105 赣州清水塘、104 寻乌除岗山、89 寻乌横迳

注：标注 * 号者为具有医疗价值浓度，而不具命名矿水浓度者。

2）总硫化氢水：指在 1L 水中总硫化氢（$H_2S+HS+S_2O_2+S+SO_3$）含量≥1mg 且≤2mg 者，称为有医疗价值的硫化氢水，而>2mg 则称为硫化氢水。其主要医疗作用是其所含硫化氢作用所致，主要适用浴疗法。江西省无单纯硫化氢水，均与其他离子结合组成复合型硫化氢矿水有 3 处，有医疗价值的硫化氢复合型矿泉水 5 处。

3）氟水：在 1L 水中氟离子≥1mg 且≤5mg 者，称为有医疗价值氟水，全省共有 13 处；在 2mg 以上者则称为氟水，有 52 处，均与其他离子成分结合组成复合型氟水。

4）溴水：在 1L 水中溴离子含量≥5mg 且≤25mg 者，称为有医疗价值溴水；在 25mg 以上者，则称为溴水。溴主要是对大脑皮层的高级神经活动有一定的调节作用，且能增强拟制过程，具镇静及催眠的作用。江西省只有 1 处（南康潭口），与其他离子成分结合组成复合型溴水。

5）碘水：在 1L 水中碘含量≥1mg 且≤5mg 者，称为有医疗价值碘水，碘能明显地激活机体的防御机能，在风湿性关节炎疾病以及淋巴系统疾病的治疗中更明显。省内只有 1 处，也是与其他离子成分结合组成的复合型矿水。

6）锂水：在 1L 水中锂含量≥1mg 且≤5mg 者，称为有医疗价值锂水，有 2 处；含量在 5mg 以上者则称为锂水，有 1 处，均与其他离子成分结合组成复合型矿水。

7）偏硼酸水：在 1L 水中偏硼酸含量≥1.2mg 且≤5mg 者，称为有医疗价值的偏硼酸水；含量在 50mg 以上者则称为偏硼酸水。江西省只有后者 1 处，也与其他离子成分结合组成复合型矿水。

8）偏硅酸水：在 1L 水中偏硼酸含量≥25mg 且≤50mg 者，称为有医疗价值的偏硅酸水，省内有 13 处。含量在 50mg 以上者，则称为偏硅酸水，单纯偏硅酸水 7 处，与其他离子成分结合组成复合型矿水的有 56 处。

9）氡水：在 1L 水中氡气含量≥37Bq 且≤47.14Bq，称为有医疗价值的氡水，有 4 处。含量在 129.5Bq 以上者，则称为氡水 12 处，均与其他离子成分结合组成复合型矿水。

如上分类，江西省医疗热矿水则有 9 类，类型复杂，大都为复合型热矿水。最多为四项离子成分组成的复合型热矿水，共 10 种，有 10 处热矿水。三项离子成分结合组成的复合型矿水有 7 种，12 处热矿水。两项离子成分结合组成的复合型热矿水有 11 种，43 处热矿水。单纯偏硅酸型热矿水 7 处，单纯氡水 1 处。全省共 85 处热矿水（表 6–23–2），总储量为 39515m³/d。

第二节　饮用天然矿泉水

饮用天然矿泉水是不以医疗为目的，未经人为加入矿物质的、自地下自然涌出的、具备安全、卫生、健康等条件的、对人体有营养价值可供食品行业做瓶装饮料的饮用矿泉水。

关于饮用矿泉水的界限指标，目前国际上尚无统一规定。为开发我国饮用天然矿泉水，1987 年地矿部、卫生部和轻工业部联合制定了《中华人民共和国饮用天然矿泉水国家标准》（GB 8537—87）。其后，1995 年和 2008 年两度对饮用矿泉水标准进行了修订，GB 8537—2008 版替代了 GB 8537—1987 和 GB 8537—1995 版。将饮用矿泉水定义为："从地下自然涌出的或经钻井采集的水，以含有一定量的矿物质和微量元素或其他成分，在一定区域未受污染并采取预防措施避免污染的水，在通常情况下，其化学成分、流量、水温等动态指标在天然周期波动范围内相对稳定。"

我国饮用天然矿泉水划分为 8 类，江西省除锌矿泉水、溴矿泉水和碘矿泉外，其他类型都有，现介绍如下。

1. 碳酸矿泉水（游离 CO_2）

水中游离 CO_2 含量在 250mg/L 以上者称为碳酸矿泉水。碳酸矿泉水是饮用矿泉水中的佼佼者，是特定地质条件下的产物。省内碳酸泉较多，约近 20 处，目前经省、国家级鉴定通过并建厂开发的只有两处，一处是永丰县九峰山饮用天然矿泉水，产于下石炭统华山岭组石英砂岩与上白垩统龟峰群含钙砂岩北北东向断裂接触带。另一处是南康县浮石山饮用天然矿泉水，是碳酸与偏硅酸复合型矿泉水，产于燕山期花岗岩与上白垩统龟峰群一近东西向断裂接触带上。CO_2 主要来源于近期火山岩浆活动、热变质作用和生物化学作用。

实例（一）：九峰山碳酸矿泉水

位于永丰县富溪乡白水村西，俗称"五味泉"。

测区为低山丘陵与岗埠交接部位，九峰山（海拔 390.2m）东麓。在大地构造上位于武功山逆冲推覆带东面。出露地层有南华系上施组和下坊组浅变质岩，上泥盆统—下石炭统华山岭组和下石炭统梓山组石英砂岩、砂砾岩、钙质页岩夹炭质页岩等，上白垩统龟峰群砂砾岩、细砂岩夹粉砂岩及第四系全新统堆积层。岩浆岩有燕山晚期花岗岩（图 6–23–1）。

矿泉水位在遂川 – 抚州深断裂带上，矿泉出露处呈现一片沼泽地，四处翻砂冒泡，呈沸腾状，逸出大量气体，也有呈"干气"不出水。测得水温 19.8~21.5℃，天然流量 0.102~0.303L/s，现场测定游离 CO_2 达 1000~1460mg/L。CO_2 气体占气体总体积达 84.15%~94.0%，其他为 N_2、O_2 等。

1986 年曾对该矿泉水进行勘察，在钻探进入华山岭组石英砂岩、砂砾岩时，孔内开始漏水，于孔深 42.52~88.2m 处揭露到 F_3 断裂破碎带，水量至极大值，水位高出地面 10.42m（标高 106.13m），自流量达 1.008 L/s（87m³/d），经抽水试验，单井出水量达 140m³/d。游离 CO_2 为 1200~1400mg/L。矿水床为下石炭统华山岭组石英砂岩、砂砾岩，矿水床顶板埋深 42.52~53.29m，厚度 46.68m。九峰山碳酸矿泉水的水、汽不同源。液相来源于华山岭组构造裂隙含水层；气相来源于深部的变质作用而产生的 CO_2，或通过 F_3 断裂上升到地壳浅部与上泥盆统—下石炭统华山岭组含水层相混合而溶解于地下水中，形成碳酸矿泉水。

九峰山碳酸矿泉水已建厂开发并投入市场。

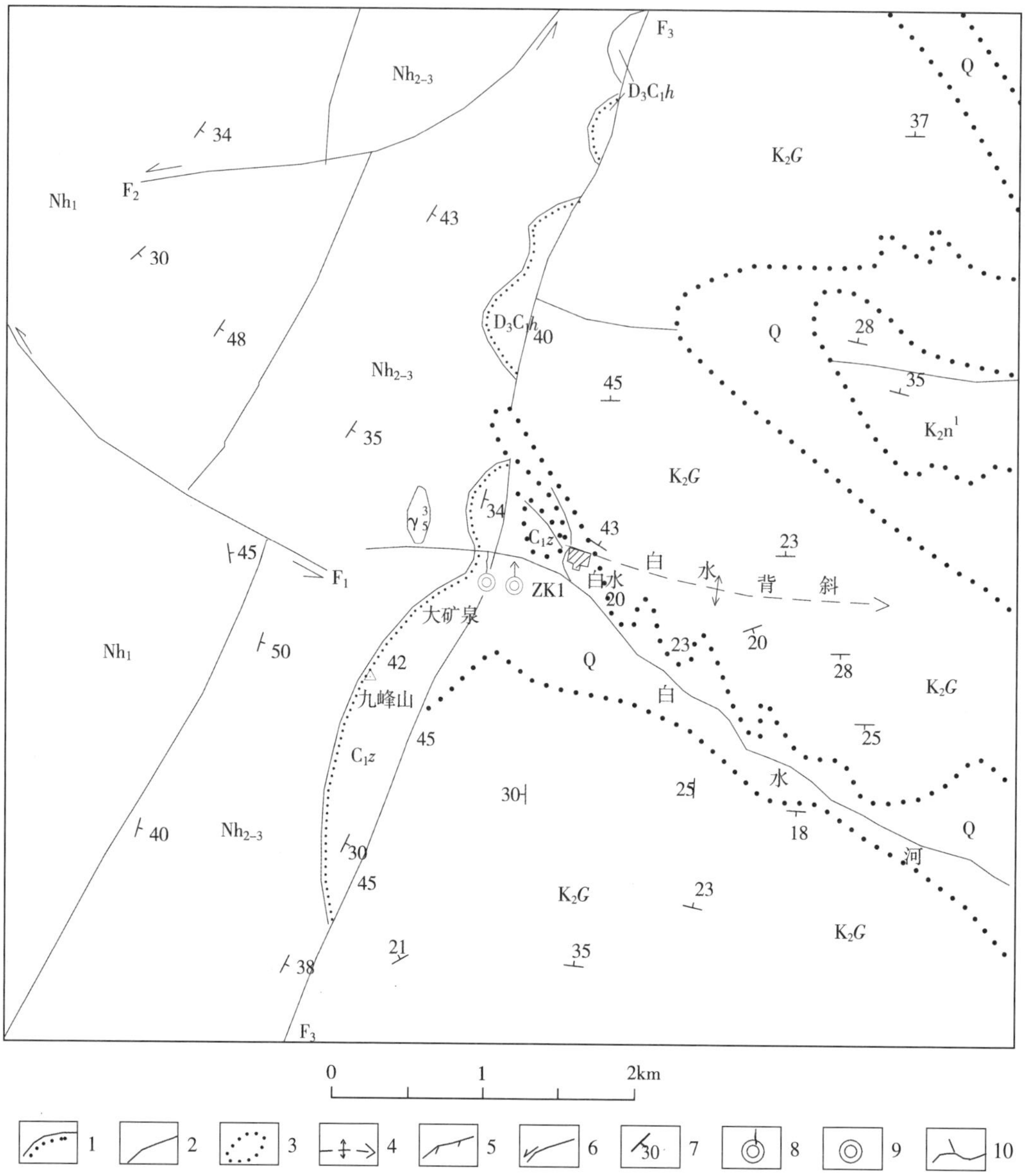

图 6-23-1　永丰九峰山矿泉区域地质图

Fig. 6-23-1　Geological map of mineral spring region in Jiufengshan moutain, Yongfeng

1—不整合地层界线；2—地层界线；3—第四系界线；4—背斜轴；5—张扭性断裂；6—扭性断裂；7—地层产状；8—矿泉；9—抽水钻孔；10—河流；Q—第四系；K_2G—上白垩统龟峰群；C_1z—下石炭统梓山组；D_3C_1h—上泥盆统—下石炭统华山岭组；Nh_{2-3}—南华系中上统；Nh_1—南华系下统；γ_5^3—燕山晚期花岗岩

2. 偏硅酸矿泉水

水中的 H_2SiO_3 含量>25mg/L 者（含量在 25~30.0mg/L 时，水源水温应在 25℃以上）称为偏硅酸矿泉水。这类矿泉水在江西省最为普遍，单纯偏硅酸矿泉水 99 处，占全省矿泉水总数的 72.5%；另外，同时含锶的有 17 处，同时含锂的 1 处，同时含二氧化碳的 1 处，同时含硒的矿泉水 1 处。它们分布广泛。由于偏硅酸盐岩遍布地壳岩石圈中，因此在自然水中普遍可以发现可溶性二氧化硅，但在水中呈胶体状态存在的二氧化硅比较少见。这是因为常温常压下硅酸盐在水中的溶解度是很低的，所以对于偏硅酸矿泉水形成，至关重要的是温度和压力条件。同时规模较大的断裂带也是不可缺的，它能使地下水具有良好的渗流条件，使地下水能向地下深部循环，而使地下水处于较高的温度和压力环境，促进了水对硅酸盐岩的溶解。因此，在地下热水中偏硅酸含量一般都较高。

实例（二）：青岚偏硅酸矿泉水

青岚矿泉水位于南昌市蛟桥镇青岚村西。地处梅岭（洗脚坞主峰842m）东麓与赣抚平原交汇处（图6-23-2）。

区内地质构造复杂，由新元古界双桥山群、晋宁期花岗闪长岩体组成的推覆岩体，逆冲在早古生代至古近纪红层之上。推覆岩体由北西向南东依次为花岗岩、片麻岩、千枚岩，其中发育一系列北东东至

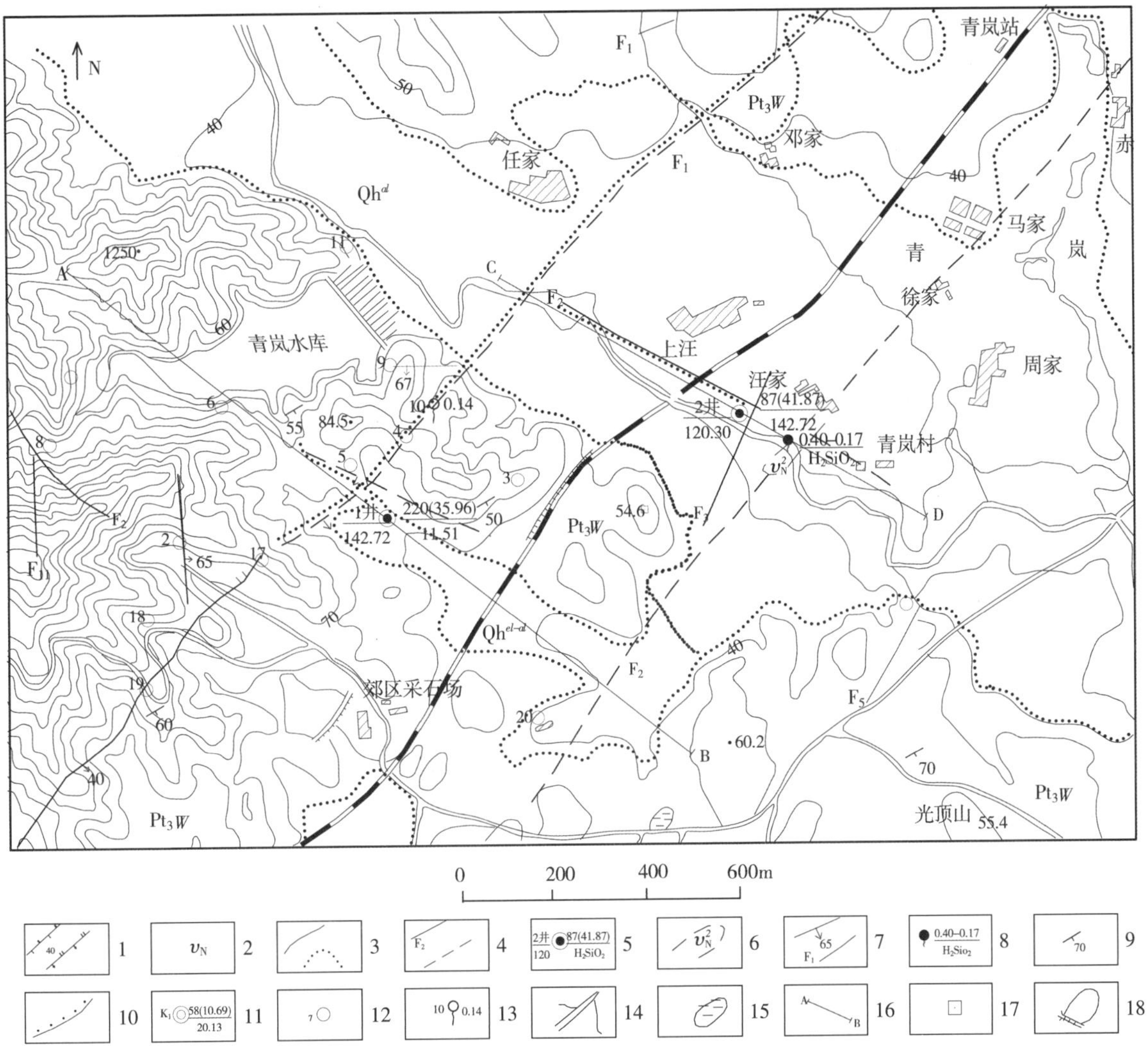

图 6-23-2　南昌市蛟桥镇青岚矿泉水勘察评价综合水文地质图

Fig. 6-23-2　Comprehensive hydrogeological map in Qinglan after mineral water survey and evaluation, Jiaoqiao town, Nanchang city

1—实测推测逆断层；2—新近纪辉长岩隔水体；3—含水层界线；4—实、推测性质不明断裂；
5—矿泉水孔（左:分子孔号、分母孔深（m），右:分子出水量（m³/d）及降深（m），分母为达标项目）；6—隐伏辉长岩隔水岩体；
7—实测小断层或裂隙带；8—矿泉（分子为最大流量—最小流量（L/s），分母为达标项目）；9—地层产状；
10—充水断裂；11—供水勘察孔（左：孔号；右：分子出水量（m³/d）及降深（m），分母孔深（m））；12—地表测绘点；
13—下降泉（左：编号，右：流量（L/s））；14—地表水系；15—沼泽地；16—剖面线；17—民井；18—地表水系；
Qh^{al}—溪谷冲积砂砾石含水层；Qh^{el-dl}—残坡积黏土碎石弱含水层；Pt_3W—新元古界万年群千枚岩构造裂隙含水层

北东走向紧密线型同斜倒转褶皱和断裂，F_2 北东向断裂中有喜山期辉长石岩墙（υ_6^2）侵入（图 6-23-2）。

矿泉 1#、矿泉 2# 分别位于 F_2、F_1 断裂破碎带上，据钻孔揭露“矿水床”岩层为片麻岩和千枚岩构造裂隙发育。H_2SiO_3 含量 33~43.2mg/L，溶解性总固体 120~133.64mg/L、pH 值 7.1~8.2，水质类型为重碳酸钠型水，水温 19.7~21.5℃，矿泉水开采量 307m³/d。

青岚矿泉水形成机理：梅岭山区接受大气降水补给，通过地表花岗岩、变质岩风化裂隙、构造裂隙和断裂构造渗入地下，形成地下水，继续往深处径流、运移，在地热增温率的作用下，从围岩中获得增温，并不断溶滤、溶解围岩中二氧化硅成分，从而使地下水中的二氧化硅浓度增加，形成偏硅酸矿泉水。根据非晶质二氧化硅温标、循环深度计算，青岚矿泉水循环深度达到 2203m，该深处的地温达 83.5℃，说明该矿泉水曾经是地下热水，但当它出露在不具备地热田形成条件的地区（无法维持这个温度），这部分地下热水循环到地壳浅部时，原有的温度由于热传导而散失了，因此当这部分地下热水再循环到地表出露时，就成为常温地下水了。由于在温度降低过程中，水中的二氧化硅只有超过非晶质二氧化硅的饱和溶解度时才凝聚析出，即使水中含有 100mg/L 的二氧化硅，在不低于 17℃时，也是不会淀析损失的。

3. 锶矿泉水

水中的锶含量≥0.2mg/L（含量在 0.20~0.40mg/L 时，水源水水温应在 25℃以上）者，称为锶矿泉水。

锶矿泉水在省内分布也较多，以单项离子存在的锶矿泉水有 12 处，占全省矿泉水总数的 8.7%，其中与偏硅酸结合形成复合型锶偏硅酸饮用矿泉水的有 17 处。与锂同时存在组成复合型矿泉水的有 4 处。锶矿泉水在省内主要分布在早古生代和晚古生代海相碳酸盐岩和晚白垩统砂岩、粉砂岩地层中。锶在地球中的含量不算很高，但在地壳上的分布相对广泛，含锶矿物和富锶的岩石中，闪长石、花岗岩和粉砂岩以及碳酸盐岩石中是比较富集的，是提供锶元素物质来源的主要母岩，而形成锶矿泉水主要因素是取决于水的侵蚀性（游离 CO_2 的含量）、水的温度及地下水渗流条件。而含锶矿泉水最有利于形成的地球化学环境是碳酸盐岩具有一定的可溶性、空隙通道比较发育，具良好的水循环交替条件。

实例（三）：鹰潭市锶偏硅酸矿泉水

矿泉水位于鹰潭市新区梅园，构造上处于东西向的信江白垩纪红盆南侧，区内出露地层主要有南华系杨家桥群上施组浅变质岩、侏罗系林山组沉积碎屑岩，下白垩统打鼓顶组和鹅湖岭组火山碎屑岩、上白垩统龟峰群红色碎屑岩及第四纪冲积层。

矿泉区位于隐伏的东西向萍乡 – 广丰深断裂与北北东向鹰潭 – 安远深断裂带交汇处。区内主要断裂构造有北北东、北东及北西向断裂。

北北东向断裂（F_1）位于鹰潭东南至龙虎山、上清一带，大致呈北北东向展布。属鹰潭 – 安远深断裂的构造成分，位于其北端，该断裂形成于加里东期，燕山期仍有强烈活动。造山后为龙虎山晚白垩世火山岩、红层盆地东缘的控盆断裂。

北西向断裂（F_3）位于新区梅园，走向北西，倾向北东，倾角 65°~75°，延伸长约 3km，为错动北北东向 F_1 断裂左行断层之一。其北东盘相对往北西方向推移，断层上、下盘的上白垩统龟峰群圹边组呈左行光滑，断裂处岩石破碎，裂隙发育，破碎带宽 3~5m 左右，为区内主要含矿水断裂。

矿水地井深 618m，据江西省地矿局九一二大队钻探揭露，地层为上白垩统龟峰群圹边组。孔深 512.87~517.37m 为灰白色含砾石英砂岩，张性裂隙发育，裂隙见晶洞和溶蚀空洞；529.98~618m 为灰白色含砾石英砂岩，张裂隙发育，裂隙见晶洞和溶蚀小空间，是为矿水层。据抽水试验，涌水量达

$400m^3/d$。

矿泉水水化学类型为重碳酸钙钠型水，矿化度 211.02~259.34mg/L，属低矿化水；pH 值 7.51~8.25 为弱碱性；总硬度（$CaCO_3$）100.59~133.62mg/L，属微硬水；$H_2SiO_3$54.6~78.0mg/L，Sr0.17~0.29mg/L。经 2007~2009 年监测分析，H_2SiO_3 53.37~55.64mg/L，Sr 在 0.26~0.286mg/L 之间，水质稳定，完全符合《饮用天然矿泉水国家标准》（GB 8537—2008），属偏硅酸锶双达标天然矿泉水。历经 20 余年开发，冠名“天久”牌的矿泉水行销省内外（何细荣，2014）。

4. 锂矿泉水

水中的锂含量≥0.2mg/L 且≤5mg/L 者，称为锂矿泉水。

江西省现有锂矿泉水 2 处，占全省饮用矿泉水总数的 1.5%，其中与锶同时存在的有 4 处，与偏硅酸同时存在的有 2 处。锂在地壳岩石圈中含量很少，但在许多硅酸盐矿物中都含有锂，如锂云母、黑云母、锂辉石、绿泥石等，一般酸性花岗岩、伟晶花岗岩和黏土沉淀物中锂含量较高，在地下水循环条件较好，富有水源，能与岩石相互作用的条件下易形成锂矿泉水。

实例（四）：宁都县河源锂、偏硅酸矿泉水

矿泉水位于宁都县石上乡上河源村东的山坳中。

地处侵蚀构造低山丘陵区，四周群山环绕，峰峦耸翠，仙桃山（海拔 664m）位其南。北北东向断裂控制着中新生代红层盆地的形成与分布。出露地层主要为震旦系上部云母片麻岩夹变粒岩，其间有大量含锂辉石伟晶岩脉穿插和第四纪堆积层（图 6-23-3）。

本区曾施工钻孔 13 眼，其中 ZK_{111} 孔于井深 24.07m 钻遇震旦系青灰、灰黑色云母夹变粒岩矿水层，35.42~42.4m 揭穿 F_4 断裂破碎带，44.58m 节理裂隙甚为发育，涌水量达最大值 $107m^3/d$。水位高出地面 15.7m，经采集水样，Li 含量达 0.3~0.32mg/L，H_2SiO_3 含量达 44.64~47.56mg/L，均符合饮用天然矿泉水国家标准。

从地下水位等值线图上可以看出，矿泉水的补给源于测区北东低山丘陵区，以潜流方式向南西方向排泄于地下。区内降水量丰富，年平均降雨量为 1699.3mm，年平均蒸发量仅为 1544.9mm。具有良好的构造岩性、循环和水源条件，为形成锂、偏硅酸饮用天然矿泉水奠定了基础。

5. 含硒矿泉水

水中的 Se 含量≥0.01mg/L 者，称为硒矿泉水。

省内目前发现有两处，一处为宜春温汤矿泉水，它是与偏硅酸共同组成复合型矿泉水。但该矿泉水水源地自 2006 年后，由于当地有关部门为了扩大地热田的出水量和提高地下热水水位，实施了人工回灌，从而导致该矿泉水水化学成分发生了变化，Se 含量由原先的 0.014~0.015mg/L 减少到现在的 0.006mg/L，使硒含量不达标，从而失去了硒矿泉水命名的依据，可见矿泉水水源地的保护是多么的重要，希望引起有关方面的高度重视。另一处为宜黄岭下，Se 含量达 0.0108mg/L，因 F 含量超标，不能成为饮用矿泉水。它们出露的地层均为志留纪加里东期片麻状花岗岩。硒在地壳岩石中分布不广，含量较低，在火成岩中含量只有 0.05×10^{-6}，在地壳中主要是以分散状态存在，大部分分散在硫化矿物的结晶格架中。硒与硫一起存在于岩浆成因及热液成因的硫化物中。

在海相沉积岩中硒的平均含量以页岩较高，为 0.6×10^{-6}，页岩中又以黑色炭质页岩含硒最富。其次为黏土，为 0.17ppm，含硒量最高的是黄铜矿和黄铁矿。温度是控制硒活动的主要因素之一，高温条件下能扩大硫与硒的类质同象置换范围，因此黄铁矿层的地下水富含硒。

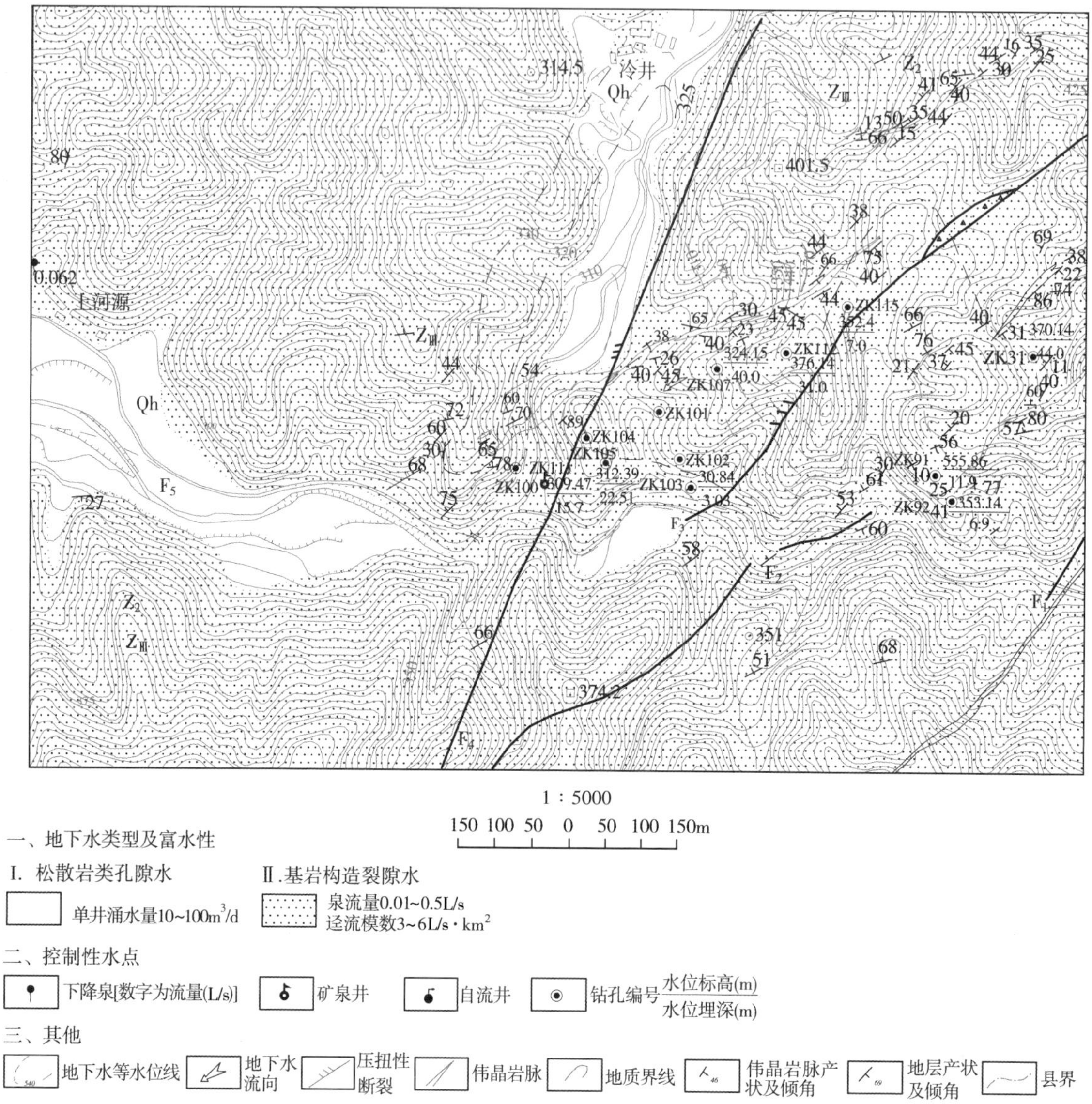

图 6-23-3 宁都县河源饮用天然矿泉水勘查评价综合水文地质图

Fig. 6-23-3 Comprehensive hydrogeological map of Heyuan after drinkable mineral water survey and evaluation, Ningdu

据不完全统计，目前省内现有饮用天然矿泉 138 处，其中偏硅酸矿泉水数量最多达 99 处，碳酸矿泉水 2 处，锶矿泉水 12 处，锂矿泉水 2 处，硒偏硅酸矿泉水 1 处，锶锂矿泉水 4 处，偏硅酸锶矿泉水 17 处，偏硅酸锂矿泉水 1 处（图 6-23-4，表 6-23-3），饮用天然矿泉水总储量达 32315.8m³/d。

江西雨水丰沛，质地优质的花岗岩、火山岩、变质岩和沉积岩分布很广，碳酸盐岩也有分布，断裂发育，形成优质饮用矿泉水的条件十分有利，但勘察与开发程度却较低。目前江西省已有矿泉水厂 50 余家，规模偏小，名牌矿泉水不多，仅有几家地区级品牌的矿泉水，如宜春“江特”、“明月山”，鹰潭“天久”，赣州“百丈泉”，萍乡“月池”、“天天上”，吉安“武功山”等，占有一定的市场份额。唐代茶圣陆羽在所著《茶经》中评出天下十泉。江西占有其五（庐山康王谷谷帘泉、观音桥招隐泉、大天池泉、洪州西山西东瀑水、上饶广济寺陆羽泉），足见江西泉水之优。江西省因此进一步加大饮用矿泉水调查开发力度，努力使这一优势资源能更好地惠及地方经济、民生。

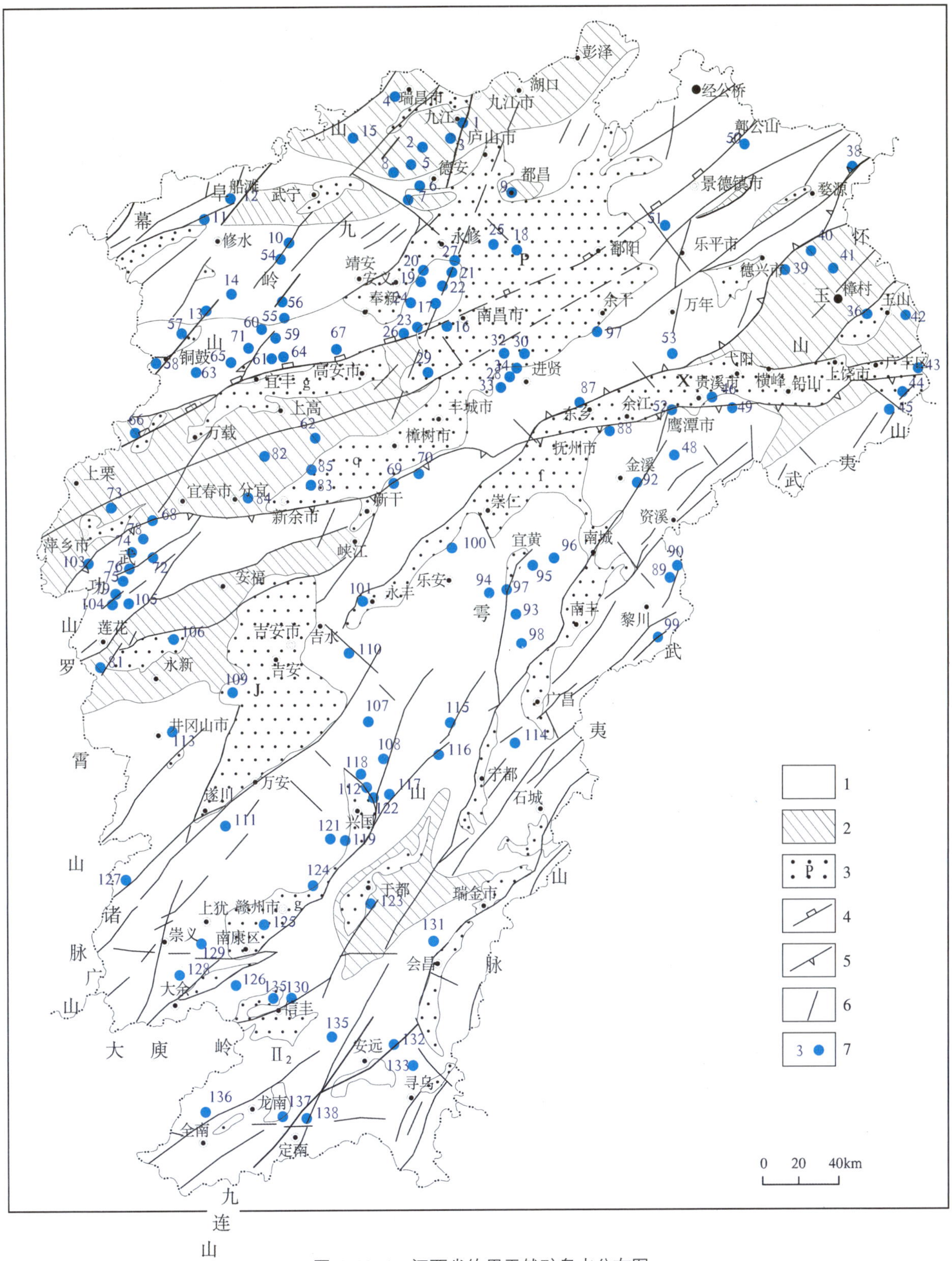

图 6-23-4　江西省饮用天然矿泉水分布图

Fig. 6-23-4　Distribution map of drinkable natural mineral water in Jiangxi Province

1—隆起区；2—坳陷区；3—中新生代断陷红色盆地（拼音字母为盆地代号）；4—宜丰－景德镇板块对接断裂带；5—萍乡－绍兴地壳叠接（加里东）断裂带；6—重要断裂构造；7—矿泉点，数字为编号

表 6-23-3 江西省饮用天然矿泉水一览表

Table 6-23-3 List of drinkable natural mineral water in Jiangxi Province

序号	矿泉水类型	饮用矿泉水及其编号
1	碳酸水	101 永丰富溪乡、126 南康浮石山
2	偏硅酸水	2 九江芦林、3 九江海会、5 德安 458、7 德安梅桥、10 武宁仙果山、13 修水山口、14 修水黄港、16 南昌昌北、18 南昌北山、19 南昌梅岭、20 安义墨山、17 南昌蛟桥、22 南昌林科所、23 南昌南宝、25 新建昌良、24 新建新丰、28 进贤金山岭、29 南昌岗上、30 进贤茅岗、31 南昌梅岭、32 进贤鄱源、33 进贤岗湖、27 新建溪霞、34 进贤刘家、35 上饶茶亭、36 上饶沙溪、37 余干宝珠岭、38 婺源江湾、40 德兴龙头山、41 玉山龙首、39 德兴绕二、42 玉山三清山、44 广丰桐畈、47 弋阳樟树墩、49 弋阳箭竹、50 浮梁高岭、51 乐平塔前、53 贵溪周坊、54 靖安双溪、55 奉新白源、56 奉新石牛岭、57 铜鼓泉塘、58 铜鼓龙须坑、59 宜丰同安、48 弋阳港口、60 宜丰乌石里、61 宜丰来龙埚、63 宜丰港口、64 宜丰花桥、65 宜丰观前、69 樟树感溪、78 芦溪东安里、70 丰城希望、71 宜丰潭山街、72 芦溪华云、73 芦溪银河、74 芦溪新泉、75 芦溪龙王潭、76 芦溪陈家坊、77 芦溪刘家源、79 芦溪犁背、80 芦溪乔岭、89 资溪乌石、90 资溪株溪、91 资溪大觉山、92 金溪城北、93 宜黄芒坳、94 宜黄良山、95 宜黄岩岭、96 宜黄硖石、97 宜黄岭下、98 南丰西坑、99 黎川日峰、101 安福上龙、102 峡江花坑矿、104 安福长源、107 吉安长孝湾、108 吉安东固、109 吉安夏濑、110 吉水坝背、111 遂川中石、112 万安弹前、114 宁都河源、116 宁都池源、115 宁都小布、117 兴国城岗、118 兴国曾罗寨、119 兴国龙口、120 兴国将军泉、121 兴国品禄园、122 兴国严坑、123 于都小溪、127 上犹黄沙坑、128 大余鹧鸪山、129 大余石门、130 信丰龙舌、133 安远三百山、135 信丰牛颈、138 定南青云山
3	锶水	8 德安河东、9 都昌芙蓉山、15 瑞昌南义、21 南昌谢家坊、62 高安建山、81 莲花珠岭坳、83 新余北岗、85 分宜乌石、86 东乡枫林、103 安福严田、113 井冈山拿山、125 赣州龙石滩
4	锂水	12 修水清水岩、106 永新怀忠
5	锶锂水	4 瑞昌桂林桥、11 修水泉坑、43 广丰管家、66 万载潭埠
6	偏硅酸锶水	1 九江仙人山、6 德安轮胎厂、26 新建璜溪、45 广丰溪山、46 弋阳旭光、52 应潭梅园、82 新余仁和、84 分宜西坑、87 东乡店前、88 东乡会龙山、100 乐安戴坊、124 赣县黄龙埔、131 会昌九州、132 安远修田、134 信丰石背、136 全南金龟墩、137 龙南西坑
7	偏硅酸硒水	68 宜春温汤
8	偏硅酸锂水	67 高安伍桥、114 宁都河源

江西省环境地质志

（下册）

江西省地质矿产勘查开发局　编著

地质出版社

·北　京·

目　录

（上册）

第三篇　地质遗迹与旅游地质

第四篇　区域生态地球化学环境

第五篇 区域水文地质与地下水资源

第六篇 地热与矿水资源

（下册）

第七篇　区域工程地质

第八篇　矿山地质环境

第九篇　地质灾害

第十篇　城市环境地质

第十一篇　区域环境地质规律

Contents

(Volume I)

Part III The geological heritage and geological tourism

Part IV Regional Ecological Geochemical Environment

(Volume Ⅱ)

Part Ⅶ Regional Engineering Geology

Part Ⅷ The Geo-environment of the Mines

Part IX Geological Disasters

Part X Urban Environmental Geology

Part XI Law of Regional Environmental Geology

第七篇 Part Ⅶ Regional Engineering Geology

区域工程地质

清末民初，随着萍乡安源煤矿等矿山开发和南浔铁路等工程修建，江西开始了近代意义上的工程地质调查。新中国成立之后，工程地质工作得到了全面发展和进步，成为各项工程建设的先行步骤。20世纪50年代中期，主要是围绕当时大力发展农业而兴建的大、中型水利水电工程，以及针对矿山开采的部分矿区进行工程地质勘查；60~70年代，为工程建设项目服务的工程地质工作发展较快，主要是水利水电工程，江、河、湖的防洪圩堤工程，国防工业厂址，公路、铁路、桥梁、人防、矿业开采等工程地质工作；70年代中期至80年代初期，在全省1∶20万区域水文地质普查中，对全省区域工程地质条件进行了初步调查研究。

改革开放以来，社会经济高速发展，随着新型工业化、信息化、城镇化、农业现代化的推进，水利水电、高速公路、铁路等事业蓬勃兴起，工程地质工作也相应获得了全新的飞速发展。工程地质资料构成了各类工程建设立项安全评估的主要依据。江西省勘察设计研究院、江西地质工程公司等一批工程地质专业队伍应运而生，工程地质勘察逐步成为一个新生产业。

工程地质工作的应用范围广泛，目前已涉及工业与民用建筑方面的城市规划区、住宅小区、高层建筑、工业园区、大型厂房等建设项目，市政工程方面的大型道路桥梁、城市轨道交通、自来水厂、供水管网、截污管网、污水处理厂、垃圾填埋场等，水利电力方面的大型水利电力枢纽、大型火力发电厂、超高压输变电工程，大江、大河及湖泊的防洪防渗治理、病险水库的除险加固，交通方面的公路及高速公路、铁路及高速铁路、港口码头、机场建设工程，还有核电厂址、输油管道、输气管道工程等众多领域。工程地质的应用发展前景十分广阔。

第二十四章 工程地质工作发展状况

新中国成立至今60余年来，省域共完成的各种行业、不同精度的工程地质项目数以万计，已无法准确地统计。这些项目的成果资料分布在地矿、冶金、煤炭、核工业、城建、水利、电力、交通、铁路、市政等部门，成果资料无法搜集全面。现以江西省地矿局水工勘察队伍的成果为主，结合收集到的有关部门资料，将江西省工程地质工作归类加以叙述。

第一节 区域工程地质调查

江西省区域工程地质调查研究始于20世纪70年代中期至80年代初期，以江西省水文地质工程地质大队为主，完成的《江西省1∶20万水文地质普查图幅报告》中，对工程地质条件有一些简略论述。

20世纪80年代中期，进行了江西省工程地质区划工作，完成了鄱阳湖综合考察研究的地学3个子课题，包括“鄱阳湖形成演变”、“鄱阳湖平原水文地质综合研究”、“鄱阳湖平原工程地质综合研究”等。在工程地质方面，除系统地对鄱阳湖平原的工程地质条件进行了分析评价外，还对鄱阳湖地区圩堤的渗透变形病害进行了分析研究，提出了有关防治措施。研究成果在对鄱阳湖地区圩堤的综合整治起到重要指导作用的同时，还首次对鄱阳湖控湖工程的可行性提出了建设性意见，得到了省政府及有关部门的高度重视。

20世纪80年后期至90年代初期，江西省水文地质工程地质大队对全省11个设区市进行了1∶5万水文地质工程地质综合勘察研究工作，其系列成果为城市规划提供了基本的工程地质依据。江西省未进行过更大比例尺的区域工程地质研究工作，而且上述有的研究成果搜集资料有限，如《江西省工程地质区划报告》，虽经努力搜集到全省471份成果资料，但与江西省已有的数以万计成果资料相比，其代表性、准确性等都具有局限性。

第二节　工业与民用建筑及市政建设工程地质勘察

20世纪50年代末至60年代初，建筑工程部综合勘察院中南分院对九江市、吉安市、宜春市及乐平、丰城、南城等发展城市曾进行过城市总体规划工程地质勘察。南昌市、萍乡市、上饶市等城镇扩建以及大型重型企业的兴建过程中，为查明建筑地基的强度和主要工程地质问题，都进行了工程地质勘察工作。如江西锻压厂，南昌、景德镇、分宜等火电厂以及江西广播电视台、南昌八一起义纪念塔等。20世纪80年代以前，除上述建设工程外，其他的建设项目基本上都未进行工程地质勘察工作，主要是由设计人员到现场验槽对地基持力层加以确认。1980年以后，逐步形成了凡新建工业与民用建筑必须遵循“先勘察后设计”的建设程序。随着工业化、城镇化及高层建筑和住宅小区的蓬勃发展，工程地质勘察工作也相应得到了快速发展，全省有几十家勘察单位参与。在工业与民用建筑方面，完成了国家级、省级及市级开发区和工业园区近百处，城市规划区几十处，住宅小区几百处，大中型企业几千余处的工程地质勘察工作，其中高层建筑近4000处，最高建筑达60多层，高250余米。在市政建设方面，完成了城市道路工程、桥梁工程、供水工程、污水处理厂工程、南昌市青山湖隧道工程、南昌西客站、南昌市轨道交通（1号线、2号线）工程等一大批大型新建工程的工程地质勘察工作。

第三节　水利水电交通工程地质勘察

一、水利水电工程地质勘察

江西省河渠纵横，水网稠密。20世纪50年代，为了满足农业开发灌溉和国民经济发展用水用电的需求，开始在一些河流上兴建水利水电工程。

据江西省水利厅公布的资料：截至2007年底，全省建成各类水利工程40万多座（处）。其中，水库9783座（大型25座，中型238座），总蓄水能力293亿m^3；引水工程9.58万处，年引水量72.32亿m^3；堤防4000余条，总长度9753km。上犹江、柘林、洪门、飞剑潭、紫云山、上游、万安、东津、南车、大坳、廖坊、山口岩、峡江等大型水利水电（枢纽）工程相继建成，鄱阳湖控湖工程正在规划论证。

除鄱阳湖控湖工程外，其他工程均进行了工程地质勘察，所提交的勘察成果为工程设计及施工提供了重要的地质依据。

省内堤防大多集中在鄱阳湖区、九江长江南岸及五大水系。自20世纪60年代开始，主要由江西省水文地质工程地质大队承担了上述圩堤及灌区配套设施的工程地质勘察工作，江西省水利规划设计院承担了部分圩堤的工程地质勘察工作。

20世纪80年代以后，主要是对圩堤、水库存在的隐患进行除险加固治理补充工程地质勘察工作。尤其是1998年百年一遇洪水的发生，使长江大堤九江城区段出现了溃堤，致使九江城区遭遇了历史上最严重的洪水灾害，经奋力抢救，才未造成更为严重的后果。鄱阳湖区圩堤以及主要干流的圩堤均出现了不同程度的险情。1998~2007年，重点对长江干堤、鄱阳湖区重点圩堤、赣抚大堤、九江八里湖大堤以及五大水系的主要圩堤进行了全面整治，确保了人民生命财产及农业生产的安全；2003~2007年，列入规划的3488座病险水库除险加固任务基本完成，有效提高了江西省抗御水旱等自然灾害的能力。根据上述堤防、水库治理工程的需要，均先后开展了相应的工程地质勘察工作。

二、交通运输工程地质勘察

20世纪50年代以来，江西省先后建设了向（塘）—乐（安）、分（宜）—文（竹）、皖赣线、鹰厦线、京九线、大沙线、铜九线、横福线、吉井线等；近年新建的有京福高铁、向莆铁路、赣韶线、杭长客专、昌九城际等铁路及浙赣线电气化改造工程；正在建设的有武九客专、九景衢铁路、赣龙客专、昌吉赣城际等；已经规划建设的有渝长厦铁路长沙至赣州段、赣深客专、南昌至修水铁路、昌景黄铁路等。截至2014年12月，全省铁路运营总里程为3734km；规划至2020年底，全省铁路运营总里程将突破5000km，其中快速铁路里程达到2500km以上，形成“五纵五横”路网骨架。已建铁路的工程地质勘察工作主要由铁道部第四勘测设计研究院和南昌铁路勘测设计院承担。

新中国成立以来，江西省公路交通是发展最快的行业之一。根据江西省交通运输厅统计数据：截至2014年底，全省公路总里程为155515km，其中高速公路4515km，全省“三纵四横”高速公路主骨架基本建成；规划至2020年底全省高速公路通车里程将突破6000km。省内高速公路主要有：大广高速、福银高速、济广高速、杭瑞高速、永武高速、昌铜高速、德昌高速、沪昆高速、昌吉高速、抚吉高速、泉南高速、厦蓉高速等。伴随着高速公路快速发展，公路工程地质勘察工作也得到前所未有的发展。已建高速公路的工程地质勘察工作主要由江西省交通设计院完成。

除此以外，还相继完成了南昌昌北机场、景德镇机场、赣州机场、宜春机场、上饶机场和南昌、九江、吉安、赣州、鄱阳、蛤蟆石、瑞昌、都昌、湖口等15个港口码头的工程地质勘察工作。

第四节　其他工程地质勘察

一、地下人防工程地质勘察

为了防御外来侵略，20世纪60年代中期至70年代，在一些城市和山区，兴建了一定数量的地下人防工程。如南昌市、临川市、赣州市、九江市、上饶市等均先后实施了人防工程地质勘察，对各市人防工程埋置深度、地下水条件及岩土体物理力学性质等进行了较全面的了解。在瑞昌、靖安、铜鼓、宜春、永新等三线工程，亦多进行了中小比例尺的洞室调查和钻探试验等简单的工程地质工作。

二、矿山工程地质勘察

新中国成立后，江西省矿山开采业迅速发展，矿山工程地质工作也日益得到重视和发展。20世纪60年代以后，为查明矿山开采的水文工程地质条件，在复杂和较复杂的大中型矿区，均已配合矿山勘查工作进行了相应的水文地质工程地质工作。如九江城门山铜硫矿、永平铜矿、武山铜矿、德兴铜矿、东乡铜矿、弋阳蛇纹石矿及丰城、萍乡、乐平煤矿等，取得了矿坑涌水量及矿床围岩的物理力学指标。另外，江西铜业集团公司所属的德兴铜矿、永平铜矿、城门山铜矿还专门对露采边坡进行工程地质勘察和边坡工程稳定性试验研究。这些矿山开采工程地质勘察及研究成果，为矿山的安全生产提供了可靠的工程地质依据。

第二十五章 区域工程地质条件与主要工程地质问题

第一节 区域工程地质条件

区域工程地质主要与区域地质构造、岩土类型、地形地貌、风化作用、水文气象等条件相关。

一、地质构造条件

江西自元古宙以来，历经长期地质发展演化，至中新生代形成的隆起、坳陷与断陷盆地构造格局，构成了区域工程地质的主导性约束条件。岩土类型、构造形变、地形地貌的分布以及地质灾害的发生无不与上述各具特色的构造单元有关。

隆起、坳陷构造基本定型于燕山期，在江西中北部形成了隆坳相间的构造格局。主体构造为近东西向至北东东向。赣南以隆起区为主，主体构造为北北东至近南北向。坳陷分为两类：扬子型坳陷由青白口系上部—侏罗系组成，有九江、怀玉等坳陷；华南型坳陷由上古生界—侏罗系组成，有萍乐、饶南、永莲、宁于等坳陷。隆起区也分两类：北部隆起区主要由晋宁期褶皱组成基底；中南部的隆起区主要由加里东期褶皱组成基底。江西中北部隆坳构造形成了近东西至北东东向的中低山脉（九岭、武功山）与低山丘陵（九江、萍乡－乐平）相间的地貌格局，江西南部则以武夷、雩山、罗霄－诸广等近南北向至北北东的山脉为主。

晚白垩世—古近纪，由于地壳伸展，形成了江西西部的幕阜－罗霄－诸广和东部的怀玉－武夷、雩山北北东向的断隆和中部的赣鄱断陷红层盆地群，加上南侧的南岭上隆，造就了省境西、东、南三面环山，内侧丘陵广亘，北部平原坦荡，总体构成一个向北开口的巨大盆地。

省域断裂构造十分发育，但至古近纪末大部分停止活动，地壳总体趋于稳定，但仍有一部分北北东、北东向断裂带继续活动，在赣东北、赣西北有较强地震活动。

二、地层岩石条件

江西省变质岩出露面积约 60500km^2，占全省面积 31%，以浅变质碎屑岩类为主，中深变质岩包括部分混合岩化变质岩，主要出露于武夷、饶南等地。这类岩石总体固结程度较高。江西侵入岩以花岗岩为主，出露面积 35000km^2，约占全省面积 21%，主要分布于隆起区，形成中低山地，以赣南出露最广。沉积岩面积 7100km^2，占全省面积约 4.8%，九江、怀玉坳陷主要由南华系—侏罗系组成；萍乐、饶南、永莲、宁于等坳陷由泥盆—侏儒系组成，均以碎屑沉积岩、碳酸盐岩为主，主要形成低山丘陵。其中层厚质坚的南华系莲沱组砂岩、泥盆系云山组、侏罗系等砂岩形成陡峭山体，往往构成有利的坝址，如柘林、上犹、万安、峡江等库坝。早白垩世火山岩分布面积 3500km^2，形成火山盆地，也以低山丘陵为主，在武夷山区可形成中山陡峭地形。晚白垩世—古近纪红色砂砾岩固结程度较低，地形以低丘岗阜为主，部分形成丹霞地貌。第四系河湖冲积层主要分布于断陷盆地与河谷地带，形成岗阜、谷地与平原。

三、地形地貌条件

江西省面积中山地占36%，丘陵占42%，岗地平原占12%，水面占10%。第四纪以来，全省地壳总体处于不均衡隆升状态，隆起山地大部分处于缓慢隆升状态，以穹状、波状山形为主，风化壳比较发育，易于发生滑坡，部分山区如庐山、怀玉山、北武夷山，山体隆起较快，形成陡崖、尖峭峰林地貌，山涧湍急，风化壳不发育，易于发生崩塌。坳陷低山丘陵区基本上处于弱隆升状态，在覆盖型碳酸盐岩区易发生岩溶塌陷。断陷红层盆地一些盆缘呈弱隆升状态，形成丘陵或丹霞地貌，也有崩塌、滑坡灾害发生。红层盆地中部往往沉降大于隆升，形成谷地或平原，其中鄱阳湖盆地“五河”汇聚，地壳以沉降为主，形成较大平原，为第四纪沉积主要地区。

四、水文气象条件与风化作用

江西省地处亚热带季风气候区，雨量丰沛，全省多年平均降水量1638mm，每年4~6月为雨季，多暴雨，为崩、滑、流地质灾害主发频发期。赣南等部分地区尤其是花岗岩强风化区，水土流失严重。省境河流湖泊密布，主要河流均形成于早更新世晚期。溪流源区冲刷、侵蚀；中下游形成谷地，往往发育3~4级阶地。

省内泥砂质变质岩、沉积岩和花岗岩分布很广，加上温热多雨，风化作用较为普遍和强烈，除碳酸盐岩区、强烈隆升山体外，残坡积风化壳普遍发育。在成为宜林山地的同时，给工程地质造成了不同程度的影响。土壤多样，以红壤为主。

风化作用与岩性构造部位、地形、植被和气候关系甚为密切。省内的几个多雨区，如宜春—吉安一带、上饶、景德镇等地，物理、化学、生物风化作用均较为剧烈，全、强风化层一般较厚。在不同的地形条件（标高、坡度和切割程度）下，风化作用也有明显的差异，并影响着风化的强度、深度和风化物的保存厚度及分布。地形高差大的山区，一般风化的强度和深度大于平缓的地区，但风化物易被剥落、冲刷而移离原地，所以风化层一般都厚度较薄，颗粒较粗，黏粒较少。在平原和低缓的丘陵地区，地表水和地下水流动都较慢，风化层容易保存下来，一般风化层厚度较大，特别是平缓低凹的地区，风化层更厚。

岩性不同，抵抗风化的能力也不一样。一般含深色矿物粗粒成分及矿物种类多的岩石更容易风化。省内容易风化的主要是花岗岩，其次为碎屑沉积岩和变质岩。强风化厚度按岩体类型划分，花岗岩一般为5~15m，最大可达50m；沉积岩和变质岩一般2~5m，前者最大10m左右，后者最大可达30m（如南昌昌北地区）。沉积岩中的红色砂砾岩固结程度低，多为泥质钙质胶结，特别容易风化，在有利的地形部位可有较厚的风化带。一般有随深度增加风化逐渐减弱的特点。但在断裂带及其影响带中，风化作用强烈，风化带常常突然加厚，风化层呈带状分布，强风化层厚度可达数十米。

另外，在一些泥岩、页岩等软岩分布区，由于其抗风化能力差，遇水易软化、崩解。在开挖路堑及基坑时暴露在空气中，在卸荷裂隙及雨水的作用下，常常会发生体积变化，风化作用加剧，给边坡的稳定性造成不良影响。同时还会破坏岩体的完整性，大大降低岩石的强度。因此，在此类岩体中进行工程建设时要重视风化作用的影响。

第二节　主要工程地质问题

基于上述工程地质条件，在实际工作中遇到的主要工程地质问题有以下几个方面。

一、填土、软土的不均匀沉降问题

在工程建设中，往往需要挖土填方。以南昌市为例，红谷滩新区赣江沿岸就有大量的人工吹填砂，厚度最大可达 10m；在昌北岗地分布区也存在大量的人工填土。填土往往未进行人工压密处理，尚未完成固结，为欠固结土，其结构松散，孔隙比大，具有高压缩性。

天然软土在省内主要分布在鄱阳湖湖滨地区，长江沿岸以及南昌市、九江市均有分布，其他地区零星分布。软土主要为淤泥质土和淤泥，灰、灰黑色，饱和状，天然含水量高，孔隙比大，压缩性高，为欠固结土，常因堆载或排水发生固结。因此，在填土和软土地区，应重点注意不均匀沉降给工程带来的隐患。

二、堤基及基坑的渗透变形问题

江西省在沿江、沿湖建有大量防洪圩堤。由于工程地质条件复杂，历史上圩堤因堤基渗透变形而溃决的险情较多，赣东、抚东、富大有堤、联圩、红旗、象山等圩堤场出现过溃堤现象。尤其是 1998 年 7 月的长江特大洪水，九江市长江大堤七里湖段发生了因堤基渗透变形而导致溃决，对人民生命财产安全造成了严重影响。1998 年底以来，国家花巨资对大江大湖的圩堤及堤基进行加固和防渗处理，省内较大圩堤渗透变形问题基本得到有效控制，但在局部未进行堤基防渗处理的堤段，仍然存在一定的隐患。

随着城市高层建筑越来越多，深大基坑逐渐增多。基坑深度范围内常分布有砂土、粉土层，当地下水位较高时，基坑开挖容易引发流沙、流土的现象，因渗透变形发生基坑倒塌，或对周边建筑物、构筑物以及市政设施造成破坏。因此，在基坑支护勘察设计及施工中应对渗透变形问题引起足够的重视，特别深大基坑，如南昌市轨道交通车站基坑，更应引起高度重视，避免基坑事故的发生。

三、断裂破碎带及软弱夹层的问题

断裂破碎带及软弱夹层在江西省各地均有分布。一般线状工程，如高速公路、铁路，大型水利枢纽工程都不可避免地要遇到，尤其是隧道工程，断裂破碎带及软弱夹层的存在，往往会影响到硐室的稳定性、安全性，增加难度、增加投资，处理不当不仅会对施工带来安全影响，还会给工程埋下安全隐患。

京九铁路老营盘隧道断层破碎带发育，且为导水富水构造，不仅隧道岩体破碎，易坍塌冒顶，支护困难，而且涌水量较大，达 $30m^3/h$，还要考虑导排水问题，增大了施工难度，延长了施工工期，同时也增加了成本。

京九铁路岐岭隧道施工时遇到泥岩软弱夹层，隧道硐身极不稳定，塌方频繁。

九景高速公路湖口雁列山隧道施工时遇断裂破碎带，隧道围岩不稳定，出现了大方量的冒顶，将施工人员困于隧道内 3 天，后经多方营救才得以脱险。

武吉高速九岭山隧道，全长 5384m，是目前江西省最长的公路隧道，在隧道施工过程中，遇到了导水富水极强的断裂破碎带，隧道内涌水量达 900m^3/h，最高涌水量达 1400m^3/h，给施工排水带来了极大的困难。

由上可知，断裂破碎带和软弱夹层给隧道施工带来极大难度，并存在一定的安全隐患。另外，断裂破碎带和软弱夹层的存在，对坝肩、坝基稳定性造成不利影响，给高层建筑和桥梁的桩端持力层选择带来一定的难度。在此类地区的工程地质勘察工作中要特别注意。

四、地面塌陷的场地稳定性问题

地面塌陷包括岩溶地面塌陷和采空区地面塌陷。岩溶地面塌陷与地层岩性密切相关，主要分布于覆盖型灰岩岩溶发育区，以萍乐坳陷带最为严重。采空地面塌陷与采矿活动密不可分，主要分布在萍乡、丰城、乐平等采矿区（详见矿山地质环境篇）。

江西省内所发生的地面塌陷，自然塌陷较少，主要为人类工程活动引起的塌陷。所以，具备产生塌陷必要条件的地区，其发生与否主要取决于人类活动对地质环境条件的改变程度。主要发生于开采矿区和铁路、公路沿线，引起地面塌陷的诱发因素是地下承压水水位的降低和采矿疏排水及剧烈振动等，具体表现为：

1）矿区地下水疏干排水引起塌陷。如乐平市桥头丘煤矿、乐平市花亭矿区等。

2）井孔抽水引起塌陷。如上饶朝阳磷矿供水井，因长期抽水，在距抽水井西南 60m 处产生直径约 10m 的圆形塌洞，周围民房土墙也出现有裂缝。分宜电厂、萍乡电厂、宜春化肥厂、宜春酒厂等都出现过类似情况。

3）长期久旱不雨，地下水位区域性下降引起塌陷。如 1978 年婺源县中云农机站办公楼倒塌，就是因为久旱不雨，地下水位下降，于墙基处造成直径 4m 深度 7m 的塌陷所致。类似情况还有永丰的藤田等地。

4）动荷载引起的塌陷。主要由火车、汽车、桩基施工等振动所致，如宜春火车站、浙赣线分宜界水、萍乡湘东、宜春市煤气公司等地。

5）矿区采空引起的塌陷。如东乡枫林铜矿以及萍乡、乐平、丰城的煤矿区都有发生。

五、水库渗漏问题

据水利部门有关资料，近几年对全省 9000 余座水库的调查显示，有 3000 多座水库为病险水库，存在各种不同程度的隐患。其中水库渗漏是主要的工程地质问题。水库渗漏的发生与水库所处的地形地貌、岩土性质、地质构造等条件密切相关。

1）碳酸盐岩分布区，溶洞、暗河、落水洞、溶蚀裂隙及孔隙等比较发育，往往构成水库渗漏的主要通道。修建于覆盖型岩溶地区的水库，其上覆黏性土层厚度差异大，蓄水后在静水压力的作用或潜蚀作用下形成塌陷或消水洞，造成不同程度的渗漏，严重的可导致“干库”。如瑞昌市南山周村水库，库区地层为二叠系中统茅口组灰岩，库底隐伏一条地下暗河，水库蓄水后发生严重渗漏，成为“干库”。宜春市袁州区楠木团结水库地下岩溶发育，库内曾多处发生塌陷、消水洞，产生严重渗漏，影响水库正常效益的发挥。

2）风化作用强烈，风化层厚的花岗岩、变质岩、碎屑岩及第四系松散砂砾石层分布地区常易发生坝区渗漏。如都昌张岭水库岩性为花岗岩，风化层厚，建坝时清基深度约 9m，未灌浆设置防渗帷幕，建库后坝基漏水较严重，渗漏量达 10L/s。安福柘田水库坝址为中寒武统青灰色中厚层石英长石砂岩，强风化厚度 5~10m，裂隙发育，坝基漏水较严重。

3）构造裂隙发育地区建坝后产生渗漏问题较多见。如吉水县恭溪水库，坝区为震旦系板岩、千枚岩，坝区还有一断裂构造通过。由于建坝时未查清该断裂构造的存在，建坝后发生严重渗漏，水库不能蓄水。袁州区连塘水库，有一北北东向压剪性断裂从右坝肩附近通过，岩体裂隙极为发育。其中一组倾向 85°，倾角 84°的裂隙最发育，宽度一般 3~5cm，最大达 20cm，呈半充填状态，库水位上升至该裂隙发育带时，便发生严重渗漏。

六、水库、河流淤积问题

江西省部分花岗岩及红层分布区植被稀疏，岩石风化剧烈，水土流失较严重。建于该地区的水库普遍存在淤积问题。水库淤积问题较突出的主要有兴国、赣州一带。如兴国长岗水库，库区为白垩系上统赣州组紫红色含砾砂岩。1971 年开始蓄水运行，至 1977 年调查时，库底淤积层厚达 9m 多，淤积速率达 $170\times10^4m^3/a$。此外，修水县白岭地区、南城县等地水库的淤积问题也较严重。

由于水土流失的不断加剧，河流的淤积问题也越来越严重。新中国成立后的 60 余年来，赣江、抚河等及许多支流河床淤积高度达 3~4m，全省河流通航能力大大降低，通航里程比解放初期缩短了 5665km，许多河道已停航或通航吨位下降。

七、沙土液化问题

沙土液化是指饱和沙土及粉土在地震或较大震动荷载的周期性作用下，孔隙水压力逐渐累积，有效应力逐渐消减，最终使土粒处于悬浮状态，土体完全失去抗剪强度而显示出近于液体的特征。这种液化将会产生地面沉陷变形、滑移、地裂和喷水冒沙，造成各种工程建筑、道路、农田及水利工程场地、地基失效，给国计民生带来严重损失。

江西省沙土液化问题总体比较轻微，按照相关规范规定，工程地质勘察仅对抗震设防烈度大于 7 度地区进行地震液化评价的原则，江西省只有寻乌、会昌两县。2005 年 11 月 26 日，在九江县与瑞昌市交界处发生 5.7 级地震，地震烈度基本达到 7 度，同时伴随也发生了地面沉陷、喷水冒沙现象，对农田及圩堤造成了一定的危害。

第二十六章　岩土体类型及工程地质特征

第一节　岩土体工程地质类型的划分

区域工程地质主要与区域地质构造、岩土类型、地形地貌、风化作用、水文气象等条件相关。

一、岩体工程地质类型的划分

岩体工程地质类型是反映区域工程地质条件的主要因素之一。岩石的坚硬程度、岩体的完整性和稳定性等工程地质特征又是由岩石的形成条件、岩石成分，岩体的结构构造及岩性组合、分布状态所决定的。因此，岩体工程地质类型划分，首先根据岩石的形成条件，划分为沉积岩建造类型、变质岩建造类型、岩浆岩建造类型。沉积岩建造类型中的碎屑岩和碳酸盐岩，由于成因和岩性不同，分别单独划分为一个类型。在类型的划分基础上，再根据岩石的坚硬程度、岩体结构面和岩性组合特征及特殊的工程地质特征（如岩溶化程度）等，综合考虑划分其亚类和岩组。

岩石的坚硬程度是根据岩块的饱和单轴抗压强度 frk 进行分类。frk>60MPa 的为坚硬岩；60MPa≥frk>30MPa 的为较硬岩；30MPa≥frk>15MPa 为较软岩；15MPa≥frk>5MPa 为软岩；frk≤5MPa 为极软岩。软化系数 η≤0.75 的定为软化岩石。

岩体结构面组合特征，除主要考虑了原生结构面的空间分布外，变质岩还考虑了次生结构面的发育程度，分为块状结构、层状结构、片状结构及块状夹层状结构。层状结构又进一步分为：中厚－厚层状结构（结构面间隔大于 0.2m）、薄层状结构（结构面间隔小于 0.2m）及薄－厚层状结构。

全省岩体共分为 4 类 14 个亚类 43 个岩组（表 7–26–1）。

表 7–26–1　岩体工程地质类型划分表

Table 7–26–1　Classification for rock bodies after engineering geological conditions

类	亚类	岩组
碎屑岩类	软弱的中厚－厚层状砂岩、泥岩、砾岩亚类	1.新近系头陂组砂岩、泥岩、砾岩组
	软弱－较硬的薄层状页岩、砂岩、硅质岩亚类	2.底下寒武统荷塘组，页岩粉砂岩组 3.志留系殿背组－坟头组页岩、砂岩组 4.中三叠统杨家群页岩粉砂岩组
	软弱－较硬的薄－厚层状砂岩、砾岩、泥岩亚类	5.下白垩统火把山群砂岩、泥岩组 6.上白垩统赣州群－古近系临江组砂岩、砾岩、泥岩组
	软硬相间的薄－厚层状含煤砂岩、页岩、泥岩亚类	7.下石炭统梓山组，含煤砂岩、页岩、泥岩组 8.中二叠统小江边组－下三叠统青龙组灰岩、含煤砂岩、页岩、泥岩组 9.上三叠统安源组－下侏罗统林山组含煤砂岩、页岩、泥岩组

续表

类	亚类	岩组
碎屑岩类	较硬－坚硬的中厚－厚层状砂岩、砾岩、页岩亚类	10.下南华统莲沱组上部粉砂岩、页岩组 11.志留系梨树窝组、茅坪组砂岩、页岩组 12.中泥盆统跳马涧组砂岩、砾岩组 13.中、上泥盆统云山组－洋湖组砂岩、砾岩、页岩组 14.上泥盆统佘田桥组－洋湖组 15.上泥盆统—下石炭统华山岭组、五通群砂岩、砾岩组 16.中侏罗统漳平组、罗坝组砾岩、砂岩、页岩组
	较硬－坚硬的薄－厚层状泥岩、页岩、硅质岩亚类	17.震旦系陡山沱组、皮园村组、灯影组灰岩、硅质岩、页岩组 18.奥陶系印诸埠组－新开岭组(长坞组)泥岩、页岩、硅质岩组
碳酸盐岩类	坚硬的中厚－厚层状中等－强岩溶化灰岩、白云岩亚类	19.上石炭统黄龙组－下二叠统马平组灰岩、白云岩组
	较硬－坚硬的薄－厚层状中等岩溶化灰岩、白云质灰岩、页岩亚类	20.上石炭统藕塘底组－中二叠统栖霞组灰岩、白云质灰岩、砂岩组 21.中二叠统栖霞组－下三叠统周冲组灰岩、白云质灰岩、含煤砂岩、页岩组 22.上二叠统长兴组灰岩、白云质灰岩组
	较硬－坚硬的薄－厚层状弱岩溶化杂质灰岩、泥岩、页岩亚类	23.震旦系陡山沱组－灯影组(皮园村组)硅质为灰岩、泥岩、页岩、白云岩组 24.震旦系陡山沱组－上寒武统西阳山组泥质灰岩、泥岩、页岩组 25.中、上寒武统杨柳岗组－西阳山组泥质灰岩、页岩组 26.奥陶系仑山组(印渚埠组)－汤头组(三衢山组)泥质灰岩、页岩组 27.中泥盆统棋子桥组钙质白云质、砂岩、页岩组 28.下石炭统杨家源组－梓门桥组泥质灰岩、白云质灰岩、砂岩页岩组 29.下三叠统青龙组泥质灰岩、砂岩、页岩组
变质岩类	较硬－坚硬的薄－厚层状板岩、变碎屑岩、千枚岩亚类	30.双桥山群、万年群板岩、变质砂岩、变碎屑沉凝灰岩、千枚岩组 31.青白口系上部落可岽组、登山群砂砾岩、火山岩、板岩、变质砂岩、砂页岩组 32.下南华统莲沱组板岩、变沉凝灰岩、变余砂岩组 33.下震旦统老虎塘组变余砂岩、硅质岩组，下志留统黄竹洞组砾岩、板岩、变余砂岩组 34.寒武系牛角河组－水石组变余砂岩、板岩组 35.奥陶系茅坪组－花面垅组板岩、变余砂岩组
	较硬－坚硬的片麻岩、变粒岩、片岩亚	36.新元古界—下古生界中深变质岩
	较硬－坚硬的块状混合岩亚类	37.晋宁期—燕山期花岗岩组
岩浆岩类	坚硬的块状侵入岩亚类	38.酸性(中酸性)侵入岩组 39.中性侵入岩组 40.基性侵入岩组 41.超基性侵入岩组
	较硬－坚硬的块状火山熔岩夹中厚－厚层状火山碎屑岩亚类	42.上三叠统安源组所夹玄武岩岩组 43.下侏罗统菖蒲组－下白垩统武夷群(鸡笼嶂组)熔结凝灰岩、流纹岩、沉凝灰岩、玄武岩组

二、土体工程地质类型的划分

土体工程地质类型可根据土的粒度、成分及工程地质特征，划分为黏性土、非黏性土两大类。

黏性土系指黏粒组（小于0.005mm的颗粒）大于3%，砾石粒组（大于2mm的颗粒）小于10%的黏土、粉质黏土及粉土（合称一般黏性土）；非黏性土（黏粒组小于3%，砾石粒组大于10%）包括砂土和碎石土。同类土体因其形成时代、环境及岩性组成等不同，工程地质性质有所差异，所以，按土体形成时代、成因和层位等，可进一步划分为22个岩组（表7-26-2）。

表7-26-2　土体工程地质类型划分表

Table 7-26-2　Classification for soil after engineering geological conditions

类	亚　类	岩 组 名 称
黏性土类	一般黏性土亚类	1. 全新统湖冲积相上部黏土、粉质黏土、粉土组 2. 全新统冲积相上部粉土、粉质黏土、黏土组 3. 上更新统上段湖冲积相上部黏土、粉质黏土组 4. 上更新统上段冲积相上部黏土、粉质黏土组 5. 上更新统下段冲积相上部黏土、粉土组 6. 中更新统冲积相上部粉质黏土、黏土组 7. 下—中更新统残坡积含碎石黏土、粉质黏土组 8. 下更新统冲积相、洪冲积相上部含砂砾黏土组
非黏性土类	砂性土亚类	9. 全新统湖冲积相中部细砂、粉砂组 10. 全新统冲积相中部粉－粗砂组 11. 上更新统上段湖冲积相中部中细砂组 12. 上更新统上段冲积相中部中细砂组
		13. 上更新统下段冲积相中部中粗砂组 14. 上更新统下段湖冲积相中部中细砂组
	碎石土亚类	15. 全新统湖冲积相下部砂砾石组 16. 全新统冲积相下部砂砾石、砾（卵）石组 17. 上更新统上段冲积相下部砂砾石、砾石组 18. 上更新统上段湖冲积相下部砂砾石、砾石组 19. 上更新统下段冲积相下部砂砾石、砾石组 20. 中更新统冲积相下部含黏土砾石组 21. 下更新统冲积相、洪冲积相砂砾石、含黏土砾石组
		22. 下—中更新统冰碛相、冰水相泥砾组

第二节　岩体工程地质特征

一、碎屑岩类

（一）软弱的中厚－厚层状砂岩、泥岩、砾岩亚类

系指广昌、吉安两盆地内零星分布的新近系。头陂组主要由中厚－厚层状砂岩、泥岩、砾岩构成，

夹硅藻黏土岩、黏土岩；吉水黄桥组为含泥炭层、黏土岩、砂质黏土及砾石层。其固结程度低，部分岩石呈半固结状或松散状。砂岩干抗压强度 18~28MPa，软化系数 0.41，属软岩。

（二）软弱－较硬的薄层状页岩、砂岩、硅质岩亚类

包括修水—彭泽、上饶—玉山地区的底下寒武统荷塘组，修水—彭泽地区的志留系殿背组－坟头组，万载—铅山地区的中三叠统杨家群。岩体由页岩或炭质页岩、薄层状粉砂岩、砂岩及硅质岩构成。砂岩、粉砂岩干抗压强度 73~105MPa，多为较硬岩石；炭质页岩干抗压强度 15~35MPa，软化系数 0.2~0.4。炭质页岩、页岩遇水后易软化，多属软弱岩石。岩体抗风化能力亦较弱，地表附近岩石易风化成碎片状、土状，风化深度 5~40 余米不等，强风化深度一般 5m 左右。岩层倾角陡缓不一，节理较发育。常呈较低缓的丘陵地形。岩体透水性微弱，地下水对混凝土一般无侵蚀性。

（三）软弱－较硬的薄－厚层状砂岩、砾岩、泥岩亚类

分布于各中新生代盆地内。包括下白垩统火把山群和上白垩统赣州组－古近系临江组、武宁群。岩体由薄－厚层状砂岩、砾岩、泥岩、粉砂岩、页岩等构成，时夹不稳定的薄层状石膏，局部含盐（如清江、会昌周田）。岩层固结程度低，其岩性岩相在平面和垂向上复杂多变。盆地边缘地带的岩体有时呈块状结构。岩层倾角较缓。褶曲和构造破裂面一般不甚发育。

泥岩、页岩干抗压强度一般为 11~42MPa，软化系数 0.11~0.74，多属软－极软岩石；砂岩、砂砾岩及砾岩干抗压强度一般 45~86MPa，软化系数多为 0.43~0.76，属较硬或较软的岩石。岩石胶结物主要为泥质或钙质。泥质胶结者极易风化，强风化深度一般 5~15m，多形成缓丘、冲沟很发育；钙质胶结者抗风化能力较强，当岩体呈块状结构时，常形成丹霞地貌（如弋阳圭峰、赣州通天岩）。含钙岩石和部分盆地边缘的灰质砾岩中，尚发育溶孔和溶洞（如高安市村前、南昌市、于都利村）。砂岩与泥岩、页岩呈互层时，由于抗风化能力不均，则形成梳状地形或桌状山。

风化岩体常发育小型滑坡和坍塌，水土流失及河道、水库淤积亦比较严重（如南康县、信丰县）。一般岩体透水性微弱，渗透系数小于 0.01~0.23m/d。溶蚀孔洞发育的钙质砂岩、灰质砾岩，渗透系数可达 15m/d。其中地下水对混凝土常具有一定的侵蚀性。含钙砂岩可做一般建筑块石料，开采和运输亦较方便。

（四）软硬相间的薄－厚层状含煤砂岩、页岩、泥岩亚类

包括下石炭统梓山组，莲花和铅山、武宁个别地区的中二叠统小江边组－下三叠统殷坑组，宜春—乐平和吉安地区的上二叠统乐平组，上三叠统安源组－下侏罗统林山组。砂岩、粉砂岩、页岩、泥岩相间产出，夹炭质页岩、煤层（线）和少量泥质灰岩等，局部尚有砾岩。岩体结构为薄－厚层状。

泥岩、页岩及泥（炭）质砂岩和粉砂岩，干抗压强度一般 25~90MPa，软化系数常介于 0.54~0.64 之间，多属软－较软岩石，部分为较硬岩石。泥岩、页岩遇水尚具膨胀性，膨胀系数可达 7.5%~11.5%。砂岩及砾岩干抗压强度常见值为 70~146MPa，软化系数一般 0.65~0.85，属坚硬或较硬岩石。

岩层倾角一般较陡，褶曲和节理较发育。其中，软弱岩层小褶皱和扭曲甚为发育，采煤常遇坑道底鼓、偏帮、围岩蠕变导致坑道断面减小等现象；坚硬的岩石则节理较发育，采煤坑道中可见掉块、垮塌等现象。岩体强风化深度 2~21m 不等。岩体透水性弱，渗透系数一般小于 0.01m/d。部分地段的地下水对混凝土具有侵蚀性。

（五）较硬－坚硬的中厚－厚层状砂岩、砾岩、页岩亚类

包括赣北地区的青白口系上部落可岽组、汉阳峰组、翁家岭组，南华系莲沱组、南沱组和下中志留统黎树窝组、茅坪组以及中、上泥盆统（除莲花、永新地区的棋子桥组外）—下石炭统华山岭组、中侏罗统漳平组、罗坳组。岩体主要由中厚－厚层状砂岩、砾岩构成，夹粉砂岩、页岩和泥岩，局部尚夹砂质灰岩、白云质砂岩、泥灰岩及板岩。

岩石干抗压强度常见值为72~158MPa，软化系数常见值为0.73~0.86。泥岩、页岩干抗压强度一般为40~63MPa，软化系数0.58左右，为较软岩。砂岩、砾岩以坚硬和较硬岩石为主，岩石多为硅质胶结，抗风化能力较强，常构成低山丘陵的山脊。

构造形变以断裂为主，岩层倾角陡缓不一。岩体稳定性受构造破裂面、软弱夹层的性质和产状及地形的综合控制，陡峭的山坡可见崩塌现象和危岩。岩体透水性弱，渗透系数一般小于0.01~0.20m/d。地下水对混凝土一般无侵蚀性。

（六）较硬－坚硬的薄－厚层状泥岩、页岩、硅质岩亚类

系指赣北地区的震旦系陡山沱组、皮园村组或灯影组，奥陶系印渚埠组－新开岭组、长坞组。由硅质泥岩、泥岩、页岩、硅质页岩、硅质岩、冰碛泥岩夹砂岩及白云岩、硅质灰岩、瘤状泥质灰岩等组成。岩体结构为薄－厚层状。岩石较致密，抗风化能力一般较强，强风化深度多小于5m。泥岩、页岩抗风化能力较弱，表部风化物常呈细棒状、碎片状。碳酸盐岩夹层厚度占岩组总厚度的5%左右，岩溶不发育，局部偶见溶孔、溶隙。

岩体多构成山坡较陡的低山丘陵。可见小型滑坡与崩塌。岩体透水性弱，局部地下水对混凝土具有侵蚀性。饱和抗压强度14~76MPa，泥岩、页岩为软岩，其他为较硬、坚硬岩类。

二、碳酸盐岩类

（一）坚硬的中厚－厚层状中等－强岩溶化灰岩、白云岩亚类

系指上石炭统黄龙组、下二叠统马平组。岩体由质纯的灰岩、白云岩和白云质灰岩组成，局部地段夹硅质灰岩或少量的石英砂岩、锰矿层。岩体结构以厚层状为主，兼有中厚层状及块状。

岩石干抗压强度常见值为80~136MPa，软化系数一般为0.96~1.00，属坚硬岩石。岩石抗物理风化能力强，但岩溶发育。钻孔遇洞率多为50%~80%，线岩溶率常见值为5%~10%左右。构成峰丛洼地、残丘洼地及石芽地形。地表岩溶发育形态多样，规模一般较大。低洼处多覆盖有较厚的黏土、黏土碎石层。常见土洞、塌陷、渗漏等自然和工程地质现象，工程地质条件较复杂。岩体含较丰富的裂隙溶洞水，但富水性和透水性不均一。除硫化矿床区矿化水对混凝土具有一定侵蚀性外，一般地下水对混凝土无侵蚀性。

（二）较硬－坚硬的薄－厚层状中等岩溶化灰岩、白云质灰岩、页岩亚类

包括铅山地区的上石炭统藕塘底组、中二叠统栖霞组、莲花和于都、信丰地区的中二叠统栖霞组、九江地区的中二叠统栖霞组－下三叠统周冲村组、锦江流域西北部的中二叠统栖霞组－下三叠统青龙组、宜春—乐平和吉安地区的中二叠统栖霞组－茅口组及上二叠统长兴组、赣南的栖霞组－铁石山组。

岩体主要由含燧石结核（或燧石条带）灰岩、沥青质灰岩、白云质灰岩及钙（炭）质页岩、硅质灰岩组成，夹有白云岩、泥灰岩、泥岩、粉砂岩等，局部尚夹薄煤层。碎屑岩厚度占岩组总厚度的10%~30%，局部可达50%，多连续分布，少量呈薄夹层。岩体结构为薄－厚层状。

岩石干抗压强度常见值为73~127MPa，软化系数一般为0.70~0.93，属坚硬或较硬的岩石。岩溶较发育，钻孔遇洞率一般25%~65%，线岩溶率常见值为3%~4%。一般构成溶丘洼地（或谷地）地貌。

地表发育中小型溶洼、漏斗、溶洞等，塌陷、覆盖层土洞及渗漏等现象较多。其中泥岩和炭质页岩强度和层间结合力低，遇水易软化或膨胀，可导致滑坡和地基潜移。岩体含中等－丰富的岩溶水，富水性和透水性极不均一。地下水对混凝土一般无侵蚀性。本类岩体因分布在含煤岩体的两侧，因此，是造成江西省煤井突水淹没的主要含水岩体。工程地质条件复杂。

（三）较硬－坚硬的薄－厚层状弱岩溶化杂质灰岩、砂岩、页岩亚类

包括赣北震旦系陡山沱组－灯影组、中寒武统杨柳岗组－西阳山组、德安—彭泽和玉山南部的奥陶系仑山群（印渚埠组）－汤头组（三衢山组）、莲花和永修地区的中泥盆统棋子桥组、莲花和永新、全南地区、萍乡—乐平地区、吉安地区的下三叠统青龙组。岩体由泥质灰岩、硅质灰岩及瘤状泥质灰岩、砂岩、页岩、泥岩、白云质、白云质灰岩等构成。一般碳酸盐岩厚度占岩组总厚度的30%左右，局部可达90%，多含泥、砂及硅质等杂质。岩体结构为薄－厚层状。

岩石干抗压强度常见值为92~183MPa，软化系数一般为0.62~0.89，属较硬或坚硬岩石。岩体弱岩溶化，岩溶发育不均匀，密度较低，常顺层发育，规模不大。岩溶形态以溶隙、小型溶洞、漏斗为主，分布较零星。局部可见大、中型洞穴（如彭泽张青—乐观一带）。钻孔遇洞率10%~46%，线岩溶率0.24%~3.68%。塌陷、渗漏现象及覆盖层土洞时可见及。

泥灰岩和炭质页岩、泥岩强度低，遇水易软化，为软弱夹层，易发生塌滑，工程地质条件亦较复杂。岩体弱透水或透水，渗透系数一般为0.02~3m/d。地下水对混凝土一般不具有侵蚀性。

三、变质岩类

（一）较硬－坚硬的薄－厚层状板岩、变碎屑岩、千枚岩亚类

包括广泛分布于赣北、赣中的新元古界下部双桥山群、登山群高山组，下南华统莲沱组上部，赣中南青白口系上部潭头群、南华系上施组－下志留统黄竹洞组。岩体主要由各类板岩、变余砂岩、千枚岩和变沉凝灰岩组成。宜丰—景德镇一线和新余—铅山一线夹变火山岩，局部尚夹石英岩、片岩等。岩体结构为薄－厚层状。岩层倾角常较陡，甚至倒转，断裂构造和褶皱构造较发育，并时有层间或断裂带泥化夹层，因此岩体完整性和稳定性较差。

岩石强度和抗风化能力不均。干抗压强度12~324MPa，常见值为42~135MPa。软化系数0.28~1.00，常见值为0.70~0.88。主要属较硬和坚硬岩石，片岩、千枚岩为软岩。岩体强风化深度一般为2~15m，最深可达35m。

滑坡和崩塌较发育，在断裂和层间泥化夹层与地形不利组合的情况下，可发生大型滑坡。边坡和洞室常需衬砌。断裂发育区所建水库常发生渗漏，工程地质条件较复杂。岩体透水性一般微弱，渗透系数多小于0.01m/d。断裂和风化裂隙带渗透系数一般为0.26~1.69m/d，部分地段的地下水对混凝土具有侵蚀性。

（二）较硬 – 坚硬的片麻岩、变粒岩、片岩亚类

主要指晋宁、加里东期区域变质与动热渐进变质带的中深变质岩。主要分布于星子县和武夷变质岩带。岩性为片麻岩、变粒岩，岩石片理、片麻理及构造节理较发育，主要呈片状结构。

岩石干抗压强度常见值为77~129MPa，软化系数一般为0.72~0.89，属坚硬或较硬的岩石。岩体抗风化能力较强，强风化深度一般为3~5m。

石墨片岩、绿泥石片岩抗滑力差，易形成滑塌体。岩体透水性弱，渗透系数0.01m/d左右。部分地段的地下水对混凝土具有侵蚀性。

（三）较硬 – 坚硬的块状混合岩亚类

见于晋宁、加里东期花岗岩体边缘混合岩化带和燕山期花岗岩热接触角岩带，呈带状、穹隆状展布。岩体由混合岩、混合岩化变质岩或角岩组成。岩体结构呈块状。

岩石干抗压强度常见值为70~126MPa，软化系数一般为0.65~0.83，属坚硬或较硬岩石。岩体表部风化较强，强风化深度一般为5~20m，以黑云母含量高的条带状混合岩及断裂带附近风化深度较大。

强风化层厚度大的地段，滑坡、滑塌、冲沟较发育。弱风化裂隙带可引起水库渗漏。岩体渗透水性一般微弱，渗透系数多小于0.01m/d，风化层渗透系数可达0.07m/d以上。部分地段的地下水对混凝土具有侵蚀性。

四、岩浆岩类

（一）坚硬的块状侵入岩亚类

广布于各隆起带。包括各期次大量的花岗岩类、花岗闪长岩类，其次有少量辉长岩、橄榄岩等。其中，以呈岩基或岩株产出的中深成侵入岩为主，浅成及超浅成侵入岩呈小型岩株或岩墙、岩脉零星产生。除断裂破裂带和表部风化带外，本类岩体较均一，完整性和稳定性好，呈块状结构，强度高。干抗压强度常见值为114~165MPa，软化系数多介于0.80~0.91之间。岩体渗透系数一般小于0.01m/d。风化带渗透系数可达8m/d。地下水对混凝土大多具有侵蚀性。

侵入岩体常构成中低山或丘陵。表部风化剥蚀作用较强，强风化深度一般2~20m，局部可达50m。断裂构造部位风化深度还更大。丘陵山区的风化层常形成小型或中型崩滑体。植被不发育的白沙、兴国等地水土流失及河道、水库淤积较严重。

浅成、超浅成岩与中深成岩体相比，前者节理发育，强度亦略低，局部尚形成球状风化，可使工程地质条件复杂化。

（二）较硬 – 坚硬的块状火山熔岩夹中厚 – 厚层状火山碎屑岩亚类

主要形成于青白口纪晚期和中生代。青白口纪晚期火山岩主要出露于赣东北地区，有登山群拨竹坑组、叶家组，广丰群桃源组玄武岩、流纹岩等。中生代火山岩主要分布于省境东部的玉华山—北武夷山和南部的九连山—南武夷山地区，有出露于寻乌—“三南”地区的下侏罗统菖蒲组双峰式火山岩和分布较广的下白垩统武夷群酸性火山岩。主要由块状熔结凝灰岩、流纹岩、沉凝灰岩及少量安山岩、英安岩构成，夹中厚 – 厚层状或似层状凝灰质砂岩、砾岩及粉砂岩、泥岩。

火山碎屑岩干抗压强度常见值为62.2~133MPa，软化系数一般为0.64~0.88；火山熔岩干抗压强度105~207MPa，软化系数0.54~0.92。多属坚硬或较硬岩石，可做工业民用建筑的块石料。

除赣南鸡笼嶂组中部的流纹质熔结凝灰岩柱状节理较发育外，一般岩体节理不甚发育，完整性较好。岩体抗风化能力强，常构成较陡峭的中低山或丘陵，强风化深度多小于5m。岩体透水性微弱，渗透系数一般多小于0.01~0.11m/d，局部地下水对混凝土具有侵蚀性。除存在断裂破碎带和含炭粉砂岩、泥岩夹层等软弱结构面外，岩体稳定性较好，工程地质条件一般较好。

第三节　土体工程地质类型特征

一、黏性土类（一般黏性土亚类）

广泛分布于赣、抚、信、饶、修五河河谷地带，鄱阳湖平原和长江沿岸，以及次级水系岗间低地。包括第四系冲积相、湖冲积相、洪冲积相及残坡积相。洪冲积相和下—中更新统残坡积相一般为含少量碎石的黏土、粉质黏土。

各地黏性土厚度不一，一般主流大于支流，滨湖地带大于河谷地带，长江沿岸黏性土厚度则更大，统计数据列于表7-26-3。除北部九江－马垱及部分低丘岗埠地带的上更新统冲积相黏性土（即所谓“泛溢层”）和下—中更新统残坡积相黏性土为均一结构、赣抚三角洲萝卜湖和成新农场一带为多层结构外，一般均与下伏非黏性土组成双层结构。

表7-26-3　土体(黏性、非黏性土)厚度统计表

Table 7-26-3　Statistic of soil (viscous, non-viscous soil) thickness

水系流域			区段(或地点)名称	上部黏性土厚度/m	下部非黏性土厚度/m	第四系厚度/m	统计孔数(或资料来源)
赣江流域	赣江主流		万安—泰和	5.62–10.95 7.84	2.0–16.1 7.41	9.8–22.96 15.25	9
			泰和—吉安市	2.3–9.7 6.47	1.6–9.6 25.53	10.06–15.12 12.0	6
			吉安市—新干	1.0–10.0 4.78	2.8–14.69 7.44	7.7–15.9 12.22	5
			新干—丰城	1.3–9.2 3.41	6.75–13.15 10.74	10.85–17.15 14.16	7
			丰城—南昌市昌北	1.20–12.2 5.73	9.22–32.70 18.54	11.83–37.4 24.27	12
	贡水	贡水主流	赣县—赣州市	3.93–7.40 6.16	2.05–9.23 5.28	9.45–13.16 11.44	3
		平　江	兴　国	1.50–6.86 4.01	1.50–4.20 2.28	5.7–8.96 6.83	4
	湘　水		会　昌	3.89–7.0 5.45	0–8.32 4.16	3.89–15.32 9.61	2

续表

水系流域		区段(或地点)名称	上部黏性土厚度/m	下部非黏性土厚度/m	第四系厚度/m	统计孔数(或资料来源)
赣江流域	章　　水	唐江、南康—赣州	$\frac{2.2-7.4}{5.08}$	$\frac{2.05-13.34}{7.61}$	$\frac{9.19-17.69}{12.69}$	4
	遂　川　江	遂　　川	$\frac{0.2-4.0}{2.29}$	$\frac{0.61-18.05}{5.19}$	$\frac{3.95-20.20}{7.48}$	16
	蜀　　水	马　　市	$\frac{2.0-2.01}{2.0}$	$\frac{1.0-2.97}{1.99}$	$\frac{3.0-4.98}{3.99}$	2
	禾　　水	南坑—岗背	$\frac{4.0-8.0}{5.68}$	$\frac{1.0-5.0}{3.12}$	$\frac{7.5-12.0}{8.80}$	据1：20万吉安市幅水文地质报告
	泸　　水	安福—吉安			$\frac{4.75-19.12}{9.67}$	6
	龙　　江	值　　夏	$\frac{1.3-13.10}{2.40}$	$\frac{3.10-3.80}{3.40}$	$\frac{5.10-6.40}{5.80}$	3
	恩　　江	藤　　田	$\frac{8.58-9.12}{8.85}$			2
		永丰县城			$\frac{8.10-10.0}{9.05}$	2
	同　江　河		$\frac{3.0-4.95}{3.52}$	$\frac{3.82-14.4}{8.81}$	$\frac{6.82-17.15}{12.33}$	4
	袁　　水	新余—昌付	$\frac{1.64-4.30}{2.81}$	$\frac{3.19-8.40}{5.94}$	$\frac{5.40-11.30}{8.75}$	6
	锦　　江		$\frac{1.40-4.10}{3.14}$	$\frac{0.70-5.90}{3.61}$	$\frac{3.80-9.50}{6.75}$	9
抚河流域	抚河主流	抚州段(浒湾—华溪)	$\frac{0.8-5.36}{3.07}$	$\frac{0-9.5}{7.26}$	$\frac{5.36-12.52}{10.33}$	6
抚河流域	盱　江	上游	1.0–3.6	5.20–9.67		系指全新统冲积层(据1：20万南城幅水文地质报告)
		下游	0.8–4.0	7.20–10.23		
信江流域	崇仁河		$\frac{0.5-3.25}{2.09}$	$\frac{4.10-10.9}{6.22}$	$\frac{3.04-11.70}{8.31}$	5
	信江干流	贵溪—余干	$\frac{2.0-4.79}{3.42}$	$\frac{9.4-17.71}{11.70}$	$\frac{13.10-22.50}{15.12}$	5
饶河流域	白塔河		0.79–3.21	3.45–6.95		据1：20万抚州幅水文地质报告
	乐安江		$\frac{1.62-10.24}{6.05}$	$\frac{1.53-17.0}{6.75}$	$\frac{10.17-22.0}{12.8}$	11
	昌　江		$\frac{1.80-6.60}{4.588}$	$\frac{1.20-10.13}{6.22}$	$\frac{3.0-15.13}{10.8}$	4
	潼津河、西河		$\frac{6.0-8.07}{7.1}$	$\frac{0.92-9.84}{3.48}$	$\frac{7.57-16.5}{10.59}$	4
修水流域	修　水	三都	$\frac{1.5-6.43}{3.73}$	$\frac{2.0-4.91}{3.14}$	$\frac{4.0-11.34}{6.87}$	4
	潦　河	南北潦河	$\frac{1.3-4.73}{3.35}$	$\frac{1.54-6.82}{4.23}$	$\frac{5.12-11.55}{7.58}$	9

续表

水系流域		区段（或地点）名称	上部黏性土厚度/m	下部非黏性土厚度/m	第四系厚度/m	统计孔数（或资料来源）
滨湖三角洲平原	赣江三角洲	上覆第一个二元结构	4.0–8.0	可达 30		据 1∶20 万波阳幅水文地质报告
		下伏第二个二元结构	6.0 左右	22 左右		
	抚河三角洲	上覆二元结构	4–7	2.0 左右		同上
		下伏二元结构	5–15	15–20		
	信、鄱江三角洲		6–10	6–20		同上
	修　水三角洲		6.25–7.50	12.5–15.0		据“鄱阳湖区工程地质概况”剖面资料
湖外水系	长江流域	瑞昌—九江	$\frac{1.20-31.64}{12.04}$	$\frac{1.9-65.41}{23.98}$	$\frac{8.66-76.21}{36.03}$	11
		九江—彭泽	$\frac{6.08-22.61}{13.24}$	$\frac{1.63-137.47}{50.73}$	$\frac{17.0-153.79}{63.96}$	（双层结构）5
		九江—彭泽			$\frac{12.18-45.96}{22.08}$	（均一结构）9

注：分子代表厚度的最小最大值；分母代表厚度的平均值。

该类土体主要岩性的物理力学指标（表 7–26–4）。据表总体来看，平均天然含水量 24.67%，孔隙比 0.758，压缩系数 0.24MPa^{-1}，属中等压缩性。平均承载力特征值 238kPa。渗透系数 9.2×10^{-8}~2.1×10^{-4}cm/s，可视为相对隔水层。由于形成时代和成因等不同，其工程地质性质亦有差异。

全新统黏性土分布较广。土体颜色多为浅黄色、浅褐色。黏结程度较差，天然含水量和孔隙比相对较高，一般为可塑状中等压缩性土。工程实践证明，全新统黏性土作为建筑地基时，往往需做一定处理。

上更新统黏性土多呈棕黄色、橘黄色，具稀疏的似网纹结构。中、下更新统黏性土则多呈棕红色、橘红色，具蠕虫状网纹结构。

更新统黏性土黏结较好，天然含水量和孔隙比低于全新统黏性土，常呈硬塑状，属中 – 低压缩性土。承载力特征值亦高于全新统黏性土。其作为建筑地基土，往往不需或只需做一般性处理即可。工程地质性质比全新统黏性土好。

其中，中、下更新统黏性土的工程地质性质又常优于上更新统黏性土。上更新统和全新统湖冲积相及局部冲积相黏性土，可夹薄层状或透镜状淤泥质土，工程地质性质较差。

二、非黏性土类

（一）砂性土亚类

包括全新统、上更新统上段和下段冲积相、湖冲积 – 风积相中部的砂性土层。除省境内五大河流

表 7-26-4　黏性土类及淤泥质类土主要物理力学参数表

Table 7-26-4　Major physics mechanics parameters of viscous soil and muddy soil

时代成因	Qh^{l-al}	Qh^{p-al}	Qh^{al}			$Qp^{3,al}$		$Qp^{2,al}$		$Qp^{2,e-dl}$		Qh^{l}
土的名称	粉质黏土	黏土	黏土	粉质黏土	粉土	黏土	粉质黏土	黏土	粉质黏土	黏土	粉质黏土	淤泥质黏性土
比重 G_s	2.66–2.73 2.70	2.62–2.79 2.69	2.64–2.75 2.70	2.62–2.75 2.70	2.62–2.68 2.66	2.64–2.76 2.70	2.66–2.74 2.71	2.67–2.79 2.72	2.54–2.7 32.69	2.70–2.78 2.73	2.66–2.77 2.70	2.69–2.71 2.70
天然含水量 W/%	27.32–34.3 29.77	25.19–40.73 31.69	15.5–33.98 25.79	10.59–37.59 24.14	15.3–24.93 20.12	20.04–36.05 24.94	14.5–32.24 23.73	16.24–33.93 24.90	15.8–26.35 21.16	17.82–26.63 21.19	17.21–33.7 23.90	36.61–41.33 38.97
天然重度 r kN·m^{-3}	18.4–19.4 18.9	17.8–19.9 19.0	18.1–20.9 19.4	17–20.5 19.2		17.8–20.6 19.7	18.7–20.5 19.7	18.4–21.0 1.98	16.3–20.5 19.0	15.8–20.2 19.0	18.7–21.4 1.93	1.84
孔隙比 e	0.746–0.978 0.859	0.698–1.067 0.871	0.489–0.966 0.754	0.511–1.041 0.750		0.607–1.01 0.711	0.565–0.89 0.700	0.475–0.92 0.716	0.566–0.845 0.714	0.624–1.06 0.753	0.51–0.973 0.753	0.993–1.09 1.042
塑性指数 I_p	9.51–11.81 0.5	11.30–20.47 15.55	11.0–20.46 16.20	7.7–18.43 13.06		11.9–31.08 17.57	6.7–17.8 13.32	12.0–32.73 19.92	9.05–24.7 16.33	13.4–26.9 17.29	15.9–26.8 19.60	12.24–17.05 14.65
液性指数 I_L	0.82–1.12 0.97	0.16–1.23 0.58	0.12–0.70 0.28	0.38		0.06–0.44 0.21	0.08–1.36 0.41	0.03–0.52 0.23	0.37	一般<0	0.49–0.98 0.75	0.93–1.48 1.01
液限 W_L	20.01–34.6 27.04	30.05–48.43 38.23	27.5–47.9 38.99	27.32–44.68 34.61		25.43–55.0 39.59	23.0–41.7 33.28	32.68–54.88 44.48	24.72–48.65 37.43	33.8–55.52 45.19	26.5–46.57 38.14	42.21–44.65 43.43
渗透系数 k cm/s	4.39×10^{-6}	1.178×10^{-6}	4.2×10^{-6}	3.67×10^{-6}		1.55×10^{-6}	2.1×10^{-6}	9.2×10^{-6}	1.08×10^{-6}	7.87×10^{-6}	4.16×10^{-6}	5.23×10^{-7}
压缩系数 a_{1-2} MPa^{-1}	0.21–0.44 0.33	0.12–0.63 0.33	0.02–0.29 0.17	0.06–0.24 0.16		0.09–0.44 0.17	0.10–0.30 0.20	0.05–0.42 0.16	0.12–0.80 0.32	0.08–0.23 0.16	0.21–0.25 0.24	0.47–3.15 1.81
凝聚力 C kPa	20–33 25	25–69 41	39–180 60	12–160 53	8–37 23	22–170 54	18–114 0.20	20–200 84	17–155 53	20–130 56	20–107 54	10–27 19
内摩擦角 φ (°)	9–26 17.2	3.5–22 13.5	9.5–30 21.2	10.3–46 25.3	24.7–37 30.9	4.5–35 20.4	11.5–34.5 24.8	10–35.5 25.34	18–41.4 28.8	23–50 34.8	11.5–45.5 28.8	6–11 8.5
承载力特征值 f_{ak}/kPa	71–123 100	109–210 170	172–200 180	137–200 190		175–240 200	170–260 210	175.6–300 240	204.5–320 260	193.9–359 280	200–360 290	70–100 90

注：分子代表参数的最小最大值；分母代表参数的平均值。

的全新统冲积相砂性土组成的心滩、边滩及向塘西、莲塘、松门山、老爷庙、柘矶等地的上更新统冲积相和湖冲积相砂性土出露为均一结构外，其余砂性土均埋藏于黏性土层之下，呈双层或多层结构。

上述松门山、老爷庙、柘矶等地的上更新统湖冲风积相砂性土，因出露位置较高，呈馒头状或垄岗状低丘沿赣江、鄱阳湖北东向展布，故有“沙山”之称。

河谷地带的冲积相砂性土，厚度较薄，为1~5m，层位不稳定，碎屑组构混杂。粉－粗粒砂均有，但以粗屑石英砂层更为常见，砂层常含泥质。赣抚平原至长江一带为冲积相和湖冲积相砂性土。由南向北砂性土厚度较大，一般为6~16m，最大可达35m以上，层位稳定。砂质组构亦愈加纯净，粒度变细。莲塘一带以棕红色、黄褐色中粗砂为主，少量中细砂层；松门山、老爷庙、柘矶等地则以浅黄色、灰白色中细砂为主，夹粉砂层及单层厚度0.1~1m的淤泥质粉砂或粉砂质淤泥层，并常夹零星“砂姜”及“铁壳层”；赣抚三角洲一带则常见粉细砂层。

砂性土因粒度成分和成因、时代不同，工程地质性质亦有差异。中、粗砂呈单粒结构，不均匀系数为1.26~18.20，常见值为4.70~8.70，孔隙比0.569~0.740，渗透系数4~35m/d，属中等均匀，密实或中密，强透水或透水的砂性土。承载力特征值200~300kPa，压缩性较低，压缩过程快，是较好的地基持力层。可做混凝土骨料。松门山、老爷庙、柘矶等地的石英砂（包括细粒砂）尚可做玻璃工业原料。粉细砂一般呈单粒结构，不均匀系数为1.06~3.40，孔隙比0.830~1.165，相对密度2.64g/cm^{3}左右，干容重1.40kN/m^{3}左右，渗透系数5~16m/d，为均匀，中密－松散，透水或强透水的砂性土。地基承载力特征值120~180kPa。全新统砂性土多呈松散状、稍密状，密实性比更新统（尤其是中、下更新统）砂性土要差。

本类土常见的工程地质问题是：渗漏、渗透变形和基坑涌水、流沙问题，以及粉细砂层可能发生的振动液化问题。

（二）碎石土亚类

分布于各河流河谷地带和鄱阳湖滨湖地区。包括下更新统—全新统冲积相、湖冲积相及洪冲积相下部的砾质土。除部分现代心滩、边滩的全新统冲积相砂砾石和赣江一带的下更新统赣县组冲积相含黏土砂砾石、砾石层因剥蚀表露，组成砾质土均一结构外，余均伏于黏性土之下，与上覆土层组成双层或多层结构。

其岩性为砾砂、砾石、砾卵石，粒径自上而下一般由细变粗，局部夹薄层或透镜状砂性土或黏性土。中下更新统冲积相、洪冲积相砂砾石、砾石层常黏土胶结。砾质土层厚度各地不一，北部梅家洲最厚，可达109.55m；长江沿岸一带一般为30m左右；赣抚三角洲一带一般为10~25m；赣江主流和信江、饶河、修水下游地段一般为4~15m；其他河谷地段为2~10m。

除下、中更新统及局部上更新统、全新统砾质土为黏土胶结外，一般呈单粒结构。不均匀系数为3.51~182.41，常见值为20~60，孔隙比0.392~0.507，渗透系数一般为10~67m/d，相对密度2.53~2.64，属不均匀、密实、强透水的土体。承载力特征值一般为300~450kPa，压缩性低，为良好的地基持力层。除含黏土砾质土外，多可做混凝土粗骨料。应注意本类土中开挖基坑时的涌水问题及其作为水工建筑基底时的渗透问题。

各河中、下游，尤其是鄱阳湖平原地区，上部黏性土层厚度一般4~10m，为相对隔水层，与中、下部砂砾石含水层形成封闭、半封闭的缺氧还原环境，地下水水力坡度0.0018~0.0045，径流滞缓，地下水 pH 值一般为 5.5~6.0，呈弱酸性。重碳酸根离子（HCO_3^-）含量 31.73~183.24mg/L，侵蚀性 CO_2 含量 14.33~93.33mg/L，有机质含量丰富，一般为 0.31%~2.86%，有些地方硫酸根离子（SO_4^{2-}）含量亦较高。因此地下水对混凝土普遍具不同程度的侵蚀性。

分布于庐山及鄱阳湖畔的姑塘、高垄、海会、星子、九江等地。包括下更新统大排岭组、鄱阳组大姑组均呈二元结构，下部冰碛、冰水相泥砾和中更新统上段庐山冰碛泥砾。泥砾呈棕红色或黄褐色，砾径大小极不均匀，漂砾、卵石、砂砾与黏土混杂，砾石组分含量各地不一，厚度亦各地不一，出露厚度 2~10m。一般直接覆盖于基岩之上，呈均一结构。下中更新统冰碛泥砾，泥铁质胶结尚好，余此，较疏松。其中砾石以莲沱组砂岩居多，大排岭组、鄱阳组泥砾层分布较广，砾径 0.5m 左右，钻探施工难度较大。

三、特殊类土

（一）填土

填土是指由人类活动在地表形成的任意堆积的土层，其物质成分复杂，堆填方法、时间和厚度差异很大。江西省各地均有分布，一般主要分布在城镇和厂矿区。工业园区，高速公路、铁路填方路基，新近开发建设的新城区等地，厚度 1~15m 不等。填土按其工程性质和特点及压实情况可分为压实填土和非压实填土。按其物质组成和堆填方式又可以分为素填土、杂填土和冲填土三类。

1. 素填土

系由天然土经受人工扰动堆填而成，不含杂质或含少量杂质，其主要物质成分为碎石土、砂土、粉土、黏性土等。素填土与天然土的区别在于其不具有天然土的结构和层理，而且颜色发暗，并常含有少量碎砖瓦砾、灰渣、朽木等人为杂质。素填土主要分布在新城区、工业园区、公路、铁路填方路基、防洪圩堤等。

2. 杂填土

主要由建筑垃圾、工业废料或生活垃圾等组成。常见有碎砖、瓦砾、混凝土块、岩石碎块、灰渣和朽木、矿渣、煤灰、炉灰、布片、陶瓷碎片、有机腐殖质等。

3. 冲填土

系由水力冲填泥沙形成，又称吹填土，是江西省沿河、沿湖城镇地区常见的一种填土，如南昌市红谷滩新区，沿赣江一带就分布有大量的冲填土。

填土由于其物质成分复杂，回填方法、时间和厚度的随意性，一般具有结构松散、孔隙率高的特点。因此，其工程性质具有不均匀性、欠压实性、湿陷性、低强度和高压缩性的特征，一般不能作为天然地基。在工程实践中，对厚度较小的填土，一般作挖除处理，对厚度较大的填土区，一般采用桩基穿越填土来处理，有时也可采用地基处理的方法，使其强度和变形满足设计要求。一般对杂填土可采用压密注浆的办法，对素填土常采用强夯法来处理。

（二）软土

软土一般是指由细粒土组成的孔隙比大于或等于 1.0（$e \geqslant 1.0$），天然含水量大于液限（$W>W_L$），压缩性高（$\alpha_{1-2}>0.5MPa^{-1}$），强度低和具有灵敏结构性的土层。包括淤泥、淤泥质黏性土，淤泥质粉土等。江西省软土主要为全新统湖相冲积相淤泥质黏土，淤泥主要分布于湖、河、塘表层，为现代静水环境沉积，淤泥质粉土少量。软土主要分布在鄱阳湖湖滨地区、长江沿岸、九江市城区及八里湖地区及南昌市赣江、抚河故道两岸地区，全省其他地区零星分布。鄱阳湖区淤泥质黏性土厚度为2.13~11.70m，上部常盖有薄层软塑－可塑状粉质黏土或人工填土。九江赛城湖地区软土厚度一般为12m左右。南昌市中山桥附近厚度最大可达8m，一般与下伏砂性土组成双层或多层结构。此外，全新统、上更新统冲积相一般黏性土中尚有呈透镜状或薄夹层状产出的软土。

软土腐殖质含量较高，多呈灰黑色。湿时呈流塑状；干时较硬，体积收缩，龟裂。据有关测试数据统计，天然孔隙比平均为1.042，液性指数1.01，含水量39%，压缩系数0.69MPa^{-1}，属高压缩性土；凝聚力10~27kPa，内摩擦角6°~11°，承载力特征值70~100kPa。

由于软土具有高压缩性及蠕变性、承载力低、稳定性差、排水固结等特性，常给工程带来破坏隐患。如九江市月亮湾小区住宅楼的不均匀沉降破坏，湖口长江大堤几百米长圩堤的突然倒塌，都是因为软土地基发生过大变形所致。在软土分布地区进行工程地质勘察要特别予以注意。

（三）红黏土

江西红黏土分布甚广，有三种：第一种为河流冲积型红土，包括下更新统赣县组上部，中更新统进贤组中上部的网纹状红土；第二种为冰碛红土，包括鄱阳组赛阳段和大姑组叶家垅段，均为网纹状红土；第三种为残坡积红土，分布广泛。其中，碳酸盐岩出露区的岩石经过更新世以来在湿热的环境中由岩变土的红化作用，形成覆盖于基岩上、呈棕红、褐黄等色的高塑性黏土，其土性特征是液限W_L大于或等于50%，湿度状态的垂向变化有明显上部硬下部软的规律，失水后具有较大收缩性，土体中裂隙发育等。原生红黏土经后期水流近距离搬运、沉积后，仍然保留着红黏土的基本特征，且其液限W_L大于45%的黏土可判定为次生红黏土。

红黏土主要分布在碳酸盐岩分布区的萍乡、宜春等地，与覆盖型灰岩分布区相对应。在这些地区除了少量的河流冲积层不是红黏土外，其余均为红黏土，红黏土一般为残积或坡积层。由于下伏碳酸盐岩溶沟、溶槽、石芽、石柱、石笋发育，受基岩面起伏大的控制，红黏土厚度变化较大，一般5~15m，最大可达50m。

省内对红黏土没有进行过专门的研究，甚至这些地区建设项目的勘察工作也未按红黏土的要求进行勘察评价，而是按一般黏性土处理。20世纪90年代末，修建昌付－金鱼石昌金高速公路时，江西省交通设计院对红黏土进行过一些勘察试验工作，但未搜集到相关资料。

红黏土具有高塑性、高孔隙比，厚度变化大，状态上硬下软，具一定的胀缩性，垂向裂隙发育，常发育有土洞等特征。因此，往往对工程产生一定的危害，工作中应引起重视。

（四）膨胀岩土

黏土矿物中的蒙脱石和伊利石类矿物有很强的亲水性，当含水量发生变化时，能发生显著的体积变化。许多黏性土及泥质岩中含有大量的蒙脱石和伊利石矿物颗粒，由于这些矿物颗粒有体积变化，引起岩土的体积变化，发生膨胀或收缩，变化达到一定的程度时能引起与其相连接的建筑物产生破坏，这种岩土称作膨胀岩土。

省内对膨胀岩土未进行过系统的研究。据相关资料反映，在修建昌金高速公路时，江西省交通设计院对沿线的膨胀土进行过勘察、取样测试和研究工作，取得了部分资料，但对膨胀岩尚无有关研究资料记录。

江西省膨胀岩土一般呈小范围的星状、岛状分布，局部为条带状分布。在丘陵地带多分布在山脚或较高的阶地，部分地区为表层土剥蚀，膨胀土直接裸露，易形成浑圆状山体，膨胀土一般不易发育成陡坎，坡度比较平缓。

膨胀土多为石炭系、二叠系泥岩、页岩、炭质页岩风化而成，尤以二叠系“小江边”地层为代表。一般为薄层状，厚度2~3m，局部可达10m以上，与灰岩易形成互层状。白色或灰色，黏性好，可搓成细土条，有滑腻感，裂隙发育，可见镜面断口，在风化比较完全的地方，易形成瓷土矿。此外，早白垩世火山岩系中的膨润土也属于膨胀土。

膨胀土可对浅埋基础的建筑物、路基、路堑边坡造成破坏。如低层建筑物的不明原因的开裂，一些挖方路基路面常出现开裂破坏，路堑边坡每到雨季就出现崩塌滑坡，有的边坡很缓（10°~12°）也出现滑移等，都有可能是膨胀岩土的变形破坏所致。因此，在修建线状工程时，如铁路、公路、输油、输气、管线等要特别关注膨胀土的影响。

据有关试验资料显示，江西省膨胀土物力指标及膨胀性指标如下：含水量21.5%~29.0%，密度18.1~20.4kN/m^3，孔隙比0.601~0.921，液限（100g锥）37.5~47.9，塑性指数16.9~18.1，液性指数0.03~0.21，压缩模量3.2~11.6MPa，压缩系数0.12~0.43MPa^{-1}，自由膨胀率46%~70%，膨胀力8~118kPa，收缩系数0.35~0.49。

第四节　工程地质勘察典型案例

一、华能安源发电有限责任公司2×660MW级机组工程

（一）工程概况

工程场地位于萍乡红层盆地东部，地处萍乡市芦溪工业园区，毗邻进城主干道。主要建（构）筑物包括：汽机房、锅炉房、烟囱、空压机房、贮油罐、变压器、转运站、皮带机廊道及栈桥、煤场、灰库、渣仓、水处理站（池）、吸收塔、办公楼、生活楼等。

（二）场地地层岩性条件

钻探揭露深度范围内，主厂区拟建场地岩土体共分为9层，自上而下依次为：第1层，人工填土；第2~4层，第四系全新统冲积层；第5层，第四系全新统洪坡积层；第6层，第四系中更新统残坡积层；第7~9层，白垩系上统粉砂岩砾岩互层。各层岩性特征及分布情况如下：

1）素填土：黄褐色，松散－稍密，主要成分为粉质黏土及粉砂岩、砾岩碎块。粒径级配不良，部分碎块粒径较大，多为0.40~0.60m，大者1.0~2.0m。填方区可见地表径流冲刷而残留粒径较大的岩块。该层厚度0.50~7.10m，平均为2.80m。

2）粉质黏土：黄褐色，湿，软塑－可塑状。局部分布，主要分布在山间洼地。该层厚度为1.10m左右。

3）粉质黏土：灰黄色，可塑状。局部分布，主要分布在山间洼地。该层厚度 0.30~4.70m，平均厚度为 2.05m。

4）粉质黏土：灰褐色，可塑－软塑状，底部夹砾石。局部分布，主要分布在山间洼地。该层厚度 1.30~2.80m，平均为 1.98m。

5）粉质黏土：棕红色，稍湿，硬塑－可塑状，底部可塑状。普遍分布，主要分布在丘坡。该层厚度 0.60~7.10m，平均为 2.27m。

6）粉质黏土：棕红色、棕黄色，网纹状，硬塑状。局部分布，主要分布在丘坡。该层平均厚度 1.20m 左右。

7）粉砂岩砾岩互层：紫红色、棕红色、棕黄色，全风化。粉砂岩呈硬塑状，砾岩呈稍密－中密角砾土状，原状结构尚存，遇水易软化。全风化粉砂岩位于丘陵地势较高无地下水处，一般呈硬塑状；位于丘陵地势较低地下水位季节性变化或低洼富水地段，一般呈可塑－硬塑状，局部可塑状。该层普遍分布，厚度差异大，最薄处为 0.60m，最厚处为 20.70m，平均厚度为 4.22m。

8）粉砂岩砾岩互层：紫红色，强风化。泥质胶结，厚层块状，产状较平缓，岩石节理裂隙发育，易风化，浸水易软化崩解，干燥易裂，岩体破碎，呈碎块石状。普遍分布，该层最薄处为 0.60m，最厚处为 14.10m，平均厚度为 2.62m。

9）粉砂岩砾岩互层：紫红色，中风化。泥质胶结，厚层块状构造，岩体较完整。普遍分布，此层钻探未揭穿。

（三）岩土主要物理力学指标

各岩土层主要物理力学指标（表 7–26–5）。

表 7–26–5　岩土层主要物理力学指标

Table 7–26–5　Major physics mechanics index of soil–rock layers

地层序号	岩土类别	天然重度 γ kN·m^{-3}	凝聚力 c kPa	内摩擦角 φ (°)	压缩模量 Es_{1-2}/MPa	承载力特征值 f_{ak}/kPa	岩石饱和单轴抗压强度标准值 f_{rk}/MPa
1	素填土	16.0	—	—	—	60	—
2	粉质黏土	16.5	15	12	3.5	100	—
3	粉质黏土	17.0	25	13	5.1	150	—
4	粉质黏土	16.5	20	12	4.5	120	—
5	粉质黏土	17.5	25	14	5.2	155	—
6	粉质黏土	18.0	35	15	7.8	200	—
7	全风化粉砂岩砾岩互层	19.0	20	18	8.8	240	—
8	强风化粉砂岩砾岩互层	20.0	—	—	—	450	3.0
9	中风化粉砂岩砾岩互层	21.0	—	—	—	600	6.0

注：资料由江西省电力设计院提供。

二、江西省峡江水利枢纽工程

（一）工程概况

工程建设场地位于赣江中游峡江县老县城（巴邱镇）上游峡谷河段，距巴邱镇约6km，是一座以防洪、发电、航运为主，兼有灌溉等综合利用功能的大（Ⅰ）型水利枢纽工程。

枢纽主要建筑物有混凝土重力坝、泄水闸、河床式电站厂房、船闸、左右岸灌溉进水口及鱼道等。枢纽坝顶全长845m，坝顶高程51.2m，最大坝高44.9m。本工程是赣江干流梯级开发的主体工程之一，也是江西省大江大河治理的关键性工程。

本工程坝址控制流域面积62710km^2，水库正常蓄水位46.0m，死水位44.0m，防洪高水位49.0m，设计洪水位49.0m，校核洪水位49.0m；防洪库容$6.0\times10^8m^3$，调节库容$2.14\times10^8m^3$，水库总库容$11.87\times10^8m^3$；电站安装9台水轮发电机组，装机容量360MW；通航过坝设施按Ⅲ级航道过1000t级船舶的单线单级船闸考虑；设计总灌溉面积32.95万亩。

峡江水利枢纽项目建议书于2008年11月经国务院批准立项，2009年9月正式开工，2013年7月下闸蓄水，2013年9月首台机组并网发电。

（二）坝址地形地质条件

坝址位于峡江县巴邱镇上游峡谷河段的进口段，坝址处正常蓄水位46m高程时河谷宽约750m，平水期河床宽约540m，河床底高程27~30.5m，河流流向N24°W，主槽居中。两岸地形基本对称，左岸山顶高程150m以上，山体坡角20°~25°，地形较缓。左岸一级阶地宽0~230m，阶面高程39~41m；二级阶地主要发育于坝址上游，宽0~200m，部分剥蚀，阶面高程42~46m。右岸坝肩山顶高程147m，山体平均坡角27°。右岸一级阶地宽度一般0~100m，自下游向上游尖灭，阶面高程40~43m，二级阶地不发育。

两岸一级阶地前缘因受河流侵蚀，大部分河岸存在坍岸现象，以左岸较严重。其余不良物理地质现象不发育。

坝址区位于永莲坳陷东北边缘，出露地层有泥盆系上统中棚组、三门滩组，石炭系下统梓山组，第四系冲积层与坡积层。石炭系与泥盆系呈断层接触，均具浅变质特征，局部受区域构造影响，硅化明显。坝基岩性主要为石炭系下统梓山组砂质绢云千枚岩及炭质绢云千枚岩、石英砂岩、粉砂岩。除石英砂岩外，其他几类岩石坝基均存在缓倾角软弱夹层。

坝址区地层呈北东东向斜构造，向斜轴向N60°~70°E，轴面产状大致N60°~70°E/NW∠70°~90°。地质走向与水坝近平行，核部地层为石炭系；梓子坝砂层；两翼地层为坚硬的砂岩，属泥盆系上统三门滩组与中棚组。坝址区发育两期叠加褶皱，产状多变。

坝址区北东、北西西向断裂发育。断层倾角一般60°以上，少数中等倾角，断层带一般两侧为断层泥，中部为碎裂岩。发育规模较大的断层有：

F_3正断层：揭露右岸，断层产状N70°~78°E/SE∠56°~80°，带宽0.1~5.0m。

F_5压性断层：揭露河床，断层产状N65°~75°E/SE∠56°~77°，带宽0.2~4.4m。

F_6平移逆断层：揭露河床，产状N45°~50°E/SE∠45°~58°，带宽0.2~3.2m。

F_8 压扭性断层：揭露右岸，产状 N52°~73°W/SW∠50°~70°，带宽约 4~16m。

坝址区缓倾角层间剪切错动带极发育，一般宽 2~50mm。左岸分布 F_{13} 缓倾角断层，为厚度 9.5m 左右的巨厚层间剪切带，带内岩性为粉砂质泥岩，呈黄色硬塑黏土状，含少量角砾。

坝基岩体发育 6 组节理，均为剪性，其中以北北西向、北东东向陡倾角节理最为发育，北西向、北西西向节理次之。该 4 组节理充填硅质、泥质物，延伸长，大部分为陡倾角，少量中等倾角，未见规模较大的缓倾角裂隙。

（三）岩体主要力学指标

坝基石炭系各岩层主要力学指标（表 7-26-6）。

表 7-26-6　坝基石炭系岩层主要物理力学指标

Table 7-26-6　Major physics mechanics index of Carboniferous rock in dam

岩石名称	风化程度	饱和单轴抗压强度/MPa	软化系数	岩体允许承载力/MPa	岩体变形模量/GPa	泊松比
砂质绢云千枚岩	弱下－微风化	40~45	0.66~0.71	3.3~3.8	5.0~5.5	0.29~0.30
炭质绢云千枚岩	弱下－微风化	15~30	0.47~0.57	1.5~2.5	4.5~5.0	0.29~0.30
石英砂岩	弱下－微风化	35~65	0.61~0.75	4.0~6.0	7.0~8.0	0.29~0.30
变余粉砂岩	弱下－微风化	30~50	0.50~0.65	2.5 ~4.0	4.0~4.5	0.30~0.32
绢云粉砂岩	弱下－微风化	25~30	0.55~0.60	2.0~2.5	3.5~4.0	0.30~0.32

注：资料由江西省水利规划设计院提供。

三、江西省德兴至南昌高速公路 B 段

（一）工程概况

德兴—南昌高速公路是江西省高速公路网的重要组成部分，也是国家高速公路杭州—瑞丽和上海—昆明高速公路之间的横向加密高速公路。德昌高速设计行车速度 100km/h，路面宽 26.0m，双向四车道，全封闭，全立交。

德昌高速 B 段起点位于德兴市乌龟庙（K38+380），与 A 段衔接；经德兴市新营镇、张村乡、乐平市十里岗乡、众埠镇、礼林镇，终点位于乐平市鲍畈村（K93+020.669），与 C 段衔接。本段主要工程分为 4 类，包括桥梁 85 座（包括大桥 5 座，中桥 18 座，高架桥 2 座，小桥 5 座，主线、支线上跨、分离式、互通立交桥 18 座，通道 37 座），深挖路堑 50 处，挡土墙 3 处，取土场 1 处。

（二）线路地形地质条件

路线所穿越的地貌类型由东向西有丘陵区、岗埠冲积平原区和低丘沟谷区。区内地面最大标高约 131.6m，最低标高约 24.0m，相对高差约 108m，地势东高西低。

1. 丘陵区

分布于路段起点德兴市乌龟庙至张村乡界田村境内，长度为 11.5km，占路线全长的 20%。处于赣东北断裂带，出露地层主要为新元古界张村蛇绿岩片、浅变质火山（凝灰质）泥砂质浊积岩。

第四系地层主要分布在丘陵表层及冲沟，一般为粉质黏土及碎石土，厚度2~5m。

2. 岗埠冲积平原区

分布于德兴市张村乡界田村至乐平市众埠镇境内，从德兴－乐平早白垩世火山盆地与晚白垩世红层盆地通过。岗埠地势低平，向河谷倾斜，地形坡度小于10°。冲积平原主要分布于河谷两岸，地势平坦，向河谷微斜。该地貌单元在路线区段内长度为30.8km，占路线全长的56%，地面标高25.2~86.7m，相对高差约61.5m，属于冲洪积堆积地貌类型，地形舒缓平展，沟谷较浅，主沟方向大多为南北向，支沟方向大多为东西向。

第四系主要分布在乐平市莲塘至众埠一带，路线区段内长度8km，为冲洪积相，厚度约10m，岩性为粉质黏土，砾石土等。

3. 低丘沟谷区

分布于乐平市众埠镇下湾村至礼林镇鲍畈村范围内，该段属万年隆起低丘沟谷区，累计长12.34km，占路线全长的22.6%，地形起伏较大，地势向河谷倾斜，地面标高24.0~68.0m，相对高差约44m，冲沟纵横交错，主要冲沟走向一般为北东－南西向。基岩为新元古界万年群板岩、凝灰质板岩、变质砂岩。

（三）特殊岩土

勘察区范围内的新元古界地层中未发现特殊岩土，晚白垩系地层中局部含瓷土。瓷土一般为中厚－厚层状，灰－灰白色，块状－粉末状，手捏有滑感，岩性松软。在水的作用下，易产生泥化，有滑感，在长期浸泡下有可能产生滑动。瓷土为特殊岩土，但路线基本避开了瓷土分布区。瓷土矿在湾头有开采现象，在丰源亦有矿山开采，开采形式为露天开采。

（四）岩土主要物理力学指标

各岩土层主要物理力学指标（表7-26-7）。

表7-26-7　岩土层主要物理力学指标

Table 7-26-7　Major physics mechanics index of soil-rock layers

岩土类别	凝聚力 c/kPa	内摩擦角/(°)	承载力基本容许值 f_{a0}/kPa	岩石饱和单轴抗压强度区间值 f_r/MPa
残坡积粉质黏土	25~34	10~13	170~190	—
冲洪积粉质黏土	28~32	10~12	180~220	—
全风化粉砂岩、砂砾岩	30~40	15~20	250~300	
强风化粉砂岩、砂砾岩	40~50	20~25	300~350	—
中风化粉砂岩、砂砾岩	—	—	—	5~50
全风化板岩	30~35	10~15	240~300	—
强风化板岩	40~45	20~25	320~420	—
中风化板岩	—	—	—	10~40
微风化板岩				20~60

注：资料由江西省勘察设计研究院提供。

第二十七章 工程地质分区及区域稳定性评价

江西工程地质曾长期沿用地貌岩性分区。鉴于区域地质构造，特别是中新生代以来形成的隆起、坳陷、盆地构造，对工程地质条件起着主导控制作用，构成了区域稳定性评价的基础。本志采用构造－岩性－地貌“三位一体”工程地质区划，更加清晰而客观地反映了省域工程地质分区特征与规律。全省分为赣北、赣中、赣南3个区，15个亚区，具体划分如图7–27–1。

第一节 赣北工程地质区（Ⅰ）

该区北临长江，位于长江经济走廊中段，南以宜丰－景德镇深断裂带与赣中区为界。该区处于下扬子地块西部，包括北部的九江坳陷和南部的九岭逆冲推覆隆起及上叠的鄱阳断陷盆地等3个亚区。由新元古代早期双桥山群浅变质岩组成区域褶皱基底，以零星分布的青白口系上部落可岽组、汉阳峰组、马涧桥组含火山物质碎屑岩为过渡性构造层；以南华系－中三叠统碎屑岩、碳酸盐岩为沉积盖层；由上白垩统—古近系红层组成上叠断陷盆地。北北东向、北东向断裂发育。该区西北部地壳活动性较强，是江西重要的地震、地热区。自西而东有麻城－幕阜山、瑞昌－铜鼓、九江－靖安3条破坏性地震与地热断裂带和船滩－棋坪、武宁－甘坊、湖口（西）－星子等地热断裂带。

一、九江坳陷碎屑岩碳酸盐岩低山丘陵亚区（I_1）

包括长江南岸的瑞昌－彭泽弧形复向斜和东西向的修武复向斜。瑞昌－彭泽复向斜由南华系—中三叠统碎屑沉积岩、碳酸盐岩组成，一系列侏罗山式褶皱组成一个向南弯曲、向西收敛、向西撒开的帚状褶皱群，中部有庐山地垒式断块和地堑式鄱阳湖湖口管道，并有剥蚀较强烈的横山花岗岩基出露。低山丘陵亦呈弧形展布，沿江地带有小型红层断陷盆地和湖泊群分布，形成滨岸平原带。

修武复式向斜主要由南华系－下古生界碎屑沉积岩及碳酸盐岩组成，核部有少量上古生界—下三叠统残留。褶皱宽缓，形成两翼为低山，轴部为丘陵的向斜地貌。上叠有渣津、三都、武宁、共青城等红层断陷盆地。修河流贯于向斜槽部，在武宁以东汇聚成柘林水库，该向斜在柘林昂起。由南华系莲沱组及震旦系坚硬岩层构成水库坝址。

该区西部有麻城－幕阜、瑞昌－铜鼓、九江－靖安3条破坏性地震断裂带，尤其是九江－瑞昌间和武宁断陷盆地周边有地震群发、频发特征，是重要防震地区。

区内大部分为低山丘陵弱隆升区，断裂构造较发育，碳酸盐岩地层分布较广，主要属崩滑流中低易发区和岩溶塌陷中易发区。中部庐山山区由于较强隆升，山体陡峭，形成砂岩峰林、悬崖瀑布地貌，又是暴雨中心，为崩滑流高易发区；区内沿长江南岸江岸崩塌强烈，彭泽一带由于岩溶发育，在岩溶

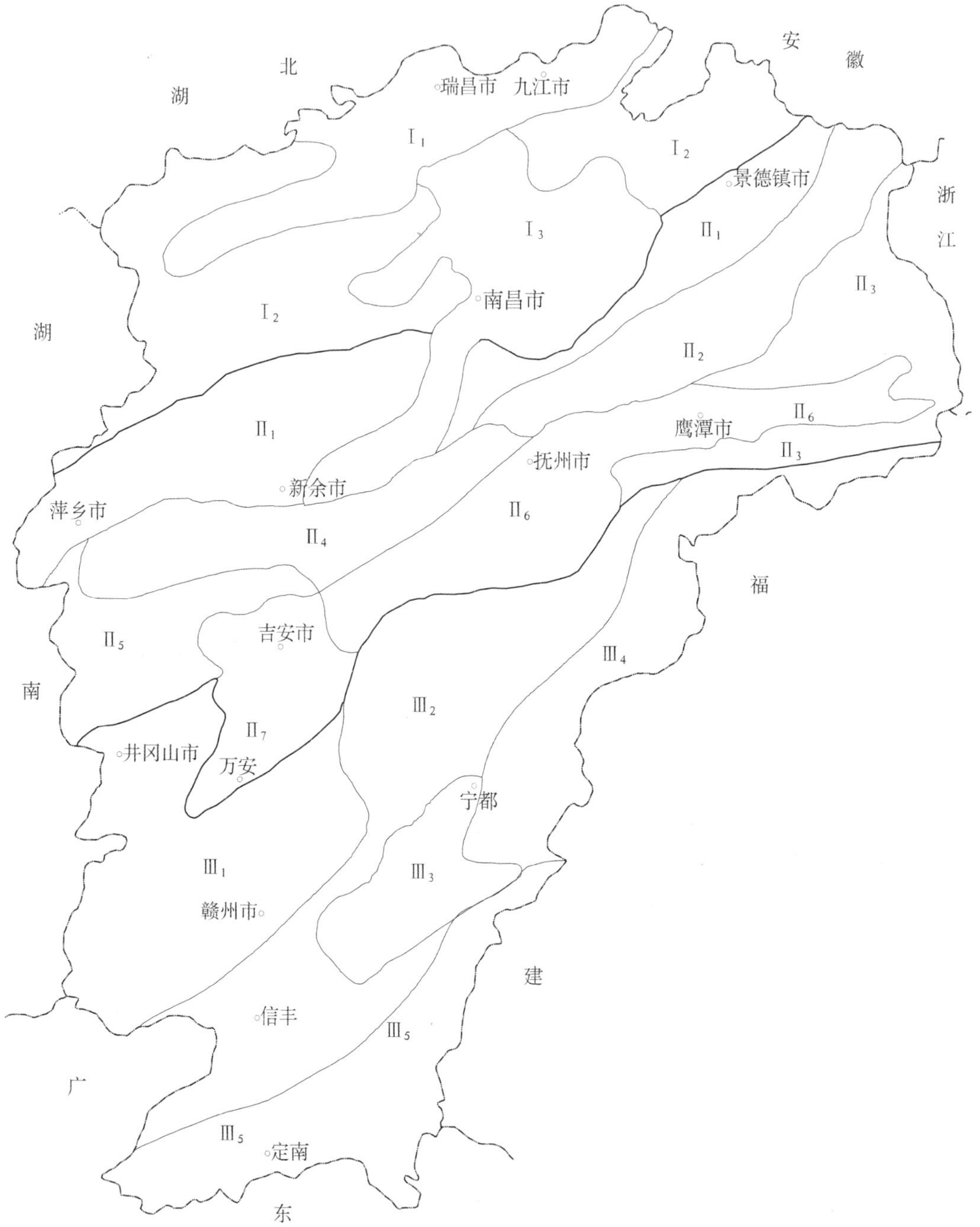

图 7-27-1　江西省工程地质分区图

Fig. 7-27-1　Engineering geologcial zoning map of Jiangxi Province

I—赣北工程地质区：I_1—九江坳陷碎屑岩碳酸盐岩低山丘陵亚区；I_2—九岭隆起变质岩花岗岩中低山亚区；I_3—鄱阳盆地平原亚区；II—赣中工程地质区：II_1—萍乐坳陷碎屑岩碳酸盐岩低山丘陵亚区；II_2—万年隆起变质岩低山丘陵亚区；II_3—上饶坳陷碎屑岩、碳酸盐岩花岗岩（火山岩）中低山丘陵亚区；II_4—武功山隆起变质岩花岗岩中低山亚区；II_5—永莲坳陷碎屑岩碳酸盐岩低山丘陵亚区；II_6—抚州信江红层盆地丘陵亚区；II_7—吉泰盆地红层丘陵亚区；III—赣南工程地质区：III_1—诸广隆起变质岩花岗岩中低山亚区；III_2—雩山隆起变质岩花岗岩中低山丘陵亚区；III_3—宁于坳陷碎屑岩碳酸盐岩低山丘陵亚区；III_4—北武夷隆起变质岩花岗岩中低山（丘陵）亚区；III_5—南武夷－九连山隆起变质岩花岗岩火山岩中低山（丘陵）亚区

塌陷与江水冲刷作用下，江岸崩塌尤为严重。

区内除西南部为低山地形外，主要为标高100~500m的丘陵。庐山断块山则高耸于中东部，主峰汉阳峰海拔高达1473m，四周为丘陵及河谷平原，相对高差达千米以上。

岩体类型以坚硬的中－厚层状、中等－强岩溶化灰岩、白云岩亚类、较硬－坚硬的薄－厚层状中等岩溶化灰岩、白云岩亚类、较硬－坚硬的薄－厚层状弱岩溶化杂质灰岩、泥岩、页岩亚类、较硬－坚硬的薄层状泥岩、页岩、硅质岩亚类、较硬－坚硬的中厚－厚层状砂岩、砾岩、页岩亚类、软硬相间的薄－厚层状含煤砂岩、页岩、泥岩亚类、坚硬的块状侵入岩亚类为主。土体类型有一般黏性土亚类、砂性土亚类及碎石土亚类。

按工程地质条件复杂程度可分工程地质条件复杂、中等、简单等3个区段。

（一）工程地质条件复杂区段

主要分布于后山、樟桥—黄桥、桂林桥—赛湖、横港—新塘等地及芙蓉—马挡沿长江一带。岩体类型包括坚硬的中－厚层状、中等－强岩溶化灰岩、白云岩亚类、较硬－坚硬的薄－厚层状中等岩溶化灰岩、白云岩亚类。其岩溶发育，钻孔见洞率43%~63%，线岩溶率3.74%~3.84%，岩溶沿断裂构造、不同岩层接触带、向斜仰起端、背斜倾伏端发育。地貌上西南部为低山丘陵区，基岩裸露；往中、北东的范镇、新塘一带山前河谷丘陵区，基岩多被薄层第四系松散层所覆盖；至北东部的武山、城门山及芙蓉—马当一带冲湖积平原区，基岩均被第四系冲湖积层所覆盖。相应岩溶形态由地表溶沟、溶槽、石芽、直立、倾斜状落水洞、漏斗转为倾斜、水平状溶洞、暗河、岩溶洼地到地下洞穴为主。强岩溶发育带深度一般70~150m。影响工程地质条件的主要因素是岩溶发育和部分覆盖型岩溶区沿凹凸不平的基岩面形成的土洞。主要工程地质问题是渗漏、塌陷、地面开裂、矿床开采可能引起突水。

（二）工程地质条件中等区段

主要分布于修水—武宁、王音舖、彭山、郭家桥一带和武山湖、大白湖、赤湖、赛湖等滨湖地区。岩体类型包括较硬－坚硬的薄－厚层状中等岩溶化灰岩、白云岩亚类、较硬－坚硬的薄－厚层状弱岩溶化杂质灰岩、泥岩、页岩亚类；土体类型为一般黏性土亚类全新统湖积相黏土组。

较硬－坚硬的薄－厚层状中等岩溶化灰岩、白云岩亚类：岩溶发育，钻孔见洞率34.6%，线岩溶率1.3%；较硬－坚硬的薄－厚层状弱岩溶化杂质灰岩、泥岩、页岩亚类：线岩溶率一般小于1%，局部达2.8%。影响工程地质条件的主要因素是岩溶发育，有溶洞、暗河等地下洞穴，主要工程地质问题是渗漏、塌陷、不均匀沉陷。

一般黏性土亚类全新统湖积相黏土组含有机质和动植物残骸，软塑至流塑，水中SO_4^{2-}离子含量高，地下水对混凝土具有侵蚀性。影响工程地质条件的主要因素是土的物理力学性质差，易产生软化、不均匀沉降及变形等不良工程地质问题。

（三）工程地质条件简单区段

分布于路口—大桥、猪岭山、马回岭、白沙舗、武山、阳储岭、蔡岭等地。岩体类型包括较硬－坚硬的薄－厚层状泥岩、页岩、硅质岩亚类、较硬－坚硬中－厚层状砂岩、砾岩、页岩亚类、软硬相间的薄－厚层状含煤砂岩、页岩、泥岩亚类、软弱－较硬的薄－厚层状砂岩、砾岩、泥岩亚类、坚硬的块状侵入岩亚类；土体类型包括一般黏性土亚类、砂性土亚类和碎石土亚类。

较硬－坚硬的薄－厚层状泥岩、页岩、硅质岩亚类、较硬－坚硬中－厚层状砂岩、砾岩、页岩亚类：岩石坚硬致密，抗风化能力强，风化层厚度一般较小，新鲜岩石抗压强度高，岩性变化大，一般有软弱夹层，断裂及构造裂隙发育，特别是硅质岩分布区构造裂隙呈柱状、网状发育，岩石切割成菱形块状。影响工程地质条件的主要因素是断裂、构造裂隙及软弱夹层，常见的工程地质问题是沿层间滑动和沿界面或裂隙切割面产生滑坡和崩塌。

软硬相间的薄－厚层状含煤砂岩、泥岩、页岩亚类：岩石软硬相间，抗压强度变化大，岩石遇水易软化、崩解，其中的泥岩、页岩遇水具膨胀性，膨胀系数可达7.5%~11.5%；含煤地层老窿较多。主要工程地质问题为不均匀沉降、道路及建筑物基础失稳、沿岩层面易滑移和采煤矿区采空区引起地面沉陷、地面开裂及矿坑突水等。

软弱－较硬的薄－厚层状砂岩、砾岩、泥岩亚类：岩性变化大，常见软弱夹层，岩石胶结程度差，抗风化能力弱，尤以泥岩、粉砂岩吸水性强，遇水易软化，暴露空间时可在短时间内崩解碎裂，风化层厚度一般4.50~17.59m。在风化岩体常见小型滑坡和崩塌、泥岩分布区在水和动荷载作用下易翻浆等工程地质问题。

坚硬的块状侵入岩亚类：零星出露于武山、城门山、阳储岭、蔡岭等地，岩石风化强烈，风化层厚度大，在武山、城门山一带10~15m，阳储岭、蔡岭一带30~50m，沿侵入接触带、断裂构造带可达70~100m。其强风化带的物理力学性质与黏土相仿。

一般黏性土亚类：成因有冲积、残积、冲洪积。冲积主要分布于长江南岸及其支流河谷两岸，土的天然物理性质较好，承载力特征值150~250kPa，弱透水性；残积、冲洪积主要分布岗丘及山间谷地，厚度变化大，承载力差异大，一般不宜作地基持力层。

砂性土亚类：成因有冲积、风积。冲积均埋藏于黏性土之下，埋藏深度一般3~15m，呈二元结构，结构松散至密实，承载力特征值200~300kPa；风积主要分布于湖口—彭泽一带的垅岗地带，分布位置相对较高，有“沙山”之称，结构松散。

碎石土亚类：成因为冰碛、冰水堆积，主要分布于庐山东麓星子、海会、高垅、九江八里坡一带，漂砾、卵石、砂砾与黏土混杂，各砾岩组分含量各地不一，厚度变化大，出露厚度2~10m。

二、九岭隆起变质岩花岗岩中低山亚区（I_2）

该区包括九宫凸起山地及九岭逆冲推覆隆起山地。后者中部为北鄱阳盆地所据，分隔为九岭、莲花山两个山地。区内双桥山群浅变质岩广泛裸露，北有幕阜山、太阳山、莲花山、鹅湖、段莘等花岗岩带，西南部为巨大的九岭复式花岗岩基，变质基底褶皱复杂，以线形东西向复式褶皱为主，断裂以北东、北北东向为主，沿麻城－幕阜、瑞昌－铜鼓、九江－靖安导热发震断裂带曾有修水西（幕阜山）、武宁石门楼、铜鼓、靖安等破坏性地震发生。

区内幕阜－九宫、九岭、莲花山等中低山山势主要呈北东东走向，仍处于缓慢隆升状态，以穹状、波状山为主，流水侵蚀作用较发育，均为崩滑流高易发区。特别是九岭山区以九岭隆起和九岭花岗闪长岩基为核心的中低山区是崩滑流地质灾害易发频发地区。

岩体类型主要为坚硬的块状侵入岩亚类、较硬－坚硬的薄－厚层状板岩、变碎屑岩、千枚岩亚类、软弱－较硬的薄－厚层状砂岩、砾岩、泥岩亚类。土体类型有一般黏性土亚类和砂性土亚类。

按工程地质条件复杂程度，本区为工程地质条件简单区。

坚硬块状侵入岩亚类：岩体浅部风化强烈，风化层厚度一般 15~25m，最深可达 50~80m，按风化程度可分强、中、弱三带，其中强风化带风化物呈砂土状，易挖掘，遇水易崩解，厚度 1.12~17.58m，其物理力学性质与黏土相仿；新鲜岩石致密坚硬，力学强度高。岩体断裂构造发育，多数断裂为硅化破碎带，少数有断层泥，在围岩接触带和断裂两侧，裂隙密集发育，其力学强度和抗风化能力降弱，常形成较深的风化“廊道”。影响工程地质条件的主要因素是断裂构造、岩石风化层，工程地质问题主要是在风化层较厚的地区，边坡稳定性较差，常见小型滑坡、崩塌，在地形有利地区有泥石流发生，滑坡多沿中或弱风化带顶面滑移，在断裂带部位也存在渗漏、稳定的问题，在修水的白岭、潦河西南地区水土流失严重。

较硬 - 坚硬的薄 - 厚层状板岩、变碎屑岩、千枚岩亚类：岩石抗风化能力强，风化层厚度随地形、构造条件而变化，一般山坡风化层厚度大于沟谷地区，断裂带风化层厚度明显增大。岩层软硬相间，砂岩与板岩的界面常见有层间泥膜或破碎夹泥层，如铜鼓大塅电站，泄洪隧洞位于变质砂岩、板岩中，洞长 200m，见泥化夹层共 7 层，单层厚度一般 2~20cm，泥化夹层经取样试验，力学强度与黏土近似。东津电站、淹家滩水库均见泥膜或泥化夹层。影响工程地质条件的主要因素是断裂构造、软弱夹层和层间泥膜或破碎夹泥层。主要的工程地质问题是山坡稳定性较差，常见小型滑坡、崩塌，当山坡坡向与岩层倾向一致时，常形成较大的滑坡体。在断裂带部位存在渗漏、稳定的问题。

软弱 - 较硬的薄 - 厚层状砂岩、砾岩、泥岩亚类：主要分布于铜鼓、奉新 - 安义断陷盆地。岩性变化大，常见软弱夹层，岩石胶结程度差，抗风化能力弱，局部地段底部灰质砾岩中发育有溶洞。影响工程地质条件的主要因素为软弱夹层和风化层厚度变化大，主要工程地质问题为风化层厚度大的山坡常见小型滑坡、崩塌，在奉新的罗塘至安义石鼻一带水土流失严重。

一般黏性土亚类：成因有冲积、残积、冲洪积。冲积主要分布于修河、潦河、昌江及其支流河谷两岸，构成Ⅰ、Ⅱ级阶地，地势相对平坦，为工农业和居民主要分布区。岩性为黏土、粉质黏土，局部地段夹有淤泥或淤泥质黏土，厚度 1~8m，承载力特征值一般 100~250kPa。工程地质问题主要为不均匀沉降、沉陷、圩堤渗漏等；残积、冲洪积分布岗丘及山间谷地，岩性为粉质黏土、黏土碎石，厚度变化大，承载力差异大。

砂性土亚类：成因主要为冲积，埋藏于一般黏性土之下，呈二元结构，厚度 1~14m，结构松散 - 密实，承载力特征值一般 180~300kPa。

三、鄱阳湖平原亚区（$Ⅰ_3$）

位于省域中 - 北部的鄱阳湖区及其周缘，呈北东走向，西部与安义盆地、南西端与清江盆地相连。鄱阳盆地西起永修，东至鄱阳，北达都昌附近，南迄新余—进贤一带，盆地面积 11230km^2。鄱阳盆地由一系列左行斜列的北东向断陷箕状盆地组成，具有单斜构造盆地的特点，沉降中心由东向西单向迁移。出露地层相应依次为下白垩统冷水坞组、上白垩统、古近系。信江、抚河断裂之间为鄱阳湖断陷最深部分，达 4000 余米。

鄱阳盆地是在九岭逆冲推覆隆起和萍乐坳陷基础上，由于早白垩世晚期—古近系时地壳伸展，北东向与北西向断裂作用形成的断陷盆地，总体呈北东向展布和“两凹夹一隆”的构造格局，即北鄱阳凹陷和南鄱阳凹陷，中部以宜丰 - 景德镇深断裂带和长山隆起为界。古近纪末断陷盆地萎缩消亡，第四纪时又复下沉，五河汇聚，形成过水性鄱阳湖及鄱湖滨湖平原。

盆地古老基底断裂发育，但被“红层”和第四系所掩，大多未切穿红层。红层中断裂不发育。盆地西北缘的九江－靖安断裂带和盆地东南缘的余干－婺源断裂带活动性较强，曾有破坏性地震发生。

北鄱阳凹陷是在九岭隆起的背景上断陷而形成的，以双桥山群为盆底，沉降幅度较小，上白垩统厚度一般为600~1200m，最大厚度2000m左右。

长山凸起为盆地中部的隐伏状凸起，埋深数十米至两三百米，在新祺周—樵舍、长山和油墩—南峰等地见双桥山群变质岩系出露。

南鄱阳凹陷是在萍乐坳陷的背景上发展而成的，面积达6780km^2，呈多凹多凸相间格局，以万年群及晚古生代—早、中三叠世地层为基底，沉降幅度较大。白垩系—古新统沉积厚度一般为1600~2500m，莲塘北最大厚度达4500m以上。古近系由于第四系的广泛覆盖，仅零星出露于盆地西北部和南昌—莲塘凹陷中。

安义、清江盆地是鄱阳盆地西部的子盆地，出露古近系红层。安义盆地呈北东—南西方向展布，平面形态近似矩形，周边及盆底由晋宁九岭花岗闪长岩岩基和双桥山群变质岩组成。清江盆地为北北东向南断北趋箕状断陷向斜盆地，属鄱阳盆地南西延伸部分，盆地中清江大盐田需注意防止盐溶地面塌陷。

鄱阳湖为我国最大的淡水湖，湖面因季节变化伸缩性很大，约1800~3900km^2，自三峡水库建成后，长江水位降低，枯水季节，湖面仅数百平方千米，对生态环境带来不利影响。拟在湖口管道长岭—屏峰建控湖水坝工程，该处水面较窄，两岸低丘相峙，适宜筑坝，但可能有较大断裂通过，需做好工程地质工作。

湖区河网密布，湖滩港汊众多，地面标高一般13~40m，第四系广为覆盖，第四系厚度：湖西一般30~50m，最厚70m；湖东一般10~20m，最厚小于30m；梅家州最厚为153.79m。

滨湖平原的土体结构，一般为双层结构，部分地段形成多层结构，少数地段为单层结构。上部以一般黏性土为主，下部以砂性土为主。上部黏性土自河谷下游向湖区增厚，在滨湖平原中部和前缘，出现较多较厚的淤泥质土或细砂夹层，土体结构趋向于复杂化。影响工程地质条件的主要因素是淤泥质土的物理力学性质差，承载力特征值低，易产生建筑物沉降过大、不均匀沉降及变形，圩堤渗漏、沉陷及淤积等工程地质问题。

第二节　赣中工程地质区（Ⅱ）

该区位于江西中部。处于京九、浙赣两大经济走廊的交汇地区。区域大地构造背景十分复杂，北部为扬子华夏古板块的凭祥—苏州板块缝合带；东部属于华夏陆块的信江—钱塘残留地块；南部为东南加里东期造山带的武功山—会稽山前缘逆冲推覆褶断带。经长期发展演化至中新生代形成了怀玉扬子型坳陷，萍乐、饶南、永莲3个华南型坳陷以及万年推覆型隆起和武功山隆滑型隆起。上有吉泰—信江断陷盆地，这些构造单元构成了7个工程地质亚区。

区内断裂发育，有一系列北东东向深大断裂带和推滑覆断裂系统，其次有北北东向的挤压走滑型断裂与北西向的张剪性断裂带。但第四纪以来断裂活动较弱，为全省地壳稳定性较好的地区。

一、萍乡－乐平坳陷碎屑岩碳酸盐岩低山丘陵亚区（$Ⅱ_1$）

萍乐坳陷带呈北东东向展布，中部被鄱阳盆地叠置，分为西、东两段。

该区基底构造十分复杂，中新元古代为华南洋及其俯冲消减带，北缘有宜丰蛇绿混杂岩群残留。青白口纪晚期—早古生代为一条坳拉谷海槽，加里东期闭合造山，被万年推覆体叠覆。晚古生代碎屑沉积岩、碳酸盐岩地层直接不整合覆盖万年推覆体万年群变质岩之上。并上叠有晚三叠世—早侏罗世含煤碎屑岩和晚白垩世—古近纪红层碎屑岩及第四系沉积，总厚度达13000~15000m。

坳陷构造十分复杂，由于九岭南缘向南南东方向逆冲推覆，武功山、万年隆起向北北西方向滑覆，于坳陷中部发生推覆对接，推滑覆构造十分发育。在坳陷带东部的乐平地区，形成一系列北东东向的由万年群浅变质岩与上古生界—侏罗系组成的逆冲推覆构造岩片。但第四纪以来，断裂活动很弱。地貌以波状低山丘陵为主。为岩溶塌陷高易发区和崩滑流灾害中低易发区。

区内岩浆活动规模很小，较大侵入岩体有加里东期丰顶山花岗岩，印支期有蒙山花岗岩株，燕山期有村前、志杣、塔前等Ⅰ型中酸性小岩体。另有多期中酸性岩墙分布。

红层断陷盆地有高安、萍乡、万载、宜春北等，规模较小。其中规模相对较大的高安盆地全长160km，宽15~20km。盆地严格受北东东向宜丰－景德镇断裂控制。东自高安祥符，向西经上高徐家渡，至万载潭埠，总体呈北东东向的窄长带状。形成红色低丘、岗埠盆地。地层主要为晚白垩世龟峰群，自北西向南东依次出露茅店组、河口组、塘边组。盆地北缘局部地段被九岭南缘逆冲推覆体逆冲其上，盆地中部有少许基底残块，盆地南缘与较老地层主要为不整合关系。

岩体类型有坚硬的中厚－厚层状中等－强岩溶化灰岩、白云岩亚类、较硬－坚硬的薄－厚层状中等岩溶化灰岩、白云质灰岩、页岩亚类、较硬－坚硬的中厚－厚层状砂岩、砾岩、页岩亚类、软硬相间的薄－厚层状含煤砂岩、页岩、泥岩亚类、软硬相间的薄－厚层状砂岩、砾岩、泥岩亚类、坚硬的块状侵入岩亚类。

土体类型有一般黏性土亚类、砂性土亚类、碎石土亚类。

按岩土体工程地质条件可分为工程地质条件复杂、中等和简单等三个区段。

（一）工程地质条件复杂区段

主要分布于萍乡、宜春、上高、高安、乐平等地，岩体类型为坚硬的中厚－厚层状的中等－强岩溶化灰岩、白云岩亚类、较硬－坚硬的薄－厚层状中等岩溶化灰岩、白云质灰岩、页岩亚类，按岩石出露条件，有裸露、覆盖、埋藏三种类型。岩石溶蚀强烈，主要沿断裂构造、褶皱轴部和不同岩层界面发育，钻孔见洞率59.1%~82.4%，线岩溶率2.4%~10.1%。岩溶形态发育齐全，地表岩溶形态有：溶沟、溶槽、石芽、漏斗、落水洞、岩溶洼地、溶洞等；地下岩溶形态有：溶洞、暗河。岩溶形态分布不同地貌单元特征不同，区内大致可分四种岩溶形态发育区。

1. 峰林谷地

分布于西、西北部的高台尖、天台山、龙公岭、洞村等，地形标高500~700m，为低山区。岩石裸露，岩溶形态以岩溶洼地为主，溶沟、溶槽、石芽、漏斗、落水洞到处可见，水平溶洞及地下洞穴不发育。

2. 岩溶丘陵

分布于宜春金瑞、柏木、楠木、分宜的高岚、双林等地，地形标高300~500m，为高丘地带。地表地下岩溶发育，地表主要有溶沟、溶槽、石芽、漏斗、落水洞、岩溶洼地、溶洞等。石芽、溶沟、溶槽多发育于斜坡地带，漏斗、落水洞发育于次级分水岭及两侧山坡地带，溶洞发育于山坡中部和坡脚地带，暗河发育于坡脚及沟谷。地下溶洞发育标高一般91~204m，线岩溶率4.02%。

3. 孤峰坡地

分布于萍乡的宣风、宜春的彬江、凤阳等地，地面标高100~300m，为低丘地带。地表山峰之间不连续，呈孤立状分布，裸露区可见石芽、溶沟、溶槽、溶洞，地表岩溶发育标高105~160m，地下岩溶发育标高0~70m，线岩溶率8.53%。

4. 岩溶准平原

分布于上高、新余一线以东地区，地面标高小于100m。岩石多覆盖于第四系松散层以下，地下岩溶发育标高-20~-65m，线岩溶率9.23%。

影响工程地质条件的主要因素是岩溶发育形成的溶洞、暗河及覆盖岩溶区部分地段沿凹凸不平的基岩形成的空洞。主要工程地质问题是地基失稳、渗漏、地面开裂、地面塌陷和矿坑突水等。

（二）工程地质条件中等区段

岩体类型为软硬相间的薄－厚层状含煤砂岩、页岩、泥岩亚类，岩石抗风化能力不均，风化层厚度变化大，新鲜岩石抗风强度大小不一，其中的泥岩、页岩遇水尚具膨胀性，膨胀系数可达7.5%~11.5%，该区为江西煤矿、铁矿资源主要分布区，老窿和矿坑较多。影响工程地质条件的主要因素是泥岩、页岩物理力学性质差和采矿形成的采空区。工程地质问题主要是沿软弱岩层面的滑移、工程外倾与岩层产状一致时的失稳、采空区岩石移动盆地引起的地面开裂、地面沉陷及矿坑突水等。

（三）工程地质条件简单区段

岩土体类型包括较硬－坚硬的中厚－厚层状砂岩、砾岩、页岩亚类、软硬相间的薄－厚层状含煤砂岩、页岩、泥岩亚类、软硬相间的薄－厚层状砂岩、砾岩、泥岩亚类、坚硬的块状侵入岩亚类、一般黏性土亚类、砂性土亚类、碎石土亚类。

较硬、坚硬的中厚－厚层状砂岩、砾岩、页岩亚类：岩石致密坚硬，抗风化能力强，风化层厚度一般较小，新鲜岩石抗压强度高，常构成低山丘陵的山脊。岩性变化大，有软弱夹层，岩石变形以断裂构造为主，岩层产状陡缓不一。影响工程地质条件的主要因素是构造破裂面、软弱夹层，主要工程地质问题是陡峻山坡常见崩塌和危岩体，断裂构造带渗漏、地基失稳。

坚硬的块状侵入岩亚类：零星分布丰顶山、蒙山、塔前等地。岩石致密坚硬，新鲜岩石抗压强度高，工程地质性质好，但岩体表部的次生风化（风化层厚度2~10m）、断裂构造以及围岩接触带破坏了岩体的完整性。工程地质问题主要是风化层较厚的岩体边坡失稳，易产生小型滑坡、崩塌。

软弱－较硬的薄－厚层状砂岩、砾岩、泥岩亚类：主要分布于萍乡的芦溪盆地、万载的株潭盆地、宜春以北的雷桥盆地和高安盆地、清江盆地。组成侵蚀剥蚀丘陵岗埠地形，地势低矮，坡顶浑圆，冲沟短浅。岩石胶结程度差，抗风化能力不均，泥岩力学强度低，吸水性强，遇水易软化，暴晒下易崩解。风化层厚度一般4.5~17.6m，最厚可达49.4m，强风层物理力学性质与黏性土相仿。主要工程地质问题是风化层较厚岩体边坡失稳，见有小型滑坡、崩塌，泥岩强风化层在水和动荷载作用下易产生翻浆。

一般黏性土亚类：成因有冲积、残积、冲洪积，时代以全新统、上更新统、中更新统为主，局部分布有帽状下更新统。冲积的分布于锦江、袁水、昌江及其支流河谷两岸，构成Ⅰ—Ⅲ级阶地，地势相对平坦，为工农业和居民主要居住区。岩性主要为黏土、粉质黏土，在河流凹岸和古河道少数地段有淤泥质黏土。厚度一般1.5~8.6m，厚度变化一般主流河谷大于支流河谷；同一河谷下游大于上游。土的天然物理性质较好，承载力特征值160~300kPa，弱透水性。工程地质性质较好，但不同时代工程地质性质略有差异，一般全新统略差于上更新统和下更新统。残积、冲洪积主要分布于丘岗地带和山间谷地，岩性为棕红色网纹状红土、黏土夹碎石。厚度一般2~15m，土的物理力学性质受母岩影响，差异较大，主要工程地质问题是不均匀沉降。

砂性土亚类：成因主要为冲积，埋藏于一般黏性土之下，呈二元结构，厚度一般1.45~11m。结构松散—密实，承载力特征值180~360kPa，工程地质性质较好。属强透水层，工程地质问题主要是渗漏、管涌。

二、万年隆起变质岩低山丘陵亚区（$Ⅱ_2$）

为一长期向南逆冲推覆的隆起地块。其北部被萍乐坳陷、鄱阳盆地覆盖，南侧以赣东北地壳对接深断裂带逆冲推覆于上饶坳陷北部，东延至皖南休宁地区，总体呈半月形舌状，为晋宁、加里东期九岭推覆系统前缘的巨大推覆体。

区内主要由一套青白口纪早期浅变质的泥砂质夹火山碎屑岩的复理石建造组成，形成于岛弧环境，称万年群。东南缘的德兴—弋阳一带残留有张村蛇绿岩片。该区晚石炭世时才接受盖层沉积，沉积盖层十分零星。以曹溪向斜、德乐早白垩世盆地、中云晚白垩世盆地规模稍大。区内北东向断裂发育，北侧的余干－婺源断裂带曾有较强地震活动。燕山期岩浆活动较强，有进贤等地的花岗岩和德兴地区的花岗闪长斑岩等，除此有喜马拉雅期的支家桥基性岩体。地形以波状低山丘陵为主，为崩滑流地质灾害中易发区。

岩体类型以坚硬的块状侵入岩亚类、较硬－坚硬的薄－厚层状板岩、变碎屑岩、千枚岩亚类为主，零星分布较硬－坚硬的薄－厚层状中等岩溶化灰岩、白云质灰岩、页岩亚类和软弱－较硬的薄－厚层状砂岩、砾岩、泥岩亚类。

土体类型有一般黏性土亚类、砂性土亚类、碎石土亚类。

按岩土体工程地质条件复杂程度可分为工程地质条件复杂、简单两个区段。

（一）工程地质条件复杂区段

岩体类型为较硬－坚硬的薄－厚层状中等岩溶化灰岩、白云质灰岩、页岩亚类。零星分布于东乡县的占圩、小璜、珀玕、乐平的曹溪、黄柏等小型盆地。多为覆盖型岩溶区，盖层厚薄不一，一般1~30m，新鲜岩石坚硬，岩溶发育，钻孔见洞率4.55%~80.6%，线岩溶率1.29%~45.4%，溶洞高度一般0.2~5.36m，大部分为半充填或全充填，岩溶强发育标高-40.19~-198.10m。影响工程地质条件的主要因素是岩溶发育和覆盖层厚薄不一。主要工程地质问题是渗漏、地面岩溶塌陷、地面开裂等。

(二) 工程地质条件简单区段

岩土体类型包括：坚硬的块状侵入岩亚类、较硬－坚硬的薄－厚层状板岩、变碎屑岩、千枚岩亚类、软弱－较硬的薄－厚层状砂岩、砾岩、泥岩亚类、一般黏性土亚类、砂性土亚类、碎石土亚类。

坚硬的块状侵入岩亚类：组成侵蚀构造中低山地形，高程 600~1600m，切割深度 300~500m，地势陡峻，山坡坡度 40°~70°，山谷多呈“V”形，谷底及陡坡多基岩裸露。岩石坚硬，饱和抗压强度大于 100MPa，抗风化能力受地形、构造、岩石结构等因素影响，风化层厚度各地不一，怀玉山岩体因其构造裂隙不发育，结晶颗粒为中细粒，其风化厚度较小；灵山岩体构造裂隙发育，主要以水平和垂直两组裂隙为主，并相互切割，常形成尖刃的山脊，并常见危岩和崩塌，在山麓和坡脚强风化层厚度 4~15m。主要工程地质问题是在风化层较厚的山体易产生滑坡、崩塌，在断裂构造带存在渗漏、地基失稳等。

较硬－坚硬的薄－厚层状板岩、变碎屑岩、千枚岩亚类：岩石裂隙、褶曲、片理发育，抗风化能力差，据德兴铅锌矿资料，风化层厚度达 20~30m，其中强风化层厚度 4~14m，主要工程地基问题是在地形坡度较陡地带，沿风化层面或裂隙面易产生滑坡、崩塌。

软弱－较硬的薄－厚层状砂岩、砾岩、泥岩亚类：零星分布于万年盆地、洛口盆地及隆起边缘地带。岩石固结程度低，岩性、岩相在平面和垂向上复杂多变。岩石抗压强度差异大，泥岩一般 10~15MPa，砂岩 16~25MPa，砾岩 30~86MPa。岩石抗风化能力不均，胶结物以泥质为主的，抗风化能力差，风化层厚度一般 5~15m；胶结物以钙质、硅质为主的，抗风化能力强，风化层厚度一般 1~5m。工程地质主要问题是在风化层较厚的岩体有小型滑坡、崩塌。

一般黏性土亚类：成因有冲积、残积、冲洪积，形成时代有全新统、上更新统、中更新统。冲积层主要分布于抚河下游的李渡—温圳、信江下游的锦江镇—龙津镇和支流河谷两岸，组成Ⅰ—Ⅲ级阶地，岩性为灰、浅灰、砖红色黏土、粉质黏土，厚度 3~17m，厚度在不同河谷、同一河谷不同河段均有变化，土的物理力学性质较好，承载力特征值 150~300kPa；残积、冲洪积主要分布于岗埠和山间谷地，岩性为砖红、棕红色黏土、含碎石黏土，厚度变化大，物理力学性质变化较大。

砂性土亚类、碎石土亚类：主要为冲积成因，埋藏于一般黏性土之下，呈二元结构，厚度 3~12m，为松散—密实结构，承载力特征值 180~360kPa。

三、上饶坳陷碎屑岩碳酸盐岩花岗岩（火山岩）中低山丘陵亚区（$Ⅱ_3$）

上饶坳陷带以萍乡－广丰深断裂带为界，分为北部的怀玉坳陷和南部的饶南坳陷，中部为信江断陷盆地。坳陷带西北侧被万年推覆体叠覆消减，呈楔形向西尖灭。

(一) 怀玉坳陷

该坳陷形成于华夏陆块信江钱塘地块之上。由青白口系上部海相的登山群浅变质浊积岩、火山岩夹碳酸盐岩和陆相的广丰群碎屑岩、火山岩组成过渡型构造层。其上为南华系—中侏罗世碎屑岩碳酸盐岩沉积盖层。形成北东向侏罗山式褶皱，发育北东向断裂带。区内侵入岩发育，南部有扬子期港边浆混岩株，北部有燕山晚期的大茅山花岗岩基，中部有燕山晚期灵山花岗岩基。坳陷内以中低山为主，西北部山体隆升较强，形成著名的三清山花岗岩峰林，主峰玉京峰海拔 1816m。灵山由晚次侵入的正长－碱长花岗岩形成环状峰林，大茅山五风洞也发育陡峭峰崖景观，山区又多跌水、瀑布，溪水湍急。为崩滑流灾害高易发区，1710年在灵山附近（上饶西北）曾发生4.75级地震。坳陷南部广丰、玉山地区以低山丘陵为主，为崩滑流与岩溶塌陷中易发区。

（二）饶南坳陷

位于萍乡－广丰断裂带南侧、北武夷山北坡的低山丘陵地带，为一北东东—南西西向延伸的华南型坳陷。西端被抚州断陷盆地掩盖，向东延入浙西。

基底地层为中深变质青白口纪晚世—震旦纪、早寒武世中深变质岩系。上石炭统藕塘底组为一套含砾石英粗砂岩与粉砂岩、粉砂质泥岩与碳酸盐岩互层；二叠纪—早三叠世地层主要为一套浅海相碳酸盐岩夹碎屑岩建造；上三叠统沉积一套陆相碎屑岩夹含煤建造；早中侏罗世地层为碎屑岩沉积；早白垩世形成上叠陆相火山盆地群。

区内断裂发育，由近东西向、南北向、北北东向、北东向及北西向5组断裂组成断裂网络，推覆、滑覆构造比较常见。

岩浆岩以燕山期花岗岩和陆相火山岩、次火山岩及火山碎屑沉积岩为主；次为加里东期花岗岩及混合岩，构成一近东西向的复式花岗岩带。

该区为崩滑流地质灾害中易发区。

岩体类型有坚硬的块状侵入岩亚类、较硬－坚硬的薄－厚层状板岩、变碎屑岩、千枚岩亚类、较硬－坚硬的薄－厚层状中等－弱岩溶化灰岩、白云质灰岩、页岩亚类、软硬相间的薄－厚层状含煤砂岩、页岩、泥岩亚类、软弱－较硬的薄－厚层状砂岩、砾岩、泥岩亚类。

土体类型有一般黏性土亚类、砂性土亚类、碎石土亚类。

按岩土体工程地质条件复杂程度可分为工程地质条件复杂、简单两个区段。

1. 工程地质条件复杂区段

岩体类型为较硬－坚硬的薄－厚层状中等－弱岩溶化灰岩、白云质灰岩、页岩亚类。呈零星小块狭长条带状分布于苏桥、朝阳、葛源、玉山、陈坊、司辅—三都、扬林、球川、叶家流—上坂、上泸—四十八都及广丰的五都等地。岩石出露有裸露和覆盖型两种类型，岩溶较发育，主要沿断裂构造和非可溶岩界面发育。岩溶发育各向异性明显，钻孔见洞率9.8%~52.0%，线岩溶率0.24%~19.75%。裸露区岩溶发育标高多在105~370m；覆盖区岩溶发育深度在地面以下110~138m。主要工程地质问题是地面塌陷、地面开裂等。

2. 工程地质条件简单区段

岩土体包括坚硬的块状侵入岩亚类、较硬－坚硬的薄－厚层状板岩、变碎屑岩、千枚岩亚类、软硬相间的薄－厚层状含煤砂岩、页岩、泥岩亚类、软弱－较硬的薄－厚层状砂岩、砾岩、泥岩亚类和一般黏性土亚类、砂性土亚类、碎石土亚类。

坚硬的块状侵入岩亚类、较硬－坚硬的薄－厚层状板岩、变碎屑岩、千枚岩亚类：组成侵蚀构造中低山，高程600~1900m，切割深度300~500m，地势陡峻，山坡坡度40°~70°，山谷多呈“V”形，谷底及陡坡地多基岩裸露，植被发育。工程地质条件较好，主要工程地质问题是风化层较厚的岩体沿风化层界面或沿裂隙面、软弱层面产生滑坡、崩塌，断裂构造带存在渗漏、地基失稳等。

软硬相间的薄－厚层状含煤砂岩、页岩、泥岩亚类：主要分布于怀玉坳陷、饶南坳陷。岩石软硬相间，岩石物理力学强度、抗风化能力在水平和垂直方向存在明显的差异，软弱的页岩、泥岩湿水后，抗压强度明显降低。工程地质问题主要是顺层滑动和崩塌。

软弱－较硬的薄－厚层状砂岩、砾岩、泥岩亚类：组成侵蚀岗丘地形，地形低缓，丘顶浑圆，山坡坡度5°~15°，小冲沟发育，切割深1~5m，岩石固结程度差，抗风化能力弱，饱和抗压强度差异大：泥岩一般8~15MPa，软化系数0.3~0.45；砂岩一般15~25MPa，软化系数0.43~0.58；砾岩一般30~80MPa，软化系数0.6~0.7。

一般黏性土亚类：成因有冲积、残积、冲洪积，形成时代有全新统、上更新统、中更新统。冲积的主要分布于信江中上游及其支流河谷两岸，组成Ⅰ—Ⅲ级阶地，地形相对平坦，为工农业和居民主要分布区。岩性为灰、浅灰、棕黄、棕红色黏土、粉质黏土，厚度0.5~7.0m，土的物理力学性质较好，承载力特征值150~280kPa。残积、冲洪积主要分布于丘岗和山间谷地，岩性为砖红色网纹状黏土、含碎石黏土，厚度变化大，物理力学性质稍差，承载力特征值120~220kPa。

砂性土亚类、碎石土亚类：主要为冲积，埋藏于一般黏性土之下，厚度1.0~9.5m。岩性为砂、砂砾石，结构松散－密实，承载力特征值180~360kPa，中－强透水性。

四、武功山隆起变质岩花岗岩中低山亚区（$Ⅱ_4$）

属加里东期东南造山带武功山—会稽山前缘褶断带西部，北以萍乡－广丰断裂带为界，南界大致位于莲花、安福、吉水、乐安、金溪一带。隆起山地呈北东东向展布。

基底构造层为一套巨厚的南华裂谷海盆连续沉积，从上到下有：青白口纪晚期潭头群，以千枚岩、含碳板岩为主；南华纪杨家桥群为含冰期地层、硅铁石英岩的一套复理石建造；震旦纪乐昌峡群，下部坝里组为泥砂质浊积岩，上部老虎塘组以硅质岩为主；寒武纪八村群，总体为一套陆源相碎屑岩特征的浊积沉积。区内岩浆活动强烈，北部为加里东期岭上－桥蓬下超基性侵入岩带；中部为武功山－紫云山加里东、印支、燕山期复式花岗岩带；东部有玉华山早白垩世火山穹隆。断裂构造发育，以北东、北北东向断裂为主，多属斜冲断层。该隆起以武功山复式花岗岩基为核心，形成隆滑构造，周缘向北西南方向呈马蹄形大规模滑脱。山体处于缓慢隆升状态，主峰武功山金顶海拔1918m。武功山花岗岩山体总体呈穹状，形成独特的“高山草原”。北部明月山一带燕山期花岗岩山体隆升较强，形成花岗岩峰林、陡崖景观。武功山花岗岩基及其周缘为崩滑流地质灾害高易发区，其他地区为变质岩、花岗岩低山丘陵，为崩滑流地质灾害中易发区。

岩体类型以坚硬的块状侵入岩亚类、较硬－坚硬的薄－厚层状板岩、变碎屑岩、千枚岩亚类为主，零星分布较硬－坚硬的薄－厚层状中等岩溶化灰岩、白云质灰岩、页岩亚类。

土体类型有一般黏性土亚类、砂性土亚类、碎石土亚类。

按岩土体工程地质条件复杂程度可分工程地质条件复杂、简单两个区段。

（一）工程地质条件复杂区段

零星呈小型盆地分布于隆起边缘安福县以北的严田、万福、枫江、峡江县的水边等地。新鲜岩石坚硬，岩溶发育，以溶洞为主，发育标高由西往东渐降。主要工程地质问题是地面塌陷、地面开裂等。

（二）工程地质条件简单区段

岩土体类型包括：坚硬的块状侵入岩亚类、较硬－坚硬的薄－厚层状板岩、变碎屑岩、千枚岩亚类、一般黏性土亚类、砂性土亚类、碎石土亚类。

坚硬的块状侵入岩亚类：构成构造侵蚀中低山地形，标高一般800~1700m，地势陡峻，山坡坡度35°~70°，“V”形谷发育，溪流湍急，暴雨时易发生山洪。新鲜岩石坚硬，抗压强度大于100MPa，工程地质条件较好。次生风化受地形、构造、岩石结构等因素影响，风化层厚度各地不均，厚度一般2~30m，部分地段沿断裂带可达50~70m。风化层物理力学性质与黏土和碎石土相仿。据丰城市紫云山水库压水试验资料，强风化层单位吸水量0.16L/min·m·m，渗透系数0.15m/d；中等风化层单位吸水量0.12L/min·m·m，渗透系数0.10m/d；弱风化层单位吸水量0.007L/min·m·m，渗透系数0.007m/d。主要工程地质问题是边坡稳定性差，在陡坡强风化层中，人工切坡易引起滑坡和塌方。

较硬－坚硬的薄－厚层状板岩、变碎屑岩、千枚岩亚类：构成构造侵蚀中低山－丘陵地形，地势总体西高东低。山顶浑圆，山脊平缓，地形坡度一般30°。岩石抗压强度差异大，抗风化能力不均，风化层厚度一般2~23m，岩石历经多次构造运动，断裂构造、褶皱发育，局部地段构造裂隙密集发育。据新余市下坊、大平山、松山等矿区资料，裂隙率达0.8%~3.13%，渗漏性较好；据新余市江口水库坝肩压水试验资料，单位吸水量0.117~1.433L/min·m·m。主要工程地质问题是边坡稳定性差，在陡坡风化层和裂隙密集发育地段，人工切坡易发生滑坡和顺裂隙面塌方、渗漏和断裂带的地基失稳等。

一般黏性土亚类：成因有冲积、残积、冲洪积，形成时代有全新统、上更新统、中更新统。冲积的主要分布于赣江新干—永大段及其支流河谷两岸，岩性为灰、浅灰、棕黄、棕红色黏土、粉质黏土，厚度1~10m。厚度变化一般是主流河谷大于支流河谷，同一河谷的下游大于上游。土的物理力学性质较好，承载力特征值150~280kPa，一般全新统偏低，中更新统最高，弱透水性；残积、冲洪积主要分布于岗丘、坡麓和山间谷地，岩性为砖红色网纹状黏土，厚度变化大，物理力学性质稍差。

砂性土亚类、碎石土亚类：主要为冲积，均埋藏于一般黏性土之下，岩性为砂、砂砾石，结构松散－密实，厚度1.5~11.5m，承载力特征值180~320kPa，中－强透水性。

五、永莲坳陷碎屑岩碳酸盐岩低山丘陵亚区（II_5）

位于武功山以南，莲花、永新、吉水等地区。东部为吉安断陷盆地叠覆。坳陷由中泥盆统－中三叠统构成，寒武系－奥陶系为褶皱基底。

中上泥盆统为含砂岩铜矿、赤铁矿层的陆源碎屑岩及碳酸盐岩建造；石炭系为含煤碎屑岩与海湾泻湖相含石膏碳酸盐岩建造；二叠—中下三叠系为海相碳酸盐岩和海陆交互含煤碎屑岩建造。形成北北东向与北东东向叠加褶皱。在坳陷区的中部有陈山凸起和上叠的晚白垩世怀忠断陷盆地，呈北东东向展布。

断裂主要为北北东向与北东东向两组，与北北东向、北东东向褶皱相伴。北北东向断裂属走向逆冲或斜冲断层；北东东向断裂多为先压后滑断层，规模大。主要分布于陈山凸起与怀忠红盆地边缘，北侧的高州－安福断裂带与北西向断裂交汇处曾有4.75级地震发生。岩浆活动微弱，仅见少量中酸性岩脉。

该区坳、凸（陈山）、盆（怀忠）构造复杂，地貌形态多样，总体以低山丘陵为主，属崩滑流灾害中易发区、岩溶地面塌陷高易发区。

岩体类型有：坚硬的中厚－厚层状中等、强岩溶化灰岩、白云岩亚类、较硬－坚硬的薄－厚层状中等岩溶化灰岩、白云质灰岩、页岩亚类、较硬－坚硬的薄－厚层状弱岩溶化杂质灰岩、泥岩、页岩亚类和软弱－较硬的薄－厚层状砂岩、砾岩、泥岩亚类。

土体类型有一般黏性土亚类、砂性土亚类、碎石土亚类。

按岩土体工程地质条件复杂程度可分为工程地质条件复杂、中等、简单等三个区段。

（一）工程地质条件复杂区段

岩体类型包括坚硬的中厚－厚层状中等、强岩溶化灰岩、白云岩亚类、较硬－坚硬的薄－厚层状中等岩溶化灰岩、白云质灰岩、页岩亚类。主要分布于莲花的六市、高洲、路口、万龙山、桐坑，永新的永新—洲湖—大平、文竹、新居、才丰等地。岩石出露有裸露和覆盖型两种，覆盖区盖层厚度4~30m。构成侵蚀岩溶丘陵地形，地形标高150~300m，并与构造盆地相吻合，周边高，中间低平。新鲜岩石坚硬，岩溶发育，主要沿断裂构造和背、向斜轴部及倾伏端发育，岩溶发育各向异性明显，线岩溶率2.49%~25.63%，强岩溶发育带标高200~250m和50~100m。影响工程地质条件的主要因素是岩溶发育形成的溶洞、暗河和覆盖层厚薄不均及局部地段沿凹凸不平的基岩面形成的土洞。主要工程地质问题是地面塌陷、地面开裂、矿坑突水等。

（二）工程地质条件中等区段

岩体类型为较硬－坚硬的薄－厚层状弱岩溶化杂质灰岩、泥岩、页岩亚类。主要分布于路口向斜盆地、大平－永新向斜盆地的两翼，呈条带状展布。岩石抗压强度、抗风化能力不均。杂质灰岩强度高，抗风化能力强，风化层厚度较小，在构造作用下，有溶洞发育；泥岩、页岩抗压强度低，抗风化能力弱，风化层厚度3~10m。主要工程地质问题是：杂质灰岩分布区可能产生地面塌陷、地面开裂；泥岩、页岩抗压强度不均，可能产生不均匀沉降。

（三）工程地质条件简单区段

岩土体类型包括软弱－较硬的薄－厚层状砂岩、砾岩、泥岩亚类和一般黏性土亚类、砂性土亚类、碎石土亚类。

软弱－较硬的薄－厚层状砂岩、砾岩、泥岩亚类：主要分布于永新的怀忠断陷盆地，岩石固结程度差，岩层软硬相间，岩石抗压强度、抗风化能力不均。部分地段砾岩砾石成分为灰岩、白云岩，在断裂构造作用下，有溶洞、溶隙发育。据钻孔资料，揭露最大溶洞高9.30m，线岩溶率1.5%~1.60%。主要工程地质问题是灰质砾岩区地面塌陷和风化层较厚的岩体发生小型滑坡等。

一般黏性土亚类：分布于琴水河、禾水河及其支流溪谷和山前坡麓地带，有全新统、上更新统冲积层，中更新统残积层、冲洪积层。岩性为浅黄、棕红色黏土、粉质黏土，局部有淤泥质黏土，厚度一般1~5m，物理力学性质中等，承载力特征值120~240kPa，弱透水性。

砂性土亚类、碎石土亚类：埋藏于一般黏性土之下，岩性为砂、砂砾石层，结构松散、稍密，厚度3~5m，承载力特征值180~240kPa，中等透水性。

六、抚州－信江红层盆地低山岗埠平原亚区（$Ⅱ_6$）

抚州、信江断陷盆地位于省域中部，呈北东东向条带状展布，北东起于上饶、广丰，西南至永丰、吉水之间。

（一）信江断陷盆地

位于信江流域的贵溪、弋阳、铅山、上饶、广丰、玉山一带，叠置于怀玉、广丰坳陷之上，是一个近东西—北东东向展布的火山－红层叠合型盆地，主要由白垩系组成，轴部广布龟峰群，两侧依次为赣州群、火把山群、武夷群。

盆地内红层褶皱微弱，以拱曲为主。盆地南部处于北武夷隆起山前，地貌和构造对应，为一近东西向的长条状丘陵盆地，标高30~400m，南北两侧较高，中部低缓，地形呈波状起伏，山丘馒头状，坡角5°~30°。红色碎屑岩“丹霞”地形较发育，形成龙虎山、龟峰、铜钹山丹霞地貌景观群落。盆地中部为信江河谷平原。

（二）抚州盆地

以东乡小断槽与信江盆地相连，西南部受遂川－临川断裂和北西向断裂控制，盆地呈北东向矩形展布，并向南伸出三支：北东向的永丰槽形盆地、近南北向的宜黄槽形盆地和北北东向的南城－广昌槽形盆地，这表明晚白垩世时上述盆地水体相连。

抚州盆地地层主要为晚白垩世龟峰群，盆地沉积向北西迁移，盆地周缘部分地段为断裂接触，据地质与人工地震资料，盆地由东南部至永丰以东叠置于早白垩世火山盆地之上，形成以临川市为中心的低丘平原。盆地北缘的抚州－遂川深断裂带抚州—吉水段挽近仍有活动，为导热发震断裂，公元304年吉水—永丰间曾发生5级地震。

岩土体工程地质条件简单。岩体类型为软弱－较硬的薄－厚层状砂岩、砾岩、泥岩亚类。土体类型有一般黏性土亚类、砂性土亚类、碎石土亚类。

软弱－较硬的薄－厚层状砂岩、砾岩、泥岩亚类：岩石固结程度较差，其岩性岩相在平面和垂向上均复杂多变。岩石抗压强度不均，泥岩干抗压强度一般11~42MPa，软化系数0.11~0.74；砂岩、砾岩干抗压强度一般44~86MPa，软化系数0.43~0.76。岩石抗风化不均，风化层厚度一般5~15m，其中强风化层厚度一般2~5m。中度水土流失。主要工程地质问题是风化岩体常发育小型滑坡、崩塌及局部地基失稳、水土流失造成的水库淤塞等问题。

一般黏性土亚类：其成因有冲积、残积、冲洪积，形成时代有全新统、上更新统、中更新统。冲积的主要分布于信江、抚河及其支流河谷两岸，组成Ⅰ—Ⅲ级阶地，岩性为灰褐色、橘红色、棕红色黏土、粉质黏土，厚度0.5~8.99m，可塑、硬塑状；残积、冲洪积主要分布于山间洼地和坡麓地带，岩性为砖红色黏土、黏土夹碎石，厚度5~15m。土的物理力学性质较好，但由于土的形成时代和成因的不同，其工程地质性质亦存在差异，冲积的工程地质条件要好于残积、冲洪积，中、上更新统工程地质条件要好于全新统。

砂性土亚类、碎石土亚类：为冲积，埋藏于一般黏性土之下，岩性为砂、砂砾石层，结构松散—密实，厚度1.0~9.5m，承载力特征值一般160~300kPa，中－强透水性。

七、吉泰红层盆地低丘平原亚区（Ⅱ$_7$）

位于吉安、泰和、万安、遂川等地，面积约 4000km^2，大体呈北北东方向展布的不规则菱形。主要由晚白垩世赣州群和龟峰群构成，最大厚度约 3000 余米。北部有零星新近纪上新统黄桥组分布。

吉泰盆地受北东、北东东及北西向断裂控制，形成南北两个沉降中心：以北东向真武山凸起为界，东南部为泰和盆地，西北部为吉安盆地。

西北之吉安盆地上叠于永莲坳陷之上，地层产状平缓，发育多组小型断裂并有玄武质熔岩出落；东南之泰和盆地，总体为一“南断北超”向南东缓倾斜的箕状盆地。南缘的抚州 – 遂川断裂带万安段，据万安水库附近观察，晚更新世以来无明显活动。

岩土体工程地质条件简单。岩体类型为软弱 – 较硬的薄 – 厚层状砂岩、砾岩、泥岩亚类。土体类型有一般黏性土亚类、砂性土亚类、碎石土亚类。

软弱 – 较硬的薄 – 厚层状砂岩、砾岩、泥岩亚类：岩石固结程度较差，软硬相间，岩石抗压强度、抗风化能力不均，风化层厚度 2~8m。在盆地西部的大屋场、中部的兴桥、杨家坊、大塘等地，岩石中溶孔、溶隙发育，局部发育有溶洞。中度水土流失。主要工程地质问题是风化层厚的岩体有小型滑坡、崩塌和水土流失造成的河道、水库淤塞及局部地基失稳等问题。

一般黏性土亚类：其成因有冲积、残积、冲洪积；形成时代有全新统、上更新统、中更新统。冲洪相主要分布于赣江中游的吉水—万安段及其一级支流禾水、泸水、蜀水的中下游段河谷两岸，构成Ⅰ—Ⅲ级阶地，地势平坦，为工农业和居民主要居住地。岩性为灰褐色、橘红色、棕红色黏土、粉质黏土，局部河弯地带及古河道有淤泥质黏土。厚度一般 1~10m，厚度变化遵循主河谷大于支流河谷、同一河谷下游大于上游的规律；残积、冲洪积主要分布山间洼地和坡麓地带，岩性为砖红色网纹状黏土、含碎石黏土，厚度 3~15m。土的物理力学性质较好，但由于土的形成时代和成因的不同，其工程地质性质亦存在差异。一般冲积相工程地质性质要好于残积、冲洪积，中上更新统工程地质性质要好于全新统。

砂性土亚类、碎石土亚类：为冲积相，埋藏于一般黏性土之下，呈二元结构，岩性为砂、砂砾石层，厚一般 4~13m，结构松散 – 密实，承载力特征值一般 180~320kPa，中等 – 强透水性。

第三节　赣南工程地质区（Ⅲ）

该区以隆起山地为主，加里东期造山带形成的褶皱基底裸露，花岗岩广泛分布，地壳总体缓慢隆升。随加里东造山带不同的剥露程度，自西而东由造山带上部到中下部变质地层，主要由下古生界到新元古界上部，局部零星出露古元古界天井坪组；变质程度由亚绿片岩相到角闪岩相；变形特点由脆性到韧脆性变形；加里东期花岗岩由远源地侵入型为主到近源地侵入交代型变形花岗岩为主，边缘混合岩化随之增强。地貌以中低山丘陵为主。

西部罗霄 – 诸广山脉为湘赣两省屏障，主峰南风面海拔 2120m，为省内第二高峰。中部雩山山脉北段主要山峰海拔均在 1000m 以上，南段稍低；东部武夷山脉为赣闽界山，称为东南屋脊，北东段最高，为较强隆升山体，主峰黄冈山海拔 2158m，为省内第一高峰。

上古生界－侏罗系沉积盖层，出露局限。主要分布于宁于小型坳陷及藤田、崇义等零散小型向斜中，构成坳陷盆地，以丘陵地貌为主。

赣南东部处于东南沿海中生代陆相火山岩区西缘，火山岩主要分布于北武夷山、冷水坑、篁碧、铜钹山等火山盆地和赣南南部的全南—会昌火山带。由于早白垩世后山体隆升，不少火山盆地已抬升至千米以上的山峰地带。北武夷山隆升最强，黄岗山即为抬升的早白垩世火山盆地。

区内晚白垩世—古近纪断陷盆地较多，但除赣州盆地稍大外，其他盆地规模较小，且以长条状箕状盆地居多，主要有兴国—赣州—池江、南城—于都、石城—会昌 3 条盆地带，盆地中以低丘，河谷平原为主。

断裂构造十分发育，主要由北东、北北东、东西、北西向四组断裂组成断裂网络。第四纪以来赣南南部地壳活动性较大，石城－寻乌、九连山－安远等断裂带仍有较强活动，为重要导热发震构造，是省内地震较活跃的地区。

全区分为以下工程地质亚区。

一、诸广隆起变质岩花岗岩中低山亚区（$Ⅲ_1$）

位于赣南西部，可自西向东进一步分为北北东向的三个工程地质小区。

西部为罗霄－诸广复式花岗岩基带。加里东、印支、燕山期花岗岩体广布，北北东、北东向断裂密集发育。构成近南北向中山，谷溪较多，山体以穹状山峰居多，也有小型峰林（如五指山）。山体隆升较强，为崩滑流高易发区。

中部万洋山—西华山以下古生界浅变质岩为主，其次为花岗岩，中部崇义向斜中有上古生界－下三叠统碎屑岩碳酸盐岩，山势较罗霄－诸广花岗岩基带稍低，以中低山为主。北部变质岩低山区为崩滑流中易发区，南部中低山变质岩花岗岩区为崩滑流高易发区。其中弹前、清溪、沙地等花岗岩体风化侵蚀程度较高，部分成为低丘，易发生水土流失。

东部为兴国—赣州—池江晚白垩世—古近纪红层盆地。以低丘、河谷平原为主，东南盆缘为大余—南城断裂带南段，在池江可见断裂切割古近纪地层，第四纪以来仍有活动，在赣州、大余分别于 1988 年、1908 年发生 5 级、4.75 级地震。

岩体类型以坚硬的块状侵入岩亚类、较硬－坚硬的薄－厚层状板岩、变碎屑岩、千枚岩亚类为主，零星分布坚硬的中厚－厚层状中等－强岩溶化灰岩、白云岩亚类、较硬－坚硬的薄－厚层状弱岩溶化杂质灰岩、泥岩、页岩亚类、软硬相间的薄－厚层状含煤砂岩、页岩、泥岩亚类、软弱－较硬的薄－厚层状砂岩、砾岩、泥岩亚类。

土体类型有一般黏性土亚类、砂性土亚类、碎石土亚类。

按岩土体工程地质条件复杂程度可分工程地质复杂、中等、简单等三个区段。

（一）工程地质条件复杂区段

岩体类型为坚硬的中厚－厚层状中等－强岩溶化灰岩、白云岩亚类，主要分布于拿山、严塘、陈家、茶沅、崇义、关田古亭、压溪、聂都、小坪、暖水湖、古陂圩、梅岭等山间向斜盆地或单斜盆地中。盆地多为三面环山、一面开阔的间型封闭盆地。盆地中部地形平坦，略有起伏，周边为低山丘陵，山坡较陡，一般大于 30°。岩石出露形态有裸露型、覆盖型。裸露型一般出露于盆地近边缘地带，地形多为丘陵或岗埠，地貌多为孤峰、残丘、石芽等；覆盖型多为盆地中部地带，盖层厚度一般 5~40m。岩溶作用强烈，岩溶形态较齐全。岩溶发育服从于受断裂构造、褶皱轴部、岩层面、岩性控制的基本规律。溶洞、溶隙、暗河呈网络管道状发育，线岩溶率 3.0%~33.6%。岩溶发育标高一般在当地侵蚀基准面上、下 100~150m，大致可分 3~4 层溶洞。侵蚀基准面以上为干溶洞，侵蚀基准面以下溶洞长年充水，溶洞多为泥沙半充填。影响工程地质条件的主要因素是岩溶发育形成的溶洞、暗河和厚度不均的覆盖层及局部地段沿凹凸不平的基岩面形成的土洞。主要工程地质问题是地面岩溶塌陷、地面开裂及局面地基失稳等问题。

（二）工程地质条件中等区段

岩体类型为较硬－坚硬的薄－厚层状弱岩溶化杂质灰岩、泥岩、页岩亚类，分布于工程地质条件复杂的相同山间向斜盆地，构成向斜盆地的翼部，大部分为裸露型岩溶区。岩溶发育程度较弱，线岩溶率 0.24%~3.68%。其中的泥岩、页岩强度低，遇水易软化，为软弱夹层，岩体弱透水。主要工程地质问题是局部地段岩溶塌陷、渗漏、顺层滑动及地基失稳等问题。

（三）工程地质条件简单区段

岩土类型包括坚硬的块状侵入岩亚类、较硬－坚硬的薄－厚层状板岩、变碎屑岩、千枚岩亚类、软硬相间的薄－厚层状含煤砂岩、页岩、泥岩亚类、软弱－较硬的薄－厚层状砂岩、砾岩、泥岩亚类和一般黏性土亚类、砂性土亚类、碎石土亚类。

坚硬的块状侵入岩亚类：该亚类岩体除断裂构造破碎带和表部风化层外，岩性较均一，完整性和稳定性好，呈块状结构，强度高，岩石干抗压强度一般大于 100MPa，软化系数多介于 0.8~0.91 之间。岩体构成中低山、丘陵地形，表部风化剥蚀作用较强，风化层厚度 1~30m，局部可达 68.55m，风化层厚度变化受地形地貌、岩石结构、断裂构造控制。分布于万安的吊龙、上犹的高湖脑、赣县的广教寺、大埠、兴国的永丰、清溪、杰村等地海拔标高小于 500m 的侵蚀剥蚀低山丘陵地形区，风化层较厚，一般 20~30m，其中强风化带厚度 0.5~10m，水土流失严重；而分布于沙溪、龙岗、东固—良村、龙布、油山、小江、牛岭河洞等地海拔标高 500m 以上构造侵蚀中低山地形区，构造发育，岩石风化较弱，风化层厚度一般 0.5~5m。主要工程地质问题是：低山丘陵风化层较厚区（特别是人工切坡）易发生中、小型滑坡、崩塌、渗漏、局部地基稳定和水土流失造成河道、水库淤积；中低山区在地形坡度较陡地段沿断裂构造结构面形成崩塌和局部形成的较深廊状裂隙带的渗漏、失稳等问题。

较硬－坚硬的薄－厚层状板岩、变碎屑岩、千枚岩亚类：岩层倾角较陡，断裂构成和褶皱构造较发育，并时有层间或断裂带泥化夹层，岩体完整性差，岩石抗压强度差异大，干抗压强度常见值 40~135MPa，软化系数 0.7~0.88，岩石抗风化能力不均，风化层厚度一般为 2~15m，最深可达 35m。主要工程地质问题是边坡稳定性较差，在陡坡风化层中，人工切坡易引起小型滑坡、崩塌，当层间和断裂带泥化夹层与地形不利组合，可发生大型滑坡及断裂破碎带渗漏、失稳等问题。

软硬相间的薄－厚层状含煤砂岩、页岩、泥岩亚类：主要分布于各山间向斜盆地边缘，呈低山丘陵组成盆地周界。岩石软硬相间，抗风强度、抗风化能力不均，岩石干抗压强度一般 24.6~146MPa，软化系数 0.54~0.85，风化层厚度 2~21m 不等。泥岩、页岩遇水具膨胀性。层间滑动、不均匀沉降、渗漏等是本区主要工程地质问题。

软弱－较硬的薄－厚层状砂岩、砾岩、泥岩亚类：主要分布于赣州、兴国、社溪、池江等断陷盆地。岩石软硬相间，其岩性岩相在平面和垂向上均复杂多变，岩石干抗压强度差异大，抗风化能力不均，风化层厚度一般2~15m，多形成缓丘岗地，短浅冲沟较发育。局部地基失稳、不均匀沉降、风化层厚度较大岩体发生小型滑坡、崩塌是本区主要工程地质问题。

一般黏性土亚类：成因有冲积、残积、冲洪积。形成时代有全新统、上更新统、中更新统。冲积相主要分布于赣江上游和遂川江、上犹江、小章江、贡江等支流河谷两岸，组成Ⅰ—Ⅲ级阶地，地势平坦，岩性为灰褐色、浅黄色、棕红色黏土、粉质黏土，厚度2~12m，可塑－硬塑；土的物理力学性质较好，由于其形成时代不同，工程地质性质存在差异，一般中、上更新统工程地质性质要好于全新统；残积、冲洪积主要分布于山间洼地、坡麓地带，岩性为砖红色黏土、含碎石黏土，厚度2~13m。土的物理力学性质相对较差。部分地段的残积层黏土，含有较多亲水性较强的黏土矿物，大部分黏土具有胀缩性。

砂性土亚类、碎石土亚类：为冲积相，一般分布黏性土亚类之下，呈二元结构。岩性为砂、砂砾石层，结构松散－密实，厚度1.5~13.5m。承载力特征值一般180~320kPa，中等－强透水性。其中松散饱水的细、粉砂在渗流或振动影响下易发生流沙现象，造成地基失稳。

二、雩山隆起中低山丘陵亚区（$Ⅲ_2$）

该区位于赣南中部，可进一步分为两个工程地质小区。

（一）桃山复式花岗岩基中低山区

由金溪、棠阴、黄陂等加里东期、燕山早期花岗岩体组成一个复式花岗岩基带，其间为残留的青白口系上部－下寒武统混合岩化中深变质岩，形成近南北向中低山体；中部有宜黄－宁都近南北向大断裂通过，沿断裂东侧为宜黄晚白垩世箕状红层槽地；两侧花岗岩区发育大量北东向断裂，为崩滑流高易发区。

（二）乐安－信丰变质岩花岗岩低山丘陵区

东以招携－小江近南北至北北东向大断裂与桃山花岗岩基工程地质小区分界，北起相山、南至大庾岭。广泛分布青白口系上部－寒武系浅变质岩系，有东固、江背、雩山、大埠、安西、陂头等燕山早期花岗岩体和乐安、龙回加里东期花岗岩体呈岩基或大型岩株出露。除此，北部有乐安相山早白垩世火山岩穹。地貌以低山丘陵为主，东区为崩滑流灾害中等易发区，花岗岩丘陵风化区易发生水土流失。另在北部有藤田晚古生代向斜盆地，中部易发覆盖型岩溶地面塌陷；南部有信丰红层断陷盆地为低丘河谷平原。

岩体类型主要以坚硬的块状侵入岩亚类、较坚硬的薄－厚层状板岩、变碎屑岩、千枚岩亚类为主，有少量的软弱－较硬的薄－厚层状砂岩、砾岩、泥岩亚类、较硬－坚硬的中厚－厚层状砂岩、砾岩、页岩亚类、坚硬的中厚－厚层状中等－强岩溶化灰岩、白云岩亚类、较硬－坚硬的薄－厚层状弱岩溶化杂质灰岩、泥岩、页岩亚类。

土体类型有一般黏性土亚类、砂性土亚类、碎石土亚类。

按岩土体工程地质条件，可分工程地质条件复杂、简单两个区段。

1. 工程地质条件复杂区段

岩体类型为坚硬的中厚－厚层状、中等－强岩溶化灰岩、白云岩亚类和较硬－坚硬的薄－厚层状弱岩溶化杂质灰岩、泥岩、页岩亚类。主要分布于永丰的藤田、信丰－星村－大阿小型向斜盆地。盆地中部地形平坦，略有起伏，周边为丘陵。岩石出露有裸露和覆盖两种类型，裸露型一般出露于盆地边缘地带，地形多为丘陵或岗埠，覆盖型多为盆地中部地带，覆盖层厚度 5~40m。岩溶作用强烈，岩溶发育服从于受岩性、构造控制的基本规律。岩溶一般在当地侵蚀基准面上、下 100~150m 内发育，垂向上大致可分 3~4 层，强岩溶发育带在侵蚀基准面以下。影响工程地质条件的主要因素是岩溶发育形成的溶洞、暗河及局部地段沿凹凸不平的基岩面形成的土洞，地面岩溶塌陷、地裂缝及局部不均匀沉降是本区的主要工程地质问题。

2. 工程地质条件简单区段

岩体类型包括坚硬的块状侵入岩亚类、较坚硬的薄－厚层状板岩、变碎屑岩、千枚岩亚类，有少量的软弱－较硬的薄－厚层状砂岩、砾岩、泥岩亚类、较硬－坚硬的中厚－厚层状砂岩、砾岩、页岩亚类。土体类型有一般黏性土亚类、砂性土亚类、碎石土亚类。

坚硬的块状侵入岩亚类：常构成中低山和低山丘陵。岩石除断裂破碎带和表部风化带外，岩性较均一，呈块状结构，强度高，完整性和稳定性好。干抗压强度大于 100MPa，软化系数多介于 0.80~0.91 之间。表部风化剥蚀作用强烈，风化层厚度一般 1~30m，最厚可达 68.55m，风化层厚度变化主要受岩石结构、构造、地貌制约。其变化规律一般为：中粗粒结构的岩石较中细粒结构的岩石风化层厚度大；断裂破碎带两侧风化层厚度大；地貌为低山丘陵区的较中低山区的风化层厚度大。主要工程地质问题是边坡稳定性差，在风化层厚度较厚区，人工切坡易引发小型滑坡、崩塌，断裂破碎带稳定和渗漏等问题。

较硬－坚硬的薄－厚层状板岩、变碎屑岩、千枚岩亚类：岩石经历多次构造运动，断裂构造、褶曲发育，并时有层间或断裂带泥化夹层，岩层的完整性差，岩体不均一，岩石抗风化能力和抗压强度不均，风化层厚度一般 2~20m。边坡稳定性差，小型滑坡、崩塌发育，在断裂和层间泥化夹层与地形不利组合的情况下，可发生大型滑坡；断裂发育区存在地基失稳、渗漏等问题。

较硬－坚硬的中厚－厚层状砂岩、砾岩、页岩亚类：主要分布永丰藤田、信丰－星村－大阿盆地边缘，呈低山丘陵构成盆地周界。岩石致密，抗风化能力强，风化层厚度一般 0.5~2m，岩石干抗压强度一般 40~150MPa，软化系数 0.58~0.86 之间，岩石变形以断裂为主。岩石的稳定受构造破裂面、软弱夹层和地形综合控制，陡峭的山坡可见崩塌现象和危岩。

软弱－较硬的薄－厚层状砂岩、砾岩、泥岩亚类：主要分布于宜黄、信丰断陷盆地，地貌上呈平缓的低丘，山坡坡度平缓，岩石抗风化能力、抗压强度不均。泥岩吸水性强，遇水易软化，特别是暴露空间时，可在短时间内崩解碎裂。风化厚度不均带来的地基失稳和风化层厚度较大的岩体小型滑坡、崩塌是该亚类的主要工程地质问题。

一般黏性土亚类：分布于山间洼地、山麓地带。成因有冲积、残积、冲洪积，形成时代有全新统、上更新统、中更新统。冲积的分布于小章江、贡江及支流河谷两岸，构成河谷Ⅰ—Ⅲ阶地，岩性为浅灰、灰褐、浅黄、棕黄、棕红色黏土、粉质黏土，厚度 2~12m，可塑－硬塑状，土的物理性质较好，地基承载力特征值 150~260kPa，承载力特征值的大小变化与其形成时代有关，一般中、上更新统要比全新统大；残积、冲洪积主要分布于山间洼地、山麓地带，岩性为砖红色黏土、含碎石黏土，可塑－硬塑状，厚度一般 2~13m，土的物理力学性质相对较差。

砂性土亚类、碎石土亚类：成因为冲积，埋藏于一般黏性土亚类冲积层之下，构成二元结构，岩性主要为砂、砂砾岩，局部地段泥质含量高，砂砾石不均匀系数大，松散－密实结构，地基承载力特征值一般 180~300kPa，中－强透水性。

三、宁（都）于（都）坳陷低山丘陵亚区（$Ⅲ_3$）

为雩山、武夷隆起之间的一个小型晚古生代—侏罗纪沉积坳陷。鹰潭－安远深断裂带前缘逆冲于坳陷东部，北北东向断裂带十分发育，其次为北西西向。其中有小型燕山期中酸性小型侵入体分布，坳陷中部为覆盖型岩溶地面塌陷高易发区。

岩体类型有坚硬的中厚－厚层状中等－强岩溶化灰岩、白云岩亚类，较硬－坚硬的薄－厚层状中等岩溶化灰岩、白云质灰岩、页岩亚类，软硬相间的薄－厚层状含煤砂岩、页岩、泥岩亚类，软弱－较硬的薄－厚层状砂岩、砾岩、泥岩亚类和少量坚硬的块状侵入岩亚类。

土体类型有一般黏性土亚类、砂性土亚类、碎石土亚类。

按岩土体工程地质条件复杂程度，可分工程地质条件复杂、中等、简单等三个区段。

（一）工程地质条件复杂区段

岩体类型为坚硬的中厚－厚层状中等－强岩溶化灰岩、白云岩亚类，较硬－坚硬的薄－厚层状中等岩溶化灰岩、白云质灰岩、页岩亚类，主要分布于都、三门滩、梅窖、青塘、银坑、马安梓山、宽田、瑞金的云石山－沙洲坝、九堡、日东等向斜盆地。盆地多为狭长的封闭型山间向斜谷地，四周高，为低山丘陵，标高 500~1176m；中间低平，略有起伏，偶见灰岩孤峰。岩石出露类型有裸露、覆盖和埋藏型，以覆盖型为主，裸露型次之，埋藏型面积较小。裸露型主要分布于各向斜盆地边缘地带，构成丘陵地形，岩溶形态有石芽、溶沟、溶槽、落水洞、溶洞等；覆盖型主要分布各盆地中部，覆盖层厚度一般 5~30m，岩溶发育，钻孔见洞率 20%~66%，线岩溶率 2%~13%，洞高一般 0.59~5.0m，最高 26.91m，强岩溶带一般在地面 60~100m，浅部充填程度高；埋藏型主要分布于于都盆地，上覆为软弱－较硬的薄－厚层状砂岩、砾岩、泥岩亚类，厚度大于 50m。影响工程地质条件的主要因素是岩溶发育形成的溶洞、暗河和部分地段沿凹凸不平的基岩面形成的土洞，地面岩溶塌陷、地面开裂、局部地基失稳是该区主要工程地质问题。

（二）工程地质条件中等区段

岩体类型为软弱－较硬的薄－厚层状砂岩、砾岩、泥岩亚类，主要分布于于都盆地，岩体上部的砂岩、泥岩抗压强度、抗风化能力不均，一般砂岩抗风化能力、抗压强度大于泥岩；下部灰质砾岩普遍发育溶孔、溶蚀裂隙和溶洞。钻孔见洞率 25.9%，溶洞最小 0.2m，最大 21.18m，均为空洞，溶洞发育标高-28.07~139.81m。局部地基失稳、不均匀沉降和局部地面塌陷是本区主要工程地质问题。

（三）工程地质条件简单区段

岩土体类型包括软硬相间的薄－厚层状含煤砂岩、页岩、泥岩亚类和少量坚硬的块状侵入岩亚类、一般黏性土亚类、砂性土亚类、碎石土亚类。

软硬相间的薄－厚层状含煤砂岩、页岩、泥岩亚类：主要分布于工程地质条件复杂的各向斜盆地的边缘地带，构成低山丘陵地形。岩石力学强度在水平和垂向上有明显的差异，其中的页岩、泥岩遇水易软化，抗压强度明显较低，抗风化能力不均，风化层厚度一般 2~20m。局部地段地基失稳、软弱层遇水软化层间滑动是该亚类的主要工程地质问题。

坚硬的块状侵入岩亚类：主要分布于北东部的鹅婆岩体，构成低山丘陵地形，地形起伏不大，切割不深，山坡平缓。新鲜岩石致密，抗压强度高，干抗压强度一般大于 100MPa，表部风化剥蚀强烈，风化层厚度一般 5~27m，其中强风化带厚度 3~15m，岩石风化呈砂土状。工程地质主要问题是边坡稳定性差，在风化层厚度较厚区，人工切坡易引发小型滑坡、崩塌。

一般黏性土亚类：成因有冲积、残积、冲洪积，形成时代有全新统、上更新统和中更新统。冲积的主要分布于贡水中游及支流河谷两岸，构成河谷Ⅰ、Ⅱ阶地，岩性为灰、浅灰、棕黄色黏土、粉质黏土，厚度 1~7m，土的物理力学性质较好，地基承载力特征值一般 140~240kPa；残积、冲洪积主要分布三门滩、银坑等山间向斜盆地和山前坡麓地带，岩性为黏土碎石，厚度 5~29.77m，土的物理力学性质较差。

砂性土亚类、碎石土亚类：成因为冲积，分布于一般黏性土冲积层之下，构成二元结构，岩性为砂、砂砾石，局部有漂石，含有少量泥质。贡水河谷两岸分选性较好，支流河谷两岸则大小混杂，不均匀系数大，具山区河谷特点，厚度 2.0~6.0m，地基承载力特征值一般 150~260kPa。中等透水性。

四、北武夷隆起变质岩花岗岩火山岩中低山丘陵亚区（$Ⅲ_4$）

该带主体沿北武夷山脉呈向北西弯曲的弧形展布，由铜钹山、黄岗山、葛仙山、会仙峰等一串中山组成，构成长江水系与闽江水系的分水岭。西部以鹰潭－安远深断裂带和南城－广昌断陷红层盆地带与雩山亚区分界。隆起区主要由青白口系上部－下寒武统中深变质岩、加里东期、燕山早期花岗岩组成。北部由东岗山至浙赣交境山体呈近东西至北东东向，有塘湾、陈坊、葛仙山、岭底等花岗岩基和冷水坑、篁碧、铜钹山、嵩峰等早白垩世火山盆地分布，燕山造山期后，山体强烈隆升，火山盆地已抬升至中山之上。现仍处于缓慢隆升状态，山峰陡峭。山溪流急，为崩滑流灾害高易发区。南部资溪—黎川段山体呈北北东向，石峡、尧桥、厚村、黎川、付坊、会同等加里东期、燕山期花岗岩体组成花岗岩基带，以中低山为主，邻近南城－广昌－宁都断陷盆地地区为丘陵区。为崩滑流灾害高易发区。

西部南城－广昌断陷盆地晚白垩系—古近系广泛分布，新近系头陂组分布局限。边部以低丘为主，局部形成丹霞景观（如宁都翠微峰），中部沿抚河中上游等河流形成河谷平原。

岩体类型以坚硬的块状侵入岩亚类、较硬－坚硬的薄－厚层状板岩、变碎屑岩、千枚岩亚类、较硬－坚硬的片麻岩、变粒岩、片岩亚类为主，有少量的软弱－较硬的薄－厚层状砂岩、砾岩、泥岩亚类。

土体类型有一般黏性土亚类、砂性土亚类、碎石土亚类。

按岩土体工程地质条件复杂程度，其工程地质条件均为简单。

坚硬的块状侵入岩亚类：构成侵蚀构造中低山和剥蚀构造丘陵地形，构造中低山山势陡峻，地形坡度一般 35°~55°，河谷呈"V"形，丘陵区山势平缓，山坡坡度一般 15°~30°，山坡呈凹型，冲沟发育。新鲜岩石坚硬，干抗压强度一般大于100MPa，风化层厚度一般3~40m，部分断裂带可达50~70m，抗风化能力受地形、构造、岩石结构等因素影响，但其厚度变化与地形因素更为明显，一般中低山区风化层较薄，厚度3~15m；丘陵区风化层较厚，厚度20~40m。工程地质主要问题是：中低山区渗漏、局部基础失稳；丘陵区在陡坡风化层中，人工切坡易引起小型滑坡、崩塌和水土流失等。

较硬－坚硬的薄－厚层状板岩、变碎屑岩、千枚岩亚类、较硬－坚硬的片麻岩、变粒岩、片岩亚类：断裂构造、柔褶构造、片理、片麻理及构造裂隙较发育，在较硬－坚硬的薄－厚层状板岩、变碎屑岩、千枚岩亚类时有层间泥化夹层。岩石抗压强度不均，其中的板岩、变碎屑岩干抗压强度一般41.5~135MPa，软化系数0.70~0.88；千枚岩干抗压强度一般12~63MPa；片麻岩、变粒岩干抗压强度一般73.8~143MPa，软化系数0.71~0.95。岩石抗风化能力不均，风化层厚度一般1~30m。主要工程地质问题是边坡稳定性较差，层间泥化夹层、片理易引起滑坡、崩塌和失稳、渗漏等问题。

软弱－较硬的薄－厚层状砂岩、砾岩、泥岩亚类：主要分布于南城－广昌、宁都盆地。构成岗埠地形，单斜构造，山丘不对称，西北边坡平缓，东南边坡相对较陡，形成馒头状地形。泥岩和泥质胶结的砂岩分布区冲沟发育；而钙质胶结的砂岩和砂砾岩组成的峭壁上，常见规模不大的似岩溶洞穴。岩石抗压强度不均，泥岩和泥质胶结的砂岩干抗压强度一般8~25MPa；钙、硅质胶结的砂岩和砂砾岩干抗压强度36.3~63.8MPa。其中的泥岩湿水后软化，暴晒下易崩解。抗风化能力不均，风化层厚度一般1~14m。局部有水土流失，主要工程地质问题是风化层厚度大的岩体人工切坡易引起小型滑坡、崩塌和地基失稳等问题。

一般黏性土亚类：成因有冲积、残积和冲洪积，形成时代有全新统、上更新统、中更新统和下更新统。冲积的主要分布于抚河东岸及其支流河谷两岸，构成Ⅰ—Ⅳ级阶地，其中：下更新统零星呈帽状分布于丘岗之上，构成Ⅳ级基座阶地；中更新统零星分布于抚河上游段盱江、贡江上游的梅江两岸，构成Ⅲ级基座阶地；上更新统构成Ⅱ级阶地与全新统构成的Ⅰ级阶地呈内叠形式。岩性为棕红、棕黄、灰褐色黏土、粉质黏土、粉土，厚度1~6m，可塑－硬塑状，土的物理力学性质一般，地基承载力特征值一般120~280kPa；残积、冲洪积主要分布于山间谷地和坡麓地带，岩性为棕红色黏土、含碎石黏土。厚度一般2~15m。物理力学性质不均。

砂性土亚类、碎石土亚类：成因为冲积，主要分布于一般黏性土亚类冲积层之下，构成二元结构，岩性为砂、砂砾石，局部含有漂石，支流河谷大小混杂，含少量泥质，不均匀系数大，密实程度为松散－密实，厚度1~9m。地基承载力特征值一般150~280kPa。中－强透水性。

五、南武夷－九连山隆起变质岩花岗岩火山岩碎屑岩中低山丘陵亚区（$Ⅲ_5$）

处于江西省最南部，地质构造十分复杂。变质岩基底由南华—震旦系中深变质岩寻乌岩组和寒武系中浅变质岩组成。上古生界－侏罗系沉积盖层零星分布于龙南等小型向斜中，中生代陆相火山岩分布于全南、龙南、版石、安远、寻乌等5个火山盆地中。小型红层断陷盆地众多，以会昌含盐月牙形盆地规模较大。有石城、会昌、龙南等地均有丹霞景点。区内褶皱产状紊乱，断裂十分发育，以北北东向、北东向、东西向为主。其中石城－寻乌北北东向深断裂带和九连山－安远北东向断裂带为重要导热发震断裂，是江西最活跃的地震活动区，其中会昌周田曾发生6级地震，寻乌附近，龙南南亨为破坏性地震多发频发地区，为防震重点。

南武夷山脉为长江与闽江、珠江水系的分水岭，安远三百山为东江源头。区内中山鸡公岽、大顶岽、乱罗峰、黄牛石等主要沿省界分布，为崩滑流灾害高易发区；内侧以低山丘陵为主，有山间盆地、谷地散布其间。主要为崩滑流中低易发区，其中会昌周田盐矿为盐溶地面塌陷易发区。

岩体类型有坚硬的块状侵入岩亚类、较硬－坚硬的块状火山熔岩夹中厚－厚层状火山碎屑岩亚类、较硬－坚硬的薄－厚层状板岩、变碎屑岩、千枚岩亚类、较硬－坚硬的薄－厚层状弱－中等岩溶化灰岩、白云质灰岩、页岩亚类、软弱－较硬的薄－厚层状砂岩、砾岩、泥岩亚类。

土体类型有一般黏性土亚类、砂性土亚类和碎石土亚类。

按岩土体工程地质条件复杂程度，可分工程地质条件复杂程度中等、简单两个区段。

（一）工程地质条件中等区段

岩体类型为较硬－坚硬的薄－厚层状弱－中等岩溶化灰岩、白云质灰岩、页岩亚类，零星分布于安远的丝茅坪、大坝头，龙南的龙南、里仁、极富、南亨等小型向斜盆地。各盆地面积一般几至十几平方千米。岩石出露以覆盖型为主，覆盖层为第四系冲积层和残坡积层，厚度2~20m。岩溶发育，钻孔见洞率一般在40%左右，线岩溶率一般5%~8%，强岩溶发育带在地面以下100m以内，溶洞大部分全或半充填。岩溶发育形成的溶洞、暗河和覆盖层的厚度变化大是影响工程地质条件的主要因素。其主要工程地质问题是地面岩溶塌陷、地裂缝和地基失稳等问题。

（二）工程地质条件简单区段

岩土体类型包括坚硬的块状侵入岩亚类、较硬－坚硬的块状火山熔岩夹中厚－厚层状火山碎屑岩亚类、较硬－坚硬的薄－厚层状板岩、变碎屑岩、千枚岩亚类、软弱－较硬的薄－厚层状砂岩、砾岩、泥岩亚类和一般黏性土亚类、砂性土亚类、碎石土亚类。

坚硬的块状侵入岩亚类：构成侵蚀构造中山地形、侵蚀构造低山地形、构造剥蚀丘陵地形三种地貌单元。岩石除断裂破碎带和表部风化带外，岩性较均一，呈块状结构，强度高，完整性和稳定性好。干抗压强度大于100MPa，软化系数多介于0.80~0.91之间。岩石风化受地形地貌、断裂构造、岩石结构等因素影响，风化层厚度一般3~40m，其中强风化层厚度1~15m，其厚度变化与地形地貌关系更为明显。在构造剥蚀丘陵地形地貌区风化层厚度20~40m，强风化层厚度10~15m；而侵蚀构造中山地形、侵蚀构造低山地形地貌区风化层厚度3~10m，强风化层厚度1~3m。在围岩接触带和断裂带两侧，裂隙密集发育，其力学强度和抗风化能力减弱，常形成较深的风化“廊道”。据安远县中心潭水利工程、老杨部挡河坝、寻乌县潺子峰电站、定南县九曲电站钻孔压水试验资料，强风化带单位吸水量0.031~1.03L/min·m·m；中等风化带单位吸水量0.053~0.27L/min·m·m；弱风化带单位吸水量0.00048~0.037L/min·m·m；小断裂带单位吸水量0.028~1.18L/min·m·m。影响工程地质条件的主要因素是断裂构造、围岩接触带和风化层。侵蚀构造中山地形、侵蚀构造低山地形区工程地质问题主要是断裂构造带附近的渗漏和稳定性，构造剥蚀丘陵地形区主要工程地质问题是边坡稳定性，在人工切坡坡度大于自然坡度20°以上，易发生小型滑坡、崩塌等问题。

较硬－坚硬的块状火山熔岩夹中厚－厚层状火山碎屑岩亚类：分布于全南、龙南、版石、安远、寻乌等火山盆地中。岩石除鸡笼嶂组中部的流纹质熔结凝灰岩柱状节理发育外，一般岩体节理不甚发育，完整性较好，岩体抗风化能力强，常构成较陡峭的中低山或丘陵，强风化深度多小于5m。岩石干抗压强度一般 76.5~100.2MPa，软化系数一般 0.64~0.88。影响工程地质条件的主要因素是少量的含碳粉砂岩、页岩、断裂带及鸡笼嶂组中部的流纹质熔结凝灰岩柱状节理易产生层间滑动和渗漏等工程地质问题。

较硬－坚硬的薄－厚层状板岩、变碎屑岩、千枚岩亚类：岩体断裂构造和揉皱构造较发育，并时有层间泥化夹层，岩石抗压强度和抗风化能力不均。板岩、变碎屑岩干抗压强度一般 80~150MPa；千枚岩干抗压强度一般 40~90MPa，风化层厚度一般 2~20m。层间滑动、陡坡地带沿层面、裂隙面或风化带界面易产生滑坡、崩塌和断裂构造附近的渗漏和失稳是主要工程地质问题。

软弱－较硬的薄－厚层状砂岩、砾岩、泥岩亚类：主要分布于会昌等小型断陷盆地。岩相变化大，岩层软硬相间，抗压强度和抗风化能力不均。其中的砾岩和钙、硅质胶结的砂岩干抗压强度高，达 61.5~100MPa，泥岩和泥质胶结的砂岩干抗压强度一般 10~25MPa。风化层厚度一般 3~13m，其中强风化带厚度 1~8m。局部水土流失严重。主要工程地质问题是风化层厚度大的岩体人工切坡易引起小型滑坡、崩塌和地基失稳等问题。

一般黏性土亚类：窄条状断续分布于濂江、湘江、寻乌水、定南水等河谷两岸，形成时代有全新统、上更新统和中更新统。岩性为黏土、粉质黏土、粉土，全新统局部地段夹淤泥质透镜体。土的物理力学性质不均，受形成时代的不同，其工程地质性质亦有差异。全新统黏土分布较广，土体为灰、灰褐色，天然含水量和孔隙比相对较高，可塑状，压缩系数小，一般为中等压缩性土，局部地段淤泥质透镜体为高压缩性土；上更新统土体为棕黄、橘黄色，天然含水量和孔隙比低于全新统黏土，呈可塑－硬塑状，属中－低压缩性土，地基承载力特征值高于全新统黏土；中更新统黏土多呈棕红色，具蠕虫状网纹结构，天然含水量和孔隙比低于上更新统黏土，常呈硬塑状，属低压缩性土，地基承载力特征值高于上更新统黏土。

砂性土亚类、碎石土亚类：分布于一般黏性土之下，构成二元结构，岩性为砂、砂砾石，含少量泥质，不均匀系数大，厚度一般 2~5m，层位不稳定。形成时代不同，其工程地质性质亦有差异，全新统多呈松散状，上更新统多呈稍密状，中更新统多呈密实状，地基承载力特征值一般为 140~260kPa。中－强透水性。

第八篇 Part Ⅷ The Geo-environment of the Mines

矿山地质环境

新中国成立以来，江西矿业得到了迅猛发展，为国家建设和振兴江西经济作出了重大贡献，成为江西经济的重要支柱，建设了一批国家有色、稀有、稀土、贵金属、铀等重要矿业基地。在早期发展中，存在重开矿、轻治理，综合利用程度不高的问题，以致历经60余年开采，带来了多方面的地质环境问题。改革开放以来，特别是进入新世纪以后，矿山环境的保护与治理、绿色矿山建设得到高度重视，但工作进展不平衡，矿山地质灾害防治难度很大，任务还十分艰巨。此外，随着科学技术的进步，充分利用矿山废渣、尾砂，变废为宝，化害为利，已成为我国的国策。江西矿渣、尾砂资源十分丰富，可利用价值很大，在实现矿业绿色发展同时，综合利用矿渣、尾砂资源，可为江西“绿色崛起”作出新的贡献。

本篇总结了新中国时期江西矿产水文地质勘察工作成果。同时，根据江西省地质环境监测总站（2013年、2006~2015年）两次进行的全省矿山地质环境调查和江西省地矿资源勘查中心（2012年、2014年）两次进行的全省尾矿（砂）综合利用调查研究成果，重点介绍了江西省矿山地质环境保护和治理恢复现状、典型治理工程实例，全省矿山尾砂资源情况及综合利用前景等。

第二十八章　矿产资源开发利用现状

根据《2012~2013年江西省矿山地质环境调查报告》（江西省地质环境监测总站，2014），截至2013年底，全省已利用矿种97种，现有开采矿山4718座、基建矿山753座、闭坑（停采）矿山678座。其中大型矿山35座、中型矿山96座、小型矿山矿山6015座（表8-28-1），从业人员约24万人，年产矿石量28993.73万吨。

表8-28-1　江西省固体矿山数量统计表(截至2013年底)

Table 8-28-1　Statistics of solid mines in Jiangxi Province (up to the end of 2013)

矿类		开采主矿种	矿山数量/座							矿石年产量/万t
			按生产状态分			按矿山规模分			小计	
			基建	开采	闭坑	大型	中型	小型		
能源矿产		煤矿	31	508	154	0	8	685	693	2192.63
		铀矿	0	3	0	0				
金属矿产	黑色金属	铁矿	19	100	4	0	14	109	123	1828.84
		其他	3	9	0	1	0	11	12	24.97
	有色金属	铜矿	11	36	1	3	5	40	48	4720.55
		钨矿	11	79	5	0	9	86	95	779.99
		铅锌矿	9	36	4	0	0	49	49	72.05
		其他	7	18	3	1	4	23	28	583.35

续表

矿类		开采主矿种	矿山数量/座							矿石年产量/万 t
			按生产状态分			按矿山规模分			小计	
			基建	开采	闭坑	大型	中型	小型		
金属矿产	贵金属	金矿	10	44	5	1	1	57	59	167.95
		银矿	3	6	1	1	1	8	10	54.38
	稀有稀土及分散元素	轻稀土矿	13	37	32	5	2	75	82	643.69
		重稀土矿	3	4	5	1	1	10	12	412.6
		其他	4	4	0	1	0	7	8	138.06
非金属矿产	冶金辅助原料非金属	萤石(普通)	26	87	2	0	4	111	115	135.96
		熔剂用石灰岩	3	1	0	0	0	4	4	10
		冶金用白云岩	1	19	0	0	0	20	20	51.47
		其他	7	30	0	0	0	37	37	29.75
	化工原料非金属	磷矿	0	1	5	0	0	6	6	0
		岩盐	2	5	0	3	0	4	7	317.86
		其他	13	14	4	0	1	30	31	44.81
	建材及其他非金属	水泥用石灰岩	28	100	18	14	10	122	146	3806.46
		制灰用石灰岩	3	67	9	0	0	79	79	201.39
		长石	17	27	4	0	0	48	48	7.25
		高岭土	28	62	11	0	0	101	101	71.43
		陶瓷土	34	65	5	0	0	104	104	43.78
		硅灰石	7	7	0	0	0	14	14	8.5
		滑石	1	4	0	0	1	4	5	38.25
		饰面用石料	27	133	8	0	0	168	168	101.53
		建筑用石料	169	948	227	2	3	1339	1344	4174.05
		建筑用砂	4	32	4	0	0	40	40	258.78
		砖瓦用黏土	133	1445	120	0	31	1667	1698	5630.04
		其他非金属	126	787	47	2	1	957	960	2443.36
合计			753	4718	678	35	96	6015	6146	28993.73

第一节　主要矿种开发利用状况

一、煤矿

江西省煤矿现有开采矿山693座，年采原煤2192.63万吨，从业人员约6.3万人。从开采规模上看，全省无大型矿山，仅有中型矿山8座，其他均为小型矿山。以个体煤矿为主，共574座，国有及集体矿山119座。不包括关停的非法小煤窑，历年来正式闭坑煤矿154座。在空间分布上，主要分布在萍乡－乐平坳陷带，其次为铅山—上饶、信丰县铁石口—小江等地段。矿山均采用地下开采。

二、铀矿

江西是我国最大的铀矿产品生产基地之一，铀矿开采利用最早，全省有七一三矿、七一九矿、七二一矿等铀矿，以地下开采为主。

三、铁矿

全省共有铁矿123座，其中基建19座、开采100座、闭坑（停采）4座，规模达中型的14座，其余为小型，年采矿石量1828.84万t。在空间分布上，设区市以吉安市（46座）、新余市（37座）较为密集，共83座，占全省67%。各县（市）中又以分宜县（20座）最为密集，占新余市54%。其次吉安县、渝水区、湘东区等地分布的几座矿山规模相对较大。开采方式以露天开采为主（60座），其次为地下开采（48座），另有15座采用联合开采。选矿方式以磁选和重选为主。

四、铜、铅锌矿

江西是我国铜、铅锌矿重要采、选、冶基地。现有铜矿48座，其中大型3座、中型5座、小型40座，年采矿石4720.55万t。以德兴铜矿（铜厂矿区）规模最大，年采矿石量2970万t；其次为德兴铜矿（富家坞矿区），年采矿石量990万t；第三为永平铜矿，年采矿石量343万t。3座大型铜矿均为露天开采，5座中型矿山中采用露天开采2座、地下开采2座、联合开采1座。几座大中型矿山主要分布在德兴、铅山、九江—瑞昌、宜丰、龙南。

全省共有铅锌矿49座，均为小型矿山。其中基建矿山9座、开采矿山36座、停采或闭坑矿山4座，2013年开采矿石72.05万t。仅有8座矿山采用露天开采，其他矿山采用地下开采，多采用浮选法及重力选矿法选矿。矿山主要分布在铅山（14座）、崇义（5座）等地。

五、金、银矿

全省共有金矿59座（其中砂金矿3座）、银矿10座，年采矿石222.33万t（其中砂金37万t）。金矿采用露采、地下开采、联合开采的分别为19、39、1座，银矿采用地下开采9座、露天开采1座；金矿现基本采用浮选法或重选法开采，银矿均采用浮选法。金矿主要分布在德兴（21座）、浮梁（5座）、瑞昌（5座）、万年（3座）等地。

六、钨矿

全省共有钨矿山95座，其中中型9座、小型86座，2013年开采矿石779.99万t。除10座矿山采用露采、2座矿山采用联合开采外，其他矿山采用地下开采。国有矿山66个，个体矿山25个。赣南大中型矿山多投产于20世纪五六十年代，多数已面临资源枯竭问题。江西省中北部新发现大量钨矿资源。矿山布局有待合理调整。

七、稀土矿

全省共有稀土矿山102座，其中在建20座、开采45座、停采（闭坑）37座。矿山规模大型7座、中型2座、小型93座。年产矿石量为1056.75万t。目前采矿方法以原地浸矿方法、池浸为主。矿山主要分布赣南地区，其中“三南”矿集区44座、信丰18座、安远10座、赣县6座、宁都6座、寻乌8座。

八、萤石矿

全省共有萤石矿山115座，其中开采87座、停采2座、基建26座，中型4座、小型111座，年采矿石145.96万t，采用露天开采的23座、地下开采的88座、联合开采的4座。矿山主要分布在兴国（17座）、德兴（9座）、宁都（7座）、会昌（5座）、瑞金（10座）、玉山（7座）、永丰（3座）、德安（5座）等县。

九、长石、高岭土、陶瓷土矿

全省共有长石、高岭土、陶瓷土矿山253座，其中长石48座、高岭土101座、陶瓷土104座，年采矿石122.46万t，采用露天开采234座、地下开采18座、联合开采1座。矿山主要分布在浮梁县（21座）、星子（6座）、武宁（5座）、奉新（26座）、高安（13座）、宜丰（13座）等县。

十、建材类非金属矿山

江西省非金属类矿山众多，现有建材类非金属矿山主要包括水泥用石灰岩、制灰用石灰岩、饰面用石料、建筑用石料、建筑用砂、砖瓦用黏土等类矿山，共有建材类非金属矿山4702座，其中建筑用石料、砖瓦用黏土分别为1342、1695座。

（一）水泥及制灰用灰岩

全省灰岩出露面积达10687.26km^2，在有灰岩分布地区，多数有矿山开采灰岩，用于生产水泥、石灰或作冶金用添加剂，全省共有水泥及制灰用石灰岩矿矿山225座（其中水泥用石灰岩146座、制灰用石灰岩79座），在采矿山167座，年产矿石量3646.9万t。开采方式以露天开采为主，少数采用地下、联合开采。矿山规模主要为小型，大中型矿山24座，以江西亚东水泥有限公司码头灰岩矿、江西泰和玉华水泥有限公司黄岗石灰石矿、分宜县海螺水泥有限责任公司、万年青水泥股份有限公司玉山后背山鸡头山灰岩矿等矿山规模较大。矿山主要分布在瑞昌—彭泽、萍乡—乐平等地。

（二）饰面及建筑用石料

全省共有饰面及建筑用石料矿山1510座，饰面用石料主要以开采花岗岩、大理岩及辉绿岩为主，建筑用石料以开采凝灰岩、石灰岩、花岗岩、混合岩、白垩系红砂岩为主。大型矿山2座，中型3座，小型1505座。露天开采，选矿方式以手选为主，年采矿石4270.58万t。空间上主要分布在山地丘陵区及交通干线附近。

（三）建筑用砂

全省现有有证矿山40座，其中开采矿山32座，矿山规模均为小型。多用采砂船露天开采、机械选矿方式采砂，采矿点主要分布在长江、信江、抚河、赣江及其主要支流等大江大河河床中与岸边，以赣江吉安段、抚河抚州段、信江鹰潭段开采最为密集，全省年采砂258.78万t。

（四）砖瓦用黏土、砂岩、页岩

全省共有砖瓦黏土矿2400座，其中处于生产状态的2056座，关闭的135座，在建209座。规模均为小型居多，为2369座。年开采黏土矿7215.48万t（折算约合244.26亿块砖），全部采用露天开采。在空间上主要分布在平原区及丘岗区，以各设区市周边，尤其是赣州、吉安市郊区砖瓦厂分布最为密集。

第二节　矿产资源开发利用现状

一、开发利用规模、开采主矿种及产量

江西省矿山数量众多，总体规模偏小，全省6000多座矿山，仅有大型矿山35座、中型矿山96座，占矿山总数的2.1%。建筑用石料、砖瓦用黏土、建筑用砂、石灰岩等建材类非金属矿产的矿山4702座、占75.8%，煤矿696座、占11.2%，稀土、铁、钨、金、铅锌、铜、银等金属矿山487座、占7.9%，其他矿山264座、占4.3%。

全省矿石年开采量最大的依次是建筑用石料、铜、煤、砖瓦用黏土、石灰岩、建筑用砂、稀土、钨及铁矿，占矿石总开采量的90%以上。受资源分布影响，省内钨、铜、稀土、铁、煤等矿山均呈现分矿种分片集中开采，已形成赣东北多金属矿开发区、赣西北铁多金属矿开发区、萍乡－乐平煤矿开发区、赣南钨及稀土矿开发区等4个矿业集中开发区。

二、开采方法

省内矿山，以露天开采为主，共有5665座，其次为地下开采，共494座，仅有46座矿山采用联合开采或其他方法开采（表8-28-2）。建材类非金属矿、稀土矿、铁矿以露天开采为主，煤矿及有色金

表8-28-2　江西省矿山开采方法统计表

Table 8-28-2　Statistics of mining methods in Jiangxi Province

（单位：座）

矿类	能源矿产	金属矿产				非金属矿产			其他	小计
		黑色金属	有色金属	贵金属	稀土及分散元素	冶金辅助原料	化工原料	建材及其他非金属	水汽矿产	
露天开采	115	66	36	19	98	74	23	4629	16	5076
地下开采	587	50	176	49	4	97	19	69	32	1083
联合开采	0	19	8	1	0	5	1	9	0	43
其他	1	0	0	0	0	0	1	0	1	3
合计	703	135	220	69	102	176	44	4707	49	6205

属矿以地下开采为主，但规模较大的几个铜矿（包括德兴、铅山、永平铜矿）均采用露天开采。

省内相当一部分国有矿山是20世纪五六十年代建设的，矿山企业生产技术及设备落后，采矿方法较原始，机械化程度不高，选矿方法落后。此外，还有一批矿山采用对环境破坏很大的选矿方法，如在金矿开采中仍有矿山采用氰化法或混汞法选矿。集体、个体矿山由于投入资金及技术能力有限，采选矿方法亦很落后，同时乱采乱挖的现象较为普遍，且常成片出现，对资源及环境均造成较大的破坏。

三、矿产开发利用程度与矿业深加工能力有待进一步提高

全省除钨、煤利用较好外，其他矿产利用不充分。新发现的一些非金属矿产如膨润土、海泡石、硅灰石等有广泛用途，正亟待开发，发挥效益。同时，矿产品中以卖原矿等初级产品多，深加工产品较少，矿产品科技含量和附加值较低，精深加工能力有待提升。

四、矿业经济地位

近年来，江西矿业经济发展迅速，矿产资源开发利用程度不断提高，矿产品产量持续高速增长；2012年，江西省矿业经济总产值达5000亿元以上，占全省工业总产值的一半以上，为2000年的10多倍，矿业经济已初具区域集聚特点，成为全省国民经济的重要组成部分。

第二十九章 矿床水文地质

江西省矿种与矿床类型繁多，资源丰富。成矿地质环境的复杂性、多样性，造就了矿床水文地质条件的复杂性和多样性。矿床水文地质工作是运用水文地质学原理、方法，研究并调查矿床水文地质单元分布区内的地质构造，地下水的运动规律，岩石的富水性、透水性，断裂构造的富水性及导水性，岩溶裂隙、溶洞的发育规律，从而对矿床水文地质条件予以评价；同时，结合开采方案，研究开采地段地下水（矿坑涌水）的形成和影响因素，以及选择合理的计算模型及计算参数，预测矿坑涌水量及开采后因矿山压力和静水压力的变化而可能产生的破坏作用，为矿山开采提供水文地质依据。

江西省矿床水文地质勘察起步于20世纪50年代初期，主要配合煤、铁、铜、钨矿床勘查工作进行。当时的矿床水文地质工作主要是井、泉调查，钻孔简易水文观测，抽水试验，以及开采技术条件评价。60年代，江西省地质局制定了煤田、油页岩、金属矿床水文地质勘察实施细则，全省矿床水文地质工作得以强化和完善。尔后，为攻克大水岩溶矿床水文地质难关，在城门山铜矿、武山铜矿、乐华锰矿、云庄煤矿等矿区水文地质勘察评价中采用了大口径、大降深、大流量、长时间的孔组（群）抽水试验和矿山坑道放水试验，为大水矿床水文地质勘察取得了经验。

随着新时期经济社会发展对矿产资源的需求日益增加，采矿工程活动对地质环境的影响日益凸显。矿床水文地质工作范畴涵盖了人与自然和谐相处的理念，亦有所延伸和辐射。依托科技进步及新技术、新方法的运用，推进矿床水文地质工作，为矿山开采解决疏干排水及综合利用地下水资源，也为矿山地质环境脆弱性评价、治理，提供水文地质和工程地质资料。2006年，江西省地矿局水文地质大队为治理矿区水患开展的矿床（区）水文地质条件论证和实施堵水墙堵水取得如期恢复生产的满意效果，为拓宽矿床水文地质工作“广度”和“深度”进行了一次大胆有益的实践。

历经几十年矿床水文地质工作的探索、积累和总结，本章总结了对全省矿床水文地质条件规律性的几项认识。

1）江西省的构造层分为地壳发展早期阶段复杂的基底褶皱构造层陆块固结后的侏罗山式为主的盖层褶皱构造层，和晚白垩世—新生代以来以红层断陷盆地构造为特征的上叠构造层。长期以来，构造活动形成的隆起、坳陷、断陷盆地等不同构造单元在形成多种矿床类型的不同矿产（床）的同时，也孕育着相应的矿床水文地质条件与规律：①位于隆起构造单元的矿床，如由晋宁期基底褶皱九岭隆起区大湖塘钨矿田、万年隆起区边缘的德兴斑岩型铜矿床、加里东期褶皱隆起区的赣南脉钨矿床、武功山隆起内的新余式变质铁矿床以及钨、稀有分散元素矿床等，由于地形切割较深，部分矿体甚至全部矿体都赋存在当地侵蚀基准面之上，矿坑大多可以自然排水，矿体围岩多以变质岩系或花岗岩为主，富水性差。因此，产于隆起构造区域内的矿床水文地质条件简单，矿坑涌水量（含实测和预测）一般较小。但成矿后期的断裂裂隙，仍有一定的水文地质意义。②位于坳（断）陷构造区域内的矿床，如坳陷中的煤田（含红盆下伏的隐伏煤田）、德乐盆地的沉积锰矿体、永莲坳陷宁乡式铁矿体、九江坳陷中的接触交式型铜矿床和锡矿床、饶南坳陷中的似层状铜矿体、清江断陷盆地及会昌盆地中的岩盐矿床，以及坳陷中的磷、滑石等非金属矿床等，其水文地质条件因矿床工业类型不同而差异甚大，其中尤以接触交式型矿床最为复杂。

坳陷区内一般地形较为平缓，有利于地表水和地下水的汇集，矿体围岩常有强烈岩溶化的碳酸盐岩，而且构造断裂和次级断裂构造发育，常常成为矿坑（床）充水之通道。水文地质条件一般中等或复杂，甚至极复杂。矿坑涌水量一般较大，甚至特大。

2）产于同一构造单元的矿床和产于不同构造单元但矿床成因类型相同、成矿地质环境相近时，其矿床充水水源、水文地质条件相似。

3）全省矿坑涌水量的动态变化季节分明，与降水的省内分布规律吻合。

4）矿床水文地质条件与矿山开采史、采矿方法等人为因素有关，往往因为老窿积水和以往未封的勘探钻孔，使水文地质条件复杂化，有时导致灾害性的矿坑突水。

5）矿床开采前往往以某种充水水源为主。开采后，可能产生多种水源的混合。

第一节　矿床充水因素

一、矿床充水水源

（一）大气降水

大气降水是江西省多数矿床充水的经常性补给来源之一。特别是位于当地侵蚀基准面以上的矿床（坑），矿体埋藏浅，或仅在浅部开采的矿床（坑），含水层裸露的矿床，以及位于分水岭地段的矿床（坑）和面积较大的露天采场。

全省多年平均降水量1341~1939mm，降水的地理分布及年内分布不均匀，每年3~6月，占全年降水量的55%~60%，其间大部分地区连续降雨天数15~20d。7~9月，占全年降水量的20%，10月至翌年2月，占20%~25%。

矿坑涌水量动态变化与当地降水变化过程同步，与省内降水特征吻合，季节性变化明显。矿坑涌水量的峰值与降水的峰值大体一致，但随开采深度的增加，涌水量明显减少，或峰值滞后。一般长时间的降雨中，小雨对渗入更为有利。暴雨往往在覆盖型岩溶区造成威胁性充水。

实例：

涌山煤矿、鸣山煤矿，其上部煤系地层裸露地表，浅部开采时，矿坑涌水量主要受大气降水补给，涌山煤矿一号井（大井）–76m水平（深度126m），矿坑涌水量与降水变化的相关系数为0.92，峰值滞后天数不超过5d，但随开采深度的增加，年变化系数变小，降水的滞后期变长，动态趋于稳定（图8–29–1、图8–29–2，表8–29–1）。

（二）地表水

分布于河、溪、湖、水库附近或水体以下的矿床。涌水的强度与地表水体的性质、分布面积和水体

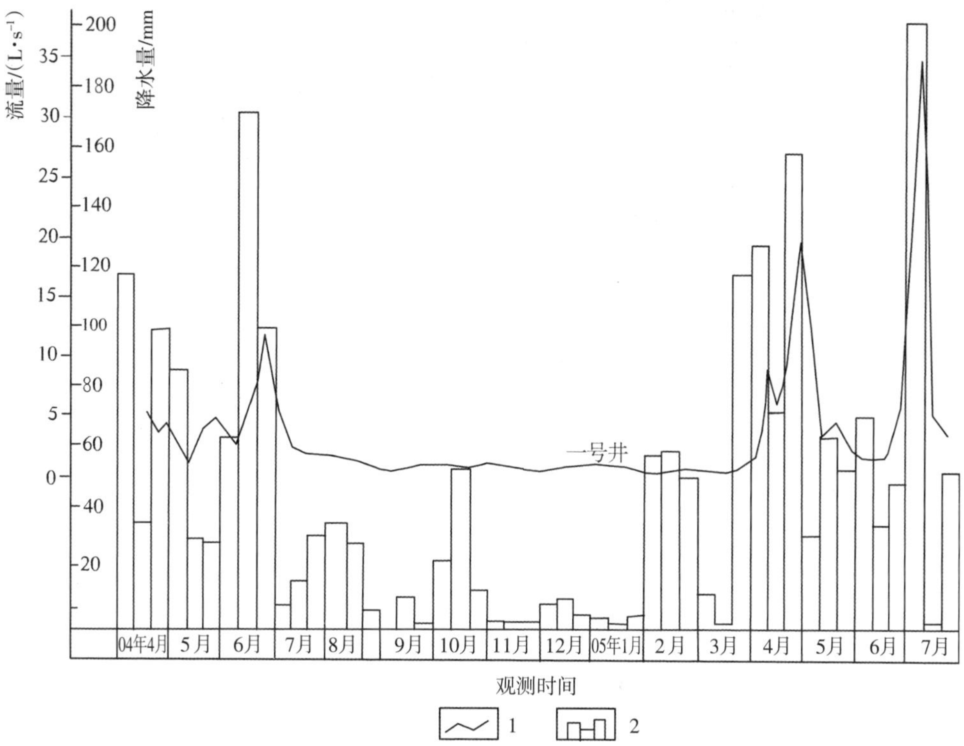

图 8-29-1　安源煤系涌山煤矿一号井（大井）动态涌水量与降水量关系曲线图

Fig. 8-29-1　Relation curve of dynamic water yield and precipitation quantity for No.1 well (large well hole) of Yongshan coal mine, Anyuan coal measures

1—一号井涌水量曲线；2—降水量

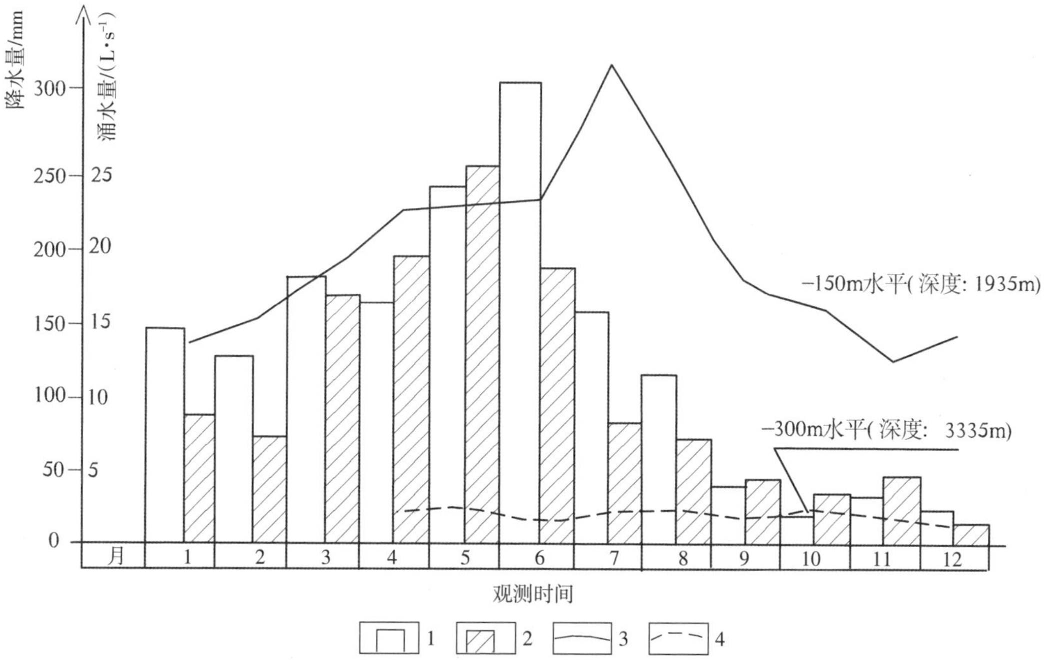

图 8-29-2　乐平煤系鸣山煤矿竖井矿坑涌水量历时曲线图

Fig. 8-29-2　Duration curve of the water yield of the vertical pit of Mingshan coal mine, Leping coal measures

1—69 年月降水量；2—78 年降水量；3—69 年矿坑涌水量；4—78 年矿坑涌水量

表 8-29-1 涌山矿、鸣山矿矿坑涌水量动态表

Table 8-29-1 Table of the water yield in Yongshan and Mingshan mines

矿 区	开采水平与深度/m	涌水量年变化系数	比降水滞后天数/d
涌山矿一号大井	-79 深 126	36.56	小于 5
鸣山矿竖井	-150 深 183	2.61	约 45
鸣山矿竖井	-300 深 333	1.67	约 90

动态、矿体（坑）与水体的距离及补给通道的渗透性能有关。常年性水体涌水量稳定难疏干。季节性水体季节性补给，易疏干。又可因采矿的原因或断裂构造沟通的原因，造成水体灌入，形成灾害性突水。

实例：

城门山铜矿：矿区三面临湖，矿体埋藏于当地侵蚀基准面以下，且向湖区延伸。附近较大的水体有长江，赛湖、城门湖、瑞昌河。长江位于矿区北东 6.5km，常年洪水位 17m，历年最高洪水位 22.08m，赛湖汇水面积 974.90km^2，容水量 8.6 亿 m^3。瑞昌河枯季流量 2.48m^3/s。群孔抽水试验降落漏斗的扩张形态，证明矿区岩溶水的补给来源来自北、西、东三个方向。平水期岩溶水通过第四系砂砾石层，呈面状渗流排泄于长江，当长江水位高于矿区地下水位标高（13~15m）时，在静水压力作用下，将回渗反补，导致矿床充水。

乐平钟家山煤矿：矿体（坑）地处乐安河之下，但其河床有很厚的砂、页岩分布，渗透性差，河水不会直接进入矿坑，只能越流渗入补给，所以矿坑涌水量虽受河水的控制，但补给量很小，矿坑涌水量随河水季节性变化小，滞后期长（图 8-29-3）。

傍近地表水体的矿床也不一定都具有很大的矿坑涌水量，关键在于有无使地表水体进入坑道的通道。如万年白马乐平煤系煤田，位于三面环水的“半岛”，老窿开采至地表水面以下 150m，水量均小，

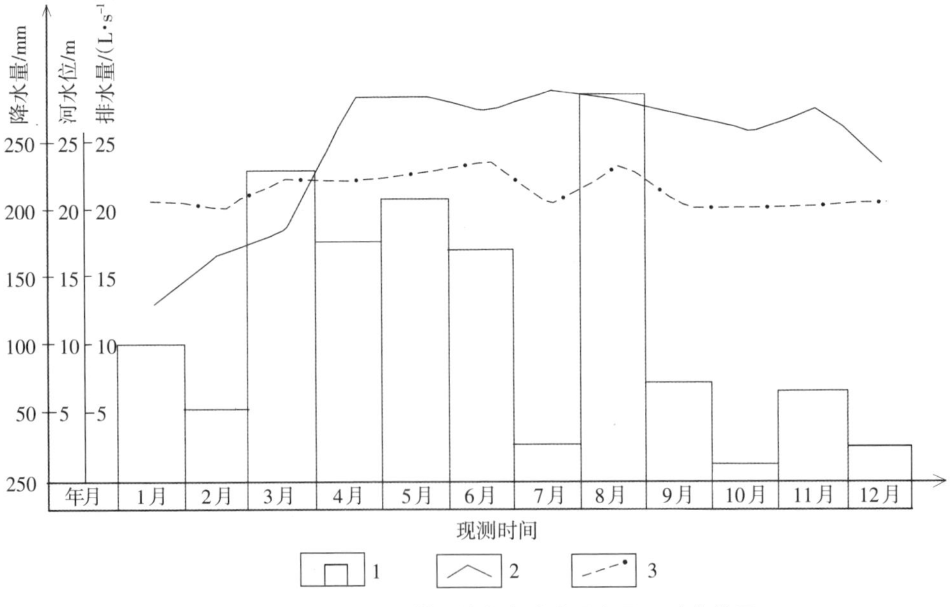

图 8-29-3 乐平煤系钟家山矿坑涌水量历时曲线图

Fig. 8-29-3 Duration curve of the water yield of Zhongjiashan pit, Leping coal measures

1—降水量；2—矿坑排水量；3—河水位

有时甚至干燥。

（三）地下水

全省地下水以潜水为主。含水岩组可分为松散岩类孔隙含水岩组、碳酸盐岩类裂隙溶洞含水岩组、碎屑岩类（红层）孔隙、裂隙含水岩组及基岩裂隙含水岩组。

省内矿床（区）以不同类型的地下水为矿床充水水源的矿床（区），其分布特征，与省内含水岩组分布规律一致，具有明显地域性。

松散岩类（第四系）孔隙含水岩组，主要分布于鄱阳湖平原及赣、抚、信、饶、修五大河流的冲积平原。水量较为丰富，水位埋深一般 1~5m，但分布于丘陵、岗地的残坡积、冲洪积层中的地下水，极为贫乏。碳酸盐岩类岩溶裂隙、溶洞含水岩组主要分布于九江、萍乡 - 丰城、上饶、永莲宁于等坳陷区。萍乡 - 丰城部分隐伏于第四系之下，为覆盖岩溶区，其余大部分为裸露区，其中小范围覆盖岩溶区常见于向斜中部。含水层厚度数米至 170m，岩溶发育下限深度一般为 50~250m，富水性强。碎屑岩类（红层）孔隙、岩隙含水岩组，主要分布于鄱阳、清江、吉泰、信江、抚州、锦江、南城 - 宁都、会昌赣州等断陷盆地，其上部粉砂岩、泥岩富水性弱，但其底部砾岩，尤其是钙质砾岩中，水量比较丰富。基岩裂隙含水岩组，广泛分布于各隆起区山地丘陵，富水性比较弱。

1. 松散岩类孔隙水

第四系冲积型松散岩表孔隙水主要分布于鄱阳湖平原及赣、抚、信、饶、修五大河流的冲积平原区以及覆盖型岩溶区。是砂矿床（区）主要充水来源。

残坡积层松散岩类孔隙水主要为风化壳离子型矿床及高岑土、膨润土矿床，水文地质条件简单。

实例：

丰城坞社里煤矿王潘里段 C 煤组：地属赣江冲积平原，东距赣江 3000m，南距安子湖 800m。第四系松散岩类（残积物达 158m 之厚）孔隙水与长兴组灰岩岩溶水形成统一水体，成为矿床充水的主要来源（图 8-29-4）。

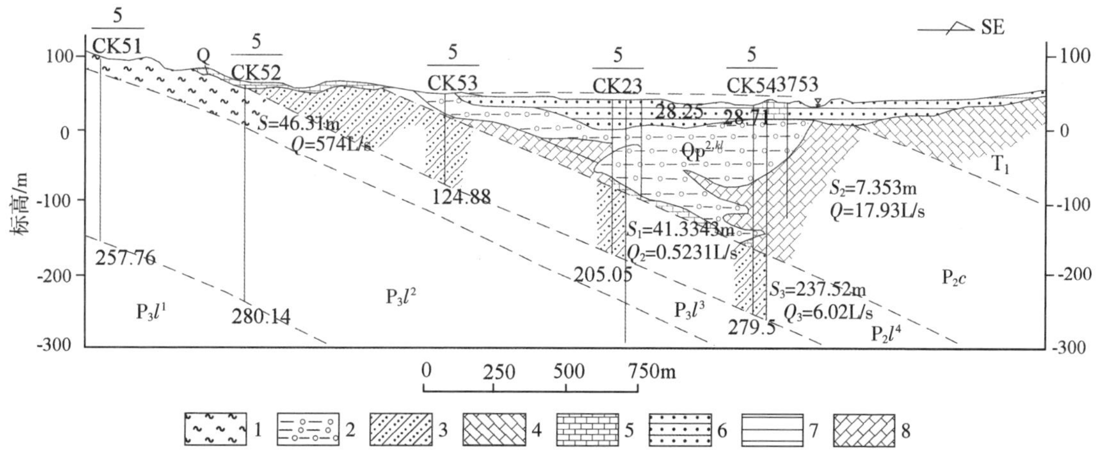

图 8-29-4　坞社里—仙姑岭水文地质剖面图

Fig. 8-29-4　Hydrogeological profile of Xianguling-Wusheli area

1—蠕虫状亚黏土；2—黏土砾石；3—砂岩；4—泥质灰岩；5—灰岩；6—粉砂岩；7—页岩；8—炭质页岩夹层；P_3l—上二叠统乐平组；P_3l^1—上二叠统乐平组官山段；P_3l^2—上二叠统乐平组老山段；P_3l^3—上二叠统乐平组狮子山段；P_3l^4—上二叠统乐平组王潘里段；P_3c—上二叠统长兴组；T_1—下三叠统青龙组

1973 年在长兴组灰岩中开展大口径群孔抽水试验，降深 21.55m，涌水量 48816.35m³/d，致长 8km、宽 4km 范围内的地面产生裂缝和塌陷。最大塌陷面积 6604m²，暘坑河断流，最大灌水量达 15000m³/h。

渣津砂金矿：砂砾层厚度 4m 左右，含水层厚度 2.52~3.1m，渗透系数 7.8~75.66m/d，给水度 0.152，地下水位埋深 3~5m，矿坑涌水量 20.5~232.05m³/d。

2. 基岩裂隙水

包括非可溶岩区的大部分矿床（区）。矿床充水水源为风化带网状水和构造裂隙脉状水，矿坑涌水量小，且随开采深度的增加而减少，随开采面积的增加而增加。

实例：

1）杉林煤矿：在–50m 以上坑道，涌水量占全矿区矿坑总涌水量的 60%以上，浅部因岩层风化强烈，透水性好。单位面积涌水量比深部坑道大 22 倍以上，且随开采面积的扩大，单位面积涌水量随之增大（表 8–29–2）。

表 8–29–2　杉林煤矿三工区矿坑涌水量开采面积关系表

Table 8–29–2　Relation of mining area and the water yield of the pits of N0.3 area in Shanlin coal mine

矿坑涌水量/($m^3 \cdot h^{-1}$)	0.1	0.15	0.25	0.26	0.3
开采深度/m	48	66	80	82	86
开采面积/m²	384	528	640	658	688
单位面积涌水量/($m^3 \cdot h^{-1} \cdot m^{-2}$)	0.00026	0.00028	0.00039	0.00040	0.00044

2）鸣山煤矿：竖井，突水前以乐平组煤系裂隙水为主要充水来源。–150m 水平年平均涌水量 70m³/d，–300m 水平年平均涌水量 6.95m³/d，深度增加一倍，涌水量减少到原来的 1/10。

3）乐华锰矿主付井：万年群浅变质岩裂隙水，–75m 水平比–40m 水平，深度仅增加 35m，涌水量却减少到原来的 1/6（表 8–29–3）。

表 8–29–3　鸣山、乐华矿坑涌水量垂向变化表

Table 8–29–3　Vertical variation of the water yield of the pits of Leshan and Mingshan mine

矿坑	充水岩层	坑道标高/m	矿坑深度/m	涌水量/($m^3 \cdot d^{-1}$)
鸣山矿竖井	乐平组裂隙含水层	–150	183.5	71.03
		–300	333.5	6.95
乐华矿主付井	万年群裂隙含水层	–40	80	52.60
		–75	1.5	8.10

4）浒坑钨矿：花岗岩裂隙水。根据矿区长期动态观测资料统计显示，坑道掘进单位长度涌水量平均为 0.000105~0.004L/s·m，最大为 0.0096L/s·m，最小为 0.00004L/s·m（表 8–29–4）。

5）峨眉山煤矿：乐平组煤系裂隙水（表 8–29–5，图 8–29–5）。

3. 红色碎屑岩类裂隙孔隙水

分布于红层断陷盆地以下的隐伏矿床以及产于红层之中的石膏、岩盐等非金属矿床。

表 8-29-4 浒坑钨矿矿坑涌水量表

Table 8-29-4 The water yield of pit of Hukeng tungsten mine

坑道编号	标高/m	坑道总长/m	总涌水量/($m^3 \cdot d^{-1}$)			单位长度涌水量/($m^3 \cdot d^{-1} \cdot m^{-1}$)		
			最大	最小	平均	最大	最小	平均
1	289	15000	288	0.7	1.63	0.000192	0.0000466	0.000109
2	328	250	2.40	0.46	1.03	0.0096	0.00184	0.00412
4	382	13000	2.40	0.57	1.36	0.000185	0.0000438	0.000105
5	428	1200	2.60	0.47	1.52	0.00217	0.000392	0.00127
13	437	5000	2.80	0.2	1.05	0.00056	0.00004	0.00021

表 8-29-5 峨眉山三井矿坑涌水量与开采深度对比表

Table 8-29-5 Comparison of mining depth and pit water inflow quantity for Shanjing mine,Emei Moutain

开采水平/m	涌水量战矿区总涌水量比例/%	涌水量不稳定系数(最大/最小)
-50	>63	4.12~68.70
-110	<37	1.95~2.95

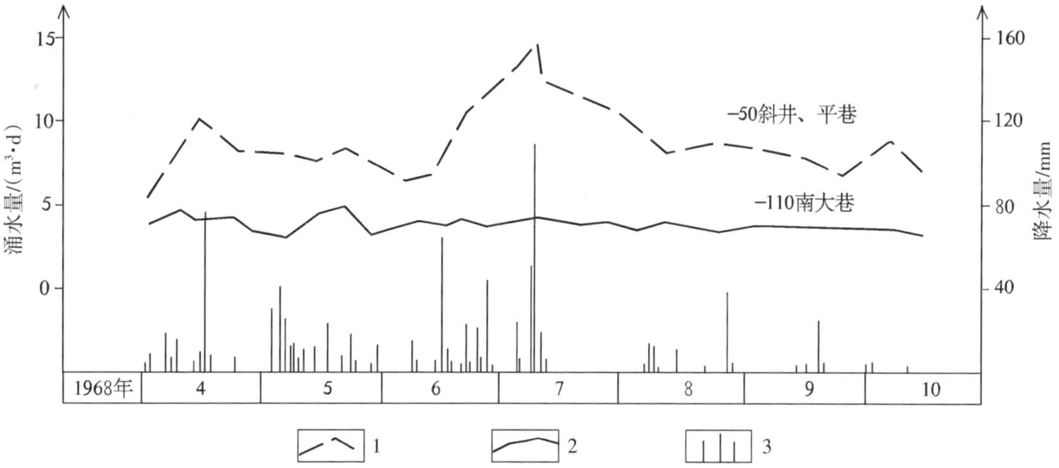

图 8-29-5 峨眉山三号井坑道涌水量与坑道深度降水关系曲线图

Fig. 8-29-5 Curve of pit water yield and pit channel depth precipitation for No.3 Well, Emei mountain

1—-50m 斜井涌水量曲线；2—-110m 南大巷涌水量曲线；3—对应期降水量曲线

矿坑涌水量取决于“红层”的富水性，以及矿层顶板与红层底砾岩的连通性，一般产于红层上部之中的矿床（区）水量贫乏。但红层底部的砾岩（尤其是灰质砾层）岩溶发育，富水性强。位于其下部，而且与矿体顶板联系密切的矿床（区）水量大。

实例：

罗塘石膏矿：位于贵溪县城南 9km，矿区地处信江红盆，矿体呈层状产于上白垩统赣州群周田组紫红色粉砂岩、泥岩夹层之中，矿体 15 层，单层平均厚度 1.57m，矿坑涌水微弱，百米深度以下几乎无水。在深 40 余米巷道中曾遇岩溶突水淹井。

黄桥泥炭矿：位于吉水县城北西 13km，地处吉安红盆北东缘，矿体产于新近系黄桥组中部，露天开采，矿坑涌水量贫乏。

丰城云庄煤矿：王潘里段 C 煤组之上的长兴组灰岩与古近系底砾岩之间无隔水层，矿床充水的主要来源为古近系砾岩孔隙裂隙水和长兴组灰岩岩溶水，103 孔抽水试验，在水泵启动 5 分钟后，相距 1500m 的 303 孔长兴组灰岩水位下降，可见两者为统一含水体，成为 C 煤组矿床充水的来源。

4. 碳酸盐岩类裂隙溶洞水

主要集中分布于坳陷区的瑞昌—九江、上饶、萍乡—丰城、莲花—安福等地岩溶发育地带的矿床，有接触交代成因类型、层控成因的金属矿床以及煤田等。

矿区岩溶发育特征：

1）瑞昌—九江一带：由西往东，高程由高变低，岩溶类型由裸露型变成覆盖型，岩溶化程度主要受岩性、构造因素的控制，垂向上受标高的控制（表 8-29-6，图 8-29-6、图 8-29-7）。

表 8-29-6 矿区岩溶率综合统计表

Table 8-29-6 Comprehensive statistics of karstification rate in the mine region

地貌特征	矿区名称	构造位置	钻孔见洞率			钻孔岩溶率		
			统计孔数 个	见溶洞孔数 个	见洞率 %	灰岩总厚度 m	溶洞高度 m	岩溶率 %
侵蚀岩溶低山丘陵地形	泉 坪	向斜南翼	21	14	67	5469.72	100.96	1.82
	梅 山	向斜北翼	12	4	33	2710.15	6.30	0.233
	和平山	向斜南翼	18	5	28	2771.84	9.47	0.40
	塘 山	向斜北翼	10	3	30	1705.30	7.77	0.46
	宽长山	向斜南翼	43	17	40	9426.81	65.45	0.69
	合 计		104	43	41	22083.82	189.95	0.86
岩溶丘陵地形	莫 家	向斜北翼	20	3	15	2924.72	2.70	0.09
	苏家垅	向斜南翼	19	7	32	2729.98	28.6	1.03
	丰家垅	向斜北翼	12	5	41.7	890.51	24.25	2.72
	合 计		51	15	29	6545.21	55.55	0.85
侵蚀湖滨平原地形	瑞昌县城郊	向斜北翼	12	4	33	1137.21	13.43	1.18
	洋鸡山	向斜北翼	19	5	26	2339.60	39.32	1.68
	大王庙	向斜南翼	18	8	44	1826.7	94.31	5.16
	十六公里	向斜北翼	16	8	50	4556.14	51.76	1.14
	城门山外围	向斜盆地	44	25	66	4268.72	143.85	3.37
	合 计		97	54	55.67	14128.37	342.67	2.43
	武 山	向斜北翼	167	111	66	17716.53	1263.92	7.14
	城门山	向斜南翼	166	96	58	25863.84	1077.37	4.17
	合 计		333	207	62.16	43580.37	2341.29	5.372

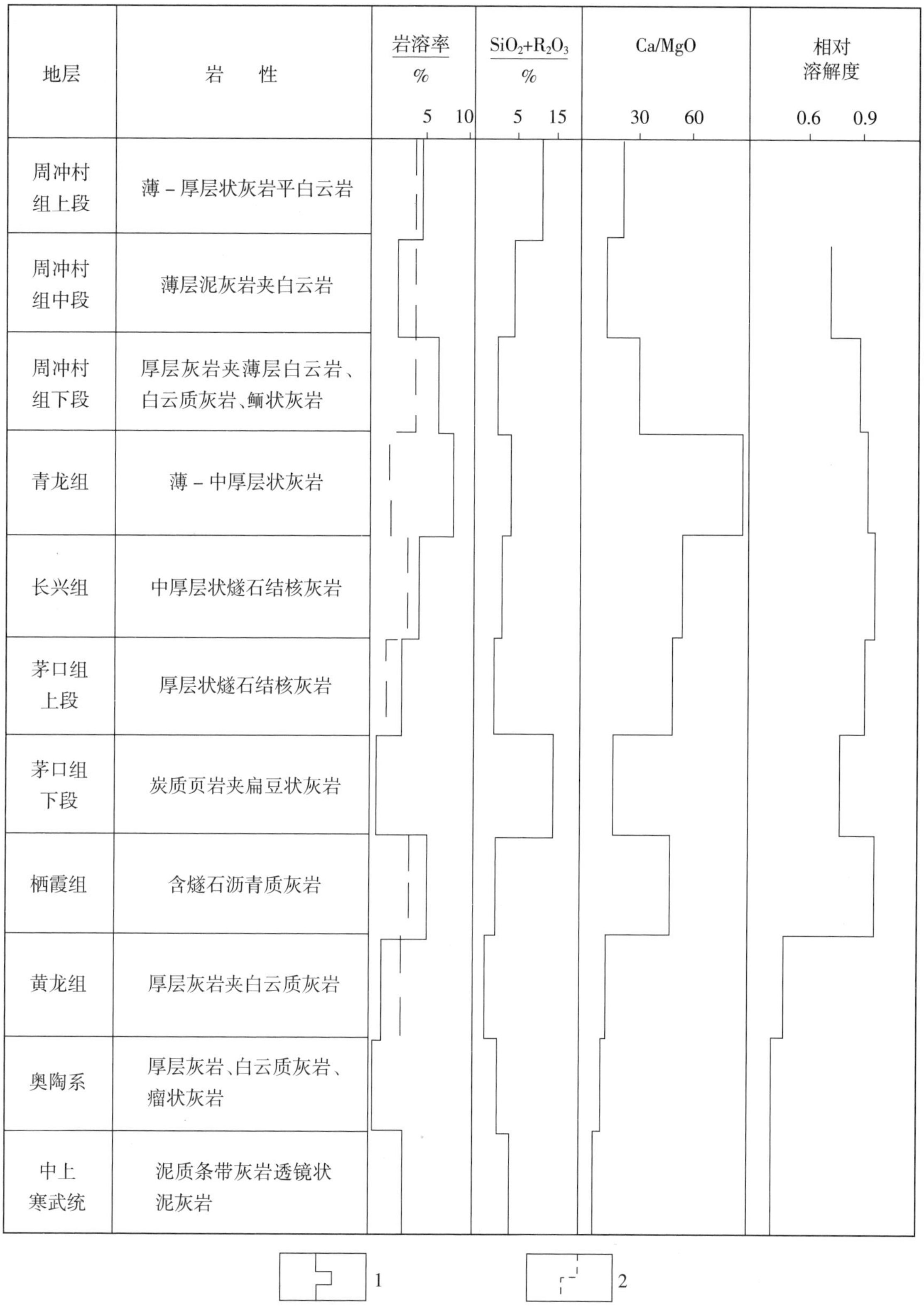

图 8-29-6　九江坳陷岩溶发育与岩性关系曲线图

Fig. 8-29-6　Relation curve of the lithology and the karst development in Jiujiang depression

1—地面岩溶率曲线；2—地下岩溶率曲线

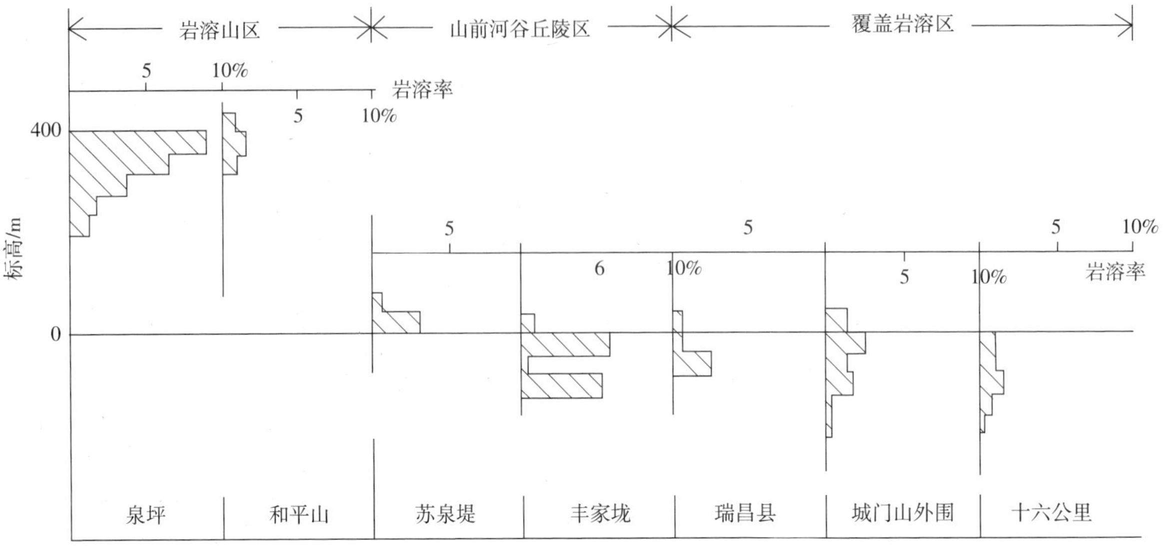

图 8-29-7 岩溶率曲线图

Fig. 8-29-7 Curve of karstification rate

2）丰城—高安—萍乡一带（表 8-29-7，表 8-29-8）。

表 8-29-7 丰城—高安—萍乡矿区岩溶特征表

Table 8-29-7 List of Karst characteristics in the mine areas of Fengchen-Gaoan-Pingxiang

矿区		铁子岭、英岗岭	太阳圩、钧山、傅家圩徐府岭、杉林	丰城河西	巨源
当地侵蚀基准石标高/m		27	18	14	100
岩溶分带标高/m	强烈发育带	-10 以上	-20	-30 以上	+20
	中等发育带	-10~-140	-20~-150	-30~-190	
	弱发育带	-140 以下	-150 以下	-190 以下	+20 以下

表 8-29-8 丰城河西矿区长兴灰岩岩溶特征表

Table 8-29-8 List of Karst characteristics of Changxing limestone in Hexi mine, Fengcheng

矿区	溶洞带面积/km²	钻孔平均溶洞高度/m	最低岩溶带标高/m	
			孔号	标高
坞社里	1.415	9.83	4-120	-92.20
梅仙岭	3.406	11.30	12/ck19	-129.85
仙姑岭	4.620	16.48	3/ck42	-191.48

3）乐平－景德镇矿区（表 8-29-9）：矿坑充水强度取决于岩溶含水层的岩溶化程度、富水程度、岩溶水进入矿坑的方式（直接进水、间接进水、有隔水层存在而不易进水）以及通道的渗透性能。通常水量较大，常成灾害性突水水源。

表 8-29-9　厚梁—乐平地区矿区钻孔揭露溶洞情况一览表

Table 8-29-9　List of Cavern information exposed by the drill holes at Houliang-Leping mine region

矿区名称		众埠花亭矿矿区	众埠花亭矿外围	朱溪铜矿	涌山煤矿
可溶地层		C_2h		C_2、P_1	T_1q、P_3c
构造条件		曹溪街向斜西翼		塔前－赋春向斜南岸	塔前－赋春向斜南岸
地貌及埋藏条件		覆盖－埋藏过渡	谷地覆盖或深埋	谷地裸露	谷地覆盖－埋藏
地下水循环条件		排泄带	径流带	补给带	径流带
当地侵蚀基准面/m		18		50	50
钻孔线岩溶率	岩溶强烈发育带下限（标高/深度）/m	−120/138		+50/0	
	见溶洞下限（标高/深度）/m	−250/268	−485.80/503.80	−120/170	−110/160
	标高区段/m	15.2~120	−250 以下	+170~+50	
		−120~250	−250 以下	+50~−20	
		−250 以下		−20 以下	
	相对侵蚀基准面深度/m	2.8~138	268 以上	侵基面以上 120~0	
		138~268	268 以下	0~70	
		268 以下		70 以下	
	岩溶率/%	12.71	1.24	1.85	
		0.69	仅一孔见洞	0.32	
		0		仅见一洞	
	空岩溶率/%	5.72			
		0.48			
		0			
	充填岩溶率/%	6.90			
		0.20			
		0			
各孔累计洞高平均值/m	溶洞高	11.71	2.71	0.99	
	空洞高	5.19			
	充填洞高	6.52			
最大单个溶洞高/m		29.19	26.52	13.51	8.41
最大单孔累计洞高/m		38.18	26.66	19.4	
最大单孔岩溶率/%		62.60	10.08		
最多单孔见洞个数/个		20	19	5	11
平均每孔见洞数/个		4	1.3	0.67	2.25
全区见洞总数/个		210	52	56	18
钻孔（灰岩孔见洞率）/%		83.3	27.5	44.6	50
参加统计的灰岩孔/%		51	40	83	8
参加统计的见洞孔/个		45	11	37	4

续表

矿区名称		月形矿	塔前矿	鸣山矿	桥头丘矿	官木岭矿
可溶地层		C_3、P_1	C_3、P_1	P_3c、T_1	P_1、P_3c、T_1	P_3c、T_1
构造条件		塔前－赋春向斜南岸	塔前－赋春向斜南岸	乐平向斜盆地边缘	乐平向斜盆地边缘	乐平向斜盆地边缘
地貌及埋藏条件		谷地裸露－覆盖	谷地覆盖少量浅埋	谷地覆盖少量浅埋	谷地覆盖少量浅埋	谷地覆盖少量浅埋
地下水循环条件		径流和排泄带	径流和排泄带	径流和排泄带	径流和排泄带	径流带
当地侵蚀基准面/m		50	40	20	30	30
钻孔线岩溶率	岩溶强烈发育带下限（标高/深度）/m	−100/150	−280/320	−120以上/140以上	−90/120	
	见溶洞下限（标高/深度）/m	−453.56/503.56	−280/320	−384.1/404.1	−175.70/205.70	−350.70/380.70
	标高区段/m	±0以上	+60~160	−120以上	+36.95~50	−150以上
		±0~−50	−160~280		−50~90	
		−50~−100	−280~400		−90以下	
	相对侵蚀基准面深度/m	50以上	侵基面以上20~200	140以上	侵基面以上6.95~80	180以上
		50~100	200~320		80~120	
		100~150	320~440			
	岩溶率/%	11.65	28.07	6.03	12.51	
		5.16	8.89		8.11	
		2.77	0		仅见一小洞	
	空岩溶率/%		14.60			
			5.23			
			0			
	充填岩溶率/%		13.47			
			3.66			
			0			
各孔累计洞高平均值/m	溶洞高		23.66		10.02	
	空洞高		12.50			
	充填洞高		11.17			
最大单个溶洞高/m		26.92	104.24	21.46	35.96	11.53
最大单孔累计洞高/m			138.69	27.89	51.44	
最大单孔岩溶率/%		25.8	100	49.8	63.70	
最多单孔见洞个数/个			22	9	7	13
平均每孔见洞数/个			4.33		2.2	1.92
全区见洞总数/个			130		53	23
钻孔（灰岩孔见洞率）/%		98	91	38.5	83.3	75
参加统计的灰岩孔/%		53	33	78	24	12
参加统计的见洞孔/个		52	30	30	20	9

5. 老窿积水

由于采矿历史悠久，省内多数矿区浅部矿体（层）曾被开采。遗弃的采空区积水如位于现采区上部或附近，易造成极大的威胁。

由于老窿的分布难于调查清楚，往往造成灾害（难）性的突水。来水量极大，但逐时减小，如果与其他水源无联系时，短期可以疏干。其水质多为强酸性水，对采矿设备腐蚀性极大。

二、矿床充水通道

矿床充水源通过岩石的孔隙、裂隙（成岩裂隙、风化裂隙、构造裂隙），岩溶通道（岩溶裂隙、溶洞、岩溶天窗、岩溶塌陷）以及人为通道（采矿形成的裂隙、爆破松动裂隙、未封闭的勘探钻孔）进入矿坑，成为矿床充水的通道。

（一）孔隙充水通道

矿体被大面积具有一定厚度的松散沉积物覆盖，尤其是冲积成因的砂砾石层是矿区的主要含水层，富水性较强，下部是含水性较弱的基岩裂隙含水层。孔隙水埋藏较浅，汇水面积大，多数矿床水文地质条件比较复杂，涌水量比较大。

在水平方向和垂直方向，孔隙水和基岩裂隙富水性有其不均一性。

（二）裂隙充水通道

矿体围岩均为坚硬半坚硬岩石，多数都裸露地表，或局部被第四系松散沉积物覆盖。

裂隙含水层的富水程度取决于岩石风化程度和构造裂隙发育程度。风化裂隙主要分布于上（浅）部，构造裂隙可以发育在较深部。但总的均随深度的增加而减弱。构造裂隙带分布有限，厚度变化大，富水性透水性不均一，胶结比较松散的破碎带富水性要好。

裂隙充水的矿床，多分布于分水岭及丘陵地带，天然排泄条件好，水文地质条件一般比较简单，矿坑涌水量较小。

（三）岩溶充水通道

1）全省主要以石炭系和二叠系灰岩溶洞含水为主，并常常发育有伏流、暗河。富水带与岩溶发育规律一致，一般在浅部、断裂带、硫化矿床氧化带，岩溶比较发育。浅部溶洞充填率高，深部充填率较低。

2）多以“突水”的形式溃入矿坑。

3）矿山排水多引起地面塌陷，且随疏干漏斗扩大，危害性较大。

（四）矿坑突水通道

1. 矿坑遇岩溶裂隙、溶洞通道产生涌水

（1）云庄煤矿

1974 年增拓–60m 水平的总回风巷。回风巷与 C_{23} 煤层距离约 25m，巷内大都干燥无水，只有局地潮湿、滴水，涌水量约 2m³/h。在 272m 处遇 F_{48} 断层后，进入煤层底板掘进，在 20°上山的–45m 标高处又遇一小断层，见 C_{23} 煤层。见煤时无突水预兆，隔天后，小断层滴水。因放炮煤层垮落 2m 高，2m

长。此时小断层由滴水变成股流，发生突水。85 分钟淹没巷道 $27600m^3$，瞬时突水量为 $19482m^3/h$，同时地面出现塌洞 21 处（图 8-29-8）。

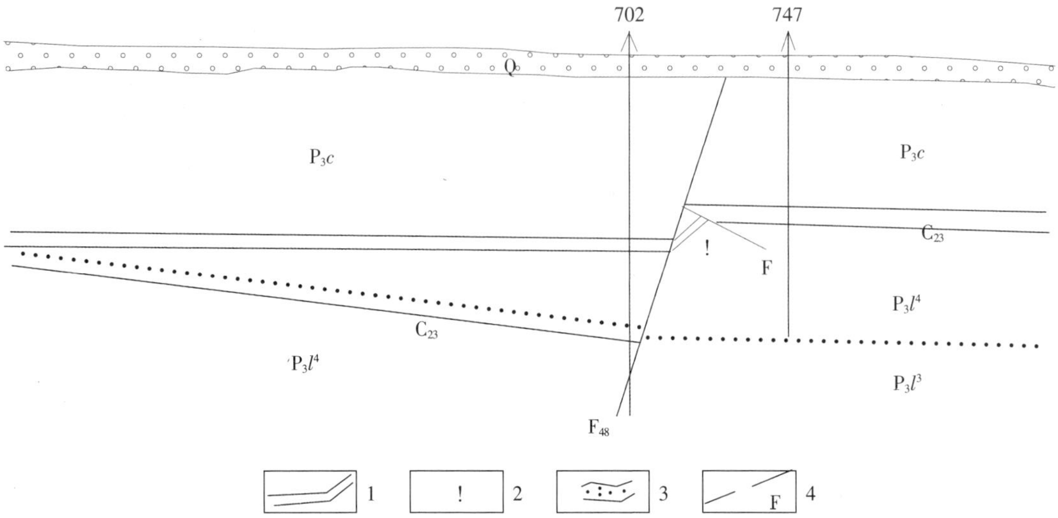

图 8-29-8 -60m 水平总回风巷上山突水剖面图

Fig. 8-29-8 Horizontal section profile (-60m) of water gushing point in Shangshan

1—巷道；2—突水点；3—溶洞；4—断层

Q—第四系；P_3c—上二叠统长兴组；P_3l^4—上二叠统乐平组王潘里段；P_3l^3—上二叠统乐平组狮子山段；C_{23}—煤层

（2）徐府岭二井田

由于中二叠统灰岩“突起”,隔水层变薄或缺失，矿坑遇灰岩突水，使岩溶水与岩石碎块溃入矿坑（图 8-29-9）。

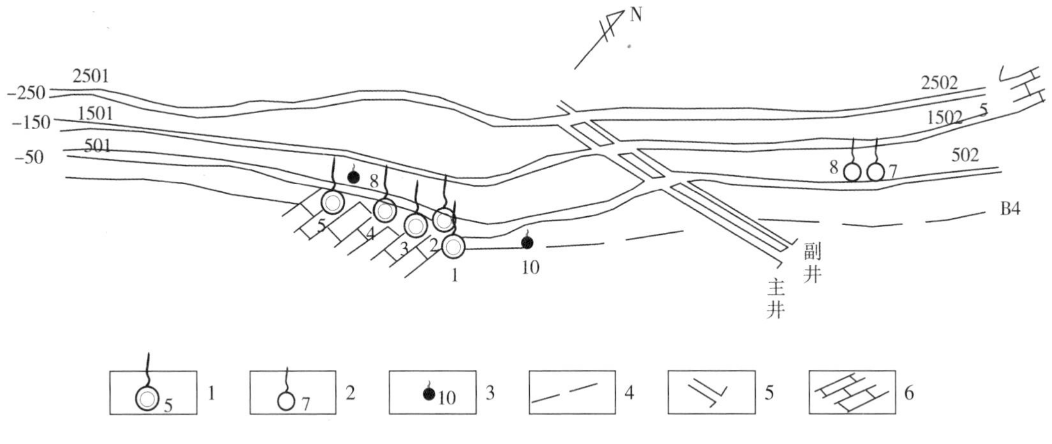

图 8-29-9 徐府岭二井田矿井运输巷道及突水点平面投影图

Fig. 8-29-9 Plane projection of water gushing point and mine transportation lane at Erjingtian mine, Xufu Mountain

1—灰岩突水点；2—老窿突水点；3—断层突水点；4—B4 煤层露头线；5—矿井；6—中二叠统灰岩

2. 高压岩溶水突破隔水层引起突水

乐华锰矿主井-75 石门，在靠近黄龙组灰岩的万年群变质岩一侧掘进，1963 年 10 月 16 日 13 时 15

分，掌子面放炮。14 点 15 分，听到岩层破碎声，紧接着突水，水量由原来的 11~18m³/h，急增至 780~11700m³/h（图 8-29-10）。

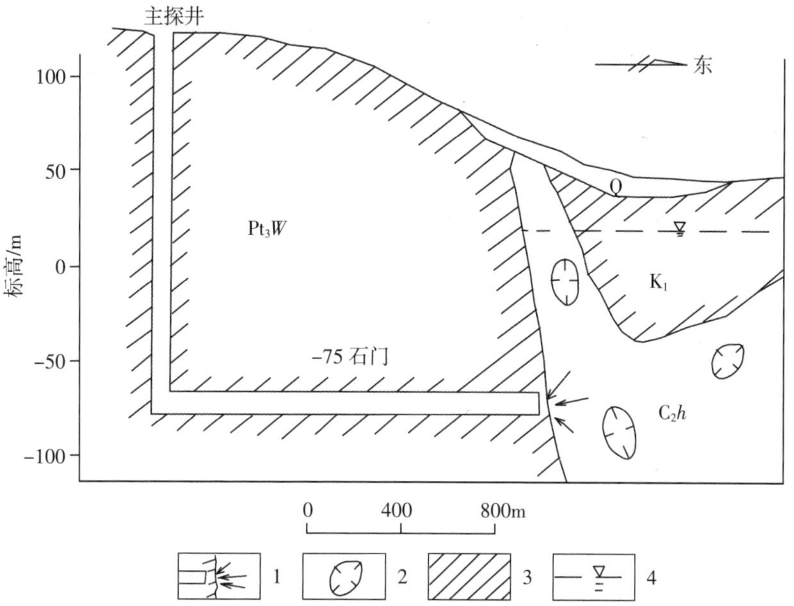

图 8-29-10 乐华锰矿-75m 石门突水剖面图

Fig. 8-29-10 Section profile of -75m Shimen water gushing point, Lehua manganese mine

1—突水处；2—裂隙溶洞含水层；3—相对隔水层；4—地下水位线；

K_1—下白垩统火山岩；C_2h—上石炭统黄龙组；Pt_3W—新元古界下部万年群

3. 采空区冒裂带沟通引起突水

1）桥头丘煤矿月尾山主井：在乐平组煤系 C_{13} 煤层掘进。1964 年 5 月 22 日。在标高-80.2m，放顶、产生突水，涌水量由原 0.3m³/h 急增至 100m³/h，地表形成直径 7m，深 10m 的塌陷，泉水干涸（图 8-29-11）。

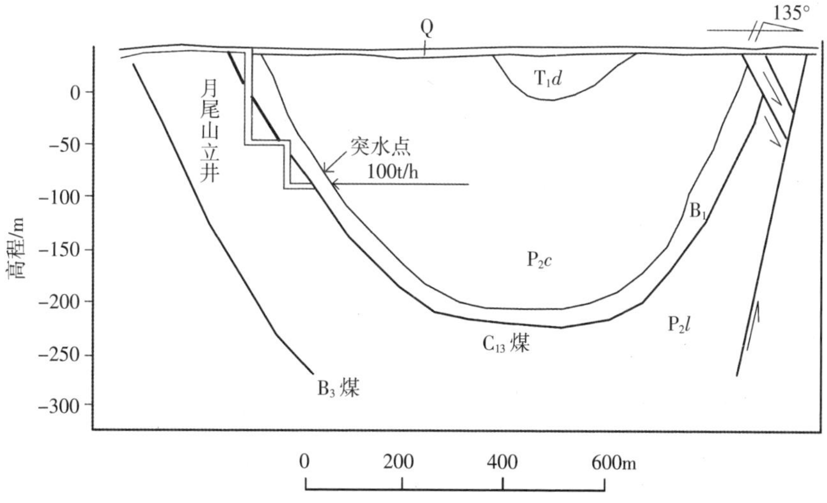

图 8-29-11 月尾山立井冒顶突水剖面图

Fig. 8-29-11 Section profile of the water gushing point from caving in the shaft of Yueweishan

2）会昌周田盐矿：采用水溶法开采。由于反复注水、抽水，采空区强烈波动的动水位所形成的水动压力作用在盖层土体之上，加速土体机械潜蚀、崩解的破坏，土体反复承受加荷与卸荷的变化，其抗剪切强度丧失，引起土地破坏。同时水位大幅度波动，又引起土体内气压正负变化，使土体内力平衡状态被打破，也是造成塌陷的原因。由于其过程的缓变性，终于在开采多年后的 2010 年 12 月 25 日，在新圩村的一块农田中，形成直径 50m、中间深 4m、周边深 30cm 的碟形塌坑。

第二节　矿床充水特征与矿坑涌水量预测

一、矿床充水特征

充水岩层以孔隙含水岩层为主的矿床，主要有砂矿床，如砂金矿床、砂锡矿床、砂钨矿床。

充水岩层以基岩裂隙含水层为主的矿床有斑岩型的金属矿床，石英脉型的钨矿床，新余式铁矿及稀有贵金属矿床等。

充水岩层以岩溶含水岩层为主的矿床有接触交代型金属矿床，似层状金属矿床，宁乡式铁矿等。主要分布于瑞昌 - 九江、萍乡 - 乐平坳陷带，莲花 - 安福、袁水、锦江流域及其他零星岩溶盆地（表 8-29-10）。

表 8-29-10　江西省矿床充水特征表

Table 8-29-10　The characteristics of water filling in mining area in Jiangxi Province

矿床充水水源		分布特征	矿坑涌水量特征	研究重点
大气降水		矿体埋床较浅的矿床充水岩层、裸露的矿体、位于分水岭的矿体面积较大的露天采场	涌水量变化与当地降水变化过程一致，同步或滞后，涌水量随开采深度增加而减少	涌水量与降水的动态关系、矿区的地形地貌、气象特征降水强度及入渗条件
地表水		位于河、溪湖水体附近或其下的矿床	常年性大水体，难疏干季节性水体，易疏干冲水强度与流域面积及与矿床的距离、通道的渗透性有关	水体性质、分布、动态汇水面积、涌水量的变化规律与动态以及采矿方法
地下水	松散岩类孔隙水	鄱阳湖平原、五大河流冲积平原及覆盖型岩溶区，尤其是砂矿床		第四系岩性、透水性、富水性，及与下伏含水岩层的连通性
	基岩裂隙水	分布于非可溶岩的丘陵、山区的矿床及风化淋离成因的矿床，斑岩型金属矿床，石英脉型钨矿床等。	水量随开采深度增加而减少	风化裂隙构造裂隙的发育情况，透水性及富水性，风化壳的深度
	红层孔隙裂隙水	红盆下伏的隐伏矿床及产生于红层之中的矿体	涌水量取决于红层本身的富水性	底砾岩尤其是灰质砾岩的厚度、富水性、透水体，及与下伏矿层顶板的连通性
	岩溶水	集中分布于瑞昌—九江、萍乡—丰城、莲花—安福岩溶发育地带，接触交代型似层状型金属矿床及宁乡式铁矿、煤田等	水量大、来势猛、水压高、水量稳定	矿区地质构造特征岩溶发育规律、富水程度、连通情况及第四系地质特征
老窿积水		位于老采空区下方或附近的矿床	水量开始大后来小，水质多为强酸性	老窿分布范围矿区开采历史

二、矿床水文地质类型

基于江西省矿床水文地质条件的特征，1964 年江西省地质局副总工程师陆中光提出《江西省固体矿床水文地质类型划分方案》（表 8–29–11），分“大类”、“亚类”、“型”三级，每一类型的矿床用“大类”、“亚类”、“型”代号表示。复杂程度分为简单的、中等的、复杂的、极复杂的四级（表 8–29–12）。

表 8–29–11　江西省固体矿床水文地质类型划分标准

Table 8–29–11　Classification criterion of hydrogeology types from solid deposits in Jiangxi Province

大类		亚类		型	
代号	标准	代号	标准	代号	标准
I	位于隆起构造单元内的矿床	1	当地侵蚀基准面（自然排水基面）以上	A	产于坚硬裂隙，非喀斯特化岩层中的矿床
		2	当地侵蚀基准面以下，与矿床充水有关的含水层分布、补给范围内，没有大的地表水体	B	产于疏松未胶结岩层中的矿床
Ⅱ	位于坳(断)陷构造单元的矿床	3	当地侵蚀基准面以下，与矿床充水有关的含水层分布、补给范围内有大的地表水体存在，但地表水体与矿体之间有厚度稳定足以阻水的相对隔水层存在	C	产于喀斯特化与裂隙岩层中的矿床，但矿体与喀斯特含水层之间，有厚度相对稳定的隔水层存在
				D	产于喀斯特化与裂隙岩层中的矿床，矿体与喀斯特含水层之间的相对隔水层厚度不稳定；或构造断裂发育成为喀斯特水进入矿坑的通道
		4	当地侵蚀基准面以下，与矿床有关的含水层分布、补给范围内有大的地表水体存在，且地表水体与含水层之间没有厚度稳定的相对隔水层存在；或虽有，但在开采过程中必将遭受破坏而丧失其隔水作用	E	产于喀斯特化岩层中的矿床，喀斯特水为矿床充水直接水源，但具动储量不大的构造条件
				F	产于喀斯特化岩层中的矿床，喀斯特水为矿床充水直接水源，且具动储量大的构造条件

表 8–29–12　江西省固体矿床水文地质类型举例

Table 8–29–12　Examples of the hydrogeology types of the solid deposits in Jiangxi Province

复杂程度	类 型 及 举 例
简单	I1A：赣南脉钨矿、新余铁矿； I3A：陈坊铁矿； II3A：曹溪煤矿、樟树墩蛇纹岩、余干瓷土； II1C：老虎窿黄铁矿

续表

复杂程度	类型及举例
中等	I4B：隘上砂钨矿； II3A：万年白马煤矿； II4A：铺前霞坊煤、西湾蛇纹石；
复杂	II2D：三田煤矿、钧山煤矿、英岗岭煤矿、东神岭煤矿、峨眉山煤矿、坑口煤矿； II3D：城门山铜矿 0 线以东、胡家坊煤、坞社里 B 煤组、新塘黄铁矿； II2E：桥头丘煤矿、新安埠 D23 煤层； II3C：涌山桥煤、乐华锰矿大小铁山矿段；
极复杂	II4D：城门山铜矿 0 线以西； II3E：武山铜矿中段； II3F：乐华锰矿华亭矿段； II3F：武山铜矿中段、西段； II4F：坞社里 C 煤组

三、矿坑涌水量预测

全省非岩溶矿床矿坑涌水量预测准确度较好。根据江西省地质局岩溶矿山调查组的调查回访资料表明，有些复杂的岩溶矿床，由于投入不足，矿区水文地质边界条件未能完全查清；选择的水文地质计算参数代表性不强；计算数学模型选择不当；对未来矿坑开采水文地质条件的变化把握不准等，造成水文地质条件复杂的岩溶矿床矿坑涌水量预测数据与矿山开采实际涌水量相差比较大（表 8-29-13~表 8-29-15）。

表 8-29-13　萍乡巨源煤矿矿坑涌水量对比表

Table 8-29-13　Comparison of pit water yield for Juyuan coal mine, Pingxiang

计算		预测涌水量			实际涌水量		涌水量比较差
层位	标高/m	计算公式		结果/($m^3 \cdot d^{-1}$)	标高/m	涌水量 $m^3 \cdot d^{-1}$	m^3/d
煤系地层中开采系统	-30	第一次勘探	$Q=F \cdot S \cdot q$	4995	-30m 标高开采系统涌水量	8640	6000
			$Q=Mcp \cdot F$	3495			
			$Q=\sqrt{F \cdot S/F_1 \cdot S_1}$	2640*			
			$Q=K \cdot S \cdot p$	1110			
煤系风化带		补充勘探	$Q=Mcp \cdot F$	3602			
底部茅口组灰岩			$Q=Mcp \cdot F$	4170			
小腊河补给量			$Q=K \cdot F \cdot I$	340			

注：* 为地质报告中建议采用数据。

表 8-29-14　萍乡青山煤矿矿坑涌水量对比表

Table 8-29-14　Comparison of pit water yield for Qingshan coal mine, Pingxiang

计算		预测涌水量		实际涌水量		涌水量比较差
层位	标高/m	计算公式	结果/($m^3 \cdot d^{-1}$)	标高/m	涌水量/($m^3 \cdot d^{-1}$)	m^3/d
煤系地层中开采系统	-100	$Q_1=Q \cdot \sqrt{F_2\sqrt{n_2}/F \cdot \sqrt{n_1}}$	9361	-120m 标高开采系统(不包括底部灰岩)	3008	3363
		$Q_1=Q_1 \cdot \sqrt{F_2S_1/F_1 \cdot S_1}$	9003			
		$Q=q \cdot F \cdot S$	26862			
		$Q=hc \cdot X \cdot F/S25600$	6371*			
		$Q=L \cdot p/ S25600$	10404			

注：* 为地质报告中建议采用数据。

表 8-29-15　丰城徐府岭煤矿矿坑涌水量对比表

Table 8-29-15　Comparison of pit water yield for Xu fuling coal mine, Fengcheng

阶段	标高/m	计算面积	计算公式	涌水量/($m^3 \cdot d^{-1}$)
原勘探	-110	376500	$Q=0.273\dfrac{K \cdot M \cdot S}{\lg R/\gamma}$	3233
				1067
	-230	861800	$Q=0.273\dfrac{K \cdot M \cdot S}{\lg R/\gamma}$	7313
				2413
补充勘探	-110	376500	$Q=Q_1\dfrac{F}{F_1}\sqrt{S/S_1}$	320
			$Q=1.366\dfrac{K(2H-M)M}{\lg R-\lg\gamma}$	815
	-230	861600	$Q=Q_1\dfrac{F}{F_1}\sqrt{S/S_1}$	1003
			$Q=1.366\dfrac{K(2H-M)M}{\lg R-\lg\gamma}$	1511
开采	-110	376500		1200
	-230	861600		1440

第三节　主要矿床（区）水文地质条件及其特征

一、产于隆起区及中生代火山盆地水文地质条件比较简单的金属矿床

（一）沉积变质型（新余式）铁矿床（区）

主要分布于江西省中部，有萍乡南坑－中村矿田、新余矿田、吉水黎洞坑－永丰白水矿田、宜黄尚源－临川泽原矿田、南城黄狮渡和金溪东岗山矿床、弋阳洪山矿床。

以新余市铁矿田工作程度最高，储量最大。矿体产于南华系变质岩中，褶皱强烈，矿体呈“红绸舞”状，主要充水岩层为片岩、磁铁石英岩、千枚岩，矿床充水源主要为浅部风化网状裂隙水和深部构造裂隙水，水文地质条件简单。

良山铁矿风化带深度3~40m，钻孔抽水试验，单位涌水量0.00127~0.00705L/s·m；深部构造裂隙含水带厚5.28~71.60m，钻孔抽水单位涌水量0.0079~0.00312L/s·m；构造破碎带厚度3.19~66.66m，钻孔抽水试验单位涌水量0.0000335~0.064L/s·m（图8-29-12）。

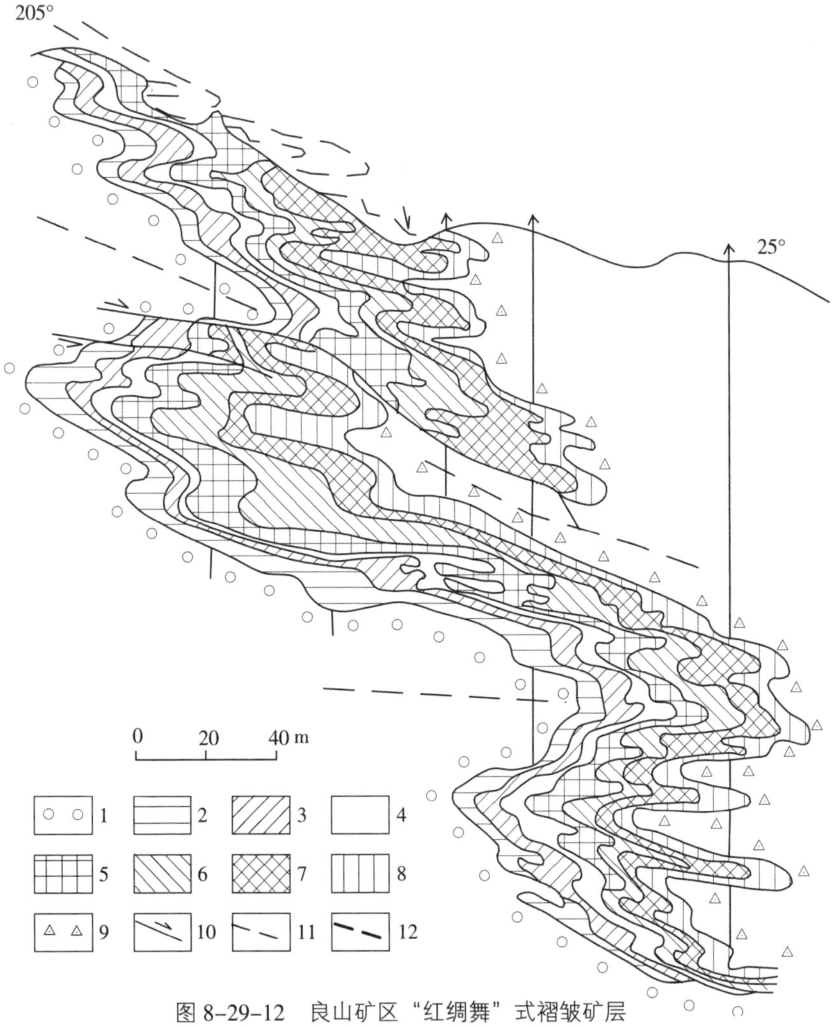

图8-29-12 良山矿区“红绸舞”式褶皱矿层

Fig. 8-29-12 Ore shoots with " the silk dance" fold in Liangshan iron mine

（据江西省地矿局九〇二队）

1—含黄铁矿白云母金云母石英片岩层；2—透闪石透辉石岩层；3—金云母石英片岩层；4—董青石石英片岩层；5—绿泥石石英片岩层；6—绿泥磁铁石英片岩层；7—磁铁石英岩矿层；8—含磁铁矿柘榴石、黑云母石英片岩层；9—含磁铁矿二云母石英片岩层；10—塑性断层；11—第二期褶皱轴面；12—晚期断裂

新余太平山矿区114坑道，揭露风化带长10m，涌水量0.11L/s，揭露矿体长11m，涌水量0.28L/s，断裂破碎带涌水量0.12~0.281L/s。

（二）斑岩型铜矿床

主要矿区有德兴铜矿田银山铜矿床等。矿体主要产于中酸性斑岩体的内外接触带或隐爆岩筒中。

矿床充水水源主要为基岩裂隙水，露天开采时，大气降水为主要补给来源，水文地质条件简单。

德兴铜厂铜矿：花岗闪长岩株接触带呈筒状体，向北西倾斜，倾角平均 40°~70°，矿体最大延伸 1300m，外带主要为蚀变千枚岩，矿体资源量占 50%（表 8-29-16，图 8-29-13）。

表 8-29-16 德兴铜矿铜厂矿区变质岩构造裂隙水钻孔自然降深成果

Table 8-29-16 Natural drawdown result of structural fissure water in drilling hole in metamorphic rock, Tongchang mine are of Dexing copper mine

矿区钻孔编号	涌水深度/m	水头高出孔口/m	自然降深 S/m	自流量 Q/(L·s^{-1})	单位涌水量 q/(L·s^{-1}·m^{-1})
339	146.52	12.20	12.25	0.304	0.013
169	226.97	7.54	7.54	0.062	0.003
96	25.00	2.02	2.03	0.070	0.039
98	75.70	24.30	24.30	0.240	0.010
337	93.71	17.31	15.43	2.20	0.143
152	121.10	1.41	1.39	0.057	0.048
55	249.58	1.90	1.98	0.554	0.293
20	173.52	6.51	5.17	0.094	0.018
统计	25.00~249.58	1.41~24.30	1.39~24.30	0.062~2.20	0.003~0.293

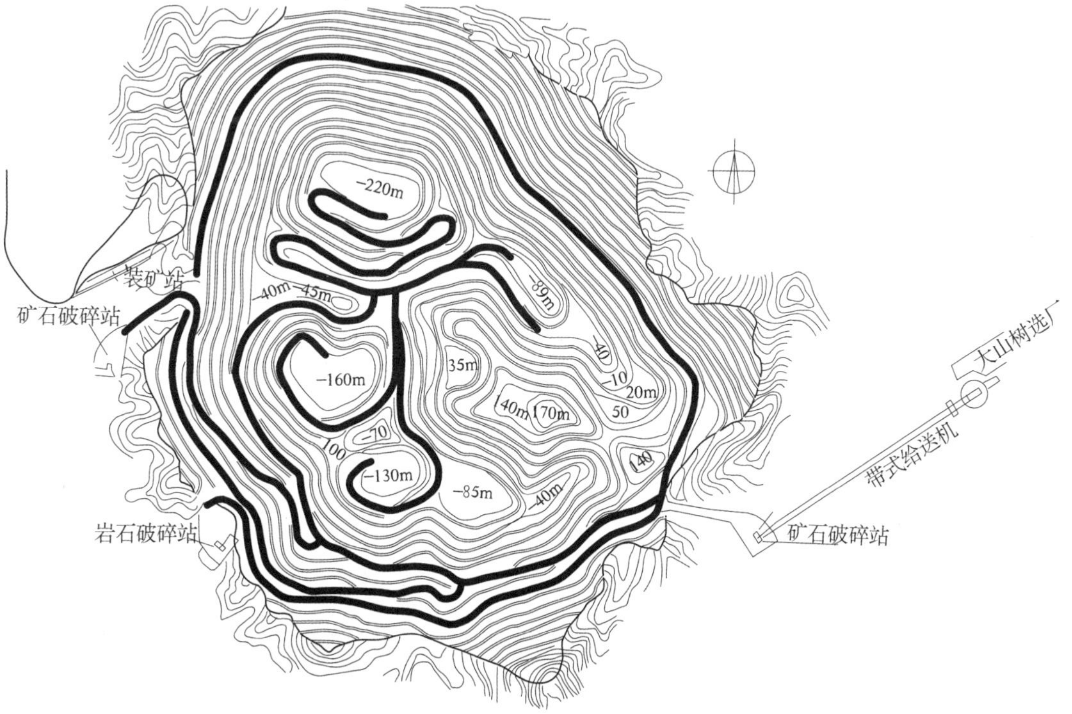

图 8-29-13 德兴铜矿铜厂矿区三期工程初步设计开拓系统示意图

Fig. 8-29-13 Diagram of preliminarily designed development system for the 3rd stage engineering project of Dexing copper mine

现露天开采开拓方式为：公路—破碎站—平硐溜井、双侧开拓运输系统。采场封闭圈标高+125m，上口境界尺寸2400×2300m，露天底部标高北山为-220m，和南山-160m，开采深度285~345m。

（三）石英脉型钨矿

主要矿区有西华山、盘古山、岿美山、大吉山、画眉坳、浒坑、大余漂塘、全南官山、丰城徐山、会昌白鹅、宜春新坊、于都隘上、黄沙、上坪、徐山、莲花山等。

矿体产于燕山期花岗岩体与浅变质砂岩、板岩内外接触带。矿床充水水源主要为基岩裂隙水，水文地质条件简单。

（四）中生代火山岩区斑岩矿床

主要有会昌岩背淘锡坝矿区、石城松岭锡矿区和贵溪冷水坑银铅铁矿区。

矿体呈大透镜状（岩背）、似层状（淘锡坝）及脉状（松岭）产于潜花岗斑岩与火山岩的内外接触带。矿床充水水源以基岩裂隙水为主，矿床水文地质条件简单。

（五）其他金属矿床

产于隆起区变质岩中的贵金属矿区主要有：德兴超糜棱岩蚀变岩型金山金矿、兴国留龙、浮梁大背坞脉状金矿、万年虎家尖脉状银矿。上犹焦里似层状（矽卡岩）型银矿等。

稀有金属矿床有：宜春蚀变花岗岩型钽铌矿、黄山伟晶岩脉型钽铌矿。

矿床充水水源主要为基岩风化裂隙水和基岩裂隙水，矿床水文地质条件简单。

二、产于坳陷区矿床水文地质条件比较复杂的金属矿床

（一）海相沉积型（宁乡式）铁矿床

主要分布于武功山周围。矿区有：萍乡上珠岭铁矿、萍乡麻山铁矿、分宜长龙铁矿、分宜龟山-北岭铁矿、新余土江桥铁矿、新余河下铁矿、新余徐家铁矿、莲花六市铁矿、莲花田背山铁矿、莲花九曲山铁矿、莲花株岭坳铁矿、永新乌石山铁矿、永新豪溪铁矿、安福田心铁矿。

矿体赋存于上泥盆统洋湖组中，主要充水岩层为：位于矿层上覆的弱岩溶化、含水性较弱的下石炭统杨家源组灰岩和下伏的棋子桥组灰岩。由于断裂的破坏可能导致矿床充水，但水量很小，水文地质条件简单—中等。

（二）海相沉积型锰矿

实例：乐平花亭锰矿

位于乐平县城南东21km的众埠街。产于石炭系-二叠系灰岩、上白垩统火山岩和上白垩统红层的德乐叠合盆地的西北部，为一海相沉积类型矿床。矿体浅部为氧化锰矿体，中深部为碳酸锰矿体，产于万年群与黄龙组的不整合面之上，矿体厚度大而稳定，直接处于黄龙组下部白云岩、白云质灰岩中。属以岩溶水为充水水源的水文地质条件复杂-极复杂的隐伏中型锰矿床。由于矿坑涌水量大（3333m^3/h），排水困难，至今难以开采利用（图8-29-14、图8-29-15）。

矿区居于中低山丘陵区，北东向宽缓的向斜盆地北西翼，呈单斜构造。盆地以万年群组成基底，

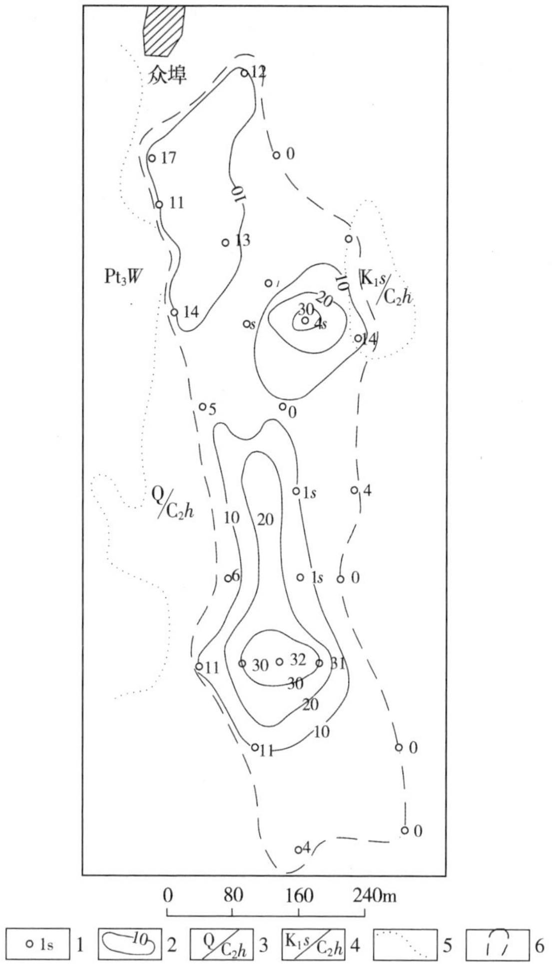

图 8-29-14 花亭矿溶洞总高度等值线图

Fig. 8.2.14 The height isoline of the karst cave of Huating mine

1—钻孔及孔内遇溶洞总高度（m）；2—溶洞总高度等值线（m）；3—第四系/黄龙组覆盖型岩溶盆地；4—下白垩统石炭组/黄龙组浅埋型岩溶盆地；5—地质界线；6—勘探控制界线

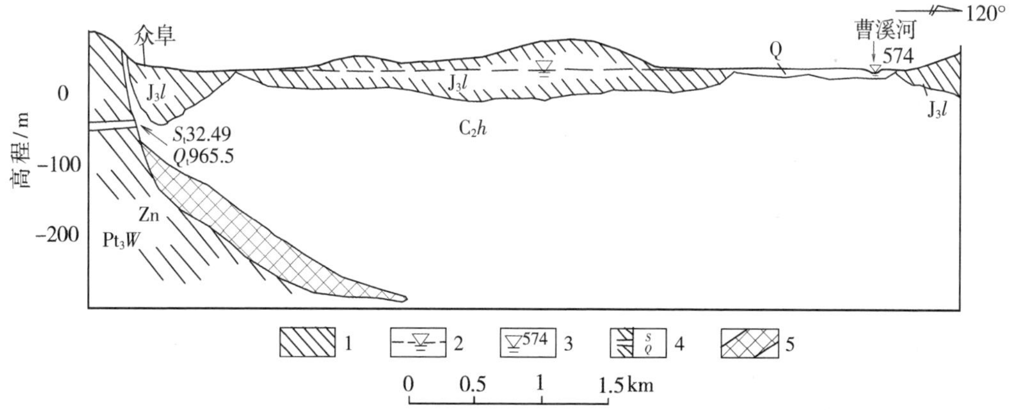

图 8-29-15 花亭锰矿矿床水文地质条件剖面图

Fig. 8-29-15 Section of hydrogeological condition of the Huating managanese deposit

1—相对隔水边界；2—裂隙溶洞水水位线；3—曹溪河最枯流量（L/s）；4—坑道防水试验；5—S_t 降深(m)、Q_t 涌水量（t/h）；6—矿层；Pt_3W—万年群变质岩层；C_2h—黄龙组裂隙溶洞含水层；Q—第四系孔隙含水层上覆地层为黄龙组和栖霞组碳酸盐岩，地层走向南北，倾向东。黄龙组白云岩、灰岩岩溶极为发育，钻孔能见率为 83.3%，平均岩溶率 16.32%，钻孔最大线岩溶率 57.85%，岩溶发育深度 15.2~247.98m，其中以标高-120m 以上岩溶发育最为强烈。

黄龙组白云岩、灰岩富水性极强，钻孔抽水试验，单位涌水量 8.414~13.628L/s·m，坑道放水试验 8.25L/s·m。裂隙溶洞水，南部来自黎桥向斜岩溶水的补给，地下水向北迁移集中在众埠街一带排泄，矿区即成为该向斜自流盆地地下水集中排泄区（图 8-29-16）。

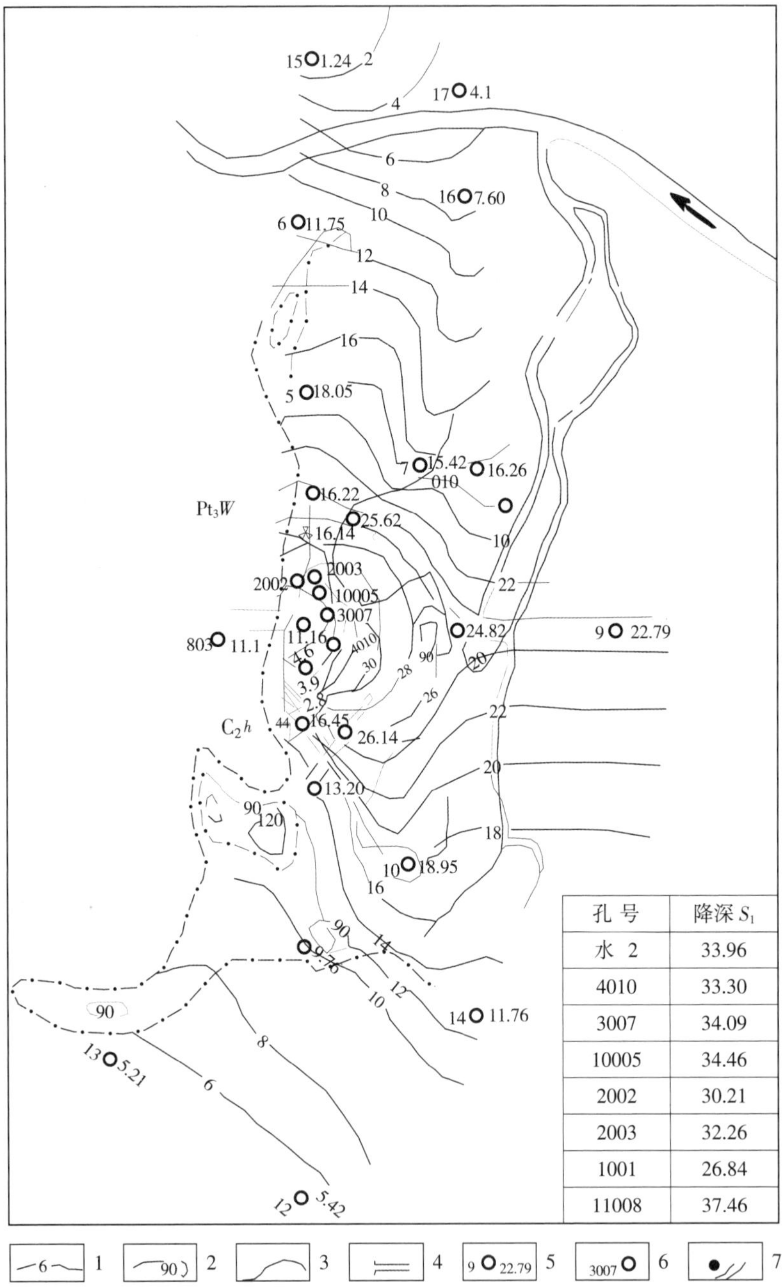

孔 号	降深 S_1
水 2	33.96
4010	33.30
3007	34.09
10005	34.46
2002	30.21
2003	32.26
1001	26.84
11008	37.46

图 8-29-16　抽水、放水实验降压漏斗及地面沉降分布图

Fig. 8-29-16　Distribution of depressure hopper of pumping and discharging experiments and land subsidence

1—等降深线（m）；2—等沉降线；3—地质界线；4—放水巷道；5—左孔号，右降深；6—孔号；7—抽水孔及等降深线

1969 年 12 月~1970 年 2 月，在–40m 坑道石门东端、东北端两个洞室进行了为期 66 天的放水试验，降深 32.49m，涌水量 23127m³/d。

通过放水试验证实，矿区黄龙组白云岩、灰岩与区域碳酸盐岩为同一含水整体，地下水来自区域性岩溶水补给，黄龙组岩溶发育，渗透性好，富水性强，不但静储量大，动储量亦大，矿区地表水与地下水在自然条件下无水力联系。

（三）接触交代型铜矿

主要矿区有九江城门山、瑞昌武山、高安村前、乐平月形、上饶船坑、广丰铜山等。

矿体产于花岗闪长斑岩与碳酸盐岩接触带，形态复杂，矿床充水水源主要为岩溶水。下面针对几个矿床实例进行阐述。

1. 乐平月形铜矿

矿体直接产于裂隙溶洞发育的上石炭统和二叠系碳酸盐岩中，矿床充水不但直接来自岩溶水的补给，而且与地表水关系密切，水文地质条件复杂（图 8–29–17）。

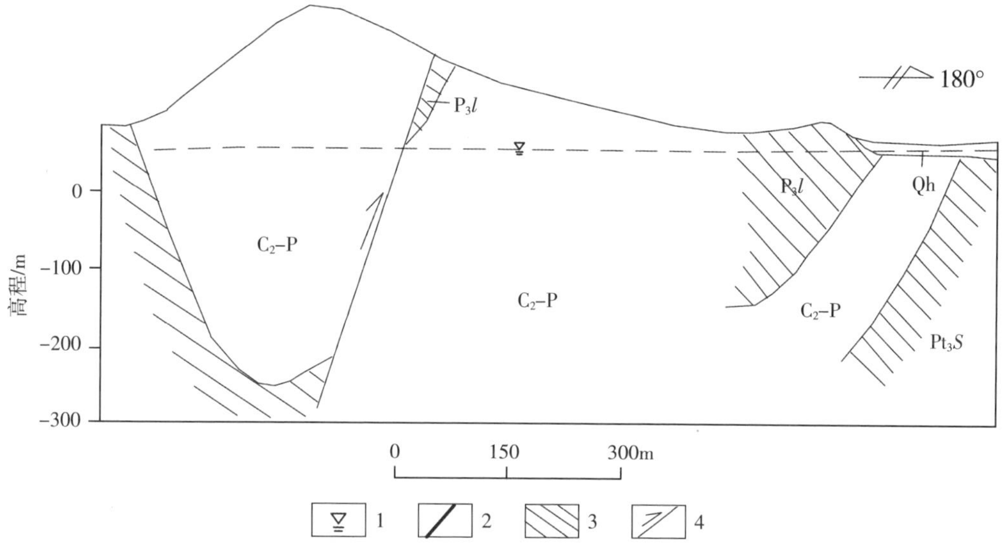

图 8–29–17　月形矿床充水条件剖面图

Fig. 8–29–17　Section profile of the water filling condition of the moon–shaped deposits

1—地下水位；2—矿体；3—隔水层；4—断层

Qh—全新统；P_3l—乐平组；C_2–P—上石炭统—二叠系碳酸盐岩裂隙溶洞含水层；Pt_3S—双桥山群

2. 城门山铜矿

城门山铜矿地处九江坳陷，为一水文地质条件复杂的以岩溶水为充水水源的接触交代型似层状斑岩型铜矿床（图 8–29–18）。

矿区位于九江市西南 18km 的冲积、湖积平原区，三面环水。北距长江 6.5km，还有与长江相连的城门湖、赛湖及瑞昌河。长江常年洪水位 17m，历史最高洪水位 22.08m，赛湖汇水面积 974.9km²，容水量 8.6 亿 m³，瑞昌河枯季流量 2.48m³/s。

矿区地属桂林桥- 赛湖向斜南翼，城门山背斜北翼。出露地层有：中下志留统，上泥盆统 – 下石炭统五通群，上石炭统黄龙组，中二叠统栖霞组、茅口组，下三叠统青龙组及周冲村组，第四系主要分布于湖区。主要断裂有 NNE 向、NEE 向和 NW 向三组，断裂控制了花岗闪长岩和石英斑岩的侵入，其接触带在剖面上呈“犬齿”状、反“S”状。

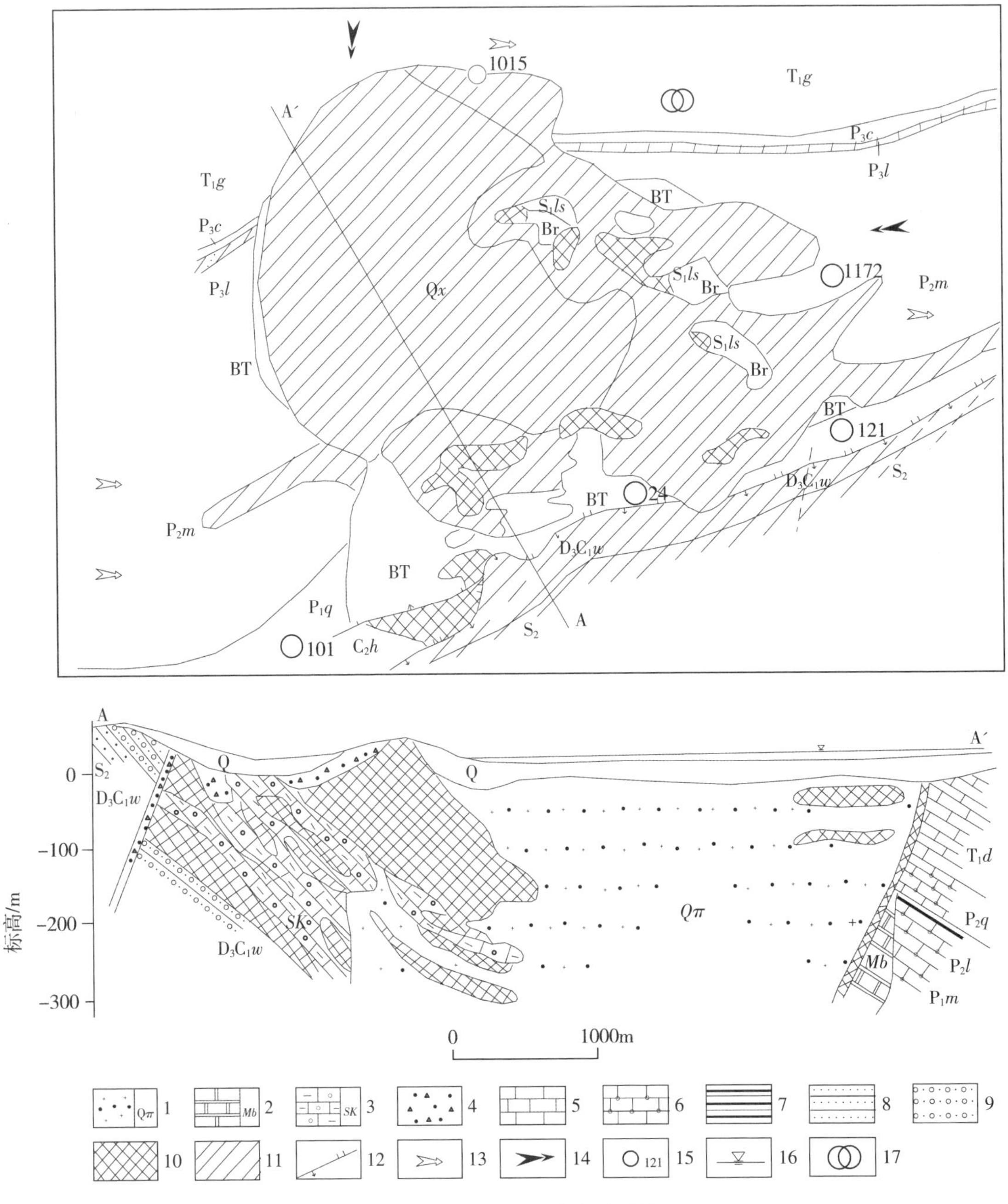

图 8-29-18 城门山矿区水文地质简图

Fig. 8-29-18 Hydrogeological sketch of Chengmenshan mine area

1—石英斑岩；2—大理岩；3—矽卡岩；4—角砾岩；5—灰岩；6—燧石灰岩；7—页岩；8—砂岩；9—砂砾岩；10—矿体；11—相对隔水层；12—断层；13—地下水流向；14—未来矿坑充水方向；15—抽水孔及编号；16—最高洪水水位线；17—大口径双方孔抽水孔；Q—第四系；T_1q—下三叠青龙组灰岩；P_3c—上二叠统长兴组燧石灰岩；P_3l—上二叠统龙潭组页岩及煤系；P_2m—中二叠茅口组隧石灰岩；P_2q—中二叠统栖霞阶炭质灰岩；D_3C_1w—上泥盆统下石炭统五通组砂砾岩；C_2h—上石炭统黄龙组；S_2—中志留统砂岩；$\gamma\delta\pi$—花岗闪长斑岩

接触交代型矿体产于接触带，围绕岩体呈环带式分布，向湖区延伸。

矿床充水的主要来源为桂林桥－赛湖向斜贮水构造。向斜中二叠系—三叠系碳酸盐岩岩溶发育。调查发现，接触带和断裂破碎带岩溶发育在垂向上由浅而深岩溶化程度渐弱。

赛湖向斜贮水构造地下水径流方向为 NEE 向。瑞昌县城至桂林桥及其以西地区，为地下水的补给区。地面标高 18~20m，平水期地下水位标高约 17m，赛湖区地下水位标高约 15m，由瑞昌至赛湖区之间，水力坡度近 0.15‰，地下水进入赛湖区后，地下水力坡度呈近水平状态。从湖区地下水位动态观测资料分析，钻孔水位变化虽有差异，但地下水位的变化与湖水位变化同步。地下水位高于湖水位，具有补给型地下水动态特征，向湖区径流排泄。

可溶岩组与上覆的第四系孔隙水具有一定的联系。因此在湖区进行钻孔抽水试验，特别是大口径、大水量抽水试验时，湖区不同层位的观测孔，都不同程度地受到影响，降落漏斗呈圆形或半圆形向北、东、西三个方向发育，垂直贮水构造的长江方向更为明显，距主孔 3170m 的长 3 孔降了 1.68m。而湖岸丘陵区的 ZK24B、ZK121 钻孔抽水试验，降落漏斗呈椭圆形。长轴与地层走向一致，显示出地下水沿走向径流条件通畅（图 8-29-19~图 8-29-21）。

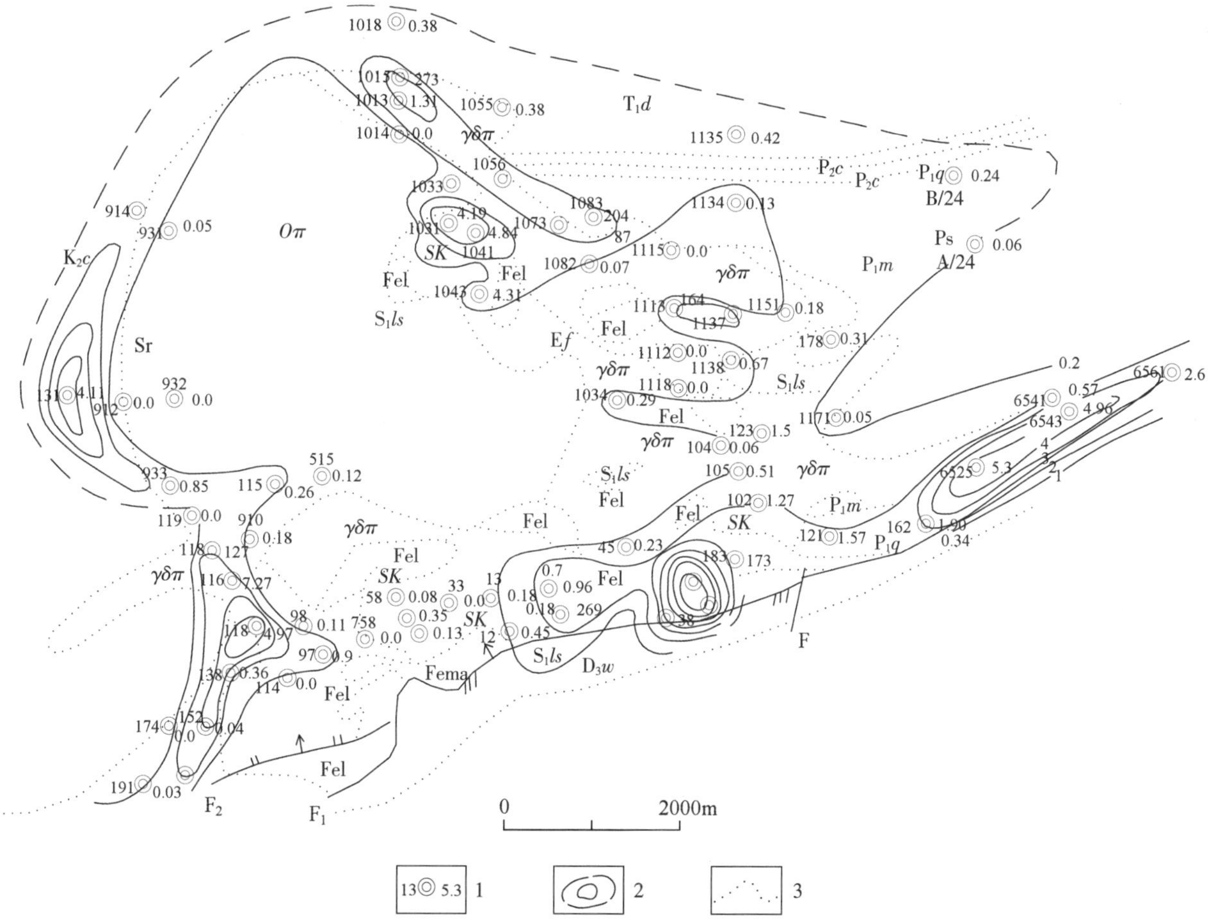

图 8-29-19　城门山矿区岩溶强度平面示意图

Fig. 8-29-19　Plan diagram of karst conditions for Chengmenshan mine area

1—左为孔号，右为岩溶强度值；2—实测与推测岩溶强度等值线；3—地质界线

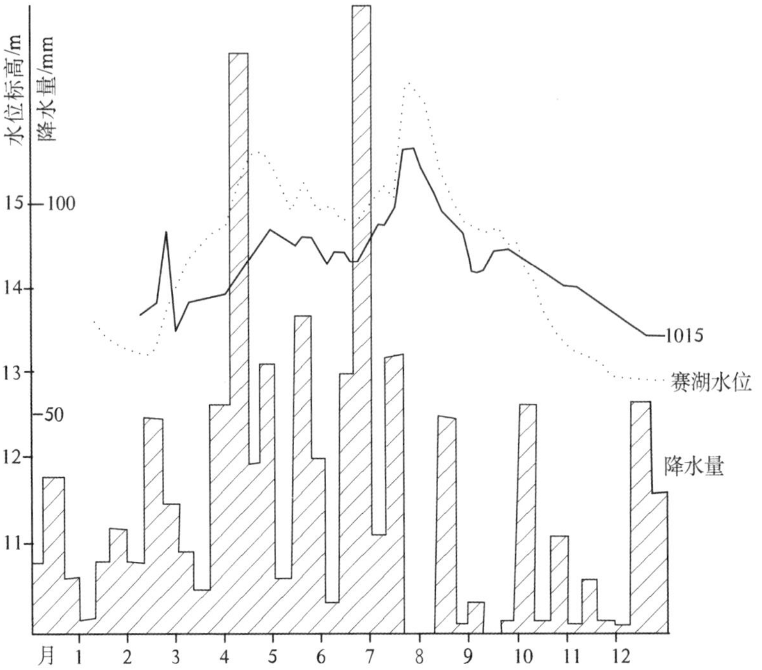

图 8-29-20 城门山矿区 ZK1105 钻孔动态曲线图

Fig. 8-29-20 Dynamic curve of ZK1105 drill hole in Cheng menshan mine

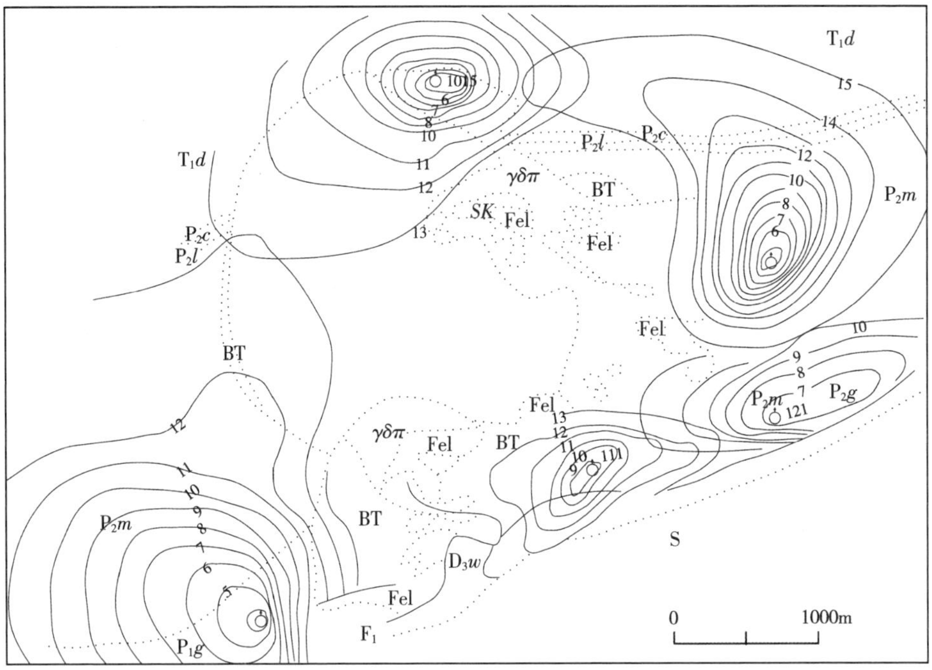

8-29-21 城门山矿区抽水试验降落漏斗曲线图

Fig. 8-29-21 Cone of depression of the pumping test from Chengmenshan mine

1—地质界线；2—抽水孔及等水位线；T_1q—三叠系青龙组；P_2c—二叠系长兴组；

P_2l—二叠系龙潭组；P_2m—二叠系茅口组；P_2g—二叠系栖霞组；D_3w—上泥盆统下石炭统五通群；

S—志留系砂岩及页岩；*SK*—矽卡岩；BT—破碎带；Fel—褐铁矿；$Q\pi$—石英斑岩；$\gamma\delta\pi$—花岗闪长斑岩

由于湖区湖相亚黏土在自然状态下具有一定的隔水作用，岩溶水经过大面积的冲积砂层、砂卵石层以渗流的方式排泄于长江。当长江水位抬高，高于赛湖水位时，可产生江水回渗反补，导致矿床充水。

矿床充水水源主要为岩溶水、地表水和大气降水。

矿区通过防水措施，已进行开采。

3. 瑞昌武山铜矿

瑞昌武山铜矿地处九江坳陷丘陵－湖积平原区。区内主要水体为矿区东侧的赤湖，其与长江连通，面积 60km²。洪水期湖水可淹没部分矿体边缘。

矿区位于黄桥向斜北冀。主要工业矿体产于燕山期花岗闪长斑岩与上石炭统至二叠系碳酸盐岩接触带。分为南北两个矿带。北矿带似层状工业矿体产于黄龙组白云岩、白云质灰岩之中，矿体底部为下石炭统、上泥盆系，志留统砂页岩。南矿带接触交代型矿床则主要赋存于二叠系、下三叠统灰岩与花岗岩株的筒状接触带，矿体周边直接与灰岩接触，水文地质条件复杂－极复杂。

矿床充水水源为岩溶水（图 8-29-22~图 8-29-24）。

矿区岩溶发育：二叠系灰岩岩溶率 12.2%，发育垂深达-468m；三叠系灰岩岩溶率 8.91%，岩溶裂隙带发育垂深达-235m。强烈岩溶发育带围绕矿体呈串珠状分布。

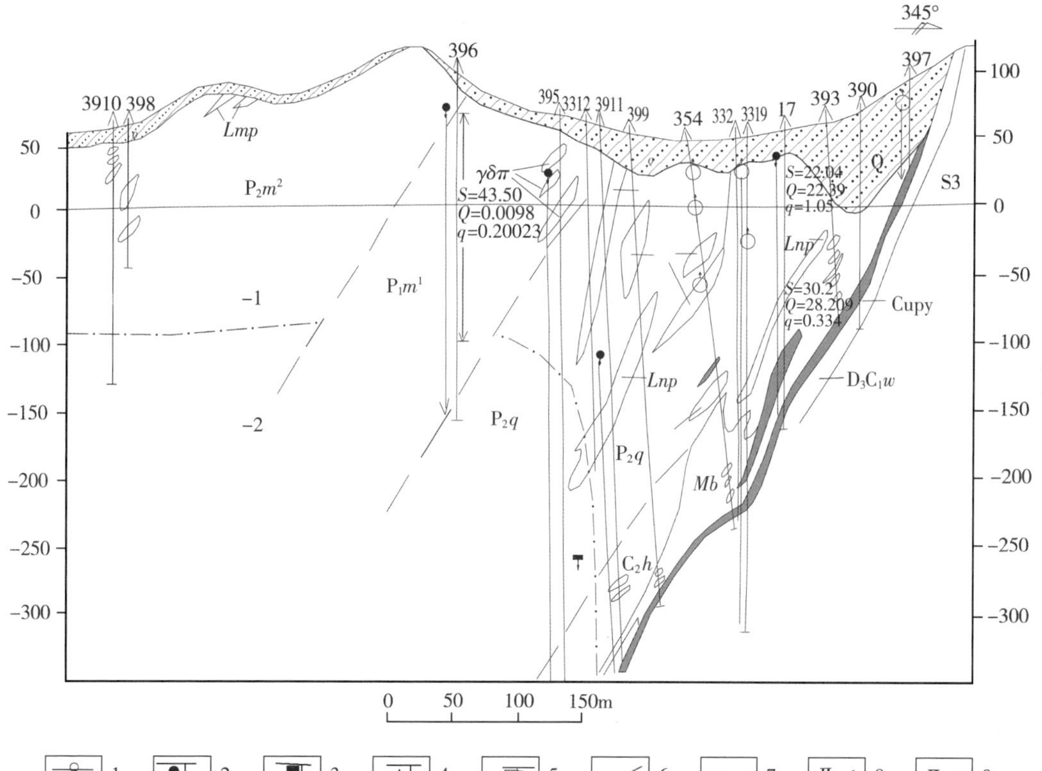

图 8-29-22　武山矿区 39 线水文地质剖面图

Fig. 8-29-22　Hydrogeological sketch of 39 line of Wushan mine area

1—钻孔及编号；2—钻孔全漏水位置及起止深度；3—钻孔部分漏水位置及止水深度；4—钻孔涌水位置；5—溶洞；6—地质界线；7—含水层划分界线；8—Ⅱ-1—强富水段；9—Ⅱ-2—弱富水段；Q—第四系黏土亚黏土夹砾石；P_2m^2—二叠系中统茅口阶燧石结核灰岩；P_1m^1—二叠系中统茅口组小江边组球状灰岩；P_2q—二叠系中统栖霞阶燧石结核含炭质灰岩；C_2h—上石炭统黄龙组灰岩；D_3C_1w—下石炭统上泥盆统五通组石英砂砾岩；S—志留系中统沙帽组石英砂砾岩；$\gamma\delta\pi$—花岗闪长斑岩；*Lnp*—煌斑岩脉；*Mb*—大理岩；Cupy—含铜黄铁矿

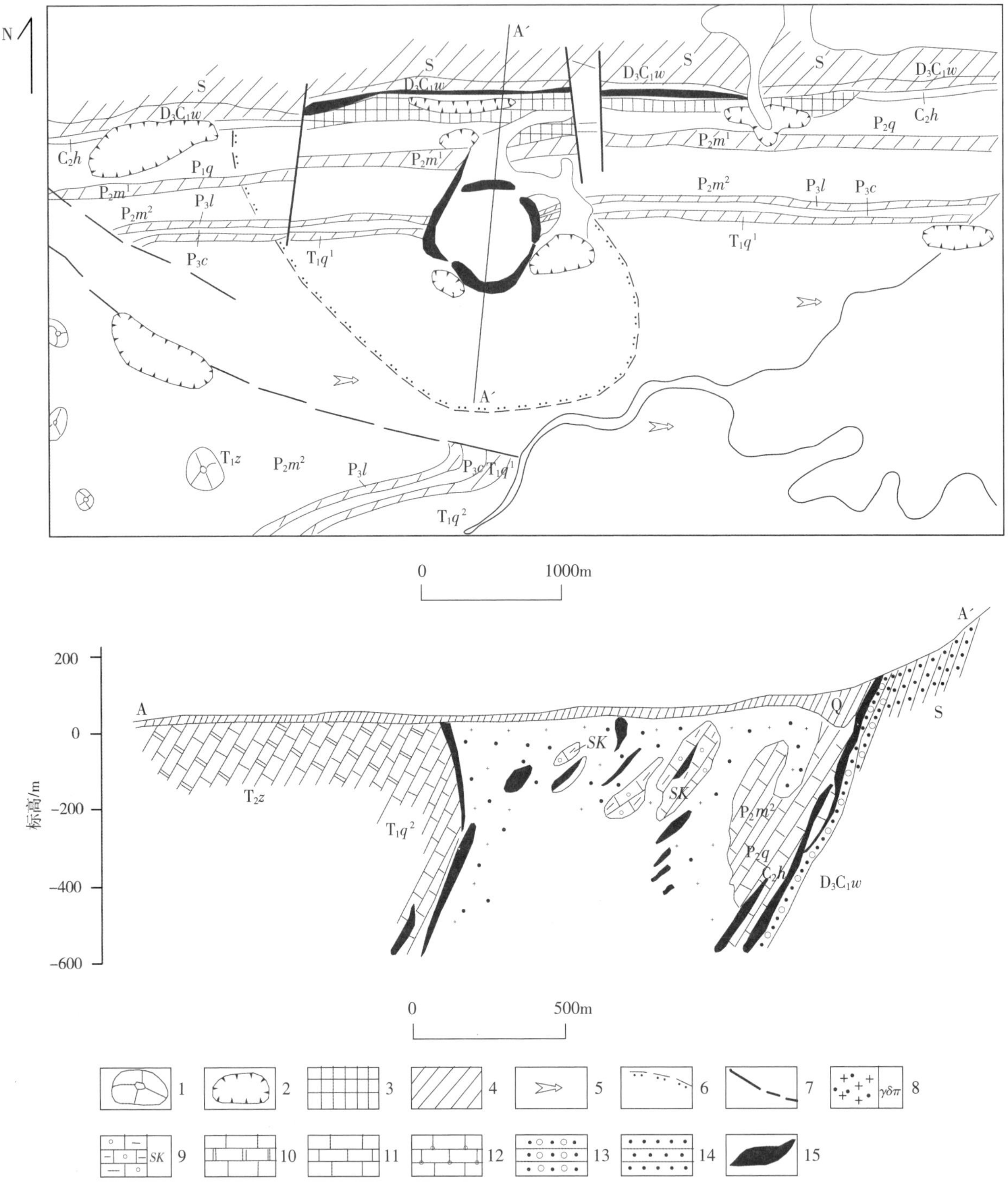

图 8-29-23　武山矿区水文地质简图

Fig. 8-29-23　Hydrogeological sketch of Wushan mine area

1—溶洞；2—第四系伏盖的岩溶洼地；3—强岩溶发育带 4—相对隔水层；5—地下水流向；6—坑道排水影响范围；7—实测及推测断层；8—花岗闪长斑岩；9—矽卡岩；10—白云质灰岩；11—灰岩；12—燧石灰岩；13—含砾石英砂岩；14—砂岩；15—矿体；Q—第四系；T_1z—下三叠统周冲村组白云质灰岩；T_1q^2—下三叠统青龙组上段灰岩；T_1q^1—下三叠统青龙组下段页岩；P_3c—上二叠统长兴组组灰岩；P_3l—上二叠统龙潭阶煤系；P_2m^2—中二叠统茅口组上段燧石灰岩；P_2m^1—中二叠统茅口组下段炭质页岩夹灰岩；P_2q—中二叠统栖霞段灰岩；C_2h—上石炭统黄龙组灰岩白云岩；D_3C_1w—下石炭统上泥盆统五通组含砾石英砂岩；S—志留系砂页岩；

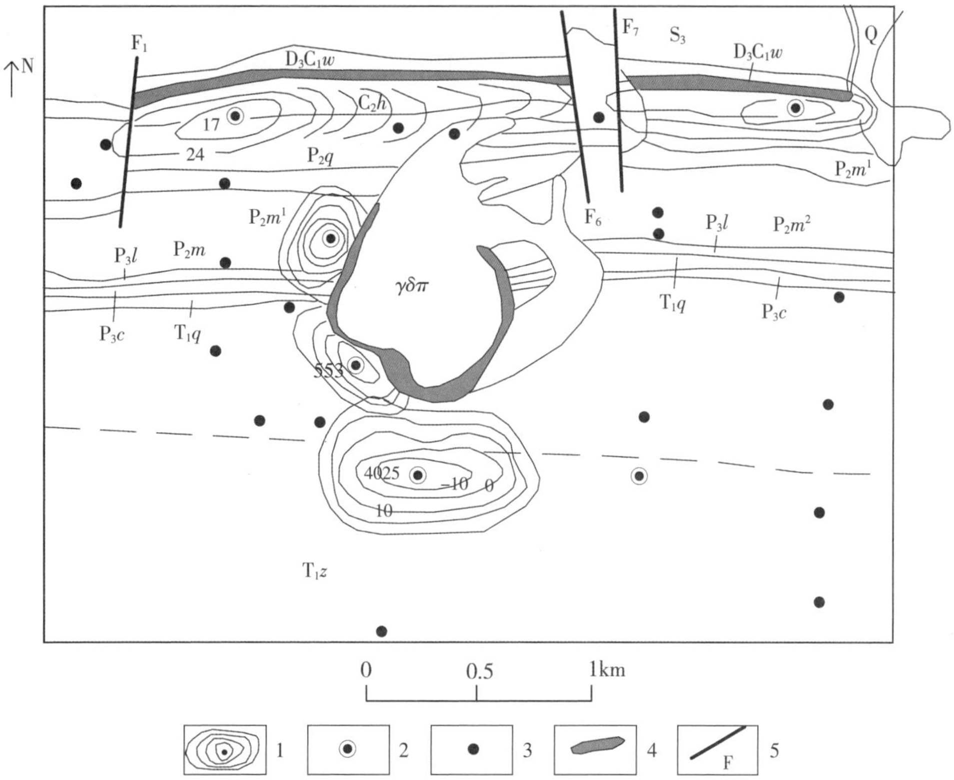

图 8-29-24　武山矿区抽水试验降落漏斗曲线图（略图）

Fig. 8-29-24　Cone of depression of the pumping test from Wushan mine　(sketch)

1—降落漏斗等值线（数字为标高）；2—抽水孔；3—观测孔；4—矿体；5—断层；Q—第四系；

Sj—志留系砂页岩；D_3C_1w—上泥盆统下石炭统五通组砂砾岩；P_2m—中二叠统茅口组；P_3l—上二叠统龙潭组煤系；

P_3c—上二叠统长兴组灰岩；C_2h—上石炭统黄龙组灰岩；$\gamma\delta\pi$—花岗闪长斑岩；T_1q—青龙组；T_1z—周冲村组

根据矿区外围西南一带和矿区泉水出露标高对比，以及矿区西部钻孔抽水试验资料分析，降落漏斗呈扁椭圆形，长轴方向除 553 孔沿接触带扩展外，其余均呈近东西向展布，与岩层走向一致，表明岩溶管道沿地层走向发育。说明区域地下水在天然状态下是由西往东运移。

岩溶水以接受大气降水补给为主，同时接受地表水的渗入补给，一部分在山前坡麓以泉的形式排泄于地表，另一部分沿岩溶管道向东径流转化为岩溶承压水，排泄于赤湖。当洪水位上涨，则形成反补。

目前矿区疏干漏斗向西扩展到 159 线以西，距疏干中心约 1600m，海于泉已干枯，矿坑涌水量 2423.71~3494.72m^3/d，表明区域岩溶水已近入矿坑。

4. 高安村前铜、铅锌多金属矿

矿体主要产于燕山期花岗闪长斑岩与黄龙组、二叠系碳酸盐岩矽卡岩蚀变带内，埋藏于低丘河谷之下，水文地质条件较为复杂。锦江支流狮水河自矿区北东流过。第四系冲积层厚度约 10~20m，阶面宽约 0.8km 的 I 级阶地。矿区基岩露头甚少，近南北走向的一组断裂略呈 150~300m 的等距排列。

主要充水水源有两种：

1）岩溶水。石炭系二叠系岩溶水分布于矿区北部。溶洞发育最低标高−359.74m，最大溶洞高 26.68m，地下水位标高 49~52m，富水性受大理岩化强弱的控制，自矿体外围和含矿带依次减弱，大致可分为三带，岩溶发育带一般距矿体40~50m（表8-29-17）。白垩系底砾岩岩溶水与下伏碳酸盐岩组成统一含水体，是矿床充水的间接水源之一，溶洞发育标高-72.55m，最大溶洞高16.66m，一般0.5m左右，水位标高49.98~51.25m，富水性强。

2）第四系孔隙水。含水层为砂砾石层，厚度小于5m，局部大于10m，地下水位标高49.37~51.30m，与岩溶水组成统一含水体，并与地表水有一定的联系。

矿区采取了防水措施，已进行开采。

表8-29-17　岩溶富水带统计表

Table 8-29-17　Statistic of karst water-rich zone

	主要岩性	钻孔单位涌水量/($m^3·d^{-1}·m^{-1}$)	渗透系数/($m·d^{-1}$)
溶洞发育带	灰岩	150.35	2.397
完整大理岩带	大理岩化、硅化灰岩	17.88	0.409
含矿带	大理岩	1.18~10.62	0.0.17~0.292

（四）似层状（矽卡岩）型锡矿床（区）

主要矿区为德安曾家垅，矿体呈层状、似层状产于隐伏花岗岩岩体顶部外接触带上震旦统陡山沱组灰岩形成的似层状矽卡岩中。（图8-29-25~图8-29-27）。

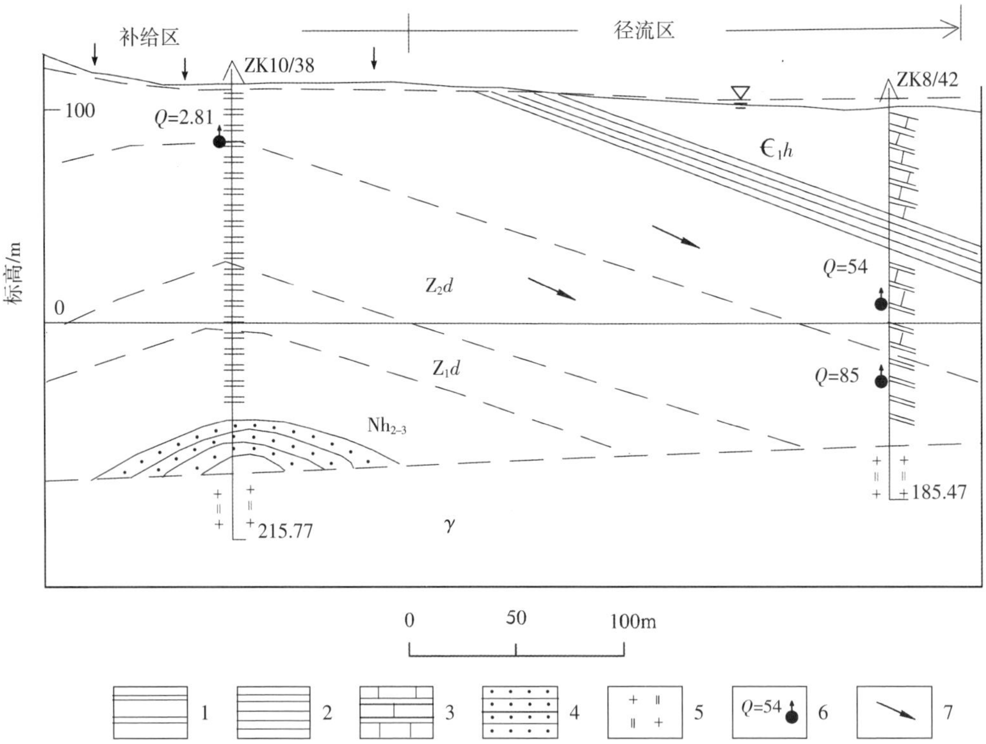

图8-29-25　曾家垅矿区水文地质剖面图

Fig. 8-29-25　Hydrogeological profile of Zengjialong mine area

1—硅质岩；2—绿色页岩；3—薄层硅质岩夹灰岩；4—砂岩；5—花岗岩；6—涌水位置及涌水量（L/s）；7—地下水流向；Q—第四系；$∈_1h$—寒武系底下统荷塘组含炭质板状页岩；Z_2dy—灯影组、Z_1d—陡山沱组、Nh_{2-3}—南华系中上统冰碛层

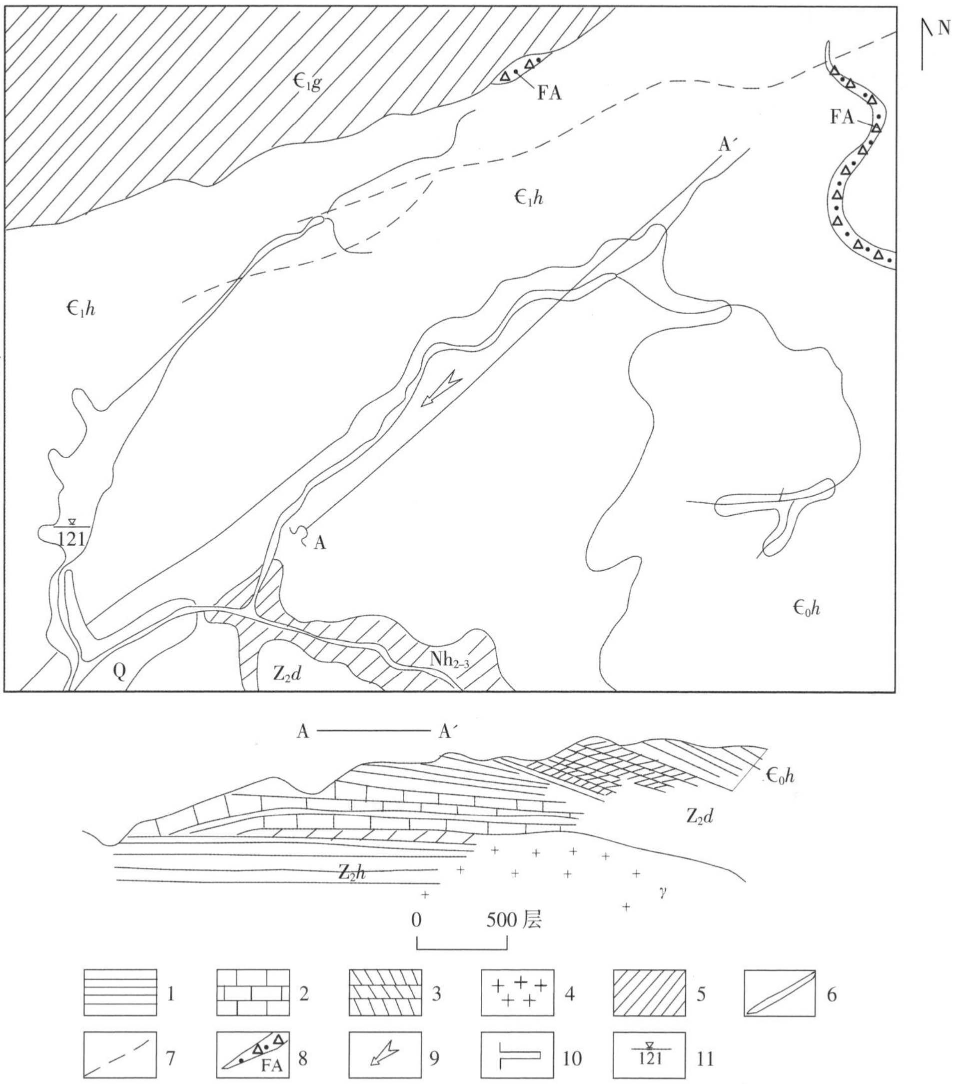

图 8-29-26 曾家垅矿区水文地质略图

Fig. 8-29-26 Simplified hydrogeological map of Zengjialong mine area

1—炭质页岩；2—灰岩；3—硅质岩；4—花岗岩；5—相对隔水层；6—矿体；7—实测及推测断层；8—破碎带；9—地下水流向；10—设计坑道；11—水库最高水位；Є$_1g$—寒武系下统观音堂组页岩粉砂岩；Є$_1h$—寒武系下统荷塘组含炭质板状页岩；Q—第四系；Z_2dy—灯影组；Z_1d—陡山沱组；Nh_{2-3}—南华系中上统冰碛层

矿区位于九江坳陷南缘、彭山穹隆顶部北西侧。主要矿体位于侵蚀基准面以下。

区内出露南华系、震旦系、寒武系砂页岩、粉砂岩、硅质岩和灰岩。断裂与岩溶裂隙也很发育，有利于接受大气降水补给，地下水位受降水的影响和控制。

矿床充水岩层为荷塘组碎屑岩及陡山沱组灰岩，矿坑涌水量<100m^3/d，水文地质条件简单－中等。

（五）接触交代型铁矿床（区）

矿区有高安村前、上栗志木山、寻乌老墓、上饶铁山等。

矿体产于花岗岩或花岗闪长斑岩与黄龙组、马平组、栖霞组、茅口组碳酸盐岩的接触带。矿体形态比较复杂。构造复杂，断裂发育，岩溶发育，矿床充水水源为岩溶水，水文地质条件中等－复杂。

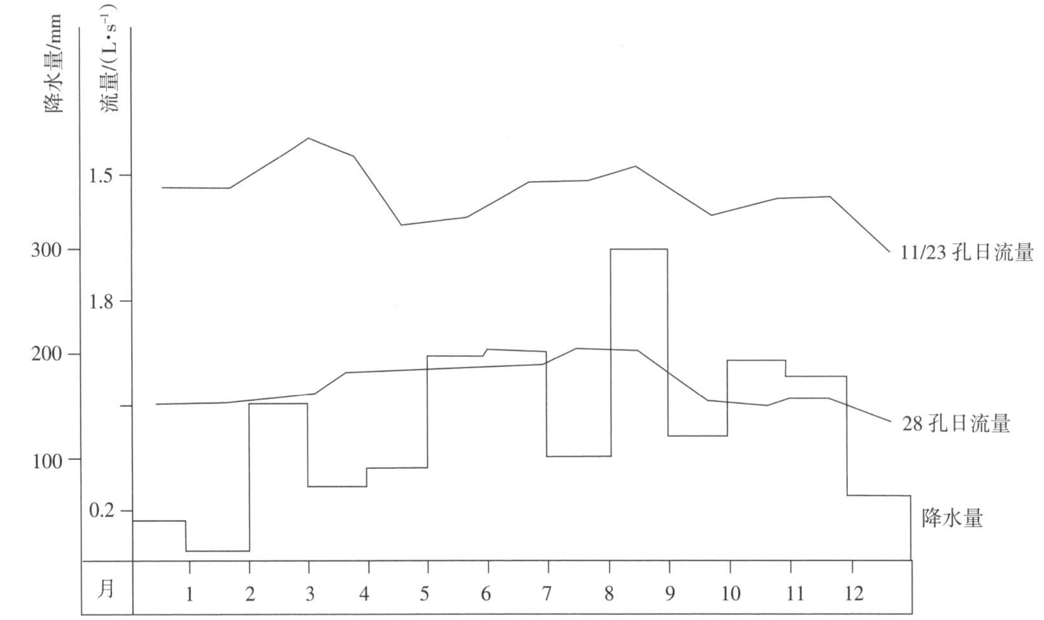

图 8-29-27 曾家垅矿区自流钻孔涌水量动态变化曲线图

Fig. 8-29-27 Dynamic variation curve of self-flow water yield from drill hole, Zengjialong mine area

寻乌老墓铁矿：矿体产于花岗岩与黄龙组灰岩接触带。1 号主矿体长 1120m，平均厚度 7.14m，全矿区见灰岩钻孔 17 个，其中 15 个见有溶洞，洞数达 50 余个，最大洞高 29.7m，一般 1~2m，岩溶发育深度 11.51~119.0m，最大深度 220m（图 8-29-28、图 8-29-29）。

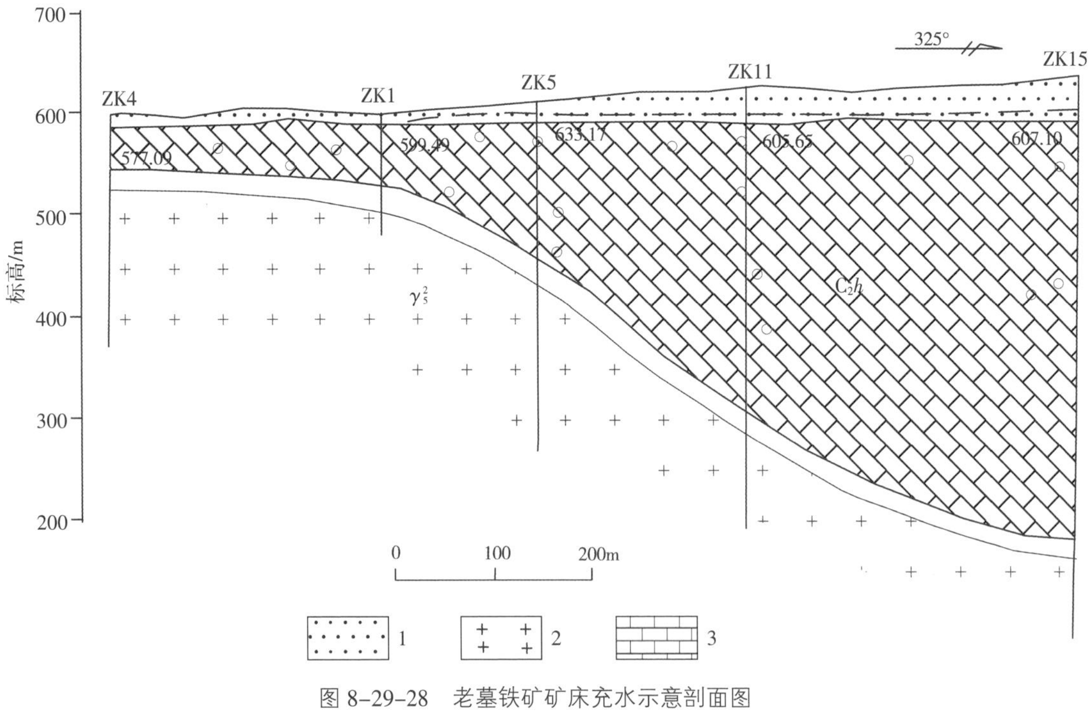

图 8-29-28 老墓铁矿矿床充水示意剖面图

Fig. 8-29-28 Section profile of water filling in Laomu iron mine

1—松散砂砾石层；2—燕山期花岗岩；3—C_2h 上石炭统黄龙组灰岩

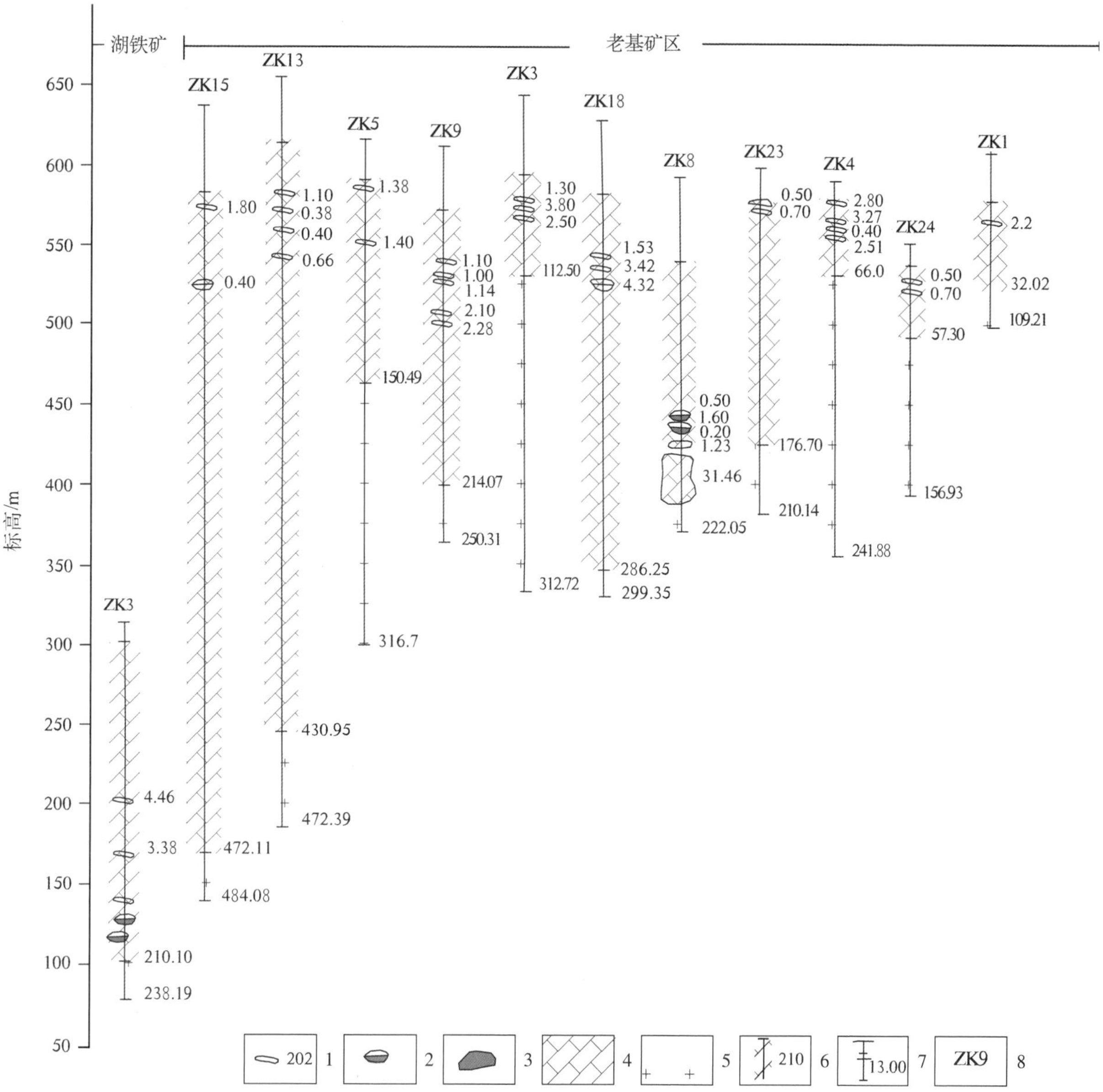

图 8-29-29　灰岩岩溶发育对比图

Fig. 8-29-29　Comparison of karst development in lithology of limestone

1—无充填溶洞，数字为洞高（m）；2—半充填溶洞；3—全充填溶洞；4—灰岩；5—花岗岩

6—碳酸盐岩与花岗岩接触界线，数字为深度（m）；7—数字为孔深（m）；8—钻孔编号

（六）接触交代型钨及多金属矿

主要矿区有修水香炉山、赣县黄婆地、崇义铅厂宝山等。

矿体呈似层状、条带状、透镜状，产于燕山期花岗岩体与古生代灰岩及碎屑岩的接触带，主要工业矿物为白钨矿，矿床充水水源主要为岩溶水，水文地质条件中等。

崇义铅厂宝山：矿体产于燕山期黑云母花岗岩与黄龙组、二叠系碳酸盐岩的接触带及其附近。水文地质特征与接触交代型铜矿床相似。

（七）似层状型钨及多金属矿

似层状铜矿主要矿区有铅山永平铜矿、景德镇朱溪铜钨矿、东乡枫林铜矿、瑞昌武山北矿带、城门山南矿带。矿体呈似层状赋存于石炭系钙质砂岩与碳酸盐岩地层中。矿床充水水源主要为矿体顶板岩溶水。水文地质条件中等。

浮梁朱溪铜钨矿充水条件见图 8-29-30。

上部似层状矿体产于黄龙组、马平组白云岩、灰岩之中。矿区地处近分水岭地带的斜坡岩溶裸露区。岩溶不甚发育，岩溶率 1.85%，多发育于当地侵蚀基面以上，钻孔单井涌水量 6.1~336m^3/d，矿坑涌水量 1.19~1.27m^3/h。矿体多位于当地侵蚀基准以上，利于自然排水，水文地质条件简单 - 中等（图 8-29-30）。

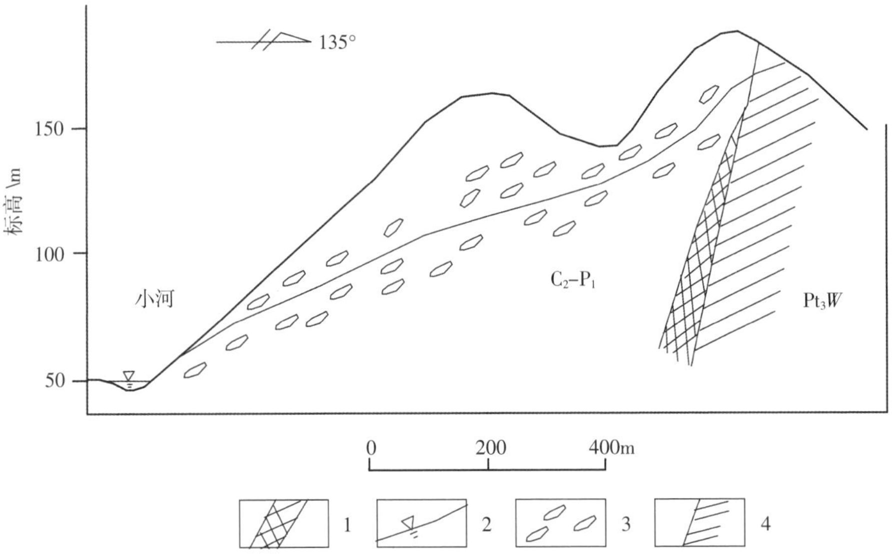

图 8-29-30　朱溪矿床充水条件剖面图

Fig. 8-29-30　Section profile of the water filling condition in Zhuxi mine

1—矿体；2—地下水位线；3—岩溶层；4—相对隔水边界；C_2-P_1—黄龙组、马平组白云岩、灰岩；Pt_3W—万年群变质岩

似层状钨矿有上犹焦里、龙南岗鼓山、修水大岩、宁都青塘等。矿体呈层状、似层状，赋存于燕山期花岗岩外接触带，不同时代碳酸盐岩中，矿床充水水源主要为岩溶和基岩裂隙水，水文地质条件中等。

似层状铅锌矿床有上犹焦里上高七宝山、铅山下湖等。焦里矿区矿体产于营前燕山期花岗岩体外接触带的寒武系灰岩夹层中。上高七宝山矿区，矿体产于泥盆系上统砂岩和黄龙组灰岩下部，在矿区附近有岩脉贯入。矿床水文地质特征与同类型的铜矿床类似。

三、煤田水文地质特征

（一）矿区分布特征

江西最有价值的煤系地层是上二叠统乐平组煤系和上三叠统安源组煤系。其次有下石炭统梓山组，中二叠统梁山组、龙潭组煤系。

乐平组煤系集中分布于萍（乡）乐（平）坳陷带，次为永新—莲花、饶南和赣南部分地区。其中以宜春—丰城—乐平地区发育完全：可分为王潘里段（C 煤组），狮子山段、老山段（B 煤组），官山段（A 煤组）；由于古地理环境的变化，上高以北缺失 C 煤组，相变为七宝山组。乐平—上饶南和赣南部分地区的乐平组有 C 煤组和 B 煤组，A 煤组缺失。至瑞昌、修水称龙潭组，煤系煤层变薄。

安源煤系集中分布于萍乡—乐平一带，次为上饶、吉安、于都等地。分为上煤组紫家冲段和下煤组三丘田段，其中下煤组含煤好。主要分布于萍乡安源、宜丰棠浦、新余花鼓山、丰城洛市、乐平仲溪和涌山桥、崇仁礼陂、弋阳内洪、横丰铺前、吉安天河、吉水八都、于都黎村等地。

梁山组煤系仅分布于赣北九江地区。

（二）水文地质特征

乐平组：煤系上部，特别是 C 煤组之上有灰岩分布，加之构造因素的复杂，如大光山“飞来峰”构造使煤层重复及老窿积水分布，水文地质条件中等至复杂，矿床充水水源主要为岩溶水和老窿水。唯丰城一带 B 煤组水文地质条件相对简单。

安源组：上煤组相对于下煤组水文地质条件简单，但有些隐伏于红盆以下煤田，如高坑、白源、梅山充水水源来自于红层灰质底砾岩裂隙溶洞水，水文地质条件仍然复杂。下煤组充水水源主要来自下伏石炭系、二叠系灰岩岩溶水，水文地质条件中等 - 复杂。由于构造因素的复杂，如巨源“飞来峰”使茅口组灰岩覆盖煤层之上及老窿积水分布，致安源组煤系水文地质条件更加复杂化。

综上所述，江西煤田水文地质条件复杂，充水水源主要为岩溶水。一些矿区因构造复杂，断层发育，岩溶化强烈，老窿多，开采方法落后，勘探钻孔封孔质量不良等，而时有突水事件发生。但随含煤地层的相变，地质环境在地理分布上有所差异，水文地质条件亦不尽相同。

1. 九江坳陷修水西坑煤矿

九江坳陷修水西坑煤矿充水水源为其上的栖霞组、茅口组中厚层状灰岩形成的岩溶水，老窿积水，水文地质条件中等 - 复杂。

西坑煤矿为一完整的向斜承压盆地。煤层为梁山组，区内分布的地层从志留系至第四系均有出露。中志留统砂页岩组成地表分水岭，与地下分水岭大体一致。煤层薄且不稳定、上下均为碳酸盐岩层，以二叠系茅口组、中厚层灰岩岩溶最为发育，黄龙组、栖霞组、小江边组灰岩，未见溶蚀现象，岩溶发育深度 124m（标高-14m），由于灰岩分布面积比较小，富水性比较弱。2 号钻孔抽水试验（茅口组灰岩），降深 9.31m，涌水量 71.71m³/d。水文地质条件中等 - 复杂（图 8-29-31）。

2. 萍乐坳陷西部万载三兴煤矿

萍乐坳陷西部万载三兴煤矿（图 8-29-32、图 8-29-33）为北型乐平组，B 煤组产于老山下亚段，上覆七宝山组硅质灰岩，A 煤组产于官山段，下伏中二叠统灰岩。

以岩溶水及老窿积水为充水水源，水文地质条件中等 - 复杂。煤层顶板为七宝山组灰岩、硅质灰岩，底板为茅口组、栖霞组灰岩，岩溶发育，钻孔岩溶率 9%，溶洞高度一般 0.8~1.5m，最大高度 13m，据调查老窿分布深度 100~300m，大、小老窿 55 个。

1977 年 7 月 5 日樟树下井底板突水，9 小时充水2400m³，巷道淹没。

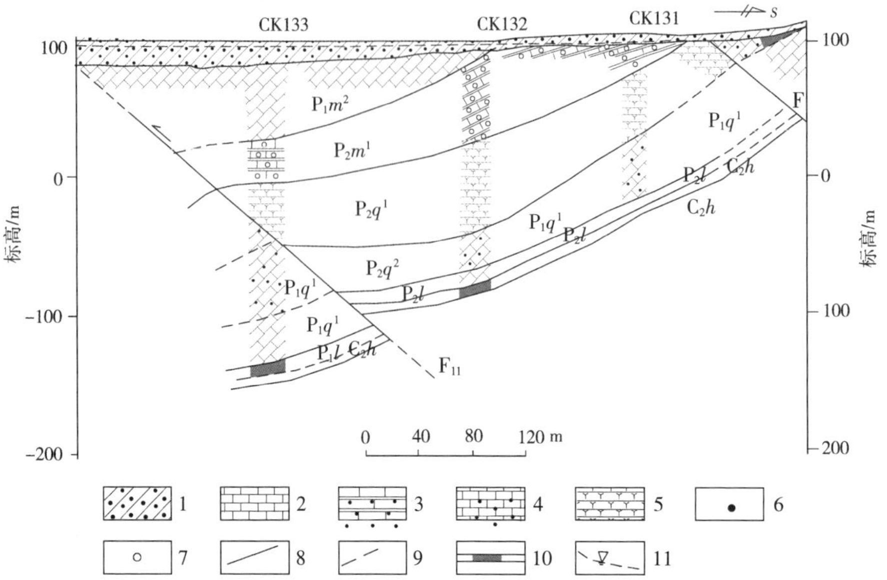

图 8-29-31　西坑煤矿水文地质剖面图

Fig. 8-29-31　Hydrogeological profile of Xikeng coal mine

1—亚黏土夹碎石；2—灰岩；3—眼球状灰岩；4—扁豆状灰岩；5—燧石结核灰岩；6—全充填洞；

7—半充填溶洞；8—实测断裂；9—推测断裂；10—煤层；11—水位线；

P_2m—中二叠统茅口组；P_2q—中二叠统栖霞组；P_2l—中二叠统梁山组煤系；C_2h—上石炭统黄龙组

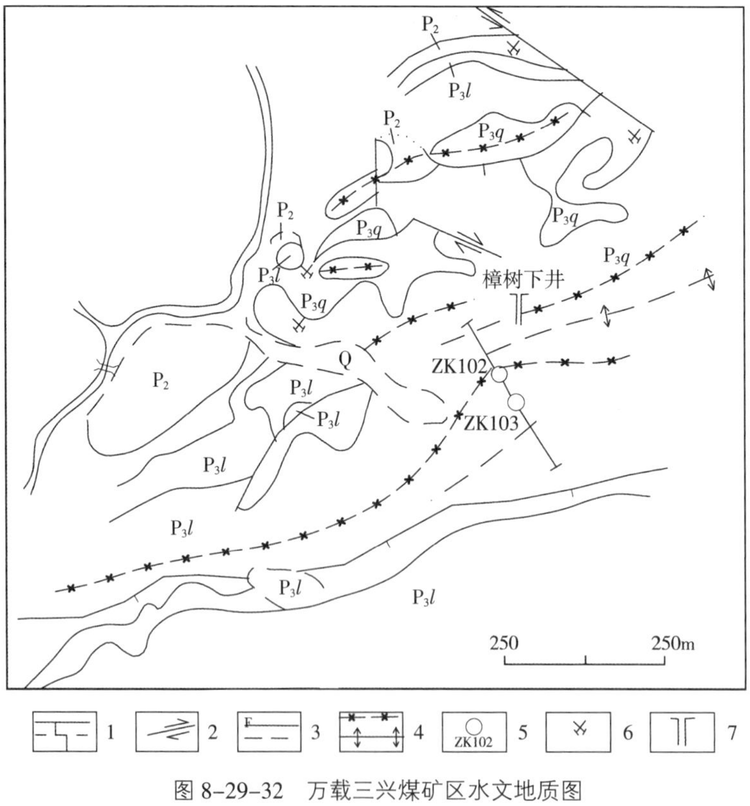

图 8-29-32　万载三兴煤矿区水文地质图

Fig. 8-29-32　Hydrogeological map of Shanxing coal mine, Wanzhai

1—实、推测正断层；2—实、推测光滑断层；3—实、推测性质不明断层；4—向斜、背斜；5—钻孔；6—老洞；7—巷井；Q—第四系

P_3q—二叠系上统七宝山组灰岩硅质灰岩、灰岩、页岩；P_3l—二叠系上统乐平组煤系砂岩、页岩；P_2—二叠系中统泥质灰岩、灰岩、硅质岩

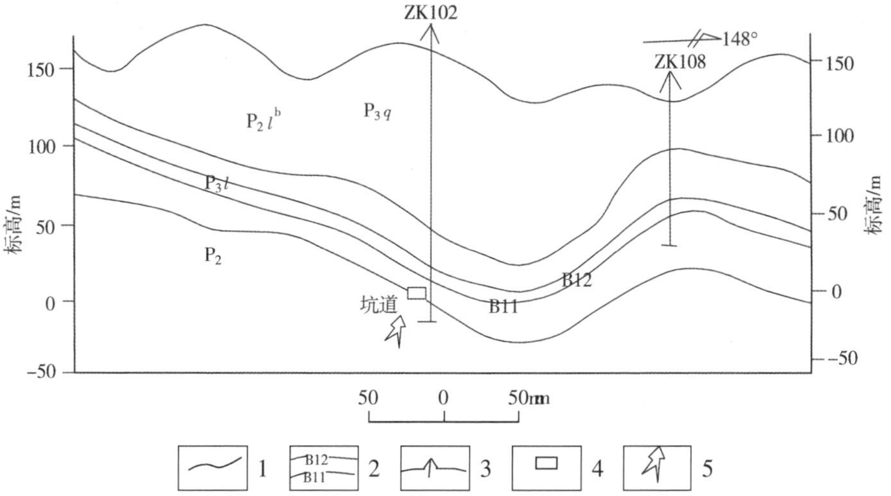

图 8-29-33　万载三兴煤矿樟树下井底板突水点示意剖面图

Fig. 8-29-33　Section profile of the water gushing points of the raft at Zhangshuxia, Shanxing coal mine,Wanzhai

1—地层界线；2—煤层；3—钻孔；4—巷道；5—突水点

P_3q—上二叠统七宝山组上段灰岩夹页岩；P_3l—上二叠统乐平组下段砂页岩；P_2m—中二叠中统茅口组灰岩、钙质砂页岩

3. 萍乐坳陷东部乐平桥头丘煤矿

矿区位于乐平县南东 10km。矿区开采乐平组 A、B、C 三个煤组，煤层共 24 层。上覆长兴组 - 青龙组灰岩，下伏中二叠统灰岩。矿区断裂发育（图 8-29-34）。

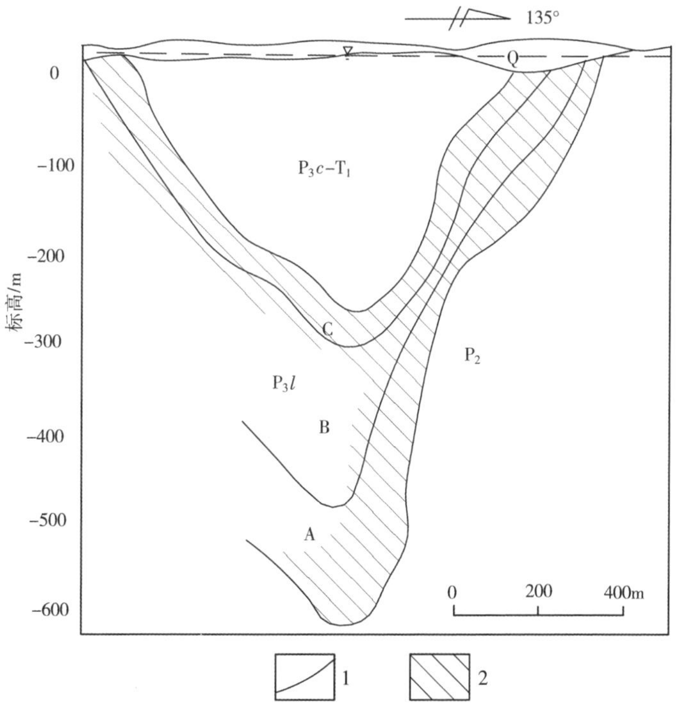

图 8-29-34　桥头丘矿床充水条件剖面图

Fig. 8-29-34　Profile of the water filling condition for Qiaotouqiu mine

1—煤层；2—相对隔水层；Q—第四系孔隙含水层；

P_3c-T_1—上二叠统长兴组—下三叠统灰岩裂隙溶洞含水层；P_3l—乐平组煤系；P_2—中二叠统灰岩裂隙溶洞含水层

充水水源为岩溶水，水文地质条件中等－复杂。

4. **萍乐坳陷中部**

（1）乐平组煤系丰城坞社里煤矿 B 煤组

矿区位于尚庄背斜的南翼。B_4 煤层产于老山段，与长兴组灰岩相距 300m，与下伏的中二叠统灰岩有 157.9m 的官山段砂岩隔水层，形成不易进水的岩溶矿床。矿床充水水源主要为中二叠统灰岩岩溶水，灰岩岩溶不甚发育，富水性比较弱，平均岩溶率 5.3%，钻孔抽水单位涌水量 0.0685L/s·m，同时与 B_4 煤层之间有厚度稳定的官山段隔水。

矿床水文地质类型为不易进水的，水文地质条件简单的岩溶水充水矿床。

（2）高安徐府岭煤矿 B 煤组

徐府岭矿区位萍乐坳陷带西部，下坊－付家圩向斜南翼。可采煤层为 B_4，其产于乐平组下老山段，埋藏在当地侵蚀基准面之下。与下伏茅口组灰岩有官山段和 B_4 煤层以下的部分下老山段岩层，组成隔水层或相对隔水层。由于茅山组灰岩古剥蚀面起伏不平，使官山段厚度极不稳定。因此，在隔水层变薄或缺失地段，茅口组灰岩岩溶水可直接进入矿坑，引起矿床充水（图 8-29-35）。

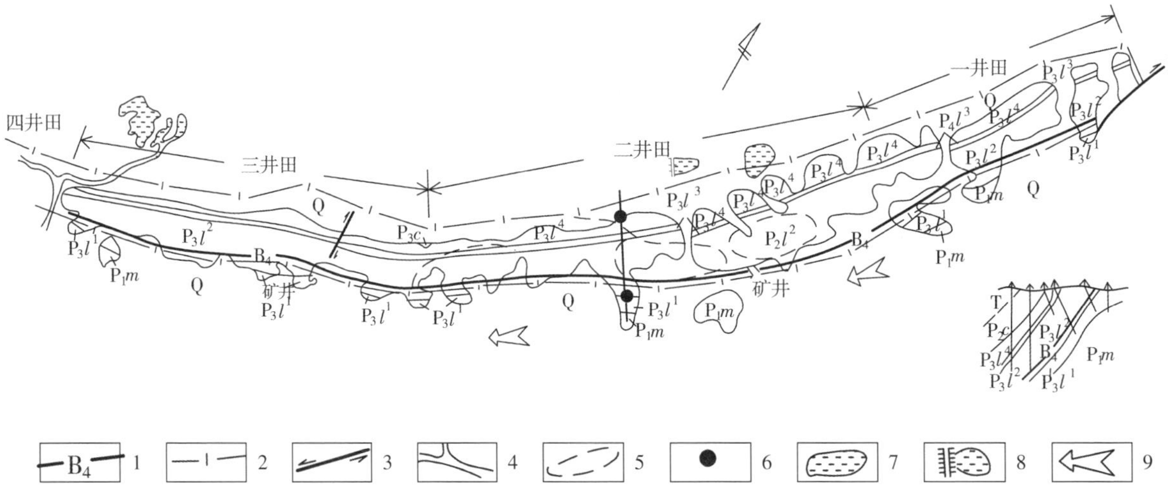

图 8-29-35　徐府岭矿区水文地质简图

Fig. 8-29-35　Hydrogeological map of Xufuling mine area

1—煤层露头线；2—井田边界线；3—断层；4—河流；5—开采陷落边界；6—灰岩抽水孔；7—池塘；8—水库；9—地下水流向；Q—第四系砂质黏土、砂砾石；T_1—下三叠统石灰岩；P_3c—上二叠统长兴组灰岩；P_3l^4—上二叠统乐平组王潘里段黏土岩、粉砂岩；P_3l^3—上二叠统乐平组狮子山段石英砂岩；P_3l^2—上二叠统乐平组老山段泥岩、粉砂岩；P_3l^1—上二叠统乐平组官山段石英砂岩；P_1m—中二叠统茅口组灰岩

矿床充水因素：

1）矿床充水水源主要为茅口组灰岩溶水及矿区老窿水。矿区共有 14 个钻孔揭露了灰岩，其中 8 个见有溶洞。岩溶发育的特点是：茅口组与上覆煤系不整合附近，灰岩质纯层厚，岩溶发育，断层带附近岩溶发育。在垂直方向上，一般在-100m 以上发育，最深可达-330m，岩溶发育程度由浅而深渐弱，单位涌水量一般 1.504L/s·m；充填物较多或岩溶不发育地段，单位涌水量 0.274L/s·m，其富水性不甚均匀。

矿区老窿一般分布在-50m 以上，主要在-20~-30m，最深可达-72m。多数老窿被充填，水量较小，但在局部未充填者成为暂时性充水水源。

2）矿床充水通道：一是底部灰岩水直接进入矿坑。如三井田在基建中于-94m 遇茅口灰岩，产生井筒突水，水量高达 10440m³/d。二是煤层顶板的裂隙，浅部水量大，深部水量小。据统计，-50m 运输大巷单位涌水量（每米坑道）为 1.44m³/d·m，在-150m 巷道单位涌水量 0.4838m³/d·m。三是断裂带，尤其是沟通底板灰岩的断裂带。

矿床水文地质类型为间接进水的水文地质条件中等的岩溶充水矿床。

（3）丰城云庄煤矿王潘里段 C 煤组

可采煤层 C23 与长兴组灰岩仅 6m 厚度的隔水层。长兴组灰岩在矿区内广泛分布，均被第四系、古近系覆盖。长兴组灰岩岩溶发育，勘探揭露该层的钻孔 21 个，其漏水钻孔 14 个，见溶洞的钻孔 7 个，溶洞高度一般 0.5~0.7m，最大 9.37m，岩溶发育标高 0~-80m，最低标高-220.10m。

覆于长兴组灰岩之上的古近系银质砾岩，岩溶亦很发育，富水性强，两者之间又无隔水层存在，形成统一的含水体，成为 C 煤组的充水水源。根据 003 孔混合抽水资料，降深 4.869m，单位涌水量 19.16L/s·m。矿床充水水源为顶板岩溶水。矿床水文地质类型为直接进水的水文地质条件复杂 - 极复杂的岩溶水充水矿床。

5. 饶南乐平组煤系

含煤地层为上二叠统乐平组吕江煤矿（图 8-29-36）。煤系顶板为青龙组及上白垩统红色砂砾岩，

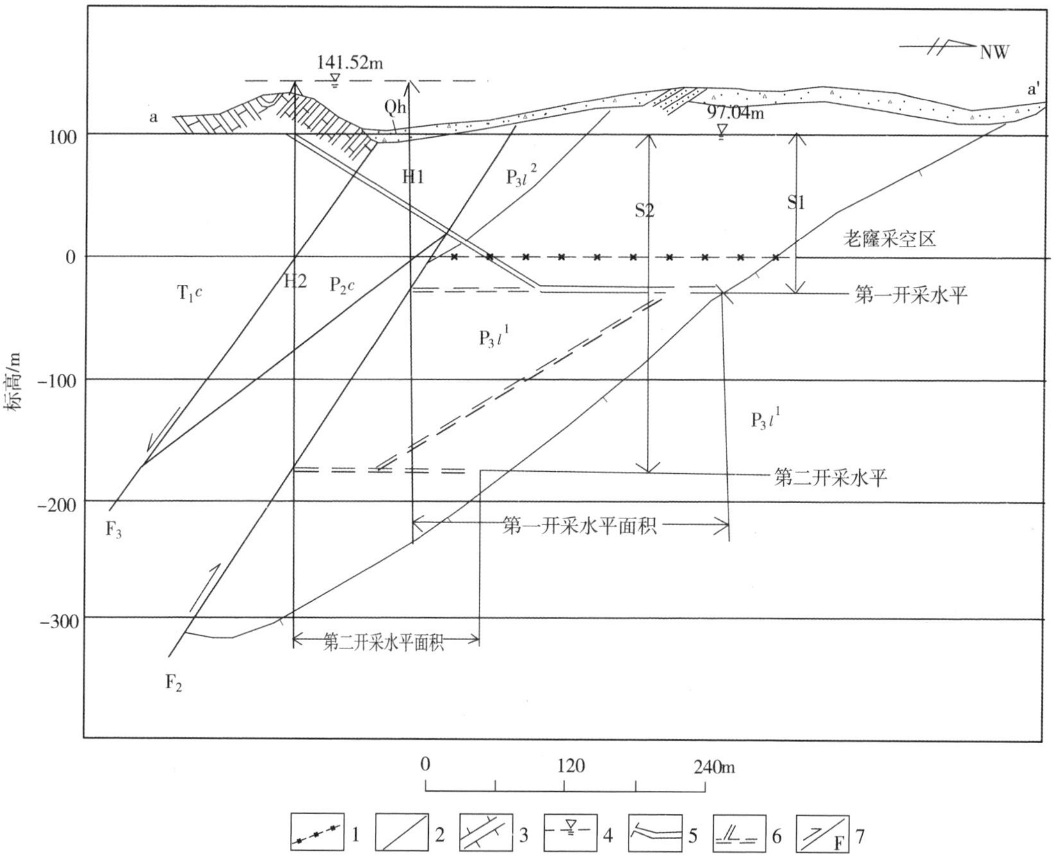

图 8-29-36　吕江煤矿充水条件示意图

Fig. 8-29-36　Illustration of the water filling condition for Lüjiang coal mine

1—老窿采空区底界示意线；2—地层界线；3—煤系地层顶底板隔水层界线；4—含水层水位标高；5—已建井巷；6—设计井巷；7—断层；Q—全新统；T_1q—下三叠统青龙组；P_3l^2—乐平组上段；P_3l^1—乐平组下段

底板为东头组硅质页岩夹灰岩。矿区断裂发育，F_2逆冲断层切穿底板裂隙溶洞水与煤系沟通，成为矿床充水的主要来源，矿区浅部老窿积水较多。矿床水文地质类型为以岩溶水为充水水源，水文地质条件中等的矿床。

6. 安源组

为江西主要的煤系之一。主要产地为萍乡煤田。安源矿开采3、4煤层及砚子槽、硬子槽、大槽。高坑矿开采1、2、3、4、5煤层及砚子槽、硬子槽、大槽、麻姑槽、帚边槽。青山矿开采大槽、管子槽、硬子槽。巨源矿杉坡里开采4、6、12、8煤层。狮子坡开采2、3、4煤层。谷皮冲开采6、7、8煤层。白源矿开采8煤层82C、82B、82A。

矿区地处萍乐凹陷的西部，褶皱复杂，滑覆断层非常发育，并伴有辉绿岩脉侵入。在青山、巨源由于逆掩断层，茅口组灰岩推覆在安源组煤系之上，形成"飞来峰"构造。高坑以东，煤层缺失，白垩系直接覆盖在茅口组灰岩之上。

主要充水岩层为底部茅口组灰岩和顶板古近系、上白垩统红层。茅口组岩溶发育，最大溶洞高32.21m（巨源矿507孔），由于灰岩与其他含水层复杂的水力联系，上部上白垩统红层分布广泛，矿坑排水的影响范围可达采煤沉陷区千米以外的井、泉。高坑、安源、巨源、青山等煤矿井下最大涌水量均在500m^3/h以上，最大达1760m^3/h。

萍乡开采历史悠久，老窿开采深度在侵蚀基准面以下40~70m，老窿积水对矿床也是一个威胁性充水水源。

在乐平一带，如乐平涌山煤矿，主要充水水源为煤系底部的大冶组、长兴组灰岩、裂隙溶洞水，煤层与灰岩之间，一般有一层砂页岩相隔，属间接性充水（图8-29-37）。

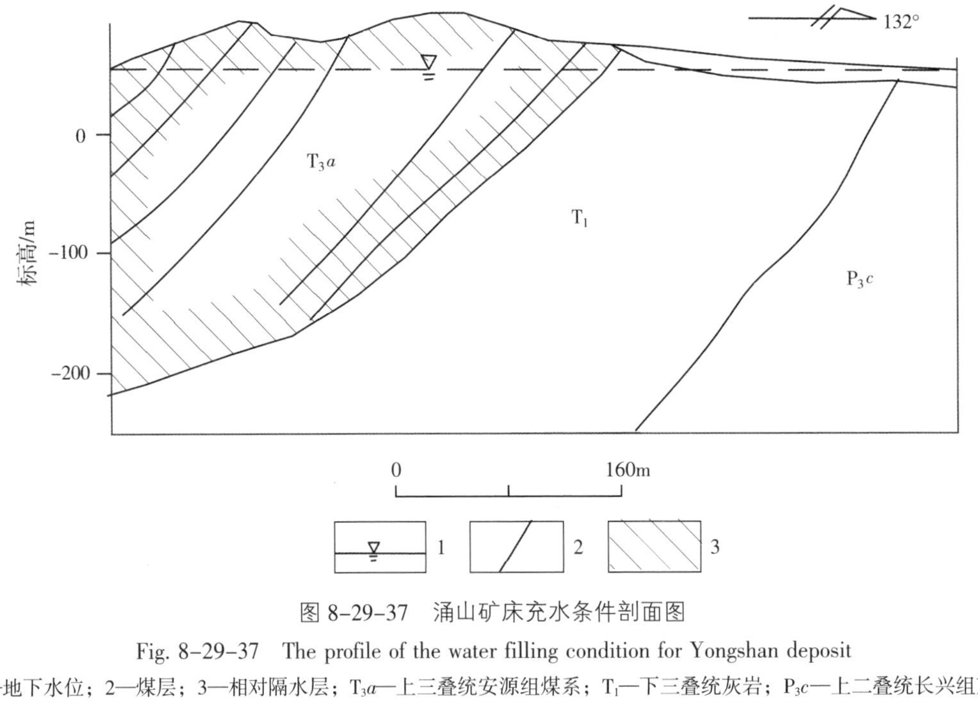

图8-29-37　涌山矿床充水条件剖面图

Fig. 8-29-37　The profile of the water filling condition for Yongshan deposit

1—地下水位；2—煤层；3—相对隔水层；T_3a—上三叠统安源组煤系；T_1—下三叠统灰岩；P_3c—上二叠统长兴组灰岩

第三十章　矿山地质环境现状

第一节　矿山地质环境问题类型及分布特征

一、矿山地质环境问题类型

江西省矿山环境地质问题主要表现为（图 8-30-1）：

1）土地资源损坏、地形地貌景观破坏等资源损毁现象。

2）崩塌、滑坡、泥石流、地面塌陷、地裂缝等矿山开采引发的地质灾害。

3）地表水污染、地下水污染及土壤污染等矿山开发利用过程所排放的废水、废渣引发的污染。

具体表现为矿山开采占用损坏植被及土地，并引起或加剧水土流失；废渣废水不达标排放造成水土污染；地下采矿造成采空塌陷及地裂缝；矿山抽排地下水造成水均衡破坏及岩溶塌陷；废渣不合理堆放及露天开采造成的崩塌、滑坡、泥石流地质灾害。

二、分布特征

（一）土地资源损毁

矿产资源开发占用、损坏土地，包括采场、排土场、尾矿库、矿山公路及厂房占用土地，采矿导致的崩塌、滑坡、泥石流、地面塌陷、水土流失损毁土地。省内矿山占用土地 95379.77hm^2，损坏土地 19410.4hm^2（不包括土地功能下降及水土流失），其土地类型主要为林地。在面积上以赣南地区为第一，其次为赣东北地区；在形式上主要为采矿场、废渣堆场、尾矿库占地面积较大；在矿类上以能源矿产矿山开采对土地资源的占用和损毁最为严重，建材及非金属矿山次之，有色金属矿山又次之。

（二）地质灾害

省内共有地质灾害（含隐患）578 处，其中大中型 3 处。在数量上以地裂缝、地面塌陷与滑坡最多，分别为 189、164 处和 152 处，主要集中在赣西地区；在规模上主要以滑坡和泥石流规模最大，产生的经济损失最为严重，主要集中在赣东北与赣北地区；在矿产类型上主要以能源矿产、有色金属矿产发生数量居多，占地质灾害总数的 78%。

（三）环境污染

主要为能源、金属矿山在地下开采过程中对废水、废渣未达标排放而造成的水土污染。主要表现

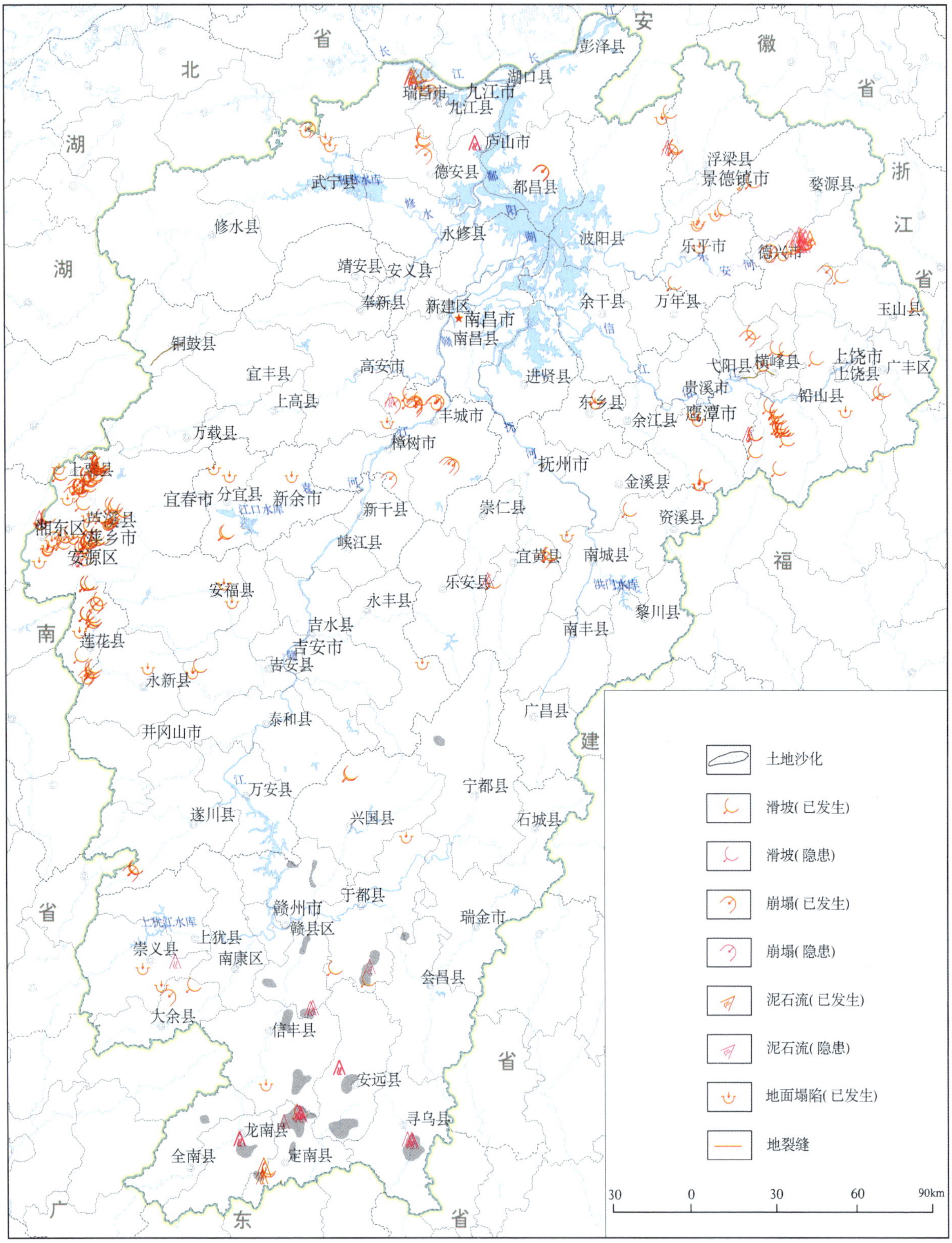

图 8-30-1　江西省矿山地质环境问题略图

Fig. 8-30-1　Sketch of Geo-enviroment problems of different mines in Jiangxi Province

为铜钨、多金属矿废水不达标排放导致下游水系金属离子污染以及水体呈酸性；煤矿矿坑水的随意排放导致下游水体含硫较高，pH 值较低，污染耕地及地表水体。

第二节 矿山地质环境状况、存在的主要问题及其危害

江西矿业开发为国家及江西经济发展做出了重要贡献，但也给生态环境带来较严重的负面影响。尤其是开采金属、煤矿的大中型矿山及群采矿区的周边地区，生态环境严重恶化，已制约了矿山及当地经济的发展。全省矿山地质环境基本情况（表 8-30-1）。

表 8-30-1 江西省矿山地质环境基本情况统计表（截至 2013 年底）

Table 8-30-1 Statistics of the basic geo-environment situation of mines in Jiangxi Province (up to the end of 2013)

统计项目 \ 矿类		能源矿产	金属矿产				非金属矿产			其他	合 计
			黑色金属	有色金属	贵金属	稀有稀土	冶金辅助原料	化工原料	建材及其他非金属	水气矿产及其他	
矿区面积/hm²		70155.97	21126.56	33380.58	5540.72	20149.1	4929.67	3100.05	27969.07	585.69	186937.41
采空区/hm²		5418.95	649.31	1668.13	323.77	19.85	5.22	0.22	1285.98	0	9371.43
年产矿石量/万 t		2364.09	1844.71	6155.94	222.33	1156.35	232.18	359.67	16770.39	145.65	29251.31
土地损坏面积/hm²		5604.34	2402.79	6369.86	1474.07	4864.63	666.98	493.02	6012.36	24.11	27912.16
土地复垦面积/hm²		745.97	188.25	1236.69	238.33	314.38	44.05	13.95	543.22	12	3336.84
废渣排放	堆放场地/处	1572	50	473	129	421	67	19	3702	10	6443
	年产出量/万 t	2838.25	9931.94	13441.21	669.84	1908.46	304	131.95	1831.22	0.7	31057.57
	累计积存量/万 t	7415.01	16532.47	266569.38	2587.3	13135.14	406.14	206.65	2477.29	0.7	309330.08
	年综合利用量/万 t	247.76	3316.71	4920.95	385.64	1312.15	82.77	3.6	160.61	0.3	10430.49
废水排放	年产出量/万 t	7126.97	2499.49	5014.59	540.81	2.14	289.14	15.12	652.36	0.344	16140.964
	年排放量/万 t	6282.56	2498.49	3502.67	301.16	2.14	286.34	15.12	652.31	0.34	13541.13
矿山地质灾害及隐患/处		417	37	57	27	15	5	2	18	0	578

一、矿山地质灾害

矿山开采过程中由于地表剥离、地下采空、废石堆积、尾砂排放、地下水疏干等人为活动的影响，破坏了地面稳定而产生一系列与采矿活动密切相关的地面塌陷及其伴生的地裂缝、泥石流、崩塌、滑坡等地质灾害。历年来，江西省由采矿诱发的次生地质灾害（含隐患）578 处，造成死亡人数 156 人(未包括瓦斯爆炸的死亡人数)、直接经济损失 25482.32 万元（表 8-30-2）。

表 8-30-2　江西省矿山地质灾害统计表（截至 2013 年底）

Table 8-30-2　Statistics of geological hazard of the mines in Jiangxi Province (up to the end of 2013)

单位：处

地质灾害 矿类	崩塌及隐患	滑坡及隐患		泥石流及隐患		地裂缝	地面塌陷	合计
	小型	大型	小型	中型	小型	小型	小型	
能　源	19	0	91	0	5	166	136	417
黑色金属	3	0	22	0	2	6	4	37
有色金属	4	1	18	1	17	7	9	57
贵金属	1	0	12	0	1	4	9	27
稀有稀土	0	0	1	0	14	0	0	15
冶金辅助原料	0	0	1	0	0	2	2	5
化工原料	1	0	1	0	0	0	0	2
建　材	3	0	5	0	2	4	4	18
水气及其他	0	0	0	0	0	0	0	0
合　计	31	1	151	1	41	189	164	578

（一）地面塌陷及其伴生的地裂缝

地面塌陷分采空地面塌陷及矿山开采疏干地下水诱发的岩溶地面塌陷。据不完全统计，全省地下采矿采空区面积达 9371.43hm²，形成采空沉陷区面积约 6000hm²，造成大量的植被、景观损坏，土地功能下降，建筑物毁损。据统计全省矿山地面塌陷及伴生的地裂缝 189 处，死亡 17 人，直接经济损失 5811.82 万元。采空塌陷主要分布在煤、铜、钨矿和其他金属矿床采区，其中煤矿采空地面塌陷具缓变性（具移动盆地），可预测性强；钨及金属矿山采空地面塌陷具冲击性，可预测性差。岩溶地面塌陷主要分布在萍乐坳陷带、九瑞坳陷等围岩为灰岩的矿区。

煤矿采空塌陷主要分布在萍乡、新余花鼓山、丰城、高安、乐平等煤矿区。全省至 2013 年生产原煤累计 65743 万 t，形成了大面积的采空区而导致地面沉陷，沉陷区面积超过 5342hm²。据萍乡矿务局及省煤矿设计院统计资料，萍乡矿区从 1913 年至今共生产原煤 3.42 亿 t，仅高坑 – 安源、青山、白源、巨源、黄冲 – 焦源 5 个采矿区域形成沉陷总面积 3650hm²，地表最大沉陷 11.11m。

据 2013 年丰城矿务局统计资料，该矿务局累积生产原煤 11242 万 t，各矿山地下采空区范围为 1000hm²，地面沉陷面积达 1314hm²，平均下沉量 0.8m、最大下沉量 1.66m，煤矿区的万 t 煤塌陷率为

130~9000m^2；以河西矿区为最，达 9000m^2。丰城云庄煤矿 1975 年发生地面塌陷，影响面积达 1km^2，最大塌坑达 314m^2。乐平采区形成塌陷 1800hm^2，如乐平鸣山煤矿 1976 年 6 月 19 日发生地面塌陷，分布面积 15hm^2，最大塌坑达 800m^2。

钨矿采空塌陷主要分布于于都盘古山、铁山垅，大余西华山、漂塘、荡坪、下垄，定南岿美山，全南大吉山等钨矿区。据对钨业集团公司所属的 11 个矿山统计，地面塌陷面积达 24hm^2。如铁山垅钨矿隘上采区 2.4km^2 范围内，塌陷坑最长 1.4km，宽一般 5~20m，深 1~15m，塌陷面积达 0.2hm^2。全南大吉山钨矿形成塌陷面积 14.5hm^2。

其他矿种地下开采亦产生较大规模的采空地面塌陷。如丰城南方水泥有限公司梅林矿由于开采形成多处塌陷坑并有多处裂缝产生，导致矿山旁房屋被损毁，周边农田也存在不同程度的塌陷；东乡铜矿采矿形成长 200m、宽 150m 的塌陷区，面积达 3hm^2，地面塌陷伴随地面裂缝的产生而形成；金山金矿（位于德兴市花桥镇）采矿坑塌陷破坏植被 200hm^2，农田 400hm^2；新余良山矿业有限责任公司采空塌陷 152hm^2；萍乡上株岭铁矿塌陷影响 100 多户居民的安全。

伴随地面塌陷一般有大的地裂缝。如朝阳磷矿矿区 1790hm^2 范围内，每平方千米 3~4 个磷窑，这些矿山采用自然放顶法管理采空区及巷道顶板，使地表形成大量的裂缝、沉陷等，特别是南山底一带，变形区长 1500m、宽约 70m，各种塌陷 20 余处，地裂缝十余处，裂缝长达 30~80m、宽 5~10cm，垂直落距 10~30cm。萍乡巨源、安源、青山、高坑、三田等煤矿区，伴随地面塌陷出现较大地裂缝 49 条，长约 1.63 万 m，其中巨源、青山、高坑、安源等矿区，地裂缝发育总长度依次为 1150m、6950m、2275m 和 3000m，宽度一般 0.5~1m，最大可达 5m，深度一般均在 10m 以上，个别直达井巷。其中青山矿区地面变形 10 处，总面积 52.85hm^2，地面裂缝 18 条，其最长一条地裂缝长 1550m，最大一处地面变形长约 650m、宽约 350m，深 20~30m，其发育延伸方向与井巷煤层采空范围平面延伸基本一致。

由于矿山开采疏排地下水，导致大面积岩溶地面塌陷，且影响范围远比采空地面塌陷大，如乐平市桥头丘煤矿 1972 年由于大量疏排地下水引发 231 个塌坑，影响面积 70hm^2；1974 年丰城尚庄煤矿历时 109 天的放水过程形成 181 处塌陷和地裂缝；河西煤矿由于采矿强排水在 1969~1984 年间，造成矿区附近的岭下、坞下村等十几个村庄地面塌陷、房屋开裂、井水干枯、水田无法存水。

（二）崩塌、滑坡

由采矿活动引发的滑坡规模大，危害严重。全省矿山历年来发生崩塌滑坡 84 起（隐患 99 处），死亡近百人，直接经济损失 14514.35 万元。1997 年 7 月 11 日，原富家坞铜矿露采边坡发生滑坡，垮塌从+414m 台阶开始，至官帽山顶北侧，高差 234m，垮塌范围：南北向长 350m，东西宽 300m，厚 10~25m，滚落堆积至下部+342m、+378m、+390m 台阶的松散岩土达 80 余万 m^3，整个露天采场运输公路和采剥场地、储矿井等工业设施均被土石方覆盖，滑坡总方量约 156 万 m^3。如上饶市朝阳磷矿，1988 年 6 月 21 日发生滑坡，滑坡体长 150m、宽 60~90m、厚 27m，规模 7.4 万 m^3，滑舌覆盖面积 1.6 万 m^2，掩埋下源村 49 栋民房，致死 29 人，伤 49 人。龙南足洞稀土矿原地浸矿工艺采矿，形成滑坡，滑体方量近万立方米。

（三）泥石流

矿山泥石流危害较为普遍，一方面泥石流危及采矿工人及设备安全，另一方面泥石流会危害矿山周边的村民生产生活及生命财产安全。全省矿山历年来发生泥石流42处，直接经济损失3513.56万元。以露采矿区为甚，主要分布在采场周围及废石堆、尾砂库下游的沟谷中。在采场筹建期间，因修建公路，采场爆破等形成大量的松散堆积物，暴雨后极易形成泥石流；当露采场边坡设计不合理或其他因素影响导致边坡失稳时，亦易诱发泥石流。如德兴富家坞铜矿1998年7月在暴雨的影响下形成20多万m^3的泥石流，为前述富家坞滑坡基础上形成，固体堆积物覆盖面积10万m^2，矿山设施大部分被淹埋，直接经济损失2373.56万元，总经济损失超亿元，并导致矿山最终破产；其他铜矿如东乡铜矿、永平铜矿、雨季亦曾形成过泥石流。

1998年7月23日,玉山县童坊水泥厂因一百多年前烧石灰后沿山沟堆积的石煤渣崩塌下泄形成泥石流，堆积体积达1万m^3，损坏两栋厂房、冲毁1200余吨原料与水泥，直接经济损失86万元。另外有些矿山为减少修建尾砂库的费用，在雨季恶意排放尾砂，形成水石流，导致下游河段严重淤积。

于都铁山垅钨矿隘上矿段自1985年以来，多次发生泥石流。1988年3月23日，Ⅳ号沟点发生突发性老窿涌水，老窿涌水与采矿废石尾砂混合形成泥石流，使铁山垅镇河迳村隘上组33户186人受到损失，冲毁农田1.2hm^2，房屋全部倒塌，33户被迫搬迁，直接经济损失87.1万元。1989年4月尾砂库尾砂溢过尾砂坝，使禾丰镇坪山、黄村等地14hm^2农田受泥石流影响而减产，0.13hm^2的水库被尾砂埋没，直接经济损失81.9万元。

二、含水层的影响与破坏

矿区地下水疏干与均衡破坏是采矿导致含水层破坏而引起的又一突出的地质环境问题。如萍乡、丰城、高安、新余、宜丰、万载、乐平等地煤矿及武山铜矿、上珠铁矿等因采矿长期疏排地下水或矿坑突水，形成大面积地下水降落漏斗，水位长期不能恢复，导致矿区周围泉水干枯，农田严重缺水而无法耕作，甚至村民饮水都非常困难。萍乡安源－高坑矿地下水降落漏斗达3100hm^2；巨源、青山、上官岭等矿地下降落漏斗分别达2700、1070、340hm^2；丰城河西矿区漏斗范围达4000~5000hm^2，地下水位逐年缓慢下降，水位埋深已从原来的2.7~4.4m降到2013年的13.0~16.57m，岩溶泉水全部干枯，单井出水量减少。

地下水均衡破坏主要分布在上饶、新余、赣州、景德镇、吉安和景德镇等地，造成地下水均衡破坏的矿山主要为煤矿、铜矿、钨矿、铁矿等，破坏面积均在200hm^2以上。

三、土地植被资源占用与损坏

全省矿山占用土地186937.41hm^2，损坏土地27912.16hm^2（不包括土地功能下降及水土流失）。以有色金属、建材、能源、稀土矿山开采损坏土地面积较大，占损坏总面积的82%。赣州、上饶、宜春三设区市矿山对土地的损坏较为严重，占损坏总面积的62%，上饶市、宜春市均超过3000hm^2，赣州市达为8600余公顷。

四、地形地貌景观损坏

主要表现为露天采场对原山体进行表层的剥离而进行矿业开发，导致岩土体裸露，造成地形地貌景观的损坏；矿山道路、工业广场对原地形地貌进行改造、平整等措施造成地形地貌景观的损坏；废渣堆、尾矿库对原地形地貌的压占造成的地形地貌景观损坏。

全省矿山开采导致地形地貌景观损坏面积为27912.16hm^2，其中主要破坏为林地，面积为26950.77hm^2。赣南稀土矿、钨（钼）矿及群采砖瓦黏土矿山占用损坏了大量土地和植被，造成了大面积的水土流失和土地沙化，土地类型主要为林地与耕地。赣西的煤矿煤矸石堆以及群采建筑石料、瓷土矿等露天开采矿山，赣中的铁矿废渣堆与尾矿库，赣东北铜金矿的废渣堆、尾矿库以及露天采坑，赣北建材矿的露天采场等，对山体原有的地形地貌造成了较为严重的影响。

五、矿山废水及废渣危害

（一）废水

全省矿业废水年产出16140.96万t、排放13541.13万t（不包括汛期采场及废石堆淋滤废水），年循环利用量2599.83万t，废水年循环利用率不高，仅为16%（表8-30-3）。废水主要来源于有色金属矿山的选矿、矿坑（采场）废水及煤矿的矿坑废水，这些废水一般仅经简单处理或未经处理就直接排放于地表水体中，造成了下游水土环境不同程度的污染。

表8-30-3　江西省矿山废水排放统计表（截至2013年底）

Table 8-30-3　Statistics of waste water discharge from the mines in Jiangxi Province (up to the end of 2013)

矿类		废水年产出量/万t						废水年排放量/万t					
		矿坑废水	选矿废水	堆浸废水	洗煤废水	生活废水	小计	矿坑废水	选矿废水	堆浸废水	洗煤废水	生活废水	小计
能源矿产		6515.84	403.18	18.08	1	169.77	7107.87	6067.61	7	18.08	1	169.77	6263.46
金属矿产	黑色金属	2470.93	32	2		18.69	2523.62	2470.93	32	2		17.69	2522.62
	有色金属	3708.53	1223.53	18.94		66.59	5017.59	2528.43	892.71	17.94		66.59	3505.67
	贵金属	221.06	307.6	3.8		8.35	540.81	205.71	85.2	1.9		8.35	301.16
	稀土	1				1.14	2.14	1				1.14	2.14
非金属矿产	冶金辅助原料	286.23	2			2.61	290.84	283.43	2			2.61	288.04
	化工原料	11.92	2			1.2	15.12	11.92	2			1.2	15.12
	建材	619.81	11			11.82	642.63	619.76	11			11.82	642.58
水气矿产		0.34					0.34	0.34					0.34
合　计		13835.66	1981.31	42.82	1	280.17	16140.96	12189.13	1031.91	39.92	1	279.17	13541.13
备　注		废水产出量、排放量中不包括汛期采场及废石堆淋滤废水											

（二）废渣

分为废石（土）、尾砂、煤矸石及粉煤灰（洗煤的产物）四类，以废石、尾砂为主。全省废渣累计存放量达 309330.08 万 t，其中废石 164118.24 万 t、尾砂 139049.66 万 t、煤矸石 6157.28 万 t。年产出废渣 31057.57 万 t，综合利用 3127.84 万 t，新增废渣 27929.73 万 t（表 8–30–4）。

表 8–30–4　江西省废渣排放、积存、综合利用情况表（截至 2013 年底）

Table 8–30–4　The situation of the waste residue dischange, accumulation and comprehensive utilization in Jiangxi Province（up to the end of 2013）

废渣类型	年产出量/万 t	年排放量/万 t	年综合利用量/万 t	累计积存量/万 t
废　石	17450.29	17313.92	136.37	164118.24
尾　砂	11781	8850.96	2930.04	139049.66
煤矸石	1825.28	1764.85	60.43	6157.28
粉煤灰	1	0	1	1
其　他	0	0	0	3.9
合　计	31057.57	27929.73	3127.84	309330.08

废渣主要来源于有色金属、黑色金属、能源以及建材矿的开采（表 8–30–5）。其中铜矿排放的废渣占全省废渣排放总量的一半以上，江西省现有铜矿 48 座（其中大型 3 座、中型 5 座），累计存放废渣约 248133 万 t，仅德兴铜矿就达 207169.7 万 t。钨、稀土及煤矿积存的废渣分别为 10838.43 万 t、12631.93 万 t、6796.4 万 t。

1. 废石（土）

省内废石年排放在 5000t 以上的矿山有 1400 座，5 万 t 以上的有 323 座，50 万 t 以上的有 68 座，以德兴铜矿年排放 3700 万 t 最大。由于废石排放，在全省形成数千座废石堆，其中积存规模在 10 万 t 以上的有 336 座，并有德兴铜矿祝家排土场、德兴铜矿杨桃坞排土场、德兴铜矿北山排土场、永平铜矿西部排土场四座废石堆废石积存量超过 10000 万 t，全省累计积存废石总量在 170000 万 t 以上。

全省矿山年产出废石 31057.57 万 t，年综合利用量为 136.37 万 t，综合利用率为 0.7%，利用程度非常低，且综合利用途径不多，除少量废石用于水泥配料、大多被用于修建道路或回填采空区，综合利用效益较低。

目前，除部分大中型矿山修建有专门的排土场，其他矿山废石大多仍直接堆放于露采场附近、矿硐及矿山公路下方的山坡上或沟谷中，不仅占用土地，引起水土流失，还常引发崩塌、滑坡、泥石流等地质灾害，对矿区地质环境影响严重。有色金属和建材矿山废石乱排现象较为严重，部分矿山在未做坡面防护及支挡的废石堆下方修建矿山建筑或进行矿业活动，安全隐患极大。

省内矿山年产出尾砂 1139049.66 万 t，有大小不一的尾砂库 600 余座，其中规模较大的尾砂库的 142 座（积存量大于 50 万 t）。这些尾砂库中有相当一部分为早期建立，采用砌石坝为基础的堆砂坝，仅有少部分为采用混凝土坝基的堆砂坝或混凝土坝，尤其在雨季，尾砂库稳定性问题值得关注。

表 8-30-5 江西省废渣年产、积存量分矿类情况表（截至 2013 年底）

Table 8-30-5 The situation of the annual waste residue produce and accumulation quantity of different mineral deposits in Jiangxi Province (up to the end of 2013)

矿类		废渣年产出量/万 t					废渣累计积存量/万 t					
		废石/土	尾砂	煤矸石	粉煤灰	小计	废石/土	尾砂	煤矸石	粉煤灰	其他	小计
能源矿产		842.24	173.68	1825.28	1	2842.2	1051.16	192.48	6157.28	1	3.9	7405.82
金属矿产	黑色金属	6265.37	3682.67	—	—	9948.04	10442.55	6119.12	—	—	—	16561.67
	有色金属	8072.31	5875.3	—	—	13947.61	148713.77	118363.01	—	—	—	267076.78
	贵金属	217.76	452.08	—	—	669.84	933.88	1653.42	—	—	—	2587.3
	稀有稀土及分散元素	19.91	1387.65	—	—	1407.56	170.06	12465.03	—	—	—	12635.09
非金属矿产	冶金辅助原料	216.12	97.73	—	—	313.85	279.14	137.55	—	—	—	416.69
	化工原料	130.55	4.35	—	—	134.9	203.5	6.35	—	—	—	209.85
	建材及其他	1685.13	107.24	—	—	1792.37	2323.28	112.4	—	—	—	2435.68
	水气及其他	0.9	0.3	—	—	1.2	0.9	0.3	—	—	—	1.2
合　计		17450.29	11781	1825.28	1	31057.57	164118.24	139049.66	6157.28	1	3.9	309330.08

2. 煤矸石及粉煤灰

煤矿历年累计积存废渣总量 6057.28 万 t，年排放 264.9 万 t。其中萍乡、丰城、英岗岭、乐平四个矿务局下属矿山排放及积存的煤矸石占近半，仅萍矿集团公司历年积存的煤矸石量达 2100 多万 t。大中型煤矿煤矸石一般堆放于井口附近的低洼处，有专用堆放场地，但大多开采历史久远，矸石堆规模很大，不仅占用了大量土地、污染水土环境，同时由于煤矸石剩余热量高、堆放量过大不利于散热而引起自燃污染大气环境问题也十分突出；小煤窑的煤矸石一般无专用堆放场地，大多就近堆放，形成的矸石堆虽然规模不大，但数量众多，尤其是在群采区矸石堆分布密集，管理混乱，极易产生水土污染及崩塌、滑坡、泥石流等次生灾害。

（三）矿山废水及废渣的危害

矿山废水、废渣的排放带来的危害主要为对下游水体和土壤的污染。造成植物、鱼类、水生物死亡，使农、林作物产量降低，甚至田地荒芜，人群健康受到损害。矿山对水土的污染主要集中在有色及贵金属矿开发区。省内有色及贵金属矿山众多且集中分布，几乎每个矿区均存在不同程度的水土污染。部分铜、金、钨矿开发区均造成了不同范围水土污染。部分煤矿由于含硫量高，其外排的废水对周边水土造成了酸污染；此外萤石矿开发区的氟污染、硫铁矿开发区的酸污染也影响较大。

第三节　矿山地质环境变化趋势分析

一、矿山地质环境影响因素

矿山地质环境是人类矿业活动作用于地质环境的结果，其影响因素主要有：地质环境条件、矿业开发方式、矿山环保意识与环保资金的投入、矿山地质环境管理制度等。

（一）地质环境条件

地质环境条件包括矿产资源空间分布、地层岩性、水文气象、地貌、水文地质、工程地质等要素，是控制矿山地质环境的基本因素。矿山产生的地质环境问题类型和危害与其地质环境背景息息相关，如岩溶塌陷与灰岩分布、岩爆与高地应力、泥石流与山地地貌、水土污染与原岩成分间都存在着密切联系。

（二）矿业开发方式

1. 开采方式及采矿方法

固体矿产资源的开采方式可以分为露天开采、地下开采和联合开采。

露天开采需清除地表植被、剥离覆盖于矿体之上的岩土体，必然会造成土地及植被损坏，同时在采场采剥面形成的高陡人工边坡，易诱发崩塌及滑坡，弃土（石）堆放不当亦易发生滑坡并可能进一步形成泥石流。赣南开采稀土矿以往主要采用池浸，大面积剥离花岗岩强风化层，并产生大量弃土、尾砂，崩塌、滑坡、泥石流频发，水土流失触目惊心，对生态环境影响极大；近年改用原地浸矿，对生态环境的影响大为改观，但注水控制不当，亦可能诱发滑坡。

地下开采一般是通过平硐、斜井、竖井将深埋于地下的矿石采出，在采矿过程中，必然会形成采空区。在未对采空区及时充填时，采空区过高、面积过大且保安矿柱留置不当或被偷采时，采空区顶部围岩易失稳，形成地面塌陷或地裂缝。

2. 开发利用强度

开发利用强度对矿山地质环境的影响呈正相关。一般大型矿山、群采矿山的开发利用强度大，对地质环境的损坏大，易产生各类矿山环境地质问题，且不易治理。而小型及零星开采矿山，开发利用强度低，较不易产生矿山环境地质问题。

（三）矿山环保意识与环保资金的投入

矿山的环保意识及环保资金的投入对矿山地质环境的影响有着密切联系，一般矿山环保意识越好，投入越大，环保设施越齐全，对地质环境的影响可降低或减小；反之，对地质环境的影响越大。大型矿山、国有矿山的环保措施较好，而一些小型矿山或个体矿山基本无环保设施。

（四）矿山地质环境管理制度

矿山地质环境管理制度包括制度建设和执行情况两方面，一般法律法规越完善、管理越到位，对矿山地质环境保护越有利。

总之，影响矿山环境地质环境的因素有很多。通过改进采矿工艺、加大环境投入、加强管理可以减轻采矿对生态地质环境的损坏，但这些还受社会政治经济发展现状和科学技术水平的限制，这也是要继续加强矿山地质环境保护工作，努力做好矿山环境地质工作的原因。

二、矿山地质环境变化趋势分析

根据对 2001 年、2003 年、2005 年、2011~2013 年全省矿山地质环境状况对比，江西省不同年份矿山环境主要数据（表 8–30–6）。现将矿山地质环境变化趋势分述如下。

表 8–30–6 江西省不同年度矿山地质环境主要数据表

Table 8–30–6 List of general situation of geo–environment in different years in Jiangxi Province

年度	2001	2003	2005	2011	2012	2013
年开采量/万 t	15500	20572	49445	34122.2	31452.5	29251.31
土地破坏面积/hm^2	47000	55176	40776	82488.6	61985.72	27912.16
采空沉陷面积/hm^2	19946①	19946	13544	10524	8420	6000
废石积存量/万 t	128500	222988	145729	226587.52	275241.32	309330.08
尾砂积存量/万 t	115300	82598	80035	115127.2	125456.1	139049.7
废石年排放量/万 t	8004	12951	6962	16245.61	17051.21	17313.92
尾砂年排放量/万 t	4903	4303	5280	7212.52	7562.35	8850.96
废水年排放/万 t	1147	16220	2622	14262.35	12652.32	13541.13
地质灾害发生数/个	13	228	102	245	316	578
土地复垦面积/hm^2	1246	2824	5785	5749.39	1681.14	3336.84
废石年利用量/万 t	1965	382	1378	213.64	225.21	136.37
尾砂年利用量/万 t	125	103	159	810.21	1425.25	2930.04
废水年综合利用量/万 t	30432	7982	19819	42410.4	4352.21	2599.83

注：由于省内煤矿产量 2001 年、2003 年增加较大，整顿生产后，呈减少态势，因此本处采用 2003 年数据；2011、2012 年数据为江西省地质环境报表数据。

（一）矿山采空沉陷变化趋势

省内采空沉陷主要由煤矿和一些地下开采金属矿山引起。近年来，由于煤的价格下降，降低了矿主采煤的积极性；政府对环境保护的重视程度提高，整改或关闭了一些污染较大的小煤窑，加之一些国有煤矿资源枯竭，煤产量逐步减少，煤矿的开采形成的采空区也相应减少，省内采空沉陷面积呈现逐年减少的趋势。

（二）矿山开发土地损坏变化趋势

随着政府和矿山对环保的重视，“绿色矿山”的目标正在逐步靠近。第一，对污染大、土地破坏严重的矿山进行整顿，整改未达标不予以其开采（例如赣中的一些铁矿，萍乐坳陷带的一些煤矿）；第二，对开采方法较为落后、分布较为集中的矿山进行整合后采用新工艺进行矿业开发（例如赣南的一些稀土矿，处于暂停开采状态，并且严格控制稀土矿山采矿证的数量）；第三，政府投入大量资金对废弃矿山以及发生地质灾害的矿山进行治理，并实行矿山恢复治理保证金制度，对闭坑矿山的治理，减少矿业开发对地质环境破坏起到了重要作用。

江西省矿山治理面积逐渐增加，矿山开采对土地破坏呈现逐年减少的趋势。

（三）崩滑流地质灾害发展趋势

省内矿山以露天开采为主，如铜矿、铁矿、多金属矿、石灰岩、建筑用石料、稀土矿等，矿山的开采规模比以往大，开采过程中形成的剥采面和废石（土）堆，易发生崩塌、滑坡、泥石流地质灾害。2013 年发生 578 处，比以往有所增加。因此，采矿引发的崩滑流地质灾害呈上升的趋势。

（四）矿山废弃物排放量的变化趋势

1. 废石尾砂排放

全省废石累计存量为 309330.08 万 t，为 2005 年废石总量的两倍多，总体呈上升趋势；废石的年排放量也比以往有所增加，2013 年为 2005 年废石年排放量的 6.7 倍。总体呈上升趋势，主要由铜、金、铁、多金属、建筑用石料、石灰岩、萤石矿等矿山产生。

全省尾砂累计存量为 139049.7 万 t，年排放量为 9154.3 万 t，比以往年份有所增加，呈上升趋势，主要由铜、金、铁、多金属等金属矿山产生。

2. 废水排放

省内矿山废水排放以铜、煤、钨、稀土、金等矿种选矿废水、坑道排水及废石堆、尾砂库大气降水入渗形成的废水为主。除铜矿、铁矿废水年排量有较大增加外，其他矿山废水排放量不会有明显的变化。江西省受矿山废水排放影响较大的河流有受铜、金及其他金属矿山开采影响为主的洎水、大坞河及下游的乐安河、沿河、汝水河等，受煤炭开采废水影响为主的萍水河、草水、曲江；受钨矿、稀土开采废水影响为主的章水、桃江、贡水上游支流等。

（五）地形地貌景观损坏变化趋势

随着“三区两线”（自然保护区、风景名胜区、居民聚集区、主要交通干线两侧、河流湖泊周边）和其他限制开采区内的矿山逐渐减少和关闭，矿山地质环境问题将陆续得到整治，矿山开采对地形地貌景观的破坏将有所减少；近年来国家对露采矿山开采的严格限制（稀土矿、铁矿等），对周边环境污染破坏较大矿山进行强制整改，不达标不予生产，将有效遏制以牺牲环境为代价的采矿模式。

（六）矿山排水对地下水均衡破坏变化趋势

萍乡、丰城、高安、新余、宜丰、万载、乐平等地煤矿及武山铜矿、上珠铁矿等因采矿长期疏排地下水或矿坑突水，形成大面积地下水降落漏斗。随着煤矿开采量减少，萍乡、丰城、乐平等地地下水疏干量减小，地下水位上升，地下水降落漏斗面积减小。而武山铜矿、上珠铁矿因开采量增加，地下水疏干量增加，地下水位下降，地下水降落漏斗将进一步增大。

第四节　主要矿山地质环境类型

一、煤矿

煤矿以地下开采为主，主要开采方法是：走向长壁采煤法或短壁采煤法，全部垮落法管理顶板。工作面采用单体液压支柱支护，打眼放炮落煤，自溜运输，人工辅助扒煤。部分煤矿由于硫含量高（S含量大于3%）要进行洗煤。

煤矿矿山主要地质环境问题有：地下采空区形成冒顶或地面沉陷，废（矸）石堆发生崩塌、滑坡、泥石流等矿山次生地质灾害，矿山废水排放或洗煤产生的有害化学成分如硫和泥煤导致的水土污染，井口、矸石场及相关设施侵占土地，损坏植被，易造成水土流失。

以吉安地区某煤矿为例，存在的主要地质环境问题分述如下。

（一）地下采空区形成冒顶或地面沉陷

该煤矿位于低山丘陵区，现主采三水平（标高-20m），经过多年开采，矿区内有开采井及通风井数十个，遗留有大量采掘及通风井巷，形成较大范围的采空区。天河煤矿采空区面积达3.94km^2，采区阶段垂高一般106~110m，小阶段垂高10~15m，最大开采深度已达300m。

采空区顶板埋深浅、采空范围大、采空高度高，巷道上下沟通，纵横交错，在山体自身压力及采矿爆破震动作用下，加以早期小煤窑滥采滥挖致使地表水长期漏失严重，矿坑冒顶时有发生，造成矿区地表大面积沉陷，沉陷深度最大有30~50m，具有急倾斜煤层开采沉陷“兜形下沉盆地”的基本特征，其沉陷面积广、沉陷相对集中、沉陷程度严重、沉陷区长期不稳定，矿区北侧多出现煤层露头的抽冒现象。沉陷区主要包括双山井区（图8-30-2）、东坑井区、封山恒井区及老垅区四大区域，沉陷区总面积达2.62km^2。

（二）废（矸）石堆积成为崩塌、滑坡、泥石流地质灾害隐患

矿山自开采以来，有废弃、闭坑、停采、新开的井口近百处，废石一般在矿硐口沿山坡散乱堆放，且无防护措施，废石总堆积量近110万m^3，堆积高度在10~60m不等，堆放坡角40°~50°。其中集中堆放的废石堆主要有4处，分别为更新厂北白矸山（图8-30-3）、三井西北黑矸山、封山岙沟口矸石堆及东坑硐西矸石堆，堆积高度20~60m，堆放坡角陡，结构松散且无防护设施，易诱发崩塌、滑坡和泥石流等矿山次生地质灾害。

（三）矿山排水引起的水土污染

煤矿针对在采、选过程中产生的废水，虽采取了污染防范与治理措施，但矿业废水仍未完全达标排放。矿山废水类型主要有矿坑废水和洗煤废水，矿山废水总年排放量为128.3万m^3，其中矿坑废水年排放量为123.1万m^3，洗煤废水年排放量为5.2万m^3，对河道、土壤造成了不同程度的污染。

图 8-30-2　天河煤矿双山井沉陷区北帮滑塌沉陷
Fig. 8-30-2　Beibang sliding subsidence in depression zone of Shuangshanjing, Tianhe coal mine area

图 8-30-3　天河煤矿矿区更新厂北白矸山
Fig. 8-30-3　The north Baiganshan of Gengxinchang, Tianhe coal mine area

（四）矿山开采损坏土地

煤矿在 300 多年开采过程中，因采煤造成的地表沉陷、矿硐开拓废石及煤矸石的堆放，使部分农田被毁，局部地段发生水土流失现象。

矿区开采占用或受损土地总面积为 331.22hm^2。主要以山林地为主，少部分为耕地。

二、铁矿

铁矿山以露天开采为主，其次为地下开采和联合开采。开采深度多小于 300m。地下开采主要方法是：以房柱法为主，对部分矿体倾角较陡、厚度较大地段，采用分段空场法，开采顺序为下行式开采，矿块间的开采顺序为双翼后退式回采，矿体群中相邻矿体间的开采顺序为从上盘到下盘的开采，即先开采上盘矿体，后开采下盘矿体。

铁矿矿山存在的主要地质环境问题有：地下采空区形成冒顶或地面沉陷；露采场、排土场、尾矿库发生崩塌、滑坡、泥石流等矿山次生地质灾害；矿山废水排放导致的水土污染；露采场、排土场、尾矿库及相关设施侵占土地，损坏植被，易造成水土流失。

以萍乡地区某铁矿为例，存在的主要地质环境问题分述如下。

（一）地下采空区形成冒顶或地面沉陷

矿区+20m 标高以上采空移动盆地范围，平面上呈北西西向条状分布，长约 3350m、宽约 190m，总面积约 0.64km^2。开采矿体厚度 1~5m，顶板埋深 20~180m，矿体以北 100m 范围内矿层埋深较浅，开采深度多在 20~100m，采动区稳定性相对较差。在矿山采空区、井巷重叠地段、断裂构造发育处开采矿体时，易发生采空塌陷及矿硐井巷坍塌或冒顶。

（二）露采场、排土场、尾砂库成为崩塌、滑坡、泥石流地质灾害隐患

矿山露采场位于矿区中部偏北，分两个露采区，露采场Ⅰ呈长方形，露采场Ⅱ形状不规则，北部

形成两个较深的采坑，坑底呈长椭圆形。

露采场Ⅱ南侧顶部露采边坡，切坡坡向约 10°，切坡高度 30m，坡面呈阶状，第一台阶高约 8m，第二台阶高约 12m，第三台阶高约 10m，边坡角 45°~60°，台阶宽 8~35m。自然坡向约 130°，坡角 26°~28°，自然坡高 20~25m，表部为含碎石黏土层，厚度小于 1m，下伏基岩为震旦系上统下坊组第一岩段千枚岩，产状 20°∠30°~40°，其强风化带厚度小于 1.5m，顺向坡，边坡稳定性差（图 8-30-4）。

图 8-30-4　Ⅱ号露采场

Fig. 8-30-4　No.2 open-pit

金钩湾铁矿有排土场两个，排土场Ⅰ主要堆放于露采场北侧沟谷的山坡上，占地面积 2111m²，弃渣岩性以残坡积碎石土及强风化千枚岩块为主，堆积长约 25m，宽约 10~50m，均厚约 20m，堆积坡度 42°，堆积土方量约为 1.5×10⁴m³，排土场未采取必要的截排水措施，遇强降雨土体易失稳、产生滑坡。

排土场Ⅱ位于露采场东北侧沟谷内，占地面积 1709m²，该排土场由沟谷两侧的两座废石堆相连而成，沟谷左侧废石堆长约 40m，宽约 30m，厚约 15m，堆积坡度约 40°，堆积方量约 1.8×10⁴m³，废石堆上已生长少量植被（泡桐），沟谷右侧土堆长约 20m，宽约 8m，厚约 12m，堆积坡度约 40°堆积方量约 1920m³，废石堆基本裸露。该排土场未设挡土坝，在强降雨作用下可能诱发滑坡、泥石流灾害。

（三）矿山开采损坏土地

露天开采、废渣堆存、废水排放、矿山建设等将改变原有地形地貌，损坏原生地表植被，产生局部水土流失和污染，对该地段的地质环境产生了一定的影响。露采场Ⅰ占地面积约 8411m²，露采场Ⅱ占地面积约 30352m²；采场岩石裸露，植被损坏殆尽，损坏的土地类型主要为山坡林地，损坏山地面积约 6.9×10⁴m²。金钩湾铁矿现有排土场两个，用于堆放剥离的废土，排土场Ⅰ占地面积 2111m²，排土场Ⅱ占地面积 1709m²。原选矿厂占用山地面积约 5725m²。矿山公路占用和损坏山地 2.2×10⁴m²。其他辅助场地占用山地面积约 1.51×10⁴m²。

三、铜、铅、锌矿

江西铜、铅、锌矿一般以地下开采为主，仅省内两个大型矿山：江西铜业股份有限公司德兴铜矿铜厂矿区、富家坞矿区为露天开采。

露天开采的铜矿矿山主要地质环境问题有：露采场台阶边坡发生滑坡、排土场所在沟谷发生泥石流等矿山次生地质灾害；矿山废水排放或选矿产生的有害化学成分（主要为重金属）导致的水土污染；采矿活动对地形地貌景观、土地资源的影响和损坏；采矿活动对含水层的影响和损坏等。以德兴铜矿富家坞矿区为例（图 8-30-5），存在的主要地质环境问题分述如下。

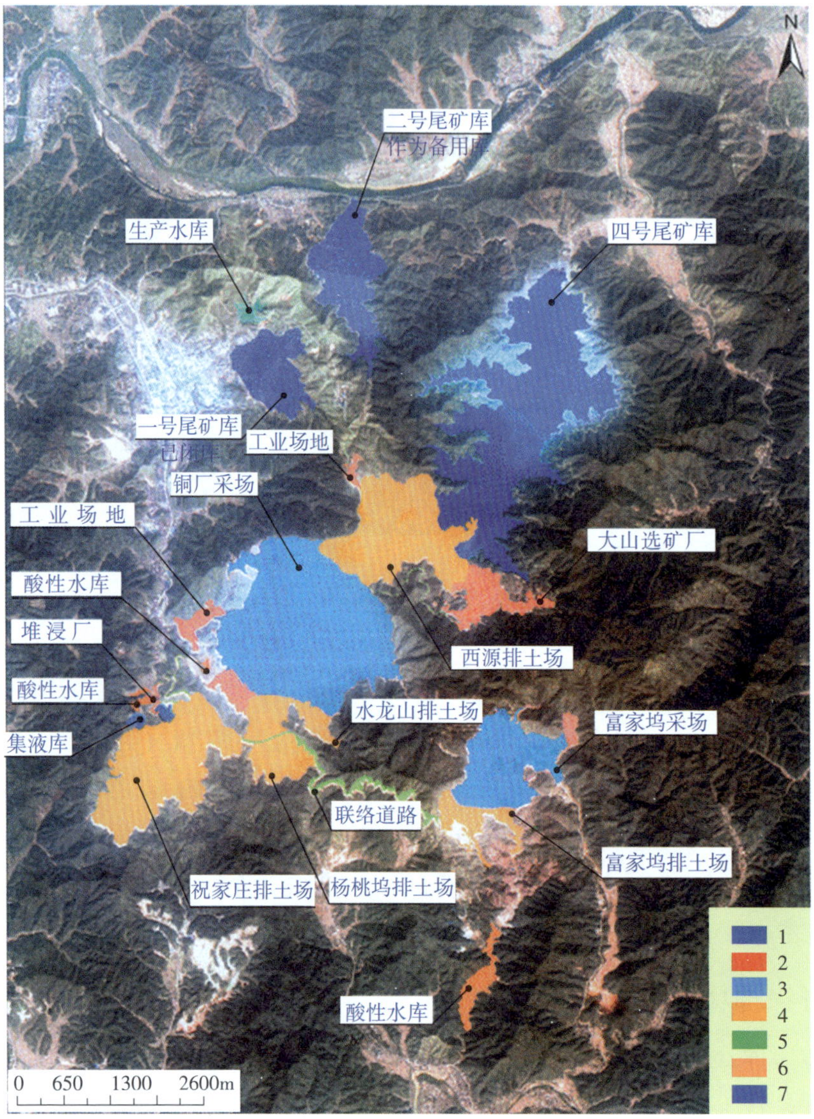

图 8-30-5　德兴铜矿矿区现状总布置图

Fig. 8-30-5　General layout of present state of mining areas of Dexing copper mine

1—尾矿床；2—工业场地；3—集液库；4—排土场；5—道路；6—酸性水库；7—采场

（一）露采场台阶边坡发生滑坡

原富家坞矿区"坑改露"技改的露采边坡工程于 1991 年开始施工，历时 6 年，1997 年 11 月发生边坡大滑坡，致使矿山全面停产。次年暴雨季节山洪水引发大规模泥石流灾害，损毁了富家坞矿区大片采选工业设施和生产设施。

富家坞露采边坡山高坡陡，矿体上部覆盖层厚达 200~250m。1995 年 12 月~1997 年 2 月，对露采边坡实施机械削坡，竣工后的边坡邦坡角 50°，坡面角 57°~67°，施工了 594m、570m、546m、510m、474m、438m、414m 等台阶，台阶宽度 5~10m，完成削坡土石方量 29 万 m³。

1997 年 4 月上旬至 12 月 10 日，垮塌从 414m 台阶开始，至官帽山顶北侧，高差 234m（图 8-30-6）。垮塌范围：南北向坡面斜长 350m，东西向坡面宽 300m，垮塌厚度达 10~25m。滚落堆积至下部

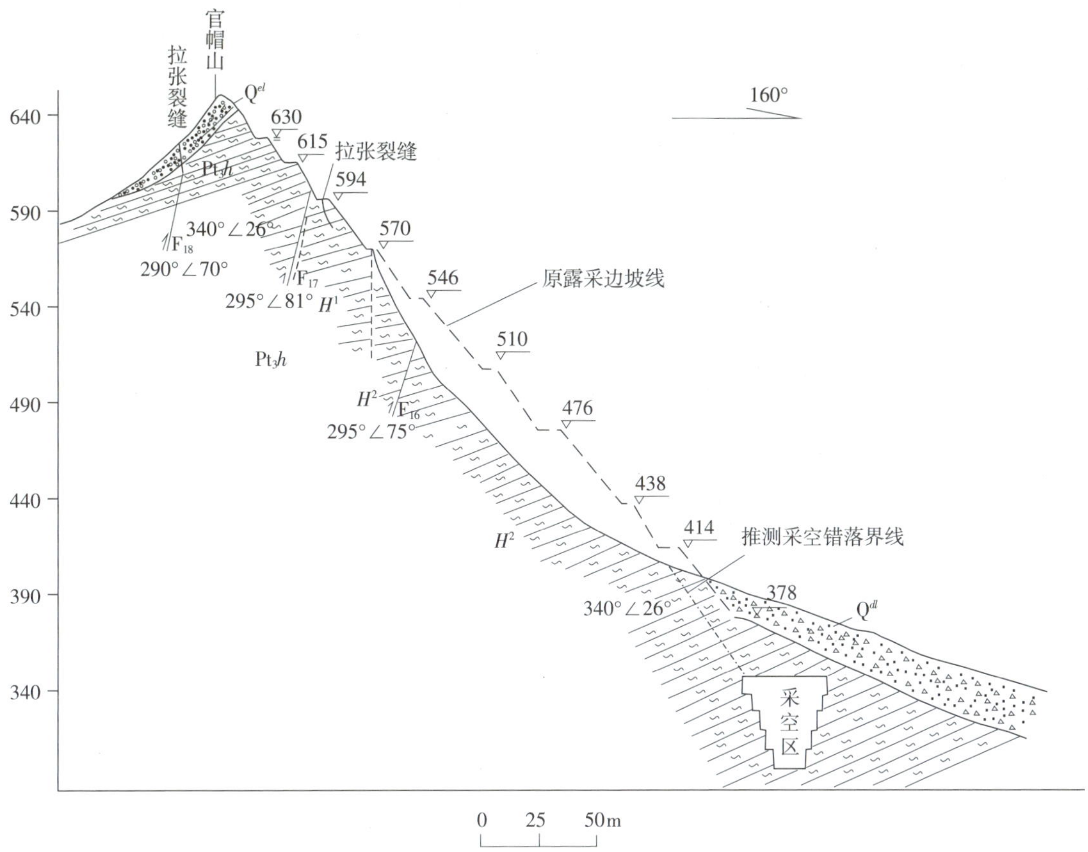

图 8-30-6　富家坞矿区滑坡剖面示意图

Fig. 8-30-6　Section profile of the landslide in Fujiangwu mine area

Pt_3h—张村岩组上段千枚岩；H^1—绿泥石绿帘石化千枚岩；

H^2—水云母伊利石化千枚岩；Q^{el}—残坡含碎石粉质黏土；Q^{dl}—滑坡堆积物

342m、378m、390m 台阶的松散岩土达 80 余万 m^3，整个露天采场运输公路和采剥场地、储矿井等工业设施均被土石方覆盖。

据 2006 年实地观察，594m 平台又出现了大的裂隙，部分地段常有零星滚石发生，这表明，后来施工的各高位台阶，仍处于错动带松动体范围。

经机械铲运，坡底的泥石流堆积体及原废石堆已大部清理，经过几年的开采，滑坡体已被清除，目前该滑坡体为稳定性较好。

（二）排土场所在沟谷发生泥石流

1997 年原富家坞铜矿露采边坡滑坡滚落下来的土石方量约 156 万 m^3，在 1998 年 7 月 23 日引发了大规模的泥石流（图 8-30-7），摧毁了原富家坞铜矿大部分采选、生产设施。其后，每年的暴雨季节都会发生规模不等的泥石流，其成分大部分为崩落下来的强 - 中风化千

图 8-30-7　富家坞铜矿泥石流

Fig. 8-30-7　Mudflow in Fujiawu copper mine area

枚岩碎块，并夹有泥土。泥石流量近 20 万 m^3，泥石流冲刷运移距离约 850m，沟床中下游抬高 2~3m，泥石流组分以泥、碎石为主，碎石颗粒一般在 2~10cm，最大粒径达 50cm。

由于露采，目前官帽山山顶标高已由原来的 648.6m 降至 588m，形成的边坡标高 378~588m，边坡高 210m，边坡角 50°，边坡错动带以内松动体土石方量 154 余万 m^3。2003 年后未发生崩塌、泥石流。

泥石流沟主要方向为南东向，沟谷呈"V"字形，主沟纵坡 350‰，两侧山体坡度 35°~43°，流域面积约 $0.3km^2$，相对高差 240m。露采场内基岩裸露，人为采矿工程活动强烈，植被不发育，两侧山坡以乔灌木为主，覆盖率约 80%~90%。

（三）采矿活动对地形地貌景观、土地资源的影响和损坏

矿区面积 $7.7877km^2$。铜厂矿区用地规模为 $2809.97hm^2$，其中已损坏土地面积 $1917.27hm^2$，已复绿面积为 $258.00hm^2$，已损坏未复绿面积为 $1659.27hm^2$。矿山生产建设用地包括：露天采场、排土场、大山选矿厂、尾矿库、矿山办公生活区、联络道路工程。

四、金、银矿

江西省金、银矿以地下开采为主，选矿方法则以浮选法为主。地下开采主要方法是有底柱浅孔留矿法。

金、银矿矿山主要地质环境问题有：地下采空区形成冒顶或地面沉陷；排土场、尾矿库发生崩塌、滑坡、泥石流等矿山次生地质灾害；矿山废水排放导致的水土污染；排土场、尾矿库及相关设施侵占土地、损坏植被，易造成水土流失。

以鄱阳县金家坞金矿为例，该矿存在的主要地质环境问题分述如下。

（一）地下采空区形成冒顶或地面沉陷

1. 移动盆地

矿山开采范围内矿体走向近东西向，总体倾向北，矿体倾角一般 40°~60°，开采区水文工程地质条件较好，设计开采矿段标高在 100~370m。据此特点，依据开采底板标高 120m，计算出采空区水平投影范围，得出矿区内采空区面积 $14.4hm^2$。矿体采空移动盆地面积约为 $14.8hm^2$。采空区范围内，矿体顶板埋深在 0~100m 的区域，其采空区的稳定性差，矿体顶板埋深在 100~200m 的区域，其采空区的稳定性较差。

2. 井巷

矿区内有两条开采主平硐，其硐室围岩稳定性总体较好，但由于一条矿硐井巷位于另一矿硐采空区上部，井巷重叠地段处矿体开采时，稳定性差的采空区，易造成矿硐井巷坍塌和冒顶。

（二）排土场、尾矿库发生崩塌、滑坡、泥石流等矿山次生地质灾害

矿区内已发生 3 处小型滑坡，另有 9 个崩滑隐患点。3 处滑坡均由矿山建设切坡引发，分布在采矿工业场地、矿山公路等地。

滑坡一：位于金家坞金矿采矿工业场地的筛分车间东侧（图 8-30-8）。2004 年 6 月 20 日发生滑坡，滑体 $100m^3$，垂直滑距 10m，滑面产状 285°∠50°，滑体为土质，为沿基岩层面下滑的土质滑坡，

挤压房角。滑坡尚未稳定，潜在滑体 100m³。

滑坡二：位于金家坞金矿采矿工业场地的破碎车间东侧。2004 年 5 月 20 日发生滑坡，滑体 80m³，垂直滑距 12m，滑面产状 280°∠55°，滑体为碎石土。滑坡尚未稳定，潜在滑体 60m³。

滑坡三：位于金家坞金矿矿山公路中段东侧。2003 年 5 月 20 日发生滑坡，滑体 120m³，垂直滑距 7~12m，滑面产状 280°∠45°，滑体为碎块石。滑坡尚未稳定，潜在滑体 60m³。

图 8-30-8　金家坞金矿滑坡－滑体形态

Fig. 8-30-8　Landslide of Jingjiawu gold mine

矿山开采的废石推进式堆放于冲沟谷，由于自然斜坡坡度较陡，稳定性差的废石堆易诱发浅层滑坡，威胁其下方的采矿设备和工程设施安全。废石滑坡还易造成沟谷堵塞，雨季暴发泥石流，随着矿业活动加剧，废石在沟内不断积累，暴雨时易形成泥石流，威胁矿山从业人员及矿部、宿舍、化验室等设施。

（三）土地资源影响

项目建设和生产对土地的损坏主要是排土场和尾矿库将占用损坏林地和草地 5hm²。

五、钨矿

钨矿的开采方式是竖井—溜井—平硐联合开拓，竖井主要功能是提升人员、材料和设备等，溜井沟通各生产中段，平硐用于运输。矿区黑钨矿体为完整矿块的单一矿脉采用浅孔留矿法，密集矿脉带采用深孔阶段崩落法，残矿回收中段采用变形的浅孔留矿法，白钨矿体采用房柱法。

矿区地质环境现状及存在的主要地质环境问题有：窿口、露采、废石和尾砂及相关设施侵占土地，损坏植被，形成水土流失，河道淤塞，使矿区及周边生态环境严重恶化；矿业废渣（包括废石及尾砂）不规范堆积和排放诱发崩塌、滑坡、泥石流地质灾害，并存在较大安全隐患；地下采空区形成矿坑冒顶（地压）、地面变形或塌陷；矿山排水引起的水均衡损坏及水土污染。

以岿美山钨矿为例，存在的地质环境问题分述如下。

（一）矿山开采占用大量土地，植被遭受严重损坏

在 80 多年矿山粗放式开采过程中，因露采和矿硐开拓，以及废石和尾砂不合理堆放，矿区 314.7hm² 的山林土地已成为寸草不生、岩石裸露的“光头山”、“石头山”。矿区下游及沿河两岸的定南县羊陂、三亨、坳头、乐德、河田迳等村和龙南县打石坑的 42.7hm² 农田被矿区下泄的废石（砂）冲积覆盖已成荒草地，133.3hm² 农田长年受淹，矿区周围几万亩山林土地的土层遭到损坏。

矿区因开采而使用或损坏土地总面积为 261.8hm²。主要以山林地为主，少部分为耕地。其中主平窿和三夹水两大采区采矿场使用土地 1.6hm²，露采场损坏土地 12.7hm²，各窿口山坡及沟谷堆放废石占

用土地 88.8hm^2，尾砂库占用土地 12.4hm^2，水土流失或泥石流淤塞河道与冲毁耕地 66.6hm^2，矿山开采的临时工棚、房屋建筑和道路等各类附属设施用地约 50hm^2。此外，因地下开采而形成的采空区面积 29.7hm^2，其地表土地功能因地面塌陷和变形也基本被损坏。

（二）废石、尾砂堆积诱发地质灾害，存在各类安全隐患

自矿山开采以来，有废弃、闭坑、停采、新开的各窿口近百处，废石一般在矿硐口沿山坡散放堆积（图 8-30-9），无防护措施，废石堆积量较大的主要有 13 余处，总堆积量达 660.6 万 m^3，坡度超过 50°，高度在 20~100m。废石堆主要分布在主平窿采区和三夹水采区，并诱发多次崩塌、滑坡和泥石流灾害。同时，矿山开拓矿硐、修路、建房等设施时因切坡高陡，也常诱发崩塌和滑坡地质灾害。

图 8-30-9　岿美山钨矿废石堆及崩塌、滑坡隐患点

Fig. 8-30-9　Hotential hazard point of collapse and landslide of tailing heap from Kuimeishan Tungsten mine

在 1993 年 9 月矿区发生多处崩塌、滑坡，累积规模达 1.5 万 m^3，灾害面积 1.2hm^2，直接经济损失 85 万元；1996 年 8 月 2 日，在钨矿招待所西南 250m 处，发生一起规模为 24m^3 的滑坡，冲毁工棚一栋，造成 7 人死亡；1999 年因采矿引起山体废石堆滑坡，也造成一家 7 口人全部遇难，损坏房屋 15 间，直接经济损失 12 万元；2003 年 8 月 17 日 23 时，在三夹水采区 615 坑口，因矿区坑口建房（工棚）切坡高陡，岩土风化，结构松散形成不稳定边坡，在强降雨诱发下，发生崩塌型滑坡，规模为 120m^3，造成 2 人死亡，1 人轻伤，8 间房屋毁埋，直接经济损失 3.2 万元。

1999 年 7 月发生的三夹水采区泥石流，灾害规模为 35 万 m^3，影响面积达 226hm^2，造成 2 人死亡，直接经济损失 315 万元。2001 年 6 月，该地又发生一次泥石流，规模为 6 万 m^3，影响面积为 140hm^2，造成 20 间房屋倒塌，冲毁农田 30 亩，直接经济损失 7 万元。

据不完全统计，自矿山开采以来，崩塌、滑坡、泥石流灾害已造成 18 人死亡、1 人受伤，直接经济损失为 422.2 万元。此外，矿山开采诱发的水土流失，共毁坏 17000m 的河堤、4 座桥梁、4 处水利设施、11000m 乡村公路，大片地表植被和土地遭毁坏，直接经济损失近亿元。

因废石堆积、采矿、建房、修路、建坝等人类工程活动，损坏矿山的生态地质环境，矿区存在崩塌、滑坡隐患的不稳定斜坡。矿区较大的隐患点有 5 处，隐患点规模 140~6000m^3 不等，威胁人口总数为 41 人，房屋 26 间，公路 100m，威胁财产 10.7 万元。

矿区泥石流隐患主要来自两大地段：一是主平窿采区泥石流隐患。形成区（采区）面积约 1km^2，有主平窿、下平窿等大小不一的 32 个窿口，废石（砂）堆放量达 833.6 万 m^3；流通区长 2.5km，宽约 10~50m，从主平窿经过中格村到尾砂库；可能危害区域包括岿美山工人村北边生活区、上山村、中格村及老城河沿岸等村庄。二是三夹水采区泥石流隐患。形成区约 0.8km^2，有七号窿、里布窿等 10 多个窿口，废石（砂）堆放量 221.3 万 m^3；流通区长约 1.5km，宽约 5~50m，在枫树岗至跃前一带；堆积区

主要在跃前、乐德至塘头村一带，长约 3km，宽约 20~350m，面积约 60.4hm²，堆积废石量 120.9 万 m³。直接威胁沿河两岸村庄及农田安全。

（三）地下采空区矿坑冒顶（地压）、地面变形和地面塌陷

经过百余年的开采，岿美山矿区定南县境内 300~800m 标高内采掘有大量的坑道，分多层开采，每层又有多个坑口，每个坑口又有多条分支坑道，形成很大的采空区。目前在主矿脉一带形成采空区面积达 29.7hm²，除采空区以外的巷道区总面积约 266.3hm²，因巷道上下沟通，纵横交错，易出现矿坑冒顶现象，诱发地面变形或地面塌陷。有的地段采空面积过大，在山体自身压力及采矿爆破震动作用下，曾经发生过多次冒顶事故及采空塌陷。1970 年在矿区发生了 1 处采空地面塌陷，位于岿美山主平窿采区，平面上呈长条形，长 500m，宽为 50~100m，深 30~50m。1989 年 6 月在采空区又发生一次地面塌陷，陷坑面积为 2.3hm²，影响范围达 8.0hm²，直接经济损失达 106 万元。

六、稀土矿

江西稀土矿初期开采均用池浸法，其开采工艺是将含有稀土的表层土剥离（搬山运动）后运送到固定的池浸池中，加入电解质萃取，回收母液于沉淀池中分离稀土，中期和后期采用了堆浸法，就地建造堆浸场，加入酸性电解质溶液萃取，分离稀土，故各矿区采选是池浸法和堆浸法并存，这两种方式的开采对矿区的地质环境造成了很大的损坏。

以赣县稀土矿韩坊矿区为例，韩坊矿区主要遗留剥采区、池浸地、尾砂堆积区、淤积沟谷等废弃地，总面积约 3.4km²。

（一）剥采场

韩坊矿区的开采方式以堆浸法为主，在矿区东南与信丰交界处开采最为集中，采剥区大部分位于山顶平台，少量分布于坡度较缓的山体中部，采区土壤表层多为花岗岩强风化壳、半风化壳，无弃土的宕面形态主要为平面，部分呈台阶状，阶高 2m 左右，采场残留边坡高 2~15m，坡度一般在 65°~80°，采剥深度 2~20m（图 8-30-10）。剥采场整体水土流失情况较轻微，但由于表层土壤的损坏，采区基本无植被生长，剥采面在长期雨水冲刷侵蚀的作用下变得荒芜凌乱，凹凸不平，部分台阶出现垮塌现象。韩坊矿区采剥区共 156 个，面积 1.14km²，占总废弃地的 33.4%，采剥总量 968.37 万 m³。

图 8-30-10　赣县稀土矿韩坊矿区采剥区崩滑

Fig. 8-30-10　Collapse and landslide of stripping zone in Hanfang rare earth mining area, Gan county

（二）池浸地

池浸地是人们在原有开采宕面上多次浸矿而成。单个池浸地呈圆形或方形，堆浸层数 2~6 层不等，层间厚约 0.8m，堆积总厚度 1~7m，坡度平均

49°，池浸地表面平缓，被高 30cm 的土埂分割，由于土壤污染严重，无植被生长。层间边坡在堆浸时多用沙袋处理，目前冲蚀轻微，坡面冲沟深度一般不超过 50cm。韩坊矿区共有池浸地 135 处（图 8-30-11），面积 0.45km^2，占总废弃地的 13.0%，上部弃土总量 178.35 万 m^3。

（三）尾砂堆

尾砂主要在沟谷两侧及原池浸地顶部堆积，尾砂堆一般为多次堆积而成，单个尾砂堆呈锥形，堆积高多集中在 10~35m，厚度 3~16m，坡度平均 32°，由于人为扰动大，结构松散，加之坡度较大，在雨水冲刷下，坡面有的地段切沟与崩塌、滑坡密布，形成“千沟万壑”的景观。坡面冲蚀沟一般长 10~30m，宽 0.5~5m，深 0.5~4m，坡面冲刷下的尾砂除少量在坡脚平缓处淤积外，大部分冲入沟谷内，区内共有尾砂堆 184 处，面积 0.74km^2，占总废弃地的 21.8%，尾砂总量 529.46 万 m^3。

（四）沟谷及淤积尾砂

区内沟谷发育，主要有 47 条沟谷存在不同程度的淤积（图 8-30-12），沟谷总长 34.78km，淤积段总长 30.10km。其中以樟坑主沟和大尧主沟为主沟，其余 45 条沟谷是这两条主沟的支沟及次支沟。樟坑主沟原为樟坑河，大尧主沟为其支流，现均被尾砂严重淤积，原河流已不复存在。其中，樟坑主沟长 5339m，沟床比降 1%，沟谷全段淤积，沟内尾砂淤积最宽处达 180m。大尧主沟长 5974m，沟床比降 1.1%，沟谷全段淤积，此沟谷与樟坑主沟相比更为狭长，沟内尾砂淤积最宽处达 100m，淤积最深处约 10m，沟谷两侧 80%农田及部分居民房屋被淹没。剩余 45 条淤积支沟围绕两条主沟发育，最终与主沟交汇。支沟沟头位于剥采区及尾砂堆积区，沟头溯源侵蚀严重，沟谷两侧山体坡度 15°~30°，植被发育良好。沟底淤积尾砂，淤积长 85.1~5974m，宽 8~180m，深 0.5~10m，部分沟谷下游修有块石坝拦挡。

该区沟内尾砂淤积面积共 1.08km^2，占总废弃地的 31.8%，其中樟坑主沟淤积面积 0.39km^2，大尧主沟淤积面积 0.21km^2。尾砂淤积总量 179.9 万 m^3，尾砂淤积区 60 个，有 13 处呈条带状淤积于尾砂堆坡脚，淤积面坡度 10°~15°，厚度 3~4m，尾砂颗粒较大。有 47 处淤积于沟底，顶面平缓，尾砂淤积厚度变化较大，尾砂颗粒相对较小。

图 8-30-11　赣县稀土矿韩坊矿区池浸地

Fig. 8-30-11　Pool land in Hanfang rare earth mining area in Gan county

图 8-30-12　赣县稀土矿韩坊矿区沟谷淤积

Fig. 8-30-12　Gully deposition of Hanfang rare earth mining area in Gan county

（五）现有拦挡坝及坝内淤积尾砂

2010年调查到的31条现有坝建于尾砂堆积沟谷下游，均为块石坝，其中24条干砌，7条浆砌。坝体断面呈梯形，坝高最低1.2m，最高6m，以2~3m坝高居多，坝长平均25m，坝顶宽多为1~2m，坝体内外坡面无护坡。部分坝体设有泄水洞，但在泄水的同时也有大量尾砂由此冲出，在坝体下游淤积。调查中发现，现有坝体不是坝体垮塌就是坝内尾砂已淤积满，基本失去了拦挡作用，其中垮塌的坝体多为干砌块石坝，而浆砌块石坝坝体结构相对较好。坝内淤积尾砂厚1~4m，尾砂淤积总面积0.18km^2，尾砂淤积量10.06万m^3。

（六）韩坊矿区地质环境现状总述

矿区属丘陵地形，整体地势东南高西北低。山体自然坡度一般20°~30°。在未遭受采矿损坏区，植被发育尚好，覆盖率可达80%。在采矿点及尾砂堆积区，基本无植被覆盖，水土流失严重。采矿废弃地种类主要包括采矿裸露地、尾砂堆积区、浸矿池遗留地以及沟谷尾砂淤积区，各类采矿废弃地共3.4km^2，占矿区总面积的27.6%。其中，采矿裸露地占地面积1.14km^2，占总废弃地的33.4%；浸矿池遗留地占地面积为0.45km^2，占总废弃地的13.0%；尾砂堆积区占地面积为0.74km^2，占总废弃地的21.8%；沟谷尾砂淤积区占地面积为1.08km^2，占总废弃地的31.8%。

七、萤石矿

省内萤石矿以地下开采为主，开采深度多小于300m，开采方法主要是采用浅孔留矿法，采用斜井、竖井和平硐联合开拓。

萤石矿矿山主要地质环境问题有：地下采空区形成冒顶或地面沉陷；废（矸）石堆发生崩塌、滑坡、泥石流等矿山次生地质灾害；排土场、尾矿库及矿山相关设施占用损坏土地以及水土氟污染。

以宁都县同发萤石矿为例，该萤石矿主要地质环境问题分述如下。

（一）地下采空区形成冒顶或地面沉陷

地下开采矿体最低标高145m，矿区采动区范围长1400m，宽96~156m不等，面积约142450m^2。采空区和平硐开拓使得地下形成一定空间分布的采空区，因矿脉陡倾、密集，并受区域性断裂影响，围岩局部裂隙较发育，采空区可能形成冲击地压，发生冒落、底鼓、边帮，使地表陷落和错动。发现两处地面塌陷，东北部25m处发现一处小范围地面塌陷（图8-30-13），长约5m，宽约4m，诱发因素是地下采空、降雨，塌陷深度3m，面积20m^2；东南部30m处发现一处小范围地面塌陷，诱发因素是地下采空、降雨，塌陷深度4m，长约6m，宽约5m，塌陷面积30m^2。

图8-30-13　宁都县同发萤石矿东北部地面塌陷
Fig. 8-30-13　Ground collapse of NE part of Tongfa fluorite mine in Ningdu county

(二) 废(矸)石堆发生崩塌、滑坡、泥石流等矿山次生地质灾害

矿山估算废石量约79530m³,大部分将堆放于平硐口附近山坡上,有滑坡等地质灾害隐患,对这部分废石应削坡降坡,并在下方修筑拦石坝。

(三) 地貌景观、土地和植被的损坏

宁都县中矿同发萤石矿矿山开采的废石(土)目前部分用于修桥铺路,部分用于对已经采空的坑道回填,尚未占用土地,后续开采的废石大部分将堆放于平硐口附近山坡上,占地面积约9941m²;开拓公路占地8651m²,生活区、矿山办公室、卷扬机房、空压机房、发配电房共占地3338m²。占用的土地类型主要为山坡荒山,占用山地总面积约11989m²。

八、长石、高岭土、陶瓷土

生产矿山以露天开采为主,其次为地下开采,少数为二者结合开采。

长石、高岭土、陶瓷土矿山主要地质环境问题有:采场及相关设施侵占土地,损坏植被;采场、废石堆发生崩塌、滑坡、泥石流等矿山次生地质灾害。

图8-30-14 东埠界田高岭土矿采坑边坡
Fig. 8-30-14 Side slope of the Kaolinite mine pit in Jietian Dongbu

以景德镇市浮梁县东流-寿安区瓷石矿为例,区内主要矿山有三宝、何家蓬、画眉垅、宁村、坳岭矿等。瓷石矿体分布于千枚岩、变质砂岩层间纵向断裂破碎带中燕山期岩浆岩于。矿山主要地质环境问题有:本区开采历史悠久,瓷石矿体地表部分大多被开采,开采深度约10~15m(图8-30-14),大部分旧开采沟被充填,在低洼地段易于形成积水塘,瓷石矿裂隙含水段主要分布在风化带以下的瓷石矿体中,一般情况下,岩石的渗水性能均较弱,矿体对矿坑充水影响不大。

该区矿山面积546.15hm²,土地损坏面积23.32hm²,采空区面积34.95hm²,塌陷区面积17.48hm²,累计堆放废石、矸石量54.2万m³,废弃矿井50处。主要地质环境问题分述如下。

(一) 矿业废渣不恰当处置造成的崩滑流隐患

瓷石矿废渣主要为石渣,均就近堆放,无任何挡拦措施,形成高陡边坡,导致崩塌、滑坡、泥石流灾害发生,威胁下方居民点及矿山设施安全。治理区范围内较大的废石堆为多依地势堆放,堆放范围约0.5~3hm²,厚1.5~9.0m,前缘堆积坡度35°~50°(图8-30-15)。由于废石堆前缘未建拦挡措施,极有可能在暴雨诱发下形成崩塌、滑坡、泥石流地质灾害。

（二）地表沉陷变形

矿山地下开采产生大量采空区，采空区面积 34.95hm²，由于采空变形，使山林植被损坏，农田无法耕种，土地功能有不同程度下降。而且因地下采空及抽排地下水，区内发生了多处地面塌陷及变形。区内采空塌陷主要分布在矿区中部采空区上方，塌坑最大面积达 10m²，深达 5m，目前采空塌陷区面积约 17.48hm²。地表沉陷变形主要表现为巷道开裂、地表塌陷变形及地裂缝（图 8-30-16），使农田下陷干涸和房屋开裂。

图 8-30-15　白石塔瓷石矿废石堆

Fig. 8-30-15　Tailing heap of porcelain clay mine in Baishita

图 8-30-16　宁村矿采空区农田塌陷现状

Fig. 8-30-16　Farmland collapse in goaf in Ning village

九、石灰岩

生产矿山均采用露天开采，选矿方式以手选为主。

水泥及制灰用石灰岩矿山主要地质环境问题有：采场及相关设施侵占土地，损坏植被；采场、废石堆发生崩塌、滑坡、泥石流等矿山次生地质灾害。

以瑞金水泥厂猫子寨水泥用灰岩矿为例，主要地质环境问题分述如下。

（一）采场及相关设施占用土地

采区面积 0.217km²（占用损坏草地大于 4hm²）。废石（土）量 $187.06\times10^4m^3$，累计积存量 $75.84\times10^4m^3$，多为表土覆盖物和开矿碎石物。

采矿活动损坏土地资源总面积 92.76hm²，其中采场 75.53hm²、运矿道路 0.79hm²、破碎系统 1.09hm²、运废道路 0.06hm²、固体废弃物堆场 14.29hm²。

（二）矿山次生地质灾害

矿山开采边坡较为稳定。但矿山采用自上而下水平分台段机械化露天开采方式，由于采用爆破开采，顶部有松动块石，作业坡面陡立，存在临空面，易于引发崩塌灾害（图 8-30-17）。另外，废石（土）堆积高度 20~30m，坡度 40°左右，也可能产生滑坡灾害。

十、饰面用石料

生产矿山均采用露天开采，选矿方式以手选为主。

饰面用石料矿山主要地质环境问题有：采场及相关设施侵占土地，损坏植被；采场、废石堆发生崩塌、滑坡、泥石流等矿山次生地质灾害。

以星子县东牯岭花岗石饰面用石料矿为例，主要地质环境问题分述如下。

（一）采场及相关设施占用土地，损坏植被

由于矿山多年的矿山开采、厂房修建和矿山公路等进行的工程开拓，以及废石、废渣土不合理的堆放，致使矿区大部分地段植被土地受到较大程度的损坏，产生了较为严重的水土流失问题，土地功能不同程度的下降。矿区开采因上述原因造成的土地及植被损坏面积约 $120hm^2$，主要以荒山为主，山林为辅，少部分为耕地，矿区生态环境恶化程度较严重。

（二）次生崩塌、滑坡地质灾害隐患

初步统计，矿区花岗石采矿点 107 个，形成的采坑边坡一般高 20~50m，最高人工切坡高达 65m，坡度一般 33°~60°，局部达 89°。边坡坡度较陡，岩体裂隙较发育，岩体呈块状，切坡坡度大于或近似等于外倾结构面倾角等特征。

矿山开采过程中所产生的废石土就地或附近随处堆放。矿区形成大小废石堆 115 处，形成废石堆总量 $1027116m^3$，废石堆坡面坡度 5°~60°。矿山废石土堆单体平均厚度 1~5m，堆量一般 0.2~2.2 万 m^3，最大 6.13 万 m^3，堆体表面坡度 6°~40°，最大坡度 60°，其中以石、土混堆的 63 处，石块为主的 52 处；堆放斜坡上 98 处，平地上的 17 处；表面坡度≤20°的 7 处，20°~40°的 72 处，≥40°的 36 处。

废石土松散，工程力学性质差，尤其堆放斜坡之上、堆体表面坡度大于 40°的废石堆，未设置任何拦挡设施，形成的不稳定边坡，构成崩塌、滑坡隐患。此外，一些顺坡堆放的薄层废石土，往往也是崩塌、滑坡的活跃层面。这些崩塌、滑坡隐患的存在，一方面对矿区人畜、道路、建筑物构成严重威胁，另一方面，也成为泥石流的一个重要固体物质来源（图 8-30-18）。

图 8-30-17　瑞金水泥厂猫子寨灰岩矿石芽残丘地貌

Fig. 8-30-17　Residue landform of limestone rocks of Maozizai village, Ruijin cement plant

图 8-30-18　星子县东牯岭石料矿区块石废石堆

Fig. 8-30-18　Tailing heap of stone mine of Dong guling, Xingzi county

十一、建筑用石料

生产矿山均采用露天开采，各县均有分布。

建筑用石料矿山主要地质环境问题有：采场开采面发生崩塌、滑坡矿山次生地质灾害；采场占用土地、损坏植被。

以瑞金市谢坊镇咸水采石场为例，采石场位于咸水村之西北，与206国道相距约500m。矿山设施：采矿机械、厂房1间。采场宕面约2500m^2，采壁高20~50m，采壁近于直立，未按台阶放坡。采场由燕山期中粒黑云母花岗岩组成，发育北北东向、北西向二组裂隙，岩石坚硬，块状结构，块度0.8×1.0×1.5m^3。由于岩石裂隙发育，常有岩石崩落。开采的岩石即被出售，堆积的废石（土）极少，因此，采石活动主要是采场占用土地，采场占用土地约3500m^2。采场的植被均被剥除，岩石裸露，植被自然恢复需要较长时间。

十二、建筑用砂

建筑用砂矿山多用采砂船露天开采、机械重力选矿方式采砂，采矿点主要分布在长江、信江、抚河、赣江及其主要支流等大江大河河床中与岸边（图8-30-19）。

此类矿山一般占地较小，且基本不产生废石（土）、次生地质灾害、水土污染等环境地质问题。但是采矿活动改变河床地形，并改变河水流线。若采矿活动布置不合理，可能造成河流改道，行洪不畅，河岸崩塌。

图8-30-19　赣江采砂船

Fig. 8-30-19　Predgers in Ganjiang river

十三、砖瓦用黏土

生产矿山均采用露天开采，以手选法选矿为主。在空间上主要分布在平原区及丘岗区，以各设区市周边，尤其是南昌市的郊区砖瓦厂分布最为密集。

此类矿山产生废石（土）较少，一般不产生次生地质灾害、水土污染等环境地质问题，但采场和晒砖场均占用较多土地，有的甚至是耕地。如果占用的土地是荒地，由于是黏土组成，停采后可自然恢复植被；但若占用的土地是耕地，需填充采坑整地复耕，否则积水成塘，构成安全隐患。如南昌市罗家镇枫下砖瓦厂，损坏耕地面积约2.6hm^2，已填土复垦面积0.6hm^2（图8-30-20）。

图8-30-20　南昌市罗家镇枫下砖瓦厂取土场

Fig. 8-30-20　Land fetching area of Fengxia brick factory, Luojia town, Nanchang city

第五节　矿山环境影响现状分区评价

一、评价原则

充分利用江西省矿山地质环境调查数据资料，结合矿山地质环境保护与治理方案数据资料，通过深入的研究对比分析，评价采矿活动对矿山地质环境的影响程度。评价结果要充分体现区域矿山地质环境问题状况，兼顾重点矿山、典型矿山地质环境问题影响程度。

矿山地质环境问题的发生、发展主要受矿产资源的开发利用条件所制约，为便于矿山环境评估，将矿山的矿区范围划为不同的单元来评估。评价单元根据矿产资源分布及规划开采分区界线、采矿对地质环境的影响程度的区域、矿山地质环境问题所波及的区域确定评价最小单元。依据上述原则对江西省 6200 余座矿山地质环境影响区域进行综合评价。

矿山地质环境现状评价依据本次调查的全省矿业开发强度及产生的环境地质问题等情况，对省内矿山地质环境现状采取定性评价，划分为地质环境影响严重区、地质环境影响较严重区、地质环境影响轻微区与其他区，分区原则如下。

地质环境影响严重区：区内分布有大中型金属矿山或大中型煤矿、群采稀土矿山，矿业开发程度高。开采方式为露采，或地下开采深度较浅；矿山占用损坏了大量土地或植被，并造成了较大规模的水土流失；存放有大量废石尾砂，废水排放造成了区域性水土污染；区内崩塌、滑坡、泥石流、地面塌陷等矿山次生地质灾害发育或规模较大，对矿山地质环境破坏强烈。

地质环境影响较严重区：区内分布有数量较多的中小型金属矿山、中型煤矿或群采小煤矿、群采砖瓦黏土矿、放射性矿山、大型建材矿等，矿业开发程度较高。金属矿山或煤矿的地下开采深度一般较深，废石废渣多就地排放且环境保护措施不力，受废水排放影响有小范围水土污染现象；区内崩塌、滑坡、泥石流、地面塌陷等矿山次生地质灾害较发育，但规模不大。稀土矿及群采砖瓦黏土矿山占用破坏了大量土地或植被，造成了较大规模的水土流失。对生态地质环境破坏较强。

地质环境影响轻微区：区内分布有一定数量的金属小矿山、小煤矿、中小型建材类非金属矿山，矿业开发程度相对较低。占用破坏土地或植被的面积较小，水土污染较轻微，矿山次生地质灾害较少发生且规模较小。对生态地质环境影响局部较强，总体较弱。

其他区：除去上述三个区后江西省范围内的其他区域。区内零星分布金属小矿山、小煤矿及稀土矿山、建材类非金属矿山，矿业开发程度低，占用破坏土地或植被的面积小，一般无水土污染，矿山次生的地质灾害很少。其中部分为已闭坑多年的矿山，基本已自然复绿，对生态地质环境影响很小。

二、评价方法

本次评价主要采用对全省矿山的地质环境复杂程度与地质环境问题危害程度分别评估后进行叠加形式进行定性分析，之后对其进行地质环境影响评价分级。

（一）矿山地质环境条件复杂程度分级

根据江西省所调查（核查）地下开采矿山的矿层(体）位置、矿坑水进水边界条件、矿坑的正常涌水量、地下采坑和疏干造成的含水层破坏、地质构造、现状原生地质灾害、采空区面积、地貌单元类型等因素的来确定矿山地质环境条件的复杂程度（表 8-30-7）。

根据江西省所调查（核查）露天开采矿山的采场矿层（体）位置、采场汇水面积、地下水的补给径流条件、采矿活动和疏干排水造成的含水层破坏、矿床围岩体的地质构造、采场边坡的稳定性、现

表 8-30-7　地下开采矿山地质环境条件复杂程度分级表

Table 8-30-7　Geo-environment complexity classification for the underground mining

复　杂	中　等	简　单
主要矿层（体）位于地下水位以下，矿坑进水边界条件复杂，充水水源多，充水含水层和构造破碎带、岩溶裂隙发育带等富水性强，补给条件好，与区域强含水层、地下水集中径流带或地表水联系密切，老窿（窑）水威胁大，矿坑正常涌水量大于 $10000m^3/d$，地下采矿和疏干排水容易造成区域含水层破坏	主要矿层（体）位于地下水位附近或以下，矿坑进水边界条件中等，充水含水层和构造破碎带、岩溶裂隙发育带等富水性中等，补给条件较好，与区域强含水层、地下水集中径流带或地表水有一定联系，老窿（窑）水威胁中等，矿坑正常涌水量 $3000\sim10000m^3/d$，地下采矿和疏干排水较容易造成矿区周围主要充水含水层破坏	主要矿层（体）位于地下水位以上，矿坑进水边界条件简单，充水含水层富水性差，补给条件差，与区域强含水层、地下水集中径流带或地表水联系不密切，矿坑正常涌水量小于 $3000m^3/d$，地下采矿和疏干排水导致矿区周围主要充水含水层破坏可能性小
矿床围岩体结构以碎裂结构、散体结构为主，软弱岩层或松散岩层发育，蚀变带、岩溶裂隙带发育，岩石风化强烈，地表残坡积层、基岩风化破碎带厚度大于 10m，矿层（体）顶底板和矿床围岩稳固性差，矿山工程场地地基稳定性差	矿床围岩岩体以薄—厚层状结构为主，蚀变带、岩溶裂隙带发育中等，局部有软弱岩层，岩石风化中等，地表残坡积层、基岩风化破碎带厚度 5~10m，矿层（体）顶底板和矿床围岩稳固性中等，矿山工程场地地基稳定性中等	矿床围岩岩体以巨厚层状—块状整体结构为主，蚀变作用弱，岩溶裂隙带不发育，岩石风化弱，地表残坡积层、基岩风化破碎带厚度小于 5m，矿层（体）顶底板和矿床围岩稳固性好，矿山工程场地地基稳定性好
地质构造复杂，矿层（体）和矿床围岩岩层产状变化大，断裂构造发育或有活动断裂，导水断裂带切割矿层（体）围岩、覆岩和主要含水层（带），导水性强，对井下采矿安全影响巨大	地质构造较复杂，矿层（体）和矿床围岩岩层产状变化较大，断裂构造较发育，并切割矿层（体）围岩、覆岩和主要含水层（带），导水断裂带的导水性较差，对井下采矿安全影响较大	地质构造简单，矿层（体）和矿床围岩岩层产状变化小，断裂构造不发育，断裂未切割矿层（体）和围岩覆岩，断裂带对采矿活动影响小
现状条件下原生地质灾害发育，或矿山地质环境问题的类型多,危害大	现状条件下矿山地质环境问题的类型较多，危害较大	现状条件下矿山地质环境问题的类型少，危害小
采空区面积和空间大，多次重复开采及残采，采空区未得到有效处理，采动影响强烈	采空区面积和空间较大，重复开采较少，采空区部分得到处理，采动影响较强烈	采空区面积和空间小，无重复开采，采空区得到有效处理，采动影响较轻
地貌单元类型多，微地貌形态复杂，地形起伏变化大，不利于自然排水，地形坡度一般大于 35°，相对高差大，地面倾向与岩层倾向基本一致	地貌单元类型较多，微地貌形态较复杂，地形起伏变化中等，不利于自然排水，地形坡度一般为 20°~35°，相对高差较大，地面倾向与岩层倾向多为斜交	地貌单元类型单一，微地貌形态简单，地形起伏变化平缓，有利于自然排水，地形坡度一般小于 20°，相对高差小，地面倾向与岩层倾向多为反交

注：分级确定采取上一级别优先原则，只要有一项要素符合某一级别，就定为该级别。

状原生地质灾害、采场面积及采坑深度、地貌单元类型等因素的来确定矿山地质环境条件的复杂程度（表 8–30–8）。

表 8–30–8　露天开采矿山地质环境条件复杂程度分级表

Table 8–30–8　Geo–environment complexity classification for the open pit mining

复杂	中等	简单
采场矿层（体）位于地下水位以下，采场汇水面积大，采场进水边界条件复杂，与区域含水层或地表水联系密切，地下水补给、径流条件好，采场正常涌水量大于 10000m³/d；采矿活动和疏干排水容易导致区域主要含水层破坏	采场矿层（体）局部位于地下水位以下，采场汇水面积较大，与区域含水层或地表水联系较密切，采场正常涌水量 3000~10000m³/d；采矿和疏干排水比较容易导致矿区周围主要含水层影响或破坏	采场矿层（体）位于地下水位以上，采场汇水面积小，与区域含水层、或地表水联系不密切，采场正常涌水量小于 3000m³/d；采矿和疏干排水不易导致矿区周围主要含水层的影响或破坏
矿床围岩岩体结构以碎裂结构、散体结构为主，软弱结构面、不良工程地质层发育，存在饱水软弱岩层或松散软弱岩层，含水砂层多，分布广，残坡积层、基岩风化破碎带厚度大于 10m、稳固性差，采场岩石边坡风化破碎或土层松软，边坡外倾软弱结构面或危岩发育，易导致边坡失稳	矿床围岩岩体结构以薄到厚层状结构为主，软弱结构面、不良工程地质层发育中等，存在饱水软弱岩层和含水砂层，残坡积层、基岩风化破碎带厚度 5~10m、稳固性较差，采场边坡岩石风化较破碎，边坡存在外倾软弱结构面或危岩，局部可能产生边坡失稳	矿床围岩岩体结构以巨厚层状—块状整体结构为主，软弱结构面、不良工程地质层不发育，残坡积层、基岩风化破碎带厚度小于 5m、稳固性较好，采场边坡岩石较完整到完整，土层薄，边坡基本不存在外倾软弱结构面或危岩，边坡较稳定
地质构造复杂。矿床围岩岩层产状变化大，断裂构造发育或有全新世活动断裂，导水断裂切割矿层（体）围岩、覆岩和主要含水层（带）或沟通地表水体，导水性强，对采场充水影响大	地质构造较复杂。矿床围岩岩层产状变化较大，断裂构造较发育，切割矿层（体）围岩、覆岩和含水层（带），导水性差，对采场充水影响较大	地质构造较简单。矿床围岩岩层产状变化小，断裂构造较不发育，断裂未切割矿层（体）围岩、覆岩，对采场充水影响小
现状条件下原生地质灾害发育，或矿山地质环境问题的类型多、危害大	现状条件下，矿山地质环境问题的类型较多、危害较大	现状条件下，矿山地质环境问题的类型少、危害小
采场面积及采坑深度大，边坡不稳定，易产生地质灾害	采场面积及采坑深度较大，边坡较不稳定，较易产生地质灾害	采场面积及采坑深度小，边坡较稳定，不易产生地质灾害
地貌单元类型多，微地貌形态复杂，地形起伏变化大，不利于自然排水，地形坡度一般大于 35°，相对高差大，高坡方向岩层倾向与采坑斜坡多为同向	地貌单元类型较多，微地貌形态较复杂，地形起伏变化中等，自然排水条件一般，地形坡度一般 20°~35°，相对高差较大，高坡方向岩层倾向与采坑斜坡多为斜交	地貌单元类型单一，微地貌形态简单，地形较平缓，有利于自然排水，地形坡度一般小于 20°，相对高差较小，高坡方向岩层倾向与采坑斜坡多为反向坡

注：分级确定采取上一级别优先原则，只要有一项要素符合某一级别，就定为该级别。

（二）矿山地质环境问题危害程度分级

主要根据江西省所调查（核查）矿山开采所引发的地质灾害规模、对附近居民的影响程度、造成的含水层破坏产生导水通道的矿井正常涌水量、对原始地形地貌景观破坏和影响程度、对三区两线范围的影响程度、对不同土地资源的占用情况对其进行地质环境问题危害分级（表 8–30–9）。

表 8–30–9　矿山地质环境问题危害度分级表

Table 8–30–9　Damage–severity levels of geo–environment problems of mines

危害程度分级	地质灾害	含水层破坏	地形地貌景观破坏	土地资源破坏
严重	地质灾害规模大，发生的可能性大；影响到城市、乡镇、重要行政村、重要交通干线、重要工程设施及各类保护区安全；造成或可能造成直接经济损失大于 500 万元；受威胁人数大于 100 人	矿床充水主要含水层结构破坏，产生导水通道，矿井正常涌水量大于 10000m³/d；区域地下水水位下降；矿区周围主要含水层（带）水位大幅下降，或呈疏干状态，地表水体漏失严重；不同含水层（组）串通水质恶化，影响集中水源地供水，矿区及周围生产、生活供水困难	对原生的地形地貌景观影响和破坏程度大；对各类自然保护区、人文景观、风景旅游区、城市周围、主要交通干线两侧可视范围内地形地貌景观影响严重	占用破坏基本农田；占用破坏耕地大于 2hm²；占用破坏林地或草地大于 4hm²；占用破坏荒地或未开发利用土地大于 20hm²
较严重	地质灾害规模中等，发生的可能性较大；影响到村庄、居民聚居区、一般交通线和较重要工程设施安全；造成或可能造成直接经济损失 100~500 万元；受威胁人数 10~100 人	矿井正常涌水量 3000~10000m³/d；矿区及周围主要含水层（带）水位下降幅度较大，地下水呈半疏干状态，矿区及周围地表水体漏失较严重影响矿区及周围部分生产生活供水	对原生的地形地貌景观影响和破坏程度较大，对各类自然保护区、人文景观、风景旅游区、城市周围、主要交通干线两侧可视范围内地形地貌景观影响较重	占用破坏耕地小于等于 2hm²；占用破坏林地或草地 2~4hm²；占用破坏荒山或未开发利用土地 10~20hm²
较轻	地质灾害规模小，发生的可能性小；影响到分散性居民、一般性小规模建筑及设施；造成或可能造成直接经济损失小于 100 万元；受威胁人数小于 10 人	矿井正常涌水量小于 3000m³/d；矿区及周围主要含水层水位下降幅度小，矿区及周围地表水体未漏失；未影响到矿区及周围生产生活供水	对原生的地形地貌景观影响和破坏程度小；对各类自然保护区、人文景观、风景旅游区、城市周围、主要交通干线两侧可视范围内地形地貌景观影响较轻	占用破坏林地或草地小于等于 2hm²；占用破坏荒山或未开发利用土地小于等于 10hm²

注：分级确定采取上一级别优先原则，只要有一项要素符合某一级别，就定为该级别。

（三）矿山地质环境影响评价分级

根据上述矿山地质环境的复杂程度和危害程度的分级结果进行叠加分析，凡是区内危害程度严重的均划入影响严重区，其他分级视矿山地质条件复杂程度而定（表 8–30–10）。

表 8–30–10　矿山地质环境影响评价分级

Table 8–30–10　Assessment of mine geo–environment impacts

危害程度	地质环境条件复杂程度		
	复杂	中等	简单
严重	影响严重	影响严重	影响严重
较严重	影响严重	影响较严重	影响较严重
较轻	影响较严重	影响轻微	影响轻微

三、矿山地质环境分区评述

依据上述矿山地质环境评价方法，对全省矿山开发对地质环境的影响现状进行分区，共圈定影响严重区 20 个，面积 3275km²；较严重区 36 个，面积 4130km²；轻微区 35 个，面积 3943km²；其他区 1 个，面积 155102km²。分区基本情况（图 8-30-21，表 8-30-11、表 8-30-12）。

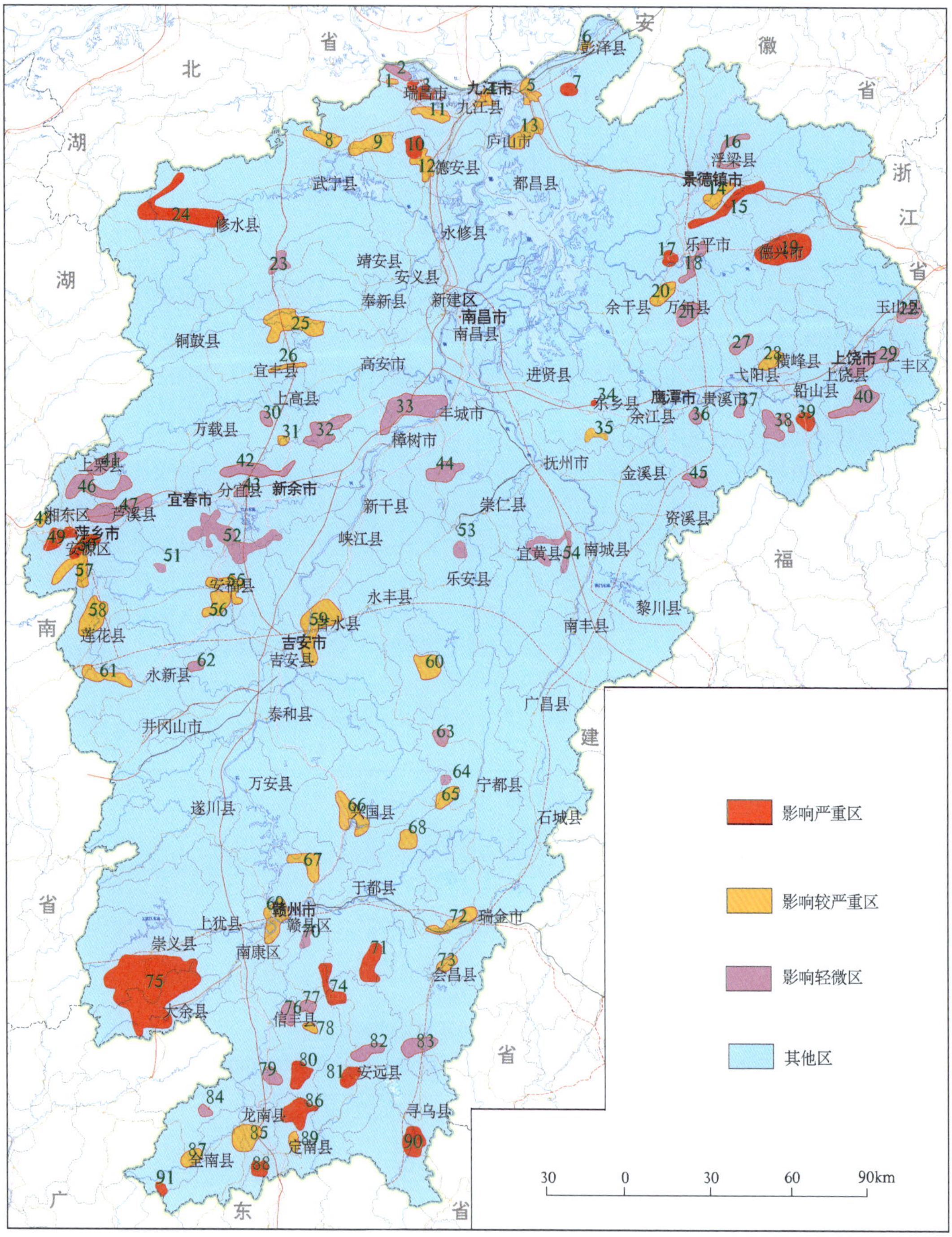

图 8-30-21 江西省矿山地质环境影响程度分区略图

Fig. 8-30-21 Brief zoning map of the mine geo-environment impact in Jiangxi Province

表 8-30-11　主要矿区或群采区矿山地质环境影响评估成果表

Table 8-30-11　Assessment result of geological environment impact from major mine areas

地质环境影响分区	总面积 km^2	分区名称
影响严重区	3275	瑞昌武山－城门山多金属矿区 (3)；彭泽县上横山矿段钒矿区 (7)；彭山锡矿－方圆锡锌矿多金属矿区 (10)；乐平矿务局涌山－仙槎煤矿区 (14)；乐平矿务局鸣山煤矿区 (17)；德兴铜矿－金山金矿多金属矿区 (19)；修水香炉山钨－下南岭钒矿多金属矿区 (24)；东乡铜矿有色金属矿区 (34)；铅山县永平铜矿区 (39)；湘东区大山－白源煤矿矿区 (49)；萍乡市安源－高坑煤矿区 (50)；于都县盘古山－铁山垅钨矿区 (71)；安远县黄婆地钨锌多金属矿－岭寨钼矿矿区 (74)；大余西华山－崇义茅坪钨矿矿区 (75)；信丰县安西－虎山稀土矿区 (80)；安远县永桥稀土矿区 (81)；定南县木子山－开子崇稀土矿区 (86)；定南县岿美山钨矿区 (88)；寻乌县南桥－河岭稀土矿区 (90)；全南县大吉山钨矿区 (91)
影响较严重区	4130	瑞昌市码头镇水泥用石灰岩矿区 (2)；浮梁县大背坞－景德镇庄湾金矿区 (16)；乐平市礼林镇－双田镇煤矿区 (18)；江西水泥厂万年县大源石灰岩矿区 (21)；万年青水泥用灰岩矿矿区 (22)；武宁县石门寺钨矿区 (23)；弋阳樟树墩－中畈乡花费用蛇纹石矿区 (27)；上饶市朝阳磷矿－广丰县吴村滑石矿非金属矿区 (29)；上高县七宝山铅锌矿矿区 (30)；英岗岭矿务局高安建山－相成煤矿区 (32)；高安市八景－丰城市曲江煤矿区 (33)；东乡县虎圩金矿区 (35)；弋阳县水林铅锌矿、刘家金矿矿区 (37)；铅山县新安－港东煤矿区 (38)；上饶上泸－广丰洋口煤矿区 (40)；上栗县桐木－袁洲区慈化煤矿区 (41)；分宜县杨桥－下村煤矿区 (42)；分宜县铁坑铁矿区 (43)；丰城市洛市－秀市煤矿区 (44)；贵溪市冷水坑银铅锌矿 (45)；上栗县国营鸡冠山－袁州区辽市煤矿矿区 (46)；上栗县赤山镇－袁州区西村镇安全煤矿区 (47)；安福县浒坑钨矿区 (51)；宜春钽铌矿－新余良山铁矿金属矿区 (52)；七二一铀矿乐安－崇仁矿区 (53)；宜黄县新源铁矿－临川茅排金矿矿区 (54)；吉安县天河煤矿矿区 (62)；宁都县黄陂镇稀土矿矿区 (63)；宁都县青塘钨矿区 (64)；赣县大埠稀土矿区 (70)；信丰县窑下稀土矿 (76)；赣县韩坊－信丰县瓦下稀土矿区 (77)；信丰县铁石口－小江煤矿区 (79)；安远县牛皮寨稀土矿－佛灵山铅锌矿矿区 (82)；岩背锡矿－红山铜矿矿区 (83)；全南县陂头稀土矿区 (84)
影响轻微区	3943	瑞昌市码头镇冶金用白云岩 (1)；庐山区新港镇砖瓦用黏土矿区 (4)；湖口县柘矶矽砂矿－文桥乡建筑石料矿区 (5)；彭泽县马湖石灰岩矿区 (6)；瑞昌市乐园－武宁鲁溪煤矿区 (8)；九江市瑞昌－德安煤、建筑用石料非金属矿区 (9)；九江县涌泉乡－狮子镇建筑用石料矿区 (11)；德安县丰林镇建筑用石料矿区 (12)；九江市都昌－湖口建筑用石料矿区 (13)；景德镇东流瓷土矿区 (15)；万年县虎家尖银金矿矿区 (20)；宜丰县同安瓷土矿区 (25)；宜丰县棠浦煤矿区 (26)；横峰县铺前煤矿区 (28)；上高县月光山硅灰石矿区 (31)；贵溪市罗塘石膏矿矿区 (36)；湘东区荷尧镇煤矿矿区 (48)；安福县横龙－枫田煤矿区 (55)；安福县江南－潦塘建材矿区 (56)；芦溪县南坑金钩湾－莲花县横塘铁矿矿区 (57)；莲花县坊楼煤矿区 (58)；吉水县田段铁矿－丁江竹山下铁矿矿区 (59)；永丰县陶唐－石马石灰岩矿区 (60)；莲花县三板桥－永新县豪溪铁矿矿区 (61)；宁都县朝盛硫铁矿－黄贯煤矿矿区 (65)；兴国县高兴镇－江背镇砖瓦黏土矿区 (66)；赣县田村镇稀土矿矿区 (67)；于都县银坑煤矿－葛坳银、铅锌矿矿区 (68)；章贡区－赣县永胜砖瓦黏土矿区 (69)；瑞金市猫子寨水泥用石灰岩矿区 (72)；瑞金市谢坊萤石矿区 (73)；信丰县大桥煤矿区 (78)；龙南县富坑稀土矿－大田煤矿矿区 (85)；全南县金龙镇砖瓦用黏土矿区 (87)；定南县车步太阳钛铁矿－下庄稀土矿区 (89)
其他区	155102	全省未圈定的区域

表 8-30-12　不同影响区域地质环境问题信息表

Table 8-30-12　Information of geological environment problems from different regions

分区类别	年产矿石量/万 t	土地损坏面积/hm^2	废渣累计存量/万 t	废水年产出量/万 t	地质灾害及隐患/个
影响严重区	5378.4	17019	137359	11246	97
影响较严重区	4303	40105	13489	4556	97
影响轻微区	3911	5061	3427	1816	47

矿山开采对地质环境影响严重区主要分布在以下区域中：赣北及赣东北的铜、金及多金属矿；赣南的大中型钨矿及群采稀土矿；萍乐拗陷带煤矿。这些矿山的开采，引起了不同程度的环境地质问题，如露天开采的金属矿山排放了大量的废渣及废水，不仅损坏或占用了大量的土地，而且对周围的环境造成了污染；地下开采的金属矿山及煤矿除引起水土污染、地下水均衡系统受破坏外，还因采空引起地面塌陷、地裂缝等；稀土矿开采损坏大量的土地及产生水土流失等（表 8-30-11）。

第三十一章　矿山地质环境保护与恢复治理

第一节　矿山主要地质环境问题防治措施

一、露天采场边坡治理

人工边坡和自然边坡的治理方法多样，实施的主要工程可分为减载、降坡和抗滑工程等几类。江西省在露天采场高陡边坡治理方面应用技术较为成熟的主要有锚固、坡面喷砼和生物工程技术等。

二、采空塌陷防治措施

（一）充填法采矿

由地面充填站及其配套设施将废石或尾砂直接用于充填封堵墙和转入采空区，既有效地防止了地面塌陷和矿山固废物占地，也提高了资源利用率。目前，省内已有部分钨矿和煤矿采用废石或煤矸石进行充填，取得了良好的资源效益和环境效益。因此，应加强和全面推广应用矿渣、尾矿充填技术，防止地面塌陷，保护地质环境和公共财产安全。

（二）提高采煤技术

为减轻煤矿采空塌陷危害，省内各矿根据实际条件，采用的主要技术措施有：①同一煤层多工作面协调开采，减少地表不均匀下沉，减少倾斜和水平变形对民房的影响；②分煤层交错布置工作面，可减少不均匀下沉和静态变形值，使部分变形得以抵消。不同煤层开采边界交错布置。③采用沿空送巷、沿空留巷等采煤新工艺、新方法，实行无煤柱开采，以使地表均匀下沉；④控制开采速度。

三、地下水资源保护措施

为防止矿坑排水对水源地和地下水均衡造成损坏，采取堵水法采矿。同时，根据堵水效果辅以必不可少的排水设施，形成以“堵水为主，堵排结合”的保护方案。

（一）帷幕注浆堵水法采矿

帷幕注浆堵水具有一次性投资多、工程规模大的特点，应用条件又受到特定的地质条件制约，因此，在选择此方案时，必须着重进行以下两点可行性研究：①矿区水文地质条件研究。分析进水通道和隔水边界、含水层可注性，将帷幕注浆堵水法与疏干法经济效益、环境效益及社会效益三方面进行对比分析。②帷幕幕址研究。通过钻探、物探、抽压水试验等综合方法探查对比分析含水层岩溶裂隙发育程度，在水平和垂向上发育规律，溶洞、裂隙中充填物性质及充填程度，帷幕端点隔水边界的实际位置和深度，地下水流向、流速等。

（二）矿山废水处理

省内不同矿种矿山废水水质具有明显差异，铁矿矿山废水水质普遍较好，经过沉淀及消毒等简单物理方法处理即可达到国家规定的饮用水标准。

钨、铜、岩金、铅锌和多金属矿山的地表水污染成分中，Cu、Cd、Pb、As、Cr、Zn 等金属离子居多；普通萤石矿山附近，地表水中 F 离子含量普遍偏高；稀土矿山周边地表水体，有害成分有 S、NH_4、N、SS、pH 等，氨氮超标严重；煤矿地表水污染成分主要有 S、SS（悬浮物）、P、C、pH（呈酸性）、COD（化学耗氧量）等。

处理方法：

1）利用井下排水泵剩余压头将矿井水直接排入沉淀池，避免调节池二次提升用电负荷和调节池的煤泥排放问题。

2）将全部的矿坑排水均进行混凝沉淀。

3）根据用水项目的不同水质要求，分别进行不同阶段的污水处理。

4）处理工艺力求简单、实用、有效，要控制投资在最低限度，占地要最小。

第二节　矿山土地复垦

矿区环境损坏可分为景观损坏和生态损坏两种基本类型。景观损坏是在矿山开发与生产过程中对地表的损坏，包括改变地形地貌、损坏植被和土壤等。生态损坏是损坏矿区及其相邻地区的生物生存条件，减少生物量、降低环境的总适宜性，从而对人类和动植物产生不利影响。由于土地生态系统是矿区生态环境损坏中最显而易见的，因此，矿山土地复垦与生态重建就成为矿区环境保护与恢复治理任务中的重中之重。

一、土地复垦目标与总体要求

根据土地恢复期望的利用价值（即因地制宜复垦到一定生产效能的期望的标准状态）和生态环境保护需要，土地复垦目标可分为七类：农用地、森林、牧草地、野生动物栖息地（如人工湿地恢复）、建筑用地、渔业用地、景观（娱乐）用地，各类用地应符合相应的土地复垦规定技术标准。复垦方式应在土地整治工程的基础上，充分注重土地整治的生物措施、复垦土地的景观生态恢复、土地生态系统的生物多样性、土地质量和土地生产效能与效益的恢复。总体要求是：

1）矿山土地复垦应本着“宜农则农、宜林则林、宜渔则渔、宜建则建、宜景则景”的多途径利用方式，因地制宜地开展矿山土地复垦。

2）根据“谁开发，谁保护；谁受益，谁补偿；谁损坏，谁恢复”的治理原则，为促进矿山土地复垦的积极性，形成多渠道的投资机制，在土地复垦中必须协调国家、集体和个人的利益。

3）矿山土地复垦应在综合考虑各种因素的基础上确定复垦方案。土地复垦工程不仅涉及大量资金投入，还涉及政策、社会环境及生态环境等诸多方面，因此，在实施土地复垦工程之前应制定科学的总体规划，对复垦土地的利用方向、采取的措施等问题进行决策性分析。同时矿山土地复垦规划应与长远的土地利用总体规划和矿山发展规划相协调，从全局发展的角度出发，有效配置土地复垦资源。

二、露天采场复垦

露天开采严重损坏植被，影响地表稳定性，引起水土流失和引发崩塌、滑坡等突发性地质灾害，环境问题突出。对于露天采场的复垦，应根据露采场的地质环境条件和不同用途及相关土地复垦技术标准分别加以整治。

人工开采形成的高陡边坡一般很难恢复到其原始地形地貌形态，在实行景观恢复设计中，对地面地形的恢复要与区域地形、地貌相融合，人造景观与区域大环境相协调。对有条件地段，应尽可能采用生物工程技术，最大限度地恢复其生态功能。

（一）治理措施

1. 危岩及不稳定边坡的治理

对历史遗留采坑进行危石去除处理，不稳定岩土体进行卸荷，对高陡人为堆积体进行稳定性改造施工，消除崩塌、滑坡、泥石流等突发性地质灾害隐患。

2. 开采式治理

由于矿山开采所形成的断面坡度较陡，且极不规则，无法打坑回填客土，因此必须先治理开采坡面，清理出不同高度的水平台阶，然后在台阶上打坑填土，种植树木，恢复植被。

根据采石场实际条件，一般采用自上而下、分水平台阶式开采，每个掘进水平高差控制在5m左右，便于石料堆放、装运和机械破碎。治理区的周边处于高海拔处的一级陡坎设计高差为10m。陡坎顶部至坡底的水平投影距离为10m，坡面构成45°左右的坡角，便于藤蔓植物附着攀爬，各级台阶绿化带宽度为10m，台阶高度5m。适当位置设立排水沟，以利汛期排洪。

3. 固体废弃物的平整、充填、加固

利用历史废弃的大量废石堆积物充填需要治理的采石坑，同时对大量堆体进行平整和加固措施，便于复垦绿化。

4. 覆网客土喷播植生技术

适用于石质边坡，该方法固土护坡作用快捷明显，绿化美化效果俱佳。技术主要原理为利用客土掺混黏结剂（普通硅酸盐水泥）和固网技术，使客土物料紧贴石坡坡面，创造草类与灌木生存的良好环境，以恢复石质坡面生态复合功能。喷播植生新技术适用于不同坡度硬质石坡面或风化石质的坡面。

（二）覆土绿化

土地复垦主要在各级平台上进行。各级平台土地复垦需在场地平整后，下铺黏土、上覆耕植土，经整平后，根据当地气候特点和土壤类型种植经济林或灌乔木，达到种植和绿化效果。

（三）治理模式

1. 平台植被复垦模式

在平台的边缘即坡肩部分修筑挡水墙，两边栽植旱柳、杨树等，挡水墙既可挡水又可作道路使用。在平台的里边，即坡底挖宽、深各1m的排水沟，沟内加水泥预制槽，在其两边栽植刺槐或杨树等。中心平台压土覆盖，复垦为耕地、林地。

2. 斜坡植被配置模式

根据环境保护、水土保持、帮坡稳定要求，斜坡的利用方向是永久性林草园地。

斜坡上的植被配置模式采用乔木+灌木+草本。斜坡角度较大、稳定性较差的，自上而下进行网格状混凝土灌注，固定边坡。

3. 路边遮挡配置模式

该模式适用于路边近距离的采石坑遮挡。在采石坑外侧、路面一侧地面基础上修筑一长方形土方条带，营造遮挡林带。配置为：落叶乔木+常绿乔木+藤蔓植物混交林带。距离公路较远的可视范围内的裸露岩体也可以采用此种模式恢复绿化。

三、矿山固体废物处理与复垦

（一）矸石山治理与复垦

对于自燃矸石山可铺设注浆灭火系统，采取紧急灭火治理。方法是将石灰、烧碱和水配置制成一定比例的浆液，在矸石山下建一灰浆泵房，经钢管将碱性浆液送至矸石山浇注火区（有时辅以人工将钢管插入矸石山表层以使浆液渗透）。该方法的基本原理是利用碱性物质中和矸石山中硫化物等酸性物质，同时利用水分蒸发使矸石山降温，从而达到灭火之目的。

对非自燃或燃尽后矸石山，采用绿化为其治理的有效途径。采用穴状坑或15° 旋梯田整地法。

（二）尾矿库复垦

尾矿库复垦之前，应充分调查尾矿和矿山废弃物的类型、各类组分含量和赋存形式、迁移规律及对环境的污染等，测定其各种物性参数的基础，探索资源化利用途径，对不同类型的尾矿库分别实施相应的复垦方案。

尾矿是经选矿工序选出有效矿物成分后予以排弃的矿物岩石，不同类型矿山和不同选矿方式所产生的尾矿，其物、化性质各异。根据尾矿库特点，其复垦方向适于建为农业用地、林业用地等。

（三）其他永久性固废物复垦

各类金属、非金属矿山弃渣可就地回填采场和采坑，覆土后用于人工造林、恢复成耕地等，或充分利用微生物技术直接在矿渣堆上复垦。通过多种形式的治理措施控制水土流失，改善生态环境，修复自然景观。

四、塌陷地复垦

根据治理方法大致可分为：修整法、疏排法、挖深垫浅法和充填法等。

（一）修整法

适用于不易积水的塌陷地，多采用平整土地、改造成梯田等修整法复垦利用。梯田的水平宽度和梯坎高度应根据地面坡度、土层厚度、工程量大小、作物种类、耕种机械化程度综合考虑确定，同时根据原始坡度、灌溉条件和复垦用途确定田面坡度的大小和坡向。

（二）疏排法

采用合理的排水措施（如建立排水沟、直接泵排等），使塌陷地积水排开，再加以必要的地表修整，使其得以恢复利用。

疏排法适用于潜水位低、地表塌陷深度浅、且正常的排水措施和地表整修工程能保证土地的恢复利用的地表塌陷。多用于低潜水位地区或单一煤层、较薄层煤层开采的高、中潜水位地区。优点为工程量小，投资少见效快，且不改变土地原有用途。缺点是需对配套的水利设施进行长期有效的管理以防洪涝。

（三）挖深垫浅法

用挖掘机械将塌陷区再度深挖，以形成水（鱼）塘，取出的土方用来充填浅塌陷区恢复成耕地，达到水产养殖和农业种植并举的利用目标。

挖深垫浅法适用于大深度塌陷区，有积水的高、中潜水位地区同时应满足挖出的土方量大于或等于充填所需土方量且水质适宜于水产养殖。优点为操作简单，适用面广，经济效益高，生态效益显著。

（四）充填复垦法

利用煤矸石、粉煤灰等材料充填塌陷地复田。此方法既能解决塌陷地恢复又可使矿山固体废物得到处置，因此其经济效益较好。

第三节　矿山恢复治理工程实例

进入21世纪以来，全省对矿山环境治理高度重视，对矿山环境防治的投入逐年加大，取得了良好效果，为矿山环境恢复治理积累了经验。

下面列举各类矿山治理方案实例。

一、德兴铜矿铜石矿区土地复垦工程

德兴铜矿矿区面积7.7877km^2。始采于1965年，至2012年损坏土地面积1721.54hm^2。2006年以来，矿山开始自筹资金进行土地复垦。其土地复垦措施如下。

（一）中和表土酸性、培肥表土工程

针对土壤酸化和贫瘠问题，尤其是土壤酸化问题，施石灰中和其酸性，同时施有机肥培肥土壤。

（二）露天采坑复绿工程

露天采坑开采境界顶部最高标高为410m，最低标高为140m，故蓄水最高标高为140m。标高140m（面积为284.47hm²）以下采坑复绿为坑塘水面，水面以上平台复绿为草地，覆土厚度为0.25m，在上面播撒草籽，草种选择百喜草，播撒量为45kg/hm²（图8-31-1）。

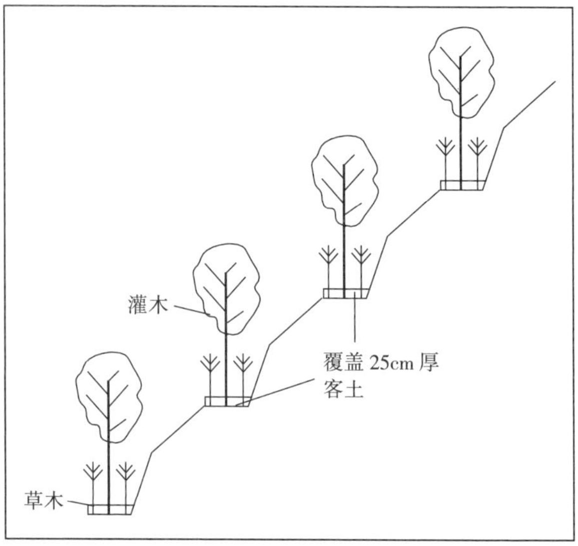

图8-31-1 采坑边坡平台灌草绿化模式图

Fig. 8-31-1 Grass-bush plantation model for side slope of mining pit

（三）尾矿库复绿工程

德兴铜矿尾砂库服务期满后，进行平整复绿为草地。尾矿沉积滩直接移栽象草、水蜡烛和无叶节节草；尾矿边坡和平台先覆土0.25m，再栽植茅草。均为每丛2~4苗，株行距25cm。

（四）废石场和堆浸场复绿工程

废石场和堆浸场服务期满后覆土平整，废石场和堆浸场平台复绿为灌草结合的林地，采取点状客土与面状客土相结合的复绿方式。草地覆土厚度为0.25m，林地复绿采取挖鱼鳞坑覆土栽植。树种选择胡枝子，种植间距为1m×1m，栽植时挖坑坑径为0.35m，坑深0.35m，带土球种植，同时在平台撒播草籽，草种选择百喜草，播撒量为45kg/hm²；废石场和堆浸场边坡复绿为林地，树种选择湿地松，采取挖鱼鳞坑覆土栽植，种植间距为2m×2m，栽植时挖坑坑径为0.5m，坑深0.5m，带土球种植（图8-31-2、图8-31-3）。

（五）酸性水库复绿工程

祝家酸性水库和杨桃坞酸性水库服务期满后先用石灰进行中和酸治理，再用废石将部分酸性水库填平。祝家酸性水库面积为1.34hm²，杨桃坞酸性水库面积为1.42hm²，总面积为2.76hm²。酸性水库深度为1~2m，平均深度为1.5m，即共需废石量为4.14万m³。酸性水库填平后再对其进行夯实平整及覆土，最终复绿为灌草结合的林地。采取点状客土与面状客土相结合的复绿方式。草地覆土厚度为0.25m，林地复绿采取挖鱼鳞坑覆土栽植。树种选择胡枝子，种植间距为1m×1m，栽植时挖坑坑径为0.35m，坑深0.35m，带土球种植，同时在平台撒播草籽，草种选择百喜草，播撒量为45kg/hm²。

（六）液体库复绿工程

一号液体库和二号液体库服务完后，先用石灰进行中和酸治理，再用废石将液体库填平。一号液体库面积为1.75hm²，二号液体库面积为1.48hm²，总面积为3.23hm²。经现场调查，液体库深度为1~2m，平均深度为1.5m，即共需废石量为4.85万m³。液体库填平后再对其进行夯实平整及覆土，最终复绿为灌草结合的林地。方案采取点状客土与面状客土相结合的复绿方式。草地覆土厚度为0.25m，林地复绿采取挖鱼鳞坑覆土栽植。树种选择胡枝子，种植间距为1m×1m，栽植时挖坑坑径为0.35m，坑深0.35m，带土球种植，同时在平台撒播草籽，草种选择百喜草，播撒量为45kg/hm²。

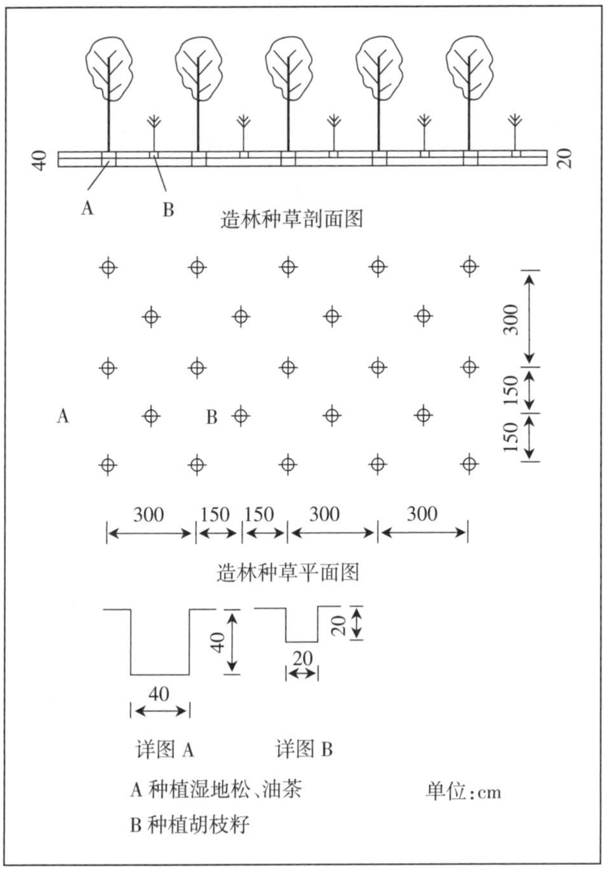

图 8-31-2　废石、弃土堆积平台造林设计图
Fig. 8-31-2　Design chart of afforestation on platforms of tailing heaps and spoil bank

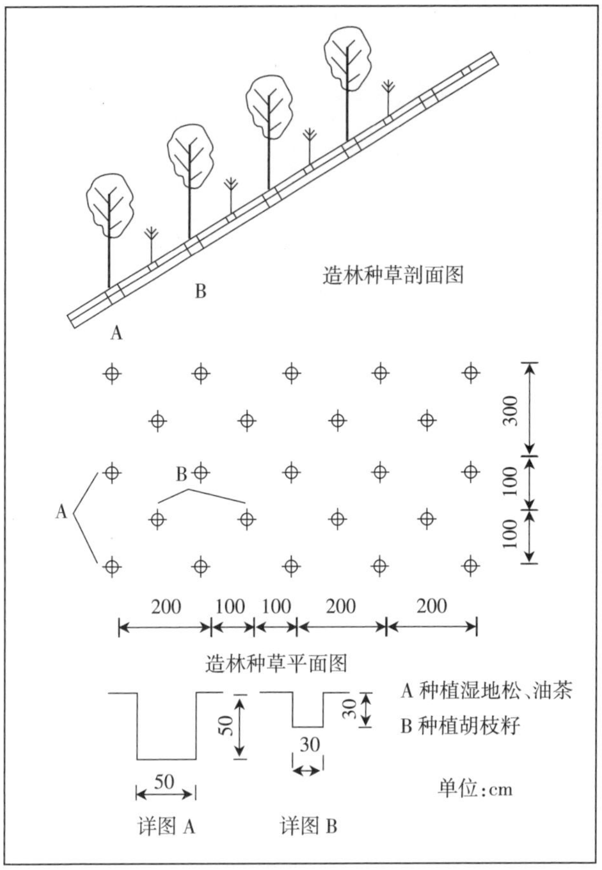

图 8-31-3　废石、弃土堆积边坡造林设计图
Fig. 8-31-3　Design chart of afforestation on side slop of tailing heaps and spoil bank

(七) 表土堆放场复绿工程

表土堆存期间，对表土堆放场播撒草籽防止水土流失，同时培肥土壤。表土运走后，表土堆放场服务结束后复绿为灌草结合的林地。树种选择胡枝子，种植间距为 1m×1m，栽植时挖坑坑径为 0.3m，坑深 0.3m，带土球种植，同时在平台撒播草籽，草种选择百喜草，播撒量为 45kg/hm^2。

(八) 复绿工程成效

德兴铜矿铜厂矿区内已破坏的部分土地进行了复绿，已复绿土地总面积为 316.72hm^2，其中铜厂采场已复绿土地面积为 15.00hm^2，杨桃坞废石场已复绿土地面积为 18.00hm^2，水龙山废石场已复绿土地面积为 8.00hm^2，西源沟废石场已复绿土地面积为 8.00hm^2，一号尾矿库已复绿土地面积为 209.00hm^2，二号尾矿库已复绿土地面积为 58.72hm^2（图 8-31-4~图 8-31-7）。

二、赣县废弃稀土矿山地质环境恢复治理工程

赣县废弃稀土矿区分韩坊、阳埠、大埠和大田四大矿区，矿区总面积约 32.74km^2，主要地质环境问题为土地损坏、地质灾害隐患和水土污染。采矿造成的土地破坏总面积约 8.06km^2，占总矿区面积

图 8-31-4 北山排土场已复绿区

Fig. 8-31-4 Beishan reclamation area on waste diposal site

图 8-31-5 杨桃坞排土场复绿试验区

Fig. 8-31-5 Pilot project of reclamation on thewaste diposal site of Yangtaowu

图 8-31-6 二号尾矿库复绿区

Fig. 8-31-6 Reclamation area on the No.2 tailing pond

图 8-31-7 一号尾矿库复绿区

Fig. 8-31-7 Reclamation area on the No.1 tailing pond

的 24.62%，矿区内植被破坏极为严重且难以恢复，散乱堆放的尾砂弃土共 $2087.56\times10^4m^3$，是水土流失的源头。

采矿形成的高陡边坡在强降雨时易形成崩滑，存在一定程度的安全隐患，堆放松散的尾砂弃土，又是矿区泥石流形成的主要物源，威胁沟口附近的村庄、农田和各类工程设施。

选矿后的尾砂弃土在强降雨时形成淋滤废水排入下游沟谷和河流，造成矿区内废弃地及沿沟水土污染。据采样分析，沟谷内地表水多呈酸性，pH 值多在 3~4，硫酸根、氨根离子严重超标；废弃地土壤的必需的主要营养成分如有机质、速效 P、速效 K 等严重缺乏，沟谷两侧的耕地、农田等受到不同程度的酸污染，导致农作物减产，甚至绝收。

本项目工程治理措施包括：地形整理、截排水沟和拦沙坝。生物治理包括：桉树种植、果树种植、旱地种植。

（一）工程治理

1. 地形整理

（1）坡率控制

剥采区后缘：主要为强风化岩，在坡高<8m 的条件下，允许坡率为 1：0.75~1：1.0，本次设计采用控制坡率为 1：1.0，控制单级坡高为 5m。

一般剥采场地：主要为碎石类土、黏性土，在坡高≤10m 的条件下，允许坡率为 1：1.0~1：1.5，本次设计采用控制坡率为 1：2.0，控制单级坡高为 5m。

池浸地：原始地形相对平坦，以局部修整为主。

尾砂堆积地：主要为松散－稍密的砂性土，设计采用控制坡率为 1：2.0（坡角为 26.6°），控制单级坡高为 5m。

（2）坡面防护

对于坡率为 1：2.0 的坡段，其单级高度为 5m，水平投影宽度为 10m。此类坡段设计做成宽 2m、高 1m 的次级小平台，台面内倾。平台后缘坎高 1m，采用直立型干砌片石墙护坡，护坡墙厚度 300mm，基础埋深 300mm，总高度 1300mm。

2. 截排水沟

治理区内地表径流通过纵横交叉的截排网络最终排向治理区外围自然沟谷。

横向截水沟：布设于梯级平台上，截排上级斜坡面和本平台水流。

纵向排水沟：分为三级。Ⅰ级：最大汇水面积 50000m^2，最大汇水流量为 2.19m^3/s；Ⅱ级：最大汇水面积 30000m^2，最大汇水流量为 1.31m^3/s；Ⅲ级：最大汇水面积 10000m^2，最大汇水流量为 0.44m^3/s。

（1）横向毛沟

为防止降雨沿坡面随处漫溢，形成次一级冲沟，设计于梯级平台内侧开挖横向毛沟，将上级斜坡面和本平台水流有序排导至纵向排水沟内。

横向毛沟过水断面尺寸为 0.4m×0.3m（宽×深）。

（2）纵向排水沟

统一采用浆砌预制砼板结构，砼板厚 10cm，断面呈梯形。砌筑前先用人工打夯机夯实基底，夯实系数不小于 0.93。坐浆法砌筑，要求砂浆均匀饱满，底面 30mm 厚 1：2 水泥砂浆抹平。

沿排水沟走向每隔 15m 留设一道伸缩缝，缝宽 2cm，内填沥青麻筋防渗。

三级排水沟净截面尺寸依次为如下。

Ⅲ级：底宽 0.45m，开口宽 0.8m，深 0.45m。主要汇集横向毛沟内水流，并排导至Ⅱ级沟或就近导入天然沟谷内。

Ⅱ级：底宽 0.65m，开口宽 1.0m，深 0.6m。主要汇集Ⅲ级排水沟水流，并排导至Ⅰ级沟或就近导入天然沟谷内。

Ⅰ级：底宽 0.8m，开口宽 1.2m，深 0.7m。主要汇集Ⅱ级排水沟水流，并将水流最终排导至天然沟谷内。

（3）沉沙池

为减轻排水沟沿途淤塞、保障水流通畅，并缓解泥沙对下游的侵蚀和淤积，设计沿纵向排水沟每隔 50~100m（高差 20~30m）设置 1 座沉沙池。沉沙池平面呈长方形，长 2m、宽 1.5m、深 1m，采用片石砌筑，池壁及池底厚度为 300mm。

3. 拦挡坝

根据现场调查，尾砂堆水土流失的速率为每年流失尾砂总量的 3%~7%，因此，拦沙坝的预计库容取其所在汇水区的总尾砂量的 10%计算。设计库容略大于预计库容量，并据此确定坝高。

设计拦挡坝共 48 座，其中韩坊矿区30 座、阳埠矿区 16 座、大埠矿区 1 座、大田矿区 1 座，均采用浆砌块石结构。

1）采用座浆法砌筑，设计块石强度等级 MU30，砌筑水泥砂浆强度等级 M7.5。

2）坝顶宽 1~2，坝背水面坡率 1∶0.1~1∶0.3、坝迎水面坡率 1∶0.4~1∶0.6。

3）坝体内留设 500mm×500mm 方孔作泄水孔，迎水面采用中粗钢丝网片封口。泄水孔向下游方向下倾 5%，水平间距 8m、垂直间距 1.5m 左右，上下相邻两排错开成梅花形布置。

4）坝体每隔 10~20m 设置一条变形缝，缝宽 3cm，采用沥青松树板填缝。

5）各拦挡坝坝顶在原有沟道位置均留设溢洪口，溢流口宽根据泄洪能力计算所得，深 0.5~1m。溢洪口侧壁及底面均用 30mm 厚 1∶2 水泥砂浆抹面。

（二）生物治理设计

综合考虑环境效益和经济效益等多种因素，对矿区生物治理工程设计如下。

植物品种以经济林桉树为主，普遍种植于地形整理后的矿山废弃地；选择交通便利、地势相对平坦开阔的阳埠矿区一个采矿点作为果树种植和草本植物种植示范区。

1. 桉树种植

桉树种植主要包括以下工序：平地—打穴—施肥—种植（补植）—穴抚（追肥）—抚育。

1）平地：在地形整理阶段完成，同时完成的还有截排水网络系统。

2）打穴：以 2m×3m 的间距（株距为 2m，行距为 3m；或株距为 3m，行距为 2m）挖鱼鳞坑（即种植穴）。种植穴尺寸为：长 0.6m、宽 0.6m、深 0.4m。

3）施肥：将桉树专用肥与熟化的客土拌和，填入穴内。

4）种植：将桉树树苗连同自带营养钵植入穴内，培土平整。发现因苗木质量问题未能成活时，应及时补种。

5）穴抚（追肥）：根据植物成长需要，在其旁侧挖穴追施肥料。

6）抚育：根据植物成长需要，派专人专业管理和抚育。

7）森保：防治桉树病虫害。

2. 果树种植

选择阳埠矿区一个采矿点中部，面积约 100 亩。

果树种植主要包括以下工序：平地—打穴—施肥—种植（补植）—客土—抚育。

1）平地：在地形整理阶段完成，同时完成的还有截排水网络系统。

2）打穴：以 2m×3m 的间距（株距为 2m，行距为 3m）挖种植穴。种植穴尺寸为：长、宽、深均为 1.0m。

3）施肥：分层填足基肥，粗肥放下层，精肥放上层。每穴填入杂草稿秆 5kg，分三层填入；桔饼 2~3kg；磷肥、石灰各 1~2kg 或其他土杂肥 20~30kg 或生物有机肥 1~2kg，同土料均匀填入。待填料下沉后，再在各定植点做定植堆，堆高 20~30cm，宽 1.0m，每一定植堆内放入腐熟的猪牛栏粪或其他土杂肥，同土拌匀，以备定植。

4）种植：将果树苗植入穴内。发现因苗木质量问题未能成活时，应及时补种。

5）客土：在种植区全面覆盖厚度 30cm 的标准种植熟土，用于土壤改良。

6）抚育：根据植物成长需要，派专人负责追肥、浇水及其他专业管理。

7）森保：防治果树病虫害。

3. 旱地种植

种植范围为“农业复垦示范区”，选定区域为韩坊矿区四个采矿点和阳埠矿区两个采矿点，总面积493.4亩。

种植区严格按照地形整理设计和截排水设计进行土地整治，表层覆盖30cm厚的标准种植熟土，用于土壤改良。

作物种类可选择番薯类耐旱品种。

4. 草本种植

种植范围为“生态恢复示范区”，选定区域紧临以上果树种植区，总面积109.2亩。

种植区严格按照地形整理设计和截排水设计进行土地整治，表层覆盖30cm厚的标准种植熟土，用于土壤改良。

草本类植物可选择芭茅草、铁芒箕等。

（三）治理成效

治理工程实施一年后，水土流失基本得到控制，山上一片葱绿；河流河床下切1~3m，河流流水畅通，不再出现洪水泛滥、浊水冲入村民住房的现象；被淤没的农田得以复耕。生态环境基本得到恢复，每年还将产生数十万的经济效益（图8-31-8~图8-31-11）。

图8-31-8　果树种植区

Fig. 8-31-8　Fruit tree planting zone

图8-31-9　桉树种植区

Fig. 8-31-9　Eucalyptus planting zone

图8-31-10　草本种植区

Fig. 8-31-10　Herbage planting zone

图8-31-11　冲沟拦挡坝

Fig. 8-31-11　Gully dam

三、昌北采石基地大吉岭采石场矿山地质环境治理工程

南昌市昌北采石基地大吉岭采石场已停采多年，属责任人灭失的矿山。该采石场位于南昌市经济技术开发区内，属南昌市梅岭国家级风景名胜区（梅岭国家森林公园）范围内，其东南侧紧邻南昌市西外环高速公路及京九铁路南昌西线。矿山开采形成的三个采坑连成一片，其开采面可视范围宽、坡形不规整、坡面裸露无植被，已经对周边景观和地质环境造成较大的破坏。为此，南昌市国土资源局，委托相关单位对该采石场开展了治理工程。

治理方案：开挖、回填将矿山原已经开成的三个采坑贯通；分级台阶式开挖及回填形成稳定的人工边坡；对开挖的人工边坡采用挂网植草绿化，台阶上植树绿化，台阶之间种植爬藤植物进行绿化，回填边坡植草绿化（图 8-31-12、图 8-31-13）。

图 8-31-12　南昌大吉岭矿山治理前景况

Fig. 8-31-12　Dajiling mine before being reclaimed in Nanchang

图 8-31-13　南昌大吉岭矿山治理后挡土墙景况

Fig. 8-31-13　Dajiling mine after being reclaimed in Nanchang

四、信丰县石古前矿山 105 国道地面塌陷防治工程

信丰县圣塔采石有限公司石古前矿山位于 105 国道东北面，西距赣粤高速公路最近点约 1050m。为了避免开采石灰岩疏干地下水诱发岩溶地面塌陷对 105 国道及赣粤高速公路造成影响，须对其岩溶地面塌陷隐患进行防治。

按照工程治理与控制采矿、动态监测相结合的原则，针对工程特点，岩溶塌陷治理主要采用防渗帷幕灌浆与充填压密灌注相结合的方法，目的是截断渗流通道，抬高塌陷区地下水位，维持一定水头，起到对洞穴顶板的顶托作用，防止塌陷产生。

105 国道岩溶发育程度不均一，呈条带状分布，主要有南、北两个岩溶发育带，垂向上由浅至深岩溶发育程度逐渐降低，浅部岩溶较深部发育（顶板埋深<20m 的溶洞占 50%）；溶洞规模整体规模偏小（洞高<1m 的占 64.28%），同时考虑尽量切断采矿排水对公路两侧的影响，最终选定防治方案为防渗截水帷幕注浆，帷幕注浆加固主要是针对浅部强岩溶发育带，通过钻孔注浆方式将溶洞、裂隙等进行充填，阻断或降低 105 国道两侧地下水的联系程度及第四系含水层与下伏灰岩含水层的水力联系，改变

地下水的渗流途径；并沿上述路段两侧路基布置变形监测点和地下水位观测孔进行监测。

五、于都县铁山垅钨矿矿山地质环境恢复治理工程

于都县铁山垅钨矿隘上矿区自1983年闭坑以来，大量民工长期在隘上尾砂库库区上游滥采乱挖，沿沟堆放了大量的掘进废石、选矿尾砂。每遇暴雨，山洪形成的泥石流直接入库，多次造成防洪设施受损，矿区地质环境受到破坏，农田受到污染，人民生命财产安全受到威胁。

针对铁山垅钨矿矿区目前的地质环境现状，采取专项环境地质测量、山地工程、岩土物理力学性质及水的化学性质测试等手段，进行矿山地质环境综合勘查工作；对废石堆进行阶梯放坡、拦挡，设立拦挡坝等综合处理措施消除崩、滑、流地质灾害隐患；在尾砂库上游修建截洪沟，有效分解暴雨洪水对尾沙库的影响；对水土流失地段采取植被恢复等措施进行综合治理。

在泥石流防治工程方面，包括在冲沟沟口处修筑低矮拦挡坝，修筑拦沙坝以拦截泥石流中的泥沙石块，修建导水坝工程和排水渠道。

在各沟谷残坡积分布区植树造林，种植草皮，以巩固土壤，使其不受冲刷，不使流失。

在尾沙清理及农田复垦方面，鼓励村民清运泥石流堆积物，复垦农田。

将现有堆在沟口的废石充分加以利用，废石一般为石英砂岩、板岩等，强度较坚硬，作为路基用料和混凝土中的粗骨料较为理想。

尾砂以中粗砂为主，成分主要为石英，次棱角状，平均粒径0.85mm，质地较纯，容重1.6g/cm^3，比重2.7g/cm^3，可作垫层或混凝土中细骨料，亦为理想建材。经初步测算各沟口共堆积废石量达360多万m^3，尾沙达100万多立方米，潜在经济价值极为可观。

至于采空塌陷区治理，因区内采空分布面积大，塌陷规模也较大，要采用人工恢复是非常不经济的，甚至产生进一步环境损坏，因此利用自然恢复能力，逐渐恢复植被。

通过治理，保障了泥石流影响区1640户农民的生命和财产安全，6720亩水田、160亩水塘免受影响（以每年每亩减少50元损失计，一年减少经济损失35万元）。

六、景德镇市仙槎煤矿地质环境恢复治理工程

景德镇市仙槎煤矿矿区面积328.8hm^2。矿区存在的主要环境地质问题有：土地及植被损坏；煤矸石的堆放占用土地；地下采空造成的地面变形或塌陷；废弃矿井形成的老窿积水严重影响矿井正常生产；煤炭运输损毁了村庄公路，给当地村民生活造成了不良影响。

恢复治理工作包括对地表景观的损坏进行植被恢复，对地形平缓处进行土地整理，对人工形成的不稳定高陡边坡进行放坡，使其达到稳定，并进行复绿，治理完成后使之与周边生态环境保持一致。

对稳定性差的采空区及地面塌陷进行灌浆治理，对坍塌的仙槎河进行加固，完善地表排水系统。

第三十二章　矿山尾矿的综合利用

江西是我国资源大省之一，矿业经济为全省经济社会发展做出了突出贡献。同时，经过几十年的矿业大开发，积累了约31亿t各类尾矿（含尾矿、废渣），这些尾矿需要占用大量土地，带来泥石流、溃坝、重金属污染等环境问题，尾矿胀库还会引起停产，给矿山的正常生产和周边居民生活带来严重的安全与环保隐患。

尾矿是选矿中分选作业的产物之一，其中有用目标组分含量最低的部分称为尾矿。这些尾矿是采矿企业在一定技术经济条件下排出的“废弃物”，但同时又是潜在的二次资源。开发利用好长期累积的大量尾矿，既可“变废为宝”，又可有效缓解资源、安全和环境压力。

尾矿并不是完全无用的废料，往往含有可作其他用途的组分，可以进行综合利用。实现无废料排放是矿产资源得到充分利用和保护生态环境的需要。实践表明，只要加强对尾矿成分、工艺性能及其相互关系的研究，开展多学科、多行业联合攻关，绝大多数尾矿都可以得到利用。

一、尾矿中有价组分的回收利用

我国矿产资源的一个重要特点是共、伴生矿多，由于技术、设备及以往管理体制等原因，尾矿中含有的多种有用组分尚未得到回收，使矿山尾矿成为有待开发利用的重要二次资源。

尾矿再选是尾矿综合利用的主要内容之一，它包括老尾矿再选利用，新产生尾矿的再选利用以大力减少新尾矿的堆存量，还包括改进整个选厂现行技术提高资源综合利用率。可利用组分既包括留存在尾矿中的原选矿目的组分和伴生组分，也包括原未查明和未发现用途的新型有价组分。这一利用途径的实施可在原有选矿工艺设备基础上通过改进工艺流程、选矿设备或增加部分流程和设备来实现，有时需建立二次选厂，以新的工艺流程和设备来进行回收。

二、制造高附加值的尾矿产品

包括尾矿再选产品的深加工，制造各种功能材料、复合材料、光学制品、化工产品、玻璃制品等，也包括无再选价值尾矿的整体利用产品，根据尾矿的化学成分、矿物成分、粒度特性、工艺性能，制造高附加值的微晶玻璃、玻化砖、建筑陶瓷、工美和日用陶瓷、铸石和水泥等。

三、用作建筑材料的部分原料

由于尾矿在类型、粒度、物理化学性质等方面的差异，它们在工程建筑方面可有不同的用途。例如块状尾矿可用作铁路道砟、混凝土骨料，细粒尾矿被用作混凝土细骨料、砂浆等，有些尾矿可用作制造建筑陶瓷、免烧砖、水泥等。

四、用作矿物肥料或土壤改良剂

有些尾矿含有某些植物生长所需的微量元素，如 Mn、REE、Zn、Mo、K、P 等，将尾矿适当加工，施于土壤中，能起到施钾肥、磷肥、微量元素肥的作用。此外，尾矿往往可用作土壤改良剂，例如含钙尾矿适量施于酸性土壤，可达到中和酸性、改良土壤的目的。

五、用于井下充填或土地复垦

井下充填或造地复田是尾矿开发利用最常见的形式，也是尾矿消耗量较大的领域，对开发土地资源、减少尾矿污染及改善矿山环境均有积极意义。

六、尾矿整体利用的常用产品

实现“无尾”矿山生产最终依赖于尾矿的整体利用，而且整体利用应尽量避免低层次的利用形式，国内外已开发的较高层次的尾矿整体利用产品主要有：

1）微晶玻璃。这是目前尾矿整体利用层次最高的产品，以高硅型尾矿、铝硅质尾矿、碱铝硅质尾矿、钙铝硅质尾矿为主要原料制成，广泛用于建筑装饰业，被誉为“21 世纪的建筑材料”。

2）玻璃制品。以硅质、铝硅质、碱铝硅质尾矿为原料，制造瓶罐玻璃、色玻璃、光敏玻璃和平板玻璃等。

3）铸石制品。以铁硅质尾矿和铁、镁、钙含量较高的复成分尾矿为主要原料，制成耐磨、耐腐蚀、挤压和绝缘性好的铸石制品，能代替金属和合金材料。

4）建筑陶瓷。以黏土矿物型尾矿为主要原料，制作用于建筑业的各类陶瓷制品。

5）免烧砖。又称灰渣砖或钙化砖，以比重较轻的细粒尾矿为主要原料，经钙化处理而获得，广泛用于工业或民用建筑业中。

6）尾矿水泥。以含钙尾矿为主要原料，也可以钙镁质尾矿为辅料制成，与普通水泥一样应用于建筑业中。

7）尾矿肥料。从含微量元素的尾矿和含钙、镁、锰、磷、钾等组分较高的尾矿中获得，要注意有无污染组分和放射性组分等。

此外，还有混凝土骨料、铁路道砟、砂浆、筑路砂石等产品。

第一节　尾矿综合利用发展现状

由于历史、技术、管理等原因，江西尾矿综合利用与管理相对滞后。根据国家提倡的“低碳经济”、“循环经济”、“建设绿色矿山”的经济发展模式及省委、省政府提出的在我国中部“绿色崛起”的要求。目前，根据收集到的一些资料信息，全省尾矿综合利用正逐步得到加强，也取得了一些经验。

一、尾矿再选回收有用组分

改革开放以前，省内很多矿山只开采单一矿种，不少伴生或共生组分没有得到综合利用而滞留下来，仍有约5%~10%的有用组分残留在尾矿中，一般而言，矿山越老、选矿技术越落后，所残留的有用组分也越多。这些有用组分可以通过尾矿再选综合回收利用。尾矿再选既包括老尾矿再选利用，也包括新产生的尾矿的再选，尾矿再选能降低尾矿品位、有效地减少尾矿库存量，是尾矿综合利用的重要途径之一。

（一）江西省尾矿中资源量状况

江西省矿业联合会重点对江西省83座大中型主要矿山的尾矿资源量情况进行了调研，调研结果表明，按现行边界品位或工业品位圈定的可利用金属量资源潜力巨大。

1）江西省83座重点调查矿山尾矿（砂）中以现行边界品位圈定的金有15.92t，银173.65t，铜1.64万t，铅锌16.90万t，钨2.10万t，锡1.18万t，铁578.16万t，钽铌0.13万t等。

2）若以现行工业品位进行圈定，金为7.76t，银为136.69t，铜为0.05万t，铅锌10.54万t，铁567.66万t，钽铌0.09万t，钨1.64万t，锡1.18万t。

从各主要具有工业价值矿种的分布情况来看：

1）金银主要分布于赣北地区的金银多金属矿尾矿（砂）中，如德兴地区的花桥金矿、金山金矿、蛤蟆石金矿、银山铅锌矿等。九江市洋鸡山金矿尾矿（砂）中含金2.84g/t、银53.3g/t，均达到了工业品位，金银的金属（储）量分别为3.22t、60.35t，贵溪银海银铅锌矿尾矿（砂）中尚含银57.7g/t，具有工业价值的银58.50t，伴生镁也未被利用。

2）铁、铜、铅锌主要分别在赣北铅锌多金属矿尾矿（砂）中，如东乡铜矿、宜春七宝山铁矿、万国铜铅锌矿、新余铁坑铁矿、贵溪银海银铅锌矿尾矿（砂）中。东乡铜矿尾矿（砂）中含铁25.5%，共计142.21万t。七宝山铁矿尾矿（砂）中还含铁30.6%、铅2.25%、锌0.99%，共计金属（储）量铁113.77万t、铅锌12.06万t，特别是其中重要的钴未被利用。

3）钨、锡、钼主要分布在赣南地区钨多金属矿尾矿（砂）中，如茅坪钨矿、岿美山钨矿、画眉坳钨矿等。岿美山钨矿尾矿（砂）中含钨0.16%，共计金属（储）量0.35万t。赣北地区的香炉山钨矿尾矿（砂）中钨的含量也达0.15%，共计金属（储）量1.28万t，目前香炉山钨矿日产出尾矿2200t，尾矿即相当于一个中型的白钨矿山，综合回收价值高。

4）稀土、钽铌主要分布在钽铌矿、钼矿和稀土矿的尾矿（砂）中，如横峰县钽铌矿、宜春市钽铌矿、赣南寻乌县双茶亭稀土矿、铜坑嶂钼矿等。横峰县钽铌矿尾矿（砂）还含钽铌矿172.5t，双茶亭稀土矿尾矿（砂）中尚含轻稀土2127t、重稀土243t。

（二）铜尾矿的再选

铜矿石品位日益降低，每生产1t铜就会产生400t废石和尾矿，从铜尾矿中，可以再选出铜、金、银、铁、硫、萤石、硅灰石、重晶石等多种有用组分。江铜集团铜尾矿的再选，取得了明显的效果。

德兴铜矿年综合回收伴生钼精矿2200t，铼金属1.2t，年增效过亿元，同时利用细菌浸出剥离废石铜离子，年产电积铜1000t，创经济效益3000余万元。

武山铜矿属含铜黄铁矿型高硫矿床，原矿平均含硫25%以上，目前选矿厂处理的是次生富集带向原生带过渡的矿石，1989年重选尾矿回收硫，每年可从尾矿中回收1.6~1.7万t硫精矿，使硫的回收率提高6.23%~12.24%，每年实际净增利税60.38~105.03万元。

永平铜矿属以含铜、硫为主，同时伴生有钨、银及其他元素的多金属矿床，永平铜矿日处理矿石量近万 t，日排出尾砂量 7300t，每年约有 2000 多吨 WO_3 损失于尾矿中。为综合回收尾矿中的白钨，选厂采用重选—磁选—重选—浮选—重选的工艺流程进行尾矿的再选，最终获得 WO_3 含量 66.83%、回收率 18.01%的钨精矿，含硫 42%、回收率 15%的硫精矿及石榴石、重晶石等产品，年利润达 170 万元。

江铜贵溪炼铜厂经过洗矿作业综合回收铜，选矿尾矿中含有大量磁铁矿，经过尾矿再选，获得精矿产率 43%~48%、品位 57%~58%、回收率 50%~52%的铁精矿，年处理尾矿 7.5 万 t，年产铁精矿 5.5 万 t。

（三）钨尾矿的再选

钨经常与许多金属矿和非金属矿共生，钨尾矿的再选可以综合回收某些金属矿和非金属矿，如钨、锡、钼、铋、银、萤石、石英等。赣南是我国最大的钨矿基地，已有钨选矿厂开展了钨尾矿的再选。

江钨集团漂塘钨矿重选尾矿含钼 0.0992%，磨矿浮选获得含钼 47.83%的钼精矿，回收率 83%，回收钼的产值占选厂总产值的 18%；再选铋的回收率可达 34.46%。

荡平钨矿白钨矿尾矿含 17.5%的萤石，经浮选产出含 CaF_2 95.67%的萤石精矿，回收率 64.93%。

铁山垄钨矿对硫化物尾矿进行浮选回收试验，获得含银 808g/t、回收率为 76.05%的含铋银精矿，采用三氯化铁盐酸溶液浸出，获得海绵铋和富银渣。

赣州有色金属冶炼厂对各矿山钨矿集中处理后所丢弃的尾矿进行尾矿再选，获得含铜 13.41%、回收率达 85.29%、含银 0.1479%、回收率达 58.23%的铜精矿和 60%~70%的钨锡混合精矿。该精矿经过湿式磁选分选钨锡，能够获得高品位的钨细泥产品。年回收铜 56.3t，钨 47.6t，银 292kg，取得经济效益 52.96 万元。

（四）金银尾矿的再选

由于金银的特殊性，在过去的采选冶技术落后的条件下，致使相当一部分金、银等有价元素丢失在尾矿中。省内黄金矿山尾矿品位很多都在 0.5g/t 以上（如万年县虎家尖银金矿、刘家金矿、金山金矿、虎圩金矿、洋鸡山金矿、留龙金矿等），有的高达 2g/t 以上，同时尾矿中还含有 Cu、Pb、Zn、S、Fe、Ag、Sb、W 等。江西省金矿的再选尚处于起步阶段，还没有大规模展开，留龙金矿、金山金矿等已经将金尾矿的再选提上了日程。

万年县虎家尖银金矿尾矿中还含银 40g/t、金 0.76g/t，尾矿再选回收金银后使尾矿含银只有 10g/t、金 0.1g/t，不但回收了有用组分，排放尾砂还全部销售给万年青水泥厂用作水泥配料。

（五）钽铌尾矿的再选

宜春钽铌矿选矿尾矿经浮选回收锂云母，重选回收长石，成为我国最大的锂云母产地，其尾矿再选的产品产值占生产总值的 52.4%，产出的锂云母供全国不少地方生产锂及铷等其他产品，获得多种应用，长石也用于玻璃、陶瓷制品。

（六）稀土尾矿再选

赣南稀土矿床尾矿中尚还有稀土有用组分，龙南足洞稀土矿拦截排下的含稀土水，进行脱泥澄清、沉淀回收，每年回收稀土 350t，获利润 1000 多万元。

二、利用尾矿生产高附加值的产品

（一）制作水泥配料

尾矿水泥就是在水泥配料中引入大量的尾矿，按照正常的水泥生产工艺，生产符合国家标准的硅酸盐或铝酸盐水泥。

水泥是最常用的水硬性胶凝材料，对于硅酸盐水泥来说，其胶凝性质主要来源于熟料中的硅酸三钙（C_3S）、硅酸二钙（C_2S）、铝酸三钙（C_3A）和铁铝酸四钙（C_4AF）4种主要矿物；高铝水泥主要来源于铝酸一钙（CA）；快硬早强的硫铝酸盐水泥和氟铝酸盐水泥则分别来源于单硫三铝酸四钙（C_4A_3S）和氟七铝酸十一钙（$C_{11}A_7CaF_2$）。

普通的硅酸盐水泥熟料是以黏土和石灰石为主要原料的生料，在段烧过程中，通过一系列化学及物理化学反应形成的。水泥熟料的形成，主要是基于分解、固相反应、液相中的反应三个物理化学过程。烧成产物的化学组成，除 CO_2 和 H_2O 外，基本上是继承了水泥原料中的主要氧化物。

尾矿中常含有的金属元素和硫化物、氟化物、磷酸盐等成分均具有矿化剂的作用。如 Cu、Mo、Pb、Zn、Ba 等金属元素，通过固熔作用，可以使液相生成温度降低，加速熟料烧成，另一方面可阻止 β-C_2S 向 γ-C_2S 的转变，对提高水泥的强度有利。S、F、P 等非金属元素，不仅可以降低液相生成温度，增加液相生成量，促进 C_3S 的形成，而且在一定温度范围内（1350℃左右）形成硫铝酸钙、氟铝酸钙、磷铝酸钙等早强矿物，也有利于水泥质量的提高。

用尾矿代替部分石灰石和黏土，具有节约土地、节约能源、保护环境、加速水泥烧成、降低生产成本、提高水泥质量等多重社会与经济效益。

一般来说，碳酸盐型尾矿和高铝硅酸盐型尾矿可以直接用作石灰石和黏土的替代原料，某些碱含量较低的钙铝硅酸盐型尾矿、高钙硅酸盐型尾矿等只要成分点与水泥的成分点较为接近，亦可直接烧成水泥。当尾矿成分与水泥成分相差较远时，可作为掺配料或矿化剂使用。与普通的水泥制造方法一样，尾矿水泥的生产仍采用“两磨一烧”的工艺流程。

省内一些大型矿山有储量很大的尾砂库，有些尾砂中含硅质、铝质和铁质成分，拟可用作水泥生产原料，如万年虎家尖银金矿组织技术攻关，将尾矿再选回收金银后，排放尾砂已全部销售给万年青水泥厂。

（二）制作建筑材料

一些大中小城市附近有很多符合生产新型节能、环保建材原料的尾矿，这些尾矿占据了许多良田、污染着空气，根据其尾矿成分，可以生产发泡砖、加气混凝土、灰渣砖、煤矸石烧结砖等。

1. 发泡砖

发泡砖（加气砖）是以硅质材料（含硅的尾矿、石英砂、炉渣）和钙质材料（石灰、水泥）为主要原材料，掺加发气剂（铝粉）和其他添加剂（石膏）等，通过科学配比设计，经细磨、加水搅拌成浆，注模后经温室静养，胚体切割，入釜蒸压（温度200℃、13个大气压）等多道工艺过程，在特定的湿热条件下，相互作用制成的一种以水化硅酸钙为主体的多孔硅酸盐制品。

发泡砖具有容重轻、强度高、保温、隔音、隔热、耐火、环保等特点，具有突出的节约能源、节约资源等优点，能达到有效利用工业固体废弃物、保护环境的效果，是一种性能优越的轻质新型墙体材料。它不仅可以代替烧结实心砖用于砌筑墙体，而且可以作为保温材料用于节能建筑，推广应用发泡砖是实现建筑节能最经济、最简便有效的措施，也是解决能源供需矛盾、资源综合利用重要途径之一。

发泡砖已广泛应用于长江中下游冬冷夏热地区的工业和民用建筑，尤其在外墙节能保温建筑中具有显著效果，已成为墙体改革保温、节能、抗震的首选材料，属国家重点推广应用的新型环保节能墙体材料，被称为“绿色建材”。

江西跃达新型建材有限公司，采用赣东北地区的玉山、广丰、上饶三县萤石尾矿为原料，生产新型墙体材料“加气砖”，产品供不应求。

2. 加气混凝土

尾矿加气混凝土是一种内部均匀分布着大量微小泡的经质混凝土，可制作成砌块、墙板、保温板等，用作承重或非承重的墙体与屋面材料。由于该产品具有表观密度小、导热系数小、不腐不燃、加工方便、生产与使用能耗低、可消耗工业废料的特点，因此具有良好的开发前景。

尾矿加气混凝土的原材料主要是各种富含 SiO_2 和 Al_2O_3 尾矿，石灰、石膏、水泥等碱性激发剂，以及铝粉等发气剂。

其基本原理是：将上述物料按比例配合后，加水混磨，形成一个弹－塑－黏体系料浆。由于激发剂中 $Ca(OH)_2$ 的溶解，体系很快呈碱性（pH=12 左右）。这时，一方面铝粉与碱溶液发生反应，产生氢气：

$$2Al+3Ca(OH)_2+6H_2O=3CaO\cdot Al_2O_3\cdot 6H_2O+3H_2\uparrow$$

另一方面，由于水泥与石灰的水化，使料浆逐渐稠化、凝结。当气体的膨胀压力大于料浆的极限切应力时，料浆开始膨胀，每个铝粉颗粒形成一个小气泡。随着气孔结构的形成，料浆也逐渐推动可塑性，凭借自身的结构强度支撑自身重量。然后，通过蒸压产生结构强度。

赣南西华山钨矿利用尾矿制取加气混凝土钙化砖，年产 1000 万块，每年创利润 20 多万元。

3. 灰渣砖

灰渣砖工艺原理与发泡砖工艺原理相同，都是在高压、湿热条件下形成水化硅酸盐固化，但与发泡砖相比，尾矿 SiO_2 要求低。以尾矿为主要原料，添加部分校正材料，经配料、坯料制备、成型、蒸压养护而制成的各种砌墙砖、铺地砖、护坡砖、路牙石等建材产品均属于此类。

目前，用于生产这类材料尾矿，主要是一些石英含量较高的晶态尾矿，由于碱度系数 K 较低，需要加入碱性校正材料。在原料的粒度组成上，这类材料通常不再单独使用粗骨料，而是采用自然级配的尾矿，因而在结构上也没有明显的骨料与胶结料之分，所有颗粒均参与水化合成反应。其强度主要来源于尾矿颗粒与碱性激发剂之间的界面反应所生成的含水硅酸盐凝胶及结晶连生体，胶结了未反应完全的尾矿颗粒。鉴于尾矿组成中绝大多数属于结晶矿物，故而这类材料必须在蒸压条件下才可形成。

德兴铜业公司银山铅锌矿利用尾砂年产 5000 万块灰渣砖，使选厂排出的尾砂可以达到“排用”平衡，年产值 1600 多万元。

4. 煤矸石烧结砖

尾矿烧结砖瓦其实也是一种尾矿建筑陶瓷，不同之处仅在于它们的烧成温度比较低，因而制品的吸水率较高。另外，由于一般不施釉，所以对于其热膨胀系数、干燥收缩率、烧成收缩率等指标的要求也一般低于陶瓷制品。因此尾矿烧砖的配方设计采用陶瓷工艺原理设计即可。

目前，尾矿烧结砖瓦，按其成型方式不同，可分为塑性成型砖瓦和压制成型砖瓦。前者是在一般的砖瓦黏土中添加部分尾矿，其生产工艺与普通的黏土砖瓦无异，尾矿在其中仅作为塑性校正原料使用；后者是以尾矿作为主要组成原料，加入适量黏土或其他黏结材料，在压力机上压制成型，然后经过干燥焙烧制得产品。

压制成型的尾矿烧结砖瓦与传统的黏土烧结砖瓦相比具有如下优点：

1）不损坏土地，或极大地减少土地损毁量。

2）尾矿消耗量大。

3）可节省掉一些采掘、破碎、陈化设备或设施。

4）可实现一次码烧。干燥周期可大大缩短，甚至免去干燥工序。

5）可实现快速烧成。如果配比适当，烧成温度也可以降低。

6）制品的外观规整、结构密实、强度高、耐久性好、破损率低。

7）生产效率、单位生产成本、单位投资基数等经济指标均比现有的机械化砖瓦流水生产线优越。

萍乡、丰城、乐平地区煤矿煤矸石堆存量巨大，目前通过烧结制砖，煤矸石基本都已得到了整体利用。如萍乡安源煤矿、丰城新洛煤矿利用煤矸石发电和烧制黏土砖，基本实现了无废矿山。

（三）用作玻璃、陶瓷配料

以尾矿为主要原料生产的釉面墙地砖、釉面陶瓷锦砖、无釉铺地红砖、卫生陶瓷制品、陶瓷输水管道等，统称为尾矿建筑陶瓷。

根据坯体的化学组成，陶瓷可分为钙质陶瓷和镁质陶瓷。对于尾矿建筑陶瓷而言，多数属于钙镁质陶瓷。按照助熔剂的不同，又可分为石灰质陶瓷、长石质陶瓷、滑石质陶瓷、透辉石质陶瓷、硅灰石质陶瓷等等。按照坯体的烧结成熟度，还可以分为瓷质、炻质、陶质等类型。

目前，工业上生产建筑陶瓷，一般将原料分为三大块：第一大块称为塑性原料，主要是采用黏土；第二大块称为瘠性原料，加入的目的主要是为了降低坯体的干燥收缩和变形，加速干燥，防止制品开裂；第三大块称为熔剂原料，或称作助熔剂，目的是提高烧成温度下的液相生成量，以增加制品的密实度和强度，或在保证制品烧成的情况下，降低烧成温度，缩短烧成时间。

比较发现，除硅质岩型和高铝硅酸盐型尾矿外，其他各类尾矿大都具备作为陶瓷坯体瘠性原料或熔剂原料的基础条件。对于尾矿建筑陶瓷的生产，常采用的工艺流程为：原料处理→计量→混合制浆→喷雾干燥→压制成型→低温干燥→施釉→烘干→辊道窑一次烧成。

经2010年对100个代表矿山尾矿调查化验结果可知，赣州稀土尾矿普遍含大量的高岭土，部分稀土矿山分离的高岭土白度高。江西省其他组成尾矿的常见造岩矿物，也大都具备作为陶瓷坯体瘠性原料或熔剂原料的基础条件。

省内与花岗岩有关的铜矿、钨矿、稀土矿、钽铌矿富含钾长石，尾砂可以用作玻璃、陶瓷配料。如赣州龙南足洞稀土矿利用尾矿转化为陶瓷原料，实现了无尾排放。此外，稀土尾矿还是一种新型的陶瓷原料，它既可用于胎，又可用于釉；既可生产青瓷，又可生产白瓷；其中稀土尾矿青是一种天然的色釉瓷。宜春钽铌矿对尾矿进行深加工，年产长石粉50万t，为玻璃、陶瓷企业提供原料，基本实现了尾矿零排放，经济效益可观。西华山钨矿利用钨尾矿为主要原料，不添加晶核剂，采用浇注成型晶化法能制备出尾矿微晶玻璃，其工艺简单，成本低廉，而且尾矿的利用率较高，可达55%~75%。德兴铜矿利用尾砂、黄土、长石、碳酸钙及滑石等原料生产低温彩釉外墙面砖。

三、利用尾矿进行采矿回填

近十多年来，应用充填采矿法的金属矿山日益增多，在充填料制备、输送技术、充填材料开发和充填回采工艺技术等方面均取得了长足的发展，加之井下无轨自行设备的广泛应用，充填采矿现已成为一种高效的开采方法。随着现有探明的矿产资源的不断消耗，采矿向深部发展，地温地压的增加，环保要求的日趋严格，充填采矿法在21世纪将会得到更大发展。

对于地下开采的矿山，尾矿可以利用在充填采矿法中。利用尾矿分级后的粗砂充填采空区是迄今尾矿综合利用时间最早、范围最广的一种方法，其费用是水力碎石填充法的1/4~1/9，特别对一些受地形限制无法建造尾矿库的矿山企业更具有现实意义。例如东乡铜矿早在1987年就建成了7号矿体充填系统，年消耗尾砂7万~8万t，约占尾矿量的1/3；江西铜业武山铜矿为解决或减少尾矿库库容问题，该矿在20世纪初投资1000多万元，使排出的尾砂50%胶结充填采空区，取得了良好的社会与经济效益。目前，省内大部分规模矿山企业都在有计划地利用部分尾矿充填地下采空区。

四、存在的主要问题

江西省在尾矿综合利用方面虽然取得了很大的成绩，但远不能适应经济和社会发展的要求，与国内其他领域工业固体废弃物的利用水平及国际先进水平相比，存在着较大差距。调查表明，江西省尾矿（砂）资源的综合利用才刚刚起步，综合利用方式相对简单。

1. 尾矿资源化意识淡薄，普遍存在资源浪费

江西许多矿山企业，尤其是中小型矿山企业，没有充分认识到尾矿综合利用对矿山企业，特别是对亏损矿山企业、资源枯竭型矿山企业可持续发展的重要性。仍然采用的是“高开采、低利用、高排放”的粗放型发展模式，没有看到尾矿中含有大量的有用资源，是一种经过各项工艺处理后，凝结了大量资金和劳动的人工矿床和二次资源，只需再加一把劲就有可能转化为有用产品，为企业带来可观的经济和环境效益。

2. 制度不健全，管理不规范

倡导尾矿综合利用的理念已经提出多年，但截至目前仍处于宣传、教育阶段，并没有形成完善的法律、法规和政策体系，存在诸多制度缺位、错位。此外，即使某些方面有相关制度安排，但由于管理不规范，使得一些制度形同虚设、并无实效。导致部分尾矿资源得不到有效利用，造成资源浪费和环境污染。

3. 基础研究薄弱

各类矿山的主管部门缺乏本行业矿山系统尾矿资料信息，更没有行业主管部门建立跨行业的尾矿矿产资源数据库和使用分配表，全省的尾矿资源开发利用规划也尚未展开。目前，江西省尾矿资源量调查和研究主要工作量安排在调查和走访上，缺乏系统的测试与定量评价数据，对尾矿的资源量、化学成分、矿物成分、可利用组分含量、类型、赋存状态缺乏系统的资料，使尾矿综合利用缺乏基础资料依据。

4. 技术创新不够

尾矿综合利用是一个对技术高度依赖的活动过程，现阶段江西省尾矿综合利用的技术研发仍然采取的是矿山企业、科研院所和大专院校各自为政、单兵作战的发展模式，缺乏长期、稳定的交流与合作，从而导致了研发力量薄弱，使得一些关键技术或技术瓶颈无法有效突破，进而导致尾矿综合利用率偏低，尾矿中的一些有价元素不能被高效回收利用以及在利用尾矿生产高档次、高附加值的产品方面表现欠佳。

5. 资金投入不足

尾矿综合利用项目在资金上得不到充分保证，无论是公共财政的专项支持、国家财税杠杆的政策倾斜，还是社会资本的积极参与，都与现实需求相差甚远。而且目前尾矿综合利用项目的融资渠道非常狭窄，通过各种金融工具进行专项融资也十分有限。加之有些矿山企业经营状况不佳，自有资金的投入更是不足。

第二节　尾矿综合利用示范工程

一、万年银金矿资源回收与尾矿转化水泥配料

万年虎尖山银金矿始建于1984年。经过20多年的生产，尾砂量已达120万t。2009年因尾矿库已满，被迫停产。如继续生产势必再投资占用大量土地筑建新的尾砂库。该尾矿且含银还有40g/t、金0.76g/t，2010年由该矿组织技术攻关，将尾矿再选使尾矿含银只有10g/t、金0.1g/t，不但回收了尾矿的金银，而且使尾矿化学组分能达到水泥砂岩的要求，目前该矿排放尾砂已全部销售给万年青水泥厂。其尾矿再选生产工艺流程如下：

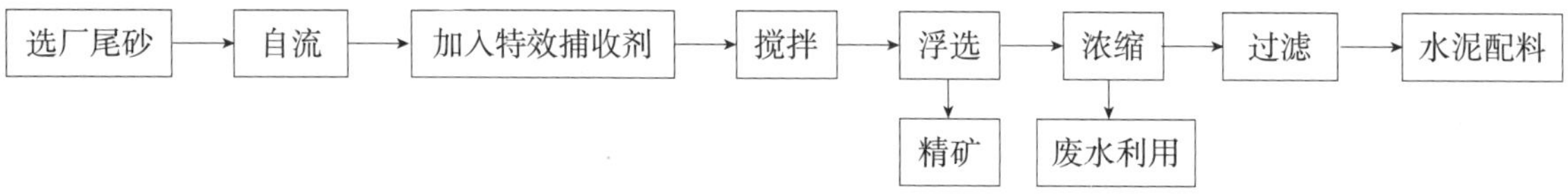

二、赣东北地区萤石矿尾砂制取“发泡砖”

赣东北地区的玉山、广丰、上饶三县共有萤石矿20余座。这些矿山的实际年产规模都在1~6万t之间，每年共排出尾砂量29万t左右，由于矿山规模小，大多数选厂都没有一个规范的尾砂库，因此造成大量的水土流失和安全隐患。为解决这些分散的萤石矿尾砂，玉山县人民政府在省、市国土资源部门的支持下，引进江西跃达新型建材有限公司的有关技术，采用萤石矿尾砂为原料，生产新型墙体材料“发泡砖”（加气砖）。

设计规模60万m^3“发泡砖”，年消耗尾砂23万t，其余6万t由当地群众作为建筑用砂消耗。产品主要销往浙江、福建和本省各地，供不应求。

生产工艺流程如下：

1）用铲车将滤干的尾矿运送到原料库堆放。

2）用皮带运输机将尾矿砂、石膏按一定比例加水通过强制进料器输送到球磨机中磨至80%的-200目。

3）泵入料浆罐，再与科学配比的水泥、石灰按一定顺序泵入浇注搅拌机中自由搅拌3~5分钟（温度38~45℃），加入铝粉浆进行浇注。

4）坯体送入静养室发泡，在50℃温度静养2~3h。

5）静养后的胚体送入切割机进行切割，每槽切割周期5~7分钟。

6）切割好的胚体通过行车吊运至蒸养小车按每釜15模进行编组。

7）编组好的胚体通过牵引机送入蒸压釜，进行高温、高压蒸养，经过抽真空、升温、恒温、降温四个阶段，用时10~12h。

8）出釜的加气砖形成产品销售。

三、银山铅锌矿尾砂制取“灰渣砖”

银山铅锌矿始建于1958年，尾矿库尾矿量近达1500万t。该尾矿库地处德兴县城不足3km的上游，尾矿库的汛期安全，是历届铜业公司领导与历届德兴市领导的“心病”。

在德兴市领导的支持下，铜业集团于1994年批准成立江铜集团（银山）新型建材厂，利用尾砂进行小规模年产1000万块灰渣砖试产。试产成功后，2007年扩建为年产5000万块灰渣砖。现规划“十二五”期间扩建到年产3亿块灰渣砖生产能力，使选厂排出的尾砂可以达到“排用”平衡。

“灰渣砖”在20世纪60年起在我国就开始使用，经过近50年的发展改进，该产品已经成熟。由于生产工艺简单、投资少、成本低、产品强底高（大于黏土砖）、隔热、耐火、环保、能耗低等优点，“灰渣砖”已是广大农村颇受欢迎的承重建筑墙体材料，已成为国家鼓励发展的新型建材产品。

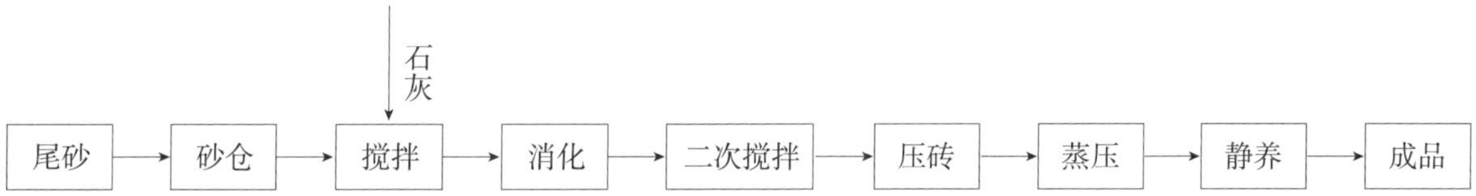

四、萍乡安源煤矿煤矸石发电与烧结制砖

安源煤矿始建于1898年，煤矸石库存量达4亿t，不但造成环境污染，还占用了大量的土地资源。为不断减少煤矸石的存量，消除对地表环境污染、水土流失、山体滑坡等安全隐患，该矿在20世纪80年代初，不断探索煤矸石的利用，先后建成煤矸石发电厂与煤矸石砖厂。通过这些措施，使不断膨胀的煤矸石山停止了生长或不断减小。2011年上半年全国政协主席贾庆林来萍乡视察时，肯定了安源煤矿煤矸石综合利用的成绩。

煤矸石发电生产工艺流程如下：

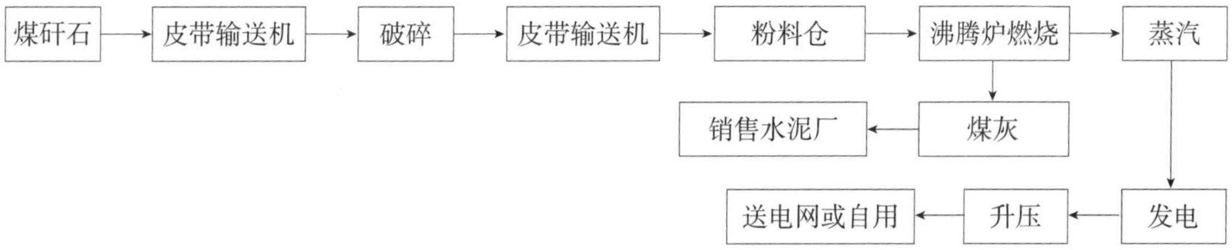

煤矸石烧制黏土砖生产工艺流程如下：

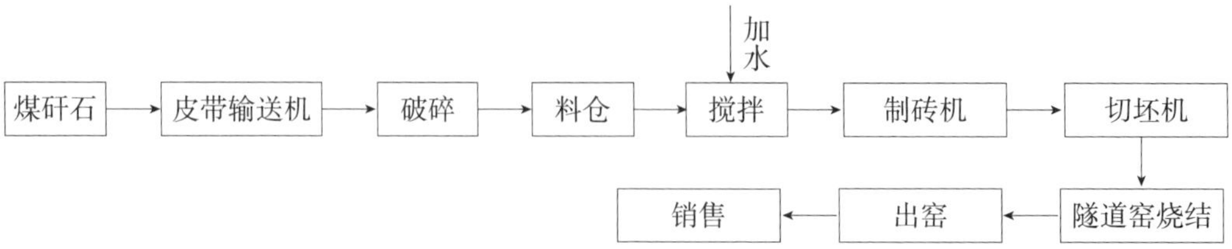

五、丰城新洛煤矿煤矸石发电与废水资源利用

丰城新洛煤矿始建于1983年，因煤种为贫瘦煤，价值偏低。因此该矿除正常销售原煤外对煤矸石资源综合利用一直都极为重视，首先是将1000~2000大卡的煤矸石发电，每年发电量为5600万度，其次是将低于1000大卡的煤矸石全部烧制黏土砖。每年生产矸石砖1500万块，再者全部将井下废水进行水处理后，用于发电锅炉用水和职工清洁用水等。偌大的一个煤矿没有废水、废渣的排放和堆放。基本达到循环经济和建设绿色矿山的要求。

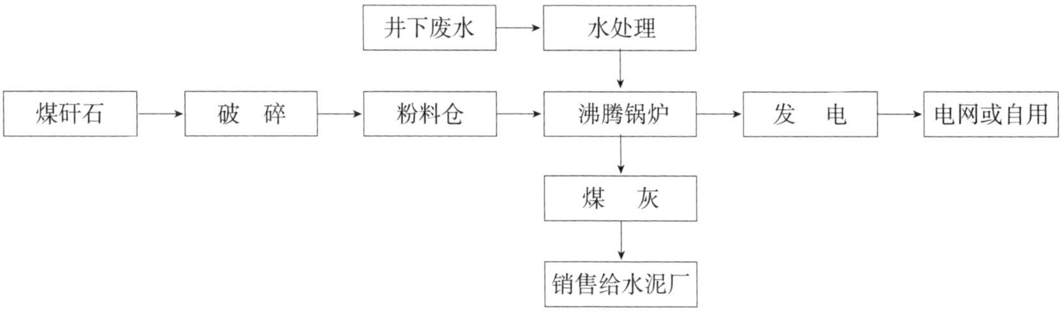

六、宜春钽铌矿资源回收与尾矿用于陶瓷原料

宜春钽铌矿建于1973年，钽铌矿物载体为钠化花岗岩，是我国目前规模最大的钽铌采选企业和钽铌锂原料生产基地。近年来该矿一直将钽铌尾矿的综合利用纳入企业发展规划，实施“多品种发展，多元化经营，树银岭品牌，做行业精品”的发展战略。

该矿对每天近2000t的钽铌尾矿进行脱泥、除铁、分级、过滤等深加工，分别生产粗、中、细长石粉。该矿年生产长石粉50万t，为玻璃、陶瓷生产提供原料，年创效益千万以上，大大提高了资源综合利用率，基本实现了尾矿零排放。

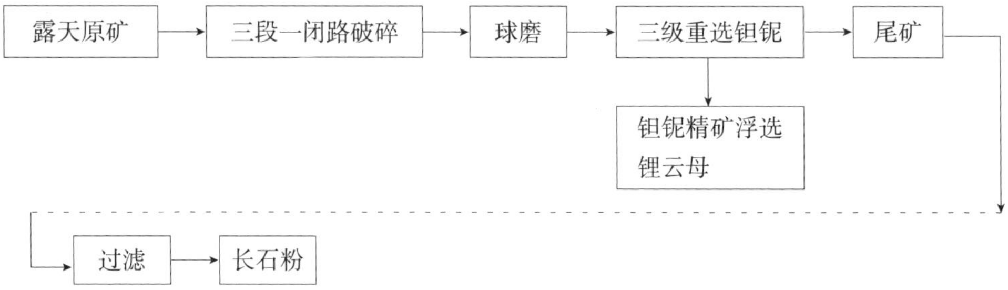

七、龙南足洞稀土矿尾矿转化陶瓷原料

赣南稀土矿床开采是在原地打孔注入铵盐溶液，稀土元素便从风化壳中脱离带出。该开采方法虽然解决了原先搬山—池浸造成的大量水土流失。但浸出液受到等诸多因素的影响，残留在风化壳的稀土离子却每年不断地随降雨脱离原地进入水系，流入江河流失。为回收利用这一宝贵资源，该矿在下游筑坝，拦截排下的含稀土水，进行脱泥澄清、沉淀回收。每年回收稀土 350t，获利润 1000 多万元。

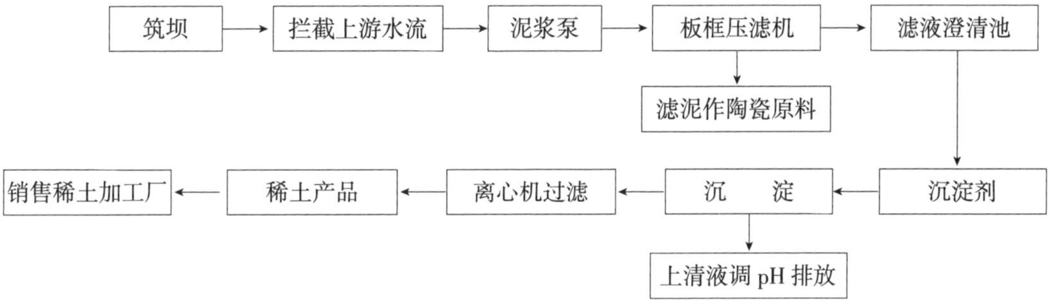

八、九江武山铜矿尾砂采空区充填利用

武山铜矿为江铜集团的主要矿山之一。每年铜、银、金、硫产值达 8 亿元以上。但选厂每年尾砂排放量达 140 多万吨。

因该矿地处滨湖丘陵地区，没有大容量的尾矿库选址地。为解决或减少尾矿库库容问题，该矿在 20 世纪初投资 1000 多万元，使排出的尾砂 50%胶结充填采空区，取得了良好的社会效益与经济效益。

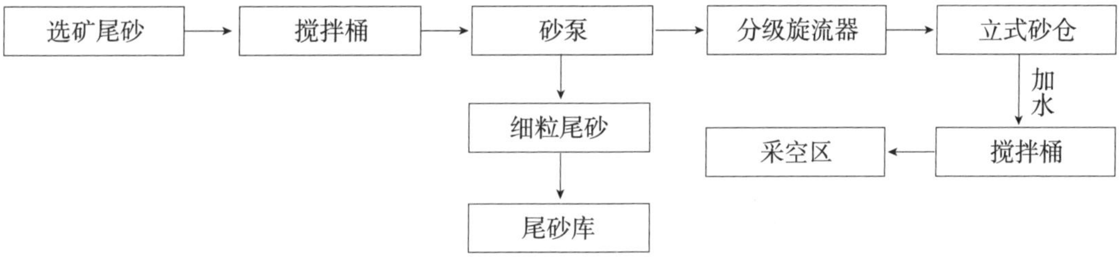

九、信丰县废弃稀土矿山环境综合治理工程

信丰有着丰富的离子型稀土资源。2000 年以前，由于开采工艺落后，开采秩序混乱，造成山上林木乱砍滥伐，水土流失和地质灾害严重，废水与尾砂无序排放，造成土地酸化，草木枯死，河水污染，地质生态环境遭到严重破坏。全县因稀土开采新增水土流失面积 2467hm^2，排放尾砂达 5438 万 t，淹没农田 267hm^2，淤积矿山 60 多座，淤塞渠道 3.4 万 m，数条河流河床抬高，严重影响 30 多个行政村 5 万多村民的生产生活。

1999 年该县全面实施严格稀土矿点的关停整顿，全面实行“四个坚决取缔和打击”的措施，即坚决取缔和打击无证开采，坚决取缔和打击超越采矿权范围开采，坚决取缔和打击在禁采区和保护区开采，坚决取缔和打击非原地浸矿采矿行为。与此同时全面开展生态治理复垦措施。

按照“谁投入，谁开发；谁治理，谁受益”原则，积极鼓励企业、单位和个人投入，推动社会资金生态开发废弃的稀土矿区。运用新技术、新品种、新工艺，优先在地质环境差、群众要求迫切的矿区开展治理，以点带面、全面推进全县废弃稀土矿山生态综合开发治理。

通过该县近十年的不懈努力，全县废弃稀土矿区综合治理开发面积达 1378hm^2，引进外资农业企业 6 家，治理开发大户 180 户，累计投入治理开发资金 2 亿多元，建成优质脐橙精品园 977hm^2，特早熟枇杷园 138hm^2 及小叶棕、木荷、枫香水保防护生态林 263hm^2，修建拦砂蓄水工程 299 座，小（二）型水库工程、布设谷坊 836 座，开挖水平竹节沟 2000km，新建沼气池 500 多个，年出栏生猪 2000 多头，鸭、鹅 20000 多只，修建乡村公路达 50km，清淤加固河堤长 5.5km，垦复农田 66hm^2。

通过这些切实可行的措施，有效地控制了水土流失，保护了矿区生态，改善了矿山地质环境，提高了矿区社会经济效益，昔日满目疮痍的荒山如今已是满山遍野的花果园，探索出一条废弃稀土矿区综合治理开发之路，深受各级领导和专家的好评。

十、德兴铜矿低品位废石、废水资源回收与尾砂库生态治理

德兴铜矿是亚洲最大露天铜矿。该矿经过五十多年的“一期改造、二期和三期扩建”，随着生产规模的不断扩大，废弃物也越来越多，该矿每年产生固体废物 6000 万 t，酸性废水 700 万~1000 万 t，碱性废水 9000 万 t。由于生产规模特大，废石、废水中相应的低微品位有色稀散元素的回收，都相当于建设了一个中型或亚中型的矿山。

钼、铼等稀贵金属是铜矿石的伴生元素。1998 年 8 月，通过技术攻关与努力，矿山恢复钼的生产，建成了年产钼精矿 2200~3000t 规模的精细化工厂，并开发了钼酸铵、铼酸铵等钼铼的深加工产品，使铜精矿中的钼、铼等得到充分利用，形成了矿山钼－铼产业链。矿山每年生产钼精矿 2200t，伴生铼金属 1.2t，每年为该矿增效过亿元。

1997 年起该矿将含铜品位 0.05%~0.25%的剥离废石集中堆存，形成喷淋场，再把采矿过程中含铜离子的酸性废水用泵输送喷淋场进行喷淋，通过细菌浸出铜离子渗透进入调节水库。再经生产车间萃取—电解，最后生产出电积铜，每年喷淋蒸发酸性水 60 万 t，减少铜离子污染 1000t，创经济效益 3000 余万元，这样不但从废水、废石中既回收了有价金属，而且减少了污染，取得了明显的社会环境效益和经济效益。

该矿闭库的尾砂库为恢复生态，保持水土，尾砂库的建设不但严格按规范进行，在闭库的 1 号尾矿库种植无叶节节草、水蜡烛等植物进行生态恢复，在采矿场边坡与废石场的联络公路沿线，进行种草植树，有效地改善了矿山生态环境，减少了水土流失。

第九篇 Part IX Geological Disasters

地质灾害

江西省位于我国江南山地丘陵区和多雨区，是我国 12 个地质灾害易发省份之一，也是我国最为严重的暴雨型山体崩塌、滑坡、泥石流（以下简称“崩滑流”）地质灾害易发区之一，还是我国碳酸盐岩岩溶地面塌陷灾害比较严重的地区之一。

全省国土总面积中，山地与丘陵分别占 36.1%与 42.1%，岗地与平原占 13.1%与 7.2%，水域面积占 1.5%。崩滑流地质灾害主要发生在西北部和北部幕阜山、九岭山，东北部怀玉山，东部及东南部武夷山，西部武功山、罗霄山，中部与南部雩山、大庾岭、九连山等山地丘陵区域，地面塌陷灾害多发生在九江坳陷、萍乡－乐平坳陷、上饶坳陷、永莲坳陷以及赣南宁于坳陷等碳酸盐岩分布区和主要矿业区（带）。除常见的地质灾害外，在赣东南寻乌－瑞金活动性断裂带分布地段，曾发生过构造地裂缝灾害。据不完全统计，1998~2010 年全省共发生各类地质灾害 154723 处，其中 1998 年特大持续暴雨年份，全省共发生各类地质灾害 110015 处。截至 2010 年底，据调查成果资料，全省 380 处地质灾害造成 937 人死亡；另据江西省国土资源厅统计资料，1998~2013 年间全省 192 处地质灾害造成了人员伤亡，包括 487 人死亡、1123 人受伤，并造成了房屋、道路严重毁损、交通中断等重大经济损失。截至 2010 年底，全省登记各类地质灾害隐患点 25119 处，包括滑坡与崩塌隐患点 23437 处，泥石流隐患点 338 处，地面塌陷隐患点 1341 处，受威胁人口约 26.801 万人。省域地质灾害具有突发性、群发性、多发性和规模小、危害大等特点，发生地质灾害的原因，除有一定的地形地质条件外，多与降雨和人工切坡、采石采矿等自然与人为工程活动诱发因素有关。

新中国成立以来，江西省开展了大量的地质灾害防治和研究工作，特别是进入 21 世纪以来，地质灾害防治工作取得显著进步，主要表现在：

1）基本建立地质灾害防治工作体系。包括实行各级政府地质灾害防治工作负责制，相关组织与管理措施基本落实；省、设区市、县（市）各级人民政府，将突发性地质灾害应急工作纳入突发性公共事件应急系统，制定了各级政府突发性地质灾害应急预案，成立了以主管行政领导为总指挥的各级政府地质灾害应急指挥部（或领导小组）；在地质灾害易发区初步建立以县（市）为基本单元，县（市）、乡（镇）、行政村、村民小组四级地质灾害群测群防网络体系。

2）初步建立全省地质灾害监测与预警系统。以部分地质灾害专业监测点和地质灾害易发区县（市）群测群防网络为基础，以省、设区市、县（市）国土资源（地质矿产）行政管理部门为依托，初步形成了专业监测与群测群防相结合的地质灾害监测与预警系统；已发现的重要地质灾害隐患点（区）监测预警工作基本得到落实，并实行动态管理；从 2002 年开始，省国土资源厅和省气象台、部分设区市国土资源局和市气象站，联合开展全省和部分区域汛期气象－地质灾害预报。

3）汛期地质灾害防治得到重视与加强。经过多年实践与努力，建立健全了汛期防灾预案制度、群测群防网络及防灾预警系统、汛期值班和汛期巡查、应急调查制度、灾情险情速报制度、行政管理与技术支持单位工作联系制度等各项管理制度。

4）地质灾害防治法制建设与监督管理显著加强。《江西省地质灾害防治条例》2013 年 7 月 27 日经江西省第十二届人民代表大会常务委员会第五次会议通过，并于 2013 年 10 月 1 日开始实施；部分设区市和县（市）人民政府依据本地实际情况和需要，也制定了相应管理办法（地质灾害防治管理办法或地质环境管理办法）；依据有关法律、法规和政府职能，各级政府国土资源（地质环境）主管部门，在地质灾害预防、防治规划、应急管理、灾害管理以及建设工程项目地质灾害防治、地质灾害治理责任认定等方面加强监督管理，地质灾害防治工作全面纳入法制轨道。

5）地质灾害基础调查研究工作全面展开，先后开展全省 1∶50 万环境地质调查、丘陵山区 1∶10 万地质灾害调查与区划等工作，为全省地质灾害防治与规划取得了可贵的基础性成果。2012 年起，江西省国土资源厅和江西省财政厅组织部署地质灾害易发区县（市）1∶5 万地质灾害调查计划，目前正在实施中。

6）重点地质灾害治理工作逐步加强。近年，综合采用搬迁避让和工程治理等措施，逐步加大了重点地质灾害隐患的治理力度。2003 年采用"集中安置与分散安置相结合、有土安置与无土安置相结合"的原则，在遂川开展地质灾害区避灾移民扶贫试点，使地质灾害危险区群众彻底摆脱地质灾害的威胁；2011 年以来，坚持"政府主导、群众自愿、阳光操作"的原则，确保移民安居乐业和农村社会和谐稳定的基础上，采取多种安置方式，选择条件较好的地点建设移民集中安置点，实施地质灾害危险区移民搬迁计划。

从自然因素分析，决定地质灾害发生的特定地质环境条件在相当长的历史时期基本不会改变。根据有关部门预测，自 21 世纪前期开始至今后相当长的时期，全球气候变化与地震趋于活跃，降雨、台风、干旱等极端气候事件增加，地震活动趋于频繁；从人为工程活动因素分析，因历史原因遗留的地质灾害与地质环境问题还比较多，短时期难以全面根治与恢复；同时，今后相当长时期内，江西经济建设将处在高增长时期，工程活动对地质环境的改变与破坏将难以完全避免，甚至有加剧的可能。因此，江西地质灾害易发、多发、频发态势将是长期的，地质灾害防治工作任重而道远。

第三十三章　地质灾害类型、规模与基本特征

第一节　江西省地质灾害总体特征

一、地质灾害类型与规模

江西常见地质灾害类型发育比较齐全。截至 2010 年 12 月，据地质灾害调查成果资料，全省登记各类地质灾害 18791 处（未含不稳定斜坡 8166 处），包括崩塌 4572 处（占 24%）、滑坡 12149 处（占 65%）、泥石流 354 处（占 2%）、地面塌陷 1713 处（占 9%）、构造地裂缝 3 处；崩滑流地质灾害为江西主要地质灾害类型，合占 91%。根据地质灾害体的规模（崩滑流体积 V，地面塌陷坑面积 S，地裂缝延伸长度 L 和缝宽 B 等），地质灾害可划分为巨型、大型、中型和小型等四个规模等级（表 9–33–1）。

按表 9–33–1 的标准，全省地质灾害可分为规模巨型 262 处（占 1.4%）、大型 214 处（占 1.1%）、中型 575 处（占 3.1%）和小型 17740 处（占 94.4%）。总体上，以规模小型地质灾害为主。规模中型以上（含中型）的地质灾害分布图（图 9–33–1）。

表 9–33–1　地质灾害规模分级标准与规模分级统计

Table 9–33–1　The standard of the geological hazard classifications and the statistics of different classifications

灾害类型	规模分级标准与规模分级统计				
	巨型	大型	中型	小型	总计
崩塌	$V\geq$100 万 m^3	V=10 万~100 万 m^3	V=1 万~10 万 m^3	V<1 万 m^3	4572
	3	19	104	4446	
滑坡	$V\geq$1000 万 m^3	V=100 万~1000 万 m^3	V=10 万~100 万 m^3	V<10 万 m^3	12149
	–	10	114	12025	
泥石流	$V\geq$50 万 m^3	V=20 万~50 万 m^3	V=2 万~20 万 m^3	V<2 万 m^3	354
	20	22	79	233	
地面塌陷	$S\geq$10000m^2	S=1000~10000 m^2	S=100~1000 m^2	S<100 m^2	1713
	239	163	278	1033	
构造地裂缝	L>1km、B>20m	L>1km、B=10~20m	L>1km、B=3~10m；$L\leq$1km、B=10~20m	L>1km、B<3m；$L\leq$1km、B<10m	3
	—	—	—	3	
总　计	262	214	575	17740	18791

注：分级标准根据《〈县（市）地质灾害调查与区划基本要求〉实施细则（修订稿）》等。

二、地质灾害分布

（一）地质灾害空间分布

江西地质灾害分布范围比较广泛，各设区市均有分布，但各市的分布情况有较大差异（表 9–33–2）。从地质灾害分布数量来看，以赣州市最多，计 5594 处，占全省总数的 29.8%；吉安、抚州、宜春、上饶、九江、萍乡其次，分别占 7.1%~13.7%；新余最少，仅 150 处，占 0.8%。从灾点平均分布密度来看，萍乡市密度最大，达 0.349 处/km^2，赣州、抚州、宜春、吉安等其次，分布密度均在 0.1 处/km^2 以上；南昌、新余、鹰潭行政区灾点平均分布密度最小，均小于 0.1 处/km^2，地质灾害的分布很不均一。

地质灾害是特定地质环境下的产物，地质构造、地形地貌、岩土类型、区域稳定性等成生条件的不同，决定了地质灾害的类型和特征在空间展布上具有明显的区域性特征。相同或相似地质环境条件地区的地质灾害具有显著的同步群发性特征。从灾害类型分布看，崩滑流主要分布于赣中南、赣西北和赣东北的赣州、吉安，九江、宜春，抚州市、上饶等地的构造隆起山地丘陵区；地面塌陷主要分布于宜春、萍乡、赣州、吉安、九江、景德镇等地的岩溶分布区（岩溶塌陷）和矿山采空区（采空塌陷）。1998 年 6 月和 2002 年 6 月江西省大面积长时间持续强暴雨，致使全省多地山洪暴发，多处同时发生崩滑流活动，分别造成人员死亡 176 人和 84 人（表 9–33–2）。

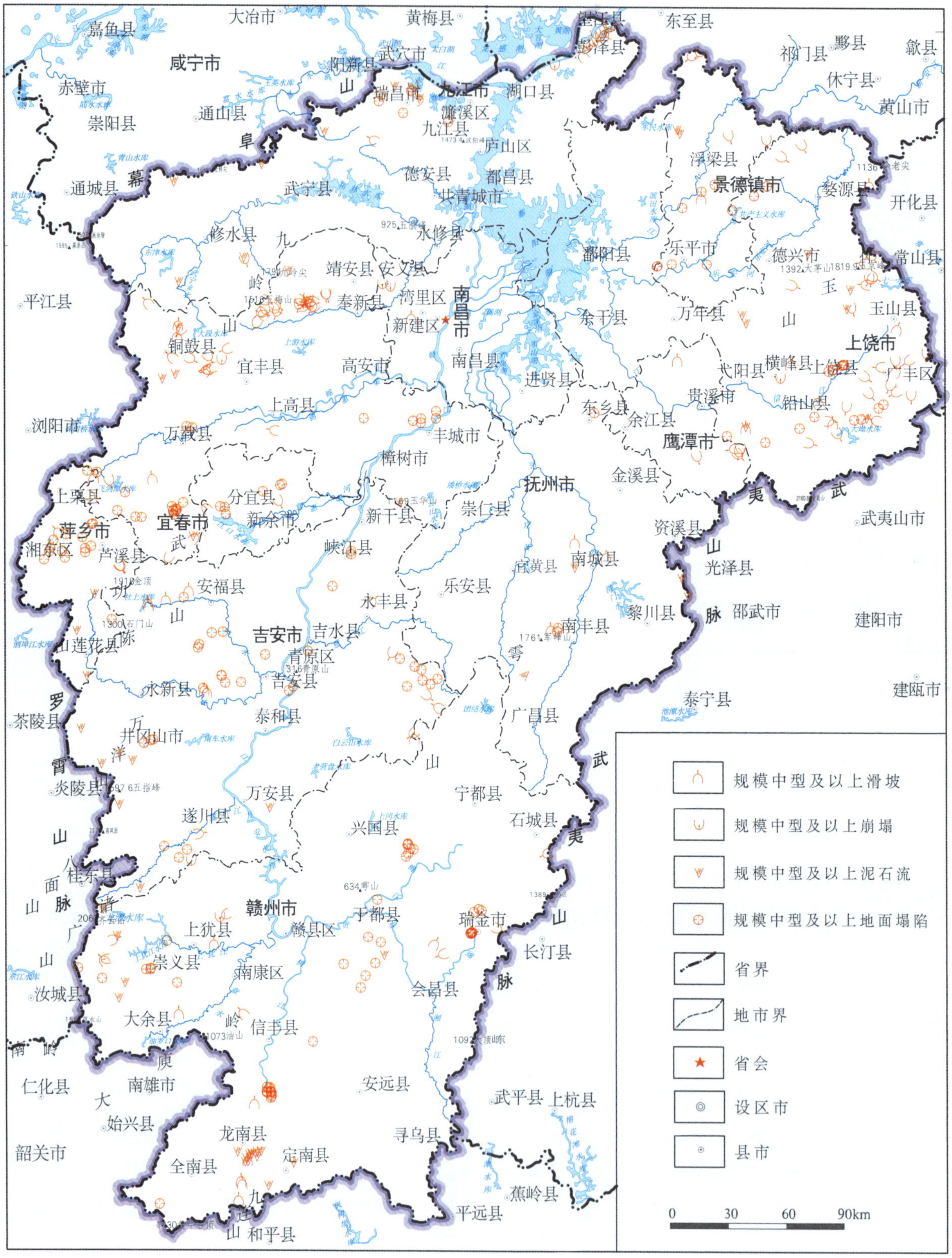

图 9-33-1　规模中型及以上地质灾害分布略图

Fig. 9-33-1　The distribution map of large and medium geologic hazards

表 9-33-2 地质灾害分布统计

Table 9-33-2 The Statistics of the geologic hazard distribution

设区市	南昌	景德镇	萍乡	九江	新余	鹰潭	赣州	吉安	宜春	抚州	上饶	合计
行政区面积/km²	7194	5261	3830	19078	3161	3560	39363	25283	18668	18799	22736	166933
调查区面/km²	910	4840	3830	18773	1388	2480	39363	25283	18668	16696	20465	152696
崩塌/处	63	84	109	551	33	32	1973	533	597	404	193	4572
滑坡/处	130	275	871	745	58	218	3227	1735	1340	2010	1540	12149
泥石流/处		26	28	35	10	7	104	28	41	43	32	354
地面塌陷/处		121	328	161	49	5	287	285	358	14	105	1713
构造地裂缝/处							3					3
灾点总数/处	193	506	1336	1492	150	262	5594	2581	2336	2471	1870	18791
行政区密度/处·km⁻²	0.027	0.096	0.349	0.078	0.047	0.074	0.142	0.102	0.125	0.131	0.082	0.113
死亡人数	—	32	30	87	1	4	339	79	80	246	39	937
经济损失/万元	323	2118.2	5162.7	6955.4	439.2	1580.2	10347.4	5683.1	7401.5	4076.0	8899.9	52986.6

（二）地质灾害发生时间

地质灾害的时间分布很不均匀，不同类型地质灾害时间变化特点不一。崩滑流灾害具有比较明显的周期性变化特点。统计 1981~2008 近 30 年间崩滑流地质灾害的发育情况来看，因地质灾害导致死亡人数在 1983、1988、1993、1996、1998、2002、2005 等年份达到高点，间隔 3~5 年，呈现出一定的周期性规律（图 9-33-2），具有暴雨型地质灾害的特征。

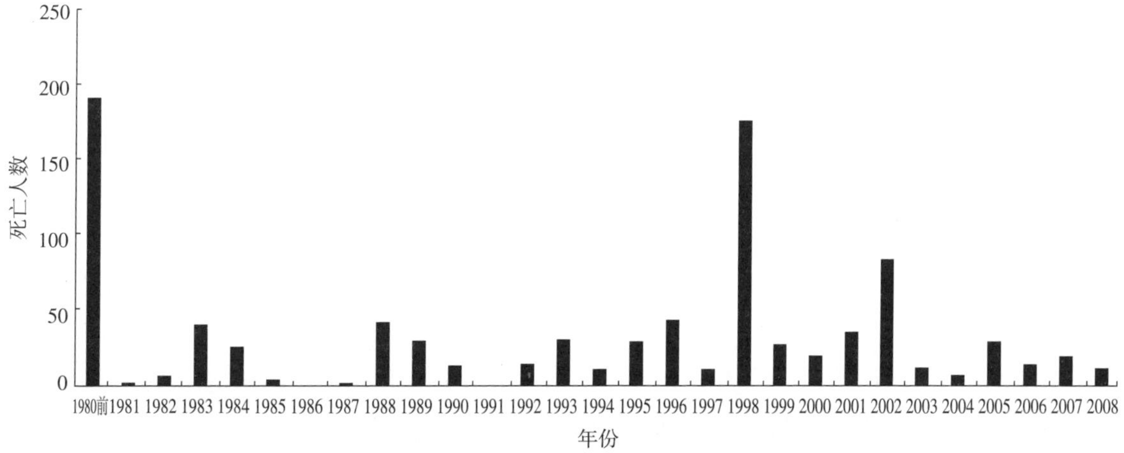

图 9-33-2 江西省因地质灾害死亡人数统计

Fig. 9-33-2 The statistic of deaths due to the geologic hazards in Jiangxi Province

除具有上述周期性统计规律外，地质灾害还具有原地频繁重复发生的特性。山区傍山建房的住户深受其害，每年汛期提心吊胆地过日子。一些地质灾害还在不同形式的反复消长变化中不断发展而日趋严重，其具体表现为灾害发生的频次越来越高、强度越来越大，造成的损失越来越重。地质灾害日趋严重的原因除受地质环境条件控制外，还与近年来随着人口的不断增长，资源开发和工程建设等人类工程经济对地质环境的破坏日益严重等有关。

三、地质灾害危害

（一）地质灾害灾情

据84县（市、区）地质灾害调查等成果，全省登记造成较大灾害损失的地质灾害13798处（占总数的73.4%），共造成直接经济损失约52986.6万元（表9–33–3），平均3.88万元/处。其中，380处地质灾害造成937人死亡，平均死亡2.47人/处。

表9–33–3　地质灾害损失统计

Table 9–33–3　The statistics of losses due to the geologic hazards

灾害类型	地质灾害损失				未统计损失灾点	灾点总计
	处	直接经济损失	人员死亡		处	处
		万元	处	人		
崩塌	3072	4559.6	58	135	1500	4572
滑坡	9152	24198.2	302	691	2997	12149
泥石流	252	6619.6	11	58	102	354
地面塌陷	1319	17609.2	10	53	394	1713
构造地裂缝	3	未统计	—	—	—	3
合 计	13798	52986.6	380	937	4993	18791

其中，滑坡造成691人（占73.7%）死亡、直接经济损失24198.2万元（占45.7%），灾害损失最为严重；崩塌、泥石流和地面塌陷造成人员死亡135人（占14.4%）、58人（占6.2%）和53人（占5.7%），直接经济损失4559.6万元（占8.6%）、6619.6万元（12.5%）和17609.2万元（33.2%），灾害损失也较严重。

根据地质灾害造成的人员伤亡和经济损失的大小，可分为特大型、大型、中型和小型四个灾情等级（表9–33–4）。

按照以上标准，全省登记有灾害损失的地质灾害分为灾情特大型7处、大型11处、中型115处、小型13665处，总体上以地质灾害灾情小型（占99.0%）为主。

其中，崩滑流地质灾害具有突然暴发、历时短、成灾快、危害大等特点。地质灾害的破坏作用主要有：人员伤亡；破坏房屋、厂房等建筑物及设施；威胁城镇安全；破坏铁路、公路、水库等交通和

表 9-33-4　地质灾害灾情分级标准与分级统计

Table 9-33-4　The classification standard of the geologic hazards and statistics of classifications

等　级	灾情分级标准		灾情分级统计/处					
	死亡人数	直接经济损失 万元	崩塌	滑坡	泥石流	地面塌陷	构造地裂缝	合计
特大型/Ⅰ	>30	>1000		3	1	3		7
大型/Ⅱ	10~30	500~1000	3	5	1	2		11
中型/Ⅲ	3~10	100~500	12	70	9	24		115
小型/Ⅳ	<3	<100	3057	9074	241	1290	3	13665
未致灾	0	0	1500	2997	102	394		4993
合　计	—	—	4572	12149	354	1713	3	18791

注：①根据国土资源部 2006 年 10 月《〈县（市）地质灾害调查与区划基本要求〉实施细则（修订稿）》；

②采用就高不就低的原则进行分级，即如果两个指标分别判定为小型和中型时，取中型。

水利设施，破坏土地资源、矿产资源、旅游资源等；破坏生态环境；影响工农业生产及其他经济活动等。地质灾害直接影响到经济发展和人民生活的各个方面。省内地质灾害总体规模虽然较小，但突发性地质灾害造成的危害较大，据 84 个县（市、区）地质灾害调查等成果资料统计（截至 2010 年底），380 处地质灾害造成 937 人死亡。另据江西省国土资源厅统计资料，1998~2013 年间全省 192 处地质灾害造成了人员伤亡，包括 487 人死亡、1123 人受伤（表 9-33-5）。

表 9-33-5　1998 ~ 2013 年地质灾害人员伤亡情况统计

Table 9.3.5　The statistic of casualties due to geologic hazards in the year of 1998~2013

年度	1998	1999	2000	2001	2002	2003	2004	2005	2006	2007	2008	2009	2010	2011	2012	2013	合计
造成人员伤亡灾害处数	51	11	12	4	45	6	4	13	8	8	6	4	13	2	2	3	192
死亡/人	176	27	20	34	84	11	7	29	14	18	11	8	39	3	3	3	487
受伤/人	326	51	22	50	534	8	1	17	13	6	5	2	81	2	2	3	1123

其中，1998 年 6 月黎川县厚村乡大源村焦陂滑坡，体积 27000m^3，毁房 90 间，死亡 46 人，灾情级别属特大型；1998 年 7 月 23 日由弃渣及强降水引发的德兴市花桥镇富家坞铜矿泥石流，冲出方量 20 万 m^3，毁办公楼 9 栋、宿舍楼 4 栋及厂房、食堂、公路设施及各种生产设备、生产物资等，直接经济损失达 2373.56 万元，灾情级别属特大型。

（二）地质灾害隐患与地质灾害险情

全省基本查明地质灾害隐患 25119 处（表 9-33-6），包括崩塌 4354 处（占 17.3%）、滑坡 11286 处

表 9-33-6 地质灾害隐患设区市分布统计

Table 9-33-6 The statistics of potential geologic hazard distribution

设区市	南昌市	景德镇市	萍乡市	九江市	新余市	鹰潭市	赣州市	吉安市	宜春市	抚州市	上饶市	合计
行政区面积/km^2	7194	5261	3830	19078	3161	3560	39363	25283	18668	18799	22736	166933
调查区面积/km^2	910	4840	3830	18773	1388	2480	39363	25283	18668	16696	20465	152696
崩塌/处	63	81	101	498	24	31	1903	509	575	380	189	4354
滑坡/处	130	270	800	630	49	164	3039	1624	1253	1820	1507	11286
不稳定斜坡/处	111	231	277	875	70	118	2167	1117	1033	677	1121	7797
泥石流/处		26	28	31	10	7	103	21	41	41	30	338
地面塌陷/处		121	236	101	49	4	201	207	325	8	89	1341
构造地裂缝/处							3					3
隐患点总数/处	304	729	1442	2135	202	324	7416	3478	3227	2926	2936	25119
行政区密度/(处·km^{-2})	0.042	0.139	0.377	0.112	0.064	0.091	0.188	0.138	0.173	0.156	0.129	0.150
威胁人口/人	4183	6042	23758	14912	3109	3091	77219	26759	31008	34249	43680	268010
威胁财产/万元	4570	6543	18977	16279	5944	3132	37407	38946	30434	23734	46565	232531

(占 44.9%)、不稳定斜坡 7797 处(占 31.0%)、泥石流 338 处(占 1.3%)、地面塌陷 1341 处(占 5.3%)、地裂缝 3 处。以赣州(7416 处)、吉安(3478 处)、宜春(3227 处)、上饶(2936 处)、抚州(2926 处)等地发现地质灾害险情较多。

各类地质灾害隐患威胁人口 26.801 万人，威胁财产 23.2531 亿元，以滑坡和不稳定斜坡威胁最大(表 9-33-7)。

根据地质灾害隐患威胁人数和潜在经济损失的大小，可分为特大型、大型、中型和小型四个险性等级(表 9-33-8)。包括险情特大型 13 处、大型 31 处、中型 391 处和小型 24684 处，以险情小型(98.3%)为主。

今后时期，尽管局部地区的地质灾害可能得到一定程度的控制和治理，但就全省范围的地质灾害发展趋势而言，形势仍很严峻。在今后一段时期内，全球气候可能出现更强烈的异常，资源开发和工程建设活动将进一步加强。大部分地区地质灾害的发育程度和破坏程度均将不断提高，地质灾害防治任务十分艰巨。

表 9-33-7　地质灾害隐患潜在威胁统计

Table 9-33-7　The statistics of potential threat from the geologic hazard

灾害类型	地质灾害隐患数	威胁人口		威胁财产	
	处	人	所占比例/%	万元	所占比例/%
崩塌	4354	31963	11.9	18195.2	7.8
滑坡	11286	134096	50.0	120381.6	51.8
不稳定斜坡	7797	54693	20.4	40334.0	17.3
泥石流	338	11215	4.2	20336.3	8.7
地面塌陷	1341	36043	13.4	33279.1	14.3
构造地裂缝	3	未统计		4.8	0.0
合　计	25119	268010	100	232531.0	100

表 9-33-8　地质灾害险情分级标准与分级统计

Table 9-33-8　The statistics on classification standard of geologic hazard and the statistics of different classifications

等　级	险 情 分 级 标 准		险情分级统计/处						
	受威胁人数/人	潜在经济损失/万元	崩塌	滑坡	泥石流	不稳定斜坡	地面塌陷	构造地裂缝	合计
特大型（Ⅰ）	>1000	>10000	1	4		1	7		13
大型（Ⅱ）	500~1000	5000~10000	2	14	3	1	11		31
中型（Ⅲ）	100~500	1000~5000	23	244	37	30	57		391
小型（Ⅳ）	<100	<1000	4328	11024	7757	306	1266	3	24684
合　计	—	—	4354	11286	7797	338	1341	3	25119

注：①根据国土资源部 2006 年 10 月《〈县（市）地质灾害调查与区划基本要求〉实施细则（修订稿）》；

②采用就高不就低的原则进行分级，即如果两个指标分别判定为小型和中型时，取中型。

第二节　崩　　塌

崩塌是江西主要地质灾害类型之一，发育数量约占全省地质灾害总数的 24%，仅次于滑坡。

一、基本类型与形态特征

（一）基本类型

按照崩塌体的物质组成，可划分为岩质崩塌和土质（含碎块石质）崩塌两种基本类型。江西崩塌以土质崩塌为主，多为坡顶或表层残坡积层和全风化土层的剥落、塌方，约占 77%；岩质崩塌约占 23%。

（二）形态特征

江西崩塌平面形态多呈不规则形、半圆形、矩形、舌形等，剖面形态以直线形、凸形、凹形和阶状为主，后壁一般比较陡直，所在斜坡坡体平均高差 22.0m，平均坡度达 36.6°。单体平均斜长 18.3m、平均宽度 25.8m、平均厚度 2.1m，崩塌体平均面积 1068.2m^2、平均体积 3609.9m^3，以 1971 年彭泽县棉船镇新红村长江岸坡崩塌规模最大，达 210 万 m^3，属巨型规模。

崩塌下落的大量石块、碎屑物或土体堆积在陡崖的坡脚或较开阔的山麓地带，形成倒石堆。倒石堆的形态和规模视崩塌陡崖的高度、陡度、坡麓基坡坡度的大小与倒石堆的发育程度而不同。基坡陡，在崩塌陡崖下多堆积成锥形倒石堆；基坡缓，多呈较开阔的扇形倒石堆。由于倒石堆是一种倾卸式的急剧堆积，所以它的结构松散、杂乱、多孔隙、大小混杂无层理。受崩塌所产生的气浪作用影响，使细小颗粒的运动距离更远一些，因而在水平方向上有一定的分选性（图 9-33-3）。

图 9-33-3　南丰县西山采石场崩塌

Fig. 9-33-3　The collapse of Xishan quarry of Nanfeng county

发展模式可为滑移式、倾倒式、鼓胀式、拉裂式和错断式等，以坡顶附近表层岩土体滑移式崩塌（剥落）为主，局部凸出危岩（土）体也可发生拉裂式崩塌（图 9-33-4）。

南丰县莱溪乡西山村坑里组西山采石场崩塌地处丘陵岗埠区，斜坡坡向 136°，

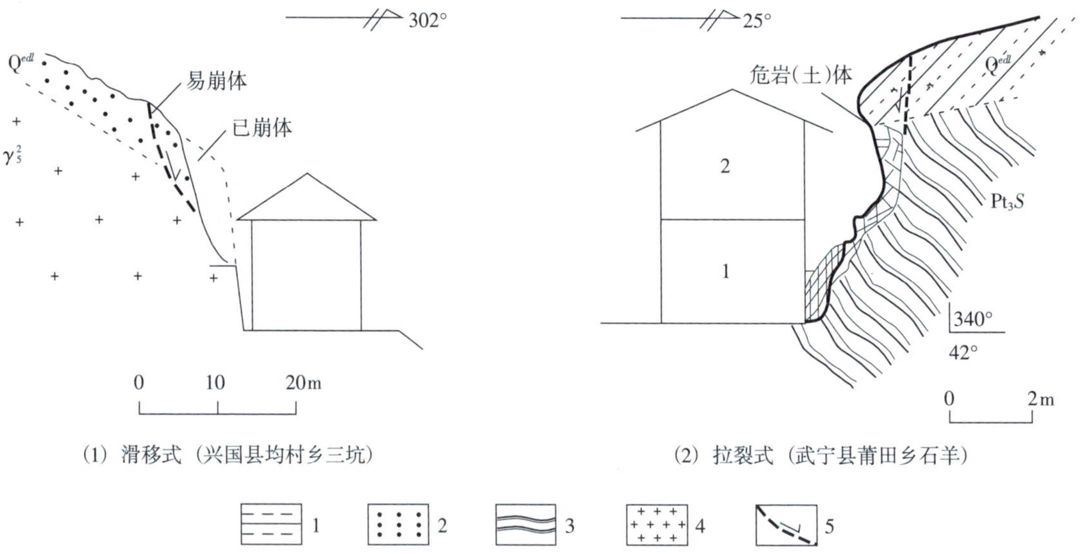

图 9-33-4　崩塌发展模式

Fig. 9-33-4　The pattern of the collapse evolved

1—粉质黏土；2—砂土；3—板岩；4—花岗岩；5—潜在崩塌面；Q^{edl}—第四系残坡积层；Pt$_3$S—双桥山群变质岩；γ_5^2—燕山期花岗岩

自然坡度 20°~45°，崩塌处因采石近于直立，坡度达 80°以上，呈陡崖，前缘临空，坡高约 11m，剖面上呈凸形坡。坡体基岩裸露，主要由下白垩统火把山群（K_1H）粉砂岩组成，地层产状 314°∠35°，呈逆向坡，表层残坡积土层厚度小于 0.5m，坡体植被发育较差，以茅草为主。坡体基岩裂隙较发育，主要发育有三组裂隙：①126°∠83°，②62°∠81°，③172°∠84°，岩体受裂隙切割，呈块体状。由于斜坡岩体裂隙发育，坡度较陡，前缘临空，易受裂隙控制发生崩塌，斜坡稳定性差。1999 年 6 月 22 日岩体在采石的扰动作用下发生倾倒式崩塌，当场压死正在施工的 5 名采石工人。崩塌平面上呈不规则形，后壁陡直，呈直线状。崩塌体剖面上呈凸形，斜长 14m，宽 18m，厚约 8m，体积规模约 $2016m^3$（图 9-33-5，图 9-33-6）。

图 9-33-5 湘东区腊市镇庙岭崩塌倒石堆

Fig. 9-33-5 Talus of Miaoling collapse in Lashi town, Xiangdong district

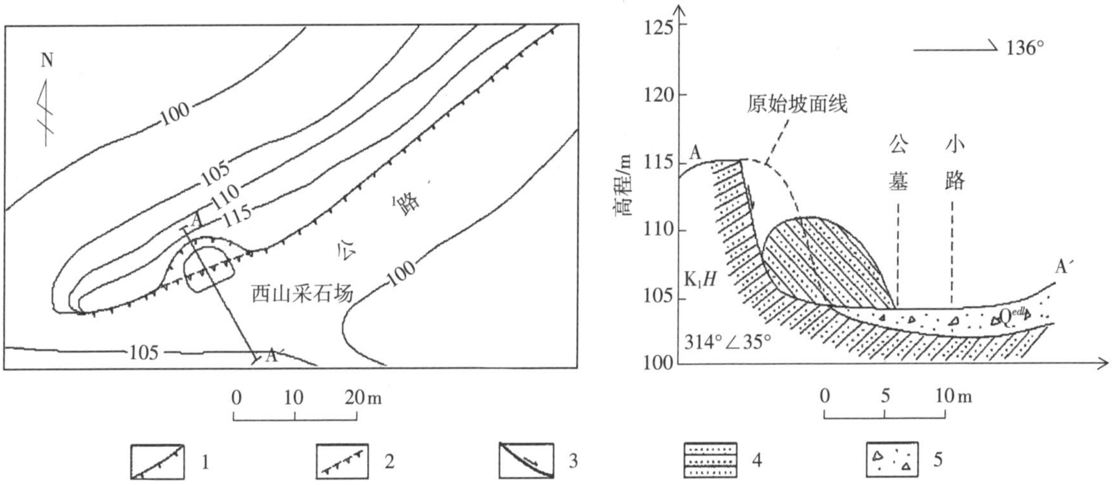

图 9-33-6 南丰县西山采石场崩塌

Fig. 9-33-6 The collapse of Xishan quarry of Nanfeng county

1—陡坎；2—原始坡面；3—崩塌面；4—粉砂岩；5—残坡积土

二、分布特征

（一）空间分布

崩塌可以发生于任何地带，包括山地、丘陵、岗地，甚至平原区。但崩塌的具体分布部位严格受微地貌的控制，分布于陡峻斜坡上，包括自然陡坡，河湖、冲沟的岸坡等地。

1. 构造隆起山地与坳陷丘陵硬质岩分布区岩质崩塌

包括全省各隆起山地与坳陷山地、丘陵区，主要分布花岗岩、变质岩、石英砂岩、灰岩等坚硬岩石，受构造影响，岩体断裂、节理发育，在水流侵蚀作用下，多发育峰林、陡崖等地貌，受降雨等诱发可能发生自然岩质崩塌。

三清山风景区“巨蟒出山”石柱（图9-33-7）四周直立悬空，岩性为致密、坚硬－较坚硬的花岗岩。石柱高100余米，北侧最低点至最高点最大高差148m，直径6~12m。石柱中部及上部（高40m以上）发育北东向和南西向两组缓倾（30°左右）裂隙，闭合－微张状。另外，从岩柱表面及附近陡悬崖裂隙发育情况来看，还发育近南北向和南西向两组陡倾（倾角80°左右）裂隙，受这两组近竖直裂隙切割岩块发生崩塌，形成现存高耸的残留危岩石柱。

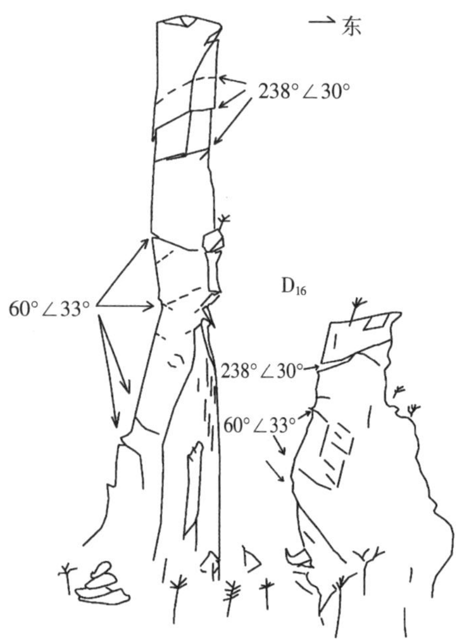

图9-33-7 “巨蟒出山”石柱素描

Fig. 9-33-7 Stone of "Python climbing out of hill"

2. 河流凹岸下游河岸土质崩塌

江西中、北部岗地、平原区河流沿岸也可能发生河岸崩塌，特别是在河流凹岸长期受强烈水流冲刷侵蚀作用下时常发生河岸（土质）崩塌。

泰和县河岸崩塌地质灾害较为严重，主要发育于中部的赣江及其一级支流禾水、蜀水两岸。10处河岸崩塌较严重的河段共冲毁河段约6500m，毁房30余间，毁农田约430亩。其中，石山乡洲下—芜背禾水河段左岸（凹岸）主要由第四系全新统冲积层（Qh^{al}）构成，河岸高出水面约5.0m，地面坡度5°左右。自2002年7月以来，该河段每逢汛期都会发生河岸崩塌，已造成约50亩农田被毁（图9-33-8），同时对2户村民15人、农田10亩等构成直接威胁。

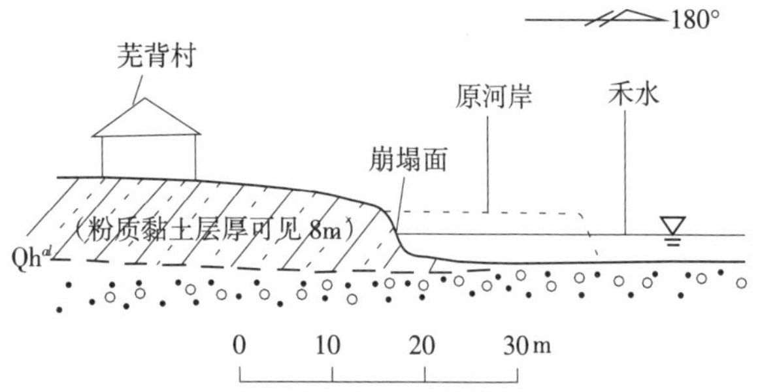

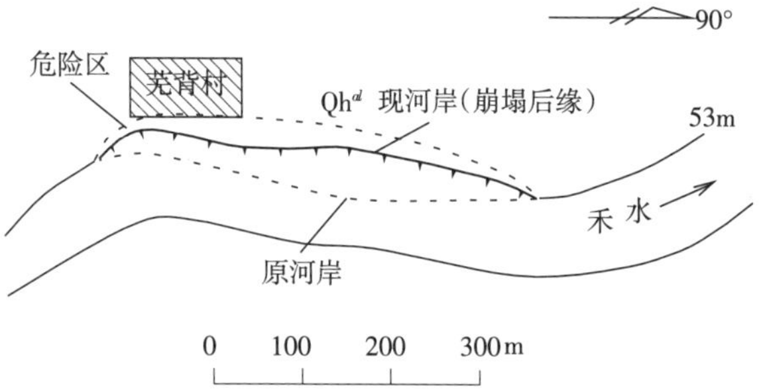

图9-33-8 泰和县禾水左岸河岸崩塌

Fig. 9-33-8 Riverside collapse of Heshui river left bank,Taihe county

潦河沿岸安义段发现河岸崩塌16处，主要沿河流凹岸呈长条形分布，剖面上多呈上陡下缓的凹型，少部分直线状；崩塌处河岸岸坡高度2~6m，坡度一般较陡，平均坡度约60°；崩塌处后壁陡立，后方多发育有拉张裂缝。其中，鼎湖镇西路村老下河岸1998年发现崩塌，岸坡后缘近似沿河岸平行发育延伸长约60m、宽度0.1~0.2m的锯齿状拉张裂缝（图9-33-9），裂缝产状近于直立（20°∠80°）。河岸崩塌处斜坡分布于潦河右岸、凹岸，主要由粉土、粉质黏土构成，土体结构松散，遇水易软化，洪水冲刷易崩塌。受洪水冲刷影响，河岸线逐年后退，自1998~2007年的9年间，河岸累计崩塌后退约15m，平均崩移速率达1.67m/a，河岸累计崩塌方量达60余万m^3。

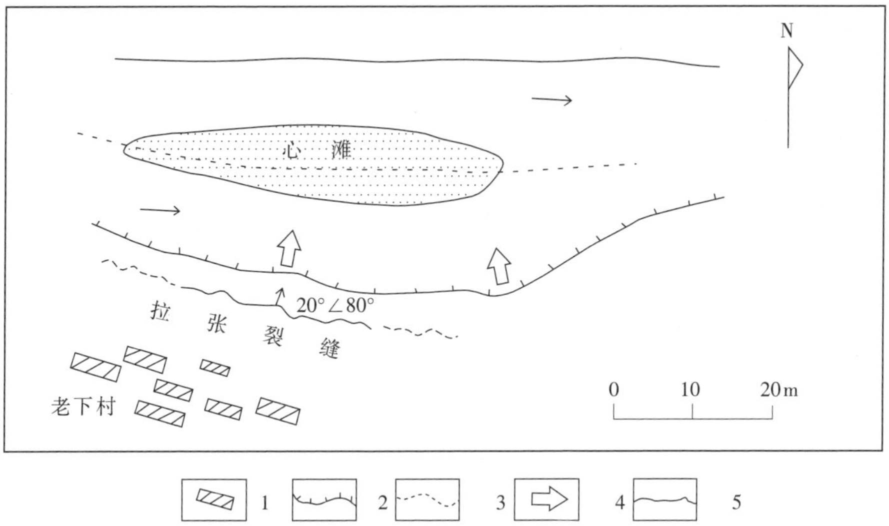

图 9-33-9　安义县老下河岸崩塌

Fig. 9-33-9　Riverside collapse in Laoxia, Anyi County

1—民房；2—现今右岸；3—1998 年前的右岸；4—崩塌主向；5—拉张裂缝

(二) 时间分布

崩塌的时间分布受降雨和人类活动等诱发因素的影响。

1) 强降雨过程中及其后一段时间崩塌活跃。这里的强降雨过程是指暴雨或较长时间的连续降雨。强降雨过程及其后的一段时间内（一般滞后降雨 3~7 天，甚至更长时间），是江西出现崩塌最多的时间。全省范围来讲，每年 4~7 月发生的崩塌约占总数的 78%。另据万载、永新等县（市）地质灾害调查资料统计显示，每年雨季连续降雨及其后的一段时间（一般 3~7 天左右）内崩塌发生最多。

2) 坡脚开挖过程中及其后一段时间。工程建设施工开挖坡脚，破坏坡体上部岩土体的稳定性，常发生崩塌。部分发生在施工过程中，这种情况以小型崩塌居多；更多的是发生在施工结束后的一段时间里，崩塌规模相对更大。根据永新等县（市）地质灾害调查资料统计，工程建设施工切坡过程中及其后的一年中（或第一个暴雨年份），崩塌最容易发生。

3) 另外，在工程爆破、机械震动后，水库蓄水初期或库水位的第一个高峰期，河流洪峰期及破坏性地震过程中，都有可能伴随崩塌的发生。

三、形成条件与诱发因素

崩塌的形成和发生，与地形地貌、岩土体、地质构造等内在地质环境条件和降雨、人类活动等外部环境有关。

(一) 形成条件

1. 地形地貌

地形地貌是崩塌发生的首要条件，与地形坡度、坡高、坡形等微地貌特征关系密切。

(1) 坡度

大量崩塌调查资料表明，陡峻的斜坡地形是形成崩塌的必不可少的条件之一；斜坡坡度越陡，越容易形成崩塌。根据3952处崩塌地形坡度调查资料统计（图9-33-10，表9-33-9），72.9%的崩塌发生于坡度大于25°的陡坡上，其中，21.5%发生于坡度大于60°的陡崖上；关系曲线图上反映崩塌数在20°~40°和60°~80°两个坡度区间呈现局部高峰，尤以25°~35°坡度区间分布最多，约占25.9%，以自然斜坡为主；发生崩塌的陡峻斜坡（>60°），多为人工边坡、陡峻山坡或河湖和冲沟的岸坡。

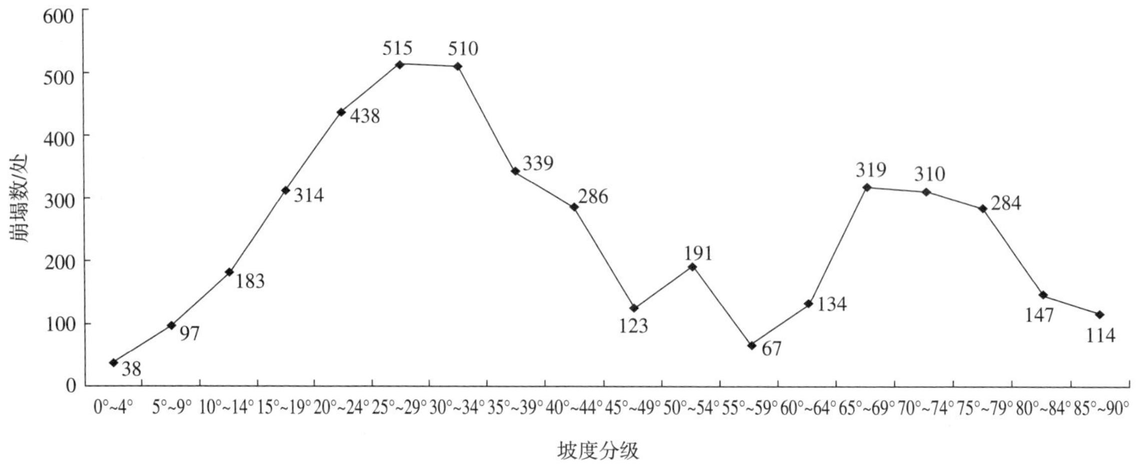

图9-33-10　崩塌处数与斜坡坡度分级关系曲线图

Fig. 9-33-10　The relationship curve of collapse number and ramp slop level

表9-33-9　崩塌与斜坡坡度关系统计

Table 9-33-9　The statistics of relation between collapse and ramp slop

斜坡微地貌	陡崖	陡坡			缓坡		平地	合计
斜坡坡度/(°)	>60	45~60	35~45	25~35	15~25	5~15	<5	
崩塌处数	851	381	625	1025	752	280	38	3952
百分比/%	21.5	9.6	15.8	25.9	19.0	7.1	1.0	100.0
累计百分数/%	21.5	31.2	47.0	72.9	92.0	99.0	100	

（2）坡高

斜坡的高度对崩塌也有影响。根据3930处崩塌调查资料，崩塌多数发生在斜坡高度大于3m的斜坡上，约占79.2%，但坡高小于30m和坡高小于3m的斜坡也可能发生崩塌，约占20.8%（表9-33-10）。

（3）坡形

剖面形态可能为凸形、凹形、直线形、阶形、复合形等，只要其他条件具备，都可能发生崩塌。总体上以凸形、直线形和凹形陡坡崩塌最多（合占73.6%左右）,阶形、复合形等约占26.4%。

表9-33-10　崩塌与斜坡坡高关系统计

Table 9-33-10　The statistics of relation between collapse and height of ramp slop

斜坡高度/m	≥50	40~50	30~40	20~30	10~20	6~10	3~6	<3	合计
崩塌处数	282	110	274	480	862	541	564	817	3930
百分比/%	7.2	2.8	7.0	12.2	21.9	13.8	14.3	20.8	100.0
累计百分数/%	7.2	10.0	16.9	29.2	51.1	64.9	79.2	100.0	

2. 岩土条件

不同岩土条件所形成崩塌的规模和类型不同，通常块状花岗岩，厚层状的变余砂岩、片（麻）岩、砂砾岩等坚硬或较坚硬的脆性岩石可以构成较陡峻的斜坡，当岩体节理发育时，易于发生崩塌，可形成规模较大的岩质崩塌；斜坡岩体风化程度较高，风化层发育时，可形成土质崩塌；薄层状板岩、千枚岩、泥岩、粉砂岩、页岩等较软的柔性岩石往往风化程度较高，裂隙较发育，岩体多呈碎裂状或散体状，以小规模土质崩塌（坠落、剥落等）为主。江西崩塌主要发生于以花岗岩为主的岩浆岩分布区和以变余砂岩、片岩、板岩、千枚岩等为代表的变质岩分布区，分别占36.5%和32.8%；紫红色砂砾岩等碎屑岩中崩塌发育也较多，约占18.4%（表9-33-11）。

表9-33-11　崩塌与岩性的关系统计

Table 9-33-11　The statistics of relation between collapse and lithology

岩性	花岗岩	火山岩	混合岩	变余砂岩、片岩	板岩、千枚岩	灰岩、白云岩	砂砾岩	泥岩、粉砂岩	页岩	碎块石	砂砾石	黏性土	其他	合计
崩塌处数	1606	46	95	748	645	97	678	49	102	100	102	247	12	4527
百分比/%	35.5	1.0	2.1	16.5	14.2	2.1	15.0	1.1	2.3	2.2	2.3	5.4	0.3	100

（1）花岗岩分布区的崩塌

风化强烈的花岗岩分布区坡顶强风化层常发生崩塌，以土质崩塌为主。受风化改造，坡体强风化带浅表部透水性较好，而下部较差，降雨入渗后，在风化分带界面受阻形成饱水带，降低了土体的凝聚力，增加了地下水动水压力，坡顶土体多在重力作用下形成滑移式崩塌（图9-33-11）。

花岗岩体受节理裂隙切割后形成的球状风化多见，其球状坚硬花岗岩岩块与周围强风化岩连接性差，往往构成不稳定结构体，易形成崩塌（图9-33-12）。花岗岩受产状210°∠80°和100°∠75°两组节理切割，经风化作用形成球状风化，强风化层中夹有块度0.3~1.5m的岩块，岩块坠落导致4间房屋后墙受损。

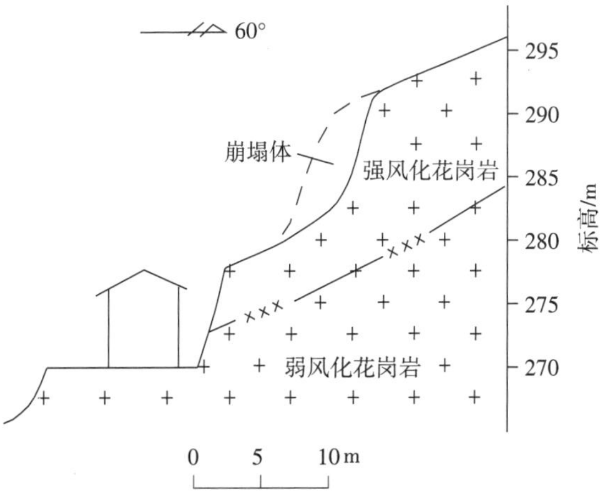

图9-33-11　花岗岩强风化层土质崩塌

Fig. 9-33-11　Soil collapse of strong weathered granitic layer

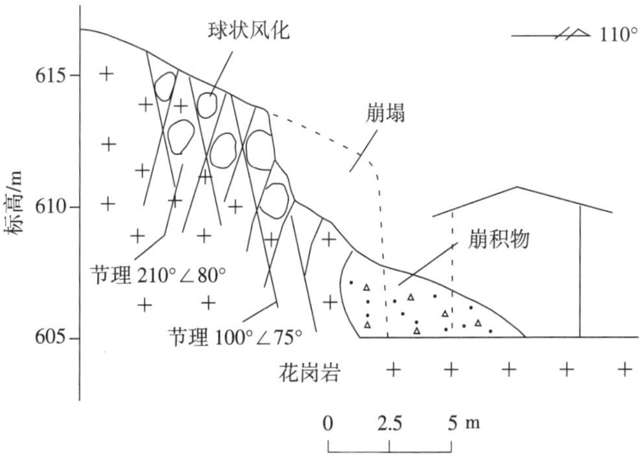

图9-33-12　花岗岩球状风化层崩塌

Fig. 9-33-12　Collapse of spherical weathered layer of granite

另外，当岩石垂直节理（如柱状节理）发育，并有倾向坡外的裂隙面时，易产生岩质崩塌；当花岗岩中有晚期岩脉、岩墙穿插时，这些穿插接触面往往是岩体中的薄弱面，它们与各种节理面组合，为崩塌提供有利的条件。

（2）变质岩与沉积岩分布区的崩塌

以薄层状板岩、千枚岩、页岩等柔性岩石为代表的变质岩，往往风化程度较高，裂隙较发育，岩体多呈碎裂状或散体状，常发育小规模碎块石崩塌。另外，受长期构造影响，岩层褶曲发育，岩体发育有各种弧形结构面，当倾向坡外时，多发生沿弧形结构面的滑移式崩塌；当变质岩的片理和构造结构面发育时，常把岩体切割成大小的岩块，形成岩质崩塌（图 9-33-13）。

软硬相间岩层组成的斜坡，由于差异风化，坚硬岩体突出，受结构面切割或重力蠕变影响，坚硬岩体可发生崩塌。横峰县道堂危岩体位于岑阳镇黄家村道堂洞的洞顶（图 9-33-14），地面高程 269m，山顶高程约 292m，危岩位于高程 280~292m 地段，危岩下端距道堂地面垂直高度约 11m，周边均为悬崖峭壁，岩体由上白垩统龟峰组（K_2g）凝灰质红砂岩构成，垂向及近水平裂隙发育，裂隙宽一般 0.5~3cm，主要有三组：①10°~15°∠85°~89°，延伸长 3.5~8.8m；②175°~190°∠60°~75°，延伸长

图 9-33-13　变质岩中受节理控制的岩质崩塌

Fig. 9-33-13　The collapse controlled by joint in metamorphic rock

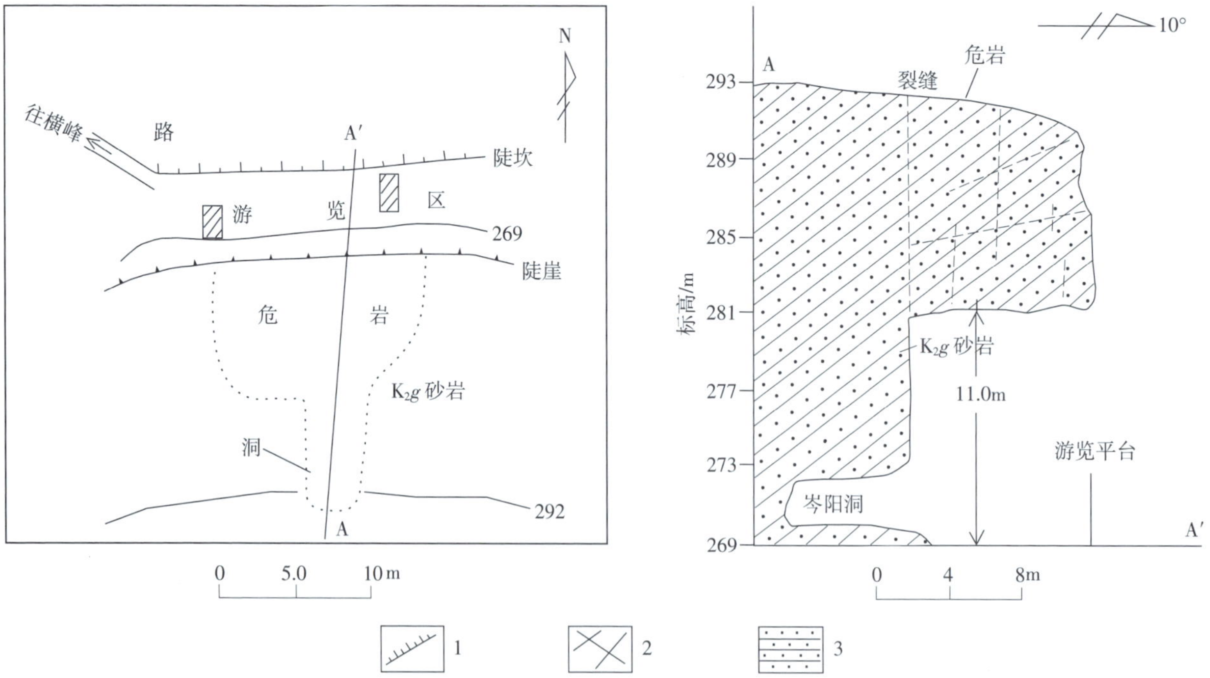

图 9-33-14　横峰县道堂洞危岩体

Fig. 9-33-14　Unstable rock body of Daotang cave, Hengfeng county

1—陡崖；2—裂隙（缝）；3—砂岩

2.5~5.8m，裂面较光滑；③192°~215°∠8°~12°。三组裂隙相互切割组合形成危岩体，洞顶逐渐下崩，洞高不断增大，观光点洞顶上方发育1处危岩体，规模体积约1440m³，对游客、道堂管理人员及道房等构成威胁。

岩体受顺坡向且倾角较陡（大于50°）的节理裂隙切割，岩体根部空虚，或受两组以上节理裂隙切割，形成倾向坡外的楔形或棱形不稳定结构体时，易形成坠落式崩塌（图9-33-15）。斜坡由上白垩统龟峰组（K_2g）厚层状含砾砂岩构成，岩体受产状15°∠85°的顺坡向裂隙的切割，形成岩质崩塌。

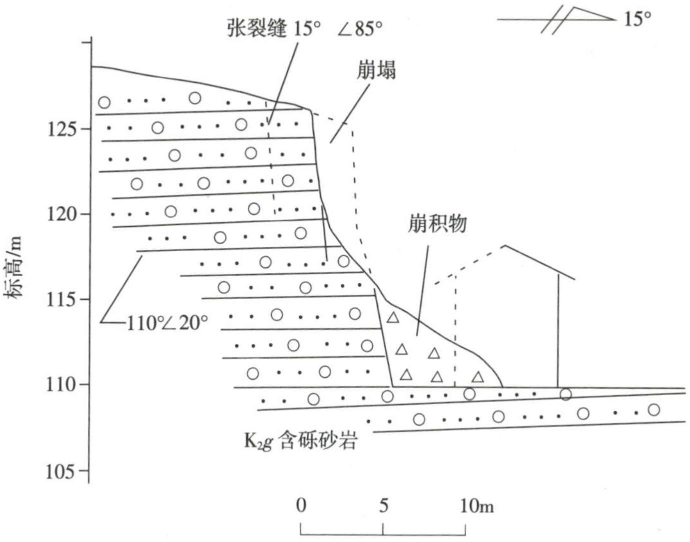

图9-33-15　受顺坡向裂隙控制的岩质崩塌

Fig. 9-33-15　Rock collapse controlled by fractures along the slop

3. 地质构造

地质构造使完整岩体被分割成碎裂体，在诱发因素作用下失稳而形成崩塌。断层、节理、裂隙、层面等各种构造面使岩层遭到不同程度的破坏，把完整的岩体切割成大小不同的碎裂体，为崩塌的形成提供脱离母体（山体）的边界条件。一般来说，坡体中的裂隙越发育，越易发生崩塌；与坡体延伸方向近乎平行的陡倾构造面，最有利于崩塌的形成。那些相互交切、组合，可能或已经将坡体切割与其母体分离的构造面，就是崩塌体的边界面。其中，靠外侧、贯通（水平或垂直方向上）性较好的结构面所围的崩塌体的危险性最大。

乐平市塔前镇山下采石场属丘陵地貌区，采石场斜坡总体坡向340°，原始斜坡植被较发育，以灌木为主，坡面因采石基岩裸露，为石炭系黄龙组厚层状灰岩。坡顶上覆残坡积黏土碎石，厚0.2~0.8m。基岩产状（L）60°∠40°，岩体裂隙发育（图9-33-16、图9-33-17），主要有两组：①组裂隙产状290°

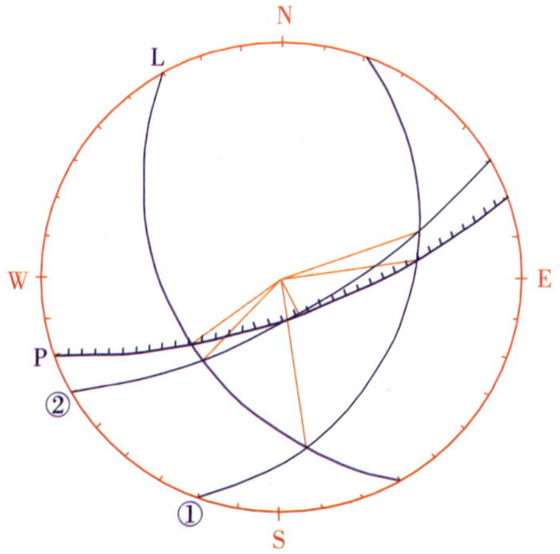

图9-33-16　乐平市塔前镇山下采石场崩塌赤平投影图解

Fig. 9-33-16　The stereographic projection of the collapse in Shanxia quarry, Taqian town, Leping city

图9-33-17　乐平市塔前镇山下采石场崩塌

Fig. 9-33-17　The collapse of Shanxia quarry in Taqian town, Leping city

∠34°，可见延伸长 10~40m，裂隙密度 0.5~0.8 条/m；②组裂隙产状 330°∠70°，裂隙密度 2~5 条/m。裂隙见泥质、钙质充填。崩塌斜坡因采石形成近于直立的陡崖临空面（P），坡度 70°~80°，坡高约 50m，剖面形态近似呈凸形。岩体受层面与两组裂隙（特别是外倾的①组裂隙）切割形成的楔形体，成为斜坡危岩体，受采石扰动诱发，岩体于 2001 年 7 月 30 日在裂隙控制下发生滑移式崩塌，当场压死采石工人 28 人，伤 6 人，经济损失约 300 万元。

（二）诱发因素

在形成崩塌的基本条件具备后，诱发因素就显得重要了。能够诱发崩塌的外界因素很多，崩塌及其规模与诱发因素作用的时间和强度有关。

1. 降雨

崩塌活动受多种因素影响，但主要发生在雨季，暴雨和长时间连续降雨是江西崩塌最重要的诱发因素。

降雨根据降雨量分为小雨、中雨、大雨、暴雨、大暴雨和特大暴雨六级（表 9–33–12）。暴雨使地表水渗入坡体，增加岩体负荷，破坏岩体的固结性；产生孔隙水压力；软化岩、土及软弱面，使上覆岩层失去支撑；雨后经强烈日晒还引起岩、土剧烈收缩等。调查资料表明，崩塌与降雨存在下列关系：①崩塌主要发生在雨季，特别是在雨中或雨后不久，很少发生在旱季和非雨天，全省每年 4~7 月连发生的崩塌约占总数的 86%（图 9–33–18），崩塌与降雨在年内分布有较好的对应关系；②连续降雨时间越长，暴雨强度越大，崩塌次数越多；③阴雨连绵天气较短促的暴雨天气崩塌多；④长期大雨比连绵细雨时崩塌多。可谓“大雨大塌、小雨小塌、无雨不塌。”

表 9–33–12　雨量级标准与雨型描述

Table 9–33–12　The standard of rainfall precipitation level and rainfall pattern description

雨量级别	12h 降雨量/mm	3h 降雨量/mm	24h 降雨量/mm	雨型描述
小雨	0.5~5	0~4	0.5~10	雨滴下降清晰可辨，润湿地面但无积水,洼地积水洼,屋顶雨声微弱
中雨	5.1~15	5~10	10.1~25	雨滴着地时向外飞溅，地面积水比较快,可听到沙沙雨声
大雨	15.1~30		25~50	雨下降模糊成片，落地向外飞溅很高,雨声哗哗声响很大,地面积水很快
暴雨	30~70		50~100	雨如倾盆瓢泼,雨声猛烈震耳,江河水位上涨,地面积水特别快
大暴雨	70~140		100~200	
特大暴雨	>140		>200	

另外，调查表明崩塌与连续降雨量和崩塌前 3~7 天内的大暴雨量有关。崩塌发生时间往往在连续多天降雨时，突然降大雨、暴雨及以后的 3~7 天之内。边坡岩土体对降雨反应十分敏感，是因为多数崩塌都是表层土体失稳所致。

2. 人类活动

不合理的人类工程活动，如山区建房、修筑公路、建设铁路开挖坡脚，人为改变斜坡应力场；露天

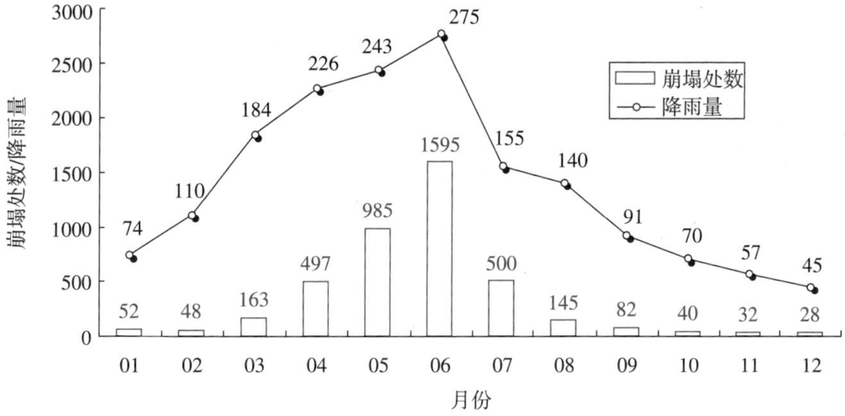

图 9-33-18　崩塌与降雨年内分布关系曲线

Fig. 9-33-18　The relationship curve between rainfall and collapse in a year

开采矿产资源形成陡坡；水库蓄水和渠道泄水造成水对山体的浸润和软化作用，以及水在岩土体中的静水和动水压力；堆渣填土人为增加后缘荷载；火车机车震动及爆破震动等人类活动都可能诱发崩塌。

横峰县岑阳镇铺前村横峰—龙门公路处丘陵区，山坡坡向 290°，自然坡度 32°~43°，由于开挖公路，形成近于直立，坡度达 80°~85°人工陡崖，造成斜坡前缘临空，坡高 7~13m，切坡坡向 300°，剖面呈凸形（图 9-33-19）。坡体基岩裸露，由上三叠统安源组（T_3a）粉砂岩组成，岩层产状 290°∠70°，属顺向坡，表层残坡积土层厚度小于 1.0m。坡体基岩发育三组裂隙：①252°∠46°②300°∠42°③125°∠45°。斜坡由于筑路开挖，前缘临空，坡度较陡，稳定性差，易沿岩层面和裂隙面拉裂失稳，汛期常发生岩体下崩和掉块。

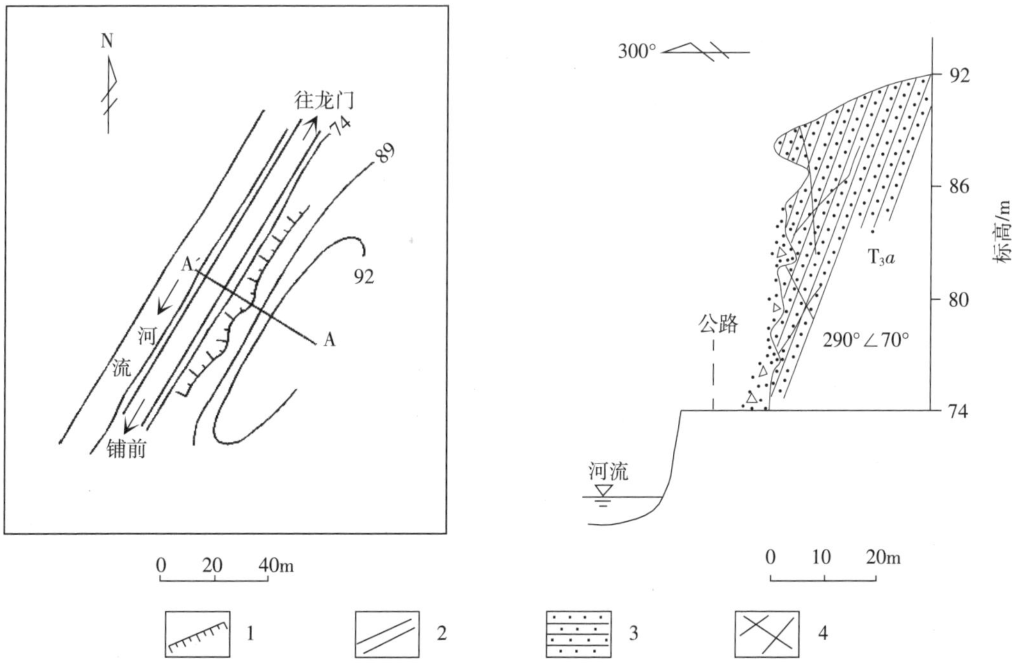

图 9-33-19　横峰县铺前—龙门公路崩塌

Fig. 9-33-19　Collapse in Puqian-Longmen highway in Hengfeng county

1—人工切坡；2—公路；3—粉砂岩；4—岩体裂隙

四、重大崩塌灾害

根据 84 个县（市、区）调查成果资料，截至 2010 年底，全省 58 处崩塌造成 135 人死亡；其中造成 3 人及以上死亡的崩塌 13 处（表 9–33–13）。

表 9–33–13　致死 3 人及以上崩塌统计表

Table 9–33–13　The statistics of collapses resulting in 3 or more deaths

地点	发生时间	规模体积/m^3	死亡人数	灾情等级
乐平市塔前镇山下村山下采石场	2001–07–30	3000	28	大型
于都县桥头乡朱屋村围门口	1998–07–02	24750	10	大型
于都县罗坳镇金角村树背	2002–10–30	165	4	中型
南城县洪门镇沙坪村十里山	2006–05	16	3	中型
武宁县石门楼乡廒夏村庄背	1995–06–23	275	4	中型
瑞金市瑞林镇保卫村案上	1998–03–08	5016	3	中型
兴国县枫边乡密石村大坑	1996–10	240	3	中型
瑞金市丁陂乡山潭村店下	1990–04	1125	3	中型
安远县天心乡竹湖村大坪	2000–12	392	3	中型
安远县唐村乡白兔村彭坑	1983–03	110	3	中型
修水县大椿乡大椿村十九	1993–04–28	30.6	3	中型
安源区高坑镇王家源煤矿坑道	1960–06–24	100	7	中型
南丰县莱溪乡西山村坑里	1999–06–22	2016	5	中型

第三节　滑　　坡

滑坡是江西数量最多、危害最严重的地质灾害类型，发育数约占全省地质灾害总数的 65%。

一、基本类型与形态特征

（一）基本类型

按滑坡体的物质组成，可分为土质、碎块石质和岩质滑坡三种类型。江西以土质滑坡为主，占滑坡总数的 81%左右；发生于基岩岩体中的岩质滑坡和以碎块石为主的碎块石质滑坡分别占 10%和 9%。

1. 土质滑坡

为最主要的滑坡类型，包括各种成因的黏土、砂黏土滑坡，如常见的坡积、残积黏土滑坡等。广布于全省各地，包括花岗岩、变质岩、碎屑岩和碳酸盐岩的风化壳及坡积层等。坡积、残积黏土滑坡的特点是滑床坡度与地表坡度较陡，多在 25°~50°间，滑坡壁达 50°~70°，滑坡前缘通常有反翘现象，滑体内地下水较丰富，前缘常见泉水、湿地。土质滑坡有以下特点：①牵引性。从力学特征看，土质滑坡多属于牵引式滑坡。②沿软弱结构面滑动性。多沿土体内部软弱面逐渐破坏，最后连通形成滑动面，使滑体沿它产生向下的滑动。③浅层性。滑体厚度一般不大，小于 6m 的占90%以上。④多次滑动性。土质滑坡由于具有牵引性，所以一旦滑动，就会逐步牵引发展，形成一次、二次、三次或更多次滑动。⑤成群分布。与地形地貌条件和区域气候条件密切相关。⑥具有明显的季节性。具有明显的季节性和间歇性，在雨季滑坡最活跃，发展速度快，旱季边坡较稳定。

南昌市湾里区招贤镇牛岭村谌家滑坡发生于构造侵蚀低山西南坡 425~560m 标高一带。滑坡所在斜坡山顶标高 704m，山脚标高 410m，相对高差 294m，总体坡向 210°左右，自然斜坡坡度 25°~35°，坡体植被发育，以灌木、杂木为主。坡体下伏基岩为晋宁期花岗闪长岩，岩体风化强烈，强风化深度大于 10m；表层普遍分布强风化粉细砂夹块石，可见厚度大于 4m，强风化层结构松散，雨季易接受降雨渗入而软化。2005 年 5 月下旬，斜坡坡脚附近冲沟发现冒浑水现象，并伴有粉细砂渗出；2005 年 8 月 24 日，斜坡中部水田发现地面开裂和坡体下错等地面形变现象，形成断续延伸长 60 余米，深 2.5~4.0m，宽 0.15~0.30m 的弧状拉张裂缝（图 9-33-20），滑坡体下错约 1~1.5m，并呈向两端缓慢延伸扩展的态势。此后，分别于 2009 年 3 月和 2010 年 6 月间降雨后发生多次滑动，给当地 600 余居民造成恐慌。滑坡呈现沿风化层内部软弱带多次浅层滑动，土层牵引和雨季发生特征明显。

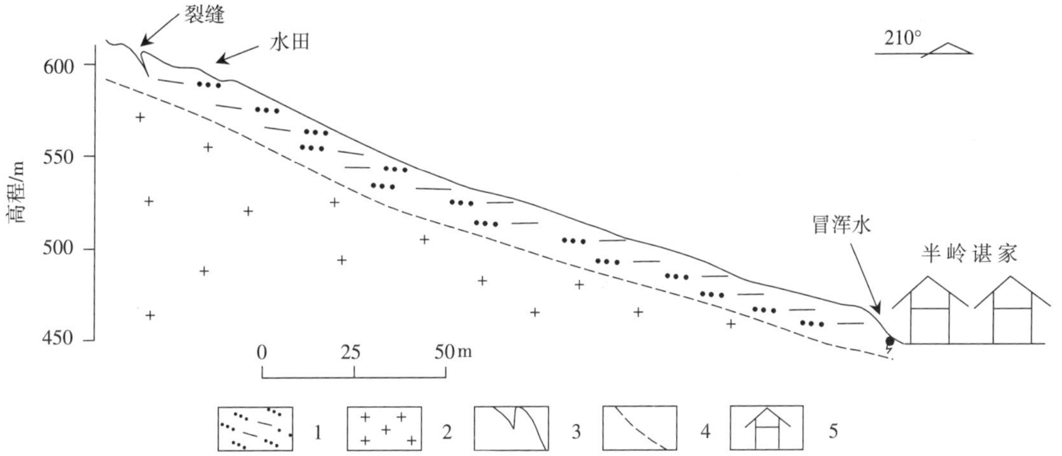

图 9-33-20　南昌市湾里区谌家滑坡

Fig. 9-33-20　Landslide in Chenjia, Wanli district, Nanchang city

1—强风化粉细砂夹块石；2—晋宁期花岗闪长岩；3—裂缝；4—推测滑动面；5—民房

2. 碎块石滑坡

一些边坡岩体由于地质构造的强烈挤压和外营力的长期作用，岩石破碎、岩层产状紊乱，但仍大致保持原岩体的结构特征，这种岩体产生的滑坡就是碎块石滑坡，滑坡由碎块石组成。滑动面较陡，上部滑动面通常 45°~65°，中部 20°~45°，剪出口处滑面较平缓，从整个滑动面来看不平顺，有一定起伏，滑带通常由风化的黏土或砂黏土充填，无明显的含水层，滑带的含水量较高。

3. 岩质滑坡

由完整岩体构成的滑坡。岩性包括半成岩的各种沉积岩，页岩、泥岩、泥灰岩、凝灰岩、煤系岩层等软岩；砂岩、石灰岩、喷出岩等硬岩；软硬岩互层组合的岩组；千枚岩、片岩、板岩等变质岩等。

按滑动面类型可分为顺层滑坡和构造节理滑坡。顺层滑坡的滑坡壁一般较陡，多数在70°以上，滑动面主要为较软弱的岩层面，通常是沿层间错动面发展，并且常有泥质充填，滑坡剪出口处的滑动面常追踪缓倾的构造节理面发展。这类滑坡视岩层倾角的大小不同，其滑动速度也不同：岩层倾角小，滑动速度缓慢，滑带常有较厚的黏泥状软岩夹层；岩层倾角大，滑动速度快，滑带多是软硬互层中的某一软弱夹层，常为层间错动面。构造节理滑坡，多发生在凸坡或河流陡岸，滑动面较陡，常为折线形。

（二）形态特征

滑坡都有一定的形态，但由于发育程度的不同，形态要素不一定完整；另外，不同类型和不同性质的滑坡，形态特征也各有不同。

1. 滑坡周界的形状多种多样

对于岩质滑坡，由于主滑壁和左右侧壁一般受到岩体内存在的地质构造面的明显控制，而地质构造面在岩体中的分布总是有规律的，它们的周边形态也是平直的，因此，岩质滑坡的周界一般呈矩形、角形、梯形等形态。非均质土（如碎块石）滑坡的周界以纵长的圈椅状（舌形）为主，也有横展的、近似等长的圈椅状等形态。均质土（如黏土）滑坡周界一般表现为近似等长的圈椅状（半圆形）。滑体含水量大的土质滑坡多呈现为长度很大的纵长式圈椅状。江西滑坡周界形态多呈半圆形、舌形等圈椅状，其次为矩形和不规则形，这与江西以土质滑坡为主相对应（表9–33–14）。

表9–33–14　滑坡周界形态统计

Table 9–33–14　The statistics of forms of surrounding margins of landslides

滑坡周界形态	半圆形	舌形	矩形	不规则形	其他	合计
滑坡处数	5321	2726	1634	1176	368	11225
百分比/%	47.4	24.3	14.6	10.5	3.2	100

2. 滑坡体内部地形各有不同

滑坡体内部地形，岩质滑坡和土质滑坡各有不同。岩质滑坡的滑体以一个平台为主，地面平均坡度与滑动面坡度接近一致，当滑坡体内存在次一级破裂面时，滑体被分割为若干小块，这些小块的边界受次一级破裂面产状的控制。土质滑坡的地面起伏明显受下伏滑床地形的控制，尤其在横断面上，往往表现出典型的“反置地形”现象：地面隆起最大的脊线位置（即主轴位置），滑床是个洼槽，洼槽越深、隆起越高，洼槽越浅、隆起越低。由多个滑坡组成的复杂滑坡群，滑坡体内部有几条鼓起的纵向脊梁，即反映有几个滑坡。

3. 滑坡平台的数量和完整程度

在同一个滑坡范围内，滑坡体上平台越少，平台越完整，其规模越大，说明滑体厚度大，滑床深，在大规模岩质滑坡中多见。反之，如果滑体内平台多且规模小，表面裂缝密集，裂缝宽度也大，则反映滑体厚度小，滑床浅，在小规模土质滑坡中多见。

上高县敖阳街道境山广场（上高二中）滑坡处于丘陵地貌区，坡顶标高120m，相对高差40~50m，地形坡度20°~35°，植被较发育，以灌木、杉树为主。上覆第四系残坡积黏土夹碎石厚1~2m,下伏上泥盆统－下石炭统华山岭组长石石英砂岩，产状50°∠60°，发育三组裂隙：①组裂隙产状200°∠78°，8~10条/m；②组裂隙产状160°∠82°，6~8条/m；③组裂隙产状130°∠50°，4~6条/m。切坡坡度60°~

70°，切坡高 20~30m，坡向 180°，坡面呈复合形。由于切坡较陡，前缘临空，岩土体松散，2004 年 9 月 24 日强降雨诱发滑坡，2005 年 6 月再次滑动，呈多级下错（图 9–33–21、图 9–33–22）。

4. 裂缝的分布、形态及发展速度

滑体内部裂缝的分布主要与受力状态有关，还受到其他条件的影响。岩质滑坡：滑体内部及表面的裂缝还常常与岩体内原有的软弱结构面的分布有关，那些继承构造破裂面而发育起来的裂缝的分布情况，就很难一定反映滑动时的受力状态。土质滑坡：滑坡裂缝的性质和分布位置，一般与受力状态密切相关。裂缝的宽度、缝壁的陡度、裂缝密集度还与滑坡体厚度有很大关系，一般说，厚度大的滑坡，地面上裂缝分布稀少，延伸长度大，宽度小，缝壁陡；而厚度小的滑坡，滑坡表面裂缝密集，每条裂缝的长度小，宽度大，缝壁较平缓。

图 9–33–21　上高县境山（二中）滑坡

Fig. 9–33–21　Landslide occurred in of Jingshan No.2 Middle school of Shanggao county

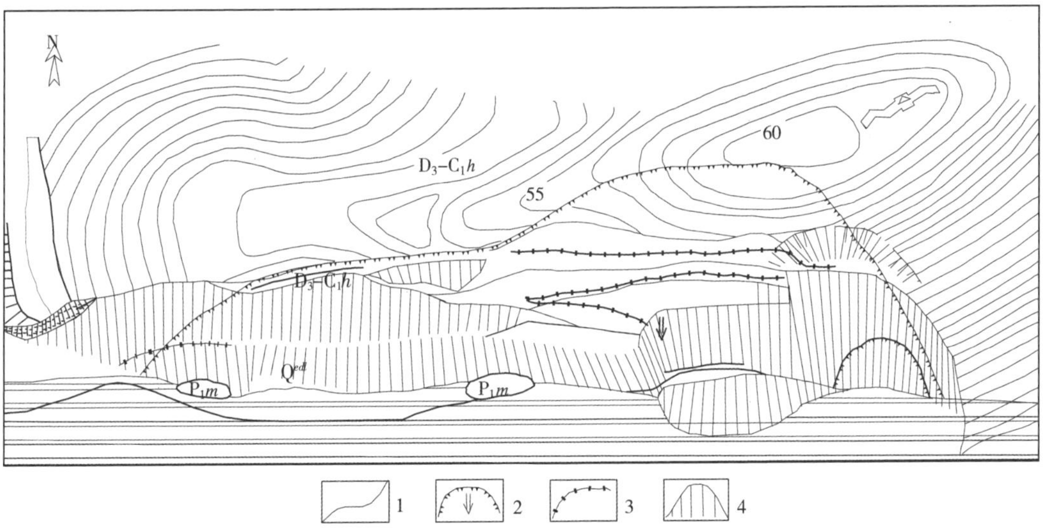

图 9–33–22　上高县境山（二中）滑坡

Fig. 9–33–22　Landslide in Jingshan No.2 middle school, Shanggao county

1—地质界线；2—滑坡周界及主滑方向；3—变形裂缝；4—陡坎；Q^{edl}—第四系残坡积含碎石黏土/下二叠统马平组覆盖型灰岩；P_1m—下二叠统马平组灰岩；D_3-C_1h—上泥盆统－下石炭统华山岭组长石石英砂岩

主裂缝发展速度与滑坡性质有关：推移式滑坡的后部先出现主拉张裂缝，其发展速度快；而牵引式滑坡的主裂缝可以先在滑体中部某一薄弱部位出现，然后逐渐向后牵引发展；岩质滑坡的主裂缝比土质滑坡主裂缝发展速度要慢些。从主裂缝出现到急剧变形发生所需要的时间对不同类型的滑坡也是不同的：土质滑坡所需时间短，一般当主裂缝开裂后几个月至一、二年即有可能剧烈滑动；而岩质滑坡则可长达几年甚至十几年才剧烈滑动。

土层滑坡体后缘常发育有基本贯通或断续的拉张裂缝；坡体整体或局部下错，坡面凹凸不平；雨季伴有坡脚冒浑水，土体湿润等现象。南丰县付坊乡港下村上际滑坡位于低山区，斜坡坡向304°，地形坡度较陡，约46°，属陡坡类型，坡高34m，剖面上呈凸形坡（图9-33-23）。坡体主要由青白口系神山组（Qb_2s）变粒岩及风化砂土层构成，土层厚度3~8m，表层有约1m的残坡积粉质黏土，土质疏松。坡体植被较发育，以茅草和杉木为主。坡顶2002年6月16日强降雨后沿小路内侧发育一长约37m，宽约10~20cm的拉张裂缝，裂缝已基本贯通，同时坡体下错20~50cm，此后雨季坡脚冒浑水，并发生滑动。滑坡平面上大致呈半圆形，后壁陡立，滑面大致呈弧形。滑坡体剖面上呈凸形，斜长72m，宽48m，厚约4m，体积规模约1.38万m^3。

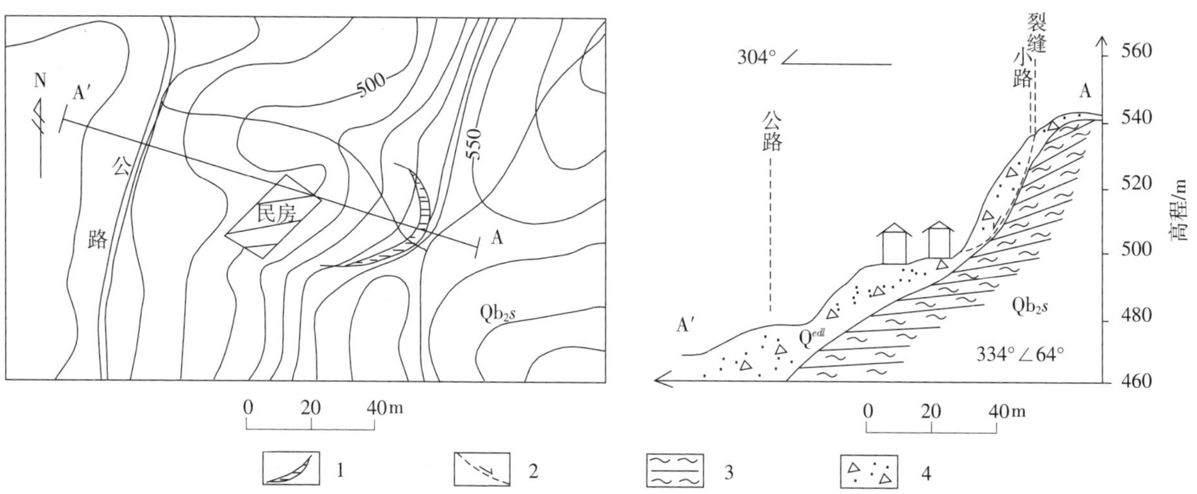

图9-33-23 南丰县上际滑坡

Fig. 9-33-23 Landslide in Shangji, Nanfeng county

1—后缘裂缝；2—滑动面；3—变粒岩；4—残坡积土；Q^{edl}—第四系残坡积粉质黏土；Qb_2s—青白口系神山组变粒岩

5. 滑动面的形态、滑动带的性质

岩质滑坡的滑动面形态经常受构造面控制，常常是沿着岩层层面（顺层滑坡时）或软弱构造面（切层滑坡和破碎岩石滑坡时）滑动，剖面上常呈直线形或阶状形态（图9-33-24），滑面前后部分坡度变化较小。土质滑坡滑动面形态较为复杂，随土体结构的不同具有不同的形态：对于结构不均一的碎块石滑坡，一般呈勺状；而结构均一的黏性土滑坡，常呈圆柱状滑面。滑带厚度也随滑坡类型不同而有很大差异：顺层岩质滑坡的滑带薄，一般只有几厘米至十几厘米（甚至更薄）；碎块石质滑坡的滑带厚度大，有时可达1m甚至更大；均质黏土滑坡的滑带比较薄，一般只有几厘米至十几厘米。

6. 控滑结构面类型多种多样

滑坡的控滑结构面类型可以是岩土接触面、层内软弱带、层面或节理裂隙面等，以前两者为主。沿岩土接触面滑动的滑坡，大多发生于岩土质混合边坡（人工切坡）中。上部为残坡积土层，下部为基岩。由于残坡积土松散，含水透水性较好，而其下伏岩石相对较完整、含水透水性差，加之岩土界面较陡，降雨入渗后在岩土界面受阻，土层底部形成饱水带并形成动水压力，土的抗剪强度明显降低，从而使上覆土层沿基岩接触面产生滑动形成滑坡。沿层内软弱带滑（错）动的滑坡多发生在变质岩、花岗岩区风化强烈、风化残坡积厚度较大的土质斜坡中，滑动带岩性一般为泥质含量较高的黏性土或碎块石。沿层面滑动的滑坡发生于顺向斜坡中，滑动带一般为软弱夹层或为风化破裂岩层，层面多张

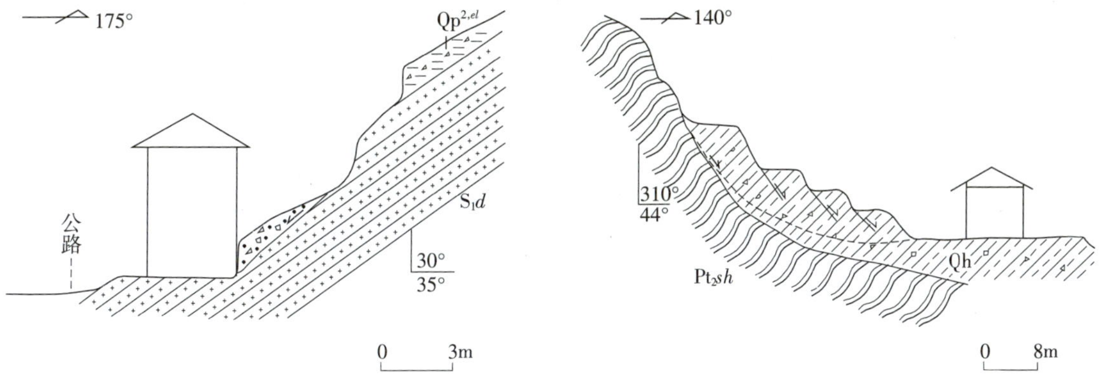

（1）阶梯形　　　（2）圆弧形

图 9-33-24　滑动面形态

Fig. 9-33-24　Slide surface form

开，有利于地下水渗入并使岩石软化，当前缘地形较陡或存在人工切坡，坡角大于地层倾角时，岩土体易沿层面产生滑动。沿节理裂隙面滑动的滑坡，各基岩地层均有发生，控制滑坡的节理裂隙倾向坡外，与坡向交角较小，倾角小于坡角，多在 30°~60°之间，裂隙面为破裂结构面，且更易遭受风化和地下水的渗透，其抗剪强度低，因此易于产生滑动。

宜丰县黄岗乡黄毛湖滑坡处于中低山晋宁期花岗闪长岩分布区，自然斜坡坡高 120m，坡度 25°~30°。坡体岩石风化强烈，可见全风化层厚度大于 3m，表层分布残积砂土，结构松散，厚 0.5~1.5m，坡脚进行人工切坡，切坡高 2~4m，切坡坡度 50°~60°，斜坡前缘临空。斜坡土体结构松散，易接受降水的渗入而软化，易形成土体内部软弱带而导致坡体失稳。1998 年 7 月 13 日受暴雨诱发，后缘发育拉张裂缝，并整体下错约 3~90cm（图 9-33-25），形成规模约 43.76 万 m^3 的中型滑坡隐患。

南丰县市山镇操坊村汤坊滑坡位于低山变质岩分布区，地形上陡下缓，坡度 15°~35°，坡体上部坡度 30°~35°，下部 15°~25°，剖面形态呈上凸下凹的复合型斜坡，高差 180m，坡向 358°。坡体植

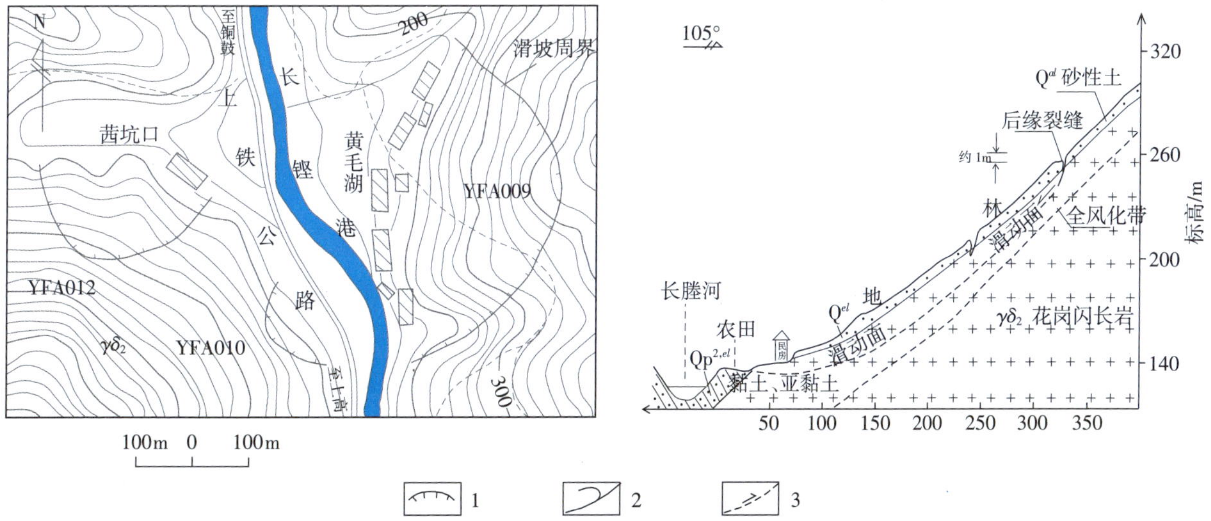

图 9-33-25　宜丰县黄毛湖滑坡

Fig. 9-33-25　Landslide in Huangmao Lake, Yifeng county

1—滑坡周界；2—后缘裂缝；3—滑动面

被发育，以杉木、毛竹、灌木等为主。坡体分布青白口系神山组（Qb_2s）变粒岩，强风化层发育，厚度大于 15m，呈砂土状，表层为含碎石粉质黏土，碎石含量约 15%，块度 10~15cm，厚度 2~4m。坡前（北东）为汤坊村庄（图 9-33-26），滑体前缘西北侧有一小溪通过，小溪雨季水量较大。据当地居民介绍，斜坡顶部最早于 1962 年出现拉张裂缝，裂缝长约 600m，宽约 1.5~2.0m，坡体下错约 1.5m，前缘（坡体中部凸坡与凹坡的交接部位）耕地出现隆起、翻浆现象，雨季有冒浑水现象。滑体 2002 年 6 月再次下错滑动，形成体积规模约 20.24 万 m^3 的中型滑坡，滑坡持续时间 40 年以上，同时滑体存在再次下滑的可能，并存在沿小溪转化为泥石流的可能。

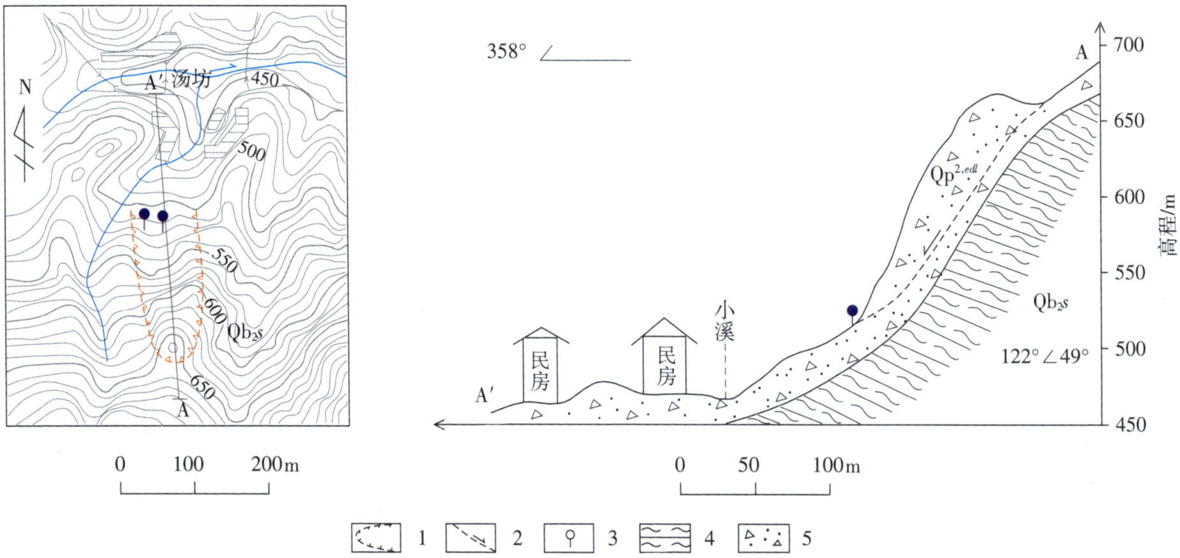

图 9-33-26　南丰县汤坊滑坡

Fig. 9-33-26　Landslide in Tangfang, Nanfeng county

1—滑坡周界；2—滑动面；3—泉点；4—变粒岩；5—残坡积土

二、分布特征

（一）空间分布

滑坡的空间分布与地质因素和气候等因素有关，通常下列地带是滑坡的易发和多发地区：①江、河、湖 (水库)、海、沟的岸坡地带，地形高差大的峡谷地区，山区、铁路、公路、工程建筑物的边坡地段等，这些地带为滑坡形成提供了有利的地形地貌条件。②断裂等地质构造带附近。断裂带中的岩体破碎、裂隙发育，非常有利于滑坡的形成。③易滑的岩土分布区，如松散覆盖层、泥岩、页岩、煤系地层、凝灰岩、片岩、板岩、千枚岩等岩、土的存在，为滑坡的形成提供了良好的物质基础。④暴雨多发区或异常的强降雨地区，在这些地区，异常的降雨为滑坡发生提供了有利的诱发因素。上述地带的叠加区域，就形成了滑坡的密集发育区。如武夷山等山区滑坡发生密度极大，危害非常严重；赣南、赣西和赣东等为滑坡地质灾害的重灾区。

统计来看，全省 11 个设区市均有滑坡发生，但分布密度和灾害程度差异较大，集中分布于各主要山脉的山地、丘陵区，各设区市发生的滑坡数量见表 9-33-15。

表 9-33-15　滑坡分布及死亡人数统计

Table 9-33-15　The statistics of landslide distribution and deaths caused by landslides

设区市	南昌	景德镇	萍乡	九江	新余	鹰潭	赣州	吉安	宜春	抚州	上饶	合计
滑坡处数	130	275	871	745	58	218	3227	1735	1340	2010	1540	12149
死亡人数		2	6	54		4	270	68	70	183	34	691

（二）时间分布

滑坡的活动时间主要与诱发滑坡的各种外界因素有关，如降雨和人类活动等。大致有如下特点。

1. 同时性（群发性）

一些滑坡受诱发因素的作用后立即活动，如暴雨和开挖、爆破等不合理的人类活动时，都会导致大量的滑坡发生。奉新县上富镇九溪村吊形山（图 9-33-27），在宽 110m 的斜坡范围内发生大小滑坡 7 处，平面图上具有老套新、大套小、并排发生的特点。

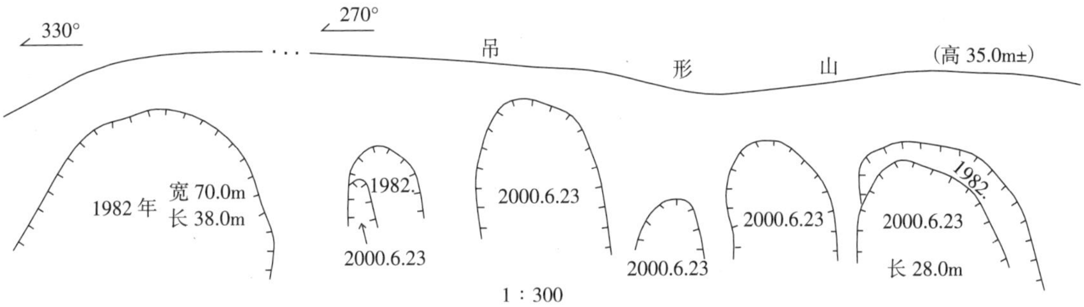

图 9-33-27　奉新县上富镇九溪村吊形山滑坡群

Fig. 9-33-27　The landslide group of ring shape mountain near Jiuxi village, Shangfu town, Fengxin county

2002 年 9 月 13 日晚至 14 日，遂川县突降大暴雨，全县平均降雨量 150mm，最大小时降雨量达 39mm，大暴雨引发了山洪和群发性滑坡、泥石流数千处，造成大量房屋倒塌，农田和道路被毁，28 人死亡。

2. 滞后性

一些滑坡发生时间稍晚于诱发因素作用的时间，如降雨及人类活动之后。这种滞后性在降雨诱发型滑坡中表现最为明显，该类滑坡多发生在暴雨、大雨和长时间连续降雨之后，滞后时间的长短与滑坡体的岩性、结构及降雨量的大小有关。一般，滑体越松散、裂隙越发育、降雨量越大，滞后时间越短。此外，人工开挖坡脚之后，堆载及水库蓄、泄水之后发生的滑坡也属于这类。由人为活动因素诱发的滑坡的滞后时间的长短与人类活动的强度大小及滑坡体原有稳定程度有关。人类活动强度越大、滑坡体的稳定程度越低，则滞后时间越短。

3. 重复性

在时间分布上，滑坡表现出频发性（重复性）。由于诱发因素很多，在一年四季每时每刻均有可能发生，但主要发生在雨季，尤其是大雨、暴雨、久雨中发生的滑坡更多。值得指出的是，滑坡在发生前也常常有前兆现象，如泉水干枯或复活、前缘坡脚上体凸起，动物惊恐异常、四周岩（上）体出现小型坍塌和松弛现象、树木枯萎或歪斜等。

瑞金市日东水库于1970年建成，1984年右坝肩坡体发现岩土蠕变滑动现象，造成观测房倒塌，之后坡体前、后缘陆续出现土体崩塌现象。1995年6月9日，再次出现较明显蠕变滑动，造成重建的观测房（混凝土结构）的边铁门歪斜，无法开启（图9-33-28）。

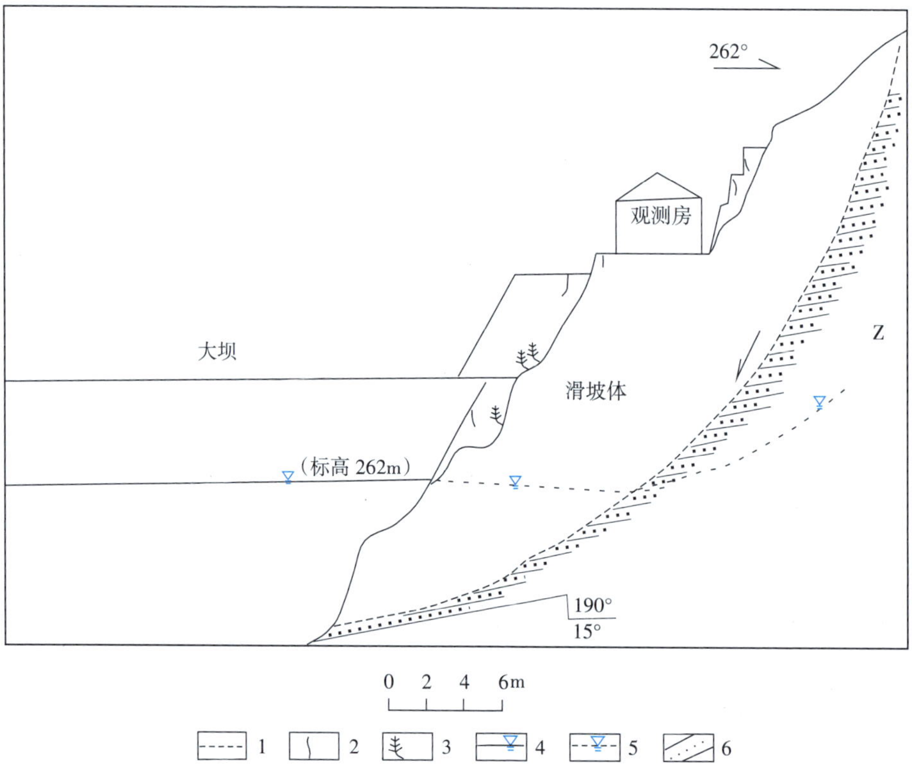

图9-33-28 瑞金市日东水库右坝肩滑坡

Fig. 9-33-28 Lanslide in abutment of rightside dam of Ridong reservoir, Ruijing city

1—滑动界面（推测）；2—拉裂缝；3—马刀树；4—库水位；5—地下水位；6—震旦系砂岩

三、形成条件与诱发因素

（一）形成条件

1. 地形地貌

地形地貌是滑坡的首要条件。与地形坡度、坡高、坡形等微地貌特征关系密切。相对高差较大，斜坡较陡，坡度20°~45°，下陡中缓上陡、上部成环状的坡形是滑坡发生的有利地形地貌条件，特别是坡向与岩层结构面倾向一致时易于形成滑坡。

（1）坡度

滑坡调查资料表明，陡坡地形是形成滑坡的必不可少的条件之一。统计结果表明，江西省83.7%的滑坡发生在坡度大于25°的斜坡上，其中5.1%发生于坡度大于60°的陡崖上（表9-33-16）。

（2）坡高

斜坡的高度对滑坡也有影响，一般坡高越大越容易发生滑坡。滑坡多发生在高度大于6m的斜坡上，高度小于6m的斜坡滑坡仅占5.3%（表9-33-17）。

表 9–33–16　滑坡与斜坡坡度关系统计

Table 9–33–16　The statistics of relation between lanslide and ramp slope gradient

斜坡微地貌	陡崖	陡坡			缓坡		平地	合计
斜坡坡度/(°)	≥60	45~60	35~45	25~35	15~25	5~15	<5	
滑坡处数	586	1128	3192	4646	1677	171	12	11412
百分比/%	5.1	9.9	28.0	40.7	14.7	1.5	0.1	100
累计百分数/%	5.1	15.0	43.0	83.7	98.4	99.9	100	

表 9–33–17　滑坡与斜坡坡高关系统计

Table 9–33–17　The statistics of relation between landslide and height of ramp slop

斜坡高度/m	≥50	40~50	30~40	20~30	10~20	6~10	3~6	<3	合计
滑坡处数	2037	892	1690	2347	3080	747	535	61	11389
百分比/%	17.9	7.8	14.8	20.6	27.0	6.6	4.7	0.6	100
累计百分数/%	17.9	25.7	40.5	61.1	88.1	94.7	99.4	100.0	

2.岩土条件

岩土体是产生滑坡的物质基础。组成滑坡体的岩土体的力学强度越高，岩体越完整，则滑坡越少。一般说，各类岩土体都有可能构成滑坡体。其中结构松散，抗剪强度和抗风化能力较低，在水的作用下其性质能发生变化的岩土体，如松散土体、页岩、泥岩、煤系地层、凝灰岩、片岩、板岩、千枚岩等及软硬相间的岩层所构成的斜坡易发生滑坡，滑坡密集分布。省内滑坡主要发生于以花岗岩为主的岩浆岩分布区和以变余砂岩、片岩、板岩、千枚岩等为代表的变质岩分布区，分别占 36.6%和 32.2%；其次，以红色砂岩、砾岩、页岩等为主的碎屑岩中滑坡也较多，约占 24.2%（表 9–33–18）。

表 9–33–18　滑坡与岩性的关系统计

Table 9–33–18　The statistics of relation between landslide and lithology

岩性	花岗岩	火山岩	混合岩等	变余砂岩、片岩	板岩、千枚岩	灰岩、白云岩	砂砾岩等	泥岩、粉砂岩	页岩	碎块石	砂砾石	黏性土	其他	合计
滑坡处数	3706	180	633	1486	2299	542	2159	149	614	77	27	153	51	12076
百分比/%	30.7	1.5	5.3	12.3	19.0	4.5	17.9	1.2	5.1	0.6	0.2	1.3	0.4	100.0

（1）花岗岩分布区的滑坡

花岗岩区风化层厚度一般较大，厚度多在 5~10m 间，风化层分带性较好，由上至下可分为：残坡积层、全风化层、强风化层、弱风化层（图 9–33–29）。全风化产物多为粒状石英与黏土，结构松散，透水性和含水性好，地表水易渗入土体，使土体饱水，显著降低土体的抗剪强度；另外，岩浆岩的结构、构造决定了岩浆岩区球状风化发育，风化层与新鲜基岩之间及不同程度风化层之间的接触界面倾向与多山坡坡向一致，客观上构成顺向坡，利用滑坡的形成。因此，岩浆岩风化区滑坡发育。

风化岩组	柱状图	厚度/m	特征描述
腐殖层 残积土层	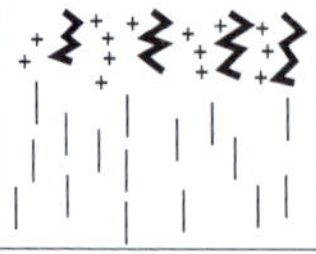	0~0.45	灰色黏土。岩石组织结构全部破坏,黏土中含有少量石英颗粒。黏土具有可塑性,用铁镐易挖掘。腐殖层有臭味
花岗岩全风化岩带		1.5	浅红色、浅灰色粉质黏土、砂质黏土。岩石组织结构基本破坏,但尚可辨认。有微弱的残余结构强度。间夹残余碎块,残余碎块结合力很差,孔隙度大,手搓即碎。砂质黏土中含粒径 0.2~0.5mm 的石英颗粒，切面规则且稍具光滑面，捻摸时感觉有少量细颗粒,有滑腻和黏滞感。可用铁镐挖掘
花岗岩强风化岩带		2	岩石组织结构已大部分破坏。裂隙发育,岩体被切割成 2~30cm 的岩块。岩块呈浑圆形,可用手折断碾碎。沿裂隙度填有黏性土。岩块中矿物成分已显著变化,长石、云母已风化成次生矿物。用铁稿可挖掘
花岗岩弱风化岩带	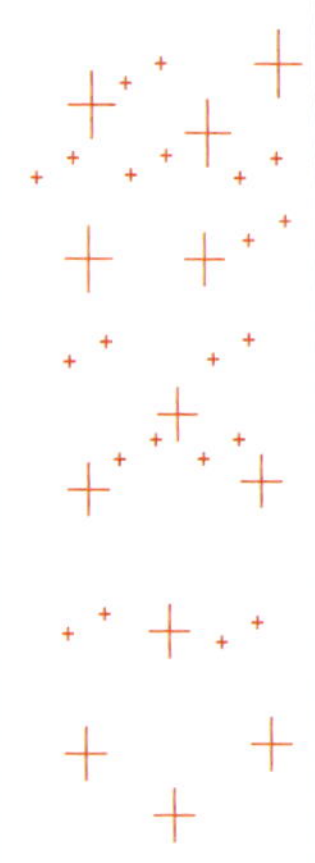	>3	岩石身长弱褪色,沿裂隙风化,组织结构部分破坏。风化裂隙发育,岩石被切割成 20~50cm 的岩块。岩块呈浑圆状,基本保持新鲜,仅沿节理面出现次生矿物。用锤击不易击碎,不能用铁镐挖掘

图 9-33-29　广昌县塘坊乡熊坊村北 200m 处花岗岩风化带柱状剖面

Fig. 9-33-29　Columned profile of weathered granite from 200m to the north of Xiongfang village, Tangfang, Guangchang county

奉新县石溪乡曾家坪冷家坳村为一个三面环山的小汇水盆地，且其前缘排水方向地势略高，导致地表水泄流缓慢。1982 年初，村民建房后不久即发现房前平地出现裂缝并产生下沉，此后每年均有不同幅度的沉降变化，尤以 1996 年和 1998 年下沉幅度最大，至 2001 年 11 月，地面累积下降 1.2m，形成一明显陡坎（图 9-33-30）。

后缘裂缝长约 120m，1998 年和 2000 年又产生数条新拉张裂缝，呈牵引式向房屋方向发展，滑坡

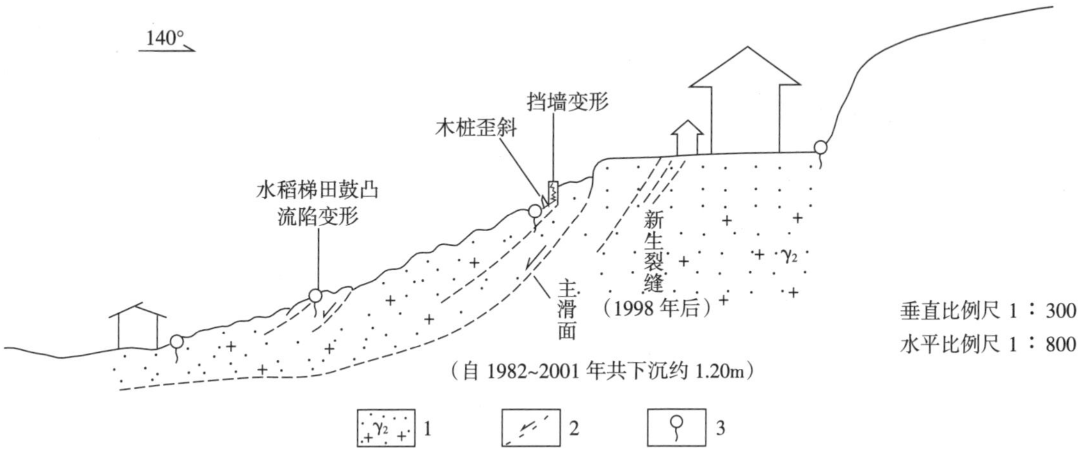

图 9-33-30　奉新县冷家坳滑坡

Fig. 9-33-30　Landslide in Lengjia, Fengxin county

1—晋宁期风化花岗岩；2—滑动面；3—下降泉

后缘陡坎处简易抗滑桩歪斜变形严重，坡体水田每年春季均产生鼓凸、揉皱变形而变得高低不平，灌溉水严重泄漏，水田难以耕作等现象。村民虽历年进行平整和裂缝夯填，均无法减缓滑体变形趋势。滑坡体长 200m，宽 120m，厚约 9m，滑轴方向 140°，滑体坡度 18°，其后缘上部山坡坡度为 27°~35°。

(2) 变质岩分布区的滑坡

岩性以变质砂岩及板岩、千枚状板岩、千枚岩等为主，受多期构造影响，岩石多较破碎，斜坡表部多有残坡积含碎石粉质黏土或碎石土覆盖，尤其在坡麓地带堆积厚度较大。变质岩的风化带一般较薄，厚度一般在 1~6m，风化带的分带性相对较差，由上至下可分为：残坡积层、强风化带、弱风化带（图 9-33-31），结构松散，黏聚力小，因此变质岩土质坡、碎块石坡和顺向岩质坡，易产生滑坡，但规模一般不大，以几十至数千立方米多见，万立方米之上较少，但造成的灾害却有可能重大。如 1989 年 1 月宁都县青塘镇西迳村圳下屋滑坡，体积规模仅 485m^3，却造成 12 人死亡、2 人受伤、毁房 4 间的大型地质灾害。滑坡处为震旦系（Z）粉砂质板岩构成的顺向坡（图 9-33-32），坡向 140°，岩层产状 160°∠45°，斜坡岩体风化强烈，上覆 3m 左右的含碎石土，在强降雨后沿层面滑动发生滑坡。另外，变质岩区的土质（残坡积层）滑坡，往往具有多次活动性，常在暴雨诱发下多次发生滑动。

(3) 沉积岩区滑坡

沉积岩岩石大多风化较弱，但在构造发育带，岩石较破碎，易于发生破碎层沿基岩面下滑的滑坡。薄层粉砂岩、页岩、凝灰岩和煤系地层等，岩性较软，且易风化，在坡麓地带往往残坡积土层较厚，土层及强风化岩石软弱破碎，斜坡岩土体易沿破碎基岩与完整基岩面、岩土接触面发生滑坡，在顺向坡地段易沿层面形成顺层滑坡。如在龙南县南亨一带，石炭系下统粉砂岩、页岩强风化层厚度 10~20m，因 G105 国道改建切坡产生多处滑坡，且规模较大。

由白垩系和古近系等构成的固结程度较低的红色碎屑岩，岩性主要为砂砾岩、砂岩、粉砂岩及泥岩等。红色碎屑岩类所处地貌主要为低丘岗埠，地形较平缓，且成岩时代较新，地层产状多平缓，节理裂隙一般不甚发育，因此地质灾害发育相对较少。但是，由于粉砂岩、泥岩抗风化能力较弱，裸露区风化较强烈，局部强风化层厚度可达 10m 左右，且岩石含泥质较高，软弱，丘陵坡麓处常堆积有厚度较大的残坡积土层，也可能发生滑坡，在顺向坡地段可发生顺层滑坡。

风化岩组	柱状图	厚度/m	特征描述
腐殖层 残积土层	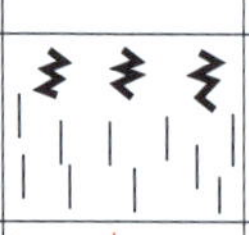	0~0.3	岩石组织结构已全部破坏。矿物成分全部改变，并已风化成土状。结构松散，具可塑性。铁镐易挖掘
变质岩强风化岩带		2.5	岩石组织结构大部分已破坏。风化裂隙很发育。岩体被切割成碎块，碎块平时可用手折断或捏碎，浸水后可较迅速软化或崩解。矿物成分已显著变化。含大量黏土。黏土切面非常光滑，刀刃有黏腻感。湿土捻摸时有滑腻感，感觉不到颗粒
变质岩弱风化岩带	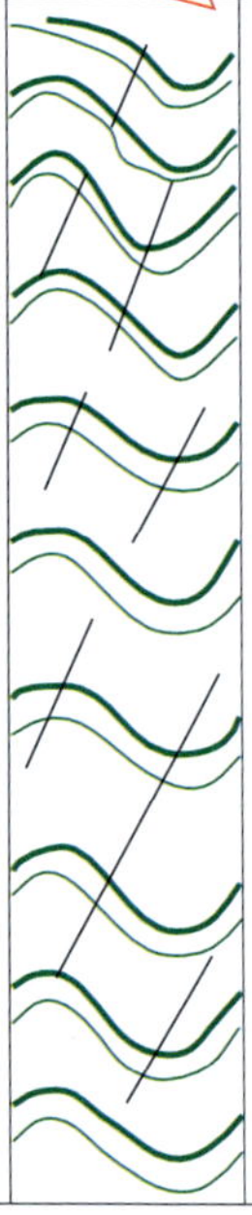	>3	岩石组织结构已部分破坏，风化裂隙较发育。岩体被切割成50~100cm的岩块，呈现大岩块夹松散砂土的结构。部分矿物成分发生变化，节理面附近的矿物已风化成土状。小岩块不能用手折断。用铁镐难挖掘

图 9-33-31　广昌县头陂镇陈田村北50m处变质岩风化带柱状剖面

Fig. 9-33-31　Columned profile of weathered metamorphic rock from 50m to the north of Chentian village, Tuopi town, Guangchang county

万安县枧头镇九斗村布下滑坡处白垩系龟峰组（K_2g）红色泥质粉砂岩分布区，岩石呈半坚硬状，岩层倾向125°，倾角18°，地表覆盖第四系残积砂土。村民在1991年移民建村时，对山坡坡脚进行了人工切坡，切坡高4m，切坡坡度60°左右，1991年5月在人工边坡上沿岩土接触面发生滑坡（图9-33-33）。

（4）碳酸盐岩区滑坡

包括各时期的灰岩、白云质灰岩等，岩石坚硬致密，风化较弱，但其上多覆盖有厚1~6m的残坡积层，雨水入渗后，易在残坡积土体与基岩的接触面形成渗流面，沿岩土接触面形成滑坡。

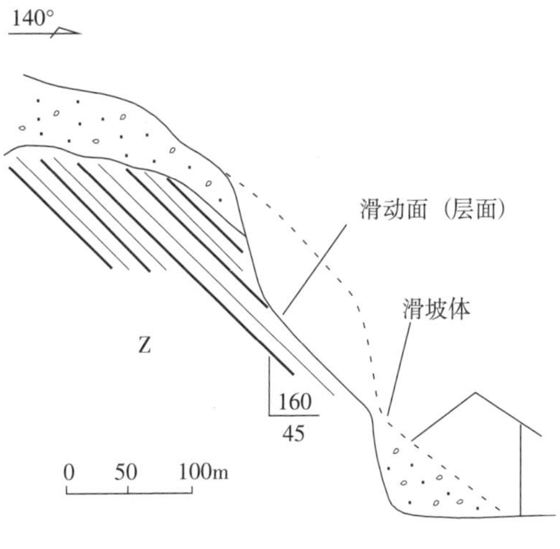

图 9-33-32　宁都县青塘镇圳下屋滑坡
Fig. 9-33-32　Landslide in Zhenxiawu, Qingtang town, Ningdu county

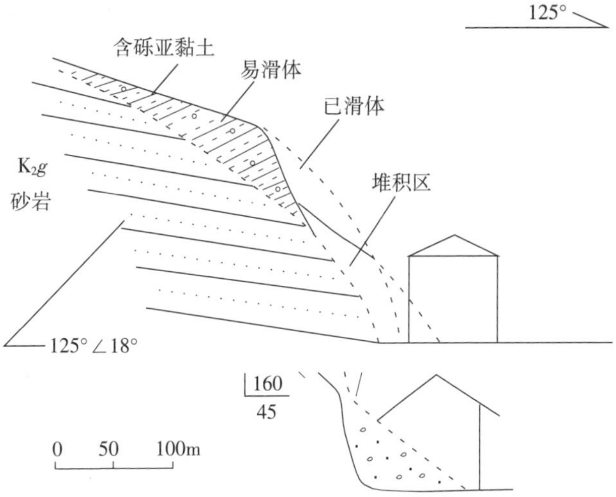

图 9-33-33　万安县布下滑坡
Fig. 9-33-33　Landslide in Buxia, Wanan county

（二）诱发因素

外界因素和作用可以使滑坡形成的基本条件发生变化，从而诱发滑坡。降雨、河流等地表水体对斜坡坡脚的不断冲刷和浸泡，开挖坡脚、坡体上部堆载、爆破、水库蓄（泄）水、矿山开采等不合理的人类活动等都可能诱发滑坡。

1. 降雨

大气降雨除部分汇入江河或停留地表外，其余则渗入土中。雨水的入渗强度与降雨量和降雨时间、地形起伏、斜坡坡度和粗糙度、岩层产状和孔隙度、土体成分与结构、植被发育程度与种类及空气湿度等有关。降雨浸入斜坡后，可以起三个方面的破坏作用：一是雨水浸入坡体后在某一局部形成较高的水头，从而在坡体内造成较高静水压力和动水压力，增大坡体下滑力；二是雨水浸入坡体造成的地下水浮力，降低滑体自重所产生的岩土抗滑摩阻力；三是浸入坡体的雨水透过滑动面岩土的软化性能和水解性能，降低了滑动面岩土的抗剪强度，降低滑动面的抗滑性能。1998 年 6 月，江西月降雨量、降雨强度和连降雨日数，均超过新中国成立以来的历史记录。连日暴雨之后山洪暴发，致使全省滑坡大规模群发，给人民生命财产和经济建设造成巨大损失。1998 年 6 月 22 日凌晨 4 时 50 分，黎川县洵口镇下湾村村民正在熟睡，村后 4000 多立方米的土石从 40 多米高的山坡上急速下滑，掩埋民房 4 栋，后邻居前去抢救，山体再次下滑，两次滑坡造成 9 人死亡，4 人重伤。

降雨存在周期性，万载县 1983 年前后、1989 年、1993 年、1998 年、2002 年等年份为该县的降雨峰期，年均降雨量均接近或超过 2000mm。滑坡、崩塌的发生也存在周期性，与降雨周期性比较（图 9-33-34），表现出较好的年际同步性。对应降雨的几个峰期，也刚好是万载县滑坡、崩塌的几个高发期，1983 年、1993 年、1998 年、2002 年分别发生滑坡、崩塌 37 处、49 处、51 处和 144 处，4 年合占 52%；1986 年、1991 年和 1996 年等年份为降雨相对偏少年，滑坡、崩塌大体表现为相对的少发。总体上，滑坡、崩塌表现出与降雨的密切相关性，表明降雨丰水年或暴雨量大的年份，是万载县滑坡、崩塌的危险年份。

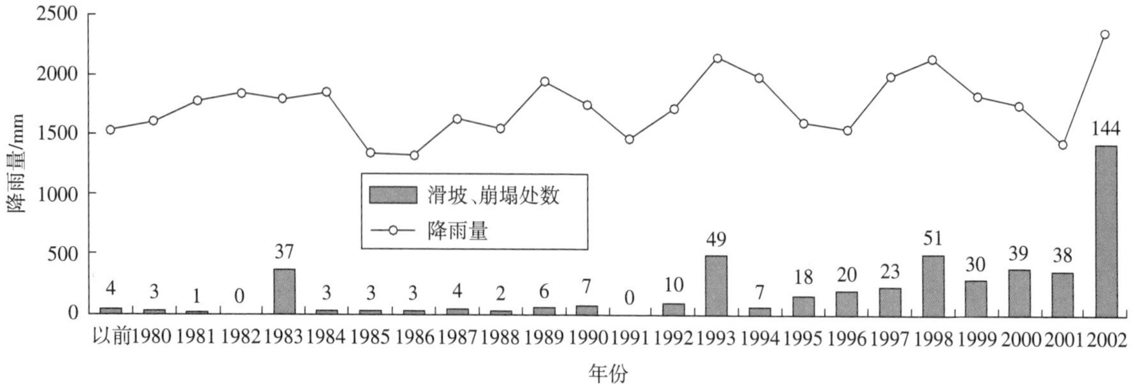

图 9-33-34 万载县滑坡、崩塌历年分布与降雨量关系

Fig. 9-33-34 The relation between quantity of rainfall and landslide, collapse distribution over the years, in Wangzai county

另一方面，滑坡、崩塌又表现出明显的集中性（季节性），往往在雨季发生，与降雨量的多少有关（图 9-33-35）。从图中可以看到，万载县降雨量主要集中在 3~8 月，尤以 4~6 月最为集中，而滑坡、崩塌的发生主要集中在 4~8 月，以 5~7 月为最，3 个月合计 416 处，占 77%，表现出明显的集中性和一定的相对滞后性。表明降雨量集中的时段及其后的一段时间（7 天左右）内，是万载县滑坡、崩塌的高发期。

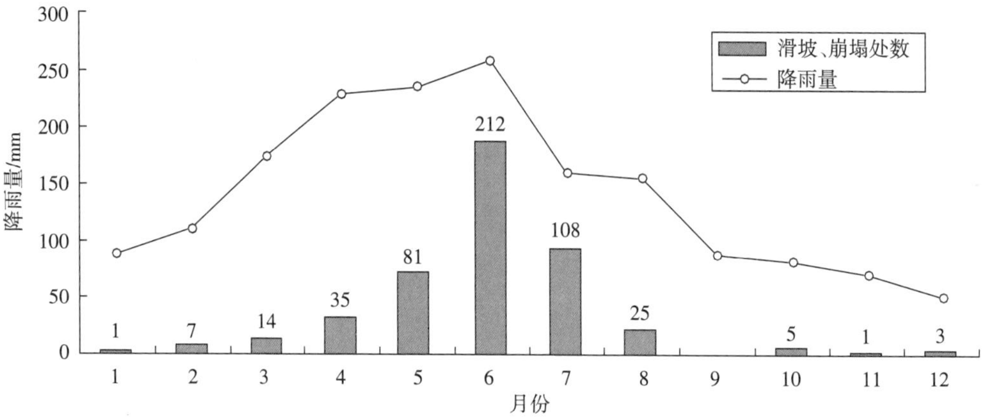

图 9-33-35 万载县滑坡、崩塌年内分布与降雨量关系

Fig. 9-33-35 Relation between quantity of rainfall and landslide, collapse in a year, in Wangzai county

据 97 处崩滑点降雨量资料作总有效降雨量（R_T）与当日降雨量（R_0）的关系图（图 9-33-36）。从图中可以得到以下几点认识：①全部点均分布于 45°直线上或下方，表明崩塌、滑坡发生日前多有一定的前期降雨量；②少数点分布在横轴（总有效降雨量）上或附近，表明崩塌、滑坡的当日降雨量也可为 0 或很小，当然前提是前期有降雨，说明崩塌、滑坡的发生相对降雨具有一定的滞后性，在防灾时需特别注意；③崩滑的相对滞后性同时也说明降雨对边坡失稳具有两个方面的作用，前期降雨主要是侵蚀、软化岩土，降低软弱结构面的强度，形成有效的滑动面；当边坡处于极限平衡状态后，降雨除继续起着软化岩土、降低结构面强度的作用外，主要作用是增加岩土重力（静水压力）和动水压力（渗透压力），最终导致崩滑的形成。

滑坡在暴雨时成群、成片集中暴发，并非偶然现象，说明在一定的地区，在固有的地形、地貌、地质条件下，有一个导致滑坡发生、发展的临界降雨强度，这个临界降雨强度值因不同的滑坡形态、地形地貌和地层岩性等可能是不同的。万载县97处崩滑点的降雨量资料作分级统计见表9-33-19。

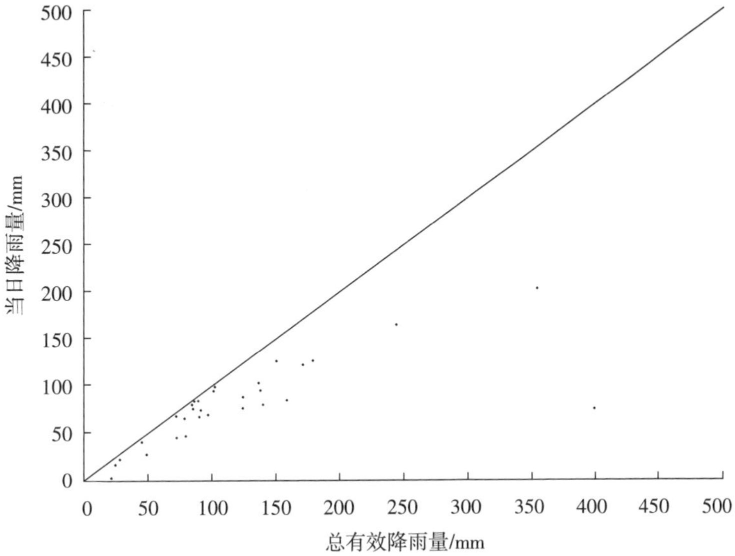

图9-33-36　滑坡、崩塌与总有效降雨量(R_T)和当日降雨量(R_0)的关系

Fig. 9-33-36　Relation between landslide, collapse and total quantity of effective rainfall (R_T) and the quantity of daily rainfall (R_0)

注：前期有效雨量（R_g）是相对当日降雨量而言，指对地质灾害的发生有影响的前期有效降雨量的多少。总有效降雨量（R_T）等于前期有效降雨量（R_g）与当日降雨量（R_0）之和。根据万载县以土质滑坡为主的特点采用前7天的降雨量和以下经验公式计算前期有效雨量（据赖尾克美等作修正，1985）：

$$R_g=\sum_{t=1}^{14}\alpha_t P_t$$

式中：P_t为t日的降雨量（mm）；α_t为降雨量衰减系数，取α_t=（0.2）t/T；t为日数，前1，2，…，7天；T为衰减周期日数，T=7。

表9-33-19　滑坡、崩塌与降雨量关系分级统计表

Table 9-33-19　The statistics of number of landslide and collapses, and quantity of rainfall

项目	当日降雨量/mm							
	<25	25~50	50~75	75~100	100~125	125~150	>150	合计
处数	3	4	48	20	6	12	4	97
百分比/%	3.1	4.1	49.5	20.6	6.2	12.4	4.1	100.0
累计百分比/%	3.1	7.2	56.7	77.3	83.5	95.9	100.0	

项目	总有效降雨量/mm						
	<50	50~100	100~150	150~200	200~250	>250	合计
处数	4	11	44	17	3	18	97
百分比/%	4.1	11.3	45.4	17.5	3.1	18.6	100.0
累计百分比/%	4.1	15.4	60.8	78.3	81.4	100.0	

从表中看出，当日降雨量 50mm 以下的仅占 7.2%（最小 15mm），50~100mm 占 70.1%，大于 100mm 的占 22.7%；而总有效降雨量 100mm 以下占 19.5%（最小 22mm），100~200mm 占 62.9%，大于 200mm 占 21.7%。总体上地质灾害与降雨量关系密切，当日降雨量大于 50mm 或总有效降雨量大于 100mm 时，地质灾害将大量发生，分别占 92.8%和 84.6%，可作为万载县崩塌、滑坡发生的区域临界降雨量。但局部集中降雨或局部地区崩塌、滑坡发生的当日降雨量和总有效降雨量也可小于 25mm 和 50mm。

2. 水流冲刷

沟谷、河流、湖泊等水流冲刷岸坡，淘蚀坡脚、削弱支撑力，当下滑力大于抗滑力时，斜坡就会滑动，如滑体滑入沟、河湖中，则前部堆积就成为斜坡抗滑阻力，一旦这些堆积物被冲走，则斜坡将再次失去平衡而发生滑动。宁都县大沽乡汉头村上坝为顺向变质岩斜坡，在坡脚小溪水长时间冲刷、侵蚀作用和特大暴雨等诱发下于 2002 年 6 月 15 日发生滑坡（图 9-33-37）。

3. 人类活动

违反自然规律、破坏斜坡稳定条件的人类活动都可能诱发滑坡。

（1）开挖坡脚

依山建房、修建铁路、公路、建厂等工程常常因开挖坡脚使坡体下部失去支撑而发生下滑。根据寻乌县调查资料统计，约 99.1%的滑坡在发生前所在斜坡都进行过人工切坡。

依山切坡建房在江西山区较普遍，建房过程上形成高陡人工边坡，常诱发滑坡。全南县中寨乡田寨村寒洞建房切坡诱发的滑坡（图 9-33-38），建房切坡高 9m，切坡坡度 80°，切坡后发生滑坡。据统计，全南县因建房切坡引发的滑坡、崩塌 39 个，占滑坡、崩塌总数的 72%。

一些公路、铁路因修建时大力爆破、强行开挖，事后陆陆续续地在斜坡上发生了滑坡，给道路施工、运营带来危害。萍乡市湘东区白竺乡太阳升村—源头村 G319 国道路段，全长约 10.4km，线路段处于低山丘陵地貌区，地面标高 120~878m，相对高差 750m，山坡坡度 30°~40°，沿线出露三叠系安源组（T_3a）、三叠系龙潭组（P_2l）砂岩、页岩，二叠系栖霞组（P_1q）灰岩，震旦系千枚岩、变质砂岩等地层断裂构造发育。人工开挖切坡现象严重，切坡高度一般 15~20m 以上，最大可达 30m，切坡坡度一般 50°~70°，最大可达 80°以上，每年雨季发生滑坡，2006 年 6 月 16 日，强降雨条件下，G319 公路两侧发生

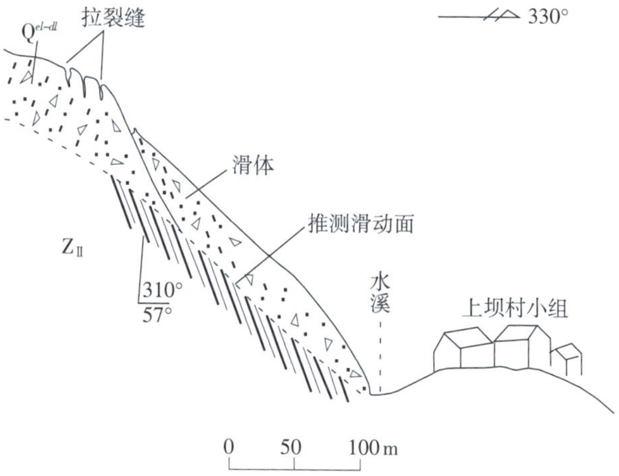

图 9-33-37　宁都县上坝滑坡

Fig. 9-33-37　Landslide in Shangba , Ningdu county

图 9-33-38　全南县寒洞建房切坡诱发滑坡

Fig. 9-33-38　The landslide caused by cutting slop for house-building in Handong of Quannan county

斜坡失稳多处，包括滑坡 9 处，滑坡体积大于 7400m³，交通严重受阻。2010 年 5 月 23 日，沪昆铁路江西省余江至东乡间（K699 处）铁路内侧斜坡受强降雨和坡脚开挖等影响发生滑坡（图 9-33-39、图 9-33-40），掩埋铁路路轨，造成 K859 次旅客列车（上海南开往桂林）发生脱轨，机车及机后第 1 至 9 车厢脱线，造成 19 人死亡、11 人重伤、60 余名旅客轻伤，铁路中断 19 小时。

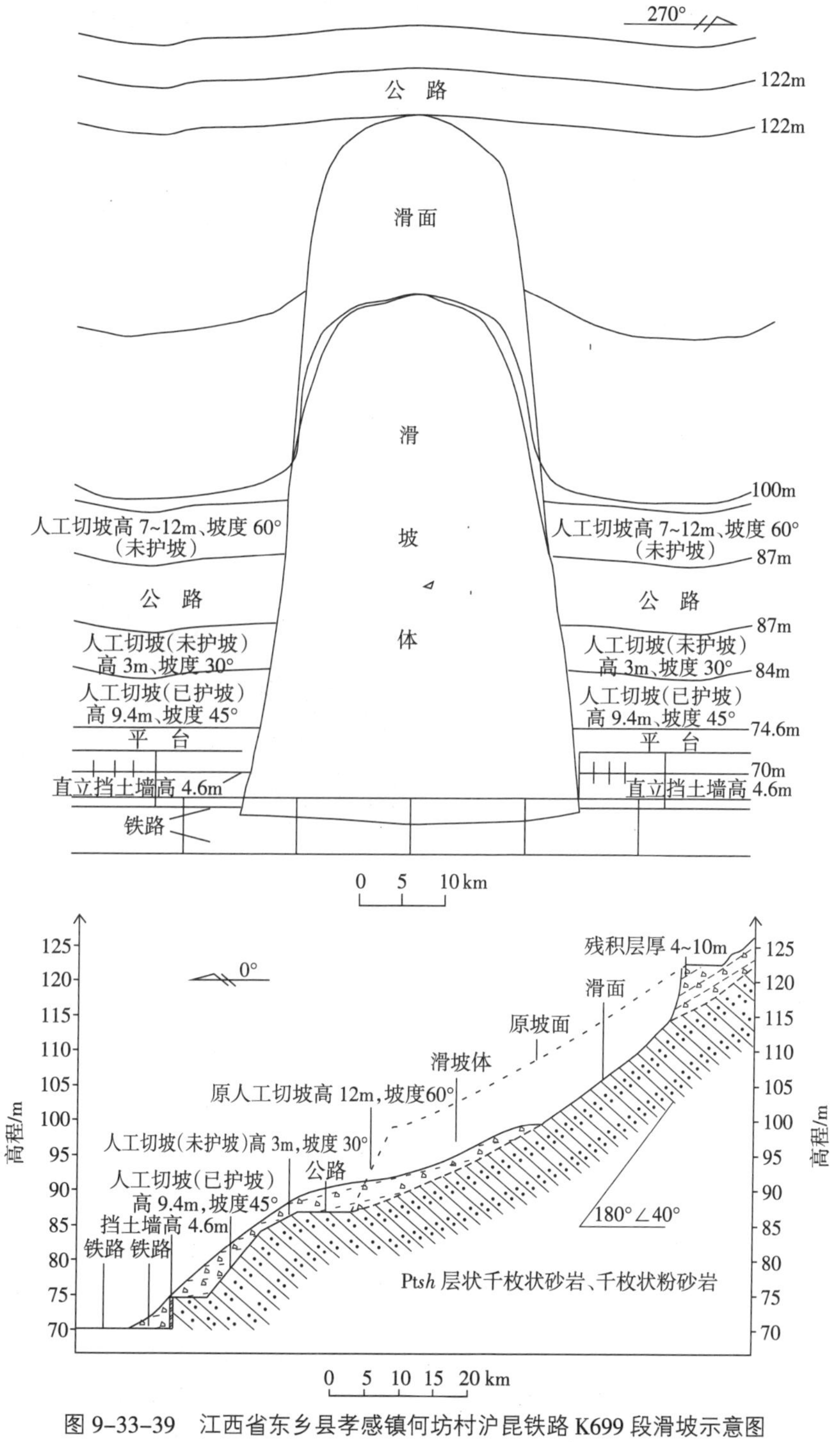

图 9-33-39　江西省东乡县孝感镇何坊村沪昆铁路 K699 段滑坡示意图

Fig. 9-33-39　The sketch map of landslide at K699 section of Hu-Kun railway, near Hefang village, Xiaogan town, Dongxiang County, Jiangxi Province

(2) 渠道渗水

水渠和水池的漫溢和渗漏，生产生活用水排放、农业灌溉等，均易使水流渗入坡体，加大孔隙水压力，软化岩土体，增大坡体容重，从而促使滑坡的发生。不合理的开挖排水沟也可能诱发滑坡。由于近年地质灾害防治知识宣传力度的加大，一些傍山建房住户多采取了开挖排水沟的处理方法，但在排水沟建设过程中忽略了对排水沟的防渗处理，常导致雨水顺排水沟渗入坡体，反而加剧了滑坡的发生。如寻乌县丹溪乡双村滑坡，即因排水沟渗水，导致坡体失稳，造成5人伤亡的严重后果。宁都县青塘镇西迳村雷枫组圳下屋，于1989年1月在建房人工开挖切坡、排水渠漏水和暴雨等多重因素的共同作用下诱发滑坡（图9-33-41），造成死亡12人、伤2人、毁房4间的重大危害。1998年6月22日，受强降雨和水渠漏水等因素影响，黎川县厚村乡焦陂村后50m高处的山坡发生滑坡（图9-33-42），约2.5万m^3的含水泥砂石块崩泻而下，气浪将3人抛至河对岸，掩埋民房21栋90间,造成46人死亡、多人重伤，为江西省死亡人数最多的一次滑坡。

图9-33-40　东乡县何坊(沪昆铁路K699)滑坡

Fig. 9-33-40　Landslide in Hefang (Hu-Kun railway K699), in Dongxiang county

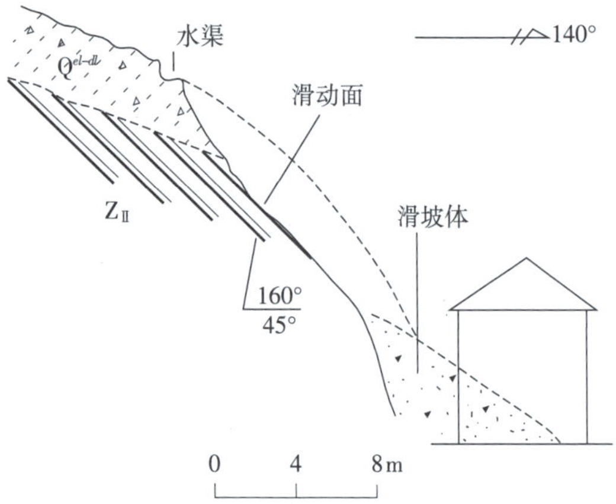

图9-33-41　宁都县圳下屋滑坡

Fig. 9-33-41　Landslide in Zhenxiawu, Ningdu

图9-33-42　黎川县厚村乡大源村焦陂滑坡

Fig. 9-33-42　Landslide in Jiaopi at Dayuan village, Houcun town, Lixiang county

(3) 采矿切坡

1988年6月21日，上饶市朝阳磷矿下源滑坡掩埋民房49栋，死31人，伤49人。滑坡处坡高90m，坡度30°，坡向165°，地层为震旦系砂、页岩，夹白云质灰岩，含磷矿层，地层产状165°∠80°，顺向坡。因采磷矿，坡脚形成高达15m的临空面，坡体下部形成采空区。1988年6月12至21日连续降雨381.2mm，其中，15日、21日分别为131.7mm和124.5mm。雨后发生滑坡，整个滑动过程不到1分钟，起始主滑方向为160°~180°，受小山包阻挡后转向230°，滑体后壁高程154m，前缘高程89m，高差65m，滑坡脱离体长150m，宽60~90m，厚27m，规模7.4万m^3。滑体呈整体状快速运移，形成气垫，跨越山洼水塘掩埋民房和村民，水平滑动距离230m，覆盖面积1.6万m^2（图9-33-43、图9-33-44）。

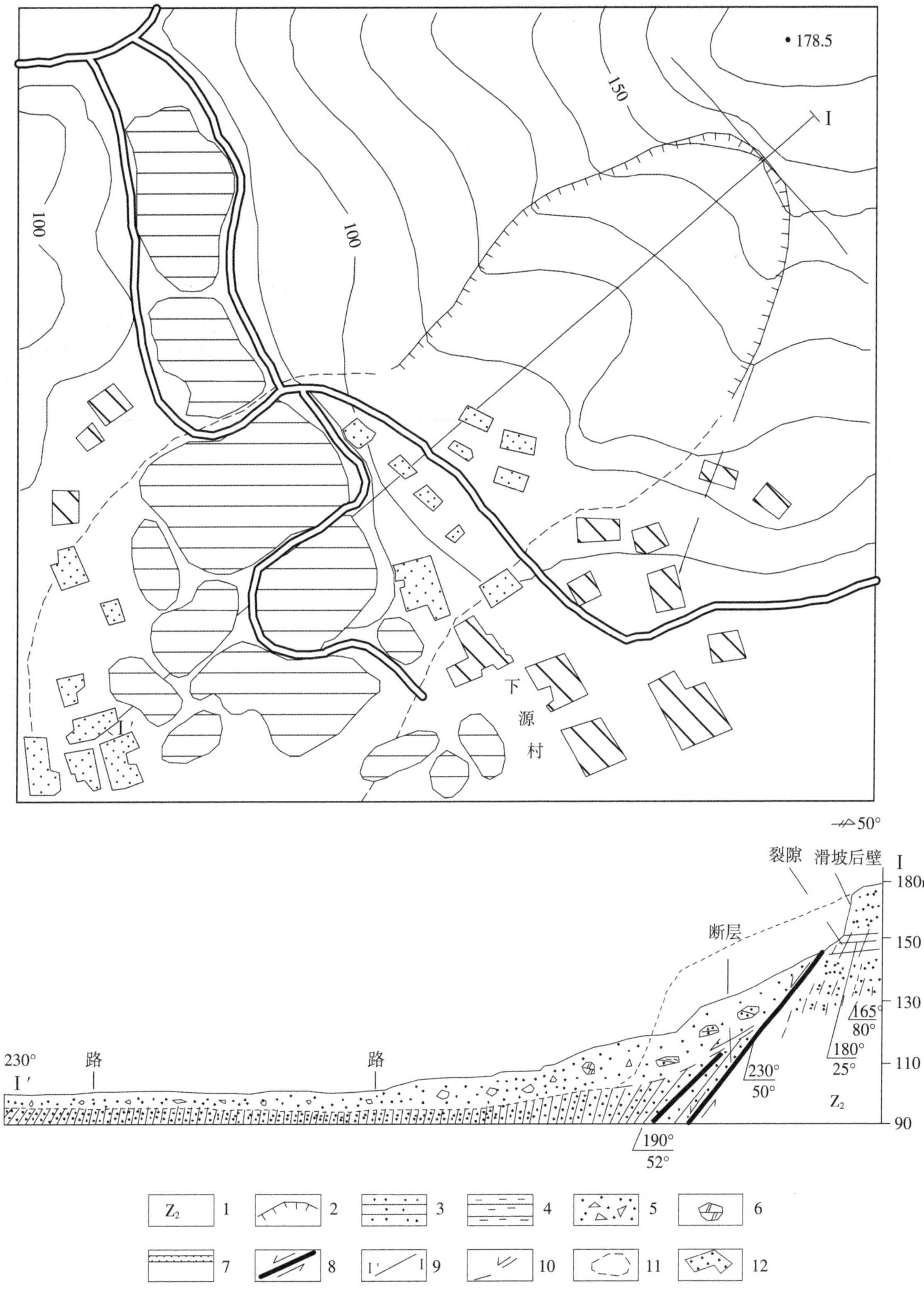

图 9-33-43　上饶市朝阳磷矿下源滑坡

Fig. 9-33-43　Landslide in Xiayuan of Chaoyang phosphate mine, Shangrao city

1—震旦系上统；2—滑坡临界；3—粉砂岩；4—泥岩；5—砂土夹碎石；6—白云岩；7—磷矿层；8—断层；9—剖面线；10—滑动面及方向；11—滑坡线及范围；12—被掩埋的民房

(4) 水库蓄放水

当水库区蓄放水时，水库的水位上下急剧变动，加大了库岸坡体的动水压力，也可使斜坡和岸坡诱发滑坡。兴国县长冈水库库区的水东—灵山村一带燕山期花岗岩分布区岩石风化强烈，可见强风化带厚度15m，在库岸浸没线地段常发生滑坡、崩塌。

(5) 堆填加载

在斜坡上兴建建筑，堆渣、填土等，如果堆放于易于产生滑坡地段，等于给斜坡增加了荷载，斜坡支撑不了过大的重量，失去平衡而沿软弱面下滑。高安市华林区艮山村王家里组一村民民房建于丘陵山腰陡坡地带，1998年6月，房侧发生滑坡，房屋开裂严重。

图 9-33-44 上饶市朝阳磷矿下源滑坡

Fig. 9-33-44 Xia-Yuan Landslide at Chaoyang phosphate Mine, Shangrao city

四、重大滑坡灾害

根据84县（市、区）调查成果资料，截至2010年底，全省302处滑坡造成691人死亡；其中造成3人及以上死亡的滑坡63处（表9-33-20）。

表 9-33-20 致死3人及以上滑坡统计表

Table 9-33-20 The statistics of landslides that resulted in 3 or more deaths

地点	发生时间	规模体积/m³	死亡人数	灾情等级
南城县洪门镇大源村徐沅	1967-05-13	440	10	大型
黎川县德胜镇新店村棬翁桥	1952	816	20	大型
赣县茅店镇大龙下村狐狸坑	1975-06-06	2000	22	大型
全南县大吉山镇大吉山钨矿	1989-05-09	4500	18	大型
黎川县厚村乡大源焦陂	2006-09-09	27000	46	特大型（死亡人数最多地质灾害）
婺源县紫阳镇一都村明安	1995-06-24	2973.6	3	特大型（经济损失3000万元）
上饶市朝阳磷矿下源滑坡	1988-06-21	74000	31	特大型
大余县池江镇池江村叶屋	1997-05-13	2500	3	中型
庐山区牯岭镇开发公司湖北路后山	1988-06	3600	5	中型
东乡县孝岗镇长林村下殊源	2004-08-14	216	5	中型
安远县高云山乡沙含村排下	2004-07-08	180	4	中型
安福县泰山乡文家村	2006-06	525	3	中型
南城县洪门镇庄上村下堡	1967-06-21	8400	3	中型

续表

地点	发生时间	规模体积/m³	死亡人数	灾情等级
铜鼓县棋坪镇上沙村上沙	1998-06-14	18750	6	中型
宁都县固厚乡铁树村七山	1997-06-09	100	8	中型
定南县鹅公镇乐田村寨丰山	1977	150	3	中型
黎川县洵口镇下湾	1998-06-22	4000	9	中型
井冈山市罗溪林场村茅坪水库	1973-09	60000	4	中型
上犹县五指峰乡黄沙坑村中桥	2002-07-03	1120	4	中型
南丰县白舍镇石源村邓家庄	1998-06-16	1250	3	中型
崇义县横江镇中营村平盘山	1975-10-15	5670	5	中型
南城县浔溪乡大竺村窝上	1967-05-14	480	4	中型
广昌县头陂镇边界村陈军山	1984-04-30	900	3	中型
定南县天九镇宾光村下村	1992	128	3	中型
永丰县沙溪镇其坑村马牯岭	2002-06-16	12000	4	中型
崇义县长龙镇南田村迎牛坑	1996-05	750	9	中型
泰和县灌溪镇雁门村河背	1969-08-25	1400	4	中型
靖安县中源乡合港村钱家	1993-11	47	4	中型
万载县九龙垦殖场猴形村猴形	2002-05-26	180	3	中型
宁都县青塘镇西迳村雷枫	1989-11-15	485	12	大型
铜鼓县排埠镇高陂村樟树	1983-06-23	1500	6	中型
万安县涧田乡里仁村角大恨	1985-06	2250	5	中型
兴国县枫边乡枫边村东街	1999-07-29	1000	7	中型
广丰县河北乡青桥村桐子岭	1999-06-17	14000	3	中型
定南县岿美山镇钨矿	1996-08-02	24	7	中型
南城县洪门镇洪门水电站左岸	1998-06-22	1080	3	中型
广昌县盱江镇大陵村双坑	2002-06-16	84	3	中型
遂川县大坑乡禾溪村横龙岗	2009-08-04	450	3	中型
铜鼓县温泉镇石桥村石花	1983-08-11	700	7	中型
黎川县洵口镇下寨村上寨	1998-06-22	576	8	中型
万载县仙源乡双溪村湾里	1993-06-24	10000	8	中型
广丰县岭底乡七星村白石塔	1997-07-09	10000	3	中型
万载县官元山林场牛皮洞	1983-07-09	10000	9	中型
永新县沙市镇涂下垅村土上	1982-06-19	2250	5	中型

续表

地点	发生时间	规模体积/m^3	死亡人数	灾情等级
万载县茭湖乡上峰村驳公	1983-07	600	6	中型
赣县田村镇西坑村荷树底	1976	1188	3	中型
万安县涧田乡良口村萝卜洲	1985-05	2450	3	中型
修水县黄港镇金盆村九	1973-06-24	1190	3	中型
兴国县永丰乡西山村下村	1988-06	270	4	中型
赣县大埠乡杨西村寒田	1984-05-04	585	6	中型
铜鼓县排埠镇高陂村帐里	1983-06-23	675	4	中型
永新县象形乡琥溪村桃花	1991-06	9600	3	中型
寻乌县丹溪乡双村村上屋背	2003-05-17	120	5	中型
于都县利村乡茶坑村龙下	1995	1440	3	中型
修水县义宁镇南门村六组	1983-07-07	4400	8	中型
万安县宝山乡东坪村二组天子运	1976-05	600	6	中型
铅山县天柱山乡伦潭工具厂	1992-06-03	220	6	中型
于都县沙心乡红光村浊水	1987-05	945	5	中型
修水县山口镇柘蓬村六组	1973-06-24	1800	4	中型
兴国县鼎龙乡灵山村萦子上	1992-04	2842	5	中型
修水县上奉镇落湾村五组	1998-07-29	450	4	中型
修水县黄港镇南坪村十九组	1998-07-28	12000	3	中型
赣县田村镇庙前村竹山下	2005-06-22	260	3	中型

第四节　泥　石　流

泥石流也是江西山地丘陵区常见地质灾害类型之一，发育数约占全省地质灾害总数的 2%。泥石流常在暴雨等激发下发生，具有暴发突然、来势凶险、运动快速、能量巨大、冲击力强、破坏性大和过程短暂等特点。

一、基本类型与形态特征

（一）基本类型

泥石流按沟域形态可分为沟谷型和坡面型两类。沟谷型泥石流最为常见，坡面型泥石流主要在汇水条件好的陡坡由滑坡转化而成。

南丰县付坊乡港下村水南排泥石流（图 9-33-45）位于付坊乡港下村村部南约 300m 处，属沟谷型泥石流。沟口标高约 470m，高差 90m，坡降约 40‰，沟向 352°，植被较发育，以松树和灌木为主。形成区比较开阔，汇水面积约 $0.3km^2$，山坡坡度 31°左右，局部发生滑坡，呈圈椅状，坡体基岩为加里东期（γ_3）二云母花岗岩，风化砂土层厚度大于 10m，表层残坡积粉质黏土层厚 0.5~1m，土体结构较为松散，雨季易发生崩塌、滑坡。流通区呈拓宽的"U"形谷，以梯田为主，坡度 27°左右。沟口为港下村村部所在地，地形较为平坦，坡度约 8°~15°。沟谷于 2002 年 6 月 16 日发生泥石流，规模较小，体积约 $1440m^3$，主要堆积于流通区梯田中，少量下冲，损毁农田约 10 亩。由于形成区土质疏松且土层厚度大，在强降雨作用下易于滑坡，泥石流物源丰富，处于发展期，易于复发。

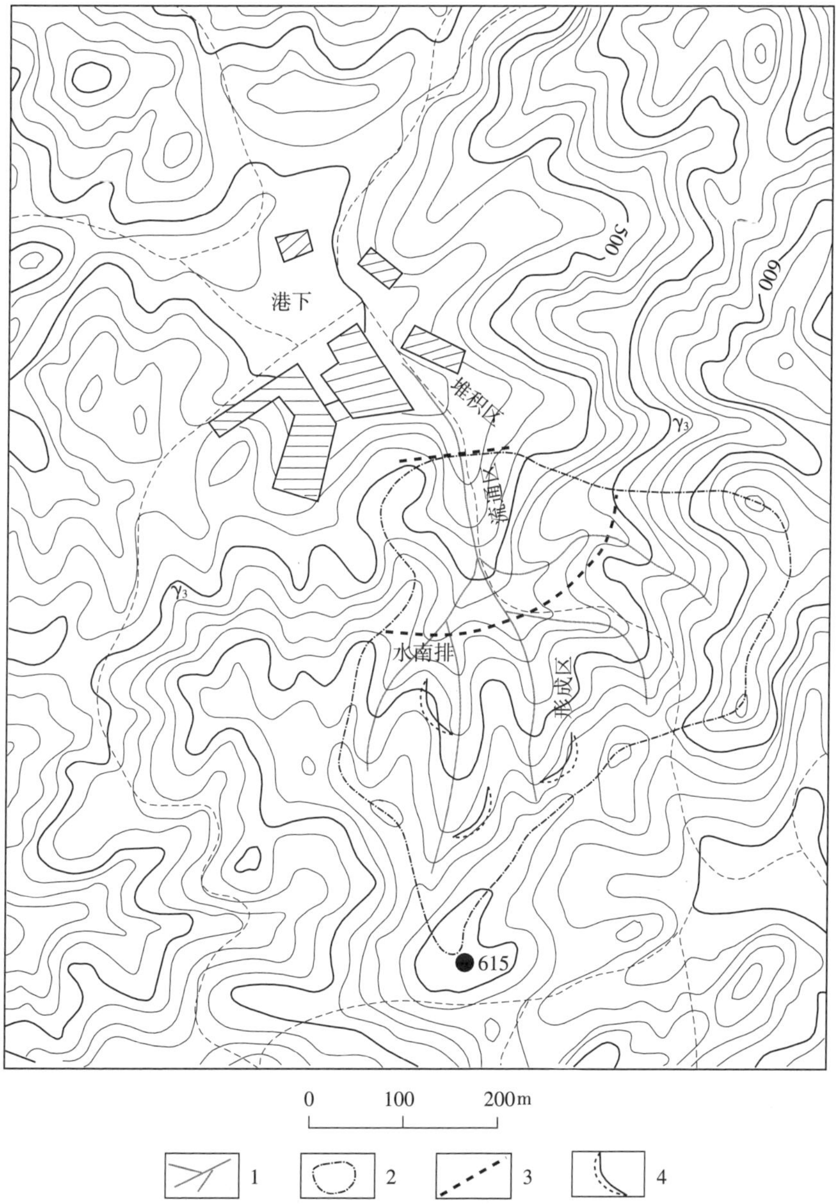

图 9-33-45　南丰县水南排泥石流

Fig. 9-33-45　Mudslide in Shuinanpai, Nanfeng County

1—沟谷；2—汇水范围；3—分区界线；4—滑坡

（二）形态特征

典型的泥石流具有明显的形态特征，具体表现为：形成区比较开阔，山坡坡度较陡，平面上多呈圈椅状，崩塌、滑坡较发育，松散物源较丰富；流通区较狭窄，两岸坡度较陡，剖面上多呈“V”形或“U”形；下游堆积区地势较为平坦，多为开阔扇形地。

万载县高村镇老屋场泥石流沟（图 9–33–46）位于西坑村村部西约 1km 处，沟口标高 440m，沟长 2km，坡降 40‰，沟向 60°，植被发育，以毛竹为主。形成区比较开阔，汇水面积约 $1km^2$，山坡坡度 30°~50°，坡体主要由晋宁期（γ_2）花岗岩风化土层和残坡积土层构成，厚度约 5~7m，雨季易发生崩塌、滑坡；流通区平面上呈曲折状，沟谷狭窄，两侧坡度较陡，达 40°~60°，呈“U”形沟谷；沟口地形相对平缓，坡度约 8°~20°。1983 年 7 月 9 日 6 点左右在连续大雨后发生泥石流，泥石流冲出沟口后，

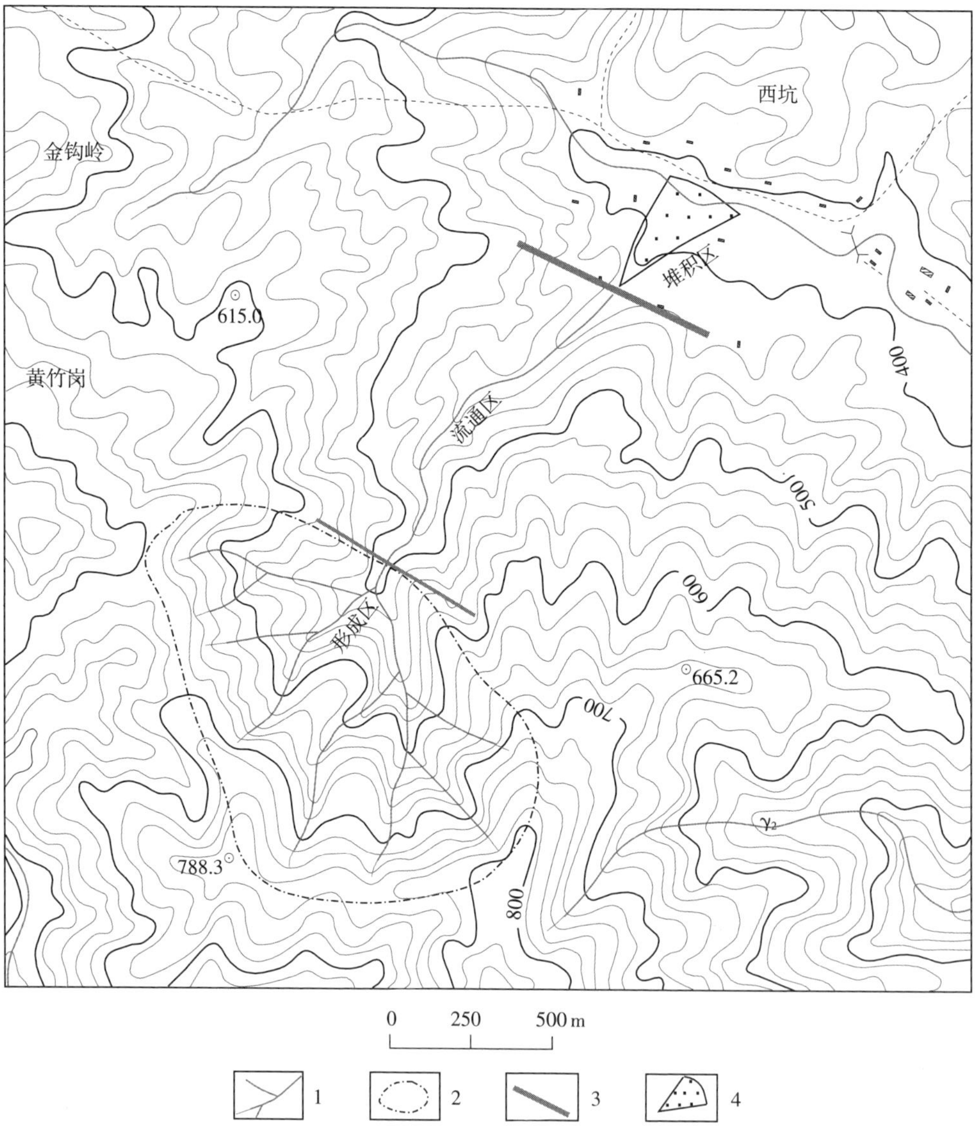

图 9–33–46　万载县老屋场泥石流

Fig. 9–33–46　Mudslide in Laowuchang, Wanzhai County

1—沟谷；2—汇水范围；3—分区界线；4—洪积扇

沿程淤高约 1.5m，并冲刷拓宽原有小溪，损毁农田约 15 亩。堆积扇形地扇长约 500m、扇宽 200m、扩散角 30°、体积规模约 7.50 万 m^3。

二、分布特征

（一）空间分布

泥石流主要分布于各主要山系山地区“V”形或“U”形沟谷中，汇水条件好的陡坡，结构松散的土质滑坡也可转化成坡面型泥石流。

（二）时间分布

泥石流发生的时间分布具有一定的规律性。

1. 季节性

泥石流的暴发主要受连续降雨、暴雨，尤其是特大暴雨等集中降雨的激发。因此，泥石流发生的时间规律是与集中降雨时间规律相一致，具有明显的季节性。一般发生在多雨的 5~7 月，期间发生的泥石流灾害占全部泥石流的 75%左右。

2. 周期性

泥石流的发生受暴雨、洪水的影响，而暴雨、洪水总是周期性地出现。因此，泥石流的发生和发展也具有一定的周期性，且其活动周期与暴雨、洪水的活动周期大体相一致。

三、形成条件与诱发因素

（一）形成条件

泥石流的形成条件主要有三个方面：地表大量的松散固体物质，充足的水源和特定的地形，即上游堆积有丰富的松散固体物质；短期内有突然性的大量流水来源；有陡峭便于集水集物的适当地形。

1. 物源条件

泥石流的固体物质来源主要有：①地质构造复杂、断裂褶皱发育，新构造活动强烈地区，岩石破碎和风化强烈，崩塌、滑坡等不良地质现象发育，同时山坡上松散堆积物多，为泥石流的形成提供丰富的固体物质来源；②板岩、千枚岩、片岩等变质岩和喷出岩中的凝灰岩等易风化岩层岩体结构松散、软弱，节理发育或软硬岩性互层地区岩体易受破坏，也能为泥石流提供丰富的碎屑物来源；③滥伐森林造成水土流失，开山采矿、采石弃渣等人类活动，往往也为泥石流提供大量的物质来源。

2. 水源条件

江西泥石流的水源主要是暴雨和长时间的连续降雨等。由于降雨过程及降雨量的差异，形成明显的区域性或地带性差异。

3. 地形条件

泥石流的形成要有利于水和固体物质汇集和泥石流流动的高山深沟、陡峻地势、坡降大的沟河流域等地形。泥石流流域一般可分为形成区、流通区和堆积区三部分。上游形成区的地形多为三面环山，一面出口为瓢状或漏斗状，地形比较开阔，周围山高坡陡，山体破碎，植被生长不良，这样的地形有利于水和碎屑物质的集中；中游流通区的地形多为能使泥石流迅猛直泻而下的狭窄陡深的峡谷，纵坡降大的谷床；下游堆积区的地形为能使碎屑物堆积的开阔平坦的山前平原或河谷阶地。

（二）诱发因素

1. 降雨

根据220处有发生年份的泥石流年际分布与降雨量的关系统计，泥石流有逐年增加的趋势，降雨量达到阶段性高点的1995、1998、2002等年份，泥石流数相对较大，分别为51、52和18，三年共计121处，占55.0%（图9-33-47）。

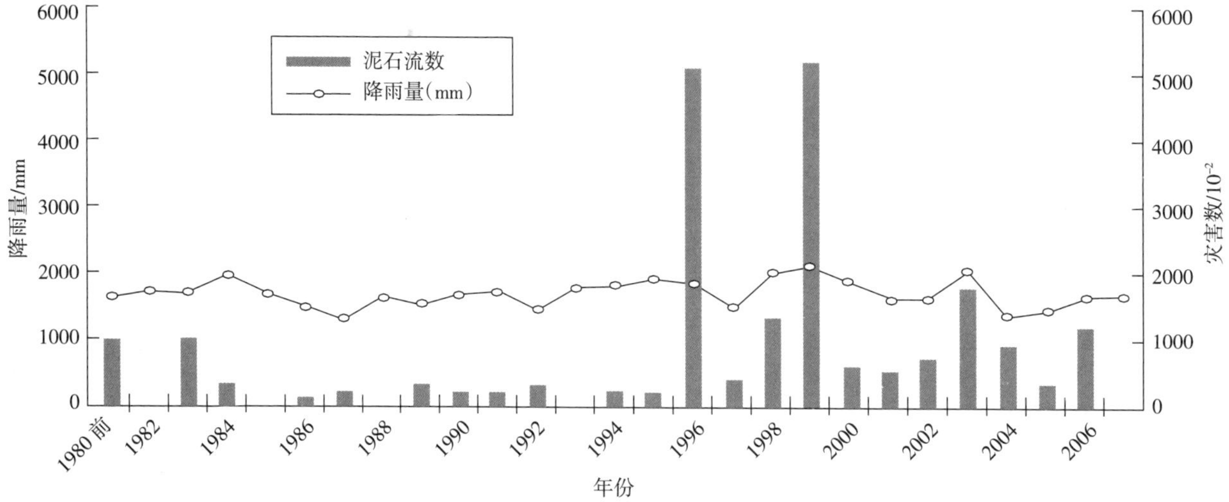

图9-33-47　泥石流历年分布与降雨量关系

Fig. 9-33-47　Relation between quantity of rainfall and mudslide distribution over the years

另外，对194处泥石流按发生月份进行年内统计（图9-33-48），降雨集中的3~8月，泥石流分布较多，共计182处，占93.8%。降雨量最集中的6月，泥石流达107处，占55.2%。泥石流与降雨量关系密切，暴雨型地质灾害的特征明显。

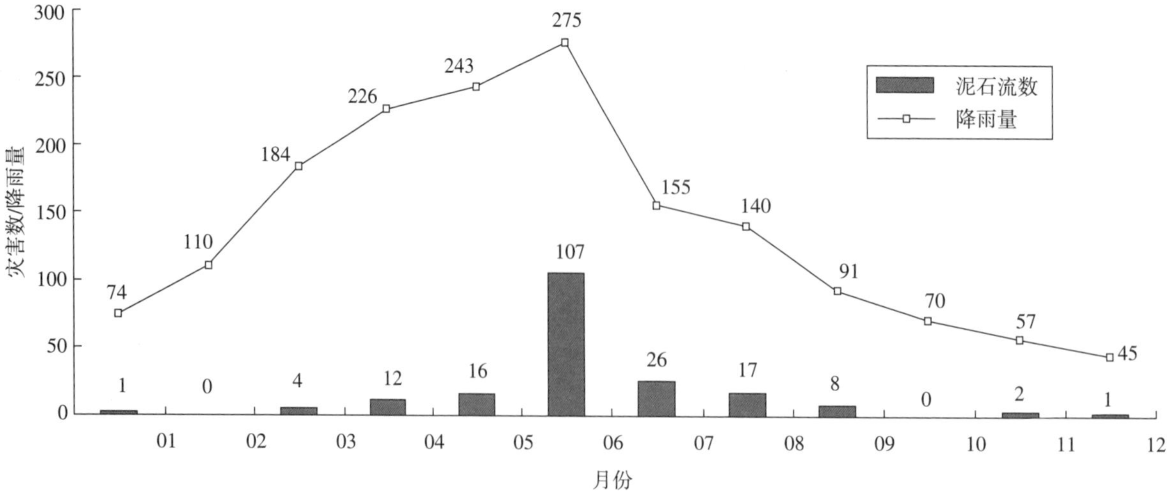

图9-33-48　泥石流年内分布与降雨量关系

Fig. 9-33-48　Relation between quantity of rainfall and mudslide distribution in a year

2. 人类活动

当人类经济活动违反自然规律时，必然引起大自然的报复，有些泥石流的发生，就是由于人类不合理的开发而造成的。一方面，滥伐乱垦会使植被消失，山坡失去保护，土体疏松，冲沟发育，大大加重水土流；另一方面，修建铁路、公路、水渠以及工程建设、矿山在开发过程中产生大量的废土、弃渣、尾砂，随意堆放于坡面或沟谷中，为泥石流的形成提供了大量的固体物质来源，在强降雨等因素的诱发下形成泥石流。赣县韩坊乡樟坑、水口一带的稀土矿产资源丰富，已陆续开采20多年，采区面积约15.8km²。主要采用露天剥离开采法，一方面剥除了地表植被，使花岗岩强风化层裸露，水土流失严重，淤积的泥沙淹没了大量农田，对当地居民生产生活产生较大影响；另一方面产生大量的尾砂，为泥石流提供了丰富的物质来源，加之矿区沟谷水系发育，汇水条件好，易于发生泥石流。1989年以来由于尾砂泥石流，已造成24间房屋损坏，毁坏多处农田、桥梁。

四、重大泥石流灾害

根据84县（市、区）调查成果资料，截至2010年底，全省11处崩塌造成58人死亡。其中，1967年6月20日发生的南城县建昌镇麻姑山村大水源泥石流，造成29人死亡，为江西省死亡人数最多的泥石流，灾情属大型。1998年7月23日，由弃渣及强降水引发的德兴市花桥镇富家坞铜矿泥石流（图9-33-49）冲出方量20万m³，损毁办公楼9栋、宿舍楼4栋、厂房、食堂、公路设施及各种生产设备、生产物资等，直接经济损失达2373.56万元，灾情属特大型。

图9-33-49 德兴铜矿富家坞泥石流

Fig. 9-33-49 Mudslide at Fujiawu, Dexing Copper Mine

第五节 地 面 塌 陷

地面塌陷也是江西常见地质灾害类型之一，发育数约占全省地质灾害总数的9%。根据形成条件与诱发因素等可划分为岩溶塌陷、采空塌陷和土洞塌陷等类型，以岩溶塌陷和采空塌陷多见，土洞塌陷较少。

一、岩溶塌陷

岩溶塌陷主要发生于坳陷带碳酸盐岩地层分布区，数量较多、发生频率较高，具有较强的隐蔽性和突发性，严重威胁人民群众的生命和财产安全。

（一）形态特征

岩溶塌陷平面形态有圆形、椭圆形、长条形及不规则形等，主要与下伏岩溶洞隙的开口形状及其上覆岩土体的性质在平面上分布的均一性有关。其剖面形态具有坛状、井状、漏斗状、碟状及不规则状等，以坛状为主。

（二）分布特征

1. 空间分布

岩溶塌陷主要发育于各岩溶盆地中，具体包括以下地段：①在岩土层中有频繁的地下水波动地段，当地下水迅速大幅度上升或下降时，即地下水下降形成压强及土颗粒运移，上升则可发生顶托，使土体结构散离，为土颗粒运移创造条件，对岩土层构成破坏，产生塌陷；②在抽取地下水形成的降落漏斗范围或与岩溶管道相通的降落漏斗以外的地带，坑道渗漏、排水引起地下水下降地段，地表易于积水入渗地段，易发生塌陷；③在岩溶地区，岩溶发育且埋藏浅，覆盖层较薄（厚度小于20m）、覆盖层系砂质土类、覆盖层系二元以上结构的地段，易于发生塌陷；④可溶岩与非可溶岩交界带和利于岩溶发育的构造带内，易于发生塌陷；⑤有古老塌陷与漏斗分布、近期有塌陷发生的地段，塌陷有可能再度发生；⑥在较平缓斜坡、覆盖松软岩层或土层下部潜伏暗河地段等。

宁都县青塘向斜盆地属覆盖型岩溶区（图9-33-50），向斜轴部主要分布上石炭统（C_2）厚层状白云岩、灰岩，盆地埋深30~100m溶洞发育，洞高一般1~5m，最大洞高26.91m，浅部溶洞多被泥沙充填或半充填，岩溶具连通性，并与上覆覆盖层相接。充填物在地下水潜蚀和真空吸蚀作用下，极易形

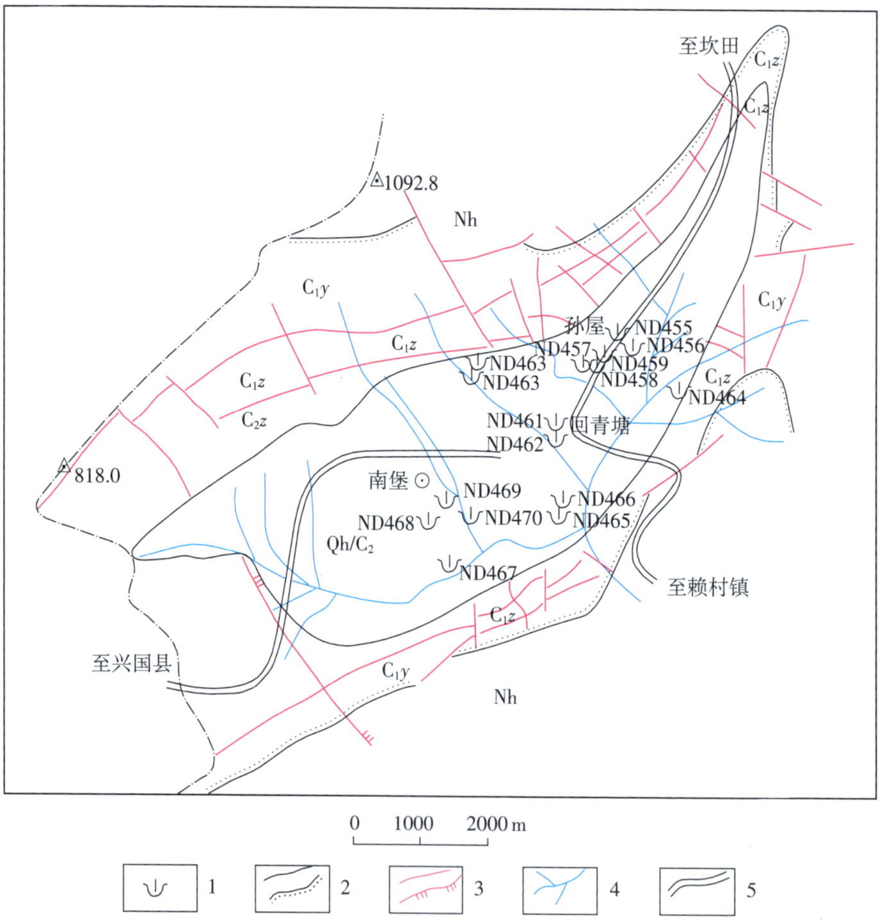

图9-33-50 宁都县青塘盆地岩溶塌陷分布图

Fig. 9-33-50 Distribution of karst collapses at Qingtang basin, Ningdu county

1—岩溶塌陷；2—地层界线；3—断层；4—水系；5—公路；

Qh/C_2—全新统/上石炭统碳酸盐岩；C_1y—下石炭统杨家源组；C_1z—下石炭统梓山组；Nh—震旦系变质岩

成土洞而诱发岩溶塌陷。盆地上覆第四系松散堆积层的岩性以冲积、冲洪积之砂砾石、亚砂土为主，厚度一般 2.5~9m，最大厚度大于 10m，下部砂、砂砾石孔隙度大，渗透性强，且直接与下伏可溶岩相连，孔隙水与岩溶水水力联系密切，加上地势低洼，为地下水的径流、排泄区，其地下水径流活跃。

盆地最早于 1985 年初发现岩溶塌陷，1997 年后，每年都有岩溶塌陷发生，至 2002 年初，已发现 16 处。单个陷坑面积一般小于 $20km^2$，平面形态为圆形、椭圆形；剖面形态以漏斗状、井状居多，少数呈葫芦状。单个塌陷坑直径一般 2~4m，塌陷深一般 1~4m，个别大于 10m。

永丰县藤田向斜盆地为一个圈闭完整的储水盆地（图 9-33-51），盆地中部上石炭统 - 中二叠统碳酸盐岩广泛分布。盆地东部的陶塘乡谢家村，石马镇层山村、院前村等地石灰岩裸露地表，岩性为中厚层状石灰岩，灰岩质纯，地表岩溶非常发育，有溶沟、孤峰、石芽、落水洞、暗河、溶洞等岩溶形态。盆地中部覆盖型岩溶发育，以溶洞为主，少量为溶蚀洼地；溶洞最大洞高 33.84m，最小的 0.2m。钻孔遇洞率 100%，岩溶率 11%~36%。上覆第四系厚度一般 2~10m。溶洞多被泥沙充填或半充填，洞

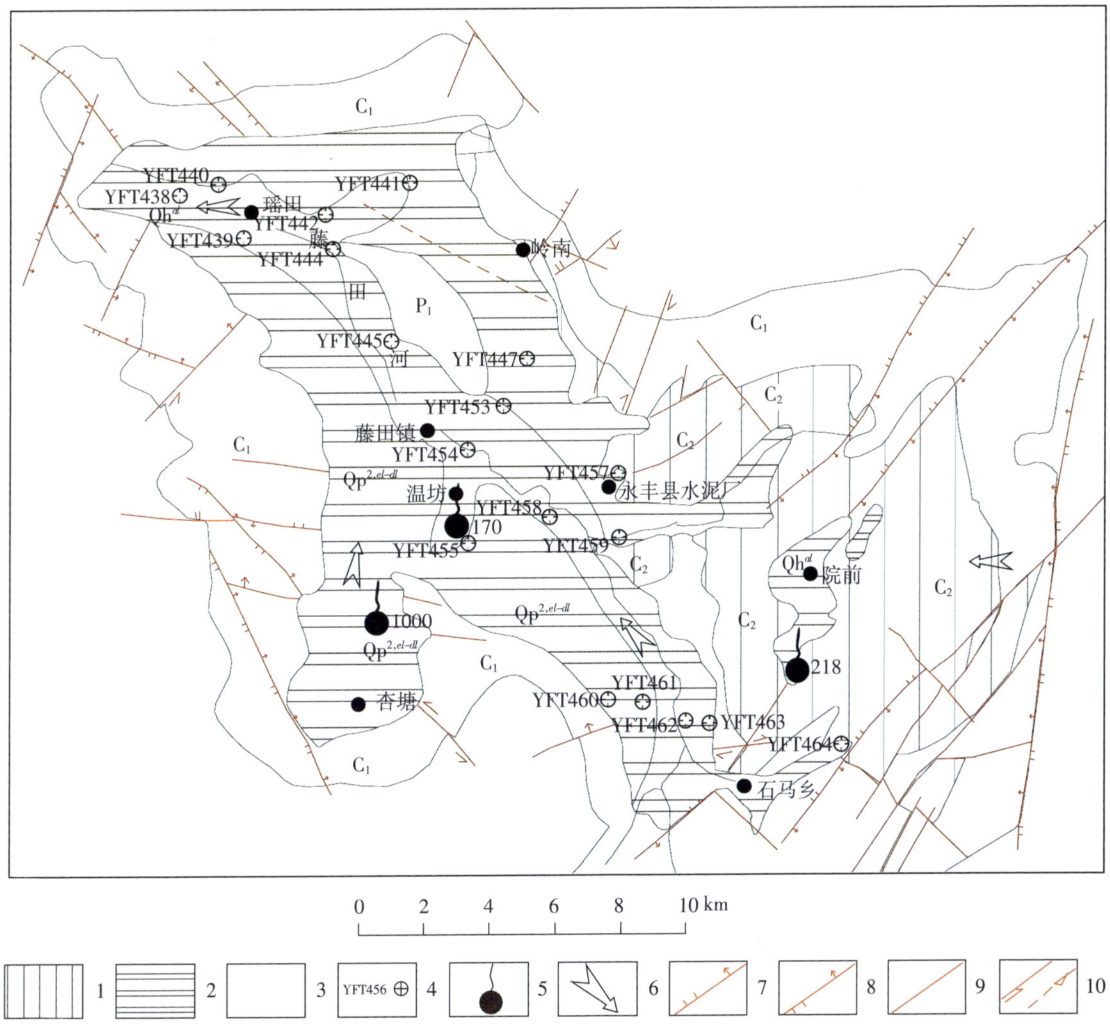

图 9-33-51　永丰县藤田盆地岩溶塌陷分布图

Fig. 9-33-51　Distribution of karst collapses at Tentian basin, Yongfeng county

1—裸露型岩溶区；2—覆盖型岩溶区；3—一般碎屑岩区；4—岩溶塌陷及编号；5—泉点；6—地下水流向；7—张性断层；8—压性断层；9—扭性断层；10—性质不明或推测断层

与洞之间连通性好，并与上覆第四系松散堆积物直接相连通，二者地下水位埋深基本一致。由于自然地下水位升降变幅的不同或人为工程因素等影响，盆地中心藤河两岸及其谷坡低洼地段易形成岩溶地面塌陷。

2. 时间分布

岩溶塌陷的发生也有一定的周期性规律。据莲花县多年岩溶塌陷分布曲线分析，岩溶塌陷在高发年或相对高发年后均有 3~4 年相对平稳期，主要有 1979~1981 年、1983~1986 年、1988~1991 年、1993~1997 年、1999~2003 年。值得注意的是，1992 年前的平稳期陷坑基数均少于 5 个，而 1992 年后则为 5~10 个，特别在 1998 年后陷坑总量明显增高，且相对平稳期已达 5 年，预示了下一个高发年（图 9-33-52）。

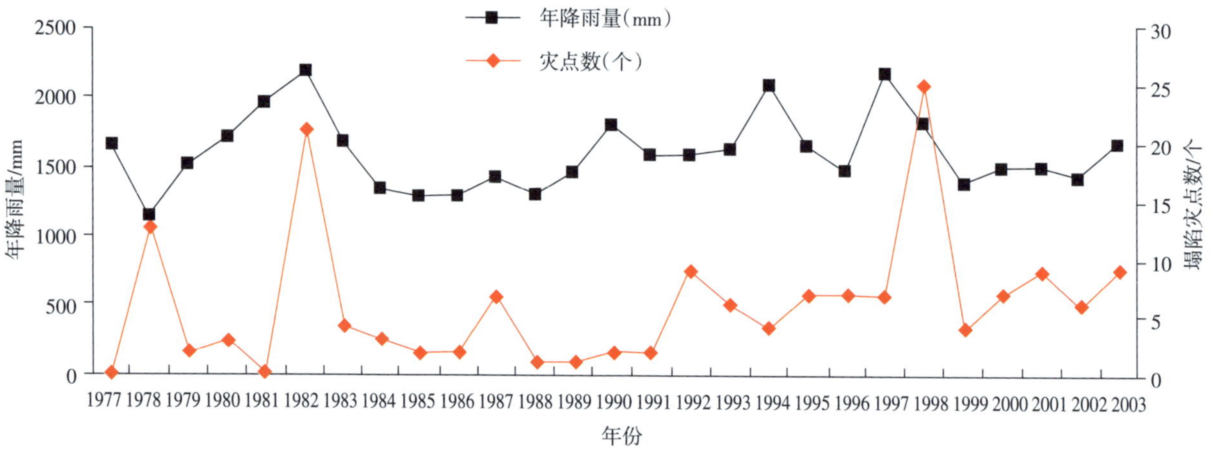

图 9-33-52　多年降雨量与岩溶塌陷相关曲线图

Fig. 9-33-52　Relative curve of karst collapse and quantity of rainfall over the years

（三）形成条件与诱发因素

1. 形成条件

激发地面塌陷活动的直接诱因除降雨、洪水、干旱、地震等自然因素外，往往还与抽水、排水、蓄水、振动等人类活动密切相关，其形成受到地质环境和人类活动的双重影响。

（1）可溶岩与岩溶发育程度

可溶岩是由岩溶塌陷形成的物质基础，而岩溶洞穴的存在则为地面塌陷提供了必要的空间条件。塌陷主要发生于覆盖型岩溶和裸露型岩溶分布区。而可溶岩的岩溶发育程度是决定岩溶塌陷能否发生的一个关键要素，一般情况下，可溶岩的岩溶发育程度愈高，则岩溶塌陷愈易发生。溶穴一般主要沿构造断裂破碎带、褶皱轴部张裂隙发育带、质纯层厚的可溶岩分布地段与非可溶岩接触地带等地分布。可溶岩洞穴和裂隙一方面造成岩体结构的不完整，形成局部的不稳定；另一方面为容纳陷落物质和地下水的强烈运动提供了充分的空间条件。一般情况下，岩溶越发育，溶穴的开启性越好，洞穴的规模越大，则岩溶地面塌陷也越严重。江西省岩溶塌陷主要发生于石炭系、二叠系、三叠系等灰岩、白云岩等碳酸盐岩分布区，合占 95.4%；其次，奥陶系、寒武系、泥盆系碎屑岩夹灰岩、白云岩及白垩系、古近系红层灰质砾岩等分布区也偶有发生（表 9-33-21）。

表 9-33-21　岩溶塌陷与地层的关系统计

Table 9-33-21　Statistic of relation between strata and karst collapses

地层	K+E	T_2j	T_1d	P_2c	P_1m	P_1q	C_{2+3}	C_1d+C_1y	D_2q	O	∈	其他	合计
岩溶塌陷处数	7	49	69	128	228	75	474	98	3	15	14	15	1175
百分比/%	0.6	4.2	5.9	10.9	19.4	6.4	40.3	8.3	0.3	1.3	1.2	1.3	100.0
排序	10	7	6	3	2	6	1	4	11	8	9	—	

1998 年 12 月 13 日，上栗县赤山镇枫桥村旁公路发生岩溶塌陷，阻断公路，16 日宜春市公安局一辆吉普车路过，意外掉入塌陷坑中，造成 2 人死亡，2 人受伤。直接经济损失 50 万元。2008 年 5 月 12 日下午 3 时，在芦溪县源南乡当下村三家塘组的田地中发生岩溶塌陷，突然出现大面积下陷，下陷后的大坑将田地四周的水源和泥土全部吞没（图 9-33-53）；至 25 日，田地下陷仍在继续。经测算，岩溶塌陷致使农田被毁约 1500m²，下陷最深约 170m。

2011 年 9 月 2 日凌晨 3 时左右，萍乡市芦溪县银河镇紫溪村蛇形冲突发岩溶塌陷，形成直径 10~30m 的塌陷坑 5 处，塌陷坑分布于沪昆高速公路两侧，其中一处距高速公路排水沟仅 2m，导致 36 栋房屋受损，沪昆高速公路 K940+200 双向 20m 长路段下沉 30~60cm（图 9-33-54），致使沪昆高速公路宜春西村至萍乡芦溪段封闭 40 余天。

莲花县琴亭镇文峰小区（北门村文峰新村麻丘田）为一建成不久的拆迁安置建筑区，2003 年 10 月 22 日始，小区内多栋建筑陆续变形开裂，至 11 月 5 日，小区最大沉降量 4mm，水平位移 3mm。2004 年 3 月，发现裂缝有扩展趋势。究其成因如下：①场区属覆盖型碳酸盐岩分布区，下伏基岩为石炭系中上统中粗粒结晶灰岩，灰岩较纯，13~30m 埋深段浅部灰岩岩溶极为发育，钻孔线溶率 20%左右，开口溶洞多。②覆盖层厚度 10~13m，具双层结构，上部为粉质黏土，厚约 4m，硬塑状，下部含黏土卵石，厚度 6~9m，场区覆盖层厚度较小，且结构松散，抗侵蚀力低，易淘蚀成土洞，河西县自来水公司原有 3 眼机井，早期自来水公司抽采地下水时已形成大量潜蚀土洞。③地下水活动较强，水位波动大，久旱少雨、建筑加载是本次塌陷隐患的主要促发因素。久旱少雨或持续强降雨可导致地下水量变化、

图 9-33-53　芦溪县三家塘岩溶塌陷

Fig. 9-33-53　Sanjiatang Karst collapse, Luxi County

图 9-33-54　芦溪县银河镇紫溪村蛇形冲地面塌陷

Fig. 9-33-54　Ground collapse of snake-shaped pressing, in Yinhe Town, Luxi county

地下水位剧烈波动，土层中潜蚀土洞发育，并扩展至地面，诱发地面塌陷。④小区附近曾存在塌陷史，在20世纪70年代、80年代，1997年相继发生过小型地面塌陷，陷坑均呈圆形，直径1~2m，深2~8m。多种因素导致小区地面开裂（图9-33-55），为岩溶地面塌陷的先兆，潜在塌陷面积达5000m^2，属大型岩溶塌陷隐患。

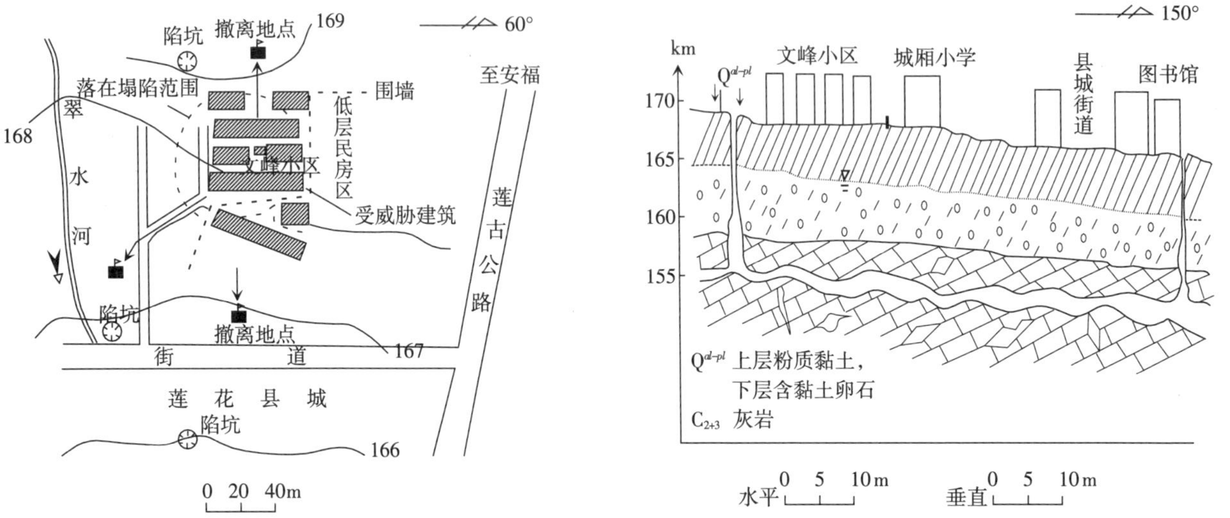

图9-33-55 莲花县文峰小区岩溶塌陷

Fig. 9-33-55 Karst collapse of Wenfeng community, Lianhua county

另外，在红层盆地可溶性钙质碎屑岩中也有发生。吉州区兴桥镇秀江村界牌岭白垩系上统钙质砂岩、灰质砾岩分布区曾于1999年12月发生一处地面塌陷群，陷坑4个，呈长列式分布，方向232°，单个陷坑均呈圆形，直径1.5~2.0m，面积1.77~3.14km^2，塌陷坑深1.0~1.5m。塌陷附近上覆地层为第四系残坡积黏土碎石层，结构松散，厚约4m，处北东向断裂与东西向断裂复合部位，红层碎屑岩孔隙溶洞较发育，孔隙裂隙水相较丰富，地下水位埋深13m。

(2) 覆盖层厚度与岩性

岩溶塌陷多发育于覆盖型岩溶分布区，覆盖土层的厚度与岩性组合是决定岩溶塌陷能否发生的两个关键要素，也影响着岩溶塌陷发展的速度、形成时间及数量。如第四系土层厚度大、岩性为黏土类物质，则其凝聚抗拉力大，不利于地下水的潜蚀和搬运，使隐伏土洞发展至地面的时间长，速度亦缓慢，同时，隐伏土洞还往往被上覆坍落土体堵塞，不能发展至地面，故在这些地段出现的岩溶塌陷较少。相反，如果第四系厚度较小，岩性为粉、细砂等物质时，由于砂土多呈松散状，凝聚力小，有利于地下水的潜蚀、掏空和搬运，使隐伏土洞发展至地面的时间短、速度快，所以这些地段岩溶塌陷较多。根据913处岩溶塌陷统计（表9-33-22），发生于基岩（土层厚度小于1m）中的仅10个，其他多

表9-33-22 覆盖层厚度与岩溶塌陷关系统计

Table 9-33-22 The statistics of the relation between karst collapse and the thickness of covering layers

土层厚度/m	<1	1~3	3~6	6~10	10~15	15~20	20~30	>30	合计
岩溶塌陷/处	10	130	301	322	102	36	9	3	913
百分比/%	1.1	14.2	33.0	35.3	11.2	3.9	1.0	0.3	100.0

发生于全新统和中更新统冲洪积层中，土体多属非均质土，具二元或多元结构，岩性以粉质黏土、砂砾卵石居多，土层厚度在 1~20m 内的地段，发生岩溶塌陷最多（占 97.6%），尤其土层厚度在 1~15m 之间时，岩溶塌陷发生概率较大（占 93.7%）。此外，覆盖土层结构不均匀，层次单一，土洞发育的非均质土，岩溶塌陷易发；当覆盖土层结构不太均匀，层次较多，且土洞不发育时，岩溶塌陷不易发或少发。

分宜县分宜镇池塘村地处山间平地，地面标高 80~100m，相对高差小于 20m，上覆残积层黏土，厚 10~28m，下伏中二叠统茅口灰岩（P_2m）。由于分宜锂厂长期开采地下水，自 1994、1995 年，池塘村北西方向 400m 岗地上发生岩溶塌陷 4 处，单坑塌陷面积 75~185m^2，塌坑呈圆形，坑口直径 1~5m，深 3~6m，塌坑呈北西向排列（图 9-33-56）。2008 年 3 月在池塘村村部及附近又出现 2 处塌陷，单坑塌陷面积 4.9~19.63m^2，塌坑呈圆形，坑口直径 2.5~5m，深 3~6m，塌陷造成 1 户村民房屋倒塌和村部墙角、地面下沉开裂，区内岩溶发育，岩溶塌陷易发，再次发生岩溶塌陷的可能性较大。

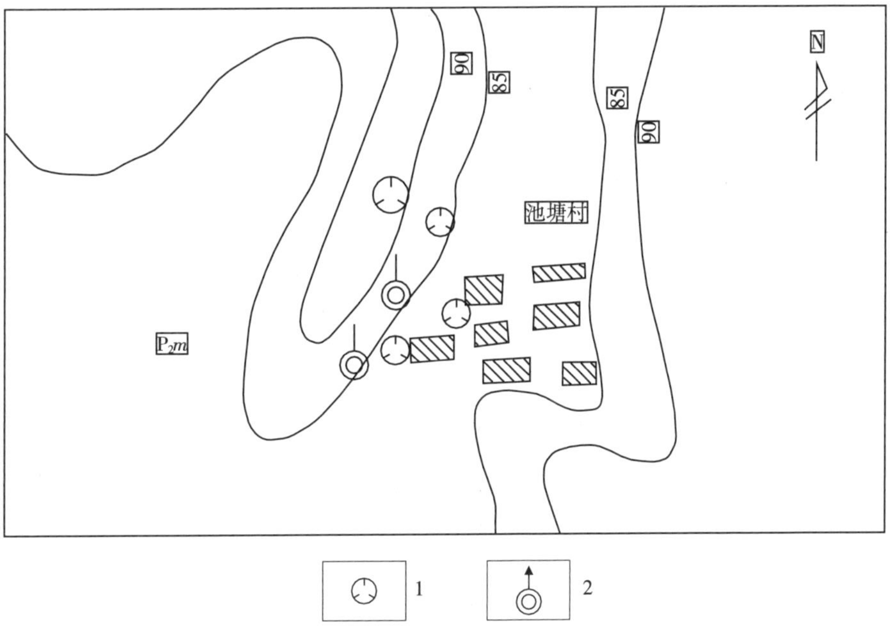

图 9-33-56　分宜县池塘村岩溶塌陷

Fig. 9-33-56　The karst collapse of Chitang village, Fenyi county

1—塌陷点；2—开采机井；P_2m—中二叠统茅口组

（3）地质构造

地质构造复杂区往往是地应力集中和释放地段，受构造影响，岩溶相对发育，也是岩溶塌陷的一个重要因素。高安市灰岩区受褶皱构造控制岩溶塌陷发育，且多集中于背斜向斜轴部或断裂带附近，总体呈北东东向展布。灰岩区断裂带附近往往也是地应力集中和释放地段，灰岩岩溶一般更为发育，具备形成岩溶塌陷的基本条件，岩溶塌陷易发。受断裂影响，芦溪—宣风段河谷平原的岩溶塌陷受北东向断裂控制呈串珠状分布（图 9-33-57）。

（4）地下水活动

地下水径流和地下水水位波动给岩溶塌陷的发育形成提供了动力条件。地下水径流强度愈强，地下水变幅愈大，地下水的波动频率愈高，地下水位与界面垂距愈小，岩溶塌陷愈易发生，而持续强降

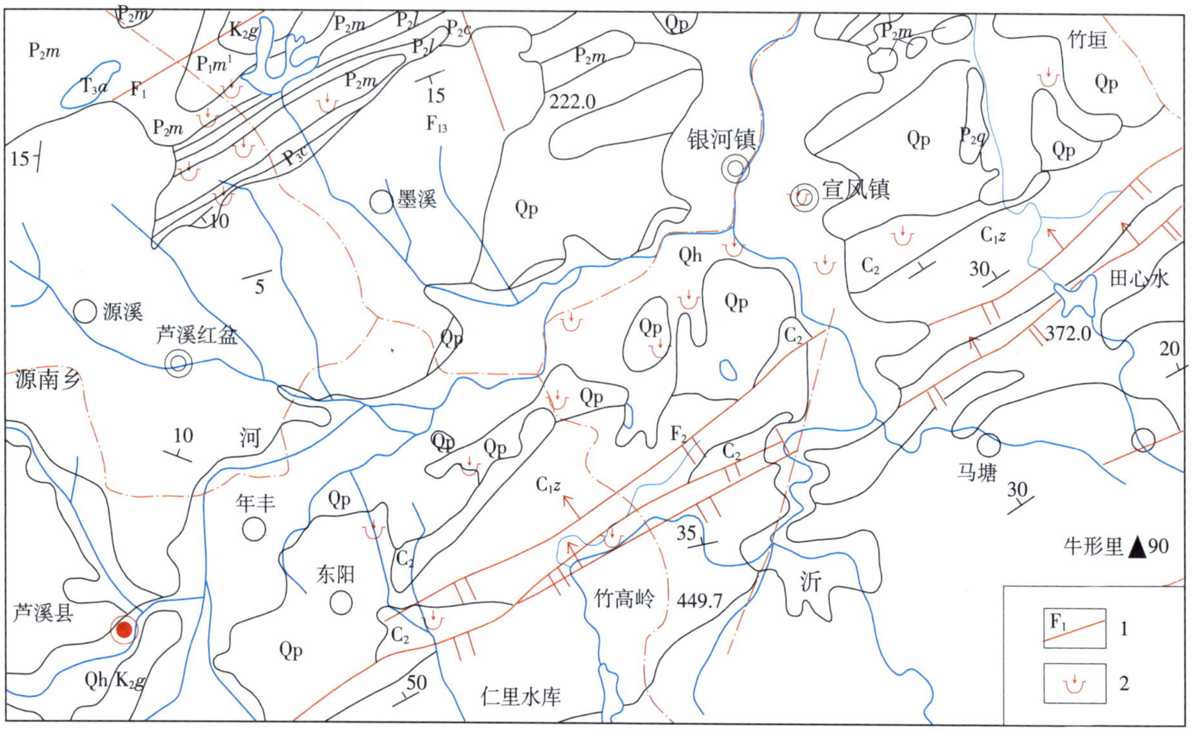

图 9-33-57 芦溪—宣风段岩溶塌陷沿北东断裂串珠状分布图

Fig. 9-33-57 Distribution of karst collapses like a string of beads along NE faults in Luxi-Xuanfeng section

1—断裂及编号；2—岩溶塌陷；Qh—第四系全新统；Qp—第四系更新统；K_2g—上白垩统龟峰组；P_3c—上二叠统长兴组；P_2l—中二叠统梁山组；P_2m—中二叠统茅口组；P_2q—中二叠统栖霞组：C_2—上石炭统；C_1z—下石炭统梓山组

雨、长久干旱及人工抽排地下水则是引起地下水强烈波动的 3 个主要因素，持续强降水时段、长久干旱时段及人工强烈抽采地下水地段，岩溶塌陷最易发生。

永新县 57 处岩溶塌陷中，30 处发生于持续强降雨期，占统计数的 52.6%，这个时段正是地下水径流强度最强、地下水位升幅最大、地下水的波动最频繁的时段；有 15 处发生于久旱期，占统计数的 26.3%，这个时段是地下水位降幅最大、与界面垂距最小的时段。此外，有 17 处发生于人工强烈抽采地下水地段，其中以县城一带最为典型，城区人工抽排地下水诱发 9 处岩溶塌陷，这是因为人工强烈抽排地下水，引起地下水位的急剧下降，从而导致岩溶塌陷的发生。

2. 诱发因素

岩溶塌陷诱发因素复杂而种类繁多，归纳起来，主要有抽取地下水、坑道排水与突水、振动等。

(1) 抽取地下水

洞穴的岩土体位于地下水位中，便产生对洞穴顶板的静水浮托力。当抽取地下水，使水位下降，支撑洞顶岩土体的浮托力随之降低，洞顶岩土体的自重相对增加。另外，洞穴空腔与松散介质接触面上下侧水、气流体，因地下暗管道内的水流发生变化而产生压强差效应。过量抽取地下水，使地下水位降低，潜蚀作用加剧，岩土体平衡被破坏，当地下潜伏有洞穴时，便可出现与抽取地下水同步发展的地面塌陷现象。在浙赣线分宜车站附近，距铁路线 50~1400m 范围内分布有抽水井 9 口，抽水引起地下水位下降至 6~30m，铁路线附近出现岩溶塌陷 50 余处，铁路之外 30 余处，铁路路面塌陷致使列车颠覆 1 次。

宜春市肉联厂水源地老水井于 1977 年投入使用后，诱发岩溶塌陷 18 处，塌坑大小不一，直径最大 8~10m，最小 0.5m。该厂在原水井南东约 80m 处新建机井一口，1983 年 3 月正式启用抽水后，于 1983 年 11 月 26 日诱发岩溶塌陷 7 处，引起地面和民房墙体开裂，影响面积达 22100m²（图 9-33-58），最大陷坑呈近南北向椭圆形，长轴 16m，短轴 13m，深 1.5~5m，最小陷坑直径 0.8m，深约 1.0m。裂缝宽一般 5~15mm，长 5~34.5m，呈北东走向。

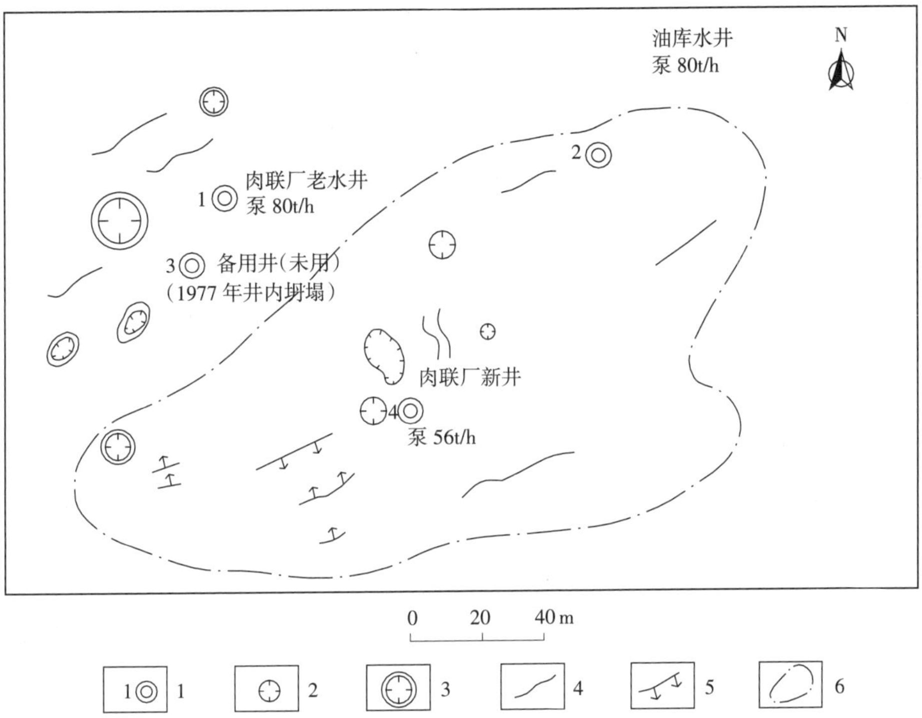

图 9-33-58　宜春市肉联厂岩溶塌陷

Fig. 9-33-58　Karst collapse of Yichun Meat-processing Plant

1—水井及编号；2—1983 年塌陷；3—1977 年老塌陷；4—地面开裂；5—地面开裂倾斜方向；6—1983 年塌陷影响范围

（2）疏排地下水

采矿坑道、隧道、人防及其他地下工程，疏排地下水或由于突水作用，使地下水水位陡然下降，顶部地表岩土体平衡失调，也会产生岩溶塌陷。龙南县南亨铁矿赋存于灰岩与花岗岩接触间断裂带中，1998~2006 年以露天方式开采，开采深度至 50m 左右，矿坑最大排水量 5760m³/d。

由于大量疏排岩溶地下水，2000 年以来，地面发生大面积塌陷和开裂，并逐渐往外扩展至 105 国道。据不完全统计，造成塌陷 20 处，6 个自然村民屋墙体和地面不同程度开裂，民井水干涸。塌陷坑和地面裂缝成群密集发育，单个塌陷坑呈圆形或椭圆形，直径 2~5m，深度 1~3m，分布范围约 0.45km²。铁矿现已关闭，地下水位基本恢复，岩溶塌陷趋于稳定。

（3）振动

振动可引起砂质土的液化和黏质土由凝结状态发生液化而成为溶胶或悬液，土体强度降低、抗塌力减弱，在振动产生的波动、冲击波的破坏作用下，可导致潜伏洞穴的塌陷。振动源主要有地震、爆破、机械等。1997 年 5 月，定南县境内京九铁路 K2007+600 新塘 2 号桥上行线南端桥头因振动发生地面塌陷，形成 8m² 的塌陷坑，方量约 40m³。2005 年 11 月 26 日，江西省瑞昌市与九江县交界处（东经 115.70°，北纬 29.7°）发生里氏 5.7 级地震，主震后多次发生余震。受其影响，震中附近的瑞昌市城郊、九江县乌石街－赛湖向斜核部覆盖型碳酸盐岩区及横港－新塘向斜核部覆盖型碳酸盐岩区等地发生了一系列地面塌陷（图 9-33-59）。至 2006 年 3 月 6 日，瑞昌市城区及市郊东西长约 11km 范围内发现岩溶地面塌陷 120 余处。塌陷多呈群分布，单个陷坑呈圆形、椭圆形，以圆形居多，直径多在 2~5m 之间。单坑面积小于 $10m^2$ 的占 55.8%，介于 $10\sim100m^2$ 的占 39.2%，单坑面积比较大（大于 $400m^2$）的陷坑主要分布于震中以西距震中较近的赛湖农场二分场。陷坑深 0.2~13.5m，深度小于 3m 的占 71.7%。地震后，九江县岷江乡干家村初现地面塌陷，开始表现为一凹陷坑，逐渐发展为一个圆形锅状地面塌陷，陷坑直径 5~6m，深 2~3m；2006 年 11 月 28 日晚地面塌陷直径达 8~9m，并出现下部洞口，直径约 0.5m，陷坑剖面形状为漏斗形；2006 年 12 月 17 日，地面塌陷直径达 20.0m，深 17m，陷坑剖面形状为漏斗形，其中地面以下深 9~17m 左右剖面形状为竖直的井形（称竖井），竖井直径约 1.5m，竖井底部为暗河。

图 9-33-59　瑞昌—九江地震引发地面塌陷

Fig. 9-33-59　Ground collapse caused by earthquake in Ruichang-Jiujiang

二、采空塌陷

（一）形态特征

采空塌陷多呈长条形和圆形，其次为椭圆形和不规则形，主要受地下采空分布范围等的控制。地面塌陷的同时，多伴随有地面开裂和岩体移动等现象，形成特有的“移动盆地”现象。

高安市建山镇龙城村龙城组采空塌陷处平坦河谷平原，西北侧为覆盖型灰岩区，东南侧分布 4 个煤矿，距离塌陷区 250~800m，基岩为二叠系乐平组砂页岩夹煤层，上覆第四系粉质黏土层厚 13m，地表为农田及建筑，龙城河自西向东穿过。煤矿采空区顶板埋深 40~400m，底板埋深 100~450m，现有煤矿均采用立井开采，采空区总面积约 $100hm^2$，开采时不停抽排水。1996~2008 年，龙城组多户居民房内出现裂缝，其中 4 栋民房倒塌，部分建筑开裂严重，居民区地面下沉不明显，但附近农田内先后出现 24 个陷坑，分布于长轴约 800m、短轴约 300m 的椭圆形区域内（图 9-33-60），陷坑深 2~10m。现矿山

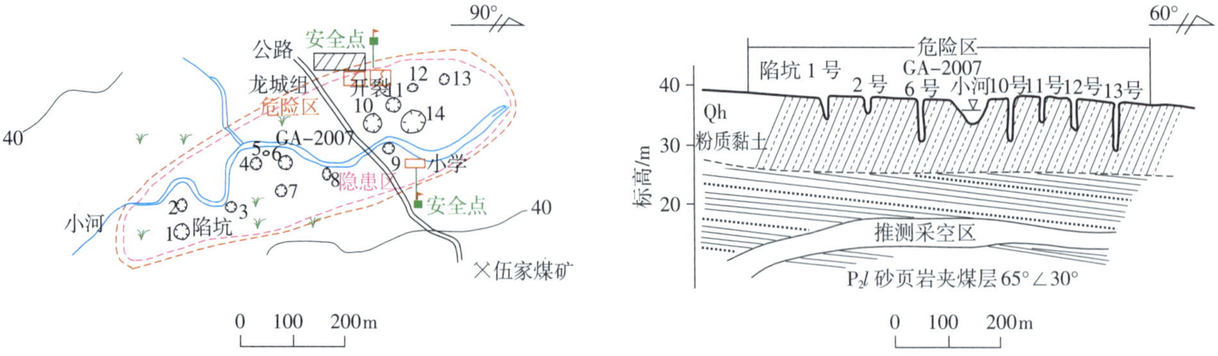

图 9-33-60　高安市龙城村采空塌陷

Fig. 9-33-60　Collapse of Longcheng goaf, Gaoan city

仍在开采，采空塌陷目前尚在发展，潜在塌陷面积约 24 万 km²，属巨型采空塌陷。

（二）形成条件与诱发因素

1. 地下采空

地下采矿活动形成采空区，上方岩土体失去支撑，导致地面塌陷。2010 年 12 月 23 日，会昌县周田镇新圩村九二盐矿原老矿区地域因为盐矿采空诱发地质沉降灾害，影响 149 户 823 人正常生活。泰和县 10 处石膏矿先后发生 11 处地面塌陷，共损毁农田约 139.22 亩。瑞金市谢坊萤石矿采空塌陷已使一中温热医疗矿泉水（自流量为 1.994L/s，溢出水流水温 55℃）干涸。分宜县双林镇建设村石子坳 1990 年发生采空塌陷，塌陷面积 1500m²，导致 1 户村民和庙宅的墙体开裂和地面下沉。分宜县杨桥镇观光、凤阳乡礼堂、双林镇建设、标岭等西茶—白水一带采煤区，面积 15.74km²，区内主要分布二叠系龙潭组煤系地层，煤矿资源丰富，坑道采煤集中，特别是 20 世纪 90 年代中期以前无序的采煤活动，在区内留下了很多采深小于 50m 的采煤废弃坑道，这些废弃坑道垮塌造成严重的地面塌（沉）陷现象。

2. 矿坑疏干排水

矿井抽排水极易造成地下水位急剧下降，引发大面积塌陷，进而使塌陷面积进一步扩大。武宁县因矿山采空及抽排地下水引起的地面塌陷有 10 处。其中，泉坪－王婆桥岩溶向斜发生地面塌陷主要是矿坑疏干排水引起，但有自然因素。1999 年 7 月以前，南、北矿坑均未穿过中二叠统小江边组及以上各岩组的隔水层，期间（1998~1999 年 7 月）发生的 3 处地面塌陷为自然塌陷，均发生在 5~6 月间，发生原因主要是久雨导致土层饱水增重、软化和垂直渗透潜蚀作用。罗坑煤矿的+340m 标高西大巷于 2001 年 9 月掘进到 F_3 断层，以其为导水通道的地下水通过罗坑煤矿主巷道排出，其长期疏干作用造成向斜北翼东部分泉塘干涸、地面塌陷、房屋墙体开裂。1999 年 12 月~2002 年 12 月形成的塌陷则为岭背井主巷道突水所致。

三、重大地面塌陷灾害

根据 84 县（市、区）调查成果资料，截至 2010 年底，全省 10 处地面塌陷造成 53 人死亡。其中，彭泽县龙城镇马湖岩溶塌陷（图 9-33-61，图 9-33-62）造成 24 人死亡，为江西省死亡人数最多的岩溶塌陷灾害，属险性大型地质灾害。长江南岸九江—彭泽段覆盖型灰岩分布带比较典型，下伏二叠系、石炭系巨厚层状灰岩、白云质灰岩及硅质灰岩，岩溶发育，据马湖堤复堤工程勘察钻探资料，下伏灰岩线岩溶率 51.58%，孔孔见洞，平均见洞 3.2 个，最大洞高大于 13.63m，充填状；上覆土层为可塑、软塑状淤泥质粉土、黏土，松散状灰色粉细砂，厚 25~38m。1996 年 1 月 8 日 18 时 10 分，彭泽

图 9-33-61　彭泽县龙城镇马湖岩溶地面塌陷

Fig. 9-33-61　Mahu Karst gournd collapse at Longcheng Town, Pengze county

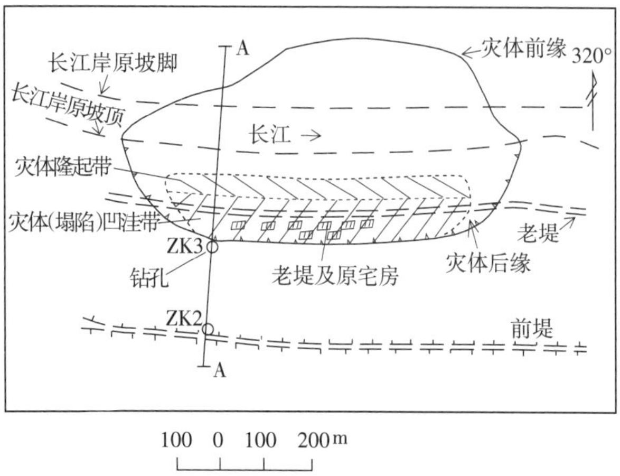

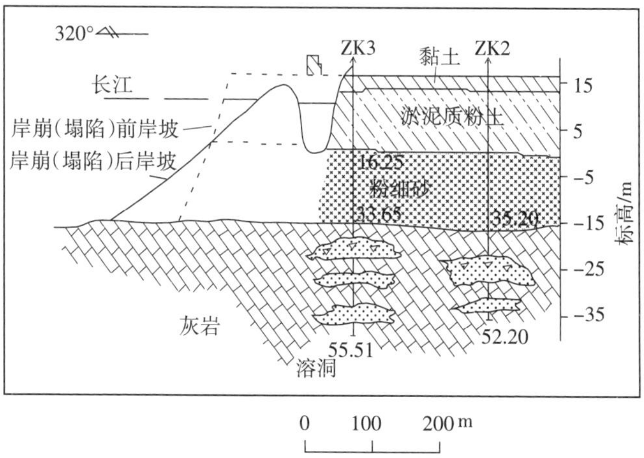

图 9-33-62 彭泽县龙城镇马湖长江南岸岩溶塌陷

Fig. 9-33-62 Karst collapse of Mahu on Yangtze river south bank, Longcheng town, Pengze county

县龙城镇马湖村发生岩溶塌陷，原圩堤及其上的民房地面开裂下沉并伴有摇晃、摆动及沉闷的轰隆声，整个塌陷启动到结束的过程仅 5 分钟，并引发长江岸崩，造成圩堤及其上的 21 户 110 间民房、江边码头、趸船、泵房和两艘船等均沉没于江水中，后经打捞判断，均埋入土中。塌陷（崩塌）带呈长条形，沿江长 960m、垂江宽 150~180m。后缘呈长条弧形，垂江方向距江岸 60m 范围内土体向江内倾伏于江水中，前缘向江内水平滑移 150m，距江岸 60~100m 露于水面，总体下沉 2.5m 左右，呈岛状平行长江分布，总体下沉 15m 左右，呈槽状平行长江分布。岩溶塌陷造成 24 人死亡、5 人重伤，直接经济损失 4600 余万元。

第六节 构造地裂缝

江西省发现的构造地裂缝较少，分布范围最大、迹象最明显的地裂缝发育于石城 - 寻乌活动地震带的会昌县周田、会昌县城南、瑞金市百花园等地。

一、会昌县周田镇老虎树地裂缝

分布于会昌县周田乡政府南侧老虎树 206 国道 1996 里程桩南约 600m 处。海拔标高 210m，出露地层为白垩系上统周田组（K_2z）紫红色长石细砂岩。地裂缝呈带状分布，地裂缝带平面长轴展布呈北北东向，影响带长约 350m，宽 150m，面积约 $0.05km^2$。单条地裂缝长 40~97m，宽 1~3cm，展布方向主要有三组：①330°左右；②265°~290°；③少数 10°~20°。北北东向裂缝追踪地裂缝带方向，但该组发育少且延伸短，长 45~50m，宽 0.01~0.04m。另二组延伸相对较长，单条裂缝长 60~150m，宽 0.01~0.04m。部分裂缝仍张开，未充填，表明地裂缝仍在活动。

二、会昌城南地裂缝

地裂缝分布于会昌县城南 206 国道旁，北起县文武坝镇粮管所，南至县变压器厂，分布范围长约 900m，宽约 150m，总面积约 $0.135km^2$，总体呈北北西向展布。单条地裂缝最长 170m，最短仅 4m；宽度一般 0.2~1.0cm，最宽 8cm，个别不断发展变化累计宽可达 23cm。地裂缝展布方向有两组，以北西 310°~340°为主，分布密集；另一组为 260°~290°，分布稀疏；个别呈北北东方向。1987 年 8 月 2 日寻乌地震后出现多条地裂缝，并有明显的方向性。1988 年 8 月 3 日，长汀发生地震，地裂缝增长增宽。1989 年 4~5 月裂缝继续活动，8~9 月活动加剧，仅 9 月 26~10 月 11 日，裂缝加宽 8~12mm。地裂缝造成较大经济损失，包括房屋基础下沉，内、外墙体开裂 50 栋，房屋严重损坏9 栋，影响住房 11394.75m^2，影响 59 户 505 人。

三、瑞金市百花园地裂缝

分布于瑞金沙洲坝镇大埠村百花园第四系土层中，属地震地裂缝。发生于 1989 年 11 月~1990 年元月间，地裂缝拉裂民房 8 间。裂缝走向 20°~30°，倾角 85°，延伸长 30~50m，宽 3.5cm，可见深 0.30m，为张性裂缝，雁行式带状分布，带宽 20~30m。

会昌城南、周田和瑞金百化园地裂缝同时发生，均属河源地震活动引起，同石城 - 寻乌 - 河源活动断裂带的展布相一致，总体呈北北东向展布。地裂缝总长度近 1500m，带宽 30~150m，整体为一巨型地裂缝带。

除此，2005 年 11 月 26 日，瑞昌 5.7 级地震后，长江南岸大堤内、部分地面塌陷坑旁、洗心桥村民家中地面等处也发生地裂缝。前处地裂缝属重力性裂缝，后两者属构造性地裂缝，以长江大堤堤内地裂缝规模较大，该地裂缝位于长江南岸永安乡王家堡村，距长江大堤堤脚约 25~30m 处，走向基本与长江堤坝平行，裂缝断续延绵长约 1km，总体呈 120°方向舒缓波状延伸，缝宽一般 0.2~1.5cm，在清林寺西侧见有一段长约 10m、宽 1~10cm 的裂缝。达 10cm 宽的缝段长 3m，走向也基本一致。裂缝发育 2~4 条，平行展布，间距 0.3~0.5cm。地裂缝呈折线状，上宽下窄，可见深度 5~15cm，裂缝两侧面粗糙、呈锯齿状。裂缝南侧呈现微弱下沉，裂缝南壁较北壁缓。裂缝位于长江堤坝内侧原取土坑北侧岸边 15~20m 处，地表微地形略向南倾斜。洗心桥村民家中地面裂缝呈北东向延伸，缝长 5~10m、缝宽 0.3~0.5cm，地震时缝宽达 1~2cm，断续呈斜列状展布，属构造性地裂缝。

第三十四章　地质灾害易发程度区划

崩塌、滑坡、泥石流和地面塌陷等四大地质灾害，其发生发展和时空分布主要受地质构造、地形地貌、地层岩性等地质条件和气象水文、人类活动等诱发因素的约束。概言之，地质灾害的空间分布主要与地质地貌条件有关，而时间分布主要与季节降雨相关。

江西中新生代以来，形成的隆起、坳陷、断陷红盆地等三类构造单元，其地层岩石组成与构造变形各具特点，隆成山、坳成丘、盆成原，形成了不同的地貌景观，构成了江西地质灾害区域分布的基础地质条件。

隆起区地貌以中低山为主，变质岩层广泛出露，往往由花岗岩岩基构成核心。地壳总体处于缓慢隆升状态，处于水系之源，向源侵蚀发育，多为崩滑流（崩塌、滑坡、泥石流的简称）地质灾害的高易发区。以花岗岩岩基为核心的隆起区，地质灾害尤其多发、频发。隆起区边部地质灾害趋弱。当隆起区花岗岩稀少时，地质灾害也相对较弱，如永丰—兴国及万安与遂川北部山区。兴国—赣县一带隆起区也有较多花岗岩岩基出露，但剥蚀程度较高，大部分为丘陵，崩滑流较少，但水土流失比较严重。

坳陷区地貌以低山丘陵为主，主要由沉积碎屑岩、碳酸盐岩地层组成，花岗岩规模小而少。多处于弱隆升状态，多为崩滑流中易发区、岩溶地面塌陷的主要易发区；在向斜式坳陷盆地中部覆盖型碳酸盐岩岩区塌陷尤为易发、频发。坳陷区边部新构造较强隆升区（如庐山）或构造隆升与花岗岩分布区（如怀玉山脉北部）往往成为崩滑流灾害高易发区。

断陷红层盆地主要由上白垩统－古近系固结程度较低的红色砂岩组成，盆地边部以丘陵为主，为崩滑流灾害的低易发区；盆地中部主要为平原岗埠，第四纪沉积广布；鄱阳湖平原等部分地区地壳沉降，为崩滑流灾害不易发区，当覆盖层下发育钙质红层时，可偶发岩溶地面塌陷。

江西隆起区中低山分布广，花岗岩岩基多，其次为坳陷区丘陵，不易成灾的平原较少，加上雨量丰沛，4~6 月雨量尤为集中，暴雨较多，为地质灾害发生提供了有利条件。

第一节　崩滑流地质灾害易发程度区划

一、区划方法与区划方案

崩滑流地质灾害易发程度区划综合采用网格统计和模糊评判识别方法进行。按每网格单元 $25km^2$ 把江西省划分为 6863 个网格单元，根据全省地质灾害发育特征，选取地质条件、影响因素等两类 7 个因子分三个层次（图 9–34–1），计算各网格单元地质灾害易发性指数（Fi），根据网格单元 Fi 统计结果，结合地质灾害发育强度现状建立分级标准，划分为高易发、中易发、低易发和不易发四级（表9–34–1）。

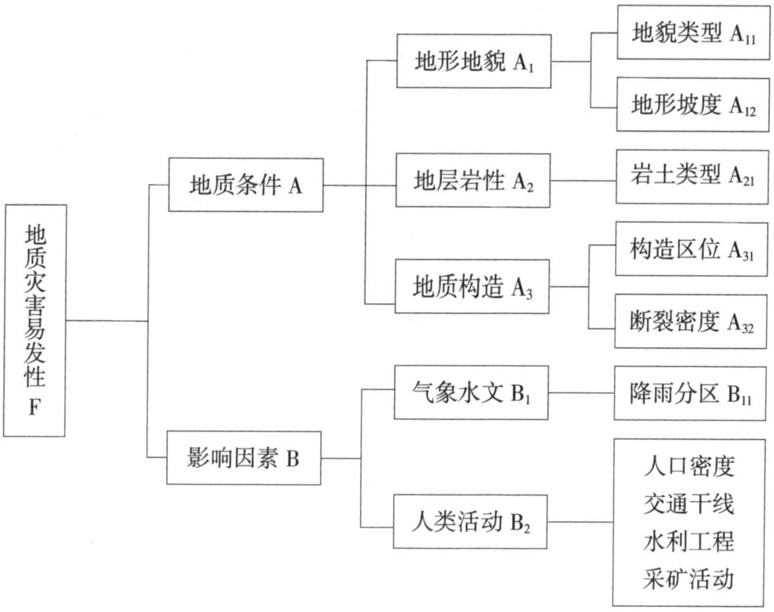

图 9-34-1　崩滑流地质灾害易发性模糊评判模型

Fig. 9-34-1　Fuzzy evaluation model of susceptibility to geologic hazards as collapse, landslide and mudslide

表 9-34-1　网格单元崩滑流易发性分级标准

Table 9-34-1　Grid cell of grading standard for susceptibility of collapse, landslide and mudslide

易发性分级	高易发	中易发	低易发	不易发
Fi	≥0.75	0.60~0.75	0.50~0.60	<0.50

按以上方法进行崩滑流易发性区划，分为崩滑流高易发区 13 个（面积 45860.7km^2，占 27.4%）、中易发区 10 个（面积 69376.9km^2，占 41.5%）、低易发区 11 个（面积 36688.5km^2，占 21.9%）和不易发区 4 个（面积 15390.3 km^2，占 9.1%），见图 9-34-2。

二、崩滑流地质灾害易发性分区特征

（一）崩滑流地质灾害高易发区（A）

全省崩滑流地质灾害高易发区 13 个，面积 45860.7km^2，占全省总面积的 27.5%。

1. 幕阜山崩滑流高易发区（A01）

分布于幕阜隆起区，九宫山构造凸起部位。涉及修水县西北部、武宁县西北部，面积 1921.6km^2。山体以近东西走向为主，局部北东，地貌以中山、中低山、低山、丘陵等为主，以北侧中部老鸦尖 1656m 最高。地形坡度 25°~35°为主。西部出露幕阜山花岗岩岩基，北缘有太阳岩燕山期花岗岩株分布。大部地区以双桥山群板岩、变余砂岩等变质岩为主，北侧为九江坳陷，南侧为修武复向斜。断裂构造较发育，断裂密度平均 258m/km^2。24 小时暴雨多年平均值大于 120mm，年均降雨量 1500~1700mm，呈现西大东小的特征。人类工程活动主要有切坡建房、修路、水利工程及矿山开发等。区内地质灾害以滑坡、崩塌为主，中部北缘附近也发育有泥石流。

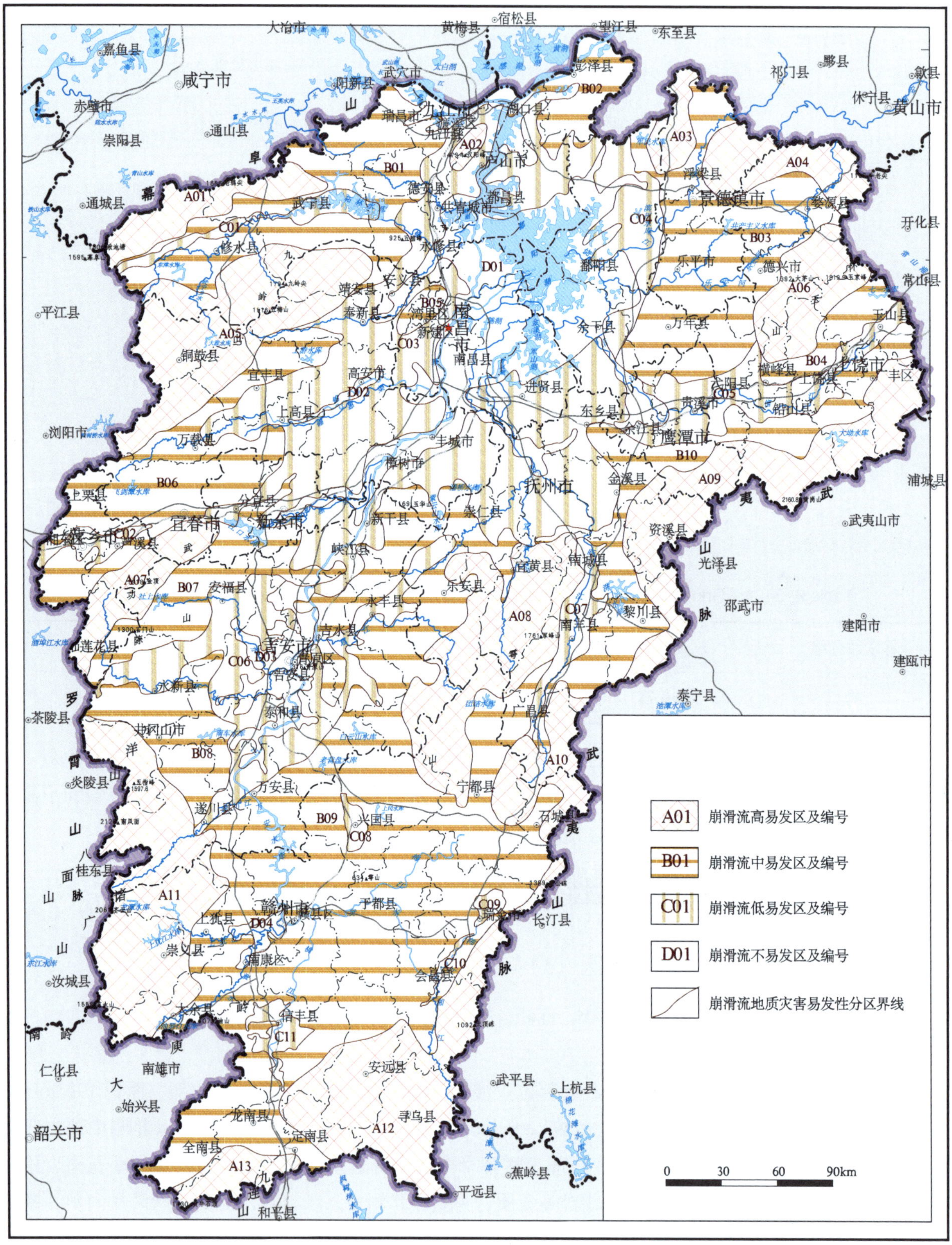

图 9-34-2 江西省崩滑流易发性区划略图

Fig. 9-34-2 Geological hazards susceptibility zonation in Jiangxi Province

2. 庐山崩滑流高易发区（A02）

分布于庐山山区，面积247.0km^2。庐山为一地垒式断块，山体以北北东走向为主，地形标高100~1473.4m，以庐山主峰汉阳峰1473.4m最高，地貌以中山为主体，山麓为丘陵、岗埠等，山体两侧陡峭、岩壁如削，山麓地形坡度15°~30°为主。山体北部以南华系莲沱组厚层石英砂岩、长石石英砂岩、石英砾岩等硬质岩为主；南部以双桥山群变质砂岩、板岩、片岩为主，并有部分细碧岩、石英角斑岩；山麓为南华系－寒武系碎屑岩、碳酸盐岩和花岗岩等。断裂构造较发育，断裂密度平均288m/km^2。为江西暴雨中心之一，24小时暴雨多年平均值小于120mm，多年平均降雨量1600~2000mm。区内切坡建房、修路等人类工程活动较强。地质灾害类型以崩滑流为主。

3. 莲花山崩滑流高易发区（A03）

分布于莲花山隆起山地，涉及鄱阳县东北部、浮梁县西北部，面积866.4km^2。山体走向以近南北—北北东向为主，地形标高100~870m，地貌以丘陵、低山为主，地形坡度一般30°~40°。主要分布双桥山群变质砂岩、千枚岩、板岩等变质岩。断裂密度平均0.209km/km^2。24小时暴雨多年平均值大于140mm，多年平均降雨量1650~1750mm，总体上呈现西小东大的特征。切坡建房、修路、水利工程建设及矿山开发等人类工程活动较强。区内地质灾害以滑坡、崩塌为主，南部山区还发育有泥石流等。

4. 鄣公山崩滑流高易发区（A04）

分布于鄣公山隆起山地，涉及浮梁县东部、婺源县北部、德兴市东北角，面积2314.4km^2。山体以北东、北北东走向为主，地形标高100~1629m，以北侧中部省界附近擂鼓峰1629m最高，地貌以低山、中山、丘陵等为主，地形坡度一般25°~40°。以双桥山群、万年群千枚岩、变余砂岩等变质岩为主，西部有鹅湖花岗岩基，东部有石耳山花岗岩基等岩体。断裂密度平均0.212km/km^2。为江西暴雨中心之一，24小时暴雨多年平均值130~150mm，多年平均降雨量1750~2000mm。切坡建房、修路等人类工程活动较强。区内主要发育滑坡、崩塌，局部发育泥石流。

5. 九岭山崩滑流高易发区（A05）

分布于九岭山山区，以九岭隆起和九岭花岗岩基为核心。涉及修水县南部、武宁县南部、靖安县中西部、铜鼓县全部、奉新县西北部、宜丰县西北部、万载县西北部，面积6532.7km^2。山体走向以北东、北东东为主，地形标高200~1794m，以中偏东部九岭尖1794m最高，地貌以中山、低山、丘陵等为主，地形坡度一般30°~40°，局部45°以上。西北、西南及东北部以双桥山群板岩、变余砂岩等变质岩为主，中部大面积分布九岭复式花岗岩岩基，铜鼓—中村一带还分布有上白垩统红层等。断裂构造较发育，断裂密度平均0.300km/km^2。为江西暴雨中心之一，24小时暴雨多年平均值110~150mm，多年平均降雨量1600~1800mm。切坡建房、修路、水利工程建设及矿山开发等人类工程活动较强。区内主要发育崩滑流等地质灾害。

6. 怀玉山崩滑流高易发区（A06）

分布于怀玉山坳陷山区，涉及德兴市中东部及南部、弋阳县东部、横峰县北部、上饶县北部、玉山县西北部，面积2523.3km^2。山体北东走向为主，地形标高100~1816.9m，以东部玉京峰1816.9m最高，地貌以中山、低山、丘陵等为主，地形坡度一般30°~40°，局部45°以上。受构造影响，地层岩性复杂，北部官帽山一带以新元古界张村岩群蛇绿岩层、千枚岩、板岩、变质砂岩及火山岩、蛇绿岩块等变质岩为主，南部处怀玉复向斜北部，以青白口系上部登山群、南华系—侏罗系砾岩、砂岩、页岩、碳酸盐岩等为主，中南部有怀玉山、灵山花岗岩基和港边浆混岩体等，山势较高。断裂构造较发育，断裂密度平均 369m/km^2。为江西暴雨中心之一，24 小时暴雨多年平均值 120~140mm，多年平均降雨量 1900~2000mm。切坡建房、修路、水利工程建设及矿山开发等人类工程活动较强。区内主要发育崩滑流等地质灾害。

7. 武功山崩滑流高易发区（A07）

分布于武功山山区，以武功山隆起和武功山复式岩基为核心。涉及袁州区南部、芦溪县南部、莲花县西部及北部、安福县西北部，面积 2061.9km^2。山体北东走向为主，地形标高 200~1918.3m，以武功山主峰金顶 1918.3m 最高，地貌以中山、低山、丘陵等为主，地形坡度一般 25°~40°，局部 45°以上。中部及北东部以武功山复式花岗岩岩基为中心，南华系—寒武系千枚岩、粉砂质千枚岩、片麻岩、变质砂岩、混合变质岩等变质岩为主。西南部莲花县境内地层岩性复杂，包括石炭系—三叠系灰岩、泥质灰岩夹页岩等碳酸盐岩和泥盆系—三叠系砂岩、页岩、泥岩等碎屑岩等。断裂构造较发育，断裂密度 0.354km/km^2。24 小时暴雨多年平均值 100~120mm，多年平均降雨量 1500~1600mm。切坡建房、修路及矿山开发等人类工程活动较强。地质灾害中部及北东部以崩滑流为主，西南部以滑坡、崩塌、岩溶塌陷为主。

8. 雩山崩滑流高易发区（A08）

分布于雩山山区，以雩山隆起与黄陂花岗岩岩基为核心。涉及乐安县东南部、崇仁县南部、宜黄县大部、临川区南部、南城县西部、南丰县西部、广昌县西北角、宁都县西北部、兴国县东北部、永丰县东南部，面积 6207.2km^2。山体走向北东—北北东为主，地形标高 100~1760.9m，以军峰山 1760.9m 最高，地貌以中山、低山、丘陵等为主，地形坡度一般 25°~40°，局部 45°以上。地层以青白口系—震旦系片岩、千枚岩、变粒岩、板岩等变质岩为主，出露棠阴、军峰山、乐安、湖坪、桃山等加里东期和燕山期花岗岩复式岩基。断裂构造较发育，断裂密度一般 0.242km/km^2。24 小时暴雨多年平均值 120~130mm，多年平均降雨量 1600~1800mm。切坡建房、修路等人类工程活动的较强。区内地质灾害以崩滑流等为主。

9. 武夷山北段崩滑流高易发区（A09）

分布于武夷山北段，以北武夷隆起与花岗岩岩基为主体。涉及玉山县东南部、广丰县东南部、上饶县南部、铅山县南部、弋阳县东南部、贵溪市南部、金溪县东南部、资溪县大部、南城县东缘、黎川县东部，面积 6028.7km^2。山体走向北东为主，地表标高 200~2157m，以黄岗山 2157m 最高，地貌以中山、低山、丘陵等为主，地形坡度一般 20°~40°，局部 45°以上。地层以青白口系上部—震旦系片岩、片麻岩、变粒岩、千枚岩等变质岩为主，有葛仙山、塘湾、文坊、金溪、资溪、黎川等加里东、燕山等期花岗岩岩基大面积出露。另有篁碧、冷水坑等早白垩世火山盆地分布。断裂构造较发育，断裂密度平均 0.292km/km^2。24 小时暴雨多年平均值 110~130mm，多年平均降雨量 1800~2000mm。切坡建房、修路等人类工程活动的较强。区内地质灾害主要发育崩滑流等。

10. 武夷山中段崩滑流高易发区（A10）

分布于武夷山中段，以武夷隆起与花岗岩带为主体。涉及南丰县东南部、广昌县东部及南部、宁都县东部、石城县北部及东部，面积 2152.9km^2。山体走向北东为主，地形标高 200~1387.3m，地貌以丘陵、低山、中山等为主，地形坡度一般 20°~35°，局部 40°以上。有古元古界天井坪岩组零星出露，青白口系上部—震旦系中深变质岩，变粒岩、片麻岩、片岩及混合岩等广泛分布，有付坊等加里东期花岗岩岩基大面积出露，东南角还条带状分布有白垩系红色砂岩等。断裂密度平均 0.217km/km^2。

24 小时暴雨多年平均值 110~120mm，多年平均降雨量 1700~1800mm。切坡建房、修路等人类工程活动较强。区内发育崩滑流等地质灾害。

11. 罗霄山崩滑流高易发区（A11）

分布于罗霄山地区，涉及罗霄隆起与永莲坳陷的永新县西南缘、井冈山市大部、遂川县中部及西部、上犹县中西部及北部、南康市西北部、崇义县大部、大余县西部，面积 7165.6km^2。山体走向北东为主，地形标高 150~2120.4m，以南风面 2120.4m 最高，地貌以中山、中低山、低山、丘陵等为主，地形坡度一般 25°~40°，局部 50°以上。区内西部为万洋山 - 诸广山花岗岩基，东部广泛出露震旦系 - 志留系变质砂岩、板岩、硅质岩等变质岩，局部分布奥陶系结晶灰岩等碳酸盐岩，井冈山、崇义小型向斜有泥盆系 - 三叠系碎屑岩、碳酸盐岩分布。断裂构造较发育，断裂密度平均 0.364km/km^2。24 小时暴雨多年平均值 120~140mm，多年平均降雨量 1600~1800mm。切坡建房、修路等人类工程活动较强。区内发育崩滑流等地质灾害。

12. 武夷山南段崩滑流高易发区（A12）

分布于武夷山脉及武夷山隆起花岗岩带南段，涉及石城县东南部、瑞金市东部、赣州市辖区东南部、赣县东南部、会昌县东部及南部、安远县中部及南部、寻乌县全部、定南县北部及东部、信丰县东南部、龙南县东北角，面积 6736.2km^2。山体走向北东 - 北北东为主，地形标高 200~1529m，地貌以中低山、中山、丘陵、低山等为主，地形坡度一般 20°~40°。以南华系 - 寒武系变质砂岩、长石石英砂岩、板岩、千枚岩等变质岩，加里东期、印支期、燕山期花岗岩为主，分布有版石、安远、寻乌等中生代火山盆地及会昌和寻乌留车等等红层盆地。断裂构造较发育，断裂密度平均 0.253km/km^2。24 小时暴雨多年平均值 100~110mm，多年平均降雨量 1500~1700mm。切坡建房、修路及矿山开发等人类工程活动较强。区内发育崩滑流等地质灾害。

13. 九连山崩滑流高易发区（A13）

分布于九连山地区，涉及全南县东南部、龙南县南部、定南县西南部，面积 1103.0km^2。山体走向北东为主，地形标高 200~1430m，以黄牛石顶 1430m 最高，地貌以中山、中低山、低山等为主，地形坡度一般 25°~40°。以寒武系板岩、变质砂岩、千枚岩等变质岩为主，其间有泥盆系 - 石炭系碎屑岩组成的小向斜、中生代火山盆地以及上白垩统红层盆地，燕山期花岗岩出露较广。断裂构造较发育，断裂密度平均 0.265 km/km^2。24 小时暴雨多年平均值 100~110mm，多年平均降雨量 1600~1700mm。切坡建房、修路等人类工程活动较强。区内发育崩滑流等地质灾害。

（二）崩滑流地质灾害中易发区（B）

全省崩滑流中易发区 10 个，面积 71159.7km^2，占全省 42.6%。

1. 修水 - 九江崩滑流中易发区（B01）

分布于赣西北修水流域丘陵山地，涉及修武复向斜和九江坳陷西部，包括修水县中部、武宁县大部、瑞昌市大部、九江县西部、德安县中部及西部、永修县西部、安义县西北角、靖安县北缘及东缘，面积 6519.3km^2。山体走向北东为主，地形标高 100~1500m 左右，地貌以丘陵、中低山、低山等为主，地形坡度一般 15°~35°，局部 40°以上。北部以志留系、泥盆系石英砂岩、页岩等碎屑岩，奥陶系、泥盆系 - 三叠系灰岩、白云质灰岩、白云岩夹页岩等碳酸盐岩为主；南部以南华系 - 寒武系板岩、变余砂岩、粉砂岩、页岩等和古近系红色砂岩等为主。断裂构造较发育，断裂密度平均 0.294km/km^2。24 小时暴雨多年平均值 100~130mm，多年平均降雨量 1500~1700mm。切坡建房、修路等人类工程活动较强。区内发育崩滑流和岩溶塌陷等地质灾害。

2. 湖口 – 彭泽崩滑流中易发区（B02）

分布于长江沿岸九江坳陷东部，涉及湖口县北部和东部、彭泽县大部、都昌县北部、鄱阳县北缘等，面积 1766.8km^2。山体走向北东 – 北北东为主，地形标高 10~859m，西北侧邻长江，地貌以平原、丘陵为主，地形坡度一般小于 25°；东部高，以低山、丘陵为主，地形坡度 25°~40°。东部以南华系 – 震旦系砂岩、页岩、粉砂岩等为主，中部为志留系、泥盆系粉砂岩、砂岩、页岩等和奥陶系白云质灰岩、泥质条带状灰岩等；西北侧邻长江沿岸分布石炭系灰岩、白云质灰岩等，以覆盖型灰岩为主。断裂密度平均 0.033~0.356km/km^2。24 小时暴雨多年平均值 110~130mm，多年平均降雨量 1500~1600mm。切坡建房、修路等人类工程活动较强。区内发育崩塌、滑坡和岩溶塌陷等地质灾害。

3. 浮梁 – 万年崩滑流中易发区（B03）

分布于赣东北山地丘陵区，处萍乐坳陷东部，涉及九岭逆冲推覆带南部、萍乡 – 乐平构造岩片堆叠带和万年逆冲隆起等，包括鄱阳县东部、浮梁县中部及南部、景德镇市大部、乐平市东北部及东南部、婺源县中部及南部、德兴市西北部及东北角、万年县中部及南部、余干县东部、余江县北部、贵溪市北部、弋阳县北部，面积 8558.8km^2。山体走向北东为主，地形标高 100~789m 为主，地貌以丘陵、低山等为主，地形坡度 20°~35°为主。由新元古界万年群千枚岩、板岩、变质砂岩等与石炭系 – 三叠系灰岩、白云质灰岩、泥质灰岩、煤系等构成岩片结构。断裂密集，断裂密度平均 0.3km/km^2。24 小时暴雨多年平均值 120~140mm，多年平均降雨量 1800~2000mm。切坡建房、修路等人类工程活动较强。区内发育滑坡、崩塌、岩溶塌陷、泥石流等地质灾害。

4. 横峰 – 玉山崩滑流中易发区（B04）

分布于怀玉山脉南麓，涉及上饶坳陷的横峰县中部、上饶县中部、信江区西部及北部、广丰县西北部、玉山县中部，面积 1367.0km^2。山体走向北东为主，地形标高 100~967m 为主，地貌以丘陵、低山等为主，地形坡度一般 20°~35°，局部大于 40°。以震旦系千枚岩、板岩、片岩、砂岩等，寒武系、奥陶系、石炭系 – 三叠系灰岩、白云质灰岩、泥质灰岩等为主。断裂密度平均 0.2km/km^2 左右。24 小时暴雨多年平均值 120~140mm，多年平均降雨量 1800~2000mm。切坡建房、修路等人类工程活动较强。区内主要发育滑坡、崩塌等地质灾害。

5. 梅岭崩滑流中易发区（B05）

分布于南昌西北梅岭山地，九岭隆起花岗岩带东南部。涉及安义县东部、新建县西南部、南昌市湾里区大部，面积 402.0km^2。山体走向北东为主，地形标高 100~841m，地貌以中低山、低山及岗埠为主，地形坡度一般 25°~40°，局部大于 40°。以双桥山群板岩、粉砂质板岩和晋宁期花岗闪长岩为主，西北缘安义盆地中分布古近系红色砂岩。断裂密度平均 0.253km/km^2。24 小时暴雨多年平均值 120~130mm，多年平均降雨量 1600mm 左右。切坡建房、修路等人类工程活动较强。区内发育滑坡、崩塌等地质灾害。

6. 萍乡 – 宜丰崩滑流中易发区（B06）

分布于赣西萍乡—宜丰地区，萍乐坳陷西部。涉及奉新县西南部、高安市西北部、宜丰县中部、万载县中南部、上高县南部、袁州区中北部、分宜县中北部、新余市西北缘、上栗县全部、萍乡市北部及南部、芦溪县中部及北部，面积 6890.9km^2。山体走向北东为主，地形标高 100~1000m，地貌以丘陵、低山等为主，地形坡度 15°~40°，局部大于 45°。北缘主要分布宜丰岩组变质蛇绿岩片与九岭、丰顶山等花岗岩岩体，区内广泛分布泥盆系－侏罗系碎屑岩、煤系地层等，高安、万载、萍乡等红层盆地中分布白垩系红色砂岩。断裂构造发育，断裂密度平均 0.470km/km^2。24 小时暴雨多年平均 120~150mm，多年平均降雨量 1600~1800mm。切坡建房、修路、矿山开发等人类工程活动较强。区内地质灾害以滑坡、崩塌和地面塌陷为主，局部发育泥石流。

7. 莲花－新余崩滑流中易发区（B07）

分布于赣西莲花—新余地区，武功山隆起东部、永莲坳陷中部与陈山背斜。涉及新余市西部、分宜县中南部、峡江县南部、吉水县北部、吉安县北部、安福县北部及中部、永新县北部、莲花县东部及南部，面积 3644.8km^2。山体总体走向北东，地形标高 100~1391m，地貌以丘陵、中山、中低山、低山等为主，地形坡度一般 15°~35°，局部大于 40°，总体北东缓南西陡。北东段与陈山以新元古界上部－寒武系千枚岩、变余砂岩、长石石英砂岩、板岩等为主，局部分布加里东等期次花岗岩；永莲坳陷中以泥盆系－三叠系砂岩、灰岩、页岩、煤系等。断裂密度平均 0.100km/km^2。24 小时暴雨多年平均 100~120mm，多年平均降雨量 1600~1800mm。切坡建房、修路、矿山开发等人类工程活动较强。区内地质灾害以滑坡、崩塌为主，西南段发育地面塌陷。

8. 井冈山－遂川崩滑流中易发区（B08）

分布于罗霄山北侧，永莲坳陷南部、罗霄隆起东部、吉泰盆地西南侧。涉及安福县南部、吉安县西部、永新县中部及南部、井冈山市东北部、泰和县西部、万安县西部、遂川县北部，面积 3188.4km^2。山体走向北东为主，地形标高 100~1253m，地貌以丘陵、中低山、中山、低山等为主，地形坡度一般 20°~35°，局部大于 45°。以寒武—奥陶系千枚岩、变质砂岩、板岩等为主，西北部永新、井冈山复式向斜中分布泥盆系－三叠系砂岩、页岩、灰岩及煤系。断裂构造较发育，断裂密度平均 0.288km/km^2。24 小时暴雨多年平均 100mm 左右，多年平均降雨量 1500~1750mm。切坡建房、修路等人类工程活动较强。区内发育滑坡、崩塌等地质灾害，局部发育泥石流，西北缘发育地面塌陷。

9. 赣中南崩滑流中易发区（B09）

分布于赣中南大片区域，属东南造山带中部造山后隆起地区。包括崇仁县中部、宜黄县西北部、乐安县中部及西北部、南丰县西南部、广昌县西北部、丰城市南部、樟树市东南部、新干县中东部及南部、峡江县东南部、吉水县中部及东部、吉安市东南部、永丰县中北部及西南部、吉安县东南部、泰和县东南部、万安县中南部、遂川县东南部、兴国县全部、宁都县中部及南部、石城县中部及南部、瑞金市中北部及西部、会昌县中北部及西部、于都县全部、安远县北部、赣县大部、赣州市北部及中东部、南康市大部、上犹县东南部、崇义县东部、大余县东部及南部、信丰县大部、全南县大部、龙南县中北部、定南县中部，面积 32850.8km^2。山体走向总体北东－北北东，局部北西，地形标高 100~1235m，地貌以丘陵、中低山、低山等为主，地形坡度一般 15°~35°，局部大于 45°。主要分布青白口系上部，南华系－奥陶系千枚岩、粉砂岩、板岩等变质岩，零星分布的小型向斜中有石炭系－二叠系灰岩等碳酸盐岩，南部出露较多加里东期、印支期、燕山期花岗岩岩基式大型岩株。断裂构造较发育，断裂密度平均 0.310km/km^2。24 小时暴雨多年平均 90~130mm，多年平均降雨量 1600~1800mm。切坡建房、修路、水利工程建设及矿山开发等人类工程活动较强。区内发育滑坡、崩塌等地质灾害，局部发育地面塌陷和泥石流等。

10. 广丰－金溪－广昌崩滑流中易发区（B10）

分布于赣东武夷山北段西侧，涉及饶南坳陷南缘和武夷隆起北部西缘。包括玉山县东南部、广丰县西北部、上饶市信江区东南部、上饶县中部、铅山县中部、弋阳县南部、贵溪市中部、余江县西南部、金溪县中部及南部、临川区南部、南城县中东部、黎川县中西部、南丰县中部、广昌县中部，面积5970.9km²。山体走向北东东－北北东，地形标高100~851m，地貌以丘陵、低山为主，地形坡度一般15°~40°。主要分布新元古界上部变质岩、花岗岩，局部出露白垩系火山岩、红色砂砾岩，石炭系－三叠系沉积碎屑岩、灰岩、煤系地层。断裂构造较发育，断裂密度一般0.280km/km²。24小时暴雨多年平均120~150mm，多年平均降雨量1700~1900mm。切坡建房、修路等人类工程活动较强。区内地质灾害以滑坡、崩塌为主，局部发育地面塌陷和泥石流。

（三）崩滑流地质灾害低易发区（C）

全省崩滑流地质灾害低易发区11个，面积34905.7km²，占全省总面积的20.8%。

1. 修水中上游崩滑流低易发区（C01）

分布于赣西北修水河中上游沿岸，为修水－武宁复向斜中的修水查津、武宁红层盆地，涉及修水县中部、武宁县中部、永修县西部，面积936.3km²。主要沿修水上游沟谷附近，山体多呈馒头状，地形标高50~300m为主，地貌以岗埠、丘陵和河谷平原为主，地形坡度一般10°~30°。盆缘以志留系砂岩、页岩等为主，盆内主要分布古近系钙质砂岩、粉砂岩、页岩等。断裂构造不甚发育，断裂密度平均0.246km/km²。24小时暴雨多年平均值110mm左右，多年平均降雨量1500~1700mm。切坡建房、修路等人类工程活动较强。区内主要发育崩塌、滑坡等地质灾害。

2. 萍乡崩滑流低易发区（C02）

分布于萍乡红层盆地附近，涉及萍乡市中北部、芦溪县中北部，面积579.1km²。山体多呈馒头状，地形标高80~200m为主，地貌以岗埠、丘陵等为主，地形坡度10°~35°。盆内主要分布白垩系红色砂岩，盆缘为石炭系－三叠系沉积碎屑岩、灰岩等。断裂密度平均0.191km/km²。24小时暴雨多年平均值110mm左右，多年平均降雨量1600mm左右。切坡建房、修路等人类工程活动较强。区内地质灾害发育滑坡、崩塌、地面塌陷为主。

3. 鄱阳湖西南崩滑流低易发区（C03）

分布于鄱阳湖盆地西缘及南缘、抚州盆地等，涉及九江市大部、九江县东南部、星子县北部、德安县东南部、永修县中部及东南部、安义县中部及西北部、新建县西南部、靖安县东南部、南昌市中部、南昌县西北部、进贤县中南部、奉新县中东部、丰城市大部、樟树市大部、高安市大部、宜丰县东南部、万载县东部、上高县北部及东部、袁州区东部、分宜县中部、新余市北部及东部、峡江县中北部、吉水县北部、新干县西北部、崇仁县东北部、临川区大部、金溪县西部、东乡县大部、余江县西部、余干县南部，面积18397.1km²。地貌以岗埠、低丘陵和河谷平原为主，山体多呈馒头状，地形标高20~200m为主，地形坡度5°~30°。主要分布新元古界下部千枚岩、板岩，白垩系、第三系红色砂岩，石炭系－三叠系灰岩、泥灰岩，二叠系－三叠系含煤地层等。断裂构造不甚发育，断裂密度平均0.100km/km²。24小时暴雨多年平均值110~130mm，多年平均降雨量1600~1800mm。切坡建房、修路等人类工程活动较强。区内地质灾害以崩塌、滑坡、地面塌陷等为主。

4. 鄱阳湖东北崩滑流低易发区（C04）

分布于鄱阳湖盆地东北缘，涉及余干县东部、万年县北部、乐平市中部及西部、景德镇市西部、鄱阳县东部及北部、都昌县中北部、湖口县中部、彭泽县中西部，面积3622.5km²。地貌以岗埠、低丘陵和河谷平原为主，山体多呈馒头状，地形标高20~300m为主，地形坡度5°~20°为主，局部大于30°。主要分布新元古界下部千枚岩、板岩等，局部出露石炭系－三叠系灰岩、泥灰岩、钙质页岩等。断裂构造较发育，断裂密度平均0.285km/km²。24小时暴雨多年平均值110~140mm，多年平均降雨量1600~1900mm。切坡建房、修路等人类工程活动较强。区内地质灾害以崩塌、滑坡、地面塌陷等为主。

5. 信江中上游崩滑流低易发区（C05）

分布于信江盆地，涉及信江中上游的余江县中部、鹰潭市南部及东部、贵溪市中部、弋阳县中部、横峰县南部、铅山县北部、上饶县中部、上饶市西部及北部、玉山县中部，面积3098.7km²。地貌以岗埠、低丘陵和河谷平原为主，山体多呈馒头状，地形标高30~300m，地形坡度一般5°~20°，局部大于30°。主要分布白垩系红色砂砾岩、火山岩，南北侧缘分布南华系－下古生界砂岩、页岩、灰岩和石炭系－三叠系砂岩、灰岩、泥灰岩、钙质页岩、煤系等。断裂密度平均0.130km/km²。24小时暴雨多年平均120~140mm，多年平均降雨量1800~1900mm。切坡建房、修路等人类工程活动较强。区内地质灾害以崩塌、滑坡为主，局部分布地面塌陷。

6. 吉泰盆地崩滑流低易发区（C06）

分布于赣江中游，涉及吉泰盆地及永莲坳陷南部的永新县中部、安福县东南部、吉安县大部、吉水县西部及中部、泰和县中北部、万安县中部、遂川县中东部、永丰县中部、乐安县西北部，面积5937.1km²。地貌以丘陵、岗埠和河谷平原为主，山体多呈馒头状，地形标高50~417m，地形坡度5°~25°为主，局部大于30°。盆地内主要分布上白垩统红色砂砾岩，盆地西北部安福一带分布石炭系－三叠系砂岩、灰岩、泥灰岩、钙质页岩、煤系等，泥盆系－侏罗系砂岩、页岩等。断裂密度平均0.156km/km²。24小时暴雨多年平均100~110mm，多年平均降雨量1500~1600mm。切坡建房、修路等人类工程活动较强。区内地质灾害以崩塌、滑坡为主，西部发育地面塌陷。

7. 南城－广昌崩滑流低易发区（C07）

分布于抚河中上游南城－广昌红层盆地，涉及南城县中部、南丰县中部、广昌县中北部，面积1135.1 km²。地貌以岗埠、丘陵和河谷平原为主，山体多呈馒头状，地形标高80~200m为主，地形坡度5°~25°为主，局部大于30°。盆内主要分布上白垩统红色砂砾岩，西、东两侧缘分布震旦系变质砂岩、片岩、千枚岩、板岩，燕山、加里东等期花岗岩等。断裂密度平均0.237km/km²。24小时暴雨多年平均120mm左右，多年平均降雨量1700~1800mm。切坡建房、修路等人类工程活动较强。区内地质灾害以崩塌、滑坡为主。

8. 兴国盆地崩滑流低易发区（C08）

分布于赣江上游兴国盆地，主要为兴国县中部，面积253.7km²。地貌以岗埠、平原、低丘等为主，山体多呈馒头状，地形标高80~250m，地形坡度5°~20°为主，局部大于30°。主要分布上白垩统红色砂砾岩。断裂密度平均0.020km/km²。24小时暴雨多年平均100~110mm，多年平均降雨量1500~1600mm。切坡建房、修路等人类工程活动较强。区内地质灾害以崩塌、滑坡为主。

9. 瑞金盆地崩滑流低易发区（C09）

分布于赣江上游瑞金盆地，主要为瑞金市中部，面积 200.4km²。地貌以岗埠、平原等为主，山体多呈馒头状，地形标高 50~150m，地形坡度一般 5°~25°。盆内主要分布上白垩统红色砂砾岩，西侧主要分布石炭系－三叠系砂岩、灰岩、泥灰岩、钙质页岩等。断裂密度一般 0.098km/km²。24 小时暴雨多年平均 100mm 左右，多年平均降雨量 1700mm。切坡建房、修路等人类工程活动较强。区内地质灾害以地面塌陷为主，局部发育滑坡、崩塌。

10. 会昌崩滑流低易发区（C10）

分布于赣江上游会昌盆地，主要在会昌县城附近，面积 120.9km²。会昌盆地绵江两岸，地貌以岗埠、平原等为主，山体多呈馒头状，地形标高 50~300m，地形坡度一般 10°~25°。主要分布白垩系红色砂岩等。断裂密度平均 0.198km/km²。24 小时暴雨多年平均 100mm 左右，多年平均降雨量 1600mm 左右。切坡建房、修路等人类工程活动较强。区内地质灾害以崩塌、滑坡为主，局部分布地面塌陷。

11. 信丰崩滑流低易发区（C11）

分布于赣江上游信丰盆地、信丰县中部，面积 624.8km²。信江盆地桃江两岸地貌以岗地、平原等为主，山体多呈馒头状，地形标高 50~300m，地形坡度一般 5°~25°。主要分布白垩系红色砂岩等。断裂密度平均 0.218km/km²。24 小时暴雨多年平均 100mm，多年平均降雨量 1550mm。切坡建房、修路、等人类工程活动较发育。区内地质灾害以崩塌、滑坡为主。

（四）崩滑流地质灾害不易发区（D）

全省崩滑流不易发区 4 个，面积 15390.3km²，占全省总面积的 9.2%。

1. 鄱阳湖及五河下游崩滑流不易发区（D01）

分布于鄱阳湖平原及五大河下游，涉及鄱阳湖盆地的瑞昌市东部、九江县北部、九江市西北部及东部、湖口县中西部、星子县东部及南部、彭泽县中西部、都昌县西部及南部、永修县中东部、鄱阳县中西部部、万年县西北部、余干县中部及北部、余江县中部、鹰潭市北部、贵溪市西部、安义县中部、新建县大部、南昌市中东部、南昌县大部、进贤县北部、临川区北部、东乡县西南部、丰城市中部及东北部、樟树市中部、新余市东北部、新干县西北部，面积 12737.2km²。地貌以平原、岗地等为主，山体多呈馒头状，地形标高 20~100m，地形坡度一般小于 5°。主要分布古近系、白垩系红色砂岩，第四系松散土等，土层厚度 10~30m。断裂构造不甚发育，断裂密度平均 0.061km/km²。24 小时暴雨多年平均 110~130mm，多年平均降雨量 1600~1800mm。切坡建房、修路等人类工程活动较强。区内局部发育崩塌、滑坡等地质灾害。

2. 高安－上高崩滑流不易发区（D02）

分布于锦江盆地锦江沿岸，涉及高安市中部、上高县东北部，面积 205.1km²。锦江沿岸地貌以平原、岗地等为主，地形标高 20~100m，地形坡度 5°~15°为主。主要分布上白垩统红色砂砾岩和第四系松散土等，土层厚度 10~20km²。断裂构造较发育，断裂密度平均 0.283km/km²。24 小时暴雨多年平均 120mm 左右，多年平均降雨量 1700mm 左右。切坡建房、修路等人类工程活动较强。区内局部发育崩塌、滑坡等。

3. 吉安崩滑流不易发区（D03）

分布于赣江中游吉泰盆地，涉及吉水县西部、吉安市中西部、吉安县中部及东南部、泰和县中部、万安县北部，面积2049.3km^2。地貌以平原、岗地等为主，地形标高 50~300m，地形坡度小于 10°为主。主要分布上白垩统红色砂砾岩和第四系松散土等，地层厚度 10~20m，局部分布二叠系灰岩、泥灰岩等。断裂构造不甚发育，断裂密度平均 0.112km/km^2。24 小时暴雨多年平均 100~120mm，多年平均降雨量 1500~1600mm。切坡建房、修路、水利工程建设及矿山等人类工程活动的影响相对较弱。区内局部发育崩塌、滑坡等地质灾害。

4. 赣州崩滑流不易发区（D04）

分布于赣江上游赣州盆地，涉及赣州市中部、南康市中部，面积 398.8km^2。地貌以平原、岗地等为主，地形标高 50~150m，地形坡度小于 5°为主。主要分布上白垩统红色砂砾岩等。断裂构造不甚发育，断裂密度平均 0.080km/km^2。24 小时暴雨多年平均 90~100mm，多年平均降雨量 1500mm 左右。切坡建房、修路等人类工程活动较强。区内局部发育崩塌、滑坡等地质灾害。

第二节　岩溶地面塌陷地质灾害易发程度区划

一、区划方法与区划方案

根据岩溶地面塌陷分布与岩性组合的关系统计，岩溶地面塌陷主要分布于各坳陷区及盖层向斜的碳酸盐岩区，少量分布于碳酸盐岩夹碎屑岩区或灰质砂砾岩区等；根据岩溶地面塌陷分布与岩溶类型的关系进行统计，岩溶地面塌陷多分布于覆盖型岩溶区，少量分布于裸露－覆盖型岩溶区。因此，岩溶地面塌陷的易发性与岩溶类型和岩溶发育强度（岩性组合）关系较为密切。以岩溶分布区为单元根据岩溶地面塌陷发育现状、岩溶类型、岩溶发育强度等进行易发性综合评判，分为岩溶地面塌陷高易发、中易发、低易发和不易发四级（表 9–34–2）。

表 9–34–2　岩溶地面塌陷易发性评判标准

Table 9–34–2　Evaluation standard for susceptibility of karst ground collapse

易发性	高易发	中易发	低易发	不易发
判别标准	岩溶塌陷现状发育； 岩溶强发育（厚层灰岩地层）的覆盖型岩溶	岩溶塌陷现状较发育； 岩溶较发育(灰岩夹碎屑岩)的覆盖型岩溶； 岩溶强发育的非覆盖型岩溶	岩溶弱发育（碎屑岩夹灰岩)的各类岩溶； 岩溶较发育的非覆盖型岩溶	非岩溶区

按以上方法，结合所处地质构造单元，进行岩溶地面塌陷易发性区划，分为高易发区 8 个（面积 27135.38km^2，占全省总面积的 16.26%）、中易发区 5 个（面积 10414.87km^2，占 6.24%）、低易发区 1 个（面积 53.10km^2，占 0.03%），余为岩溶塌陷不易发区，见图 9–34–3。

二、分区特征

（一）岩溶地面塌陷高易发区（Ta）

全省岩溶地面塌陷高易发区 8 个，面积 27135.38km^2，占全省总面积的 16.26%。主要分布于萍乐坳

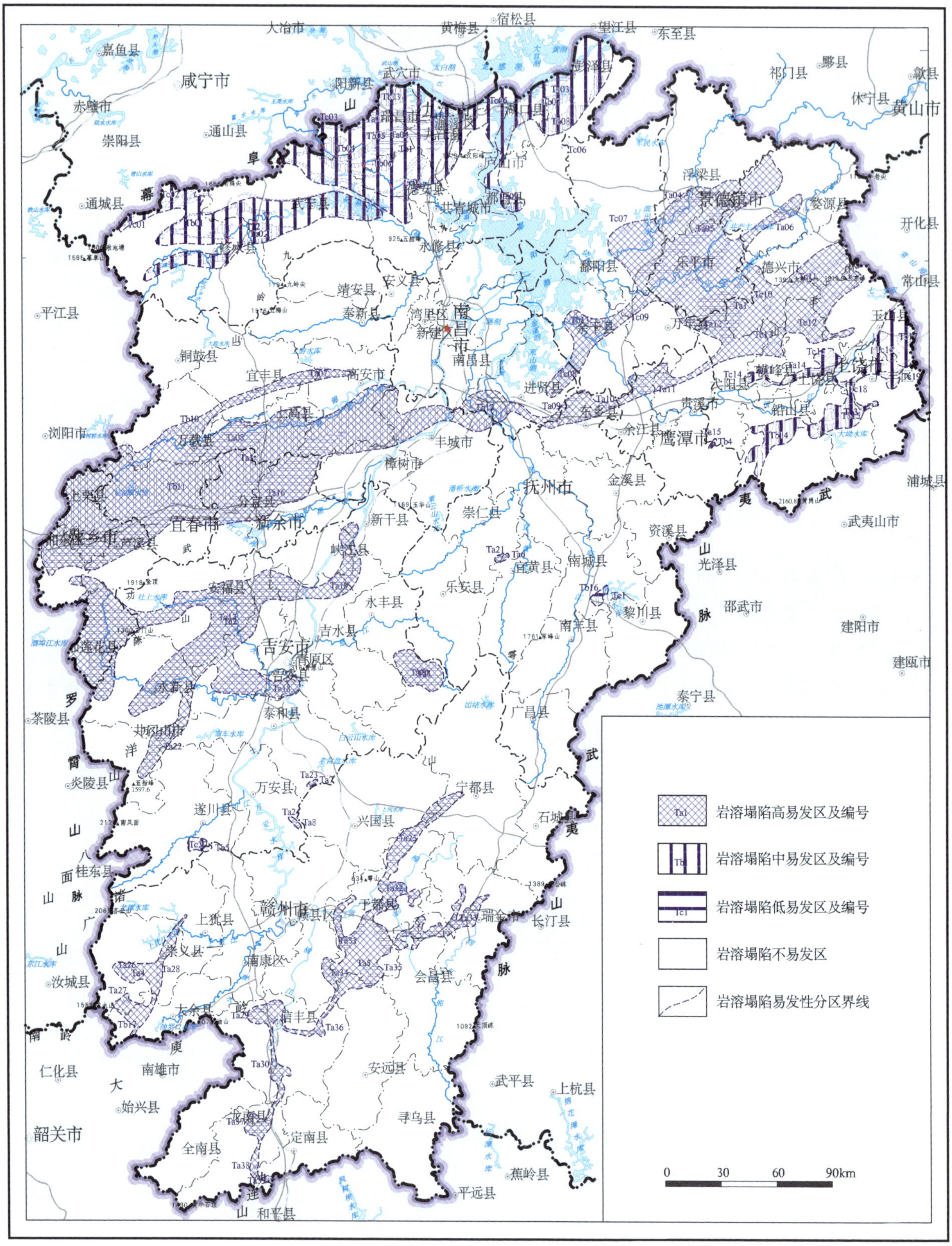

图 9-34-3 江西省岩溶塌陷易发性区划略图

Fig. 9-34-3 Regionalization map of susceptibility of karst collapse in Jiangxi Province

陷、永莲坳陷、藤田向斜盆地、崇义向斜、于都坳陷等地。

1. 萍乐坳陷带岩溶地面塌陷高易发区（Ta1）

分布于萍乐坳陷带，为江西省最主要的岩溶带，包括景德镇市竞城、乐平市塔前—婺源县赋春、婺源县中云、宜丰县芳溪、上高县田心、东乡县詹圩、东乡县小璜、贵溪市硬石岭、德兴市黄柏、萍乡市安源—新余市下村、万载县三兴、袁州区三阳—高安市黄沙岗、进贤县墨岗山、余干县山塘，鄱阳县高家坊、进贤县钟陵、万年县白马村、德兴市杨家山、德兴市李宅、上饶县郑家坊、横峰县葛源等地，面积 18136.90km²。以覆盖型岩溶为主，主要分布上石炭统－下三叠统灰岩、白云质灰岩、白云岩，局部为震旦系－寒武系泥质条带灰岩夹页岩等，钻孔遇洞率 27%~98%，岩溶率 1.3%~28.1%为主，局部岩溶率小于 1，总体岩溶发育中等－强。区内已发现岩溶地面塌陷 176 处，岩溶地面塌陷高易发。

2. 永莲坳陷岩溶地面塌陷高易发区（Ta2）

分布于永莲坳陷，包括永新县文竹—安福县枫田—永新县龙源口、吉安县新居—凤凰圩、峡江县水边—吉水县八都和井冈山市拿山等地，面积 5217.65km²。覆盖型岩溶为主，分布石炭系－二叠系灰岩、白云质灰岩，拿山盆地分布泥盆系－石炭系灰岩、白云质灰岩等，钻孔遇洞率 40%~83%，岩溶率 2.5%~42.3%，总体岩溶发育中等－强。区内已发现岩溶地面塌陷 196 处。岩溶地面塌陷高易发。

3. 藤田盆地岩溶地面塌陷高易发区（Ta3）

分布于永丰县中部的藤田岩溶盆地，面积 361.13km²。覆盖型岩溶为主，主要分布石炭系－二叠系灰岩、白云质灰岩，岩溶率 3%~33.6%，总体岩溶发育中等－强。区内已发现岩溶地面塌陷 31 处。岩溶地面塌陷高易发。

4. 崇义岩溶地面塌陷高易发区（Ta4）

分布于崇义向斜附近，涉及崇义县古亭、聂都、铅厂及大余县右源等地，面积 598.27km²。覆盖－裸露复合型岩溶为主，主要分布石炭系－二叠系灰岩、白云质灰岩，奥陶系结晶灰岩等，总体岩溶发育中等－强。区内已发现岩溶地面塌陷 8 处。岩溶地面塌陷高易发。

5. 宁都－龙南溶地面塌陷高易发区（Ta5）

分布于宁都－龙南灰岩条带附近，包括于都县银坑—宁都县青塘、信丰县黄泥、信丰县小江、于都县利村和梓山、于都县铁山垄—瑞金市沙洲坝、赣县小坪、于都县盘古山、信丰县古陂、龙南县里仁、全南县岿美山、定南县三亨等地，面积 2765.63km²。覆盖型岩溶为主，局部裸露，主要分布石炭系－三叠系灰岩、白云质灰岩等，钻孔遇洞率 20%~100%，岩溶率 0.31%~13%，岩溶发育弱－强。区内发现岩溶地面塌陷 94 处。岩溶地面塌陷总体高易发。

6. 其他岩溶地面塌陷高易发区

主要零星分布于崇仁县袁坊（Ta4）、泰和县茶沅（Ta5）、万安县榭坊（Ta6）等地，面积合计 55.80km²。覆盖型岩溶为主，局部裸露，主要分布上石炭统灰岩、白云质灰岩等，钻孔遇洞率局部达 62%，岩溶率 0.8%~33.8%，岩溶发育弱－强。已发现岩溶地面塌陷 5 处。岩溶地面塌陷高易发为主。

（二）岩溶地面塌陷中易发区（Tb）

岩溶地面塌陷中易发区 5 个，面积 10414.87km²，占全省总面积的 6.24%。主要分布于九江坳陷、修武复向斜、上饶坳陷等地。

1. 九江坳陷岩溶地面塌陷中易发区（Tb1）

分布于九江坳陷带，包括瑞昌市南阳、东雷湾、大湖塘、青山、复兴堂，武宁县横路—九江县乌石门，九江县城门，九江狮子山，湖口县柘矶—彭泽县马当，湖口县江桥—彭泽县黄岭，彭泽县天红—和团，德安县王家铺，都昌县南山等地，面积 18136.90km^2。覆盖 - 裸露复合型岩溶为主，分布石炭系 - 三叠系灰岩、白云质灰岩、灰岩夹炭质页岩等和寒武系 - 奥陶系白云质灰岩、泥质灰岩等，钻孔遇洞率 15%~68%，岩溶率 0.1%~8.62%，总体岩溶发育中等为主，局部岩溶发育强或弱。区内已发现岩溶地面塌陷 54 处。岩溶地面塌陷中易发为主，瑞昌市南阳、九江县城门、湖口县柘矶—彭泽县马当等地高易发。

2. 修武复向斜岩溶地面塌陷中易发区（Tb2）

分布于修武复向斜，包括修水县大椿—武宁县崖山，修水县宁州—武宁县崖下，修水县大湖山、港口等地，面积 2529.65km^2。覆盖 - 裸露复合型岩溶为主，分布寒武系 - 奥陶系白云质灰岩、泥质灰岩等，钻孔岩溶率局部 3.1%左右，总体岩溶发育中等为主，局部岩溶发育强或弱。区内已发现岩溶地面塌陷 7 处。岩溶地面塌陷中易发 - 低易发为主。

3. 上饶坳陷岩溶地面塌陷中易发区（Tb3）

分布于上饶坳陷，包括上饶市朝阳，上饶县上泸—花厅、罗桥、清水，铅山县叶家港，横峰县铺前、杨家店，广丰县大南、排山，玉山县下镇等地，面积 1760.78km^2。覆盖 - 裸露复合型岩溶为主，分布石炭系 - 三叠系灰岩、白云岩，寒武系 - 奥陶系白云质灰岩、泥岩夹灰岩等，钻孔遇洞率 10%~83%，岩溶率 0.2%~2.8%为主，局部达 12.7%，总体岩溶发育中等为主，局部岩溶发育强或弱。区内已发现岩溶地面塌陷 11 处。岩溶地面塌陷中易发为主，局部高易发或低易发。

4. 其他岩溶地面塌陷中易发区

零星分布于弋阳县大塘（Tb4）、遂川县严塘（Tb5）等地，面积合计 83.08km^2。裸露 - 覆盖复合型岩溶为主，分布上石炭统黄龙组灰岩、白云质灰岩等，岩溶发育中等为主。已发现岩溶地面塌陷 1 处。岩溶地面塌陷中易发为主。

（三）岩溶地面塌陷低易发区（Tc）

主要分布于南城县包坊等地，面积 53.10km^2，占全省总面积的 0.03%。埋藏 - 裸露复合型岩溶为主，分布上石炭统黄龙组灰岩、白云质灰岩等，岩溶发育中等为主。目前区内尚未发现岩溶地面塌陷，但存在发生的可能。岩溶地面塌陷低易发。

第三十五章　地质灾害防治

第一节　概　　述

进入21世纪以来，中共江西省委、省人民政府以着对国家和对人民群众高度负责的态度，作出了加强防治地质灾害的重要决策，以地方人民政府为实施主体，完善地质灾害防治工作规章制度，增加地质灾害防治资金投入，以地质灾害搬迁避让、工程治理、监测预警等为核心内容，以工程措施和非工程措施为主要手段，加强地质灾害防治力度，努力提高地质灾害监测预报、应急救灾能力和防治工作水平，取得了较好的效果。

第二节　地质灾害防治工作现状

一、地质灾害防治工作体系建设

地质灾害防治是一项社会性公益工作和公共事务管理工作，地质灾害易发区加强了地质灾害防治领导机构建设，实行各级政府地质灾害防治工作负责制，相关组织与管理措施基本落实。

2006年，省财政投入2亿多元建设省地质灾害防治指挥中心。2009年10月，省政府批准建设江西省地质灾害应急指挥平台，省财政厅安排专项资金1000万元用于平台建设，构建与各市县国土资源部门、省政府应急指挥平台、国土资源部应急指挥系统互联互通的网络系统。通过平台，可以实时接报突发地质灾害信息、现场图像以及地质灾害预警预报信息，进行远程会商和应急指挥。截至2010年底，平台硬件建设基本完成。

2009年以来，结合“五条线”建设，江西省稳步推进省级地质灾害事业支撑队伍、应急中心、应急专家库、中介机构建设，省级地质灾害应急指挥体系建设步入正轨。2010年底，江西在全国首先成立30人编制的省级地质灾害应急中心，负责全省重大地质灾害应急技术处置和应急平台管理工作，承担地质灾害调查、监测预警、巡查排查、宣传培训、防治工程监管等防灾工作。全省各市县抓住“五条线”、“十有县”创建机会，完善市、县地质灾害防治指挥机构及办事机构。目前，全省11个设区市、90多个分布地质灾害的县（市、区）成立地质灾害应急指挥部或地质灾害防治工作领导小组；8个设区市、62个县（市、区）国土资源部门单独设置了地质环境科；9个设区市、25个县（市、区）成立地质灾害应急中心，编制116人。此外，从2011年开始，省地质灾害应急指挥部落实27家地勘单位为11个设区市对口单位，落实各市地质灾害防治技术支撑。2014年初成立了江西省地质灾害防治协会，参与、协助有关地质灾害防治工作，促进江西省地质灾害防治行业健康发展。目前，“江西省国土资源厅地质环境技术专家库”共有311名地质灾害防治专家，作为突发地质灾害应急专家队伍，同时为全省地质灾害应急工作提供专家咨询服务。全省应急机构建设初见成效。

经过多年实践与努力，江西省基本形成了一套较为成熟的汛期地质灾害防治管理制度与工作方法，包括编制与发布年度汛期地质灾害防灾预案（或防治方案），实行险情排查和巡查，落实和检查群测群防责任制，加密汛期气象－地质灾害监测与预报，严格执行汛期值班和灾情速报制度，实行国土资源（地质环境）部门与建设、水利、铁路、交通、气象、地震等部门联动机制和行政主管部门与技术支持单位联系制度，做好突发性地质灾害应急救灾及灾后处置工作。汛期地质灾害防治基本上做到了机构与人员到位，责任落实，任务到人，监测到点，防范到户。自2003年起，省和各设区市分别建立了汛期地质灾害防治应急体系。截至2010年底，各级国土资源主管部门共派出地质灾害应急调查（巡查）组8422多批次、42984人次，调查（巡查）地质灾害点21717处（次），提交地质灾害应急调查简报754份；期间全省通过各级政府或地质灾害防治领导小组发布的汛期地质灾害防灾预案882份，累计发放地质灾害防灾避险明白卡417900份。通过工作，有效避免和减少了人员伤亡和财产损失。如1998年6月25日，铜鼓县成功预报西向乡塔下泥石流，乡政府采取紧急避险措施，紧急撤离83名村民和重要财产，第二天上午发生总方量13.5万m^3的泥石流，摧毁塔下村庄、公路和农田，但避免了人员伤亡。

二、地质灾害防治法制建设与监督管理

2000年6月，江西省人民政府第95号令发布实施《江西省地质灾害防治管理办法》，对全省地质灾害规划、预防、治理、抢险救灾及其防治管理工作做出了明确规定，为依法开展地质灾害调查、规划、责任界定、危险性评估、灾后重建等地质灾害防治工作提供了依据。2004年3月1日《地质灾害防治条例》（中华人民共和国国务院令第394号）正式施行，省人民政府于2004年7月对《江西省地质灾害防治管理办法》及时进行了修订。2013年7月27日，《江西省地质灾害防治条例》经江西省第十二届人民代表大会常务委员会第五次会议通过，并于2013年10月1日开始实施。部分设区市和县（市）人民政府依据本地实际情况和需要，也制定了相应管理办法（地质灾害防治管理办法或地质环境管理办法）。

2003年由江西省国土资源厅牵头组织，江西省勘察设计研究院具体承担，启动江西省地质灾害防治规划编制工作，期间数易其稿，于2008年10月完成《江西省地质灾害防治规划（2009~2020）》初稿，并于2009年7月通过国土资源部地质环境司和规划司在北京组织的专家评审，并于2009年10月14日由江西省人民政府办公厅以赣府厅发〔2009〕86号文发布实施。

目前，全省和11个设区市、各地质灾害易发县（市、区）制订发布了辖区地质灾害应急预案，完成本级地质灾害防治规划编制，并颁布实施；部分地区结合地方实际，积极开展符合地方实际的防灾政策制度建设，如宜春市政府印发了《宜春市农民住宅建设用地管理“十不准”》、《关于加强切坡建设管理的有关规定》，从制度上规范切坡建房管理，并通过建房用地审批把关，将控制高陡切坡建房落到实处；地质灾害防治工作全面纳入法制轨道。依据有关法律、法规和政府职能，各级政府国土资源（地质矿产）主管部门，在地质灾害预防、防治规划、应急管理、灾害管理以及建设工程项目地质灾害防治、地质灾害治理责任认定等方面加强监督管理。

三、地质灾害基础调查

（一）区域水工环调查

20世纪70~80年代，逐步完成基本覆盖全省的1：20万水文地质工程地质调查，对全省地质、水文地质和工程地质条件进行了较系统调查与分析评价，为地质灾害调查工作打下了坚实的基础。

（二）1：50万区域环境地质调查

1996~2000年江西地质工程勘察院等单位承担江西省1：50万环境地质调查工作，重点对全省地质灾害和环境地质进行调查，初步查明了崩塌、滑坡、泥石流、地面塌陷等突发性地质灾害分布情况、发育特征、发育强度及其形成条件和发生规律，对地质灾害发生的地质环境条件和发展趋势进行了区划及预测评价，为江西省积累了第一套系统、完整的地质灾害资料。

（三）1：10万县（市）地质灾害调查与区划

1998年6月，江西省中北部遭遇严重地质灾害，造成大量人员伤亡。为了调查地质灾害发生、分布和危害情况，分析、总结地质灾害发育规律，为地质灾害防治提供基础资料，江西省地质矿产厅在全国率先组织，由江西省勘察设计研究院（江西省地矿局水文地质工程地质大队）和江西省地质环境监测总站承担，对贵溪、上饶、宜丰、黎川、资溪5县以县为单元地开展1：10万地质灾害调查及防治区划试点。1999年开始，按照国土资源部的统一部署，江西省全面开展县（市）地质灾害调查与区划工作，截至2010年，由江西省勘察设计研究院、江西省地质环境监测总站等6家单位分80个项目，完成覆盖全省丘陵山区84个县（市）的1：10万地质灾害调查与区划，完成调查面积15.63万km^2（占全省总面积的93.6%），基本查明全省地质灾害发育现状和发育分布规律，初步建立了地质灾害群测群防网络，为全省地质灾害防治与规划取得了宝贵的基础性成果。2008~2010年省国土资源厅组织完成全省1：10万县（市）地质灾害调查项目成果集成工作。

（四）1：5万县（市）地质灾害调查（详查）

2012年始，根据《江西省地质灾害防治规划（2009~2020年）》部署，江西省国土资源厅和江西省财政厅组织由省财政累计投入资金1.5859亿元，实施重点区域（地质灾害易发区）县（市）1：5万地质灾害调查（详查）工作，安排在“十二五”期间，分79个项目，基本完成覆盖全省84个山地丘陵县（市、区）的1：5万地质灾害调查工作。

（五）建设项目地质灾害危险性评估

为了遏制人类工程活动诱发的地质灾害逐年加剧的趋势，从源头上控制和预防人为诱发地质灾害的发生，减轻灾害损失，从1999年积极推进建设项目地质灾害危险性评估工作。为规范地质灾害危险性评估工作，江西省国土资源厅2004年9月制定《江西省地质灾害危险性评估成果备案管理暂行办法》、《江西省地质灾害危险性评估成果技术审查基本要求（试行）》、《江西省地质灾害危险性评估成果评审专家库管理办法（试行）》。上述规范性文件经省政府法制办备案后，自2005年6月1日起，建设项目地质灾害危险性评估由部、省国土资源主管部门审查认定制改为省、市、县三级国土资源主管部门分级备案制。2010 年 3 月，根据地质灾害危险性评估工作实际，江西省国土资源厅印发《江西省地质灾害危险性评估管理办法》，对暂行办法进行了调整完善。截至 2010 年底，全省共开展地质灾害危险性评估 2116 项，包括一级评估 420 项，二级评估 933 项，三级评估 763 项。地质灾害危险性评估为工程建设提供了可靠的防灾避灾依据，对一些存在重大地质灾害隐患的建设项目用地，提出了明确的地质灾害防治措施或者停建、迁建的建议，得到有关建设单位的高度重视。

四、地质灾害监测预警

依托江西重点地质灾害易发区监测预警示范项目，江西省于 2007 年建立 8 个人工地质灾害专业监测点、7 个自动化地质灾害专业监测点；2010 年省财政安排“损毁地质灾害监测设施修复工程”，对 7 个监测点进行了修复及改造升级，并在崇义县、上犹县新建地质灾害专业自动化综合监测点 12 处、专项监测点 67 处，对 217 处崩塌、滑坡隐患安装地质灾害综合监测无线报警仪进行监测预警；2012 年，上饶市在广丰县 3 个地质灾害隐患点安装 3 套内部职工开发的地质灾害视频监测及预警设备，开展地质灾害隐患点预警监测试点，其中东阳乡湖口村上桥组滑坡发生前，由于安装的地质灾害监测预警仪器提前报警，危险区 50 多位村民及时撤离，成功避免了人员伤亡。

针对地质灾害点多面广的特点，江西于 2000 年开始在宜丰县开展群测群防网络示范建设试点，取得了一系列的经验，并在全省乃至全国推广。2009 年全面推进地质灾害群测群防“十有县”（有组织、有经费、有规划、有预案、有制度、有宣传、有预报、有监测、有手段、有警示）创建活动，推进县级群测群防工作落实。2010 年在乡（镇）国土所推行地质灾害防治“五到位”（一是对辖区内居民建房，地质灾害隐患简要评估到位；二是对地质灾害隐患点群测群防员联系到位；三是对地质灾害隐患点组织巡查到位；四是对地质灾害防治宣传材料发送到位；五是发生地质灾害灾情险情预案和人员到位）建设，推进乡级群测群防工作落实。2011 年始，给予群测群防员发放补贴，推进村级、隐患点群测群防工作落实。经过全省各级政府和部门共同努力，截至 2012 年全省 86 个县（市、区）通过了地质灾害群测群防“十有县”验收；1.43 余万位群测群防员在 2 万多处群测群防监测点上承担着“守护家园、守护生命”的光荣职责。全省地质灾害重点县普遍建立起了以县级行政区为单元，以地质灾害易发区为重点，地质灾害隐患群众监测与专业指导相结合的“县—乡—村—组”四级群测群防网络体系（图 9-35-1），落实地质灾害隐患点和易发区的监测工作和防灾责任制，加强政策法规和地质灾害防

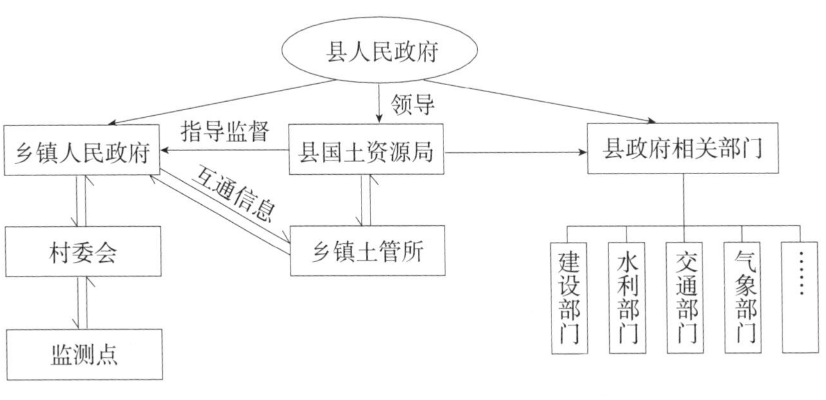

图 9-35-1　地质灾害群测群防管理与运行框图

Fig. 9-35-1　The diagram of prediction and prevention management of geologic hazard

治防灾知识宣传普及，在多年的地质灾害防治工作中取得了显著成效，得到国土资源部的充分肯定。

以地质灾害专业监测点和地质灾害易发区县（市）群测群防网络为基础，以省、设区市、县（市）国土资源（地质环境）行政管理部门为依托，初步形成了专业监测与群测群防相结合的地质灾害监测与预警系统。已发现的重要地质灾害隐患点（隐患区）监测预警工作基本得到落实，并实行动态管理。从 2002 年开始，省国土资源厅与省气象局联合开展地质灾害气象预报试点工作，预报信息同时在江西卫视天气预报节目中播出，省国土资源厅网站、省气象局网站上发布。各地政府根据预警信息，提前预防，积极组织危险区群众避让转移，有效地减少了人员伤亡与财产损失，是全国最早开展汛期地质灾害气象预报工作的少数省份之一。此后，各市、县也先后开展辖区汛期地质灾害气象风险预警预报工作。通过成功地地质灾害监测预警预报，有效地避免和减少了人员伤亡和财产损失。全省 11 个设区市、100 个县（市、区）国土资源部门与同级气象部门合作，开展辖区地质灾害气象风险预警，建立了相应的预警工作制度。据不完全统计，截至 2010 年，发布各级地质灾害气象预报 6710 次（省级预报 114 次）；成功避让地质灾害 689 起，避免人员伤亡 6408 人，取得较好的防灾减灾效果。

永丰县位于江西省中部，境内多丘陵山地，地质环境条件较复杂，山区居民傍山切坡建房现象普遍，是江西省地质灾害较为严重的县之一。白沙潭滑坡位于永丰县南部，村民在坡脚开挖高陡边坡建房，破坏了坡体的稳定性。2002 年 6 月 17 日，永丰县地质矿产局在地质灾害巡查中，发现沙溪镇坪上村白沙潭自然村后山体开裂，裂缝长约 100m，两侧垂直位移 0.3~0.5m，靠近房屋的山坡岩土体出现松弛并有小型塌滑现象，严重威胁山下 18 户 56 位村民的生命财产安全。当即与镇村干部一起组织受威胁村民转移到原水浆乡政府院内暂住，对受威胁村民的住房贴上封条，并贴出告示（图 9-35-2），设置警戒区，防止人畜进入危险区，安排镇村组干部值班监测滑坡体动态。7 月 1 日，5000 多立方米土石从 40m 高的山坡滑下，推倒房屋 26 间。由于人员提前撤出，成功避免了伤亡，滑坡区的 18 户 56 位居民得以成功避灾。

图 9-35-2　永丰县白沙潭滑坡汛期防灾

Fig. 9-35-2　Disaster prevention of landslide in flood season, Baishatan, Yongfeng County

五、地质灾害治理

（一）移民搬迁

1998 年大灾过后，全省开展了较大规模的地质灾害危险区移民避让工作。2003 年中共江西省委、省政府开始在遂川进行地质灾害区避灾移民扶贫试点，采用“集中安置与分散安置相结合、有土安置与无土安置相结合”，当年搬迁移民 250 户 1063 人，使灾区群众彻底摆脱了地质灾害的威胁。据不完全统计，截至 2010 年底，全省对 1889 处地质灾害隐患点实施搬迁避让，搬迁人口 6.3 万余人。2010 年争取中央财政 1300 万元，对南昌市湾里区招贤镇牛岭村滑坡群项目、芦溪县长丰乡半山滑坡、萍乡市安源区青山镇光辉村马岭滑坡等实施地质灾害移民搬迁。

2011年江西省专门成立工作领导小组，省财政、国土、交通、水利、电力等部门密切配合，完成全省11个设区市91个县（市、区）6945处拟避灾搬迁点的实地核查，确定移民搬迁隐患点6463处（24041户111894人）；按照“政府主导、群众自愿、阳光操作”的原则，采取集中安置（选择条件较好的地点建设移民集中安置点）和分散安置（选择县城、集镇和条件相对较好的村庄选购新、旧房或建造新房）等多种方式，实施地质灾害避灾移民搬迁计划，2011~2012年完成地质灾害避灾移民搬迁10万人，各级财政投入资金4.19亿元。

江西省乐安县南村乡稠溪滑坡为一浅层滑坡群，始发于1925年，1954年、1972年、1998年曾多次继发，历史上1925年因地质灾害死亡2人，1972年造成村小学校舍及多栋民房倒塌。滑坡处于中低山地貌区，地势南高北低，东西高、中间低，平面上呈一扇柄朝北状扇形沟谷。区域标高420~842m，区内沟谷发育，沟谷两侧山坡陡峻，山坡坡度一般28°~38°。出露加里东晚期中粗粒似斑状黑云母花岗岩，岩石风化程度差异大，强风化层可见厚5~10m。稠溪滑坡群是乐安县最大地质灾害隐患之一，威胁稠溪、梅树下两个自然村237户、1155村民生命财产安全。2009年乐安县财政局、国土资源局经抚州市财政局、国土资源局向省财政厅、国土资源厅提出地质灾害治理申请，同年省财政厅、国土资源厅批准下拨治理经费500万元，采用整体搬迁方式进行治理。搬迁新址位于距县城约6km处，交通极为便利，除104栋安置房外，其他基础设施包括小学1所、篮球场1座、绿地13000m^2、公厕及垃圾收集点3座，进村及村内道路、排水设施等，通过搬迁使村民生活环境、质量发生了翻天覆地的改变。

（二）工程治理

为从根本上逐步消除地质灾害隐患，有效减轻重点地质灾害的危害，20世纪90年代以来，全省各地逐步推进重要地质灾害危险点的工程治理。截至2010年底，据不完全统计，全省先后投入52130万元，组织实施景德镇市马鞍山电视发射台滑坡、余江县锦北太源山滑坡、宜春市金瑞滑坡、丰城市殿上滑坡等2009处地质灾害危险点工程治理，其中，中央财政投入6821万元，治理26处重要地质灾害危险点；省财政投入3669万元，治理31处重要地质灾害危险点；市、县等各级地方财政投入41640万元治理1952处地质灾害危险点。

1995年6月，宜春市金瑞镇连降暴雨，致使东山西坡发生一系列滑坡群，摧毁民房两栋。宜春市和金瑞镇人民政府及原省地矿厅十分重视，两次派员对滑坡进行实地调查，并责成江西地质工程勘察院（现江西省勘察设计研究院）于1997年11月开展初步调查，调查认为滑坡群未达最终稳定状态，极有可能发展扩大，引发深层大型滑坡；如果发生失稳，可能冲毁金瑞街道，堵塞金瑞河，形成泥石流，大面积淹没良田；损毁渡槽及渠道，影响良田灌溉10余万亩；初步估算直接经济威胁近5000万元，同时威胁近万人安全。鉴于此，国家计委于1998年3月批准开展地质灾害防治勘查工作，并于1998年10月完成勘查和项目立项工作。经国土资源批准，设计“挡土墙+抗滑桩+截排水”方案进行治理（图9-35-3），并于2001年11月完成治理工作。

万载县康乐镇清石甲滑坡位于县城西北角锦江右（南）岸距约80m处的岗丘北坡，斜坡坡度较陡，达40°~70°，上部稍缓，为40°~50°，下部因建房开挖坡脚，近于直立达70°以上，剖面上为凸形坡。坡体主要由风化残坡积土层构成，下伏上三叠统安源组（T_3a）泥岩、粉砂岩等煤系地层，岩质较软，风化程度高。残坡积土层中雨季含有上层滞水，对坡体土层有一定的软化作用。坡体基本上为民房所包围（图 9-35-4）。在 2002 年 6 月 27 日的暴雨等的作用下，28 日上午坡体开始下滑（错），前缘土体开始垮塌，坡体上的毛竹和枫树等开始歪斜或翻倒，29 日后缘向后扩展并下错 1~1.5m，后缘酒厂围墙和简易水泥路面局部也随之倒塌，后缘裂缝发展至酒厂 3# 楼墙角基础，前缘一民房后墙遭破坏。滑坡滑向近北，前缘至后缘高差约 18m、最大斜长约 30m，滑体厚度约 4m，平面面积约 1800m²，体积规模约 7200m³。滑坡分两级滑动，形成两级台阶，后一级台阶沿后缘及两侧壁延伸，并下错 1~1.5m，裂缝宽 10~50cm，控制整个滑坡的发育情况；前一级台阶大致位于坡体中部，裂缝宽为 10~50cm，局部土体滑于民房后，力学上表现为牵引式滑坡。滑坡后壁较陡，近于直立，达 70°~80°，坡顶上酒厂的 3# 住宅楼西侧墙角地基土饱水软化，插木棒贯入深度达米余。滑坡两侧外缘民房墙面局部开裂严重。滑坡发生后当地政府采取相应的紧急避险措施疏散危险区住户进行避灾，同时于当年 11 月份施工挡土墙支挡、抗滑桩等进行工程治理，取得了一定的效果。

图 9-35-3　袁州区金瑞镇东山滑坡治理工程

Fig. 9-35-3　Project of Dongshan landslide treatment, Jingrui Town,Yuanzhou district

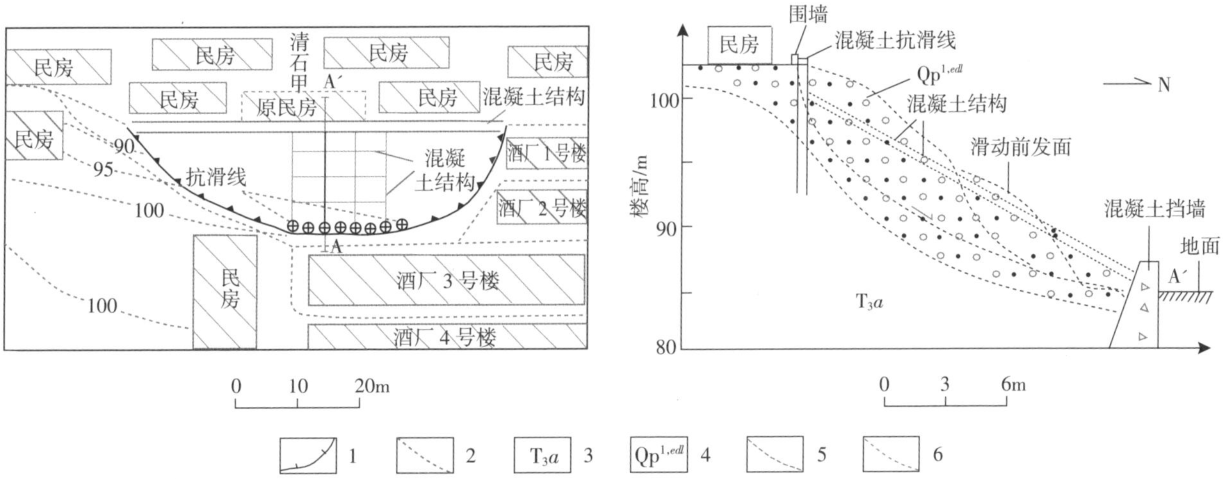

图 9-35-4　万载县清石甲滑坡治理工程

Fig.9-35-4　Project of Qingshijia lanslide treatment, Wanzai County

1—爬坎；2—桥坳西；3—三叠系上统安源组泥岩、拍砂岩；4—第四系残坡积土；5—地层界线；6—小路

庐山是世界文化遗产保护区、世界地质公园和国家级风景名胜区。1999 年 6~7 月牯岭街北侧上海环卫所疗养院（简称卫疗院）先后发生两次泥石流，造成了一定的损失。2002 年，设计采用“排水沟+谷坊群”等措施对泥石流沟进行综合治理（图 9-35-5）。

（三）工程勘查

截至 2010 年底，据不完全统计，全省先后投入 494 万元（包括中央财政 116 万元，省级财政 378 万元），对遂川县草林镇楠木村地面塌陷、江西宜春市明月山风景名胜区洪江乡仰峰滑坡等 10 处地质

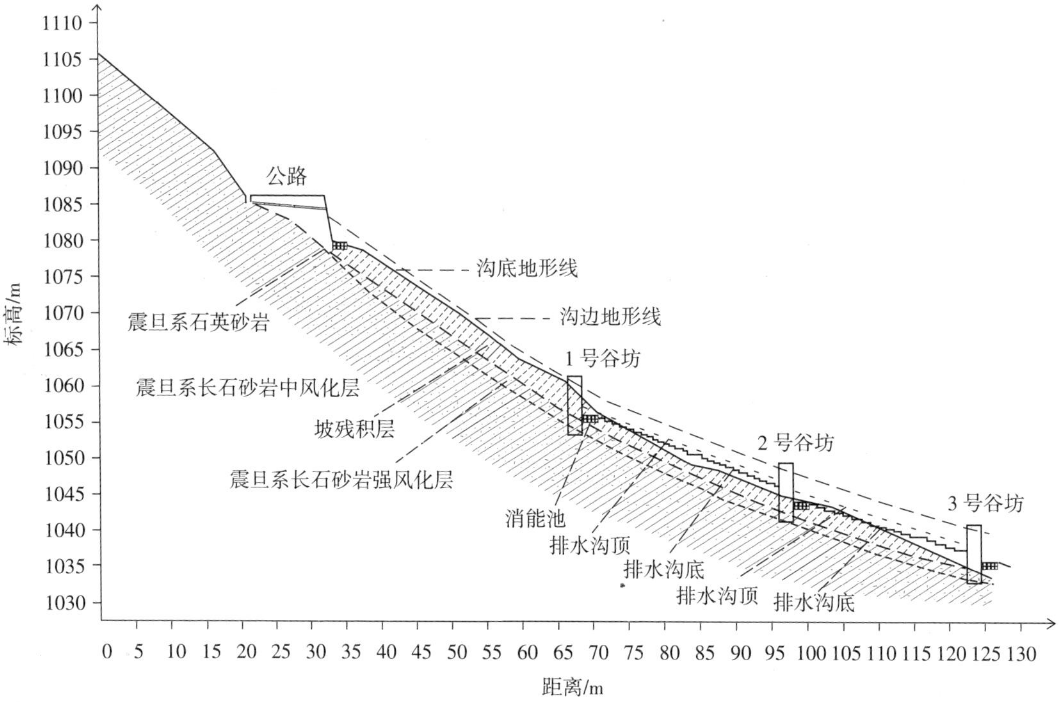

图 9-35-5 庐山牯岭街卫疗院泥石流防治工程剖面图

Fig.9-35-5 Profile of the engineering project of mudflow prevention at public health and nursing institue, Guling street, Lushan

灾害（地面塌陷 7 处、滑坡 3 处）隐患进行工程勘查。主要采用收集资料、大比例专项地质测绘、物探、工程地质钻探等勘查手段进行。根据成果资料进行危险性分区，并提出防治建议，为政府进行灾害防治提供地质依据。

2010 年 10 月 5 日上午 8 时，乐平市洎阳街道办亭碚小区内西南侧主干道路发生地面塌陷，造成路面多处下陷断裂和外侧挡土墙开裂倾斜，两栋住房基础外露和轻微倾斜，路面沉降最大达 1.5m，出现三条长 30~60m、宽 0.1~1.0m 的主裂缝。塌陷区地貌类型为河谷冲积平原及侵蚀剥蚀岗埠，大部分区域规划为住宅用地，亭碚小区、金汇兰庭小区及原有居民区集中于此，地面标高 20~30m，地形坡度 1°~3°，由第四系冲积层组成，部分地段隐伏二叠系下统茅口组（P_1m）灰岩、硅质岩。小区人口密集，地面塌陷灾害对小区居民生命财产构成直接威胁，乐平市人民政府高度重视，为了查明地质塌陷危险范围和提供防治对策，向江西省国土资源厅和江西省财政厅申立地质勘查工程勘查项目，2011 年江西省国土资源厅和江西省财政厅对乐平市洎阳街道办亭碚小区下拨勘查经费 57 万元进行了勘查。

六、地质灾害科学研究与科普宣传

江西省地质灾害的科学研究工作主要集中在地质灾害发育特征与形成规律、地质灾害易发性区划，地质灾害中长期预测预报及地质灾害防治等方面。2002~2004 年开展科技部“暴雨型地质灾害预测预报”研究，取得较好的成果，为江西省地质灾害预警预报工作奠定了基础。2004 年在中国地质调查局的支持下，开展“江西省重点地质灾害易发区地质灾害监测预警示范”研究，取得一定成果。2013 年江西省地矿局实施《江西省地质灾害防治战略研究》课题，对江西省地质灾害防治现状、形势及对策进行了研究。

各级国土资源主管部门单独或联合相关部门，利用“世界地球日”、“防灾减灾日”等各种活动平台，通过在电视台播放防灾知识片、在广播电台举办地质灾害谈话节目、在街头闹市设咨询台、散发宣传材料、举办培训班等形式，积极组织开展地质灾害防治法律、法规和防灾避灾知识宣传，极大提高了社会公众的防灾意识和识灾、避灾、治灾能力。其中2006年末至2007年初，省国土资源厅联合省组织部、省建设厅、省教育厅，组织实施“江西省农村地质灾害防治知识万村培训行动”，对地质灾害高发易发的兴国县、于都县等16个县（市）进行地质灾害防治知识宣讲培训活动，培训总人数79620人。2009年4月，省国土资源厅根据地质灾害防治的实际需求，编制出版《江西省地质灾害避险应急手册》，印制14万册免费发放到全省各地。2010年4~9月，全省各级国土资源部门开展乡（镇）国土资源所地质灾害防治“五到位”宣传培训活动，提高乡（镇）国土资源所地质灾害防治管理水平和应急能力。这方面工作虽然取得了重要进展，但仍有大量工作要做，群众防灾治灾能力有待进一步提高。

第十篇 Part X Urban Environmental Geology

城市环境地质

江西城市分布与地质地貌背景息息相关，省会南昌市位于鄱阳平原，县（市）城区主要位于红层盆地或古生代坳陷盆地，少数位于隆起区山间盆地（如乐安、资溪等），乡镇村落主要分布于河谷盆地，均临水而居，沿赣、信、鄱、修、抚五河形成带状城市、村庄部落。构成了环境良好的河谷盆地型城市社会经济带。

城市地质工作就是在城市及其周围地区或潜在城市化地区的特定空间范围内，综合考虑各种地质要素，研究其对城市发展所提供的资源、所施加的约束条件以及城市发展对各种地质要素所产生的影响，为城市规划、建设和管理服务的地质工作。城市地质工作以环境地质为重点，具体研究城市地形地貌及地质构造条件、地基岩土的工程地质性质，岩土体的出露和埋藏条件、地下空间的可利用程度等，使城市土地得到合理利用；研究水文地质结构和水文地质条件、地下水埋藏和分布规律、地下水的水质和水量、地下水的补给和排泄、地下水的可利用程度等，合理开发利用城市供水水源；研究与城市有关的地震、活动断层、滑坡、泥石流、洪水、地面沉降、水土流失等，解决城市地质灾害问题；研究城市建筑材料、地热、矿产资源开发利用的经济论证；研究城市中工业和生活垃圾的处理、地下水环境污染等，进行城市地质环境质量综合评价，为环境保护提供科学依据。

目前，围绕城市建设，开展的城市地质工作主要有：1∶20 万~1∶5 万区域地质、水文地质及工程地质调查、城市 1∶2.5 万环境地质调查、地下水动态监测、城市供水水文地质勘察以及局部地段的供水水文地质勘察和岩土工程勘察等。鄱阳湖生态环境研究所 2012 年完成的鄱阳湖生态经济区水土资源可持续利用研究，水、工、环地质图系编制，地质灾害战略研究等，也为南昌等城市地质工作提供了重要资料。

本篇重点对南昌、九江、景德镇、萍乡、新余、鹰潭、赣州、宜春、上饶、吉安、抚州 11 个设区市的远景规划区（2001~2020 年）（由于规划完成时间不同，各地规划期不尽相同）的环境地质进行论述。城市分布与交通见图 10–36–0。

本篇中地下水按储水空间特征划分为松散岩类孔隙水、基岩裂隙水、碎屑岩孔隙裂隙水、碳酸盐岩裂隙岩溶水四种地下水类型。

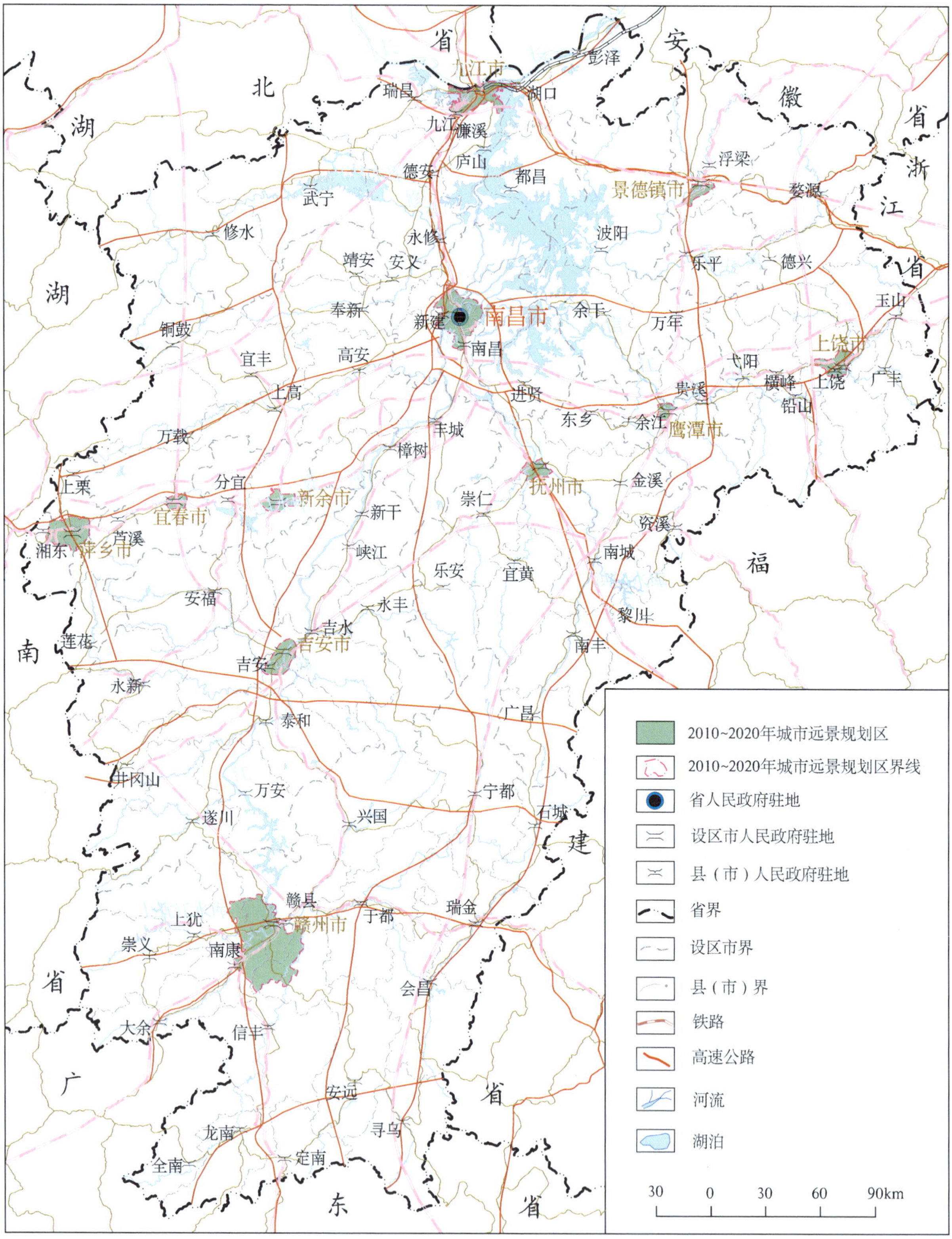

图 10-36-0 江西省主要城市城区规划区分布图

Fig. 10-36-0 The distribution map of major planning urban regions of Jiangxi Province

第三十六章　南昌市

省会英雄城南昌市古称洪都，位于鄱阳湖平原南部，始建于西汉。南昌市现处于京九－浙赣经济走廊交汇地区，为江西交通、经济、文化、政治中心，面积约 617.07km^2。

第一节　地理地质背景

一、自然地理

南昌市气候温暖，雨量充沛，四季分明，年均气温 17.10~17.70℃，年均降雨量 1515~1595mm。每年 4~6 月降雨量较集中，10 月至翌年 1 月为少雨季节。由于气温变化较大，降水分布不均，有高温干旱，低温冷害和暴雨洪涝等气象灾害发生。

南昌市地表水系发育，有水城之称。有瑶湖、梅湖、象湖、青山湖、东湖、西湖以及赣江、抚河、玉带河、乌沙河等。据外洲水文站资料，赣江最高洪水位 23.33m，最低水位 14.50m，最大洪峰流量 21200m^3/s，最枯流量 172m^3/s，最大流速 2.53m/s。据抚河钱溪闸水文站资料，多年平均最高洪水位 20.07m，多年平均最低水位 15.38m。

南昌地区处于赣江抚河尾闾，东北滨临鄱阳湖，西北为梅岭山地。地势总体西北高、南东低，依次发育低山丘陵、岗地、平原，呈现层状地貌特征。以赣江为界，赣江西北部主要为低山丘陵、岗地，赣江以东为河流侵蚀堆积平原，河湖港汊纷布，辫状水系发育（图 10–36–1）。

二、地质条件

（一）地层岩性

1. 第四系

第四系冲积层为工作区主要出露地层。分布于赣江、抚河冲积平原，主要包括全新统、上更新统和中更新统，下更新统仅零星分布于区内西北部的前湖、瀛上等地。

1）中更新统冲积层：沿尤口—罗家集—谢埠，老福山—邓家埠—莲塘大致呈南北向带分布，组成垄岗状地形。上部亚砂土、亚黏土，厚 5~7m，下部砂砾石层厚 20m 左右。

亚砂土分布于老福山—邓家埠—莲塘一带，垂直渗透系数大，有利于大气降水入渗补给。

2）上更新统冲积层：分布于上述两条垄状地形之间广大地区及瑶湖一带，构成平坦的一级内叠阶地。上部亚黏土层厚 3~10m，下部砂砾石层厚 12~20m。

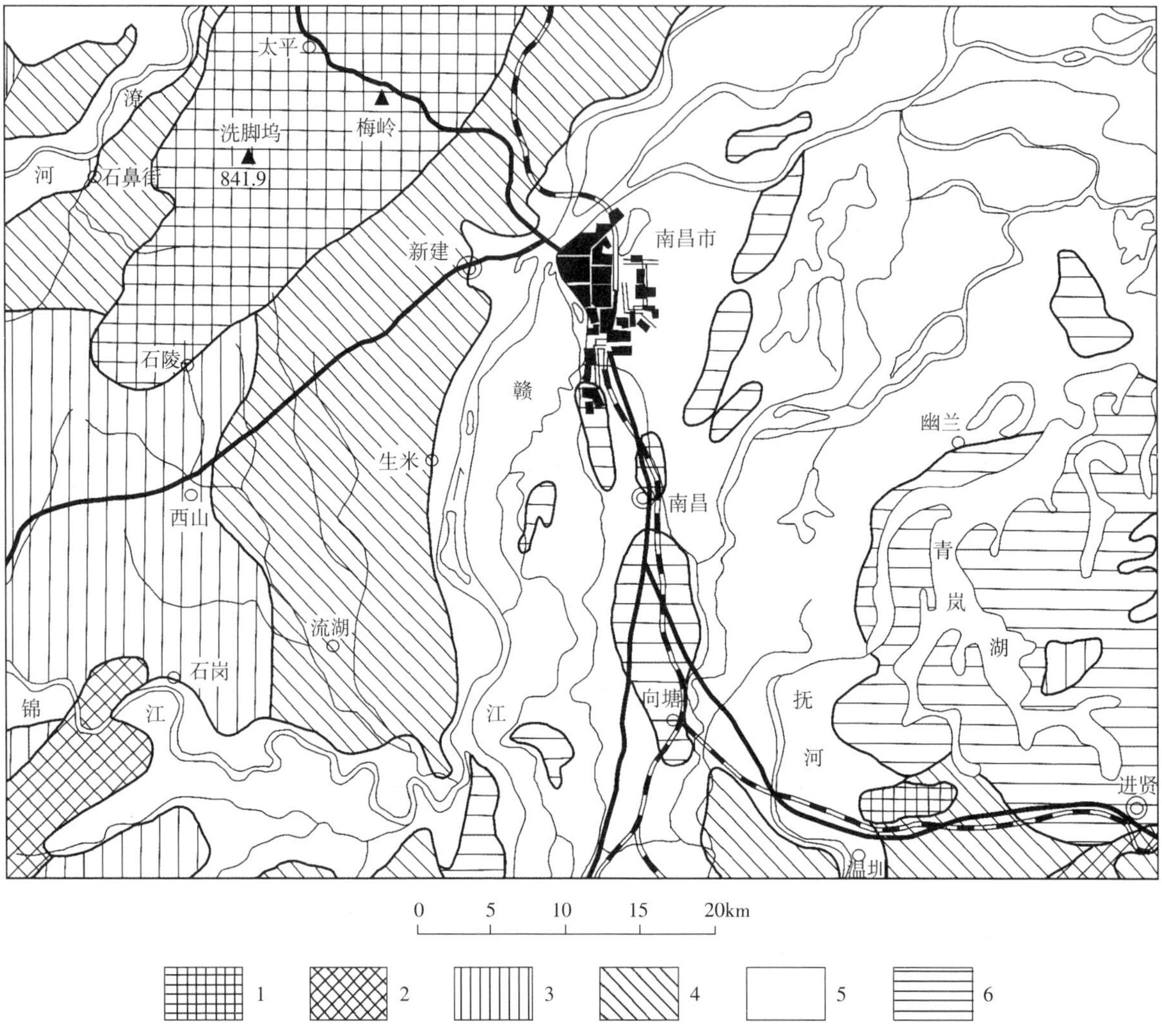

图 10-36-1　南昌地区地貌图

Fig. 10-36-1　Geomorphologic map of Nanchang region

1—低山；2—低丘；3—高岗；4—低岗；5—平原；6—Ⅰ、Ⅱ级阶地

3）全新统冲积层：分布于赣江、抚河干流近岸地区，组成高漫滩阶地。上部亚黏土层、亚砂土层厚 3~7m，下部砂砾石层厚 6~10m。

4）残坡积层：主要分布于生米街、望城岗—乐化一带，为一套残坡积堆积物，岩性为棕红色含碎石粉质黏土，具网纹结构，厚度 2.0~7.8m。

2. 古近系新余组

仅零星出露于瀛上、石头口、西河砖瓦厂等地，但根据钻孔和地震剖面资料，在盆地的第四系覆盖层之下尚有广泛分布。为一套河湖相紫红色碎屑岩建造，厚度大于 370m。主要岩性为紫红色含钙泥岩与灰绿色含钙泥岩互层、紫红色钙质粉砂岩、紫红色厚层 - 巨厚层状砾岩、砂砾岩、含砾砂岩。

3. 上白垩统

上白垩系仅出露于赣江西岸的生米街、望城岗等地，但根据钻孔和地震剖面资料，在第四系覆盖层以下之盆地中，尚有广泛分布，为一套河湖相红色碎屑岩建造。岩性上部主要为紫红色含钙砂砾岩及砂岩，中夹泥岩；下部以暗紫红色粉砂质泥岩、粉砂岩及细砂岩为主，中夹砂砾岩层。厚度大于1062m。与下伏地层呈沉积不整合接触。

4. 上古生界－中生界

包括上泥盆统－下石炭统华山岭组红色砂砾岩、砂质岩；下石炭统梓山组煤系、上石炭统－二叠系－下三叠统碳酸盐岩、上三叠统安源组煤系等呈构造岩片出现于西部西山地区，根据钻孔揭露，在新建东岗桥等地隐伏于红层之下，构成含热水层。

5. 新元古界下部

1）万年群牛头岭组昌北千枚岩段

分布于南昌北西部的西山—乐化一线以南至赣江北支之间。主要由凝灰质千枚岩、片状绢云千枚岩及千枚状板岩组成。厚度约509m。

2）双桥山镇梅岭片麻岩

分布于梅岭张家、黄杨村及汪家等地。为一套受梅岭花岗闪长岩体边缘交代混合作用和韧性剪切作用形成的糜棱混合片麻岩、条带状混合岩、绢云母、绿泥石千枚岩等。厚度大于264m。

6. 岩浆岩（γ）

区内岩浆岩主要为晋宁期花岗闪长岩，其次有辉长岩、辉长辉绿（玢）岩等。深山红层中有零星的玄武质熔岩。

梅岭花岗闪长岩分布于梅岭湾里一带，属九岭岩体的东延部分。岩性主要为花岗闪长岩，次为黑云二长花岗岩和黑云英云闪长岩，以中粒结构为主，局部为细粒结构，片麻状构造较为发育与围岩呈侵入交代接触。

辉长岩、辉长辉绿（玢）岩分布于南昌市区西北部的乌沙垴及乐化等地。沿北东向断裂呈岩墙状侵入于万年群变质岩中。围岩为前震旦系昌北千枚岩和梅岭片麻岩。时代为晚白垩世，岩石呈灰绿－墨绿色，具辉长－嵌晶含长结构或残余辉长结构及粒柱状变晶结构，块状构造。大都遭受不同程度的钠长化、绿帘石化或阳起石化。岩体节理较少，块度较大，是良好饰面石料（图10–36–2、图10–36–3）。

（二）地质构造特征

南昌地区属扬子板块与华夏板块结合带萍乐坳陷带、九岭推覆带以及鄱阳湖盆地，地质结构、地质构造复杂。

1. 梅岭逆冲推覆体

九岭推覆体东端、由晋宁期花岗闪长岩和万年群变质岩组成，向东南方向进出的舌状凸起低山。逆覆于萍乐坳陷带之上。其前缘为宜丰－景德镇深断裂带长埈—乐化段。走向北东东至北北东向。

2. 西山叠瓦式推覆带

出露于新建县西山、向东在南昌市区被覆盖于红层之下。由万年群变质岩与上古生界－中生界碎屑岩、煤系、碳酸盐岩构成近东西至北东东的岩体推覆带。

3. 第四系掩盖区基岩构造

（1）凸起、凹陷

区内南东的广大地区为白垩纪以来鄱阳断陷盆地的一部分，上白垩统及古近系沉积厚度较大，在北北西向象湖断裂向东迅速加厚。据九一五队在南昌莲塘施工的赣7#钻井资料，钻孔深3132.9m，仍

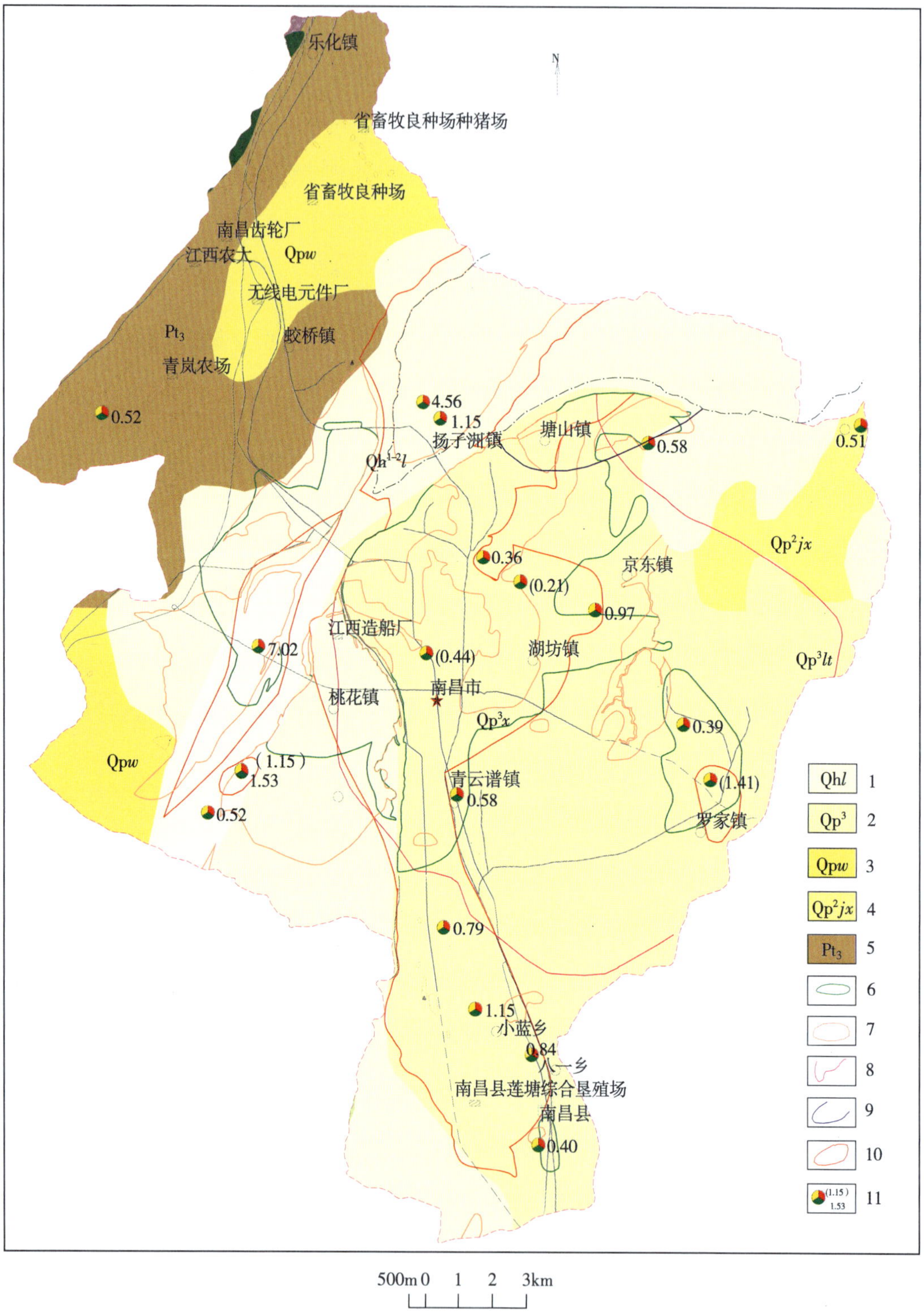

图 10-36-2 南昌市环境地质略图

Fig. 10-36-2 Map of environmental geology from Nanchang city

1—全新统联圩组：下砂砾石，上亚砂土（洪冲积）；2—Qp^3lt 上更新统莲塘组：下黄色砾石，上砂土（冲积）；3—中更新统望城岗组；4—中更新统进贤组：下红土砾石，上网纹红土（洪冲积）；Qp^3x 上更新统新港组：亚黏土（河泛湖积）；5—新元古界牛头岭组：复成分砾岩、千枚岩；6—人工填土分布界线；7—软土分布界线；8—地下漏斗分界线；9—水源地分布线；10—地下水污染分界线；11—地下水污染点：综合污染指数括号内为下伏基岩裂隙水的指数

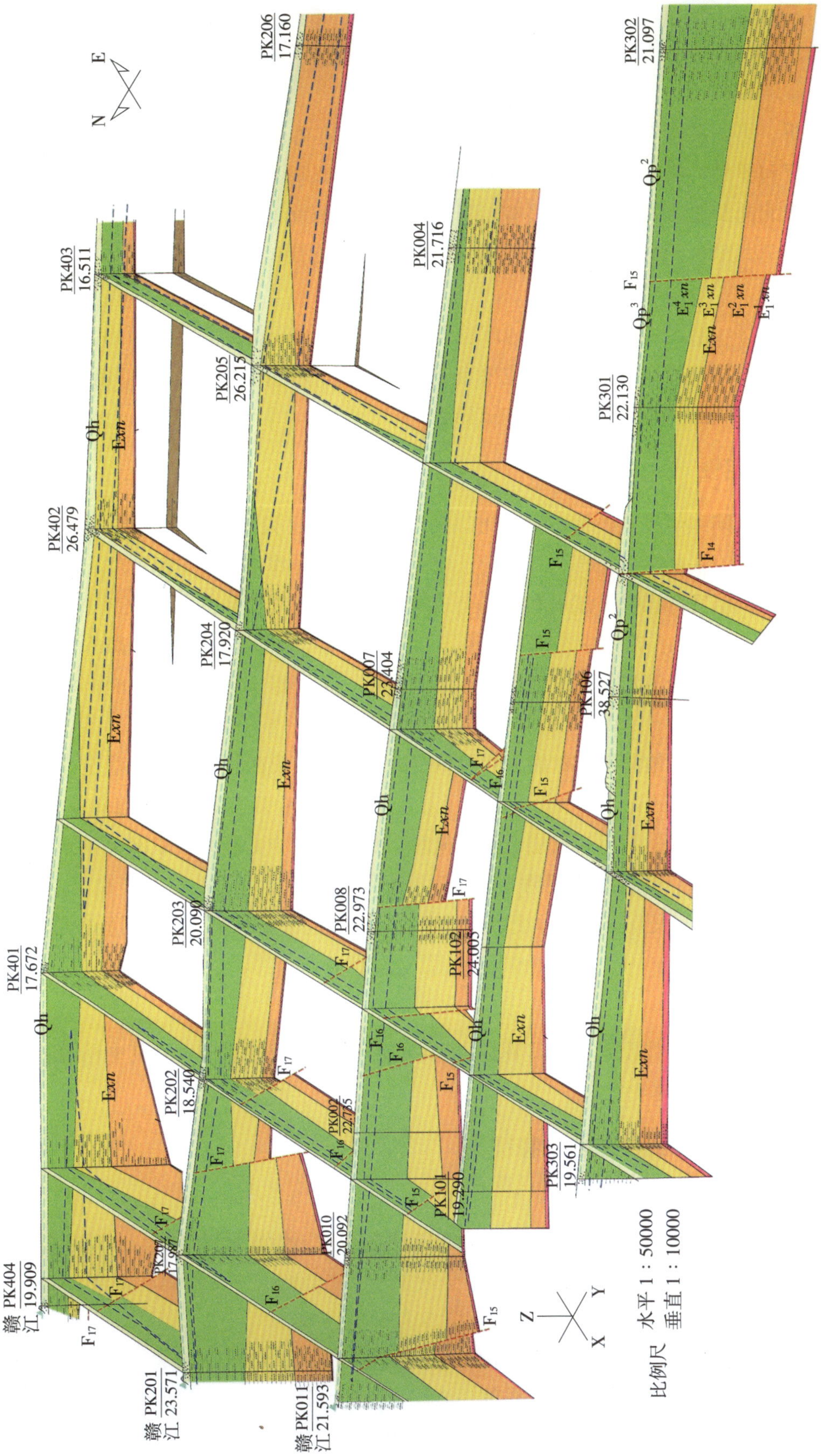

图 10-36-3　南昌市三维地质图

Fig. 10-36-3　3D Geological map of Nanchang city

Qh—全新统；Qp^3—上更新统；Qp^2—中更新统；Exn—古近系新余组（分为四段）

未穿透上白垩统。又据南昌地区 1∶5 万布格重力资料推新，南昌市有青山湖凹陷、青云谱凹陷、象湖凸起基岩凸起构造。

(2) 褶皱

据钻孔资料分析，第四系覆盖层下的上白垩统及古近系中存在着波状缓倾斜褶皱。北东向褶皱有八一桥－江西树脂厂和罗村－熊家村向斜，背斜有龚家－许梁村背斜，相间展布于断陷盆地北侧的南昌市以东地区。近南北向及北北西向褶皱主要有：下施窑－邓家铺背斜及楼喻村－铺下村向斜。均分布于南昌市与莲塘之间。其中下施窑－邓家铺背斜两翼多为断层所割切。

(3) 断裂

断陷盆地断裂不发育。据遥感影像解译和地球物理资料的综合分析推断，南昌断陷盆地中发育有多组隐伏或半隐伏断裂，均有待进一步查证。主要有北北西向象湖东断裂 (35)、莲塘断裂 (19)，北北东向青云谱断裂 (27)，北东及北东东向赣江中支断裂。

(三) 区域地壳稳定性

古近纪渐新世鄱阳断陷盆地完全萎缩，区域上以持续上升为主，处“陆蚀”时期。进入第四纪，地壳以不均衡差异性升降为主要特征。西北部低山丘陵区以缓慢抬升作用为主。但总体上岩石风化速度大于剥蚀速度，残坡积层发育。据长江水利委员会二等水准测量资料，昌北乐化地区 1955~1977 年间，平均上升速率为+0.105mm/a。市区中东部处于赣抚三角洲平原，以震荡性差异升降作用为主，但总体上沉降大于隆升，赣江、抚河河床往复迁移，在不同地段、不同标高堆积了不同时期的第四纪沉积物。

据第四纪地质、地貌、浅层地震勘探和航卫片解释资料，南昌市第四纪以来地壳稳定性较好。象湖盆地北缘的北东向瀛上－西河砖瓦厂断裂活动强度明显减弱。盆山断裂很弱，北北西向象湖东断裂、晚白垩世早期控盆后期停止活动，被后期红层沉积所掩埋。在第四系中更新统残积网纹红土中发育一组北东向压剪性断裂构造形迹，断层中有泥质充填物且有网纹化特征。其形成时间应晚于中更新世。在晚更新世和全新世地层中没有发现其沉积厚度或岩相突变地段，也未见断裂活动的明显迹象。

三、水文地质条件

南昌市地下水类型有松散岩类孔隙水、碎屑岩孔隙裂隙水和基岩裂隙水三种。其中松散岩类孔隙水、碎屑岩孔隙裂隙水为主要含水岩组。

(一) 含水岩组空间分布及水文地质特征

1. 松散岩类孔隙水

松散岩类孔隙含水层由全新统、上更新统和中更新统冲积的砂、砂砾石层组成。分布于赣江、抚河河谷平原区。全新统与上更新统两者呈内叠接触。全新统、上更新统、中更新统三者含水层由于顶、底板高差不大，水力联系密切，构成统一的含水层 (图 10-36-4)。

砂砾石层顶板标高一般 9~18.0m，底板标高-8~10.0m，厚度一般 10.0~28.0m。含水层结构单一，一般由两个岩性段组成。上部为黏性土、粉土，局部夹淤泥质黏性土透镜体，一般厚度 5~10m，导水性微弱，渗透系数 0.001~0.5m 左右，为相对隔水层。下部为砂砾石层，是地下水主要贮存空间。含水层

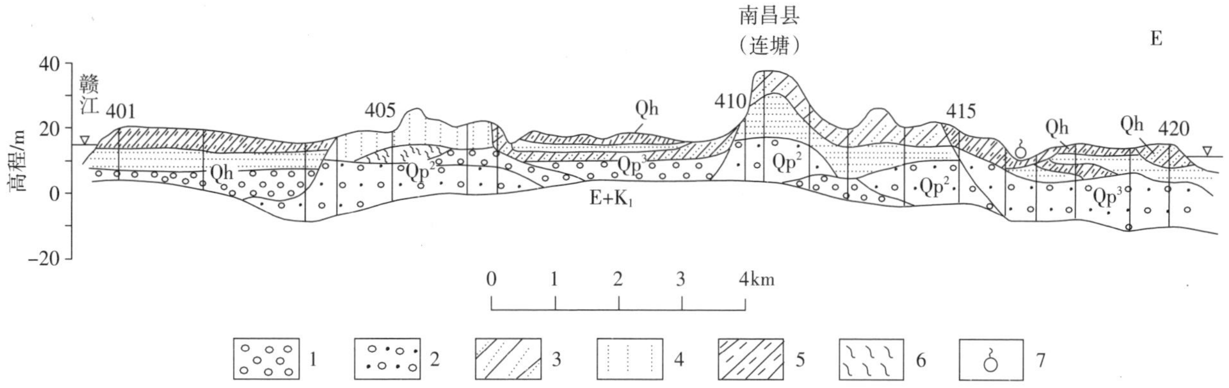

图 10-36-4 孔隙含水层水文地质剖面图

Fig. 10-36-4 Hydrogeology profile of pore aquifer

1—砾石；2—砂砾石；3—砂；4—粉砂；5—黏土；6—淤泥；7—上升泉；

Qh—全新统；Qp^3—上更新统；Qp^2—中全新统；$E+K_1$—古近系+上白垩统

厚度自西向东（八一桥 5.0m，南昌大学 17.0m，太子殿一带达 28.0m）和自南向北（青云谱 10.0m，龙王庙 14.0m，江纺 20.0m，南新乡 30.0m）逐渐增厚。含水层的富水性受岩性条件影响具有差异性，在赣江沿岸及以东的广大地区单井涌水量为 1016~4916m³/d，渗透系数一般为 53~160.9m/d，漫滩、心滩渗透系数为 260~360m/d。八一桥以下的赣江北支、中支、南支河间地块为极强富水，单井涌水量 5486~9776m³/d，渗透系数一般为 23.4~149.0m/d。赣江以西的岗间谷地及残坡积层富水性弱，单井涌水量≤100~1000m³/d，渗透系数 4~25.0m/d。

2. 碎屑岩孔隙裂隙水

区内碎屑岩孔隙裂隙含水岩组均伏于第四系孔隙水之下。区内老抚河—八一桥一线以西为古近系新余组，以东为上白垩系龟峰群，均属河湖相紫红色碎屑岩。在第四系之下有厚 10~20m 的红色粉砂岩风化裂隙带，致使“红层”含水岩组与上覆松散类孔隙水含水层之间存在有良好的连通性，两者形成统一的承压水面，水位标高 4~17.0m。古近系溶隙裂隙水含水层主要为紫红色含钙质细砂岩、粉砂岩和灰绿色含钙泥岩互层组成。由于岩石钙质含量较高，在地下水的溶蚀作用下，形成蜂窝状溶隙（孔），成为地下水良好的赋存场所及运移空间。据南昌市红层供水勘察资料，沿莲塘 - 老福山 - 八一桥北北西向张剪性断裂带和老福山至南昌大学北东向背斜轴部一带，红层隔水顶板较薄，溶蚀孔隙发育，成为地下水富水带，富水带宽 1~2.0km。含水层厚 19.59~69.00m，顶板埋深 30.0~50.84m，单井涌水量一般为 1183.68~3630.83m³/d，渗透系数一般为 4.09~11.61m/d，其富水带外围东西两侧含水层厚 17.27~90.08m，顶板埋深 25.05~77.05m，单井涌水量 136.23~921.44m³/d，渗透系数 0.22~4.09m/d。在市区八一桥—赣江大桥一带，含水层厚 15.11~28.61m，顶板埋深 33.66~38.59m，单井涌水量 44.06~68.26m³/d，渗透系数 0.22~0.94m/d。

（二）地下水的补给、径流、排泄条件及动态变化规律

南昌市地势为西部高、东部低，且由西向东逐渐降低，地下水的运动变化规律可分三个区。

西部梅岭山区是区内一级分水岭，基岩裸露，构造裂隙发育，断裂及裂隙是地下水的主要径流通道，以大气降水补给为主，地下水埋藏较深，水位变幅大，地下水以垂向和就地排泄为主。

赣、抚河流冲积平原区，第四系含水层补给来源有河水侧向补给，大气降水垂向补给和红层地下水越流补给三方面。河水侧向补给：赣江是南昌市地下水重要的补给边界和排泄边界。东新至八一桥，赣江河床坐落于全新统砂、砂砾石层之上，与地下水有密切的水力联系，一般情况下起排泄地下水作用，汛期可反补地下水。八一桥至江纺一带，赣江切穿了上更新统的粉土、粉质黏土层，河床为全新统的砂、砂砾石堆积，与含水层保持密切的水力联系，补给地下水的能力很强。大气降水垂向补给：主要分布于赣江两岸，莲塘、邓家埠、罗家集、尤口、扬子洲等地区，赣江两岸主要为全新统冲积层分布，绝大部地段砂层裸露并且与下部砂砾石含水层相通，渗透性能良好，大气降水可直接渗入补给地下水；在莲塘—小兰、罗家集—邓家埠一带分布着巨厚的上、中更新统冲积砂层，颗粒粗，渗透性好，利于大气降水的渗入。据室内渗透试验资料，粉质黏土渗透系数为0.49~3.5mm/d，粉土则为1.09~4.16mm/d。红层地下水越流补给：区内在未开采红层地下水情况下，红层地下水已形成降落漏斗，其形状与第四系降落漏斗基本一致，这说明红层含水层与第四系含水层之间存在着水力联系，第四系地下水可获得红层地下水的越流补给。

以南钢为中心的区域属地下水位降落漏斗区，受开采影响，地下水的径流模式是由四周向漏斗中心的汇流式径流。

第四系之下的红层溶隙裂隙地下水，仅通过含水层的出露地段及断裂带取得大气降水的渗入补给和上覆第四系地下水的越流下渗补给，其补给范围主要分布于漏斗边缘及其外围一带。在漏斗以外，红层地下水由南向北径流，在漏斗以内，红层地下水向漏斗中心运动。在漏斗中心及漏斗周边，红层地下水水位高于第四系地下水水位，红层地下水越流顶托排泄于第四系孔隙含水层。

（三）地下水的水化学特征

区内地下水一般为无色透明，无嗅、无味，仅在滨湖地区松散岩类孔隙地下水局部具泥、铁腥味。受含水层岩性，地下水的补给、径流、排泄条件的控制及人为活动的影响，形成地下水不同的水质类型。

赣、抚冲积平原的全新统、上更新统冲积层地下水交替条件较好，一般为HCO_3–Ca·K+Na型水，沿江局部地段及中更新统分布区一般为HCO_3–Cl·Na·Ca型水。南昌降落漏斗区受红层地下水的越流补给，致使矿化度和SO_4^{2-}离子含量增高。红谷滩地区和八一桥以下赣江支流的滨湖地区地势低洼，地下水运动缓慢，并且处于地下水渗流交替缓慢的弱还原地球化学环境，第四系孔隙地下水中铁锰质成分含量高是普遍存在的问题。西部岗地沟谷冲积层和残坡积层，地下水交替条件好，地下水水质为HCO_3–Ca型水。

第四系之下的红层溶隙裂隙水，地下水交替缓慢，岩层中富含易溶于水的钙盐（方解石，石膏），在地下水的溶蚀作用下，逐渐从岩层中溶解出来，使地下水Ca^{2+}、SO_4^{2-}含量普遍增高，形成SO_4–K+Na·Ca型水。

区内西北部基岩分布区，基岩裸露地表，地下水主要随着循环介质中岩石可溶成分的变化而变化。

四、工程地质条件

（一）岩体工程地质特征

岩体仅出露于赣江西部，有新元古界变质岩，晋宁期、燕山期花岗岩、辉长岩脉，上白垩统–古近系红色碎屑沉积岩类零星出露，大面积隐伏于中东部的第四系堆积层之下。

1. 岩浆岩、变质岩类

（1）块状坚硬的花岗岩岩组

分布于梅岭山区前十八岭—桃花岭一带，岩性以黑云母花岗闪长岩为主，岩石坚硬，块状构造，完整性较好。强风化层厚一般为5~12m。

（2）较软－软的板岩千枚岩岩组

分布于新建县—乐化良种场一带。岩性以凝灰质千枚岩、板岩为主。岩体因受多期次构造变动，岩石挤压褶皱强烈，节理裂隙发育，局部产状不稳，且原生结构面（岩层倾角）较陡。泥化软弱夹层与软弱结构面较多，完成性差，呈薄层状，较易产生边坡失稳。强风化层厚度5~15.0m。

（3）块状较坚硬－较软的片麻岩岩组

分布于黄杨村—南山一带，岩性为混合糜化片麻岩。原岩成分为泥砂碎屑沉积变质岩，片麻状构造，常含有石英脉，脉幅数厘米至2m。岩石裂隙发育，呈块状。全风化厚0.5~8.0m，渗透系数0.8×10^{-6}~1.314×10^{-5}cm/s，属极弱透水性；强风化厚度2.98~14.40m，渗透系数4.21×10^{-6}~1.344×10^{-4}cm/s，属极弱－微弱透水性；弱风化厚2~7.8m，渗透系数9.55×10^{-6}~1.076×10^{-3}cm/s，属极弱－弱透水性。

2. 沉积岩类

为上白垩统－古近系固结低的红色砂砾岩层。零星出露于盆地西北边缘，大部分被第四系覆盖。

（1）厚层状软质的粉砂岩岩组

岩性为紫红色粉砂岩夹泥岩，普遍含钙，产状平稳，岩质软。

（2）厚层状较软－软的粉砂岩、泥岩、砂砾岩组

为古近系新余群。顶板埋深一般为20~35.0m，界面起伏平缓，岩性为含钙粉砂岩、泥质页岩及砂砾岩。含膏盐及贮存石膏细脉，局部具蜂窝状溶孔而富水。

（二）土体工程地质特征

1. 人工填土

（1）松散高压缩杂填土层

人工杂填土层老城区分布最广，主要堆积在原始地势低洼的池塘洼地和暗滨、赣江沿岸等地带，厚度随原始地形高低变化较大，分布极不均匀。八一大道以东及昌北凤凰洲上滩村等地，厚度一般小于3.0m，老抚河的老城区段两侧、八一大桥等地厚度一般大于5.0m，最大厚度为16.0m，其他市区一般厚度3.0~5.0m。杂填土由于堆积时间晚，构成成分杂，且大多数未经压密处理，所以压缩性高，属不良土体。

（2）松散中压缩的人工冲填土

仅分布赣江西岸的红谷滩新城区，为2000年以后因开发红谷滩填高场地而冲填，物质成分单一,为粉细砂、中细砂。厚度大于5.0m，局部暗滨沟部位可达9.0m。

2. 软土

软塑－流塑状高压缩性软土

区内全新统、上更新统上段冲积层上部黏性土中，局部夹有一层或两层的软土透镜体。岩性为淤泥质黏土，淤泥质粉质黏土。青山湖、艾溪湖滨部位为淤泥或泥炭。厚度和埋深各地不一，变化也较

大。总体呈北东向分布，可划分四个条带：

红谷滩—凤凰洲—扬子洲条带，顶板埋深：丰和南大道以西，庐山南大道两侧，扬子洲大于5.0m。红谷滩中心区，八一大桥北端及杨子洲胜利农场厚度小于2.0m，其余地区大于2.0m。

朝阳农场—江西造船厂条带，顶板埋深2.0~5.0m，厚度一般大于2.0m，十二中一带小于2.0m。

李家庄—桃花桥—南昌阀门厂条带，近南北向分布，顶板埋深2.0~5.0m，厚度大于2.0m。

北沥徐村—老刘村—沈家桥条带，顶板埋深大于5.0m。北沥徐村、南房胡村—沈桥厚度小于2.0m。老刘村—罗村厚度大于2.0m，且为双层结构。

区内软土固结程度低，天然含水量大于液限，孔隙比1.01~1.57，有机质含量0.38%~2.12%，内摩擦角平均9.38°，凝聚力平均12.35kPa。软土压缩性高，具触变性，是区内的不良土体。

3. 一般性黏土

分布于赣江、抚河沿岸及山间谷地，组成河谷平原漫滩的表层。据岩性与工程地质特征差异可划分三个工程地质层：

(1) 可塑状中等压缩性黏土层

分布于赣江以西的西源刘家，掩伏于人工冲填土之下，顶板埋深3~5.0m，厚度0.5~1.2m。扬子洲一带伏于粉土层之下，顶板埋深2.5~6.3m。厚度1.0~2.0m。该层分布不连续，层位稳定性差。

(2)可塑状中等压缩性粉质黏土

分布于赣江、抚河高漫滩，青山湖、艾溪湖周边地带，一般出露地表，局部伏于粉土层之下。分布连续、层位稳定，厚度在抚河古道、赣江以西一般4~6.0m，抚河沿岸2.4~5.0m，艾溪河—青山湖一带一般2~6.0m。黏土矿物以高岭石与多水高岭石为主，含量分别占43.6%和64.1%。

(3) 中密湿的粉土层

分布于赣江东岸文石及八一桥以下赣江分支河间地区、抚河沿岸地带，一般出露地表，东新乡—朝阳农场伏于粉质黏土之下。层位分布连续，较稳定，厚度赣江以西1.0~2.5m，赣江—老抚河之间1.5~2.0m，赣江分支河间地区1.5~5.0m。

4. 老黏性土

包括上更新世和中更新世形成的冲积黏土和第四纪以来形成的残坡积黏性土。由于湿热化程度较高，土的颜色多呈红、砖红、黄褐色。冲积成因的岩性以粉质黏土为主，次为黏土和粉土。粉质黏土分布范围最广。分布连续，层位稳定。一般均出露地表。厚度一般5~10m。残坡积成因以含不同母岩碎石粉质黏土为主，一般多具网纹或似网纹结构。根据岩性与工程地质特征的不同，划分为四个工程地质层：

(1) 硬塑状中等压缩性黏土层

分布于城区贤士湖—莲塘条带，贤士湖—双马被人工填土覆盖，双马—莲塘出露地表，该层位断续分布稳定性差，厚度一般为1.9~3.6m。

(2) 硬塑状中等压缩性粉质黏土层

广泛分布于赣江以东和莲塘一带，除城区伏于人工填土之下或软土之下外，多出露地表。厚度一般为2.0~4.5m，罗家地区可达11.0m。层位分布连续、稳定，有由西向东逐渐增厚的趋势。黏土矿物伊利石含量占40%~75%，高岭石含量占20%~50%。

(3) 中密稍湿的粉土层

分布于城区、莲塘、尤口及罗家镇一带，岱山—南昌农药厂一带出露地表，分布较连续，厚度1.16~6.96m。其他地区主要呈透镜状伏于黏土层之下或夹于粉细砂层间，厚度小，顶板埋深2.0~5.0m。

(4) 硬塑状低－中等压缩性含砾石黏土粉质黏土层

分布于赣江以西的生米街发、乐化等岗地上，厚度因地形起伏变化较大，一般2.0~7.8m，地形坡度小于20°。

5. 粉细砂层

一般组成全新统上更新统冲积砂类土的上部层位，多伏于黏性土之下，在赣江、抚河的沿岸边滩、心滩及莲塘富山等地带直接出露地表。

(1) 松散－稍密的粉细砂层

主要沿赣江、抚河沿岸的高漫滩、边滩、心滩分布，高漫滩地带伏于粉质黏土之下，边滩、心滩地带直接裸露地表。分布一般较连续，顶板埋深一般2.0~8.0m，厚度1.5~5.0m，多处于地下水位以下，饱水状。

(2) 中密－密实的粉细砂层

主要分布于城东的罗家、瑶湖、莲塘，一般伏于老黏土之下。在连塘富山则裸露地表，分布连续，层位稳定，顶板埋深4.0~10.0m，厚度2.0~10.0m。

6. 中粗砂

赋存于全新统、上更新统及中更统冲积层中，主要伏于粉细砂或老黏性土层之下。

(1)中密的中粗砂层

主要分布于赣江、抚河的边滩、心滩地带，伏于粉细砂之下。八一桥—南昌大桥则伏于一般黏性土或软土之下，顶板埋深2.5~8.0m，厚度2.0~4.0m。

(2) 中密－密实的中粗砂层

主要伏于粉细砂层或老黏性土层之下，扬子洲、蒋巷、瑶湖一带分布较连续，一般断续分布。顶板埋深3.5~10.0m，莲塘、瑶湖、蒋巷、扬子洲等地厚10~18.0m，其他地区厚2.0~5.0m。

(3) 密实的中粗砂层

分布于罗家集、尤口等地，层位稳定，分布连续，顶板埋深10.4~24.90m，厚度2.0~18.40m。

7. 砾砂

贮存于全新统，上更新统及中更新统冲积层中。主要伏于粉细砂层或中粗砂层之下，沟谷地带则伏于粉质黏土之下。

(1) 中密的砾砂层

分布于赣江（八一桥上游），抚河沿岸以及赣江下游河间地块，分布连续，层位稳定，顶板埋深5.0~14.0m，厚度2.0~10.0m，渗透系数103.68m/d。

(2) 中密－密实的砾砂层

广布于城区以东莲塘一带，层位稳定，顶板埋深及厚度变化较大，顶板埋深一般5.0~7.0m，厚度2.0~15.0m不等，渗透系数6.91~20.74m/d。

8. 卵砾石层

贮存于全新统，上更新统以及中更新统冲积层，层位稳定，分布连续。顶板埋深10~20.0m，厚度5.0~12.0m，渗透系数160.7m/d。

第二节　生态地质资源

一、应急地下水源地

（一）扬子洲－南新应急地下水源地

位处赣江的西支、中支、南支河间地块，面积 159.62km²（含水面），水源地地势平坦，地形高差一般为 2~5m，地表水系、湖泊、池塘发育，分布地层为全新统—上更新统冲积层，古近系红层伏于第四系之下。地下水以第四系浅层潜水为主，局部为微承压水。地下水水位埋深一般为 2.78~7.0m，水位年变幅 1~3.0。含水层具二元结构；上部为粉质黏土或粉土，含水性差，为相对隔水层；下部为砂、砂砾卵石层，是地下水的贮水层，含水层厚度具有自南向北增厚的变化规律，一般为 14.7~28.5m，地下水以大气降水垂向渗入补给和洪水期及开采状态下的河流侧向补给为主，次为碎屑岩溶隙裂隙水的越流补给。枯水期地下水排泄于河水。

根据应急地下水水源地水文地质条件估算水资源量见表 10–36–1。

表 10–36–1　扬子洲－南新乡水源地地下水资源量一览表

Table 10–36–1　Quantity of underground water resources at Yangzizhou–Nanxin

水源地名称	水源地面积 /km²	天然补给资源量 $10^8m^3\cdot a^{-1}$	可开采资源量 $10^8m^3\cdot a^{-1}$	已开采资源量 $10^8m^3\cdot a^{-1}$	开采程度 /%
扬南水源地	159.62（含水面）	1.075	0.734	0.013	1.8

按表 10–36–1 可知，应急地下水水源地开采程度仅 1.8%。为了保证地下水资源量的无限期开采，开采地下水可采用统一管理集中式方法，井径为 2.0m，井距 1000m，井深进入红层基岩 5~10m，开采动水位取饱水含水层厚度的 1/3。

该地下水水源地范围内村镇较少，人口密度不大，自然生态环境较好。地下水水质一般无色、透明、无嗅，具铁腥味。地下水水化学类型为 HCO_3–Ca、HC_3–K+Na 型水。值得注意的是地下水中铁、锰含量背景值偏高，其含量均超过国家饮用水卫生标准。开采利用该地下水作为生活饮用水时，应进行除铁、锰处理。

（二）广福－向塘应急地下水源地

位处赣抚河流冲积平原，分布范围地理坐标 x：20382000~20404000，y：3136000~3154000；面积 250.0km²。第四系地层总厚 23.50~37.80m。地下水以微承压水为主，局部为潜水。地下水水位埋深广福—岗上一带 2.50~5.0m，向塘地区 5.0~10.0m；水位年变幅 0.5~2.0m。第四系浅层地下水与含水层具二元结构，上部为粉质黏土，含水性差，为相对隔水层，下部砂砾卵石层贮水层，厚度一般为 16.0~27.75m，渗透系数 78.52~100.70m/d，平均单井出水量 1000m³/d。影响半径 500m。地下水以大气降水垂向渗入补给和丰水期及开采状态下的河流侧向补给为主，次为红层基岩裂隙水的越流补给。

广福－向塘应急地下水估算水源地地下水可开采资源量见表 10–36–2。

表 10–36–2　广福－向塘应急水源地地下水资源量一览表

Table 10–36–2　Quantity of underground water resources (meet an urgent need) at Guangfu–Xiangtang

水源地名称	水源地面积 /km^2	天然补给资源量 $10^8m^3 \cdot a^{-1}$	可开采资源量 $10^8m^3 \cdot a^{-1}$	已开采资源量 $10^8m^3 \cdot a^{-1}$	开采程度 /%
广福—向塘水源地	250.0	1.12	0.90	小于 0.01	1.1

按表 10–36–2 可知，应急地下水水源地开采程度仅 1.1%，地下水资源量还有很大潜力。

该水源地范围内村镇较少，人口密度不大，自然生态环境较好。地下水水质一般无色透明、无嗅、无味。地下水水化学类型以 HCO_3–Ca 为主，次为 HC_3–Na 型水。地下水主要为低矿化度，低硬度的软淡水。地下水各项化学成分浓度含量符合国家饮用水卫生标准。

二、南昌市地热资源

（一）南昌红盆地地温场特征

南昌地区属构造沉陷区沉积盆地地热系统，称南昌红盆地。盆地基底为九岭南缘推覆体与萍乐坳陷形成的变质岩、沉积碎屑岩、煤系、碳酸盐岩组成的构造岩层堆叠带，结构复杂。其上有巨厚的古近系或上白垩统红层，地表无任何热显示。

南昌红盆地内 20 个钻孔主要地温特征值列于表 10–36–2。从该表可以看出，南昌盆地地温梯度自每百米 1.43℃至每百米 4.59℃，变化甚大，平均为每百米 3.46℃。大部分地区介于每百米 3.0℃至每百米 4.0℃之间（图 6–21–1）。盆地边缘及盆地外圈，地温梯度每百米<2.4℃，向盆地中央渐次增大。每百米>4.0℃的高值区出现在象湖凸起东端到南昌凹陷中心部位。在垂向上，钻孔测温线均为“传导型”曲线，地温随深度而增高，最高温度出现在孔底，无负梯度。但增温率在不同孔段因地层岩性的差异面变化，呈现随深度增大而减小的趋势；红层地温梯度大于基底，古近系地温梯度大于白垩系，古近系上部泥岩较多，其增温梯度又大于下部。

南昌盆地 500m 深度地温平均为 36.1℃，大部分地区介于 33~38℃之间。1000m 深度地温平均为 51.6℃，大部分地区介于 46~54℃之间。25℃地温等温面平均埋深为 172m，大部分地区介于 15~200m 之间。与地温梯度的平面分布相似，500m 深和 1000m 深地温高值区和 25℃等温面浅埋区也出现在象湖凸起东端至南昌凹陷中心部位。可能与莫霍面上隆、上地幔物质上涌放热有关。

（二）南昌红盆地地下热水赋存特征

南昌红盆地浅部红层（主要是古近系新余组）发育似层状溶隙含水层，富水性可观，单孔出水量最大可达 2344t/d（PK301），但含水层埋深不大，水温与主要含水段所在深度地温相当，一般仅 22~26℃，最高不过 30℃（ZK102）。

南昌地区在已有钻孔控制的 1000m 左右深度内，浅部有水不热，深部红层有热缺水。

深山莲塘区—赣 7 孔附近至昌北一带、赣 7 孔南雄组下段上部，地球物理测井显示高阻低电位，可能赋含孔隙热储；沿象湖东断裂走向，上盘一侧可能发育山麓相多成因粗碎屑岩，该处也是赋存红层孔隙热储的有利层位。经反复研究，将找热目标转移至红层 1000~2000m 下之沉积碎屑岩、碳酸盐岩岩片。

在东岗桥区 – 象湖凸起之西南部、南昌西地热取得了找热突破，水温最高达 67℃，单孔涌水量最大达 2000t/d。已投入初期开发，热田规模在勘查中。

三、南昌市梅岭 – 花岗岩地貌地质景观资源

南昌西依梅岭，赣江从市区北去，湖泊众多，革命遗迹丰富，是红色旅游胜地。西北部梅岭是研究晋宁期碎屑岩及其混合岩化第几级九岭逆冲堆覆构造的最佳场所，主峰洗药坞海拔 842m。区内属典型的花岗岩地貌景观以由花岗岩形成的大型球状风化景观，如“石蛋”、球状层状峰岩等地貌景观为特色。有山间溪流峡谷 20 余条，大小瀑布 20 余处。区内四季秀色，气候宜人。夏季平均气温仅 22.6℃，比市区低 8~10℃，是一座难得的“凉岛”，素有“小庐山”之称。梅岭有百余座山峰，各具特色。梅岭头翠竹幽，狮子峰险峻难攀，紫阳山秀丽多姿，罗汉岭宏伟壮观。还有许多大小不等的岩洞：云隐洞、潘仙洞、造钱洞、秦人洞等。断岩形成清溪之中有脚鱼（神龙）潭、跌水沟、滴水崖、水口瀑布，四时腾泻。山中绿树苍翠，芳草鲜美，以“盆景樟”、“石中兰”、“树生竹”为奇，被誉为“梅岭三绝”。

梅岭现在已建成国家重点风景名胜区，是一座国内大城市中罕见的多功能型风景名胜区。

第三节　主要环境地质问题

南昌市环境地质条件良好，但因经济快速发展，工业集中，人口增多，人类工程活动强烈，加之南昌盆地的特殊地理环境和人工长期超采地下水等因素影响，出现了一些值得注意的环境地质问题。

一、地下水疏干问题

（一）第四系孔隙水水位动态

值得注意的是由于南昌地下水资源比较丰富，可与地表水合理调节利用，由于长期集中超量开采地下水，南昌市第四系孔隙水现已形成以南钢为中心的区域地下水位降落漏斗，漏斗中心区沿西北 – 东南方向呈不规则的椭圆状展布，遍布整个南昌市城区，漏斗范围以 16m 等水位线为界，其范围东自瑶湖，西至抚河故道两侧，南起省农科院到八一乡闸上，北达赣江南支，面积为 277.70km^2（图 10–36–5）。

南钢漏斗中心的氨厂（C303）孔，地下水水位埋深为 23.5~24.32m，含水层厚度为 5.65~6.15m，地下水水位标高年平均值 2.76m，最高值为 3.10m，最低值为 2.15m，年变幅为 0.95m，地下水水位标高年平均值与 2011 年相比上升 1.59m。

1. 2011~2012 年地下水位演变态势

（1）区域漏斗范围内的地下水水位水平变化特征

监测区区域漏斗基本形态为不规则椭圆形，长轴方向为西北 – 东南方向，长约 20km，短轴方向为

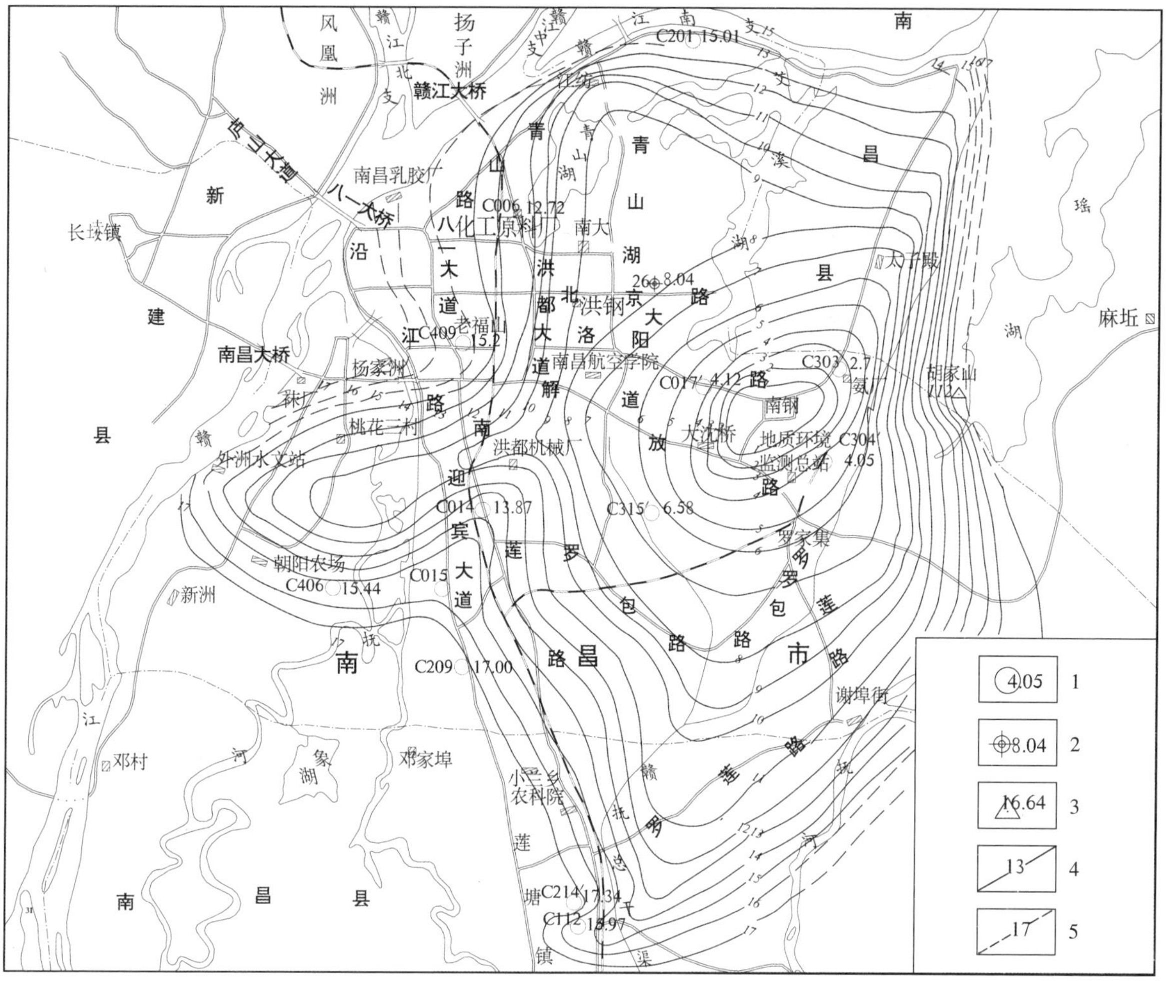

图 10-36-5　南昌市第四系孔隙水水位等值线图（2012 年 5 月 25~28 日）

Fig. 10-36-5　Water level isoline map of Quaternary pore warter in Nanchang city (May 25th~28th, 2012)

1—观测钻孔：左为钻孔编号，右为地下水水位标高组（m）；2—观测机井：左为井的编号，右为地下水水位标高值（m）；3—观测民井：左为井的编号，右为地下水水位标高值（m）；4—地下水等水位线及标高值（m）；5—推测地下水等水位线

西南－东北方向，长约 16km，漏斗面积约为 277.70km²（以每年 11 月份统测资料 16m 等水位线范围内漏斗计算面积）与上年同期 260km² 相比较，漏斗面积扩大 17.70km²，扩张距离一般为 300~1500m（表 10-36-3，图 10-36-6）。由图 10-36-6 和表 10-36-3 可见 10m 和 4m 等水位线范围看，以标高 10m 等水位线为界计算面积（11 月份统测资料）为 96.70km²，比上年同期 115km² 缩小 18.30km²，以标高 4m 等水位线为界计算面积为 13.6km²，比上年同期 16km² 缩小 2.4km²。10m 等水位线范围缩小具体表现在漏斗北部，缩小距离为 200~1400m。4m 等水位线西部、北部、东部均呈缩小趋势，收缩距离为 150~1000m，南面形成扩张趋势，扩张范围约 100~300m。由漏斗中心的 2m 等水位线面积看，2012 年漏斗中心面积比上年同期缩小 5.3km²，漏斗范围较上年同期均呈收缩态势，收缩距离 300~800m，主要原因是工厂地下水开采量减少，造成地下水水位上升，漏斗中心面积缩小。

(2) 漏斗范围内及周边地下水水位垂向变化特征

第四系地下水水位年均标高值为 10.85m，与上年同期地下水位年均值（11.11m）相比下降 0.26m。根据 2012 年和 2011 年第四系地下水位年均标高值变幅大小，将测区分为地下水水位强上升区（ΔH>

表 10-36-3　2011~2012 年南昌市第四系地下水漏斗范围变化统计表

Table 10-36-3　The statistics of variation of Quaternary underground water cone in 2011–2012, Nanchang city

年份 ＼ 漏斗名称 ＼ 漏斗范围	16m 等水位线范围内面积 /km²	10m 等水位线范围内面积 /km²	4m 等水位线范围内面积 /km²	3m 等水位线范围内面积 /km²	2m 等水位线范围内面积 /km²
	区域大漏斗				
2011	260	115	16	12	8
2012	277.7	96.7	13.6	5.6	2.7

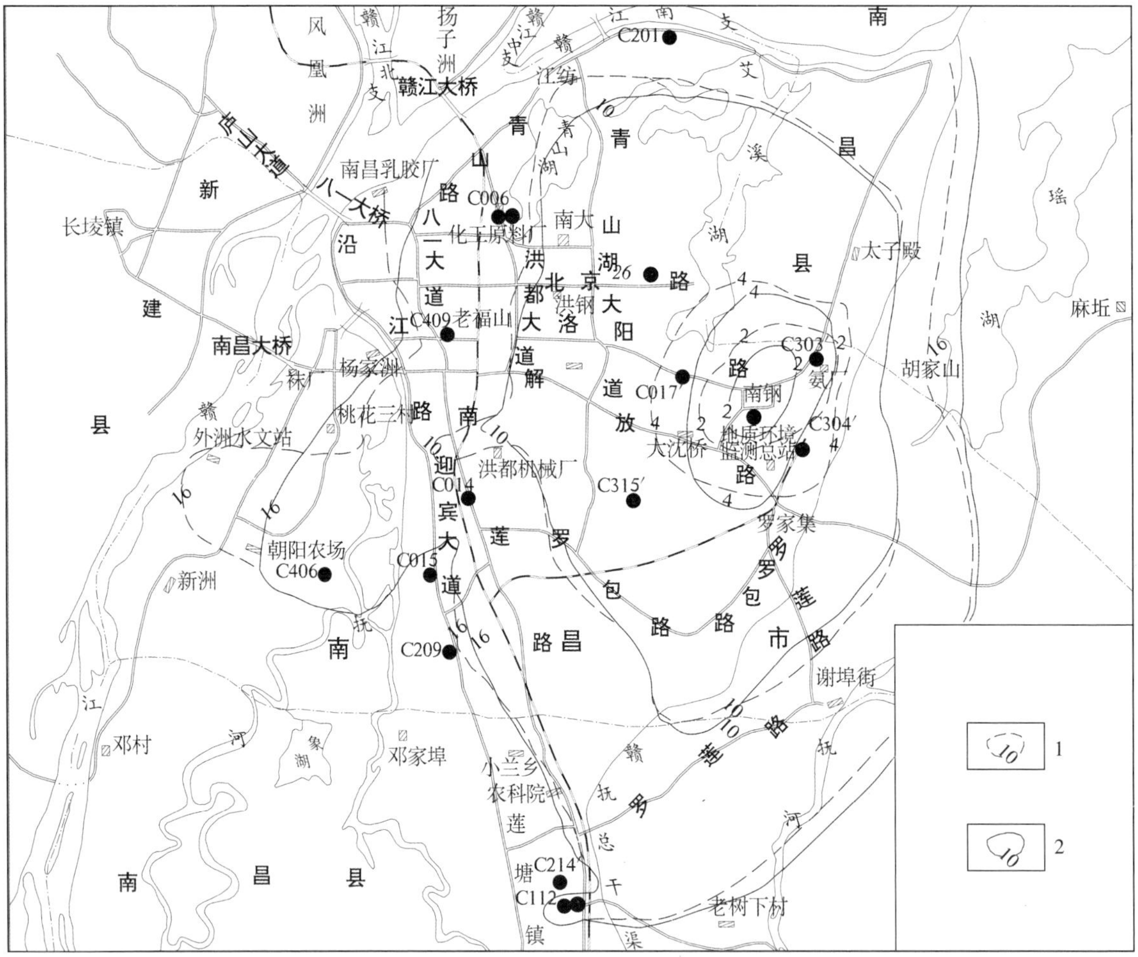

图 10-36-6　2011~2012 年枯水期南昌市第四系孔隙水水位降落漏斗对比图

Fig. 10-36-6　Comparison of Quaternary pore water depression cones of Nanchang city during drought period of 2011~2012

1—2011 年地下水水位标高等值线（m）；2—2012 年地下水水位标高等值线（m）

2.0m）、弱上升区（0.5m≤△H<2.0m）、基本稳定区（−0.5m<△H<0.5m）、弱下降区（−0.5m≥△H>−2.0m）4 个区（表 10-36-4，图 10-36-7）。

强上升区分布于江西氨厂东一带，面积约 3.46km²，地下水位上升幅度为 2.07m。工业用水对地下水的开采量减少。

表 10-36-4　2011~2012 年南昌市第四系地下水监测点水位及面积变化统计表

Table 10-36-4　The statistics of water level and area variation from Quaternary underground water monitoring station in 2011-2012, Nanchang city

年份	总点数 / 个	年均水位标高值 /m	强下降区		弱下降区		基本稳定区		弱上升区		强上升区	
			ΔH<-2.0m		-0.5≥ΔH>-2.0m		-0.5<ΔH<0.5m		0.5≤ΔH<2.0m		ΔH>2.0m	
			点数/个	面积/km^2	点数/个	面积/km^2	点数/个	面积/km^2	点数/个	面积/km^2	点数/个	面积/km^2
2011	23	11.11	0	0	3	7.9	16	322.7	4	19.4	0	0
2012	13	10.85	0	0	2	5.97	4	304.04	6	36.53	1	3.46

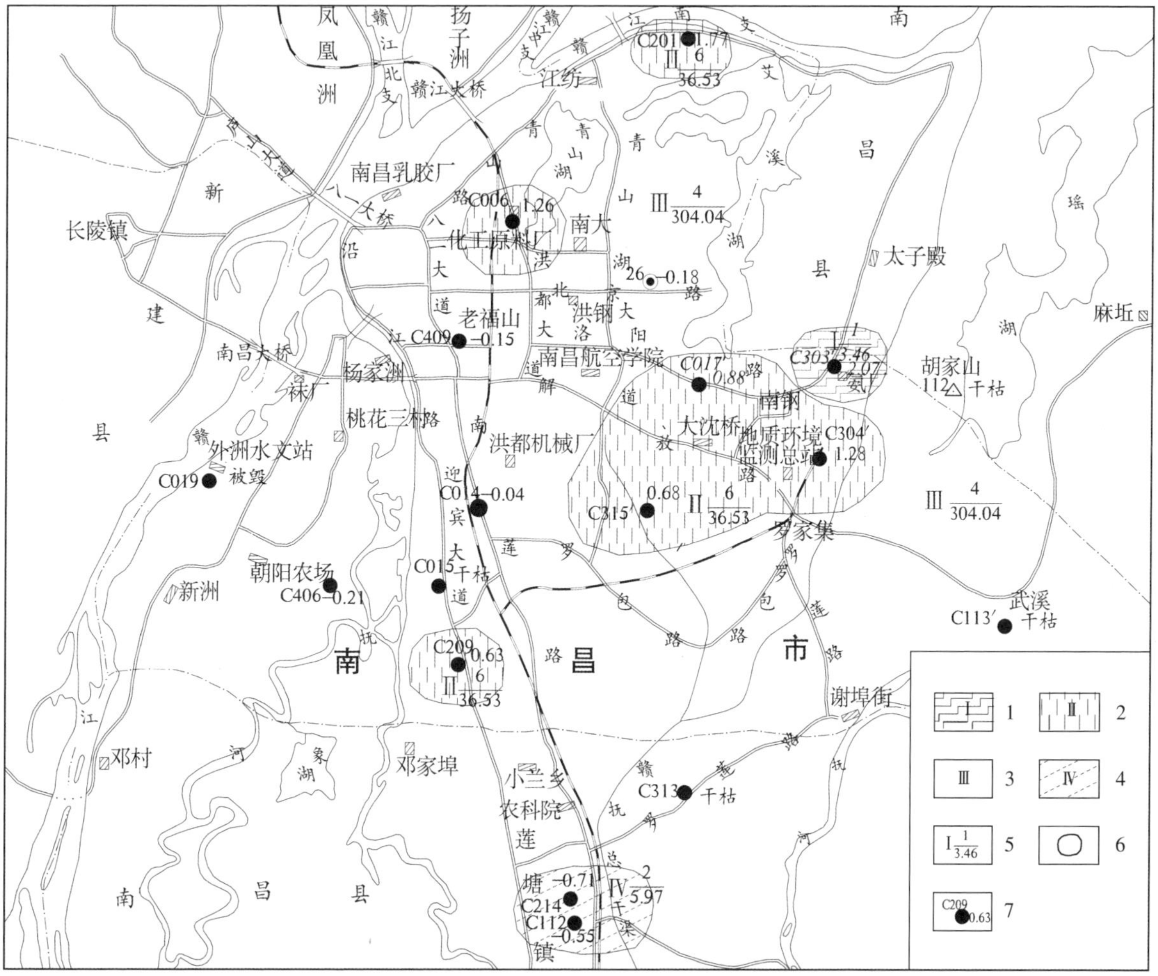

图 10-36-7　2012 年与 2011 年南昌市第四系孔隙水水位年变幅分区图

Fig. 10-36-7　The map of annual variation of Quaternary pore water level in 2011 and 2012 with different subareas, Nanchang city

1—强上升区 d驻 H>2.0m；2—弱上升区 0.5≤d驻 H<2.0m；3—基本稳定区-0.5<d驻 H<0.5m；4—弱下降区-0.5≥d驻 H>-2.0m；5—左为分区代号：右分母为分区面积（km^2），分子为控制点数（个）；6—分区界线；7—观测钻孔：左为钻孔编号右为第四系地下水水位年变幅（m）

弱上升区分布于北部一带，面积约 36.53km²，地下水位上升幅度为 0.63m~1.77m。

基本稳定区分布于测区中部、南部、北部和西部的广大地区，分布面积 304.04km²，地下水水位动态变化幅度-0.21~-0.04m。地下水位稳定和上升的原因是：居民生活没用自来水和控制或限量工业开采地下水。

弱下降区分布于市区南部的莲塘一带，面积约 5.97km²，地下水位下降幅度为-0.55~-0.71m。弱下降区主要为城市规划的主要工业园区，工业用水量较大，导致地下水位下降。

2. 地下水位动态变化成因类型

市区第四系地下水水位动态变化的影响因素可分 3 种类型（图 10-36-8）。

（1）受赣江河水位变化影响区

主要指分布于赣江沿岸与赣江有水力联系较为密切的区段，根据江西省水文地质大队 1965 年南昌市城市供水勘察试验资料，赣江河水对沿岸地下水的影响带宽度约 2km 左右，其地下水水位与赣江河水水位的关系较为密切。

（2）受大气降水变化影响区

主要分布于测区南部和西部的漏斗边缘外围、人工开采量较小、渗透性能较好的地区。从地下水位与降雨量关系曲线图和相关系数计算表看，地下水位变化与降雨量变化相关不明显（图 10-36-7）。

（3）受人工开采影响区

主要分布于地下水集中开采区，为区内地下水的主要人工排泄区，人工开采为地下水水位变化的主要影响因素（图 10-36-8）。

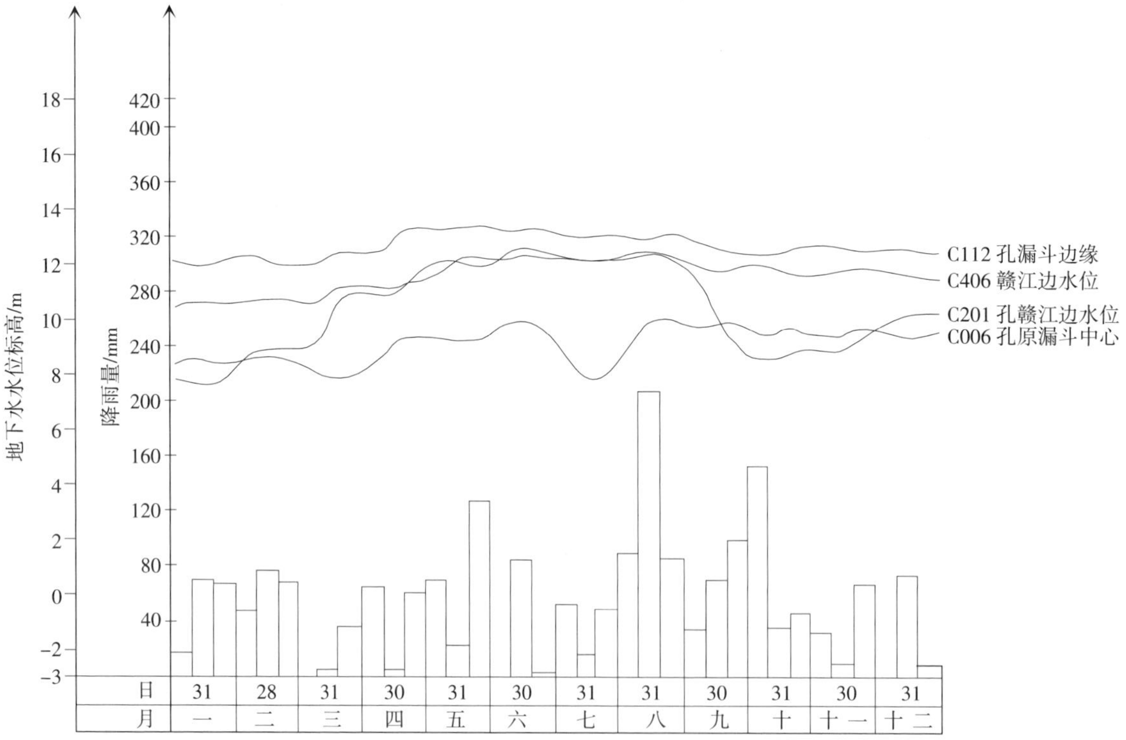

图 10-36-8　南昌市第四系地下水位漏斗边缘和漏斗中心井孔水位与降水量相关历时曲线图(2012 年)

Fig. 10-36-8　Relative duration curve of precipitation and water level at boreholes in the center and at the edge of the Quaternary underground depression cone, Nanchang city

（二）古近系红层裂隙溶隙水水位动态

由于部分地段人工直接开采红层地下水，以及大面积第四系地下水降落漏斗区红层地下水越流补给第四系含水层，致使测区红层地下水已形成以江西氨厂、艾溪湖为中心的地下水降落漏斗，漏斗范围东起瑶湖、西至赣江、南自小兰乡、北达赣江南支。2012 年漏斗面积约 43.7km，漏斗形态和范围大致与上年地下水位下降漏斗相同（图 10–36–9、图 10–36–10）。

艾溪湖漏斗地下水位埋深 10.57~11.4m。地下水水位标高年平均值 8.95m，最高水位标高值为 9.35m，最低水位标高值为 8.52m，年变幅 0.83m，地下水水位标高年平均值与 2011 年相比，上升 1.25m。

对 2011~2012 年地下水位演变呈如下态势。

（1）地下水漏斗范围内的地下水水位平面变化特征

地下水漏斗基本形态为不规则椭圆形，漏斗范围大致与第四系地下水漏斗相吻合。从 10m 等水位线范围看，2012 年 11 月漏斗面积与上年同期 $60.2km^2$ 相比较缩小了 $16.5km^2$，表现在漏斗西北部（艾

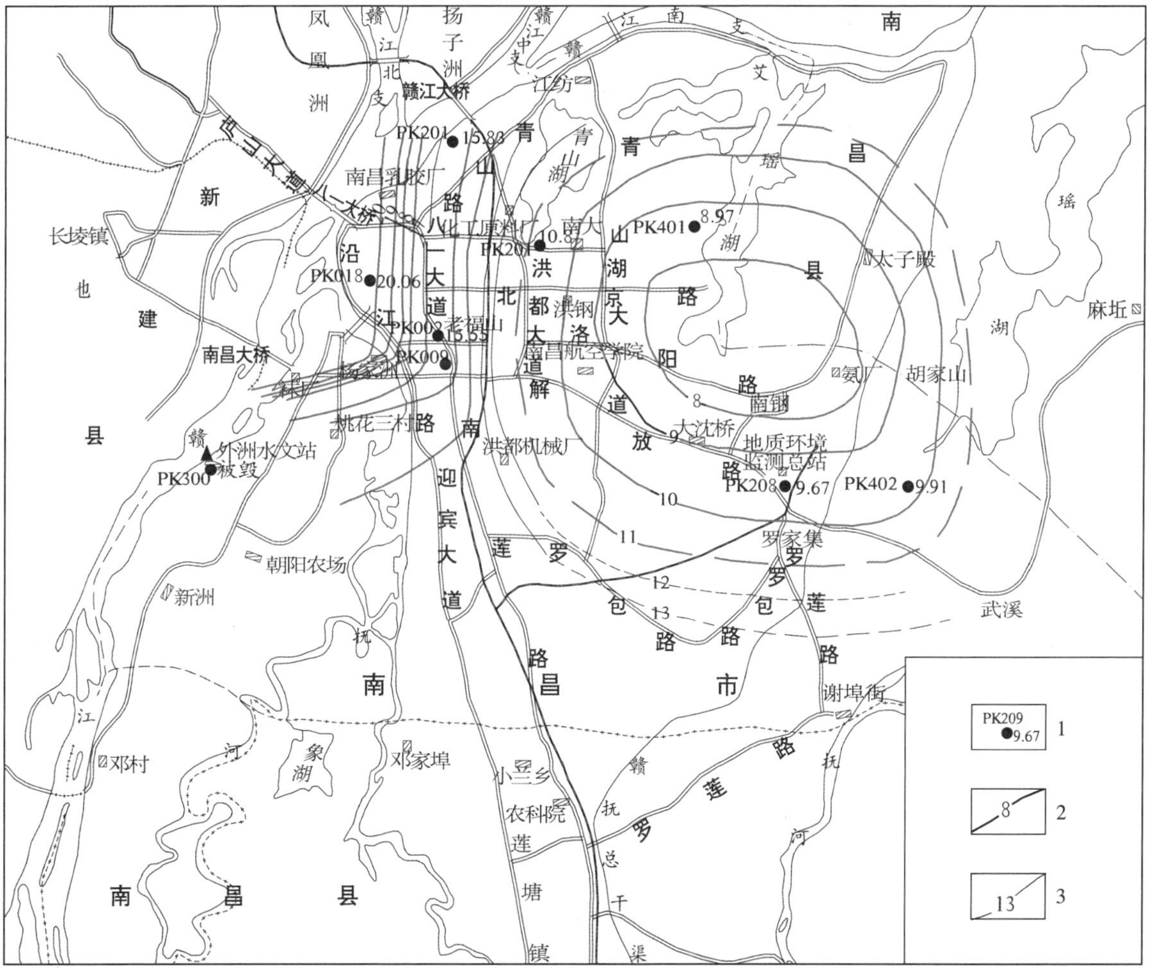

图 10–36–9　南昌市红层裂隙溶隙水水位等值线图（2012 年 5 月 25~28 日）

Fig. 10–36–9　Water level isoline map of water in red layer fracture and solution crack in Nanchang city (May 25th–28th, 2012)

1—左为钻孔编号，右为地下水标高（m）；2—地下水面等值线；3—推测等水压线及高程（m）

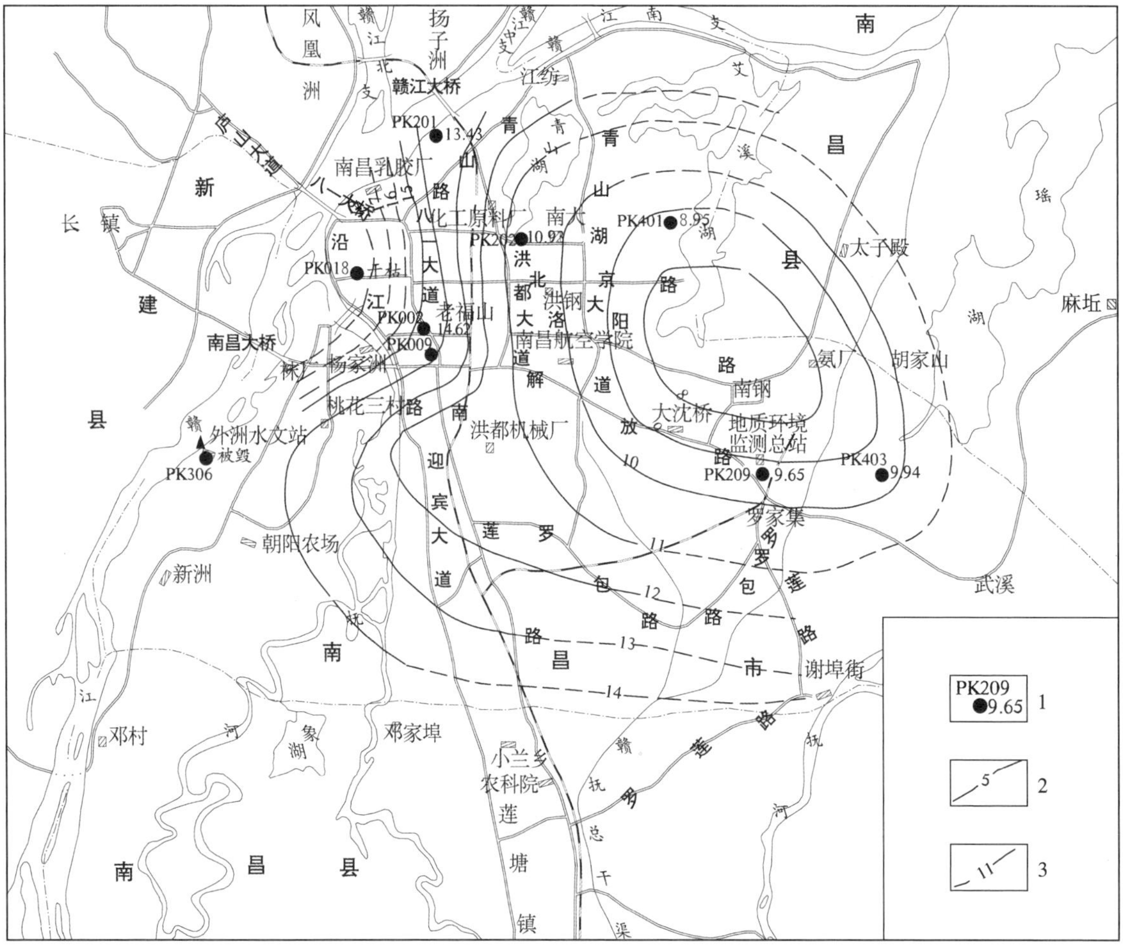

图 10-36-10　南昌市红层裂隙溶隙水水位等值线图(2012 年 11 月 25~28 日)

Fig. 10-36-10　Water level isoline map of water in red layer fracture and solution crack in Nanchang city (Nov 25th~28th, 2012)

1—左为钻孔编号，右为地下水标高（m）；2—地下水位等值线；3—推测等水位线及高程（m）

溪湖至江西大学）、南部（洪都机械厂至罗家集）均呈收缩状态，收缩距离 160~1500m（表 10-36-5，图 10-36-11）。

(2)漏斗范围内地下水水位垂向变化特征

2012 年，南昌市古近系红层地下水水位年均标高值为 11.49m，与 2011 年同期 10.76m（以 2012 年

表 10-36-5　2011~2012 年南昌市第四系地下水漏斗范围变化统计表

Table 10-36-5　The statistic of variation of Quaternary underground water depression cone from Nanchang city (2011~2012)

漏斗范围 / 漏斗名称 / 年份	10m 等水位线范围内面积 /km²	9m 等水位线范围内面积 /km²	8m 等水位线范围内面积 /km²
	区域大漏斗		
2011	60.2	47.50	17.5
2012	43.7	30.98	12.3

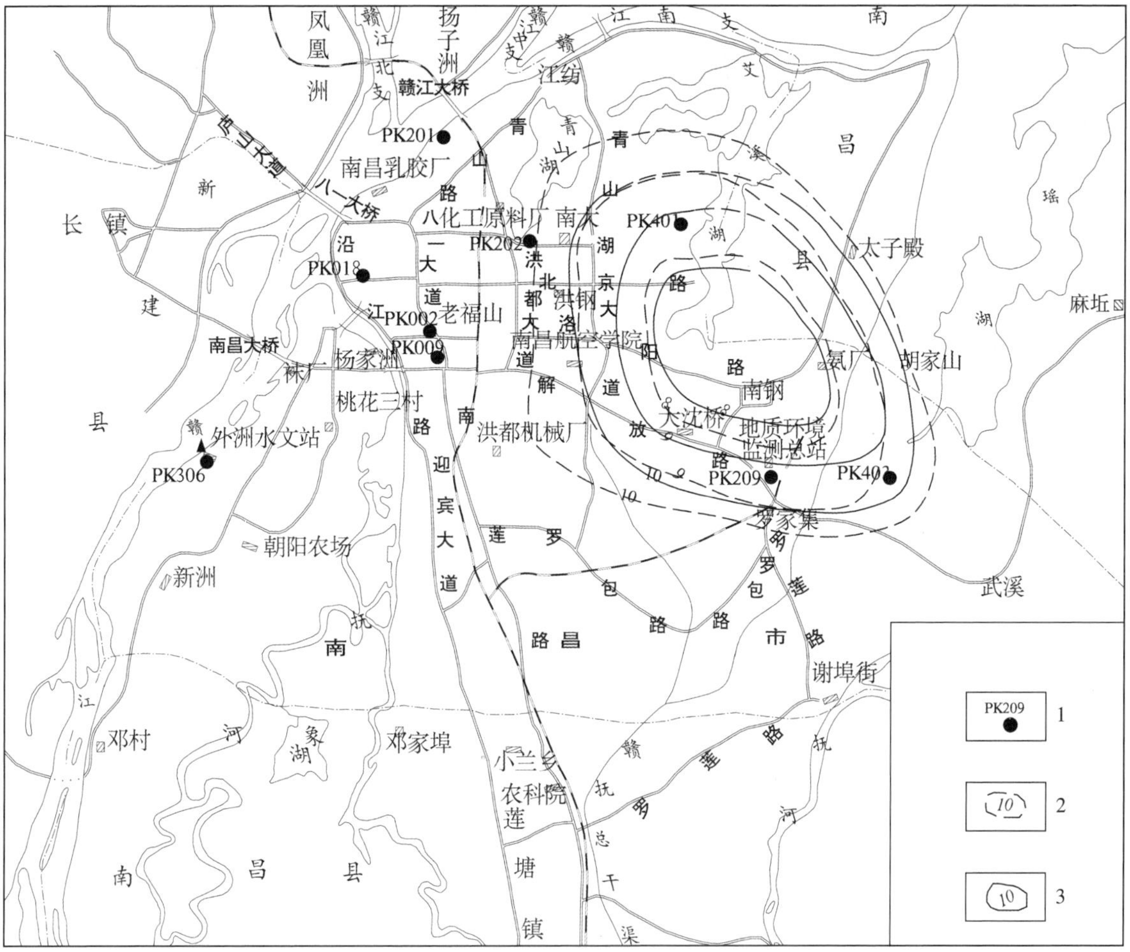

图 10-36-11　2011~2012 年枯水期南昌市红层裂隙溶隙水水位降落漏斗对比图

Fig. 10-36-11　Comparison of water level depression cones in red layer fracture and solution crack during the drought period of 2011-2012, Nanchang city

1—钻孔及编号；2—2011 年地下水水位标高等值线（m）；3—2012 年地下水水位标高等值线（m）

钻孔数量为基准）相比较，地下水水位总体上升 0.73m，根据 2012 年和 2011 年古近系红层地下水年平均地下水水位标高之差值 $\triangle H$（单位为 m），将测区分为地下水位弱上升区（$0.5\leqslant\triangle H<2.0$m）、基本稳定区（$-0.5<\triangle H<0.5$m）两个区（表 10-36-6，图 10-36-12）。

表 10-36-6　2011~2012 年南昌市古近系监测点水位及面积变化统计表

Table 10-36-6　The statistic of water level and area variation from Paleogene monitoring station in 2011~2012, Nanchang city

年份	总点数 / 个	年均水位标高值 /m	强下降区		弱下降区		基本稳定区		弱上升区		强上升区	
			$\triangle H<-2.0$m		$-0.5\geqslant\triangle H>-2.0$m		$-0.5<\triangle H<0.5$m		$0.5\leqslant\triangle H<2.0$m		$\triangle H>2.0$m	
			点数 个	面积 km^2	点数 个	面积 km^2	点数 个	面积 km^2	点数 个	面积 km^2	点数 个	面积 km^2
2011	10	10.76	0	0	2	11.8	7		1	18	0	0
2012	7	11.49	0	0	0	0	3	322.7	4	27.3	0	0

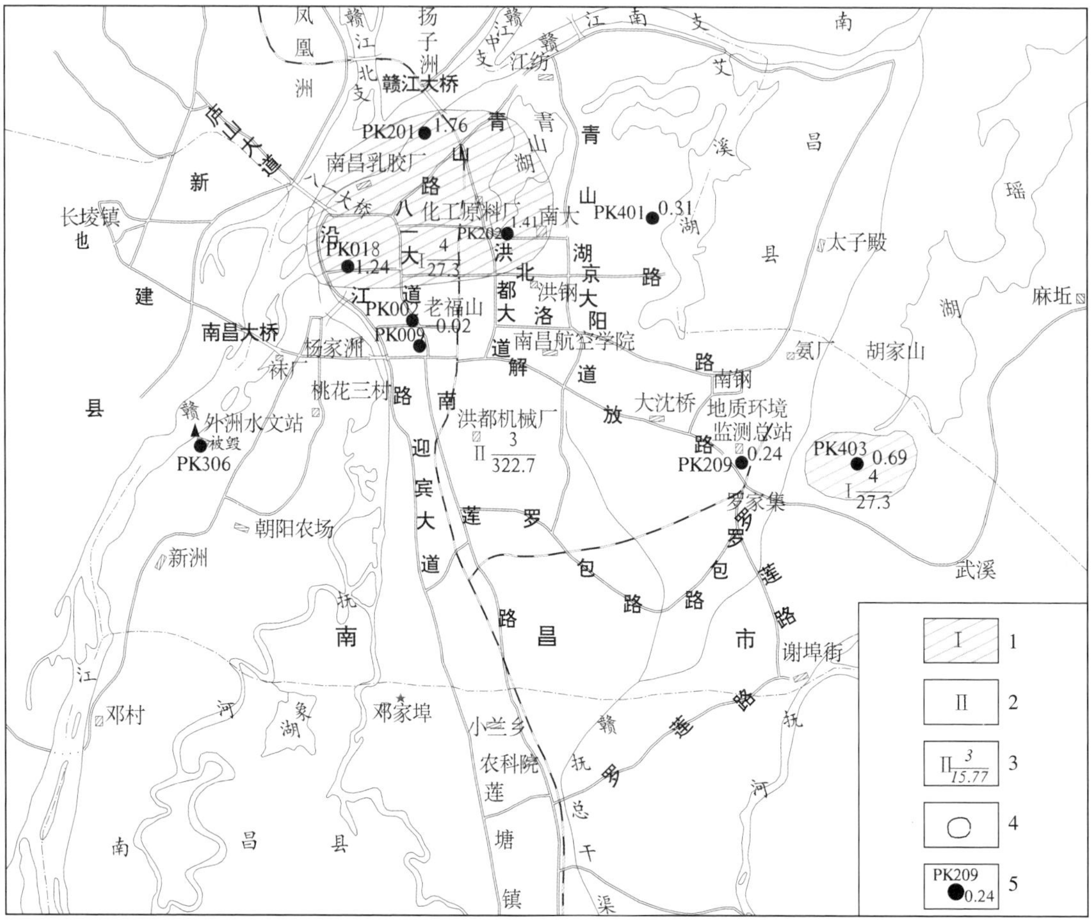

图 10-36-12　2012 年与 2011 年南昌市红层裂隙溶隙水水位变幅分区图

Fig. 10-36-12　The map of annual variation of red layer fracture and solution crack water level in the year of 2011 and 2012 , Nanchang city

1—强上升区 0.5≤ΔH<2.0m；2—基本稳定区−0.5<ΔH<0.5m；3—左为分区代号，右分母为分区面积（km²），分子为控制点数（个）；4—分区界线；5—观测钻孔：左为钻孔编号，右为 2012 年平均水位标高差值（m）

弱上升区分布于市区北部和东部，分布面积约 27.3km²，地下水水位上升幅度为 0.69~1.76m。

基本稳定区广泛分布于测区南部和西部，面积约 322.7km²，地下水水位动态幅度为−0.02~0.31m，水位上升和稳定的主要原因是南昌市控制或限量开采地下水。

二、地下水污染

南昌自 20 世纪 80 年代以来，城市第三产业高速发展，城市人口的大幅度上升及农业区大量农药及化肥的使用，对第四系孔隙水造成了不同程度的污染，特别是 90 年代以后，地下水的污染程度和污染面积有逐年增大趋势。

造成南昌市第四系地下水的污染原因及途径大致可归为四种：工业三废的排放点源污染；农业化肥及农药的施用，污水灌溉非点源污染；生活废弃物的排放非点源污染；被污染的地表水体的侧向渗透补给。

根据南昌市 1996~2000 年地下水污染监测结果，在部分地区地下水已有不同程度的污染。第四系地下水主要污染项目有pH值、NH_4^+、NO_2^-、Zn^{2+}、Fe^{2+}、Fe^{3+}、Mn^{2+}，污染程度一般枯水期大于丰水期。红层地下水污染项目为NH_4^+、NO_2^-、Fe^{2+}、Fe^{3+}、Mn^{2+}、Cl^-、pH、总硬度和溶解固形物，污染程度为中度－轻度污染。

新建县璜溪村地下（表）水质污染分析成果分析，该区内6个水样中有4个受到污染，主要污染因子有硝酸根、亚硝酸根、钡、铁、锰。该村癌症发病率较高，是否与饮用水水质有关值得进一步调查研究。此外，据该村粉尘样品分析结果表明，镉、铅、氧化钙、氮和硒污染非常严重，亟需监测、治理。

三、地质灾害

（一）崩塌

崩塌多位于赣江河道凹岸迎流顶冲部位的侵蚀岸带，岸坡的土体结构类型以双层和多层为主。其岩性为第四纪沉积的松散堆积物，以粉质黏土、砂土为主，结构松散。在河水涡流冲刷作用下，岸脚被淘蚀，造成岸坡崩塌。崩塌沿岸带分布，已知有南周村北西、程坊村堤、会龙洲北、洲更村东北、寺江吴村南面，崩岸体长数米至千米不等，崩岸体厚一般1~5m，分别为单层、双层、三层、多层结构。两种类型以粉质黏土、砂土为主。危及堤坝或居民区，农田受损。

（二）滑坡

自然滑坡多发生在北西部梅岭—湾里一带晋宁期花岗闪长岩岩中，以小型滑坡为主。由于岩石风化层较厚，风化残积层中球状风化块石含量较多，结构松散，吸水性强。降雨时下渗水沿强弱风化层顺坡径流，使岩土之间摩擦力和黏聚力降低，在自身重力和浅层地下水的浸润作用下，残积层易顺界面下滑。如南昌县湾里区牛岭村魏家滑坡，滑坡体规模长200m，宽100m，厚约3~4m。威胁人口约214人。

新元古界变质岩和上白垩统－古近系红层中，由于人工切坡依山建房和修路，改变了斜坡的自然坡度，使斜坡应力集中于斜坡前缘，易导致斜坡失衡而产生滑坡。如红谷滩新区的红角洲西南侧因工程建设山体切坡诱发了山坡土体崩滑。崩滑体规模：宽120m、高20余米、厚3~5m。

（三）边滩的冲淤变化

南昌市红谷滩冲淤变化强烈，1955年仅有4个相互分离的小沙滩散布在赣江左岸的近岸河床中，中部有一靠岸边滩。1973年边滩与北侧心滩淤合成一个较大的边滩，而东南侧的两个浅滩变化不大，并增生一个小沙滩，毗邻右岸有一心滩近于消亡。至1996年，原分离的洲滩被淤胀包容成为一个大边滩，形成红谷滩，面积达4.6 km^2，现为南昌市建设的重点市区。

（四）管涌、泡泉

赣江尾闾及三角洲地区为近代河湖冲洪积相沉积，双层结构发育，上部为粉质黏土、青灰色淤泥质黏土，厚度为8~10m，属全新世晚期湖相沉积，下部为中细砂、含卵砾石，厚度约10~15m，属全新世早中期河流相沉积；抚河尾闾地区主要为中更新统进贤组，上部为网纹红土，厚度4~15m，下部为砂砾石层，厚度为2~6m。后者结构疏松，孔隙发育，透水性好，有利于地下水贮存和运动。在汛期江河水位高时，下部透水层具有承压性质，易发生渗透变形，出现管涌或散浸。

据调查，绝大多数的管涌均发生在离堤脚较近的上覆黏土层较薄地段及原来的老管涌点、民井、筑堤取土坑等人为活动剧烈处；少数则发生在远离堤脚的堰塘、沟渠、民井中，距堤脚一般 20~50m。人为开挖取土破坏了原土体结构，在洪水高压水位影响下，尤其是在江流前方堤脚，容易产生管涌和泡泉。产生管涌的临界水位在赣江尾闾地区一般为 19~20m。一般情况下，可塑 – 硬塑状黏土厚度< 2.5m 的地段易产生管涌；2.5~4.5m 的地段偶有管涌；>4.5m 的地段不易发生管涌。管涌的最小直径 0.1m，最大直径达 1.5m。有的呈群发状，论泉点数可达 10 多个至 30 个。

四、土壤环境污染

南昌市区工业“三废”、生活废水、废渣的排放和周边农田化肥、农药的大量施用对水土环境污染较为严重，还有工业废水的污染灌溉等，不仅污染农作物土壤、水源、危害水生物、牧畜的正常发育，而且由于部分农产品及蔬菜中残毒含量偏高，造成土壤和蔬菜污染，对居民身体造成不良影响。

依据土壤环境质量标准和南昌地区土壤微量元素含量，镁、铬、锑存在起始污染。其中汞、砷、镉、铜、锌、硫等元素在部分地区存在较重污染。

土壤污染区域与污染源分布范围基本一致，全市 10 余处工业污染点源与土壤中汞、砷、镉、铜、锌、硫等较大的污染综合指数位置吻合。这些地点需要进一步加强治理。

五、软土不均匀沉陷

在红谷滩新区、朝阳洲、扬子洲地区及青山湖、艾溪湖周边地带，第四系黏性土层中夹有一层或双层淤泥质软土体，呈透镜状或薄层状，顶板埋深一般为 0.5~6.5m 不等，厚度多为 1.0~7.40m，局部可达 10 余米。软土承载力低，压缩性高，且具触变性，极易产生不均匀沉陷，如防治不当，可造成建(构）筑物倾斜、开裂等变形，基坑塌落变形，沿河护坡沉陷倒塌等环境工程地质问题。

六、洪水期内涝

市区洪水期的内涝，主要是由于赣江、抚河河水受鄱阳湖湖水顶托，泄流缓慢而引起的不可避免的自然涝渍。据南昌市洪涝调查资料，南昌市洪涝范围主要分布于铁线湖、贤士湖、青山湖和艾溪湖等周边地势较低地带，内涝水位 19.36m，内涝面积约 47.0km^2。

七、土地沙化

市沙化土地主要分布于赣江两岸的富山、岗上及厚田一带，地貌上组成垄状岗丘，俗称“沙山”。据 2001 年监测结果显示，新建县厚田，南昌县富山、岗上等地受沙化影响的土地达 10 万余亩。严重时沙化淹没农田，逼近村庄，使土地荒芜，村庄被迫迁移。因沙化造成的水土流失、河道淤塞日趋严重，对生态环境造成了较大影响。

据调查资料，沙化土地的沙漠主要为莲塘组，为淡黄色、黄白色细砂夹浅黄色、棕红色亚砂土，属古赣江河流相沉积，后期受风的扬蚀作用改造，形成时代为晚更新世晚期，距今约 1.88~2.18 万 a。由于植被的破坏，在强烈的季风作用下发生迁移。据形成新月形、鼻子状沙丘以及粒度分带分析，沙丘一般由北东向南西方向移动。

八、湖泊底积物污染

受赣江和抚河污水以及流域内废渣排放的影响，鄱阳湖湖底沉积物已不同程度地受到镉、汞、铜、锌、铅、铬等重金属元素的污染。其中镉元素污染较为严重，其他元素均未超标。但与深层土壤背景值比较，汞、砷、铅元素出现轻度污染。

由于湖区防治血吸虫病，使用有机氯和五氯酚钠杀灭钉螺，其残留物偶有检出，虽未形成污染，但应引起重视。鄱阳湖入湖口和湖底沉积物中含有一定量的六六六农药，入湖口一般为0.053~0.335mg/kg，湖区为0.108~0.175mg/kg，均未超过国家土壤环境质量二级标准，没有对鄱阳湖底积物造成明显地污染。

九、矿山地质环境问题

南昌市以非金属建材类矿产为主，现有矿山企业296家，其中砖瓦黏土采场277处，占现有采矿点（区）的93.58%，建筑石材采场11处，占3.72%，其他为建筑用砂、水泥用灰岩等矿山采场。

砖瓦黏土采矿点（区）建于低丘岗地的172个，占总数的62%以上，未占用耕地，采深一般小于10m，采场较平整，部分已复垦，没有造成明显地土地和植被破坏。占用耕地的砖瓦黏土采矿点（区）105个，采场面积均在0.01km^2以下，耕地已被破坏，无法复垦，停采区已改为水面养殖。采场无废渣，但一氧化碳废气和粉尘对环境有一定的影响。

建筑石材主要分布在南昌市梅岭地区，年产矿石量约50万m^3。因矿山开采剥离表面积约40万m^3，可自然恢复面积10万m^3，需修复面积达30万m^3。

个别采场非法生产，开山毁林，对梅岭风景名胜区生态环境造成了一定的影响。有的采场片面追求经济效益，无视安全生产，采场坡角较陡，易产生崩塌、滑坡，引发地质灾害。

针对南昌市存在的环境地质问题，为保证城市建设科学、有序地进行和保护人民生命财产安全，应采取以下防治对策：

1）统一规划南昌市地表水资源和地下水资源开发利用和保护，控制长期超采地下水的状态，采用地下水人工回灌工艺补充地下水资源量，改变部分地区出现的地下水漏斗问题。

2）为了防止地下水水质的污染恶化，应该加强地下水资源的科学管理，对地下水进行污染防治。对地下水污染要以预防为主，防治结合。

3）对红谷滩新区、老城区及青山湖、贤士湖、艾溪湖周边地势低洼地带进行工程地质详细勘察，查明人工填土、淤泥质软土等不良土体的分布及物理力学特征，修建排涝工程。

4）加强对工业“三废”的排放控制，合理施用农药和化肥。同时加强对土壤环境质量的监测和监督，对影响较大的污染源以及污染途径要进行定点监测，及时掌握土壤的环境质量状况，为预防、控制、治理污染提供科学依据。

5）控制矿山开采数量，实行规模生产。限制砖瓦黏土开采和生产实心黏土砖。提倡用矿渣及新型墙体材料生产砖瓦。建立矿山生态环境监测体系和矿山地质灾害预警预报系统，加强矿山开发产生的土地退化、水土流失、地面裂缝、沉陷、崩塌、滑坡、泥石流以及水土污染等地质灾害的预报、监测和治理。

第三十七章 九 江 市

九江，始建于晋代。依山（庐山）、临江（长江）、傍湖（鄱阳湖、赛湖），面积约 300km²，现与南昌市一体化，经济正加速发展。

第一节 地理地质背景

一、自然地理

九江市区多年年平均气温 17℃，极端最高气温 40.2℃，极端最低气温-9.7℃。庐山区为江西气温最低山区，全年平均气温约 10℃左右。1972~2002 年年平均降水量 1412.3mm，最大日降水量 248.6mm，最大小时降水量 74.7mm。4~7 月为丰水期，12 月、翌年 1 月为枯水期，其他月份为平水期。

九江市因是“众水汇集的地方”而得名，东依庐山、北滨长江、东有鄱阳湖、西有赛湖和七里湖，地表水资源极其丰富。

二、地质条件

市区位于九江坳陷北部，区内古生界盖层褶皱形成一个完美的向南弯曲、向西北收敛、向东撒开的帚状构造。上叠有小型红层断陷盆地。

市区可分为三个各具特点的地质地貌小区。中部为九江上叠古近纪小型断陷红层盆地，大部分为第四系覆盖，形成浔阳滨江冲积平原和湖泊群。西部赛湖临近地区城门山—沙河一带的帚状构造的弧形“两背一向”褶皱带，由下中志留统－下三叠统沉积碎屑岩和碳酸盐岩层组成，形成弧形低山丘陵。市区东南部为著名的庐山，是在帚状褶皱与伸展构造的基础上，于古近纪形成的地垒式断块中山。山体主体呈北北东走向，由巨厚的下南华统莲沱组砂岩组成。庐山山体东西山麓依次分布着南华系中上统冰碛层和震旦系－奥陶系碎屑岩、碳酸盐岩地层以及第四系冰川地层。形成丘陵、岗埠、冰碛垅地貌（图 10-37-1）。

区内侵入岩零星出露，主要为庐山东麓高垅、海会燕山晚期小型花岗闪长岩、花岗岩体。

区内断裂发育：一组为庐山层滑断裂；一组为最为发育的北北东向、北东向断裂，主要有 4 条。

庐山山体两侧西有九江－靖安断裂、东为湖口（西）－丰州（赣江）北北东向大断裂的北段。早期具挤压走滑性质，其中湖口（西）－星子县段断裂带燕山期时控制白鹿洞－牯牛岭花岗岩带。古近纪时为庐山地垒式断块，两侧为落差巨大的正断层，第四纪时仍有活动。同时据钻孔资料，湖口管道中部也有一条北东东向断裂发现。另一条重要的北东向断裂为丁家山－瑞昌断裂带，早期为挤压走滑型走

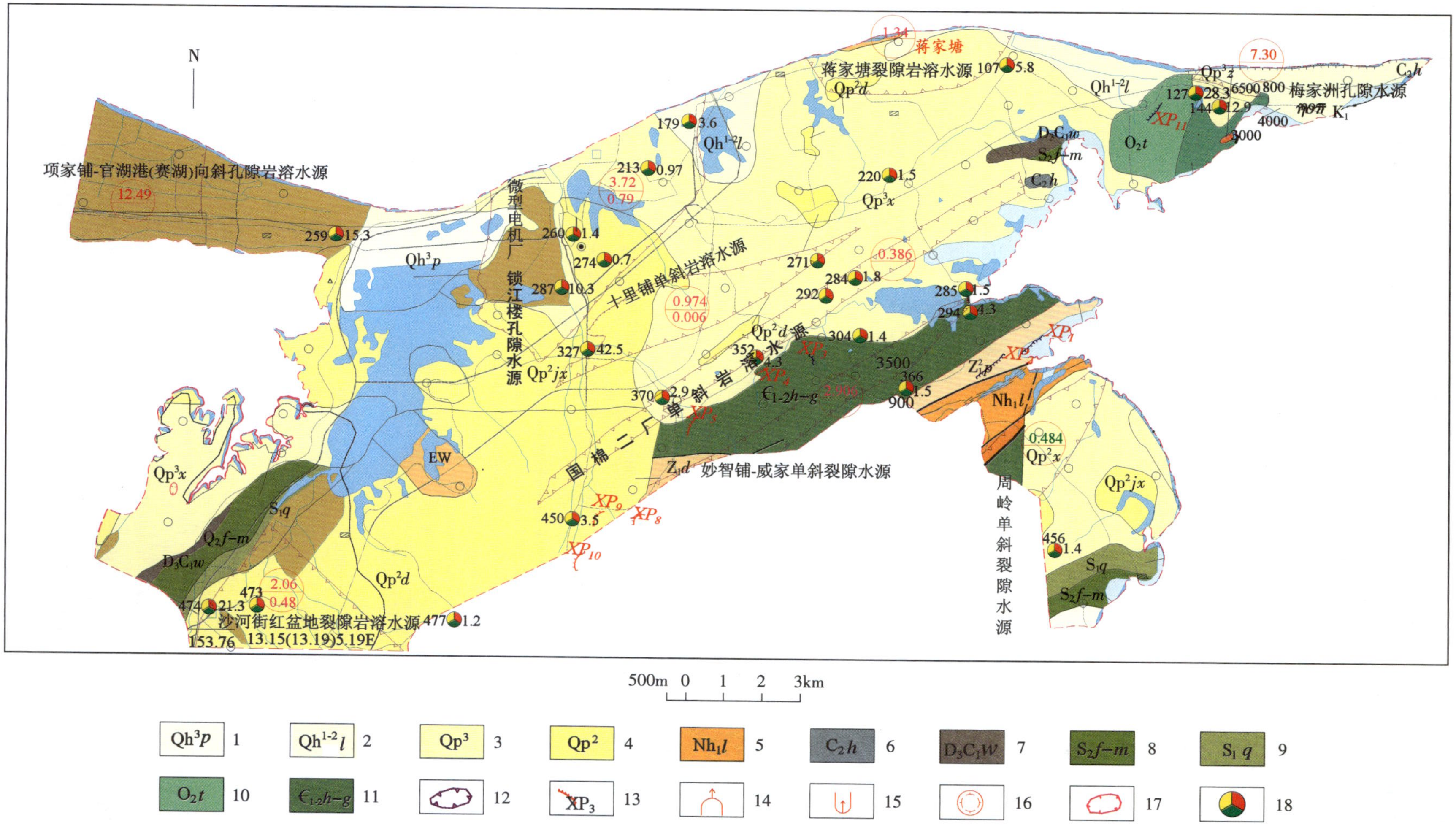

图 10-37-1 九江市环境地质略图

Fig. 10-37-1 Simplified map of environment - geology from Jiujiang city

1—全新统鄱阳湖组：黏土（湖积）；2—全新统联圩组：下砂砾石，上亚砂土（洪冲积）；3—Qp^3x 上更新统新港组，亚黏土（河泛湖积）；Qp^3z 上更新统柘矶组：黄色细砂层夹亚黏土（风积）；4—Qp^2jx 中更新统进贤组，下红土砾石，上网纹红土（洪冲积）；Qp^2d 中更新统大姑组，冰碛泥砾（冰碛）；5—南华系莲沱组：含砾砂岩、砂岩；6—石炭系上统黄龙组：白云岩、灰岩；7—泥盆系上统—石炭系下统；五通群：砂砾岩、砂、泥岩；8—志留系中统坟头组、茅山组并层；9—志留系下统清水组：紫红色砂、页岩；10—奥陶系中统汤山组：紫红色瘤状灰岩；11—寒武系-下统荷塘组、观音堂组并层；12—后备水源地范围及名称；13—不稳定斜坡及编号；14—滑坡点：左编号，右方量；15—岩溶地面塌陷点；16—溶洞；17—溶蚀洼地；18—地下水污染点

向断层，为丁家山燕山晚期花岗闪长玢岩的断裂，晚期为正断层，为赛湖古近纪红层盆地的控盆、破盆断裂。另外，一条为鄂州－九江深张断裂带。

三、水文地质条件

（一）含水岩组空间分布及其水文地质特征

九江市地下水类型有松散岩类孔隙水、碳酸盐岩类裂隙岩溶水和基岩裂隙水。其中松散岩类孔隙水、碳酸盐岩类裂隙岩溶水为主要含水岩组。

1. 松散岩类孔隙水

九江市广泛分布松散岩类孔隙水，含水岩组具典型的二元结构，上部有黏性土层组成相对隔水的顶板，地下水多具承压性质。在九江市东部梅家洲一带，含水层厚度较大，最大达52.25m，钻孔单井涌水量>1000m³/d。在老城区中医院至锁江楼一带，含水层主要由中粗砂、砂砾石组成，厚度一般10~30m，最大可达40m，钻孔单井涌水量>1000m³/d。在其他老城区及以西沿江一带，含水层以细砂为主，底部砂砾石层厚度较薄，含水层厚度稳定，为17.24~21.35m，单井涌水量100~1000m³/d。地下水中铁、锰离子含量较高。在区内陇岗地带，含水层岩性为中上更新统泥砾石、砂砾石等，含水层厚度6.29~65.41m，水量贫乏，单井涌水量<100m³/d。

2. 碳酸盐岩裂隙岩溶水

碳酸盐岩裂隙岩溶水以条带状局地分布。九江市十里铺和东部的梅家洲一带分布下三叠统灰岩含水层，水量十分丰富，单井涌水量>1000m³/d。在九江县城沙河街和九江市新港至炼油厂一带分布古近系钙质砾岩含水层，其富水性与灰岩砾石含量和裂隙、构造发育状况有关，沿断裂带水量丰富，单井涌水量大多>1000m³/d，其他地段单井涌水量一般<1000m³/d。在九江市西部的赛湖至沙河街以西诸向斜构造的核部和两翼地段分布中石炭系－下三叠统灰岩含水层。含水层往往被第四系覆盖，水量中等，单井涌水量100~1000m³/d。在九江市十里东城畈至范家咀及新港八〇六厂一带，分布寒武系－奥陶系白云质灰岩、泥质灰岩含水层，含水层厚度11.10~45.70m，含水层顶板埋深7.90~14.4m，水位埋深+1.05~14.50m，渗透系数3.08~4.76m/d，水量单井涌水量100~500m³/d。

（二）地下水补给、径流、排泄条件

由碳酸盐岩组成的丘陵区，地表岩溶发育，溶蚀漏斗、洼地、暗河众多，地下水的补给呈现出灌入式特征，降雨入渗系数高达0.297~0.41，地下水获得补给后，除一部分就地排泄外，另一部分通过径流区向排泄区运移。城门山矿区湖区勘察孔抽水试验表明地下水和湖水无直接联系，灰岩水排泄于长江。地下水还可以通过其他地层或断裂带获得侧向补给。

平原孔隙水主要分布于长江南岸，江水与地下水联系密切。据鄱阳湖考察研究，当上覆黏性土层厚度小于14m时均可获得垂向降雨入渗补给。据钻孔揭露，部分地区砂砾石层直接裸露于地表或上覆黏性土层较薄，降水入渗的条件甚为优越。在梅家洲等地砂砾石层直接坐落于下伏灰岩之上，可获得灰岩水的顶托补给。总之，孔隙水在枯水期接受垂向降雨入渗和下伏顶托等补给后向河流及长江排泄，丰水期接受地表水的侧向补给。

九江市区下更新统冲积砂砾石含水层由于人工超采地下水，形成区域性降落漏斗。九江市地下水位监测发现，沿江一带地下水已常年低于江水位，获江水返补，位于长江岸边的154号孔地下水位变化与江水同步，随着与长江距离的增大，影响程度逐渐减弱，在国棉三厂附近为降落漏斗中心区，地下水位变化基本上不受长江水的影响。

四、工程地质条件

（一）岩土体工程地质特征

1. 岩体

九江街区及附近地区区内岩体主要有一般碎屑岩、红色碎屑岩、碳酸盐岩三类，大多被第四系所覆盖，主要在九江市区东、南、西部出露。

（1）一般碎屑岩

主要分布于九江市东南部和西部，岩性较为复杂，主要有砂岩、石英砂岩、长石石英砂岩、硅质岩、硅质细砂岩、泥质粉砂岩、页岩等，其力学性质差异大。新鲜完整的（下同）砂岩、石英砂岩、长石石英砂岩抗压强度74.52~151.18MPa，软化系数0.49~0.87；硅质岩、硅质灰岩、硅质细砂岩抗压强度130.10~243.92MPa，软化系数0.63~0.86；粉砂质页岩抗压强度37.19MPa左右，软化系数0.33。其中泥质粉砂岩、页岩抗风化能力差，强风化带厚度3~10m，且遇水易软化、泥化，常形成软弱结构面，在有断层等破裂面及地形较陡时，可能导致天然、人工斜坡失稳。软弱夹层的分布和性质是该岩类应重点调查的内容。

（2）红色碎屑岩

古近系红色碎屑岩多被第四系覆盖，岩性为钙质砾岩、紫红色粉砂岩、细砂岩等。该岩类固结程度相对较低，力学强度较同类一般碎屑岩要差。砂岩抗压强度51.18~124.37MPa，软化系数0.13~0.63，砾岩抗压强度106.67~139.96MPa，软化系数0.50~0.81。紫红色砂岩抗风化能力差，具一般碎屑岩特点，钙质砾岩由于钙质含量高，岩溶较发育，具碳酸盐岩特点，可导致局部地带岩溶塌陷。

（3）碳酸盐岩类

分布广，但多被第四系覆盖，呈条带状分布于九江市中南部和西部。石炭系至下三叠统灰岩质地较纯，岩溶发育，易造成地面塌陷。新鲜岩石呈坚硬状态，抗压强度75.49~150.32MPa，软化系数0.77~0.98。寒武系、奥陶系灰岩，白云质、泥质含量较高，岩溶发育一般，造成地面塌陷的可能性较小。岩石抗压强度99.22~161.37MPa，软化系数0.77~0.89。

2. 土体

区内土体岩性、岩相、成因复杂，厚度变化大。根据上述特征，可划分为以下七个基本类型。

（1）一般黏性土

分布于长江沿岸和沟谷、湖边，为全新统冲积、冲湖积黏性土，其间常夹有粉细砂或软土透镜体。长江沿岸厚度一般5~15m，其他地方1~5m。一般呈可塑状，液性指数0.337~0.434，高－中压缩性，压缩模量4.916~7.169MPa，承载力特征值153~199.5kPa。

（2）老黏性土

广泛分布于岗地区、长江一级阶地和长江古河道，包括更新统冲积、残积和冰水堆积的黄褐色、棕红色、灰白色黏土、粉质黏土、粉土和含碎石黏性土等，厚度随地形而异，一般5~15m，土层铁锰质含量较高，中更新统黏性土具网纹和似网纹状结构，黏结紧密。硬塑至坚硬状态，液性指数-0.124~0.148，中－低压缩性，压缩模量8.661~19.387MPa，承载力特征值256.7~432.5kPa。

（3）砂类土

分布于长江沿岸和鄱阳湖边，多伏于一般黏性土之下，鄱阳湖边有零星“沙山”出露。为灰、灰白、黄色细－粗砂，其间常夹薄层黏性土透镜体。厚度一般5~15m，局部可达30~50m。中密至密实状态，颗粒分选性好，不均匀系数4.37~7.8，承载力特征值160.2~400kPa。

（4）砾类土

分布于砂类土层之下，为灰、灰白色或杂色砾石、卵石层夹砾砂层透镜体，一般埋深10~20m。全新统砾类土厚度相对稳定，一般5~15m。更新统砾类土厚度不稳定，且相变大，常夹有多层黏性土。一般厚度20~30m，最厚43.92m。中密至密实状态，分选性差，不均匀系数26.7~51.0，承载力特征值350~600kPa。

（5）泥砾土

主要为下更新统冰碛和冰水堆积泥砾，组成岗垅。岩性为棕红色、杂色漂砾卵石与黏性土、砂的混合物，粒径差异悬殊，漂砾大者直径可达几米，一般5~50cm，次圆至次棱角状，泥砂质、铁质胶结。厚度变化随地形而异，一般5~10m，固结较紧密，液性指数小于0.1，低压缩性，压缩模量23.022MPa，承载力特征值534.5kPa。

（6）软土

主要指孔隙比大于1、天然含水量大于液限、液性指数大于1的淤泥质土和液性指数0.75~1的软黏土，主要分布在七里湖东北至长江一带，梅家洲、芳兰湖、白水湖等地有零星分布。以全新统河漫滩相和湖相灰－深灰色淤泥质土为主，埋深多小于5m，厚度一般5~15m。呈软塑至流塑状，液性指数1.075~1.439。高压缩性，压缩模量3.286~4.525MPa，承载力特征值85.8~122.6kPa。

（7）人工填土

九江市区局部分布，既有杂填土又有素填土。厚度一般2~6m。杂填土成分以砖瓦碎片等建筑垃圾为主，混有一定数量黏性土；素填土则以黏性土为主。一般较疏松。

（二）工程地质分区

依据地貌形态类型，将九江市划分为7个工程地质区，在此基础上，根据工程地质特征的差异，结合考虑存在的主要工程地质问题（软土、人工填土的分布、岩溶塌陷的可能性、砂土液化和其他外动力地质现象等），进一步划分为15个工程地质亚区。

1. 庐山山地丘陵工程地质区（Ⅰ）

（1）庐山一般碎屑岩工程地质亚区（$Ⅰ_1$）

主要分布于庐山山体北部。区内北东向展布坚硬的下南华统莲沱组厚层状砾岩、砂岩，山麓地带为南华系中上统冰碛砂岩和硅质岩、硅质页岩。由寒武系页岩、粉砂岩组成。东南麓现象桥白鹿洞有坚硬块状花岗岩分布。区内北北东断裂及断裂发育。山体两侧断层崖常见。切割深度400~1000m，坡度一般为25°~45°。瀑布常有水分布。山体仍处于较强活动状态，局部有崩塌和自然滑坡现象。

(2) 妙智铺至百石咀冰碛泥砾下伏一般碎屑岩工程地质亚区（$Ⅰ_2$）

主要分布于庐山西北麓，即九江市十里铺以南妙智铺至北东部的石头咀一带，为低丘岗地区。上部主要为大姑期冰碛泥砾土组成，厚度10~20m。土层坚硬状，低压缩性。在妙智铺、东城畈一带分布有北西向的山间溪沟。由一般黏性土和砾石组成，厚度在5~10m，地势较为平坦。地下水位埋深在1.0~2.0m。下伏地层为寒武系泥页岩，局部夹细砂岩。区内未见自然滑坡现象。

2. 九江县沙河丘陵、低岗工程地质区（Ⅱ）

(1) 赛阳－十里铺毛纺厂冰水沉积下伏一般碎屑岩工程地质亚区（$Ⅱ_1$）

主要分布于九江县赛阳至十里铺毛纺厂（七里湖以南）一带低丘地区。上部主要为第四纪大姑间冰期冰水沉积的泥砾及网纹状黏性红土组成。厚度一般5~10m。坚硬状，低压缩性。区内北西向冲沟较发育，沟谷平缓，分布第四系全新统黏土砾石，厚度3~6m。沿七里湖边分布第四系全新统软土。下伏地层为第三系粉砂岩，局部夹砂砾岩。

(2) 九江县沙河街一般黏性土下伏强岩溶化灰质砾岩工程地质亚区（$Ⅱ_2$）

主要分布于九江县沙河街东侧，呈北北东长条形分布。

上部由第四系全新统黏性土、砾类土组成，厚度5~26m，最厚处为47.31m。地势平坦，局部为北西向的泥砾岗地。黏性土可塑状、高压缩性。下伏强岩溶化灰质砾岩（$E_{1-2}xn$），地下水丰富，水位埋深5~11.6m，沿断裂带的第四系全新统分布区易产生地面塌陷。

(3) 九江县沙河街一般黏性土、砾类土、碎屑岩工程地质亚区（$Ⅱ_3$）

主要分布于沙河街以西的低丘垅岗地区。在垅岗区，上部由第四系全新统一般性黏土、砾类土组成，厚度1~7m。地下水位埋深0.5~1.5m。西部低丘为志留系、泥盆系碎屑岩构成。

(4) 城门山－住岭老黏性土下伏强岩溶化碳酸盐岩工程地质亚区（$Ⅱ_4$）

分布于城门山—住岭矿区一带。为低丘垅岗地区，其上部由坚硬中偏低压缩性的第四系中更新统冲积相老黏性土组成。垅岗与冲沟相间。下伏二叠至三叠系强岩溶化碳酸盐岩。覆盖层厚度一般10~20m。沟谷处覆盖层厚度5~8m，岩性为全新统冲积相黏性土和砾石层。在低丘处有石灰岩裸露。地下水较丰富。易产生岩溶塌陷。

3. 十里铺至八〇六厂垅岗工程地质区（Ⅲ）

(1) 十里铺老黏性土下伏强岩溶化碳酸盐岩工程地质亚区（$Ⅲ_1$）

分布于十里铺百货大楼一带。为垅岗地区，主要由中更新统冲积、下更新统冰水堆积的老黏性土、冰碛泥砾土组成。土体厚度一般15~20m。沟谷中全新统黏性土和砾类土厚度5~8m。下伏二叠系－三叠系强岩溶化碳酸盐岩，地下水丰富，地下水位埋深1.9~27.3m。易发生地面塌陷。

(2) 八〇六厂弱岩溶化碳酸盐岩工程地质亚区（$Ⅲ_2$）

主要分布于测区东北角八〇六冶金厂一带，为低丘地区，由奥陶系碳酸盐岩组成，岩体坚硬。地面溶蚀现象不甚发育。地下岩溶发育较差，一般为小溶孔、小溶蚀裂隙，但岩溶发育深度可达90m。边缘地带有上更新统冲湖积黄白色中细砂，厚度3~8m。人工开挖后易产生滑坡。

4. 周岭－青山湖垅岗工程地质区（Ⅳ）

分布于测区东南部的鄱阳湖边。主要为冰碛泥砾和上更新统冲积黄褐色粉质黏土组成的垅岗地形。零星分布有志留系较坚硬至软弱的碎屑岩组成的低丘。下伏地层为一般碎屑岩。

5. 九江市垅岗工程地质区（Ⅴ）

（1）九江市老黏性土下伏碎屑岩工程地质亚区（$Ⅴ_1$）

主要分布于九江市老城区一带。为中更新统冲积冰水堆积硬塑－坚硬状低压缩性的老黏性土组成的垅岗。土体厚度10~50m，最厚达65m。北西向冲沟较发育。长虹大道以北老城区部分覆盖有厚2~4m的人工填土，且陷伏分布有第四系下更新统冲积层，地下水丰富至中等，已形成以国棉三厂为中心的地下水降落漏斗。其下伏为古近系红色粉砂岩，局部夹砂砾岩。

（2）九江市炼油厂老黏性土下伏岩溶化灰质砾岩工程地质亚区（$Ⅴ_2$）

主要分布于琵琶湖以东、新港镇以西的炼油厂一带，北临长江。为第四系硬塑、中低压缩性的冲积、残积的黏土、含碎石黏土组成的垅岗地形。土体厚度5~20m。下伏岩溶化灰质砾岩（$E_{1-2}xn$）。局部地段岩溶发育，溶洞发育深度30~80m。地下水丰富至中等。地下水位埋深12~15m。长江边出露的钙质砾岩，溶蚀现象较好，见较多的溶槽。局部盖层发育有土洞，具地表局部塌陷的可能。

6. 新港－梅家洲平原工程地质区（Ⅵ）

（1）梅家洲一般黏性土下伏强岩溶化碳酸盐岩工程地质亚区（$Ⅵ_1$）

主要分布于新港镇以东的梅家洲，北临长江，南依鄱阳湖。为第四系全新统冲积黏性土、砂砾类土组成的平原区。土层厚30~60m，最厚达153.79m。沿江一带分布有易液化的饱和砂质黏土和砂土层，局部有软土分布。下伏有强岩溶化的碳酸盐岩，水量丰富，地下水位埋深随季节变化，与地表水水力联系密切，地下水位埋深一般小于2m。砂土液化、泡泉是本区的主要工程地质问题。

（2）新港－回峰矶一般黏性土下伏碎屑岩工程地质亚区（$Ⅵ_2$）

分布于新港镇以东至回峰矶一带，北临长江。为第四系全新统冲积黏性土、砂砾类土组成的平原区，土层厚度20~30m。最厚达50.82m。沿江一带分布有易液化的饱和砂质黏土和砂土层，局部有软土分布。下伏古近系粉砂岩夹砂砾岩。沙土液化、泡泉是本区的主要工程地质问题。

7. 龙开河－大树下平原工程地质区（Ⅶ）

（1）龙开河一般黏性土下伏碎屑岩工程地质亚区（$Ⅶ_1$）

分布于龙开河以西至阎家渡一带，北临长江，南依七里湖，主要为第四系全新统冲、湖积黏性土、砂砾类土组成的平原区。九江市老市区一带分布有厚度2~5m的人工填土，最厚可达7~8m。本区土层厚度25~40m，最厚达86.5m，其中有呈面状分布的软至流塑状、高压缩性的软土，埋深一般在2~6m，厚5~15m，最厚可达22.7m，局部地区具有液化的饱和粉细沙。地下水位埋深一般小于2m，富水性差，局部地区可达中等，但富含铁、锰质，水质差。下伏古近系红色粉砂岩。软土地基易产生侧向滑动、不均匀沉降等是本区的主要工程地质问题。

（2）大树下一般黏性土下伏碳酸盐岩工程地质亚区（$Ⅶ_2$）

分布于九江市西北部阎家渡至大树下长江冲积平原区。上覆第四系全新统冲积黏性土和软土，软土埋深2~6m，厚度一般4~10m，具有由北向南逐渐增厚的特点，下部为砂土和砾石土，第四系厚度25~50m，最厚可达70m以上。下伏基岩主要为三叠系嘉陵江组厚层状强岩溶化灰岩，白云质灰岩，溶孔、溶洞发育，水量中等至丰富，地下水位埋深3~5m。软土地基易产生侧向滑动、不均匀沉降等工程地质问题，泡泉、岩溶地面塌陷是本区主要的工程地质问题，长江边岸和圩堤的稳定性问题较为突出。

第二节　生态地质资源

一、应急地下水源地

九江市具集中供水意义的大型水源地（日开采资源5~15万m^3）3个，中型水源地（日开采资源1~5万m^3）4个，小型水源地（日开采资源0.3~1万m^3）3个，总体可采资源量为$43.808\times10^4m^3/d$。现对各水源地分别叙述如下。

（一）梅家洲大型孔隙水源地

位于梅家洲一带，面积10.16km^2，含水层以全新统冲积相细－粗砂层为主，厚度10.43~36.90m，下部砾石层厚度0~18.15m，梅家洲一带有宽约1000m的下更新统深槽，砂砾石厚度可达35.69~109.55m，地下水位埋深一般0.02~6.37m。可开采资源量$7.30\times10^4m^3/d$。水质类型属HCO_3–Ca型淡水，基本符合生活饮用水和锅炉用水卫生标准，但不适合纺织工业和冷却工业用水，局部地段有Fe^{2+}、Fe^{3+}、Mn^{2+}、NH_4^+超标。目前未开采利用。

（二）微型电机厂－锁江楼中型孔隙水源地（市区孔隙承压水）

位于九江市中心城区微型电机厂—锁江楼一带，呈北北东向条带状展布，长约8.5km，宽约2~3km，面积21.3km^2，实际上为一条北北东向的古河道，河道中心部位水量丰富，往两侧富水性减弱。含水层为下更新统砂砾石层，厚度20~40m，渗透系数5~30m/d。根据前人资料，可开采资源为$3.72\times10^4m^3/d$，水质较好，局部有点状污染，是目前九江市地下水的主要开采层，2004年的开采量为7491.23m^3/d。由于20世纪90年代以前长期过量开采，使得形成了以国棉三厂为中心的地下水位降落漏斗，面积约15.4km^2，之后地下水开采量连年减少，地下水位逐年回升，漏斗中心水位标高由–15m回升至–7m，水位埋深由45m回升至37m。

（三）项家铺－官湖（赛湖向斜）大型岩溶水源地

位于西部项家铺—官湖一带，面积35.5km^2，含水层为覆盖型三叠系周家村组碳酸盐岩，岩溶发育强烈。上覆全新统、中更新统黏性土、淤泥质土和砂砾石层，厚度一般30~40m，水位埋深3.8~+1.85m，可开采资源量$12.49\times10^4m^3/d$。水质类型属HCO_3–Ca型水，除局部铁离子超标外，符合生活饮用水标准。地下水硬度较高（12.66~24.98德国度），基本符合锅炉用水要求，适宜于做冷却空调用水，也基本适合纺织工业用水要求。目前基本未开采利用。

（四）十里铺小型岩溶水源地

呈北东东向条带状分布于十里铺一带，为一向北倾斜的单斜含水构造，长度7.5km，宽0.7~1.5km，面积16.75km^2。含水层为覆盖型三叠系碳酸盐岩，覆盖层厚度15~20m。在含水层中心部位有长6km、宽0.6km的花岗斑岩顺层侵入。水位埋深0.6~18.55m，为承压水，可采资源量$0.962\times10^4m^3/d$，水质类型为HCO_3–Ca（Ca·Mg）型淡水，除NH_4^+含量稍高外，基本符合生活饮用水、锅炉用水、冷却工业、纺织工业用水质量要求。2004年开采量393m^3/d。

（五）国棉二厂小型裂隙岩溶水源地

呈北东东向条带状分布于国棉二厂一带，长17.5km，宽0.5km，面积9.7km^2。含水层为覆盖型奥陶系泥质条带灰岩和白云质灰岩，含水层向北倾斜，倾角50°左右，覆盖层厚度一般15m左右，最厚可达56.26m。水位埋深14.5~+1.05m，为承压水，可采资源量0.386×10^{4}m^3/d。目前未开采利用。

（六）蒋家塘中型“红层”裂隙岩溶水源地

分布于琵琶湖—新港沿江一带，面积5.5km^2。含水层为古近系钙质砾岩，为缓倾背斜，轴向近东西向，北西向张性断裂甚为发育，导水性极强，地下水主要受断裂控制，富水性极不均匀，除江边断续有基岩裸露外，均被第四系所覆盖，厚度一般5~15m。水位埋深0.76~13.63m，具承压性质，可采资源量1.34×10^{4}m^3/d。水质类型为HCO_3-Ca型淡水，除局部NH_4^+超标外，基本符合生活饮用水、锅炉用水、冷却用水、纺织工业用水质量要求。目前未开采利用。

（七）妙智铺－威家中型裂隙水源地

呈条带状分布于庐山北麓妙智铺—威家一带，长20.5km，宽1~2km，面积29.48km^2。含水层由寒武系荷塘组、震旦系灯影组、陡山沱组硅质岩、硅质灰岩、硅质页岩等组成。基岩多裸露，组成岗地和丘陵，冲沟之中有厚度小于10m的第四系分布。地下水富水性均匀，补给源充足，水位埋深4.3~+4.5m，具承压性质，可采资源量2.91×10^{4}m^3/d。水质类型为HCO_3-Ca·Na、HCO_3·CO_3-Ca型淡水，水质符合生活饮用水、锅炉用水、冷却用水、纺织工业用水质量要求。目前未开采利用。

（八）马祖－周岭小型裂隙水源地

分布于九江市东南部马祖—周岭一带，面积5.78km^2。含水岩组为寒武系荷塘组和震旦系硅质岩、硅质灰岩、硅质页岩，可采资源量0.48×10^{4}m^3/d。目前未开采利用。

二、热矿水资源

（一）矿水

威家镇泉水垄矿泉水，1994年通过国家级鉴定，其主要特征指标：锂0.21~0.395mg/L；锶0.512~0.626mg/L；偏硅酸24.95~25.22mg/L，为含锂、锶矿泉水。民营企业施工了一口生产机井，井深78.8m，降深为24.8m时，出水量为551.2m^3/d。

（二）热水

在庐山脚下威家镇方竹庵一带有3处温泉，水温23~25.4℃，流量0.448~2.1L/s，水中氡含量达20.59~27.47埃曼/L，达到医疗水标准。江西省地质环境监测总站于1984~1986年在该地区进行了地热普查，施工了两个地热普查孔，均为自流孔，水头高出地面4.1~14.64m，自流量181.4~809m^3/d，水温21~24.4℃。该地热点处于湖口（西）－隘口断陷地热带北部。该带地热勘察尚需进一步加强，同时应注意在九江红层盆地之下上石炭统－下三叠统碳酸盐岩分布地层寻找盆地隐伏型地下热水。

三、主要地质遗迹与景观资源

九江拥有山（庐山）江（长江）湖（鄱阳）三位一体天下自然奇观，是世界著名的旅游胜地。

庐山为文化景观世界遗产、世界地质公园和国家级风景名胜区。山体为典型的地垒式断块山，形成砂岩断裂、峰林、瀑布景观。更新世时，庐山以其独特的地貌、气候条件，形成山岳冰川，迄今共发现一百余处重要冰川地质遗迹，完整地记录了冰雪堆积、冰川形成、冰川运动与冰川侵蚀、搬运、沉积的全过程，是华南第四纪古气候变化具有唯一性的典型历史记录。与欧洲北美地区第四纪冰川活动可对比，是中国第四纪冰川地质系的发源地。建立了冰期、间冰期，对研究全球古气候变化和地质发展史具有极高的科学价值。角砾、冰斗、“U”形谷等造型典型优越。构造、冰蚀、流水三种地质作用形成的复合地貌景观，与植被和生物多样性一起构成了庐山一幅雄、奇、险、秀的绚丽画卷，具有极高的美学价值。1996 年以“世界文化景观”列入世界遗产名录，2001 年 3 月庐山被国土资源部批准为国家地质公园，2004 年 2 月被批准为世界地质公园。

庐山东侧为鄱阳湖汇入长江的地堑式管道。东岸有石钟山，湖中有鞋山碳酸盐岩岩溶地貌。

石钟山位于鄱阳湖口右岸，海拔约 60m，俯瞰鄱阳湖，烟波浩渺；眺望长江，白浪滔滔，江湖交汇，水分两色。属碳酸盐岩岩溶孤峰地貌，由石炭纪黄龙灰岩构成，山下穴隙纵横，水石相搏，声如洪钟，因而得名，是中国千古奇音第一山。

第三节　主要环境地质问题与建议

九江市主要环境地质问题有：地震活动、长江江岸不稳定性、岩溶地面塌陷和地下水污染等。

一、活动性断裂与地震

区内第四纪时期有活动的断裂主要为北北东向，主要有 3 条。庐山东侧的湖口（西）—丰州（赣江）断裂带湖口（西）—隘口段主要为导热断裂，该断裂有威家、星子、隘口温泉分布。地壳活动较多，尚未发现破坏性地震。庐山西九江 - 靖安断裂带为发震断裂，九江、靖安有多次破坏性地震发生，期间德安也曾发生 4 级地震。丁家山 - 瑞昌活动断裂带走向北东，起自望夫山，经丁家山、瑞昌后折向南南东，由桂林桥、武宁至铜鼓，为瑞昌 - 铜鼓导热发震断裂带的北端。在九江—瑞昌间曾发生多次破坏性地震，2005 年发生 5.7 级破坏性地震。九江—瑞昌为重要的防震地区之一。

二、长江江岸不稳定性

区内长江江岸长 39.45km，南岸为侵蚀岸，组成岸坡的地层多为全新统较为疏松的粉质黏土或中细砂，易被冲刷、淘蚀，江岸在江水的长期冲刷、淘蚀下岸坡变得越来越陡，时常发生崩岸险情，江岸每年以不同的速度后退。1959~1981 年，侵蚀速率为 1~2.18m/a。因此，江岸不稳定性问题是九江市一个重要的环境地质问题。1998 年的大洪水，长江大堤 4~5 号闸口处出现决口，给九江市造成重大的经济损失。国务院对九江市的防洪形势非常重视，斥巨资对长江大堤进行整治加固，长江崩岸情况明显减少。

晋代以来，长江以北地壳掀斜上升是江岸侵蚀南移的内因，江岸地层结构和组合特征是江岸侵蚀性的决定性因素，控制着岸线的形态和侵蚀速率，水流、风浪和地下水潜蚀作用是江岸变迁的外因。“江西省九江市水文地质工程地质综合勘察”收集了大量的有关长江江岸地层结构、江岸变迁、崩岸、管涌、泡泉等资料，根据江岸岩土特征、岸线形态、地下水潜蚀作用和侵蚀速率对江岸稳定性进行了定性评价，将江岸稳定性划分为稳定性好、稳定性较好、稳定性较差和稳定性差 4 个等级。根据评价结果，区内江岸长度 39.45km，其中稳定性好的江岸长度 0.9km，稳定性较好的江岸长度 4.8km，稳定性较差的江岸长度 1.7km，稳定性差的江岸长度 32.05km。

三、岩溶地面塌陷

在九江市南部的十里铺一带、九江市西部的狮子洞一带和西北部赛城湖—官湖一带为覆盖型碳酸盐岩分布区，岩溶发育强烈，岩溶地面塌陷问题是区内主要的环境地质问题之一。

十里铺一带为覆盖型三叠系灰岩分布区，岩溶发育程度强。1959~1974 年间发生 6 处地面塌陷，陷坑近东西向分布，单个陷坑面积 4~8m^2，深 3~5m。其中，九江仪表厂地面塌陷坑深达 25~35m。

九江市西部狮子洞一带为石炭系－三叠系碳酸盐岩分布区，岩溶发育强烈，出现过几处地面塌陷。塌陷的原因主要是地下水开采。近年来该地区未产生新的地面塌陷，原有塌陷经回填后也基本稳定。

四、地下水污染

20 世纪 80 年代，九江市区的潜水遭受了较严重的污染，以生活污染为主，一些民井不能使用甚至发出臭味，相继被填埋。孔隙承压水虽然防污性能较好，但存在局部被污染的现象，如九江市化工厂生产盐酸和工业盐的露天堆放，使得化工厂一带地下水的化学类型由 HCO_3–Ca 型变为 Cl–Na 型，还有一些局部地段遭受“三氮”污染。

五、其他环境地质问题

（一）地下水漏斗

九江市第四系承压水形成以国棉三厂为中心的降落漏斗，漏斗基本形态为椭圆形，长轴方向为北东－南西向，长度约 7km，短轴方向为北西－南东向，长度经 2.2km，以标高 14m 等高线为界计算面积约 15.4km^2（图 10–37–2）。

据九江市水利局的资料，九江市区第四系承压水 2002 年年开采量为 267 万 m^3（开采量数据偏小）。2001 年实地调查的市区第四系承压水年开采量为 434.68 万 m^3。由于开采量的减少，降落漏斗中心区、边缘区、外围区地下水水位普遍上升。

降落漏斗中心区地下水水位主要受人工开采的影响，降落漏斗边缘区地下水水位受人工开采和降雨量的共同影响，降落漏斗外围区地下水位主要受降雨量的影响。

（二）地基不均匀沉降

九江市其他环境地质问题主要有由于人工切坡或沙山采沙引起的滑坡、软土引起的地基不均匀沉降和人工填土内发育的管涌、渗漏、岸坡崩塌等。

在九江市东部梅家洲西南一带有约 1.2km^2 的沙山分布，由于采沙引起滑坡 10 余处，方量一般

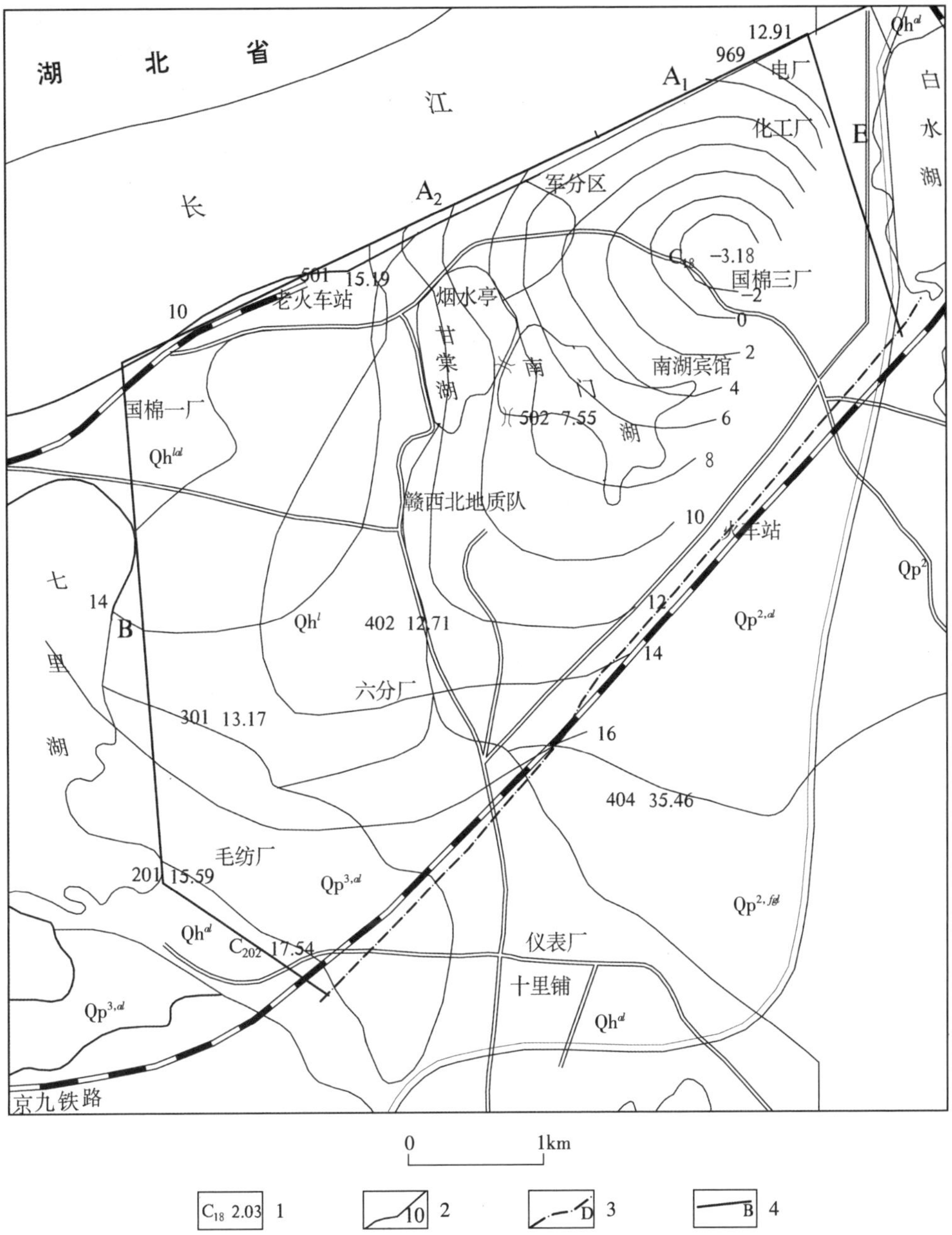

图 10-37-2 九江市 2012 年第四系孔隙水丰水期水位(压)标高等值线图

Fig. 10-37-2 Isoline map of water level elevation (presseure) of Quaternary pore water in high water period in 2012, Jiujiang city

1—水位观测点:左为编号、右为水位标高(m);2—水位(压)标高等值线及标高(m);3—隔水边界及编号;4—补给边界及编号;$Qp^{2,fgl}$—中更新统冰水堆积层;$Qp^{2,al}$—中更新统冲积层;$Qp^{3,al}$—上更新统冲积层;Qh^{al}—全新统冲积层;Qh^{lal}—全新统冲湖积层;Qh^{l}—全新统湖积层

900~8000m³,曾造成人员伤亡。在鄱阳湖西北岸边,由于湖水冲刷、淘蚀引起的小型残坡积层滑坡,方量 2000~3000m³。

在甘棠湖至阎家渡一带有约 12km² 的淤泥或淤泥质土分布,埋深一般小于 5m,厚度 5~25m,呈软塑-流塑状,力学性质差,易引起地基不均匀沉降或震陷等不良工程地质问题。类似软土在梅家洲、芳兰湖、琵琶湖、白水湖等地有零星分布。

九江市人工填土主要分布于市区，长 17.8km，以杂填土、素填土为主，局部地段有冲填土分布。上部厚度为 1~5m，是有人工填土的地段，均存在堤基管涌、渗漏及岸坡崩塌等隐患。

针对九江市存在的环境地质问题，为保证城市建设科学、有序地进行和保护人民生命财产安全，应采取以下防治对策。

1）加强地震预测、预报与防治，九江—瑞昌区间为重点防治地区，建筑严格按 7 级地震设防。

2）长江江岸的稳固与否与人民的生命财产安全息息相关。1998 年以后，国家投巨资对江岸堤防进行了整治加固，崩岸险情明显减少。长江堤防工程是九江市的生命线工程，应继续做好长江堤防的整治加固工作。

3）区内有岩溶地面塌陷易发区 3 个，较易发区 4 个，岩溶地面塌陷与地下水的活动密切相关。应加强这些区域内地下水的科学管理，在这些区域内建井开采地下水应进行严格的审批。严禁在上述区域内强力抽排地下水和进行大降深抽水试验。工程建设应加强岩土工程勘察，根据具体情况采取相应的防塌基础措施。

4）区内地下水受到不同程度的污染。由于目前还未开展系统监测，不能全面地掌握地下水的污染状况，今后要加强地下水污染状况、污染机理的研究。规划区内尽量不要安排有污染的厂矿企业或尽量安排在地下水脆弱性较低的区域。

5）在九江市开发区（柴桑组团）一带有软土分布，易引起地基不均匀沉降或震陷等不良工程地质问题。在这一带建设时，应加强岩土工程勘察，查明软土的分布、厚度等，设计合理的基础形式并进行防震害设计。

6）垄岗、丘陵区实施挖填方工程应根据规范要求，对人工边坡进行勘察、设计，确定合理的人工边坡坡度，并采取切实可行的护坡及坡面防护措施。

第三十八章　景德镇市

景德镇市位于江西省东北部，昌江上游，东晋设新平镇、又称昌南镇。宋代称昌南镇为世界著名瓷都。面积 335km^2。

第一节　地理地质背景

一、自然地理

景德镇市年平均气温 17.0℃。根据市气象局（1961~2001 年）资料，多年年平均降雨量 1781.4mm。3~8 月为雨季，降雨量约占全年的 70%以上。

景德镇市地处黄山、怀玉山余脉与鄱阳湖平原的过渡地带。沿昌江、东河、南河、西河分布有带状冲积平原，区内地形总体南北高，中间低。南部以低山丘陵为主，中部主要为河谷阶地及岗地，地形起伏较小，平坦开阔；北部主要为低丘（图 10–38–1）。

二、地质条件

市区位于宜丰 – 景德镇扬子 – 华夏古板块对接断裂带上，断裂带走向北东，向南东方向逆冲推覆。其北侧为九岭推覆隆起，南侧为萍乐坳陷带的景德镇向斜，受一系列北东向断裂切割，形成一条构造岩片堆叠带。带内分布着变质基底万年群岩体，上古生界梓山组、黄龙组、栖霞组、小江边组及上三叠统安源组碎屑岩、碳酸盐岩（或煤系）零星出露，多被第四系覆盖。侏罗系水北组、漳平组砂岩夹页岩分布较广，在昌江南北呈两个条带状岩层展布。上白垩统茅店组红色砂砾岩层零星上叠于其上。昌江谷地分布着中上更新统、全新统冲积层（图 10–38–2）。

三、水文地质条件

景德镇市地下水有松散岩类孔隙水、碎屑岩孔隙裂隙水、碳酸盐岩类裂隙岩溶水和基岩裂隙水。其中松散岩类孔隙水、碳酸盐岩类裂隙岩溶水为主要含水层。

（一）含水岩组空间分布及其水文地质特征

1. 松散岩类孔隙水

孔隙水赋存于全新统和更新统冲积层以及更新统残坡积层中。昌江河谷冲积层、松散层厚度一般为 6.9~25m，岩性具二元结构，上部为富水性很差的黏性土，下部为富水性较好的砂卵石。砂卵石层厚

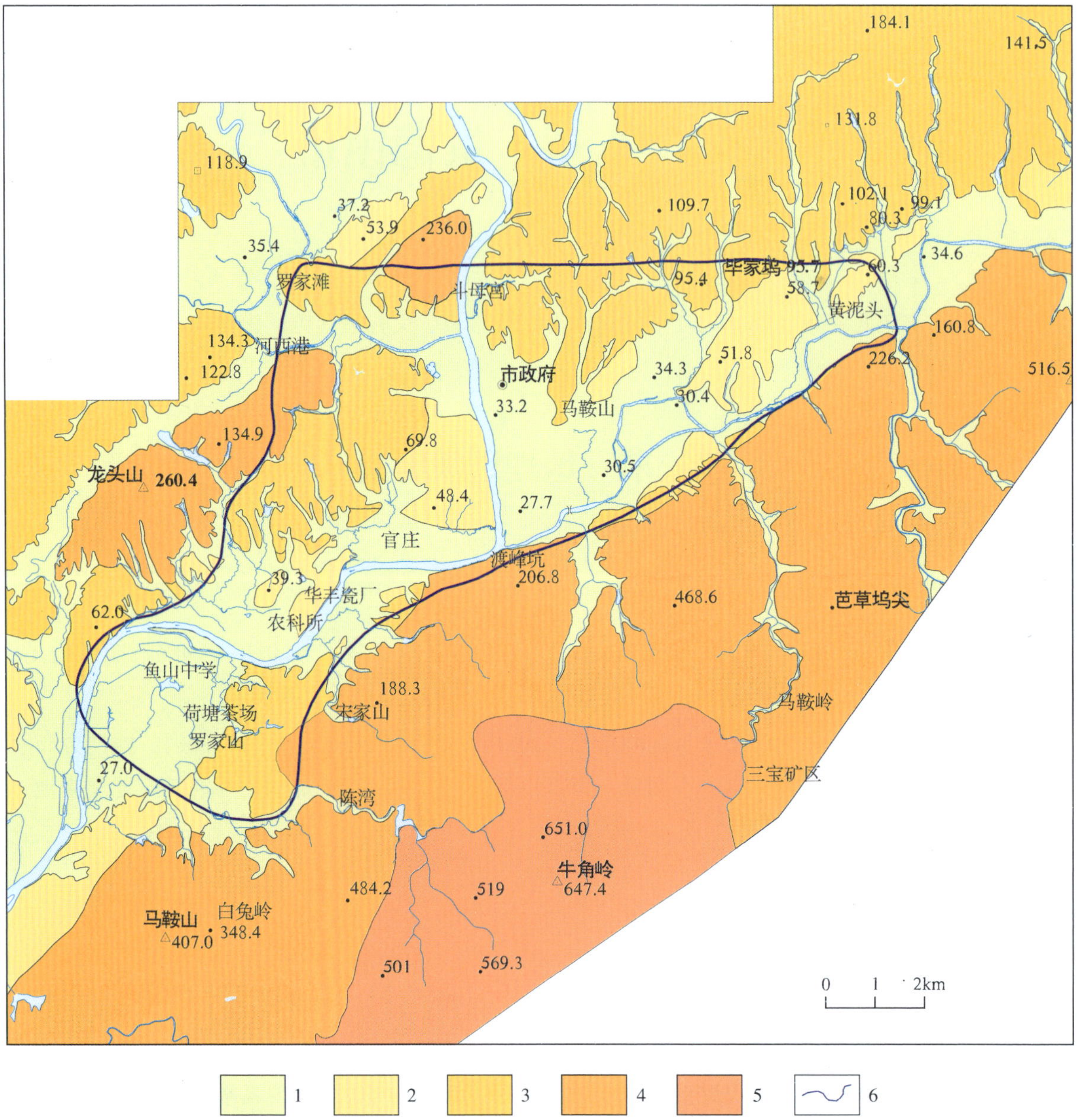

图 10-38-1　景德镇市城市规划区地貌类型图

Fig. 10-38-1　Geomorphologic types of urban planning region for Jingdezhen city

1—河谷平原；2—岗地；3—低丘；4—高丘；5—低山；6—规划界线

4.23~15.60m，含水层顶板埋深 2.60~12.52m，含水层厚 3.34~14.90m，水位埋深 3.56~12.85m。单井涌水量 17.58~44.21m³/h。近山地带富水性变差，单井涌水量小于 10m³/h。

支流河谷冲积层松散层厚一般小于 10m，岩性具二元结构，上部为富水性很差的黏性土，下部为富水性较好的砂卵石，砂卵石层厚 0.5~4.63m，水位埋深 2.1~6.57m，单井涌水量常见平均值为 13.49m³/h。

区内全新统冲积层比上更新统冲积层分布面积小，但前者粉粒含量低，后者粉黏粒含量高，富水性有一定差异，前者渗透系数 146~249.93m/d，单井涌水量 27~45m³/h；后者渗透系数 17.7~22.44m/d，单井涌水量 9.7~22.6m³/h。

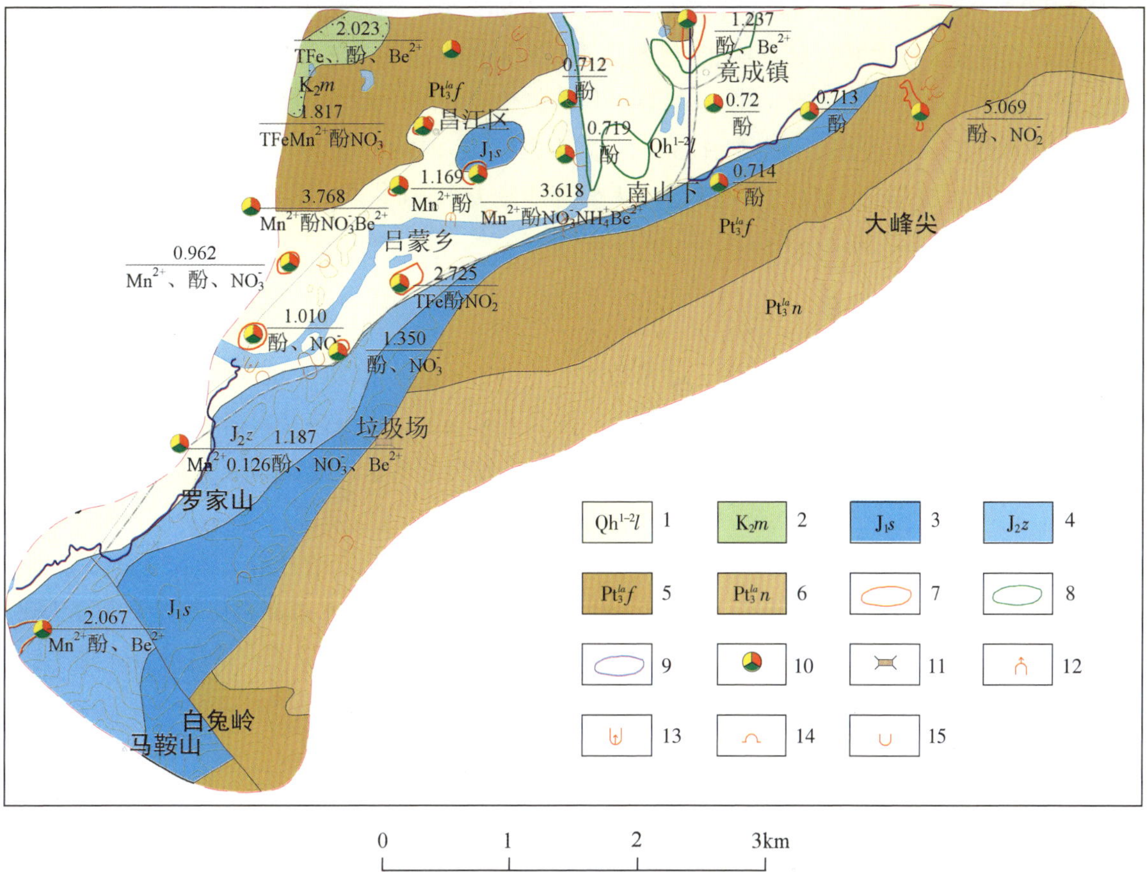

图 10-38-2　景德镇市环境地质略图

Fig.10-38-2　Environmental geological map of Jingdezhen city

1—全新统联圩组：下砂砾石，上亚砂土（洪冲积）；2—白垩系上统茅店组：紫红色砂砾岩夹玄武岩；3—新元古界下部枫树岭组：砂、板岩夹含碳板岩；4—新元古界下部牛头岭组：复成分砾岩、砂岩；5—侏罗系下统水北组：灰白色长石石英砂岩；6—侏罗系中统漳平组：紫红色砂、泥岩；7—地下水污染界线；8—特殊土界线；9—应急水源地界线；10—地下水污染点；11—垃圾场；12—滑坡；13—崩塌；14—地面塌陷；15—不稳定斜坡

残坡积层和中更新统冲积层分布面积小，厚度 2~15.5m，岩性为黏土碎石（卵石），黏结好，富水性甚差。

孔隙水水质主要为 HCO_3-Ca 型，矿化度 0.042~0.38g/L，总硬度 2.19~11.95 德国度，pH 值 6~7.5。

2. 碳酸盐岩类裂隙岩溶水

本区灰岩沿景德镇逆断层（F_1）下盘呈北东向条带状分布。露头少见，属隐伏岩溶地区。覆盖型岩溶区盖层厚度一般 8.09~25.5m。埋藏型岩溶区上覆白垩系红层和侏罗系水北组、漳平组砂岩，其埋深变化很大，从倾向上看，由南、北两侧向中间逐渐加大。由于 F_2 和 F_3 断层的破坏，F_2 以北灰岩埋深小于 10m，而以南则大于 400m。

岩溶水的富水性变化大。裂隙溶洞不发育的钻孔，单位涌水量小于 0.01L/s·m；裂隙溶洞较发育，但充填程度较高的钻孔，单位涌水量在 0.34~1.86L/s·m 之间；以溶蚀裂隙为主，充填差的钻孔，单位涌水量达 3.41~3.7L/s·m。从单井涌水量来看，裂隙溶洞不发育的钻孔，水量小于 $1m^3/h$；裂隙溶洞发育者，则可达 $35.7~65m^3/h$。

官庄石灰厂－市石灰厂－白虎湾断裂破碎带宽50~100m，由硅质岩、硅质灰岩、含炭砂页岩的碎粒和角砾组成，层位属下二叠系，含裂隙和溶蚀裂隙水，与岩溶水是一个统一含水体。其富水性最好，据钻孔抽水试验结果，单位涌水量达3.7L/s·m。在此层位已建的生产井单位出水量达67~110m³/h。

岩溶水具承压性，水位埋深0.4~12.12m，含水层厚度10~155m，常见平均值63m。隔水顶板埋深变化大，覆盖型地区在30m以内，埋藏型地区大部分地段大于400m，水质类型HCO_3–Ca型，矿化度0.13~0.37g/L，pH值6.9~7.2。

（二）地下水补径排条件

松散岩类孔隙水主要接受大气降水、地表潜水的垂向补给，丰水期还可接受昌河等河水的反补。另外，孔隙水同时也接受基岩裂隙水的侧向补给，在岩溶覆盖区，也可接受岩溶水的越流补给。孔隙水主要以散流形式或水平径流方式排泄于昌江。人工开采和蒸发的垂向排泄量较少，孔隙水水力坡度0.004~0.005，近河地带陡，水位年变幅0.5~4.0m。

岩溶水主要接受大气降水的补给，局部地段与河水连通，得到河水的补给。黄泥头附近，覆盖型灰岩上覆第四系土层较薄，局部硅化灰岩裸露，岩溶发育，降水和地表水都能直接补给岩溶水。另外，岩溶水还能得到基岩裂隙水的侧向补给。其以人工开采及相邻含水层垂向及侧向越流的方式排泄。

四、工程地质条件

（一）岩体工程地质类型及特征

1. 较坚硬薄层状千枚岩、板岩岩组

指万年群浅变质岩。岩性为千枚状、变质砂岩、粉砂质板岩。具板状－薄层状构造。新鲜岩石干抗压强度30.38~66.44MPa，软化系数0.65~0.84。岩石风化后呈土状，性软，湿水后力学强度明显降低。

岩层经历了多次构造变动，节理裂隙发育，完整性差。层间错动和岩性差异风化形成的软弱夹层和软弱结构面亦较多。

2. 坚硬、较坚硬中－厚层状灰岩、白云质灰岩岩组

指石炭系－二叠系碳酸盐岩。分布于盆地中部。几乎全部为隐伏型产出。岩性为硅质和沥青质灰岩夹炭质页岩、白云质灰岩、白云岩，中－厚层状。岩溶发育，强岩溶带发育深度在60m左右。岩石干抗压强度58.8~101.92MPa，软化系数0.7~1。岩石硅化后强度更高，干抗压强度可达186.2MPa。炭质页岩强度低，属软弱夹层，遇水后易软化和崩解。

3. 坚硬、较坚硬薄－中厚层状砂岩、含碳页岩夹煤层岩组

指林山组地层。岩性为长石石英砂岩、含碳页岩夹薄煤层（小于0.1m）。薄－中厚层状，软硬相间，砂岩强度高，平均干抗压强度为93.42MPa，软化系数0.68；页岩强度较低，干抗压强度为61.78MPa。

4. 较坚硬厚层状砂砾岩、砂岩夹泥岩岩组

指上白垩统红层。大部分地段被土体覆盖。其砂砾岩、砂岩强度较高，干抗压强度平均为44.24~MPa，软化系数0.40~0.62；泥岩、泥质粉砂岩力学强度较低，且抗风化能力差。强风化时，力学性质显著降低，饱和抗压强度仅0.3~0.5MPa。

（二）土体工程地质类型与特征

1. 一般土类

广泛分布于河流沟谷地带，按粒度成分和性质分为以下五种。

（1）可塑状高压缩性黏土

属全新统冲积物。为褐色、褐黑色黏土，黏粒含量37.5%~41.2%。厚度1~3.5m。黏土矿物以伊利石、高岭石为主。允许承载力0.137~0.157MPa。

（2）可塑状高压缩性粉质黏土

属全新统冲积物。为褐色、黄褐色粉质黏土，黏粒含量8.5%~34%。厚度2~6.1m。黏土矿物以伊利石、高岭石为主。弱透水至微透水性。允许承载力0.137~0.157MPa。

（3）硬塑－可塑状中压缩性黏土

属晚更新统冲积物。为棕红、黄褐色黏土，黏粒含量一般为31.1%~49%。厚度2~10m。黏土矿物以伊利石、高岭石或高岭土、伊利石组合为主。土质固结性好，微透水性。允许承载力0.196~0.284MPa。

（4）可塑状中压缩性黏土

属中更新统冲积物。岩性为棕红色黏土，黏粒含量一般为47.5%~51.5%。厚度1~10m，局部（岩溶漏斗）达19.52m。黏土矿物以高岭石、伊利石组合为主。土质固结性好，微透水性。允许承载力0.216~0.265MPa。

（5）可塑状中压缩性粉质黏土

属中、晚更新统冲积物。为棕红、黄褐色粉质黏土，黏粒含量一般为25.2%~31%。厚度5~15m，局部（岩溶漏斗）达35.29m。湿热化作用强，铁、锰含量较高，具网纹结构，弱透水性。黏土矿物以伊利石、高岭石或高岭土、伊利石组合为主。允许承载力0.216~0.265MPa。

（6）可塑状中压缩性红黏土

属碳酸盐岩风化残积物。为紫红色黏土，黏粒含量一般为36.5%。厚度8~15m，它的物理性质与老黏土无明显差异，仅液限和塑限略高。透水性甚弱。允许承载力0.157~0.176MPa。

（7）均匀中密的粉细砂土

据钻孔揭露，主要分布于吕蒙、官庄、里村等地的Ⅰ、Ⅱ级阶地上。上覆黏土、粉质黏土，顶板埋深一般为3.6~9.8m。为黄色粉砂、细砂，局部夹透镜状中砂。一般厚度：5~6.42m。弱透水。允许承载力0.118~0.137MPa。

（8）不均匀中密的中粗砂土

分布于昌江河谷边滩、心滩上。以淡黄色中粗砂为主，中细砂次之。厚度1~3m，允许承载力0.127~0.147MPa。

（9）不均匀中密的卵砾土

广泛分布于漫滩和Ⅰ、Ⅱ级阶地上，属全新统和上更统冲积层。除漫滩地带有裸露外，其他地段均被其他土覆盖。顶板埋深2.6~16.47m。主要由卵石、砾石及粗砂组成，黏粒含量小于5%。厚度：主流段一般为3~9.5m，支流地带0.5~4.6m。强透水性。允许承载力0.265~0.284MPa。

（10）不均匀中密的含黏土卵砾土

主要分布于枫树山林场、历尧、市第三医院等地的Ⅲ级阶地上，属中更新统冲积层，均被黏性土覆盖。顶板埋深1~10m。主要由卵石、砾石及粗中砂组成，含黏土。透水至强透水。允许承载力0.29~0.35MPa。

2. 特殊土

（1）人工填土

松散的黏土碎石素填土：系人工削坡、地基开挖的产物。主要为风化千枚岩碎块及黏土。一般厚度为3~7m，最大11.5m。密实程度低，呈松散状。

不均匀松散的陶瓷渣片杂填土：杂填土中，陶瓷及模具碎片占60%~80%，炉渣和建筑及生活垃圾占21%~40%。厚度：老市区的中华路以西至昌江东岸为10~20m，西瓜州及东市区里村5~10m，其他地区小于5m。组成物质复杂，均匀程度低，结构松散，多呈片架状。是区内高压缩低强度的不良土体。天然干容重1.68~1.7g/cm^3，允许承载力0.06~0.08MPa。

（2）流塑状高压缩性软土

岩性为灰黑色、浅灰色淤泥、淤泥质粉质黏土。埋藏情况有两种，一是埋藏于人工填土之下，二是处于黏性土下；顶板埋深分别为1.8~9m、0.6~4.2m。主要分布于西瓜洲、火车站、宇宙瓷厂北。

软土呈流塑状，高压缩性，低强度。天然容重1.78g/cm^3，孔隙比1.19，含水量42.35%，液性指数1.35，内摩擦角14°，黏聚力0.98MPa，压缩模量3.57MPa，允许承载力小于0.04MPa。

第二节　生态地质资源

一、地下水源地

景德镇市具有集中供水意义的应急中型地下水水源地1个，小型地下水水源地1个，总体可采资源量为$5.17\times10^4 m^3/d$。

（一）东市区孔隙、岩溶水水源地

分布范围东到黄泥头、西临皖赣铁路、南起南山公路、北至李家坳，面积约20km^2。可开采水资源量2.47万m^3/d，已开采水资源量0.6万m^3/d，剩余可开采水资源量1.87万m^3/d。

（二）吕蒙－金堂孔隙、岩溶水水源地

位于景德镇市南西侧，距中心城市约7km分布在昌江两岸安堂坞、凤岗、吕蒙一带，面积约14km^2。可开采水资源量2.70万m^3/d，目前尚未开采，剩余可采水资源量2.70万m^3/d。

东市区水源地地下水中铁、酚、硝酸、氨、氰化物、镉、铬、铍超标，吕蒙－金堂水源地地下水中酚、硝酸、铍超标，生活用水须进行适当处理。

（三）地下热水

市区岩层发育，在变质岩堆覆体之下零星找到隐伏岩溶型地下热水。

二、地质遗迹景观资源

景德镇陶瓷享誉全世界，历史上是官窑之地。有大量古采址、窑址遗存，市区北的高岭古采矿遗址从宋代开始开采，至明代中期至清代中期开采最盛。高岭土以其优异性能被引入瓷胎，使景德镇制瓷原料与工艺发生了重大变革，是我国最早向国外传播的重大科学技术成果之一。高岭土闻名天下，高岭随即成了高岭石矿物和高岭土矿的命名地。高岭保存有大量的高岭土矿残体、古尾矿堆、古采坑、古采硐、古洗选池、运矿古道、古码头、古亭、古桥和古文献、古瓷器等遗迹，形成了反映当时采、选、运、销一条龙，体系完整的古矿址、古商埠、古村落三位一体的综合景观。是景德镇瓷都的一颗璀璨明珠，现在已建成国家矿山公园和国家重点风景名胜区。

第三节　主要环境地质问题及建议

一、城市地下水漏斗

（一）第四系地下水水位总体变化趋势

景德镇市第四系孔隙水 2012 年平均水位 25.76m。由于多年集中开采形成了景德镇市第四系地下水西市区园林场漏斗，老市区、东市区漏斗。近年来由于自来水公司供水系统覆盖面广且供水保证程度高，地下水开采量不断减少，地下水位总体呈恢复状态，东市区漏斗已不复存在。地下水为自北东向南西自然径流并排泄于南河，2012 年度地下水位略有所上升。各区段的水位变化及漏斗范围的演变趋势见表 10-38-1。

表 10-38-1　景德镇市 2012 年度地下水水位状况一览表

Table 10-38-1　Undergound water level status of Jingdezhen city in 2012

<table>
<tr><th rowspan="3">地下水类型</th><th rowspan="3" colspan="2">水文地质单元</th><th colspan="2">水位情况</th><th colspan="5">水位降落漏斗情况</th></tr>
<tr><th rowspan="2">变化趋势</th><th rowspan="2">平均变幅/m</th><th colspan="2">漏斗面积/km²</th><th colspan="2">漏斗中心水位</th><th rowspan="2">漏斗变化原因</th></tr>
<tr><th>实际面积</th><th>变化量</th><th>变化趋势</th><th>变幅</th></tr>
<tr><td rowspan="4">第四系孔隙水</td><td colspan="2">东市区</td><td>上升</td><td>0.48</td><td colspan="5">无水位降落漏斗</td></tr>
<tr><td colspan="2">老市区</td><td>上升</td><td>0.29</td><td colspan="5">存在漏斗，但监测点机井被毁，无法计算其面积</td></tr>
<tr><td rowspan="2">西市区</td><td>园林场漏斗区</td><td>上升</td><td>0.68</td><td>1.30</td><td>–0.14</td><td>上升</td><td>0.23</td><td>漏斗区地下水位整体上升</td></tr>
<tr><td>吕蒙块段</td><td>下降</td><td>–0.10</td><td colspan="5">无水位降落漏斗</td></tr>
<tr><td rowspan="2">岩溶水</td><td colspan="2">东市区</td><td>上升</td><td>0.29</td><td colspan="2" rowspan="2">监测点控制程度不够，无法计算其面积</td><td>上升</td><td>0.42</td><td>地下水位升</td></tr>
<tr><td colspan="2">西市区</td><td>上升</td><td>0.27</td><td>上升</td><td>0.27</td><td>地下水位上升</td></tr>
</table>

（二）岩溶水水位总体变化趋势

由于多年集中开采地下水，景德镇市已形成东市区、西市区两大水位降落漏斗。据2012年度地下水水位监测资料，景德镇市岩溶水年均地下水水位32.24m，与上年相比，地下水位上升0.28m，地下水位总体呈上升趋势。

二、地下水化学动态及污染

据2012年度水质检测结果，景德镇市第四系孔隙水化学类型为HCO_3-Ca·Mg型，pH值7.10，总硬度72.72mg/L（以$CaCO_3$计），总矿化度140.6mg/L。无超标成分，地下水水质态势较稳定。

据2005年水质分析结果：第四系地下水水质中超标组分为铁、酚、锰、硝酸、氨、氰化物、镉、铬、铍等。重污染区主要集中在工业集中地，污染来源主要为生活垃圾和工业废水，造成地表水体严重污染后，直接导致该区域地下水水质的恶化。

岩溶水水质良好，无超标组分。

三、地质灾害

区内地质灾害类型主要有河岸崩塌，山体滑坡、崩塌，地面塌陷，地面不均匀沉陷等，灾害隐患主要为斜坡隐患。据调查，全区共有各类地质灾害点及斜坡隐患点115处，其中已发生的灾害点56处，斜坡隐患点59处。

地质灾害分布主要受人为工程活动及地形地貌相关。河谷平原区有灾点30处，灾点数占总数的26.09%；垄岗区有灾点16处，灾点数占总数的13.91%；低丘区有灾点54处，灾点数占总数的46.96%；高丘区有灾点15处，灾点数占总数的13.04%；低山区目前未发现灾害点。高丘区及低山区灾害点数量少，与人工活动少有密切关系。

（一）崩塌、滑坡

区内共发现崩塌12处，滑坡13处。崩塌均为人工切坡诱发，其中土质崩塌4处，分布在地势低缓的低丘垄岗和平原区，人工边坡坡度40°~60°，坡宽较大，平面形态呈长条形，剖面上呈凹形、直线形；岩质崩塌8处，其中顺向坡3处、斜向坡3处、反向坡2处，顺向坡控滑结构面为层理面，斜向坡和反向坡控滑结构面为节理裂隙面。岩质崩塌平面形态多呈半圆形，次为不规则状，剖面上呈直线型。上述崩塌规模较小，体积27~1500m^3不等。大于150m^3的岩质崩塌有4处，而大于150m^3的土质崩塌仅1处，其余的土质崩塌规模均小于60m^3。

13处滑坡中，马鞍山滑坡和渡峰坑滑坡规模较大，分别达10000m^3、26000m^3，体积56~670m^3不等。除马鞍山为岩质滑坡外，其余均为土质滑坡。岩质滑坡控滑结构面为节理面，土质滑坡控滑结构面为层间错动带。总体来看，岩质崩塌、滑坡规模较土质崩塌、滑坡大。滑坡平面形态多呈半圆形和舌形，岩质滑坡剖面上呈直线形，土质滑坡则呈凹型。滑坡后缘壁陡立，高一般1~7m，顶部多有拉张裂缝。

（二）斜坡隐患点

区内共发现斜坡隐患点59处，其中岩质隐患点46处，土质隐患点13处，均为人工切坡所致。潜在规模总体较小，除象山隐患点达 10000m³，为小（一）型外，其余潜在规模 54~9000m³ 不等，均属小（二）型。岩质隐患潜在规模普遍较土质隐患点规模大，潜在规模大于 1000m³ 的岩质隐患点有 16 处，土质隐患点仅两处。隐患点平面形态以弓形、长条形、半圆形为主，剖面形态以直线形为主。

（三）河岸崩塌

根据调查，昌江及西河两岸共发现河岸崩塌 14 处，其中土质河岸崩塌 13 处、岩质（强风化）河岸崩塌 1 处。沿河岸呈长条形分布，剖面上多呈上陡下缓的凹型，少部分呈直线状。崩塌处河岸岸坡高度 3~11m 不等，坡度较陡，大部分大于 60°。塌方量一般 20~200m³ 不等，仅汪家、杨家巷、兰田 3 处规模较大，分别达 5400m³、6000m³、12000m³。上述 3 处河岸崩塌均位于鲇鱼山—吕蒙段昌江两岸。崩塌处岩性多为粉土、粉质黏土，黏性差，遇水浸泡易软化，受洪水冲蚀，稳定性差。

（四）地面塌陷

1. 岩溶地面塌陷特征

岩溶地面塌陷共有 6 处，分布于北东向覆盖型灰岩条带中。其中腊梨山、徐家坞两处为巨型。陷坑多为圆形、椭圆形，直径 0.5~7m 不等，深度一般 0.3~3m。东市区腊梨山、徐家坞、昌河、皖赣铁路 K413 地段等 4 处为岩溶塌陷群，呈群聚式。

腊梨山地表出露全新统冲积层，厚度 2~15m，下伏基岩为厚层状灰岩，岩溶发育。1999 年 12 月 18 日~2000 年 2 月 10 日，发生 17 处陷坑，地面变形面积达 45000m²，陷坑多呈圆形，直径 2~7m 不等，最大达 10m，深度 1~3m，少数大于 4m。徐家坞地面塌陷，有 5 处陷坑，分布面积达 15000m²。

2. 岩溶地面塌陷预测评估

市区中部呈北东向分布的覆盖型灰岩条带岩溶发育，岩溶率 16.65%。洞顶埋深一般 6.7~22.53m，顶板厚度一般 1.2~10.53m，部分溶洞为开口型，洞高一般 0.5~4.0m，最高达 37.94m。上覆第四系粉质黏土及砂砾石层，总体来看，土层自西向东逐渐变薄，东部的黄泥头腊梨山附近 2.8~5.7m，中部的马鞍山一带 9.52~13.93m，黎明制药厂附近为 19.56m，西部的凤岗一带则达 23.3m（图 10–38–3）。地下水

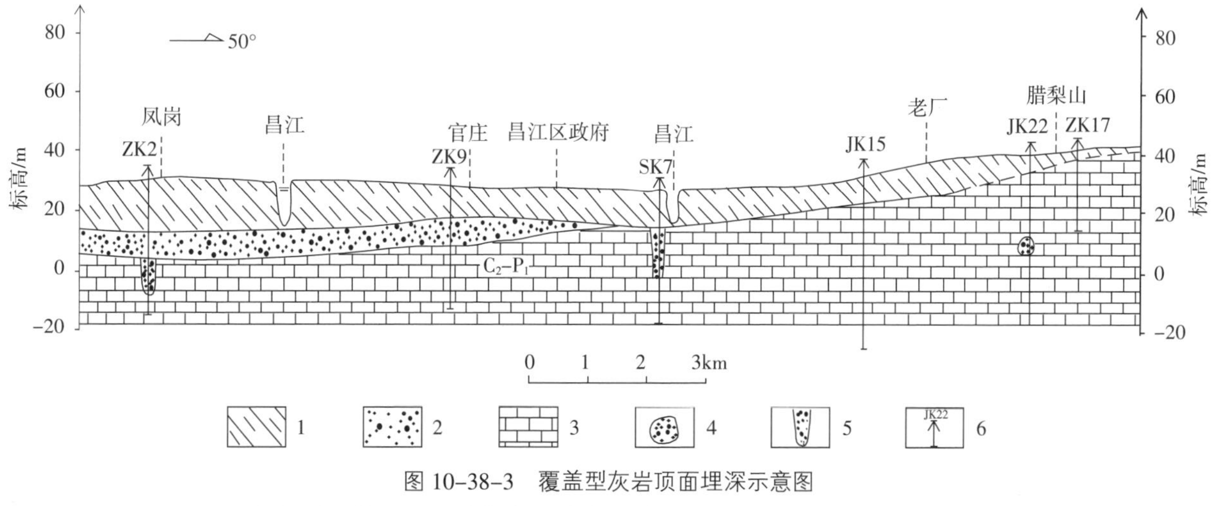

图 10–38–3　覆盖型灰岩顶面埋深示意图

Fig. 10–38–3　Illustration of the buried depth the top interface of the overlay limestone

1—第四系粉质黏土层；2—第四系卵砾石层；3—上石炭统—下二叠统（C_2–P_1）灰岩；4—溶洞；5—开口型溶洞；6—钻孔及编号

位埋深浅，腊梨山一带水位埋深 2.6~3.0m，位于岩土接触面附近；马鞍山以西水位埋深 2.5~12.2m，位于土层之中。由于灰岩岩溶发育，溶洞发育深度浅，上覆第四系土层较薄，地下水位位于岩土接触面或土层之中，为地面塌陷的形成提供了有利的环境地质条件，发生地面塌陷灾害的可能性大。

已发生的 6 处岩溶地面塌陷均由于过量抽取岩溶地下水而引发。环境监测显示，采取全面限采岩溶地下水后，区内塌陷并不严重。但是，西南区的凤岗—吕蒙—许家岭一带将建设高新技术产业园。据钻孔揭露，此区岩溶发育，灰岩顶面凹凸不平，第四系厚度 19.56~23.3m，地下水位埋深 2.5~12.12m。如果加大岩溶地下水的开采量，则可能形成较大的降水漏斗，地下水位变幅增大，潜蚀作用加剧，诱发新的地面塌陷。另外，工程施工或机械生产设备产生的振动荷载亦可能使浅层溶洞坍塌，危及建筑物的安全。因此，建筑物基础应嵌入基岩之中，重要的建筑应尽可能避开覆盖型灰岩区。

3. 采空地面塌陷

据了解，859 厂地面塌陷为地下人防工程诱发，其平面形态呈椭圆形，面积 16m^2，表现为地面下沉（约 2cm），墙体发生开裂。

西部高炉前—龙塘山一带，曾经有人在此地水北组带挖掘采煤，留下 12 处采煤老窿和大面积煤渣石。其中 5 处形成采空塌陷，塌陷处均为老竖井。陷坑直径 2.0~3.5m，深度 2.0~3.0m。

4. 不均匀沉陷

不均匀沉陷区主要分布于市区昌江东岸至人民广场一带特殊土分布区，沉陷区宽 1~1.5km，厚度 5~20m，成分主要为陶瓷碎片及炉渣，另有少量建筑及生活垃圾。由于填土的不密实性及岩性的不均匀性，经洪水浸润后易产生不均匀沉陷。已发现 5 处地面不均匀沉陷，形成圆碟形陷坑，直径 3~7m，深 0.5m。导致建筑物墙体开裂。

针对景德镇市存在的环境地质问题，为保证城市建设科学、有序地进行和保护人民生命财产安全，应采取以下防治对策：

1）为合理利用地下水资源，建议实行地表水和地下水统一规划，合理开发利用地下水资源，避免超采地下水的状态，采用地下水人工回灌工艺补充地下水资源量，防止浅层地下水水位下降及地下水资量衰减。

2）加强地下水资源的保护，做好地下水污染防治。以预防为主，防治结合。

3）加强对地质灾害诱发因素的控制。在市内北东条带覆盖浅埋型灰岩区，应严禁开采岩溶地下水，基础施工应避免强烈地面的震动，避免诱发、加剧岩溶地面塌陷。低丘岗埠地区，边坡工程开挖宜采用安全坡度比，并及时砌护或挡墙支护，工程切坡大于 6m 的边坡，需进行分级开挖，分级防护，同时加强地表排水。

4）城市规划建设功能分区要因地制宜。区内覆盖浅埋型灰岩区不宜建设高层、重大型等重要建筑，或选择合适基础类型及施工方法。城市周边丘岗区，地面坡度稍陡，工程建设诱发地质灾害可能性较大，应严禁在顺向坡无处理措施情况下深切斜坡。同时应注意坡面加载，以防止沿岩土体界面产生滑坡。

第三十九章　萍乡市、宜春市、新余市

萍乡市、宜春市、新余三市位于江西省西部。交通条件相似，均位于浙赣铁路沿线；气候相宜，年平均气温均在17.3℃左右，年降雨量平均1600mm左右。区域地质条件基本相同，同处于萍乐坳陷带西南边缘，萍乡－广丰深断裂带北侧，南邻武功山隆起山地。坳陷带地层为上古生界－三叠系碎屑岩、碳酸盐岩和煤系，组成北东东向宽缓褶皱带，处于武功山山前滑脱带，滑脱断裂十分发育。形成低山丘陵地带。有清江、宜春北、萍乡晚白垩世—古近纪红层盆地上叠于坳陷之上，构成低丘平原。

宜春、新余均滨临袁河（属赣江水系），萍乡市区最大河流为湘江水系的萍水河。

第一节　萍　乡　市

市区西邻湖南省，以产煤兴市，面积约450km^2。

一、地貌地质条件

萍乡街区位于萍乡晚白垩世红盆地西南部，盆地上叠于上古生界－三叠系坳陷之上，边缘有北东向断裂发育，形成低丘、岗埠和河谷平原。盆地外缘为中泥盆统－三叠系沉积盖层，上三叠统安源组煤系地层广布，形成北东向弧形褶皱，由于处于武功山北坡滑脱构造带，形成褶皱轴面和断面向南东倾斜的叠瓦式断裂带以及麻山等地的构造滑片或滑块堆叠构造。飞来峰构造也较常见，地形以丘陵为主，碳酸盐岩区发育岩溶地貌，如溶洞、暗河等（图10–39–1）。

区域地壳稳定性较好，历史上未发生破坏性地震。

二、水文地质条件

萍乡市地下水类型有松散岩类孔隙水、碎屑岩类孔隙裂隙水、碳酸盐岩类裂隙岩溶水和基岩裂隙水。其中松散岩类孔隙水、碳酸盐岩类裂隙岩溶水为主要含水岩组。

（一）含水岩组空间分布及其水文地质特征

1. 松散岩类孔隙水水

分布于萍水及其支流河谷。含水层具二元结构特征，上部为粉质黏土，厚度2.0~5.0m，下部为砂砾石层，厚度1.0~5.0m。地下水主要赋存于下部。地下水位埋深0.5~4.48m，多具微承压性。该含水层厚度及含水层的富水程度一般主流好于支流，下游好于上游。在黄堂洲下游的萍水河两侧含水层厚度一般为3.8~6.80m，富水性好，单位涌水量1.0~10.0L/s·m，渗透系数25.57~67.47m/d；黄堂洲—鹅湖水厂一带，

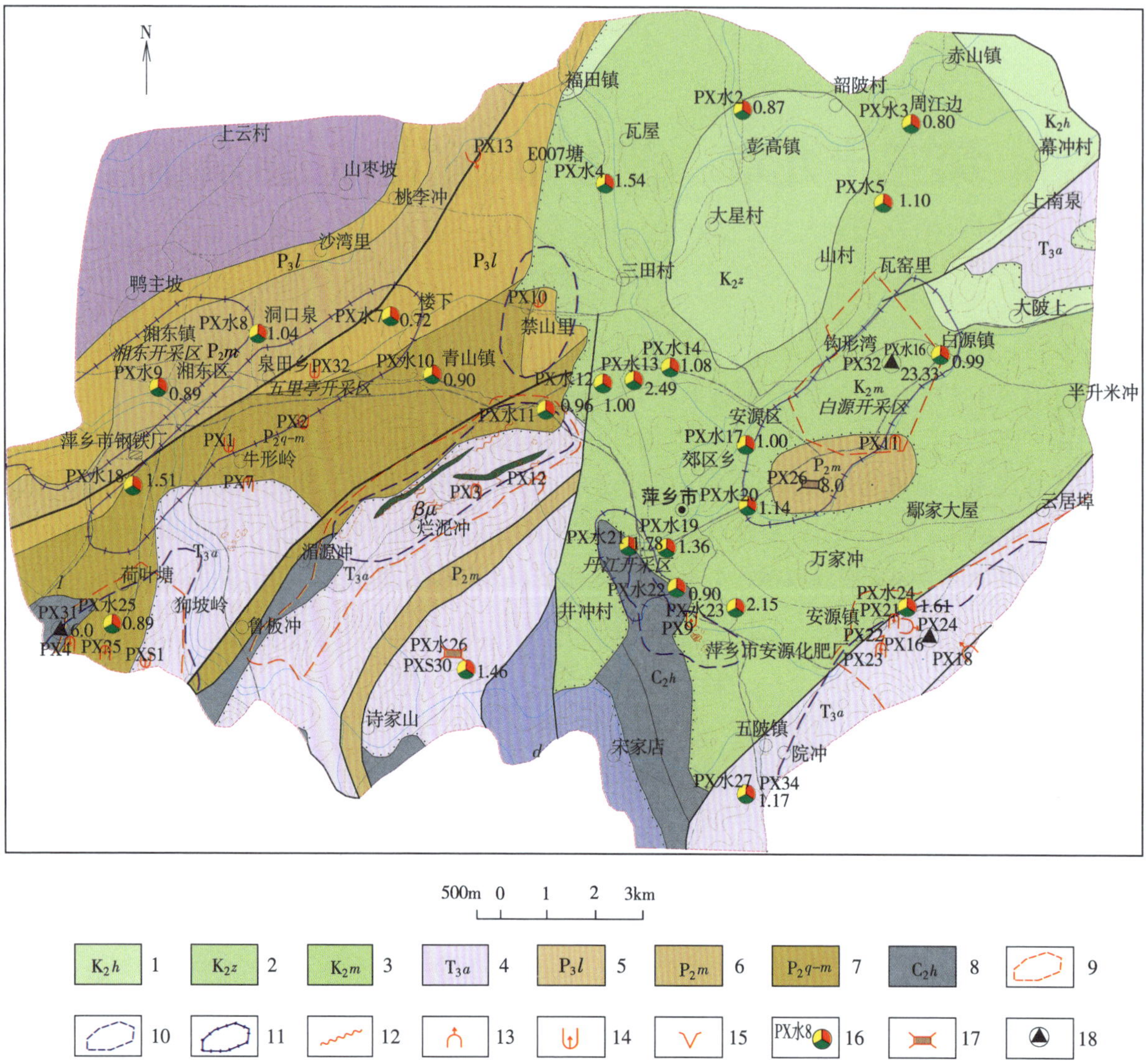

图 10-39-1 萍乡市地质环境地质略图

Fig. 10-39-1 Environmental geological map of Pingxiang city

1—上白垩统河口组：紫红色砂砾岩、砂岩；2—上白垩统周田组：紫红色粉砂岩、泥岩；3—上白垩统茅店组：紫红色砂砾岩夹玄武岩；4—上三叠统安源组：含煤碎屑岩；5—上二叠统乐平组：含煤碎屑岩；6—中二叠统茅口组：灰岩；7—中二叠统栖霞组、小江边组、茅口组并层；8—上石炭统黄龙组：白云岩、灰岩；9—采空塌陷范围；10—地下水漏斗范围；11—开采水源地范围；12—地裂缝；13—滑坡点；14—地面塌陷点；15—泥石流点；16—地下水污染点编号；17—垃圾场；18—尾矿渣堆物

含水层厚度仅 0.5~2.10m，单位涌水量 0.04~0.94L/s·m，渗透系数 1.50~3.0m/d。萍水河的支流含水层厚度一般为 0.8~2.90m，且含水层黏粒含量较多，单位涌水量 0.04~0.19L/s·m，渗透系数 0.88~4.7m/d。

2. 碳酸盐岩裂隙岩溶水

由石炭系上统黄龙组，中二叠统茅口组、长兴组组成。岩性为中厚层状灰岩、白云岩及白云质灰岩。该含水岩组岩石裸露，岩溶发育，溶洞以半充填或无充填为主。但在下埠乡—浏公庙一带的溶洞大部分为全充填，充填物为黏土、碎石等。

据钻孔抽水试验资料统计表明，在杨家田—浏公庙一带，该含水岩组岩性由中二叠统茅口组组成，由于其溶洞大部分被黏土、碎石等充填，含水岩组的富水性相对其他区段要差一些。含水层顶板埋深

14.05~38.02m，含水层厚度 28.45~92.02m，地下水位埋深 0.37~8.0m，为承压水。单位涌水量一般为 0.32~0.599L/s·m，渗透系数 0.034~1.82m/d。泉水自流量 0.45~41.31L/s，富水性中等。在腊市－白源煤矿一带，因受采煤影响，该含水岩组已被疏干，含水层转化为透水层。

在杨家田、浏公庙地区以外的其他地区含水层顶板埋深为 12.05~139.95m，含水层厚度 9.21~229.19m，地下水位埋深 34.26~+5.92m，为承压水。单位涌水量大于 1L/s·m，渗透系数 0.93~81.34m/d，泉水自流量 0.091~967L/s，径流模数 7.31L/s·km^2。

（二）地下水的补给、径流、排泄条件

1. 河谷地带松散岩类孔隙地下水

松散岩类孔隙地下水主要补给来源于大气降水，大气降水从裸露于地表的砂、砂砾石层直接渗入补给。在砾石层上有黏性土覆盖地段。在雨季略有承压现象，地下水位埋深 0.5~3.0m，水位均高于河水位，所以在洪水季节可能出现反补现象。地下水动态随季节变化，水位变化幅度 1.5~2.0m。

2. 碳酸盐岩裂隙岩溶水

碳酸盐岩裂隙岩溶水广泛分布于湘东、福田、巨源、五陂下垦殖场、长潭等地，地下水的补给来源为大气降水，其补给方式主要通过溶蚀裂隙落水洞、漏斗渗流式和汇流式补给岩溶地下水。地下水的径流有以裂隙、溶孔为通道的渗流；有以溶洞、暗河为通道的管流。其排泄往往受当地侵蚀基准面的控制，一般排泄区都位于河谷地带。

3. 基岩裂隙水

基岩裂隙地下水补给来源为大气降水，地下水的流向在空间上受含水层的制约，流动方向主要取决于地下水各含水层补给区与排泄区的相对位置。在地形、地质构造的控制下，地下水总体由北东向南西运动，排泄于地表水。地下水位标高自南而北由 280m 渐变至 80m。泉的出露形态，由南而北，由下降泉渐变为上升泉。

（三）地下水水化学特征

萍乡市地下水唯一的补给来源为大气降水，所以，地下水中的阴离子成分主要为 HCO_3^-，又因为本区气候温湿多雨，地下水径流途径又短，溶滤作用微弱，区内地下水具有水化学组分简单的特征。

1. 水质类型

①松散岩类孔隙水：其补给来源除大气降水以外，还可得到基岩裂隙水的补给，地下水水质类型比较复杂，主要以 HCO_3–Ca·HCO_3–Ca·Mg 型为主。②基岩裂隙水：区内基岩裂隙水由于岩石矿物化学成分比较稳定，岩石中的化学成分难于转入水溶液中，水质类型仍以 HCO_3–Ca 型为主。煤系基岩地层由于岩石中含黄铁矿的缘故，使水中 SO_4^{2-} 增高，地下水类型为 HCO_3–SO_4–Ca 型。③碳酸盐岩裂隙岩溶水：碳酸盐岩主要的化学成分为 $CaCO_3$ 及 $MgCO_3$，Ca^{2+}、Mg^{2+} 极易转入水溶液中，因此，地下水水质类型主要为 HCO_3–Ca 或 HCO_3Ca–Mg 型。④红层风化网状裂隙水及裂隙岩溶水：其上部的风化网状裂隙水中，水质类型主要为 HCO_3–Ca 型。在其深部，因为水循环条件比较差，往往形成 SO_4–Ca–K+Na 型，在其底部的砾岩中，砾石成分主要为灰岩，地下水的水质类型为 HCO_3–Ca 型。

2. 地下水矿化度

为低矿化淡水，矿化度 0.02~0.3g/L。硬度：区内碳酸盐岩分布区的裂隙岩溶水，硬度一般为 10~

15德国度，其他岩类地区的地下水均小于5德国度。pH值：区内地下水一般呈中性，pH值6.5~7.0；灰岩地区的裂隙岩溶水，略偏碱性，pH值7.0~7.5。

三、工程地质条件

（一）岩土体工程地质特征

工作区岩土体类型主要有碳酸盐岩类、一般碎屑岩岩类、煤系碎屑岩岩类和红色碎屑岩岩类，松散土类。

1. 碳酸岩岩类

广泛分布于工作区的北部及南西部，部分被第四系覆盖。由石炭系上统、二叠系茅口组、长兴组灰岩或灰岩夹碎屑岩、小江边组、三叠系碎屑岩夹灰岩组成。其中灰岩岩溶发育，主要分布在标高-13~90m，线岩溶率8.33%；灰岩夹碎屑岩及碎屑岩夹灰岩，岩溶不发育。其中小江边组的钙质泥页岩遇水易软化，工程地质条件差。

2. 一般碎屑岩类（C）

由石炭系下统组成，岩性以砂岩为主，夹页岩，底部夹泥质灰岩及灰岩，顶部为硅质岩。其原生结构面发育页岩夹层者力学强度较低，属软弱夹层。

3. 煤系碎屑岩类（D）

广泛分布于市区的西北及东南部，由上二叠统乐平组、上三叠统安源组组成，岩性为页岩、炭质泥岩、石英砂岩、砂岩夹煤层。原生结构面较发育，页岩及泥岩易风化，且遇水易膨胀，力学强度低，属软弱夹层。煤层开采之后形成的临空面是直接影响该岩类工程地质稳定性的重要因素。在煤层开采区均产生了规模不等的采空塌陷。

4. 红色碎屑岩类（E）

分布于萍乡市区—高坑一带，是城市主要场地。由白垩系上统组成，岩性为紫红色粉砂岩、杂色砾岩、砂砾岩。在灰质砾岩地层中溶蚀孔洞较发育，但尚未发现地面塌陷、裂缝等地面变形现象。

5. 松散土类（Q）

分布于萍水及其支流两侧，为河流堆积松散层。该土类具二元结构。上部为粉质黏土，局部为粉土，厚度一般为2.0~5.90m，承载力标准值130~210kPa。下部为砂砾石，砾石成分以石英为主，层位较稳定，分选性较差，顶板埋深一般为1.8~5.0m，厚度一般为1.0~5.0m，承载力标准值250~350kPa。

（二）新构造运动与地震

1. 新构造运动

研究区第四纪以来，构造运动以差异性升降运动为主，表现为河流阶地发育。萍水河Ⅱ级阶地地面高程最高可达167m，一般80~120m，而现在萍水河河水面高程仅40~80m，上升了40~80m。

2. 地　震

1992年版《全国地震基本烈度区划图》显示：萍乡地区地震基本烈度小于6度；据萍乡市地方志记载：萍乡市共发生过7次地震，其中震中在萍乡的2次，震级3.5级（1869年3月29日及1910年），邻近地震影响5次。自1972年建立地震台网以来，测得震中在萍乡的地震5次，震级为0.7~2级，属弱震或微震（表10-39-1）。

表 10-39-1　萍乡市地震情况一览表

Table 10-39-1　List of the erathquake situation in Pingxiang

地震时间	震中位置	地震烈度	地震震级	资料来源
1869 年元月 29 日	萍乡	4		江西地质办公室
1910 年	萍乡	4		江西地质办公室
1974 年	萍乡青山柳源村			科委张希观察
1980 年 9 月 11 日 22 时 53 分 50 秒	萍乡武功山			赣湘地震台网测得
1982 年 5 月 1 日 18 时 46 分 7 秒	萍乡赤山	2.5~2.2	1.4~1.7	省地震台网测得
1982 年 7 月 1 日 10 时 13 分 4 秒~7 月 12 日 14 时 55 分 29 秒	萍乡赤山		0.7~1.4	宜春台网测得
1982 年 9 月 3 日 19 时 30 分	萍乡赤山			宜春台网测得

四、生态地质资源

（一）应急地下水源地

萍乡市区及附近具有集中供水意义的应急地下水水源地有湘东－福田、丹江两处。

1. 湘东－福田岩溶水源地

呈北东向分布于湘东－福田，为一复式向斜岩溶含水盆地，分布面积 36.50km^2。盆地南西端为覆盖型。含水层为二叠统下茅口组－长兴组中厚层状灰岩。该水源地完整。地表岩溶发育，山岭连续性较差，隐伏着落水洞，沟谷之中，岩溶洼地串珠相接，常形成浅埋暗河，钻孔遇洞率达 66.67%，溶洞发育标高-13~54m，最大洞高 27.24m，多数洞高小于 1m，浅部溶洞规模较大，岩溶发育主要受断裂带和岩层面控制。该区南西端湘东镇萍水河为地下水的排泄带，地下水极为丰富，单井涌水量均大于 3000m^3/d。水源地岩溶发育，大气降水是主要补给来源，地表自流泉水分布由北东向南西方向逐渐减少。水源地的地下水天然补给量为 0.249 亿 m^3/a，总可开采资源量为 0.211 亿 m^3/a。地下水水质类型为 HCO_3-Ca 型淡水，符合生活饮用水和工业用水标准。

2. 丹江岩溶水源地

位于萍乡老城区南约 2km，为一北东向隐伏向斜岩溶水盆地。面积 16.4km^2，含水层为黄龙组中厚层状灰岩。水源地覆盖型岩溶区面积约 2km^2，覆盖层厚度 2~6m，局部受岩溶影响达 24.1m。该水源地岩溶发育，岩溶发育带标高为 0~100m 左右，地下水位埋深 0.5~4.45m，含水层厚度 30~50m，地下水补给来源主要是南部和东部的灰岩裸露区。地下水补给资源量为 0.087 亿 m^3/a。地下水可开采资源量为 0.059 亿 m^3/a。

3. 地热水

萍乡城区上叠红层盆地，其下分布上石炭统－下三叠统碳酸盐岩地层，为寻找盆地隐伏裂深岩溶热水的有利地区。

（二）地质遗迹资源

1. 武功山花岗岩热穹隆构造与地貌景观

位于萍乡市主城区以东 55km。由加里东期、印支期、燕山期复式花岗岩基组成，为隆滑构造山体，为国家级地质公园和风景名胜区。以高山草原和花岗岩峰崖入胜，主峰金顶海拔1918.3m，为江西省境内第一高峰。

2. 孽龙洞－碳酸盐岩地下溶洞

又称义龙洞，距萍乡主城区15km，由二叠纪碳酸盐岩地层溶蚀而成。洞长4km，蜿蜒曲折，溪水相伴，水随洞转，洞因水活，洞内厅廊相连。最大的洞厅高达30m。石笋、石花、石幔玲珑剔透，千姿百态，形成一个蔚为壮观的天然雕塑艺术长廊。

3. 安源矿山公园

萍乡采煤始于汉代，清朝兴盛，境内土窿商井遍布。晚清兴办汉冶萍公司，1898年创建萍乡煤矿总局，成为近代中国最先进的近代煤矿山之一，留下了丰富的采矿、选矿及地质遗迹，举世闻名的安源路矿工人大罢工就发生在安源煤矿。同时也是华南最重要的含煤地层上三叠统安源组的层型地。现为国家矿山公园和森林公园。

五、主要环境地质问题

萍乡市主要环境地质问题有地下水污染、地下水位下降、地质灾害（包括采空地面塌陷、岩溶地面塌陷、滑坡、崩塌、泥石流）、氟异常等。

（一）地下水污染

据2005年取样分析，地下水水质中超标组分为Mn^{2+}、NO_3^-、Be、F^-。市区地下水污染面较广，以轻污染为主，少数为中等污染，中等污染区主要集中在人口密集和工业集中地，污染来源主要为工业废水、生活污水、固体废弃物（包括工业废弃物、城市垃圾等）、工业粉尘等。三废排放造成地表水体严重污染后，直接导致该区域地下水水质的恶化。其中工业废水排放量较大的行业为火力发电业、化工业。陶瓷制造业、火力发电业是工业SO_2和工业烟尘的排放大户，水泥制造业则是工业粉尘的排放大户。排放工业固体废弃物的行业主要是火力发电业、煤炭业等。萍乡市累计堆存煤矸石上亿吨，煤炭燃烧产生的SO_2进入大气后造成酸雨，1998年，萍乡就被国务院划定为全国酸雨控制区。酸雨对萍乡市地下水污染也有一定的影响。

（二）地下水位下降问题

区内地下水位下降主要是煤矿排水造成，地下水位下降区分布范围基本与地面沉降区一致。由于矿区地下水位随采煤深度的增加而下降，形成了安高、青山、巨源等大面积地下水位下降疏干漏斗。从而使矿区内及其外围的自流泉水、地下水井、地表水塘、溪水干枯，影响了矿区内及其周围居民饮用水源和农田灌溉用水水源。由于采取了有力的控制措施，加上部分矿质煤炭资源的枯竭闭坑，地下水位下降的趋势有明显的回升态势。

（三）地质灾害与不良地质问题

1. 采空地面塌陷

（1）采空地面塌陷基本特征

萍乡采煤历史有100多年。煤田分布面积约600km²。区内有安源、高坑、青山、巨源、白源5个矿区。老窑分布广而密集，煤层层数多，厚度变化大，煤层倾角在15°~30°之间，矿井地质构造复杂、断层较多，对覆岩破坏严重，造成矿井排水量逐年递增，地表农田、水库跌水严重，水位下降。因采煤多采用单一走向长壁回采工作面，全冒落法管理顶板，因此，受采煤影响，独立形成了安源－高坑采空地面塌陷区、青山地面塌陷区、白源地面塌陷区、巨源地面塌陷区（表10-39-2）。

表10-39-2　研究区煤矿采空地面塌陷情况一览表

Table 10-39-2　Llist of ground collapses in coal goaf of the studied region

采空塌陷区名称	矿井名称	开采年限	累计产量 万t	井田面积 km^2	开采面积 km^2	塌陷区面积 km^2	受灾居民区名称
安高塌陷区	安源煤矿	1898~2001	6219.9	19.0	11.50	16.0	安源镇八方井地区，张家湾等
	高坑煤矿	1952~2001	5459	11.60	8.30	14.50	王家源，高坑村、民主村、火车等
	小计		11678.9	30.60	19.80	30.50	
青山塌陷区	青山煤矿	1954~2001	2843.5	5.80	4.10	11.80	水口村、青山村、略下村、上马岭村等
	小计		2843.5	5.80	4.10	11.80	
白源塌陷区	白源煤矿	1982~2001	600	12.50	2.90	7.20	源壁村、横板村、贺家冲村等
	小计		600	12.50	2.90	7.20	
巨源塌陷区	巨源煤矿	1958~2001	1795.4	10.20	6.40	12.2	巨源村、乌岗村、腊市村、明塘村等
	小计		1795.4	10.20	6.40	12.2	
总计			16917.8	59.1	33.20	61.7	

（2）潜在塌陷的可能性分析

通过综合分析矿区采煤塌陷延续时间的发展规律，将地表潜在塌陷分为四类：第一类为近2~3年开采的，导致地表塌陷仍未稳定的区域分别为安高非稳定塌陷区（面积6km^2）、青山非稳定塌陷区（面积4.6km^2）、白源非稳定塌陷区（面积2.5km^2）、巨源非稳定塌陷区（面积2km^2）。矿区近几年内开采区域仍对地表产生影响，其上方地表塌陷仍要持续一段时间。第二类为历年开采的老采区，今后在其下方重复开采造成活化，将导致其影响范围内的塌陷区域继续下沉。第三类是现已形成的塌陷区，特别是对应于浅部开采的塌陷范围，在其上方进行各项建设，将使其承受各种不同形式、不同大小的载荷作用，将进一步造成地层发生局部或区域性的塌陷，今后建设项目位置应避开浅部老采区。第四类是潜在危险塌陷区，目前未见明显塌陷，地表水位有一定下降，且地表水体和矿井含水层有一定的水力联系，矿井突水造成水位进一步下降，塌陷区范围扩大。

2. 岩溶地面塌陷

区内岩溶地面塌陷集中分布在丹江水源地及湘东岩溶覆盖区等地。主要为开采岩溶地下水造成。

（1）丹江水源地岩溶地面塌陷

丹江水源地位于一北东向隐伏向斜的仰起端，地表出露地层为石炭系上统、二叠系中统灰岩。水源地岩溶含水层面积约2km^2。第四系覆盖厚度2~6m，局部受岩溶影响，达24.1m。该水源地岩溶较发育，岩溶发育标高0~100m左右，钻孔线岩溶率25.04%~60%。地下水位埋深0.5~4.45m，含水层厚度30~50m。地下水补给来源主要是南部和东部的灰岩裸露区。地下水可开采资源量为10787m^3/d。

该水源地由于1965~1973年长期超量开采地下水使区内地下水位埋深由0.50m下降到7.5m，地下水位已下降至基岩内。引起的地面变形为塌陷、开裂。塌陷形态多为圆形，直径一般为10~15m²，最大为150m²，塌陷深度2~4m。地面裂缝呈放射状分布在开采井周围，长度一般为10~20m，宽3~5cm。塌陷、地面裂缝在开采井周围200m范围内最密集，且主要分布在开采井的南部。距开采井最远的岩溶地面塌陷为400m左右。为了控制岩溶地面塌陷的发展趋势，将该水源地的开采井全部关闭。该地面塌陷经回填治理后，基本达到稳定状态，未出现新的地面变形现象。

（2）湘东－五里亭（泉田乡）岩溶地面塌陷

塌陷位于泉田乡政府南东方向约1000m稻田中，塌陷呈椭圆形，塌陷面积约为22km²。

区内地形属低山丘陵、山间沟谷地形。出露地层为第四系残坡积层，厚度3.0~5.0m；下伏基岩为茅口组中厚层状灰岩。沿北西与东断裂交汇处形成突水性较强的岩溶裂隙含水带，溶蚀强烈。钻孔遇洞率78.26%，但多被泥沙充填，钻孔线岩溶率8.46%~50.2%。含水层厚度29.45~101.88m，地下水位埋深0.37~8.0m。由于钻孔抽取下部岩溶地下水，造成溶洞充填物大量排砂，使充填物淘空，引起了地面塌陷。稻田塌陷填平后，未有扩展现象。

（3）麻山岩溶地面塌陷

位于萍乡市麻山镇麻山村。1997年11月25日，塌陷形成的地裂缝呈条形，裂缝宽0.2~1.0cm，走向北西（图10-39-2）。

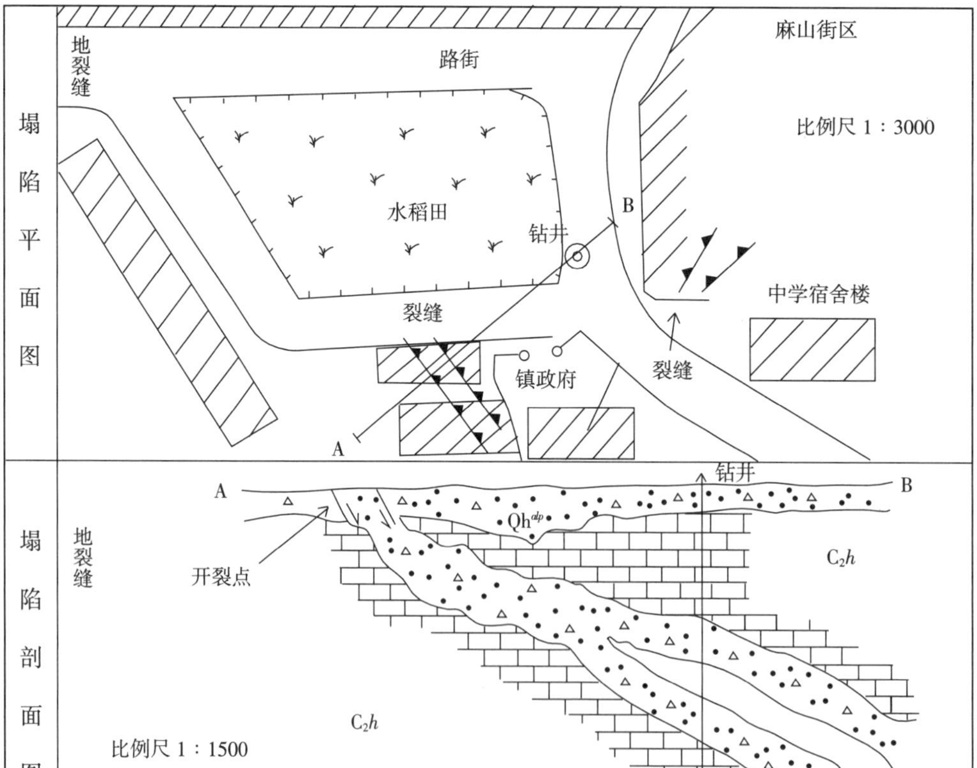

图10-39-2　麻山岩溶地面塌陷平剖面示意图

Fig. 10-39-2　Illustration of plane profile of karst ground collapse from Mashan

Qh^{alp}—全新统冲积层；C_2h—上石炭统黄龙组

区内地形属丘陵低山山间河谷阶地，附近岩溶洼地溶沟发育，断裂发育。出露地层为全新统冲积层，上部为粉质黏土，下部为砂砾卵石层，厚度2.0~8.0m；下伏基岩为黄龙组中厚层状白云岩、白云质灰岩，岩溶发育，以溶洞为主，溶洞高1.7~9.3m，钻孔遇洞率40%，钻孔线岩溶率25.04%，含水层厚度29.75~229.10m，水位埋深4.5~31.78m，由于采取岩溶地下水不合理，导致地面塌陷和地面开裂，造成房屋受损。目前处于稳定状态。

3. 滑坡、崩塌

区内滑坡、崩塌主要分布于市区东南部低山丘陵区，因村民建房和工程建设人工切坡过陡，降雨诱发，沿岩土接触面产生滑坡、崩塌地质灾害。规模最大的为福田乡叶家冲滑坡，滑坡体积7500m^3。

4. 泥石流

区内已发生泥石流1处，其位于安源煤矿八方井，泥石流的发生是由于随着安源煤矿矿井的开采，大量的弃渣堆填，构成了泥石流形成的“物源区”，1996年7月发生泥石流。泥石流发生后，安源煤矿加大了治理力度，同时对弃渣充分开发利用，较为有效地扼制了泥石流灾害的发展趋势。

（四）氟异常引起的环境地质问题

在研究区西北部的泉田乡洞口泉、福田金古塘—明山岭一带有氟病发生。前人通过对这一区域的基岩及第四系系统取样分析及研究发现，中二叠统小江边组地层含氟量最高达15600mg/kg，一般为3000~5000mg/kg，是主要的氟源，研究结果表明氟进入人体的途径有两种：①用小江边组镁质黏土烧砖瓦，或家庭烧煤用镁质黏土做配料，造成空气污染引起氟中毒。②含高氟岩石经风化淋滤作用后，使大量氟进入地下水，人们饮用了含氟地下水而引起中毒。采样分析发现，在甘泉村、青山镇、青山村地下水氟含量分别为2.3mg/L、1.72mg/L、2.16mg/L，均超过了国家地下水质量Ⅲ类标准值。

（五）胀缩土

区内小江边组钙质泥岩、炭质页岩风化后的岩石一般呈白色泥土状，亲水性强，其风化残积土具有胀缩性特点，其自由膨胀率23.1%~26.8%，属不良土体，其胀缩性黏土矿物以伊利石、高岭石为主，少量蒙脱石。主要危害是造成建筑物的变形开裂。另外，其泥岩、页岩风化物吸水易软化，力学强度很低，容易导致边坡失稳。

针对萍乡市存在的环境地质问题，为保证城市建设科学、有序地进行和保护人民生命财产安全，应采取以下防治对策：

1）萍乡市采空地面塌陷。区北部有320国道东侧有浙赣铁路通过，地面塌陷对国道、铁路危险性很大。作为地质灾害重点防治工程治理防护区，在这个区域要控制城市居民住宅区及重点工程建设。

2）煤层开采需留设防塌及防水煤柱；对现有涌水量较大的矿井出水点进行综合治理，减少地下水位下降，防止矿坑突水造成水位下降而引起地面变形；采用地面充填堵漏、帷幕注浆工程治理措施，兴建水利工程，增加地下含水层补给，改变地下水流向，恢复地下水位。

3）进一步提高煤矸石利用水平。加强煤渣山综合治理，防止水土流失和泥石流灾害。

4）对区内岩溶地面塌陷易发、较易发区，应规划为地质灾害重点防护区。对岩溶地下水实行控制性合理开采。

5）为了保护地表水生态环境，控制浅层地下水的继续污染恶化，建议兴建城市污水集中处理厂和垃圾卫生填埋场，对已废弃的垃圾堆放点进行掩埋，复垦等防污工程治理，防止二次污染，严禁厂、矿企业污水和城市生活污水直接排入地表水体。

6）萍乡市麻山、五陂下地表水厂，位于萍水河一级支流麻山河和五陂下河，建议设立取水段重点防护区，禁止防护区内建设污染企业和地面污水的排入。

7）搞好海滨城市建设，成为绿、富、美、安示范城区。

第二节 宜 春 市

宜春市始建于西汉，位于袁河上游，曾名袁州。面积约 72.59km^2。

一、地质背景

中心城区位于萍乡 - 乐平坳陷带西南部，萍乡 - 广丰深断裂带北侧，武功山北坡滑脱带后缘。出露地层为上古生界下三叠统的沉积碎屑岩、煤系、碳酸盐岩。全新统冲积层主要分布于袁河及次级支流两岸，呈二元结构；上更新统冲积层零星分布于袁河Ⅱ级阶地。区内褶皱、走向约 40°~50°。断裂构造亦较发育，断裂走向与褶皱走向基本一致。主要为滑脱断裂，组成丘陵、岗埠、河谷平原地形（图 10-39-3）。

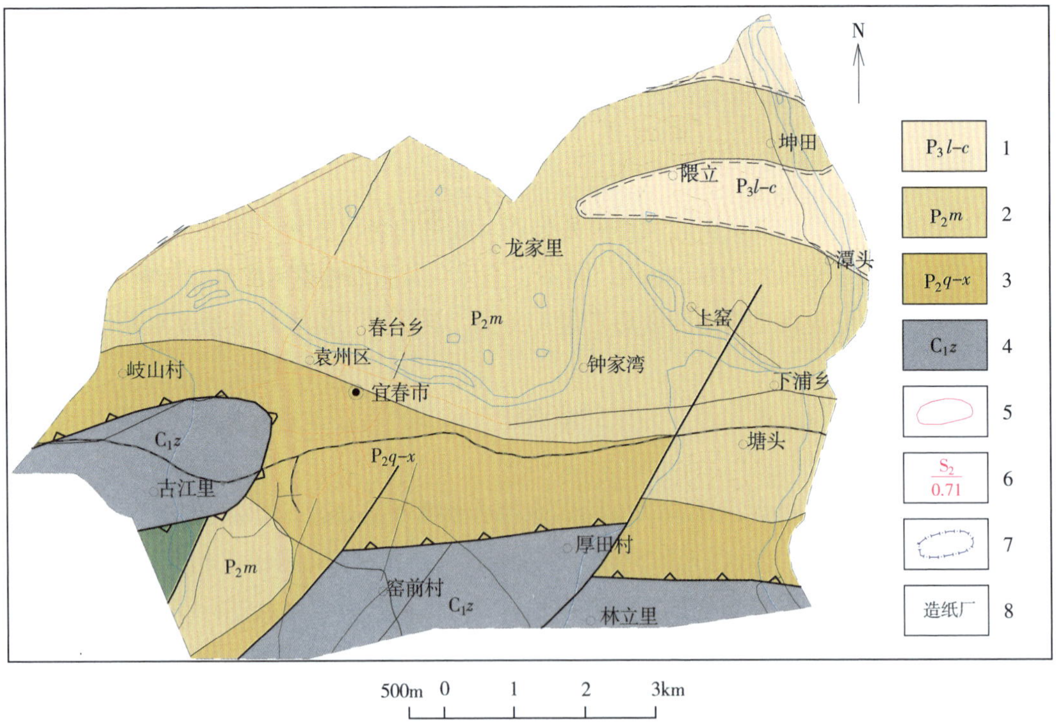

图 10-39-3 宜春市环境地质略图

Fig. 10-39-3 Environmental geological map of Yichun city

1—上二叠统乐平组、长兴组并层；2—中二叠统茅口组：灰岩；3—中二叠统栖霞组、小江边组并层；4—下石炭统梓山组：含煤碎屑岩；5—地下水污染分区界线；6—$\frac{样品编号}{综合污染指数}$；7—人工填土分布范围；8—工业污染源

城区以南即萍乡 – 广丰深断裂带南侧为武功山隆起山地，分布着武功山复式花岗岩基和南华系 – 寒武系变质岩地层。

区内岩溶发育，有以下主要特征。

（一）岩溶形态及其特征

城区第四系大面积分布，可溶岩露头较少。在可溶岩裸露区，地下水位一般埋藏较深（基岩面以下），岩溶形态一般呈垂向发育，溶沟、溶槽及石芽在可溶岩裸露区可见，一般规模较小。溶蚀洼地较为发育，呈不规则的条带状，规模不等，最大的在袁河以北岩背—苏家塘一线，长度约 2km，宽 100~250m。岩溶洼地的长轴方向与地层走向大体一致。洼地底部较为平坦，其上覆盖有第四系松散堆积物。

溶洞为区内地下岩溶形态的主要形式。洞体的形态变化较大，小型溶洞多呈裂隙状和管道状；大型溶洞呈厅状、廊道状，洞体宽阔，洞高一般 2~6m，钻孔揭露最大洞高 15.88m。溶洞发育呈多层式，上下层溶洞之间多具有水力联系，以溶蚀裂隙或其他岩溶管道形式连通。半充填和充填的溶洞，充填物一般为亚黏土、亚砂土、砂砾石以及母岩碎块等。

（二）岩溶发育规律

区内岩溶发育与地层岩性、地质构造以及地形地貌的关系密切。

1. 岩性特征与岩溶发育的关系

据钻孔揭露，茅口组的角砾状、块状硅质岩、硅质灰岩，岩溶发育较弱。马平组与黄龙组的灰岩、白云质灰岩及栖霞组、茅口组等灰岩等，岩溶较为发育，其中栖霞组由于主要分布于构造复杂地段，岩溶最发育（表 10–39–3）。

表 10–39–3　岩性特征与岩溶发育关系表

Table 10–39–3　Relation between lithological characters and karst development

地层代号	岩 性	溶洞高度/m	充填情况	线岩溶率/%	见洞率/%
茅口组	硅质灰岩	0.20~1.83	未充填 – 充填	4.2	23.8
茅口组	灰岩	0.50~5.42	未充填 – 半充填	11.3	54.5
楼霞组	灰岩	0.15~15.88	未充填 – 充填	14.6	70.8
黄龙组、乐平组	灰岩、白云质灰岩	0.10~11.51	未充填 – 充填	12.8	74.1

2. 地质构造与岩溶发育的关系

区内可溶岩与非可溶岩基本上呈相间的条带状展布，由于褶皱作用，岩溶水顺层面和接触带作用增强。在牛王庙向斜轴部的茅口组灰岩，岩溶水沿垂直向斜轴的张裂隙运动，岩溶裂隙、管道较为发育。春台 – 凤凰山背斜的倾伏端浅层岩溶极为发育，何家冲向斜两翼可溶岩（茅口组）与非可溶岩（小江边组）接界带附近岩溶较为发育（表 10–39–4）。另外，由于非可溶岩的阻隔作用，在地势低洼处，岩溶水沿接触带上升成泉，如岐山下泉。

断裂与岩溶发育的关系极为密切。断裂构造附近岩溶发育较强，而距断裂较远则岩溶发育强度相对较弱（表 10–39–5）。

表 10-39-4 褶皱与岩溶发育关系表

Table 10-39-4 Relation between folds and karst development

褶皱名称	构造部位	时代及岩性	第四系厚度 /m	溶洞顶板厚度 /m	溶洞高 /m	线岩溶率 /%
牛王庙向斜	轴部	P_1s 灰岩	12.3~31.25	0.35~5.88	2.35~12.0	14.8
春台－凤凰山背斜	煤气公司段轴部及其附近	C_2c、P_1q 灰岩	5.67~16.0	0.31~1.79	0.50~11.25	浅部>30
何家冲向斜	两翼可溶岩与非可溶岩接触带附近	P_1s、P_1x 灰岩、页岩	4.8~18.97	2.2~7.0	0.5~2.5	15.8

表 10-39-5 断裂与岩溶发育关系表

Table 10-39-5 Relation between faults and karst development

断裂编号	区 段	可溶岩时代及岩性	第四系厚度 /m	溶洞顶板厚度 /m	溶洞高 /m	线岩溶率 /%	岩溶发育最大深度 /m
F_2	十里铺—沙陂桥	上盘：C_2h 上灰岩 下盘：P_1s 硅质灰岩、硅质岩	6.6~35.25	1.26~1.9	0.3~6.33	C_2h：35.6 P_1s：2.0	60.25
F_4 $F_{4'}$	市油茶林场—风动工具厂—湛郎	P_1q、C_2c+C_2h 灰岩、白云质灰岩	7.6~14.24	0.22~15.54	0.34~6.21	P_1q：14.6 C_2c+C_2h：12.8	125.43
F_5	宜春台—风动工具厂	C_2c、P_1q、P_1s 灰岩	4.5~14.9	0.4~4.6	0.8~4.3	浅部>30	124.54

断裂的两侧，由于岩性差异，岩溶的发育程度差异也较大。另外，由于断层的阻隔以及导水作用，在构造的结合部位，垂向上的岩溶较为发育，多出露泉水。

3. 地形地貌与岩溶发育的关系

区内虽大部分为覆盖型岩溶区，但在地形低洼处，由于汇水下渗作用，地下岩溶一般较为发育，总体平均线岩溶率 12.7%，钻孔见洞率 59.8%（表 10-39-6）。

表 10-39-6 地形地貌与岩溶发育关系表

Table 10-39-6 Relation between terrain, geomorphology and karst development

区 段	构造部位	微地貌	比高/m	第四系厚度/m	溶洞顶板厚度/m	溶洞高/m	线岩溶率/%	岩溶发育最大深度/m
牛王庙—苏家塘	牛王庙向斜	岗间谷地	35~55	12.3~31.25	0.35~5.88	2.35~12.0	14.8	45.2
火车站—地区酒厂—河头	春台－凤凰山背斜	河谷平原	8~10	5.67~16.0	0.31~1.79	0.50~11.25	13.7	48.64
石油公司—肉联厂	何家冲向斜北西翼	岗间谷地	20~46	4.8~7.4	2.2	1.64~5.42	28.6	23.26
一机厂—孙家大屋	何家冲向斜南东翼	岗间谷地	15~20	8.0~23.07	0.98~14.50	0.15~15.88	11.7	90.0

4. 岩溶率的统计

宜春市城区据钻探资料，一般标高在 70m 以上的浅部溶洞多，洞高大，多见开口型溶洞，线岩溶率 10.8%~76.3%，说明浅部岩溶极为发育。从深井资料看，标高 50~70m 以上，线岩溶率 5.2%~60.5%；而标高 50m 以下的岩溶发育相对弱一些，线岩溶率 1.0%~9.8%。

岩性与岩溶的发育关系也较明显，白云岩、白云质灰岩及硅质灰岩的线岩溶率一般小于 10%，而较纯灰岩的岩溶率大于10%。

在垂向上，岩溶的发育基本上分三段：深度10~25m（标高90~75m）左右土岩接触带附近，岩溶洞隙极为发育，多见有大小规模不等的溶洞，溶洞的顶板一般较薄，仅几十厘米至数米不等，另开口型溶洞亦多见，一般半充填或充填有泥沙等；在深度30~60m，岩溶发育，普遍见有大小不等的溶洞，多未充填或半充填，另外见大量的溶蚀空（孔）洞或溶蚀裂隙，有的被方解石充填等；个别深井资料反映在深度100~120m（标高0~-20m）左右岩溶较为发育，多为未充填的溶洞。

二、水文地质条件

宜春市地下水有第四系松散岩类孔隙水、碳酸盐岩类裂隙岩溶水和碎屑岩类孔隙裂隙水三大类型，其中第四系松散岩类孔隙水、碳酸盐岩类裂隙岩溶水较为丰富。

（一）含水岩组空间分布及其水文地质特征

1. 第四系松散岩类孔隙水

主要分布于袁河及其支流河谷两岸地带的全新统及上更新统冲积层之中，含水岩组具二元结构。地下水主要赋存于下部的粗砂及砾卵石层中，水位埋深0.6~6.3m，标高84.4~87.7m，袁河两岸含水层厚度3.7~14.5m，单井涌水量平均167.4m^3/d，富水性中等；支流两岸含水层厚1.5~8.0m，单井涌水量小于100m^3/d，地下水贫乏。分布于岗埠区的残积层以黏性土为主，地下水极为贫乏，水位埋深1.5~7.5m，单井涌水量小于10m^3/d。

2. 碳酸盐岩类裂隙溶洞水

区内大范围分布，赋存于黄龙组、马平组、栖霞组、茅口组、青龙组等碳酸盐岩裂隙溶洞之中，地下水位埋深1.43~22.0m，钻孔单井涌水量240~1920m^3/d，钻孔单位涌水量0.139~9.097L/s·m，现今泉流量0.14~37L/s，富水性好。区内的岩溶水存在有两个含水层（段），一是深度10~30m土岩接触带附近浅部岩溶发育带，二是深度40~70m中深部岩溶发育带。

（二）地下水的补给、径流、排泄条件

松散岩类孔隙水一般季节接受降水的垂向补给，并向河流排泄；洪水季节，河水位暴涨至86.11m，高于地下水位，此时，河水反向补给地下水，沿岸民井水位上升，水色变浑。枯季河水位下降至83.16m，则松散岩类孔隙水接受基岩裂隙水和岩溶水的侧向补给，然后排泄于河流。地下水位变化一般滞后于降雨量的变化，滞后期一般5~10天，地下水位年变化幅度0.5~4.2m，最高水位一般出现在5~6月的雨季，最低水位出现在12月。

碳酸盐岩类裂隙溶洞水的补给源主要来自大气降水，然后沿岩溶裂隙、管道流向排泄区。本区岩溶水由南、北岗埠区向中部的袁河方向径流，遇弱透水层或断层阻隔及地形切割，则上升成泉，排泄于地表或第四系含水层。岩溶水的动态变化与大气降水量的变化关系较为密切，水位变化的滞后期一般5~7天。

（三）地下水的水化学特征

袁河冲积平原的全新统、上更新统冲积层地下水交替条件较好，一般为HCO_3-Ca型水，局部地势

低洼区，由于地下水运动缓慢，并且处于地下水渗流交替缓慢的还原地球化学环境，第四系孔隙地下水中铁、锰质成分含量高。碎屑岩、碳酸盐岩中，因钙的含量较高，又较为活泼，地下水以重碳酸钙型为主。

三、工程地质条件

（一）岩体工程地质条件与特征

区内岩体分为3个工程地质岩组。

1. 较硬－坚硬的层状碳酸盐岩组

碳酸盐岩出露标高100~150m，高差10~50m。岩石抗压强度90~160MPa，中、微风化带岩石抗压强度35~64MPa。岩溶发育。

2. 软－较软的薄层状碎屑岩夹碳酸盐岩组（D）

地层为小江边组。岩性为炭质页岩、钙质泥页岩，夹透镜状灰岩、硅质岩。标高100~120m，高差10~20m。中风化抗压强度4.7~11MPa，微风化抗压强度11~19.4MPa。岩质性软，力学强度较低，层间结合力差，吸水易软化、膨胀。

3. 软－较硬的中厚层状碎屑岩（S）

地层有梓山组。岩性为粉砂岩、页岩、炭质页岩夹煤层及含砾粗砂岩、细砂岩、粉砂岩等。标高100~160m，高差20~40m。中、微风化抗压强度7~12MPa，岩质性软，力学强度较低，易风干、软化。

（二）土体工程地质条件与特征

区内有5种土体。

1. 松散状中－高压缩性人工填土

堆积在原始地势低洼的池塘洼地和袁河沿岸等地带，主要由黏性土、黏土碎石等组成，部分地段填有生活、建筑、工业废渣等。属不良土体（图10–39–4）。

2. 可塑状中压缩性黏性土、砂砾卵石

分布于袁河及其支流两岸，总厚度3.0~16.1m。上部黏性土：孔隙比0.566~0.880，液性指数0.12~0.87，压缩系数0.11~0.41MPa^{-1}，承载力110~250kPa，厚度1~8m；中部粉细砂：状态呈松散－稍密状，承载力100~160kPa，厚度0.6~8.3m；下部粗砂、砾砂、卵石：状态呈中密－密实状，承载力200~480kPa，湿度大，多呈湿－饱和状，厚度0.7~8.7m。

3. 硬塑状中压缩性黏性土、砂砾卵石

地层为上更新统。分布于袁河Ⅱ级阶地，总厚度2.0~15.0m。上部黏性土：为粉质黏土、粉土，可见网纹结构，状态一般呈可塑－硬塑状，部分呈坚硬状态，孔隙比0.545~0.822，液性指数<0~0.29，压缩系数0.11~0.31MPa^{-1}，承载力200~300kPa，厚度0.8~10m。下部砾砂、砾卵石层：状态呈中密－密实状，重型（2）动力触探试验击数5~12击，承载力200~480kPa，一般湿－饱和状，厚度0.8~5m。

4. 可塑－硬塑状中压缩性黏性土（红黏土）

分布范围广，为碳酸盐岩风化残积土。上部为红色黏性土，下部为黏性土夹灰岩碎块。茅口组硅质灰岩风化后，多呈粉土状，塑性指数平均值8.7（3.3~14.1），孔隙比0.472~0.894，状态呈中密－密

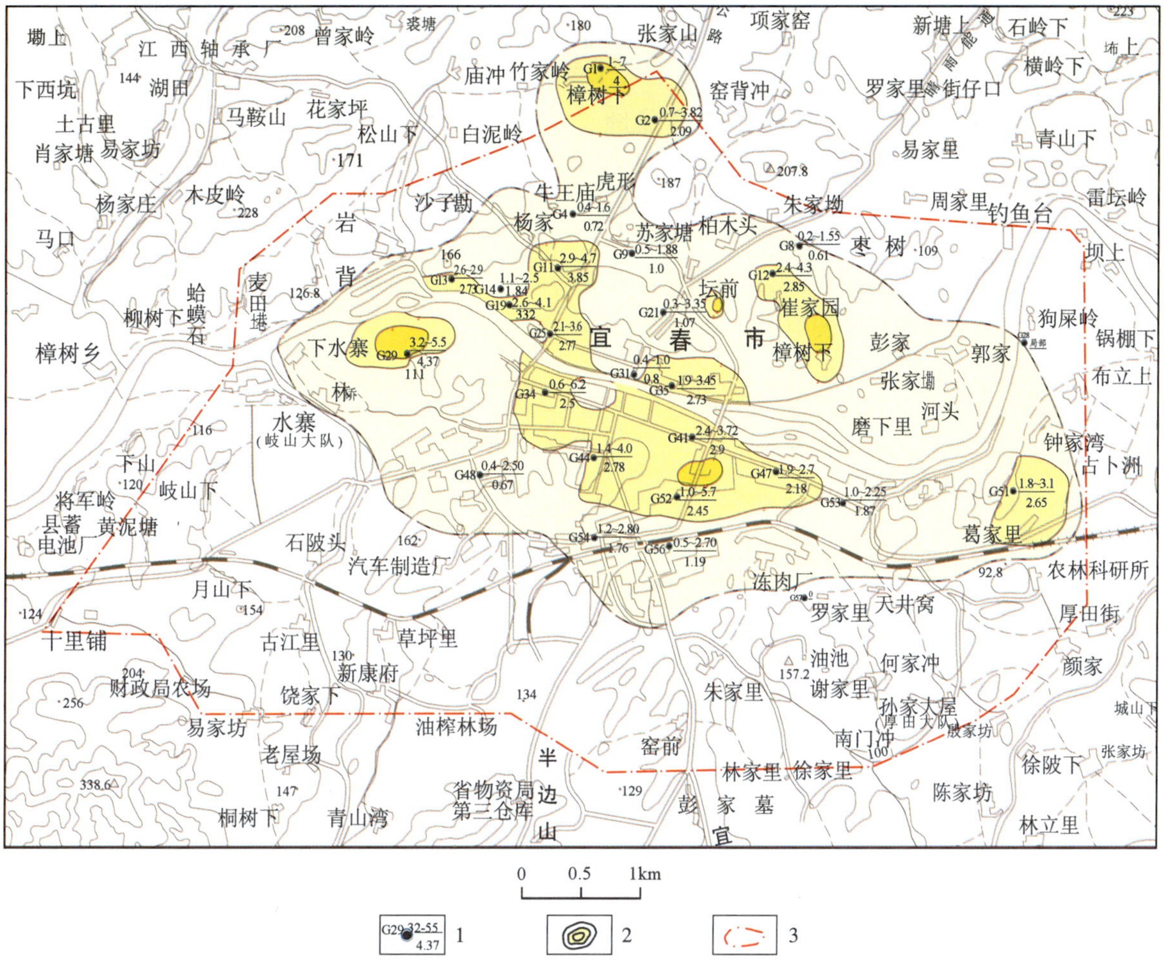

图 10-39-4　宜春市城区人工填土分布图

Fig. 10-39-4　Distribution of artificial earth filling in urban region of Yichun city

1—控制点:左为编号、右为厚度（M）$\frac{区间值}{平均值}$；2—人工填土厚度等值线及套区；3—近期规划边界线

实状，天然含水量 16.7%~32.0%，稍湿至很湿，一般为湿，承载力 130~280kPa，厚度 2~15m，个别地段大于 20m。其他碳酸盐岩残积土均为黏性土，一般呈可塑状，承载力 100~200kPa，其底部由于地下水作用，以软塑状为主，承载力小于 100kPa。

5. 可塑状中压缩性黏性土（膨胀性土）

为小江边组泥页岩风化残积黏性土。呈灰白、白色，状态变化较大，具弱胀缩性，塑性指数 11.3~23.7，液性指数<0~1.30，多为可塑－软塑状，孔隙比 0.591~1.11，压缩系数 0.15~0.46MPa^{-1}，承载力 100~280kPa，厚度 1.2~9m。

四、生态地质资源

（一）地下水资源

按“江西省地下水资源评价”（江西省国土资源厅，2002）相关区段中的参数计算，区内地下水天然资源量为 2811.2 万 m^3/a，地下水可采资源量为 1326.5 万 m^3/a。

宜春市城市供水以地表水为主，地下水在城市供水中处于补充地位。经统计现今钻井岩溶水最大开采量达 28034m³/d。

（二）应急地下水源地——雷桥红层盆地

1. 水文地质条件

雷桥盆地位宜春市北约 4~10km 处，面积约 112.02km²（图 10-39-5）。

盆地地形北高南低，含水地层为上白垩统龟峰群河口组有大量的灰岩砾石，因而发育有小型溶洞及晶洞，地下水类型为溶蚀孔隙裂隙水，形成了由北向南补给、径流、排泄的完整水文地质单元。在浅

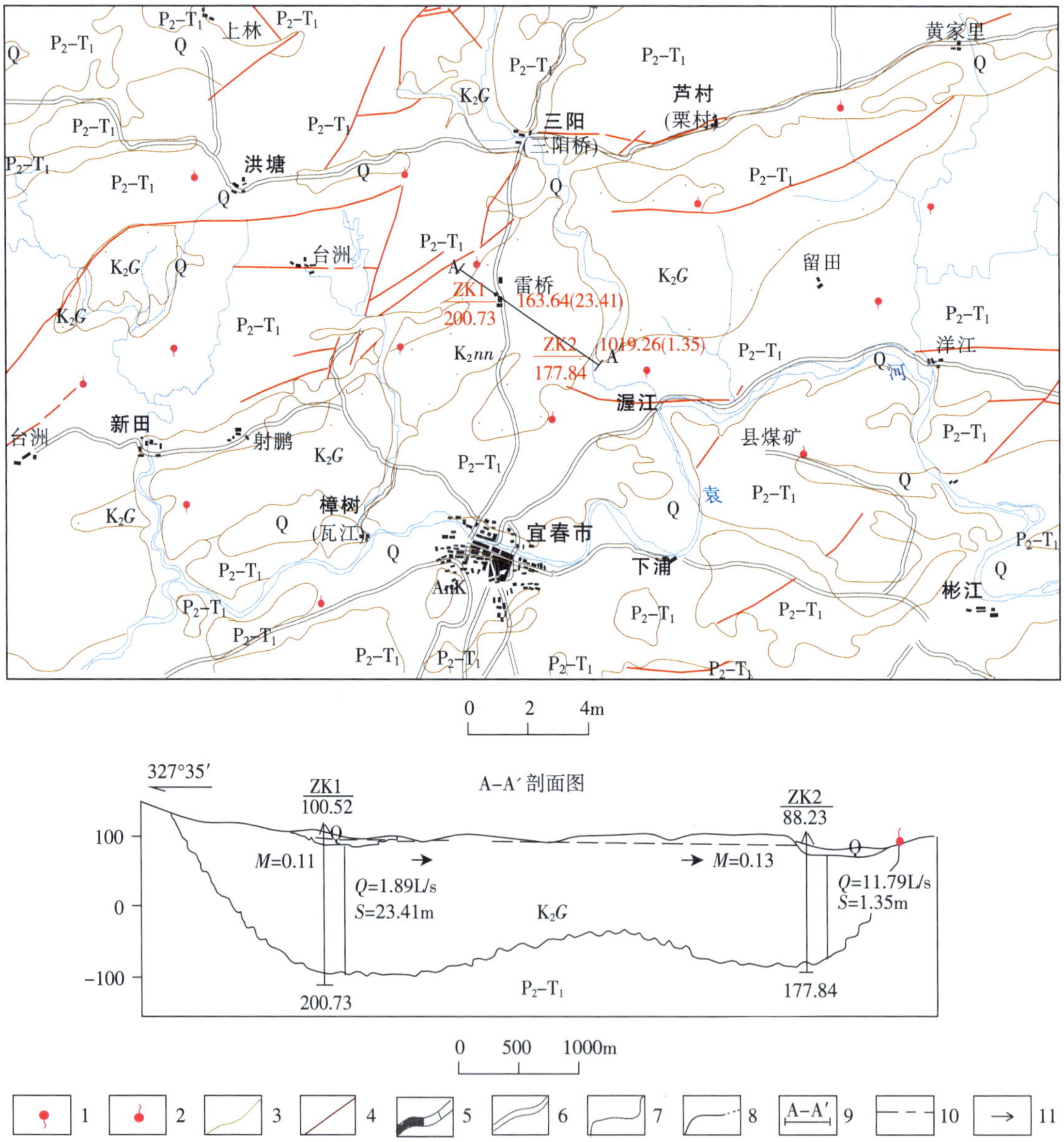

图 10-39-5 宜春市城市应急水源地——雷桥红层盆地水文地质简图

Fig. 10-39-5 The hydrogeological sketch of Leiqiao red bed basin, Yichun urban emergency water source

1—下降泉；2—上升泉；3—地质界线；4—断层；5—铁路；6—公路；7—小路；8—市县界；9—剖面线；10—地下水水位线；11—地下水流向；Q—第四系；K_2G—上白垩统龟峰群；P_2-T_1—中二叠统—下三叠统

部，岩石遭风化剥蚀，结构松散，主要接受大气降水垂直补给，深部灰岩砾石具较多的晶洞及小溶洞，它们互相沟通，接受来自北部如三阳一带与茅口组灰岩接触的岩溶水侧向补给及盆地底部的灰岩岩溶水补给，形成了本区特有的溶蚀孔隙裂隙水。由于受地形影响地下水由北向南运移至盆地边缘的殷坑组粉砂岩阻水层时，出现湿地沼泽，排出地表。盆地南处于排泄区施工的 ZK2 孔，单井涌水量比处于北部的 ZK1 号孔大 30 倍。

经初步估算，盆地地下水资源量 17421.4t/d。

据钻孔抽水试验，含水层渗透系数为 10.74m/d，单井涌水量达 249.70~7479.04t/d，平均单井涌水量 3864.37t/d，平均径流模数 1.8L/s·km^2，每平方千米泉流量为 0.183L/s，富水性中等。地下水水质一般无色、透明、无嗅、无味。据样品分析结果，地下水水化学类型属 HCO_3–Ca 型淡水，除局部地段 NH_4^+、NO_2^-超标外，其他指标均符合生活饮用水水质标准。是开发利用地下水资源的良好场所。

2. 地热水资源

宜春市温汤地热水出露于宜春市西南温汤镇境内，距市区 21km，现已纳入宜春中心城市规划区内，2013 年获“温泉之乡”称号。

温汤地区处于武功山隆起北部，加里东期片状花岗岩及边缘混合岩中，龙泉—温汤北东东向等热断裂部。该断裂自东向西，有梅花桥、温汤、夏家坊、万龙山、断裂一串温泉分布，温汤水质优良，通过回流，热水日开采量近 7097t。

温汤地热水最高水温可达 68℃，一般 65~66.5℃。据专家分析，温汤地热田 10km 左右范围内同一构造带上的仙巩、社埠街、潮溪、黄源水库等地，无论从地形地貌、地层岩性，还是地质构造上都与温汤地热田类似，特别是与温汤同一构造上的萍乡万龙山，地面无任何热异常显示，在 200m 孔深处见有 36℃的低温热水且单井日产千吨。因此，在上述地段寻找“温汤型”地热田的可能性较大。

（三）主要地质遗迹景观资源

1. 明月山 – 花岗岩峰林地貌景观和温泉

明月山位于宜春市城南 30km 处，面积 136km^2，主峰（太平山）高 1736m，属武功山支脉，由明月山燕山早期花岗岩株形成峰林陡崖飞瀑地貌景观。主要由太平山、王京山、老山、仰山等 12 座海拔千米以上山峰组成，形似半圆明月，故称明月山。是国家重点风景名胜，与武功山同属国家地质公园。

2. 竹山洞 – 碳酸盐岩地下溶洞

宜春市主城区北 32km 处，是由二叠纪碳酸盐岩地层形成的大型碳酸盐岩地下溶洞，有南北两个洞口，洞全长 3985m，被称为“华东第一地下长河”。洞外竹林青翠，洞内钟乳千姿百态。洞内开阔处可供千余人欢聚歌舞，狭小处仅容一两人缓步慢行，且洞中有洞。地下河流暗流滚滚，终年不绝，可通小舟，是江西最长的水洞之一。被评为“江西十大特色美景”之一。

五、城市主要环境地质问题

宜春市地处碳酸盐岩岩溶区，城市主要环境地质问题有地下水污染、地面塌陷、特殊岩土体等。

（一）地下水污染

地下水超标元素主要有：NO_3^-、NO_2^-、NH_4^+及 Zn、Be、Fe、Mn 等。部分市区浅层地下水遭受污染，已不能作为饮用水，只能作为一般生活用水。地下水污染源除工业、生活污染外，农药和化肥也是主要污染源之一。

（二）地质灾害

1. 地面塌陷

市区为岩溶地面塌陷高易发区，1982~1998 年发生地面塌陷有 12 次之多。其特征如下：

1）影响范围较大。一般陷坑多、成群发育。影响范围小于 100m² 的小型塌陷 3 处，1000m² 的中型塌陷 4 处，1000~10000m² 的大型塌陷 2 处，大于 10000m² 的巨型塌陷 3 处。

2）直接诱因多为地下水开采和工程施工动荷载引起。地面塌陷中，与地下水开采有关的有 9 处，与工程施工动荷载有关的有 3 处。抽水塌陷区多发生在地下水开采强度大于 $1000m^3/d \cdot km^2$ 的区段。工程施工动荷载塌陷以市煤气公司基建施工塌陷最为典型和严重，塌陷中心及变形区面积达到 $3700m^2$，陷埋、倒坍损坏房屋 11 栋（图 10–39–6）。

3）地面塌陷多发生在覆盖型岩溶区覆盖层厚度小于 15m、地下水水位埋深小于 10m 的区段。其中发生在覆盖层厚度小于 10m 的占 86.7%，发生在地下水水位埋深小于 5m 的占 90%。浅部岩溶发育，上覆地层主要为厚度较小（小于 15m）且胶结较差的砂、砾、卵石覆盖的地方，在人为因素诱发下较易产生地面塌陷灾害（图 10–39–7）。

2. 滑坡

滑坡见于城南的榨山，发生于 2001 年 3 月，规模小，地层为梓山组，风化层厚度可达 10m。主要是由于人工切坡、降雨诱发。此外，城区化成街新街有 3 处岩质滑坡隐患存在。

（三）不良岩土体

1. 人工填土

主要分布于袁河两岸宽 0~1km 范围及樟树下、崔家园、葛家里等地。由黏性土、建筑、生活垃圾等组成，厚一般 1~2m，最厚达 7.01m（中山路中段）。属不良土体。

2. 膨胀土

分布于宜春学院—下浦乡梁家里一带。总面积 $1.273km^2$。由小江边组风化残积土组成。据收集资料，其物性指标 $\rho=1.96g/cm^3$、$W=19.05\%$、$G_s=2.73$、$e=0.65$、$I_L=42.3\%$、$W_p=23.05\%$、$I_p=19.25\%$、缩限 15.95%、压缩模量 $E_s=2.75MPa$、变形模量 $E_0=2.28MPa$、自由膨胀率 42.0%、膨胀压力 13.4KPa、有荷膨胀率（$\delta_{0.50}$）–4.31%、无荷膨胀率（δe）13.18%、收缩系数 0.69、体缩率（δv）2.295%、线缩率（δi）2.0%。浙赣铁路宜春段路基下有二叠系风化软弱泥化层，遇水软化，路基翻浆（软基）也常出现，对列车安全运行带来影响。

3. 红黏土

广泛分布，主要由石炭系二叠系强岩溶碳酸盐岩风化残积土组成，湿、硬塑状为主，上部为坚硬、逐步过渡为硬塑，成分主要以粉黏粒为主，上部少许硅质岩。其特性指标液限为 58.8%~92.3%，大于 50%属原生红黏土，含水比为 0.47~0.63，液塑比（I_r）为 1.54~2.23、界限液塑比（$I/_r$）1.79~2.01。$I_r<I/_r$，多数收缩后复浸水膨胀，不能恢复到原位。平均压缩系数为 $0.23MPa^{-1}$、平均压缩模量为 10.32MPa。区内部分地段在该层中发育土洞。

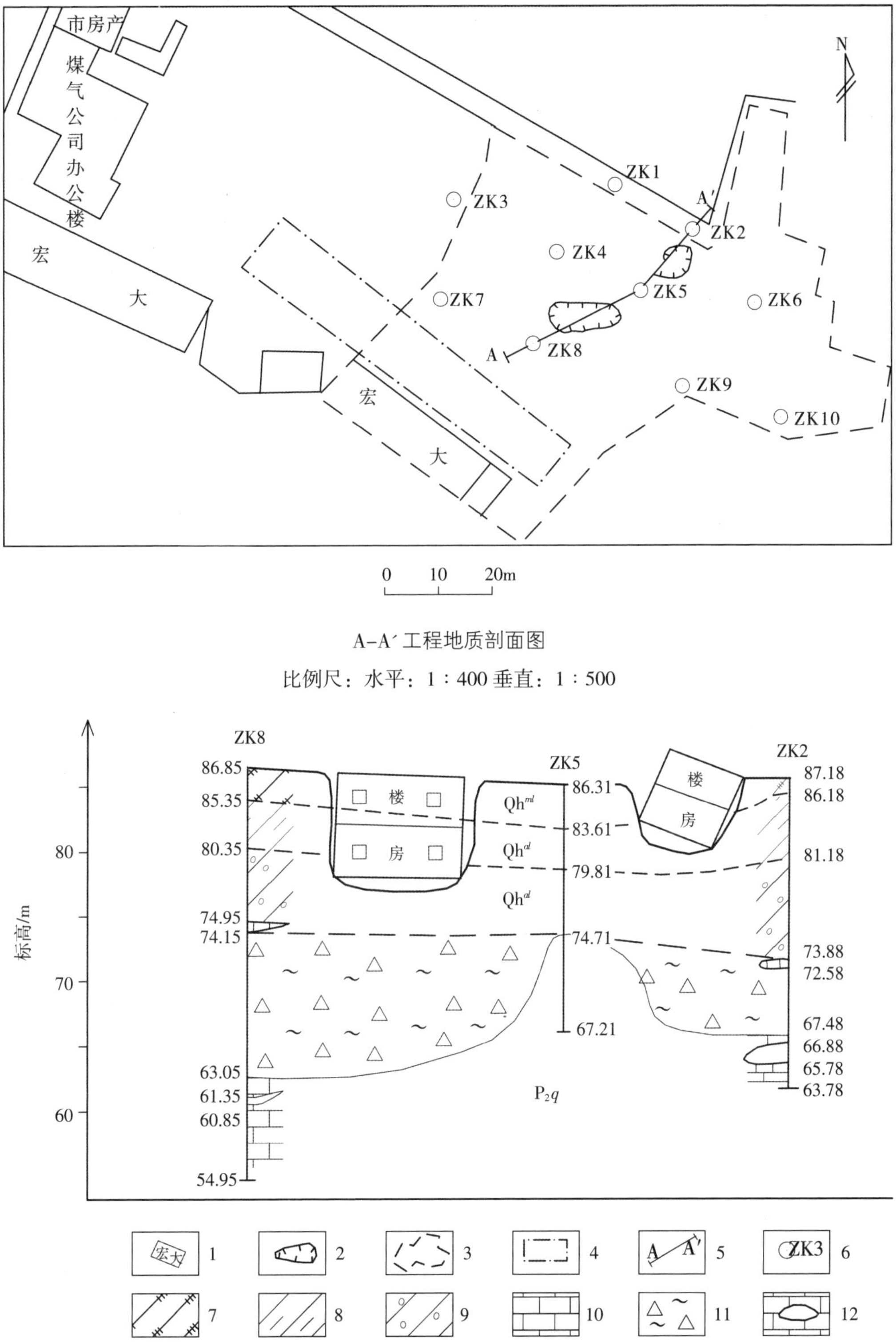

图 10-39-6　T5 宜春市煤气公司住宅楼工程地质勘察钻孔位置图

Fig. 10-39-6　Engineering geological survey drilling location from residential building of T5 Yichun city gas company

1—已有建筑；2—塌陷；3—塌陷影响范围；4—桩基施工范围；5—钻孔剖面线及其编号；

6—工程勘察钻孔及其编号；7—杂填土；8—粉质黏土；9—黏土卵石；10—灰岩；

11—溶洞充填物；12—未充填溶洞；P_2q—中二叠统栖霞组灰岩；Qh^{al}—第四系冲积层；Qh^{ml}—第四系杂填土

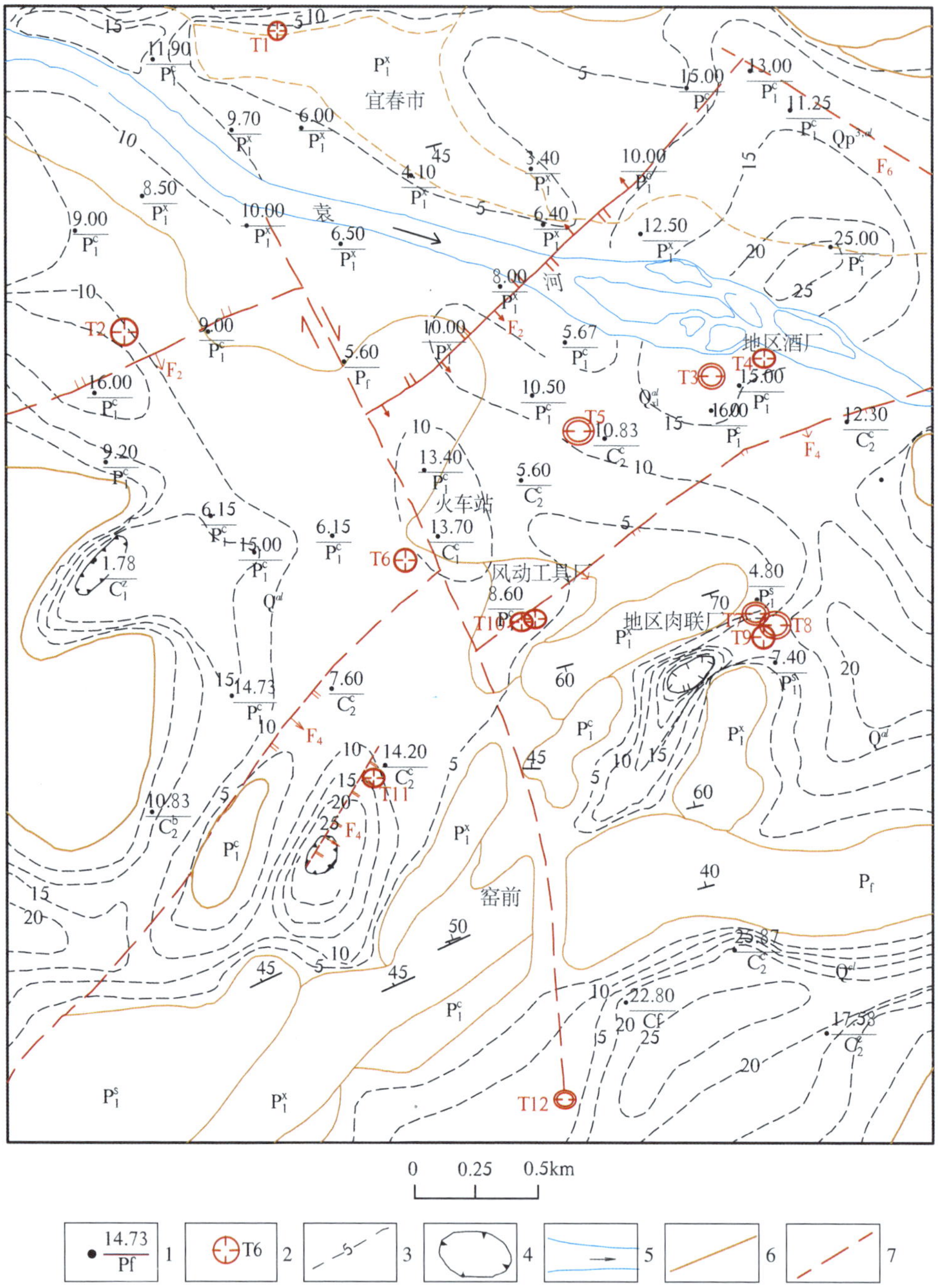

图 10-39-7 宜春市地面塌陷区第四系厚度等值线图

Fig. 10-39-7 Isoline map of Quaternary strata thickness in region of ground collapse,Yichun city

1—上：第四系厚度（m）/下：下伏基岩地层代号；2—塌陷及编号；3—第四系等厚线（m）；4—第四系厚度大于 30m 区；5—河流；6—地层界线；7—断层

针对宜春市存在的环境地质问题，为保证城市建设科学、有序地进行和保护人民生命财产安全，应采取以下防治对策：

1）加强地下水资源的科学管理，合理开发利用和有效保护地下水资源，对地下水污染源进行治理。近 10 多年来，宜春市通过大力整治重点污染源，地表水已完全好转，水质稳定在 1~2 类之间，已污染的浅层地下水也在逐步恢复正常。进一步加强水污染源的控制是建设优美生态城市重要之举。由于开采与疏排地下岩溶水是宜春市城市地面塌陷灾害的主要诱发因素，为防止开采岩溶水而诱发地面塌陷，考虑到岩溶水的开采现状，需建立和划分保护带，将区内分为禁止开采区、调减开采区、限制开采区，以保护城市安全。对重要的地面塌陷灾害点，应及时治理，同时做好灾害的监测预报工作。

2）工程施工应充分考虑不良岩土体的工程特性，防范灾害。填土因结构松散、压缩性高，一般不宜作天然地基，处理后的填土地基应进行质量检验；对复合地基宜进行大面积载荷试验。建在膨胀岩土上的建筑物，按照现行国家标准《膨胀土地区建筑技术规范》施工。红黏土具失水干缩特性，区内部分地段在该层中发育土洞，工程施工需加以注意。

第三节　新　余　市

新余市是以钢铁工业兴市的新兴城市，总面积 304km^2。

一、地质背景

新余市位于袁河中下游与支流孔目江交汇处，萍乐坳陷带西南部，清江红层盆地西段。南以东西向的萍乡－广丰深断裂带与武功山隆起相邻。区内可分两个地质地貌小单元。

主城区位于清江盆地西部。受北部新余－丰城北东东的断裂带、南部萍乡－广丰断裂带控制，呈三角形。盆地边部出露上白垩统呈龟峰群河口组或塘边组红色砂砾岩。盆地中部主要为古近系新余组。城区以龟峰群为主，地层产状平缓，形成低丘。岗地和河谷平原，盆地上叠于萍乐坳陷之上，下伏地层主要为上古生界－下侏罗统碎屑岩、碳酸盐岩。

西北部坳陷区，即新余－丰城北东东的断裂带之西北侧，处于清江盆地与萍乐坳陷交错地带。地质构造复杂，出露地层为上古生界中泥盆统－二叠系、中生界三叠系和下侏罗统。由沉积碎屑岩、碳酸盐岩、煤系地层组成，有花鼓山等煤矿；在铁山有燕山期花岗闪长岩岩株，形成硫铁矿床。印支期褶皱为北东东走向，燕山期褶皱偏转为北东向，由于断裂十分发育，褶皱被切割，呈岩片产出。该区地貌以高丘为主。标高 300~200m，坡度 20°~30°。第四纪以来区内断裂活动微弱，地壳稳定性较好(图 10-39-8)。

二、水文地质条件

新余市地下水类型有松散岩类孔隙水、碎屑岩类孔隙裂隙水、碳酸盐岩裂隙岩溶水、基岩裂隙水。其中松散岩类孔隙水、碳酸盐岩类裂隙岩溶水为主要含水岩组。

（一）含水岩组空间分布及其水文地质特征

1. 松散岩类孔隙水

主要分布于河流两岸，地下水赋存于第四系冲积层中。其补给来源主要为大气降水渗入，但是在稻田灌溉期内地下水位受灌溉影响始终保持最高水位，而不受灌溉影响的地区内，地下水位则随降雨量变化而升降明显，地下水缓慢地向河流运移，排泄于河槽和阶地前缘，并以蒸发形式直接消耗一部

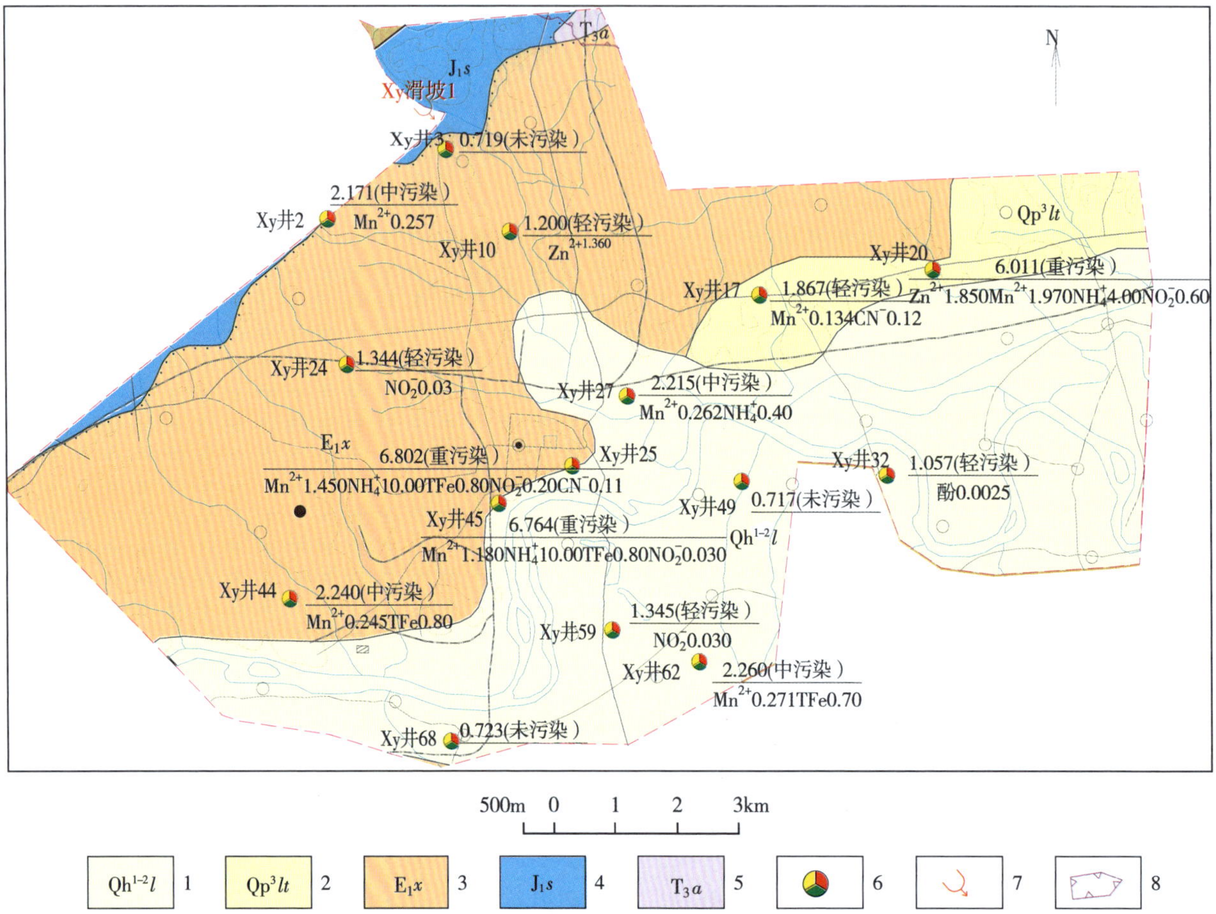

图 10-39-8 新余市环境地质图

Fig. 10-39-8 Enviromental geological map of Xingyu city

1—全新统联圩组：下为砂砾石，上为亚砂土（洪冲积）；2—上更新统莲塘组：下为黄色砾石，上为砂土（冲积）；3—古近系新余组：粉砂岩、泥岩；4—下侏罗统水北组：灰白色长石石英砂岩；5—上三叠统安源组；6—水质污染点：左为编号，右为综合污染指数（污染级别）超标元素及含量（mg/L）；7—滑坡点；8—后备水源地界限

分地下水调节量，为综合补给 - 径流蒸发型。由于含水岩组的分布位置、形成时间和含水层厚度等差异，其富水性不尽一致。

水量丰富的：由全新统、上更新统冲积层组成。主要分布于袁河两岸，组成Ⅰ、Ⅱ级内叠阶地，下部砂砾石层连接为一体，组成含水层，层厚 3~8m，平均 6.42m。水位埋深 1~5.7m。据 9 个钻孔抽水资料，单位涌水量 1.25~12.04L/s·m。

水量中等的：中更新统冲积层主要分布于袁河北岸Ⅲ级基座阶地，岩性上部为网纹状黏土，下部为砂、砂砾石含红层。地下水位埋深 4.7~8.85m，单位涌水量 0.3779L/s·m。中更新统与上更新统冲洪积层，分布于袁河支流两侧及山间谷地。岩性上部为亚黏土、亚砂土。下部为砂砾石含水层，厚度平均 2.11m，地下水位埋深 0.34~3.55m，单位涌水量 0.114~0.51L/s·m。

2. 碳酸盐岩裂隙岩溶水

为乐平组灰岩。仅出露于市区西北角。地表大部被第四系覆盖，覆盖层厚度 5~15m，裸露地表的不足 1km^2。厚度 193m，含水层厚度 70~120m，岩溶裂隙发育，平均线岩溶率 8.55%，发育深度 200m

左右，具有连通第四系盖层的开口溶洞，地下水位埋深1.27~18.95m，泉流量3.25~102.26L/s，钻孔单位涌水量0.01068~8.902L/s·m。

（二）地下水补径排条件

区内松散岩类孔隙水主要接受降水的垂向补给，也接受基岩裂隙水的侧向补给，洪水期河水反补给地下水；红层孔隙水因受其岩性影响，不利于接受降水的垂向补给，补径排条件极差；碳酸盐岩裂隙岩溶水主要接受降水的垂向补给，然后沿裂隙岩溶管道流向排泄区，一般以泉的形式排泄出地表。

（三）地下水水质

城市外围地区地下水水质类型以HCO_3-Na-Ca型为主。袁河以及孔目江沿岸冲积平原区为全新统、更新统河流冲积层，岩性上部为黏性土、粉土，渗透性微弱，为相对隔水层。下部砂、砂砾石层，是地下水主要贮存空间。该区地势平坦，地下水埋深较浅（0.34~5.7m），由于地下水力梯度较小，导致交替状况较差，地下水水质以HCO_3-Ca型水为主，次为HCO_3-Ca-Mg型。由于地下水运动缓慢，容易污染且自净能力较差。据2004年下半年水质分析结果，城镇附近检出酚、氰化物、铁、锰、硒、砷、汞、铅、镉等成分超标，致使城镇一些地段不能直接饮用地下水。

三、工程地质条件

（一）岩体工程地质类型及特征

区内成岩建造主要为红色碎屑岩，其次为分布于市区西北部的碳酸盐岩、一般碎屑岩、煤系碎屑岩。

碳酸盐岩：为马平组与茅口组，岩组为坚硬或较为坚硬岩石，仅在西北部外围出露，岩溶发育。含极丰富的裂隙岩溶水，工程地质条件较差，易引起水库渗漏和地面变化等不良工程地质问题。

一般碎屑岩与煤系碎屑岩：前者由泥盆系中-上统（中棚组、佘田桥组和锡矿山组）砂岩、粉砂岩组成。后者为梓山组煤系，分布于西北部外围地区，北部有安源组、水北组含煤矿屑岩。岩层受构造切割强烈，岩石破碎。所夹煤层泥岩为变质岩石，遇水易软化，易引起顺层滑坡，在河下西部见一小型滑坡。

红色碎屑岩：由白垩系龟峰群组成。由于成岩时代较晚，岩石固结程度不高，构造作用微弱，产状平缓，节理裂隙不发育，岩石易风化。

其中河口组由中-厚层状砂砾岩、砂岩夹粉砂岩组成，砂砾岩的砾石以灰岩为主，泥钙质胶结，易风化，岩石强度较差，粉砂岩干抗压强度为35.5MPa，为软质岩石。其上塘边组由中-厚层状含铁钙质粉砂岩夹砂砾岩组成，岩石强度低，抗风化能力弱，且风化速度快，岩层强烈风化，风化厚度2~5m，水土流失严重，流失模数为1cm/a·km^2，最大达21cm/a·km^2。含水贫乏，岩石干抗压强度为35.49MPa，软化系数0.09。属软质岩石。

（二）土体工程地质类型及特征

区内土体分为4个工程地质岩性类型、6种工程地质单元体（土层），按其结构可分为均一结构和双层结构。

具体土体工程地质特征分述如下。

一般黏性土：分布于袁河及孔目江两岸，为全新统冲积层，组成河流Ⅰ级阶地。岩性为灰褐、灰白、浅黄色亚黏土、黏土，黏粒平均含量29.5%，黏结较好，结构松散，一般厚度1.5~3.6m，孔隙比0.703~0.81，平均0.741，液性指数0.023~0.222，平均0.15，压缩模量5.14~9.386MPa，平均7.26MPa，为硬塑中－高压缩性黏土。

老黏性土：主要分布于袁河、孔目江支流两岸，可进一步分为C1、C2、C3等3类。

C1黏性土层：主要分布于袁河Ⅱ级阶地及其支流的两侧，由第四系上更新统冲积、冲洪积层组成。岩性主要为灰褐、浅黄色亚黏土、黏土，平均黏粒含量35.75%，黏性较好，内含较多的铁锰质和铁锰结核，厚度一般2~4m，结构较紧密，孔隙比为0.536~1.002，平均0.697，液性指数0.083~0.778，平均0.245，压缩模量5.86~12.56MPa，平均8.94MPa，为硬塑－可塑中－高压缩性黏土。

C2黏性土层：主要分布于袁河Ⅲ级阶地，为第四系中更新统冲积层。岩性为灰褐、红色黏土、亚黏土，平均黏粒含量30.83%，具网纹结构，结构致密坚硬，厚度一般3.4~3.8m，孔隙比为0.52~0.711，平均0.608，液性指数<0，压缩模量12.01~20.87MPa，平均15.50MPa，为坚硬中－低压缩性黏土。

C3黏性土层：主要分布于红色碎屑岩岗地。岩性主要为灰褐、浅黄、砖红色亚黏土、黏土夹碎石块，土层厚度因地而异，差异较大，一般为1.5~4m，平均黏粒含量22.88%，结构紧密，孔隙比为0.52~0.856，平均0.658，液性指数<0~0.69，平均0.111，压缩模量6.98~23.42MPa，平均12.41MPa，为坚硬－硬塑中压缩性黏土。

红黏土：分布于西北部，为碳酸盐岩风化残积土，为灰白、砖红色黏土夹灰岩碎块，厚度一般为5~15m，平均黏粒含量33.75%，结构较松，孔隙比为0.668~0.739，平均0.704，液性指数<0~0.532，平均0.272，压缩模量3.72~18.16MPa，平均9.37MPa，为坚硬－可塑高压缩性黏土。

砂砾：分布于袁河、孔目江心滩及漫滩，由第四系冲积砂、砾石组成。

四、生态地质资源

（一）地下水资源及应急水源地

新余市地下水储量并不丰富（据《江西省地下水资源评价报告》，新余市区地下水可开采总量为8116.8万m^3/a），且污染较重。因此根据城市周边环境地质条件和水源水质情况，新余市附近应急水源地可选华家（城北6km）岩溶水水源地。该水源地地处杨眉桥背斜北东端的南东翼，四周有梓山组、安源组、水北组构成隔水边界，形成比较完整的水文地质单元。汇水面积32.79km^2，含水层面积7.8km^2（图10-39-9）。为覆盖型岩溶区。地形为一小型岩溶盆地。黄龙组、马平组白云质灰岩、白云岩，岩溶裂隙发育，线岩溶率8.85%，富含裂隙岩溶水。地下水主要受大气降水垂直渗透补给，由北向南经短途运移，在华家南形成上百个泉水集中排泄。依据多孔抽水试验与泉群流量变化关系（表10-39-6），以疏干枯季泉域流量法求得允许降深为9.56m时可开采量1.1351万m^3/d，扩大下村河以东含水层面积2.56km^2，整个华家水源地可开采量为1.689万m^3/d。

华家水源地地下水水质良好，有害物质均未超国家饮用水标准。水质类型HCO_3-Ca-Mg型。pH值7.2~7.7，总硬度6.078~13.737德国度，矿化度0.108~0.251g/L。

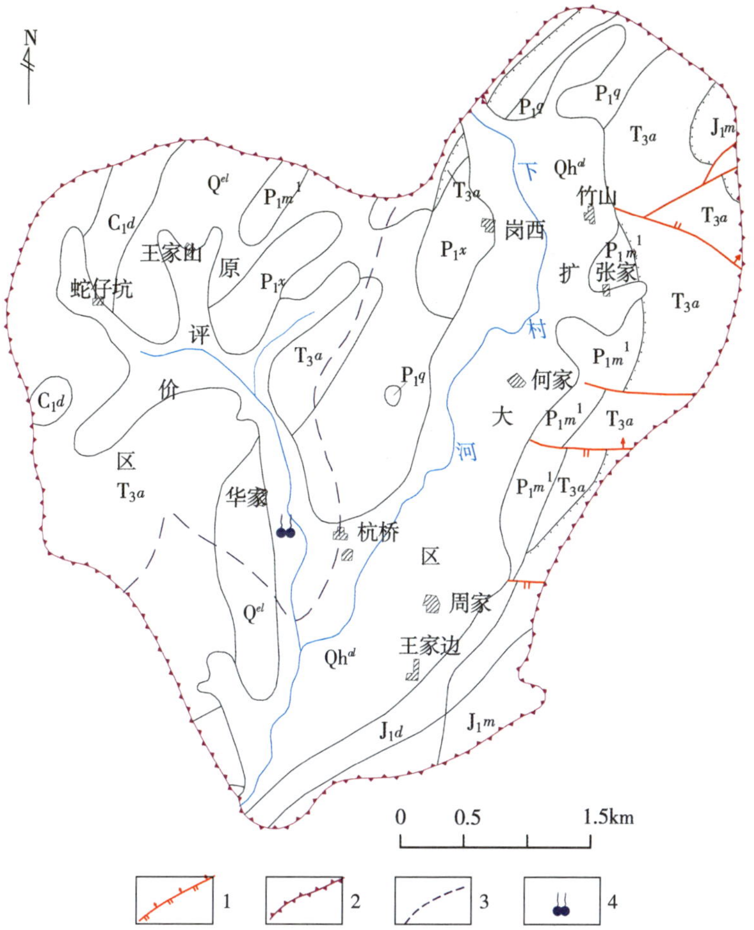

图 10–39–9　华家水源地水文地质条件图

Fig. 10–39–9　Hydrogology condition map of Huajia water source

1—断层；2—地表分水岭界线；3—评价区分界线；4—上升泉；Qh^{al}—全新统冲积层；Q^{el}—第四系残积层；J_1s—下侏罗统水北组；T_3a—三叠系安源组；P_1m^1—中二叠统茅口组；P_1x—中二叠统小江边组；P_1q—中二叠统栖霞组；C_1z—中石炭统梓山组

表 10–39–6　江西省新余市多孔抽水与泉流量关系表

Table 10–39–6　Relation between Porous pumping and spring flow quantity in Xinyu city, Jiangxi

降程	降深 /m	涌水量 $L \cdot s^{-1}$	单位涌水量 $L \cdot s^{-1} \cdot m^{-1}$	泉群流量 $L \cdot s^{-1}$	备注
第一降程	1.42	36.32	25.582	47.558	抽水开始前泉群流量为 83.546L/s
第二降程	2.87	62.80	21.882	47.917	
第三降程	4.48	83.687	18.680	43.831	

（二）地质遗迹－旅游景观资源

1. 仙女湖——水体景观

仙女湖为亚洲最大的亚热带树种基因库，位于新余市西南郊 16km 处，原名江口水库，是江西省 4 大水库之一，湖水面 50km²。区内岛屿星罗棋布，湖水清澈，绿荫环绕，自然风光秀美朴实。

2. 洪阳洞——地下溶洞景观

位于仙女湖风景名胜区西北的袁岭第三峰南麓，洞长约5km，由二叠纪碳酸盐岩地层形成而成。

溶洞分为东西两部分，东部高大宽敞，西段幽暗深邃。洞内石笋壁立，钟乳嶙峋，琳琅满目。洪阳洞洞口还存有新石器时代文化遗址。

3. 仰天岗省级森林公园

位于新余市城区北西侧，主要由泥盆纪—石炭纪地层构成低山高丘，北西和南东两麓为侏罗纪地层。这里群山起伏，重峦叠嶂，林木葱郁、翠竹如画，山谷幽幽，怪石嶙峋，有鸡冠岭、狮子流涎、一片门，写帽石等巧夺天工、神奇美妙的自然景观。

五、主要环境地质问题

（一）地下水污染

新余市地下水污染主要集中在城区，地下水中锰、氨、亚硝酸根、氰化物、铁超标。经2004年采样分析评价，地下水污染级别为：老城区和城东水西收费站一带地下水重污染；盘龙、县砖瓦厂南、二化、丁家坊等附近地下水中污染；陈家—石岗埠、刘家、珠珊乡及安前等附近地下水轻污染；其他区域地下水未污染。其环境污染类型主要来自新钢等工业点源污染。

另外在老城区和人口稠密地区，存在生活废水、生活垃圾和粪便污染物。污染物质主要是“三氮”有机污染和不同的病毒细菌。

郊区农田、菜地污染源主要为化肥和农药，农药以有机氯和有机磷为主。

（二）地质灾害

主要为滑坡，城区的低丘、岗地自然坡度一般10°~25°，岩层倾角一般<20°，为非滑坡易发区，但主要受人工切坡及降雨因素影响，诱发崩塌、滑坡，如新余纺织厂北等地。城区边缘或外围属高丘地貌区，自然坡度>25°，岩层倾角>20°，易诱发崩塌、滑坡，属地质灾害危险区；吼塘北及下枥—下竹山属覆盖型灰岩区，在人类工程活动和自然条件作用下，存在地面塌陷的可能性。下村华家因抽取地下水诱发过岩溶地面塌陷。因此，该区为地面塌陷易发区。

针对新余市存在的环境地质问题，为保证城市建设科学、有序地进行和保护人民生命财产安全，应采取以下防治对策。

(1) 地下水资源保护

建立地下水动态监测站，进一步加强地下水资源的科学管理，合理开发利用并有效保护地下水资源，重点为污染源防治，建立相应的地下水卫生防护带。

(2) 地质灾害防治

加强对地质灾害诱发因素的控制：城市周边吼塘北覆盖型灰岩区不宜建设高层、大型建筑，严格控制开采岩溶地下水，基础施工应选择适当工艺以避免对地面的震动，防止或避免诱发、加剧地面塌陷；低丘岗地区边坡工程开挖宜采用安全坡度比，并及时砌护或挡墙支护。

第四十章　抚　州　市

抚州市位于江西省东部，街区及外围辖区总面积 336km^2。

第一节　城市地质背景

一、自然地理

市区年平均气温 18.7℃。区内 1990~2003 年年平均降雨量为 1883.71mm，最大日降雨量 227.0mm，降雨多集中在每年的 4~6 月。

市区地居抚河与临水汇流处，河溪密布。凤岗河属临水一级支流，河道弯曲，地势低洼，排水不畅，内涝严重。

二、地质条件

抚州市位于抚州断陷盆地中部。盆地受北东向与北西向断裂带控制，为呈北东向的矩形。盆地东部为东乡下白垩统武夷群陆相火山盆地。盆地地层自南东向西北依次出露上白垩统龟峰群河口组红色砂砾岩夹粉砂岩、塘边组红色粉砂岩夹砂砾岩、莲荷组砂砾岩夹粉砂岩。沿河谷地带分布着中 – 上更新统、全新统冲积层，形成低丘、岗阜、河谷平原地貌。

盆地总体为一向北西向缓缓倾斜的单斜构造，东南边缘构造较复杂，出现下白垩统火山岩和南华系万源组中深变质岩断块。盆地基底主要为南华系 – 震旦系变质岩和下白垩统武夷群火山岩（图 10–40–1）。

区内断裂主要为北东、北西向。盆地西北缘为抚州 – 遂川北东向深断裂带，倾向南东，倾角 40°~60°，形成宽约数 10m 的硅化带。在临川青莲山形成重晶石矿。断裂控制盆地具导热性，沿断裂带有临川青莲山、崇仁县马鞍温泉。在盆地南缘也有一组北东向断裂发育。北西向断裂主要有抚河断裂带，沿抚河分布，大部分被掩盖，显示左行张剪性特征。崇仁附近的北西向控盆、切盆断裂显示正断层特征。

抚州 – 遂川断裂带挽近时期仍有活动，以导热为特征，但在吉水 – 永丰南与北西向断裂交汇地区，历史上曾发生 5 级破坏性地震。

三、水文地质条件

抚州市地下水类型分布有松散岩类孔隙水、碎屑岩孔隙裂隙水和基岩裂隙水。其中松散岩类孔隙水、碎屑岩孔隙裂隙水为主要含水岩组。

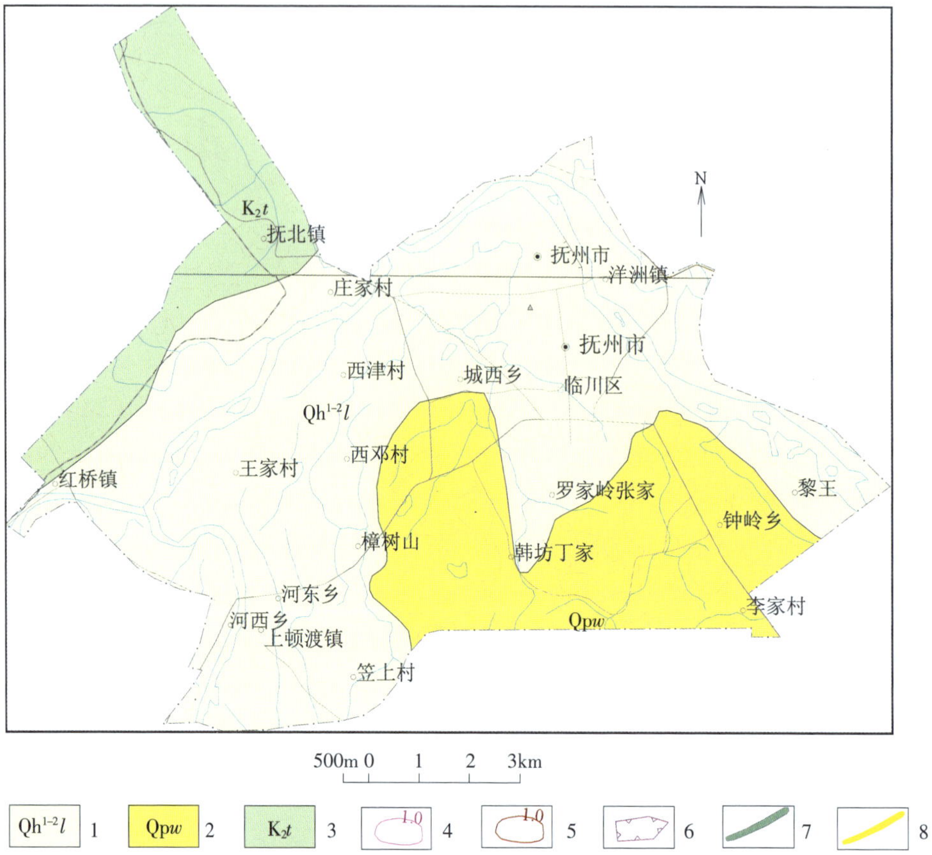

图 10-40-1 抚州市环境地质略图

Fig. 10-40-1 Environmental geological map of Fuzhou city

1—全新统联圩组：下砂砾石，上亚砂土（洪冲积）；2—更新统望城岗组；3—上白垩统塘边组：紫红色粉砂岩、泥岩

4—综合污染指数及等值线；5—综合水质指数及等值线；6—应急（后备）地下水水源地界线；

7—地基稳定性差的堤段；8—地基稳定性较差的堤段

（一）主要含水层分布及水文地质特征

1. 第四系孔隙含水岩组

第四系孔隙含水岩组由全新统、上更新统和中更新统冲积的砂、砂砾石层组成。

1）水量丰富的孔隙含水岩组：广泛分布在抚河两岸，系河漫滩及Ⅰ级阶地平原。砂砾石层一般厚6~11m，变化较大。孝桥区：为千金坡夹道与抚河所夹中间地块，含水层厚度较大，一般10m左右。水位埋深一般为2~4m。据钻孔抽水试验，单井涌水量为3153.1~3734.6m³/d。抚河西区：为抚河西岸，市区南部一带。含水层厚度一般5m左右，近河床可达9.5m。该层富水性强，水位埋深0.6~3.0m。据钻孔抽水试验，单井涌水量为1483m³/d。廖家湾区：为千金坡夹道以东、抚河以北广大地区。含水层厚度一般4~9m。水位埋深一般为2~4m，单井涌水量为3153.1~3734.6m³/d。

2）水量中等的孔隙含水岩组：主要分布于临水河、崇仁河、宜黄河两岸。含水层厚度4.0~8.64m，水位埋深0.4~4m，单井涌水量834~1201.8m³/d。

3）水量贫乏的孔隙含水岩组：分布于岗丘与Ⅰ级阶地后缘之间，包括小河冲积层及中上更新统红土砂砾石层，水量贫乏。

2. 碎屑岩孔隙裂隙含水岩组

含水层为龟峰群粗砾岩、粉砂质泥岩、粉砂岩，间夹薄层细砂岩，普遍含钙质并夹多层薄层状、纤维状石膏。岩石结构较致密，局部裂隙较发育，且具弱溶蚀。浅部溶蚀孔隙较发育，其风化深度大体与风化裂隙带一致，一般下限孔深 21~24m，最深 52.68m；深部溶蚀作用断断续续，变化较大。区内由南东至北西岩性颗粒粒度变粗，溶孔渐发育，富水性渐好。

1）水量贫乏的孔隙裂隙含水岩组：大范围分布，主要赋存于白垩系粉砂岩、含钙粉砂质泥岩裂隙孔隙中，岩石胶结致密，裂隙不发育，水量贫乏。

2）水量中等的溶隙裂隙含水岩组：分布于抚州城区—金石山一带。砂砾岩含水层厚度一般 63.4~81.27m，水位埋深 3.6~13.12m。单井涌水量 118~656m^3/d。

区内西北展坪乡祝家岗—裴桥一带，含水层为粗砾岩，其砾石成分主要为灰岩，溶蚀裂隙、孔洞较发育，地下水丰富，水位埋深 2.96m，含水层厚度 180m。单井最大涌水量 5489m^3/d。

大气降水是区内地下水的主要补给来源，另外有基岩裂隙水的侧向补给、稻田和渠系水的垂直渗入补给；径流、排泄条件与地形地貌的关系密切，抚河、临水是区内地下水总排泄带。

（二）地下水的水化学特征

区内地下水一般无色透明，无嗅、无味，仅红色碎屑岩部分溶隙水有咸味。受地貌、含水层岩性，地下水的补给、径流、排泄条件的控制及人为活动的影响，地下水形成不同的水质类型。

1）河谷平原和山间盆地的松散岩类孔隙水：含水层所处地势低洼，地下水补给来源甚广，水化学类型复杂。水化学类型以 HCO_3-Ca 型为主，HCO_3·Cl-K+Na·Ca 型为次，矿化度 0.06~0.26g/L，pH 值 6~7，总硬度 1.00~7.9 德国度。

上顿渡一带漫滩、Ⅰ级阶地处，由于含水层上部有一层厚度 0.20~0.43m 的淤泥或淤泥质土，水中 Fe^{2+}、Fe^{3+}离子含量较高，最高达 12.05g/L。

据岩土工程勘察资料，地下水对钢结构具弱腐蚀性，或对钢筋混凝土结构中钢筋具中－弱腐蚀性。

2）岗地区的碎屑岩孔隙裂隙水：据区域资料，浅部水循环交替作用较深部强烈，易把含水岩组中可溶盐成分带走，因此矿化度、总硬度较低，水呈酸性或弱酸性；深部由于循环交替能力弱，在长期的溶滤作用下，矿化度、总硬度较高，水呈弱碱性。

掩盖于第四系之下的红层溶隙裂隙水，地下水交替缓慢，岩层中富含易溶于水的钙盐（方解石，石膏），在地下水的溶蚀作用下，逐渐从岩层中溶解出来，使地下水 Ca^{2+}、SO_4^{2-}含量普遍增高，形成 SO_4-K+Na·Ca 型水。

3）低丘岗地基岩裂隙水：因地形切割较剧，地下水交替频繁，一般就地补给，近源排泄，水质较为简单。以 HCO_3-K+Na·Ca 型为主，HCO_3-Ca·K+Na 型为次，矿化度 0.02~0.06g/L，总硬度 0.28~1.67 德国度，pH 值 5.8~6.9。

四、工程地质条件

（一）岩体工程地质特征

区内主要为厚层状较软－软的红色碎屑岩岩组，岩性由上白垩统砾岩、砂砾岩、砂岩、粉砂岩、页岩等组成，普遍含钙，溶蚀裂隙孔隙较发育。岩石抗风化能力差，风化后遇水易软化和崩解，全风化带厚 0.7~2.0m、强风化带厚 2.82~10.50m、中风化带厚 2.0~4.8m。据工程勘察孔试验结果统计：上部残积黏土层压缩模量 11.34MPa，凝聚力 79.15kPa，内摩擦角 19.8，孔隙比 0.681，承载力标准值 240kPa；全风化粉砂岩层标贯击数 11~16 击，承载力标准值 240kPa；强风化粉砂岩层饱和单轴抗压强度为 0.73~2.03MPa、承载力标准值 400kPa；中风化粉砂岩层饱和单轴抗压强度为 4.09~9.07MPa，承载力设计值 700~1278kPa。

（二）土体工程地质特征

1. 松散高压缩性填土层

主要分布在城区、上顿渡区，由生活、建筑、工业废渣及黏土碎石等物质成分组成。厚度一般 1~5m，大多数未经压密处理，所以压缩性高，属不良土体。

2. 黏性土类

可塑状中压缩性黏土、粉质黏土层：为全新统冲积层上部黏性土层，主要分布于抚河、临水河两岸，厚度为 0.5~4m。一般呈黄－褐黄色，很湿－饱和，可塑、部分为软塑，切面光滑，干强度中等，韧性中等。

硬塑状中压缩性黏土、粉质黏土层：包括中上更新统黏性土层。浅黄色、紫红色，蠕虫状、网纹状结构，一般呈硬塑状、中压缩。黏聚力较好，黏塑性较差。

硬塑状低－中压缩性黏土、粉质黏土层：主要为红色碎屑岩风化残坡积黏土，厚度可达 10m 以上。从上至下大致为松散－稍密的粉细砂层、中密－密实的中粗砂层、中密－密实的砾卵石层。近河床一带中粗砂、砂砾卵石层厚度 4~12m，较稳定、连续。据工勘资料统计，承载力特征值粉细砂层一般为 80~150kPa、中粗砂层一般为 140~264kPa、砾卵石层一般为 300~360kPa。

3. 砂性土类（S）

一般埋藏于黏性土层之下，仅在抚河、临水等河谷漫滩、沿岸地带出露。厚度一般 3~9m。

第二节　生态地质资源

一、地下水资源

（一）地下水资源量

根据区域水文地质调查资料，抚州市内地下水天然资源量为 27.63 万 m^3/d。

（二）城市应急地下水水源地——廖家湾水源地

位于千金坡夹道以东，抚河以北，沿河呈北西向展布，面积约 $15km^2$。

含水层为全新统冲积层组成的Ⅰ级阶地和河漫滩。河漫滩宽达 300m，沿河呈条带状分布，上部为亚砂土及粉细砂，厚 0~2m，下部渐变为砂砾卵石层，分选性较好，厚 8m 左右。Ⅰ级阶地：分布宽度

3000m 左右，上部亚黏土、亚砂土，厚 3~3.5m，下部为厚约 9.0m 的砂砾。近河漫滩的地下水呈潜水状态；一级阶地地下水则多呈微承压状态。枯水期靠大气降水的垂向补给和基岩裂隙水的侧向补给，泄于抚河，洪水期河水反向补给地下水（图 10–40–2）。

廖家湾水源地地下水天然资源量为 32048m³/d，可开采资源量为 40878.60m³/d。

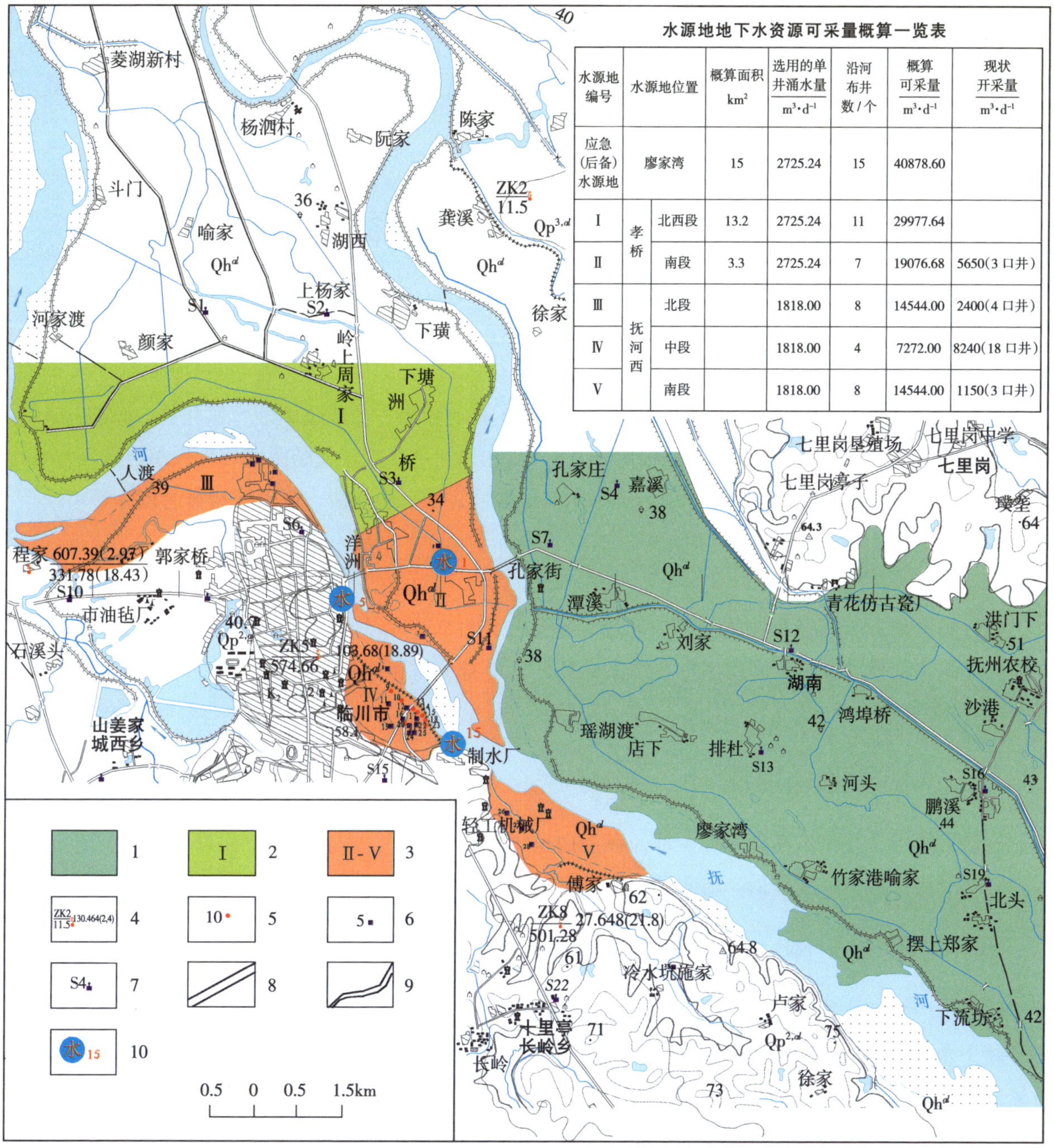

水源地地下水资源可采量概算一览表

水源地编号	水源地位置		概算面积 km²	选用的单井涌水量 $m^3\cdot d^{-1}$	沿河布井数/个	概算可采量 $m^3\cdot d^{-1}$	现状开采量 $m^3\cdot d^{-1}$
应急(后备)水源地	廖家湾		15	2725.24	15	40878.60	
Ⅰ	孝桥	北西段	13.2	2725.24	11	29977.64	
Ⅱ		南段	3.3	2725.24	7	19076.68	5650(3 口井)
Ⅲ	抚河西	北段		1818.00	8	14544.00	2400(4 口井)
Ⅳ		中段		1818.00	4	7272.00	8240(18 口井)
Ⅴ		南段		1818.00	8	14544.00	1150(3 口井)

图 10–40–2 抚州市城市廖家湾地下水水源地分布图

Fig. 10–40–2 Distribution of urban underground water source for Liaojiawan, Fuzhou city

1—应急（后备）地下水水源地；2—未开采水源地；3—已开采水源地及编号；4—抽水试验钻孔左：$\frac{孔号}{孔深}$，右：涌水量（t/d），降深（m）；5—管井；6—大口径民井；7—压水民井（取水样）；8—性质不明推测断层；9—水文地质界线，推测水文地质界线；10—规划水厂：右为开采量（万 t/d）；Qh^{al} 全新统冲积层；$Qp^{3,al}$ 上更新统冲积层；$Qp^{2,al}$ 中更新统冲积层

水源地地下水水质一般无色透明、无嗅、无味。据70年代资料，地下水水化学类型以HCO_3-Ca·K+Na为主，其次为HCO_3·Cl-K+Na·Ca型水；地下水主要为弱酸性低矿化度软水，井水中的硝酸盐氮含量，除沿金临渠和抚河漫滩部分外，都大于10mg/L，最高达54mg/L，可见该区地下水已不同程度地存在着污染。因此要查明硝酸盐的污染源、途径、范围，从而确定开采方案和相应的卫生防护措施。

二、地热资源

抚州市位于抚州市街区约15km，产于抚州－遂川北东向深断裂硅化带中。该泉于宋代已开发利用，自流热水量338m³/d，水温40℃，建有抚州地区疗养院。

第三节　主要环境地质问题

一、城市地下水污染

据历史资料，抚州市区周边井水中氯、硫酸根离子普遍较高，而成重碳酸、氯化物、硫酸盐水。一般硝酸根离子含量达10~75mg/L，磷酸根离子0.8~8mg/L，细菌总数及大肠菌值均大大超过饮用水标准。本次取样分析结果显示超标元素达9项，地下水多偏酸性，汞、硝酸盐、亚硝酸盐普遍超标。

二、圩堤地基稳定性

据收集资料，抚河及支流临水两岸圩堤，地基稳定性较差的堤段主要有瑶坪、沿河路、城西，东岸中洲堤等，其他堤段也不同程度存在坝顶标高低、堤身单薄和地基渗漏等问题，且大多未达到50年或20年防洪要求。

三、人防洞室稳定性

据收集资料，抚州市人防工程全部处在上白垩统红色砂岩中，围岩稳定性尚好。但因洞内易积水，经长时间浸泡，抗压强度降低。地面工程建设应引起注意。

四、不良岩土体

抚州市内分布有人工填土、软土等不良岩土体。

软土主要见于城东、城西两侧地势低洼的全新统土层中。据工程勘察资料，城东区黏性土层顶见有淤泥或淤泥质土，厚度0.5~3.9m，层顶埋深1.85~3.90m。城西风岗河岸及湖边，顶部有一层淤泥质黏土，厚度0.5~2.1m。该层软土压缩性高、承载力低、具触变性，属不良土体。不宜作持力层。

五、水土流失

抚州是江西省水土流失主要分布区，区内水土流失较严重区的面积约45km²，以水力侵蚀型为主。大范围分布的上白垩统固结较低的红色碎屑岩是水土流失形成的内因，人类工程活动是导致水土流失的主要诱因。

针对抚州市存在的环境地质问题，为保证城市建设科学、有序地进行和保护人民生命财产安全，应采取以下防治对策。

1）合理开发利用与有效保护地下水资源结合起来，划分地下水卫生防护带；对污染源进行控制，设立地下水环境监测点。近几年来，通过大力整治重点污染源，地表水水质已完全好转，稳定在Ⅰ—Ⅱ类之间，已污染的浅层地下水也在逐步恢复正常。应继续加强城市水污染源的控制，防止新的污染源产生；在地下水集中开采区及应急地下水水源地区设立地下水环境监测点；在开采地下水前必须进行水资源论证。

2）对地质灾害点及圩堤、人防工程等，应及时调查、勘察治理，同时做好灾害的监测预报工作。

3）应充分考虑不良岩土体的工程特性，工程勘察、施工时应按有关专门规范进行。工程建设中，部分地段地下水位以下的基础，应采取相应的防腐处理措施。

第四十一章　鹰潭市、上饶市

鹰潭市、上饶市位于江西东北部，信江沿岸，浙赣铁路沿线。地质地貌环境相近。年平均气温分别为 18.3℃、18.1℃。年平均降雨量分别为 1892.5mm、1724.1mm。4~6 月降雨量集中。

两市区处于萍乡－广丰深断裂带北侧、信江白垩纪火山－红层盆地之中。自下而上，第一套地层为下白垩统武夷群陆相火山岩盆地。第二套地层为下白垩统火把山群，下部为石溪组陆相火山岩与沉积碎屑岩，上部为冷水坞组河湖相杂色砂岩、粉砂岩、混岩。第三套为晚白垩世断陷盆地红色沉积。下部为赣州群茅口组砂砾岩，周口组含岩屑粉砂岩、泥岩；上部为龟峰群河口组砂砾岩、塘边组砂岩、粉砂岩，莲荷组砂砾岩。沉积中心分别在鹰潭市北夏埠和铅山以北的莲荷地区，沉积总体向北迁移。盆地沉积主要受东西向断裂控制，其次为北东、北西向断裂，致使盆地边缘呈锯齿状。沿河谷地带分布着全新统和上、中更新统冲积层。

盆地南部处于北武夷隆起带前缘，形成龙虎山、龟峰、铜钹山丹霞地貌景观带，盆地中北部、信江沿岸主要为低丘、岗埠、平原。

第一节　鹰　潭　市

鹰潭市为新兴工业城市，著名“钢都”。位于信江南岸，信江盆地西部。辖区面积 182km^2。

一、地质背景

鹰潭市位于信江红盆地西部，受近东西向的萍乡－广丰深断裂、北东向的赣东北深断裂、北北东向鹰潭－安远深断裂、北西向信江断裂等控制，构成了以鹰潭市为中心的多角形断陷盆地。鹰潭市东部以岱家山三角形断块，与贵溪市罗塘倒三角形盆地相隔。

岱家山断块呈三角形，北尖南宽，东以鹰潭－安远断裂带与龙虎山盆地分界，出露下南华统万源组变粒岩、片岩，加里东期花岗岩边缘混合岩印支期花岗岩，上叠下白垩统武夷群火山岩及下侏罗统水北组砂岩碎片。形成南高北低的丘陵地貌。

龙虎山断陷盆地：为一倒三角形下白垩统武夷群火山岩、晚白垩世赣州群、龟峰群叠合盆地。南部为丹霞地貌，北部为丘陵岗埠，至信江沿岸有全新统、中上更新统冲积平原（图 10–41–1）。

盆地内断裂不发育，北东向的上饶、萧山断裂带西沿进入盆地从信江北缘通过。北西向的信江断裂南段进入罗塘盆地，北部为第四系所掩。东西向的萍乡－广丰深断裂带在鹰潭一带被红层所掩，贵溪—弋阳铁砂街一带控制切割盆地明显。鹰潭之东的鹰潭－安远断裂带表现强烈，形成一东走向北北东向向北西陡倾的断裂，将万年群、水北组等地层切成岩片，控制并切割龙虎山盆地东缘。

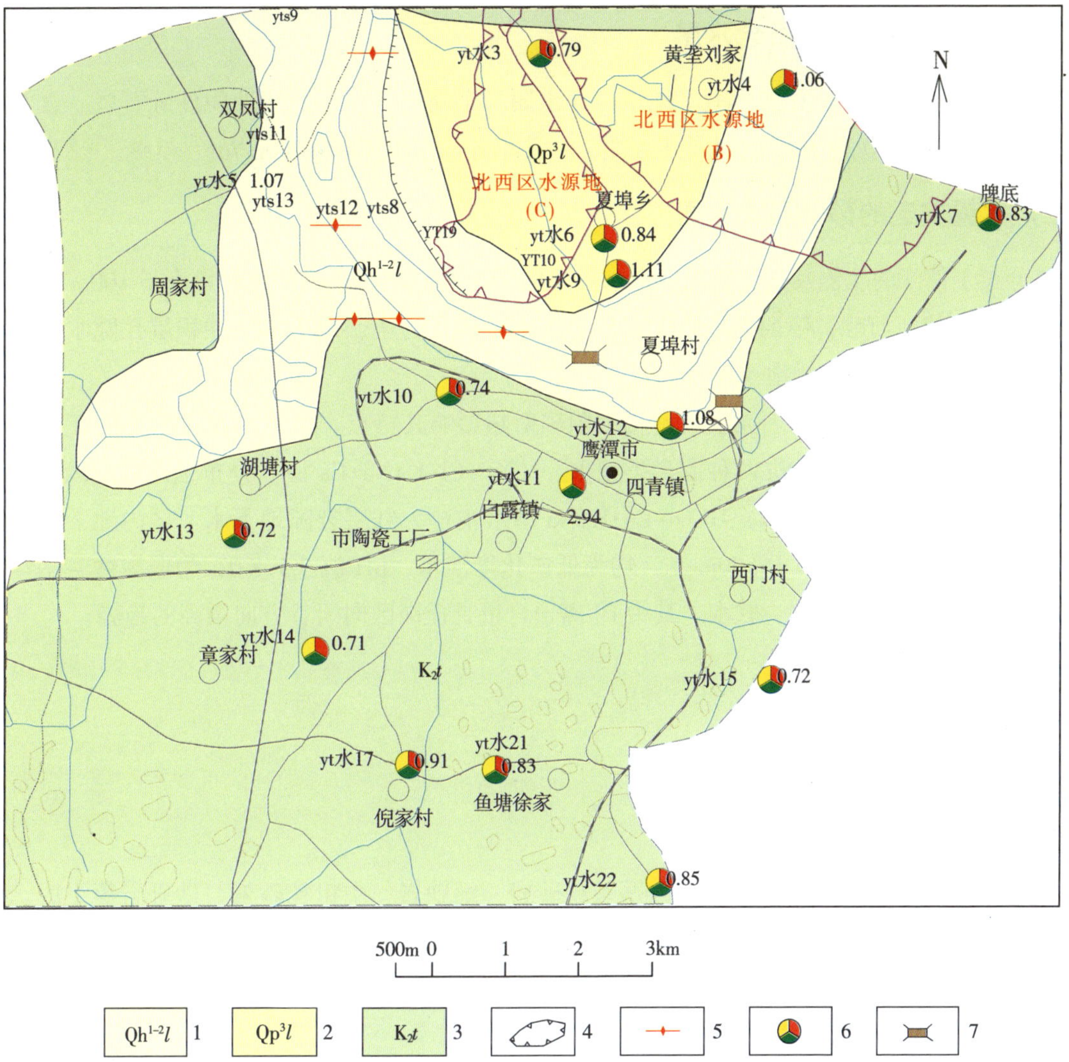

图 10-41-1　鹰潭市环境地质略图

Fig. 10-41-1　Environmental geological map of Yingtan city

1—全新统联圩组：下砂砾石，上亚砂土（洪冲积）；2—上更新统莲塘组：下黄色砾石，上砂土（冲积）；3—上白垩统塘边组：紫红色粉砂岩、泥岩；4—后备水源地及其名称；5—圩堤点；6—地下水污染点；7—垃圾场

鹰潭市区地壳较稳定，据近年地壳形变测量结果，鹰潭的年形变率为 3.5mm/a。历史上未发生破坏性地震。

二、水文地质条件

区内地下水类型主要为松散岩类孔隙水。

（一）水量丰富砂砾石含水层

主要分布于信江河两岸，含水层为全新统冲积砂砾石层，含中层分选性好，黏粒含量低，厚度 5.6~20.0m。上部均有黏性土层组成的相对隔水的顶板。地下水以潜水为主，局部为微压性质。钻孔单井涌水量大于 1000m^3/d。

（二）水量中等的砂砾石含水层

主要分布于信江北岸及其支流沿岸地带，含水属为全新统、上更新统冲积砂砾石层。含水层黏粒含量较多，厚度6.0~7.0m，地下水具承压性质，钻孔单井涌水量100~1000m³/d。

（三）水量贫乏的砂砾石含水层

主要分布于信江的北侧及支流沿岸，含水层厚度1.0~2.6m，钻孔单井涌水量小于100m³/d。

鹰潭市地处信江河畔，第四系不很发育，以岗地、低丘为主。地下水除冲积层孔隙水可受河水的反补外，主要为降水补给，排泄于信江。

区内地下水具有无色透明、无嗅及不受太阳辐射热影响其特点。地下水水化学类型有：HCO_3-Cl-K+Na·Ca型水、HCO_3-Ca·K+Na两种混合类型水。HCO_3-Cl-K+Na·Ca型水分布于河谷地区第四系浅层地下水，属有污染趋势的地下水；HCO_3-Ca·K+Na型水主要为红层裂隙地下水。区内地下水，阴离子普遍以HCO_3为主，矿化度小于500mg/L，均为低矿化度淡水，pH值5.5~8.0，为弱酸性－中性水，总硬度0.2~16.5德国度，为极软－软水。其中Cl^-离子含量具丘岗区向河谷方向增高的趋势。

三、工程地质条件

（一）岩体工程地质特征

1. 红色碎屑岩类（H）

广泛分布于区内主江南北，主要由白垩系粉砂岩、细砂岩、中粗粒砂岩、砂砾岩等组成。该岩类固结程度相对较低，力学性质差异性较大。中－弱风化岩石饱和单轴抗压强度11.1~37.7MPa，软化系数0.56~0.92。岩石抗风化能力较差，强风化层厚0~3.4m，上覆残坡积层厚小于1.0m。

2. 火山碎屑岩岩类（S）

分布于岱宝山一带，岩性主要为下白垩统流纹质熔结凝灰岩等火山碎屑岩、砂岩及砂砾岩。抗压强度13.0~20.7MPa，泥岩、炭质页岩抗压强度0.95~3.2MPa。软化系数0.4。

（二）松散土体

主要分布于信江及支流沿岸地带，由全新统，上更新统、中更新统冲积层等组成。层厚1~20m。岩性为粉质黏土、粉土，细砂、中砂、砂砾石层。粉质黏土孔隙比0.51~1.06，压缩模量4.0~9.8MPa，压缩系数0.21~0.38MPa^{-1}，内摩擦角17°~28°，内聚力3~28kPa。承载力200~350kPa。

四、生态地质资源

（一）城市地下水资源评价

鹰潭市周围的红层供水意义不大。原华东市政工程设计院曾对市区西边的白露河与信江交汇部位的冲积层孔隙水进行了供水勘察，有两个钻孔的抽水试验资料如下（表10-41-1）。

根据钻孔资料，联成沿河过水断面，计算枯期天然资源，其结果见表10-41-2。

表 10-41-1　钻孔抽水试验成果表

Table 10-41-1　Table of drilling hole pumping test results

孔号	松散层厚/m	砂卵石厚/m	含水层厚/m	水位埋深/m	抽水试验		单井涌水量/(t·d⁻¹)
					降深/m	水量/(L·s⁻¹)	
ZK24	13.10	7.75	5.84	7.26	3.18	17.9653	1552
ZK25	12.04	5.52	4.5	7.54	1.9	6.8495	606

表 10-41-2　鹰潭市区孔隙水天然资源计算结果表

Table 10-41-2　Table of calculation result for pore water from natural resources in Yingtan city region

含水层厚/m	渗透系数/(m·d⁻¹)	断面宽/m	水力坡度	水量/(t·d⁻¹)	说　明
4.42	80.3072	2250	0.0088	7028	*H* 与 *K* 均为上述二孔平均值，*H* 已修正为枯期

上述松散层孔隙水资源计算结果是天然资源在开采条件下将发生变化。断面流量不仅有上述天然补给量，而且将得到河流的地表水反补给量，其开采量可成倍增大，取水点愈近河流，所得开采量愈大。

（二）应急地下水源地

区内具有集中供水意义的地下水源地有 3 处，见应急地下水源地分布图。估算地下水可开采量 0.0713 亿 m^3/a。各水源分别叙述如下。

1. 北东区水源地（A）

位于规划区北东部出露曾家至毛院一带，组成信江东岸宽约 400~1200m 的阶地，面积 8.5km^2。据前人钻探资料，第四系松散层上部为粉质黏土、粉土厚度 3.0~5.0m，下部为砂砾石层，厚 16~24m，含丰富的孔隙水，地下水可开采资源量 0.0292 亿 m^3/a。水质类型为 $HCO_3\cdot Ca\cdot Mg$ 型水，符合生活饮用水卫生标准。

2. 北区地下水水源地（B）

位于信江北岸的夏埠一带，面积 11.5km^2。含水层由全新统、上更新统冲积砂砾石组成，含水层厚 6.0~8.0m。可开采资源量 0.0251 亿 m^3/a。水质类型工业区 $HCO_3\cdot SO_4\cdot Ca\cdot Mg$ 型，基本符合生活饮用水卫生标准。

3. 北西区地下水水源地（C）

位于信江西岸双凤街一带，组成Ⅰ级阶地，阶面宽 600~1000m，面积 8.2km^2。含水层厚 5.6~6.89m，地下水水位埋深 7.0~8.0m，可开采资源量 0.017 亿 m^3/a。水质类型为 $HCO_3\cdot SO_4\cdot Ca$，符合饮用水卫生标准。

（三）矿泉水资源

市区东部梅园九一二地质队于上白垩统龟峰群红层断裂带 500m 深处，钻获矿泉水，其位置为九一二地质大队院内生产井。1994 年通过国家级鉴定，其主要指标：锂 0.21~0.35mg/L，锶 0.5~0.6mg/L，偏硅酸 24.56~28.63mg/L，为锶、锂、偏硅酸复合型矿泉水。矿泉水井深 529.98m，出水量 250m^3/d。已开采利用，生产天九牌矿泉水。

（四）石材

市区遍布境内的上白垩统红色砂岩石，开采成本低，为天然优质建筑材料。

（五）龙虎山丹霞地貌

位于鹰潭市主城区西南20km处，由晚白垩世红色砂砾岩构成，为世界著名早期丹霞地貌的典型代表，有泸溪河穿流其间形成碧水丹山和丹霞峰林地貌。

龙虎山世界自然遗产、世界地质公园、国家重点风景名胜区是中国道教发祥地。仙水岩崖墓群被评为国家级文物重点保护单位；上清天师府被列为全国重点保护宫观。

五、主要环境地质问题

区内的主要环境地质问题有：信江河岸圩堤地基稳定性、地下水污染、地下水资源短缺、地质灾害等。

（一）信江河岸圩堤地基稳定性

信江河流以片轭状由东和向西流经工作区内，总长约12km。岩质岸总长8.72km。基岩完整，未见坍塌现象（土质岸总长3.28km）。主要分布于信江右岸，河岸呈“凸”形弯曲，崩岸、泡泉现象时有发生。

信江两岸修建的防洪圩堤仅有东湖、瑶沙、西处湖堤段达到50年一遇防洪标准，其他防洪圩堤不同程度存在着堤坝坝顶标高偏低、堤身单薄和堤基渗漏等问题。

（二）地下水污染

鹰潭市“三废”排放污染较严重，污染源集中分布于鹰潭市月湖区及信江上游的贵溪市。由于工业“三废”的排放污染，信江地表水普遍遭受有机物质污染，细菌总数、大肠菌值严重超标，有害物质砷、酚、氰化物、铁、锰均有不同程度的超标。致使地下水遭受地表水或地面有害物质污染。

（三）地下水资源短缺

区内信江呈东西向横贯全区，地表水资源丰富。但由于受工业“三废”的污染，水质较差。地下水主要贮存于信江沿岸带状第四系冲积砂砾石层中，地下水具有埋藏浅、易开采、水质好的优点，是鹰潭市重要的应急地下水。据本次估算，鹰潭市地下水可采资源量仅为0.0713亿m^3/a。孔隙水的天然资源量为7028t/d，地下水可开采总量仅1.95万m^3/d，满足不了城市的需水量。所以鹰潭市地下水优先用于特殊工业用水的应急用水。

（四）地质灾害

区内地貌类型以岗地丘陵为主，次为信江河流冲积平原。主要为松散土类和红色碎屑岩类。地质灾害主要集中在工作区南东部的岱宝山丘陵岗地区，地质灾害类型为滑坡、崩塌，地质灾害的发生主要由削坡过陡和坡脚开挖等人为因素诱发。

针对鹰潭市存在的环境地质问题，为保证城市建设科学有序地进行和保护人民生命财产安全，应采取以下防治对策。

1）信江北岸防洪圩堤堤基坐落在松散粉土和粉细砂之上，这些松散土层在雨季高水位期间，堤基出现渗漏、泡泉和管涌，对防洪圩堤稳定性影响很大，建议进行专门的工程地质勘察，根据地质结构层的透水性能进行针对性的防渗治理。

2）区内地下水受到不同程度的有机污染物污染，建议城区尽量不要安排污染的厂矿企业，控制生活、工业、废水直接排入地表水体和城市区及附近生活垃圾露天乱堆放的现象。

3）鹰潭市广泛分布红色碎屑岩，地下水贫乏，不具集中供水条件；沿信江河岸分布的第四系孔隙浅层地下水，地下水贮存于砂砾石层中，地下水具有埋藏浅、易开采和水质好的优点，鹰潭市地下水满足不了城市人民的需水量。建议对地下水采取有效的保护措施和合理规划开采。

第二节　上　饶　市

上饶市位于信江与丰溪河的交汇处，东汉时设县治。现为江西东部重要城市，辖区面积约 $65km^2$。

一、地质背景

市区位于信江盆地东部。盆地在上饶市西，向北倾斜萎缩，由南向北依次出露下白垩统武夷群火山岩、火把山群火山岩碎屑岩，上白垩统赣州群茅店组、周田组，龟峰群河口组、塘边组、莲荷组。地貌为低丘、岗埠、河谷平原。上饶市东受北东向的横峰－霄山深断裂、上饶－玉山大断裂、萍乡－广丰深断裂带控制。盆地分解为北部玉山盆地、中部广丰微陆块和广丰南盆地。上饶市东南部的广丰微陆块出露有中元古界田里岩组变质岩、青白口系上部广丰群、磨拉石建造、陆相火山岩建造与碎屑岩建造。形成朝阳大型磷矿，伴随广丰群火山活动有石英正长岩、花岗闪长岩小岩体出露。该区为丘陵地貌。上饶市北距怀玉坳陷南缘约 6km。有震旦系－奥陶系、二叠系下侏罗统水北组等碎屑岩碳酸盐岩分布（图 10–41–2）。

盆地周边断裂发育巨大。北侧横峰－萧山（浙）深断裂，走向由北东东转向北东，由一东断裂组成，是一条构造岩片混杂带。控制并局部切割信江盆地。上饶－玉山大断裂构成玉山盆地与广丰微陆块分界，控制切剖玉山红盆地南缘。萍乡－广丰深断裂构成广丰微陆块与南华加里东造山带饶南坳陷分界。控制切割广丰南红盆地，红层中发育玄武岩。北西向的鄱阳－上饶断裂带南起广丰南部经上饶市西。北延鄱阳一带，断裂稀散，以强性、张剪性为主，控制切剖红盆地。

1710 年的上饶西北 $4^3/_4$ 级地震。发生于横峰－箫山深断裂带与鄱阳－上饶北西向断裂带的复合地区。

二、水文地质条件

区内地下水类型主要有松散岩类孔隙水、红色碎屑岩类孔隙裂隙水、碳酸盐岩岩溶裂隙水、碎屑岩夹碳酸岩岩溶裂隙水和基岩裂隙水。

（一）松散岩类孔隙水

主要沿信江及其支流沿岸地带分布。含水层为全新统和上更新统冲积砂砾石层，含水层分选性好，

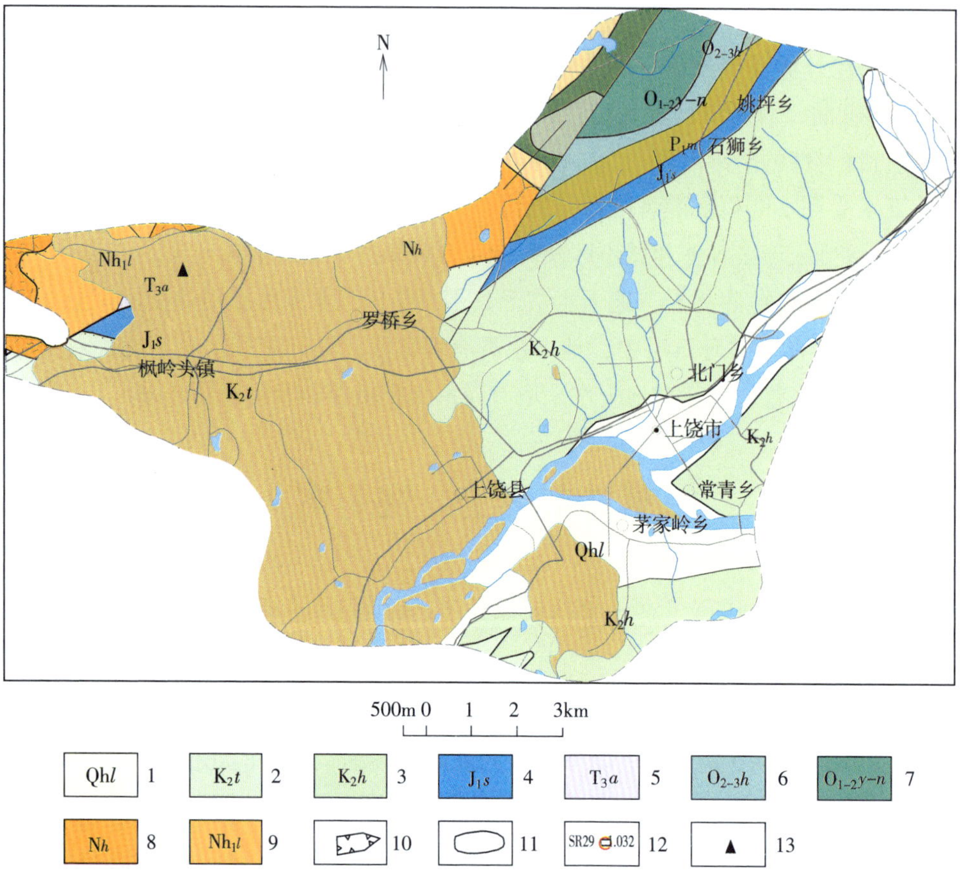

图 10-41-2 上饶市环境地质略图

Fig. 10-41-2 Environmental geological map of Shanglao city

1—全新统联圩组：下砂砾石，上亚砂土（洪冲积）；2—上白垩统塘边组：紫红色粉砂岩、泥岩；3—上白垩统河口组：紫红色砂砾岩、砂岩；4—下侏罗统水北组：灰白色长石石英砂岩；5—上三叠统安源组：含煤碎屑岩；6—中上奥陶统胡乐组：硅质岩夹碳质页岩；7—下奥陶统印渚埠组、宁国组并层；8—南华系莲沱组—南沱组并层；9—下南华统莲沱组：含砾砂岩、砂岩；10—应急地下水水源地界线；11—地下水污染区界线；12—取水样点：左编号，右综合污染指数；13—矿山固体废弃物堆放场

黏粒含量低，厚度 3.0~6.0m。上部均有黏性土层组成的相对隔水的顶板，具有二元结构。地下水以潜水为主，局部为微压性质。钻孔单井涌水量大于 100~5000m^3/d，地下水水位埋深 1.0~4.0m，渗透系数 40~100m/d。

第四系松散层富水性变化具主流比支流好、下游比上游好、阶地前缘比后缘好的特征。

（二）红色碎屑岩类孔隙裂隙水

上白垩统红色碎屑岩系由于裂隙不发育，即使在含钙量高的层位也难以形成地下水富集带，富水性甚差。单井涌水量一般仅 3.0~10.0m^3/d。

（三）碳酸盐岩类岩溶裂隙水

主要分布在城区北侧，呈北东向条带展布于罗桥—石狮一带；含水层由寒武系中统杨柳岗组，二叠系下统乐平组、中统栖霞组、茅口组石灰岩组成，以覆盖型为主。分布面积 14.48km^2。局部裸露型。

裸露型碳酸盐岩区在地貌上为低丘，地表岩溶化现象比较普遍；覆盖型碳酸盐岩区地貌上则反映为河谷平原，浅部被第四系松散层覆盖，下伏碳酸盐岩裂隙、溶洞发育，见洞率75%，岩溶率78.1%，本含水岩组厚度大于100m，地下水埋深0.68~7.25m，常见泉流量0.262~9.88L/s，单井涌水量600~1200m^3/d。岩石渗透性能取决于裂隙、岩溶的发育程度，岩石渗透系数一般为8.22~11.04m/d。该含水岩组富水性中等–强。

（四）地下水水化学特征

区内地下水具有无色、无嗅、透明及不受太阳辐射热影响等特点。地下水水化学类型有：HCO_3–Cl–K+Na·Ca型水、HCO_3–Ca·K+Na两种混合类型水。HCO_3–Cl K+Na·Ca型水分布于河谷地区第四系浅层地下水，属有污染趋势的地下水；HCO_3–Ca·K+Na型水主要为红层裂隙地下水。区内地下水，阴离子普遍以HCO_3^-为主，矿化度小于500mg/L，均为低矿化度淡水，pH值5.5~8.0，为弱酸性–中性水，总硬度0.2~16.5德国度，为极软–软水。

三、工程地质条件

区内岩土体分为松散岩和红色碎屑岩两类。

（一）松散岩类

主要分布于信江及支流沿岸地带，由全新统、上更新统冲积层等组成。层厚1~20m。岩性为粉质黏土、粉土，细砂、中砂、砂砾石层。粉质黏土孔隙比0.51~1.06，压缩模量4.0~9.8MPa，压缩系数0.21~0.38MPa^{-1}，内摩擦角17°~28°，内聚力3~28kPa，承载力200~350kPa。

（二）红色碎屑岩类

广泛分布于市区，由上白垩统龟峰群粉砂岩、细砂岩、砂砾岩等组成。该岩类固结程度相对较低，力学性质差异性较大。中–微风化岩石饱和单轴抗压强度4~15MPa，软化系数0.56~0.92。岩石抗风化能力较差，强风化层厚0~4.5m，上覆残坡积层厚小于1.0m。

四、生态地质资源

（一）应急地下水源地

上饶市区地下水资源不丰富，为解决应急地下水源地，现选定市区水源地1处，邻区水源地2处。

1. 城区南部地下水水源地（A）

位于中心城区南部的信江和丰溪河两侧，为第四系冲积层组成的河流阶地，总面积约27.8km^2。含有丰富的孔隙地下水，可开采地下水资源量为1033.47万m^3/a，在开采条件下可得到信江河水的反补。水质类型为HCO_3–Cl–K+Na·Ca型水，基本符合生活饮用水卫生标准。

2. 罗桥–石狮岩溶条带地下水水源地（B）

位于市区北西相邻地区，为呈北东向条带展布的覆盖型岩溶区，面积14.48km^2。赋存着丰富的碳酸盐岩岩溶裂隙水，可开采地下水资源量为153.30万m^3/a，水质基本符合生活饮用水卫生标准。但现在地下水资源已经处于超采状态。应加强管理，合理利用。

3. 灵溪地下水水源地（C）

位于上饶市区北东邻区灵溪，为信江和饶北河的交汇处，面积6.38km^2。含有丰富的孔隙地下水，可开采地下水资源量为109.50万m^3/a。水质符合饮用水卫生标准。

（二）地质遗迹及旅游资源

上饶市地质遗迹与旅游地质资源丰富，可供开发的主要旅游景点有：①上饶县大地乡恐龙骨骼化石产地；②上饶县岭下村恐龙蛋化石点；③三清山、灵山花岗岩等景观带。三清山为世界自然遗产地和世界地质公园、国家重要风景名胜区。灵山以其独特的环形山岳景观，已成为江西新的重要景区。

五、主要环境地质问题

上饶市主要环境地质问题有：信江河岸圩堤地基稳定性、地下水污染、地下水资源短缺、地质灾害发育、城市垃圾场环境问题等。

（一）河岸圩堤地基稳定性

上饶市区的防洪工程有市北堤、市南堤、三江堤和诸溪河左岸河堤，2004年以来经修建和完善，取得了很好的效果。

（二）地下水污染

上饶市地下水质量直接与江河水密切相关，信江河段地表水污染比较严重，某些污染物质超标，详见表10–41–3。

上饶市“三废”排放污染较严重，污染源主要来自于工厂废水废渣、医院及居民生活污水。信江地表水普遍遭受有机物质污染，细菌总数、大肠菌值严重超标，有害物质砷、汞、酚、氰化物、铁、锰均有不同程度的超标。值得注意的是，城市部分地段地下水pH值偏低，超标严重，地下水呈酸性化，水质变差，必须引起重视。

（三）地下水资源短缺

区内信江和丰溪河横贯市区，地表水资源丰富。但由于受工业“三废”的污染，水质较差。地下水主要贮存于沿岸带状第四系冲积砂砾石层中，具有埋藏浅、易开采、水质好的优点，是上饶市重要的应急地下水。据本次估算资源量不大，上饶市区地下水枯期天然资源量仅为2.5万m^3/d。远远满足不了城市现状和发展的需要，所以地下水只能优先用于特殊工业用水的应急用水。

（四）地质灾害

区内地貌类型以岗地、丘陵为主，次为信江河流冲积平原。主要为松散土类和红色碎屑岩类，由于地势较平缓，地质结构相对较稳定，突发性地质灾害不发育。

针对上饶市存在的环境地质问题，为保证城市建设科学、有序地进行和保护人民生命财产安全，应采取以下防治对策。

1. 地下水污染问题

建议市区及其上游不宜安排有污染的厂矿企业，控制生活和工业废水直接排入地表水体。在地下

表 10-41-3　上饶市信江河段污染物质超标统计表

Table 10-41-3　The statistics of pollutants in Xinjiang river reach, Shangrao city

项目 \ 数据 \ 采样地点	自来水厂		步行桥		解放河		五桂山		pH	
	多年最高值	超标倍数	多年最高值	超标倍数	多年最高值	超标倍数	多年最高值	超标倍数	多年最高值	超标倍数
pH 值	7.0		7.1		7.1		7.0		9.5	
总固体/($mg \cdot L^{-1}$)	2080	3.1	1118	1.2	620	0.2	288		880	0.76
总硬度/德国度	10.8		6.5		10.3		7.9		10.8	
铵氮/($mg \cdot L^{-1}$)	0.08		0.06		0.5		0.38		0.10	
亚硝酸盐氮/($mg \cdot L^{-1}$)	0.10		0.15	0.5	1.0	10	0.07		0.10	
硝酸盐氮/($mg \cdot L^{-1}$)	1.0		3.1		1.6		1.8		3.0	
耗氧量/($mg \cdot L^{-1}$)	7.6	1.5	7.76	1.6	9.84	2.28	6.4	1.1	5.09	0.69
铁/($mg \cdot L^{-1}$)	1.6	0.43	2.0	5.7	1.4	3.7	1.0	2.3	2.0	5.7
锌/($mg \cdot L^{-1}$)	1.2		1.2		2.0		3.80		0.6	
铅/($mg \cdot L^{-1}$)	0.1		0.1		0.24	1.4	0.04		0.04	
汞/($mg \cdot L^{-1}$)	4	79.9	0.012	1.4	0.24	47	0.003		0.008	0.6
酚/($mg \cdot L^{-1}$)	0.01		0.01		0.06	5	0.006		0.052	4.2
砷/($mg \cdot L^{-1}$)	0.04		0.02		0.06	0.2	0.02		0.068	0.36
氰化物/($mg \cdot L^{-1}$)	0.03	2	0.04	3	0.08	7	0.04	3	0.062	5.2
六价铬/($mg \cdot L^{-1}$)	0.04		0.08	0.6	0.04		0.02		0.06	0.2
锰/($mg \cdot L^{-1}$)	0.02		0.06	0.2	0.07	0.6	0.06	0.2	0	
细菌总数/(个·mL)	86000	859	52000	519	240000	2399	820000	8199	192000	1919
大肠杆菌/(个·L)	333	110	>250	82.3	>250	82.3	>250	82.3	>250	82.3

水补给、径流、排泄等通道的不同地段，建立地下水环境监测点，定期或不定期的取样测试、分析，收集整理数据，全面监控地下水质量。

2. 地下水资源短缺问题

上饶市地下水贫乏，不具集中供水条件；沿信江及丰溪河河岸分布的第四系孔隙浅层地下水具有一定的地下储存量，虽不能满足城市人民的需水量，但作为上饶市城市重要的应急地下水源是有集中供水意义的，建议对应急地下水水源地进行水文地质勘察、评价，确定科学的资源量和合理的开采规划方案，同时做好有效的地下水质量保护措施。

此外，局部地段的水文地质、工程地质条件比较差，不利于工程建设，建议工程建设过程中，对建设用地进行岩土工程勘察，对地基的稳定性和工程特性进行评价，科学合理地进行工程施工。

第四十二章　吉安市

安市位于江西中部、赣江中游，秦代始设庐陵县治。总面积 462km^2。

第一节　地理地质背景

一、自然地理

市区年平均气温 18.1℃。多年年平均降雨量 1503.0mm，3~6 月为雨季。

赣江和禾水河为区内主要地表水体，水量丰富。据吉安水文站资料，赣江吉安段平均水位 42.72m（黄海高程，下同），最高水位 53.89m（1913 年），最低水位 39.29m。禾水河最高水位 54.75m（1915 年）。赣江警戒水位 49.03m，50 年一遇洪水位为 53.01m，100 年一遇洪水位为 53.49m。

二、地质条件

市区位于吉安红层盆地东部。东倚青原山，赣江流贯市区中部。吉安盆地上叠于永莲上古生界－中侏罗统坳陷之上，盆地四周包括盆北枫田、巴邱，盆西安塘，盆东青原山，盆南玉华山，均有上泥盆统－中侏罗统出露。市区东部的青原山有下寒武统牛角河组浅变质岩，上泥盆统－下石炭统华山岭组石英砾岩、砂页岩，下石炭统梓山组煤系分布，形成丘陵地貌。另在吉安县敦厚镇附近有零星的下石炭统梓山组、中二叠统茅口组出露。盆地除北部有零星的上新统黄桥组出露外，广泛分布上白垩统－古近系红层与第四系。从南部的玉华山凸起，总体向北掀斜，依次出露上白垩统赣州群茅店组、周田组，龟峰群河口组、塘边组和古近系新余组。吉安市区主要为周田组，岩性为红色砂岩、粉砂岩、泥岩，岩性柔弱，形成低丘，岗埠或被夷为平地。其中有新近纪玄武岩流，形成馒头状低丘。

赣江河谷宽广平坦，与禾水交汇地区形成吉安平原。第四纪河流沉积发育，下更新统赣县组、中更新统进贤组、上更新统进贤组，均为二元结构，下部为砾石层，上部为网纹状红色黏土层。全新统为黏土、砂、砾石等河流沉积物（图 10-42-1）。

北北东向的赣江（湖口－丰州）断裂带，从盆地基底通过，盆地红层中断裂不发育。盆地北部黄桥地区有两条北北东向断裂，可能是赣江基底断裂后期活动的反映。此外，长塘一带有北西西向断裂分布。

盆地地壳比较稳定，盆地边缘有地震活动。吉安市东北方吉水、永丰间 304 年曾发生 5 级破坏性地震；西北方的安福西北 1792 年曾发生 4^3/$_4$ 级地震。

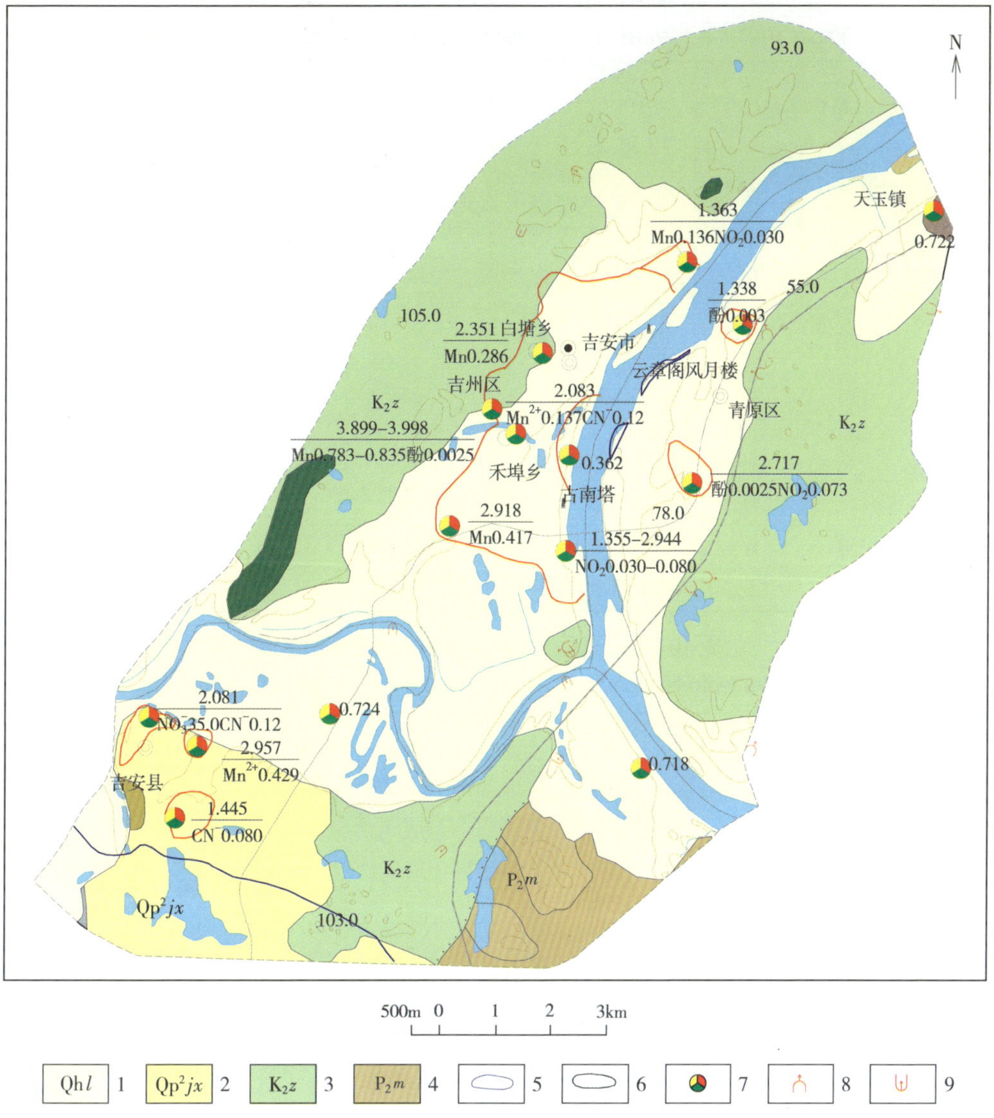

图 10–42–1　吉安市环境地质略图

Fig. 10–42–1　Environmental geological map of Ji′an city

1—第四系全新世联圩组；2—第四系中更新统进贤组；3—上白垩统周田组；4—中二叠统茅口组

5—水源地分界线；6—地下水污染分界线；7—地下水污染点 $\frac{\text{综合污染指数}}{\text{超标元素及含量（mg/L）}}$；8—滑坡点；9—崩塌点

三、水文地质条件

吉安市地下水类型有第四系松散岩类孔隙水、碎屑孔隙裂隙水、碳酸盐岩类裂隙岩溶水和基岩裂隙水。

（一）含水岩组富水性及其水文地质特征

含水岩组富水性划分指标见表 10–42–1。根据各含水岩组的分布和组合特征及其富水程度分为不同的富水块段，其特征见表10–42–2。

表 10-42-1　含水岩组类型及富水性等级划分表

Table 10-42-1　Water-rich level classification and aquifer group types

含水岩组类型	富水块段		地层代号	富水性指标			
				主要指标		参考指标	
	等级	编号		径流模数 $L\cdot s^{-1}\cdot km^{-2}$	补给模数 $10^4m^3\cdot a^{-1}\cdot km^{-2}$	单井涌水量 $m^3\cdot d^{-1}$	泉流量 $L\cdot s^{-1}$
松散岩类孔隙水Ⅰ	丰富	$Ⅰ_1$	Qh^{al}、$Qp^{3,al}$		>30	1000~5000	
	中等	$Ⅰ_2$	Qh^{al}、$Qp^{3,al}$		10~30	100~1000	
	贫乏	$Ⅰ_3$	$Qp^{3,al}$、$Qp^{2,al}$、$Qp^{1,al}$		<10	10~100	
红色碎屑岩类溶隙裂隙水Ⅱ	贫乏	$Ⅱ_3$	K_2n^2、K_2n^1	<3			<0.1
碳酸盐岩类裂隙溶洞水Ⅲ	丰富	$Ⅲ_1$	C_2c、C_2h	>3			>1.0
	贫乏	$Ⅲ_3$	P_1m^{2+3}	<3			<1.0
构造裂隙水Ⅳ	中等	$Ⅳ_2$	C_1d、C_1h、D_3、D_2y	3~6			0.1~1.0
	贫乏	$Ⅳ_3$	ϵ_1	<3			0.05~0.4

表 10-42-2　含水岩组富水块段水文地质特征

Table 10-42-2　Hydrogeological characteristics of water-rich segments of the aquifer formations

含水岩组类型	富水性	块段编号	分布位置	含水层岩性	水力性质	含水层厚度/m	水位埋深/m	块段平均单井涌水量/$(m^3\cdot d^{-1})$	渗透系数 $m\cdot d^{-1}$	补给模数 $10^4m^3\cdot a^{-1}\cdot km^{-2}$	径流模数 $L\cdot s^{-1}\cdot km^{-2}$
松散岩类孔隙水	丰富	$Ⅰ_1$	河东乡、冻头、高塘—黄家	砂砾石	潜水	4.7~9.87	1.5~8.45	889.00~1129.93	74.86~304.42	30.5~38.02	
	中等	$Ⅰ_2$	井冈山大桥以北赣江西岸	砂砾石	潜水	4.2~8.6	0.75~6.58	226.39	8.54~36.1	16.74	
	贫乏	$Ⅰ_3$	主要分布市区北西及敦厚南东一带	砂砾石、粉质砾石	潜水	<5.3	0.2~11.28		31.92	8.1	
红色碎屑岩类溶隙裂隙水	贫乏	$Ⅱ_3$	赣江、禾水两岸的低丘岗地	泥质粉砂岩、泥岩夹砾岩和砂砾岩	潜水局部承压	63.7~350.00	+1.51~26.76	42.54	0.00015~0.155		<5.107
碳酸盐岩类裂隙溶洞水	丰富	$Ⅲ_1$	隐伏于河东平湖、敦厚社前及永和一带	灰岩、白云质灰岩	潜水或承压水	34.31~263.05	3.85~23.47	1705.00~2273.27	0.0276~28.80		45.29~49.72
	贫乏	$Ⅲ_3$	壅高坪一带	硅质岩、硅质灰岩	潜水		11.77				6.276
构造裂隙水	中等	$Ⅳ_2$	东部、南部边缘	砂岩、粉砂岩和板岩	潜水局部承压	18.85~43.59	4.7~9.16	550.90	0.059~1.129		7.190~17.783
	贫乏	$Ⅳ_3$	东部边缘	变余砂岩、板岩	潜水局部承压		0.8~9.25				1.388

（二）地下水补径排条件

1. 松散岩类孔隙水

松散岩类孔隙水主要赋存于赣江、禾水两岸及其支流地区冲积层砂砾卵石层中，为潜水，局部具承压性质。补给来源主要为大气降水和灌期稻田水的渗入，侧向补给甚微。雨季洪水期近河岸地带部分得到河水反补给，平水期和枯水期地下水均排泄于河流中。地下水动态规律明显受降水控制，洪水期河水补给地下水（图 10–42–2）。

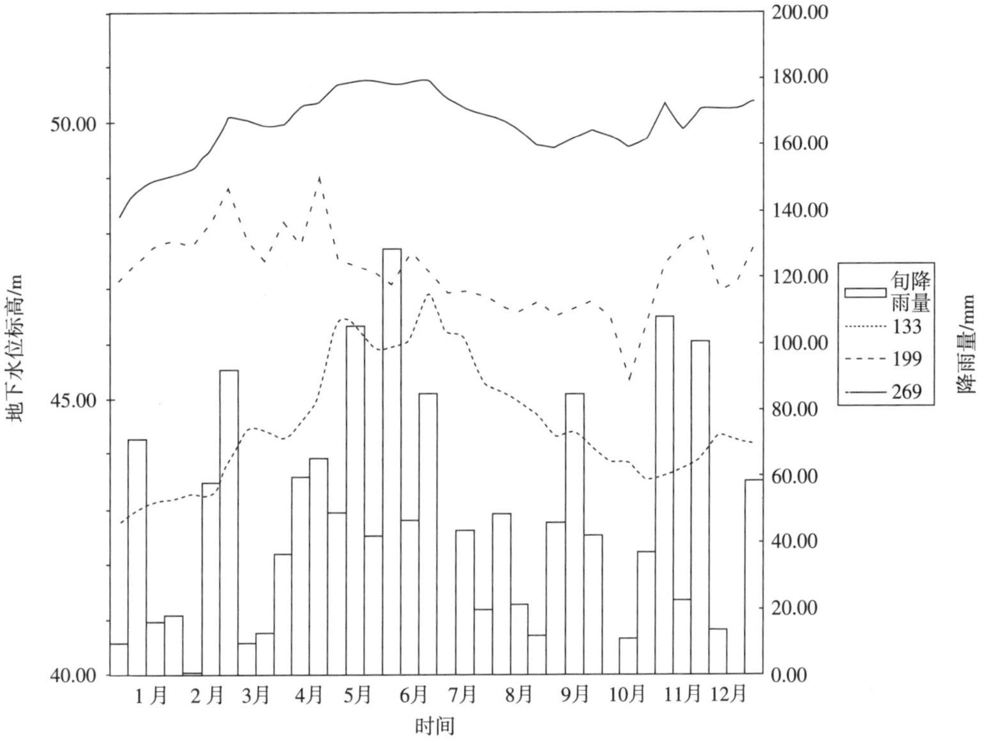

图 10–42–2　降雨量、河水位与地下水位关系曲线图

Fig. 10–42–2　Relation curve of precipitation, river water level and underground water level

河流两岸的Ⅰ、Ⅱ级阶地为内叠阶地，具统一的地下水位，向河流排泄。其余为基座阶地，地下水则在阶地前缘或遭受冲沟切割破坏的低洼部位以下降泉形式排泄。

覆盖型碳酸盐岩分布区，松散岩类孔隙水与下伏岩溶水之间一般无明显的隔水层存在，多构成统一的含水体。局部地段砂砾卵石层中夹有薄层亚黏土透镜体，致使形成一部分悬挂水，出现孔隙水水位高于岩溶水水位的现象，其径流排条件仍直接受岩溶水的控制。

2. 碎屑岩类孔隙裂隙水

该类地下水赋存于红色碎屑岩的溶蚀孔隙、构造裂隙和风化裂隙中，其补给来源为大气降水入渗补给。由于岩石主要为钙质胶结的粉砂岩、泥岩夹砂岩，风化后地表常为黏土层覆盖，降水渗入补给条件较差，径流途径短，多无排泄点，常呈面状渗流在地形低洼处排泄。局部砾岩、砂砾岩分布地段，受构造影响，裂隙较发育，沿构造裂隙带接受降水补给，径流条件视构造裂隙发育程度而定，多以下降泉形式在地形低洼处排泄。地下水动态与降水关系不明显或显示滞后特征，地下水径流速度缓慢，交替循环条件较差。

3. 碳酸盐岩裂隙岩溶水

高塘—永和圩一带隐伏的黄龙组、乐平组分布较广，以覆盖型和埋藏型为主，少量零星出露。茅口组中上段分布于长流水库以东。碳酸岩类裂隙溶洞水的补径排条件较为复杂，其补给来源有覆盖区的大气降水入渗补给和灌溉水入渗补给，侧向补给有来自西部区外新居永阳一带的地下水径流补给，还有区内两侧梓山组基岩裂隙水的侧向补给。洪水期在高塘和永和一带有河水的反补给。在埋藏区有红色碎屑岩地下水微弱的垂向补给等以区域地下径流形式自西部边界进入本区，继续自西往东径流。高塘附近禾水河段，由于地下水位高于河水位，部分地下水排泄于禾水河中，部分地下水可能继续进行深部径流往东运动，最终排泄于赣江。

河东平湖林家一带隐伏的石炭系上统灰岩和白云质灰岩为第四系和红色碎屑岩掩盖，边界控制程度较差。据现有资料，分布面积6.72km^2，系小型岩溶盆地。该小盆地中的岩溶水补给来源除由大气降水通过第四系覆盖层渗入补给外，同时接受东部边界基岩裂隙水的侧向补给。浅部岩溶发育深度18.93~40.04m，平均岩溶率为30.6%，最大溶洞高度为9.07m，多被泥、砂碎石充填。深部（标高14.09~-80.6m）溶蚀现象亦较普遍，平均岩溶率为10.8%。石子上一断层破碎带，岩溶极为发育，地下水活动强烈，在与石垄口断层相接部位有大泉出露。枯期总流量为14.99L/s。根据距泉水300m的钻孔抽水试验，抽水动水位低于泉水，抽水水量达1889.74m^3/d，不仅大于泉水流量（1295.14m^3/d），而且基本未影响泉流量。说明该岩溶盆地地下水径流系统具有多层次的特点。沿石子上断层尚存在深部径流循环系统，部分地下水经该断层破碎带由南向北排泄于盆地之外。

4. 构造裂隙水

主要分布于东部高丘地带，基岩裸露，裂隙发育，地下水主要赋存于华山岭组、梓山组砂页岩裂隙和断裂构造破碎带，由大气降水补给。一般地下水循环交替强烈，径流途迳较短，深切沟谷为其排泄区，排泄方式以散流为主，下降泉次之。部分地段沿裂隙发育带和断裂破碎带排泄于平湖岩溶盆地。

四、工程地质条件

有卵砾土、砂类土、老黏性土、一般黏性土、人工填土5种基本类型、11个工程地质单元体（表10-42-3）。

（一）岩土体工程地质特征

市区地层主要为赣州群，以周田组分布最广，在敦厚镇一带有茅店组出露。其他地层分布零星，且主要在市区外围。

赣州群红色碎屑岩类，为两个岩组，工程地质条件有明显不同。

1. 较坚硬－软质中厚－薄层状红色砂岩、泥质粉砂岩、泥岩岩组

以周田组的中细红色碎屑岩为主。广泛分布于市区。岩石颗粒胶体联结，较致密。砾岩、细砂岩力学强度较高，粉砂岩、泥岩力学强度较低，干抗压强度16.37~28.73MPa，软化系数0.27。岩石裂隙较发育，多为隐闭型，密度2~8条/m。遇水易软化，失水易碎裂，抗风化能力弱，一般风化深度10~20m，强风化厚度3.23~9.03m。渗透系数一般0.0075~2.369m/d，地表多为残坡积红土覆盖，山顶多裸露弱风化的基岩，植被不发育,水土流失较严重。允许承载力0.6~1.0MPa。其中螺子山等地的玄武岩，致密坚硬，岩石抗压强度为158.6~245.1MPa。

表 10-42-3　土体工程地质类型及单元体

Table 10-42-3　Soil body engineering geology types and unit bodies

土体类型	土体单元	地层代号
卵砾土	不均一、中密－密实卵砾石	$Qp^{2,al}$、$Qp^{1,al}$
	不均一、中密－密实黏土砾石	$Qp^{2,al}$
	不均一、中密卵砾石	$Qp^{3,al}$
	不均一、松散－稍密卵砾石	Qh^{al}
砂类土	较均一、稍密－中密中砂	$Qp^{3,al}$
	较均一、稍密－中密粉细砂	$Qp^{3,al}$
	较均一、松散－稍密粉细砂	Qh^{al}
老黏性土	坚硬－硬塑、中－低压缩性黏土	$Qp^{2,al}$、$Qp^{1,al}$
	可塑－硬塑、中压缩性亚黏土	$Qp^{3,al}$
一般黏性土	可塑－硬塑、高－中压缩性亚黏土	Qh^{al}
人工填土	不均一、松散高压缩性杂填土	

2. 较坚硬夹软质的中厚－薄层状砂砾岩、砾岩夹粉砂岩岩组

为茅店组，分布于敦厚镇及其以南。为棕红色厚层状钙质砂砾岩、砾岩、砂岩，夹厚层状粉砂岩、粉砂质泥岩。岩石为颗粒胶体联结，较致密，前者较坚硬，干抗压强度 18.5~95.35MPa，软化系数 0.47~0.799，后者质软，干抗压强度 15.92~40MPa，软化系数 0.13~0.27。裂隙较发育，遇水易软化，亲水性强，失水易碎裂，抗风化能力弱，风化深度 3.25~13.62m，强风化厚度 0~3.98m。砂砾岩渗透系数 11.91m/d，粉砂岩、砂岩渗透系数 0.04~0.155m/d。地表多为残坡积红土覆盖，山顶多裸露基岩，植被不发育,易发生水土流失。允许承载力 0.6~1.0MPa。

（二）土体工程地质特征

1. 卵砾土

（1）不均、中密－密实卵砾石

主要分布于吉安市老城区和敦厚东南一带，为中、下更新统冲积卵砾石，中部或下部夹有不稳定的含砾粉砂透镜体，底部局部含黏土，卵砾直径一般 10~50mm，大者 100~250mm，厚 5.85~10m。层底深度 7.74~16.2m。一般处于双层或三层结构的下部，中密至密实，允许承载力 0.515~0.588MPa，平均 0.539MPa。局部呈单层结构出现。

（2）不均、中密－密实黏土砾石

分布于天玉黄洲浦东南侧和青原山西南的田南村南部一带，为中更新统冲洪积黏土卵砾石，卵砾直径一般 10~40mm，厚 2.98~6.7m，层底深度 4.68~9.44m，处于双层结构的下部。

（3）不均、中密卵砾石

分布于赣江、禾水两侧近河地带，为上更新统冲积卵砾石，以中粗砾石为主，含微量黏土，中、下部含卵石较多，上部含粗砂较多，卵砾直径一般 10~50mm，厚 0.33~5.99m，层底深度 7.1~17.34m，处于三层结构的下部，密实度中等，允许承载力 0.431~0.527MPa，平均 0.48MPa。

(4) 不均、松散 - 稍密卵砾石

分布于赣江、禾水两岸的心滩、边滩和Ⅰ级阶地，为全新统冲积层下部的卵砾石层。含较多的粗砂和少量细砂，局部夹中细砂透镜体。卵砾比例各地不一，有的以卵石为主，有的以砾石为主。卵砾直径一般 10~40mm。一般厚度 3.9~6.4m，层底深度 7.6~14.91m。滩地卵砾石允许承载力 0.147~0.196MPa，平均 0.171MPa。Ⅰ级阶地卵砾石和坡洪积卵砾石允许承载力较大，为 0.255~0.294MPa，平均 0.274MPa。

2. 砂类土

(1) 较均一、稍密 - 中密中砂

分布于吉安市南西砖瓦厂—禾埠桥一带。为上更新统冲积中砂，局部为细砂，含少量黏土。呈薄层或薄层透镜体，厚 0~2.2m，层底深度 2.2~6.9m。处于三层结构的中部。粒度较为均一，稍密 - 中密。容许承载力 0.137~0.284MPa，平均 0.235MPa。

(2) 较均一、稍密 - 中密粉细砂

分布于赣江以东、禾水以南及螺湖桥附近，为上更新统冲积粉细砂，含泥质，下部含少量卵砾石，处于三层结构的中部。层底深度 1.95~17.0m，禾水两岸层底深度较浅，为 1.95~7.5m，厚 0~3.08m；赣江两岸层底深度较大为 3.6~17.0m，厚 0~10.77m。密实度稍密 - 中等，允许承载力 0.157~0.216MPa，平均 0.186MPa。易渗透变形，造成流沙淤井或洪水期间形成泡泉。

(3) 较均一、松散 - 稍密的粉细砂

分布于河流两岸的心滩、边滩和一级阶地，为全新统冲积粉细砂，局部为中砂含少量卵砾石，厚度一般 0~2.5m。白鹭洲厚度较大，为 2.85~9.6m。处于心滩边滩的上部，Ⅰ级阶地三层结构的中部。滩地粉细砂较松散，允许承载力较低，为 0.118~0.157MPa，平均 0.137MPa。Ⅰ级阶地粉细砂稍密至中密，允许承载力 0.137~0.196MPa，平均 0.166MPa。

3. 老黏性土

(1) 坚硬 - 硬塑、中 - 低压缩性黏土

分布区与 PG_3 基本一致，为中、下更新统冲积黏土，局部为亚黏土，含少量砂粒和碎石，一般处于双层结构的上部，其厚度为 0~8.89m，固结性好。一般呈坚硬 - 硬塑状态（局部中更新统上段亚黏土呈可塑状态），具中 - 低压缩性，允许承载力 0.221~0.686MPa，平均 0.422MPa。一般情况下，下更新世和中更新世早期的老黏性土的力学性能略好于中更新世晚期老黏性土。

(2) 可塑 - 硬塑中压缩性亚黏土

分布区与 S 和 Si_2 同，为上更新统冲积亚黏土，下部粉砂质含量较高，局部夹亚砂土或粉细砂透镜体，偶见碎石和砾石。田垅里附近沿河一带和高塘北东地区，局部夹有薄层透镜状淤泥质亚砂土。单元体总厚度 0.7~7.5m。处于三层结构的上部，黏结性较好，一般呈坚硬 - 硬塑状态，局部呈可塑状态。允许承载力 0.208~0.431MPa，平均 0.306MPa。

4. 一般黏性土

零星分布于赣江、禾水岸边和山坡坡脚或沟谷两侧。为可塑 - 硬塑高 - 中压缩性亚黏土，主要为全新统冲积亚黏土、残坡积黏土。厚 1~7.9m。

因亚黏土（局部为黏土）含有少量的碎石和砾石，残坡积黏土呈单层结构。具可塑－硬塑、高－中压缩性，允许承载力 0.192~0.313MPa，平均 0.229MPa。冲积亚黏土允许承载力略低，平均值为 0.202MPa，残坡积黏土允许承载力略高，平均值为 0.245MPa。

5. 人工填土

分布于吉安市老市区，由生活垃圾和建筑垃圾组成，厚度 0.5~4.57m。

第二节　生态地质资源

一、地下水资源量

根据区内水文地质条件选择河东乡、平湖、吉安市砖瓦厂、吉安县高塘、瑶池宫、永和、高沙等 8 个含水丰富、具有集中供水意义的块段进行地下水资源评价。吉安市地下水开采资源量为 632.32×$10^4m^3/a$，日可开采量为 17049.81×$10^4m^3/d$，天然资源计算结果（表 10–42–4、表 10–42–5）

表 10–42–4　地下水开采资源计算结果表

Table 10–42–4　Table of calculation results of underground water resources for exploitation

计算块段号	含水层地层代号	位置		单井涌水量 $Q_{单}/(m^3·d^{-1})$		井距 2R/m	开采井数 n/ 口	开采资源量 $Q_{开}$ $10^4m^3·a^{-1}$	开采模数 $QM_{开}$ $10^4m^3·a^{-1}·km^{-2}$	日可开采量 $Q_{日开}$ $m^3·d^{-1}$
				区间值	均值					
$Ⅰ_{1-1}$	Qp^3Qh	河东乡		587.62~2429.91	1129.93	1200	13	536.15	26.80	14689.09
$Ⅰ_{1-2}$	Qp^3Qh	吉安砖瓦厂		213.1~1515.7	893.86	1100	17	554.64	25.59	15195.62
$Ⅰ_{1-3}$	Qp^3Qh	瑶池宫		261~2302	988.00	1140	10	364.27	28.02	9980.00
$Ⅰ_{1-4}$	Qp^3Qh	罗家	东区		921.00	600	3	100.85	42.92	2763.00
			西区	889.7~1064.1	976.90	1200	2	71.31	14.89	1953.80
			合计		943.30		5	172.16	24.11	4716.80
$Ⅰ_{1-5}$	Qp^3Qh	高　沙			889.00	1200	6	194.69	19.47	5334.00
$Ⅰ_{1-6}$	Qp^3Qh	永　和			998.00	1140	8	291.42	29.53	7984.00
Ⅰ								2285.49		62616.31
$Ⅲ_{1-1}$		河东平湖		1097.00~2868.8（泉流量 1295.0）	2273.27		3	248.92	39.70	6819.81
$Ⅲ_{1-2}$		敦厚社前			1705.00	1252	6	373.4	34.51	10230.00
Ⅲ								622.32		17049.81

注：$Q_{开}=0.0365·Q_{单}·n$；$n=10^6F/4R^2$。

表 10-42-5 地下水天然资源计算结果表

Table 10-42-5 Table of calculation results of underground water as natural resources

位置	地下水年累积升幅 $\frac{\sum\triangle h}{mm}$	给水度 μ	观测年降水量 χ/mm	降水渗入系数 α	多年平均降水量 χ/mm	田间水渗入模数 $\frac{W_{灌}}{mm}$	天然资源/($10^4m^3\cdot a^{-1}\cdot km^{-2}$)					备注
							降水渗入量 $W_{入}=0.1\chi\alpha F$	田间水渗量 $W_{灌}=0.1\cdot[W_{灌}]\cdot F$	侧向补给量 $Q_{侧}=0.0365\cdot K\cdot I\cdot H\cdot L$	总补给量 $Q_{补}$	补给模数 QM	
河东乡	1806	(0.162)	(1010.1)	0.201	(1418.6)	(89.37)	570.28	178.74		749.02	37.45	
吉安砖瓦										737.43	34.03*	类比系数 0.895
瑶池宫	2580	(0.115)	(1010.1)	0.205	(1418.6)	(89.37)	378.06	116.18		494.24	38.02	
罗家										226.91	31.78	
曲赖高沙				(0.152)	(1418.6)	(89.37)	215.6	89.37		305.00	30.50	
永和										369.63	(37.45)	
										2882.23		
河东平湖				(0.201)	(1418.6)	(89.37)	178.78	56.03	97.50	332.31	53.00	
敦厚社前							30.00		460.00	490.00	45.29	
										822.31		

注：括号内为引用值，* 号为类比值，$\alpha=\{\sum\triangle h\cdot\mu-[W_{灌}]\}/\chi$。

二、应急水源地

根据城市发展需要，可作为吉安市城市应急水源地的有瑶池宫孔隙水水源地，可采水资源量 0.998 万 m^3/d；社前一带岩溶水水源地，可采水资源量 1.023 万 m^3/d；罗家孔隙水和社前一带岩溶水水质据 1987 年吉安县城供水水文地质勘察报告，水中有害物质及毒理指标均未超过饮用水标准，水质良好。

三、地热水

吉安红盆地上叠于永道坳陷之上，红层下有含水碳酸盐岩、沉积碎屑岩分布。为盆地隐伏型地热水潜在远景地区。

四、地貌景观

吉安市的地质地貌景观主要有青原山、白鹭洲和神岗山等。从景观类型来讲，青原山为丹霞地貌景观、白鹭洲应属河流地貌景观、神岗山应属构造地貌景观。

（一）青原山

位于吉安市郊，距主城区仅 10km。海拔 320m，为由白垩纪红色碎屑岩构成的侵蚀残岩和蚀余型丹霞地貌。峰峦连绵而挺拔，潭、泉、溪、峡共 30 余处。

有全国重点保护寺庙之一的净居寺和青原会馆，现为省级风景名胜区。

（二）白鹭洲

位于吉安市中部的赣江中，为一水中分的江心洲，分布面积约 1.2km²，呈梭形。上部以砂、粉砂为主，下部以砂砾为主。洲上绿树成荫，为吉安胜景。

第三节　主要环境地质问题

一、地下水污染

地下水水质中超标组分为 Mn^{2+}、NO_2^-、CN^-、酚、铁、NO_3^-、pH 值。中等污染区主要集中在市区人口密集和工业集中地，污染来源主要为工业废水、生活污水、固体废弃物（包括工业废弃物、城市垃圾等），另外，大气降尘也是污染源之一，造成地表水体严重污染后，直接导致该区域地下水水质的恶化。

二、城市地下水资源衰减

由于地下水长期过量开采，吉安市中心城区第四系地下水已形成地下水水位降落漏斗（图 10–42–3）。以 46m 等水位线所圈定降落漏斗范围，降落漏斗呈近椭圆状。

2012 上半年地下水水位降落漏斗面积为 0.5km²，较上年同期面积缩小 3.5km²，地下水位降落漏斗中心和外围地下水位上升，地下水位降落漏斗边缘地下水位与上年一致。2012 下半年地下水水位降落漏斗面积为 3.3km²，较上年同期漏斗面积扩大 0.3km²，漏斗中心和边缘地下水位总体下降，漏斗外围地下水位上升。地下水位的变化主要与城南建设工程基坑大量排水有关，2012 年上半年抽排地下水量明显减少，2012 年下半年为主要施工期，地下水位下降明显（表 10–42–6）。

三、地质灾害

（一）崩塌、滑坡

区内主要为低丘、岗地和河谷平原，地势低矮，山体高差小，坡度也较小，地形地质条件相对较好，崩滑流地质灾害相对不发育，崩塌、滑坡主要由强降雨及人工切坡诱发，规模均很小。

（二）地面塌陷

平湖、高塘—永和等地有覆盖型岩溶分布，灰岩岩溶比较发育。钻孔线岩溶率 0.68%~30.56%，最大溶洞高度 15.18m，溶洞多为充填型。永和乡亘中村，于 1988 年 6 月曾发生过较大规模的地面塌陷。从 6 月 12~25 日连续发生塌陷点 9 处，陷坑最大直径达 52m，深达 17.80m，地面影响范围约 5 万 m²。

另外，局部碎屑岩地区由于断裂构造作用，当进行大规模的地下水开采时，亦可能发生地面塌陷。

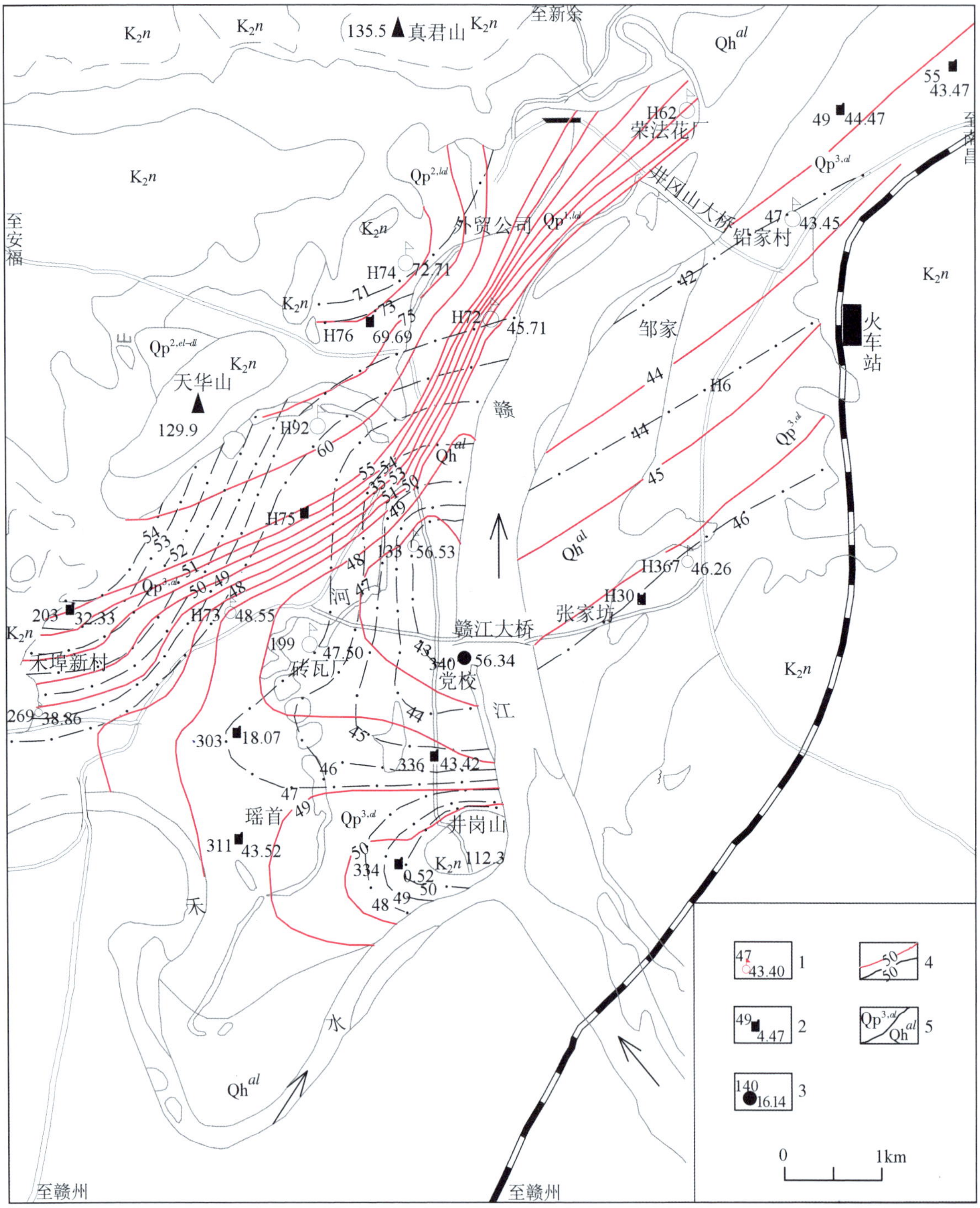

图 10-42-3 吉安市第四系地下水位等值线图（2012 年 5 月 10 日）

Fig. 10-42-3 Isoline map of Quaternary underground water level in Ji´an city on 2012 May 10th

1—省级监测井编号、水位（m）；2—地区级监测井编号、水位（m）；3—国家级监测井编号、水位（m）；4—201205 地下水位标高等值线（m），201105 地下水位标高等值线（m）；5—地县界线及其代号

表 10-42-6　2011～2012 年吉安市地下水位降落漏斗特征值对比表

Table 10-42-6　Comparison chart of characteristic values of groundwater depression cone in Jian city during the year of 2011~2012

漏斗名称	年份	丰水期				枯水期				等水位线计算界线/m	形态特征
		中心	边缘	外围	漏斗面积/km²	中心	边缘	外围	漏斗面积/km²		
吉州城南降落漏斗	2011	43.00	47.50	47.42	4.0	43.32	47.80	46.20	3.0	46	椭圆形长轴近南北向，短轴近东西向，中心在油脂厂附近，边缘在 199 号点（砖瓦厂）附近，径流方向与河流夹角为 90°
	2012	46.14	47.5	48.55	0.5	42.53	45.30	46.60	3.3		
	变幅	3.14	0.00	1.13	–3.5	–0.79	–2.50	0.40	+0.3		

（三）圩堤的渗漏、泡泉及堤基本身稳定性环境地质问题

青原区现有的梅林堤位于赣江东岸，堤基上部为灰褐、棕黄色亚黏土，湿，可塑；中部为粉、细、中砂；下部为卵砾石层。圩堤背水堤脚下积水渊塘较多，致使圩堤背水面上部黏土厚度变薄，当河水骤然涨落，堤内外两侧水头差增大，堤基土中的渗透水流具有更大的水力梯度和渗透流速，当渗透水流的水动压力超过土粒在水中的重力，并克服其颗粒间的摩擦阻力时，堤基便产生涌突、潜蚀等渗透变形现象。危及堤基安全。经调查洪水位超过 51m 时，堤内水塘翻砂鼓水严重（泡泉），堤基渗漏。梅林堤防洪设施标准在 20 年一遇以下，每逢汛期，常常洪涝成灾。

赣江西堤坐落于全新统、上更新统冲积黏土层上，局部直接坐落在中砂层之上。堤基上部为灰黄 - 褐黄色亚黏土、亚砂土，厚 5.5~7.5m，可塑 - 硬塑状，微透水。局部堤基上部为较薄的亚黏土、亚砂土一般厚 0.5~2.0m，下部为松散的砂卵砾石层。为泡泉、管涌病险隐患地段。

禾埠堤局部堤段堤基下的淤泥、淤泥质土总厚度达 7.8m，圩堤填筑时，未予清除，圩堤直接置于其上，属堤基质量最差。部分堤段堤基黏性土覆盖太薄，甚至没有，在一些切割较深的坑洼水塘处，砂、卵、砾石层直接裸露。均为泡泉、管涌病险隐患地段。

针对吉安市存在的环境地质问题，为保证城市建设科学、有序地进行和保护人民生命财产安全，应采取以下防治对策。

1. 地下水资源保护

为避免地下水资源衰减枯竭和地下水水质污染恶化，建议对地表水资源和地下水资源共同规划，合理开发利用地下水资源，控制长期超采地下水的状态，采用地下水人工回灌工艺补充地下水资源量，以改变第四系浅层地下水水位连年下降及地下水资量衰减与短缺的环境地质问题。河南敦厚城镇化程度低，瑶池宫和社前地下水资源可开采量虽不能完全满足远期用水需求，但仍可作为城市应急水源地。

进一步有效保护地下水资源，对地下水进行污染防治。防治重点放在污染源，并建立相应的地下水卫生防护带。

2. 地质灾害防治

(1) 加强对地质灾害诱发因素的控制

城市周边平湖、高塘圩—永和圩覆盖浅埋型灰岩区，城市工程建设应严格控制开采岩溶地下水，基础施工应选择适当工艺以避免对地面的震动，防止或避免诱发、加剧地面塌陷；低丘岗地区，边坡工程开挖宜采用安全坡度比，并及时砌护或挡墙支护，做好地表排水。

(2) 建筑功能分区应因地制宜

城市周边平湖、高塘圩—永和圩覆盖浅埋型灰岩区，不宜建设高层、重大型等重要建筑。在工程建设过程中应进行危险性评估，加强地质灾害防治。

第四十三章　赣州市

赣州市为江西南部重镇，汉代建县治。以章、贡二江汇合为赣江得名。东起赣县梅林镇，西至南康市凤岗镇；北起赣贡区水西镇，南至南康市潭口镇。总面积约 484km^2。

第一节　地理地质背景

一、自然地理

赣州市具典型的亚热带湿润气候特点，热量丰富、雨量充沛，年平均气温 19.4℃。1969~2000 年平均降水量 1403.28mm，4~6 月为丰水期。

赣南水网密布，汇集于赣州盆地，由章江、贡江汇合于赣州市成为赣江。河面宽 900~1200m，水面坡降 3.3‰。

在赣江、章江、贡江两岸第四系呈条带状不对称分布，组成河漫滩、Ⅰ、Ⅱ、Ⅲ、Ⅳ级阶地。

河漫滩主要为边滩，次为心滩，出露标高 92~98m，一般长度大于 1000m，宽度不等，大者超过 300m，高出河水位 0.5~2m。心滩在区内呈江心洲，其最大者为南外章江河心小岛，长约 1000m，宽 200m。

Ⅰ级阶地沿河谷两岸分布极不对称，由全新统泥沙、砾石冲积物堆积而成。厚 5.8~13.7m，一般宽度 200~500m，长度最大处近 7000m（水东），标高在 98~100m，高出正常河水位 2~4m，微向河床倾斜，坡角小于 3°，与Ⅱ级阶地呈内叠式接触。

Ⅱ级阶地前缘高出Ⅰ级阶地 1.5m，由上更新统冲积物组成。上部为红色黏土，下部为黏土砾石层。厚 7.4~15.30m，宽度 500~1500m，长度最大可达 3000m (虎岗)，标高 101~104m，倾向河床，倾角 3°~5°。局部地段直接构成现代河岸，与Ⅲ级阶地多呈内叠式接触。

Ⅲ级阶地分布广泛，其前缘高出Ⅱ级阶地 2~3m，由中更新统进贤组组成，上部为红色网纹红土，下部为砾石层。厚 5.9~16.48m。出露标高 106~115m，多为基座阶地。

Ⅳ级阶地多呈帽状零星分布，出露标高 150~160m，由下更新统组成，均出露于山顶，为基座阶地。

二、地质条件

赣州红盆地上叠于诸广山 – 大庾岭隆起之上，下伏南华系 – 寒武系浅变质岩基底与加里东期、印支期、燕山期花岗岩，这些地层在盆地外侧广泛裸露，上古生界沉积盖层仅有零星分布。盆地东南侧距赣州市中心城区约 10km 的峰山一带，出露下寒武统牛角河组浅变质岩和燕山早期大埠花岗岩以及加里东期花岗闪长岩株。形成低山丘陵。盆地东北外缘距城区约 20km 处为震旦系、寒武系变质岩，并残留有上泥盆统－石炭系沉积地层（图 10-43-1）。

盆地内构造活动很弱，以蟠龙为中心一组低缓褶皱具有涡轮状展布趋势。除此外有零星的北北东向小型断层。地壳稳定性良好。主要断裂为盆地东南缘的大余－南城北东的大断裂带。早期为压扭

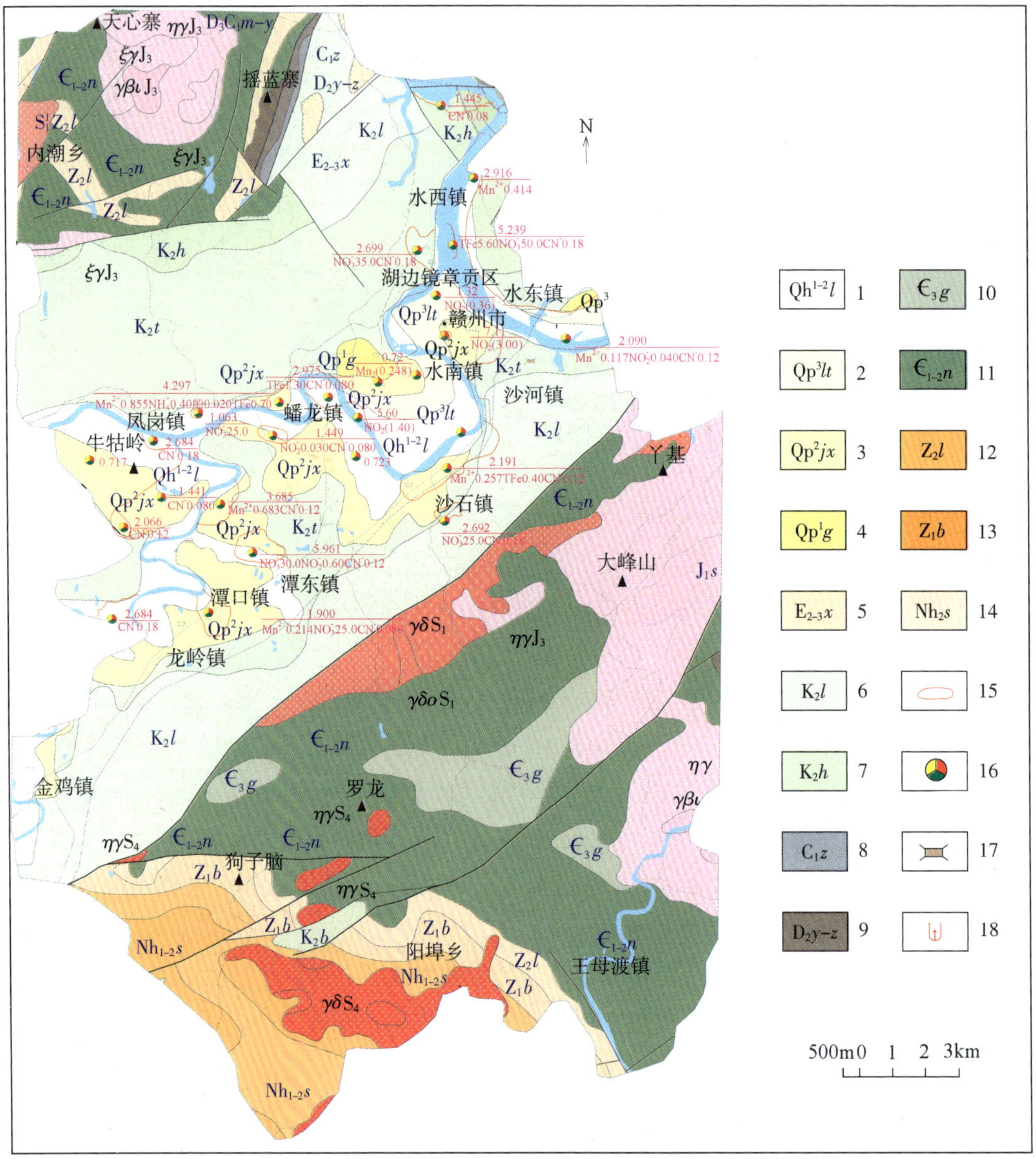

图 10-43-1 赣州市环境地质略图

Fig. 10-43-1 Sketch of the environmental geology of Ganzhou city

1—全新统联圩组：下砂砾石，上亚砂土（洪冲积）；2—上更新统莲塘组：下黄色砾石，上砂土（冲积）；3—中更新统进贤组：上红土砾石，上网纹红土（洪冲积）；4—下更新统赣县组：黄色砾石层（河流沉积）；5—古近系下虎组：下含炭砂质页岩夹灰岩，上砾岩；6—上白垩统莲荷组：砖红色砂、砾岩；7—上白垩统河口组：紫红色砂砾岩、砂岩；8—下石炭统梓山组、（梓门桥组）、上西坑组并层；9—中泥盆统云山组、中棚组并层；10—中寒武统高滩组：杂砂岩夹板岩；11—寒武统牛角河组：含碳砂板岩夹硅质岩；12—上震旦统老虎塘组：硅质岩；13—下震旦统坝里组：砂、板岩；14—中南华统沙坝黄组：砾岩、砂砾岩夹钙质细砂岩；15—地下水污染界线；16—地下水污染点 $\frac{\text{综合污染指数}}{\text{超标元素含量 (mg/L)}}$；17—垃圾场；18—崩塌点

性，残留有片理带，晚白垩世为向北西倾斜的控盆断裂，在大余池江可见断裂切割古近系红层，第四纪以来仍有活动。1988 年赣州 5 级地震，1908 年大余 $4^3/_4$ 级地震，推测与该断裂带活动有关。需进行监测和预防。

三、水文地质条件

赣州市地下水主要含水岩组为松散岩类孔隙水。分布于赣江、章江、贡江两岸，含水岩组由全新统、上更新统及中更新统冲积层组成，岩性具二元结构，上部为黏性土，下部为砂砾石层。

碎屑岩类裂隙水在区内中部大面积分布，由白垩系上统紫红色岩层构成。因含水层裂隙发育较差，水量贫乏，实测泉流量 0.014~0.039L/s，钻孔单井涌水量 13.84m³/d，供水意义不大。在赣县以北的部分地段，局部裂隙较发育，为地下水的运移、富集创造了相对有利的条件，属中等富水地段，实测泉流量最大可达 1.09L/s，平均值为 0.281L/s。

区内地下水的主要补给源为大气降水。区内大部分地段均丘陵岗地地形，含水层单一且连续性差，因此，降水的入渗补给可谓是唯一来源；在近河阶地区，丰水季节可以接受地表水的侧向补给，枯季一般为地下水补给地表水，但在开采强度较大时，如果动水位降至地表水位以下，则可以袭夺部分地表水。

四、工程地质条件

（一）岩体

市区主要为上白垩统塘边组。坚硬、较坚硬的寒武系变质砂岩、板岩、千枚岩等和花岗岩主要分布在市区西南的万年山一带。

塘边组红色碎屑岩类：区内大面积分布，由砂岩、粉砂岩、泥质粉砂岩、粉砂质泥岩、砂砾岩等组成。岩层连续性较好，岩石完整；抗风化能力较弱，易产生水土流失等不良工程地质现象。其抗压强度一般 41.5~74.8MPa，最大可达 147MPa，软化系数 0.65~0.95；岩性岩相变化较大，其力学强度也有较大差别，砂岩类岩石相对坚硬，而含泥质成分较高的岩石则相对较软。该类岩石属半坚硬岩类。

（二）土体

1. 冲积相

（1）老黏性土

主要分布在南部河流沿岸，由更新统黏土、亚黏土、亚砂土组成。结构较紧密，局部稍具胶结，土体干时坚固，透水性较差。其塑性指数 20~24，压缩模量为 3.33MPa，压缩系数 $0.3MPa^{-1}$。标准贯入试验锤击数为 22~42，属稍固结的老黏性土。

（2）一般黏性土

沿河流岸边条带状分布，由全新统亚黏土、亚砂土构成。结构松散，松软，未胶结。塑性指数 13~17，压缩模量 7.69MPa，压缩系数 $1.3MPa^{-1}$，标准贯入试验锤击数小于 20 击。属较松散的一般黏性土。

（3）砂性土

由第四系砂土、粉砂土组成，一般分布在黏性土层之下。稍具压实，未胶结渗透系数 0.5~40m/d，层理较清晰主要力学指标为，变形模量 E_0=1.0~2.0MPa，内摩擦角 φ28°~30°，内聚力 C=2.0~3.0kPa。

(4) 砾质土

由第四系含砾砂土、砂砾石层等组成。自下更新统－全新统均有分布，但随时代的不同，其胶结性、压实程度各异，一般新近堆积者胶结较差，压实性亦较差；反之则好。变形模量 E_0=4.5MPa，内摩擦角 φ=40°左右，内聚力 C=2.0kPa。

2. 冲洪积相地层

溪沟谷地或洼地小范围分布，由全新统冲洪积层组成，呈树枝状、箕状不连续分布，岩性为砂砾石层、含砾（卵）石砂土或砾石层，分选性较差，大小不均，结构松散，未压实，未胶结，一般压缩模量 2.0~7.5MPa，内摩擦角 7°~15°，内聚力 10~20kPa，容许承载力 8~14t/m^2。

3. 残坡积相地层

在山前坡脚不均匀分布，结构多松散、松软，岩性以亚黏土（亚砂土）夹碎石为主，碎石成分均为近地基岩风化产物。其力学强度甚低；压缩模量 1.0~60MPa，内摩擦角 4°~10°，内聚力 5~15kPa，容许承载力 3~8t/m^2。多为不利建筑之地段。

第二节 生态地质资源

一、地下水资源

（一）地下水资源概算

区内对城市供水有意义的含水层为第四系松散岩类孔隙水。主要分布于现代河流两侧沿岸的地段，主要接受大气降水的垂向补给，次为基岩（其他含水层）的侧向补给。地下水天然资源量估算结果列于表 10-43-1。

表 10-43-1 赣州市地下水天然资源估算结果汇总表

Table 10-43-1 Summary list of estimated results for the groundwater as natural resource in Ganzhou city

位置（水源地）	补给量				天然资源量	
	降水渗入量		开采河水补给量			
	m^3/d	×10^{4}m^3/a	m^3/d	×10^{4}m^3/a	m^3/d	×10^{4}m^3/a
老市区	14277.7151	521.1366	6587.9730	240.4610	20865.6881	761.5976
黄金区 *	18129.9315	661.7425	9418.4408	343.7731	27548.3723	1005.5156
水西街	567.5425	20.7153	8179.5713	298.5543	8747.1138	319.2697
下沙窝	5595.0959	204.2210	11924.8709	435.2578	17519.9668	639.4788
赣　县 *	13265.00219	484.1733	4557.3660	166.3439	17822.36819	650.5164
沙石区	14964.2384	546.1947	/	/	14964.2384	546.1947
合　计	66799.52559	2438.1834	40668.2220	1484.3901	107467.7476	3922.5728

注：* 为应急水源地。

（二）应急地下水源地选择

从天然资源量和就近取水原则及地下水污染现状，可考虑选择黄金区和赣县（梅林）作为应急地下水源地，两地总面积为 $32.24km^2$，天然资源总量为 $1656.032\times10^4m^3/a$。可采资源量则 $<1656.032\times10^4m^3/a$。

二、热矿水资源

（一）地下热水

区内见有多处低温热泉，其露头水温 23°~24°，流量为 0.1~2.245L/s（表 10–43–2）。

表 10–43–2　温泉(钻孔)一览表

Table 10–43–2　Summary list of hot springs (drilling holes)

<table>
<tr><th rowspan="2">点号</th><th rowspan="2">位置</th><th rowspan="2">水点类型</th><th rowspan="2">水位/m</th><th colspan="2">流量</th><th rowspan="2">降深/m</th><th rowspan="2">水温/℃</th><th rowspan="2">备注</th></tr>
<tr><th>L/s</th><th>t/d</th></tr>
<tr><td>T214(316)</td><td>罗坑</td><td>泉群</td><td></td><td>0.427</td><td>36.89</td><td></td><td>23.5</td><td rowspan="3"></td></tr>
<tr><td>T215(317)</td><td>崇山下</td><td>泉群</td><td></td><td>1.081</td><td>93.398</td><td></td><td>23.5</td></tr>
<tr><td>新 1</td><td>黄竹头下</td><td>泉</td><td></td><td>0.101</td><td>8.726</td><td></td><td>23</td></tr>
<tr><td>ZK2</td><td>水礁</td><td>钻孔</td><td>0.83</td><td>0.160</td><td>13.824</td><td>6.31</td><td>36.4</td><td>孔深 250m 处测</td></tr>
<tr><td rowspan="2">ZK4</td><td rowspan="2">双圳</td><td rowspan="2">钻孔</td><td rowspan="2">+6.885</td><td>1.478</td><td>127.70</td><td>23.96</td><td rowspan="2">24</td><td rowspan="2">孔口测</td></tr>
<tr><td>0.396</td><td>34.214</td><td>6.715</td></tr>
<tr><td rowspan="2">ZK11</td><td rowspan="2">水东</td><td rowspan="2">钻孔</td><td rowspan="2">+33.1</td><td>1.92</td><td>165.89</td><td>31.80</td><td rowspan="2">23.55</td><td rowspan="2">孔口测</td></tr>
<tr><td>2.245</td><td>193.97</td><td>49.82</td></tr>
</table>

（1）水东地热点

其承压水头高达 33.10m，有充分的自流条件，自流量 165.89t/d，水温较低，可作为农业生产或水产的越冬用水。

（2）水礁、罗坑地热点

其热储温度适当，且热储深度较小，易于开采，由于其邻近赣州市区，可以作为疗养、旅游资源开发利用。

（3）双圳地热点

其热储温度较高。且水中含 SO_2^{2-} 毫克当量百分比达 59.38~55.85，同时，位于旅游胜地——峰山脚下，山清水秀。因此，可作为疗养、旅游资源开发利用。

（4）赣州盆地规模较大，红层下可能有石炭系 - 二叠系碳酸盐岩，或红层有厚度较大的钙质砾岩，构成盆地隐伏型热水有利的形成条件。

（二）矿泉水

区内矿泉水主要为碳酸型，共见有两处，分别位于市区北西的湖边乡清水塘和横江，两处相距 5km。

矿泉地基底构造为一近东西向隆起构造带，地表出露白垩系上统龟峰群红层，下伏石炭系、二叠系碳酸盐岩及碎屑岩、寒武系变质岩。

东西向和北北东向断裂是矿泉水的控水构造，而二者的交接复合部位是横江、清水塘矿泉的出露部位，矿泉主要沿北北东向断裂及其伴生构造的交汇点出露。

矿泉水质清澈透明，无色，微有麻舌感，钻孔孔口伴有 H_2S 气味，无沉淀，水温 22~22.8℃。矿水除氟（含量 7.5mg/L）超过《饮用天然矿泉水标准》（<2.5mg/L）外，其余各项指标均符合《标准》要求，其中游离 CO_2 含量 1134.55~1870.55mg/L（清水塘）和 1227mg/L（横江），锂 0.93mg/L，矿化度 1.61g/L，均达到饮用天然矿泉水命名标准；此外，还含有铁、锰、硒、碘、溴、钙、镁、钾、钠等 10 余种对增进人体健康有益的微量元素，属复合型饮用天然矿泉水。

矿水经取样进行部分特殊项目分析，结果如下：

光谱分析：Si<21.553mg/L，AL<21.553mg/L，Li<2.687mg/L。

逸出气体：CO_2 1450.328mg/L，N_2 214.364mg/L，O_2 33.221mg/L。

溶解气体：CO_2 1642.083mg/L，N_2 67.834mg/L，O_2 26.039mg/L。

放射性气体：U 3.9×10^{-6}g/L，Ra 2.98×10^{-2}g/L，Rn 0.2λA。

由于矿泉水质较好，尤其是作为碳酸矿泉的游离 CO_2 含量极为丰富，其利用前景是可观的。

（三）含碘卤水

市区潭江镇境内发现有含碘卤水。一般含碘 40~50mg/L。

三、旅游资源

赣州市是一座具有深厚文化底蕴的历史文化名城，被专家称为“宋城博物馆”。自西汉建制以来，已有 2200 多年的悠久历史，境内旅游资源丰富，著名的有通天岩、八境台、郁孤台、文庙、七里窑遗址、宋砖城墙和福寿沟等。

（一）通天岩

通天岩位于赣州主城区西北郊 6.8km 处，面积为 6km²。由晚白垩世龟峰群塘边组砂砾岩、砂岩和粉砂岩构成，是经流水冲刷侵蚀和溶蚀作用而形成的侵蚀残岩和蚀余型微型丹霞地貌，主要有观心岩、忘归岩、龙虎岩、通天岩、翠微岩等 5 个岩洞。这里岩深谷邃，树木参天，丹崖绝壁，风景秀丽，因为“石峰环列如屏，巅有一窍通天”而得名通天岩。自唐代以来，就被开创为石窟寺。至北宋时期，通天岩石窟造像达到了高潮，是我国南方最大、地理位置最南端的一处石窟群，被誉为“江南第一石窟”。现保存着唐宋以来摩崖造像 358 尊，北宋至民国的题刻 128 品，是一座珍贵的石窟艺术宝库。是全国重点文物保护单位、国家 4A 级旅游区。

（二）郁孤台

因其位于章、贡二水汇聚处，赣江起点，山势高耸，郁然孤峙而得名。南宋爱国词人辛弃疾有著名词作：“郁孤台下清江水，中间多少行人泪。西北望长安，可怜无数山。青山遮不住，毕竟东流去。江晚正愁余，山深闻鹧鸪。”其中所述“郁孤台”即是此处，郁孤台美景借此词得以传诵千古。

（三）古窑遗址

位于市区东 5km 的水东乡境内，沿贡江北岸绵延 2km，以窑址多集中于七里镇而得名。窑场始烧于唐代末年，终烧于元代。宋元时期，该处窑场代表产品——黑釉瓷点釉鼓钉罐曾远销日本、朝鲜等地。古窑址 1985 年列为第一批省级重点风景名胜区。

第三节 城市主要环境地质问题

一、地下水污染

地下水水质中超标组分为 pH 值、Mn^{2+}、NH_4^+、酚、铁、NO_3^-、NO_2^-、CN^-。中等污染区主要集中在市区人口密集和工业集中地，污染来源主要为生活垃圾和工业废水，造成地表水体污染后，直接导致该区域地下水水质的恶化。

二、城市地下水资源衰减

（一）地下水位

2002 年赣州市第四系地下水变化态势：1~2 月地下水水位继上年仍保持低水位，3 月水位回升，4、5 月水位持续上升，6 月出现全年最高水位，7 月地下水位开始回落，直至年底地下水位呈持续下降状态。地下水位变化与大气降水变化态势基本一致，水位与降水量相关系数 0.28~0.61。第四系地下水受大气降水所制约，地下水位一般滞后大气降水 3~5d。

1. 老城区

章贡区城区红旗大道中段至东段地形最高，为城区地表分水岭，第四系地下水分水岭与地表分水岭基本一致。地下水分水岭自市水泵厂至赣州饭店呈近东西向展布，丰、枯期基本格局不变。2002 年与上年相比，地下水位总体呈上升状态，上升幅度 0.01~0.80m。地下水位上升原因主要是本年度地下水开采量比上年度有明显减少，同时大气降水量大于上年度。

2. 黄金区

第四系地下水水位自北西向南东逐渐降低。本年度地下水位埋深平均 0.67~9.75m，年平均水位高程 96.22~117.47m，年水位变幅 0.76~3.84m。

2002 年与上年相比，地下水位总体呈上升状态，上升幅度 0.04~0.52m。地下水位上升原因主要是本年度地下水开采量比上年度有明显减少，同时大气降水量大于上年度。

（二）地下水位降落漏斗

城区北部市染织厂、西部江西理工大学与市塑料厂等单位长期开采地下水，分别形成以北部市染织厂和以江西理工大学—市塑料厂为中心的降落漏斗。由于市染织厂停止开采地下水，降落漏斗 2002 年平均水位高于 1999 年平均水位 1.14m；染织厂北侧 100m 赣州冶金研究所水井（漏斗范围内）2001

年度开采地下水 15 万 m^3，2002 年度停止开采，促使漏斗内地下水位得以回升。江西理工大学 – 市塑料厂降落漏斗：江西理工大学由于抽水设备大修停采，2002 年度平均水位比 1999 年度上升 1.14m。市塑料厂地下水位下降 0.56m。

（三）地下水化学类型

区内第四系地下水化学类型主要有:HCO_3–Ca、Cl–Na·Ca 及 SO_4–Ca·Na 型等。地下水矿化度 121.31~511.77mg/L，总硬度 38.53~294.56mg/L，pH 值 5.2~7.3。

三、地质灾害

区内地质灾害类型主要为崩塌（包括岸边坍塌）和滑坡。区内多为丘陵、岗地地形，在地形坡度相对稍大处、裂隙发育处，在降雨条件或人工切坡诱发下，易产生崩塌现象，但规模均较小。

岸边坍塌是区内较多见的动力地质现象之一。一般多见于河流的凹岸部位，其地层为全新统、上更新统。规模大小不一，最大处可见长度近千米，宽数米，高度视坍塌形式的不同而各异。

针对赣州市存在的环境地质问题，为保证城市建设科学、有序地进行和人民生命财产安全，应采取以下防治对策。

1. 地下水资源保护

赣州市赣江及章江、贡江河岸，以第四系浅层地下水为主，水量中等 – 丰富，是城市生活生产较重要的水源之一，动储量较小，而开采量又过大，致使地下水位连年下降，地下水水质污染恶化。建议对地表水资源和地下水资源共同规划，以贡江地表水为城市用水主要水源，合理开发利用地下水资源，控制长期超采地下水的状态，以改变第四系浅层地下水水位连年下降及地下水资量衰减与短缺的环境地质问题。同时加强地下水资源的科学管理，合理开发利用并有效保护地下水资源，对地下水进行污染防治。防治重点放在污染源，并建立相应的地下水卫生防护带。

2. 地质灾害防治

区内可能遭受的地质灾害类型主要为崩塌、滑坡，而该类地质灾害又主要集中在人类工程活动比较频繁的低丘、岗地区，因此在区内进行工程建设时，边坡工程开挖宜采用安全坡度比，并及时砌护或挡墙支护，同时加强地表排水。

第十一篇 Part XI Law of Regional Environmental Geology

区域环境地质规律

随着我国社会发展与经济、生态文明建设的需要，地质工作进入了为资源环境服务更加广阔的新时期。面临这一任务，继承坚持我国卓越的地质学家李四光所开创的地质科学道路具有十分现实的意义。李四光创造性地把地球运动与区域地质、构造体系与固体矿产、油气、地热资源勘查以及地震预测预报结合起来，建立了“天、地、生”一体，地球“气、水、生、岩、土”等圈层相互制约联系的地质系统观（李四光，1972），为当代地质工作开创了一条广阔的科学大道。在本志研编过程中，工作人员将其与同时研编的《中国区域地质志·江西志》和《中国矿产地质志·江西卷》联系起来进行综合研究，进一步揭示了环境地质、矿产地质的区域地质基因，初步领略了“天、地、生”之间的成生联系，取得了一些新的初步的规律性认识。同时也认识到地质界长期以来，根据建设急需，是以地质找矿为中心的，区域地质调查研究重点是围绕地质找矿需要而进行的。就江西省而言，与环境地质密切的新生代地质基础工作显得相对薄弱，环境地质规律综合研究成了短板。所以此次研究所取得的认识还十分粗浅，也不全面，本篇只是省内区域环境地质规律探索性研究的一个新起点。

第四十四章　区域环境地质基因

区域环境地质条件涉及面很广，包括内、外动力因素与人类活动因素。本章主要从自然因素入手，重点论述江西环境地质的区域地层岩土组成、地质构造以及第四纪地质与生态环境基因。

第一节　区域环境的地层岩石基因

地层岩石是环境地质的物质基础。地层岩石的矿物、岩石化学、岩石地球化学组成及其结构构造构成了地貌、土壤、地下水含水性、工程地质、地热、地质灾害、生态地球化学以及地质景观资源的重要基因。有关详细的区域地层岩石条件在本志的有关篇章已分别作了论述，本节主要从区域与总体上作一简要的归纳概括。

江西省元古宙以来的地层发育比较齐全，各类岩石均有分布（表1-1-1）。其中沉积岩分布最广，约69500km²，占全省面积42%；其次为变质岩，出露面积60500km²，约占全省面积36%；侵入岩类以花岗岩分布最广，出露面积35600km²，约占全省面积21%。不同岩类形成了不同的环境地质条件。

一、沉积岩类

江西省沉积岩类中青白口系上部－中侏罗统沉积碎屑岩分布面积约19068km²，碳酸盐岩面积约13943km²。上白垩统－新近系固结程度较低的红色碎屑岩分布面积约22138km²；其中约12000km²被第四系冲积、冲湖积层掩盖。火山岩主要是青白口系上部和下侏罗统、下白垩统火山沉积岩，分布面积3300km²。第四系冲积、冲湖积、冲积－残坡积疏松沉积面积约23161km²。

省内沉积主要有扬子—加里东（青白口纪晚期—早古生代）、华力西—印支（晚古生代—中三叠世）、燕山（晚三叠世—早白垩世）和喜马拉雅（晚白垩世以来）四个大的沉积旋回。

扬子—加里东旋回包括雪峰（青白口纪晚期）、加里东（南华纪—下古生代）两个亚旋回；华力西—印支旋回包括华力西（泥盆纪—中二叠世）、印支（晚二叠世—中三叠世）两个亚旋回；燕山旋回包括早期（晚三叠世—中侏罗世）、晚期（早白垩世）两个亚旋回；喜马拉雅旋回包括两个亚旋回，即早中喜马拉雅亚旋回（晚白垩世—新近纪）和晚喜马拉雅亚旋回（第四纪）。新元古代—中三叠世以陆表海为主的各沉积亚旋回大都由海进到海退沉积，由粗碎屑向细碎屑沉积或碳酸盐沉积相变。晚三叠世以来的陆相沉积各亚旋回大都由粗碎屑向细碎屑变化，而且沉积岩石由固结程度较高的岩石（上三叠统—下白垩统），向固结程度较低的岩石（上白垩统—新近系）和第四系疏松碎屑沉积变化。

（一）碎屑岩建造

省内沉积碎屑岩类根据成岩与固结程度构成的不同环境地质条件可分为以下两大类沉积岩层。

1. 青白口系上部 – 下白垩统固结程度高或较高的碎屑岩建造

这套沉积碎屑岩构成的环境地质条件概括起来有以下一些特征。

1）主要分布于坳陷区，地貌总体上以丘陵为主，部分形成低山。为崩塌、滑坡、泥石流中易发区。

2）岩石总体比较致密，以含构造裂隙水或孔隙裂隙水为主，可供开采地下水主要为其中的断裂含水带。

3）根据岩石成分、厚度、坚硬程度以及互层结构等特征构成不同的工程地质条件。以侏罗山式过渡型褶皱为主，并以发育层滑构造为特征。其中泥岩、煤等软弱夹层往往构成滑脱面，对岩体稳定性造成不利影响。

4）地层中的细碎屑岩占有较大的比例，风化壳发育，形成残坡积土层，为宜林地带。其中，典型沉积建造有如下两种。

一是成景砂（砾）岩建造，主要为南华系下统莲沱组（厚度 195~913m）和中上泥盆统跳马涧组（厚度 188m），峡山群云山组、中棚组（厚度 572m）。系陆壳准平原化后形成的退积型陆相 – 滨海相砾岩、砂砾岩建造，为成层厚度较大、含石英砾石和颗粒成分较高或硅质胶结的高硅坚硬岩层，干抗压强度最高可达 158MPa，且分布较广，构成峰林峭崖（庐山、井冈山、武宁岩、神雾山、阳岭等）、峡谷、隘口（柘林水库、峡江水库、上犹水库坝址，三门滩、峡山、三爪仑等峡谷）。

二是不良岩土建造，中二叠统小江边组镁钙质黏土层，下白垩统火山岩中膨润土可能为膨胀黏土，属于工程地质条件不良的特殊类土体。

2. 上白垩统 – 新近系低固结碎屑岩建造

这套碎屑岩主要为上白垩统赣州群、龟峰群和古近系低固结的红色碎屑岩及零星分布的半固结的新近系头陂组、黄桥组。上白垩统 – 古近系红色碎屑岩主要分布于断陷盆地中，褶皱、断裂不发育，产状一般比较平缓，对于环境地质有以下特征性条件。

1）地貌以低丘、岗地为主。为崩塌、滑坡、泥石流低易发区或不易发区。盆缘地带由于构造抬升作用，往往由冲洪积红色砂砾扇体形成丹霞地貌，有崩塌、滑坡、泥石流地质灾害发生。

2）以含孔隙裂隙地下水为主，其中巨厚层孔隙率高的低固结砂砾岩贮水条件较差，含水率低；钙质砂岩、砾岩层溶蚀作用较强，形成含较丰富的岩溶孔隙裂隙水的含水层。

3）岩石固结程度低，时夹不稳定的膏盐层，属较软弱或较坚硬的工程地质岩类。

4）其中所夹中细粒碎屑岩易于风化成土，含 Fe_2O_3 高，形成植被发育不良的红壤。但据调查试验，熟化的红壤利于甘蔗等作物种植。

（二）碳酸盐岩建造

碳酸盐岩建造在江西省北部分布较广，南部较少。主要形成于震旦纪—早三叠世坳陷区中，呈层带状分布。具有以下环境地质特征。

1）地貌以丘陵为主，或被剥蚀成平地。有婺源县大游山、万年县神龙源、修水东岭、玉山资湖等小型石林、石芽群分布，在鄱阳湖中及沿岸有大姑山（鞋山）、石钟山岩溶岛屿或残山景观。岩溶发育以溶洞、地下河众多为特色，如彭泽县龙宫洞、萍乡市义龙洞、万年神龙洞等，省内已发现景观溶洞计 49 处。

2）富水性与工程地质条件均与岩溶发育程度有关。质纯的碳酸盐岩层，其中浅部利于岩溶发育。大致分为 3 个亚类：上石炭统黄龙组白云岩、灰岩与下二叠统马平组灰岩为富含岩溶水和强岩溶化碳酸盐岩工程地质亚类；二叠系栖霞组、茅口组、吴家坪组、长兴组与下三叠统青龙组、周冲村组、铁石口组等为较富岩溶水和中等岩溶化碳酸盐岩工程地质亚类；震旦系－下古生界厚层白云岩、灰岩岩溶水富集较差，为弱或较弱岩溶化碳酸盐岩工程地质亚类。

3）主要地质灾害为岩溶塌陷，与地层岩溶发育程度有关，尤以平地覆盖型岩溶塌陷危害较大。省内碳酸盐岩主要呈带状而非大面积分布，石漠化危害规模很小。丘陵地区成土条件差，风化钙质土主要分布于岩溶石滹或岩溶洼地中。在侵蚀平地中以形成红色钙质土为主。

二、侵入岩类

省内中基性、超基性侵入岩规模小，分布零星。以花岗岩类分布最广。I 型中酸性斑岩以小岩株为主，最重要的为 S 型，其次为 A 型花岗岩类，规模大，分布广，是环境地质的重要物质组成条件（表 1–1–2）。

（一）S 型和 A 型花岗岩

江西省 S 型和 A 型花岗岩主要形成于晋宁期、加里东期、印支期和燕山期。每期又包含若干序列。S 型花岗岩类岩石从晋宁期至燕山期，岩性总体由以中酸性的英云闪长岩、花岗闪长岩为主，向酸性（黑云母二长花岗岩）、超酸性的正长花岗岩乃至碱长二（白）云母花岗岩演化。各个花岗岩序列也由中酸性→酸性或超酸性演化。岩石 SiO_2 含量相应地逐渐增高，由 65%可增至 80%，坚硬程度和抗风化能力随之增大，干抗压强度常见值 114~165MPa。所以三清山、灵山、大茅山、明月山、五指峰等花岗岩尖峭峰林景观山体主要由燕山期尤其是燕山晚期即早白垩世酸性超酸性花岗岩组成。中酸性－酸性花岗质岩石根据剥蚀程度更常见的为穹状雄伟中山或顶圆坡缓的波状低山丘陵。

（二）花岗岩相带结构

花岗岩相带结构一般由中粗粒似斑状向中细粒或斑状结构变化，随之抗风化能力逐渐增大；花岗岩类的主要造岩矿物石英不易风化，长石和副矿物云母、角闪石等为易风化矿物，花岗质岩石由酸性向中酸性演化致使石英减少、长石等增多，抗风化能力相应降低。中酸性－酸性、中粗粒或似斑状花岗岩分布最广，加上气候温润多雨，穹状、波状花岗岩山丘风化壳都比较发育，成土条件较好，但表层岩土稳定性较差。

（三）花岗岩构造裂隙

经多次构造运动，花岗岩中浅部裂隙普遍比较发育，加上一般有较厚的风化壳，含裂隙水较丰富，在穹状、坡状山丘，地下水排泄不畅，具有良好的海绵效应，为宜林山地和梯田。可供开采的地下水为其中的断裂含水带。

（四）花岗岩区的地质灾害

峰林陡坡山体易发生崩塌、泥石流，风化较强的穹状、波状山丘易发生滑坡、泥石流，风化较强的低丘区易发生水土流失。

（五）花岗岩风化壳

花岗岩风化壳生态条件优越，尤其是赣南地区，由于气候湿热，花岗岩中稀土矿物发生分解，形成含离子型稀土风化壳，富集为稀土矿，也是橙桔类果业的优良种植区。同时部分花岗岩或潜火山岩含铀、铅、砷、硫、氟等生态有害元素较高，需注意监测预防。

三、区域变质岩类

江西省区域变质岩类，赣北分布最广的为新元古代早期的双桥山群及万年群，其次为张村及宜丰蛇绿岩片。中元古代田里岩组及铁砂街岩组出露十分局限。赣南分布最广的为青白口系上部—下古生界，古元古界仅零星见于邻近福建的南丰、广昌县境。主要岩石为绿片岩相浅变质的中细粒含火山物质的泥砂质碎屑岩，夹少量硅质、硅铁质、炭质、碳酸盐岩及砾岩夹层。中深变质岩在赣北仅见于庐山东麓的新元古界下部的星子岩群，在赣南武夷山脉和雩山山脉北部分布稍广。

地层岩石主要呈复理石、类复理石沉积韵律结构。褶皱紧密，经多次叠加已固结成块状岩石，质地坚硬、较坚硬。

其中板岩、千枚岩或片岩一般含 $SiO_2$60%~65%，$Al_2O_3$14.4%~17.5%；泥砂质或杂砂质岩石含 $SiO_2$65%~66%，$Al_2O_3$14%左右。干抗压强度常见值 42~135MPa。所含 SiO_2 低于石英砂砾岩，也低于花岗岩或花岗闪长岩。抗风化能力相应偏低，易于成土，所以风化壳较发育。岩石以中薄层为主，经多次构造作用，节理、片理、劈理发育。裂隙水较丰富。形成山丘以不规则状、穹状、波状居多。地下水排泄不畅，具较好的海绵效益，形成清溪流淌、植被繁茂的绿色山体。可供开采的地下水主要为断裂富水带。

变质岩石工程地质条件一般比较良好。当山体坡度较大，风化壳较厚时易发生崩塌、滑坡、泥石流地质灾害。

第二节　区域环境的构造地质基因

江西省经长期地质构造演化，于中新生代形成的隆起带、坳陷带和断陷红层盆地三重地质构造单元，由于各自构造形态、地层岩石组成、形变特征、岩石圈结构以及正在进行的构造活动均有明显不同，构成了各具特点的环境地质基因。隆成山，坳成丘，盆成原，构成不同的地貌单元，生态地质资源以及地质灾害等均有较大差异，显现出明显的地质构造约束规律。

一、隆起区（带）的环境地质特征

江西省隆起区（带）面积约 9 万 km^2，约占全省面积的 60%。现今均处于不同程度的隆升状态。主要由浅变质沉积岩和花岗岩类岩石组成，以坚硬、较坚硬岩石为主，断裂裂隙构造发育。

（一）地貌与地质景观资源特征

隆起带因地层岩石组成与现今构造隆升状态，地貌与地质景观资源具有以下特征。

1. 隆起带构造隆升作用由较强到较缓，分别形成中低山地和部分丘陵

变质岩隆起区由于岩石性质、结构比较均一，地貌主要取决于构造隆升状态。总体以中低山为主。隆升作用较强时形成较为陡峻的山体，沟谷下切较强，多峡谷、急流、跌水，具壮年期地貌特征；多数以不规则状、穹状山峰和波状山体为主，反映构造隆升较缓，为壮年晚期或老年早期地貌；弱隆升的变质岩区以形成老年期波状丘陵地貌为主。

2. 花岗岩隆起区地貌受构造隆升与岩石酸度结构双重因素制约

1）较强隆升区燕山期酸性－超酸性花岗岩形成了江西丰富多彩的花岗岩景观资源。在构造较强隆升的条件下，岩石风化剥蚀速度小于山体隆升速度时，利于形成尖峭、陡峻峰林，如三清山、灵山、大茅山、明月山、五指峰等峰林景观。其中三清式花岗岩峰林最为典型，属幼年晚期至壮年早期地貌，由三清山早白垩世二长花岗岩株与中部的玉京峰细粒碱长花岗岩株组成，SiO_2 含量 76%~81.74%，为超酸性岩石；SHRIMP 锆石 U–Pb 年龄值分别为 123.0±2.2Ma、115.6±2.0Ma，时代为早白垩世中期；是燕山晚期怀玉山花岗岩序列主体－补体产物，其景观特点是山峰尖峭、石柱成林，峰墙、峰丛、峡谷、飞瀑众多，风化壳很少，由于裂隙发育，雨水丰沛，形成一座如诗如幻的绿色山体。灵山花岗岩环状峰墙峰林则别具一格。岩体为卵圆形岩基。中部为早白垩世早期角闪黑云环斑二长花岗岩，含石英 20%~26%、$SiO_2$69.78%~70.88%，为酸性花岗岩，构成岩基主体；岩基边缘为早白垩世中晚期正长－碱长花岗岩，含石英 30%~35%、SiO_2 1.82%~78.12%，为超酸性花岗岩。中部的二长花岗岩体已被侵蚀成为圆形洼地，而周缘的正长－碱长花岗岩则形成高耸的环状峰墙、峰林。由此可知，年轻（燕山晚期）超酸性花岗岩和山体较强隆升，加上湿润多雨气候是形成三清山式花岗岩峰林的主要条件。

2）时代不同的中酸性－酸性花岗岩由于山体较快隆升，均可形成雄伟壮阔的壮年期山峰。如武宁县九岭尖（晋宁期花岗闪长岩）、南丰县军峰山（加里东期二长花岗岩）、修水县黄龙山（燕山早期花岗岩）、武宁县太阳山（燕山晚期花岗岩）。山体间有悬崖、峡谷。风化壳发育，林木苍翠，在武功山（加里东期花岗闪长岩）形成了波状起伏、秀美辽阔的高山草甸。

3）隆升较缓的隆起区花岗岩形成波状低山丘陵，并以发育石蛋为特点，属老年早期地貌，如南昌市梅岭。

（二）含水性、地热与工程地质特征

由变质岩、花岗岩组成的隆起区，以含裂隙水为主。由于经受多次构造运动，断层裂隙发育，含

地下水较丰富，且以中低山体或丘陵为主，风化壳发育，地下水排泄较缓，构成了省域重要的具有海绵效应的地质体。地下水资源相当丰富，渐次排于地表，一般中低山区的中下部，溪水常年流淌。但可供开采的地下水主要为断裂含水带。

隆起区金属矿产以脉状、斑岩型、蚀变花岗岩型矿床为主，矿床地质条件一般比较简单。矿床充水因素，主要为断裂水。

隆起区主要由坚硬或较坚硬的变质岩石和花岗岩石组成，工程地质条件一般较好。

隆起区为省内断裂带对流型地热水资源的主要分布区。其中花岗岩区断裂带和隆坳或隆陷边缘断裂带，对地热水形成尤为有利。

隆起区以中低山或丘陵为主，加上4~6月暴雨气候，为省内崩塌、滑坡、泥石流高易发区。不同岩石、不同地貌、灾害类型，其易发性也有所差别。

1. 变质岩区

隆升较强的、比较陡峭的壮年期中低山，为崩塌、泥石流易发区；隆升较缓的壮年晚期波状山体，当岩屑、岩块与黏土相混的风化壳，厚度较大，地形坡度较大，又为顺向层理、片理时，为滑坡、泥石流高易发区。

2. 花岗岩区

隆升较强的幼年晚期—壮年早期陡峻、尖峭的峰林山体为崩塌泥石流高易发区；壮年期—老年早期穹状、波状花岗岩中低山或高丘，一般由石英颗粒与黏土组成孔隙度较高、厚度较大的风化壳，土岩界面倾向往往为顺向坡，暴雨季节时为滑坡、泥石流极高的易发区。老年期的花岗岩低丘区一般分布泥沙混杂的风化壳残坡积，厚度较大，为重要的水土流失区。赣州市是省内花岗岩丘陵分布最广的地区，水土流失也最为严重，水土流失面积8663km^2（彭崑生，2007）占全省水土流失面积约1/4。

二、坳陷带的环境地质特征

省内坳陷带的沉积岩组成有扬子型、华南型两种类型。扬子型由青白口系上部的沉积准盖层和南华系－下白垩统的沉积区盖层组成；华南型由中泥盆系－下白垩统沉积盖层组成。以沉积碎屑、碳酸盐岩为主，其次为火山岩。多数坳陷区内侵入岩规模小，分布零星。构造大多为不完整的复向斜，褶皱形态具侏罗山式特征，大多为背斜窄、向斜宽的屉状褶曲或同斜倒转褶曲。断裂带除了斜切的挤压走滑型外，以发育与褶皱同走向的叠瓦式逆冲推覆或滑脱型断裂为特征。

（一）地貌与地质景观资源特征

省内坳陷带构成境内低洼地带，以丘陵或低山为主，山势随褶皱呈带状或弧状（九江）展布，且往往背斜成岭，向斜成谷，坳陷区边缘往往由沉积旋回底部坚硬的砂砾岩构成的单面山和景观地貌。

1. 山岳景观

燕山期造山后伸展断隆作用，特别是幕阜—罗霄、怀玉—武夷山脉强烈抬升，使部分坳陷区成为中山。如庐山呈地垒式隆升，由九江坳陷南缘巨厚的莲沱组砂岩组成北部山体，成为形成与保存第四纪山岳冰川遗迹的重要条件。

井冈山由于隆升，使北东走向的拿山复向斜西南部跷升至井冈山之上，构成茨坪中心盆地，由坚硬的中泥盆统云山组、中棚组砂砾岩、砂岩构成五指峰和主要哨口以及陡崖飞瀑景观。

北武夷山由于晚白垩世时快速块断隆升，成为东南屋脊，由早白垩世火山盆地（信江盆地）逐渐抬升，形成了海拔 2158m 的东南第一高峰黄岗山。

怀玉山脉的扬子型坳陷由于隆升，形成了以早白垩世酸性 – 超酸性的怀玉山、灵山花岗岩基为主体的中低山脉，成为江西最重要的花岗岩景观区。三清山秀、灵山奇、怀玉山雄、大茅山险各具特点。

2. 岩溶景观

江西的岩溶景观主要分布于坳陷区，且独具特色，具有很高的观赏与科考价值。

著名的岩溶山体景观为鄱阳湖中及长江之滨的鞋山、石钟山和马挡山。主要由上石炭统 – 二叠系碳酸盐岩组成。鞋山屹立于浩淼的鄱阳湖之中，李四光在岛上曾发现珍稀的更新世冰川漂砾；石钟山壁立于鄱阳湖口与长江交汇处；马挡山则踞于长江南岸，山水交融，形势险要，为江防要塞，是苏东坡等吟咏之胜地。石林、石芽群也有发育，但规模一般较小，如万年县神农源、玉山县紫湖等地。

坳陷区溶洞发育，构成江西重要的景观资源。全省已发现的 49 处溶洞或溶洞群以及地下河，除崇义聂都溶洞群形成于变质岩区奥陶系灰岩夹层外，其他均形成于坳陷区或向斜构造的碳酸盐岩地层。以上石炭统 – 下三叠统碳酸盐岩分布最广，且岩溶比较发育，尤以黄龙组 – 马平组白云岩、灰岩溶洞最多。钻孔见洞率 43%~63%，线岩溶率 3.74%~3.84%；著名溶洞有萍乡市义龙洞、婺源县灵岩洞、乐平市洪岩洞、万年县神龙源等。震旦系灰岩层薄且不纯，极少有岩溶发育。下古生界岩溶不如上古生界发育。尤其九江—彭泽一带的奥陶碳酸盐岩以白云岩为主，成层较厚，岩性致密坚硬，岩溶不发育，钻孔见洞率 28%左右，线岩溶率 0.8%~3%。但中上寒武统灰岩岩溶发育较好，如著名的彭泽县龙宫洞。同时岩溶发育除层位岩性外，与构造关系也很密切，向斜仰起端与背斜倾覆端以及断裂带，岩溶作用明显增强。

（二）含水性、地热与工程地质条件

1）坳陷区沉积碎屑岩以裂隙水或孔隙裂隙水为主，可开采利用的地下水主要为碳酸盐岩岩溶水，其含水情况与前述的岩溶发育特征一致。

2）坳陷区内以煤、铁等沉积矿产和接触交代型似层状多金属矿床为主，矿床水文地质条件比较复杂，如城门山（见图 8–29–18）。以岩溶水、断裂带水对矿坑危害最大，如乐平市众埠街乐华北亭锰矿床，由于赋矿的黄龙组处于向斜构造的岩溶水集中排泄区，涌水量达 23127m^3/d，致使矿区至今尚未开采利用。江西主要含煤地层，上二叠统乐平组煤系，由于其上覆地层为长兴组灰岩，而且往往由于推覆或滑覆构造使煤系与碳酸盐岩地层接触，碳酸盐岩岩溶水往往给矿坑安全造成威胁。

3）沉积岩特别是碳酸盐岩含地下水较丰富，且连通性、循环性较好，不利于聚热成泉，所以温泉稀少，且为低温温泉。

4）沉积碎屑岩中较弱的薄层状泥质岩、粉砂岩细碎屑沉积岩及含煤地层，为稳定性与工程地质条件较差地层。碳酸盐岩类岩石的不良工程地质因素主要取决于岩溶化程度。

5）坳陷区沉积岩以波状丘陵或低山为主，一般为崩塌、滑坡、泥石流中易发区。

扬子型沉积盖层区，如九江、怀玉坳陷以震旦系 – 下古生界碳酸盐岩地层为主，属岩溶塌陷灾害中易发区。萍乐、饶南、永莲、宁于等坳陷的华南型沉积盖层是上石炭统 – 下三叠统碳酸盐岩地层分

布区，为岩溶塌陷灾害的高易发区。地质灾害与地层岩溶化程度密切相关。

三、晚白垩世—第四纪盆地的环境地质特征

晚白垩世—第四纪盆地，由上白垩统、古近系低固结的红层和新近系半固结地层以及第四系疏松地层组成。上白垩统赣州群由粗碎屑（茅店组）与中细碎屑（周田组）两套红层组成，龟峰群由粗（河口组）、中细（圹边组）、粗（莲荷组）三套红层组成。古近系出露范围局限于赣江一带及其以西地区，多数以下粗上中细红层为主。鄱阳－清江盆地中新余组及临江组以红色中细碎屑为主。中细碎屑岩中含膏盐、钙质砂泥岩或石灰岩夹层。粗碎屑的红色砂砾岩部分由碳酸盐岩砾石组成，或由钙质胶结，成为可溶岩层。新近系分布十分零星。第四系分布最广，面积约占断陷盆地一半以上。盆地多呈箕状或半地堑式，红层产状平缓，褶皱宽展，垂直节理发育，断裂较少，主要断裂在盆地边缘。

（一）地貌与地质景观资源

盆地地貌一般边部为红色丘陵、岗埠，中部为冲积或冲积平原。丹霞地貌主要形成于武夷隆起山麓和南岭北麓地带的红色盆地中。武夷北带为信江盆地南缘的龙虎山、龟峰、挂榜山、铜钹山，并可东延至浙西江山县江郎山。武夷西带为南城、龙南一带，有丹霞景观10余处，著名的有广昌县龙凤岩、宁都县翠微峰、石城县通天寨、瑞金市罗汉岩、会昌县汉仙岩、龙南县小武当山等。主要由赣州群茅店组、龟峰群河口组较坚硬的红色砂砾岩组成。其次九岭山麓丹霞地貌也较发育，北有武宁县桐子坪，南有宜丰县城郊及铜鼓县铜鼓石等。

（二）地下水资源

断陷盆地含水层主要有两类：一类为上白垩统－古近系红层中孔隙裂隙水，其中钙质砾岩层、钙质砂岩层含岩溶溶孔的孔隙裂隙水。固结低、孔隙率高的红色砂砾岩，泄水快，贮水条件较差。盆地中深部下白垩统赣州群、龟峰群含地下水极贫乏。在鄱阳盆地，浅部以中细碎屑岩为主的古近系为较有利的含水层。其中断裂含水带为可供开采的地下水。另一类为第四系松散的冲积、冲湖积孔隙水，属于断陷盆地内的主要含水层，也是可供开采利用的重要含水层。

（三）工程地质条件

盆地为主要城市、村落区，是重要的建设工程施工地区。分布较广的上白垩统－古近系红层包括较坚硬的红色砂砾岩组和较软弱的中细粒砂泥岩组。由于地层产状平缓，断裂不发育，工程地质条件一般较好。除丹霞地貌区有崩塌地质灾害外，一般为地质灾害低易发或不易发区。盆地第四纪冲积、冲湖积或部分残坡积地层区，工程地质条件也较好。其中，软土、填土工程地质条件比较复杂。更新世的红黏土具有一定胀缩性，对工程可产生一定影响。

第三节　生态环境的第四纪地质基因

第四纪是人类的世纪，“天、地、生”之间相互联系、相互影响，构成了生态环境的重要条件。

一、区域新构造环境

第四纪早更新世早期仍继承新近纪地壳整体隆升环境，至早更新世晚期，发生了最新一次的弱造山活动，江西省地质环境发生了新的转折，地壳由整体隆升转变为多阶段不均衡山体隆升与盆地沉降。

（一）构造活动态势

早更新世晚期，青藏高原快速隆升，向东逃逸伸展作用增强，形成了中国大陆地势的三个阶梯。东南陆区与同处于第三阶梯的华北陆区有所不同，华北强烈伸展下沉形成大平原，东南陆区由于菲律宾海板块扩张，向台湾东部仰冲和向冲绳岛弧俯冲影响波及东南陆区，与来自青藏高原向南西方向的伸展作用相遇，引发了弱造山活动。这场运动虽然比较微弱，但对环境资源的形成、生态环境的变化、地质灾害的发生起到了明显的控制作用，产生了巨大的影响。

从台湾地区第四系形成的一系列北北东向褶皱向北西西方向叠次逆冲推覆，并兼有左行走滑的北北东向断裂带可知，构造主应力主要为北西西向，与东南陆区的现代地应力场一致（见图 1–3–13）。江西省及邻区北北东向断裂带也有明显的左行挤压走滑扭动作用，可能与菲律宾海板块主体向北侧的冲绳海沟俯冲有关。

（二）活动构造体系

江西省域新构造研究表明，新华夏构造体系在第四纪弱造山推动下再次活动，对地质、地貌与生态环境起到了主导性的制约作用。在前期形成的隆起、坳陷、断陷盆地格局的基础上，大别、幕阜 – 罗霄、武夷三个主要变质基底隆起块体之间，发生左行扭动，大别块体向南南西，幕阜 – 罗霄、武夷块体向北北东方向移动。江西省西部的幕阜 – 罗霄和东部的怀玉 – 武夷再度隆升，形成北北东向的隆起山脉多字形左行侧列山峰与山体。中部的赣鄱断陷带再次沉降，北东向盆地平原与低山丘陵相间斜列展布。由于鄱阳盆地沉降幅度最大，导致省域地势向北倾斜，南岭相对隆起，形成了东、西、南三面群山环境，中部平原与丘陵绵亘，北部鄱阳平原坦荡的“U”状盆形地势。

在盆岭格局约束下，于早更新世晚期至中更新世早期形成的以赣、抚、鄱、信、修“五河”为主干的水网主要沿坳陷带、断裂带发育，在鄱阳盆地形成了鄱阳湖。以鄱阳盆地为中心，形成向心式的鄱阳湖水系。并沿湖口 – 星子地堑形成北鄱阳湖管道，注入长江。至此在新华夏构造体系制约下，形成了新华夏式以北北东向为主体、多字形为特征的山江湖地貌与自然地理景观。

第四纪弱造山使新华夏构造体系于早期（中侏罗世—早白垩世）、中期（晚白垩世—古近纪）形成的一批断裂再次活动，而且主要继承其断裂格局。幕阜—罗霄带与雩山—武夷带以北北东向左行侧列的断裂带为主。赣鄱带以北东向斜列式断裂带为主，且主要为断陷盆地边缘断裂带。也反映了幕阜 – 罗霄与雩山 – 武夷块体间相对左行扭动特征。而相伴的北西或北北西向张裂带，与北北西、北东东向一对剪切断裂带在区域上显示较弱，显得零散。由于北北东向、北东向断裂带于晚白垩世—古近纪时已由压扭性转化为张性正断层，且断距较大，第四纪弱造山，不能改变其产状，一般仍保持正断层状态。但据石城一带北北东向导热硅化断裂带观察，硅化带中除了发育北西西向横裂面外，其中一对小型剪切断面、擦痕阶步清晰，北北西向断面与北东东向断面分别为左、右行剪切，可与区域新华夏系动力体系构造配套，也与区域震源机制原地应力测量、大地测量三角网所反映的北西西向的主应力场相吻合（见图 1-3-13）。这时新华夏系断裂的再活动，构成了江西的控水（地下水）、控热（温泉）发震断裂体系。省内赣西北（幕阜）与赣东南（武夷）两条重要的断裂地热地震带，也呈左行侧列之势，是否与新华夏系区域左行扭动作用有关值得研究。

（三）地壳隆起与沉降作用

第四纪的隆起与沉降总体幅度较小，但对生态环境具有重大影响，对地质景观与宜耕土地的形成至关重要。

1. 隆起作用

第四纪时不同地质构造与地貌单元隆起状态有所不同。隆起带山地显示继续抬升，大致分为强、较强和较弱隆升。强隆起作用往往形成尖峭峰林或陡崖陡坡或穹状中山，溪流湍急，多瀑布、跌水，如三清山、庐山、井冈山、五指山、明月山、大茅山等。根据观察，三清山早白垩世花岗岩株主体部分还保留着岩体边缘相和伟晶岩壳，有较多的围岩残体，呈侵入体的准原态状。山体中上部风化壳很少，显示山体抬升速度大于风化剥蚀堆积速度，隆升作用较强。而广泛分布的波状隆起丘陵区隆升作用较弱。坳陷带丘陵或低山区普遍呈较弱或微弱抬升状态，在坳陷带边缘或隆起带上残留的古—中生代向斜，隆升稍强，形成小型岩溶石林，如万年神龙源等地。较大的断陷红层盆地，大部分沉降为岗埠、平原、谷地，在武夷、九岭等山麓盆缘抬升，形成低丘丹霞地貌。

2. 沉降作用

第四纪沉降作用以鄱阳盆地为中心。周围山地向中心倾斜。根据赣、抚、信、鄱、修等诸水河谷盆地阶地观察，早更新世晚期和中更新世河谷Ⅲ、Ⅳ级阶地以基座阶地或内叠阶地为主，晚更新世和全新世河谷Ⅰ、Ⅱ级阶地以上叠阶地或埋藏阶地居多，表明在早更新世晚期以来，沉降作用有早期的沉降与抬升交替到以沉降为主的两个阶段。但都保留了沉积地层，说明总体上河谷地带下降沉积大于抬升剥蚀。这些河谷阶地阶面高出现今河流水面，赣江上游高达 37~50m，一般为 20~30m 左右。鄱阳湖平原第四纪时以下沉为主，沉积物粒度总体趋势是自下而上，由粗变细，沉积厚度由河谷向三角洲和湖区增大。湖区西南部的赣抚冲积平原，第四系一般为 20~40m，其前缘朱港地区达 76m。东部信江、饶河冲积平原厚度一般小于 30m。长江九江段河谷发育于九江坳陷上叠的小型古近纪断陷盆地之上，两岸沉降特点不同。北岸为 4 级基座阶地，阶面标高 50m 左右，高出江面 20~30m；南岸为 4 级上叠阶地，阶面标高 30~50m，高出江面 20~30m，长江河道为宽阔的全新统冲积平原（图 1-2-5）。根据国家地震局地震研究所湖北省现代地壳垂直形变水准测量资料，大别山现在仍以 2~3mm/a 的速度抬升。据长江水利委员会 18 年的水准观测数据统计显示九江市年下降率为 1.8mm（刘广润 等，2008）。显示大别山至长江北岸地壳向南倾斜，而江西总体为向北倾斜，由此鄱阳平原至长江南岸的九江一带为一沉降下坳地带，导致长江向南岸冲刷，鄱阳湖迭次由古彭蠡泽南迁。

综观江西省第四纪隆起与沉降格局，隆起剥蚀区范围远大于沉降沉积区，地壳总体上隆起大于沉降，从隆起区剥蚀的大量风化物除部分沉积于河谷平原，大量经由长江去往东海。

二、地质构造、气候与生态环境演变

华南地区二叠纪时仍在赤道附近徘徊，以后逐渐由热带移动到现位的亚热带，进入第四纪以来受冰期和构造变动影响，气候变化颇大，先后经历了严寒、炎热、风沙和湿润多雨的气候变迁。早更新世进入冰期，是江西省南华冰期以来最寒冷时期，在庐山形成了山岳冰川。由于更新世早期全省大部分处于隆升状态，除庐山地区有大排岭组、鄱阳组冰碛和赛阳间冰期沉积分布外，只有九江组和掩埋型的恒湖组河流沉积。

早更新世晚期气候仍十分寒冷，在庐山地区形成了大姑期冰川。这时，由于青藏高原快速隆升，来自印度洋的潮湿气流受到阻挡。东亚大陆与东面的太平洋之间海陆热力差异及大气环流的季节变化，江西及邻区由西风带为主转变为典型的东亚季风气候区，夏季盛行偏南风，冬季盛行偏北风。降雨的水气主要来自孟加拉湾、东海、南海、西太平洋等地。于大姑冰期之后，受季风影响，江西雨量增加，赣江开始形成，沉积了赣县组砾石红土层。随后信、抚、鄱、修诸水也逐渐形成。

中更新世早期为江西气候最炎热时期，形成了以紫红色、棕红色为主的进贤组网纹红土和庐山地区大姑－庐山间冰期的叶家垅红土段。这一时期的炎热气候，使稍早寒冷气候下形成的浅色冰碛物或土层变为红色。庐山地区公路旁剖面揭露的大姑组泥砾，主体为淡白、灰白色，壳层则为橘红色，可为佐证。因此，该期是江西省最重要的红土化时期。

中更新世早期，气候又一次转冷，庐山地区形成了末次冰期的庐山冰碛泥砾，但是已明显萎缩；晚更新世进入冰缘期，形成芦林碎石黏土。这时由于气候干冷多风，风化物泥化较弱，成为江西的重要风沙时期，河流沉积以砂质为主，莲塘组以砂层为主，柘矶组主要为砂层。在湖口县柘矶、彭泽县老爷庙、永修县吴城的松门山以及南昌附近等地，形成了砂岗、砂丘。砂层物质主要来自古长江、赣江等河床，冬季河水水位降低，为北风、西北风沿江西北部开阔地带强劲吹扬、搬运而成。这是所谓江西省的“沙漠化”主要发生时期。

全新世进入了冰后期，气候由冷转暖，约自全新世中期，已呈现亚热带湿润气候，雨水丰沛，万山绿翠，水网密布，这一时期是江西省水稻土重要的形成时期。气候也受到江西的地质构造与地貌影响，如向北敞开的盆形地势，使鄱阳平原和赣江河谷冬季成为寒冷北风的通道。怀玉－武夷隆起山脉地带成为台风的屏障，上饶坳陷又为台风留了空隙，赣东北成为重要的暴雨中心。雨水、流水成了地质环境重要的外动力条件，塑造了大量地质地貌景观。同时也造成了暴雨型崩塌、滑坡、泥石流、洪涝、溃堤、水土流失等自然灾害。江西的暴雨集中于4~6月，是地质灾害预测预报预防的重要时期。

第四十五章　区域环境地质格局及其特征

在本志研编过程中，认识到区域地质构造是环境地质单元划分及其特征的重要基础条件，与经长期发展演化于中新生代形成的隆起、坳陷、断陷红层盆地三重构造，以及第四纪的弱造山关系尤为密切。

第一节　环境地质单元划分

江西省环境地质单元综合划分尚无先例可循。现按照地质构造–地貌–环境一体化划分原则，以第二代《中国区域地质志·江西志》所做的江西省构造单元划分为基础（图 1–1–5）。在本志地貌单元、区域水文地质单元、区域工程地质单元等划分的基础上划分出全省一、二级环境地质单元（图 11–45–1）。

关于一级环境地质单元的分界，江西省有两条重要的地质构造界线：一是（凭祥）– 宜丰 – 景德镇 –（苏州）晋宁期扬子、华夏古板块对接带；二是（北海）– 萍乡 – 广丰 –（绍兴）加里东期地壳叠接带。鉴于经长期地质构造演变，构造格局迭经变化。属于华夏板块变质基底的信江钱塘地块于青白口纪末经雪峰运动与下扬子地块联为一体，同具扬子型南华纪以来的沉积盖层；宜丰 – 德兴混杂叠覆造山带被万年推覆体所掩，出露的变质基底为新元古界下部万年群变质地层。在推覆体北部形成了萍（乡）– 乐（平）晚古生代—中生代坳陷，并上叠了在省内具有重大环境地质意义的鄱阳盆地。构成了中新生代以鄱阳盆地为中心的隆、坳、盆构造格局。据此，从构造与地层岩石组成因素综合分析对比，大致以萍乡 – 广丰地壳叠接断裂带为界将全省分为赣北与赣南两个环境地质大区。位于该断裂带南侧的饶南坳陷奠基于东南加里东造山带北缘。但晚古生代以来已与怀玉、广丰坳陷联为一体，故将其归于赣北大区的上饶坳陷环境地质区。

在上述环境地质大区划分的基础上，以隆、坳、盆为基础，将全省进一步划分为 15 个各具特点的二级环境地质区（图 11–45–1）。

第二节　区域环境地质格局

江西省自中新元古代以来，经历了由华南洋—华南裂谷系—滨特提斯洋陆表海—滨太平洋大陆的多旋回伸展—造山，形成了多体系构造和南北分区、东西分带，隆、坳、盆与山、丘、原纵横交织的环境地质格局。奠定了“一圈（环鄱阳湖）、两横（长江、湘赣浙江沪）、两纵（京九、赣闽台）”经济带的基础。

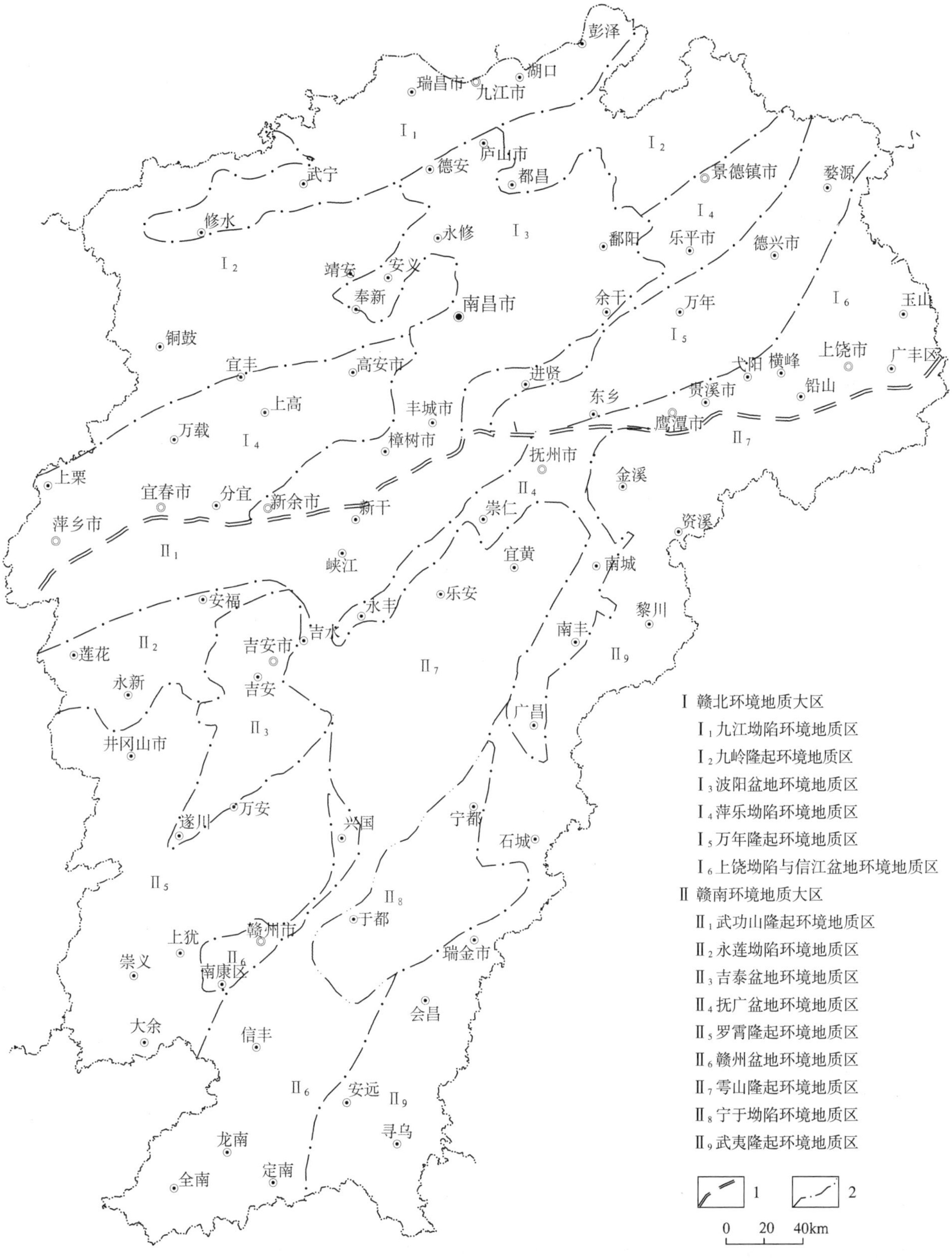

图 11-45-1 江西省环境地质单元综合区划图

Fig. 11-45-1 Comprehensive division of environmental geological units in Jiangxi Province

1——一级分区界线；2—二级分区界线

一、南北分区格局

江西省北部为“两块”（下扬子、信江钱圹）夹“一带”（宜丰－德兴混杂叠覆造山带），南部为加里东期东南造山带。构成了南、北分区的大地构造背景。随之，地层岩石组成、隆坳格局、地貌以及环境地质、生态地质特征均有明显差异。

（一）赣北环境地质大区

江西北部地质构造与环境地质奠基于中新元古代华南洋及其陆缘弧盆构造，经晋宁运动形成的下扬子地块与信江钱圹地块及二者之间的宜丰－德兴造山带，复经扬子—加里东、华力西—印支期和燕山期的地质发展演化，成为扬子反“S”形巨型构造体系南部中段的一部分。构造带以近东西至北东东向为主。晚白垩世以来，又形成了上叠的鄱阳等盆地。构成了“两坳”、“两隆”、“一盆”的地质构造格局。

“两坳”指九江、萍乐－上饶坳陷带，“两隆”为九岭、万年两条隆起带，大致呈近东西至北东东向相间排列。隆起带由青白口系下部浅变质岩、花岗岩组成。变质岩地层形成的紧密褶皱基底岩石固结程度较高。坳陷带分别由扬子型（九江、饶北、怀玉）和华南型（萍乐、饶南）沉积盖层组成，主要岩性为沉积碎屑岩、碳酸盐岩、煤系等组成。广丰、东乡、德兴地区有早白垩世陆相火山盆地分布。

“一盆”为处于赣北中部的鄱阳盆地。是省内规模最大、断陷最深的晚白垩世—古近纪断陷盆地。主要由固结程度较低的红色砂砾岩组成，也是全省第四纪沉积中心，形成了全国最大的淡水湖泊。

受隆、坳、盆构造控制，形成了“两岭”、“三丘”、“一原”、“四河”、“一湖”的地貌格局。

“两岭”为九岭山脉、怀玉山脉，“三丘”为九江、萍乐、饶南沉积碎屑岩、碳酸盐岩丘陵低山区。均呈近东西至北东东向延展。怀玉山脉是省内唯一由于白垩纪以来持续隆升形成于坳陷区以怀玉山、灵山花岗岩基为主体的山脉。

“一原”为形成于鄱阳盆地之中的全省最大的鄱阳平原。

“一湖”为鄱阳湖，“四河”为长江、修河、饶河、信江。区内水网密布，地表水丰富，地下水类型多样。由于鄱阳盆地下沉，形成以湖区为中心的向心式水网。修、鄱、信、锦、袁诸水主要循近东西向穿行于坳陷带或断陷盆地之中，自西向东或自东向西与南来的赣江、抚河组成放射状水网，汇入鄱阳湖，再北注长江。

区内隆、坳、盆构造交错发育，变质岩、花岗岩、沉积碎屑岩、碳酸盐岩、低固结的“红层”与第四纪疏松沉积物均分布较广。地下水类型多样，裂隙水、岩溶水、孔隙裂隙水、孔隙水均分布较广。地下水资源量约近全省地下水总量一半。但由于鄱阳平原孔隙水和九江、萍乐、上饶等坳陷区的孔隙裂隙水、岩溶水分布面积较大，可开采地下水资源量相当丰富，约占全省地下水可开采资源总量的三分之二以上。

（二）赣南环境地质大区

江西省南部与北部环境地质有着密切地内在联系和相似之处。主要差别是南部处于东南加里东期造山带，地壳活动性较强，又是一个大的隆起区，变质岩、花岗分布很广，因而构成了明显的南北差异。

1）江西南部与北部的“两块夹一带”构造单元和以横向隆坳交替、大型湖盆为中心的构造特征不同，系处于华夏板块东南加里东期造山带中部。于燕山期陆内活化造山以来，形成了以赣南为中心、地跨湘东、闽西、粤北的中国东南部规模最大的构造隆起变质岩、花岗岩区。其中仅有永莲、宁于两个小型坳陷。晚白垩世—古近纪断陷红层盆地较多，但规模不大，形成了赣鄱、抚河两条北北东向断陷带。区内隆陷构造以纵向东西向分带为主。形成了“两横”、“五纵”的隆、坳、盆构造格局，并约束着地层、岩石的分布。

2）“两横”为横亘于江西中部的武功山近东西向隆起带和伸驰于赣粤交境与纵向构造相复合的南岭北部东西向隆起带。“五纵”为“三隆两陷”，自西向东依次为近南北向至北北东向的罗霄隆起带、赣鄱断陷带、雩山隆起带、抚河断陷带和武夷隆起带。

广大隆起区内青白口系上部至下古生界组成的变质基底裸露。武夷隆起带，尤其是北武夷隆起是我国东南陆区海拔最高的隆起区，隆起剥蚀强烈，暴露出加里东期造山带的根部。所以区内自罗霄隆起、雩山隆起至武夷隆起，变质基底地层依次变老，变质程度增高。在武夷隆起的造山带根部有古元古界天井坪组结晶基底零星出露。

隆起区花岗岩广泛出露，尤其是在遂川－抚州北东向断裂带的东南侧，花岗岩分布尤为密集。呈岩基、岩株随隆起带成带分布。

区内永莲、宁于两个小型坳陷，由华南型中上泥盆统至中生界沉积碎屑岩、碳酸盐岩、煤系组成。赣南南部三南—寻乌地区有较多的早侏罗世、早白垩世小型火山盆地分布。

断陷盆地组成赣鄱与抚河两条断陷带，规模较大者有吉泰、赣州箕状盆地，抚州菱形盆地。东部宜黄—于都、南城—会昌一带以半堑式裂谷状盆地为主。主要由晚白垩世—古近纪低固结的红色碎屑岩和第四纪冲积层组成。

1）赣南位于江西“U”形盆地的南部。以隆起山地为主，盆地平原规模较小。总体呈现西罗霄、东武夷、南南岭、中赣鄱、向北缓倾的盆形地貌格局，受隆起带与断陷带制约，具有岭、盆（谷）相间的纵向分带地貌结构。

2）赣南地区处赣江、抚河中上游，水网密布。赣州、吉泰盆地既为过水盆地，又分别是南部、中部汇水中心，地表水资源较丰富，约占全省地表水资源总量的二分之一以上。与赣北区比较，赣南区由于受地质条件制约以变质岩、花岗岩裂隙水分布最广，裂隙孔隙水、岩溶水和孔隙水较少。可开采地下水资源偏少，约占全省可开采地下水资源总量的三分之一。

二、纵向分带格局

（一）构造体系

江西省及邻区自中侏罗世始，进入了滨太平洋构造域活动时期。由于古太平洋板块向欧亚板块东部俯冲和陆洋板块之间超强的近南北向左行扭动，形成了北北东向多字形新华夏构造体系（李四光，1973），奠定了江西及邻区地质环境纵向（北北东）分带的基础。

根据江西及邻区地质情况，新华夏构造体系经历了三个发展演化阶段。

1. 第一阶段：中侏罗世—早白垩世，燕山陆内活化造山期

这时地壳挤压扭动热胀隆升，形成了一系列北北东向左行挤压走滑型与左行侧列式郯庐断裂集群，主要有麻城－团风－幕阜山－萍乡－北海、郯庐－赣江－四会－吴川、鹰潭－安远－广州、镇江－宁

国 – 婺源 – 永平 – 寻乌 – 河源等深、大断裂带，对前期构造进行了强烈的复合改造。主要表现为以下几点：

1）扬子反“S”形巨型构造带和南岭东西向构造受到了分段切割，左行错移。罗霄 – 诸广 – 云开、雩山、武夷等北北东向构造带受到了复合归并。

2）使九江坳陷发生旋卷，使九岭、萍乡 – 高安、武功山、永莲等近东西、北东东的构造带受到左行扭动，形成反“S”状构造群。

3）使稍早形成的北东向断裂带进一步发展，最显著的是纵贯江西省中部的赣鄱雁列式北东向断裂群。

4）与北北东构造带相伴的有北西向张性或左行张剪性断裂、北北西向剪张性左行断裂、北东东向压剪性断层和剪张性右行裂隙带。

5）为燕山期重要的控岩控矿构造。

2. 第二阶段：晚白垩世—古近纪，燕山期造山后与喜马拉雅伸展成山成盆期

晚白垩世初，江西省及邻区进入燕山造山期后伸展期。全境以大规模断隆成山、断陷成盆为特征。在新华夏构造体系约束下，省内主体构造为北北东向的“两隆一陷”三带结构，即西部的幕阜 – 罗霄断隆带、东部的怀玉 – 武夷断隆带和中部的由北东向的鄱阳、抚州、吉泰、赣州断陷盆地斜列分布组成的赣鄱断陷盆地带。

3. 第三阶段：第四纪以来弱造山时期

由于印度板块向北俯冲，青藏高原开始隆升，地壳向东逃逸，受来自菲律宾海的扩张影响，新近纪地壳整体隆升成为高地，自早更新世晚期开始，构造活动增强，发生弱造山，地壳发生不均衡升降，江西省东西边缘的幕阜—罗霄、怀玉—武夷山脉发生较强隆升，中部赣鄱带盆地下沉，盆间隆起山地隆升较缓，使全境东西向分带的环境地质格局定型。

（二）新华夏式地貌特征

历经挤压扭动、伸展和弱造山，在新华夏构造体系制约下，形成的新华夏式地貌样式同中国东部陆区一样具有以下两个显著特点。

1）由北北东向东西“两隆”（幕阜 – 罗霄、怀玉 – 武夷）、中部“一陷”的构造地貌样式，构成了江西省西、东、南周缘为中低山脉所围绕，中部低山丘陵盆地斜列分布，北部鄱阳平原坦荡，整体向北倾斜的“U”形盆地地势。

2）左行侧列式和左行斜列式多字形盆岭地貌样式。

纵观江西山脉山体，盆地皆呈左行侧列或斜列之状，显然受燕山期新华夏系左行扭动形成的左行侧列或斜列断裂带约束。燕山期造山后伸展期成山、成盆，断裂性质虽然转化为张裂，但未能改变其断裂格架构造样式。

如幕阜 – 罗霄断隆带，山脉总体呈北北东向，幕阜、九岭、武功山、万洋山、诸广山一系列左行侧列分布，由北北东向次级隆起和山体组成。而且经详细观察发现，九岭、武功山等近东西至北东东向的古隆起由于受北北东向或北东向断裂带与燕山期花岗岩带制约（图 11–45–2），山体分水岭皆为北北东向或北东向，与隆起带走向斜交。如九岭隆起的九岭尖分水岭、武功隆起的金顶分水岭均属之。

赣鄱断陷带由鄱阳 – 清江、抚州 – 吉泰、兴（国）– 赣（州）等三个大中型北东向断陷盆地组成，

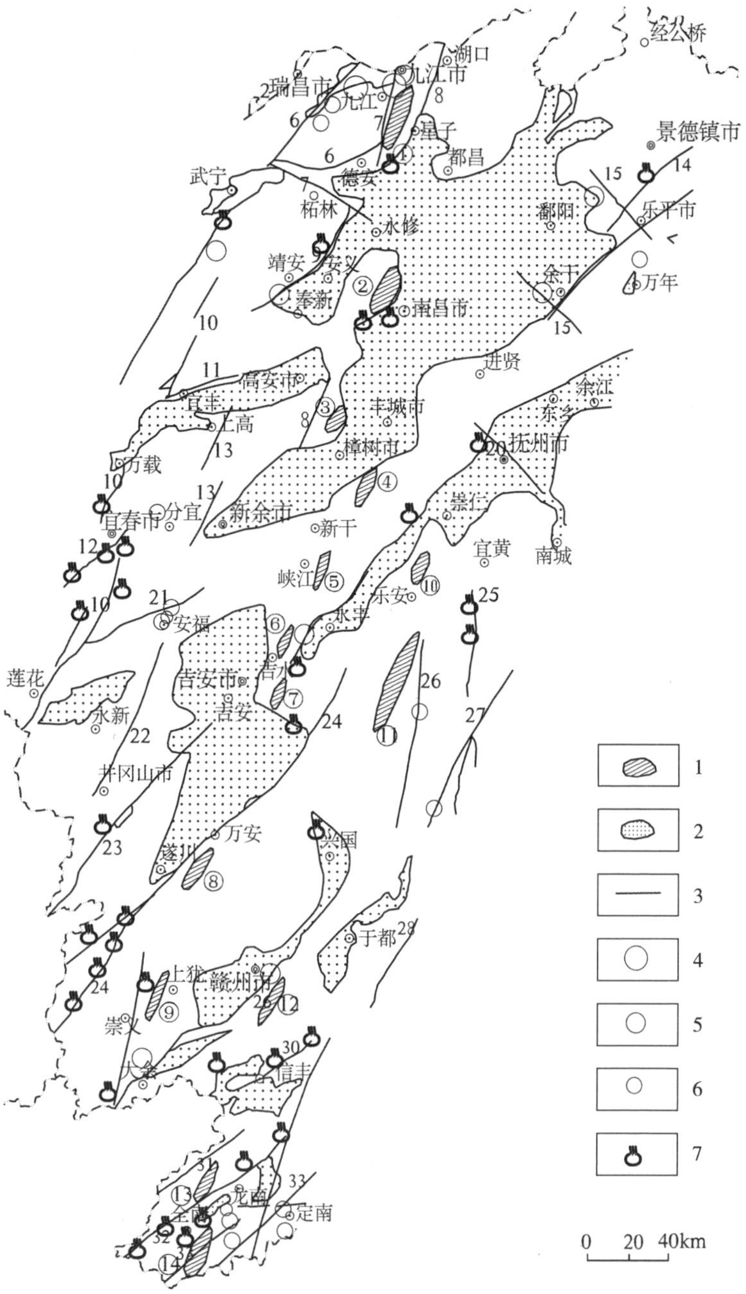

图 11-45-2　赣鄱新华夏式盆山温泉地震震中分布略图

Fig. 11-45-2　The distribution of the earthquake eqicenters and springs in basin and ridge of NeoHuaxia-Type in Jiangxi

1—名山及编号：①庐山、②梅岭、③荷岭、④阁皂山、⑤玉笥山、⑥东山脑、⑦青原山、⑧白鹤山、⑨阳岭、⑩相山、⑪桃山、⑫崆峒山、⑬天龙山、⑭九连山，活动断裂编号同图 1-1-8；2—晚白垩世以来断陷盆地；3—晚白垩世以来断陷盆地；4—六级地震震中发生地；5—五级地震震中发生地；6—四级地震震中发生地；7—主要温泉

呈多字形斜列式分布。其间，为斜列的弱隆起区低山丘陵所隔。

引人注目的是沿赣江两岸，受赣江断裂带影响，北自庐山，南至吉安青原山，出现一串北北东向左行侧列分布的透镜状山体。北段的庐山是燕山期受赣江断裂带牵动形成的九江旋卷的一个反钟向旋卷带与地垒式复合山体。南昌市梅岭是受赣江断裂带牵动的反“S”状九岭隆起东部旋卷型推覆体；丰城市荷岭－华山岭透镜状山体是萍乡－丰城反“S”状坳陷东部的旋卷型山体；中南段依次有樟树市阁皂山、峡江玉笥山、吉水县东山脑、吉安县青原山、遂川县水日峰、崇义县阳岭等一串山体；另一列为乐安县相山至全南县九连山等一串侧列分布山体。多数是风景名胜之地（图 11–45–2）。

怀玉－武夷断陷带自北向南由鄣公山、怀玉山、出云峰、杉岭、东华山、鸡公岽、大顶岽等北东、北北东向呈左行雁列展布的山体组成。

南岭东段也在东西向隆起构造背景上，经新华夏系构造复合，分割为黄牛石、九连山、鸡笼嶂、乱罗嶂四个北北东向左行侧列分布的山体。

（三）新华夏成矿、成盆、成景、控水、导热发震断裂系统

通过《中国区域地质志·江西志》、《中国矿产地质志·江西卷》及本志的研编发现，形成于晚中生代的新华夏断裂体系于燕山期陆内活化造山时期控制岩浆热液成矿作用，于造山后伸展期块断成山成盆，在盆地内形成膏盐矿床，在断裂带中形成热水型萤石、重晶石、硅石矿床以及热水淋积型铀矿床。于挽近时期又成为成景、控水、导热、发震断裂构造带，构成了一条地质事件链和一个有成生联系的资源与环境系统。有关典型实例列述如下。

1. 九岭尖地质构造－资源－环境带

位于赣北九岭隆起中部，瑞昌－武宁－铜鼓和武宁岩－宜丰－莲花两条北北东向的断裂带之间。隆起区由青白口系下部双桥山群浅变质岩与九岭晋宁期花岗闪长岩基组成，循近东西走向。在北北东向的上述两条控带断裂带之间，又有多条北东向断裂带，复合控制形成了一条北北东向的燕山晚期半隐伏小型花岗岩株带。在地貌上出现一条北北东向的山岭，呈现出近东西向山系，北北东向成岭的复合型山岳地貌景观，主峰九岭尖，海拔 1784m，山势雄伟，为九岭山脉最高峰。

九岭尖北北东向燕山晚期花岗岩带形成了呈北北东向展布的九岭尖钨多金属矿集区，由下堡至铜鼓，长近百千米。已发现钨多金属矿床（点）10 余处，其中著名的大湖塘矿田拥有世界级的石门寺钨（铜）矿床和大湖塘、狮尾洞两个超大型钨（铜）矿床，构成世界最重要的钨矿集区（图 11–45–3）。

燕山期造山后，于晚白垩世—古近纪时沿瑞昌－武宁－铜鼓断裂带形成了赛湖、武宁、铜鼓一串小型箕状断陷盆地。在铜鼓盆地形成了铜鼓石丹霞地貌景观。

挽近时期，瑞昌－武宁－铜鼓断裂为省内重要导热发震断裂带之一。瑞昌有多次破坏性地震发生。武宁、石门楼、铜鼓历史上也曾发生过 5 级破坏性地震。该断裂带已发现有铜鼓县温汤、玉龙、古桥，修水县汤桥，武宁县罗溪等温泉。武宁岩－宜丰－莲花断裂带也是一条重要的导热断裂带，区内有九仙汤温泉。

2. 石城－寻乌地质构造－资源－环境带

位于武夷山脉南段西坡，永平－石城－寻乌－河源北北东向深断裂带中段与会昌环形构造东部的复合地带（图 11–45–4）。

燕山晚期早白垩世形成会昌县锡坑迳火山盆地和石城海罗岭、姜坑里、松岭等 S 型花岗（斑）岩株，形成了岩背斑岩型、淘锡坝层间隐爆型大型锡矿床等组成的锡坑迳锡矿田。石城县分布有海罗岭隐爆岩筒型钽铌矿床、松岭斑岩锡矿床组成的钽铌锡矿田，同时形成了一串隐爆岩筒型矿床（点），如红山铜矿床、青龙山（铜钼）、胎子岽（钨）、官村（银）矿床等。

晚白垩世，沿断裂带形成了一串中小型断裂盆地，在会昌月牙形盆地中形成了周田盐矿床。盆地

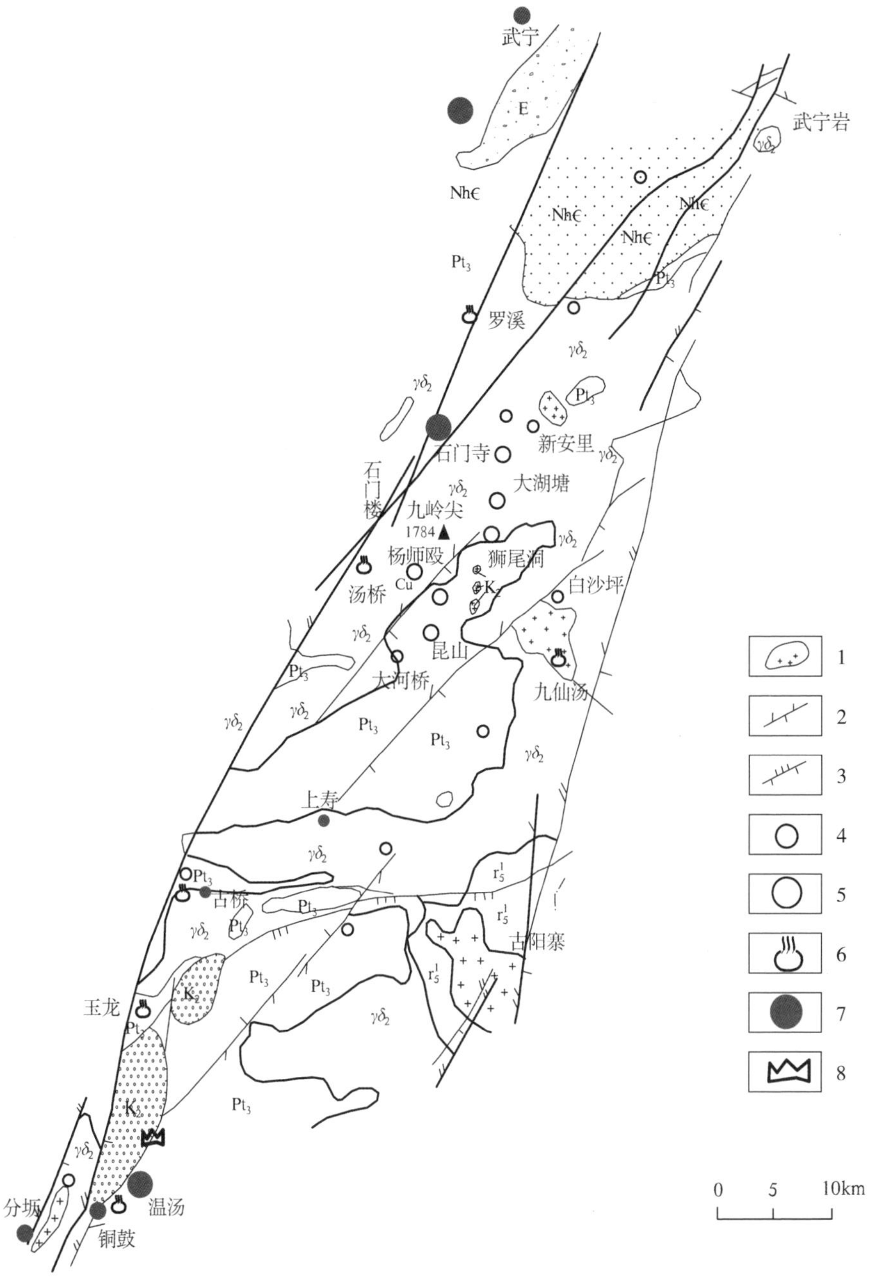

图 11-45-3　九岭尖矿集区矿床、地热、地震震中分布略图

Fig. 11-45-3　The distribution of deposits, geothermal resources and earthquake epicenters in Jiulingjian ore concentration area

1—燕山期花岗岩；2—挤压走滑断层；3—逆断层；4—小型（点）钨矿床；5—中—超大型钨矿床；6—温泉；7—地震震中；8—丹霞景观；E— 古近系；K_2—上白垩统；Nh∈ —南华系—寒武系；Pt_3—新元古界；γ_5^1—印支期花岗岩；$\gamma\delta_2$—晋宁期花岗闪长岩

东缘有玄武质火山喷溢，在会昌县站塘火山口有铜矿化，在会昌县草桃背玄武岩火山口的印支期花岗岩围岩中形成了热水淋积成因的河草坑铀矿田。沿断裂形成了会昌县筠门岭、谢坊、石城县渣山里等 3 个大型热水型萤石矿床与温泉。

挽近时期，该带是一条重要的断裂地震带、地裂缝带，其中会昌县周田曾发生省内最强的 6 级地震，寻乌县境曾发生多次破坏性地震（图 11-45-4），为重点防震地区。

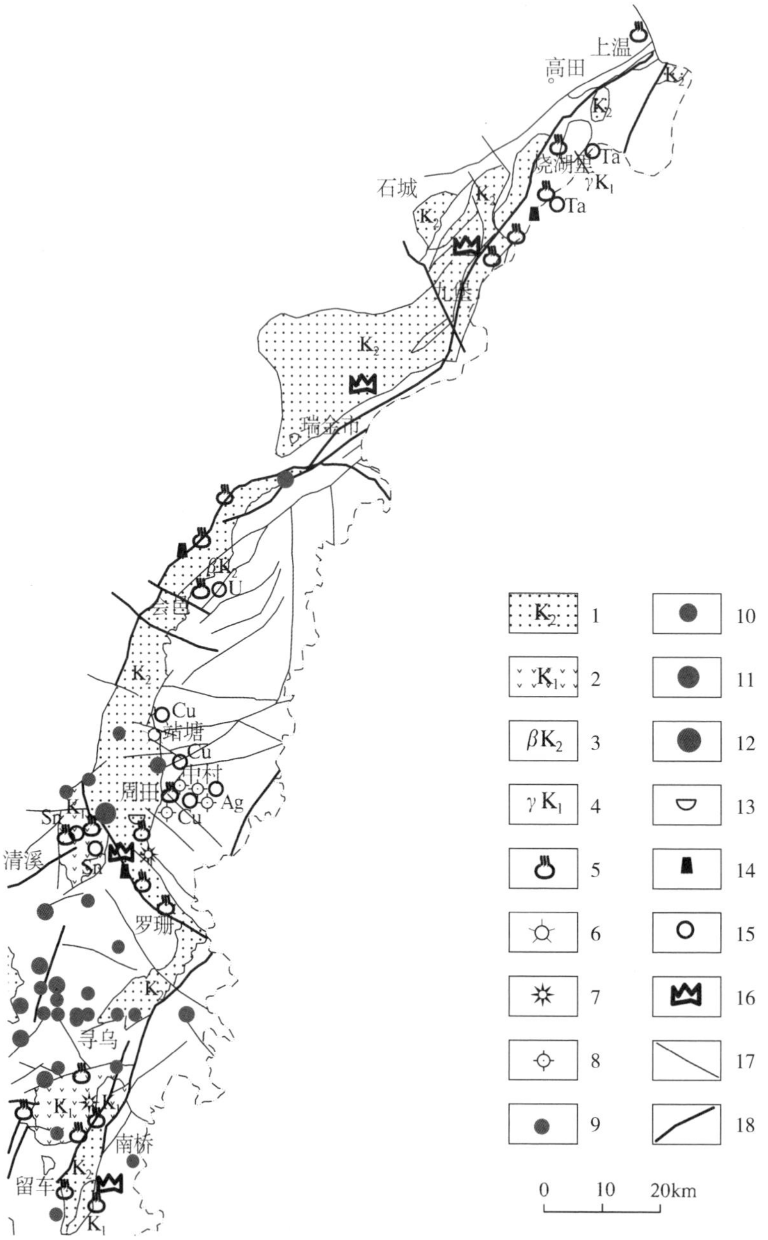

图 11-45-4 石城－寻乌控矿控盆导热发震断裂带略图

Fig. 11-45-4 The Shicheng-Xunwu fault zone that controls the formation of basins and development of deposits, conducts heat and induces earthquakes

1—晚白垩世盆地；2—早白垩世火山盆地；3—晚白垩世基性火山岩；4—早白垩世花岗质侵入岩；5—温泉；6—晚白垩世—古近纪火山口；7—早白垩世火山口；8—早白垩世隐爆角砾岩筒；9—三级地震震中；10—四级地震震中；11—五级地震震中；12—六级地震震中；13—岩盐矿床；14—萤石矿床；15—金属矿床：Cu（铜），Sn（锡），Ag（银），U（铀），W（钨）；16—丹霞景观；17—一般断层；18—主干断层；空白区为前中生代地层、岩石

该带又是江西省最重要的地热带，已发现天然温泉和钻探隐伏型温泉 29 处。该带又有武夷山脉西南麓的一条丹霞地貌景观带，有石城县通天寨、瑞昌市罗汉岩、会昌县汉仙岩、寻乌县青龙岩等景区。该带石城县—瑞金市间的武夷山东坡为赣江源头。清溪飞瀑，浓荫蔽日。瑞金市为红色故都，石城、会昌等红色遗址众多，与绿色山体、温泉、丹霞组成一条最佳的科考、休闲度假、旅游长廊。

第三节　区域环境地质基本特征

江西省在地质发展演化的长期过程中，特别是中新生代以来发生的几个重大地质事件，奠定了环境地质与生态环境的良好基础。

一是中新生代形成隆、坳、盆格局是江西环境地质的基础条件；二是古近纪末，强烈的构造活动结束，地壳进入相对稳定环境是江西生态环境重要条件；三是早更新世晚期弱造山作用，地壳不均衡隆升与沉降，奠定了山、江、湖地貌格局，最重要的是形成了河湖水网与沉积平原、谷地；四是更新世末冰期结束，全新世时为亚热带气候，湿润多雨，构成了绿色江西、大美江西、富饶江西的重要条件。

正是这些事件，决定了江西环境地质与生态环境的基本特征，认识与把握这些特征，科学地开发利用资源，解决好存在的问题，是建设美丽江西的关键。

一、“一圈”与纵横交织经济带的环境地质特征

（一）地质地貌特征

省内隆、坳、盆构造与山、丘、原地貌格局构成了经济带与城市群的重要约束条件。隆起区中低山地与坳陷区高丘低山主要为林业矿业经济带；盆地岗埠平原及部分坳陷区低丘、岗埠谷地，为重要的水陆交通通道、农工商经济带与城市群或民居带。

全省以鄱阳平原为中心，构成中心式经济圈、城市群。以近东西向的九江坳陷、萍（乡）乐（平）坳陷与上饶坳陷分别构成横向的沿（长）江经济带和湘赣浙沪经济带。以赣鄱断陷带构成纵向的京九经济带和沿抚州－广昌－会昌断陷带构成赣闽台经济带。这些经济带的环境地质的主要特征是：地势低平，土地肥沃，临江滨湖，交通便利，地表水和第四系孔隙水均较丰富，并为崩塌、滑坡、泥石流等地质灾害低易发区或不易发区，工程地质条件也较好，自古以来就是生态条件优越的城市、村落聚集区和经济带，也是今后重要的城市群和经济带。

（二）水资源特征

水是生命之源，也是江西省的资源优势。全省水网密布，多年平均地表水资源总量 1541 亿 m^3/a，是省内主要水资源。地下水资源也较丰富，初步估算资源总量约 230 亿 m^3/a。地下水分布和赋水性明显受隆、坳、盆构造单元的不同地层岩石以及山、丘、原地貌格局约束，而且构成了一个大气水—地下水—地表水的补给系统。地下水与地表水有一定的互补性，可调节使用。地下水具有海绵效应，是雨后和旱季地表水的重要来源。

1）省内可开采的地下水资源初步估算约 73 亿 m^3/a，主要分布于平原丘陵区。其中第四纪冲积、冲湖积与部分残坡积松散沉积物强－中富孔隙水，面积 2.3 万 km^2，可开采水资源量 39 万亿 m^3/a，为城市、村镇主要地下水资源。其次强－中富水的岩溶水，含水面积 1.4 万 km^2（约 0.4 万 km^2 在第四系覆盖层下）。可开采地下水资源量 24 万亿 m^3/a。但部分地区取水时易引发地面岩溶塌陷，需注意防范

或不宜利用。江西断裂带发育，断裂含水带分布于不同地质构造单元，是重要可开采地下水资源。

2）断陷盆地中上白垩统－古近系红色碎屑岩孔隙裂隙水分布面积2.2万km^2。其中钙质砂砾岩为中强富水层，中细粒砂岩层为中－弱含水层，低固结的砂砾岩层为贫水层，总体含水性较差。

3）隆起带中低山变质岩花岗岩区和坳陷带丘陵低山沉积碎屑岩区分布面积最广，约10.8万km^2，占全省面积的64.65%，以基岩裂隙水为主、其次为风化壳残坡积层孔隙水，初步估算地下水资源总量为230.48亿m^3/a，而可供开采的地下水主要为断裂水和泉水，仅7.09亿m^3/a，但属于江西十分重要的地下水资源，具有良好的海绵效应，构成了地表水的重要补给来源。江西隆起区高度不大，以中低山为主，坳陷区以丘陵为主，地貌多为穹状、波状，加上气候条件，利于形成较发育的残坡积孔隙水层。基岩中裂隙水虽然主要为中弱含水层，但面积大、含水量丰富，地下水位和泉流量动态呈典型的气象－水文型曲线，地下水位、流量其峰值绝大多数地区滞后降水1~20d。基岩裂隙水随山坡倾斜排泄，排泄速度与坡度相关，在波状山丘区，排泄速度较缓。江西隆起山地与坳陷丘陵地区成了重要的海绵型贮水体，因而有大量梯田、茶山和广布的绿色山体，形成了“水、土、生”良性循环。因此，搞好绿化，充分发挥山体海绵功能与山塘水库和鄱阳湖调节功能，进行海绵城市建设，使宝贵的水资源得到充分保护和利用。

（三）土壤资源特征

自然界岩生土，土生万物。在江西的亚热带温润多雨气候中，大部分地层岩石都易于风化成土。受不同构造、地貌单元制约，土壤类型及其生态地球化学特征随之作规律性分布。

1. 岩土类型及生态特征

1）隆起山区广泛出露的变质岩、花岗岩易于风化成土。海拔800~1200m之间的中山山体形成残坡积黄壤，分布稍广；海拔1100~1800m的中山山地形成黄棕壤，植物主要为湿性针叶林，分布零星；海拔1400m以上的中山顶部局部形成草甸土，以武功山高山草甸及草甸土最为典型；海拔600~700m以下的低山丘陵区以红壤为主，分布最广，黄红壤分布于400~500m至600~700m之间低山区，属红壤与黄壤的过渡类型；海拔1000m以下的山地以暖性针叶林、常绿阔叶林、竹林为主。在植被发育的低山区，红壤表层可形成黄红壤或腐植土。隆起山地总体以红壤为主，分布于中山区的棕黄壤、黄壤不但分布局限，而且随隆起中山区，呈左行侧列分布，如江西省西部的九岭山、武功山、万洋山、诸广山棕黄壤、黄壤的侧列分布特征十分明显。

2）坳陷丘陵区：其中硅质胶结的石英砂砾岩不易风化成土，中细粒沉积碎屑岩易风化形成红壤和表层腐植土；钙质、炭质泥岩往往形成白土；碳酸盐岩露头区不易成土，由于不是大面积分布，石漠化较弱，在岩溶洼地或平地形成石灰土或含钙红壤。植物以杉、松、竹、油茶为主。

3）断陷盆地区：盆地边缘红色碎屑岩丘陵、岗埠以高铁低氮的紫红土为主，土层一般较浅。丹霞地貌区往往岩石裸露，土层较薄。中细粒红色碎屑岩区风化形成的紫红土层较厚，经熟化以后的紫红土壤上植被较发育，以人工松、杉、油茶林为主。盆地中第四纪更新世冲积、以红壤为主，全新世冲积、冲湖积平原谷地主要为耕作土壤。湖泊区有湿地、腐植土分布。

2. 土壤生态地球化学特征

根据已完成的10.35万km^2 1∶25万区域生态地球化学环境调查评价成果，调查区内Ⅰ、Ⅱ类土壤面积占89.80%，表层土壤氮、磷、钾养分元素总体较丰富。有88.95%的面积适宜发展无公害农业，

67.51%与67.28%面积符合发展绿色食品与有机食品的产地环境质量要求；发现圈定了一批富硒、富锌、富锗等富含有益元素的特色土地资源；揭示了一批地方传统名特优产品产地环境的奥秘；发现、圈定了局部地区土壤重金属异常或超标区。

以上生态地球化学调查区域主要为断陷盆地平原和盆缘部分坳陷区较低山区，属于省内的重要经济区、农业区和城镇村落区，涉及隆起山地区及重要成矿区较少。结合全省20世纪进行的1：20万土壤地球化学和1：10万水系沉积物地球化学测量成果，联系区域地质、矿产地质特征，可以初步得出土壤生态地球化学方面的以下规律性认识。

(1) 区域地质构造与成矿单元构成了生态地球化学的元素的分布与分区的基础

土壤中的生态地球化学元素主要来自地层、岩石、矿床。江西中新生代时期形成的隆起（带）、坳陷（带）与断陷盆地，构成了地层、岩石组成与构造形态各具特色的Ⅲ、Ⅳ级成矿带的主要制约因素和划分的基础，是省内区域生态地球化学分区重要的基础。

(2) 土壤生态有益与不良地球化学元素的基因分析

土壤中的生态地球化学元素可分为原地或准原地型及迁积型。前者主要为残积、残坡积层，后者主要为冲积、冲湖积型，还可进一步分为近源型和远源型。它们均与不同的地层、岩石、矿床建造的地球化学特征及其空间分布密切相关。

a. 有益生态元素建造

硒（Se）：主要富集于暗色的含炭地层。重要的有中二叠统乐平组、龙潭组、梁山组，上三叠统安源组，下石炭统梓山组等煤系地层和下寒武统荷圹组。其次新元古界双桥山群、万年群，南华系，震旦系，古生界也都有暗色含炭夹层。除此，部分硫化金属矿床中（如东乡枫林铜矿），特别是与火山活动有关的多金属矿床（如广丰桃源铜矿）也含硒较高。现已发现圈定富硒土壤1.39万km^2，其中清洁的富硒土壤9156km^2。随着全省生态地球化学调查的全面展开，富硒土壤面积将会进一步扩大。特别是萍乐坳陷西部的萍乡—宜春地区、九江坳陷西部修武复向斜荷塘组分布区，均有望发现富硒土壤。

锗（Ge）：主要富集于煤系和暗色含炭地层中，铅锌矿床中往往也含锗较高。

磷（P）：主要的含磷地层为下震旦统陡山沱组，其次为底下寒武统荷圹组。下古生界深层土壤为磷的主背景域。古生代含炭地层往往出现磷元素富集。

b. 不良元素建造

砷（As）与硫（S）：一般与含煤含炭以及火山岩地层相关。底下寒武统荷塘组、二叠系、上三叠统煤系，新元古代、中生代火山岩含砷、硫往往较高，梓山组、乐平组王潘里段煤组含硫较高。省内大量的岩浆热液金属矿床以及沉积型硫化物矿床为砷与硫的重要来源。

铅（Pb）与镉（Cd）：主要源自岩浆热液金属矿床。镉主要残存于锌矿、铅锌矿、铜铅锌矿石中。

氟（F）：主要源自萤石矿。江西是萤石矿产资源大省，除众多热液型金属矿床中含萤石矿物外，独立萤石矿分布也很广。

铀（U）：主要为放射性危害，底下寒武统荷塘组炭硅质沉积层为重要含铀层，其次部分中二叠统含炭硅泥岩层、下白垩统火山岩、印支期与燕山早期S型花岗岩，也含铀较高。

汞（Hg）：江西尚无汞矿床发现。汞元素危害较小，九江坳陷震旦系－寒武系及萍乐坳陷上石炭统－三叠系碳酸盐岩地层含Hg较高，有Hg矿化点发现，土壤中局部呈轻度富集。

至于省内土壤酸化较严重（pH值在4.5~5.5）问题，除了受到酸雨影响外，还可能与泥砂质变质岩、沉积岩、酸性花岗岩分布广，碳酸盐岩地层分布较为局限的地层岩石背景条件有关。都昌—彭泽地区土壤缺碘问题可能与古生界碳酸盐岩地层分布较广有关。这些问题有待进一步调查研究。

(3) 土壤不良生态元素的迁积作用

江西矿山众多，水网密布。不良生态元素经过河溪搬运是造成水土污染的重要途径。已有调查结果显示，矿山不良生态污染以近源溪流污染为主，在矿山密集区可造成连片水土污染。主干河流如赣江河谷已出现自上游至下游的轻度污染；乐安河河谷中上游水土污染尤为明显；长江沿岸出现镉异常带。

鄱阳湖及赣、信、鄱等诸水三角洲也初步显现不良生态元素，如 Pb、Cu、Cd 等的沉淀池效应。

除此，城镇由于工业活动，周边水土污染程度也较高。加强生态环境治理与保护是一项迫切任务。

（四）地热资源特征

江西省处于东南沿海地热带内侧（图 6–19–1），成热与菲律宾海板块向台湾东部仰冲有关。断裂带对流型地热与浅层地温能资源丰富，断陷盆地隐伏型地热颇有远景。

1. 隆起区断裂型地热资源

省内断裂带对流型地热资源主要分布于隆起区和隆坳或隆陷边缘断裂带。坳陷区温泉少且温度偏低，断陷盆地低固结红色碎屑岩中尚无温泉发现。主要导热断裂带为北北东向、北东向断裂带，北北东、北东向导热断裂带与北西向或东西向断裂交汇部位往往利于成泉；致密性脆性岩石如花岗岩、硅化带是热水成泉的有利条件。大地热源为其主要增温热源。

江西隆起区范围较广，北北东向、北东向断裂带十分发育，根据已有勘查成果，隆起区往往有热泉，唯赣东北地区偏离菲律宾海板块仰冲方向成热条件稍差。主要的北北东向、北东向断裂带特别是其中控制、切割晚白垩世—古近纪红色断陷盆地的断裂带大部分有温泉发现。

基于以上成热条件，省内断裂型地热在空间上具有东西向分带、隆起分区、南北分段、北北东向与北东局成串以及大致等距分布的特征。可划分为幕阜—罗霄、赣鄱、雩山—九连山、怀玉—武夷 3 带。有幕阜、九岭、武功山、罗霄、诸广、雩山、九连山、怀玉山、北武夷、南武夷等 10 个重要的地热区，已发现北北东向、北东向导热断裂带 20 余条、天然温泉 96 处，钻探发现温泉 32 处，绝大部分位于隆起区或隆起区与断陷盆地边缘断裂带。部分天然温泉经勘查都大幅度地提高了水温或出水量，显示资源潜力较大。

2. 盆地地热资源

盆地内尚无温泉发现，地热资源有两类：一类是隐伏型地热，另一类为浅层地温能。

盆地隐伏型地热找热难度较大，在南昌市西部已获突破，展示了盆地找隐伏型地热的良好前景。由上白垩统 - 古近系红色碎屑岩组成的断陷盆地，浅部古近系有水不热，中深部贫水。其中钙质砂砾岩含溶孔水，为可能的找热目的层。盆地中隐伏型地热目的层主要为“红层”下的古生代—三叠纪碳酸盐岩与沉积碎屑岩互层。初步估计分布面积在 4000km^2 以上。南昌、吉安、九江、萍乡、高安、樟树、丰城、新余、宜春北、瑞金等市都有这类找热条件，当有导热断裂带通过时，成热比较有利。

浅层地温能：江西处于亚热带，光照充足，平原区孔隙地下水资源比较丰富，地面恒温带深度 22~35m，温度 19.13~19.5℃，平均 19.32℃。一般地下水 5m 处温度 19.02℃，100m 处 22.06℃，平均增温率 3.87℃/100m。浅层地温能资源相当丰富，分布广，采用方便安全，开发利用已经起步，效益良好。

江西省以上 3 种地热资源都比较丰富、潜力较大，是发展低碳经济、休闲度假旅游经济的重要支撑。

（五）地质旅游资源特征

江西省隆、坳、盆与山、丘、原格局与湿润气候丰沛雨水，塑造出一幅绿色山水天然画卷。地质地貌景观类型多样，景区景点众多。受地质构造与地貌制约，具有分区、分带特征，构成地质旅游圈和景观带。

1. 隆起山地区

隆起山地区以山体、瀑布、峡谷植被等景观为主，且为重要温泉分布区，夏季气候凉爽，组成重要的旅游地质资源。其中花岗岩与砂岩、火山岩山体，以秀（三清山式）、奇（庐山式）、险（井冈山式）、雄（武功山式）为特征。井冈山、三清山、庐山为世界名山。山区飞瀑、流泉与河流峡谷众多，有瀑布50余处，已有漂流河谷10余处，具有极高的旅游价值。富有旅游价值的景观山体有30余座。变质岩区以婺源式幽谷、清溪、绿树、翠竹、茶山、梯田景观组合为特征。具有旅游、休闲度假价值有待开发的山区甚多，不下10余处。

2. 坳陷丘陵区

旅游资源以溶洞－地下河群、岩溶山体、人工湖泊、漂流河谷景观组合为特征。已发现景观溶洞或洞群49座。岩溶山体分布不广，但鄱阳湖中和湖滨的鞋山、石钟山与庐山共同组成山江湖景观群，旅游价值很高。具有观赏科考价值的火山口和火山锥有三百山等6处。区内大中型人工湖泊众多，有西海、仙女湖、陡水湖等，构成江西一道靓丽的风光。

3. 盆地平原区

盆地平原区以鄱阳湖大湖－湿地景观与武夷山山麓丹霞温泉、漂流河谷带以及恐龙化石遗迹最具旅游价值。以鄱阳湖为中心，周缘有庐山构造－冰蚀水蚀山体，湖口石钟山、鞋山岩溶景观，彭泽龙宫洞岩溶群，景德镇高岭土—陶瓷遗迹以及婺源变质岩区最美乡村，三清山、大茅山、灵山最美花岗岩山峰，德兴—弋阳华南洋壳遗迹，德兴金山、银山、铜厂古矿遗迹，龙虎山、龟峰丹霞景观以及梅岭推覆型花岗岩山体等，构成了一个世界级的地质科考与风光旅游圈。

武夷山山麓丹霞景观带北起广丰县铜钹山，经龟峰、龙虎山折向南城，南丰、广昌、宁都、石城、瑞金、会昌、寻乌达龙南县境，县县有丹霞。龙虎山以碧水丹山，龟峰以丹霞造型绝伦，列入世界自然遗产名录，已建成世界地质公园；南城—龙南间一串丹霞景观与盆缘温泉带构成一条游丹霞、泡温泉、品橘橙、赏荷花、观恐龙（化石）的景观带。

（六）环境地质灾害特征

江西省的主要地质灾害与环境地质问题主要是地震、崩塌、滑坡泥石流、地面岩溶塌陷灾害和矿产开采带来的矿渣、尾砂与水土污染问题。

1）江西省自新近纪（23.09Ma）以来，地壳进入稳定发展阶段，地震活动主要受菲律宾海板块活动影响，是主要地质灾害之一。但地震活动频度相对较低，自公元304年以来的1711年间曾发生破坏性（4.75级以上）地震28次，据统计，2.0级以上有感的地震较活跃期，间隔约20a；地震烈度也较低，最高震级6级一次（会昌县周田），其他破坏性地震在5.75级与4.75级之间。经地质地震部门调查，地震的空间分布已趋于明朗，主要发生于赣西北的幕阜地震带和赣东南的武夷地震带。全省北北东向与北东向主要发展断裂8条。其中麻城－幕阜山、瑞昌－铜鼓、九江－靖安、石城－寻乌、九连山－安远等5条地震频度、烈度较高。会昌县周田、寻乌，龙南县南亨，九江—瑞昌间为地震频度、烈度较高地区，在上述断裂地带和地区进行各项建设，特别是农村建设，严格按照标准设防，是可以把地震灾害降低到最低限度的。

2）江西省暴雨型崩塌、滑坡、泥石流地质灾害分布较广、发生率高、突发性强，容易造成人员伤亡、财产损失并对交通造成影响。这类灾害主要发生于山地丘陵区的4~6月暴雨时期。陡崖陡坡区易发生崩塌、泥石流，当山丘坡度较大、风化壳残坡积层较厚时易发生滑坡、泥石流。尤其花岗岩块状节理发育，陡崖陡坡更易发生崩塌、泥石流，花岗岩低丘厚风化壳易于发生水土流失。同时不合理人工切坡也易引发灾害，但这类灾害发生的地质地貌条件易于掌握，在时间上为暴雨期，灾害发生前往往有裂缝等先兆。通过地质调查，对危害区实施搬迁避让，建设前作好安全评估，施工时严格按要求切坡护坡，暴雨季节做好灾害预报和观测，加强防灾知识普及，实行群防群治，这类灾害是可防、可控、可治的。

岩溶区地面塌陷主要发生于坳陷丘陵平地区。这些地区往往为重要城镇、村落、交通道路分布区。人工取水、矿山排水也易引发这类灾害。但省内平地覆盖型碳酸盐岩分布不广，只要做好建设工程地质调查与安全评估，合理避让，严格按要求施工，灾害也是可防可治的。

除此，长江等江河管涌、崩岸灾害也时有发生，特别是长江水道南移明显，加上江岸岩溶发育，必须进一步做好工程勘察，建好堤防。

3）矿山环境地质问题。江西省矿产资源丰富，新中国成立以来，经60余年大规模的开发，在为经济建设做出了重大贡献的同时，由于经济技术条件限制与管理水平等问题，也造成了比较严重的环境与生态问题。主要有矿渣、尾砂和水土污染三大危害。

矿山环境地质问题与矿产资源分布特征密切相关。赣南地区矿产资源以石英脉型黑钨矿床、离子型稀土矿床和脉状萤石矿床广泛密集分布为特征。钨矿、萤石矿的主要问题是矿渣、尾砂和Pb、Cd、Cu、As、S、F等水土污染。离子型稀土矿主要问题是水土流失和地浸引起的水土污染。赣北地区金属矿床密集度较小，但多金属硫化物矿床多，萤石矿床也较多，除矿渣、尾砂外，Pb、Cu、As、Cd、S、F等水土污染也较严重。除此，萍乐坳陷区为省内主要煤产地，主要问题为矿渣大量积存，另外也存在S、As、水土污染。另外，由于矿山开采、施工不合理，可引发崩塌、滑坡、地面塌陷等灾害。

省内至2013年底，矿山废渣尾砂存在量达309330.08万t，其中矿渣164118.24万t，尾砂139049.66万t，煤矸石6157.28万t。2013年产出矿渣、尾砂37057.57万t，综合利用3127.84万t。表明积存量大，且仍逐年增加。

矿山水土多数处于近源地污染状态。但当矿山密集时有连片污染趋势。规模较大、开采较久的硫化金属矿山，明显造成沿河道水土污染。赣江、鄱江三角洲部分地段土壤中也发现有低度重金属污染现象。

进入21世纪以来，江西矿业根据党中央关于生态文明建设和省委关于绿色崛起的一系列要求以及有关法规，在矿渣、尾砂利用，离子型稀土开采技术创新，绿色矿山建设，废矿山整治等方面做了大量工作，取得了良好成效，为进一步走出一条绿色、科学的矿业道路，积累了宝贵经验。

地质工作是发展生态型矿业的先行，要在矿山环境地质问题治理工作中做出新的更大贡献。首先要继续加强地质找矿，积极开拓矿产资源，更好地满足经济建设需要。同时要为优化绿色矿业布局提供依据。有了丰富的矿产资源，就可以抓大放小，择优开发，减少环境压力。为此普查找矿要广泛开展，合理解决好矿业、林业的矛盾关系。事实上普查找矿阶段对林业并无影响。其次，在矿业勘查阶段要按环境优先原则，进一步做好矿产资源评价、综合利用评价和生态环境评价，为矿山开发立项提供依据。第三，积极开展水土污染治理与尾砂利用试验研究，积极参与绿色矿山建设与废矿山环境整治。经验表明，省内大部分矿山尾砂是可供二次开发的资源，只要充分依靠科学技术，积极开发利用，就可以变废为宝，化害为利（李四光，1972）。再者，江西气候湿润多雨，宜林水土条件良好，有利于绿色矿山建设，也有利用废矿山治理。只要坚持科学办矿，就可以做到开了金山银山，再造绿水青山，进入绿富美安境界。

第四十六章　区域地质发展与环境变迁简史

江西省于元古宙以来，经历了由早前寒武纪克拉通—洋—海—陆的演化过程。以大陆发展为主线，以陆海开合、地壳动 - 定转化旋回为基础，江西自元古宙至古近纪可划分为 5 个主要的地质发展阶段（表 11–46–1）。本章根据环境地质研究的需要，着重于晚中生代以来，特别是第四纪地质发展与环境变迁历史的记述。

第一节　元古宙—中三叠世

一、古元古代晚期—青白口纪早期（1800 ~ 820Ma）

古元古代晚期—青白口纪早期为江西原始陆壳形成、华南洋及省域北部地块变质基底固结时期。

江西原始陆壳是随着上扬子陆核的孕育、发展而逐渐形成的。古元古代早期，随着上扬子太古宙陆核的孕育发展，不断向周边增生，大致在古元古代晚期，形成了江西及邻区原始陆壳的雏形。古元古代末的吕梁运动使扬子原始陆壳克拉通化，江西地壳古元古代结晶基底形成，并成为扬子早前寒武纪克拉通的组成部分。

中元古代晚期，扬子早前寒武纪克拉通发生裂解，随华南洋盆扩张，华夏古陆自扬子古陆中分离出来，形成了扬子、华夏两个古板块，其间为华南洋。

晋宁期造山经历了先南后北俯撞和陆陆碰撞对接过程。华南洋壳先期向南俯冲，导致华夏陆缘由被动陆缘向活动陆缘、怀玉火山岛弧从海到陆的转化，随着两板块汇聚的逐渐加剧，又使华南洋向北俯冲，引发北部的扬子被动陆缘转化为活动陆缘。至青白口纪早期末（820Ma±），古华南洋消亡，扬子陆块与华夏陆块最终碰撞对接，发生了晋宁期造山运动（图 11–46–1），形成了巨大的扬子反“S”构造体系的雏形。在扬子、华夏陆块之间形成反“S”状的钦杭古板块结合带是全国最古老的板块结合带之一。构成了江西北部环境地质重要的古老地质构造基因。

二、青白口纪晚期—志留纪华南裂谷系活动与南华陆壳固结时期

青白口纪晚期—志留纪华南裂谷系活动与南华陆壳固结时期时限为 820~416Ma。

晋宁运动后，江西及邻区地壳强烈扩张，刚初步固结的大陆再度裂解，形成由皖浙赣堑垒火山带、湘桂台阶式斜坡带和南华裂谷海盆组成的华南裂谷系（图 11–46–2）。江西省境内自北向南依次为下扬子断陷陆相火山盆地、江南断隆、钦杭裂谷海槽、广丰断隆陆相火山盆地和南华裂谷海盆。

表 11-46-1　江西地质构造发展演化简表

Table 11-46-1　Simplified table of Jiangxi geological tectonic development and evolution

地质年代/Ma			地质发展阶段		构造运动	主要地质事件
第四纪	全新世	0.01	赣鄱盆岭系形成阶段	喜马拉雅	喜马拉雅运动	陆壳不均衡隆升沉降，山岳冰川，哺乳类动物繁盛，现代山川地貌形成
	更新世	2.6				
新近纪	上新世	5.3				陆壳整体隆升
	中新世	23.09			四川运动	
古近纪	渐新世	33.8				
	始新世	55.8				膏盐
	古新世	65				哺乳类动物、被子植物出现
白垩纪	晚世	95*				块断成山成盆，膏盐，恐龙灭绝
	早世	145	陆内活化造山阶段	燕山		火山喷发，大量花岗岩入侵，金属成矿
侏罗纪	晚世	160*			燕山运动	大规模花岗质岩浆侵入，金属成矿大爆发
	中世	180*				板块汇聚，江西大部隆升造山，断裂推覆，花岗岩入侵
	早世	199.6				“三南”继续伸展，菖蒲双峰式火山岩
三叠纪	晚世	218*			安源运动	伸展坳陷，弱海侵，安源组煤系
	中世	247.2	华南大陆形成阶段	印支		大规模海侵结束，盖层强烈褶皱造山，断裂推覆
	早世	252.3				古生代生物灭绝，中生代生物出现繁盛
二叠纪	晚世	260.4				乐平组煤系
	中世	270.6			东吴运动	陆内弱挤压隆升，少量花岗岩入侵
	早世	299		华力西		
石炭纪	晚世	318.1				
	早世	359.2				梓山组煤系
泥盆纪	晚世	385.3				植物繁盛
	中世	397.5				海水浸漫，宁乡式铁矿
	早世	416				
志留纪	顶世	418.7	东南造山带形成阶段	加里东		
	晚世	422.9				
	中世	428.2				笔石等薄壳动物减灭，出现鱼类、裸茎植物
	早世	443.7			广西运动	大量花岗岩入侵，南华裂谷海盆闭合造山，与扬子陆块拼贴
奥陶纪	晚世	460.9				
	中世	471.8				笔石动物繁盛
	早世	488.3				
寒武纪	晚世	497				
	中世	507				黑色页岩事件
	早世	521				三叶虫等古生物群大量繁盛
	底世	541				海绵生物出现
震旦纪	晚世	550				
	早世	635				碳酸盐岩帽，含磷、滑石沉积
南华纪	晚世	660		扬子		
	中世	725			澄江运动	全球性冰期，形成间冰期新余式铁矿
	早世	780			雪峰运动	赣北扬子陆块固结，形成莲沱组盖层；华南裂谷系形成，火山事件，瓶颈类出现
青白口纪	晚世	820			晋宁运动	扬子与华夏陆块碰撞对接，花岗岩入侵，扬子陆块初步增生固结
	早世	1000	扬子东南陆缘固结阶段	晋宁		古微植物繁盛
中元古代		1800				早前寒武纪克拉通裂解，扬子、华夏古板块与华南洋形成
					吕梁运动	扬子—华夏早前寒武纪克拉通形成
古元古代		2500				上扬子陆核形成
新太古代						

注：* 为本志暂用年龄值。

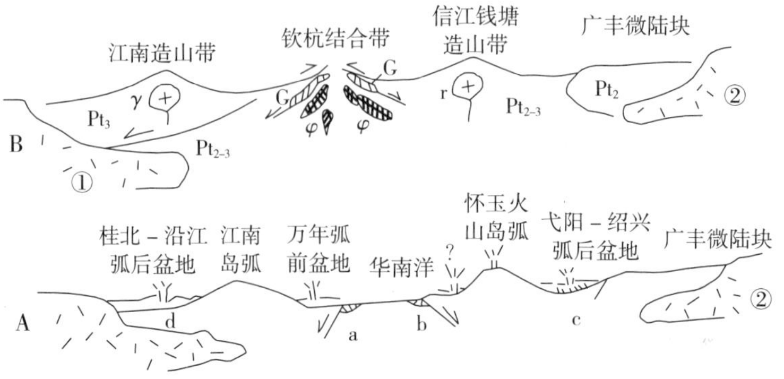

图 11-46-1　中新元古代华南洋发展演化示意图

Fig. 11-46-1　Schematic showing middle Neoproterozoic Huanan ocean development and evolution

A—华南洋弧盆结构；B—华南洋消亡造山构造；①扬子古元古代克拉通；②华夏古元古代克拉通；Pt_3—新元古界下部；Pt_{2-3}—中元古界—新元古界下部；Pt_2—中元古界；φ—蛇绿岩类；γ—花岗岩；G—高压变质带；a—宜丰含铜蛇绿岩；b—德兴含金蛇绿岩；c—铁沙街－平水含铜火山建造；d—枕状熔岩细碧岩石英角斑岩建造

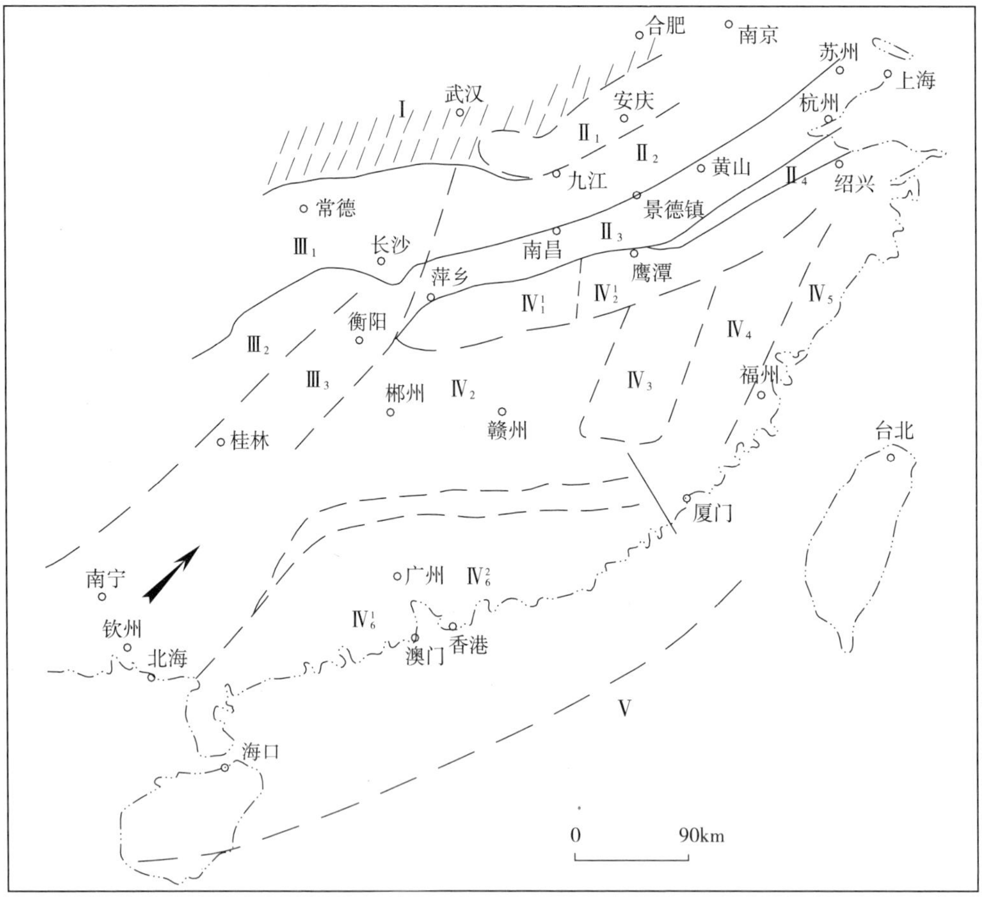

图 11-46-2　青白口纪晚期华南裂谷系略图

Fig. 11-46-2　Schematic of Huanan rift system in Late Qingbaikouian

（据杨明桂等，2012 修改）

Ⅰ—下扬子陆区；$Ⅱ_1$—下扬子断陷陆相火山盆地；$Ⅱ_2$—江南断隆；$Ⅱ_3$—钦杭裂谷东段；$Ⅱ_4$—广丰断隆陆相火山盆地；Ⅲ—湘桂台阶式断陷斜坡带；$Ⅲ_1$—武陵（"红板溪"）斜坡；$Ⅲ_2$—雪峰（灰板溪）斜坡含硅铁建造；$Ⅲ_3$—钦杭裂谷西段（"黑板溪"）；Ⅳ—南华裂谷海盆；$Ⅳ_1$—海盆北缘裂陷带；$Ⅳ_1^1$—武功山含硅铁矿碎屑岩沉积带；$Ⅳ_1^2$—宜黄洪山含硅铁、碳、钙（磷）碎屑岩带；$Ⅳ_2$—南岭中央裂谷海盆；$Ⅳ_3$—武夷裂陷块体；$Ⅳ_4$—闽中含海底火山—热水喷流铅锌矿裂谷；$Ⅳ_5$—沿海裂陷块体；$Ⅳ_6^1$—岭南裂谷块体；$Ⅳ_6^2$—岭南北缘含铁矿沉积带；Ⅴ—华夏古陆

青白口纪末，经雪峰运动，下扬子地块与信江钱塘地块在苏南相连并进一步固结。南华纪初下扬子与信江钱塘地块转变为被动陆缘的浅海台地环境，开始了稳定盖层沉积。江西北部转变为“一谷（宜丰－德兴坳拉谷）、两台盆（下扬子、信钱）的新格局”。南华纪中晚世进入全球冰期。南华裂谷海盆由深海、次深海转变为以浅海为主。在南华裂谷海盆北缘的赣中地区于间冰期沉积了新余式铁矿。冰期后在广丰微陆块形成了含锰、磷、滑石的碳酸盐帽建造。

寒武纪初发生广泛海侵，三叶虫及海洋生物大量繁盛，出现第一次生命大爆发，当时扬子、华夏陆块处于南纬30°~10°之间。赣北早古生代主要为介壳相碳酸盐建造、笔石页岩建造、杂色泥砂质浊积岩建造。赣南裂谷海盆次深海与浅海环境反复更迭，以浊积岩建造为主，间夹少量碳酸盐岩、硅质岩建造。

奥陶纪末—志留纪，加里东期造山运动发生，南华海盆收缩，主体向信江钱塘地块前陆拼贴，形成武功山大型倒转推覆褶皱。岭南块体随之北推，武夷块体西拼，形成了东南加里东造山带的前缘云开－武功山－会稽山反“S”弧形、“两纵”（雩山、武夷）、“一横”（南岭）、“一旋”（罗霄－九连山）弧形褶皱带。云开－武功山－会稽山反“S”褶皱带增生于晋宁期反“S”形构造体系南缘。奠定了赣南地区的构造基础，也构建了环境地质的重要基因。稍后，宜丰－德兴坳拉谷也发生封闭造山，沿萍乡－广丰拼接带发生大规模向北逆冲推覆。扬子陆缘于晚志留世地壳上隆，缺失晚志留世—中泥盆世沉积，其南缘大规模向南逆冲，形成了九岭、万年逆冲推覆构造。宜丰－德兴造山带与怀玉、广丰地体遭到消减叠覆（图11-46-3）。与东南加里东造山带前缘发生对冲，使弋阳－德兴蛇绿岩片混杂带推挤至浅表，形成了东乡县杨溪－丰城市白土构造岩片堆叠混杂带。至此，华夏古板块与扬子古板块再次拼贴，江西陆壳全面固结，并可能与古亚洲大陆联为一体。

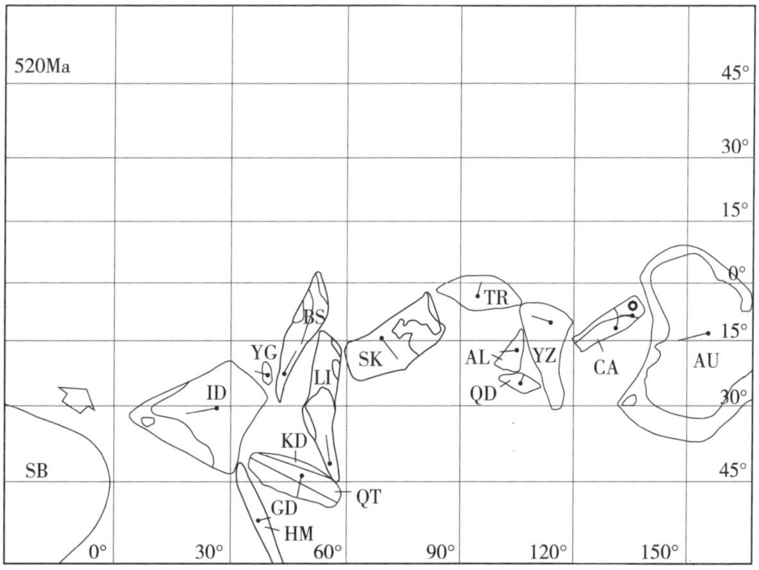

图11-46-3　寒武纪（520Ma）中国大陆及周边板块古构造复原示意图

Fig. 11-46-3　Schematic illustrating restored paleo-tectonics of Cambrian (520Ma) China continental plates and adjacent plates

（据万天丰，2004）

陆块中的黑圆点为古地磁参考点，示磁北的北端；黑短线为古磁北方位，以下类似图件均用此表示方法。SB—西伯利亚地块；ID—印度地块；HM—喜马拉雅地块；GD—冈底斯地块；QT—羌塘地块；KD—东昆仑地块；YG—雅干地块；BS—保山—中缅马苏地块；LI—临沧—印度支那地块；SK—中朝地块；TR—塔里木地块；AL—阿拉善地块；QD—柴达木地块；YZ—扬子地块；CA—华夏地块；AU—澳大利亚地块；KZ—哈萨克地块；JG—准噶尔地块；XM—大兴安岭地块；XY—西域地块；JP—日本地块；ND—完达山地块

三、泥盆纪—中三叠世（416～218Ma）

为特提斯洋被动陆缘活动与华南大陆和陆表海沉积盖层形成时期。

泥盆纪—中二叠世即华力西—印支期，江西处于特提斯洋被动陆缘伸展环境，中泥盆世海水由南西向北东侵进，形成了下扬子（赣北）、钦杭（赣中）、南华（赣南）三大盆地和含赤铁矿、石膏、煤、滑石海泡石黏土的碎屑岩、碳酸盐岩建造。中二叠世末发生的东吴运动是华力西期较强的一次地壳隆升活动。晚二叠世进入印支开合期，地壳振荡频繁，以海陆交互相的含煤碎屑建造为主，此时华南陆块已北移至赤道附近，处于热带雨林环境，形成了著名的乐平煤系。二叠纪末繁盛于古生代的生物大量灭绝，至早三叠世大量出现中生代新生生物。

中三叠世的印支运动结束了江西大范围的海侵历史，扬子、华夏古板块收缩挤压形成了侏罗山式褶皱和一系列走向滑覆和逆冲推覆构造。江西陆壳完成了向大陆的转变，华南大陆最终形成。

第二节　晚三叠世—古近纪

这一时期（218~95Ma）江西省及华南大陆已由北纬10°左右逐步漂移至现位（图11-46-4），经历了伸展成煤－陆内活化造山－伸展成山成盆活动，构成了环境地质的基本格局。

一、晚三叠世—早侏罗世（218～180Ma）伸展成煤时期

印支造山后陆壳伸展裂陷，形成了沼泽盆地及安源组煤系，为江西又一个重要的成煤时期。

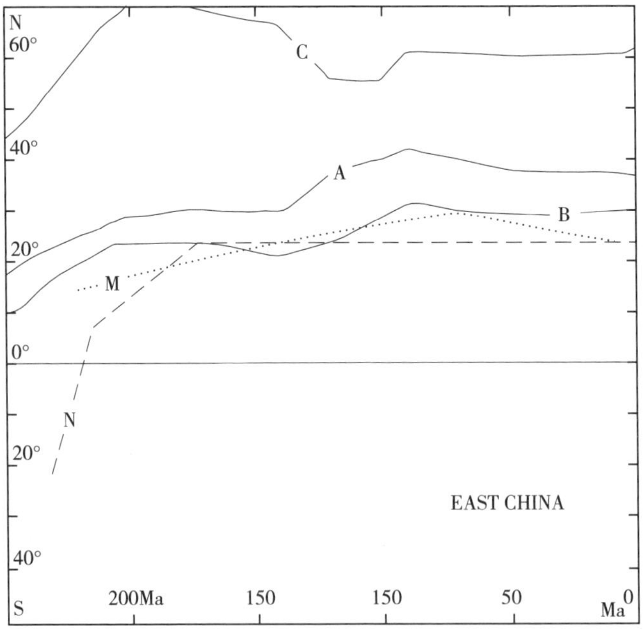

图11-46-4　中国大陆及邻区东部各板块的古纬度变化

Fig. 11-46-4　Paleo-altitude variation of China continental plate and adjacent region plates

（据万天丰，2004）

A—中朝板块；B—华南板块（主要指扬子板块）；C—西伯利亚板块；M—思茅－印度支那板块；N—保山－中缅马苏（Sibumasu）地块

二、中侏罗世—早白垩世（180～110Ma）燕山陆内活化造山时期

这一时期陆内块体收缩，古太平洋板块向欧亚板块东部陆缘俯冲，并发生强烈的陆洋板块近南北向左行扭动，形成了新华夏构造体系，以地壳挤压扭动热胀隆升，大规模的断裂以及岩浆－成矿大爆发为特征。

1. 中侏罗世初动造山期（180~162Ma）

这时作为岩石圈不连续带的钦杭结合带受到挤压扭动，其中深断裂带再次发生逆冲或逆冲推覆，形成了铜厂等同造山Ⅰ型花岗闪长质斑岩带和著名的德兴铜矿田等铜多金属矿床。而赣西南这时仍处于伸展环境，形成了“三南组合”A型花岗岩，江西大部分地区开始隆升。中侏罗统林山群分布十分零星，下部水北组以含薄煤层式煤线的灰白色长石石英砂岩为主，夹粉砂岩、泥岩；上部漳平组或罗坝组以紫红色的杂色碎屑岩为主，显示气候由湿润转为干热。

2. 晚侏罗世—早白垩世早期（160~110Ma）剧动造山期

晚侏罗世南岭东段强烈造山，形成罗（霄）武（夷）南（岭）燕山早期核心造山区，同造山S型南岭组合花岗岩分布密集，形成了南岭巨型矿集区的大量W、Sn、Bi、Mo矿床。在钦杭带江西段形成同造山I–S型钦杭组合斑岩钨钼铜多金属成矿带。早白垩世早期时，造山运动作核幔式向外扩展，形成长江中下游Ⅰ型扬子组合城门山序列斑岩与铜多金属矿床。在九岭、莲花山、武夷形成同造山S型江南组合花岗岩－钨多金属成矿带。早白垩世中晚期约138~110Ma开始火山活动，形成钦杭东段、南岭东段火山岩带，由陆内东延汇入沿海火山岩带。形成Ⅰ型扬子组合银山潜火山杂岩Cu多金属成矿组合与S型武夷组合潜火山岩Au、Pb、Zn、Sn成矿组合。

3. 早白垩世晚期（110~95Ma）转型期

早白垩世晚期，地壳开始由造山向拉伸转变，江西省东部率先转入伸展，沉积了火把山群含火山岩的杂色碎屑岩建造及版石油页岩、油气建造。

这一阶段是新华夏构造体系强烈左行扭动时期，形成了以北北东向挤压走滑断裂带为主体，与北西西向左行张裂、张剪断裂带和北东东向右行、北北西左行一对剪切断裂带伴生断裂，组成了新华夏系断裂体系。稍早形成的北东向断裂带也得到进一步发展，与前期古老断裂带复合，形成了强大的控岩控矿断裂网格，也为新华夏式侧列盆、山结构奠定了基础。

燕山造山期由于挤压、扭动，岩浆上侵，上地壳热胀隆升，晚侏罗世沉积缺失，形成西及云贵东至沿海辽阔的华南高地。至早白垩世在江西东部先后有火山盆地或火把山群碎屑岩沉积。

4. 晚白垩世—古近纪（95~23.04Ma）伸展成山成盆时期

（1）伸展作用——大规模成山成盆

晚白垩世，江西进入燕山陆内造山后与喜马拉雅伸展期，新华夏北北东向断裂体系由左行挤压扭动转变为张裂系统。江西全境形成了一系列受控于区域性断裂的断隆与断陷盆地，为赣鄱盆岭系奠基时期。境内断陷盆地的展布总体呈北北东向成带、近东西向成行、北东向成串的特点。自晚白垩世始，古太平洋板块沿台湾玉里带俯冲，东南大陆向西掀斜，断陷盆地自东向西逐渐萎缩。盆地的演化经历强烈拉伸断陷—充填—萎缩封闭三个阶段。白垩世末期（65Ma），恐龙突然群集灭绝，反映出地球环境再次发生了重大地质事件。至古近纪时断陷盆地主要分布于赣江及其以西，至古近纪末全部封闭。

经过这场强烈伸展，华南高地在燕山造山期整体隆升的背景上，沉积盖层被大面积剥蚀，断隆与

断陷盆地发生了巨大分异。江西境内断陷盆地最大深度为3000~4000m（南鄱阳盆地、信江、泰和盆地等），形成一批1500m以上中山山峰，最高峰黄岗山海拔2158m，最大隆陷差约为6000m。在隆起区燕山期大量花岗岩基或大型岩株被剥露出来，推测不少山体被剥蚀掉3~5km，形成了以鄱阳盆地下陷，周围为群山上隆的环境格局。赣东北地区信江河谷海拔标高仅数十米，该区早白垩世武夷群火山岩被覆于下白垩统晚期火把山群和上白垩统赣州群、龟峰群计约4000余米地层以下，至铅山县鹅湖山武夷群，出露海拔标高为600~700m，至东南最高峰的黄岗山武夷群出露标高已达2158m。说明晚白垩世—古近纪伸展期强烈的块断活动和成山、成盆作用。

燕山期时的隆坳格局这时也受到强烈改造，江西北部仍保持近东西向的两隆两坳格局，但被上叠的鄱阳等断陷盆地大面积覆盖，同时隆起区遭到强烈剥蚀。江西南部吉泰、于都、瑞金、宁都等断陷盆地基底均有古生代—早中生代陆表海沉积地层存留，有更多盆地晚白垩世—古近纪红色碎屑岩中含有大量古生代—早中生代碳酸盐岩和沉积碎屑岩砾石。隆起区中也残留有不少小型向斜。由此推断，赣南大面积隆起区之上的沉积盖层是燕山期造山后伸展期被剥蚀殆尽的。而且隆起带变质基底也遭到大量剥蚀，同时伴随断隆山体发生滑脱，如武功山、北武夷山、会昌县富城、桃山，形成以花岗岩基为核心的断隆山地。

这时江西地壳已减薄至35~30km。全境基本上形成了隆、坳、盆相间的高地格局，气候干热，多暴雨，生态环境，十分恶劣。

（2）四川运动——环境地质的重大转折

古近纪末，由于古太平洋板块沿台湾玉里带俯冲与印度板块向欧亚板块俯冲联合作用发生的四川运动影响，全省断陷盆地消亡，盆地形成挠曲或平缓褶曲。部分地区断陷盆地遭到较强挤压，以萍-乐坳陷带西部较为明显。高安断陷盆地北缘部分段落和鄱阳盆地南昌北部一带，见新元古界变质岩系逆冲于上白垩统红层之上。在丰城铁岗山有构造岩片从红层下部仰冲至浅表（图11-46-5）。并有较多断隆由于隆升较快形成重力势发生滑脱，有的岩片滑落于红层盆地之上（如鄱阳谢家滩等）。

经过这场陆壳收缩的弱造山作用，江西省与邻区由燕山期强烈造山与造山后强烈伸展，进入了相对稳定的地质时期，地质环境发生了重大转折。

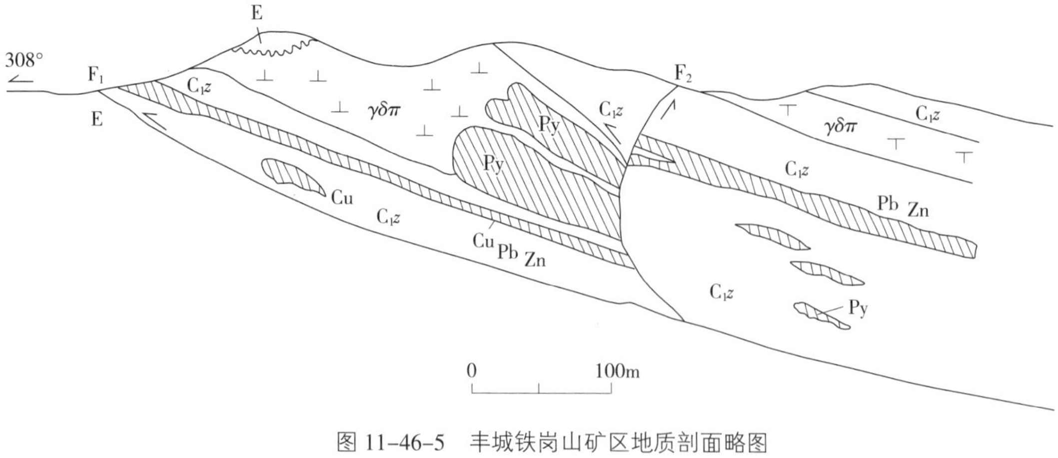

图 11-46-5 丰城铁岗山矿区地质剖面略图

Fig. 11-46-5 Geological profile of Tiegangshan ore field in Fengcheng

E—古近系；C_1z—下石炭统梓山组；$\gamma\delta\pi$—燕山期花岗闪长玢岩；

F—逆冲推覆断层；Cu—铜矿体；PbZn—铅锌矿体；Py—黄铁矿矿体

第三节　新近纪—第四纪

新近纪—第四纪是地质发展演化的最新时期，被称为新构造活动时期。其地质特征与现今地质环境的关联十分密切。

一、新近纪（23.04～2.588Ma）地壳整体隆升时期

新近纪—早更新世，南海海盆扩张，晋宁期华夏古陆块东南部残体彻底裂解，华南陆区面临大海。西南方印度板块向青藏地壳俯冲，并向东侧压，这时中国地势自西而东相差不大。东南陆区地壳均衡整体隆升，江西境内几乎无沉积存留。中新世时，仅在广昌头陂地区残留有小湖盆，以山间湖泊相碎屑建造为特点，夹含硅藻土，不整合于下伏新余组或基底岩系之上。上新世时，在吉水黄桥等地有含泥炭半疏松沉积物分布，显示气候转为温凉。这时东南陆壳已进一步硬化，构造活动强度不大，构造变形微弱，成为西接青藏、云贵地区的中低山与丘陵相间的高地。

二、第四纪（2.588Ma以来）喜马拉雅弱造山时期

第四纪与人类的出现、繁衍、生活息息相关。江西早更新世初仍承袭新近纪地壳整体隆升状态，很少有沉积存留。早更新世晚期是环境地质发展中的一个重要节点，这时青藏高原快速隆升，导致中国东南陆区向东南沿海伸展。开始处于中国地势的第三阶梯，但同时继续受菲律宾海板块扩张影响，且来自东南方向的构造作用较强，地壳发生双向挤压，引发了对江西山江湖面貌具有重要影响的喜马拉雅期弱造山活动。新华夏构造体系再次挤压扭动，区域主压应力为北西西方向（图1–3–2），地壳发生多阶段不均衡隆升与坳陷沉降。在晚白垩世—古近纪形成的隆、坳、盆格局的基础上，奠定了新华夏式多字形北北东向“两隆”、“一坳”和“西、南、东三岭一盆（赣鄱）”的地质构造－地貌格局。部分新华夏系断裂带发生“回春”，成为导热发震断裂带。

第四纪经历了由更新世冰期至全新世亚热带温润多雨气候的变迁。更新世时庐山由于一山飞峙和独特的地理地貌与气候环境，经历了山岳冰川的洗礼。早更新世晚期形成了以鄱阳盆地为中心，以“五河”为干流的水网系统。省境周缘的怀玉山、武夷山、九连山、罗霄山等隆起山地为侵蚀区，成为第四纪沉积物质的主要供应源地。中北部地区为剥蚀及堆积的丘陵和平原沉降区。赣抚平原、彭蠡泽－鄱阳湖成为全省的沉积中心。

（一）早更新世

早更新世初，鄱阳湖水系尚未形成，缺少沉积，早期晚时仅在九江坳陷、赣抚三角洲接受了少量沉积。九江十里铺钻孔资料显示，在九江组砾石层之下有厚达27.8m砂砾石层夹黏土，应为河流相沉积。赣抚三角洲地区以恒湖组为代表，岩性以卵砾石、砂砾石层为主，夹有粗砂层透镜体，砾石一般为次圆状至次棱角状，反映了沉积物搬运不远、堆积速度较快的古河床相沉积。

早更新世晚期，于大姑冰期之后，在现今的赣州、吉安、修水、抚河、信江及鄱阳湖等河谷、盆地，普遍发育了河流水系，形成了赣县组沉积，下段上部为网纹红土层，下部为棕黄色砂砾石层，中

部为粗砂层，厚约数米至 20m 不等。从其砾石呈磨圆、卵圆状，砂粒以石英为主，而且分层较为明显等特点，判断其应属河流相沉积。有的粗砂中含有砾石透镜体，可能是河床滞流留体，表明是古河道通过的位置。上部网纹红土成层厚近 7m，而且向下砂质增高，显示出序粒级的递变现象，是属于悬浮载荷状态下的沉积，早更新世晚期的早时曾发生过河水泛溢。底部砂砾石层分选较差，并有斜层理，应视为山口冲积扇的沉积特征。赣江三角洲地区的恒湖、朱港、玉丰一带的砂砾石层分布范围广，厚度较大，砾石磨圆度较高，分选性较好，可能是古赣江、古鄱江汇聚之处。

在长江南岸，九江锁江楼钻孔所见，九江组下段上部沉积为黄色黏土、亚黏土及亚砂土；中部为砂卵石层；下部为砂砾（卵）石层，但夹有中砂层。沉积特点与赣江上游基本类似，说明早时的沉积是以河流冲积为主。

九江组砾石层与长江沿岸的宜昌卢演冲砾石层、安庆砾石层、望江县砾石层形成时期基本相当。顶部与中更新统之间存在一平行不整合界面，反映了该区早更新世晚期（1.00MaBP）发生了一次重要的构造运动。这一时期也是青藏高原的强烈隆升期，在中国形成了广泛的区域性不整合面或沉积间断面，造成了中国大陆三级构造地貌阶梯，长江从此贯通，东流入海。

早更新世，因全球性气候变化，进入冰期，江西大部处于季节性融冻区，雪线以上的庐山发生了三次冰川活动，即大排岭冰期、鄱阳冰期和大姑冰期，堆积了冰碛泥砾；其间为气候转暖期，堆积了棕红色均质黏土和白石嘴黄色黏土和灰黑色泥炭层。

（二）中更新世

中更新世早期气候炎热，为江西主要红土化时期。庐山地区堆积了叶家垄网纹红土。从其含有的孢粉组合特点来看，反映了当时林木遍布、灌木丛生、水草遍地的植被景观和温暖而湿润的气候环境。晚期，庐山又一次发育冰川，堆积了庐山期泥砾，从堆积物分布来看，其活动范围小，仅见于庐山的大校场、小天池及王家坡“U”谷的长头岭，海拔高度为 800m 以上。晚时，堆积了黄褐色碎石黏土和融冻泥流。从孢粉组合特点来看，早时为干冷或干凉的气候环境；晚时为干凉的冰缘气候，并呈现稀疏草原植被景观。

中更新世时期，赣江、昌江进一步发育，抚河、信江、饶河、修水已趋成型，诸水系汇流于鄱阳湖盆地，注入长江，并形成广阔的冲积平原。各河谷盆地普遍分布进贤组红土砾石层堆积。中更新世早期进贤组下部以棕红色、棕黄色黏土砾石层为主，砾石呈次圆状－滚圆状，分选性较好，且有一定的排列方向，平行、斜层理发育，应属河流冲积物。中更新世时期进贤组上部为棕红色网纹状黏土、亚黏土，属于悬浮载荷状态下沉积，表明晚期曾发生过河水泛溢。受后期构造抬升影响，进贤组一般形成河谷盆地Ⅲ级基座阶地。

受鹰潭－九江北西向断裂控制，赣抚三角洲地区相对沉降，形成掩埋阶地，沉积了浅黄色和灰白色含砾粗砂和砂砾石层，代表河床相沉积。信江、饶河三角洲地区相对上升，形成基座阶地。

（三）晚更新世

晚更新世早期，气候又一次转冷，庐山堆积了庐林碎石黏土，其孢粉化石显示为干冷气候，属冰缘期产物。宣告了庐山山岳冰川活动的终结。

这一时期，在鄱阳湖盆地沉积了莲塘组砂层。莲塘组沉积物上部以石英砂为主，局部夹亚砂土、亚黏土，具有明显的水平及斜交层理和波状层理，下部为含砾砂层和砂砾石层，应属河泛为主的环境。在赣江三角洲地区的恒湖、朱港、玉丰一带，主要以砂砾石层和中粗砂互层为主，上部细砂含量增多，反映古赣江此时仍以河流冲积为主，上部具有边滩相沉积特征。鄱阳湖滨东部信江三角洲地区沉积韵律发育。早期基本层序由浅黄色含砾粗砂层、中细粒砂层组成，砾石成分为石英，磨圆度较好，砂层分选性较好，表现为河床至边滩相沉积特点。中期由深灰色、灰黑色粉砂质黏土、黄褐色黏土及青灰色淤泥质黏土组成，构成两个沉积韵律，属河漫滩－河漫湖泊相沉积。晚期湖盆抬升，湖水退缩，沉积了浅黄色含砾砂层及深灰色粉砂质黏土，主要为边滩相沉积。信江河谷地区主要为浅黄色砂砾层、中粗粒砂层，局部夹黏土透镜体，具正韵律结构。砾石成分主要为石英，次圆状，砂分选性较好，为河床－边滩相沉积。

在长江南岸和鄱阳湖滨，广泛分布有淡黄、黄褐色黏土及亚黏土，局部夹有砂砾石层，含铁、锰质薄膜，方鸿琪称其为“长江泛溢层”。在南昌一带仅厚4m左右，在九江新港厚4.75m，其中含有零星的孢粉。这是古长江水泛滥的沉积，但其中可能不乏风飏沉积物，可称为泛溢相。

晚更新晚期，在长江南岸和鄱阳盆地沉积了柘矶砂层。砂层一般呈浅黄色，其成分以石英为主，但各含量不一，高时可达90%以上，砂岩常夹2~4层黏土、淤泥及泥炭，并具水平层理、波状层理和斜交层理。石英砂砾磨圆度较低，沉积物的运移方式与莲塘组上部相似。在新建厚田、永修松门山—湖口等地，砂层粒度均匀、含软体动物化石和蕨类及藻类化石，具较稳定的淤泥及黏土层，为河－湖交替的沉积特征。当时沿古赣江形成厚田湖、湖口湖等过水性湖泊。当地表径流间歇性补给不足时，过水性湖泊则沉积黏土、亚黏土，在湖滨则发育沼泽，形成淤泥和泥炭，这些湖泊是在早期河流的基础上发展演化而来的。

这一时期气候干冷多风，为江西主要风沙期。在古抚河的南昌县梁家渡沙山剖面，界面波状起伏，呈上凸发散状，显示风成特点。粒度分析绝大多数样品分选性极好，石英砂粒表面特征显示具有河流相沉积特征，如“V”形坑、断理等，但也明显可见后期风成特征：不透明的毛玻璃状，主要是有许多圆麻点，圆形坑和浅碟状洼凹、不规则的小麻坑表面，以及后期风化的硅状沉淀等，其磨圆较好。反映了石英砂既不同于典型的河流冲积成因的漫滩砂、河床砂，也有别于内陆沙漠中形成的石英砂，显示沙山物质来源是古赣江、古抚河冲积而成的漫滩砂、河床砂经后期风飏作用搬运堆积而成的。说明这时气候寒冷少雨，北风强劲，是沙山主要形成时期。

（四）全新世

进入全新世，江西省地壳进一步趋稳，冰期结束，气候转暖，约自全新世中期演变为亚热带温润气候，雨水丰沛；赣鄱带继续下沉，赣江、抚河、信江、饶河，修水诸水系汇流于鄱阳湖盆地，形成河网交织的冲积平原谷地地貌景观，形成了宜耕冲积沃土和较丰富的孔隙水。构成了地壳较稳，水、土、气资源较丰富的生态环境。

1）全新世早中期的古地理轮廓与现今基本一致。在新建县联圩（赣江入湖河口）附近的联圩组下段：上部为浅黄、棕褐色亚黏土及黏土质粉砂，含铁质结核；中部为灰黑色淤泥粉砂层；下部以巨厚层灰黑色粗砂砾石层为主，总厚度8.4m，属滨湖水下河口扇沉积。从其上部（剖面未见顶）3.8m厚的亚黏土和黏土质粉砂中含铁质结核来看，表明沉积区此时属于河漫（湖泛）环境。

在鄱阳湖区据新建县恒湖ZK01号钻孔显示，鄱阳湖组孔深867~546cm沉积物由细砂和粉质黏土组成，含植物碎屑，底部为砂砾石层，反映了由河流沉积过渡为前三角洲沉积。孔深546~108cm，由淤泥质黏土和粉质黏土、细粉砂构成3个完整的湖进湖退旋回，即由滨湖发展为开阔湖相沉积。孔深128~0cm，由粉砂组成，含植物根系，属三角洲前缘沉积。据高密度采样和碳同位素、孢粉、植硅石、硅藻等分析，鄱阳湖近8000年来曾经历了4次大的气候演化旋回。

据赣江中游吉安市桥头堡钻孔剖面所知，联圩组下段上部为6m厚的黄褐色亚砂土和亚黏土，下部为黑色淤泥质亚黏土，厚7m；底部为1m厚的砂及砂砾石层，直接不整合在龟峰群之上。看来，该处赣江河道在全新世早期为一河沼地带，只是到晚期时由于全区性的河泛而属于河漫区。

在现今赣江次级支流泸水中游的安福县凹里有厚达7m的沼泽相沉积，主要为灰黑色、黑色亚黏土及黏土，夹有泥炭层及淤泥，其中不少层中含有植物根、茎、螺壳，在泥炭层中还埋藏有鹿角及陶器，不整合在灰岩之上。从其沉积特点和性质和其中有陶器、鹿角来看，不仅当时是一片沼泽区，而且由于滨临河边，成了古人类活动聚居之地。在遂川城郊还发现有牛轭湖，说明当时的遂江（也可能是古赣江）已处于老年期。

2）全新世晚期，赣江中游吉安市白鹭州钻孔揭露，联圩组上段上部褐色粉砂土，中部黄色细砂层，下部粗砂砾（卵）石层，总厚度约8m，直接不整合在龟峰群之上。从上述沉积物的结构、构造及性质看，应是河道冲积，由底积发展为河漫淤积；但不与其下段叠置，说明在早晚期之间，古赣江发生过改道，晚期早时的江西水系脉络与现今非常一致。

全新世时期，江西省的河谷地带出现有多级阶地及现代河漫滩、边滩、沙咀等；在北部赣抚平原及鄱阳湖平原，全新统都直接覆于新港黏土或莲塘组之上，这充分表明江西省的地形仍然是南部高、北部低，周缘高、中部低的特点。

3）全新世以来，继续受弱造山作用，省域北北东向、北东向、北西向古断裂有不同程度的活动，形成了较丰富的地热资源。在赣东南、赣西北有中强地震发生，但总体上属于我国地壳较稳定的地区之一。

4）鄱阳湖的形成变迁是省内生态环境的重大事件。经历几个演化阶段（谭其骧 等，1982；魏源，2002）。

商周时期：随气候转暖，海平面上升，长江水位抬升，湖口入江跌水消失。长江出武穴后，于早期的松散堆积层之上形成了众多的分汊水系，东流潴汇，在沿江低洼地区扩展成湖，即我国最早的地理著作《尚书·禹贡》所记载的九江和彭蠡泽。

春秋—秦汉时期：曾经为大片水域所占据的九江－黄梅平原这时已由于泥砂堆积而淤小。以武穴为起点的入湖三角洲平原这时已经形成，地势坦荡，长江在三角洲上分流。该段表层沉积物结构反映出类似三角洲相的韵律，以武穴为起点的上游段主要为粉质黏土、粉土及中细砂土，物质较粗，往下则为粉质黏土及粉细砂土，物质较细，在沉积层中岩性变化大，各层都有较多的透镜体，表明了在三角洲的建造过程中汉流曾有过频繁的摆动。其摆动趋势由北向南平移，这时鄱阳湖不断扩大。

东汉—三国时期：在已经形成平原河曲、江湖已经分离的基础上，开始了曲流河道自北向南的自然作用进程；彭蠡泽北部湖泊发生淤积、南部则随着长江河道的南迁而不断向南扩张。

两晋—南朝时期：此阶段曲流河道非常发育，长江河道的迁移变化强烈而频繁，长江河道已明显迁向南边，浔阳地界逐渐远离长江，浔阳港口岸功能逐渐丧失。至东晋末年（420年左右）。长江主泓道迁移到了城子镇—洗心桥（港口）—鹤向寨一线，彭蠡泽也相应地向南大规模扩张，鄡阳、海昏县城相继沦入湖底。在江北发育形成了大片宽广肥沃的冲积平原，其上小河、小溪及残留水道交织，并相继与长江主泓保持着天然的联系。

隋唐—宋初时期：汉流尚未消失，长江河道以分叉河及曲流河的形成进行南北摆动。此时江北古彭蠡泽也早被陂池大小的雷池所取代，长江流域蓄洪能力下降显著，水位抬升强烈。长江高水位在湖口倒灌彭蠡泽，顶托五河泄水，使得彭蠡泽空前迅速地越过婴子口向东南方的鄡阳平原扩展到了鄱阳县，始有鄱阳湖之称，大体上奠定了今天鄱阳湖的范围和形态。

南宋—明朝时期：长江河道总体上大致保持现今的位置，但是仍然有一些南北方向的小摆动。长江江流的侵蚀作用有所减弱，泥沙淤积作用则较前有所加强。在长江和鄱阳湖的合力作用下，长江九江湖口段的自然堤加速生长，在原有的基础上淤积形成了梅家洲。自此，长江与鄱阳湖的关系变得更为复杂，自然堤对江湖关系开始起比较明显的作用。

明清—现在：长江河道总体上还是大致保持了现今的位置，但仍然有一些以河曲形式南北方向摆动。明朝早期（1485 年左右），长江河道中张家洲露出水面和向下游伸长，加强了对鄱阳湖出流的顶托，引起湖口咽喉的大量淤积，加速了梅家洲的生长，减缓了鄱阳湖下游底床比降，进一步削弱了湖口的泄流能力，抬高了鄱阳湖水位，导致了明清以来的水浸，并且延续到三峡大坝筑建之前。三峡大坝建成后，旱季长江水位降低，导致鄱阳湖水快泄、湖区萎缩、水体成线，亟待调节。

鄱阳湖的形成，使江西省展现了独特的“山江湖”格局。隆起山地与丘陵塑造了众多水蚀型地貌景观，包括庐山冰蚀、水蚀复合成因的砂岩峰林陡崖、飞瀑景观，三清山花岗岩水蚀型峰林景观以及龙虎山、龟峰等水蚀型丹霞景观等，同时形成了广布的山背组宜林残坡积层。盆地沉降，在河道及湖泊岸带地区形成了宜耕冲积沃土。植被广泛发育，绿草如茵，森林茂盛，哺乳动物迅速繁殖，大自然造就了江西大地物华天宝、山川秀美的优异环境。

结　语

本志为我国第一部省级地质专业综合研究型环境地质志书。研编工作由江西省地质矿产勘查开发局立项实施。于2007年启动，至2015年完稿。本书为服务于江西省生态文明建设，以实现江西绿色崛起为目标而研编。按照当代广义环境地质概念，为满足人类经济社会活动和环境地质工作可持续发展的实际需求，本志内容涵盖环境地质条件、环境地质资源、环境地质灾害等广泛领域。

本志继承了我国方志学"求真纪实"的优良传统，进一步理清了全省地质背景因子构成的"地情、水情、灾情"等重大省情，又根据地质专业技术特点和"与时俱进"的精神，突破了方志学"论而不述"的局限。在进行环境地质调查成果全面集成的同时，乘举国"万众创新"之风，充分发扬集体智慧，把认识的提升与环境地质规律的总结置于重要地位。充分利用新编《中国区域地质志·江西志》同时研编的有利条件，把区域地质的最新成果与环境地质密切联系起来综合研究分析，使之得到相互渗透融合，显著地提高了环境地质水平。本志在全国率先完成，为我国环境地质工作成果集成与综合研究，提供了有益经验。

一、区域地质与第四纪地质

江西省有约18亿年的地质记录。自中新元古代以来经历了由洋—裂谷海盆—陆表海—大陆的发展演化。构成了复杂而独具特色的区域地质基因，其中最有影响的区域地质背景有以下几方面。

1）自元古宙以来地层发育比较齐全。沉积地层面积68100km^2；沉积变质地层以浅变质为主，面积60500km^2，中深变质地层主要见于东南部；以火山岩为主的地层面积3300km^2，侵入岩种类齐全，面积35000km^2，以晋宁、加里东、印支、燕山期花岗岩为主，这些地层岩石构成了江西环境地质的物质基础。

2）江西省位于欧亚板块东部，东近太平洋，地跨扬子、华夏两个古板块。北部为"两块（下扬子地块、信江钱塘地块）夹一带（宜丰－德兴造山带）"结构，南部为加里东期造山带。由晋宁期华南洋消亡陆陆碰撞造山形成的古华南洋构造域扬子反"S"形构造体系、扬子—加里东期华南裂谷系闭合造山形成的华夏构造体系以及晚中生代以来古太平洋板块向欧亚板块俯冲并相对左行扭动形成的滨太平洋构造域新华夏构造体系等复合发展演化，于中新生代形成了由隆起、坳陷、断陷红层盆地组成的构造格局，构成了环境地质的制约条件。

3）第四纪地层分布广泛。沉积类型多样，有河流冲积、河湖沉积、冰碛、风积、残坡积和洞穴堆积等。庐山因特异的地垒式断块山地貌、坚硬巨厚的莲沱组砂岩岩体及特殊的小气候，形成并保存了山岳冰川遗迹。早更新世晚期发生弱造山，隆起山地再次不均衡隆升，坳陷带丘陵缓慢隆升，断陷盆地沉降，形成了鄱阳平原和众多河谷盆地，呈现出壮美的“山—江—湖”格局。

二、区域地貌

1）第四纪早更新世晚期以来，处于我国大陆地势的第三阶梯的东南陆区。由于受菲律宾海板块扩张影响，不同于华北形成大平原，也并非“江南丘陵”，而是呈现出中低山地、丘陵、盆原交错的地貌景观。

2）研究发现省内地貌受隆起带、坳陷带与断陷盆地三重构造单元约束，隆成山、坳成丘、盆成原。江西北部总体为横向的“三坳（九江，萍乡－乐平，上饶）、两隆（九岭，武功山）、一盆（鄱阳湖）”，地貌相应为“三盆、两山、一原”的格局。江西南部呈现纵向“三隆（罗霄、雩山、武夷）、两断陷带（赣江、抚河）”，地貌相应为“三山、两谷”的格局。这种“五横五纵”的隆、陷、盆，山、丘、原交错地貌决定了江西社会经济发展的基本格局。其中盆地、谷地成为城镇村落集群和社会经济活动中心，构成了“一圈（环鄱阳湖）、四带（长江、京九、湘赣浙沪、赣闽台）”纵横交织的经济带、城镇与村落群。

3）研究发现，在滨太平洋构造域新华夏构造体系作用下，幕阜—罗霄、鄣公—雩山、武夷山脉中的一系列北北东向、北东向山体均呈左行侧列展布。在晚白垩世—古近纪伸展期，隆升作用较强，形成如怀玉山、黄岗山、井冈山等山地地貌，赣鄱断陷带的断陷盆地呈左行斜列展布，这与我国东部构造－地貌总体格局是一致的，均属新华夏式构造－地貌体系。其中武夷山脉由于强烈隆起，成为东南屋脊，由早白垩世火山盆地形成了东南第一高峰黄岗山，在武夷山脉山麓地带形成了我国最大的丹霞景观群。怀玉山地区的南华纪—早中生代坳陷于燕山晚期随花岗岩大规模侵入，逐渐隆升为中山，形成了“三清秀、怀玉雄、大茅山幽、灵山奇”的花岗岩山体景观带。

三、区域生态地球化学环境

本志首次利用近期完成的10.35万km^2 1：25万区域土壤生态地球化学调查成果，对区域生态地球化学环境进行了研究评价，使江西环境地质工作进入了崭新的生态地球化学领域。

1）总结了区域表层土壤和深层土壤54~56项元素含量及其基本特征、有益有害元素空间分布规律。调查区内88.95%面积的表层土壤氮、磷、钾养分元素总体较丰富，适宜发展无公害农业；67%的面积符合发展绿色食品或有机食品产地要求。

2）发现了一批富硒、富锌、富锗等富含有益元素的特色土地资源。圈定富硒土壤1.39万km^2，范围还有扩大潜力。揭示了一批地方传统名特优农产品产地环境的科学奥秘，为发展特色高效农业以及名特优农业提供了科技资料依据，如在丰城市董家镇初步建成了“中国生态硒谷”、“中国养生硒谷”和“中国生态花谷”，成为全国“农业地质”成果带动“三农”快速发展的一个典型范例。

3）发现并初步圈定了局部地段存在的土壤重金属异常或超标区（带），对典型异常区大致查明了异常重金属种类、成因、物质来源及生态效应情况，为区域性及流域性重金属污染防控及治理规划等提供了资料依据。

四、区域工程地质

工程地质勘察是城镇、工矿、水利、交通、国防等工程建设的先行工作，也是工程建设安全评估的基础。江西省全新世以来区域地壳稳定性总体相对较好，但各地地质地貌条件与外部条件因素有所不同，工程地质条件复杂多样。本志以地质工程勘察为主，吸收省内其他部门部分有关勘察成果，进行了全省工程地质区划和岩土工程地质类型划分，对工程地质条件和主要工程地质问题进行了研究总结。

1）省内隆起、坳陷、断陷盆地等三重构造单元和与之相对应的山地、丘陵、盆原地貌，是工程地质分区的重要条件，是诸多工程地质问题的重要制约因素。

2）隆起山地变质岩花岗岩区：工程地质条件总体比较简单，其中中低山崩塌、滑坡、泥石流多发，侵蚀强烈的花岗岩低山丘陵区，风化壳发育易引发滑坡和水土流失，导致水库、河道淤塞。

3）坳陷低山丘陵沉积碎屑岩、碳酸盐岩区：不良地质条件为泥（页）岩构成的软弱夹层和覆盖型岩溶塌陷，以及矿坑排水塌陷、水库渗漏等。局部地区有不良土体膨胀土分布。

4）断陷盆地低丘平原红色碎屑岩与第四系松散沉积区：为工程建设重点地区。不良工程地质条件有：红色碎屑岩部分含泥固结程度低，坡度较大的丘陵易发崩滑流灾害，平原谷地填土、软土区易发不均匀沉降，并有堤基及基坑渗透变形、水库渗漏、河流淤积等。

5）省内断裂发育，往往影响工程硐室的稳定性，发生断裂崩塌或涌水事故。少数活动断裂带有破坏性地震发生。

五、矿山地质环境

江西省经数十年大规模矿业开发，为社会主义经济建设做出了重大贡献。同时在开发过程中由于存在经济技术以及管理等因素，造成了严重的环境问题。据专项调查，全省矿山占用土地 953km^2，损坏土地（以林地为主）194km^2，并造成部分地区水土污染和含水层破坏，局部引发土地沙化和崩滑流灾害。21 世纪以来，在“绿色崛起”的发展方针指引下，实施依法办矿，通过绿色矿山建设和老矿山示范治理工程的实施，已取得了显著成效，为转变矿山发展方式积累了经验。但形势依然严峻，任务仍很艰巨。

全省矿山积存的各类尾矿、矿渣初步统计有 309330 万 t，而且正在逐年增加，除了占用损坏土地，也带来了严重隐患。但是随着科学技术的进步，这些尾砂、矿渣已成为可供二次开发利用的资源。根据专项调查，德兴、宜春雅山、萍矿等一批矿山经过科学研发，多数尾砂、矿渣都可以得到利用，展现了变废为宝、化害为利的广阔前景，是当代矿业技术面临的一场重大变革。

矿坑涌水为矿山大患。在地质勘查与矿山开采过程中，加强矿床水文地质工作是预防矿难的重大举措。江西煤田规模小，构造复杂；坳陷带中岩溶发育，加上江西河湖密布，不少矿床水文地质条件十分复杂。经 60 多年勘查，在建立矿床地下水大类、亚类与型等三级划分方案的基础上，加强了矿床充水水源、充水通道的规律研究，取得了矿坑涌水量定量预测估算的方法技术成果。成功地查明了城门山湖区铜矿床、丰城坞社里临湖滨江煤田等一大批矿床水文地质条件，为矿床开发提供了资料依据，也为防治矿山涌水灾害提供了经验。

矿业是江西经济的重要支柱。为转变矿业发展方式，首先要坚决实行依法办矿、科学办矿，加强地质工作是科学办矿之基。地质工作要加强普查找矿，摸清省内矿业资源家底，以进一步优化矿业规划布局。同时，要发挥地质科技优势，为提高矿床综合评价综合利用水平提供依据，并把尾矿开发利用提到重要地位，作为创新地质工作的一项重大任务，为矿山生态文明建设助力。

六、城市地质环境

江西省自古以来人民临水而居，滨江设市，构成了江西有利的城市地质环境。全省11个设市区均位于坳陷盆地或断陷红盆地低丘平原之中。以“五河”为干流的水网，形成了环鄱阳湖城市群与赣、信、鄱、修、锦、袁、抚等江河城镇带。由于水资源丰富，交通便利，加上处于地质灾害低易发区，环境优越，为社会经济发展与城镇化提供了良好条件。

本志对全省11个设区市的地下水资源、地壳稳定性、工程地质条件、地质灾害、旅游地质资源等环境地质问题进行了全面研究分析。

省会南昌市位于鄱阳湖断陷红盆地与鄱阳湖平原西南部赣抚三角洲上。西北缘有梅岭花岗岩风景区。主要市区恰处赣抚二水汇合处，湖泊众多，地表水资源充足，第四系广布，土地肥沃，地下水较丰富，又有盆地隐伏型地下热水发现，浅层地温能丰富，地壳比较稳定，历史上未发生过破坏性地震，构成宜居大城市的优越地质环境。

其他城市地表水均较丰富，地下水主要取自第四系孔隙水，也较丰富。九江、宜春地下水资源潜力较大，景德镇、赣州等市地下水资源较少。萍乡、九江、吉安、景德镇等市区利用地下水稍多。南昌、吉安、景德镇等市区因地下水开采过量，一度局部出现地下水漏斗，但总体占用资源比例不大。本志对11个设区市都提供了后备应急用水源地。

主要市区工程地质问题与地质灾害有河道冲蚀崩塌、边塌冲淤、管涌、泡泉、洪水内涝、软土不均匀沉陷、工业区水土污染、土地沙化（南昌）、城市边缘丘陵区偶有滑坡发生等，需作防治。

上述市区都有利用浅层地温能的条件，南昌等市区已开发利用，发展前景广阔。南昌市西郊已取得隐伏型地热找热突破，揭开省内地热进城的序幕。据预测九江、吉安、萍乡、高安等市区都是有找寻盆地隐伏型地热的地质条件。宜加大城市找热力度，从浅层地温能利用与地热水开发两方面打造低碳绿色环保清洁能源型城市。

七、区域水文地质与地下水资源

水是生命之源，江西水资源丰富，地表水河川径流量1541亿m^3/a，地下水相对较少，但也具相当规模，地下水天然资源量230.48亿m^3/a，地下水可采资源量73.4亿m^3/a。

地下水区域分布受地质地貌单元隆起山地、坳陷低山丘陵、断陷盆地丘陵平原约束。隆起山地以变质岩、花岗岩裂隙水为主。除其中断裂水外，均不利于开采利用。但含水性好，具有重要海绵效益，是地表水的重要补给来源。坳陷带低山丘陵以沉积碎屑岩裂隙孔隙水与碳酸盐岩岩溶水为主。红层断陷盆地为主要城镇区，红色碎屑岩中局部含钙夹层，含岩溶水，但总体含水性差，主要利用第四纪疏松沉积层孔隙水。除此，省内断裂发育，新生代以来大量断裂转化为拉张性质。其中尤以北西向断裂带利于成泉。各类地下水可采资源中以第四纪孔隙水和岩溶水为主。二者可开采资源量分别为39.01亿m^3/a、24.01亿m^3/a。

全省地下水主要为重碳酸盐型淡水，多数地区水质良好，上白垩统－古近系红层由于含膏盐层，部分地下水为碳酸盐型微咸水。鄱阳湖滨上更新统冲积层孔隙水铁、锰离子含量偏高。可按铁、锰垂直分带富集规律，开采铁、锰富集带之下的地下水，或建立除铁、锰离子净化设施，开采利用。部分水含放射性和氟离子，不宜饮用。部分城镇、矿山第四系孔隙水遭受人为污染，需经处理才能饮用。省内以利用地表水为主，地下水开采量仅12.5亿m^3/a，约占供水总量的5%~6%，可二次利用的资源潜力较大。但在萍乡、吉安、景德镇等城市用水占有相当比例。全省约有1370万农村人口饮用地下水。随着工业发展和人民生活水平提高，省内用水量正逐步增加。需要注意的是，全省地表水受雨量影响变化较大，旱季一些河溪断流，出现旱片，鄱阳湖成为一线。枯水年份地表水径流量可降至847.6亿m^3/a，与平水年水量相比减少近半。一些城市地下水过量开采，出现漏斗。因此必须进一步树立节水观念。全面规划合理调取使用地表水或地下水，加强水资源保护，并需进一步加大防止地下水污染力度。

八、地热与矿水资源

江西省的地下热水和浅层地温能资源丰富，潜力很大。省内地热资源分布与菲律宾板块向台湾东部俯冲活动有关，处于台闽赣地热场东部的闽赣粤高中温热水带。

至2015年，全省已发现天然温泉96处，钻探发现温泉32处，合计127处。其中除东岗桥隐伏型地热田外，均属断裂带对流型热田。以中温温泉居多，以遂川温场、修水白岭温泉温度最高，为83℃。大多为理疗热矿水。赣鄱断陷盆地以传导型隐伏热水为主，近期南昌市西部东岗桥城市盆地隐伏型地热田的找热突破，揭开了地热进城的序幕。

省内地热水的分布受地质构造约束，分为隆起山地与盆缘断裂带对流型热水和盆地隐伏传导型热水。坳陷区由于岩溶与裂隙孔隙地下水活跃不利于聚热，仅有少数低温温泉发现。因此江西断裂带热水分布依北北东向幕阜—罗霄、怀玉—武夷、雩山—九连山隆起山地形成3条热带，在幕阜、九岭、武功山、罗霄山、北武夷、南武夷、雩山、九连山等隆起山地及盆地边缘断裂带形成重要地热区。由10余条北北东向或北东向断裂带形成温泉群。其中石城－寻乌北北东向导热断裂带已发现温泉29处，为我国东南陆区最重要的导热断裂带之一。九连山、武宁－铜鼓、宜春温汤等一批导热断裂均有温泉呈串分布。已有30多处天然温泉经勘察，大部分水温增高，水量大幅提升。古老的星子温泉，其涌水量由300t/d增加到3725t/d，成为早期开发的名泉。宜春温汤经勘察回灌，总开采量达10239m^3/d，水温由62℃增至66℃，被国土资源部命名为"温泉之乡"。

江西省地下水较丰富，水位较高，埋藏较浅，热传导型性能好，地下恒温带深度22~35m，温度19.13~19.5℃，利于浅层地温能开发利用。其开发利用起步效益良好，有待加大利用力度。

省内饮用天然矿泉水资源丰富，茶圣陆羽所著《茶经》中评出的天下十泉江西占有其五。省内已发现饮用天然矿泉水138处。其中以偏硅酸水最多，计100处。偏硅酸锶水16处，锶水12处，锶锂水4处，锂水2处，偏硅酸锂水与偏硅酸硒水各1处。除此，宜春温汤温泉水为可供饮用的含硒偏硅酸热矿水。省内矿泉水的勘查与开发程度很低，应加强勘查与科学开发，以进一步发挥这一资源优势。

九、地质遗迹与旅游地质资源

江西地质遗迹资源十分丰富。其中最珍稀、最具科学价值的有：

1）古华南洋典型遗迹：德兴县西湾的蛇绿岩、M型钠长花岗岩与蓝闪片岩三位一体，年龄值968Ma。

2）万年巨型推覆体前缘为德兴蛇绿混杂岩片和东乡杨溪至丰城白土长达近百千米的构造混杂岩带。

3）鄱阳湖“三最”：地壳结构最复杂，洋壳—裂谷造山带—陆表海—煤盆—红盆—湖盆；南鄱阳断陷盆地最深近4000m；中国最大的淡水湖。

4）古老花岗岩证据：武宁岩莲沱组与晋宁期花岗闪长岩沉积不整合面；陡水中泥盆统与加里东期花岗岩沉积不整合面。

5）高山盆地：东南第一峰——黄岗山早白垩世火山盆地；天下第一山——井冈山以茨坪为中心的中上泥盆统山间向斜盆地。

6）世界具唯一性的三大地质地貌景观：庐山第四纪山岳冰川遗迹，三清山式花岗岩峰林，龙虎山－龟峰老年早期丹霞地貌。

7）十大典型金属矿山：大湖塘世界级蚀变花岗岩型钨矿田、朱溪世界级接触交代型钨矿床、松树岗世界级蚀变花岗岩型钽矿床、德兴斑岩－绿岩带糜棱质蚀变岩型铜金银矿集区、西华山－茅坪石英脉型“五层楼”+“地下室”（蚀变岩）型钨矿带、世界首次发现的足洞离子型稀土矿床、相山火山－潜火山岩型铀矿田、冷水坑潜火山斑岩与似层状银矿田、城门山式I型斑岩序列与“四位一体式”铜矿床、新余南华纪间冰期地层褶皱叠加红绸舞式沉积变质型铁矿田。

以上地质自然遗产不但具有极高的科考价值，有的还是无与伦比的旅游地质资源。庐山、三清山、龙虎山、龟峰、武夷山已列入世界遗产名录，并为世界地质公园。同时地质地貌景观与红色文化、儒、道、佛文化有着深刻渊源，构成了绿色地质旅游、红色旅游、文化旅游融为一体的旅游资源优势。省内可初步划分为3个地质旅游圈和13个地质旅游区。

赣北环鄱地质旅游圈：以英雄城南昌为中心，包括庐山山江湖洞泉旅游区，景德镇高岭国家矿山公园、陶瓷文化以及婺源变质岩美丽乡村旅游区，三清山－灵山花岗岩峰林与德兴国家矿山公园旅游区，九岭花岗岩、靖安、梅岭绿色山体、大湖塘钨矿田温泉旅游区，武夷山高山火山岩盆地与龙虎山－龟峰丹霞景观旅游区。

赣西井冈山－武功山地质旅游圈：以井冈山围绕茨坪向斜盆地环状峰岭形成的五大哨口和悬崖瀑布景观组合为中心，包括武功山－明月山－仙女湖花岗岩峰林、高山草甸、温泉群旅游区，铜鼓变质岩绿色山体与温泉群旅游度假区，安源国家矿山公园及溶洞旅游区。

赣南地质旅游圈：以赣州市为中心，以赣江源、东江源、北江源为重点，包括东江源变质岩绿色山体、丹霞地貌、温泉群旅游度假区，东江－北江源绿色山体温泉群旅游度假区，西华山－阳岭绿色山体与著名脉状钨矿带度假科教旅游区，五指峰－陡山湖度假旅游区等。

十、地质灾害

江西省中低山地与丘陵广布，为我国较为严重的暴雨型山体滑坡、崩塌、泥石流地质灾害易发省区之一，也是岩溶塌陷灾害性比较严重的地区之一。江西省地质灾害具有突发性、群发性、多发性和危害大的特点，主要为暴雨型岩土地质体重力失稳灾害，亦与人为切坡建筑等因素有关。

降雨是崩滑流灾害重要外部诱发因素，每年4~6月暴雨节季是主要发灾防灾时期。除此，一些中山山地背阴部分可发生季节性融冻崩塌或泥石流灾害。地质构造岩性与地貌为崩滑流灾害发生的重要条件。本志综合采用网格统计和模糊评判识别方法研究区划灾害，高易发区主要为隆起中低山地，包括庐山等13个区。弱隆起和坳陷带低山丘陵区多为崩滑流中易发区，但为覆盖型岩溶塌陷高易发区。断陷盆地与平原谷地为崩滑流灾害低易发区或不易发区。

江西花岗岩出露广泛，是崩滑流灾害易发区，花岗岩岩质坚硬。在侵蚀作用较强、裂隙与陡崖发育的中低山区易发生崩塌、泥石流灾害；在强风化的花岗岩低山丘陵区易发生滑坡、泥石流与水土流失灾害。

进入21世纪以来，省内实行了工程建设项目立项前的地质灾害安全性评估，开展了县级地质灾害调查和预警预报，对重要地质灾害隐患点实行治理与搬迁等措施，已取得显著成效。在现有基础上通过不断完善提高，将使地质灾害降低到最低程度。

十一、地震灾害

江西是全国地壳稳定性相对较好的地区。燕山期形成的密集断裂网络大部分已停止活动。但受菲律宾海板块向台湾东部仰冲影响，部分断裂带复活。特别是赣南与赣西北有多条引发破坏性地震的断裂带，经进一步的研究可分为幕阜－罗霄、怀玉－武夷－九连两条地震活动带。发震断裂以北北东向为主，其次为北东向；与近东西向、北西向断裂复合部位易于发震。最重要的发震断裂为石城－寻乌断裂带，九连山－安远、瑞昌－铜鼓、九江－靖安、麻城－幕阜山等4条断裂带发震烈度、频度均较高。上述5条活动断裂应为监测设防重点。其次余干－婺源、吉水－临川、大余－赣州断裂带也曾有破坏性地震发生，但频度、烈度较低。最需要监测和预防的地区有会昌－周田、寻乌－三标，九江－瑞昌和龙南南亨等4处。这些区带在城镇化与新农村建设中只要严格按标准设防，就可以把地震危害降低到最低程度。

十二、区域环境地质规律

本志研编从区域地质与环境地质、“岩、土、水、气、生”一体化着眼，对区域环境地质规律进行了探索研究，感受到这是提升与发展环境地质工作的一条正确路径，取得了一些初步认识。

1）江西经晋宁、加里东、印支、燕山等多期构造复杂演化，于新生代形成的隆起、坳陷、断陷红层盆地等3类构造单元，它们的构造形态、形变特征、地层岩石组成、岩石圈结构以及地应力状态等各具特点，相应地形成了山、丘、盆地貌格局，其工程地质环境、城市地质环境、生态地球化学环境、矿山地质环境以及地质灾害等均有差异，也形成了各具特色的水、土、地热、旅游地质等环境地质资源。构成了环境地质的基本条件与基本格局，也是环境地质区划的基础。

2）燕山期陆内活化造山形成的滨太平洋构造域新华夏构造体系是制约江西环境地质条件的主导性构造系统。燕山运动时形成了以北北东、北东向断裂带为主体的复杂断裂网络，于造山后伸展期发生了强烈的断隆成山、断陷成盆活动，构成了北北东向“两隆（幕阜－罗霄、怀玉－武夷）一陷（赣鄱断陷）”的构造格局和相对应的“两凹一隆”的岩石圈结构，以及新华夏式侧列山体和侧斜列盆地构造－地貌样式和江西东西南三面群山环绕、中部盆地交错、北部平原坦荡的盆形地势。

3）古近纪末（23.09Ma）是江西地质环境转变的重要节点，随着断陷红层盆地萎缩封闭，进入新近纪时地壳以缓慢整体隆升为主，成为全国地壳相对稳定的地区。

4）第四纪早更新世晚期是江西地质环境演变的又一重要节点。由于青藏高原快速隆升、地壳向东伸展，江西处于我国大陆地势的第三阶梯。但因菲律宾海板块扩张与青藏高原的动力相向作用，发生弱造山。隆起山地再次不均衡隆升，形成了一批中山峰林景观。武夷等山脉山麓断陷盆地边缘崛起，形成了大量丹霞景观群。以鄱阳盆地为中心发生沉降，长江贯通东流，以“五河”为主干的河网逐渐形成，构成了大美江西的山水画卷。

5）第四纪弱造山引发新华夏断裂体系“回春”，形成一批北北东向、北东向导热发震活动断裂带。其中主要发震断裂带有 5 条，主要分布于赣西北、赣东南，呈侧列展布之势。纵观新华夏断裂体系，燕山造山期控制了大规模岩浆活动与热液成矿，造山后伸展期成山成盆、控制热水成矿，第四纪弱造山期导热发震，构成一个具有重大意义的事件链。

6）气候是环境地质的一个重要外因，且与地质活动互相影响约束。经研究，江西第四纪经历了严寒、炎热、干凉、温润的气候变化。第四纪更新世全球进入冰期，早更新世为庐山山岳冰川主要活动期，形成大排岭、鄱阳、大姑 3 个冰期；中更新世早期为间冰期炎热气候，为江西主要红土化时期；中更新世晚期，庐山冰川活动趋弱；晚更新世早期，气候干凉，为江西冲积风积砂层、砂丘主要形成时期。至全新世，气候条件逐渐进入佳境，处于亚热带湿润多雨气候，山丘发育风化壳，成为宜林绿色山体，盆地平原形成河流冲积、冲湖积层，成为良田沃土，构成了绿富美江西的良好环境。主要问题是 4~6 月多暴雨，为崩塌、滑坡、泥石流等地质灾害易发时期。

地球是人类的母亲，人类生活于大地之上，在利用大地资源的同时，更要保护好大地生态环境，以利于社会可持续发展和人类繁衍生息。地质工作肩负着探明地下资源与充分利用好资源和保护生态环境的光荣使命，本志充分展示了江西地质工作者为此做出的重大贡献，对取得的调查成果进行了全面集成，进一步总结了在长期实践中取得的创新性认识和工作经验，为江西人民充分利用好环境资源、预防灾害、创造优美生态文明环境与新的美好生活助力。同时也分析了面临的机遇与挑战，提出环境地质工作还有很大的发展空间，可以预期江西的地质工作将在这一坚实的基础上，创造出环境地质工作和环境地质科学的新辉煌，为我国由世界地质大国大步跨入世界地质强国做出贡献。

地质遗迹景观典型照片

Ⅰ—花岗岩地质地貌景观

照片 1–1　花岗岩峰林景观(三清山世界地质公园)

照片 1–2　花岗岩峰峦(玉京峰,三清山世界地质公园)

照片 1–3　花岗岩隔档式峰墙与障谷(三清山)

照片 1–4　花岗岩峰柱(秀峰,三清山)

照片 1-5　花岗岩指状峰墙(巨蟒出山,三清山)

照片 1-6　花岗岩象形石(东方女神,三清山)

照片 1-7　花岗岩穹山草甸景观（武功山国家地质公园）

照片 1-8　花岗岩峰墙－峰丛（武功山）

照片 1-9　花岗岩柱峰（武功山）

照片 1-10　环状花岗岩环状峰丛 - 峰林景观(上饶灵山)

照片 1-11　花岗岩峰丛景观(上犹五指峰地质公园)

照片 1-12　花岗岩石臼景观(上犹五指峰地质公园)

照片 1-13　花岗岩石景(铅山葛仙山)

照片 1–14　花岗岩峡谷瀑布（婺源大障山卧龙谷）

照片 1–15　花岗岩峰岭景观（龙脊，德兴大茅山）

照片 1–16　花岗岩峡谷瀑布（景德镇瑶里汪湖）

照片 1-17　花岗岩峰岭景观(九岭山,武宁)

照片 1-18　花岗岩瀑布(德兴大茅山)

照片 1-19　花岗岩峡谷瀑布(永修云居山)

照片 1-20　花岗岩地质地貌景观(修水黄龙山)

照片 1-21　花岗岩瀑布(修水黄龙山)

照片 1-22　花岗岩裂隙景观(修水黄龙山)

照片 1-23　幕阜山花岗岩地质地貌景观（武宁太阳山）

照片 1-24　幕阜山花岗岩峡谷瀑布景观（武宁太阳山）

照片 1-25　花岗岩地质地貌景观（南丰军峰山）

照片 1-26　花岗岩地质地貌景观（上饶五府山）

照片 1-27　花岗岩峡谷瀑布景观（赣县宝莲山）

Ⅱ—丹霞景观

照片 2-1　丹霞峰林景观（龙虎山世界地质公园）

照片 2-2　丹霞崖壁景观（龙虎山世界地质公园）

照片 2-3　丹霞象形景观（象鼻山，龙虎山世界地质公园）

照片 2-4　丹霞峰丛－峰林景观（龙虎山世界地质公园）

照片 2-5　丹霞峰丛－峰林景观（龟峰世界地质公园）

照片 2-6　丹霞峰丛－峰林景观（龟峰世界地质公园）

照片 2-7　丹霞峰柱景观（龟峰世界地质公园）

照片 2-8　丹霞峰柱－峰林景观（老人峰，龟峰世界地质公园）

照片 2–9　丹霞峰柱 – 峰林景观（龟峰世界地质公园）

照片 2–10　丹霞生态景观（龟峰世界地质公园）

照片 2–11　流水侵蚀丹霞景观（龟峰世界地质公园）

照片 2–12　丹霞岩雕景观（龟峰世界地质公园）

照片 2–13　丹霞地质地貌景观（石城国家地质公园）

照片 2-14　带状龟裂丹霞景观 -“仙人犁田”(石城国家地质公园)

照片 2-15　球状龟裂丹霞景观(石城国家地质公园)

照片 2-16　丹霞峰丛－峰林景观（铜鼓地质公园）

照片 2-17　丹霞峰林景观（龙南武当山）

照片 2-18　丹霞岩雕景观(赣州通天岩)

照片 2-19　丹霞柱峰景观(宁都翠微峰)

照片 2-20　丹霞地质地貌景观(宁都翠微峰)

照片 2-21　丹霞地质地貌景观(会昌汉仙岩)

照片 2-22　丹霞峡谷景观(会昌汉仙岩)

照片 2-23　丹霞地貌景观(瑞金罗汉岩)

照片 2-24　丹霞瀑布景观(瑞金罗汉岩)

照片 2–25　丹霞景观（广丰铜钹山）

照片 2–26　丹霞石峰景观（广丰铜钹山）

照片 2–27　丹霞石拱门（宜黄太极岩）

Ⅲ—岩溶地质地貌景观

照片 3-1　峰丛景观(万年神龙源地质公园)

照片 3-2　石林景观(万年神龙源地质公园)

照片 3-3　洞穴景观（万年神龙源地质公园）

照片 3-4　仙人洞景观（古人类遗址，万年神龙源地质公园）

照片 3-5　穴珠景观（万年神龙源地质公园）

照片 3-6　溶洞景观（婺源灵岩洞群）

照片 3-7　地下河瀑布景观（乐平洪岩洞地质公园）

照片 3-8　溶洞景观（乐平洪岩洞地质公园）

照片 3-9　溶洞景观（彭泽龙宫洞）

照片 3-10　岩溶景观(彭泽龙宫洞)

照片 3-11　地下河瀑布(萍乡孽龙洞)

照片 3-12　溶洞景观（萍乡孽龙洞）

照片 3-13　溶洞景观（万载竹山洞）

照片 3-14　溶洞景观（宜春酌江洞）

照片 3-15　溶洞景观（崇义聂都）

照片 3-16　溶洞景观(分宜洪阳洞)

照片 3-17　溶洞景观(九江县涌泉洞)

照片 3-18　溶洞景观(九江县狮子洞)

照片 3-19　溶洞景观(瑞昌秦山溶洞群)

照片 3-20　溶洞景观(井冈山石燕洞)

照片 3–21　岩溶半岛景观（湖口石钟山）

照片 3–22　湖岸岩溶景观（湖口石钟山）

照片 3–23　溶洞景观（湖口石钟山）

Ⅳ—火山岩地质地貌景观

照片 4-1　黄岗山(华东第一高峰)火山岩地质地貌景观

照片 4-2　东江源三百山火山岩地质地貌景观

照片 4-3　火山岩地质地貌(资溪马头山)

照片 4-4　东江源三百山火山岩瀑布（左）与火山岩石柱景观（右）

照片 4-5　资溪大觉山火山岩峡谷（左）与石柱（右）

V—变质岩与砂岩地质地貌景观

照片 5-1　变质砂岩峰丛景观(庐山世界地质公园,五老峰)

照片 5-2　瀑布云(庐山世界地质公园,小天池)

照片 5-3　变质砂岩景观(庐山,含鄱口)

照片 5-4　变质岩瀑布(庐山,三叠泉)

照片 5-5　泥盆系石英砂岩峰丛景观(井冈山)

照片 5-6　奥陶系板岩组成的象形峰(井冈山，鹅岭)

照片 5-7　泥盆系石英砂岩组成的峰柱与崖壁景观(井冈山)

照片 5-8　泥盆系石英砂岩地貌景观(井冈山,五指峰)

照片 5-9　泥盆系石英砂岩组成的峰柱景观(井冈山)

照片 5-10　变质岩瀑布景观(井冈山,碧玉潭)

照片 5-11　变质岩瀑布景观(井冈山,水口)

照片 5-12　变质岩瀑布景观(井冈山,珍珠潭)

照片 5-13　变质岩瀑布景观(井冈山,龙潭)

照片 5-14　南华系砂岩地质地貌景观(武宁岩,神雾山)

照片 5-15　南华系砂岩造型石与峪谷瀑布景观(武宁岩,神雾山)

Ⅵ—典型水体景观

照片 6-1　鄱阳湖湿地景观

照片 6-2　鄱阳湖岩溶岛湖景观(鞋山)

照片 6–3　庐山西海景观(人工湖)

照片 6–4　新余仙女湖景观(人工湖)

照片 6-5　上犹陡水犹江湖景观(人工湖)

照片 6-6　南城醉仙湖景观(人工湖)

照片 6-7　广丰九仙湖景观（人工湖）

照片 6-8　庐山芦林湖（第四纪冰窖遗迹）

照片 6-9　漂流河景观（靖安北河）

照片 6-10　漂流河（武宁岩大峡谷）

照片 6–11　火山岩峡谷漂流河(资溪大觉山)

照片 6–12　花岗岩峡谷漂流河(南昌梅岭)

照片 6-13　温泉(宜春温汤)

照片 6-14　温泉利用(江西省地矿局山水温泉疗养院,宜春温汤)

照片 6-15　温泉利用(宜春明月山天沐温泉)

照片 6–16　温泉利用（庐山天沐温泉）

照片 6–17　温泉利用（庐山西海温泉）

照片 6-18 温泉利用(庐山西海温泉)

照片 6-19 温泉(抚州临川)

照片 6-20　温泉（遂川汤湖）

照片 6-21　温泉利用（遂川汤湖）

照片 6-22　温泉(遂川热水洲)

照片 6-23　温泉利用(安福武功山嵘源温泉)

照片 6-24　温泉利用(龙南县汤湖)

照片 6-25　地热勘查（奉新县九仙汤地热钻探，江西省地勘局水文地质大队）

照片 6-26　温泉利用（资溪法水）

照片 6-27　温泉(石城国家地质公园)

照片 6-28　温泉利用(石城国家地质公园)

Ⅶ—庐山第四纪冰川地质遗迹景观

“冰窖”(芦林湖)

U形谷(王家坡)

“冰斗”(大坳)

“角峰”(太乙峰)

“漂砾”(金锭山)

“冰桌”(西谷)

漂砾冰川檫痕(中庵寺)

冰川泥砾

照片7-1 第四纪冰川遗迹景观(庐山世界地质公园)

Ⅷ—古生物化石

照片 8-1　震旦纪原始水母化石(永修柘林)

照片 8-2　寒武纪三叶虫化石(赣北)

照片 8-3　江西菊石动物化石(赣北)

照片 8-4　角石动物化石(赣北)

照片 8-5　奥陶纪笔石动物化石(玉山古城,据江西省地质矿产志)

照片 8-6　泥盆纪鱼类与植物化石(崇义铅厂)

照片 8-7　泥盆纪硅化木(信丰鹅公头)

照片 8-8　侏罗纪硅化木(玉山毛宅)

照片 8-9　早白垩世硅化木(乐平名口)

一号恐龙化石产地

二号恐龙化石产地

1986 年采掘的恐龙化石

照片 8-10　晚白垩世甲龙骨骼化石及产地(广昌)

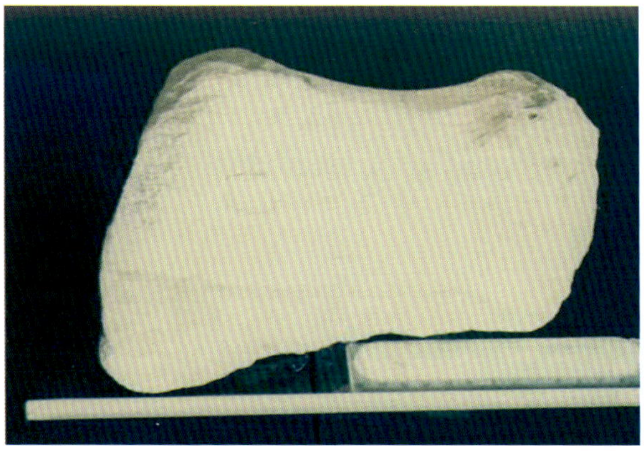

照片 8-11　晚白垩世恐龙骨骼化石(赣州盆地)

照片 8-12　晚白垩世恐龙蛋化石(赣州盆地)

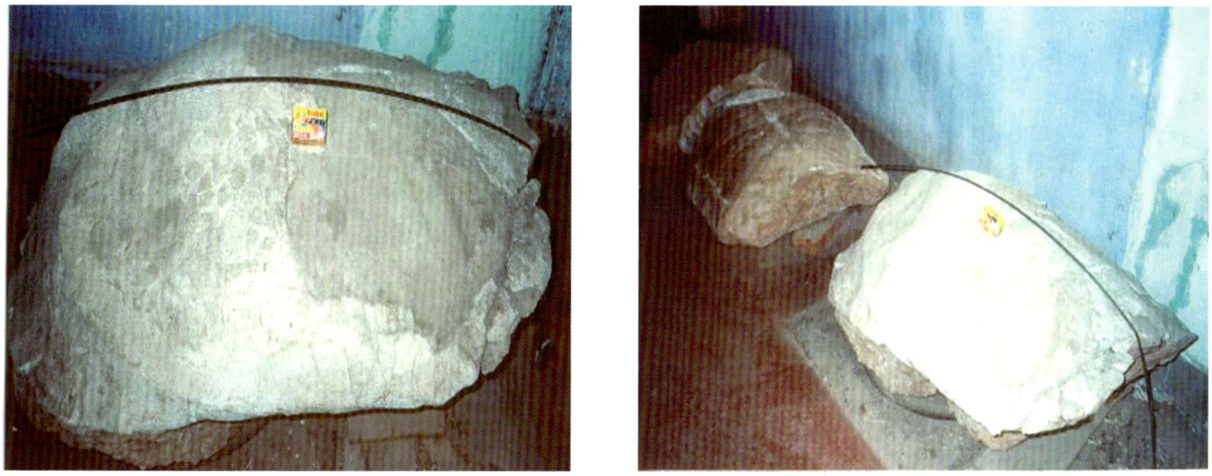

照片 8-13　晚白垩世龟壳化石(赣州盆地,五里)

照片 8-14　晚白垩世恐龙骨骼化石(南康龙岭)

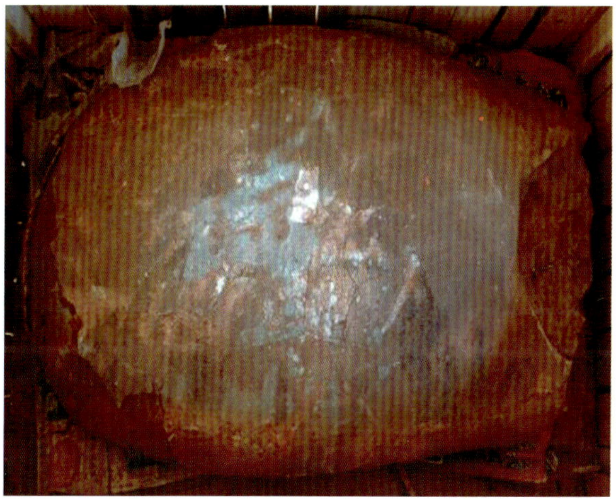

照片 8-15　晚白垩世龟壳化石(南康龙岭)

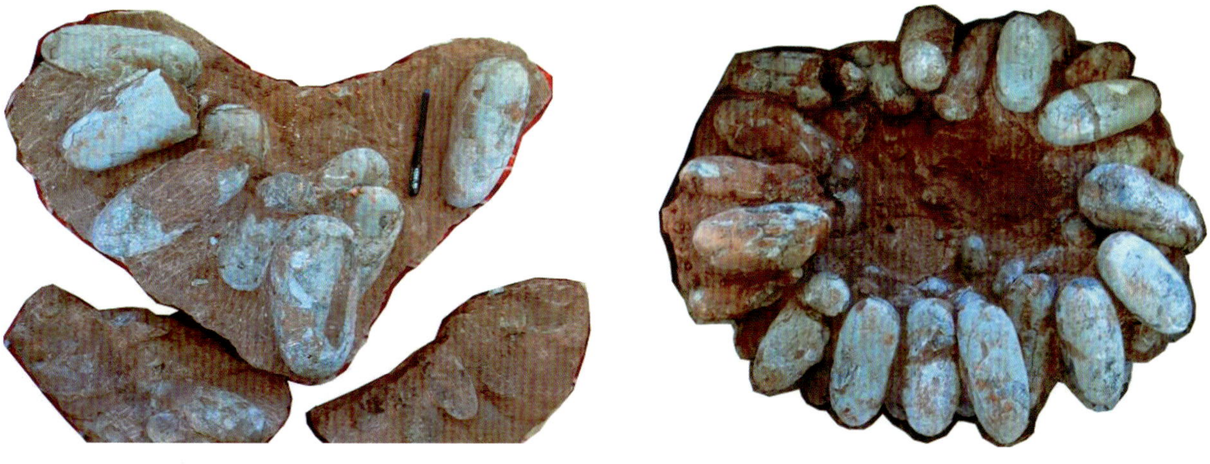

照片 8-16　晚白垩世巨型长形恐龙蛋化石(赣州盆地,南康龙岭)

照片 8-17　晚白垩世巨型与大型圆形恐龙蛋化石(赣州盆地,南康龙岭)

照片 8-18　晚白垩世小型圆形蛋化石(赣州盆地,南康龙岭)

照片 8-19　信丰盆地晚白垩世恐龙蛋化石(左)与恐龙牙(右)化石

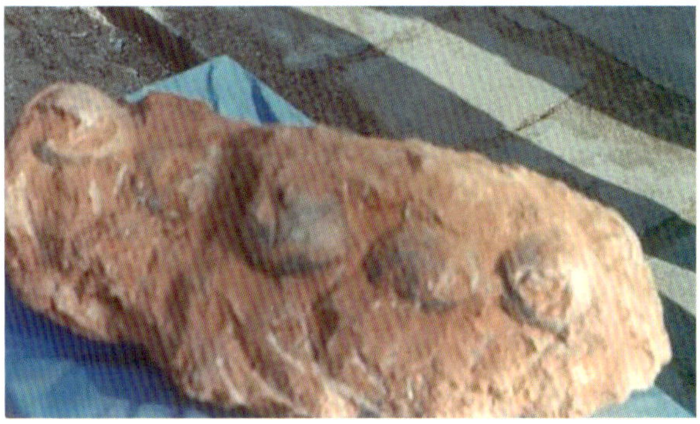

照片 8-20 信江盆地晚白垩世恐龙蛋化石(上饶、玉山)

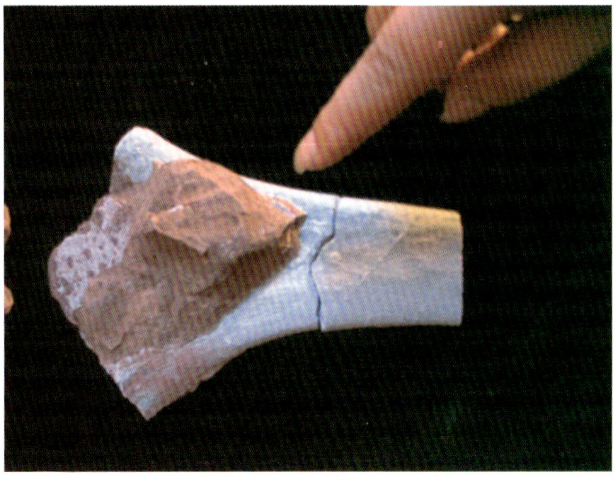

照片 8-21 晚白垩世恐龙蛋(左)与恐龙骨骼(右)化石(萍乡)

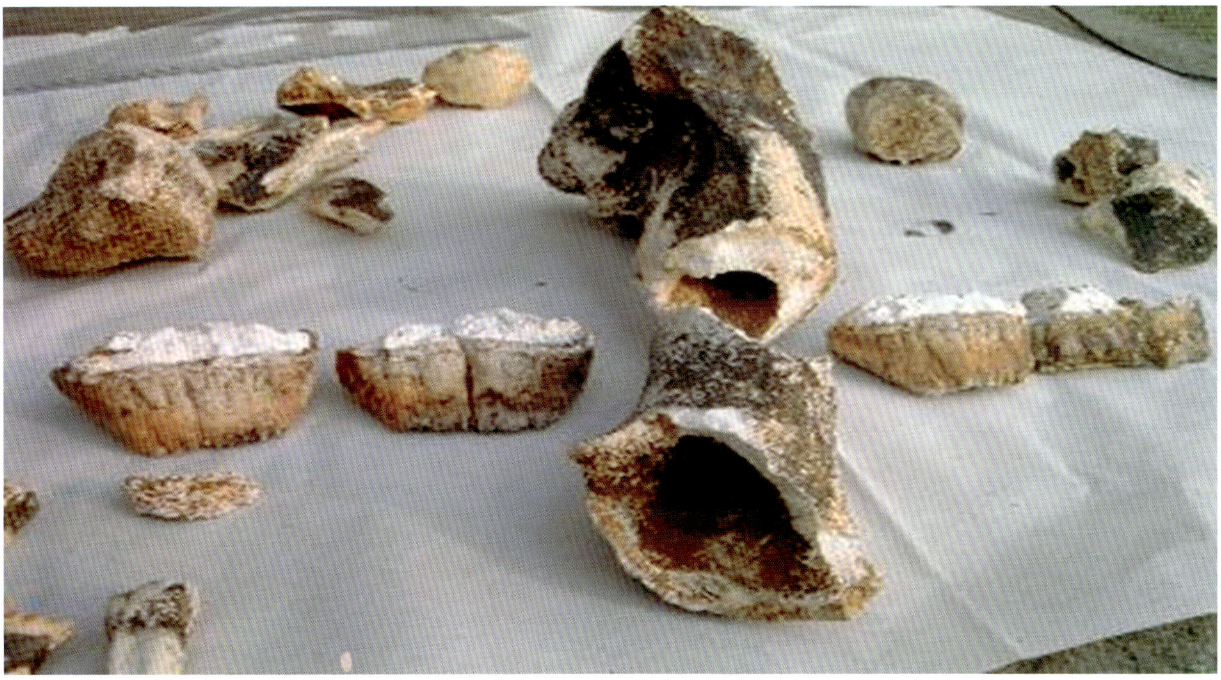

照片 8-22 第四纪剑齿象化石(分宜县洪阳洞)

照片 8-23　第四纪剑齿象化石（永丰藤田）

照片 8-24　第四纪剑齿象化石（永丰藤田）

▲万年县仙人洞出土的中国最古老陶罐

▲万年县仙人洞新石器早期文化遗址

照片 8-25　新石器时代的古人类遗址（万年仙人洞，据江西省考古所）

●**赣州盆地发现的恐龙动物化石新属种**

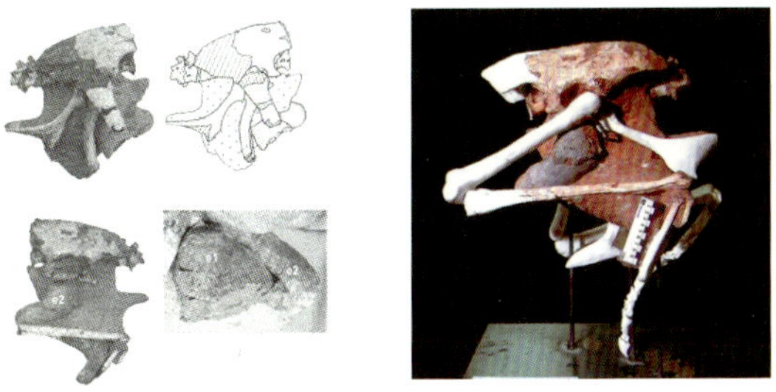

照片 8-26　腰带部含有两枚恐龙蛋的窃蛋龙
（左图据 sato 等，2005；右图据董枝明，2005）

照片 8-27　赣州的窃蛋龙类新属种：斑嵴龙（*Banji long*）
正型标本（据徐星和韩凤禄，2010）

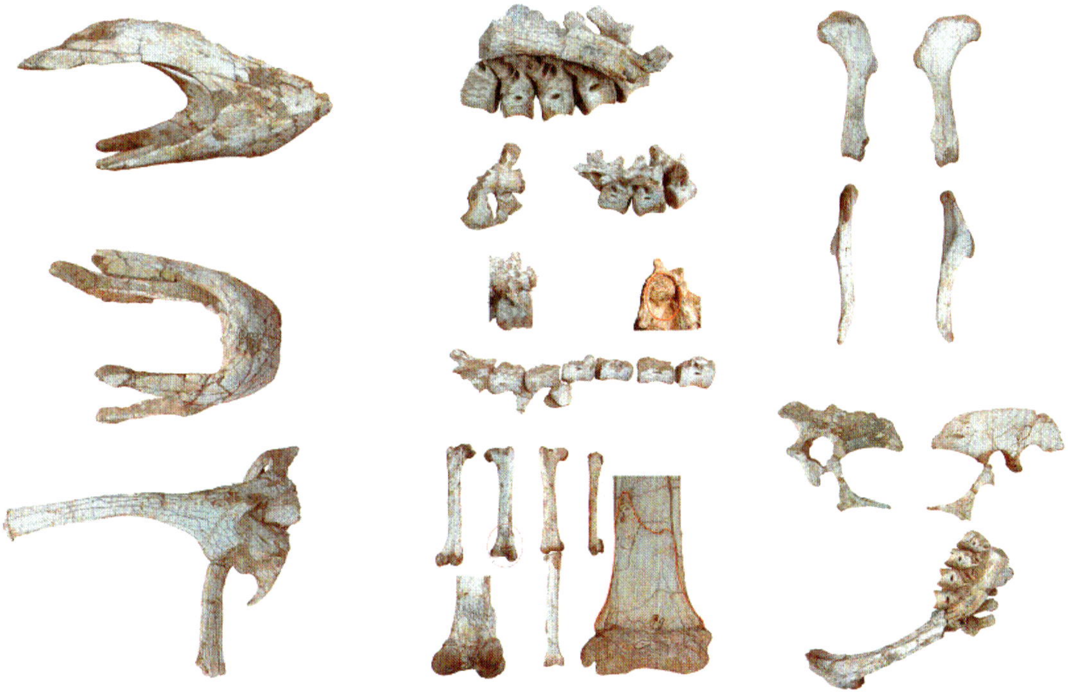

照片 8-28　江西南康龙（*Nankangia jiangxiensis*）正型标本（据吕君昌等，2013）

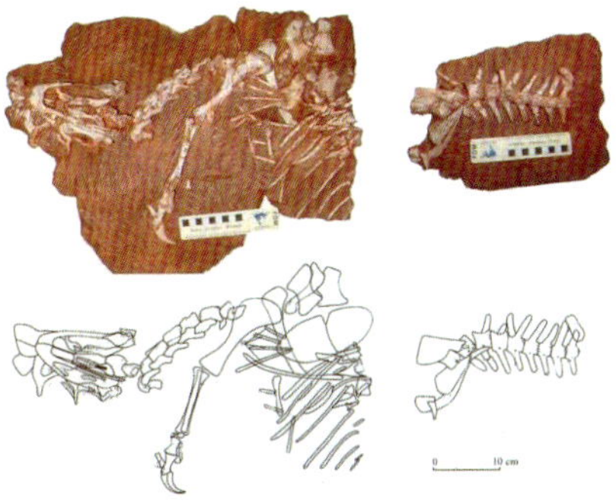

照片 8-29　赣州江西龙（*Jiangxisaurus ganzhouensis*）
（据魏雪芳等，2013）

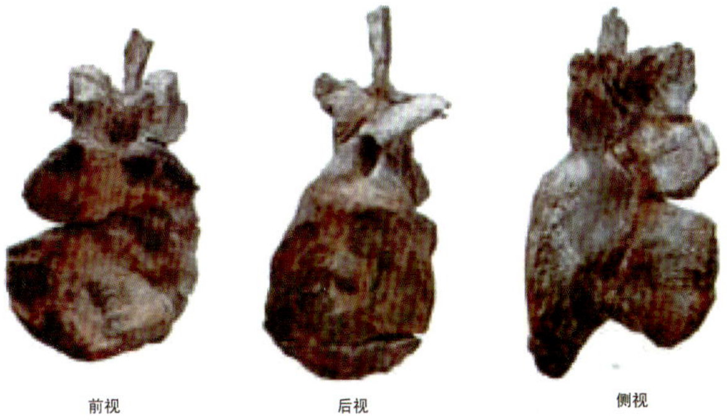

照片 8-30　赣州发现的蜥脚类新属种：中国赣南龙
（*Gannansaurus sinensis*）的尾部脊椎（据吕君昌等，2013）。

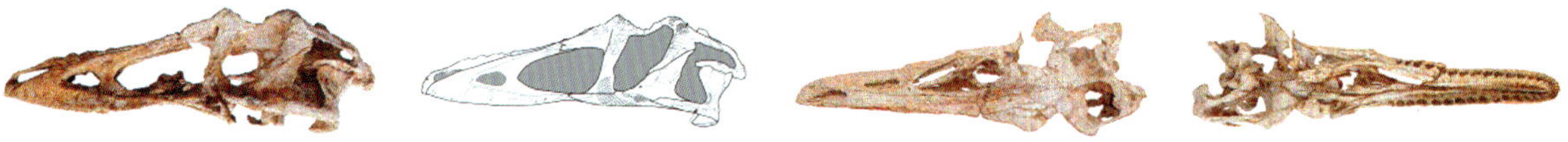

照片 8-31　赣州发现的霸王龙新属种:中国虔州龙(*Qianzhousaurus sinensis*)(据吕君昌等, 2014)

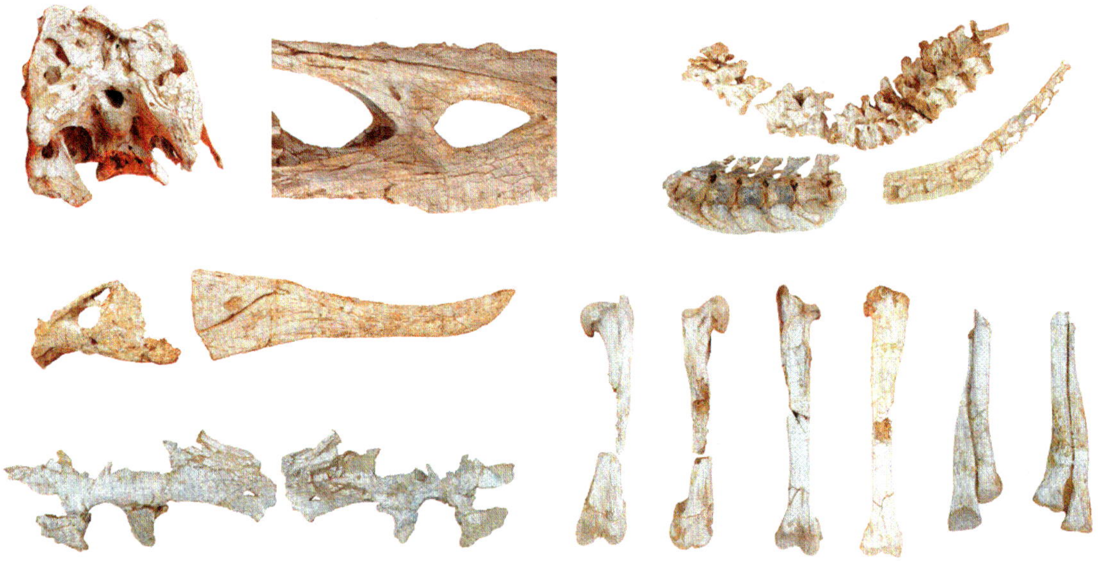

照片 8-32　赣州发现的霸王龙新属种:中国虔州龙(*Qianzhousaurus sinensis*)(据吕君昌等, 2014)

照片 8-33　赣州恐龙蛋中发现的胚胎骨骼
(据邵占福等,2014)

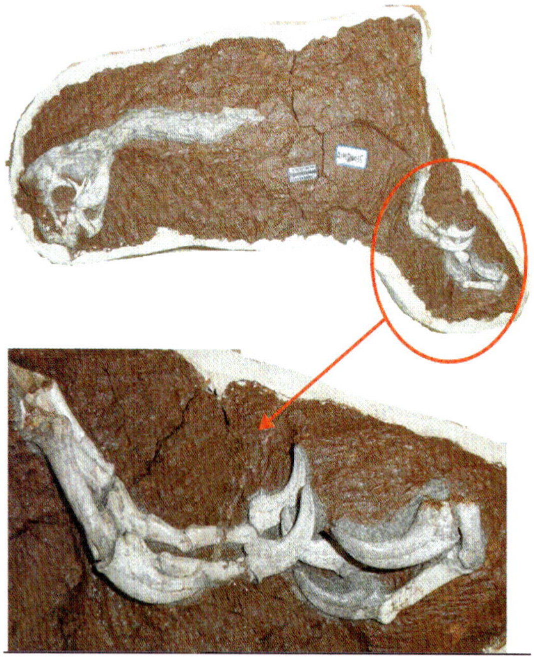

照片 8-34　赣州发现的窃蛋龙类新属种:赣州华南龙
(*Huanansaurus ganzhouensis*)正型标本(据吕君昌等, 2015)

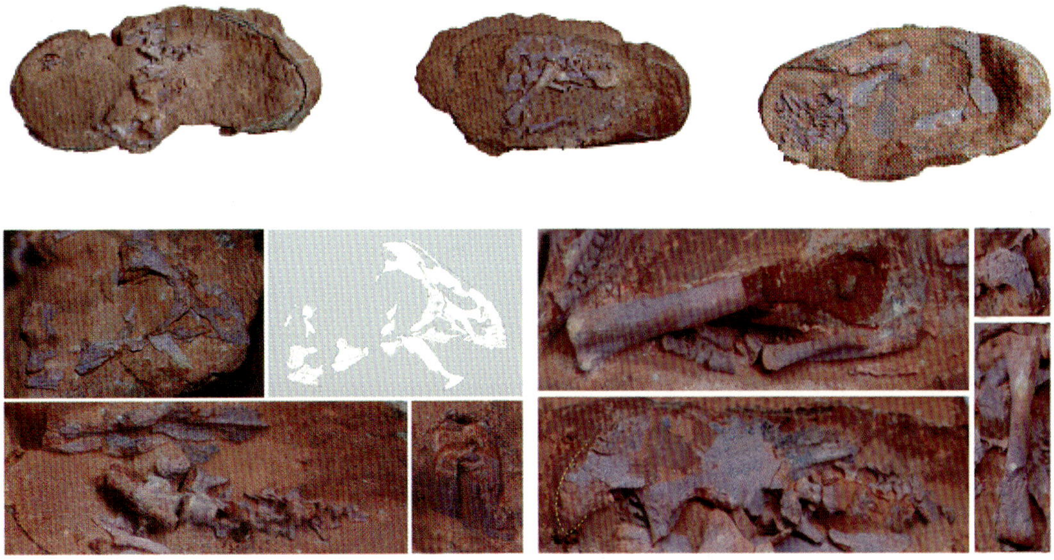

照片 8-35　赣州发现的含胚胎恐龙蛋(据王烁等, 2016)

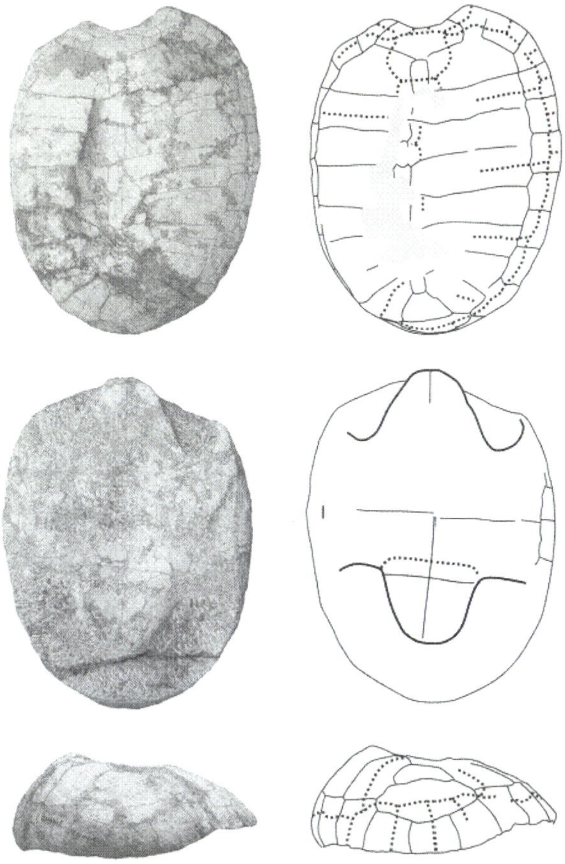

照片 8-36　赣州江西龟(*Jiangxichelys ganzhouensis*)正型标本(据佟海燕和莫进尤,2010)

Ⅸ—典型构造形迹景观

●Ⅸ-1 新余铁矿田"红绸舞式"构造形迹

照片 9-1 锥状褶皱

锥状褶皱

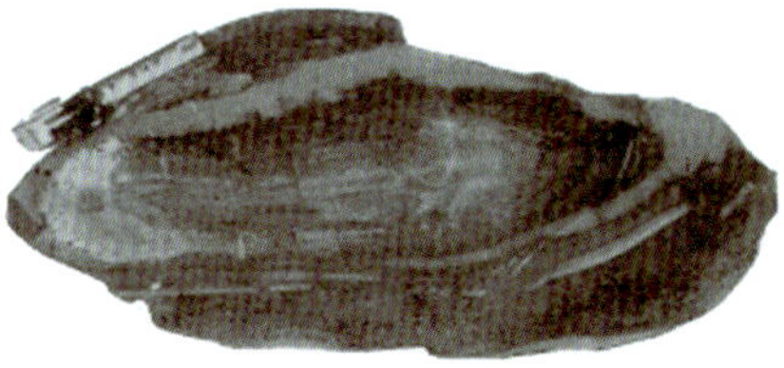

照片 9-2 鞘状褶皱

照片 9-3 饼状褶皱

照片 9-4 不协调褶皱

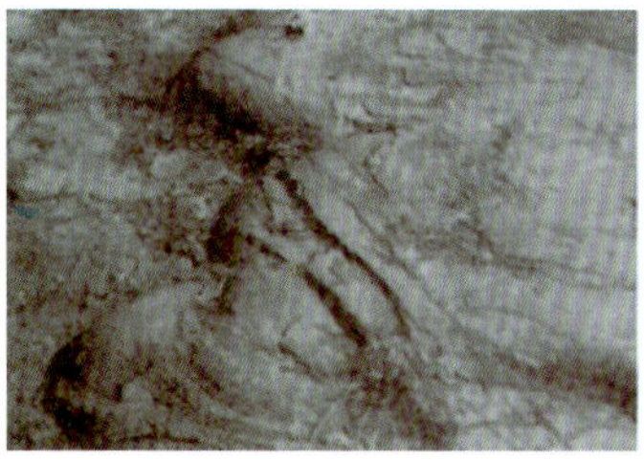

照片 9-5 饼状褶皱

照片 9-6 等斜褶皱

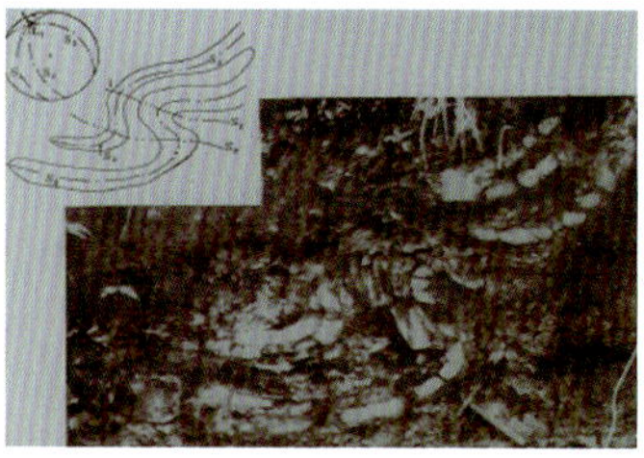

照片 9-7 二期叠加褶皱

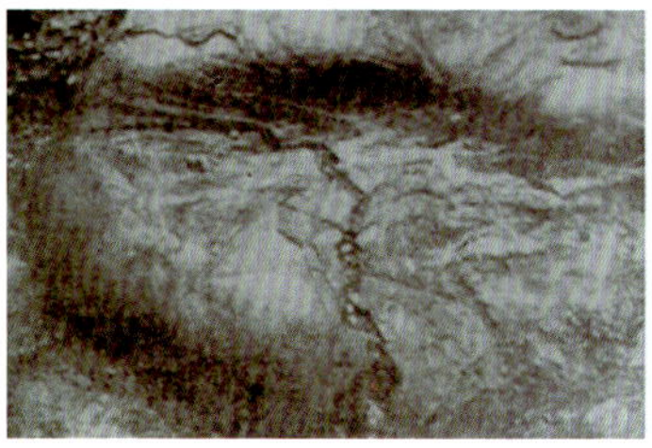

照片 9-8 饼状褶皱

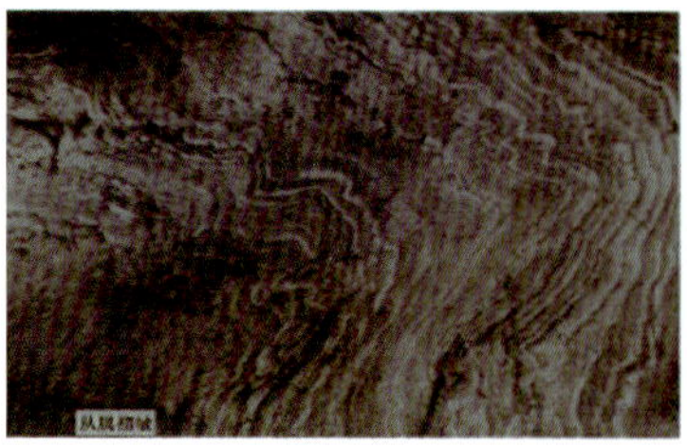

照片 9-9 从属褶皱

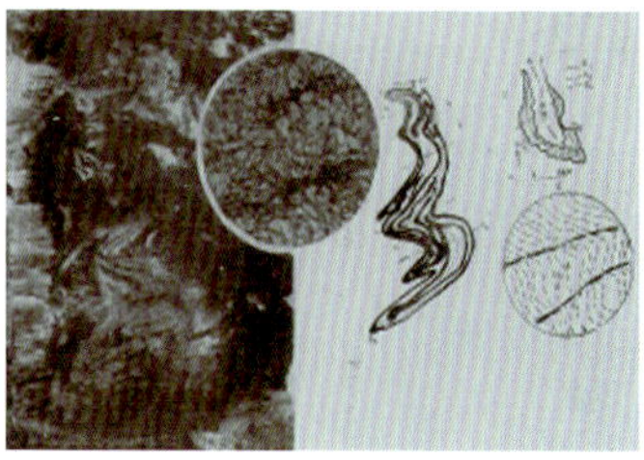

照片 9-10 三期叠加褶皱

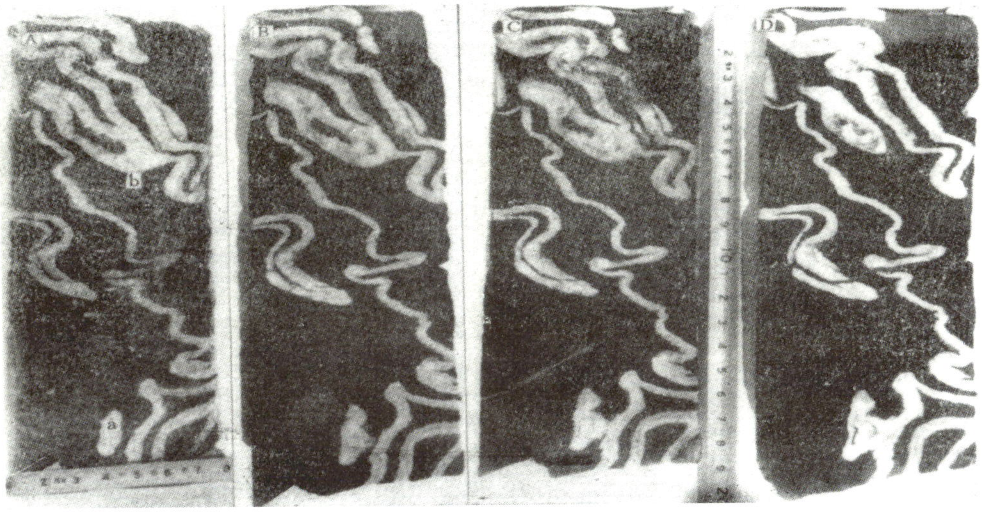

照片 9-11　新余铁矿田钻探岩心千枚岩中石英质条带的红绸舞式褶皱（分宜松山）

● Ⅸ-2　**庐山地区变质核杂岩构造形迹**

照片 9-12　褶叠层构造(1)

照片 9-13　褶叠层构造(2)

照片 9-14　褶叠层构造(3)

照片 9-15　褶叠层构造(4)

照片 9-16　褶叠层构造(5)

照片 9-17　褶叠层构造(6)

照片 9-18　固态流变褶皱构造(1)

照片 9-19　固态流变褶皱构造(2)

照片 9-20　花岗质糜棱岩构造

照片 9-21　变粒岩的拉伸线理构造

照片 9-22　长英质变粒岩

照片 9-23　云母石英片岩

照片 9-24　变粒岩

照片 9-25　十字石片岩

●Ⅸ-3 推覆构造形迹

照片 9-26 推覆构造窗(上图为现状照片,下图为历史照片,据江西省地质矿产志)

●Ⅸ-4 古板块缝合带构造地质遗迹

照片 9-27 蛇绿混杂岩

照片 9-28 蛇绿岩

照片 9-29 蓝闪石片岩

照片 9-30 大洋斜长花岗岩

●Ⅸ-5　其他构造形迹

照片 9-31　向斜构造景观(三清山世界地质公园)

照片 9-32　背斜构造景观(三清山世界地质公园)

照片 9-33 断层构造景观(三清山世界地质公园)

照片 9-34 花岗岩侵入寒武纪地层现象(三清山地质公园)
A—花岗岩,B—寒武系沉积岩(热变质角岩)

X—矿业遗迹

照片 10-1　铜岭商代采铜遗址(瑞昌铜岭)

照片 10-2　世界高岭土矿物命名地(景德镇高岭)

照片 10-3　高岭国家矿山公园(景德镇高岭)

照片 10-4　1898 年德国人设计、仍然在运行的主采煤矿井:总平巷(萍乡安源国家矿山公园)

照片 10-5　矸石山（萍乡安源）

照片 10-6　安源煤矿（萍乡）

照片 10-7　金山金矿（德兴金山，在产矿井）

照片 10-8　金山金矿古矿井（方竖井，德兴金山）

照片 10-9　银山银矿古矿硐采矿遗迹（德兴银山）

照片 10-10　银山银矿冶炼古矿渣堆积（德兴银山）

照片 10-11　德兴铜矿特大型露天采场（德兴铜厂）

照片 10-12　德兴国家矿山公园碑

照片 10-13　蒙山古银矿遗址（上高蒙山）

照片 10-14　炼银矿渣遗迹（上高蒙山）

照片 10-15　西华山钨矿矿址（大余）

照片 10-16　黑钨矿标本（大余）

照片 10-17　“五层楼”钨矿模式标本（大余）

参考文献

A·萨尔瓦多（Amos Salvador）. 2000. 国际地层指南（第2版）. 金玉玕，戎嘉余，等，译. 北京：地质出版社.

C·莱伊尔著. 1959. 地质学原理（第一册）（第1版）. 徐韦曼，译. 北京：科学出版社.

C·莱伊尔著. 1960. 地质学原理（第二册）（第1版）. 徐韦曼，译. 北京：科学出版社.

M·马托埃. 1984. 地壳变形（第1版）. 孙坦，张道安，译. 北京：地质出版社.

白顺良，蒯万筹，等. 1984. 地质历史与板块构造（第1版）. 北京：地质出版社.

北京大学，南京大学，上海师大，等. 1978. 地貌学（第1版）. 北京：人民教育出版社.

曹志辉. 2009. 浅层地温能开发利用技术及实例介绍//江西地学新进展. 南昌：江西科学技术出版社：186~187

陈国光，周国华，郦逸根. 2007. 基于地学的生态地球化学评价. 资源调查与环境，(2)：79~84.

陈吉春. 2005. 矿业尾矿微晶玻璃制品的开发利用. 中国矿业，2005（5）：83~85.

陈锦石，陈文正. 1983. 碳同位素地质学概论. 北京：地质出版社：54~58.

陈敬安，万国江，汪福顺，等. 2002. 湖泊现代沉积物碳环境记录研究. 中国科学（D辑），32（1）：73~80.

陈培荣，等. 2004. 南岭东段燕山早期正长岩—花岗岩杂岩的成因和意义. 中国科学（D辑）地球科学，34（6）：493~503.

成杭新，杨忠芳，赵传冬，等. 2004. 区域生态地球化学预警：问题与讨论. 地学前缘，11（2）：607~615.

成杭新，严光生，沈夏初，等. 1999. 化学定时炸弹：中国陆地环境面临的新问题. 长春科技大学学报，29（1）：69~74.

程裕淇. 1994. 中国区域概论. 北京：地质出版社.

迟锡增. 1997. 微量元素与人体健康. 北京：化学工业出版社.

达尔文. 1972. 物种起源. 谢蕴贞，译. 北京：科学出版社.

邓养鑫. 1982. 庐山羊角岭附近"泥砾"成因的泥石流解释. 冰川冻土，5（1）：33~35.

地质部地质辞典办公室. 1979. 地质辞典（三）——古生物地史分册（第1版）. 北京：地质出版社.

地质矿产部《地质辞典》办公室. 1983. 地质辞典（一）——普通地质构造地质分册（第1版）. 北京：地质出版社.

地质矿产部环境地质研究所. 1992. 中国旅游地质资源图（1：600万）及其说明书. 北京：中国地图出版社.

丁汉文. 1995. 鄱阳湖河湖演变的初步研究//第四纪冰川与第四纪地质论文集. 北京：地质出版社，8：60~71.

丁新权，尹国胜. 2009. 江西省自然遗产研究——龙虎山和龟峰. 南昌：江西科学技术出版社.

董树文，薛怀民，项新葵，等. 2010. 赣北庐山地区新元古代细碧-角斑岩系枕状熔岩的发现及其地质意义. 中国地质，37（4）：1021~1033.

范弢，杨世瑜. 2009. 旅游地生态地质环境. 北京：冶金工业出版社.

方鸿琪. 1961. 长江中下游地区的第四纪沉积. 地质学报，41（3~4）：410~411.

方一亭，梁诗径，等. 1990. 江西省武宁县梨树窝组及其笔石. 南京：南京大学出版社.

冯天驷. 1998. 中国地质旅游资源. 北京：地质出版社.

福建省地质矿产局. 1992. 台湾省区域地质志. 北京：地质出版社.

福建省地质矿产局. 1996. 台湾省岩石地层. 武汉：中国地质大学出版社.

傅逸贤. 1982. 中国东部山地第四纪冰期气候的初步分析. 中国科学（B辑），（11）.

盖保民. 1996. 地球演化（第一卷）（第2版）. 北京：中国科技出版社.

葛全胜，方修琦，郑景云. 2002. 中国过3ka冷暖千年周期变化的自然证据及其集成分析. 地球科学进展，17（1）：96~101.
《工程地质手册》编委会. 2007. 工程地质手册（第四版）. 北京：中国建筑工业出版社.
工业和信息化部科学技术部. 2010. 金属尾矿综合利用专项规划（2010~2015）：1~9.
关俊明，何斌，李德威. 2010. 庐山地区星子岩群碎屑锆石SHRIMP U-Pb年龄及其地质意义. 大地构造与成矿学，34（3）：402~407.
管宗甫，陈益民，郭随华，等. 2005. 磷矿石、磷渣、磷尾矿在烧成高强度水泥熟料中的作用. 硅酸盐通报，（3）：81~84.
郭春丽. 2006. 用高硅铁尾矿制砖的研究. 新型建筑材料，（10）：23~25.
郭玉娟，连芳，徐利华. 2008. 尾矿作硅酸盐原料及回收充填应用的研究进展. 硅酸盐通报，27（1）：99~104.
国家地震局全国地震烈度区划编图组. 1978. 全国地震烈度区划图. 北京：地图出版社.
国家地质总局水文地质工程地质研究所. 1979. 中华人民共和国水文地质图集. 北京：地质出版社.
国土资源部地质环境司. 2002. 走进国家地质公园. 北京：地质出版社.
国土资源部地质环境司. 2006. 中国国家地质公园建设工作指南. 北京：中国大地出版社.
国土资源部地质环境司. 2007. 中国国家矿山公园建设工作指南. 北京：中国大地出版社.
国土资源部矿产开发司. 2007. 合理开发利用矿产资源，走可持续发展之路——全国矿产资源合理开发利用先进企业典型经验汇编. 北京：地质出版社：1~21.
国土资源部中国地质调查局. 2010. 中华人民共和国多目标地球化学图集——江西省鄱阳湖及周边经济区. 北京：地质出版社.
韩家懋，王国安，刘东生. 2002. C4植物的出现与全球环境变化. 地学前缘，9（1）：233~241.
何培元，段万倜，邢历生，等. 1992. 庐山第四纪冰期与环境. 北京：地震出版社：1~167.
何培元. 1994. 长江干流第四纪沉积相与环境演变. 北京：地震出版社：48~55.
胡厚田，等. 2001. 边坡地质灾害的预测预报. 成都：西南交通大学出版社.
胡厚田. 1989. 崩塌与落石. 北京：中国铁道出版社.
胡圣标，熊亮萍，汪集旸，等. 1992. 江西省首批实测大地热流数据报道. 科学通报，（19）：1791~1793.
黄翡，熊尚发. 2001. 微体古生物学报，18（2）：203~210.
黄汲清，徐克勤. 1936. 江西萍乡煤田之中生代造山运动. 中国地质学报，16.
黄兰椿，蒋少涌. 2012. 江西大湖塘钨矿床似斑状白云母花岗岩锆石U-Pb年代学、地球化学及成因研究. 岩石学报，28（12）.
黄培华. 1963. 中国第四纪时期气候演变的初步探讨. 科学通报，（10）：29~33.
黄尚瑶. 1993. 中国温泉资源. 北京：地质出版社，27.
黄艺，倪师军，张成江. 2015. 表生环境中微量元素的环境地球化学. 北京：科学出版社.
黄勇，杨忠芳. 2008. 土壤质量评价国外研究进展. 地质通报，（1）：130~136.
黄勇，杨忠芳. 2008. 中国土地质量评价的研究现状及展望. 地质通报，（2）：207~211.
黄枝高，肖承协，夏天亮. 1988. 江西崇义——永新地区中上奥陶纪重要笔石动物群（第1版）. 北京：地质出版社.
黄智权. 1995. 中国自然资源丛书（江西卷）（第1版）. 北京：中国环境科学出版社.
冀春雨，巫建华. 2010. 江西南部余田群长英质火山岩锆石（SHRIMP）U-Pb年龄及其地质意义.东华理工大学学报（自然科学版），33（2）.
江西地质科学研究所. 1980. 初论与斑岩有关的“多位一体”铜矿床的成因模式. 地质论评，26（3）.
《江西省地方志》编纂委员会. 1998. 江西省志（4）——江西省地质矿产志. 北京：方志出版社，6：19~23.

《江西省地图集》编纂委员会. 2008. 江西省地图集. 北京：中国地图出版社.

《江西省自然地理志》编纂委员会. 2003. 江西省自然地理志. 北京：方正出版社，2：34~63.

江西省地震局. 2002. 江西省地震志. 北京：方志出版社.

江西省地震局. 2003. 江西省地震志. 北京：方志出版社.

江西省地质调查研究院. 2009. 鄱阳湖地球化学图集. 南昌：江西科学技术出版社.

江西省地质矿产局. 1984. 江西省区域地质志（第1版）. 北京：地质出版社.

江西省地质矿产局. 1998. 江西省地质矿产志. 北京：方志出版社：306~308.

江西省地质矿产勘查开发局. 2017. 中国区域地质志·江西志. 北京：地质出版社. 待出版.

江西省地质矿产厅. 1998. 江西省地质矿产志（第1版）. 北京：方志出版社.

江西省国土资源厅. 2010. 江西省矿产资源总体规划（2008~2015）：3~10.

江西省人民代表大会环境资源委员会. 2007. 江西生态. 南昌：江西人民出版社.

江西省自然保护区管理办公室. 1993. 亚热带明珠——江西自然保护区（第1版）. 北京：新华出版社.

姜建军，赵逊，陈安泽. 2007. 旅游地学与地质公园建设. 北京：中国林业出版社.

姜建军. 2004. 中国世界地质公园. 北京：中国环境科学出版社.

姜建军. 2005. 2005中国观赏石论坛论文集. 北京：中国大地出版社.

蒋复初，吴锡浩，肖华国，等. 1997. 九江地区网纹红土的时代. 地质力学学报，03.

景材瑞，刘昌茂，罗志刚，等. 1980. 庐山西北麓第四纪冰川作用表皮构造的新发现. 科学通报，25（9）：410~411.

景材瑞，刘昌茂. 1987. 再论庐山冰川遗迹. 地理学报，42（1），82~85.

景材瑞. 1981. 庐山没有第四纪冰川吗？自然辩证法通讯，3（4）.

李长安，顾延生. 1997. 江西修水地区第四纪网纹红土的地层学研究. 地层学杂志，03.

李长安，顾延生. 1997. 网纹红土中的植硅石组合及其环境意义的初步研究. 地球科学，02.

李长安，张玉芬. 1999. 一次重要的第四纪构造运动及环境效应. 地质科技情报，18（4）.

李长安. 1997. 江西修水地区第四纪地层序列. 中国区域地质，04.

李光来，华仁民，胡东泉，等. 2010. 赣南地区石雷石英闪长岩的成因：岩石化学、副矿物微量元素、锆石U-Pb年代学与Sr-Nd-Hf同位素制约. 岩石学报，26（03）：903~918.

李积金，肖承协，陈洪冶. 2000. 江西崇义早奥陶世宁国期典型太平洋型笔石动物群//中国古生物志总号第189册、新乙种第33号. 北京：科学出版社.

李吉均，方小敏，潘保田，等. 2001. 新生代晚期青藏高原强烈隆起及其对周边环境的影响. 第四纪研究，（5）：381~391.

李明俊，耿军军，叶皓，等. 2013. 鄱阳湖流域重金属污染研究现状分析. 安全与环境学报，（3）.

李鸣，吴结春，张小林，等. 2008. 鄱阳湖五河入湖口重金属污染和分析评价. 南昌大学学报（理科版），2008（5）.

李牟，唐小萍，李萍军. 2013. 江西省矿山尾矿（砂）综合利用研究现状. 科技视界，（35）：352~353.

李瑞玲，李真真. 2010. 中国东南部余江基性岩体的SHRIMP锆石U-Pb年龄及其地质意义. 矿物岩石，30（2）：45~49.

李四光. 1933. 扬子流域之第四纪冰期. 中国地质学会，（13）：1.

李四光. 1934. 关于研究长江下游冰川问题的材料. 中国地质学会志，15（3）.

李四光. 1947. 冰期之庐山，前中央研究院地质研究所专刊乙种第二号，中文版：1~60.

李四光. 1952. 地质工作者在科学战线上做了些什么？新华月报，3：67~172.

李四光. 1972. 天文·地质·古生物（第1版）. 北京：科学出版社.

李四光. 1972. 天文·地质·古生物资料摘要（第1版）. 北京：科学出版社

李四光. 1973. 地质力学概况. 北京：地质出版社.

李伟，杨世瑜. 2008. 旅游地质文化论纲. 北京：冶金工业出版社.

李武显，赵希林，邢光福，等. 2013. 南岭东段早侏罗世沉积岩碎屑锆石 U-Pb 定年及其地质意义——以东坑盆地为例. 大地构造与成矿学，37（1）：78~86.

李献华，王一先，赵振华. 1998. 闽浙古元古代斜长角闪岩的离子探针锆石 U-Pb 年代学. 地球科学，27（4）：327~334.

李献华，周国庆. 1994. 赣东北蛇绿岩的离子探针锆石铀铅年龄及其构造意义. 地球科学，（2）：125~131.

李学礼，史维俊，杨忠耀，等. 1992. 庐山温泉形成条件及成因研究. 华东地质学院学报，15（3）.

李智，张其春，叶巧明. 2007. 利用硫铁矿尾矿制备微晶玻璃. 矿产综合利用，（1）：42~45.

廖育民. 2003. 地质灾害预报预警与应急指挥及综合防治实务全书. 哈尔滨：哈尔滨地图出版社.

林宝玉，邹鑫祜. 1977. 浙赣地区晚奥陶世床板珊瑚、日射珊瑚及地层意义//地层古生物论文集（第三辑）. 北京：地质出版社.

林宝玉. 1960. 江西玉山晚奥陶世床板珊瑚化石. 古生物学报，8（1）.

林广春. 2003. 江西九岭岩体的岩石学特征、成因及其地球动力学意义. 中国地质大学学报.

林强. 1986. “江西的碳酸矿泉水”环境水文工程地质地热（专辑）. 地矿部成都水文地质工程地质中心，（3）：62.

刘钢. 2001. 有效保护地质遗迹建好国家地质公园，中国矿业报.

刘广润，殷鸿福，陈国金. 2008. 长江中游洪灾形成与防治的环境地质研究. 武汉：中国地质大学出版社.

刘禾根，张运涛，潘鑫. 2011. 寻乌县横迳地区铀水异常成因初探及铀成矿远景分析//江西地学新进展. 南昌：江西科学技术出版社：214.

刘金铜，等. 2009. 尾矿库复垦土地耕作效果试验研究——以承德市宽城县恒泰矿业集团马道沟铁矿水泉沟尾矿库土地复垦为例. 安徽农业科学，2.

刘敬，朱小青，吴亚楠. 2009. 矿山尾矿资源综合利用的探讨. 知识经济，155（15）：105.

刘丽华. 2009. 尾矿综合回收与利用的效益. 南方金属，168（03）：29~31.

刘本培. 1986. 地史学教程（第 1 版）. 北京：地质出版社.

刘亚光，周殿超，陈胜高，等. 1997. 江西省岩石地层. 武汉：中国地质大学出版社，332~345.

陆景冈，唐根年，俞益武，等. 2004. 旅游地质学. 北京：中国环境科学出版社.

陆志达. 1979. 江西省岩溶洞穴第四纪动物化石的发掘与综合研究. 科技情报，（2）.

吕君昌，等. 2013. 中国南部江西省赣州市晚白垩世一个新的多孔椎龙类蜥脚次亚目恐龙（恐龙超目，巨龙形类），地质学报（英文版）.

吕君昌，等. 2013. 中国南部晚白垩世一个新的窃蛋龙类恐龙（恐龙总目：窃蛋龙次亚目）及其古生态意义. 公共科学图书馆·综合（PLOS ONE）.

马长信，项新葵. 1999. 赣北程浪超基性—基性杂岩特征及其 Sm-Nd 等时线年龄. 大地构造与成矿学，23（2）：137~143.

马振兴，黄俊华，魏源，等. 2004. 鄱阳湖沉积物近 8ka 来有机质碳同位素记录及其古气候变化特征. 地球化学，33（3），279~285.

马振兴，蒋玉珍，魏源，等. 2003. 鄱阳湖组（第四系）的修订及特征. 地层学杂志，27（3），212~215.

马振兴，余志庆. 2001. 江西九江长虹大道第四纪地层剖面特征. 中国区域地质，20（3），352~358.

穆恩之，陈旭. 1965. 中国笔石. 北京：科学出版社.

农军年，钟玉芳，刘磊，等. 2012. 赣西北麦斜岩体的成因：地球化学、锆石 U-Pb 年代学及 Hf 同位素制约. 地质科技情报，31（2）：9~18.

欧洲共同体联合研究中心. 2012. 尾矿和废石——综合污染预防与控制最佳可行技术. 北京：化学工业出版社，2~8.
潘江. 1995. 中国的世界文化与自然遗产（修订版）. 北京：地质出版社.
彭崑生. 2007. 江西生态. 南昌：江西人民出版社.
彭适凡，周广明. 2004. 江西万年仙人洞与吊桶环遗址——旧石器时代向新石器时代过渡模式的个案研究. 农业考古，（3）：29~39.
邱卫林，邹晓明. 2008. 加快地质旅游资源开发的意义及策略. 农业考古，2008（3）.
全国地层委员会. 2001. 中国区域年代地层（地质年代）表. 地层学杂志，25（增刊）：359~360.
全国地层委员会. 2014. 中国地层表. 北京：地质出版社.
任光和，田连恕，等. 2000. 自然地理学（第三版）. 北京：高等教育出版社.
沈吉，王苏民，羊向东. 1996. 湖泊沉积物中有机碳稳定同位素测定及其古气候环境意义. 海洋与湖泊，27（4）：400~404.
沈吉，吴瑞金，安芷生. 1998. 大布湖沉积剖面有机碳同位素特征与古环境. 湖泊科学，10（3）：8~12.
施雅风，2010. 论李四光教授的庐山第四纪冰川是对泥石流的误读. 地质论评，56（2）683~692.
施雅风，崔之久，李吉均，等. 1989. 中国东部第四纪冰川与环境问题. 北京：科学出版社，1~462.
施雅风，王昭宸. 1992. 中国全新世大暖期的气候波动与重要事件. 中国科学（B 辑），（12）：1300~1307.
施雅风. 1981. 庐山真的有第四纪冰川吗？自然辩证法通讯，3（2）：41~45.
苏达根，林少敏. 2003. 钨尾矿在水泥工业中的应用. 矿产综合利用，（5）：50~52.
孙殿卿，杨怀仁. 1961. 大冰期时期中国的冰川遗迹. 地质学报，41（3~4）：233~239.
孙文盛. 1999. 保护地质地貌景观　促进社会文明进步（第 1 版）. 中国国土资源报.
孙燕等. 2009. 有色金属尾矿的问题及处理现状. 金属矿山，395（05）：6~10.
孙占学，李学礼，史维俊，等. 1994. 赣南横迳地区地下热水的水文地球化学研究//第四次全国地热学术会议论文集. 北京：地质出版社：107~108.
谭其骧，张修桂. 1982. 鄱阳湖演变的历史过程. 复旦学报（社会科学版），（2）：42~51.
谭万沛，等. 1994. 暴雨泥石流滑坡的区域预测与预报（以攀西地区为例）. 成都：四川科学技术出版社.
汤加富，王希明，等. 1991. 武功山变质岩区构造变形与地质填图. 武汉：中国地质大学出版社.
汤加富，许温复. 1987. 变质岩构造形迹图册（江西武功山区）（第 1 版）. 北京：地质出版社.
唐春花，楼法生，黄志忠，等. 2004. 赣东北岩浆混合杂岩体的锆石 U-Pb 年龄. 资源调查与环境，（3）：174~177.
唐春花，闫全人，陈辉明，等. 2015. 扬子东南缘中生代构造体制转换研究——以江西相山火山盆地为例. 资源调查与环境，36（1）：10~20.
万天丰. 2004. 中国大地构造学. 北京：地质出版社.
万天丰. 2007. 中国大地构造学纲要. 北京：地质出版社.
王保峰，巫建华. 2011. 江西南部版石盆地火山岩 SHRIMP 锆石 U-Pb 年龄及其地质意义. 东华理工大学学报（自然科学版），34（1）：18~24.
王国安，韩家懋，周力平. 2002. 中国北方 C3 植物碳同位素组成与年均温度关系. 中国地质，29（1）：55~57.
王国安，韩家懋. 2001. C3 植物碳同位素在旱季和雨季中的变化. 海洋地质与第四纪地质，21（4）：43~46.
王国安，韩家懋. 2001. 中国西北 C3 植物的碳同位素组成与年降雨量关系初探. 地质科学，36（4）：494~499.
王海. 2005. 利用高岭土尾矿和白云石制备玻璃陶瓷. 中国陶瓷工业，12（5）：28~30.
王红，吴刚，张丽. 2009. 尾矿资源化与矿山的可持续发展. 化工矿物与加工，285（03）：30~31.
王徽. 2001. 生态环境地球化学的研究进展. 地质与勘探，37（5）：67~70

王嘉学，杨世瑜．2007．世界自然遗产保护中的旅游地质问题．北京：冶金工业出版社．

王俊卿，王念忠．2000．江西崇义地区上泥盆统节甲类（Arthrodira）的新材料．古脊椎动物学报，38（3）：232~236．

王立民，安可士，王岐轩，等．中国矿泉．天津：天津科学技术出版社：59~60．

王丽娟，等．2008．华夏南部可能存在Grenville期造山作用：来自基底变质岩中锆石U-Pb定年及Lu-Hf同位素信息．科学通报，53（14）：1680~1692．

王平，奚小环．2004．全国农业地质工作的蓝图——“农业地质调查规划要点”评述．中国地质，31（增刊）：11~15．

王绍武，龚道溢．2000．全新世几个特征时期的中国气温．自然科学进展，（10）4：325~332．

王秀萍．2009．尾矿化学处理与综合利用的国内外研究概况．中国矿业，141（05）：73~76．

韦奇，王大伟，张术根．1999．尾矿综合利用新途径——玻璃陶瓷的研制．中国矿业，8（1）：22~24．

魏秀喆，肖承协，等．1966．江西永新、宁冈一带奥陶纪笔石地层．地层学杂志，1（1）．

魏雪芳，等．2013．中国南部江西省晚白垩世一个新的窃蛋龙科恐龙（兽脚亚目：窃蛋龙次亚目）．地质学报（英文版），2013（4）．

魏源，李钧辉，马振兴．2002．长江九江河段自然历史与社会历史关系之阐述．江西社会科学，2002（S2）：105~110．

文帮勇，杨忠芳，侯青叶，等．2011．江西鄱阳湖地区土壤酸化与人为源氮的关系．现代地质，25（3）：562~568．

巫建华，刘飞宇，刘帅．2011．峡江—广丰和三南—寻乌火山岩带晚中生代粗面岩锆石（SHRIMP）U-Pb年龄．地质论评，57（1）．

巫建华，项媛馨，钟志菲．2014．江西广丰、玉山盆地橄榄玄粗岩的SHRIMP锆石U-Pb定年和Sr-Nd-Pb-O元素同位素特征．岩石矿物学杂志，（04）：645~656．

吴国安，张德宝，陈慧芳．1995．江西萍乡—乐平推覆构造研究与隐伏煤田预测．ISSN1003-9414，CN32-1334/TD．

吴敬禄，王苏民．1996．湖泊沉积物中有机质碳同位素特征及其古气候．海洋地质与第四纪地质，16（2）：103~108．

吴敬禄，王苏民．1997．若尔盖盆地RH孔有机质碳同位素序列指示的古气候事件诊断．湖泊科学，9（4）：289~294．

吴锡浩，徐和聆，殷伟德，等．1991．澎泽红光沙山成因和年代的初步研究．中国海陆第四纪对比研究．北京：科学出版社：262~269．

吴艳宏，等．2000．九江—澎泽一带沙山研究存在问题探讨．海洋地质与第四纪地质，20（2）：103~106．

吴艳宏，羊向东，王苏民．1997．鄱阳湖地区晚更新世古环境变迁．地质力学学报，3（4）：69~76．

吴振清，周进军，唐声飞，等．2006．利用铅锌尾矿代替黏土和铁粉配料生产水泥熟料的研究．新世纪水泥导报，（3）：31~32．

武汉地质学院古生物教研室．1980．古生物学教程（第1版）．北京：地质出版社．

奚小环，李敏．2013．现代地质工作重要发展领域：“十一五”期间勘查地球化学评述．地学前缘，03：161~169

奚小环，杨忠芳，夏学齐，等．2009．基于多目标区域地球化学调查的中国土壤碳储量计算方法研究．地学前缘，（1）：194~205．

奚小环．2004．生态地球化学与生态地球化学评价．物探与化探，28（1），10~15．

奚小环．2005．多目标区域地球化学调查与生态地球化学——第四纪研究与应用的新方向．第四纪研究，25（3）：269~274．

奚小环．2008．生态地球化学：从调查实践到应用理论的系统工程．地学前缘，15（5）：1~8．

夏平，李学亚，刘斌．2006．尾矿的资源化综合利用．矿业快报，（05）：10~13．

项媛馨，巫建华．2012．赣南龙南地区余田群玄武岩SHRIMP锆石U-Pb年龄及其地质意义．地质通报，（05）：716~725．

肖承协，陈洪治，等．1991．江西玉山古城一带早、中奥世笔石地层．地层学杂志，15（2）．

肖承协，陈洪治．1990．玉山古城一带早中奥陶世笔石动物群．江西地质，4（2）．

肖承协，陈洪冶. 1993. 江西崇义早奥陶世茅坪组的笔石. 古生物学报，32（3）.

谢树成，易轶，刘育燕，等. 2003. 中国南方更新世网纹红土对全球气候变化的响应：分子化石记录. 中国科学（D 辑），33（5）：441~417.

谢学锦. 2005. 多目标地球化学填图：一个可能获得重大原始创新的地质调查项目（代序）. 地质通报，24（8）：686.

谢永清. 2005. 促进循环经济发展的税收政策. 油气田环境保护，(02)：4~8.

谢振东，钟达洪，衷存堤，等. 2012. 江西德安县地方病氟中毒区生态地球化学研究. 资源调查与环境，33（1），56~61.

谢振东，衷存堤，尹国胜，等. 2011. 花生富硒种植试验初步研究//多目标区域地球化学调查与评价文集. 北京：地质出版社：105~108.

信息平台. 2006. 中国矿山尾矿总量达 80 亿吨. 矿业快报，(10)：70.

星球地图出版社. 2009. 江西省地图集. 北京：星球地图出版社.

徐凤平，周兴龙，胡天喜. 2007. 我国尾矿资源利用现状及建议. 云南冶金，205（04）：25~27.

徐海. 2001. 中国全新世气候变化研究进展. 地质地球化学，29（2）：9~15.

徐惠忠. 2000. 尾矿建材开发. 北京：冶金工业出版社：1~21.

徐勋胜，巫建华. 2010. 江西南部蔡坊盆地火山岩系层序与地质时代. 东华理工大学学报（自然科学版），33（3）：211~218.

薛怀民，马芳，宋永勤，等. 2010. 江南造山带东段新元古代花岗岩组合的年代学和地球化学：对扬子与华夏地块拼合时间与过程的约束. 岩石学报，26（11）：3215~3244.

阎俊峰，李广有. 1958. 乐平附近煤田地质及“乐平煤”. 地质学报，38（3）.

晏同珍，杨顺安，方云. 2000. 滑坡学. 武汉：中国地质大学出版社.

杨保疆，黎谊锴. 2005. 浅谈尾矿整体利用与矿山环境综合治理. 南方国土资源，(12)：16~18.

杨怀仁，等. 1985. 中国造貌动动与气候地貌的基本问题//第四纪冰川与第四纪地质论文集. 北京：地质出版社.

杨明桂，黄水保，楼法生，等. 2009. 中国东南陆区岩石圈结构与大规模成矿作用. 中国地质，36（3）：528~543.

杨明桂，刘亚光，黄志忠，等. 2012. 江西中新元古代地层的划分及其与邻区对比. 中国地质，39（1）：49~50.

杨明桂，吕细保，黄越，等. 2011. 台湾两岸地质构造的关联问题//江西省地学新进展. 南昌：江西科学技术出版社：15~20.

杨明桂，吕细保，马振兴，等. 2009. 江西地下热水的分布特征与勘查方向//江西地学新进展. 南昌：江西科学技术出版社：134~137.

杨明桂，梅勇文. 1997. 钦—杭古板块结合带与成矿带的主要特征.华南地质与矿产，(3)：52~58.

杨明桂，吴富江，宋志瑞，等. 2015. 赣北：华南地质之窗. 地质学报，89（2）：222~233.

杨明桂，尹国胜，等. 2009. 赣东北三清山地区花岗岩的类型与“三清山”式花岗岩峰林的成因. 地质通报，28（10）：1511~1525.

杨明桂，余忠珍，徐梅桂，等. 2015. 晋宁期华南洋的构造格局//地学新进展（2015）——第十三届华东六省一市地学科技论坛文集. 南昌：江西科学技术出版社：1~17.

杨明桂，祝平俊，熊清华，等. 2012. 新元古代—早古生代华南裂谷系的格局及其演化. 地质学报，86（9）：1367~1375.

杨巧言. 2003. 江西省自然地理志. 北京：方志出版社：44.

杨世瑜，吴志亮. 2006. 旅游地质学. 天津：南开大学出版社.

杨水源，蒋少涌，姜耀辉，等. 2009. 江西相山火山侵入杂岩的锆石 U-Pb 精确定年及其地质意义. 矿物学报，(S1)：341~342.

杨忠芳，成杭新，奚小环，等. 2005. 区域生态地球化学评价思路及建议. 地质通报，24（8）：687~693.

杨忠芳，侯青叶，余涛，等. 2008. 农田生态系统区域生态地球化学评价的示范研究：以成都经济区土壤 Cd 为例. 地学前缘，15（5）：23~35.
杨忠芳，奚小环，成杭新，等. 2005. 区域生态地球化学评价核心与对策. 第四纪研究，25（3）：275~284.
杨忠芳，朱立，陈岳龙. 1999. 现代环境地球化学. 北京：地质出版社.
杨忠平，卢文喜，李俊，等. 2009. 城市生态地球化学研究进展. 环境科学与技术，32（2）：65~71.
姚庆元. 1984. 庐山地区第四纪沉积物及冰期问题//第四纪冰川与第四纪地质论文集（第一集）. 北京：地质出版社.
叶定衡. 1996. 中国及毗邻海区新构造图（1：5000000）及说明书. 北京：地质出版社.
叶正伟，吴威. 2011. 庐山旅游区气候变化特征及其影响因素分析. 地理科学，31（10）：1221~1227.
易先奎，韩静. 2003. 江西省尾矿资源利用现状及对策. 中国钨业，（04）：4~6.
殷俐娟. 2009. 尾矿资源化利用的问题、条件及相关政策建议. 资源开发与市场，146（10）：932~934.
尹国胜，马振兴，龙梅梅，等. 2007. 三清山花岗岩峰林景观及其科学价值. 江西风景园林，（2）.
尹国胜，谢国刚. 1996. 江西庐山地区伸展构造与星子变质核杂岩. 中国区域地质，1.
尹国胜，杨明桂，黄志忠，等. 2007. “三清山式”花岗岩地质特征与地貌景观研究. 地质论评，53（增刊）：56~74.
尹国胜，杨明桂. 2004. 庐山世界地质公园及其周边地区的主要地质景观. 资源调查与环境，25（4）.
尹国胜. 2000. 江西旅游业发展战略的一些思考，情系旅游圣地——江西. 南昌：江西科学技术出版社.
尹国胜. 2007. 三清山花岗岩地质地貌与生态文献汇编. 南昌：江西教育出版社.
印万忠，李丽匣. 2009. 尾矿的综合利用与尾矿库的管理. 北京：冶金工业出版社：10~23.
余忠珍，马逸麟，衷存堤，等. 2010. 鄱阳湖及周边经济区农业地球化学环境评价. 资源调查与环境，31（2）：127~135.
袁道先. 1993. 中国岩溶学. 北京：地质出版社.
翟大兴，杨忠芳，柳青青，等. 2012. 鄱阳湖流域水化学特征及影响因素分析. 地学前缘，19（1）：264~276.
张爱梅，等. 2011. 福建武平地区桃溪群混合岩 U–Pb 定年及其 Hf 同位素组成：对桃溪群时代及郁南运动的约束. 大地构造与成矿学，35（1）：64~72.
张保存. 2010. 尾矿库尾砂综合利用生产实践. 中国矿山工程. 39（1）：15~18.
张采繁，刘亚光. 1964. 论江西梓山煤系. 地质学报，44（4）.
张芳荣，等. 2007. 九岭南缘安义珠珞山辉绿岩形成时代及地质意义. 东华理工学报，30（4）：328~331.
张洪涛. 2004. 农业地质调查的核心是评价. 中国地质，31（增刊）：3~6.
张锦瑞，王伟之，李富平，等. 2002. 金属矿山尾矿综合利用与资源化. 北京：冶金工业出版社：1~15.
张锦瑞，徐晖，饶俊. 2005. 循环经济与金属矿山尾矿的资源化研究. 矿产综合利用，（03）：29~33.
张兰庭. 1984. 庐山第四纪地层研究//第四纪冰川与第四纪地质论文集（第一集）. 北京：地质出版社.
张兰庭. 1995. 鄱阳湖区“沙山”时代及其成因问题初步研究//第四纪冰川与第四纪地质论文集. 北京：地质出版社，8：89~98.
张丽君. 2001. 国际城市地质工作的主要态势（第 6 期）. 北京：国土资源部信息中心《国土资源情报》.
张利民. 1979. 信江盆地中生代火山岩系地层划分初探. 地层学杂志，3（4）.
张林源，牟昀智. 1981. 庐山角岭“表皮构造”成因探讨. 科学通报，26（16）：1006~1008.
张树明. 2000. 江西地质旅游资源特点综述. 华东地质学院学报，2000（3）.
张献伟. 2004. 铅锌尾矿渣代替硫酸渣烧石英尾矿代替黏土生产水泥熟料. 河南建材，（2）：18.
张志，樊光明. 1999. 赣东北信江盆地的虚骨龙类化石. 地质通报，（03）：256~259.
章人骏. 1947. 江西乐平县洞穴堆积之发现. 地质论评，2（3~4）.
赵良政. 1985. 庐山东南麓冰川作用表皮构造特征及意义. 地球科学，10（4）：71~75.

赵良政. 1988. 庐山更新世冰川作用构造特征与辩析. 地球科学，13（6）：635~643.

赵小敏，尹国胜，郭熙，等. 2011. 鄱阳湖地区农业地质环境与农业资源可持续利用研究. 北京：地质出版社.

赵逊，赵汀. 2002. 世界地质公园工作指南的发布及意义. 地质论评.

中国矿物岩石地球化学学会环境地质化学委员会. 1987. 环境地球化学与健康. 北京：地震出版社.

中华人民共和国国家质量监督检验检疫总局，中国国家标准化管理委员会. 2011. 地热资源地质勘查规范. 北京：中国标准出版社出版.

钟南昌. 1992. 江西萍乡—乐平地区推覆构造. 中国区域地质（第4期）. 北京：地质出版社.

钟玉芳，马昌前，佘振兵，等. 2005. 江西九岭花岗岩类复式岩基锆石 SHRIMP U-Pb 年代学. 中国地质大学学报（地球科学版），30（6）：685~691.

钟玉芳，马昌前，佘振兵，等. 2011. 赣西北蒙山岩体的锆石 U-Pb-Hf 、地球化学特征及成因探讨. 中国地质大学学报（地球科学），36（04）：703~720.

钟玉芳，马昌前，佘振兵. 2006. 江西丰顶山花岗岩锆石 U-Pb-Hf 研究及意义. 全国岩石学与地球动力学研讨会.

衷存堤，陈金华，尹国胜，等. 2006. 鄱阳湖及周边经济区水地球化学特征及初步评价//华东地区地质调查成果论文集（1999~2005）. 北京：中国大地出版社：81~90.

衷存堤，尹国胜，马逸麟，等. 2014. 鄱阳湖及周边经济区农业地质调查项目成果简介//华东地区地质调查项目成果集（2006~2010）. 武汉：中国地质大学出版社：603~607.

衷存堤，尹国胜，余忠珍，等. 2011. 鄱阳湖生态经济区富硒土壤的发现和开发//多目标区域地球化学调查与评价文集. 北京：地质出版社：92~97.

周国华，田黔宁，孙彬彬，等. 2009. 生态地球化学预测预警若干问题探讨. 地质通报，28（1）：118~123.

周明镇，童永生. 1965. 江西新余始新世兽脚类. 古脊椎动物与古人类学报.

周明镇. 1959. 江西新余始新世脊椎动物化石的发现. 古脊椎动物与古人类学报.

周慕林. 1982. 庐山真有第四纪泥石流吗？自然辩证法通讯，4（2）.

周小彬，廖咏，周云荣. 2009. 江西浅层地热能开发利用现状及存在问题和建议——以南昌市浅层地热能开发现状为例//江西地学新进展. 南昌：江西科学技术出版社：173~174.

周幼吾，郭东信，邱国庆，等. 2000. 中国冻土. 北京：科学出版社.

朱青，罗志红. 2007. 江西尾矿资源综合利用及循环经济研究. 资源与产业，111（06）：60~63.

朱维根. 2004. 矿产资源开发与可持续发展. 中国矿业，（09）：45~47.

朱训，等. 1983. 德兴斑岩铜矿. 北京：地质出版社.

朱艳. 1998. 庐山地区中更新世晚期地层最佳剖面——下岸角剖面. 地层学杂志，2（2）：137~142.

朱焱龄，李崇佑，林运淮. 1981. 赣南钨矿地质. 南昌：江西人民出版社.

竹淑贞，陈业裕，孙永福，等. 1985. 上海地区第四纪地层与古气候. 科学通报，（5）.

竺可桢. 1973. 中国近五千年来气候变迁的初步研究. 中国科学，（2）：168~189.

内部参考资料

安徽省地质矿产勘查开发局三一二队，江西省地质矿产勘查开发局赣西北地质大队. 2012. 江西铜岭国家矿山公园综合科考报告.

白细民，刘修奋. 2002. 全国地下水资源评价项目江西省地下水资源评价.

北京大学考古文博学院，江西省文物考古研究所. 2014. 仙人洞与吊桶环文物.

北京地之韵旅游文化研究中心. 2004. 江西景德镇高岭国家矿山公园综合科考报告.

北京中农华诚土地技术咨询有限责任公司. 2009. 江西铜业股份有限公司德兴铜矿铜厂矿区土地复绿方案.

本章引用成果资料主要有：江西省地质调查研究院. 2012. "江西省旅游地质资源开发利用战略研究"、"鄱阳湖生态经济区旅游地质资源与科学旅游圈开发研究" 成果报告.

蔡荣芳，吴安平，李广升，等. 1990. 中国红壤项目江西缺水地区贵溪县老虎岗志光片地下水勘察报告.

陈安泽，浦庆余，张招崇，等. 2009. 黄山花岗岩景观地貌形成演化研究//黄山花岗岩地质地貌研讨会文集：3~76.

陈昌明，张信周，汤和平，等. 1982. 1：20 万广丰幅区域水文地质普查报告.

陈铁汉，吴海龙，巢志众，等. 1984. 江西省锦江流域水资源综合评价报告.

程九洲，齐战国，高维能. 1978. 南昌地区第三系红层地下水勘察中间报告.

地质矿产部矿山水文地质工程地质调查组. 1986. 岩溶充水矿山回访报告.

范庭兴. 1962. 江西庐山—鄱阳湖区第四纪调查. 江西区域地质.

抚州市人民政府. 2010. 抚州市 2008~2020 年城市总体规划.

赣北地质工程勘察院. 2011. 江西省星子县东牯岭矿区花岗岩矿矿山地质环境调查报告.

赣州市人民政府. 2009. 赣州市 2006~2020 年城市总体规划.

高忠坛，门志浩，陈光国，等. 1997. 江西省萍乡－丰城岩溶水普查报告.

工业和信息化部科学技术部. 2010. 金属尾矿综合利用专项规划（2010~2015）：1~9.

龚香发，刘瑞安. 1990. 中国红壤项目江西缺水地区崇仁东来－孙坊、航埠片地下水勘察报告.

广东省地质调查院. 2006. 1：5 万连平幅区域地质调查说明书.

郭迪忠，詹龙和，李立详，等. 1984. 江西省潦河流域水资源及工程地质综合评价报告.

郭育忠，程剑云，朱远峰. 1979. 1：20 万修水幅区域水文地质普查报告.

郭育忠，程林山，张赛喜，等. 1985. 江西省鄱阳湖地区地下水资源调查报告.

郭育忠，刘其林，李立详，等. 1981. 1：20 万万载幅区域水文地质普查报告.

核工业赣州工程勘察院. 2010. 宁都县中矿同发萤矿有限公司同发萤矿矿山地质环境保护与恢复治理方案.

黄德彭. 1976. 论庐山第四纪地层划分问题. 江西水文工程地质勘察.

吉安市人民政府. 2009. 吉安市 2007~2020 年城市总体规划.

江西地质矿产调查大队. 1992. 庐山图组 1：5 万区域地质调查报告.

国土资源部中国地质调查局网. 2014. 江西赣州发现霸王龙类新属种中国虔州龙.

中国化石网. 2016. 江西赣州晚白垩世发现窃蛋龙胚胎新化石.

江西省地矿局、南京大学地质系岩溶矿山水文地质调查组. 江西花亭锰矿.

江西省地矿局赣西地质大队. 2005. 丰城市铁岗山矿区勘查资料.

江西省地矿局九一二大队何细荣. 2014. 鹰潭市锶偏硅酸矿水.

江西省地矿局九一六大队廖洪鑫. 2014. 永修易家河地热田资料.

江西省地矿局水文地质工程地质大队. 1980. 1∶20 万九江幅区域水文地质普查报告.

江西省地矿局水文地质工程地质大队. 1980. 1∶20 万万载幅区域水文地质普查报告.

江西省地矿资源勘查开发有限公司. 2012. 江西省尾矿（砂）综合利用调查与研究（江西省地矿局科研成果）.

江西省地矿资源勘查开发有限公司. 2014. 江西省矿山尾矿（砂）综合利用技术研究与集成（江西省科技厅科研成果）.

江西省地震办公室. 1974. 江西省地震烈度区划.

江西省地质调查研究院. 2002. 长江中游鄱阳湖及江西江段水患区环境地质调查评价.

江西省地质调查研究院. 2004. 江西省地质遗迹调查报告.

江西省地质调查研究院. 2004. 鄱阳湖及周边经济区 1∶25 万区域土壤多目标地球化学调查报告 \ 信江盆地 1∶25 万区域土壤多目标地球化学调查报告 \ 吉泰盆地 1∶25 万区域土壤多目标地球化学调查报告 \ 大余–南康地区 1∶25 万区域土壤多目标地球化学调查报告 \ “兴国–寻乌地区 1∶25 万区域土壤多目标地球化学调查”阶段数据等成果资料.

江西省地质调查研究院. 2005. 江西省抚州市城市环境地质调查评价报告.

江西省地质调查研究院. 2005. 江西省宜春市城市环境地质调查评价报告.

江西省地质调查研究院. 2005. 江西武功山国家地质公园综合科考报告.

江西省地质调查研究院. 2006. 江西龙虎山（龟峰）世界地质公园综合科考报告.

江西省地质调查研究院. 2006. 江西省景德镇市城市环境地质调查评价报告.

江西省地质调查研究院. 2010. 江西萍乡安源国家矿山公园综合科考报告.

江西省地质调查研究院. 2010. 江西省铜鼓地质公园综合科考报告.

江西省地质调查研究院. 2011. 江西省旅游地质资源开发利用战略研究.

江西省地质调查研究院. 2012. 江西三清山世界地质公园综合科考报告.

江西省地质调查研究院. 2013. 江西省乐平洪崖洞地质公园综合科考报告.

江西省地质调查研究院. 2013. 江西石城国家地质公园综合科考报告.

江西省地质调查研究院. 2015. 江西省古生物化石资源调查报告.

江西省地质调查院. 2001. 井冈山图组 1∶5 万区域地质调查报告.

江西省地质环境监测总站. 2004. 鄱阳县金家坞金矿资源开发地质灾害危险性评估报告.

江西省地质环境监测总站. 2006. 江西省定南县岿美山钨矿矿山地质环境治理可行性研究报告.

江西省地质环境监测总站. 2007. 江西省矿山环境保护与治理规划（2006~2015 年专题研究报告）.

江西省地质环境监测总站. 2007. 江西省天河煤矿矿山地质环境治理可行性研究报告.

江西省地质环境监测总站. 2011. 昌北采石基地大吉岭采石场矿山地质环境治理方案设计.

江西省地质环境监测总站. 2011. 江西省芦溪县南坑金钩湾铁矿矿山地质环境保护与恢复治理方案.

江西省地质环境监测总站. 2011. 景德镇仙槎煤矿地质环境恢复治理方案设计.

江西省地质环境监测总站. 2012. 江西铜业股份有限公司德兴铜矿富家钨矿区矿山地质环境保护与恢复治理方案.

江西省地质环境监测总站. 2013. 江西省南昌市地质环境监测年度报告（2012 年）.

江西省地质环境监测总站. 2014. 2012~2013 年江西省矿山地质环境调查报告.

江西省地质局区域地质测量大队. 1964. 修水幅 1：20 万区域地质测量报告.
江西省地质局区域地质测量大队. 1969. 于都幅 1：20 万区域地质测量报告.
江西省地质局区域地质测量大队. 1983. 江西省地貌图（1：50 万）及说明书.
江西省地质局区域地质调查大队. 1982. 1：100 万江西省构造体系与地震分布规律图及说明书.
江西省地质矿产局水文地质工程地质大队. 1980. 1：20 万景德镇幅区域水文地质普查报告.
江西省地质矿产局水文地质工程地质大队. 1980. 区域水文地质普查报告 1：20 万（九江幅）.
江西省地质矿产局水文地质工程地质大队. 1980. 区域水文地质普查报告 1：20 万（清江幅）.
江西省地质矿产局水文地质工程地质大队. 1980. 区域水文地质普查报告 1：20 万（宜春幅）.
江西省地质矿产局水文地质工程地质大队. 1985. 江西省工程地质远景区划报告.
江西省地质矿产局水文地质工程地质大队. 1985. 江西省鄱阳湖地区工程地质考察报告.
江西省地质矿产局水文地质工程地质大队. 1989. 江西省萍乡市水文地质工程地质综合勘察报告.
江西省地质矿产勘查开发局赣西北地质大队. 2004. 江西省柘林湖地质公园综合科考报告.
江西省地质矿产勘查开发局九一二地质大队. 2004. 江西省贵溪象山地质公园综合科考报告.
江西省地质矿产勘查开发局九一六队. 2003. 江西庐山世界地质公园综合科考报告.
江西省地质矿产厅. 1998. 江西省岩石地层.
江西省国土资源厅. 2006. 江西省地质遗迹保护利用规划（2005~2020 年）.
江西省国土资源厅. 2010. 江西省矿产资源总体规划（2008~2015）：3~10.
江西省交通设计院. 1995. 江西省膨胀土与公路工程.
江西省勘察设计研究院. 2005. 于都县铁山垅钨矿矿山地质环境恢复治理方案设计.
江西省勘察设计研究院. 2006. 信丰县圣塔采石有限公司石古前矿山开采 105 国道地面塌陷防治钻孔帷幕灌浆治理工程施工组织设计.
江西省勘察设计研究院. 2011. 江西省赣县废弃稀土矿山地质环境治理方案.
江西省勘察设计研究院. 2011. 江西省赣县废弃稀土矿山地质环境综合治理调查报告.
江西省勘察设计研究院. 2011. 江西省万年青水泥股份有限公司瑞金水泥厂猫子寨石灰石矿山地质环境保护与恢复治理方案.
江西省勘察设计研究院. 2012. 江西省景德镇市矿山地质环境治理重点工程年度实施方案（2012 年）.
江西省区域地质调查大队. 1983. 江西省第四系.
江西省区域地质调查大队冰川专题组. 1978. 庐山第四纪冰川、庐山第四纪地层研究.
江西省水利厅. 2014. 江西省水资源公报（2013）.
江西省水文地质工程地质大队. 1986. 鄱阳湖第四纪地质研究报告.
姜雷，崔勇，黄利星，等. 1981. 1：20 万新干幅区域水文地质普查报告.
金克柏，赖华均，钟光明，等. 1986. 江西省袁水流域水文地质工程地质合合评价报告.
金克柏，欧阳玉堂，章富远，等. 1990. 中国红壤项目江西缺水地区东乡县大虎岗－珀玕－富贵岗－店前片地下水勘察报告.
林强，刘大海. 1990. 中国红壤项目江西缺水地区进贤县七里片地下水勘察报告.
景德镇市人民政府. 2004. 景德镇市 2002~2020 年城市总体规划.
九江市人民政府. 2003. 九江市 2001~2020 年城市总体规划.
雷汉生. 2014. 崇义化石和地质遗迹（内部出版）.

林强. 1992. 江西饮用天然矿泉水资源及其开发战略. 江西地质，6（41）：39.

刘溅传，黄宝松，武志华，等. 1981. 1：20 万九江幅区域水文地质普查报告.

刘敬之，范光斌. 1980. 1：20 万遂川幅区域水文地质普查报告.

刘其麟，肖桦，周洪涛. 1990. 中国红壤项目江西缺水地区临川瓦店片金溪县琅琚片地下水勘察报告.

刘亚光. 1997. 江西古生代鱼类. 江西地质，11（2）.

刘亚光. 1999. 江西恐龙蛋的分类及层位. 江西地质，13（1）.

柳江波，吴海龙，余庆贵，等. 1980. 1：20 万清江幅区域水文地质普查报告.

南昌市人民政府. 2004. 南昌市 2003~2020 年城市总体规划.

彭根祥，蔡荣芳，徐式火，等. 1986. 江西省信江流域水资源及水文地质工程地质综合评价报告.

萍乡市人民政府. 2008. 萍乡市 2008~2020 年城市总体规划.

鄱阳湖生态环境研究所. 2012. 鄱阳湖生态经济区水文地质、工程地质、环境地质图集.

齐俊生，黄海，吴冬有，等. 1976. 1：20 万吉水幅区域水文地质普查报告.

上饶市人民政府. 2009. 上饶市 2007~2020 年城市总体规划.

宋喜林，张健，孙光辉，等. 1967. 江西省南昌市城市供水水文地质勘察报告.

孙长贵，范小珍，李平棕，等. 1980. 1：20 万兴国幅区域水文地质普查报告.

孙宁佳，程林山，陈光国，等. 1982. 1：20 万抚州幅区域水文地质普查报告.

万益民，邓健如，赵维良，等. 1980. 1：20 万广昌幅区域水文地质普查报告.

王崇于，黄世序，过跃明，等. 1982. 1：20 万彭泽幅区域水文地质普查报告.

王权，田树林，陈诗礼，等. 1981. 1：20 万宜春幅区域水文地质普查报告.

吴安平，蔡荣芳，胡秋樵，等. 1981. 1：20 万上饶幅区域水文地质普查报告.

吴冬有，赵维良，胡世萍，等. 1980. 1：20 万南城幅区域水文地质普查报告.

吴健康，王雪志，高维能，等. 1980. 1：20 万景德镇幅区域水文地质普查报告.

西北大学生态毒理研究所. 2010. 21 世纪初我国重金属、类金属污染事件回顾//全国重金属污染治理研讨会论文集.

奚小环. 2006. 多目标区域地球化学调查，“十五”重要地质科技成果暨重大找矿成果交流会材料四——“十五”地质行业重要地质科技成果资料汇编：37~39.

谢显东，古云元，林挺华，等. 1981. 1：20 万吉安幅区域水文地质普查报告.

辛田军，陈丹，周国彬. 2015. 江西省宜春市明月山风景管理区温汤地热田地热水资料可持续开发利用前景研究.

新余市人民政府. 2010. 新余市 2003~2030 年城市总体规划.

颜春等. 陆中光文集. 内部资料.

宜春市人民政府. 2010. 宜春市 2008~2030 年城市总体规划.

鹰潭市人民政府. 2009. 鹰潭市 2007~2020 年城市总体规划.

余志庆，何培元，马振兴，等. 1996. 庐山第四纪冰川和鄱阳湖第四纪地质研究.

曾马荪，胡江庆，陈青旺，等. 1989. 江西省九江水文地质工程地质综合勘察报告.

战明国. 1995. 赣南金伯利角砾岩的发现、研究与金刚石找矿前景（未刊资料）.

张平，李清兰，孙冬根，等. 1982. 1：20 万波阳幅区域水文地质普查报告.

章毅，王雪志，高维能，等. 1980. 1：20 万南昌幅区域水文地质普查报告.

赵火茂，谢春生，范小珍，等. 1981. 1：20 万会昌幅区域水文地质普查报.

赵逊. 2005. 世界地质遗迹保护和地质公园建设的现状和展望//第六届世界华人地质科学研讨会和中国地质学会2005年学术年会论文摘要集.

赵耀宗，刘传泉. 1982. 1：20万赣州幅区域水文地质普查报告.

郑克棪. 1989. 饮用天然矿泉水深源成因的地球化学解释//全国矿泉水资料汇编：284~285.

中国地质大学（武汉）. 1994. 葛源幅1：5区域地质调查报告.

中国地质调查局基础调查部，中国地质科学院地质研究所. 2009. 中国区域地质志工作指南.

中国地质环境监测院. 江西省地质调查研究院. 2009. 江西德兴国家矿山公园综合科考报告.

中国地质科学院岩溶地质研究所. 2007. 江西省万年神农源地质公园综合科考报告.

朱基忠，叶政祥. 1981. 从某地热矿水放射性水文地球化学特征探讨热水成因及找矿意义.

邹文贤，鲁新荣，蒋孔富，等. 1982. 1：20万安远幅区域水文地质普查报告.

Abstract of Environmental Geology of Jiangxi Province

As the first provincial-level comprehensive and research annals on environmental geology in China, the project implementation of《Environmental Geology of Jiangxi Province》was started in 2007 and completed the manuscript in 2015. It is one of the series books of regional geology, mineral geology and environmental geology. This annals would serve construction of ecological civilization of Jiangxi Province and the goal of the Rise of Green. In accordance with contemporary general concepts of environmental geology, the practical demand of human economic and social activities and the sustainable development of environmental geology, this annals covers a wide range of areas, including eco-geological environment, eco-geological resources, geological hazards and problems. The annals involves 11 parts, estimated about 1.45 million words in Chinese.

This annals further clarifies the formation of "geological events, hydrological events, disaster events" and other major provincial geology events due to geological settings in Jiangxi Province. Meanwhile, fully encouraging collective wisdom, it put both the awareness upgrading and summarized law of environmental geology in a significant position. By fully using the advantages of newly edited book《Regional Geology of Jiangxi Province》, put the latest results from regional geology to closely link with environmental geology to perform the comprehensive research analysis that makes them mutual pervasion and amalgamation between each other, significantly improve the level of environmental geology. Firstly in China, this annals provides beneficial experiences for the integrated result of environmental geology work and comprehensive research.

I. Regional Geology and Quaternary Geology

Jiangxi Province is situated in the southeast of Eurasian plate, close to the Pacific Ocean to the east. It would be clearly subdivided into two different geological affinities by Pingxiang-Jingdezhen-Suzhou junction belt, the Yangtze and Cathaysian affinity, respectively. It is a key region for series of geological problems in southern China.

Geological records of 1.8 billion years (since Proterozoic) would be identified in Jiangxi. In general, it would be classified into five cycles: Lvliang, Jinning, Yangtz-Caledonian, Hercynian-Indonian, and Yanshan-Himalaya moment according to association of tectonic, sedimentary and magma events. Jiangxi Province suffered the tectonic shifts from Huanan Ocean, Huanan rift, Tcthys Sea, continental "coal-volcanic-red-lake basin since Meso-Neoproterozoic, which associated with orogenic movements from extinction of Huanan Sea and continent-continent collision in Jinningian Era, Caledonian rift valley and sea basin closing, epicontinental sedimentary cover folded orogenesis of Indosinian, Intracontinental active re-orogenesis of Yanshanian and a weak Himalayan orogenic activity.

Strata from Proterozoic to present outcrop in Jiangxi, with total area of about 133,300km^2, in which sedimentary strata is approximately 69,500km^2; Proterozoic hypometamorphic strata is much less, while epimetamorphic strata of Neoproterozoic to lower Paleozoic is about 60,500km^2; The outcrop area of Late-Qingbaikouian era and Mesozoic volcanic-sedimentary strata (sedimentary-metamorphic formation is not included) is about 3,300km^2; The strata area of sedimentary clastic rocks with higher level of consolidation from Qingbaikou system to upper-middle Jurassic series is about 19,068km^2. To the strata of carbonate rock formation is about 13,943km^2; The area of red sedimentary clastic rocks with lower level of consolidation from upper Cretaceous series-Neogene is about 21,138km^2. The Quaternary is mainly distributed in the basin and river valley, dominated by river alluvial, followed by alluvial-lacustrine, with other glacial moraines, aeolian accumulations, residual slop deposits, cave deposits and so on.

The exposed area of intrusive rocks, which are uniformly distributed through epochs since Neoproterozoic to Paleogene, is about 30,611km^2. It can be divided into five periods: Jinningian, Caledonian, Indosinian, Yanshanian and Himalayan, while the exposed granite from Caledonian and Yanshanian is most widespread. A detailed classification has been made according to the epoch of intrusive rocks and magmatic activity period, tectonic setting, genetic type, composition, sequence, lithology, etc.

Granite rocks are mainly dominated by S-type granitoid, followed by I-type、A-type, while M-type is distributed limitedly. S-type granites are widely distributed in the uplift zone, in form of complex batholith and laccolith, with tonalite granodiorite - biotite monzonitic granite orthogranite - alkali feldspar granite as basic sequence. From Jinningian to Yanshanian period, most of rocks that are in the intermediate acidity turning into acidic and super acidic affinity. Most I-type intermediate acidic porphyries are Yanshanian, and they outcrop along deep fault and dominated by small laccolith stock.

Middle-lower Yangtz and Xinjiang-Qiantang block, as well as the Yifeng-Dexing orogenic belt, are part of Yangtze reverse "s" type tectonic system. They are nearly east west to north east east in strike. It is noteworthy that they outcrop in alternating convex and concave. The convex is most composed of epimetamorphic rocks of lower Neoproterozoic and granite, and they form high mountains; the concave is mainly refer to Pingle depress zone of Yangtz type and Huanan type. The southern Jiangxi was uplifted mainly outcropped Caledonian rocks, just has small size Huanan type depression. The orientation of uplifted zone is mainly North-South to North-North-East.

In a whole, Yangtz reverse "s" type and Neocathaysian fault system composed the provincial complex fault system.

II. Regional Landforms

Due to the expansion of the Philippine Sea Plate since late early Pleistocene of Quaternary, Jiangxi province illustrates geomorphologic landscape of mid-low mountains, hills and basins, which is distinguish from northern China. It is located at the southeast land region of the third phase of China mainland topography. There are mainly four reasons for these landforms: flowing water, lacustrine, karstand and glaciers which led to forming of a large number of micro-topographies that are valuable in scientific research and ornamental landscaping.

Landforms of the Province are affected by the constraints of triple tectonic elements of uplift zone, depression zone and fault basin, as a result, uplift zone became mountains, depression area became mounds and basin became plains. Generally, landscape in the north of Jiangxi Province shows "two depressions (Jiujiang, Pingxiang-Leping-Shangrao) two bulges (Jiuling and Wugongshan mountains) one basin (Poyanghu faulted basin)", which corresponds to the pattern of landforms of "three mounds, two hills, one plain". The south of Jiangxi Province shows "Three bulges (Luoxiao, Yushan, Wuyi) two faulted depressions (Ganjiang, Fuhe)" which correspond to the pattern of landforms "three hills, two valleys". These interweave landforms of "five east-west five north-south" of uplifts, depressions, basins, hills, mounds and plains control the basic structure of social and economic development of Jiangxi Province. The basin and valley have become the center of social economic activities and gathering and grouping of cites, towns and villages. A cluster of intertwined network of economic zones, cities (towns) and villages has been formed so called "one ring (circled Poyang Lake) four zones (Changjiang River, Beijing-Jiujiang, Hunan-Jiangxi-Zhejiang-Shanghai, Jiangxi-Fujian-Taiwan)".

The mountains, including Mufu-Luoxiao, Zhanggong-Yushan mountain, Wuyishan mountains and eastern part of Nanling, display NNE and NE mountain ridge with a column distribution of left lateral siding surrounded the border of the Province within the Neocathaysian structural system of pacific tectonic region. The mainly faulted basins in Gan-Po depress zone show sinistral distribution which is consistent with the geomorphologic pattern of eastern China. The northward tilt bowl-shaped topography subsequently formed throughout the Province, among which the Wuyishan Mountain formed the ridge to the southeast due to intensive uplift. The highest peak called Huanggangshan of SE Jiangxi and the large Danxia landscape group of China developed inside. Large volume of granite intruded into the Nanhuaian to early Mesozoic depresses in Huaiyu region, and formed high land gradually. It made the beautiful granite landscape, so called "elegant Sanqingshan Mountain, grand Huaiyushan Mountain, hidden Damaoshan Moutain, exotic Lingshan Mountain". Lushan Mountain, which was formed by thick-bedded hard sandstones of Liantuo Formation of Nanhuaian, was horst. Its formation was as result of extra cold climate that was in Pleistocene. It is a rare glacial and aqueous erosion complex type of geomorphological landscapes.

III. Geological Relics and Geological Tourism

Geological relic resources in Jiangxi Province are extremely rich. Among them, those relics that are the rarest with the most scientific values are:

(1) Typical monument of Paleo-Huanan Ocean: trinity of ophiolite, M-type albeit granite and glaucophane-schist in Xiwan of Dexing city, which is about 968Ma.

(2) Wannian giant thrust nappe: it is composed of ophiolitic mélange in Dexing-Fengcheng for the front segment and tectonic melange belts with 300km in length.

(3)"The most three" in Poyang Lake: complex crustal structure that refers to association of oceanic crust – rift – epicontinental sea – coal basin – red basin – lake basin. The faulted red bed basin of south Poyang Lake is nearly 4000m in depth. The third would be that it is the largest freshwater lake in China.

(4) Ancient granite: evidence from two depositional unconformities: they are Liantuo Formation and granodiorite of Jinningian in Wuning area, and the Caledonian granites and middle Devonian sedimentary series from Duoshui area.

(5) High altitude basins: the early Cretaceous volcanic basin in Mt. Huanggangshan, the middle–upper Devonian synclinal basin in Ciping, the highest peak of south–east Jiangxi of Jingganshan peak, respectively.

(6) The three unique geological landscapes: the monument of Mt. Lushan Quaternary glacier, "Sanqingshan type" granite peak forest landform, Mt. Longhushan–Mt. Guifeng Early Old Stage Danxia peak forest landform.

(7) The ten typical metal deposits: Dahutang world class altered granite type tungsten ore field, Zhuxi world class contact metasomatic type tungsten deposit, Songshugang world class tantalum deposit, Dexing Cu–Au–Ag ore field, Xihushan–Piaotang "five stories type" tungsten ore field, Zudong ionic type heavy rare earth deposit which was first discovered in world of this type, Xiangshan subvolcanic–type uranium ore field, Lengshuikeng subvolcanic porphyry silver ore field, Chengmenshan I–type porphyry sequence and "Multinity type" copper deposits, Xingyu folded and superposed "Hongchouwu–type" sedimentary metamorphosed iron ore field.

The geological relics above not only have significant value in scientific research, some of them are the unmatchable geological tourism resources. Lushan Mountain, Mt. Sanqingshan and Mt. Longhushan – Guifeng have all inscribed on the world′s heritage list, as well as listed in the world geological park. The geological landscape has closely association with Red Culture, culture of Confucianism, Taoism, Buddhism in the long history. It formed a superiority of tourism resources from the integration of Geo–tourism, Red tourism and Cultural tourism. Jiangxi Province can be preliminarily divided into 3 Geo–tourism circles and 13 Geological tourist zones.

Northern Jiangxi Geo–tourism circles: the heroic city – Nanchang is located in center and it is surrounded by Shanjianghu –Dongquan tourism area in Lushan Mountain region, Gaoling National Mine Park in Jingdezhen, Ceramic culture tourism area, Wuyuan metamorphic rock beautiful countryside tourism area, Sanqingshan–Lingshan granitic peak forest, Dexing national mine park, Jiuling granite, green mountains of Jing' an, Meiling, Dahutang tungsten ore field and hot spring tourism zone, Mt. Longhushan – Mt. Guifeng peak Danxia landscape tourism zone.

Mt. Jinggangshan, Mt. Wugongshan of West Jiangxi Geo–tourism circle, including the five gorges and the cliff waterfalls surrounding the Ciping ring shaped synclinal basin. Precisely, they would be ① Mt. Wugongshan–Mt. Mingyueshan–Xiannvhu granite peak forest, alpine meadow, and hot spring water group tourism zone, ② Tonggu metamorphic green mountains and hot spring Tanghu tourist zones, ③ Anyuan national mine park and karst cave tourism zones, ④ Tanghu, Suichuan hot spring groups – Gougunao tea–tree mountains tourism zone.

Southern Jiangxi Geo–tourism circle: Ganzhou is as the centre, including ① Dongjiangyuan metamorphic rock green mountain, Danxia landfrom, and hot spring tourist resort zone, ② Dongjiangyuan green mountain–hot spring tourist resort zone, ③ Xihuashan–Yanling green mountain and veined tungsten ore field vacation tourist zones–popular science tourist zone, ④ Wuzhifeng–Doushui Lake vacation tourist zone, etc.

IV. Regional Ecological Geochemical Environment

For this domain, this book takes the advantages of recent completed result of 103,500km^2 1/25 ten–thousand regional soil eco–geochemical survey, evaluated and studied the regional eco–geochemical environment, making the environmental geology work of Jiangxi Province enter into a new domain of ecological geochemistry.

Herein, this summarized the base distribution character istics of the 54–56 elements in the surface and deep soil. 88.95% surface soil area within the survey zone is rich in nitrogen, phosphorus and potassium that would be favorable for development of environment–friendly agriculture. 67% of the area meets the requirement of green food development and organic food production.

Large areas of in selenium–zinc and germanium soil rich are discovered. Selenium–rich soil area is about 13900km^2, as the workspace expansion, the scope also expected to be expanded. This work deciphered some local traditional well–known extra best agricultural products, and it would serve development of high efficiency and well–known extra best agriculture such as preliminary construction of "Ecological Selenium Valley of China", " Health Selenium Valley of China" and "Ecological Flowers Valley of China" in Dongjia town, Fengcheng city.

Meanwhile, this work outlined the existing soil heavy metal anomalies or over standard region (zones). For the anomalies zones, heavy metals were identified, as well as its resources and ecological effects. That would serve for regional and drainage heavy metal pollution prevention and control and harmessing plan.

V. Regional Hydrology and Groundwater Resources

Water is the source of all biological life, and Jiangxi is rich in water resources; surface river–water runoff is about 154.1 billion m^3/a, whereas underground water is relatively less but also with sufficient scale; the volume of natural underground water resources is about 23.048 billion m^3/a, while exploitable underground water resources is about 73.4 billion m^3/a.

Regional distribution of underground water is effected by the constraint of geological and geomorphological units, uplifted mountain ground, depression of lower mountains and hills, hilly plains of fault depression basin. Uplifted mountain ground is dominated by crevice water in metamorphic rocks and granite where it is not conducive to exploitation and utilization, except fracture water among them. However, with the importance of sponge effect, better moisture–bearing property is the key of surface water supplying source. Fracture pore water and karstic water within sedimentary clastic rocks and carbonate rock, respectively, are prevail in lower mountains and hills of depression zone.

Most urban develop on red–bed fault–depression basins where contain calcium layers and karst water. But they illustrated poor water–bearing property. Water mainly comes from Quaternary loose sedimentary layers.

It is noteworthy that a great amount of fault and fracture have shifted into property of extensional, especially the NW trending faults are favorable for springs. Quaternary pore water and karst water are the major sources of exploitable resources of underground water from all categories. The exploitable quantity of resources from both are respectively 3.901 billion m^3/a、2.401 billion m^3/a.

The primary type of underground water of the province is heavy carbonate-type fresh water, which the water quality is good in most regions; Due to gypsum-salt bed containing in the upper Cretaceous-Paleogene red bed, part of underground water is with property of carbonate-type slightly saline water. The Fe、Mn ions in the upper Pleistocene alluvial layer pore water of Poyang lake shore is relatively high in content, water can be mined and utilized in accordance with the regularity of iron and manganese vertical zoning, or setting up purification facilities to clear ions of Fe and Mn. A few waters contain radioactive property and fluoride ions that are not suitable for drinking. Parts of Quaternary pore water suffered from man-made pollution in local towns、mining areas that a processing is needed before water become drinkable.

Surface water is the dominated source of using water in the Province, the quantity of exploitable underground water is 1.25 billion m^3/a which is estimated about 5% to 6% of the total water supplying indicating that the potential of reutilization of resources is relatively high. However, the underground water occupied a relatively higher proportion of urban water utilization in the city of Pingxiang, Jian, Jingdezhen. There is about 13.7 million rural populations drinking underground water through the Province. With the development of industry and upturn people living standard level, consumption of water is gradually increasing in the province. What needs to be aware is that the surface water is highly depended on rainfall, such that some rivers dry up in the dry season when drought occurred and formed a view of a line within Poyang Lake. Surface water runoff can be reduced to 84.76 billion /a in the drought years, the quantity of water reduced almost half the quantity of water in the common water level years. Funnel appeared in some cities due to excessive exploitation of underground water. Therefore, it is necessary to further establish the concept of water saving, comprehensive planning and reasonable to relocate and use surface water or underground water, improving water resources protection and further enhancing the prevention of underground water pollution.

VI. Geothermal and Mineral Water Resources

In Jiangxi Province, underground geothermal water and shallow geothermal energy resources are rich. Provincial geothermal resource distribution is related to subduction of Philippine plate which is moving toward eastern part of Taiwan where the Fujian-Jiangxi-Guangzhou high-medium temperature geothermal water zones developed.

By the year of 2014, 94 natural hot springs have been found, and other 31 were found by drilling. These hot springs all could be ascribed to the faulted convective-type thermal field except the Donggangqiao concealed-type geothermal field. Hot springs mostly are medium-temperature. The Bailing hot spring in Xiushui and Suichuan hot spring field has the highest degree of 82℃, and most of them are physical therapy thermal mineral water. Concealed heat water of conduction type is mainly developed in Gan-Po faulted depression basins; Recent breakthrough on exploration of thermal water in western Nanchang display that concealed type geothermal field plays an important role, especially in Donggangqiao basin.

Distribution of thermal water may be controlled by faults; accordingly they could be subdivided into two types: ① convection-type hot water at the uplifted mountain grounds and basin margin fault-depression zone; ② concealed conduction-type hot water at the basin. Due to active flow of underground water in the karst and fracture pore againsting heat gathering, only a few low-temperature hot springs has been found in depression zone. Therefore, faulted thermal water mainly distributed in Mofu-Louxiao, Huaiyu-Wuyi and Yshan-Jiulianshan with NNE strike. These three zones are significant important for thermal resource. Hot springs developed along the NNE or NE strike faults, in which 29 hot springs were found along the Shicheng-Xunwu NNE fault. In addition, more than 30 hot springs developed along the faults of Jiulianshan, Wuning-Tonggu, Wentang in Yichun where most of them are hot temperature and high flow. The old Xingzi hot water discharge rate has increased to 3725 tons/day from 300 tons/day,which has become a well-known spring from the early development. After exploitation and recharge, the flow of Wentang in Yichun reached 10239 m^3/day, and water temperature rose to 66℃ from 62℃. It made this region the "the village of China hot spring".

Underground water in Jiangxi Province is more abundant with base characters as following: ① water level is higher, burried depth is shallower, heat conduction property is better. ② the depth of underground constant temperature zone is about 22~35m with temperature of 19.13~19.5℃, it is conducive to the development and utilization of these shallow geothermal energy.

Natural mineral water resource is abundant in the Jiangxi that is favored by tea enthusiasts for long time. From the book of 《Cha Jing》 written by the tea Saint Luyu reviews the 10 springs in which Jiangxi has 5 of them. 138 drinkable natural spring spots have been found in Jiangxi, among which silicic acidic water is very common, about 100 spots; 16 spots bearing strontium and silicic acidic; 12 spots bearing strontium; 4 spots bearing strontium and lithium; 2 lithium spot, 1 silicic acidic lithium spot and 1 silicic acidic selenium spot. Besides, the hot spring water of Wentang in Yichun is a drinkable thermal silicic acidic water that contains selenium. However, the mineral exploration and development level for mineral water in Jiangxi is relatively low, exploration and science development should be strengthened in order to further unleash the advantages of resources.

VII. Regional Engineering Geology

Engineering geological surveys for towns, mining, water conservancy, transportation and national defense are the antecedent works prior to engineering constructions, and it is the basis of engineering construction safety assessment. From the Holocene epoch, the earth crust of Jiangxi Province is relatively stable. However, engineering geology conditions are complex. This book would focus on engineering geological surveys as well as parts of the related survey results from other geo-departments in Jiangxi Province. Provincial engineering geology classification and rock engineering geology type classification were carried out, and engineering geology conditions and major engineering geology problems were summarized.

Uplift, depression and faulted basin which would correspond to mountains, mounds, basins, plain landscapes are important conditions for engineering geology division and are also the important constrain factors for many engineering geology problems.

i. Uplifted metamorphic granite region: engineering geology condition is relatively simple, among which mid-low hill collapses, landslides, debris flow frequently occurred. Strongly eroded granite of lower hilly region and weathered crust development easily cause landslides, soil and water loss, as well as leading the blockage of reservoirs and river channels.

ii. Depression of lower hilly area composed of sedimentary clastics and carbonates: unfavorable geological conditions are mainly karst collapse caused by weak and soft intercalation of mudstone and schist, mine pit drainage collapse and leak of reservoirs. Some local regions have the distribution of expanded soil that was took as unfavorable soil body.

iii. Lower hilly plain of red clastic rocks of faulted depression basin and loose Quaternary sedimentary zones: it is key region for engineering construction. Unfavorable engineering geology conditions are: low level consolidation of parts of red clastic rocks containing mud, mountain hills with greater slope easily cause the disaster of slipstream, unevenly subsidence at the soft soil zones and filling zones. In addition, dike foundation and foundation excavation leakage with deformation, reservoir leakage and river deposition are in this case.

Development of fault and fracture within Jiangxi often affect the stability of engineering chamber, causing the accidents of water collapse or fracture collapse. A few active fracture zones have the potential to lead devastating earthquakes.

VIII. Geological Hazards and Earthquake

VIII-1 Geological Hazards

Medium-low mountains and hills are widespread in the Jiangxi Province, combined with rainstorm, that makes this province frequent geological hazards, such as landslides, collapses, mud-rock flows, as well as karst collapse. It is suddenness, group occurrence, multiple occurrence and harmfulness. Rainstorm-type rock and soil geological instability of gravity loss disaster is one of the major hazards in the Province and is usually associated with man-made cutting-slop constructions and other related factors.

Rainfall is the key external induction factor for the hazards of landslides, collapses and flows, the main period of disaster occurrence is April-June rainstorm season every year. In addition, seasonal frost melting collapse or mud rock flow disasters can occur at some steep mountain grounds. Geological structure and lithology and landforms are the important conditions for the disaster occurrence of collapse, slides and flows. This book comprehensively adopts methods of grid statistics and vague evaluation identification to study hazard regionalization, and shows that high hazard-prone areas are mainly in the region of uplifted medium-low mountains, including Lushan and other 13 districts. Lower mountain and hill regions of weak uplift and depression belts are the areas where collapse, slides and flows could be occurred, but not so easy. It is noteworthy that high risk occurrence of covered-type karst collapse. Fault-depression basin and plain valleys are the areas where the disaster mentioned above could not easily occur or rarely occur.

Exposed granite in Jiangxi Province is outcropped widely, and is the disaster-prone region where collapse, landslides and debris flow can easily occur. Collapse mud and debris flow can easily occur in the place where the cliff with fracture developed at the strong eroded granitic middle-lower mountains. Strong weathered granites may lead to landslides, mud flow and soil and water erosion in hilly areas.

Geological hazards safety assessment should be implemented before engineering construction since the beginning of this century. In addition, geological disaster investigation and forecast at county level was carried out. Locations of easy geology hazard occur were particularly pay attention, resettlement and migration were the main measures. Given time, geological harmfulness will be reduced to the minimum level.

VIII-2 Earthquake

Jiangxi Province is a region where the crust is relative stable. High density fault-fracture network forming in the Yanshanian is now inactive mostly. Due to weak orogenesis process since the late early Pleistocene, parts of the fault belts with mainly Neocathaysian structure system is presently reactive. Especially in the South and Northwest of Jiangxi, there are multiple fault zones where destructive earthquake can be triggered, further studies show that two earthquake active zones can be identified: the Mufu-Luoxiao and Huaiyu-Wuyi-Jiulian earthquake zone. The faults would be with mainly NNE trending, followed by NE trending. The jointed locations of NNE/NE and WE/NW faults frequently earthquake happened. The most active earthquake zone would be the Shicheng-Xunwu fault zone. Five faulted belts, including Jiulianshan-Anyuan, Ruichang-Tonggu, Jiujiang-Jing'an, Macheng-Mufushan, are less frequent, but they are under mornitoring all times. Secondly, fault zones of Yugan-Wuyuan, Jishui-Linchuan, Dayu-Ganzhou also have had destructive earthquake happened, but the intensity and the frequency are relatively lower. 4 regions where the monitoring are Huichang-Zhoutian, Xunwu-Sanbiao, Jiujiang-Ruichang and Longnan-Nanheng. As long as in strict accordance with the standards of prevention and planning in the process of urbanization and new rural construction in these zones and regions, the earthquake hazard and damage can be reduced to the minimum level.

IX. The Geological Environment of Mine

After decades of large-scale development in Jiangxi Province, mining has made significant contribution to socio-economic construction. At the same time, this process has caused serious environmental problems due to existing factors in economic and technology along with management and other related factors. According to a special survey, mine occupied land in Jiangxi is about 953km^2, damaged land （mainly forest land） is about 194km^2 and it has caused soil and water pollution and the destruction of aquifer in some regions, furthermore, the desertification of land and the disaster of collapse, landslides and flows have been triggered by mining in some particular locations. Since the beginning of this century, under the guidance of "The Rising of Green" development policy, the implementation of mine management according to law, through the green mine construction and the implementation of old mine management demonstration project, has achieved significant results and accumulated experiences for the shift of the mine development pattern. But the situation is still severe and the task is still very arduous.

The preliminary statistics showed that accumulation mine tailings and slag of various deposit-types in the Jiangxi is about 3.0933 billion tons and this number keeps increasing every year, this is not only occupy land, but also bring series hidden problems. However, with the progress of science and technology development, these mine tailings and slag have become an available resource for the secondary exploitation and utilization. According to the special survey, after scientific research and development, most tailings and slag of a number of mines from Dexing,Yashan in Yichun, Pingxiang Ming Bureau and other mines can all be reutilized, demonstrating a broad prospect of waste turning into treasure, harm turning into benefit, which is a major revolution of modern mining technology that need to confront.

Water gushing is a great potential disaster of mine. During the process of geological exploration and mining exploitation, the work of strengthening hydrogeological exploration is an important act of preventing mine disaster. Most coal field is relatively small with complex structure in Jiangxi; karsts developed in the depression zone associated with lakes. All these geological conditions make hydrogeological environment very complex. After more than 60 years of exploration, on the basis of the establishment of depositional underground water categories, subcategories and patterns and other three-stage classification scheme, we have strengthened the study on the law of water source of deposit filling water, water filling channel and has made achievement in the technology of mine pit water filling quantity and estimation of quantitative prediction method. We successfully identified the hydrogeological condition of the deposits for the copper deposit in the Chengmengshan region, Fengcheng riverside coalfield and other depositions, provided information for mineral deposit exploitation and experiences for the prevention of water gushing disaster in the mine.

Mining is the key pillar for Jiangxi Province economics. For shifting the pattern of mine development, by first and foremost firmly implementing mine management in accordance with the law and science, strengthening geological work is the basis of all scientific mining. Geological work should enhance mineral exploration, and get a clear picture of total quantity of mineral resources in the Province to further optimize the planning layout of mine industry. At the meantime, geological work should take the advantages of geological science and technology, providing information for improving the level of comprehensive utilization and comprehensive evaluation of ore deposits and put the development and utilization of tailings to an important position as a major task of innovative geological work, boosting the power of ecological civilization construction for the mine.

X. Urban Geologic Environment

For generations, people in the Jiangxi Province have been inhabited along the rivers with cities built on the riverside, constituting a favorable urban geology environment in the Province. 11 districts were set as cities in Jiangxi are all located in the midst of depression basin or lower hilly plains of fault depression red basin. By setting "Five Rivers" as the water network of main stream, river-lake city and town areas of Ganjiang River,

Xinjiang River, Pojiang River, Xiu River, Jinjiang River,Yuanhe River, Fuhe River and others, and urban agglomeration around Poyang Lake have all been formed. Because of the abundant water resources, convenient transportation coupled with location that is at low-prone areas of geological hazards, favorable environment, it provides a good condition for socio-economic development and urbanization.

This annals has given a full comprehensive research and analysis on the issue of environmental geology problems of underground water resources, crustal stability, engineering geology conditions, geological disasters, geology resources for tourism and others in 11 districts and cities across the Province.

The capital of the Province, Nanchang City, is located at the fault-depression red basin of Poyang Lake and southwest part of Poyang Lake plain, the upper area of Gan-Fu delta. Meiling granitic scenic area is at the Northwestern margin of the City. The main city area is exactly seated at the joint of the Ganjiang River and Fuhe Rivers with numerous lakes and tributaries, sufficient surface water resources, widespread quaternary system, fertile land and abundant underground water resources, also with the discovery of underground thermal water of basin concealed type, shallow geothermal energy is abundant; geologic crust is stable and there was no devastative earthquake that had happened in history, constituting a livable large city with superior geology environment.

Besides Nanchang City, surface water in other cities of the Province is abundant. Underground water is mainly derived from Quaternary pore water. The potential of underground water resources in Jiujiang and Yichun is relatively greater, whereas Jingdezhen, Ganzhou and other cities may be a bit fewer. Over utilization of underground water occur in Nanchang, Ji'an, Jingdezhen and other cities where underground water leakage once occurred. This book provides backup water sources for the use of emergency water supply total 11 districts and cities in the Province.

Main urban engineering geological problems and geological disasters would include: ① river channel erosion and collapse, collapse of margin erosion and deposition, piping, bubble spring, flood inland water logging; ② unevenly subsidence of soft soil, water and soil pollution in industrial zones, land desertification (in Nanchang), landslides occasionally occurr at urban edge hills, which needs to be prevented and treated."

Mentioned above cities and districts all have the conditions of utilizing shallow geothermal energy, such as Nanchang City which has already used shadow thermal geothermal energy. The western suburb of Nanchang city has made a breakthrough to discover the concealed geothermal heat, opening a prologue of geothermal entering cities within the Province. According to forecast and prediction, Jiujiang, Ji'an, Pingxiang, Gao'an and other cities and regions all have the geological conditions to look for geothermal sources of basin concealed type. The searching effort of urban geothermal heat should be increased from two aspects that are shallow geothermal energy utilization and geothermal water development to make a city of low-carbon, green, environmental friendly and clean energy.

XI. The Regular Pattern of Regional Environmental Geology

The compilation of this book pays attentions to the regional geology and environmental geology, and the integration of "Rock, Soil, Water, Air, and Ecology". It tells that this is a right approach to promote and develop environmental geology work. Preliminary achievements are as following:

(1) Jiangxi suffered multiple stages of tectonic evolution, from Jinning, Caledonian, Indosinian, Yanshan, to the Cenozoic, it came to three main tectonic units: uplift, depression and faulted red bed basin. Their structural features, deformation characteristics, rock and layer composition, structure of lithosphere, and in-situ stress state with individual characteristics vary, and have formed landscape patterns of mountains, mounds, basins accordingly. Their engineering geology environment, urban geological environment, eco-geochemical environment, mine geological environment, and geological hazards are all having differences, and also formed environmental geology resources of water, soil, geothermal, tourism geology with individual characteristics. It constituted basic conditions and basic patterns for environmental geology, and is the foundation of environmental geology regionalization and division.

(2) The Neocathaysian tectonic system of Circum-Pacific tectonic dominated the environmental geology condition of Jiangxi since intercontinental active orogenesis in Yanshanian stage. It is noteworthy that the complex faults of NNE and NE tendency were formed during this period. And then, Jiangxi shifted into extensional affinity of post orogeny that made the primary faulted mountains and basins, such as the two uplifts (Mufu-Louxiao and Huaiyushan-Wuyishan) and one depression (Ganpo depression). These structure-geomorphologic patterns may reflect: ① lithosphere structure of "Two depressions one uplift", ② Neocathaysian lateral echelon arranged mountain and oblique arranged basin structure-geomorphologic pattern, ③ three sides of Jiangxi east, west and south is surrounded by hills and mountains, central basin staggered, basin shaped terrain of flat plain in the northern part.

(3) Late Paleogene (about 23.09 Ma) is an important node for the shift of Jiangxi geological environment. When entering into the epoch of Neogene, with the process of fault-depression red bed basin shrank and enclosed, the crust that is dominated by the slow overall uplifting has become a relative stable region in the country.

(4) Late of lower Pleistocene of Quaternary is another critical node for the shift of Jiangxi geological environment. Due to the rapid uplift of Qinghai-Tibet Plateau and crust stretching towards east, Jiangxi is in the third stage of China continental topography. However, because of the opposite direction movement of the Philippine Sea Plate expansion and Qinghai-Tibet plateau dynamic force, weak orogenesis has occurred. Lifted mountain ground that again unevenly uplifted has formed a batch of unique rock landscapes. Wuyishan and other mountain chains and foothills fault-depression basin that uplifted at the margin has formed a great number of Danxia landscape complexes. Subsidence occurred as taking Poyang basin as the center, Yangtze River flowing through eastward, river network that taking "five rivers" as the major route gradually formed, the picture scroll of a great beauty of Jiangxi has finally constituted.

(5) Triggered by Quaternary weak orogenesis, "Rejuvenation" occurred in the Neocathaysian fault-fracture system and formed a batch of NNE, NE trending heat-induce fault zone. There are 5 major seismic fault belts that mainly distributed at Northwest and Southeast Jiangxi showing a lateral arranged distribution. Throughout Neocathaysian fault-fracture system, Yanshanian orogenesis stage has controlled a large-scale

magmatic activity and hydrothermal mineralization. The formation of mountains and basins in the post orogenic extension period, controlling hydrothermal mineralization, seismic heat conduction in the Quaternary weak orogenesis stage, and a chain of significant events of mineralization, heat formation, landscape formation, seismic occurrence has been constituted.

(6) Climate is a major external cause of environmental geology as well as interacts and constrains with each other with geological activities. Jiangxi has experienced climate changes of severe cold, burning hot, dry cold and gentle warm in the Quaternary period. Globe entered into ice age at the Pleistocene of Quaternary epoch. Early Pleistocene is the main active period for Lushan mountain glaciers, in which three ice ages of Dapailing, Poyang, Dagu would be identified. Inter ice age occurred in early Middle Pleistocene when climate was extreme hot and red soil formed. To the late of Middle Pleistocene, glacial activity of Lushan was relatively weak and it was dry cold. Large scale of alluvial eolian sand bed and sand dune formation were formed. Until Holocene epoch, climate conditions gradually entered into an enjoyable stage which was in the climate of subtropical humid rainy. Mountains and hills were developed into weathered crust that became forest suitable green mountain bodies. Fluvial alluvions formed in the basins. Alluvial-lacustrine deposits that later became fertile soil and rich farmland. However, problems are that many heavy rainstorms usually happen in the month of April to June, which lead geological disasters of collapse, landslides, debris flow.

The compilation of this annals is a processes of integration on the achievements of environmental geological survey of all aspects, including climate, geology, and human activities. We deeply feel that started from depositional hydro-geological and engineering geological survey to cover a complete work system of geological environment, ecological geological resources and geological hazards that has been greatly developed, environmental geological work in Jiangxi Province has been made a great progress since the founding of New China. But with the development of society, economy and ecological civilization construction and rapid growing demand, environmental geological work still has a great space for progressing. From these we realized that further strengthening a close combination of regional geology and environmental geology, adhere to "climate, geology, and human activities" integrated system concept, is the right approach to develop and promote environmental geologican work. Among them, strengthening the basic geology work of new generation is in top priority. It can be expected that Jiangxi environmental geology work in the journey of realizing "The Chinese Dream" will definitely create a better ecological environment and make a new and greater contribution to a better life for the people of Jiangxi Province.